# 果树无公害优质丰产栽培新技术

王尚堃　耿　满　王坤宇　主编

科学技术文献出版社
SCIENTIFIC AND TECHNICAL DOCUMENTATION PRESS
·北京·

**图书在版编目（CIP）数据**

果树无公害优质丰产栽培新技术 / 王尚堃，耿满，王坤宇主编. —北京：科学技术文献出版社，2017. 9（2018. 9重印）
ISBN 978-7-5189-3258-0

Ⅰ. ①果… Ⅱ. ①王… ②耿… ③王… Ⅲ. ①果树园艺—无污染技术 Ⅳ. ① S66

中国版本图书馆 CIP 数据核字（2017）第 219221 号

**果树无公害优质丰产栽培新技术**

策划编辑：周国臻　责任编辑：宋红梅　李　鑫　马新娟　责任校对：文　浩　责任出版：张志平

出　版　者　科学技术文献出版社
地　　　址　北京市复兴路15号　　邮编 100038
编　务　部　（010）58882938，58882087（传真）
发　行　部　（010）58882868，58882870（传真）
邮　购　部　（010）58882873
官 方 网 址　www.stdp.com.cn
发　行　者　科学技术文献出版社发行　全国各地新华书店经销
印　刷　者　北京虎彩文化传播有限公司
版　　　次　2017 年 9 月第 1 版　2018 年 9 月第 2 次印刷
开　　　本　889 × 1194　1/16
字　　　数　1510千
印　　　张　48
书　　　号　ISBN 978-7-5189-3258-0
定　　　价　168.00元

# 《果树无公害优质丰产栽培新技术》编写人员


**主　编**　王尚堃　耿　满　王坤宇

**副主编**　（按姓氏笔画排序）

于青松　王　娟　王　瑞　王立新　王金玉　王爱华　邓　朋
冯继涛　朱东丽　刘文献　许莉莉　杜陈勇　杨　洁　杨全喜
李瑞昌　何　楠　陈凤霞　陈红艳　赵　丹　胡　慧　段　磊
顾　暄　高慧玲　康新爱　程浩杰　樊　玲

**编　者**　（排名不分先后）

王尚堃（周口职业技术学院）
耿　满　段　磊（周口市园林管理处）
王坤宇　王高峰　张艳霞　张国栋　张　娜（周口市林业监测站）
王立新　李君毅　陈登楚（周口市林业科学研究所）
何　楠　马　琳　何立新　张晓明　闻宁丽（周口市林业技术推广站）
陈凤霞（项城市城市绿化管理处）
杨全喜（项城市森林病虫害防治检疫站）
赵　丹（项城市林业资源监测站）
王　娟　邓　朋　刘文献（项城市林业技术推广站）
康新爱　许莉莉　王　瑞　胡　慧（商水县林业技术推广中心站）
李瑞昌（太康县林业科学研究所）
朱东丽（西华县竹木检查站）
冯继涛（西华县林地林木产权管理中心）
杜陈勇　杨　洁（扶沟县森林病虫害防治检疫站）
任卫华　陈红艳　程浩杰（周口市川汇区林业工作站）
王爱华（周口市川汇区森林资源管理站）
顾　暄（郸城县林业技术推广站）
王金玉（郸城县种苗站）
于青松　赵淑君（周口市国营苗圃场）
樊　玲（项城市贾岭镇政府农业服务中心）
张海燕（淮阳县白楼镇政府农业服务中心）
高慧玲（西华县林业技术推广站）

# 前　言

果树是一种高产值、多用途的园艺作物，对调整农村产业结构，实现农业增效和农民增收具有重要的作用。果树栽培具有较高的经济效益、生态效益和社会效益。改革开放以来，随着整个国民经济的快速发展，我国果树的综合生产能力有了很大提高，栽培规模持续扩大。2003 年全国果树总面积 9436.7 万 $hm^2$，总产量 7551.5 万 t，分别占全世界的 18.0% 和 15.7%。水果总产量及苹果、梨、桃、李、柿的产量均居世界首位，葡萄、猕猴桃产量亦为世界前 5 位。果树产业结构更趋合理，生产区域化、基地化更加突出。随着人民生活水平的提高，对果品质量提出了更高的要求，"绿色、有机、营养"已成为人们对果品的时尚追求。为了提高果品质量，推广先进实用的果树栽培新技术；同时，扩大果树栽培区域，我们根据多年的教学、科研和生产实践，组织有关人员，精心编写了《果树无公害优质丰产栽培新技术》。本书立足于北方，介绍了苹果、梨、山楂、葡萄、桃、杏、李、樱桃、枣、柿、石榴、无花果、猕猴桃、草莓、核桃和板栗 16 个果树树种的无公害优质丰产栽培新技术。对每一个树种，根据实际情况，有所侧重。对苹果、梨、葡萄、桃、杏、李 6 个树种，根据编者的有关成果及当前栽培上的一些新品种、新技术做了详细介绍。其余 10 个树种均按照国内外栽培现状与发展趋势，根据生物学特性、主要种类和优良品种、无公害栽培技术要点、关键栽培技术、无公害优质丰产栽培技术和四季栽培管理技术做具体详细介绍。针对苹果，重点介绍提高其品质和矮化密植栽培技术，注重苹果园周年栽培管理技能的培养。而在梨和葡萄章节，介绍了编者规模化栽培的研究成果。考虑到技能培养的需要，又集中介绍了各个篇章应具备的技能，操作方法及步骤。

本书内容分为基础篇、技能篇和实践篇。基础篇介绍了果树栽培的基础知识。包括果树栽培相关的基本概念，果树栽培的意义，果树生产的特点，世界果树生产发展趋势，我国果树栽培现状和果树产业存在的问题，产生问题的原因，相应的对策；果树的分类、区划、树种识别和树体结构，详细介绍了果树的生命周期，年龄时期，果树主要器官的生长发育规律和果树生长发育的协调。果树主要器官的发育规律，介绍了近年来的研究成果金光杏梅果实生长发育规律。技能篇介绍了果树栽培五大基本技能：育苗、建园、土肥水管理、花果管理和整形修剪。实践篇较为具体地介绍了果树无公害优质丰产栽培新技术，注重提高果品质量，把握住关键技术，掌握住技术规程，具备果园周年生产管理能力。

本书在编写过程中，重点参考了《北方果树露地无公害生产技术大全》（王尚堃，蔡明臻，晏芳主编，2014）、《果树生产技术（北方本）》（尚晓峰主编，2014）、《果树栽培学各论》（张国海，张传来主编，2008）、《果树生产技术（北方本）》（马骏，蒋锦标主编，2006）、《果树栽培（北方本）》（李道德主编，2001）、《果树栽培学总论（第三版）》（郗荣庭主编，1997）、《果树栽培学各论（北方本 第三版）》（张玉星主编，2003）、《花卉果树栽培实用新技术》（杜纪格，王尚堃，宋建华主编，2009）、《果树生产技术（北方本）》

（冯社章主编，2007）、《果树栽培（第二版）》（于泽源主编，2010）、《葡萄生产技术手册》（刘捍中主编，2005）、《桃树丰产栽培》（周慧文主编，1995）等教材、技术书籍。此外，在本书中也重点介绍了编者发表在《中国果树》《中国南方果树》《北方园艺》《北方果树》《落叶果树》《河北果树》《林业实用技术》和《江苏农业科学》等有关专业杂志上的新技术，结合生产实际，非常实用。并广泛查阅了《中国农学通报》《河南农业》《现代园艺》《河南林业科技》《山西果树》等专业杂志。其中有不少新技术或切合实际的经验在书中均有引用。限于篇幅，无法一一注明，在此一并向各位作者深表谢忱。

本书可作为高等院校涉农相关专业的教材或参考用书，也可作为北方地区果树专业技术培训教材和广大农技推广人员及果农的参考用书。

本书撰写分工如下：第一章果树栽培基础知识及有关基本技能由王尚堃、耿满、王坤宇、王立新、段磊、何楠编写；第二章无公害果品生产技术和第七章花果管理及有关基本技能由耿满、陈凤霞、闻宁丽、张艳霞编写；第三章育苗技术及有关基本技能由王尚堃、何楠、王金玉、张晓明编写；第四章建园技术及有关基本技能由耿满、段磊、马琳编写；第五章果园土肥水管理及有关基本技能和第二十章猕猴桃及有关基本技能由王尚堃、陈凤霞、许莉莉、王瑞、胡慧编写；第八章苹果、栽培管理技术月历及基本技能由王尚堃、耿满、王坤宇、王立新、陈登楚、张国栋编写；第九章梨、无公害梨园周年管理月历及基本技能由王尚堃、杨全喜、赵丹、邓朋、刘文献、李君毅编写；第十章山楂及有关基本技能由耿满、王娟、程浩杰、王爱华、何立新编写；第十一章葡萄及有关基本技能实训由王尚堃、杨洁、李瑞昌、杜陈勇、陈红艳、冯继涛编写；第十二章桃及有关基本技能由王尚堃、王坤宇、王爱华、程浩杰、顾暄、马琳编写；第十三章杏及有关基本技能由王尚堃、耿满、顾暄、刘文献、王金玉、马琳编写；第十四章李及有关基本技能由王尚堃、冯继涛、于青松、康新爱、赵淑君编写；第十五章樱桃及有关基本技能由王尚堃、耿满、樊玲、高慧玲、陈红艳编写；第十八章石榴及有关基本技能和第十九章无花果及有关基本技能由耿满、王坤宇、段磊、王立新、何楠、陈凤霞编写；第二十一章草莓及有关基本技能由耿满、赵丹、邓朋、王娟、杜陈勇、高慧玲、张海燕编写；第六章果树整形修剪及有关基本技能和第十六章枣及有关基本技能由王坤宇、王尚堃、康新爱、王高峰、张娜编写；第十七章柿及有关基本技能由王坤宇、耿满、王瑞、胡慧、任卫华、张海燕编写；第二十二章核桃及有关基本技能由王坤宇、杨全喜、许莉莉、于青松、朱东丽、王高峰编写；第二十三章板栗及有关基本技能由王坤宇、樊玲、李瑞昌、朱东丽、杨洁编写。最后由王尚堃、耿满和王坤宇负责统稿。

由于时间仓促，编者水平有限，书中错漏之处，在所难免，恳请广大读者在使用过程中提出批评意见，以便再版时进一步修改、完善。

编者

2017 年 5 月

# 目　录

## 第一篇　基础篇



## 第二篇　技能篇

## 第三篇 实践篇

# 第一篇　基础篇

# 第一章　果树栽培基本知识

【内容提要】介绍了果树、果树栽培、果树栽培学、果树生产和果树产业的基本概念。果树栽培的意义，果树生产的特点。世界果树生产发展趋势，我国果树栽培现状和果树产业存在问题，限制我国果树生产正常发展和经济效益提高的主要原因，解决我国果树产业发展中存在问题的对策及我国果树生产发展趋势。果树分类方法、果树带概念及我国果树带划分情况，树种识别要点。果树基本结构组成，树干、骨干枝、结果枝组、叶幕、干性、竞争枝等基本概念，果树芽枝类型及其特性与在生产上的应用。果树生命周期、年龄时期、物候期概念，果树器官根、芽、枝、叶的生长发育规律。果树产量和果品品质构成，提高果树产量和果品质量的途径。果树生长发育协调内容，在生产上如何利用。

## 第一节　果树和果树栽培

### 一、基本概念

**1. 果树**

果树是指以生产的果实和种子供人们食用或做其砧木的多年生木本及草本植物。一般为多年生木本植物，如苹果、梨、桃、杏、李、柑橘等；也包括一些多年生草本植物，如香蕉、菠萝、草莓、西番莲等。它既包括日常食用的各类果品，如苹果、梨、桃、杏、李、葡萄、柑橘、橙子、柚子等水果，核桃、板栗、银杏、榛子等干果，也包括进行果树育种的各类种质资源，如野生果树等。

果树园艺的基本特点是树种、品种众多，生产周期长，季节性供应，集约化经营，产品主要利用形式为鲜食等。

**2. 果树栽培**

果树栽培是指从果树育苗开始，经过建园、管理，到果实采收整个生产过程。在果树栽培多年的过程中，必须符合经济原则和自然规律的综合要求，才能达到目的。

果树栽培的基本任务是生产出优质、丰产、低成本、高效益的多种果品，以满足国内外市场对干鲜果品及其加工制品的需要。

**3. 果树栽培学**

果树栽培学是一门以现代生物学理论为基础的综合性应用技术科学，主要研究果树生长发育规律及其与环境条件的关系。

**4. 果树生产**

果树生产包括果树栽培、育种、果实贮藏、加工、运输、销售等环节，完成了从生产到消费的整个过程。各个环节之间是相互联系、相互制约的。要搞好果树栽培，必须使上述环节能相互配合而畅通，才能使果树生产得到发展。

**5. 果树产业**

果树产业是果树生产链条的延伸，是以果品升值、经济增效为核心，由多领域、多行业、多学科共同参与的系统性综合化产业。它包括果树资源开发利用、品种培育、生产技术研究、果园综合利用、果品加工与贮藏、果品贸易及直接为其服务的其他行业，如信息咨询、资金信贷、技术服务、人力资源开发等。

## 二、果树栽培意义

### 1. 果树栽培具有重要的经济意义

果树是经济价值较高的园艺作物，与蔬菜、观赏植物属于同一个范畴，是农业生产的重要组成部分，对农业增效和农民增收起着重要作用；果品作为出口农产品，可换取外汇；还具有美化、绿化环境的作用。

### 2. 生活必需品，健康食品，具有很高的营养价值

果品已成为人们生活的必需品，是增进健康不可缺少的食品。水果是人体维生素、矿物质、纤维素等的主要来源，国外营养学家认为，一个人每年吃70～80 kg的水果才能满足身体健康的需要。果品含有丰富的营养物质，包括多种维生素和无机盐、糖、淀粉、蛋白质、脂肪、有机酸、芳香物质等，是人体生长发育和营养必需的物质。经常食用水果，对维持人体内生理上的酸碱平衡具有重要作用。

### 3. 果品有一定的医疗功能

许多果品可预防和治疗疾病，促进人体生长发育和健康长寿。许多果实及种子均可入药，具有治疗作用。如大枣补脾胃、梨果清热化痰，肝炎、肾炎应多吃苹果，山楂有助消化，香蕉有润肠、降压等功效。核桃、荔枝、龙眼等是良好的滋补品；梨膏、柿霜常入药；杏仁、桃仁、橘络等是重要中药材；番石榴能治疗糖尿病，降低胆固醇。

### 4. 果树栽培具有良好的生态环境效益

果树普遍适应性强，能种植在平原、河流两岸、道路、农村园前屋后，在沙漠、荒滩、丘陵、海涂等地生长。选栽适宜果树，可增加经济收入，防治水土流失，增加绿色覆盖面积、调节气候，绿化、美化、净化环境。

### 5. 果品是食品工业和化学工业的重要原料

果品除鲜食外，过时可加工成果脯、果干、果汁、蜜饯、果酱、果粉、果酒、果醋、糖水罐头等。有些过时的硬壳可制医药炭，有些果树的叶片、树皮、果皮可提炼燃料或鞣料，橘皮、橙花可提炼香精油。核桃、梨、枣等的木材可加工成家具和工艺品。

### 6. 果品具有较高的经济效益

果树是农业的重要组成部分。随着农村产业结构的调整和农产品市场的放开，特别是在丘陵、山地、沙荒地等处，因地制宜发展果树生产，能给农民带来可观的效益。我国果树资源丰富，果品在国际市场上具有很强的竞争力，是农产品出口的重要来源。

## 三、果树生产特点

### 1. 多以多年生木本植物为生产对象

果树大多数为多年生木本植物，具有较长的生长发育周期，生长发育规律相对复杂。其经济效益期长，可持续受益；但易受到气候因素的影响，其管理难度和投资风险都比较大。

### 2. 产品以鲜食为主

鲜食果品是目前果品最主要的消费方式，其生产技术必须符合鲜食消费的质量要求。在生产过程中，应综合考虑环境、保鲜、运输、包装、安全等因素。

### 3. 以精细管理为技术特点

果树种类繁多，树种之间差异较大，同时受到砧木、品种等因素的影响，在管理上要做到因树制宜。果树生产是劳动密集型产业，人力资源的成本、技术因素及管理水平会显著影响果园经济效益。生产中必须以果品质量为技术核心，围绕质量，精细管理，从而确保经济效益的提高。

## 四、世界果树生产发展趋势

**1. 安全、有机生产**

注重安全、有机生产，实现农业的可持续发展已成为各国农业政策的优先选择。目前，有机农业生产制度、IPM 制度（病虫害综合防治制度）、IFP 水果生产制度（果实综合管理技术）等以生产安全、有机果品为目标的生产制度在发达国家广泛开展。在德国，有机食品生产量已占到食品生产总量的 30%～50%。意大利苹果主产区，采用有机生产方式的果园占到 1%，采用 IFP 水果生产制度的果园已占到 81.9%。新西兰采用 IFP 水果生产制度的苹果、猕猴桃已占到总产量的 80%。

**2. 区域化生产**

世界各果品主产国都利用土地、气候、资金、技术、人力等优势发展生产。柑橘产量居世界首位的巴西，充分利用其气候、土地优势，大力发展以橙汁为主的加工业，使其橙汁数量、价格均具有强大的竞争力。西班牙利用地中海的气候优势和在欧洲的区位优势，发展鲜食柑橘，使其在世界鲜食柑橘出口上独占鳌头。美国华盛顿州是美国苹果主产区，产量占美国苹果总产量的 54% 以上，出口量占美国苹果总出口量的 90% 以上。

**3. 产业化生产**

发达国家已经实现果品产业化生产，规模不断扩大。巴西在 1990—2000 年的 10 年间，柑橘种植场由 2.9 万个合并减少为 1.4 万个，降低了生产成本，提高了竞争力。加工主要由 6 家企业完成，每年产量 2000 万 t，用于加工的 1600 万 t，规模大，效益高。美国的新奇士（SUNKIST）公司，不仅靠果品在世界各地销售赚钱，而且还用新奇士品牌赚钱，使公司的利润实现了最大化。

**4. 省力化栽培**

世界果品主产国的果树栽培正朝着省力、低成本的方向发展。在果园管理中，法国、意大利在苹果上均实行“高纺锤形”的简化修剪方式；日本是最注重苹果、柑橘整形修剪的国家，但自 20 世纪 80 年代起，因劳动力昂贵而强调省力化栽培，在修剪上提出了大枝疏剪的概念；许多国家推行生草、种草、免耕的果园土壤管理制度，灌溉采用滴灌或推行水肥一体化，以节省劳力。

## 五、我国果树栽培现状和果树产业存在问题

**1. 我国果树栽培现状**

我国位于东经 73°～135°、北纬 4°30′～53°，地跨寒、温、热三带，自然条件优越，果树资源丰富。

（1）栽培面积与产量

中华人民共和国成立后，特别是改革开放以来，我国果树栽培规模迅速扩大。从 1993 年起，我国果树栽培面积和产量均居世界首位，已成为继粮食、蔬菜之后的第三大农业种植产业。1980—2011 年的 30 多年里，我国果园种植面积一直保持稳定增长姿态。据统计，2011 年我国果园面积 $11\,830.6\times10^3$ $hm^2$，果品总产量 $14\,083.3\times10^4$ t，中国人均果园面积为 88.3 $m^2$，年人均水果占有量为 105 kg，两项指标均超过世界人均占有水平。其中，柿和梨，我国产量分别占世界总产量的 71.5% 和 52.9%，苹果和李的产量各占世界总产量的 40% 左右。可以说我国果树生产在世界上具有举足轻重的地位。

（2）取得的成绩

我国果树栽培取得的成绩主要表现在 5 个方面：一是我国果树栽培规模大幅度增长，各种树种全面发展。自 1993 年以来，我国水果总面积和总产量一直位居世界首位。树种上，苹果、柑橘、梨、桃、柿子、核桃等面积位居世界第一；杧果①、板栗、柚子等面积为世界第二，且葡萄、草莓、菠萝、橄榄、椰

① 杧果，本书根据商务印书馆《现代汉语词典（第 7 版）》的规范，用“杧果”，而文中标准中仍采用旧称“芒果”。

子、无花果、杏等也成为国内一些地区重点发展果树。二是果品质量全面提升。表现在注重建设优质果品示范基地，果品品质和质量安全水平同步提升。苹果、柑橘[①]的优质果率由30%提高到50%以上。三是结构不断优化。苹果、柑橘、梨、葡萄等优势产业带已基本形成，优势集中度明显提升，各地名、特、优、稀、新品种比例增多。四是出口快速增长。2008年全国果品出口484.1万t，出口额42.3亿美元，比2002年分别增长2.4倍和4.3倍。五是产业化发展迅速。龙头企业、农民专业合作组织、批发市场快速发展，品牌建设不断推进，传统果业正向现代果业稳步迈进。

我国于20世纪50年代开始研究，90年代初期从渤海湾地区开始兴起设施果树生产。随着人民生活水平的提高，生产反季节、超时令的果品，满足市场多样化需求，推动了果树设施栽培的发展。目前，我国设施果树栽培面积已经超过10万$hm^2$，栽培较多的果树树种有葡萄、草莓、油桃、大樱桃、李、杏、冬枣、枇杷等，形成了比较完备的果树科研体系。目前，建立了28个国家级果树资源圃，完成了我国主要果树的种植规划，培育和引进了大量的优良果树品种，在各类果树的育苗建园、整形修剪、花果管理、病虫防治等方面，形成了一整套完备的技术方案，有力地推动了我国果树产业的发展。

**2. 我国果树产业存在的主要问题**

（1）总量过大，单产偏低，部分种类产量过剩

目前，我国果树产量和面积均居世界之首。据统计，2011年，我国苹果每亩（1亩≈667 $m^2$，下同）产量为1102 kg，美国为1739 kg，新西兰为1614 kg，相比存在显著差距，说明我国果园栽培管理水平较低。一方面，我国果树面积过大，各地还有许多未投产的幼园，一段时间内，产量还会继续增长。另一方面，在国内市场上，随着果树种类、产量不断增加，水果供求关系已经发生了根本变化。果品市场逐渐由数量转为质量的竞争，部分大宗水果相对过剩，各地不同程度出现卖果难，果树种植效益下降的问题。

（2）总体质量不高，优质果率偏低，果品售价过低

目前，我国水果生产中存在着追求数量，忽视质量的问题，优质果率仅为水果总产量的30%，高档果率不到5%。多数果农质量意识差，栽培技术落后，滥用农药和植物生长调节剂，造成水果农残严重超标。在国际市场上，我国果品价格往往只及美国、澳大利亚、以色列、日本等发达国家进口果品价格的1/5～1/3。进口果品和优质果品的高价畅销与国内低质果品的低价滞销形成巨大反差，而形成这一反差的主要原因是果品质量。

（3）果品采后处理加工水平低

果品采后处理是影响其品质高低的重要因素。国外果品的采后处理率比较高，如美国水果的采后处理率是100%，深加工比例为35%，优质果率达80%以上。而我国果品的贮藏能力薄弱，采后处理率仅为1%，深加工比例不到10%。果品经过采后处理，品质得到提升，竞争力增强，我国在这方面还存在很大差距。我国水果生产存在着成熟期过于集中和适合加工水果比例偏小的问题。

（4）果品行业龙头企业小，营销能力弱，品牌形象差

我国是果品生产大国，部分水果品质并不差，但在国际贸易中参与度不高。一直以来，果品行业龙头企业数量少、规模小、实力弱、综合带动能力较弱。我国果品缺乏国际知名品牌，果农组织化程度低，质量意识薄弱，缺乏统一的标准化生产，导致果品市场形象不好，果品在包装、运输、保鲜、品牌宣传上与国际大企业存在着一定的差距，难以进入高端市场。

## 六、限制我国果树生产正常发展和经济效益提高的主要原因

一是果树栽培技术落后。导致果树产量低，果品质量差，在国际市场上缺乏竞争力，在国内市场售

---

① 柑橘，本书根据商务印书馆《现代汉语词典（第7版）》的规范，用“柑橘”，而文中标准中仍采用旧称“柑桔”。

价低。无公害果生产与国际上迅速发展的“有机水果”生产相比尚有一定差距。二是果树栽培区域化程度低。绝大多数果树未能实现在生态条件最适宜地区栽培。三是树种、品种结构不尽合理。苹果、梨、柑橘和香蕉4种大宗果品产量过大，出现相对过剩；而部分水果种类如杏、李等又不能满足市场需求。品种过于单一，生产主要集中在少数鲜食品种上，专用加工品种较少。四是果品采后商品化处理水平低。果品包装、运输、贮藏及加工条件落后，鲜果周年供应能力差。现有贮藏加工能力与我国果树栽培现状极不适应。五是缺少高效技术推广体系，产、供、销服务不到位，技术普及不够，果树栽培整体技术水平低下。六是分散经营，规模小，市场意识差，忽视了对国际和国内市场有组织的开发。

## 七、我国果树产业发展中存在问题的对策

**1. 优化水果生产品种布局、区域布局，充分发挥自然资源潜力**

搞好区域布局，适地适栽，进行规模化经营。栽植无病毒良种苗木，优化早、中、晚熟品种的比例，及时淘汰劣质品种。

**2. 实行标准化生产，增强生产者质量意识，提高水果质量安全水平**

目前，果品市场竞争日益从单纯的价格竞争转变为价格竞争和质量竞争两个方面，单纯依靠价格和成本优势并不一定能够占领市场。实施水果生产中的“三品一标”工程，即按照无公害食品、绿色食品、有机食品的标准，进行果品标准化生产，从生产、采收、运输、贮存等各个环节把好质量关，提高质量意识，确保果品质量。提高水果采后处理水平，发展“冷链流通”能减少损耗，保持品质，提高水果的附加值和竞争力。

**3. 突破传统的贮藏保鲜模式，推广先进贮藏保鲜技术**

建立适合我国国情的果品采后商品化处理技术和“冷链”流通体系，改进包装装潢，制定与国际接轨的水果标准，使果品商品化、标准化和产业化，提高我国果品在国内国际市场上的竞争力。

**4. 健全果品营销模式**

要加快与国际市场的接轨。目前，急需创建能代表果农利益并参与各方谈判及利益分配的果农营销合作中介组织，向适度规模经营和集团化方向发展，走产、贮、销一体化的道路，以增加抵抗风险能力。通过合同、契约、代理等有效合作方式把果农与各方合作者组成利益共同体，为中国优势果品不断拓展市场，果树产业的持续、稳定和健康发展做出贡献。

## 八、我国果树生产发展趋势

针对我国果树生产上存在的问题，结合世界果树生产发展的趋势，我国果树生产呈现7个方面的发展趋势。

**1. 果品质量标准化**

随着人们消费水平的提高，人们不但注重果实内在品质，而且也注重外观品质。选用优良品种，采用现代栽培技术，生产无公害果品，达到质量标准，使果实能够充分表现出固有的品质特性，从而满足现代消费者的需求。

**2. 果树栽培区域化**

依据树种、品种的生物学特性及其对环境条件的要求，按照“适地适栽”的原则，在最适区域生产最优质果品。

**3. 果树生产集约化**

果树生产规模化是果树栽培集约化的前提，按照果树生产技术规程，采用高新技术，生产具有竞争力的果品，提高经济效益。

**4. 苗木繁育专业化**

就是由专业化生产部门进行苗木的规范化生产，使栽培的果树品种纯正，并达到苗木质量标准，这

是果树栽培的基本保证。

**5. 种类、品种多样化**

随着人们消费观念的改变，果树生产种类和品种日趋多样化，从而满足现代消费者对果品的多样化需求。

**6. 果树生产社会化**

果树生产社会化是建立在果树栽培规模化、区域化和产供销一体化基础之上的。果树生产效率的提高有赖于机械化程度的提高，更有赖于社会化即“服务体系”的完善。

**7. 果品供应周年化**

选用早、中、晚熟品种，利用露地、设施等栽培方式，采用配套的科学管理措施，延长水果采收上市期，科学进行采后处理，应用现代化贮藏保鲜技术，达到果品周年供应目的。

**思考题**

（1）何为果树、果树栽培、果树栽培学、果树生产和果树行业？

（2）我国果树产业发展中存在的主要问题是什么？

（3）如何解决我国果树产业中存在的问题？

（4）世界果品生产发展的趋势如何？

（5）我国果树生产发展的趋势如何？

## 第二节　果树分类、区划、树种识别与基本结构

### 一、果树分类

果树种类众多，为了栽培管理和研究利用的方便，需对果树进行分类。果树分类是根据不同目的、方法，识别和区分果树种和品种的泛称。果树分类可以用植物学方法或园艺学方法。植物学方法按植物系统分类法进行，是植物分类的主要依据，这种分类方法对了解果树亲缘关系和系统发育，进行果树选种、育种或开发利用果树具有重要指导意义。园艺学方法属园艺分类方法，按生物学特性或生态适应性，对特性相近的果树进行归类。该种分类虽不像植物系统分类法严谨，但在果树研究及果树栽培上具有实用价值。

（一）根据植物学分类

植物学分类就是根据果树亲缘系统进行分类。就是按照门、纲、目、科、属、种划分，其中种为基本单位，在自然界中实际存在，有一定的形态特征和生物学特性，也有一定的地理分布区域。亚种和变种则是在种以下划分的较小单位，也具有一定的特征特性，但不及种的特征和特性明显和固定。全世界果树种类，包括栽培种和野生种在内，分属于134科、659属、2792种。另有变种110个。其中较重要的果树约300种，主要栽培的果树约70种。我国果树（含栽培果树和野生果树）有59科、158属、670余种。其中主要栽培的果树分属45科、81属、248种，品种不下万余个。按植物学分类，果树分为裸子植物果树和被子植物果树。其中，被子植物具体又分为双子叶植物和单子叶植物两大类。常见果树的主要科、属及代表种如下。

**1. 裸子植物门**

1）银杏科：银杏（白果、公孙树），我国原产，种仁可食。

2）紫杉科：香榧和篦子榧。其中，香榧是我国原产，主产于浙江诸暨，种仁供食用。篦子榧也是我国原产，云南、四川、湖北有分布，种仁可榨油。

3）松科：果松、华山松和云南松。其中，果松又名海松、红果松，俗称松子，我国原产，东北各省

有分布，种子粒大，味美可食，亦可榨油。

**2. 被子植物门**

（1）双子叶植物

1）杨梅科：杨梅、细叶杨梅和矮杨梅。其中，以杨梅最为普遍，果可食和加工。

2）核桃科：主要包括核桃（胡桃）、山核桃和长山核桃。

3）榛科：中国榛（平榛、榛子）、华榛（山白果榛）、东北榛（毛榛、角榛）、欧洲榛、藏榛（刺榛）、美洲榛。

4）山毛榉科：板栗、锥栗、毛栗、日本栗、赤柯、栲栗。

5）桑科：主要有无花果、果桑等。

6）番荔枝科：番荔枝［佛头果（云南）］、牛心番荔枝、秘鲁番荔枝等。

7）醋栗科（茶藨子科）：主要是醋栗、穗状醋栗。

8）蔷薇科

①苹果属：苹果、沙果（花红）、海棠果、山定子、西府海棠、湖北海棠、河南海棠等。

②梨属：秋子梨、白梨、砂梨、杜梨、西洋梨、豆梨、杜梨、褐梨、川梨等。

③桃属：毛桃（4 个变种：蟠桃、油桃、寿星桃、碧桃）、山桃等。

④杏属：杏。

⑤李属：中国李、美洲李、欧洲李。

⑥梅属：梅。

⑦樱桃属：中国樱桃、甜樱桃、酸樱桃（大、小樱桃）。

⑧山楂属：山楂。

⑨木瓜属：木瓜。

⑩草莓属：大果草莓、智利草莓。

9）芸香科

①柑橘属：柑橘、四季橘、酸橙、甜橙、柚、葡萄柚、柠檬。

②金橘属：金柑、金橘（金枣）。

③枸橘属：枸橘。

10）橄榄科：如橄榄等。

11）无患子科：如荔枝、龙眼等。

12）鼠李科：如枣、酸枣、拐枣等。

13）葡萄科：如欧洲葡萄、美洲葡萄、山葡萄等。

14）猕猴桃科：如中华猕猴桃（软毛猕猴桃）、硬毛猕猴桃等。

15）石榴科（安石榴科）：如石榴等。

16）柿树科：如柿、君迁子（黑枣）、油柿等。

（2）单子叶植物

1）凤梨科：如菠萝（凤梨）等。

2）芭蕉科：如香蕉（中国矮蕉、香牙蕉）等。

3）棕榈科：如椰子、槟榔、蛇皮果等。

### （二）根据果树生物学特性分类

**1. 根据冬季叶幕特性分类**

（1）落叶果树

该类果树在秋季集中落叶，冬季树冠上无有叶片，如苹果、梨、桃、核桃、柿、葡萄等果树树种即属此类。

（2）常绿果树

该类果树不集中落叶，冬季树冠上有叶片存留。如柑橘类、荔枝、龙眼、枇杷、杧果等果树树种即属此类。

**2. 根据植株形态特性分类**

（1）乔木果树

该类有明显主干，树体高大或较高大，通常在 2 m 以上，如苹果、梨、银杏、板栗、橄榄、木菠萝等即属此类。

（2）灌木果树

该类果树丛生或有几个矮小的主干，通常在 2 m 以下，如树莓、醋栗、刺梨、番荔枝、余甘等即属此类。

（3）藤本果树

藤本（蔓生）果树的枝干称藤或蔓，树不能直立，依靠缠绕或攀缘在支持物体上生长，必须攀缘到其他物体上才能生长的一类果树。葡萄、猕猴桃、罗汉果、油渣果、西番莲等即属此类。

（4）草本果树

该类果树无木质茎，具有草本植物的形态，多年生，如香蕉、菠萝、草莓、番木瓜等。

**3. 根据果实结构分类**

（1）仁果类

包括苹果（图 1–1）、沙果（花红）、海棠果、梨、山楂、榅桲、木瓜、枇杷等。该类果实结构为：果实外层是肉质化的花托，占果实的绝大部分。子房内壁形成内果皮，革质或骨质化，内有多种仁；花托和内果皮之间为肉质化的外、中果皮，由子房外壁和子房内壁形成。子房下位，位于花托内，由 5 个心皮构成。果实是由子房和花托共同发育而成，为假果，食用部分主要是花托，其次是外、中果皮。果实大多耐贮运，鲜果供应期长。

（2）核果类

包括桃（图 1–2）、李、梅、杏、樱桃、枣、杨梅、油梨、杧果、橄榄等。该类果实结构情况是：子房外壁形成外果皮，很薄，果实完全成熟后可撕下来；子房中壁形成中果皮，肉质化；子房内壁形成内果皮（果核），木质化成坚硬的核，核内有种子。子房上位，位于花托上，由 1 个心皮构成。果实有子房发育而成，为真果。食用部分为中果皮，果实不耐贮运。枣的果实性状与桃、杏、李等果树类似，主要食用部分是中果皮，因此也可将其列为核果类。

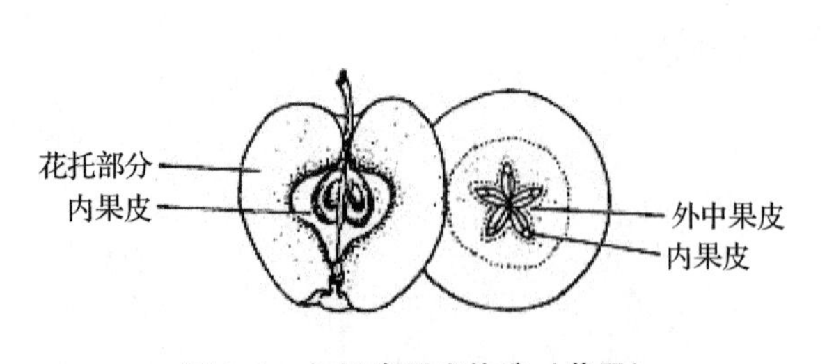


**图 1–1　仁果类果实构造（苹果）**

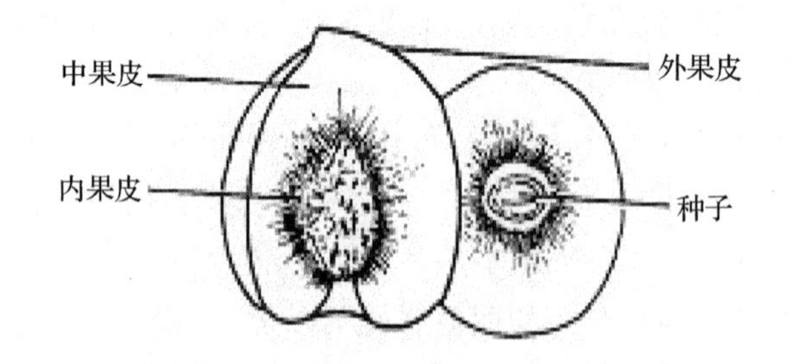


**图 1–2　核果类果实构造（桃）**

（3）浆果类

包括葡萄（图 1–3）、柿、君迁子、猕猴桃、石榴、无花果、草莓、树莓、醋栗、穗醋栗、番木瓜、人参果等。葡萄、柿果实由子房发育形成，为真果，子房上位，由 1 个心皮构成，其果实富含汁液，大多不耐贮运。葡萄果实子房外壁形成外果皮，其膜质；子房中、内壁形成中、内果皮，中果皮柔软多汁，内果皮变为分离的浆状细胞，围绕在种子附近。葡萄可食部分为中、内果皮。浆果类果实因树种不同，果实构造差异很大，除猕猴桃、醋栗和穗醋栗等可食部分和葡萄相同外，其他各类果实均不相同。如草莓是复果，是由一花中许多离生雌蕊发育的单果聚集在肉质的花托上形成，可食部分为花托，树莓可食部分为中、外果皮。

（4）坚果类

包括核桃（图1–4）、板栗、榛、银杏、阿月浑子（开心果）、澳洲坚果、椰子、香榧等。果实由子房发育形成，为真果，子房上位。核桃由2个心皮构成，板栗由1个心皮构成。核桃果实构造为子房外、中壁形成肉质的青皮；子房内壁形成坚硬的内果皮（核壳），再向内为种仁。板栗子房外、中、内壁形成坚硬的果皮，外皮有针刺的壳，由花序总苞形成。成熟果实外面多具坚硬的外壳，壳内有种子。坚果类种子富含脂肪、淀粉、蛋白质，食用部分多为种子。含水分少，极耐贮运。

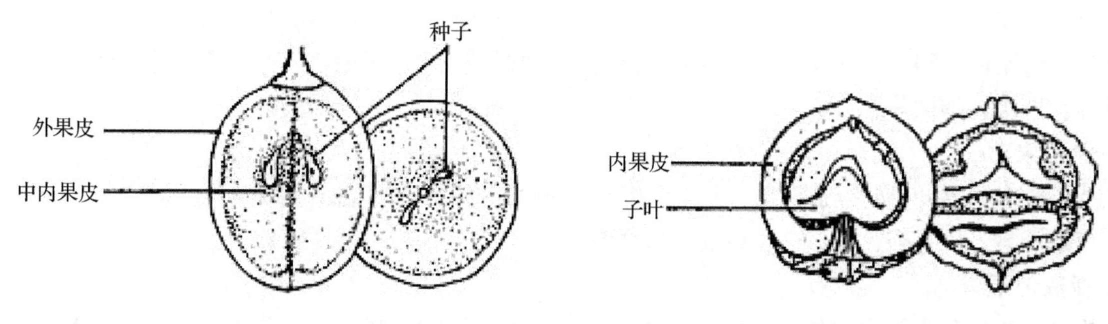


图1–3　浆果类果实构造（葡萄）　　图1–4　坚果类果实构造（核桃）

（5）聚复果类

包括果桑、草莓、无花果、菠萝、波罗蜜、番荔枝、刺果番荔枝等。果实由多花或多心皮组成，形成多花或多心皮果。

（6）荚果类

包括酸豆、角豆树等。果实为荚果，食用部分为肉质的中果皮，外果皮壳质，内果皮革质，包着种子。

（7）柑果类

包括柑橘（图1–5）、橙、柚等。其中，柑橘子房上位，由8～15个心皮构成。子房外、中、内壁分别形成外、中、内果皮。三层果皮厚薄不一：外果皮革质，有许多油胞，中果皮白色呈海绵状，内果皮形成瓤囊，内有多数汁胞和种子。

（8）荔果类

主要食用部分为假种皮，果皮肉质或壳质，平滑或有突疣或肉刺，如荔枝、龙眼、红毛丹、韶子、

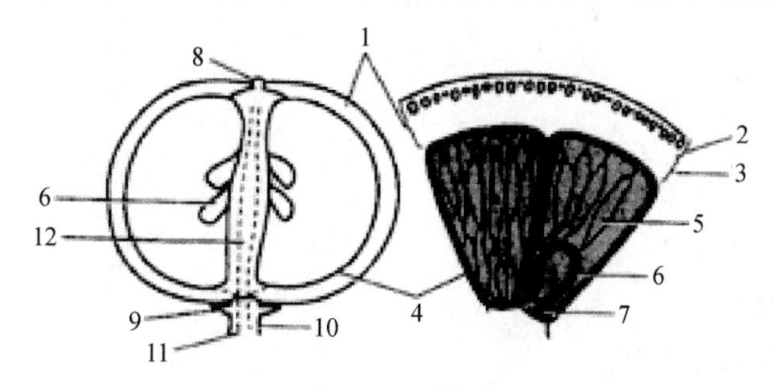


1. 果皮　2. 外果皮　3. 中果皮　4. 内果皮　5. 汁囊　6. 种子
7. 败育胚珠　8. 种脐　9. 萼片　10. 果柄　11. 维管束　12. 果心

图1–5　柑果类果实构造（柑橘）

木奶果等。

(9) 其他

包括非食用果实的多种果树，如食用苞片的玫瑰茄，食用萼片的五椏果，食用胚乳的椰子等。

**4. 根据果实含水量及其利用特点分类**

按照果实含水量及其利用特点分为水果和干果。水果含水量多，主要利用部分是果实，大多数果树都属于这一类。我国北方“四大水果”为苹果、梨、葡萄、桃，世界“四大水果”为葡萄、香蕉、柑橘、苹果。干果含水量少，主要利用部分是种子。我国北方“四大干果”为核桃、板栗、柿、枣。

(三) 根据果树生态适应性分类

根据果树对环境条件的适应能力不同而划分的方法称为生态适应性分类。这一分类方法也是果树引种、育种、栽培的重要依据。一般可分为4种。

**1. 寒带果树**

寒带果树能抗－50 ℃～－40 ℃的低温，适合高寒地区栽培。主要种类有山葡萄、秋子梨、榛子、醋栗、树莓、果松、越橘等。

**2. 温带果树**

温带果树多是落叶果树，适宜温带栽培，能耐－30 ℃～－20 ℃低温，休眠期需要一定的低温。主要种类有苹果、梨、桃、杏、李、枣、核桃、柿、樱桃等。

**3. 亚热带果树**

亚热带果树能耐0 ℃左右低温，冬季需要短时间的冷凉气候（10 ℃），分为落叶性亚热带果树［如扁桃（巴旦杏)、猕猴桃、无花果、石榴等］和常绿性亚热带果树（如柑橘类、荔枝、杨梅、橄榄、苹婆等)。

**4. 热带果树**

热带果树是适宜在热带栽培的常绿果树，能耐高温、高湿，具有老茎生花的特点。分为一般热带果树（番荔枝、人心果、番木瓜、香蕉、菠萝等）和纯热带果树（榴梿、山竹子、面包果、可可、槟榔等)。

(四) 根据果树栽培学分类

在果树栽培学上，主要依据果实形态结构相似或具有一些共同特点、生长结果习性和栽培技术相近的原则，对果树进行综合分类。首先将果树分为落叶果树和常绿果树两大类，每类再按生长结果习性、果实形态特征等分成若干较小的类别。

**1. 落叶果树**

(1) 仁果类

苹果、沙果、海棠果、梨、山楂、榅桲、木瓜等。

(2) 核果类

桃、李、梅、杏和樱桃等。

(3) 浆果类

灌木——树莓、醋栗、穗状醋栗等。

小乔木——无花果、石榴等。

藤本——葡萄、猕猴桃等。

多年生草本——草本（东方草莓)。

(4) 坚果类

核桃、山核桃、长山核桃、栗、榛、阿月浑子、扁桃、银杏等。

(5) 柿枣类

柿、枣、酸枣、君迁子等。

**2. 常绿果树**

（1）柑果类

柑橘、甜橙、酸橙、柠檬、绿檬、柚、枸橼、葡萄柚、金柑、枳、四季橘、黄皮等。

（2）浆果类

阳桃[①]、蒲桃、莲雾、番木瓜、人心果、番石榴、费约果、枇杷、旦果等。

（3）荔枝类

荔枝、龙眼、韶子（外有果壳，食用部分是假种皮）等。

（4）核果类

橄榄、乌榄、油橄榄、杧果、仁面、杨梅、油梨、枣椰、余甘、岭南酸枣、锡兰橄榄（果内有核，核内有仁——种子）等。

（5）坚（壳）果类

腰果、椰子、槟榔、澳洲坚果、香榧、巴西坚果、山竹子（莽吉柿）、马拉巴栗、榧榧等。

（6）荚果类

酸豆、角豆树、四棱豆、苹婆等。

（7）聚复果类（多果聚合成或为心皮合成的复果）

树菠萝、面包果、番荔枝、刺番荔枝等。

（8）多年生草本类

香蕉、菠萝、草莓等。

（9）藤本（蔓生果树）

西番莲、南胡颓子等。

## 二、果树区划

**1. 果树带**

果树区划是以果树带来划分的。所谓果树带是指各种果树在长期的生长发育过程中，经过自然淘汰及其对环境条件的适应，形成了一定的自然分布规律，形成了一定的果树分布地带。

**2. 我国果树带划分**

我国果树带大体上是以长江为界来划分的。长江以北（北纬30°以北）为落叶果树带，长江以南为常绿果树带。具体可把我国果树分成8个带。

（1）耐寒落叶果树带

位于中国东北部，即沈阳以北至黑龙江黑河。该区域南部可发展秋子梨、小苹果、山楂、李及杏；北部可发展小苹果、李、树莓、醋栗、草莓、越橘、山葡萄等。

（2）干旱落叶果树带

位于中国北部，包括内蒙古、新疆、河北北部及北京怀柔以北，宁夏回族自治区吴忠、甘肃兰州、青海西宁以北地区。分布最广的果树为杏、梨；其次为沙果、槟子、海棠；再次为葡萄。此外，桃、苹果、西洋梨、李、核桃、枣、石榴、无花果、扁桃和阿月浑子等也有少量栽培。

（3）温带落叶果树带

主要落叶果树均在该带内集中生产。其界线在干旱落叶果树带和耐寒落叶果树带以南，包括辽宁南部、西部、河北、山东、山西、甘肃、江苏和安徽部分、河南中、北部，陕西中、北部及四川西北部。

---

① 阳桃，本书根据商务印书馆《现代汉语词典（第7版）》的规范，用“阳桃”，而文中标准中仍采用旧称“杨桃”。

栽培最多的果树为苹果、梨、枣、柿、葡萄、杏、桃、板栗、山楂等；核桃、石榴、银杏、樱桃等也有较多栽培；华北平原及黄河故道的沙荒碱地可发展梨、枣和葡萄；山区则宜发展核桃、板栗等干果。

（4）温带落叶、常绿果树混交带

由温带落叶果树带向南至北纬30°线左右。以落叶果树为主，主要有桃、梨、枣、柿、李、樱桃、板栗、石榴等，苹果、山核桃也有少量生产栽培。还有部分常绿果树，如柑橘、梅、枇杷、杨梅、香榧等。

（5）亚热带常绿果树带

位于落叶、常绿混交带以南，东起台湾台中，向西经福建泉州、漳州，广东潮汕至广西梧州、桂平至云南开远、临沧，南界大致在北纬23°左右。主要栽培树种有柑橘、荔枝、龙眼、枇杷、橄榄和杨梅等；热带果树如菠萝、香蕉等；落叶果树中沙梨、枣、柿、李、板栗等也有少量栽培。

（6）热带常绿果树带

位于中国台湾、海南及南海诸岛。主要栽培热带果树，以香蕉、菠萝为主，尚有番木瓜、杧果、树菠萝、黄皮、番荔枝、椰子、人心果、油梨、韶子（红毛丹）等少量栽培。发展重点为菠萝和香蕉。

（7）云贵高原落叶、常绿果树混交带

包括贵州全部、云南绝大部分以及四川凉山州。栽培热带果树有香蕉、菠萝、杧果、椰子、番荔枝、番木瓜等；海拔800～1000 m地带为亚热带果树栽培区，栽培有柑橘、荔枝、龙眼、枇杷、石榴；海拔1300 m以上为温带落叶果树，栽培有苹果、梨、桃、李、核桃、板栗等。

（8）青藏高原落叶果树带

包括西藏全部、青海绝大部和四川昌都地区，海拔多数在4000 m以上，有野生光核桃等少量果树。栽培有少量苹果、桃、核桃、李、杏等。西藏东南部2000 m以下低海拔河谷中，还有少量亚热带和落叶果树栽培，如柑橘、梨、枇杷、石榴、葡萄等。

## 三、识别果树

### （一）植株形态

**1. 树性**

果树树种的树性包括乔木、灌木、藤本、草本、常绿或落叶，其在果树树种识别中占有重要地位。如苹果、梨、杏、板栗、柿等为落叶乔木；桃、李、枣、山楂等为落叶小乔木；核桃、银杏为高大落叶乔木；中国樱桃、石榴为落叶小乔木或灌木；葡萄、猕猴桃为落叶藤本果树；草莓为常绿草本果树。

**2. 树形**

北方果树树种常用的树形有圆头形、自然半圆形、扁圆形、阔圆锥形、圆锥形、倒圆锥形、分层形、开心形、丛状形、攀缘或匍匐形。通过树形观察，有利于果树树种的识别。苹果、枣树、核桃、板栗等常使用圆头形、自然半圆形、圆锥形和分层形；桃、杏等喜光树种常使用开心形或丛状形；藤本果树葡萄、猕猴桃常采用攀缘树形；而草莓则常呈匍匐形生长。

**3. 树干主干高度，树皮色泽，裂纹形态，中心干有无**

乔木果树一般主干高大，灌木或藤本果树主干一般相对矮小。树皮色泽、裂纹形态也是识别树种的形态指标：苹果树树干较光滑，灰褐色，新梢多茸毛；梨幼树树干光滑，大树树皮呈纵状剥落，枝条多呈波状弯曲；葡萄老蔓外皮常纵裂剥落；桃树树干光滑，灰褐色，老树树皮有横向裂纹；杏树树干为深褐色，有不规则纵裂纹；枣树树干及老枝均为灰褐色，有纵向裂纹；柿树树干为暗灰色，老皮呈方块状裂纹；核桃树树为干灰白色，平滑，有时稍有开裂；板栗树树皮为深灰色，有不规则纵裂等。此外，落叶果树中，桃树干性较差，多无中心干，而其他果树多有中心干。

**4. 枝条颜色，茸毛有无、多少，刺有无、多少、长短**

不同树种枝条颜色、茸毛及刺的多少有很大区别，可作为识别树种的形态指标之一。苹果、梨等新梢有茸毛，新梢灰褐色或赤褐色。桃、杏新梢光滑无毛。其中，桃的新梢分枝较多，呈青绿或红褐色；而杏的新梢则多呈红褐色或暗紫色。柿树新梢有茸毛，无顶芽，梢顶有自枯现象。枣树新梢光滑无毛，上有针刺，枝多弯曲，分枣头、枣股和枣吊三类枝条。板栗新梢呈灰色，有短毛。核桃新梢呈灰褐色，髓部很大，木质部松软，以后随枝龄增加髓部逐渐缩小。山楂枝条为紫褐色，无毛、无刺或小短刺。

**5. 皮孔**

果树树皮有皮孔，其形状、大小、排列、颜色各有不同，在果树树种尤其是品种的识别中非常重要。皮孔形状有圆形、卵形、椭圆形和线形；大小为1～20 mm；排列为纵向、横向；颜色为褐色、黄色或铁锈色。某些梨的品种具明显的卵形或线形皮孔；如圆黄梨的皮孔为褐色；黄金梨的皮孔大而密集；而枣树皮孔较小，呈纺锤形。

**6. 叶片**

果树叶片叶型是果树树种识别中常用的指标。叶型有单叶、单身复叶、三出复叶、奇数或偶数羽状复叶之分。单叶就是1个叶柄上只着生1个叶片，如仁果类、核果类等果树的叶片就是这种情况。复叶就是两个或多个叶片着生在1个总叶柄上，如核桃、草莓等果树的叶片。复叶有单身复叶、三出复叶和奇数或偶数羽状复叶之分。草莓叶片为三出复叶。单身复叶是三出复叶的两个侧生小叶退化，而其总叶柄与顶生小叶连接有隔痕的叶片，其两个退化的小叶称为翼叶，柑橘类叶片属此类叶。核桃树为奇数羽状复叶。果树叶片形状有披针形、卵形、倒卵形、圆形、阔椭圆形、长椭圆形、菱形、剑形等。苹果、梨叶片为椭圆形或卵圆形，桃树、板栗、核桃树叶片呈长披针形或椭圆状披针形；杏树、樱桃树叶片则呈广卵圆形或长卵形；银杏树叶片多呈扇形等。根据叶缘及锯齿情况分为叶缘全缘、刺芒有无、圆钝锯齿、锐锯齿、复锯齿、掌状裂等。叶脉可分为羽状脉、掌状脉、平行脉；叶脉凸出、平凹陷等。根据叶面、叶背色泽，茸毛有无等可进行树种识别。如苹果叶的叶缘有圆钝锯齿，幼时有毛，老时叶面茸毛脱落，叶柄有茸毛，基部有较大的披针形托叶；梨树叶缘有针状锯齿或全缘；杏树的叶背光滑无毛，叶柄稍带紫红色，叶缘有钝锯齿；枣树叶片光滑无毛，叶缘波状。板栗叶缘锯齿粗大，叶肉厚，叶脉粗，叶背有白色或粉绿色星状毛。

（二）花

**1. 类型**

（1）单花

一朵单花根据其花器中雌、雄蕊是否完全可分为两性花和单性花两类。两性花中雌雄蕊俱全，而单性花中仅有雌蕊或雄蕊。仁果类、核果类、柑橘类和葡萄等都是两性花；核桃、板栗等则为单性花。单性花中，雌花和雄花着生于同一植株上称为雌雄同株，如核桃、板栗、柿等，此类植株应成片栽植。雌花和雄花分别着生在不同植株上称为雌雄异株，如杨梅、银杏、猕猴桃等，该类果树需配制授粉树。

（2）花序

果树花序主要有向心花序和离心花序两大类。向心花序就是花轴下部花先开，渐及上部，或由边缘向中心开放。如核桃、板栗的柔荑花序，梨的伞房花序，无花果的隐头花序就是这种情况。离心花序就是花轴最顶部或最中心花先开，渐及下部或周缘，如猕猴桃的聚伞花序，橙、柚的总状花序等就是这种情况。

**2. 花芽在枝条上着生部位**

（1）顶生

以顶花芽结果为主。具体有3种形式：第一种为着生纯花芽，萌芽后直接抽生花序，如枇杷等果树；第二种为着生混合芽，萌芽后花序着生在新梢的顶端，有时也着生于叶腋，如苹果、梨、核桃等；第三种为着生混合芽，萌芽后花或花序着生于新梢叶腋，如柿、板栗等。对花芽顶生类果树结果枝不要随便短截。

（2）腋生

枝顶着生叶芽，花芽着生于叶腋间。有3种着生方式：第一种为着生混合芽，萌芽后花或花序着生于新梢的顶端或叶腋，如柑橘等；第二种为着生混合芽，萌芽后花或花序着生于新梢叶腋，如葡萄、猕猴桃、枣等；第三种为着生纯花芽，萌发后直接开花，如桃、李等核果类果树。

（三）果实

**1. 类型**

依据形成1个果实，花的数目多少或1朵花中雌蕊数目的多少，果实可分为单果、聚花果和聚合果3种类型。大多数落叶果树为单果；无花果为聚花果；草莓为聚合果。

**2. 形状**

果实形状有圆形、扁圆形、长圆形、圆筒形、卵形、倒卵形、瓢形、心脏形、方形等。识别果形，有助于判别树种、品种。如苹果、梨、杏、山楂、葡萄、核桃等果实多为圆形、扁圆形、长圆形、圆筒形、卵形、倒卵形、瓢形等；葡萄的果实有的为心脏形。

**3. 果皮、果肉**

不同种类的果实其果皮的色泽、厚薄、果点大小、光滑、粗糙度等不同，且果肉色泽、质地有所区别，这些都可作为果树树种识别中的指标。如苹果有红色、黄色和绿色等类型，果梗粗短，宿萼，梗洼及萼洼下陷，果顶有时有5个突起，果肉乳白、乳黄或黄绿色。梨多为黄色，果点明显，果梗较长，有的基部肉质，多无梗洼，有萼洼，宿萼或落萼，肉乳白或乳黄色。葡萄果实有白色、红色、黄绿色和紫色之分，果肉柔软多汁，种子坚硬而小，有蜡质，具长嘴（喙）。桃、杏等核果类果树表面有茸毛，果顶突起、凹陷或平坦，有缝合线，果肉乳黄、黄色或白色，近核处带鲜红色，多汁。山楂果实球形，鲜红色，有浅色斑点。板栗果实成熟时褐色或深褐色，种皮易剥离，肉汁细密，黏质，味香甜等。

## 四、果树树体结构

果树树体结构通常指果树个体结构。果树树体分地上部和地下部两部分。地下部分为根系。地上部分包括主干和树冠，地上部分和地下部分的交界处为根颈（图1-6）。

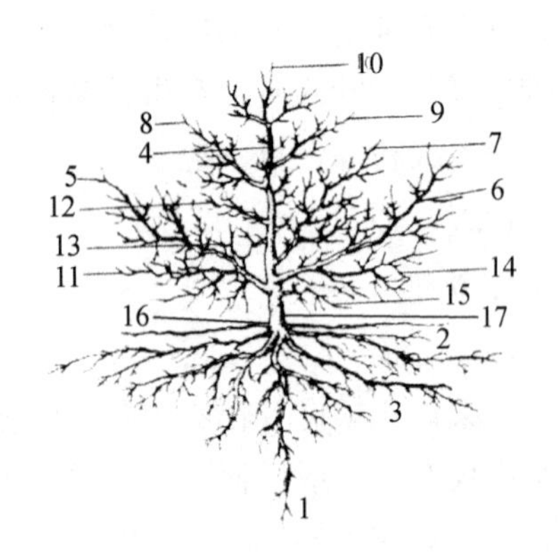

1. 主根 2. 侧根 3. 须根 4. 中心干 5～9. 第1、第2、第3、第4、第5主枝 10. 中心干延长枝 11. 侧枝 12. 辅养枝 13. 徒长枝 14. 枝组 15. 裙枝 16. 根颈 17. 主干

**图1-6 果树树体结构一**

（一）地上部

**1. 主干**

主干是指根颈到第1主枝之间的部分。有些果树树体虽有主干，但无中心干，如桃树。木本果树除少数为丛状形外，都有主干。主干对树冠起支撑作用；是根系与树冠之间输送水分和养分的通道；除此之外，还具有贮藏养分的作用。主干是地上部分最早形成的部分，经过1个生长季后停止加长生长，以后每年只进行加粗生长。主干加粗量与树冠和根系的生长量呈正相关，而与结果量呈负相关。主干是反映树体营养状况的1个重要指标。主干粗度可用周长、直径或横截面积表示。测量主干粗度一般在距离地面20～30 cm处，或主干的中点。

**2. 树冠**

树冠是果树的主体，是树体主干以上部分的总称，包括骨干枝、结果枝组和叶幕3部分。树冠是茎反复分枝形成的。骨干枝是构成树冠骨架的永久性大枝，包括中心干、主枝和侧枝3部分（图1-7）。中心干亦称中央领导干，是指主干以上到树顶之间的部分。中心干和主干构成树体地上部的中轴，二者合称为树干。树冠通常用树形、冠高和冠径来描述。树形是指树冠的形状；冠高是指树冠上、下缘之间的距离（m）；冠径是指树冠东西和南北的距离，用东西的距离（m）×南北的距离（m）表示。通常所说的树高，是指从根颈或地面到树冠顶端的距离。衡量树冠，一般以树高、冠径以及骨干枝的数量、结构和分布作为指标。果树上所说的层性是指树冠中各类枝条具有成层分布的特点。层性有利于果树充分利用光照。

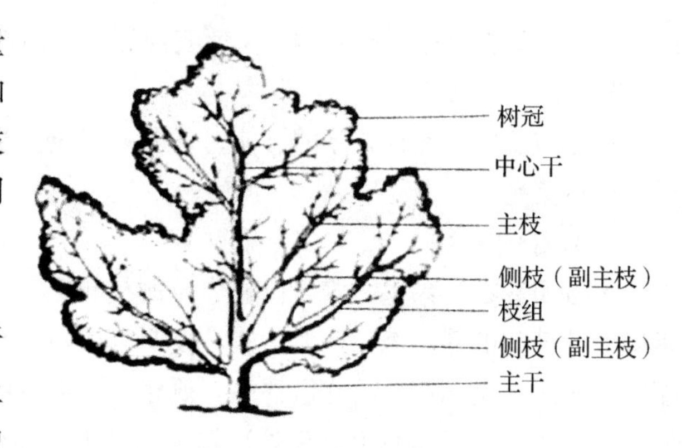


图 1-7 果树树体结构二

（1）骨干枝

骨干枝一般分为 3 级。即 0 级骨干枝、1 级骨干枝、2 级骨干枝。0 级骨干枝为中心干，是主干向上垂直延伸的部分；1 级骨干枝为主枝，是指着生在中心干上的骨干枝；2 级骨干枝为侧枝，是指着生在主枝上的骨干枝。并不是所有的果树都具备这 3 级，如核果类果树，多数不留中心干，只有主枝和侧枝 2 级骨干枝。中心干起维持树形和树势的作用。通常将中心干的强弱及维持时间的长短称为干性。第 1 侧枝距离中心干很近称为把门侧（枝），一般距离主干 30 cm 以内。骨干枝先端的一年生枝称为延长枝。着生在延长枝附近，长势与延长枝相当，可能与延长枝产生竞争生长的枝称为竞争枝。骨干枝在能充分占领空间的条件下，越少越好。在同一层内骨干枝数一般不宜超过 4 个，着生距离不宜过近。果树骨干枝的数量和级次由树形决定。果树栽培上，随着矮化密植栽培制度的推广，骨干枝的级次已明显减少。

（2）枝组

结果枝组的简称，是指着生在各级骨干枝上，有 2 个以上分枝，不断发展变化的大大小小的枝群，是果树生长结果的基本单位。果树栽培实际中，结果枝组从不同角度有许多不同的分类方法：以体积大小分为大型、中型和小型枝组。对于以苹果为代表的仁果类，小型枝组有 2 ~ 5 个结果枝，轴长 30 cm 以下；中型枝组有 5 ~ 15 个结果枝，轴长 30 ~ 60 cm；大型枝组有 15 个以上结果枝，轴长 60 cm 以上。对于桃为代表的核果类，小型枝组有 5 个以下结果枝，轴长也在 30 cm 以下；中型枝组有 5 ~ 10 个结果枝，长度 30 ~ 50 cm；大型枝组有 10 个以上结果枝，轴长 50 cm 以上。以所含枝条多少和疏密程度分为紧密型和松散型枝组；以分枝情况不同分为多轴式和单轴式枝组；以着生部位不同分为背上枝组、背下（后）枝组、侧生枝组；以着生方向分为直立枝组、水平枝组、下垂枝组、斜生枝组。果树栽培上按适当比例合理配置各类枝组是果树优质丰产的重要技术措施。

（3）辅养枝

又称临时枝，是着生在树冠中的非永久性大枝。裙枝是一种特殊的辅养枝，是指第 1 主枝以下的辅养枝，因其形如女孩子穿的裙子而得名。果树整形期间，要保留一定的辅养枝，初果期 40% ~ 60% 的产量来自辅养枝。树形形成后对辅养枝要逐步调整处理：或疏除或缩剪培养为枝组。

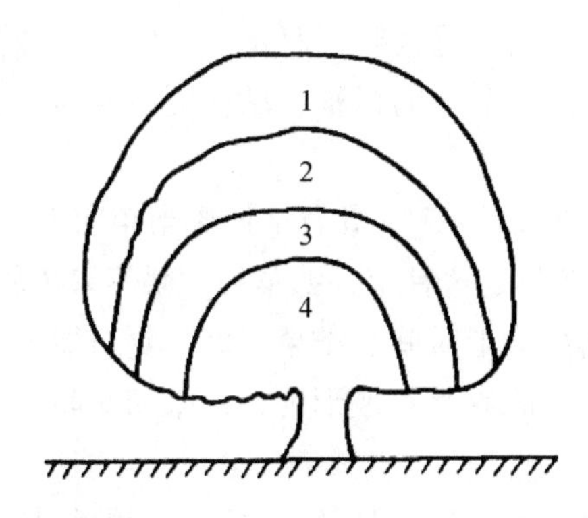


1. 树冠外围厚度 1 ~ 1.5 m，达到全光照的 70% 以上
2. 厚度 1 m 左右，50% ~ 70% 全光照
3. 厚度 1 m 左右，30% ~ 50% 全光照 4. <30% 全光照

图 1-8 具有中心干树形不同部位光照

（4）叶幕

果树叶幕是指树冠所着生叶片的总体，就是全部叶片构成叶幕。正常情况下，叶幕是一个与树形相一致的叶片群体。不同树种、品种，栽植密度、整形方式和树龄，叶幕的形状和体积不同。叶幕形状有层形、篱形、开心形、半圆形等。果树叶幕层次、厚薄、密度等直接影响树冠内光照及无效叶比例。适当的叶幕厚度和叶幕间距，是合理利用光能的基础（图 1-8）。多数研究表明：主干疏层形树冠第 1、第 2 层叶幕厚度 50 ~ 60 cm，叶幕间距 80 cm，叶幕外缘呈波浪形是较好的丰产结构。在果树栽培中，常采

用整形修剪等措施来调整叶幕，从而实现优质、高产和稳产。

**3. 芽**

芽是枝、叶、花或花序的雏体，是果树度过不良环境和形成枝、花过程中的临时性器官。果树可以用芽进行繁殖。

（1）芽的种类

①按照芽在枝条上的着生位置分为顶芽和侧芽。顶芽是指着生在枝梢顶端的芽；侧芽也称腋芽，是指侧面叶腋间的芽。杏、柿、山楂、板栗等果树的枝条，在生长过程中顶端自行枯萎脱落，位于枝条顶端的芽实际上是侧芽，故称假顶芽。顶芽、侧芽在枝条上按一定位置发生，称为定芽；无一定位置发生的芽（一般在落叶果树上极少见）及根上发生的芽称为不定芽。侧芽按照在叶腋间的位置和形态分为主芽和副芽。主芽是指着生在叶腋中央，较大且充实的芽，一般当年不萌发；副芽是指着生在主芽两侧或上、下方的芽，其一般比主芽小。仁果类果树的主芽明显，副芽则隐藏在主芽基部的芽鳞内，呈休眠状态。核果类桃、杏、李、樱桃等的副芽，在主芽两侧。核桃的副芽，在主芽下方；枣的副芽在主芽侧上方。葡萄的侧芽是复合型结构，由称作冬芽的芽眼和位于其侧下方的夏芽组成。冬芽又由主芽和主芽周围的若干个预备芽组成，而将夏芽看作副芽。侧芽按照在同一节上的数量分为单芽和复芽。单芽是指在1个节位上有1个明显的芽，如仁果类的苹果、梨等；复芽是指在同一节位上有2个或2个以上明显的芽，如核果类的桃、杏、李、樱桃等。

②按照芽的结构分为鳞芽和裸芽。鳞芽外被覆鳞片，大部分落叶果树的芽是这种芽。裸芽幼叶或芽内器官裸露，多数热带果树和部分亚热带常绿果树具裸芽，如柑橘、荔枝、杧果、菠萝等；也有极少数温带落叶果树，如山核桃的芽、葡萄夏芽、核桃雄花芽也是裸芽。

③按照芽的性质分为叶芽和花芽。叶芽是指只具有雏梢和叶原始体，萌发后形成新梢的芽；花芽是指包含有花器官，萌发后开花的芽。花芽又分为纯花芽和混合花芽。纯花芽内只有花的原始体，萌发后只开花结果而不长枝叶，如桃、李、梅、杏、樱桃等；混合花芽内既有枝、叶原始体，又有花的原始体，萌发后先长一段新梢，再在新梢上开花结果，如柑橘、龙眼、苹果、梨、山楂、柿、枣、板栗、核桃、葡萄等。有些果树的花芽，既有纯花芽，也有混合芽，如核桃、长山核桃、榛的雄花芽为纯花芽，而雌花芽则为混合芽。顶芽是花芽的称为顶花芽；侧（腋）芽是花芽的叫侧（腋）芽。只具有腋花芽的果树有桃、李、梅、杏、樱桃、葡萄等；只具有顶花芽的果树有枇杷、油橄榄和苹果、梨的部分品种；也有些果树既具有顶花芽，也具有腋花芽，如柿、板栗、核桃、柑橘及苹果、梨的部分品种。

④按照芽的生理活动状态分为活动芽和潜伏芽。活动芽一般是指上一年生长季形成的芽，第二季适时萌发的芽。落叶果树一般一年一季，常绿果树多数为一年数季。芽在形成的第二季或连续几季不萌发者为潜伏芽，也称隐芽。潜伏芽发育缓慢，但每年仍有微弱生长，条件适宜时可萌发，果树进入衰老期或受损伤后，常由潜伏芽萌发强旺新梢，以更新树冠。潜伏芽多而寿命长的树种、品种更新容易，如苹果、梨、葡萄、柑橘等，反之更新不易，如桃、李、樱桃等。

⑤按照芽的萌发特点分为早熟性芽、晚熟性芽和潜伏性芽。早熟性芽是指当年形成当年萌发的芽，如桃树的芽；晚熟性芽为当年形成，第2年萌发，果树的大多数芽都是这种芽，如苹果、梨等果树的芽。潜伏性芽是当年形成第2年不萌发的芽。芽的萌发特点决定果树的成形时间、结果早晚，更新能力和寿命长短。一般早熟性芽成形早，结果早，更新能力弱，寿命短，而晚熟性芽成形晚，结果相对晚，更新能力强，寿命也长。

此外，有些果树的芽有专门的名称。葡萄的副芽，当年夏季萌发，称为夏芽；主芽一般要经越冬后萌发，称为冬芽。葡萄的冬芽和香蕉的芽又称芽眼。香蕉由芽眼和菠萝由叶腋发生的芽状体称为吸芽。菠萝除吸芽外，还有冠芽、裔芽和块茎芽。冠芽着生在果实顶端，裔芽着生果梗上。菠萝采果后由吸芽代替已结果的母株继续结果。块茎芽是地下茎有时抽生的。

（2）芽的基本特性

①顶端优势。顶端优势是指处于枝条顶端的芽总是首先萌发，而且长势最强，向下依次减弱的现象。顶端优势强弱与树种、品种和枝条着生姿势有关。除去顶芽或以瘪芽、盲芽带头或开张枝条角度均可控制顶端优势，促进下面侧芽萌发，是生产中常用的调节枝条长势、防止下部光腿的措施（图1–9）。

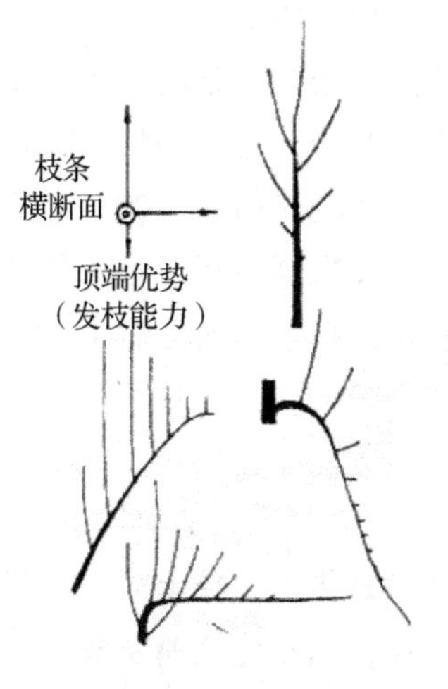


**图1–9　顶端优势及优势的转移**

②芽的异质性。芽的异质性是指同一枝条上不同部位的芽，在形成过程中由于树体营养状况和外界环境条件的影响，其大小和饱满程度存在一定差别的现象。一般枝条基部的芽在早春形成，常为潜伏芽或瘪芽；进入初夏至秋季前形成的芽充实饱满，枝条如能及时停长，顶芽质量最好；苹果、梨等在春秋梢交界处有一段盲节，盲节处芽不充实；秋季形成的芽不饱满，甚至顶芽不能形成。在果树修剪中，常利用芽的异质性，选用饱满芽或瘪芽、盲芽作为剪口芽，以调节枝势。

③萌芽力和成枝力。萌芽力是指一年生枝上的芽能萌发抽生枝条的能力。一般用枝条上萌发的芽占所有芽的百分率来表示，萌芽率在50%以上成为萌芽率强。不同树种、不同品种、不同强弱和不同角度的枝条，其萌芽力有差异。如桃树萌芽力强比梨树强，梨树萌芽力比苹果树强，而苹果中短枝型品种的萌芽力比普通型品种的强，壮枝比弱枝强，平斜枝比直立枝强。梨树尤其是雪花梨萌芽力高；板栗、核桃萌芽力均较低；幼龄杏树，特别是在山岭地或瘠薄土壤上的杏树，萌芽力更弱。成枝力是指一年生枝条上的芽萌发后抽生长枝（核果类果树大于30 cm，仁果类果树大于15 cm）的能力，用抽生长枝数量多少来表示。一般抽生长枝2个以下者为弱，4个以上者为强。不同树种、品种、枝势、不同角度的枝条，其成枝力有差别。桃树成枝力强于梨树；梨树中秋子梨成枝力较高，白梨成枝力中等，砂梨成枝力较低。桃树中南方品种群及蟠桃品种群成枝力强，黄肉桃品种群成枝力较北方品种强，北方品种群成枝力稍弱。苹果中普通型品种的成枝力强于短枝型品种；壮枝强于弱枝；斜生枝条强于水平枝条。萌芽率和成枝力是两个不同的概念，其表现强弱有时并不吻合。如苹果短枝型品种、中国梨的多数品种表现萌芽率高而成枝力弱，长枝少，短枝多，修剪时要少疏枝，多短截，并保持一定的长枝数量。桃树、苹果的富士系品种，其萌芽率、成枝力均强，在修剪时要适当疏枝；对萌芽率、成枝力均弱的树种、品种，如杏、柿、苹果的国光品种等，枝条下部易出现光裸现象，修剪时应适当短截、拉枝开角。

④芽的潜伏力。芽的潜伏力是指果树衰老或受伤后能由潜伏（隐）芽抽生新梢的能力。芽潜伏力强的树种，枝条恢复能力强，容易进行树冠的复壮更新。如仁果类果树，板栗、柿子等。桃树、李树等芽潜伏力弱，恢复能力弱，树冠容易衰老，应注意枝组的更新复壮。

⑤早熟性和晚熟性。芽的早熟性是指一些果树当年新梢上形成的芽当年就能大量萌发并可连续分枝的特性。该种芽能连续形成2次梢或3次梢，如葡萄、桃、杏、李、核桃的芽及枣的副芽等就是这种情况。具有早熟性芽的树种，一年中可发生多次分枝，生长量大，树冠扩大快，幼树进入结果期早。芽的晚熟性是指在当年形成的芽一般不萌发，要到第2年春天才萌发抽枝的特性。如苹果、梨和枣树的主芽等。具有晚熟性芽的树种，一年中发生分枝相对较少，生长量小，树冠扩大慢，幼树进入结果期相对较晚。芽的早熟性和晚熟性决定果树的修剪量和修剪方法。具有早熟性芽的树种，修剪量比较大，需综合应用短截、疏枝、缩剪和缓放等修剪方法；具有晚熟性芽的树种修剪量相对比较小，一般应以疏剪、缓放为主，尽量少短截。

**4. 枝**

枝是由芽发展而成，是果树的支撑器官、运输器官、贮藏器官和繁殖器官。具有贮藏、运输水分和养分，支持叶、花和果的作用。

（1）枝条的分类

①根据枝条的年龄划分。果树枝条根据年龄可划分为新梢、一年生枝、二年生枝和多年生枝。新梢也叫当年生枝，是指芽萌发后长出的新枝在当年落叶以前；一年生枝是指新梢落叶后到第2年发芽前；二年生枝是指一年生枝自发芽后到第2年发芽前；多年生枝是指二年生以上枝条的统称。

②根据一年内枝条萌发生长的时期划分。果树枝条根据一年内萌发生长的时期可划分为春梢和秋梢。春梢是指春季萌芽后生长的健旺新梢在6、7月间有一段时间生长停滞。秋梢是指从7月雨季开始，新梢继续延伸生长，到秋季落叶前停长。春秋梢交界处在苹果上称为盲节。

③根据在一年内枝条萌发生长的先后划分。根据枝条在一年内萌发生长的先后可划分为1次枝、2次枝、3次枝等。1次枝是指本年内形成的芽，第2年春季萌发形成的枝条；2次枝有的树种习惯上称为副梢，是指1次枝上形成的芽，当年又能萌发成枝；3次枝有的树种习惯上称为1次副梢，是指2次枝形成的芽，当年还能萌发成枝。以此类推，还可形成更高级次枝。根据这样一种情况，果树上将树冠中最末级新枝的总个数称为枝量。桃、葡萄均易发生多次枝（副梢）。

④根据枝条的性质和功能划分。果树的枝条根据性质和功能划分为营养枝、结果枝和结果母枝3类。营养枝是指仅着生叶芽的枝条，萌芽抽枝展叶后，进行光合作用，制造有机营养物质的枝。营养枝有两种情况，一是指只有叶芽的一年生枝，如苹果、梨、桃等；二是指没有花序或果实的新梢，如葡萄等。营养枝按照形态特征和作用可分为发育枝、徒长枝、纤细枝和叶丛枝。发育枝也称普通营养枝，其特点是生长健壮，组织充实，芽饱满，叶片肥大。发育枝是扩大树冠、营养树体和产生结果枝的主要枝类。徒长枝多数由潜伏芽受刺激萌发而成，发生在树冠内膛和剪锯口附近。其特点是枝条直立，节间长，叶片大而薄，芽不饱满，组织松软，停止生长晚。这种枝条在生长过程中消耗营养物质较多，影响其他枝条的生长和果实发育，并抑制花芽分化，在幼树及初果期树上，对这类枝一般从基部疏除。但在衰老树上，可适当保留，培养为主、侧枝。在内膛光秃的树上，也可适当保留，培养为结果枝组。纤细枝也称为细弱枝，比发育枝纤细而短，芽发育不良，多发生在光照和营养条件均差的树冠内部或下部。叶丛枝生长量小，节间极短，小于0.5 cm，叶序排列呈叶丛状。除顶芽外，腋芽不发达或不明显。一般由发育枝中下部的芽萌发而成，部分叶丛枝在光照充足、营养良好的条件下可转化为结果枝。叶丛枝在仁果类和核果类果树上较多。结果枝是指直接着生花芽，开花结果的枝，其也有两种情况：一种是着生花芽的一年生枝，如苹果、梨、桃、杏、李、樱桃等，其中苹果、梨等仁果类果树是着生有混合花芽的一年生枝；桃、杏、李、樱桃等核果类果树是着生纯花芽的一年生枝。结果枝按长度分为徒长性果枝、长果枝、中果枝、短果枝、花束状果枝（侧芽一般都是花芽，排列紧密，只有顶芽是叶芽）。仁果类、核果类果树结果枝的类型见表1-1。1个母枝上由多个短果枝组成的群体称为短果枝群。在梨树上最为常见。另一种是指带有果实的新梢，如葡萄、柿、板栗、核桃等。除此之外，结果枝依据年龄可分为两类：一类是在抽生的当年开花结果的一年生结果枝，是由结果母枝上的混合花芽抽生的，如柑橘、苹果、梨、葡萄、柿等；另一类是在上年的枝条上直接开花结果的为二年生结果枝，如杨梅的结果枝。仁果类果树的有效结果枝，幼树、初果期树为中、长果枝；盛果期及衰老期树为短果枝。核果类果树有效结果枝，南方桃为中、长果枝，而北方桃为中、短果枝及花束状果枝。枣树的结果枝是由副芽抽生的纤细枝条，常于结果后下垂，枣区群众称为“枣吊”，主要着生在枣股上，少数着生在枣头基部及枣头2次枝上。其纤细、柔软、色绿，长度一般在15 cm左右，树势健旺时可长达20～30 cm。一般枣吊生叶13～17片，不分枝，也无增粗生长能力。随枣吊生长在其叶腋间出现花序，开花结果，以3～7节结果最多，秋后随叶片一起脱落，故又称“脱落性枝”（图1-10）。板栗的结果枝比较特殊，是由结果母枝顶部几节完全混合芽抽生的，具有雌、雄花序的枝条（图1-11）。典型的结果枝自下而上分为4段：第一段是基部芽段。在基部1～3节叶腋间着生侧芽。第二段是雄花序段。是从3～4节起，结果枝中部连续7～11节，每个叶腋着生穗状雄花序。第三段是两性花序段。在最上一个或几个雄花序的基部，着生球状雌花簇，由受精雌花簇

发育成球果。第四段是果前梢段。也叫尾枝段，两性花序的上部抽生一段嫩梢，一般4～5节，甚至更多节，其叶腋间着生腋芽。营养条件好时，下年连续开花结果。

**表1-1 仁果类、核果类果树结果枝类型**

| 果树种类 | 徒长性果枝/cm | 长果枝/cm | 中果枝/cm | 短果枝/cm | 花束状果枝/cm |
|---|---|---|---|---|---|
| 仁果类 | — | >15 | 5～15 | <5 | — |
| 核果类 | >60 | 30～60 | 15～30 | 5～15 | <5 |

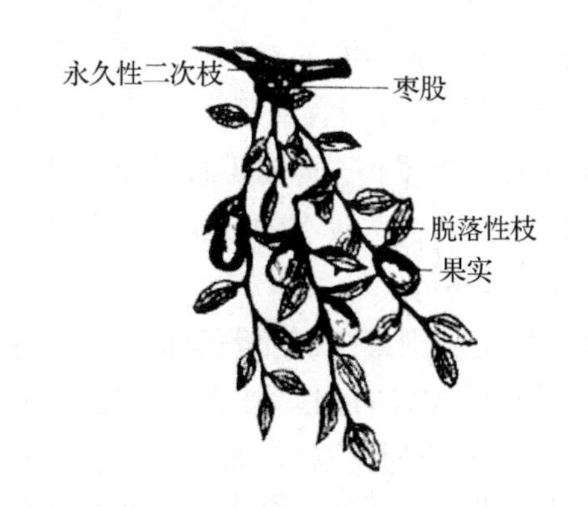

图1-10 枣树结果枝

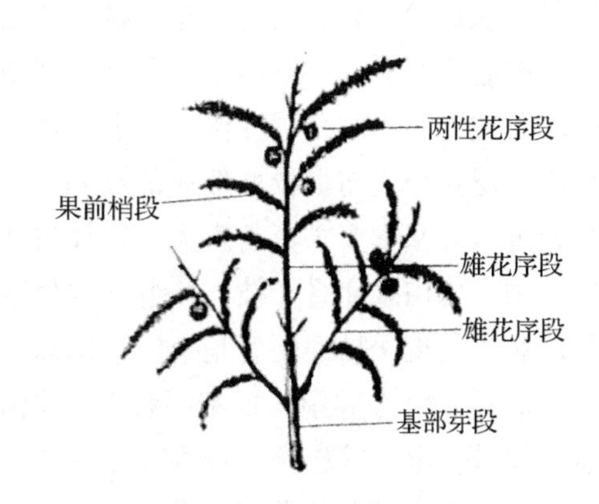

图1-11 板栗的结果枝

⑤根据枝条着生姿势划分。果树枝条依着生姿势可划分为直立枝、斜生枝、水平枝和下垂枝。生产中经常利用改变枝条着生姿势即分枝角度的方法来调节生长势。

⑥根据枝条所起作用划分。按照果树枝条所起作用可划分为骨干枝、辅养枝、延长枝和竞争枝等。

（2）枝条的基本特性

①生长势。是枝条生长强弱和植株枝类组成的性状表现，常用一定时间内加长生长和加粗生长的快慢来表示。常按营养枝总生长量、节间长度、分枝级次及春、秋梢生长节奏状况来确定。抽生长枝数量越多，则生长势越强。树势强弱是制订栽培管理措施的重要依据，而生长势则是衡量树势强弱的最重要的形态指标。

②生长量。指加长生长和加粗生长一年内达到的长度和粗度。生长量对一年枝和多年生枝均适用，是衡量树体营养多寡的一个指标。在果树整形修剪中，常利用控制生长量的办法来调节骨干枝和一些大、中枝组的长势。对一些过强、过大的骨干枝采用重缩剪、剥翅膀（疏除大分枝）的方法，减少其生长量，从而达到抑制生长、平衡枝势和树势的目的。

③顶端优势。是指一个近于直立生长的枝条，顶端的芽萌发后形成的新梢最强，长度最大，侧芽所形成的新梢由上而下生长势和长度依次减小，最下部的一些芽不萌发的现象。顶端优势在果树的表现是：在枝条上部的芽萌发抽生强枝，其下生长势逐渐减弱，最下部的芽甚至处于休眠状态；直立枝生长着的先端发生的侧枝呈一定角度，如去除顶端对角度的控制效应，则所发侧枝又呈垂直生长。该种顶端优势还表现在果树的中心干生长势要比同龄的主枝强，树冠上部的枝条要比下部强。乔化树顶端优势强；反之则弱。树种、品种不同，顶端优势的强弱也不同。顶端优势强弱和枝条着生的角度也有一定的关系：枝条越直立，顶端优势越强，反之则弱；枝条平生，顶端优势减弱，使优势转位，造成背上生长转强；当枝条下垂时，顶端生长更弱，而使枝条基部转旺。在果树整形修剪上，常利用枝条顶端优势的转移，来调节各部位枝条的长势。

④垂直优势。是指树冠内枝条生长势的减弱，还与其着生姿态有关。一般直立枝最旺，斜生枝次之，水平枝再次之，下垂枝生长最弱的现象。在果树整形修剪上，根据枝条垂直优势的特点，可通过改变枝

芽生长方向来调节枝条的生长势。

⑤干性和层性。顶端优势明显的果树，干性强，枝干的中轴部分较侧生部分具有明显的相对优势。不同树种干性强弱有差异，如苹果、梨、山楂、甜樱桃、李、核桃等树种干性较强；板栗的干性中强；桃、杏、葡萄、石榴等树种的干性较弱。层性是由于顶端优势和枝条不同部位芽的质量差异，使强壮一年生枝的着生部位比较集中，历年重演，使中心干上主枝的分布、主枝上侧枝的分布形成明显的层次造成的。一般顶端优势明显，成枝力弱的树种层性明显，如苹果、梨、山楂、甜樱桃、核桃等树种，树冠上枝条的分布常呈明显的层性；而顶端优势不明显，成枝力强的树种、品种则层性不明显，如桃、杏、酸樱桃及柿树等。从树龄上看，幼龄果树主枝在中心干上的层性明显，随着树龄增长逐渐减弱。主枝也有层性，但不及中心干明显。在果树整形上，可利用干性和层性培养不同的树形。凡干性强，层性明显的树种，适于培养成中心干的分层性树形；干性弱、层性不明显的树种则宜采用开心形或圆头形树冠。

⑥分枝角度。泛指分枝与母枝所形成的夹角。分枝角度大长势缓和，容易形成花芽。各种丰产树形对骨干枝分枝角度均有基本要求，角度大、通风透光好，树冠内可容纳较多的枝组，有利于获得优质丰产。在果树修剪中，常用改变骨干枝、枝组分枝角度的方法平衡树势。

⑦枝条硬度和尖削度。枝条硬度是指枝条的软硬程度；尖削度则是指当年萌发抽生的枝条不同部位粗细程度的差异。在果树修剪中，常利用枝条的硬度选择适宜的拉枝时间。梨等果树枝条脆硬的树种，一般在夏、秋季拉枝；苹果等枝条比较柔软的树种，一年四季均可进行拉枝。果树生产上常根据果树尖削度的大小，判断果树生长势的强弱，来制订相应的栽培管理措施。一般枝条尖削度比较小的果树生长发育比较好。

（二）地下部

果树的地下部即根系，是指根的整体或体系。其主要功能是吸收水分、养分和固定植株，还具有输导、合成、繁殖和贮藏功能。

**1. 根系类型**

果树的根系根据发生来源可分为实生根系、茎源根系、根蘖根系 3 种类型（图 1–12）。

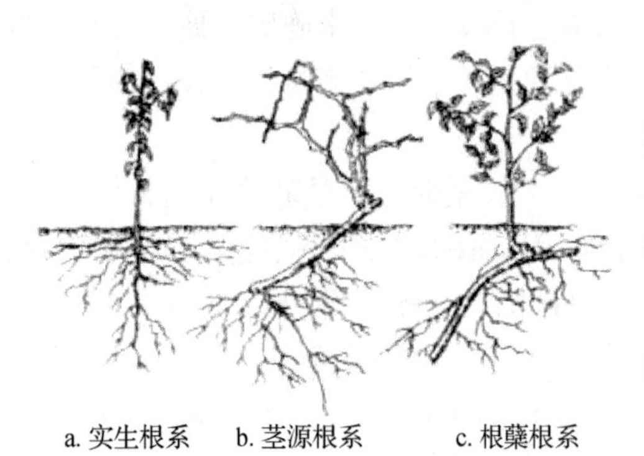


**图 1–12 果树根系的类型**

（1）实生根系

实生根系是指由种子的胚根发育而形成的根系。实生繁殖和用实生砧嫁接的果树，其根系均为实生根系。实生根系一般主根发达，根系较深，生活力强，对外界环境条件有较强的适应能力，个体间差异较大，在嫁接后还受地上部接穗品种的影响。我国目前应用的苹果、梨和柑橘实生砧都属此类根系。

（2）茎源根系

茎源根系是指由母体茎上的不定根形成的根系。用扦插、压条繁殖的果树，如葡萄、石榴、无花果、草莓的扦插苗，苹果矮化砧、荔枝、龙眼的压条繁殖，试管苗的生根繁殖和香蕉、菠萝的吸芽等均属于茎源根系。其特点是主根不明显，根系较浅，生活力较弱，但能保持母体性状个体间比较一致。

（3）根蘖根系

根蘖根系是指果树根上发生不定芽所形成的根蘖苗，经与母体分离后成为独立个体所形成的根系，如用分株繁殖的山楂、枣、樱桃、石榴等根系。根蘖根系的特点与茎源根系相同。

**2. 根系结构**

（1）实生根系

果树根系通常由主根、侧根和须根组成（图 1–13）。主根是由种子的胚根垂直向下生长形成的，为初生根。侧根是主根上产生的各级较粗的分支。主根和各级侧根构成根系的骨架，称为骨干根。骨干根粗而长，色泽深，寿命长，主要起固定、疏导和贮藏作用。须根是指主根和各级侧根上着生的细小根（一般直径小于2.5 mm）。须根细而短，大多数在营养生长期末死亡，而未死亡的可发育成骨干根。须根起吸收、合成和输导作用。不同种类须根的差异较大，苹果为褐色或淡褐色，李为暗红色，石榴、柿为黑褐色，枳壳为淡褐色。须根根据功能和构造又可分为4类：生长根、吸收根、过渡根和输导根（图1-14）。生长根又称轴根或延伸根，是初生结构的根，白色，生长较快，分生新根的能力强，也有吸收能力。如苹果生长根的直径平均1.25 mm，长度在2～20 cm。主要功能是向土壤内延伸和分生新的生长根和吸收根。生长根都可以分为根冠、生长点、延长区、根毛区、木栓化区、初生皮层脱落区和输导根区。吸收根也是初生结构的根，着生有大量根毛能从土壤中吸收水分和营养物质，能将有机营养转化为无机营养。吸收根长度小于2 cm，白色，寿命一般为7～25 d，在根系生长旺季，可达总根量的90%以上，吸收根一般不能发育为次生结构。苹果的吸收根平均直径为0.62 mm，主要功能是吸收，也具有根冠、生长点、延长区和根毛区，但不产生次生组织。生长根和吸收根先端密生根毛，可吸收水分和营养。输导根由生长根发育而成，浅褐至深褐色，加粗生长后形成骨干根，主要功能是输导水分和养分，并使果树固定于土壤中。

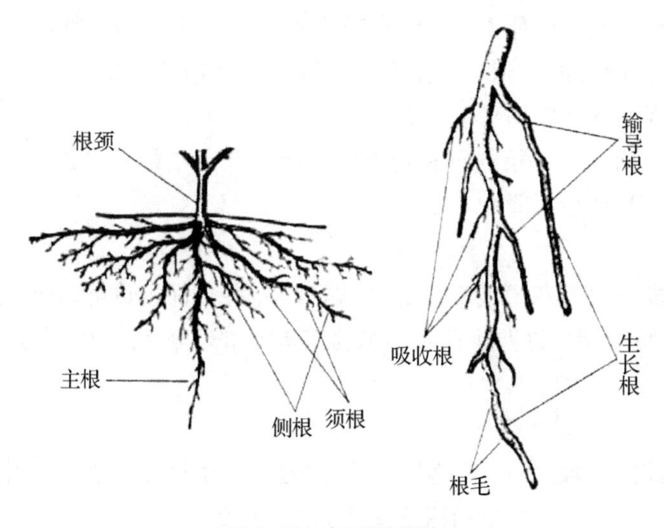


图1-13 根系的结构

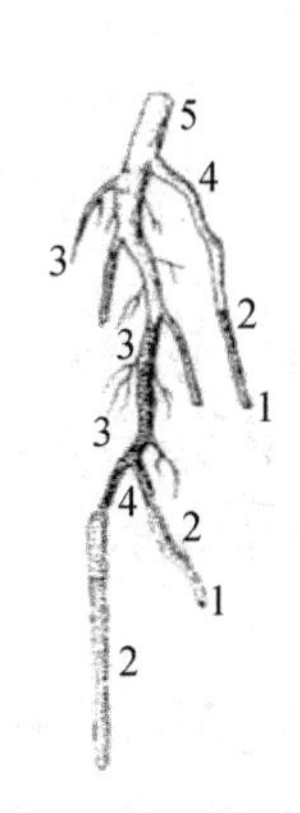


1. 根冠 2. 生长根 3. 吸收根
4. 过渡根 5. 输导根

图1-14 苹果须根

（2）营养根系

一般用无性繁殖果树的营养根系无主根，即使种子繁殖的砧木经过移栽，主根已被切断，或由于自然更新与土壤影响也不能一直沿主根方向垂直向下生长。

## 思考题

（1）为什么要进行果树分类？方法有哪些？

（2）什么叫果树带？我国果树带是如何划分的？

（3）从植株形态上识别果树，包括哪几个方面？从花上识别果树，具体从哪几个方面着手？从果实上识别果树从哪几个方面着手？

（4）果树的基本结构如何？

（5）果树芽、枝如何分类？其基本特性是什么？在生产上如何加以利用？

（6）果树根系有哪些类型？结构如何？

## 第三节 果树生长发育规律

### 一、果树的生命周期

果树的生命周期是指各种果树在其一生的发育过程中，都要经历萌芽、生长、结实、衰老和死亡的过程。生命周期中的各个阶段称为年龄时期。果树分为实生树和营养繁殖树。

#### （一）实生树的生命周期

实生树是指由种子萌发长成的果树个体。该种树在一生中经历萌发与生长、多次开花与结果、衰老与死亡的完整历程。从栽培实用角度，可将实生树个体发育的生命周期划分为幼年阶段、成年阶段和衰老阶段。

**1. 幼年阶段**

幼年阶段也称童期，是指从种子萌发起，经历一定的生长阶段，到具备开花潜能这段时期。

童期长短是果树的一种遗传特性。各种果树从播种到开花的时间不同，如“桃三杏四梨五年”，柑橘类约七八年，银杏、荔枝、龙眼则为十几年，同一树种不同品种童期长短也有不同，如核桃的“早实型”和“晚实型”等。童期长短与栽培环境和管理技术措施等因素有关。良好的栽培环境条件和管理技术，可促使树体营养积累，促进代谢物质及激素在树体内的平衡，缩短童期。

果树童期的生长特点主要表现为两个方面：一是植株只有营养生长而不开花结果；二是在形态上表现为枝条生长直立，具针刺或针枝，芽小，叶片小而薄。

**2. 成年阶段**

成年阶段是指实生果树进入性成熟阶段（具开花潜能）后，在适宜的外界条件下可随时开花结果的阶段。该阶段根据结果情况分为初果期和盛果期。这两个阶段本质上是相同的，都处在生理成熟阶段，但在不断地加深衰老程度。

（1）初果期

初果期是从果树开始结果到大量结果前的一段时期。该期特点是树冠和根系迅速扩展，叶片同化面积增大。部分枝条开始形成少量花芽，开花结果。在初果期树体逐渐扩大，产量增加直至盛果期。

（2）盛果期

盛果期是指树冠分枝级次增多并达到最大限度，年生长量逐渐稳定。叶果比较适宜，花芽容易形成。结果部位扩大。果实大小、形状及风味达到该品种的最佳状态。产量达到并稳定在最高水平。在正常情况下，生长、结果和花芽形成达到平衡。

**3. 衰老阶段**

衰老阶段是指盛果期后树体生命活动逐渐衰退的时期。该期特点是：树势明显衰退；大小年现象明显；树体骨干枝、骨干根逐步衰亡；枝条生长量小，细小纤弱；结果枝或结果母枝越来越少；结果量少，果实小而品质差；树体更新复壮能力和抗逆能力显著下降。

#### （二）营养繁殖树生命周期

营养繁殖树是指通过压条、扦插、分株、嫁接和根插等营养繁殖法获得的果树植株。这类树在个体发育的生命周期中，无种子萌芽这一生命活动，只有生长、结实、衰老、死亡等活动内容。营养繁殖时，采集的材料已通过童期，进入了成年阶段。营养繁殖树虽然无童期，但仍要经历一个以营养生长为主的阶段才能开花结果。通常将其生命周期分成幼树期、初果期、盛果期和衰老期 4 个阶段。

**1. 幼树期**

幼树期也称营养生长期，是指从果树定植至第 1 次开花结果。幼树期苹果、梨一般为 3 ~ 4 年，杏、李、樱桃等 2～3 年，葡萄、桃等 1～2 年。

（1）生长特点

树体生长旺盛，年生长期长，进入休眠期迟；枝条多趋向于直立生长，生长量大，往往有多次生长，节间较长，组织不充实，越冬性差，长枝比例高。

（2）主要栽培任务

促进生长，尽快扩大营养面积；选择培养好各级骨干枝，建立良好的树体结构；促控结合，促花早结果；加强树体保护。

（3）促进幼树早结果技术措施

利用曲枝、环剥等伤枝处理技术；采用矮化砧，深翻扩穴，增施有机肥；轻剪多留枝；适当使用生长调节剂，利用早熟性芽。

**2. 初果期**

初果期也称生长结果期，是指从第 1 次结果到大量结果前。初果期苹果、梨 3～5 年，葡萄、核果类树种很短，一经开花结果，很快进入盛果期。

（1）生长特点

前期营养生长仍占主导地位，树冠、根系继续扩大，但随结果量的迅速增加，离心生长趋缓，侧向生长加强，达到或接近最大营养面积；长枝比例下降，中、短枝比例增加；产量逐渐上升，品质逐年提高。

（2）主要栽培任务

继续完成整形任务，逐步清理改造辅养枝，维持树体结构；缓和树势，增加花芽比例，促进及早转入盛果期。

（3）栽培管理措施

继续深耕改土，加强肥水管理，轻修剪，注意培养结果枝组。

**3. 盛果期**

盛果期指从大量结果到产量明显下降。

（1）生长特点

离心生长基本停止，树冠、产量和果实品质均达到生命周期中的最高峰；新梢生长趋于缓和，花芽大量形成，中、短果枝比例加大；生长结果的平衡关系极易破坏，管理不当则出现大小年现象。

（2）栽培管理任务

处理好生长与结果的关系，既保证树体健壮生长，又满足优质、高产、稳产的需要，尽量延长盛果期年限。盛果期持续时间长短，取决于树种和栽培管理水平。一般仁果类树种持续时间较长，核果类树种持续时间较短。

（3）栽培管理措施

加强肥水管理，均衡配备营养枝、结果枝和预备枝；做好疏花疏果工作，控制适宜结果量，防止大小年现象提早出现，注意枝组和骨干枝更新。

**4. 衰老期**

衰老期是指从产量、品质明显下降到树体死亡。

（1）生长特点

骨干枝先端逐渐枯死，向心生长逐步加强，结果量和果实品质明显下降。

（2）栽培管理措施

栽培上应适时更新复壮。在经济效益降到一定程度后则需砍伐，重新建园。

## 二、果树年生长发育规律

### （一）年生长周期和物候期

**1. 基本概念**

年生长周期简称年周期，是指果树在一年中随气候不同而发生变化的生命活动过程。物候期全称生物气候学时期；是指果树在一年中，生长发育有规律的变化，正好同一年中季节性气候变化相吻合的器官动态变化时期。

总体上，果树年生长周期可分为生长期与休眠期。落叶果树这两个时期非常明显。从春季萌芽开始就进入生长，根、茎、叶、花、果分别进行一系列的生长发育活动，秋天到来，叶片渐趋老化，冬季低温期落叶休眠。常绿果树在年生长周期中无明显的冬季休眠期。果树物候期有大物候期和小物候期之分，1 个大物候期常常可以分为几个小物候期。如开花期可分为初花期、盛花期始期、盛花期、盛花末期、落花期等若干个小物候期。

**2. 各种果树物候期及其进程**

各种果树的物候期及其进程不同，这取决于树种、品种遗传特性。如落叶果树有明显的休眠期，而常绿果树则无明显的休眠期；桃、李等核果类果树先开花后展叶，而梨、苹果等仁果类果树多为先展叶后开花；一般果树开花期多在春季，但枇杷在冬季开花，金柑可在夏、秋多次开花；樱桃、枇杷果实初夏成熟，板栗、核桃则在秋天成熟。一般柑、橘、橙在冬季采收，但夏橙要到第二年夏天才成熟。果树各物候期的表现都对环境条件有一定的要求。如果环境条件发生改变，果树物候期的进程就要发生改变。同一树种、品种正在同样一个地区，可因各年的气候条件改变而出现物候期提前或推后。同一树种、品种栽种在不同地方，它们物候期会因各地气候和地理条件不同而不同。通常地理条件通过气候条件起作用。如纬度越高，温度越低，春季物候期越晚。海拔低，温度高，春季物候期早。受海洋气候影响的地区，春季气温变化缓慢，相应的物候期也来得较晚。了解果树各个物候期的特点，对制订果树区划和科学管理措施有重要意义。

**3. 物候期选择与标志**

果树物候期一般选择在形态上有明显标志的阶段，如萌芽期、新梢生长期、开花期、果实成熟期、花芽分化期、落叶休眠期等。其标志着果树和环境的统一：果树物候期的变化既反映果树在年生长周期中的进程，又在树体上体现出一年中气候的变化。

**4. 物候期特点**

果树物候期具有顺序性、重叠性和重演性 3 个特点。顺序性是指同一种果树的各个物候期呈现一定的顺序。如开花期是在萌芽的基础上进行的，又为果实发育做准备。重叠性指同一树上同时出现多个物候期的现象。如落叶果树新梢的生长、果实发育、花芽分化、根系活动等物候期均交错进行，重叠性会导致营养的竞争。重演性指同一物候期在一年中多次重复出现的现象。如新梢可多次生长，形成春梢、夏梢、秋梢，葡萄一年可多次开花结果等就是这种情况。

### （二）根系生长发育

**1. 分布特点**

（1）根系形状及分类

实生根系在土壤中呈倒圆锥形，可分为 2～3 层。与地上部相对应，上层根群角（侧根与主根所成的角）较大，分枝性强，土壤耕作及施肥对其影响较大。而下层根群角较小，分枝性弱，土壤耕作及施肥对其影响不大。

根据根在土壤中分布位置，可分为水平根和垂直根。水平根是指靠近地面的侧根，与主根所构成的角度较大，甚至几乎与地面平行；垂直根是指土壤中位置较深的侧根，与主根所构成的角度较小，几乎垂直向下生长。水平根和垂直根综合构成根系外貌。

（2）根系在土壤中的分布深度和范围

根系在土壤中的分布深度和范围取决于树种、砧木、土壤、栽培管理技术等因素。桃、杏、李、樱桃、梅等根系分布较浅，多在 40 cm 的土层内；梨、柿、核桃等分布较深，苹果等介于其间。草莓是草本植物，其根系是由不定根组成，在新茎及根状茎上产生，根分布较浅，集中分布在地表 20 cm 的土层内。矮化砧水平根发达，而乔化砧垂直根发达。根系水平分布一般为树冠冠幅的 1.5 ~ 3 倍，且以树冠外缘附近较为集中，约有 60% 的根系分布在树冠正投影之内，尤以粗根表现最为明显。成年果树垂直根的分布深度一般小于树高，多分布在 10 ~ 80 cm 范围内的土层，10 ~ 40 cm 为根系集中分布层。果树大量的须根分布在土壤中含氮和矿物盐最多、微生物活动最旺盛的土层中。一般都分布在树冠外缘 20 ~ 60 cm 深的土层中，以 20 ~ 40 cm 土层中须根数量最多。在土层深厚肥沃或经常施肥的果园，水平根分布距离小，细根多；在干旱贫瘠的土壤条件下，根延伸远，而细根小。

（3）向性和自疏现象

根系分布还具有某些向性和自疏现象。向性是指果树根系的发展总是向土壤理化性状好、通气良好、养分、水分充足、微生物活跃的范围伸长，而且分布也多。自疏现象是指根系在土壤中的增生、分布不是无限的，而是随着新根的增加，部分老根随之枯死，使新根在土壤中保持一定的密度。

**2. 生长特点**

（1）果树根系无自然休眠期

果树根系无自然休眠期，只要条件适合可周年生长。落叶果树在落叶后根系还有少量的生长，随着土温下降，根系生长越来越弱，至 12 月下旬土温降至 0 ℃时停止生长，被迫进入休眠。果树根系在不同时期生长强度不同。

（2）果树根系在一年中呈波浪式生长

①幼年树发根高峰。幼年树一年内有 3 次发根高峰，即三峰曲线。第一次发根高峰在春季，随着土温上升，根系开始活动，当达到适宜温度时，出现第一次发根高峰。特点是发根较多，但时间较短，主要依靠上一年树体贮藏的养分。第二次发根高峰是当新梢生长缓慢，果实又未达到加速生长时，养分主要集中供给根系，此时出现第二次发根高峰。特点是生长时间较长，生长势强，发根数量多，为全年发根最多的时期，主要依靠当年叶片光合作用制造的养分。第三次发根高峰是进入秋季后，花芽分化减慢，果实已经采收，叶片制造的养分回流，根系得到的养分增加，又出现第三次生长高峰。特点是持续时间长，但生长势较弱。

②成龄树发根高峰。成龄树发根高峰 1 年内只有 2 次，即双峰曲线。春季根系生长缓慢，直到新梢生长快结束时，才开始形成第一次发根高峰，是全年的主要发根时期。到秋季出现第二次发根高峰，但不明显，持续的时间也不长。

（3）地上部与根系生长呈现一定的先后顺序

在根系生长年周期中，地上部与根系开始生长的先后顺序，因树种、枝芽和根系生长对环境条件的要求不同而异。苹果、梨根系活动对地温要求低，根系先开始活动，后萌芽。柑橘根系活动要求地温较高，在地温较低地区，先萌芽，后发根；在地温较高地区先发根，后发芽。

（4）不同深度土层根系有交替生长现象

不同深度土层根系生长有交替生长现象，这与温度、湿度和通气状况有关。苹果吸收根 60% ~ 80% 发生在表层，0 ~ 20 cm 表层土中最多，称为“表层效应”。因此，创造最适宜的土壤表层环境对根系生长至关重要。

（5）根系生长主要在夜间

根系昼夜不停地进行着物质的吸收、运输、合成、贮藏和转化。根系主要在夜间生长，其发生数量和生长量夜间均多于白天。

**3. 年生长动态**

由于树种、品种、砧穗组合、树龄、产量、生长发育状况等内部因素及土壤管理措施等外部条件的影响，一年中根系的生长表现出周期性的变化。常见的有3种类型：单峰曲线、双峰曲线、三峰曲线。未修剪李树根系生长只出现1次高峰，在5月初至7月底；而梨和葡萄的根系一年中有2个生长高峰；多数落叶果树的幼树为三峰曲线，一年中有3次生长高峰。

**4. 影响因素**

（1）外部因素

①温度。果树根系开始活动和停止生长与土壤温度密切相关。树种不同，对土壤温度要求也不同。主要树种开始发根的温度由低到高的顺序是：苹果 < 梨 < 桃 < 葡萄 < 枣 < 柿。一般北方果树在土温达3 ~ 7 ℃发生新根，12 ~ 26 ℃时旺盛生长，>30 ℃或 <0 ℃停止生长。

②水分。最适于果树根系生长的土壤水分是土壤田间最大持水量的60% ~ 80%。土壤水分降至一定程度时，即使其他条件适合，根系也停止生长。根系细胞的渗透压比叶片低，严重缺水时叶片蒸腾仍在进行，叶片就会夺取根内水分，使根系生长、吸收停止，甚至死亡。土壤水分过多时，通气性差，影响根系呼吸，削弱根的生长和吸收，严重时根系窒息死亡。

③空气。根系在土壤中正常生长和吸收水分、养分，通气状况必须良好。大多数果树根系正常活动要求土壤含氧量在10%以上，发生新根则要求12%以上；含氧量在5%时，根系生长缓慢；含氧量在2% ~ 3%时根系生长停止。为增加根量，提高根的功能，必须保证土壤通气良好。对通气差的果园，要进行土壤改良。

④土壤营养状况。主要通过土壤中有机质和生物来加以体现。最适果树根系生长的土壤有机质含量在1%以上。土壤中的生物如蚯蚓、蚂蚁、昆虫幼虫、微生物影响土壤物质的转化、营养的供应和土壤肥力，进而影响根系的生长。大多数果树都有菌根。菌根是根系与真菌的共生体。柑橘、杨梅、荔枝、龙眼、苹果、梨、葡萄、柿、板栗、枣、核桃、草莓等都有菌根。菌根的菌丝体能在土壤含水量低于萎蔫系数时，从土中吸收水分，分解腐殖质，并分泌和提供生长素与酶等，促进根系活动，活化果树生理机能。同时，真菌也要从果树根中吸取生活所需的有机养分和其他营养物质。二者互惠共赢，可增强根系吸收养分和水分的能力，提高果树代谢水平和抗病能力。

（2）内部因素

果树根系的生长与树体营养状况、内源激素的平衡等因素有密切关系。根系生长发育、水分和养分的吸收、有机物的合成，都依赖于植株地上部碳水化合物的供应。其中，上年贮藏的养分主要影响根系前期的生长，而当年制造的碳水化合物则影响根系中后期的活动。田间条件下，超过50%的光合产物用于果树根系的生长、发育和吸收。新梢产生的生长素对新根的发生有重要的刺激作用。在结果过多或枝叶受到损害的情况下，即使加强肥水管理，也难以改变全树的生长状况。砧穗组合可改变植株地上部与根系间营养与激素的平衡，影响根系的分布、形态及年生长周期。

**5. 促进根系生长的措施**

在幼树期深翻扩穴，增施有机肥；随树龄和结果量增加，要加深耕作层，深施肥料，同时，还要注意控制结果量。在结果末期，应注意深翻土壤，增施有机肥。在年周期中，早春应注意排水，中耕松土；施用充分腐熟的肥料，配合速效肥；夏季要注意中耕松土、灌水和覆盖；秋冬季深耕土壤，增施大量有机肥料。

**6. 土壤与根系生态表现型**

土壤是决定根系生长的关键因素。根系的分布常常因果园土壤的结构、质地、肥水状况及其他环境条件的多样性而表现出不同的生态表现型。黏土果园的根系呈“线性”分布，分根少，密度小，但在延伸过程中遇到透气好的区域，会产生大量分根；果园肥水条件好时，根系呈“匀性”分布，根系分布深远，分根级次多，细根量大；“疏远型”是根系在沙地果园的生态表现型，根系分布广、密度小，吸收根细短、干枯、功能差；而山地果园和冲积平原土果园，根系集中分布于表层土壤，称其为“层性”分布。

## （三）芽、枝、叶的生长与发育

### 1. 芽的生长与发育

芽由枝、叶、花的原始体及生长点、过渡叶、苞片、鳞片构成。叶芽是指只含叶原基的芽；纯花芽是指只含花原基的芽；混合芽是指叶与花原基共存于同一芽体中。芽在一定条件下可形成一个新植株。发育正常的叶芽生长点是由呈方形，大小为5～20μm、充满原生质体的胚状细胞构成，整个生长点呈半圆球状。它被叶原基、过渡性叶和鳞片覆盖着。春季萌芽前，休眠芽中就已形成新梢雏形，称为雏梢。在雏梢叶腋内形成新的腋芽原基，可形成腋芽或副梢。落叶果树芽的形成过程，一般要经过芽原基出现期、鳞片分化期和雏梢分化期3个阶段（图1-15）。

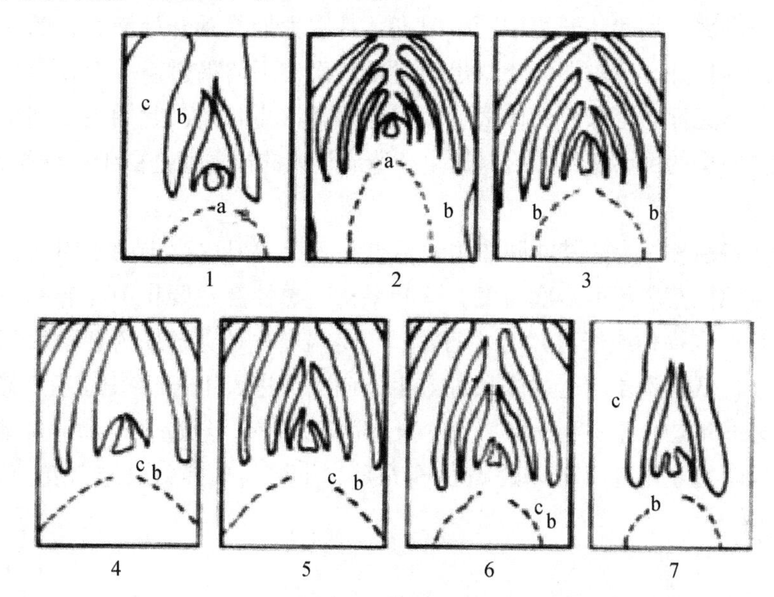


1. 芽原基出现期，示新梢顶端生长点向顶芽转化　2. 鳞片分化期　3. 质变期　4. 冬季休眠前雏梢分化期　5. 冬季休眠期　6. 冬季休眠后雏梢分化期　7. 同1，示新梢顶端生长点又开始向顶芽转化

a. 生长点或芽原基　b. 鳞片　c. 叶

**图1-15　梨叶芽形成过程**

（1）芽原基出现期

芽原基是果树萌芽前后在芽内雏梢或新梢叶腋间产生的由细胞团组成的生长点，是芽的雏形。有4种情况：一是大多数树种的芽原基出现期与萌芽期同步，随着芽的萌发，自下而上发生新的腋芽生长点，如苹果、梨、桃、杏等果树就是这种情况。二是有些果树芽原基出现期发生在萌芽前，如板栗、柿、核桃、山楂和葡萄在越冬前就已在芽内雏梢的叶腋间形成芽原基。三是旺盛生长新梢前部的芽原基则出现在萌芽后新梢继续延伸的过程中。四是顶芽无明显的芽原基出现期，由雏梢顶端的生长点分化鳞片而形成顶芽。

（2）鳞片分化期

鳞片分化期是从芽原基出现后，生长点由外向内分化鳞片原基，并逐渐发育为固定的鳞片的过程。苹果、梨鳞片分化从母芽萌动一直延续至该芽所在节位的叶片停止增大时，叶片增大期也就是该节位腋芽的鳞片分化期。板栗、柿、葡萄等鳞片较少的芽，在芽从叶腋间显露时，鳞片数已分化完成。鳞片分化期完成后，是决定芽分化方向的关键时期。综合条件适宜的芽通过质变期后转入花芽分化，否则进入雏梢分化期最终发育成叶芽。

（3）雏梢分化期

雏梢分化期是指鳞片分化期完成后，生长点进一步分化出叶原基的过程。大致分为冬前雏梢分化和冬后雏梢分化两个阶段。冬前雏梢分化阶段是指鳞片分化之后，随即进行雏梢分化。冬前雏梢分化完成后，进入冬季休眠。冬季休眠后，有的芽继续进行雏梢分化，增加节数；有的芽不在增加雏梢节数或顶端转为顶芽。经过冬季休眠后的芽萌发后形成不同长度的新梢，有些新梢的先端生长点仍能继续分化新的叶原基，增加节数，直到新梢停止生长后，才开始顶芽的分化，这一分化称为芽外分化。

**2. 萌芽**

（1）萌芽标准与特点

萌芽物候期是指从芽膨大至花蕾伸出或幼叶分离为止。不同树种萌芽物候期的标准不同。以叶芽为例，仁果类果树萌芽分芽膨大期和芽开绽期两个时期。芽膨大期是芽开始膨大，鳞片松动，颜色变浅的时期；芽开绽期是指鳞片松开，芽先端幼叶露出的时期。而核果类果树萌芽期以延长枝上部的叶芽鳞片开裂，叶苞出现为止。萌芽标志着果树由休眠或相对休眠转入生长期，此期主要利用贮藏养分，萌芽后抗寒力显著降低。北方春季的倒春寒经常给果树生产造成较大的损失就是由于此种原因。

（2）萌芽决定因素

果树萌芽是由遗传特性和综合条件共同作用的结果。萌芽主要取决于两个因素：一是芽的特性，取决于果树萌芽早晚。早熟性芽一年可多次萌发，落叶果树晚熟性芽主要集中在春季一次萌发；潜伏性芽则只在受到刺激（枝叶受到损伤或修剪）时才萌发。二是温度，是决定果树春季萌芽早晚的关键环境因素。落叶果树需要一定的低温量才能通过休眠进入生长期，而进入生长状态的芽又需要一定积温才能萌芽。多数落叶果树要求日平均气温达到5 ℃以上，土温达7 ~ 8 ℃，经过10 ~ 15 d才能萌芽。但枣和柿要求日平均气温在 10 ℃以上才萌芽。树体贮藏营养充足、土壤通气良好、空气湿度适当偏小都有利于萌芽。

**3. 枝的生长**

枝的生长包括加长生长和加粗生长。常用生长量和生长势来表示。

（1）加长生长

①加长生长过程。新梢加长生长是从叶芽萌发后露出芽外的幼叶彼此分离后开始，至新梢顶芽形成或停止生长为止。加长生长是枝条顶端分生组织细胞分裂伸长的结果。细胞分裂发生在新梢顶端，伸长则延续到顶端以下几节。随着枝条的伸长，进一步分化出侧生叶和芽，枝条形成表皮、皮层、木质部、韧皮部、形成层、髓和中柱鞘等各种组织。加长生长经过3个时期：开始生长期、旺盛生长期和缓慢生长期。从展叶开始到迅速生长前为开始生长期。此期内第一批簇生叶片增大，而新梢无明显的伸长。生长主要依赖上年的贮藏营养。此期长短主要取决于气温高低。晴朗高温，持续时间短；阴雨低温持续时间长。旺盛生长期从开始加快生长到缓慢下来为止。此期节间加长，新梢明显伸长，幼叶迅速分离，叶片数量和面积快速增加。缓慢生长期从生长变缓直至停止生长。此时形成节间短，进而形成顶芽，停止生长，持续一段时间后枝条转入成熟阶段。

②加长生长影响因素。新梢加长生长动态受多种因素影响。首先不同树种间差异较大。葡萄、桃、杏、猕猴桃等果树一年多次抽生新梢。苹果、梨等果树的新梢只沿枝轴方向延伸1 ~2次，很少发生分枝，梨的2次枝又比苹果少。核桃、板栗、柿等果树的新梢加长生长期短，一般无2次生长，常在6月停止生长，整个生长过程明显集中于前期。其次是同一树种也会因品种、树龄、树姿、负载量、环境等因素影响而有所变化。苹果幼树或负载量较小的树或夏秋季节高温多雨时易发生秋梢，而成年果树负载量大时不易发生秋梢，甚至不发生2次生长。再次是不同类型枝条生长动态也存在差异。短枝无旺盛生

长期，旺盛营养枝可持续生长到秋季。苹果生长中庸的营养枝，中间有一个缓慢或停止生长的阶段，形成瘪芽或盲节（又叫环痕，在春、夏、秋梢或一、二年生枝交界处一般无明显的芽子），7—8 月又旺盛生长，形成秋梢。

③关键生长期。新梢旺盛生长期简称新梢旺长期，是果树年周期中最重要的物候期之一，也是果树生产上十分关键的管理时期。新梢旺长期是果树叶幕形成期，其生长强度及持续时间对树体全年营养状况影响较大。它也是树体营养转换期，由利用贮藏营养逐步过渡到利用当年制造营养。除此之外，新梢旺长期还是果树全年需肥水的临界期。生产上必须采取综合措施（如充分供应肥水、夏季修剪及定果等技术措施）满足新梢旺长期的需要。

（2）加粗生长

加粗生长晚于加长生长，是形成层细胞分裂、分化和增大的结果。加粗生长的开始时间和生长强度决定于加粗部位距离生长点的远近，也决定于加粗部位以上生长点和枝叶的数量。果树加粗生长的起止顺序是自上而下，春季新梢最先开始，依次是一年生枝、二年生枝、多年生枝、侧枝、主枝、主干、根茎，秋季则按此顺序依次停止；多数果树每年有 2 次加粗生长高峰，且出现在新梢生长高峰之后，1 年中最明显的生长期在 8—9 月。多年生枝干加粗开始生长期比新梢加长生长晚 1 个月左右，其停止期比新梢加长生长停止期晚 2 ~ 3 个月。当叶面积达到最大面积的 70% 时，叶片制造的养分即可外运供加粗生长。枝干加粗的年间差异，表现为木质部的年轮。枝在加粗生长时，使树皮不断木栓化并出现裂痕，多年生枝只有加粗生长，而无加长生长。

**4. 叶片的生长与发育**

（1）叶的形态与结构

叶片自叶原基出现之后即开始发育。新形成的叶原基为圆柱状，向生长点弯曲，随着芽的萌动逐渐增大、直立，以后逐渐离轴反折生长，在萌发过程中分化出叶柄、托叶和叶片。叶原基表面有一层分生细胞，为原生表皮，最后长成表皮层，并逐渐分化出气孔。表皮下方的细胞分化为原生形成层和基本分生组织，它们分别衍生出形成层和叶肉。新梢基部和上部的叶片较小，中部叶片较大；幼树叶片比成年树叶片大；树冠内膛叶片比外围叶片大；短梢上叶片比长梢上叶片大。通常用树冠外围新梢中部的叶片作为该树的代表性叶片。

果树叶片有 3 种：一是单叶，包括仁果类、核果类、板栗、枣、柿、枇杷、杨梅及菠萝、香蕉等果树；二是复叶，如核桃、长山核桃、山核桃、荔枝、龙眼、香榧、草莓、枳壳；三是单身复叶，如柑橘属、金柑属的有关种类。

果树单叶包括叶片、叶柄和托叶。每种果树的代表性叶片都有相对固定的形状、大小、叶缘、叶脉分布等特点，是进行分类和识别品种的依据之一。

（2）叶片的生长发育

果树单叶面积开始增长很慢，以后迅速加强，当达到一定值后又逐渐变慢。不同种类、不同枝条和枝条上不同部位的叶片，从展叶至停止生长所需天数不一样，梨需 16 ~ 28 d，苹果 20 ~ 30 d，猕猴桃 20 ~ 35 d，葡萄 15 ~ 30 d。新梢基部和上部叶片停止生长早，叶面积小，中部晚，叶面积大。上部叶片主要受环境（低温、高燥）影响，基部受贮藏养分影响较大。生长初期的叶片净光合速率（Pn）常为负值，以后随叶片增长 Pn 逐渐增高，当叶面积达到最大时 Pn 最大，并维持一段时间，以后随着叶片的衰老和温度下降，Pn 也逐渐下降，直至落叶休眠。常绿果树与落叶果树叶片生长不完全相同，常绿果树叶片形成和落叶同时进行，老叶的脱落主要集中在新梢抽生之后。叶片的衰老主要受细胞分裂素的调节，生长素和赤霉素（GA）也有类似的作用。细胞分裂素可能促进核酸和蛋白质的合成，脱落酸（ABA）可加速叶片的衰老，环境条件可影响衰老过程。果树叶面积和 Pn 在年周期中的变化规律有单叶变化相似，春季逐渐增大，生长季节达到高峰，夏末至秋季逐渐下降。生命周期中，在盛果期之前叶面积总是不断增加，结果后逐渐下降。

（3）叶幕形成

果树叶幕是指同一层骨干枝上全部叶片构成的具有一定形状和体积的集合体，其是枝芽在树冠中生长的结果。不同的密度、整形方式和树龄，叶幕形状和体积不同。适当的叶幕厚度和叶幕间距，是合理利用光能的基础。多数研究表明：疏散分层形的树冠第一、二层叶幕厚度50～60 cm，叶幕间距80 cm，叶幕外缘呈波浪形是较好的丰产结构。叶幕结构及其在年周期内动态是衡量果树丰产的重要指标。落叶果树的叶幕，在春季萌芽后，随着新梢生长，叶片的不断增加而形成。叶幕在年周期中随枝叶的生长而变化，为保持叶幕较长时间的生产状态，在年周期中要求叶幕前期增长快，中期相对稳定，后期保持时间长。叶幕形成速度取决于树种、品种、树龄、树体营养、环境条件和栽培技术。苹果成年树以短枝为主，树冠叶面积在短枝停长时增长最快，5月下旬中、长枝停长时，已形成全树最大叶面积的80%以上。桃树以长枝为主，叶面积形成较慢，增长最快的时间是在长枝旺盛生长之后，约在5月下旬。叶幕中后期的稳定可通过栽培技术如夏季修剪、病虫害防治、肥水管理等措施实现。叶面积是衡量叶幕结构及其动态的主要指标。果树叶面积的大小用叶面积系数表示。叶面积系数也称叶面积指数，是指单位面积上所有果树叶面积总和与土地面积的比值（叶面积系数＝叶面积/土地面积）。叶面积系数高表明叶片多，光合面积大，光合产物多。但随着叶面积系数的增加，叶片之间的遮阴加重，获得直射光叶片的比率降低。多数落叶果树当叶片获得光照强度减弱至30%以下时，叶片的消耗大于合成，变成寄生叶。只有获得70%以上全光照的叶片才能获得充分的有效生理辐射。生产上一般采用调整树冠形状、适当分层及错落配置各类结果枝组等措施解决上述矛盾，提高叶面积系数。一般多数果树叶面积系数以4～5较为合适。其中，乔化果树叶面积指数3～5时单位面积上群体光能利用率达最大。苹果、梨叶面积系3～4较好，柑橘4.5～5，桃叶面积指数一般高于苹果，为7～10。矮化果树如苹果叶面积指数为1.5左右为宜。落叶果树理想叶幕是在较短时间内迅速形成最大叶面积，结构合理而相互遮阴少，并保持较长时间的稳定。

**5. 落叶与休眠**

（1）落叶

①落叶原因。落叶是果树进入休眠的标志。落叶前，叶细胞营养物质逐渐分解，由韧皮部运向枝干内贮藏；叶内核糖核酸和蛋白质减少，叶绿素分解，叶黄素显现而使叶片发黄，有的产生花青素，使叶片转为红色。与此同时，在叶柄基部形成离层，在外力作用下，叶片脱落。

②影响因素。温度是果树落叶的主要决定因素，温带果树在日平均气温达到15 ℃以下，日照12 h以下开始落叶。桃树在15 ℃以下，梨13 ℃以下，苹果在9 ℃以下开始落叶。树体及其各部位发育状况也影响落叶时间，幼树较成年树落叶迟，壮树较弱树落叶迟；在同一株树上，短枝较长枝落叶早，树冠外部和上部较内膛和下部落叶迟。外界条件的作用是果树非正常落叶的主要原因，干旱、水涝和病虫害都能引起果树落叶；生长后期温度和潮湿又会延迟落叶。过早落叶和延迟落叶对果树越冬和来春的生长结果都不利。

（2）休眠

休眠是指果树的芽或其他器官暂时停止生长而只维持微弱生命活动的现象。休眠期从秋季落叶到翌年春季萌芽前为止。果树的休眠是在系统发育过程中形成的，是对低温、高温、干旱等逆境适应的特性。落叶果树的休眠有自然休眠和被迫休眠两种。自然休眠是由果树本身的遗传特性和生理活动决定的休眠。果树在自然休眠期内即使给予适宜生长的环境条件，也不能发芽生长。通过自然休眠需要一定时间和一定程度的低温条件，称为需冷量。自然休眠要求的需冷量，一般以芽需要的低温量表示，就是在7.2 ℃以下需要的小时数。果树自然休眠与树种、树体发育状况及器官组织类型有关。不同树种因原产地系统发育而形成不同的休眠特性。扁桃在0～7 ℃低温下200～500 h可完成自然休眠，桃为500～1200 h，苹果、梨为 900～1000 h。自然条件下，多数果树在 12 月下旬至翌年 2 月下旬结束自然休眠。同一树种，幼树进入休眠期晚于成年树，在同一株树上进入休眠的顺序是从小枝到大枝，从木质部到韧皮部，最后到形成层。如果冬季低温不足，未能解除休眠，果树将表现不萌芽、不开花或萌芽不整齐、叶片小、生长结果差等现象。被迫休眠是指由于不利的外界环境条件（低温、干旱等）限制而暂时停止生长的现象。落叶果树冬季通过自然休眠后，往往由于周围温度过低而进入被迫休眠。根系的休眠也属被迫休眠。

**6. 影响枝芽发育的因素**

（1）树种、品种和砧木

不同树种、品种枝芽特性存在较大差异，从而有不同的生长表现。不同树种新梢长势不同，桃、葡萄等较强，柿等较弱，苹果居中；苹果的短枝型品种萌芽率高，成枝力低，表现节间短，短枝比例大，树体高度及枝梢长势均弱于普通型品种。砧木对地上部生长有明显的影响，具体表现为乔化和矮化两种情况。乔化是指有的砧木能使接穗长成高大的树体。与此相对应的乔化砧是指对接穗有乔化作用的砧木。如山定子、海棠果是苹果的乔化砧。矮化是指有的砧木能使树体变小，与此相对应的矮化砧是指具有矮化作用的砧木。如 M 系营养砧多数为苹果的矮化砧或半矮化砧。

（2）枝芽区位优势

枝芽区位优势主要有顶端优势和垂直优势两种。顶端优势是指在趋于直立生长的同一植株或枝条上，枝芽的生长势和生长量自下而上依次增强的现象（图 1-16）。垂直优势现象是指树冠内枝条的生长势，直立枝最旺，斜生枝次之，水平枝再次之，下垂枝最弱。激素是形成枝芽区位优势的主要原因。在直立性强的枝条和处于顶端的枝芽中，含有很多的生长素和赤霉素等物质，能提高枝条调运养分和水分的能力，促进细胞分裂和枝芽生长。修剪中通过改变枝芽生长方向可以调整枝条的生长势。

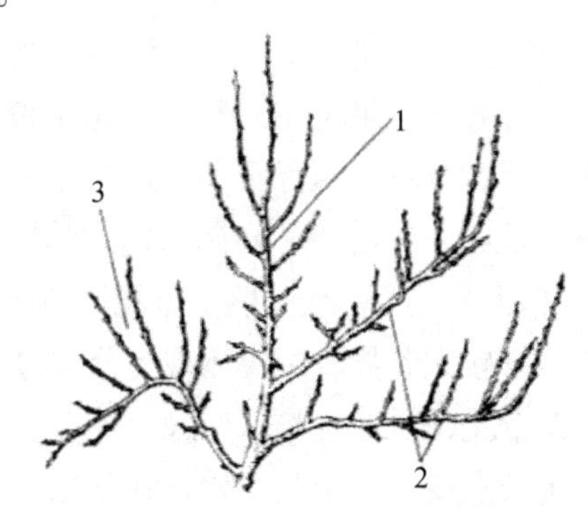


1. 直立枝，顶端易萌发旺枝　2. 水平、斜生枝，多萌发中、短枝　3. 向下弯曲枝，弯弓顶端易萌发旺枝

**图 1-16　果树顶端优势**

（3）树体营养状况

树体营养是枝梢生长的物质基础，它既取决于树体当年营养水平，更决定于树体上年贮藏营养的丰缺。二者互为基础，相互影响。新梢开始生长时只能利用贮藏营养，如苹果萌芽后 6 周才不再利用贮藏营养。叶丛枝、短枝、中长枝的春梢部分主要依靠贮藏营养生长。贮藏营养不足，新梢短小而纤弱，光合能力差，直接影响树体营养水平。当树体结果过多时，大部分光合产物用于果实发育，新梢生长受到抑制，因当年贮藏营养不足而影响翌年枝梢生长；反之，则出现新梢旺长。此外，病虫为害枝叶及不良环境因素均可影响树体营养状况，最终影响枝芽当年生长发育。

（4）内源激素

新梢的正常生长是各种内源激素相互作用的结果。茎尖中的生长素（IAA）和幼叶产生的赤霉素（GA）可促进新梢生长，而老叶中产生的脱落酸（ABA）则抑制新梢生长。

（5）环境条件和矿质元素

环境条件主要指光照和水分。光照通过光合作用和光周期两方面影响枝梢生长，长日照有利于 IAA 的形成，从而促进枝梢生长，而强光则抑制新梢的生长。春旱秋涝是影响果树枝梢生长的主要水分因素，春旱限制新梢前期生长，而秋涝又造成枝梢秋季徒长，组织不充实。矿质元素指氮（N）素和钾（K）素。N 素对枝梢生长有特别显著的作用，而 K 肥使用过多，对新梢生长有抑制作用。

（四）花果发育

**1. 花芽分化**

花芽分化是指果树芽的生长点经过生理和组织状态的变化，最终形成各种花器官原基的过程。其中，生理分化和形态分化是果树花芽分化的两个重要阶段。生理分化是果树芽生长点内进行的由营养生长状态向生殖生长状态转化的一系列生理、生化过程。形态分化是指从花原基最初形成至各器官形成完成。

（1）花芽分化过程

芽经过初期的发育后，进入质变期，开始花芽生理分化，继而进行形态分化，在雄蕊、雌蕊的发育过程中，形成性细胞。

①生理分化。果树生理分化取决于花芽类型。具有纯花芽的果树，芽在鳞片分化之后即进入生理分化期；而具有混合花芽的果树，则在雏梢分化达到一定节数之后开始这一过程。这一时期处于发育方向可变的状态，对内外条件具有高度的敏感性。如果具备花芽形成的条件，则改变代谢方向，完成生理分化后开始形态分化，最终形成花芽；否则形成叶芽。生理分化期是花芽和叶芽发育方向分界的时期，又称花芽分化临界期。花芽分化临界期是控制花芽分化的关键时期。生理分化期的长短取决于树种，苹果生理分化期为花芽形态分化前 1 ~7 周，板栗为 3 ~7 周。生理分化期的早晚，取决于因树种和枝条类型：以顶芽形成花芽的树种，短枝比长枝生长停止早，生理分化期开始也早；以侧芽形成花芽的树种，生理分化期主要决定于芽发育程度的早晚，发育早，生理分化期早，反之则发育晚。同一株树，由于枝条生长期长短和芽形成早晚不同，生理分化期可持续较长的时间。

②形态分化。果树花芽形态分化是按一定的顺序依次进行的。凡具有花序的果树，先分化花序轴，再分化花蕾。就一朵花蕾而言，是先分化下部和外部的器官，后分化上部和内部的器官。形态分化的顺序和分期是：分化始期（初期）、花萼分化期、花瓣分化期、雄蕊分化期、雌蕊分化期。有的果树花萼外有苞片（山楂）或总苞（核桃雌花），则在萼片分化前增加苞片或总苞的分化。不同果树之间花芽形态分化始期有较大差异，主要体现在分化过程和形态变化两个方面。桃、杏等芽内含单花的纯花芽，分化始期形态变化是从芽生长点变大、突起、转化为花原基止。李、樱桃芽内含 2 ~3 朵花的纯花芽，分化始期从芽生长点变大、突起开始，到分化出 2 ~3 个花原基止。具有花序的果树，花芽分化始期是从芽的分化部位变宽、突起开始，经过花序轴的分化到单花原基出现为止，分化过程形态变化较大。常见代表树种的花芽分化过程形态模式见图 1–17。

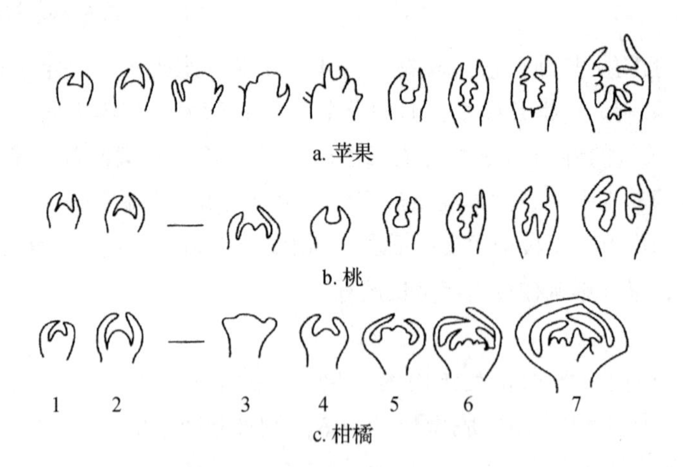


1. 叶芽期 2. 分化初期 3. 花蕾形成 4. 萼片形成 5. 花瓣形成 6. 雄蕊形成 7. 雌蕊形成

**图 1–17 果树花芽分化过程的形态模式**

A. 仁果类果树苹果、梨等花芽形态分化时期及特点

a. 叶芽期（未分化期）。生长点狭小、光滑。生长点内均为体积小、等径、形状相似和排列整齐的原分生组织细胞，不存在异形和已分化的细胞。

b. 分化始（初）期（花序分化期）。分化开始，生长点变宽，突起，呈半球形，然后生长点两侧出现尖细的突起，此突起为叶或苞片原基。

c. 花原基分化期（花蕾形成期）。生长点变为不圆滑，并出现突起的形状，在苞叶腋间出现突起，为侧花原基；原中心的生长点成为中心花的原基。苹果中心突起较早，也较大，处于正顶部的突起是中心花蕾原基；梨的周边突起较早，体积稍大，为侧芽原基。

d. 萼片分化期。花原基经过伸长、增大，顶部先变平坦，然后中心部分相对凹入而周围产生突起，即萼片原始体。

e. 花瓣分化期。萼片内侧基部发生突起，即为花瓣原始体。

f. 雄蕊分化期。在萼片内侧，花瓣原始体之下出现突起（多排列为上下两层），即为雄蕊原基。

g. 雌蕊分化期。在花原始体中心底部发生突起（通常为 5 个），就是雌蕊心皮原基。此后，心皮经过伸长、合拢，形成心室、胚珠而完成雌蕊的发育。与此同时，雄蕊完成花药、花丝的发育；花的其他器官如花萼、花瓣也同时发育。

B. 核果类果树桃、李、杏、樱桃等花芽分化特点

a. 花芽为纯花芽，芽内无叶原始体，而紧抱生长点的是苞片原始体。

b. 桃花芽内只有 1 个花蕾原始体，而樱桃、李等则有 2 个以上花蕾原始体。

c. 分化初期的标志是生长点肥大隆起，略呈扁平半球状，就是花蕾原始体。

d. 萼片、花瓣和雄蕊的分化标志与仁果类基本相似。

e. 雌蕊分化也是从花原始体中心底部发生，但是只有 1 个突起。

C. 柑橘类花芽分化特点

a. 未分化的生长点狭小并为苞片所紧抱。

b. 分化初期生长点变高而平宽，苞片松弛。

c. 其他分化期与仁果类相似，但子房为多室。

虽然花芽分化都要经过上述形态变化过程，但花芽开始分化时间及经历时期在树种、品种间有较大变化。其中，从形态分化到雌蕊分化期，苹果为 40 ~ 70 d；枣只有 10 d 左右。从花芽形态分化到开花时间，最长的核桃雄花芽为 380 ~ 395 d，枣只有 20 ~ 30 d。同一品种则因发育状况而异，一般成年树比幼年树分化早，中等健壮树比结果树分化早，结果少的树比结果多的树分化早；即使同一植株也因枝条类型不同而有明显差异，不同类型的新梢在一年中分期分批停止生长，同期停长的新梢又处于不同的营养状况和环境条件。花芽分化周年进行，且分期分批完成。苹果短枝顶芽在 5 月下旬分化花芽，而长枝腋花芽要延迟到 9 月才开始分化花芽。枣、葡萄等一年多次发枝，可多次分化花芽。各种果树的花芽分化又表现为相对集中和稳定。在一年中，苹果、梨一般集中在 5—9 月，桃为 6—9 月，葡萄是 5—8 月，枣则在 4 月。

（2）花芽分化进程

按照冬季休眠时花芽分化达到的程度为标准，不同树种花芽分化从快到慢的顺序是：核果类 > 苹果、梨 > 柿 > 山楂、核桃 > 葡萄 > 枣、中华猕猴桃。苹果、梨、核果类等果树到冬季休眠时一般能达到雌蕊分化期，其中桃、杏雌蕊可出现花粉母细胞，雌蕊有的可能出现胚珠原基；柿分化到花萼或花瓣分化期；山楂分化到花萼分化期；核桃雌花分化到萼片期；葡萄分化到花序分枝或花原基；枣、中华猕猴桃在第 2 年春季萌芽过程中进行形态分化。此外，异常环境条件如高温、低温等常常导致果树加快花芽分化进程，出现 2 次开花现象。

（3）花芽分化条件

①枝芽状态。花芽分化时芽内生长点必须处于生理活跃状态，并且细胞仍处在缓慢分裂状态。多数果树是在新梢处于缓慢或停止生长时进行花芽分化，此时新梢缓慢生长但不进行伸长或停止生长但未进入休眠。只有发育到花孕育程度的芽才能最终形成花芽，如葡萄是在新梢生长的同时进行花芽分化。

②营养物质。花芽分化依赖糖类、蛋白质、核酸、矿质元素等营养物质。营养物质的种类、含量、

相互比例及物质的代谢方向都影响花芽分化。在足够的糖类基础上，保证相当量的氮素营养，C/N 比适宜，才有利于花芽分化。果树生产中对枝叶生长良好的果树采用抑制营养生长的措施如喷施生长抑制剂、环剥、开张角度等，能促进花芽形成。

③调节物质。花芽分化是在多种激素和酶的作用下发生的，分化要求激素启动和促进。来自叶和根的促花激素和来自种子、茎尖、幼叶的抑花激素的平衡才能促进花芽分化。促花激素主要指成年叶中产生的脱落酸（ABA）和根尖产生的细胞分裂素（CTK）；抑花激素主要指产生于种子、幼叶的赤霉素和产生于茎尖的生长素。结果过多，种子产生的赤霉素多，抑制花芽分化，摘心可减少生长素而促进花芽分化。

④环境条件。果树花芽分化的环境条件主要指光照、温度、水分和土壤。光照是花芽形成的必要条件。强光有利于花芽形成。大多数北方果树花芽分化适宜长日照的环境条件；温度影响果树一系列的生理活动和激素的形成，间接影响花芽分化的时期、质量和数量。落叶果树一般在相对高的温度下分化花芽，但长期高温或低温不利于花芽分化。适度的干旱有利于花芽分化。落叶果树分化始期与分化盛期大致与一年中长日照、高温和水分大量蒸发的条件相吻合。土壤养分的多少和各种矿质元素的比例也影响花芽分化。

（4）花芽分化类型

①夏秋分化型。包括仁果类、核果类的大部分温带落叶果树，如苹果、梨、山楂、桃、李、杏、葡萄等，它们多在夏秋，新梢生长减缓后开始分化，要求较高的温度和日照长度，分化后需通过冬季休眠，雌雄蕊才能发育成熟，于春季开花。

②冬春分化型。包括柑橘及其他一些常绿果树。它们是在冬春进行花芽分化，并继续进行花器官各部分的分化和发育，不需要休眠就能开花。

③多次分化型。一年中能多次分化花芽，多次开花结果。如柠檬、金柑和阳桃等。

④不定期分化型。一年中只分化 1 次，但可在任何时间进行，决定因素是植株大小和叶片多少。如香蕉、菠萝等。

单芽分化所需要时间，树种之间差异很大。苹果从花芽分化到雌蕊形成需要 1.5～4 个月，而从形态分化开始到雌蕊原基形成只要一个多月，枣形成一朵花的分化期为 5～8 d，分化一朵花序需要 8～20 d；核桃雌花芽分化期常达 10 个月，而雄花芽历时一年还多。北方常见果树的花芽分化期见表 1-2。

**表 1-2 北方常见果树花芽分化期**

| 树种 | 品种 | 生理分化开始（月/日） | 形态分化开始（月/日） | 分化盛期（月/日） | 研究者、年份、地点 |
|---|---|---|---|---|---|
| 苹果 | 早生旭 | 5/20 | 6/17 | 5/27—8/20 | 许明宪等，陕西武功 |
| | 红玉 | 5/29 | 6/26 | 5/29—10/3 | 许明宪等，陕西武功 |
| | 倭锦 | 5/29 | 6/17 | 5/29—10/3 | 许明宪等，陕西武功 |
| | 青香蕉 | 6/19 | 7/14 | 6/19—10/3 | 许明宪等，陕西武功 |
| | 国光 | 6/25 | 7/1 | 7/5—9/25 | 许明宪等，陕西武功 |
| 梨 | 秋白 | 6/10 | 6/10—8/26 | | 蒲富慎，辽宁兴城 |
| | 鸭梨 | 6/中下旬 | | | 辽宁兴城果树研究所，河北定县 |
| | 长石郎 | 5/下旬 | | | 华中农学院，1962，武汉 |
| | 明月 | 7/下旬 | | | 华中农学院，1962，武汉 |
| | 苹果梨 | 8/上旬 | | | 顾模等，1954—1960，吉林 |

续表

| 树种 | 品种 | 生理分化开始（月/日） | 形态分化开始（月/日） | 分化盛期（月/日） | 研究者、年份、地点 |
| --- | --- | --- | --- | --- | --- |
| 桃 | 深州水蜜 | 8/10 | | | 杨文衡等，1955，河北保定 |
| | 肥城桃 | 8/上中旬 | | | 杨文衡等，1955，河北保定 |
| | 玉露 | 6/26 | | | 张上隆，1962，浙江杭州 |
| | 小林 | 7/6 | | | 张上隆，1962，浙江杭州 |
| | 火珠 | 7/20 | | | 史幼珠，1956，江苏南京 |
| 葡萄 | 玫瑰香 | 5/中旬 | | | 崔致学，1961，河南郑州 |
| | 玫瑰香 | 5/30 | | | 黄灰白，1963，北京 |
| 枣 | | | 4/7 | | 曲泽洲等，1961，河北保定 |
| 柿 | 镜面柿 | | 6/中旬 | 7/中旬—8/中下旬 | 张耀武等，1964，河南百泉 |

（5）促进果树花芽分化的措施

①选择适宜繁殖方法。果树上以无性繁殖为主，应选择适宜的无性繁殖方法，如嫁接繁殖、扦插繁殖等。嫁接时，因地制宜选择矮化、半矮化砧。

②平衡果树各器官生长发育关系。对大年树疏花疏果；幼树轻剪、长放、开张枝条角度等缓和生长势，促进成花；对旺长树采用拉枝、摘心、扭梢、环剥和倒贴皮、断根等促进花芽分化。

③控制环境条件。合理密植，合理修剪，改善果园内及树冠内光照条件。花芽分化前适当控水，促进新梢及时停止生长；花芽分化临界期合理增施铵态氮肥和磷、钾肥均能有效地增加花芽的数量。

④应用植物生长调节剂。在果树花芽生理分化前期喷布 $B_9$、多效唑（$PP_{333}$）、矮壮素（CCC）等生长调节剂，使枝条生长势缓和，促进成花。

**2. 花与开花**

（1）花与花序类型

①花。果树 1 朵典型的花通常由花梗、花托、花萼、花瓣、雄蕊和雌蕊 6 部分组成。1 朵花中有雄蕊和雌蕊者称完全花或两性花，如仁果类、核果类、柑橘等果树的花。花中仅有雄蕊或雌蕊者，称单性花，如核桃、板栗、猕猴桃、银杏等果树的花呈单性花。雌花和雄花着生在同一树体上的称为雌雄同株，如核桃、板栗等；雌花和雄花着生在不同树体上称雌雄异株，如银杏、猕猴桃、罗汉果等。

②花序类型。果树花序类型有复总状花序或圆锥花序，如葡萄、枇杷等。伞形花序如苹果等；伞房花序如梨等；聚伞花序如枣等；隐头花序如无花果等；柔荑花序如板栗、银杏、核桃等。同一个花序上单花开放有先后，一般花序上先开的花坐果率高。

（2）开花

①开花期划分。果树开花是指花蕾的花瓣松裂到花瓣脱落为止。需 3～5 d。常用开花期加以表示。开花期是指一株树从有少量的花开放至所有花全部凋谢时止。果树生产上常以单株为单位将开花期分为初花期、盛花期、终花期和谢花期 4 个时期。初花期是指单株有 5%～25% 的花开放的时期；盛花期是指单株有 25%～75% 的花开放的时期，又分为盛花始期、盛花期和盛花末期，盛花始期是指全树有 25% 的花开放的时期，盛花期是指全树有 50% 的花开放的时期，盛花末期是指全树有 75% 的花开放的时期；终花期也称末花期，是指单株有 75%～100% 花开放，并有部分花瓣开始脱落的时期；谢花期也称落花期，是指全树 5%～95% 的花的花瓣正常脱落。具体又分为谢花始期和谢花终期。谢花始期是指全树有 5% 的花的花瓣正常脱落，谢花终期是指全树 95% 以上的花的花瓣脱落。

②果树开花决定因素。果树开花迟早与延续时间长短取决于树种、品种、树体营养状况及环境条件。梅开花最早，樱桃、杏、李、桃较早，梨、苹果次之，葡萄、枣次之，枇杷最迟。苹果短枝型品种开花早，长枝型品种开花迟。同一株树上通常短果枝先开，长果枝和腋花芽枝后开。枣、板栗、柿、枇杷花期长，桃、梨花期较短。树体营养水平高，开花整齐，单花开花期长，有利授粉受精，结果率高；晴朗和高温时开花早，开放整齐，花期也短。果树开花早晚主要取决于温度。落叶果树开花一般要求日平均气温 10 ~ 12 ℃，最适 12 ~ 14 ℃。除日平均温度外，还要求一定的积温。苹果从花芽萌发到开花需要≥5 ℃的积温 185 ± 10 ℃。温度对果树开花的影响主要体现在 5 个方面：一是不同树种和品种开花要求的温度不同。一般樱桃、杏、梨、桃较低，苹果、山楂次之，葡萄、柿、枣、板栗较高。如桃在 10 ℃以上，鸭梨 14 ~ 15 ℃，苹果 17 ~ 18 ℃，枣 18 ~ 20 ℃开花。短枝型苹果开花要求温度相对较低，而长枝型品种则相对较高。二是地理位置影响开花期的早晚。山地，海拔每升高 100 m，开花期延迟 3 ~ 4 d。平原，纬度向北推进 1°（110 km），开花期平均延迟 4 ~ 6 d，北坡比南坡开花期延迟 3 ~ 5 d。三是开花时间。在一天中，开花时间多在上午 10 时—下午 2 时。四是花芽的着生位置。同一树上短果枝开花早于长果枝，顶花芽早于腋花芽。五是开花习性。苹果为伞形花序，中心花先开；梨为伞房花序，边花先开；葡萄花序由上而下单花帽状脱落。

③开花次数。多数果树一年开花 1 次。如遇夏季久旱而秋季温暖多雨的气候或遭病、虫害等刺激，易发生 2 次开花，影响来年产量。但具有早熟性芽的葡萄、早实新疆核桃可开花 1 次以上。石榴一年能多次开花。生产上利用这一特性实现一年多次结果。

**3. 授粉受精**

授粉也称传粉，是指果树雄蕊上的花粉粒传送到雌蕊柱头上的过程；受精是指花粉落到柱头后萌发，花粉管穿过花柱进入胚囊，释放精核并与胚囊中卵细胞融合的过程。大多数果树需授粉、受精才能结实。

（1）授粉受精时间与柱头对花粉选择性

授粉在花刚开放、柱头新鲜且有晶莹黏液分泌时最适宜，大多数果树在晴朗无风或微风的上午适于授粉。果树受精有效期一般为 6 ~ 7 d。多数被子植物授粉后 24 ~ 48 h 可完成受精。此外，柱头对花粉具有选择性。当多种花粉传送到同一柱头上时，生物学特性相近的花粉生活力强，容易萌发而完成受精。

（2）传粉媒介

树种不同，传送花粉到柱头上的媒介。但主要是风和昆虫。依靠风力传送花粉的叫风媒花；依靠昆虫传送花粉叫虫媒花。坚果类为风媒花，如板栗花粉常以数十粒到数百粒成团随风传播，单粒花粉可风行 150 m，但大多数不超过 20 m。虫媒花主要依靠蜜蜂传粉，也可利用其他蜂类、蝇类如筒壁蜂属的角额壁蜂、筒壁蜂等作为传粉媒介。仁果类、核果类及猕猴桃、枣等果树为虫媒花。

（3）授粉结实方式

在果树生产上，结实是指果树能形成一定商品果实产量的过程。结实按果实形成的机理分为受精结实和单性结实两种。结实的过程包括授粉受精、坐果、果实与种子发育及成熟等阶段，具体包括 3 种结实方式：一是自花授粉结实。自花授粉是指同一品种内授粉。最典型的自花授粉是闭花授粉，是指在花开放前花粉粒已经成熟，在同一朵花内完成授粉过程，如葡萄的部分品种就是这种情形。自花授粉后能够得到满足生产要求产量的，称为自花结实；自花授粉后不能形成满足生产要求产量的称为自花不结实。自花结实并产生有生活力种子的现象叫自花能孕；自花结实但不能产生有生活力的种子的现象叫自花不孕，如无核白葡萄自花授粉虽能结实，但种子中途败育。苹果、梨、樱桃的大部分品种和桃、李的部分品种，自花结实率很低，生产上需要异花授粉。即使自花结实的品种，如葡萄、桃、杏的多数品种及部分樱桃、李品种，采用异花授粉产量更高。二是异花授粉结实。异花授粉是指果树不同品种间的授粉，也是植物界较普遍的授粉方式。异花授粉的果树有的是雌雄异株，如银杏、山葡萄、猕猴桃等；有的是雌雄异花，如板栗、核桃、榛等；也有的是两性花，但雌雄异熟，或雌雄不等长，或自交不亲和等，这些都不具备自花授粉的性状。异花结实是指不同品种间授粉结果的现象。提供异花授粉花粉的品种称为授粉品种，这些品种的植株称为授粉树。异花授粉因品种间不亲和而存在异花不结实的现象，或异花不孕现象，在建园时必须注意授粉组合的搭配。三是单性结实。是指子房未经受精而形成果实的现象。单性结实的果实因未受精而无种子。单性结实分为两类：一类是天然的单性结实，是指子房未经授粉或其他任何刺激能自然发育成果实，如无花果、山楂、柿等。另一类是刺激性单性结实，是指雌蕊必须经过授粉或其他刺激后才能结实。此外，植物生长调节物质和其他化学物质刺激雌蕊，也可人工诱导单性结果。在杏、李、樱桃、葡萄等果树上用赤霉素诱导单性结实，都有一定效果。

**4. 果实发育**

果实发育包括受精、坐果、果实膨大到果实成熟的整个过程。

（1）坐果

坐果是指经过授粉受精后，子房或子房连同其他部分生长发育形成果实的现象。坐果是由于授粉受精刺激子房产生生长素（IAA）和赤霉素（$GA_3$）等物质，提高了其调运水分和养分的能力，保证了蛋白质的合成和细胞迅速分裂，最终发育成果实。坐果率指坐果数与开花数的百分比。果树生产上常在生理落果后统计坐果率。其表示有两种方法：一是花朵坐果率。其表示公式为：花朵坐果率 = 坐果数/开花数 × 100%；二是花序坐果率。其表示公式为：花朵坐果率 = 坐果花序数/开花花序数 × 100%。坐果是形成果实的前提，提高坐果率是果树生产的一项重要任务。

（2）果实发育过程

从开花到果实成熟，不同树种历时不同。草莓只有 20 余天，杏、无花果、梅、枣、石榴等需 50 ~ 100 d。同一品种也因栽培地点、生态和栽培条件的不同其果实发育期经历的时间也不同。

果实发育过程用果实生长图形表示。所谓果实生长图形，是指果实自受精到成熟的发育过程中，按体积、直径或鲜重在各个时期的积累值画成的增长曲线。果实生长图形主要有两种：S 形和双 S 形（图 1–18）。常见果树果实生长图形代表树种见表 1–3。此外，一些特殊树种如猕猴桃和“金光杏梅”（河南科技学院与新乡市农业局培育的杏梅新品种）果实生长图形为“3S”形（图 1–19），且金光杏梅果核的生长图形则为近“厂”形（图 1–20）。S 形果实生长的特点是只有 1 个速长期。双 S 形果实生长特点是有 2 个速长期，其间有 1 个缓慢生长期。3S 形果实生长发育动态图形呈“慢—快—慢—快—慢”趋势，整个发育过程可分为 5 个时期：幼果缓慢生长期，果实第 1 次迅速生长期，果实第 2 次缓慢生长期，果实第 2 次迅速生长期和果实熟前缓慢生长期。果实第 2 次缓慢生长期与果实硬核期相吻合，果实第 1、第 2 次迅速生长期是果实增长的两个关键时期。果实纵、横、侧径、果肉厚度与果实鲜重、体积变化曲线极为相似，果实纵、横、侧径、果肉厚度与果实鲜重、体积是同步增长的。近“厂”形果核的生长发育动态呈“快—慢—停”趋势，谢花后 31 d 前是迅速生长期；31 d 后进入缓慢生长期并开始硬化、变色；至 59 d 达到固有大小和颜色，硬化结束；59 d 后停止生长。果实发育过程可分为细胞分裂期、组织分化期、细胞膨大期、果实成熟期 4 个阶段。

**表 1–3　不同种类果实生长图形**

| 生长图形 | 种类 |
| --- | --- |
| 单 S 形 | 苹果、梨、枇杷、柑橘、草莓、荔枝、龙眼菠萝、香蕉、油梨、甜瓜、椰枣、核桃、板栗 |
| 双 S 形 | 桃、李、杏、樱桃、枣、葡萄、树莓、醋栗、越橘、柿、山楂、猕猴桃、无花果、番荔枝、油橄榄 |

①细胞分裂期。该期从受精到胚乳停止增殖。由于细胞分裂使胚乳与果肉增长。苹果受精后细胞分裂一般延续 3 ~ 4 周。双 S 形的果实同时出现细胞增大。

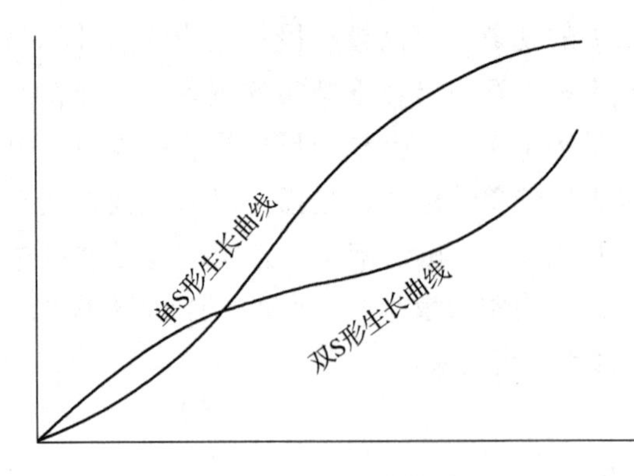

图 1–18 常见果实生长图形

②组织分化期。该期从胚乳停止增殖到种子硬化。苹果细胞停止分裂后主要进行细胞分化和膨大，胚迅速发育并吸收胚乳。此期核果类果实称为硬核期，内种皮硬化，胚迅速增长，子房壁增长缓慢。早、中、晚熟品种由此期长短决定。

③细胞膨大期。该期从果实明显增大到基本达到本品种大小。由于细胞体积、细胞间隙增大，致使果实食用部分迅速增长，最后达到最大体积。

④果实成熟期。该期从达到品种应有大小开始进入果实成熟期，直至采收。通常所说的成熟就是果实的发育达到该品种固有的大小、形状、色泽、质地、风味和营养物质的可食用阶段。随着果实的成熟，呼吸强度开始骤然升高，含糖量增加，有机酸分解，果肉变得松脆或柔软，产生芳香味，有的果皮产生蜡质的果粉，果皮变色。最后达到最佳食用期。果实的成熟过程可在树上完成，也可在采后完成。充分成熟的果实，呼吸下降，酶系统发生变化，遂进入衰老。

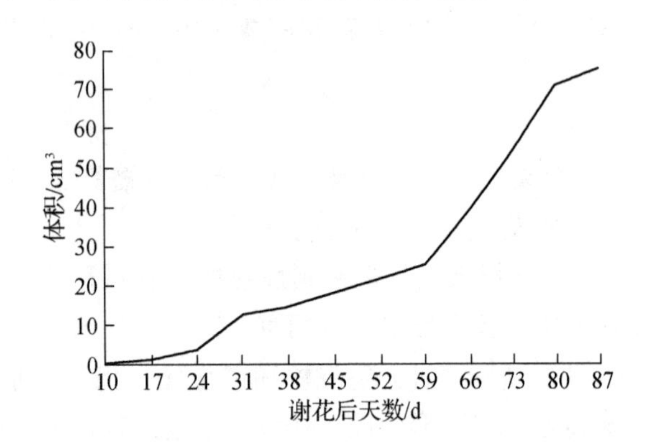

图 1–19 猕猴桃、金光杏梅果实生长曲线

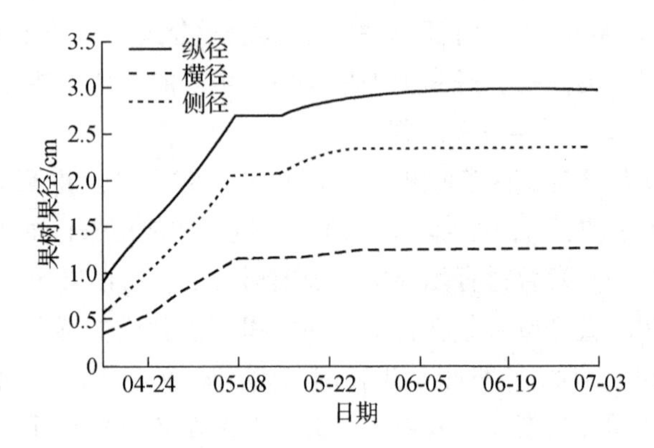

图 1–20 金光杏梅果核生长曲线

（3）落花落果

落花落果是指从花蕾出现到果实成熟出现的花、果脱落的现象。包括花蕾、花朵和果实的脱落。落花落果是果树在系统发育过程中为适应不良环境而形成的一种自疏现象，也是一种自身的调节。花果脱落的直接原因是花梗、果柄基部由于激素的变化而产生离层。具体原因包括内在因素和外在条件。其中，由于树体内部原因造成的落花落果统称为生理落果。生理落果具有一定的规律性。苹果、梨等的生理落果集中时期一般有 4 次。第 1 次是落花，在盛花后期部分花开始脱落，直至谢花。导致落花的主要原因是花器发育不完全，如雌蕊、胚珠退化，或虽然花器发育完全但未能授粉受精，缺乏激素调动营养。第 2 次是落果，也称早期生理落果，出现在谢花后 2 周左右，多数是受精不完全的幼果，其原因主要是授粉受精不充分和树体贮藏营养不足。第 3 次生理落果出现在谢花后 4 ~ 6 周，仁果类果树约在 6 月上中旬，又称“6 月落果”。其原因主要是新梢生长和果实的营养竞争。部分品种在果实成熟期发生第 4 次生理落果，也称采前落果。其原因主要是生长后期胚产生生长素的能力下降，致使形成离层而脱落。如元帅系苹果从成熟前 30 ~ 40 d 起开始少量脱落，15 ~ 20 d 大量脱落，成熟前最严重。具体不同树种，落花落果情况也不相同。枣的落蕾量很高，为 20% ~ 60%，葡萄、杏则落花量很高。雌雄异花果树的雄花，一般在开放、散粉后脱落。葡萄落花落果比较集中，常于盛花后 2 周内 1 次脱落。具有单性结实的树种或品种，其落果次数不明显。

外部因素如干旱、低温、大风、冰雹、药害、污染及其他人为因素等也可造成落花落果，生产上应分析落花落果的主导因子，采取相应的技术措施。

（4）果树产量和果实品质

果树单位土地上干物质的总重量为生物学产量。通常所说的果树产量是指单位土地上人类栽培目的物的重量为经济产量。果树产量由果园果树株数、单株果实数和平均单果重等因素构成。其实质上取决于果树光合性能和树体自身消耗。因此，提高果树产量的途径是提高光合性能，加速营养物质的积累、运转和有效转换，并尽可能降低消耗，调节营养生长和生殖生长的关系。

果实品质由外观品质和内在品质构成。外观品质包括果实大小、形状、色泽和整齐度等；内在品质包括风味、质地、香味和营养等。果实色泽因种类、品种而异。决定果实色泽的主要物质是叶绿素、胡萝卜素、花青素和黄酮素等。花青素是主要的水溶性色素，其形成需要糖的积累。近年来，对梨、葡萄、桃等果实进行套袋，改善了果实的着色和光洁度，是提高果实品质的主要技术措施之一。此外，在树下铺反光膜，改善树冠内膛和下部光照条件，可使果实着色良好。一般情况，糖的积累、温度和光照条件是色泽形成的3个重要因子。果实中糖、酸含量和糖酸比是衡量果实品质的主要指标。其中，决定果实甜酸风味的主要因素是糖酸比即果实含糖量与含酸量之比。比值大则味甜；反之，酸味大，品质差。一般糖酸比为（8～14）：1为宜。

## 思考题

（1）什么是生命周期？何为年龄时期？

（2）实生树和营养繁殖树的主要区别是什么？

（3）实生果树和营养繁殖果树生命周期是如何划分的？营养繁殖果树各个阶段的主要栽培措施有哪些？

（4）什么叫年生长周期和物候期？如何选择物候期？物候期特点如何？

（5）果树根系分布特点和生长特点如何？年生长动态有哪些类型？土壤与根系生态表现型如何？

（6）影响果树根系生长的因素有哪些？如何促进根系的生长？

（7）果树芽的发育过程分为哪几个时期？什么是果树的萌芽期，其决定因素有哪些？

（8）果树枝的生长分为哪两个阶段？常用什么表示？

（9）果树单叶形态有哪几种类型？果树单叶生长发育规律如何？

（10）果树叶幕在年周期内生长动态如何？什么叫叶面积系数？如何加以调节？

（11）导致果树落叶的主要因素是什么？什么叫果树需冷量，对果树有何意义？

（12）影响果树枝芽发育的因素有哪些？

（13）什么叫花芽分化？其过程包括哪几个阶段？

（14）影响果树花芽分化的条件有哪些？如何促进果树的花芽分化？

（15）果树花芽分化的类型有哪些？

（16）果树开花期是如何划分的，开花决定因素有哪些？

（17）果树授粉结实的方式有哪些？

（18）果实坐果率如何表示？

（19）什么叫果实生长图形？果实生长图形有哪些？

（20）果树落花落果主要原因是什么？常见果树生理落果有哪些规律性？

（21）果树产量有哪些因素构成？根据果实品质的构成因素，分析提高果树果实品质的途径。

## 第四节 果树生长发育协调

果树生长发育是多种因素协调平衡的结果，这种协调与平衡主要表现为果树与环境的协调，果树各器官的协调与内部营养物质的协调。果树生产技术就是人为采取措施，使果树与环境协调平衡，树体各类器官结构优化、比例协调，营养物质合理分配、平衡利用，最终达到生长发育的协调，实现优质、高产、高效益的生产目标。

### 一、环境协调

果树与生态环境是一个互为因果、协调发展的统一体。首先，环境决定果树生长发育，影响果树产量和品质。果树生产就是为果树生长发育创造最理想的环境条件。其次，果树本身是构成环境，改善环境的重要因素。它能有效保持水土，调节微域气候，改善生态环境及人居环境。环境协调就是在了解果树生长发育规律的基础上，为各类果树选择最佳环境，通过生产技术使其适应环境，并最大限度地改善环境。果树生态环境条件是指果树生存地点周围空间一切因素的总和。它包括气候条件、土壤条件、地形条件和生物条件等。其中，直接生态因子包括温度、光照、水分、土壤、空气等是直接生态因子；间接生态因子包括风、坡度、坡向和海拔高度等。

（一）温度

**1. 作用**

温度是果树正常生命活动的必要因素，它决定着果树的自然分布，制约着树体的生长发育过程。

**2. 生长季积温与果树生长的关系**

生长季是指不同地区能保证生物学有效温度的时期。营养生长期是指果树通过营养生长所需要的时期。也就是果树萌芽到正常落叶所经历的天数。只有当生长季与营养生长期相适应时才能保证果树正常的生长和结果。

生物学有效温度的起点即生物学零度，是指在适宜的综合外界条件下，能使果树萌芽的平均温度。一般落叶果树生物学零度为6～10 ℃，但转入旺盛生长期的温度为10～12 ℃。生物学有效积温是指生长季中生物学有效温度的总和，是影响果树生长的重要因素。积温不足果树枝条生长成熟不好，同时也影响果实的产量和品质。积温是果树经济栽培区重要的气候指标。

同一树种不同品种在生长期内对热量的要求不同。一般营养生长期开始早的品种对夏季的热量要求较低。同一品种在年周期不同物候期或不同器官活动所要求的温度不同，进而产生了不同年度各个物候期延续时间的差异和物候动态的交错现象。一般在温度较高年份各物候期的通过时间相对缩短，而低温年份各物候期通过时间相对延长。

**3. 休眠期低温与温度变化对果树的影响**

休眠期低温即低温胁迫是决定果树树种在某种条件下能否生存的指标。主要用耐寒性、抗冻性和越冬性表示。耐寒性是指果树能抵抗或忍受0 ℃以上低温的能力；抗冻性是指果树能忍受0 ℃以下低温的能力；越冬性是指果树对冬季一切不良条件的抵抗、适应能力。果树休眠期对低温抵抗能力因树种、品种而异：原产北方的山荆子能忍耐－50 ℃低温，而南方热带果树在0 ℃左右即引起冻害。

果树在休眠期的抗寒力受树体内水分和营养状况、越冬锻炼程度及温度变化幅度等影响。当温度缓慢下降，树体内的代谢作用随之逐步改变和适应时，通过抗寒锻炼，忍受低温的能力就增强。如果温度剧变，果树代谢作用来不及改变，其与环境适应的统一关系就遭破坏，即使温度过低也能引起冻害。树体内水分状况不平衡时会加大受冻可能性。已成熟的枝条，经锻炼，蒸腾强度较弱，越冬性提高，在－30 ℃时也不发生冻害，但未充分成熟的枝条，蒸腾强度大，在－5 ℃时即发生冻害。在大陆性气候地区常发生花芽和花早春冻害的现象。如早春温度变暖，核果类果树芽极易萌动，降低了花芽的抗冻性，天气回寒时，会造成大量死亡现象。

总之，影响果树生长发育的温度指标主要是年平均温度、生长期积温和冬季最低温。常将这三者作为果树区划的指标。常见果树对年平均温度和有效积温的要求见表1-4。

**表1-4　主要果树适栽的年平均温度**

| 果树种类 | 年平均温度/℃ | 有效积温/℃ | |
|---|---|---|---|
| | | 开花期 | 果实成熟期 |
| 苹果 | 7～13 | 419 | 1099 |
| 白梨 | 7～15 | — | — |
| 杏 | 6～14 | 357 | 649 |
| 李 | 13～22 | 370 | 954 |
| 葡萄 | 5～18 | — | 2100～3700 |
| 草莓 | 6～16 | 144 | 275 |

**4. 应用**

果树生产上采取的许多技术均以协调温度条件为目的。果树设施栽培技术的核心是在不适宜果树生长的时期和地区，为果树创造适宜的温度条件，完成生产过程。而抗寒栽培则是通过选择小气候、提高嫁接部位和冬季埋土等技术改善果树温度环境。

（二）水分

**1. 作用**

水是果树生存的重要生态因素。果树体内50%～97%由水组成。水是果树生命活动的原料和重要介质，参与果树的各种生理活动；可调节果树树体温度，避免或减轻灾害；对土壤中矿物质的溶解和促进根系吸收利用起着极为重要的作用。

**2. 树体水分平衡和需水量**

所谓水分平衡是指果树的蒸腾量和吸水量相近的状态。其是果树生长发育的基础，是进行水分管理的科学依据。不论幼树还是结果树，各器官的含水量是不相同的，一般是处于生长最活跃的器官和组织中的水分含量较多，但在果树生长发育的各个阶段，始终保持着相对的水分平衡状态。所谓需水量是指果树在生长季的蒸腾量与其所生成的干物质的质量比，一般以形成干物质所需的水量表示。果树的需水量因树种、土壤类型、气候条件及栽培管理水平而不同。

**3. 果树对水分需求规律**

果树对水分需求具有一定的规律，具体表现为两个方面。一是不同树种的生理代谢特点不同，其需水量存在差异。一般果树每生产1 kg光合产物需消耗水分300～800 kg。在北方果树中，桃、扁桃（巴旦杏）、杏、石榴、枣、无花果、核桃等果树抗旱力强；苹果、梨、柿、葡萄、樱桃、李、梅等抗旱力中等；猕猴桃抗旱力较弱。耐涝性较强的有枣、葡萄、梨（杜梨砧）、柿等；耐涝性较差的有桃、无花果等。二是果树在年周期的不同阶段对水分的需求不同。果树生长期大量需水，休眠期需水少；在生长期中，前期需水多，后期需水少。具体表现为：萌芽期要求水分充足；花期要求空气及土壤水分适宜；新梢旺长期为需水临界期；花芽分化期需水相对较少；果实成熟期至落叶前水分不宜过多；冬季需水少，但缺水易造成冻害和抽条。

**4. 应用**

针对果树需水规律，生产上可通过多种途径协调果树与水分之间的关系。抗旱栽培是北方果区最有效的协调手段，其主要技术措施包括节水灌溉、蓄水保墒、适地适树、覆盖制度、合理修剪等。

（三）光照

**1. 光的作用及衡量指标**

光照通过影响光合作用及营养生长和生殖生长而成为果树的主要生存因素。衡量果树光照状况的重要指标是光照强度、光谱成分和日照长度。光照强度是单位面积内的光通量，随纬度、海拔、季节、天气及树冠中的位置而变化。在一定范围内光照强度与光合作用呈正相关。通常光照强度在5000～50 000 lx能满足大多数果树的需求。一般以自然光强度的30%作为有效光合作用的下限。光谱成分由可见光、紫外光和红外光三部分组成。可见光是果树进行光合作用，制造有机物的主要来源。其中，红橙光对果树的所有生理过程，如光合作用、形态建造、发育和色素合成等，具有决定性的意义。紫外线中波长较短的部分，能抑制果树生长，杀死病菌孢子；波长较长的部分，对果树生长有刺激作用，可促进果树的发芽和果实的成熟，并能提高蛋白质和维生素的含量。红外线部分主要产生热效应。可使果树体温（枝叶、果实）升高，弥补寒冷气候条件下气温较低的不足，但盛夏果树体温过高容易产生“日灼”，则对果树不利。光谱成分对果树的均衡发育和协调结果有重要意义。日照长度取决于地理纬度、海拔、天气及果树树形与栽植密度。

**2. 光与果树生长发育关系**

光照度对果树营养生长的影响表现为光强时果树易形成短枝密集，削弱顶芽枝向上生长，增强侧枝生长，树姿表现开张。光弱时，枝条长而细，直立生长，表现徒长。光照不足时，果树根系生长弱，新根发生少，甚至停止生长。光照度对果树生殖生长的影响表现为果树花芽分化对光照不足有不良反应。在光照不足时，开花坐果及果实产量和品质表现为坐果率低，果实发育中途停长而脱落，果实小，着色差。

**3. 光合面积与光能利用**

（1）光合面积

光合面积有广义和狭义之别。广义的光合面积是指果树能够进行光合作用的一切器官（包括有叶绿素的果实和枝条）的表面积；狭义的光合面积是指绿叶面积。绿叶面积大小直接影响光合产物的形成和积累。果树叶面积的大小随树种、品种、树龄、栽植密度和树冠大小形状等而变化，同时也随季节而波动。一般以叶面积指数来衡量光合面积大小。

（2）影响光能利用因素

①树冠类型与光能利用。树冠类型，透光能力不同。树冠消光大小取决于树冠类型、叶片大小、排列角度。光线到达树冠后，在树冠内部呈不均衡分布，一般在圆形树冠内由上而下明显减弱，由外向内逐渐递减。密集型树冠比疏散型树冠透光弱消光强。

②树冠大小与光能利用。树冠体积较小则相对表面积较大，照光叶片比率高。适当缩小树冠体积，增加株树，是提高光能利用率的重要途径。

③树冠高度、株行距与光能利用。树冠长到一定高度后，相邻树之间出现光线遮挡。为改善光照状况必须考虑树高与树间的间隔。原则上应保证大量阳光能射入树冠内部。在生产上根据环境条件和树体特性确定合适的树冠高度和株行距来充分利用光能。

**4. 光照在果树生产上应用**

果树与光照的协调可从两方面着手。一是根据环境条件选择果树。不同树种对光照的适应性不同。在北方落叶果树中，桃、扁桃、杏、枣、阿月浑子（开心果）等最为喜光；苹果、梨、沙果、李、樱桃、葡萄、柿、板栗、石榴等次之；核桃、山核桃、山楂、猕猴桃等相对耐荫。二是创造适宜的光照条件，满足果树生长发育。生产上主要采取合理密植、发展短枝型品种、选用适当树形、提高叶片光合效能等措施。

### （四）土壤、地势

**1. 土壤理化特性对果树的影响**

（1）土壤作用

土壤是果树生存的场所，果树生长发育的基础，良好的土壤能满足果树对水、肥、气、热的要求。土壤厚度、质地、酸碱度、含盐量等都对果树生长与结果有重要作用。

（2）土壤温度

土温直接影响根系的活动，北方落叶果树只有土温升高到一定度数时才能开始活动。土温制约着各种盐类的溶解度、土壤微生物的活动及有机质的分解和养分转化等。

（3）土壤水分

水分可提高土壤肥力，有利于营养物质的溶解和利用，调节土壤湿度和通气状况。大多数果树在田间最大持水量60%～80%时生长最好，当土壤含水量低到高于萎蔫系数2.2%时，根停止活动，光合作用受阻。通常落叶果树在土壤含水量5%～12%时叶片凋萎。当土壤水分过多时，空气减少，缺氧产生硫化氢等有毒物质，抑制根的呼吸。土壤水分状况还影响果实大小和品质。

（4）土壤通气

土壤质地疏松通气良好，根系才能很好生长。在土壤空气中氧含量不低于15%时，果树根系生长正常，不低于12%才能发生新根。土壤含氧量低，影响营养元素吸收和根的生长，树种不同对缺氧敏感程度不同，桃最敏感，苹果、梨等中等。

（5）土壤酸碱度

不同土壤酸碱度影响根系的吸收。在酸性土壤中有利于硝态氮的吸收，硝化细菌在pH 6.5时发育最好；中性、微碱性土有利于氨态氮吸收，固氮菌在pH 7.5时最好。有些果树发生失绿现象，是因为生理性缺铁造成的。

总之，最适宜果树生长的土壤条件是土层厚度60～100 cm，且无不良层次结构；土壤质地以壤质土较为理想。土壤含水量以田间持水量的60%～80%适合果树生长，同时要求土壤中空气含氧量不低于15%，一般不低于12%时才发生新根。大多数果树喜中性及微酸性土壤，即pH为6.5～7.5，主要果树对酸碱度的适应范围见表1–5。但不同砧木对土壤适应范围很广。

**表1–5 主要果树对酸碱度适应范围**

| 树种 | 适应范围（pH） | 最适范围（pH） |
|---|---|---|
| 苹果 | 5.3～8.2 | 5.4～6.8 |
| 梨 | 5.4～8.5 | 5.6～7.2 |
| 桃 | 5.0～8.2 | 5.2～6.8 |
| 葡萄 | 7.5～8.3 | 5.8～7.5 |
| 板栗 | 7.5～8.3 | 5.8～7.5 |
| 枣 | 5.0～8.5 | 5.2～8.0 |

（6）土壤含盐量

土壤的含盐量主要是碳酸钠、氯化钠和硫酸钠的含量，其中以硫酸钠危害最大。其对果树生长也有较大的影响。主要果树耐盐情况见表1–6。

（7）在果树生产上应用

生产上协调果树与土壤的关系主要通过砧木选择、改良土壤、增施有机肥、果园管理制度等完成。

表 1-6 主要果树耐盐情况

| 树种 | 土壤含盐量/% | |
|---|---|---|
| | 正常生长 | 受害极限 |
| 苹果 | 0.13~0.16 | 0.28 以上 |
| 梨 | 0.14~0.20 | 0.30 |
| 桃 | 0.08~0.10 | 0.40 |
| 杏 | 0.10~0.20 | 0.24 |
| 葡萄 | 0.14~0.29 | 0.32~0.40 |
| 枣 | 0.14~0.23 | 0.35 以上 |
| 板栗 | 0.12~0.14 | 0.20 |

**2. 不同地势对果树影响**

在丘陵和山地，由于海拔高度、坡度、坡向、小地形不同，气候和土壤差别很大。山地随海拔高度上升气温下降，每升高 100 m 气温下降 0.4~0.6 ℃。雨量分布在一定范围内随海拔高度升高而增加。日照随海拔高度的上升，紫外线强度增加。进而导致山地果树出现垂直分布现象。果树物候期随海拔高度升高而延迟，生长结果期随海拔升高而提早。在达到一定高度时，生长期虽长，但由于热量不足落叶相对提早。坡度对果树生长影响很大。一般5°~15°坡度适宜栽植果树，以3°~5°缓坡最好。坡度大地区最好修筑梯田，种上植被，做好水土保持才可栽植果树。坡地的土壤由上到下肥力增加。坡度越大，冲刷越重，坡上坡下土壤差异就越大。不同坡向日照时数不同。在同样地理条件下，南坡光照好，早春气温上升快，比北坡温度高 2.5 ℃左右，果树物候期早，果实品质好，但受日灼、霜冻较重。北坡光照差，温度低，早春气温上升慢，相对湿度大，果实品质差。东坡和西坡介于二者之间。

## 二、器官协调

器官协调是果树健壮生长的基础。器官协调的基本作用是通过处理局部器官，改变养分、激素和微域环境状况，调节树体营养器官和生殖器官的数量、质量和比例。器官协调依靠各类生产技术措施实现，如整形修剪、花果管理、化学调控及土肥水管理等。

### （一）营养器官与生殖器官的协调

减少营养器官或增加生殖器官一般采用开张角度、轻剪缓放、控制氮肥和使用生长抑制剂等。而对树势较弱的大树及大年树采用疏除花果、回缩短截、前期充分供应肥水的方法，减少生殖器官数量，提高其质量并增加营养器官的数量。

### （二）根系与地上部器官的协调

**1. 根系与地上部器官协调表现**

根系与地上部器官的协调就是其相关性，主要表现为形态上相互对应，功能上相互补充（能形成不定根和不定芽），营养上相互供应又相互竞争。因此，枝叶和根系在生长量上常保持一定的比例，称为根冠比（T/R）。根系与地上部常表现交替生长，过量结果常使根系大量死亡而影响翌年全树生长，甚至造成整株树死亡。

**2. 根系与地上部器官协调应用**

果树生产上常采用不同砧木控制树体大小、生长势及抗逆性；通过疏果、轻剪多留枝以促进根系生长，最终通过根系与地上部的协调与平衡，实现生产目标。

### （三）顶生器官与侧生器官的协调

根据顶生器官对侧生器官的抑制作用，生产上采用短截或拉枝促进分枝，通过切断主根，促发侧根。

## 三、营养协调

营养协调是果树生长发育的核心。果园经济效益最终取决于果树全年制造的营养物质数量及其分配状况。合理的生产技术能使树体营养水平和分配状况达到最佳。

### （一）果树营养的动态平衡

果树营养在年生长周期中处于动态平衡状态。一方面枝叶光合作用不断制造营养物质；另一方面树体生长发育又不断消耗营养物质，并将剩余部分以贮藏营养的形式保留下来。制造营养依赖健壮而足量的枝叶，并与一年中营养代谢的特点密切相关。生长前期利用树体贮藏营养并吸收氮素形成大量枝叶，属于扩大型代谢；生长中后期以大量枝叶为基础，制造糖类贮存于果实、枝干、根系及其他器官中，属于贮藏型代谢。果树生产上协调养分动态平衡的手段是通过春季综合管理，特别是保证肥水供应以加快扩大型代谢，形成大量高质量枝叶；采用夏季修剪、化控技术抑制过量生长，减少消耗，提高全树营养制造能力；通过合理留果、防治病虫害及控制后期徒长，保持贮藏型代谢的强度和持续时间，提高营养积累水平。

### （二）营养分配的协调

在营养物质总量一定的条件下，果树生长结果状况在很大程度上取决于营养物质的分配和运转。营养物质的分配具有就近供应、集中使用的特点。就近供应是指枝叶同化产物首先供给附近的器官使用。如苹果短枝上的叶片供本枝上花芽形成和果实生长，腋芽发育的营养主要来自本节叶片。集中分配是指在年周期的某一物候期内，全树营养往往集中分配给生长发育强度最大的器官和组织，使其成为营养中心。果树一年中先后出现开花、新梢生长和果实发育、花芽分化、果实成熟与营养储备等营养分配中心。果树生产的许多技术措施包括器官协调，实质上营养的协调。环剥可提高剥口以上营养供应水平，达到成花、保果的目的。夏季抑制新梢旺长有利于同化产物更多的流向果实，使果实发育成为主要营养中心。

**思考题**

（1）果树生长发育协调的表现是什么？

（2）影响果树生长发育的环境因素有哪些？在生产上如何加以利用？

（3）果树对低温胁迫的反应有哪些？

（4）影响果树光能利用率的因素有哪些？

（5）简述土壤环境对果树生长发育的影响。

（6）果树与水分关系如何？

（7）果树器官协调的表现有哪些？生产上如何加以利用？

（8）果树营养协调的表现有哪些？果树生产上如何加以利用？

（9）探讨果树地上部与地下部结构、营养代谢方面的相应关系及生产上调节利用的途径。

# 第五节　果实分类与构造观察实训技能

## 一、目的与要求

了解各类果实的解剖构造及可食部分与花器官各部分的关系；掌握各类果树果实构造的共同特点，进而将果实区分开来。

## 二、材料与用具

**1. 材料**

苹果（或梨）、桃（或杏、李）、葡萄、核桃、板栗、枣、柑橘、猕猴桃、草莓、树莓、醋栗和穗醋栗等果实。果实浸渍标本。

**2. 用具**

水果刀、放大镜、绘图纸、铅笔和橡皮。

## 三、方法与步骤

将各类果实用水果刀切成纵剖面和横剖面，识别外果皮、中果皮、内果皮及种子结构，明确果实食用部位与花器官各部分的关系。

**1. 仁果类**

包括苹果、梨、沙果（花红）、海棠果、山楂、榅桲、木瓜、枇杷等果实，以苹果（或梨）最为代表。果实主要由子房及花托膨大形成。子房下位，位于花托内，由5个心皮构成。子房内壁革质，外壁、中壁肉质，可食部分是花托，如图1–21所示。

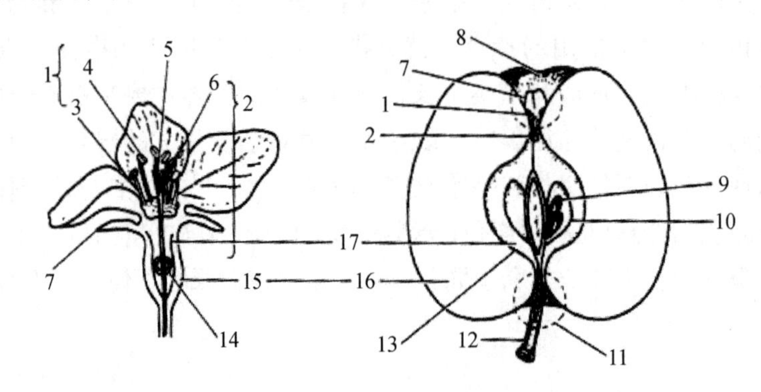


1. 雄蕊　2. 雌蕊　3. 花丝　4. 花药　5. 柱头　6. 花柱　7. 萼片 8. 萼凹部　9. 种子
10. 心皮　11. 梗凹部　12. 果梗　13. 隋线　14. 胚珠　15. 花托　16. 果肉　17. 果心

**图1–21　仁果类花与果实构造**

**2. 核果类**

包括桃、李、梅、杏和樱桃等果实，以桃（或杏）为代表。果实由子房发育而成。子房上位，由1个心皮构成。子房外壁形成外果皮，子房中壁发育成柔软多汁的中果皮，子房内壁形成木质化的内果皮（果核），可食部分为中果皮（图1–2）。

**3. 浆果类**

包括葡萄、猕猴桃、草莓、树莓、醋梅、穗醋栗等果实，以葡萄为代表。果实由子房发育形成。子房上位，由1个心皮构成。子房外壁形成膜质状外果皮，中壁、内壁发育形成柔软多汁的果肉。可食部分为中内果皮（图1–3）。浆果类果实因树种不同，果实构造有很大差异，除猕猴桃、醋栗、穗醋栗等的可食部分和葡萄相同外，草莓的可食部分为花托，树莓可食部分为中果皮、外果皮。

**4. 坚果类**

包括核桃、山核桃、板栗、榛等果实，以核桃为代表。果实由子房发育形成。子房上位，由2个心皮构成。子房外、中壁形成总苞，子房内壁形成坚硬的内果皮，可食部分为种子（图1–4）。

**5. 柑果类**

包括柑橘、橙、柚、柠檬等果实。以柑橘为代表。果实由子房发育形成。子房上位，由8～15个心皮构成。子房外壁发育成具有油胞的外果皮，中壁形成白色海绵状的中果皮，内壁发育成囊瓣，内含多数柔软多汁的纺锤状汁囊的内果皮。可食部分为内果皮（图1-5）。

### 四、实训报告

（1）对所观察的果实按果实构造进行分类，并指出每种果实的可食部分。

（2）绘制实际观察的仁果类、核果类、浆果类、坚果类和柑果类代表果实纵剖面和横剖面图，并注明各部分名称。

### 五、技能考核

技能考核评定一般实行百分制，建议实训态度占10分，实训操作占50分，实训报告占40分。

## 第六节　主要果树树种识别实训技能

### 一、目的与要求

掌握树种识别技能，能够在主要物候期，从地上部主要形态识别不同类型的果树，具备识别果树树种的能力。能够准确识别当地主要的果树树种。

### 二、材料与用具

**1. 材料**

当地常见果树树种的植株、枝、叶、花和果实的实物（或标本）。

**2. 用具**

钢卷尺、放大镜、笔、笔记本，以及各类果树枝、叶、花、果的蜡叶标本和浸渍标本。

### 三、观察内容与识别要点

#### （一）观察内容

**1. 植株**

（1）类型

乔木、灌木、藤本和草本。

（2）树形

圆头形、自然半圆形、扁圆形、阔圆锥形、圆锥形、倒圆锥形、乱头形、开心形、分层形、丛状形、攀缘或匍匐。

（3）树干

主干高度、树皮色泽、裂纹形态、中心干有无。

（4）枝条

颜色，茸毛有无、多少，刺有无、多少、长短。

（5）叶

①叶型。单叶、单身复叶、三出复叶、奇数或偶数羽状复叶。

②叶片质地。肉质、革质、纸质。

③叶片形状。披针形、卵形、倒卵形、圆形、阔椭圆形、长椭圆形、菱形、剑形等。

④叶缘。全缘、刺芒有无、圆钝锯齿、锐锯齿、复锯齿、掌状裂等。

⑤叶脉。羽状脉、掌状脉、平行脉；叶脉突出、平、凹陷。

（6）叶面和叶背

色泽、茸毛有无。

**2. 花**

（1）花或花序

花单生；总状花序、穗状花序、复穗状花序、柔荑花序、圆锥花序、复伞形花序、头状花序、聚伞花序、伞房花序等。

（2）花或花序着生的位置

顶生、腋生、顶腋生。

（3）花的形态

完全花、不完全花；花苞、花萼、花瓣、雄蕊、子房、花柱等的颜色和特征；子房上位、半下位和下位；心室数目。

**3. 果实**

（1）类型

单果、聚花果、聚合果。

（2）形状

圆形、扁圆形、长圆形、圆筒形、卵形、倒卵形、瓢形、心脏形、方形等。

（3）果皮

色泽、厚薄、光滑或粗糙及其他特征。

（4）果肉

色泽、质地及其他特征。

**4. 种子**

（1）数目和大小

种子有无、多少、大小。

（2）形状

圆形、卵圆形、椭圆形、半圆形、三角形、肾状形、梭形、扁椭圆形、扁卵圆形等。

（3）种皮

色泽、厚薄及其他特征。

（二）识别要点

**1. 苹果（图 1–22）**

图 1–22 苹果

蔷薇科苹果属植物，为落叶乔木。树干较光滑，为灰褐色，新梢多茸毛。叶芽呈等边三角形，紧贴枝上，鳞片抱合较松弛，茸毛较多。花芽呈圆锥形，个头较大，顶端较圆，芽尖较钝，鳞片间包被比较紧密且光亮，茸毛稀少，顶生为主，也有腋花芽。单叶互生，叶片为椭圆形或卵圆形，少数为倒卵形，叶缘有钝圆锯齿；幼嫩时两面均具柔毛，成长后正面茸毛脱落。叶柄有茸毛，基部有较大的披针形托叶。花芽为混合芽。伞形总状花序，每个花序有 5 ~ 7 朵花，雄蕊 15 ~ 20 枚，花柱 5 裂，子房下位。果实较大，呈圆球形、扁圆形、卵圆形或圆锥形，有红色、黄色及绿色等类型。果梗粗短，宿萼，梗洼及萼洼下陷。果顶有时有 5 个突起，果肉为乳白、乳黄或黄绿色。

**2. 梨（图 1–23）**

蔷薇科梨属植物，为落叶乔木。幼树树干光滑，大树树皮呈纵裂剥落。枝条多呈波状弯曲。新梢有茸毛，为赤褐色或近似赤色，皮孔为白色，凸出。叶芽瘦长，离生，小而尖，被茸毛，为褐色。花芽为混合芽，圆锥形，呈棕红色或红褐色，稍有亮光，多着生于枝条顶端。大树多短果枝群，也有腋花芽。叶片为卵圆形，革质，老叶无毛，有光泽，叶尖长而尖，叶缘有针状锯齿或全缘。伞房花序，每个花序有 5 ~ 9 朵花，雄蕊 20 ~ 30 枚，花柱 5 裂，子房下位。果实较大，呈倒卵形、球形、扁圆形或长卵形，多为黄色，果点明显，果梗较长，有的基部为肉质，多无梗洼，有萼洼，宿萼或落萼。果肉为乳白色或乳黄色。

**3. 桃（图 1–24）**

蔷薇科桃属植物，为落叶小乔木。树干光滑，为灰褐色，老树树皮有横向裂纹。新梢光滑，分枝较多，为青绿或红褐色。1 个节上可着生 1 ~ 4 个芽。叶芽和花芽可同时着生在 1 个节上，叶芽瘦小，由侧芽和顶芽形成；花芽肥大呈圆锥形，均为腋花芽。枝条顶端均为叶芽。叶片呈长披针形或椭圆状披针形。叶柄短，柄基有圆形或椭圆形腺体。花芽为纯花芽。单花，花梗极短，花瓣为粉红色，有雄蕊 20 枚。果实多呈圆形、扁圆形或圆锥形，表面有茸毛，果顶突起、凹陷或平坦，有缝合线。果肉为乳黄，黄色或白色，近核处带鲜红色，多汁。

图 1–23　梨

图 1–24　桃

**4. 葡萄（图 1–25）**

葡萄科葡萄属植物，为落叶蔓性植物。借卷须攀缘上升生长。老蔓外皮经常纵裂剥落。新梢细长，节部膨大，节上有叶和芽，对面着生卷须或果穗。芽着生叶腋间。叶为掌状裂叶，表面有角质层，背面光滑或有茸毛，叶柄较长，叶缘有粗大锯齿。花芽为混合芽，圆锥形花序，每个花序有 200 ~ 1500 朵花。花梗短。萼片极小，呈 5 片膜状。帽状花冠。雄蕊 5 ~ 6 枚。果穗呈球形、圆柱形和圆锥形。果粒呈圆形、椭圆形、卵圆形、长圆形或鸡心形。果色有白色、红色、黄绿色和紫色。果肉柔软多汁。种子坚硬而小，有蜡质，具长嘴（喙）。

图 1–25　葡萄

**5. 杏（图 1–26）**

蔷薇科杏属植物，落叶乔木。树干为深褐色，有不规则纵裂纹，新梢光滑无毛，为红褐色或暗紫色，芽较小，单生叶芽多着生在枝条基部或顶端，单生花芽多着生在枝条的上部，复芽多着生在枝条中部。叶片为广卵圆形，叶背光滑无毛。叶柄稍带紫红色，叶缘有钝锯齿。花单生，为粉红色或白色，雄蕊 20 枚。果实为圆形、长圆形或扁圆形，金黄色，阳面有紫色晕纹或深绿色斑点。果柄极短，果面有茸毛，果肉为黄色、橙黄或浅黄色。

**6. 李（图1-27）**

蔷薇科李属落叶，为小乔木，高9～12 m，树冠为广球形。树皮为灰褐色，起伏不平，小枝平滑无毛，为灰绿色，有光泽。叶片为长圆倒卵形或长圆卵圆形，长6～12 cm，宽3～5 cm，先端渐尖或急尖，基部为楔形，侧脉6～10对，与主脉成45°，急剧地弯向先端，边缘具圆钝重锯齿，上面绿色有光泽，下面浅绿色无毛，有时沿叶脉处被软柔毛或脉腋间有少数髯毛；叶柄长1～2 cm，有腺或无腺。花通常3朵并生，直径为1.5～2 cm，花柄长1～1.5 cm；萼筒为钟状，无毛，萼片为长圆卵圆形，少有锯齿；花瓣为白色，宽倒卵形。核果为球形、卵球形、心脏形或近圆锥形，直径为2～3.5 cm，栽培品种直径可长到7 cm，为黄色或红色，有时为绿色或紫色，梗洼陷入，先端微尖，缝合线明显，外被蜡质果粉；核为卵形具皱纹，黏核，少数离核。

图1-26　杏树

图1-27　李子

**7. 樱桃（图1-28）**

蔷薇科樱桃属落叶小乔木。株高可达8 m，嫩枝无毛或微被毛。叶为卵圆形至卵状椭圆形，长7～16 cm，宽4～8 cm，先端渐尖，基部为圆形，边缘具大小不等的重锯齿，锯齿上有腺体，上面无毛或微具毛，下面有稀疏柔毛。叶柄长0.8～1.5 cm，有短柔毛，近顶端有2个腺体。花3～6朵成总状花序，花直径为1.5～2.5 cm，先叶开放；花梗长约1.5 cm，被短柔毛。萼筒为圆筒形，具短柔毛；萼片为卵圆形或长圆状三角形，花后反折。3月间，先叶开为白色而略带红晕之花，每3～6朵簇生，花瓣为白色，雄蕊多数。子房无毛。核果，近球形，无沟，为红色，直径约1 cm。果皮为深红色、黄色，黄紫色。

**8. 枣（图1-29）**

鼠李科枣属植物，为落叶或常绿乔木或小乔木。树干及老枝均为灰褐色，有纵向裂纹。新梢光滑无毛，上有针刺，枝多弯曲，分枣头、枣股和枣吊三类枝条。芽极小，着生于枝条的顶端和叶腋间。叶片为长卵形，基部广而斜偏，光滑无毛，叶缘波状。花芽为混合芽，萌芽后形成枣吊，于枣吊叶腋间着生不完全聚伞花序。花小，为黄色。花萼5片，为绿色。花瓣5片匙形，内凹，为黄色，与花萼互生。有圆形花盘，上有蜜腺。雄蕊5枚，与花瓣对生。雌蕊柱头2裂。果实为长圆形或圆形，暗红色。

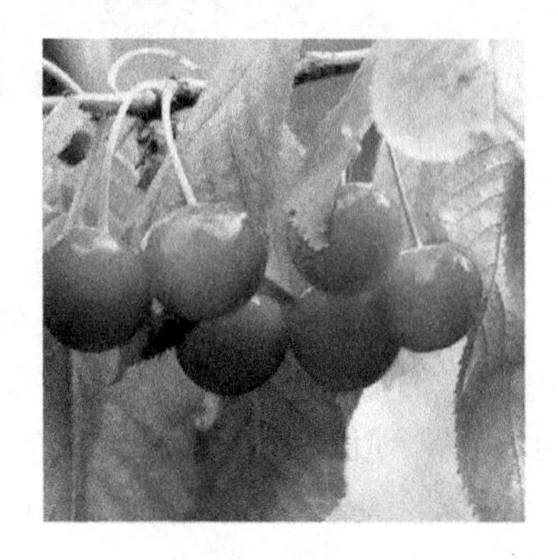

图1-28　樱桃

图1-29　枣

**9. 柿（图 1–30）**

图 1–30　柿

柿树科柿属植物，为落叶乔木。树干为暗灰色，树皮裂纹呈方块状。新梢有茸毛，无顶芽。顶梢有自枯现象。花芽多着生在新梢顶端及顶端以下的 1 ~ 2 节上。叶片为倒卵形、广椭圆形或椭圆形，全缘，深绿色，有光泽。背面有茸毛。花芽为混合芽。花单生或聚生，为黄白色。萼片大，宿存，4 裂。雄花有 16 枚雄蕊。雌蕊退化；雌花有雌蕊 8 枚，雌蕊有 4 花柱，每个花柱柱头 2 裂。果实有圆形、长圆形、扁圆形、方形、圆锥形、卵形和磨盘形。果顶尖、圆或凹入。果皮有橙、橙红、红及黄等色，有光泽，被白色果粉。果肉柔软多汁。

**10. 石榴（图 1–31）**

石榴科石榴属植物，为落叶灌木或小乔木，在热带则是常绿树。树冠为丛状自然圆头形。树根为黄褐色。生长强健，根际易生根蘖。树高可达 5 ~ 7 m，一般高 3 ~ 4 m，但矮生石榴仅高约 1 m 或更矮。树干呈灰褐色，上有瘤状突起，片状剥落。干多向左方扭转。树冠内分枝多，嫩枝为黄绿色光滑有棱，多呈方形。枝端多为刺状，无顶芽。小枝柔韧，不易折断。一次枝在生长旺盛的小枝上交错对生，具小刺。刺的长短与品种和生长情况有关。旺树多刺，老树少刺。芽色随季节而变化，有紫、绿、橙三色。叶对生或簇生，新叶为嫩绿或古铜色，呈长披针形至长圆形，或椭圆状披针形，长 2 ~ 8 cm，宽 1 ~ 2 cm，全缘，顶端尖，表面光滑有光泽，背面中脉凸起；有短叶柄。花两性，依子房发达与否，有钟状花和筒状花之别，钟状花子房发达，善于受精结果，筒状花常凋落不实；一般 1 朵至数朵着生在当年新梢顶端及项端以下的叶腋间；萼片硬，肉质，管状，5 ~ 7 裂，与子房连生，宿存；花瓣为倒卵形，与萼片同数而互生，覆瓦状排列。花有单瓣、重瓣之分。重瓣品种雌雄蕊多瓣花而不孕，花瓣多达数 10 枚；花多为红色，也有白色和黄、粉红、玛瑙等色。雄蕊多数，花丝无毛。雌蕊具花柱 1 个，长度超过雄蕊，心皮 4 ~ 8，子房下位，成熟后变成大型而多室、多子的浆果，每室内有多数籽粒；外种皮肉质，呈鲜红、淡红或白色，多汁，甜而带酸，为可食用的部分；内种皮为角质，也有退化变软的，即软籽石榴。

**11. 核桃（图 1–32）**

核桃科核桃属植物。落叶大乔木。树干及大枝为灰白色，平滑。枝长，分枝角度大，新梢为灰褐色。叶芽较小，呈圆形。雌花芽着生在枝条顶端，呈卵圆形。雄花芽为圆柱形，着生于枝条上部的叶腋间。叶片为奇数羽状复叶，有小叶 7 ~ 9 片，叶柄基部肥大。雌花芽为混合芽，萌芽后形成总状花序。花被退化，雌蕊柱头 2 裂。果实为圆球形，成熟后外果皮、中果皮开裂。内果皮坚硬，内含种子。

图 1–31　石榴

图 1–32　核桃

**12. 板栗（图 1–33）**

壳斗科栗属植物，属落叶乔木。树干为暗灰色，有纵向裂纹。小枝及新梢有短毛，顶端无顶芽，新梢顶端以下 3 ~4 节叶腋间形成混合芽，其余均为叶芽。叶片为卵圆披针形，叶缘有粗大锯齿，叶脉粗，叶背有白色或粉绿色毛。有雄花数百朵，无花瓣。有 6 裂萼片。雄蕊 10 ~20 枚。雌花序着生于雄花序基部，每 3 朵雌花聚生于有刺的总苞内，柱头 6 裂。果实呈半圆形，为淡褐或深褐色。

**13. 山楂（图 1–34）**

蔷薇科山楂属植物，为落叶小乔木。枝密生，有细刺，幼枝有柔毛。小枝为紫褐色，老枝为灰褐色。叶片为三角状卵形至棱状卵形，长 2 ~6 cm，宽 0. 8 ~2. 5 cm，基部为截形或宽楔形，两侧各有 3 ~5 羽状深裂片，基部一对裂片分裂较深，边缘有不规则锐锯齿。复伞房花序，花序梗、花柄都有长柔毛；花为白色，有独特气味。直径约 1. 5 cm；萼筒外有长柔毛，萼片内外两面无毛或内面顶端有毛。果实较小，近球形，直径为 0. 8 ~1. 4 cm，有的压成饼状。表面为棕色至棕红色，并有细密皱纹，顶端凹陷，有花萼残迹，基部有果梗或已脱落。

图 1–33　板栗

图 1–34　山楂

**14. 无花果（图 1–35）**

图 1–35　无花果

桑科无花果属植物，为落叶小乔木。干皮为灰褐色，平滑或不规则纵裂。小枝粗壮，托叶包被幼芽，托叶脱落后在枝上留有极为明显的环状托叶痕。单叶互生，厚膜质，为宽卵形或近球形，长 10 ~20 cm，3 ~5 个掌状深裂，少有不裂，边缘有波状齿，上面粗糙，下面有短毛。叶具长叶柄，叶片大，表面粗糙，为暗绿色，叶背有锈色茸毛。雌雄异花，埋藏在隐头花序中。肉持花序托有短梗，单生于叶腋；雄花生于瘿花序托内面的上半部，雄蕊 3 枚；雌花着生于另一花序托内。聚花果为梨形，熟时为黑紫色；瘦果为卵形，淡棕黄色。果实为扁圆形、球形或梨形，绿色、黄色、红色或深紫红色。

**15. 猕猴桃（图 1–36）**

猕猴桃科猕猴桃属植物，为落叶藤本。枝为褐色，有柔毛，髓为白色，层片状。叶近圆形或宽倒卵形，顶端钝圆或微凹，很少有小突尖，基部为圆形至心形，边缘有芒状小齿，表面有疏毛，背面密生灰白色星状绒毛。花开时为乳白色，后变黄色，单生或数朵生于叶腋。萼片 5 片，有淡棕色柔毛；花瓣 5 ~6 瓣，有短爪；雄蕊多数，花药为黄色；花柱丝状，多数。浆果卵形呈长圆形，横径约 3 cm，密被黄棕色有分枝的长柔毛，大如鸡蛋，高约 6 cm，直径约 4. 5 ~5. 5 cm。一般是椭圆形的。深褐色并带毛的表皮一般不食用。而其内则是呈亮绿色的果肉和一排黑色的种子。质地柔软，味似草莓、香蕉、凤梨三者的混合。植株分雌雄，雄株多毛，叶小，雄株花也较早出现于雌花；然而雌株却少毛，或无毛，叶大于雄花。

**16. 草莓（图 1–37）**

蔷薇科草莓属多年生草本植物。茎有新茎、根状茎和匍匐茎 3 种。前两种是地下茎。新茎上密生具有长柄的叶片，每片叶叶腋部位着生腋芽。匍匐茎茎细而节间短，萌发初期向上生长，超过叶面高度后便垂向株丛而日照充足的地方，顺着地面匍匐生长。基生复叶，由 3 片小叶组成，叶柄较长，一般长 10～20 cm，叶着生于新茎上。叶柄基部与新茎连结的部分，有 2 片托叶鞘包于新茎上。叶片表面密布细小茸毛，小叶多数为椭圆形，叶缘有锯齿状缺口，有的边缘上卷，呈匙形；有的平展；也有两边上卷、叶尖部分平展等形状。芽分顶芽和腋芽，顶芽为顶花芽；腋芽着生于新茎叶腋里。花序为聚伞花序或多歧聚伞花序。每个花序可着生 3～30 朵花，一般为 7～15 朵。花为白色，少数为黄色，5～8 瓣，大多数为两性花。果实果面呈深红或浅红色，果肉多为红色或橙红色。果心充实或稍有空心。果面着生许多像芝麻似的种子。瘦果在浆果表面或与果面平，或凸出果面，或凹入果面。

图 1–36　猕猴桃

图 1–37　草莓

## 四、实训报告

（1）按观察项目列表比较不同树种的主要形态特征。

（2）在休眠期、生长期分别区别苹果和梨，桃、杏、李和樱桃，葡萄、石榴、核桃、柿、无花果和板栗。

## 五、技能考核

技能考核评定一般实行百分制，建议实训态度 20 分，观察过程 40 分（即选择果树树体或器官，在规定时间内识别一定数量果树树种，按正确率记分），实训报告 40 分。

# 第七节　果树树体结构与枝芽特性观察实训技能

## 一、目的与要求

（1）掌握乔木果树地上部树体组成和各部分的名称，能够现场准确地分析指认树体的各部分。

（2）了解主要果树树种枝芽的类型和特点，能够现场识别当地主要树种的枝芽类型。

## 二、材料与用具

**1. 材料**

当地主要树种正常生长发育的结果树植株，以及枝、芽实物（或标本）。

**2. 用具**

皮尺、钢卷尺、放大镜、修枝剪、记录用具。

## 三、实训内容

①观察果树地上部基本结构，明确主干、树干、中心干、主枝、侧枝、骨干枝、延长枝、枝组、辅养枝和叶幕。

②观察枝和芽的类型，明确一年生枝、二年生枝和多年生枝，新梢、副梢、春梢和秋梢，营养枝、结果枝和结果母枝，果台和果台副梢，长枝、中枝、短枝，发育枝、徒长枝、浅细枝、叶丛枝，直立枝、斜生枝、水平枝和下垂枝，叶芽和花芽、纯花芽和混合芽、顶芽和侧芽、单芽和复芽，潜伏芽和早熟芽。

③观察枝芽特性，明确顶端优势、干性、层性、分枝角度、枝条硬度和尖削度，芽的异质性、萌芽力、成枝力、早熟性和潜伏力。

## 四、实习报告

①绘制果树地上部树体结构图，并注明各部分的名称。

②比较苹果（或梨）、桃（或杏、李、樱桃）的花芽和叶芽的形态特征及着生部位。

③说明当地主栽果树的枝芽种类及特性。

## 五、技能考核

技能考核评定一般实行百分制，建议实训态度占 20 分，实训观察占 40 分，实训报告占 40 分。

# 第八节 果树花芽分化观察实训技能

## 一、目的与要求

通过对花芽分化不同阶段的花器官分化情况的观察，了解果树花芽形态分化各期的特征，能够辨认各个时期。要求初步掌握观察花芽分化的徒手切片及镜检技术。

## 二、材料与用具

**1. 材料**

苹果花芽、桃花芽分化各时期的结果枝，苹果花芽、桃花芽分化各个时期的固定切片，刚果红或番红。

**2. 用具**

显微镜或解剖镜、刀片、镊子、解剖针、烧杯（500 mL）、培养皿、蒸馏水、载玻片、盖玻片和绘图工具。

## 三、实训内容

**1. 制作徒手切片**

按采取时期顺序取苹果或桃的结果枝，先将苹果花芽从基部从枝条上切下，用镊子由外及里剥去花芽的鳞片，露出花序原始体。一只手用拇指和食指捏住芽的两侧，芽尖朝向身体；另一只手捏住刀片，刀刃朝向身体，从芽的一侧开始，由芽的基部向芽的尖端一刀一刀地切片，切到芽近中心部分要特别细心，刀要向一个方向用力，不要来回拉动。注意切面与芽的中轴线保持平行。切下的花序原始体小片越薄越好，1 个花序原始体可连续切割数片。将切下的薄片放入盛水的培养皿中。桃的花芽为侧花芽，可在芽的下部紧靠芽将枝条切断，再在芽的上部 2 ~ 3 cm 处将枝条切断，用手指拿住这段枝条对花芽进行切片。

**2. 镜检观察**

一个花序原始体切割完毕后，将培养皿中的小薄片，依次排列与载玻片上，加上盖玻片，就可在显微镜下观察。也可用 1% 的刚果红染色，经 1 ~ 3 min 后，用清水洗净，加上盖玻片后，在显微镜下观察。如果切片较厚，要观察的组织看不清时，还可以把盖玻片换成载玻片，将两片载玻片一起翻过来从另一面观察。通过观察，根据苹果和桃每一个分化时期的形态特点，确定花芽在哪一个形态分化期。

（1）苹果的花芽分化时期

①未分化期。生长点平滑不突出，但四周凹陷不明显。

②分化始期。生长点肥大，突起，呈半球形，四周下陷。

③花原始体出现期。肥大的生长点四周有突起的状态，出现花序原始体。

④萼片形成期。生长点下陷，四周突起，出现萼片原始体。

⑤花瓣形成期。萼片原始体伸长，其内侧基部产生新的突起，出现花瓣原始体。

⑥雄蕊形成期。花瓣原始体内侧基部产生新的突起，出现雄蕊原始体。

⑦雌蕊形成期。花蕾原始体中心基部产生突起，出现雌蕊原始体。

（2）桃的花芽分化期

①未分化期。生长点平坦，四周凹陷不明显。

②花芽分化期。生长点突起、肥大。

③花萼分化期。生长点四周产生突起，出现花瓣原始体。

④花瓣分化期。萼片原始体内侧基部产生突起，出现花瓣原始体。

⑤雄蕊原始体。花瓣原始体内侧出现雄蕊原始体。

⑥雌蕊分化期。在中心部分产生突起，出现雌蕊原始体。

**3. 石蜡切片法**

石蜡切片切薄，可以做细致精确的观察，又能长期保存，但需要切片机，操作比较复杂。

（1）固定

固定的目的是将采来的芽立即杀死，以保持原来的组织及结构状况。固定时选用渗透性强，容易固定的渗透剂。一般常用 F. A. A 固定液，固定时间至少为 24 h。

（2）脱水

脱水就是在浸蜡前将芽组织中的水分脱掉，使二甲苯、氯仿等媒浸剂渗透进去。脱水操作应缓慢进行，以免组织变硬、变脆或发生收缩现象。一般先用酒精作脱水剂。在媒浸时又用二甲苯或氯仿脱出酒精，以便浸蜡。具体步骤和时间如下：

①50% 的酒精，2 h；

②70% 的酒精，2 h；

③80% 的酒精，2 h；

④90% 的酒精，2 h；

⑤95% 的酒精，2 h；

⑥无水酒精，2 h；

⑦无水酒精 + 二甲苯 1 份，2 h；

⑧无水酒精 + 二甲苯 2 份，2 h；

⑨二甲苯（纯），2 h。

（3）浸蜡

将脱水媒浸过的芽组织浸到石蜡中，使细胞充满石蜡以便切片。一般所用的石蜡分软蜡（熔点在40 ℃以下）和硬蜡（熔点在40 ℃以上）。浸蜡时为了使蜡便于进入，应先浸软蜡，再浸硬蜡。以后步骤如下（在恒温箱内进行）：

①二甲苯1份+石蜡1份，12～24 h；

②软蜡，12～24 h；

③硬蜡，2～6 h。

（4）埋蜡

埋蜡就是将已浸好蜡的芽埋入硬纸折成的小盒中。将芽放在容器正中央，芽的方向和位置均要拨正。为了使石蜡迅速凝固，可将小盒放在冷水中浸，浸完后拨去纸盒，取出蜡块，注意将样品编号，以免混淆。

（5）切片

将埋蜡的材料切成正方形或长方形的小块，先将蜡的一端黏在小木块上，再将蜡块边沿切齐，就可将其固定在切片机上。在切片时要注意切刀的角度，务使与花芽平行并切到芽的中心，切片的厚度一般在10～20 μ，安装好即可连续切片。

（6）粘片

切下带状切片，经显微镜检查，将符合要求的材料黏在载玻片上。常用的黏着剂配方为鸡蛋清和甘油各50 mL，加水杨酸1 g。在载玻片上涂抹薄薄的一层黏着剂，加几滴蒸馏水，将带有材料的蜡片放在水中，在温度为35～45 ℃下，用拔针将切片拉直，展平倾斜载玻片，使水流去并烘干。

（7）脱蜡

将切片黏好后必须脱去石蜡才能染色。常用脱蜡剂为二甲苯，脱蜡时间为30 min左右，并在不同浓度的酒精中浸放10～20 min（无水酒精→95%的酒精→80%的酒精→70%的酒精→蒸馏水），以便染色。

（8）染色

进行组织分离染色，以区别不同组织。在观察花芽分化时常用直接染色法，直接染色剂为番红—固绿双重染色剂。

（9）脱水和透明

脱水的目的是便于封片，透明的目的是便于观察。一般采用二甲苯浸，可使切片透明，清洁美观，提高切片的质量。其步骤是：

① 50%的酒精，1～2 min；

② 70%的酒精，1～2 min；

③ 80%的酒精，1～2 min；

④ 90%的酒精，1～2 min；

⑤ 95%的酒精，1～2 min；

⑥无水酒精，1～2 min；

⑦无水酒精+二甲苯，1～2 min；

⑧二甲苯（纯），1～2 min。

（10）封片

切片经脱水透明后，擦净载玻片，先滴1滴封片剂（加拿大胶或阿拉伯胶）于切片的材料当中，后盖上盖玻片，要求无气泡和杂质，并在封片上标明采芽日期，分化时期等，以便日后检查，并能长期保存。

## 四、实训报告

将观察的切片绘图，注明分化期和花器官各部分名称。

## 五、技能考核

技能考核评定一般实行百分制，建议实训态度占20分，实训观察占40分，实训报告占40分。

# 第九节　主要果树物候期观察实训技能

## 一、目的与要求

通过实训，熟悉物候期观察的项目和方法，能够判断年周期中不同时期果树所处的物候期。

## 二、材料与用具

**1. 材料**

当地有代表性的树种、品种的结果树为供试植株。如苹果、梨、桃和葡萄。

**2. 用具**

皮尺、游标卡尺、放大镜、记载表。

## 三、步骤与方法

**1. 选定待观察果树**

**2. 制定记载要求及表格**

随着物候期演变，按照物候期观察项目和标准进行观察记载。

（1）物候期观察项目及标准

①萌芽、开花结果物候期记载项目及标准。

a. 萌动。刚看出芽有变化，鳞片有微错开。

b. 花芽膨大期。花芽开始膨大，鳞片错开，以全树有25%左右膨大为准。

c. 花芽开绽期（开放期）。鳞片裂开，露出绿色叶尖。

d. 萌发。幼叶分离。

e. 花序露出期。花芽外层鳞片脱落，中部出现卷曲状莲座叶，花序已可看见。

f. 花蕾分离期。花梗明显伸长，花蕾彼此分离。

g. 初花期（始花期）。全树5%的花开放。

h. 盛花期。全树25%的花开放为盛花始期，50%的花开放为盛花期，75%的花开放为盛花末期。

i. 落花期。全树5%的花正常脱落花瓣为落花始期，95%的花脱落花瓣为落花终期。

j. 坐果期。正常受精的果实直径约为0.8 cm左右时为坐果期。

k. 生理落果期。幼果开始出现该品种应有的色泽，无色品种由绿色开始变浅。

l. 果实着色期。果实开始出现该品种应有的色泽，无色品种由绿色开始变浅。

m. 果实成熟期。全树有50%的果实色泽、品质等具备了该品种成熟的特征，采摘时果梗容易分离。

另外，核果类（桃、杏、李、樱桃等）是纯花芽，花芽物候期略有不同。无花芽开绽、花序露出及花蕾分离期，增加露萼期、露瓣期。

ⅰ露萼期。鳞片裂开，花萼顶端露出。

ⅱ露瓣期。花萼绽开，花瓣开始露出。

②萌芽、新梢生长、落叶物候期记载项目及标准。

a. 叶芽膨大期。同花芽标准。

b. 叶芽开绽期。同花芽标准。

c. 展叶期。全树萌发的叶芽中有 25% 的第 1 片叶展开。

d. 新梢开始生长。从叶芽开放长出 1 cm 长的新梢时算起。

e. 新梢加速生长期。在新梢出现第 1 个长节为加速生长开始；到春梢最大叶出现为加速生长期；待有小叶出现为加速生长停止。

f. 新梢停止生长。新梢缓慢停止生长，没有未展开的叶。

g. 二次生长开始。新梢停止生长以后又开始生长叶。

h. 二次生长停止。二次生长的新梢停止生长为二次生长停止。

i. 叶片变色期。秋季正常生长的植株叶片变黄或变红。

j. 落叶期。全树有 5% 的叶片脱落为落叶始期，25% 的叶片脱落为落叶盛期，95% 的叶片脱落为落叶终期。记载葡萄物候期时，需增加伤流期、新梢开始成熟期。

ⅰ伤流期：春季萌芽前树液开始流动时，新剪口流出大量成水滴状液体时为伤流期。

ⅱ新梢开始成熟期：当新梢的第 4 节以下的部分表皮呈黄褐色时为新梢成熟期。

③花芽分化期

a. 开始。健壮枝条有少量开始分化花芽。

b. 盛期。健壮枝条约有 1/4 开始分化花芽。

（2）物候期记载表（表 1–7）

**表 1–7　苹果、梨物候期记载**

| 品种 | 花芽萌发 | | | | 开花 | | | | | | 叶芽 | | | 新梢生长 | | | | | | 花芽分化 | | | | |
|---|---|---|---|---|---|---|---|---|---|---|---|---|---|---|---|---|---|---|---|---|---|---|---|---|
| | | | | | 1 个序花 | | | 全树 | | | | | | | | | | | | | | | | |
| | 膨大 | 开绽 | 露蕾 | 花蕾分离 | 分离 | 初开 | 开完 | 初花 | 盛花 | 终花 | 膨大 | 开绽 | 展叶 | 开始 | 旺盛 | 停止 | 二次生长开始 | 旺盛 | 停止 | 开始 | 萼片 | 花瓣 | 雄蕊 | 雌蕊 |
| | | | | | | | | | | | | | | | | | | | | | | | | |

| 叶片 | | | | | | | | | 落花落果 | | | | 果实发育 | | | | | 果台副梢 | | | 落叶 | | | |
|---|---|---|---|---|---|---|---|---|---|---|---|---|---|---|---|---|---|---|---|---|---|---|---|---|
| 短枝 | | | 中枝 | | | 长枝 | | | | | | | | | | | | | | | | | | |
| 初展 | 盛展 | 展完 | 初展 | 盛展 | 展完 | 初展 | 盛展 | 展完 | 落花 | 落幼果 | 生理落果 | 采前落果 | 幼果膨大 | 缓长 | 速长 | 着色 | 成熟 | 初现 | 盛长 | 停止 | 变色 | 始落 | 盛落 | 结束 |
| | | | | | | | | | | | | | | | | | | | | | | | | |

## 四、注意问题

①物候期观察记载项目的繁简，应根据具体要求确定，专题物候期研究需详细调查，一般只记载主要物候期，本实训是一般物候期的调查。

②根据物候期的进程速度和记载的繁简确定观察时间。萌芽至开花期一般每隔 2 ~ 3 d 观察 1 次；生长季节的其他时间，则可 5 ~ 7 d 或更长时间观察一次；开花期有些树种进程较快，需每天观察。

③详细的物候期观察中，有些项目的完成必须配合定期测量，如枝条加长、加粗生长，果实体积的增加、叶片生长等应每隔 3 ~ 7 d 测量一次，画出曲线，才能看出生长高峰的节奏。有些项目的完成需定期取样观察，如花芽分化期应每 3 ~ 7 d 取样切片观察一次。还有的项目需统计数字，如落果期调查。

④物候期观测取样要注意地点、树龄、生长状况等方面的代表性，一般应选生长健壮的结果树，植株在果园中的位置能代表全园情况。观察株数可根据个体情况而定，一般每品种 3 ~ 5 株。进行测定和统计的内容，应选择典型部位，挂牌标记，定期进行。

### 五、实训报告

进行苹果、桃、葡萄的四季物候期记载，将观察结果记入表 1-7 中。

### 六、技能考核

技能考核评定一般实行百分制，建议实训态度 10 分，实训观察 40 分，实训报告 40 分。

## 第十节　果树冻害的观察实训技能

### 一、目的与要求

掌握果树冻害调查方法，了解各种果树树体内不同器官和部位的冻害表现，分析冻害发生的原因和规律，尤其是当年冻害的特点和程度，进而提出减轻和防止冻害的有效途径和措施。

### 二、材料与用具

**1. 材料**

选择当地易于发生冻害的果树种类和品种。

**2. 用具**

手锯、修枝剪、卡尺、钢卷尺、放大镜、记录本等，准备当地有关气象资料。

### 三、步骤与方法

**1. 调查时间**

苹果等在严寒过后至芽萌动前和花序露出至初花期各 1 次。

**2. 调查植选择株**

调查植株选择应遵从唯一差异法。例如，对品种间进行对比，先普遍观察各品种的越冬情况，再确定重点调查品种，其他条件一致，对品种比较集中的果园进行冻害调查。倘若在不同立地条件下调查，一定要有共同的对照品种进行比较。调查砧木、树龄、嫁接方式、树势、小气候、防寒和栽培管理措施对减轻和防止冻害的效果，则应注意品种及其他条件的一致性。

**3. 调查内容**

根据冻害当年发生特点，确定重点调查项目、标准和方法，填写调查表格及统计百分数，并做文字记载。对苹果要检查树干、大枝、一年生枝新的剪口或锯口，其变色程度和范围；同时检查裂干情况（方向、部位、裂干长度和深度等），根颈冻害及植株死亡情况，抽条程度等。分别进行文字记载，填写表格及统计百分数。

**4. 取样标准和调查数量**

取样标准和调查数量应根据具体情况确定，要注意典型性，计算品种植株冻害等级一般最好要有100株以上，至少20株；因此，可全园或几个小区进行统计。调查花芽冻害可选3～5株树，统计部分有代表性的主枝或侧枝。

**5. 生长状况调查**

除春季调查外，在夏、秋季和果实成熟期再进行植株生长状况调查和结果情况调查，了解植株恢复能力和冻害对产量的影响（表1-8）。

**表1-8 苹果树冻害调查记载标准**

| 冻害等级 | 花芽 | 一年生枝 | 枝干 | 抽条 |
|---|---|---|---|---|
| 0 | 花芽内各组织为绿色或黄绿色 | 髓为白色，木质部、韧皮部为鲜绿色 | 各部分组织正常 | 未抽条 |
| 1 | 花芽内中心花的花柄为黄褐色或褐色。边花为绿色或黄绿色。1个芽中除中心花死亡外，边花能正常开放，不影响结果和产量 | 髓心为黄或褐黄色，木质部、韧皮部为鲜绿色，能正常发芽 | 中心1～2轮木质部变为黄褐色 | 一年生枝上部未成熟部分抽干 |
| 2 | 芽内中心花，部分边花的花柄或小花黄为褐色至褐色，部分边花冻死或畸形花（畸形花不能着果），但未受冻的边花仍能结果，造成部分减产 | 髓为褐色，木质部微黄，枝条萌芽晚、生长较弱，部分细枝冻死，但多数枝条未冻，对生长基本无影响 | 中心木质部变为褐色，外轮木质部不同程度变色 | 一年生枝大部分抽干 |
| 3 | 部分花芽全芽变为褐色冻死，部分花芽中的边花尚能开花结实，造成严重减产 | 髓为褐色，木质部为黄褐色，全树有1/3枝条冻死，影响树体正常生长 | 木质部均变为褐色 | 二年生枝以上枝条抽干 |
| 4 | 2/3以上的花芽全芽变为褐色冻死，仅少数芽的边花能开花结实；或全树花芽冻死，但叶芽仍能萌发，不影响树体生长，但影响隔年结果 | 全树1/2以上的一年生枝冻死，严重影响树体生长，如管理不当则造成全树死亡 | 枝干变为暗褐色，干枯 | 地上部全部抽干 |

## 四、实训报告

填写冻害调查表（表1-9～表1-11），出冻害指数。

$$冻害指数=\frac{\Sigma（冻害级株数\times代表级值）}{调查总株数\times受冻害最重-代表级值} \tag{1-1}$$

**表 1-9　果树苗木冻害调查**

树种：　　　　调查地点：　　　　调查时间：　　　　调查人员：

| | 根颈部 | 枝干部 | 嫁接及其以上部位 | 占同类苗木比例（按株数计算） |
|---|---|---|---|---|
| 无冻害 | | | | |
| 轻度冻害 | | | | |
| 中度冻害 | | | | |
| 重度冻害 | | | | |
| 冬季低温叙述 | （包括低温出现时间、极端低温温度、低温持续时间等） | | | |

注：1. 冻害判定标准参考：

①无冻害。苗木完好，定植后可正常成活。

②轻度冻害。根颈韧皮部轻微变褐；或枝干变色失绿变细不足 1/2；嫁接部位无冻害；并在嫁接部位以上保留 3 ~ 5 个具有萌发能力的芽。具备以上症状之一者为轻度冻害。

③中度冻害。根颈韧皮部呈浅褐色；或 1/2 左右的枝干变色失绿变细；或嫁接部位轻微变褐；嫁接部位以上只有 1 ~ 2 芽具有萌发能力。具备以上症状之一者为中度冻害。

④重度冻害。根颈韧皮部、形成层和髓部变成黑褐色；或大部分枝干变色失绿；或嫁接部位变褐；嫁接部位以上没有具备萌发能力的芽，不能定植。具备以上症状之一者为重度冻害。

2. 调查情况应能基本反映当地苗木的冻害情况，要求调查覆盖不同片区，重点育苗区要有多个调查点。

**表 1-10　幼龄果树冻害调查（1 ~ 4 年树龄）**

树种：　　　　树龄：　　　　调查时间：　　　　调查地点：　　　　调查人员：

| | 树干（包括根颈部） | 枝条 | 花芽或花 | 占同类果树比例（按株数计算） |
|---|---|---|---|---|
| 无冻害 | | | | |
| 轻度冻害 | | | | |
| 中度冻害 | | | | |
| 重度冻害 | | | | |
| 冬季低温叙述 | （包括低温出现时间、极端低温温度、低温持续时间等） | | | |

注：1. 冻害判定标准参考：

①无冻害。树体完好，可正常生长结果。

②轻度冻害：根颈韧皮部轻微变褐，部分小于树干周长的 1/2；嫁接部位无冻害；或少部分枝条变色失绿变细；或受冻害的花芽小于 10% 。具备以上症状之一者为轻度冻害。

③中度冻害。根颈韧皮部呈褐色，占树干周长的 1/2 左右；或树干局部出现因冻害而产生的腐烂病症状；或约 1/2 的枝条变色失绿变细；或嫁接部位轻微变褐，嫁接部位以上只有 2 个以上芽具有萌发能力，受冻花芽在 50% 左右。具备以上症状之一者为中度冻害。

④重度冻害。根颈韧皮部、形成层和髓部变成褐色；或树干发生冻裂；有较严重的腐烂病症状；或大部分枝干变色失绿变细；或嫁接部位变褐；嫁接部位以上没有具备萌发能力的芽；几乎全部枝条变色失绿变细；或受冻害花芽大于 90% 。具备以上症状之一者为重度冻害。

2. 调查情况应能基本反映某个地区幼龄果树的冻害情况，要求调查要覆盖不同片区，重点幼龄果树片区要有多个调查点。

表 1–11　成龄果树冻害调查（5 年以上树龄）

树种：　　调查时间：　　调查地点：　　调查人员：

| | 树干（包括根颈部） | 枝条 | 花芽或花 | 占同类果树比例（按株数计算） |
|---|---|---|---|---|
| 无冻害 | | | | |
| 轻度冻害 | | | | |
| 中度冻害 | | | | |
| 重度冻害 | | | | |
| 冬季低温叙述 | （包括低温出现时间、极端低温温度、低温持续时间等） | | | |
| 产量损失估计： | | | | |

注：1. 冻害判定标准参考：

①无冻害。树体完好，可正常生长结果。

②轻度冻害。少部分枝条变色失绿变细；或受冻害花芽小于 10% 。具备以上症状之一者为轻度冻害。

③中度冻害。根颈韧皮部轻微变褐；或树干局部出现因冻害而产生的腐烂病症状；或约 1/2 的枝条变色失绿变细；或嫁接部位轻微变褐；或受冻害花芽在 50% 左右。具备以上症状之一者为中度冻害。

④重度冻害。根颈韧皮部和形成层变褐；或大部分枝干变色失绿变细抽干；或几乎全部枝条变色失率变细；或受冻害花芽大于 90% 。具备以上症状之一者为重度冻害。

2. 调查情况应能基本反映当地成龄果树的冻害情况，要求调查覆盖不同片区，重点成龄果树片区要有多个调查点。

# 第二章　无公害果品生产技术

【内容提要】无公害果品概念，基本要求和质量标准，发展无公害果品的意义。无公害果品发展现状及趋势。无公害果品生产标准包括环境标准、生产技术标准和产品质量检验标准。无公害果品生产规程，认证程序包括无公害果品产地认定程序和无公害产品认定程序。

## 第一节　概　述

### 一、基本概念

无公害果品是指在生态环境质量符合标准规定，生产过程遵循允许限量使用限定化学合成物质的规定，按特定的生产操作规程生产，产品经检测符合国家颁布的卫生标准，经认证获得认证证书并允许使用无公害果品标志的，未经加工或初加工的果品。

### 二、基本要求和质量标准

**1. 基本要求**

生态条件良好，远离污染源，具有可持续生产能力的农业生产区域。产地空气环境质量、灌溉水质量、土壤环境质量等要符合相关规定。施肥应以有机肥为主，化肥为辅，保持或增加土壤肥力及土壤微生物活性。所施用的肥料不应对果园环境和果实品质产生不良影响。

**2. 质量标准**

安全：不含对人体有毒、有害物质，或者将有害物质控制在安全标准以下，对人体健康不产生任何危害；卫生：农药残留、硝酸盐含量、废水、废气、废渣等有害物质不超标，生产中禁用高毒农药，合理施用化肥；优质：内在品质高；营养成分高：果品中含有人体所需的各种营养物质。

### 三、意义

**1. 发展无公害果品生产是人类社会持续发展的必然要求**

人类社会要持续、健康发展，需要营养、安全、无污染的食物源作为保障。发展无公害果品生产对改善人类生活质量、保障人类身心健康，推动人类进步具有重要意义。

**2. 发展无公害果品生产是实现农业可持续发展的必然要求**

进行无公害果品生产，有助于建立和恢复生态系统的生物多样性和良性循环，保护环境，改善生态，有利于农业的可持续发展。

**3. 发展无公害果品生产是发展我国社会主义市场经济的需要**

随着我国社会主义市场经济体制的建立和逐步完善，对我国果品生产提出了更高的要求。不仅要满足国内消费供给，更要面对国外市场，参与国际竞争。同时，随着我国经济的快速稳定增长，人民生活水平不断提高，食品安全意识大大增强。发展无公害果品生产，可提高果品质量，增强果品市场竞争力，从而提高我国果业生产适应市场经济的能力。

**4. 发展无公害果品生产是提高我国果品国际竞争力的需要**

果品是我国传统出口农产品，我国果品作为劳动密集型产业在国际市场上具有明显的竞争优势。但是，我国的果品无论外观还是内质均同国际水平有明显差距，农药、重金属残留严重超标。安全性已成为制约我国果品及其加工品出口创汇的最大贸易壁垒，只有大力发展无公害果品产业，才能迅速提高我国果品档次，增强国际竞争力。

**5. 发展无公害果品生产是提高农业经济效益、促进农民增收的需要**

国内外市场表明，无公害果品价格比常规果品一般高20%~30%，甚至达50%以上，而且市场需求量大。因此，开发无公害果品，既可提高农业经济效益，又可增加农民收入，具有较强的市场发展前景。

## 四、我国无公害果品生产现状及发展趋势

我国从2001年开始在全国范围内组织实施“无公害食品行动计划”。截至2004年4月7日，通过全国统一无公害农产品认证的单位有2838家，通过认证的产品有3959个，其中种植业产品3344个。已有苹果、柑橘、火龙果等22种果树纳入“无公害食品行动计划”。我国人口众多，无公害果品生产潜力很大，本身就是无公害果品的广阔市场，同时有望成为世界无公害果品的主要供给国。

目前，尽管我国无公害果品的研究与国际水平相差不大，并在某些方面显示出一定的优势，但在整个无公害果品生产实施过程和范围与国际水平还有很大差距。当前，我国应在以下几个方面加大研究和工作力度：一是进一步完善无公害果品生产全程质量监控体系，加强国内检测，尤其加强有害物质（主要是农药残留和有害元素污染）的检测；无公害果品上市前的检测方法也有待进一步研究改进。二是无公害生产标准进一步规范、完善。在加快与国际接轨，不断完善现有标准基础上，加快果品采后商品化处理技术标准，加工用果品标准，加工果品质量标准、果品加工品生产技术标准及果品加工环境标准等相关标准的制定。同时，加强标准宣传，并监督实施过程。作为强制性标准，进行广泛宣传实施，使果品产、供、销各方面切实感受严格执行标准对自身利益的提高和保护作用。三是建立切合我国实际的无公害水果生产制度。我国与先进水果生产国在生产制度上还存在较大差距。因此，我国无公害果品生产也应将各项技术规范进行集成、创新，建立类似符合我国国情的无公害水果生产制度。四是构建规模化无公害果业技术需求的技术动力机制。主要依靠行政组织和行政推动，同时加强无公害果品的宣传力度，引导消费，从而推动科研部门和果农有足够的动力去发展和选择无公害技术。五是运用生态学原理，研究生物共生互作技术，进一步加大以虫治虫、以菌治虫和以菌治菌的生物防治技术研究，减少各类农药，尤其是化学农药的使用。

### 思考题

（1）何为无公害果品？其基本要求和质量标准如何？

（2）无公害果品发展的趋势如何？

# 第二节　无公害果品生产标准

农业部制定的果品标准共有45项，涵盖产品、生产技术和产地环境条件3个方面，涉及北方的苹果、梨、桃、葡萄、草莓、猕猴桃、柿、樱桃、石榴、李、杏、冬枣、火龙果和南方的柑橘、荔枝、龙眼、香蕉、菠萝等22种果树。

## 一、环境质量标准

无公害果品生产主要对大气、土壤和灌溉水等环境指标提出了质量要求。

**1. 空气质量标准**

无公害果品产地空气质量涉及总悬浮颗粒物（TSP）、二氧化硫（$SO_2$）、二氧化氮（$NO_2$）和氟化物（F）

4 项技术指标。TSP、$SO_2$、$NO_2$ 和 F 化物几乎是所有无公害果品共同关注的因素。在指标值的设定上，不同果品间基本上完全一致。

**2. 灌溉水质量标准**

无公害果品产地灌溉水质量涉及 pH、化学需氧量、氯化物、氰化物、氟化物、石油类、总汞、总砷、总铅、总镉、六价铬、总铜、挥发酚、粪大肠菌群数 14 项技术指标。其中 pH、总汞、总砷、总铅、总镉 5 项指标是所有无公害果品共同关注的因素。

**3. 土壤质量标准**

无公害果品产地质量涉及农药六六六、滴滴涕，类金属元素砷，重金属元素镉、汞、铅、铬和铜 8 项技术指标。其中镉、汞、铅、砷 4 项指标是所有无公害果品共同关注的因素。我国农业部已发布并于 2016 年 10 月 1 日起实施新的标准《无公害农产品　种植业产地环境条件》（NY/T 5010—2016）。

## 二、生产技术标准

**1. 园地选择**

无公害果品生产园应远离城市和交通要道，距离公路 50～100 m 以外，周围无工矿企业。园地空气质量、灌溉水质量和土壤环境质量等方面均应达到该树种无公害食品产地环境质量标准要求。

**2. 施肥标准**

（1）施肥原则

果园施肥原则是将充足的有机肥和一定数量的化学肥料施入土壤，以保持和增加土壤肥力，改善土壤结构及生物活性，同时要避免肥料中有害物质进入土壤，从而达到控制污染、保护环境的目的。

（2）施肥要求

生产无公害果品应根据土壤肥力、果树需肥特点和肥料性质确定施肥种类和施肥量。施肥以有机肥为主，化肥为辅。所施用的肥料应为农业行政主管部门登记或免于登记的肥料，不对环境和果实产生不良影响。无公害果品生产中允许使用农家肥料（堆肥、沤肥、厩肥、沼气肥、绿肥、作物秸秆、泥肥、饼肥等）、商品有机肥、微生物肥、腐殖酸类肥、有机复合肥、无机（矿质）肥料和叶面肥；禁止使用未经无害化处理的城市垃圾或含有重金属、橡胶和有害物质的垃圾；禁止使用含氯复合物、硝态氮肥和未经腐熟的人粪尿；禁止使用未获准登记的肥料产品。

（3）肥料配合及追肥要求

化肥必须与有机肥配合施用，有机氮与无机氮之比不超过 1∶1。最后一次追肥必须在收获前 30 d 进行。

**3. 整形修剪**

整形修剪强调培养合理树形，并采取适宜修剪措施，增加树冠内通风透光度，减少病虫害发生，减少农药的使用。

**4. 果实管理**

大果型果品，提倡果实套袋，以减少防治果实病虫害农药的使用，降低或避免果实中农药残留，并改善果实外观品质。

**5. 病虫害防治**

（1）防治原则

坚持“预防为主，综合防治”的植保方针。以农业防治和物理防治为基础，提倡生物防治，根据病虫害发生规律科学使用化学防治，有效控制病虫危害。

（2）农药使用原则

①提倡使用生物源农药、矿物源农药。生物源农药包括微生物源农药、动物源农药和植物源农药。

其中微生源农药包括农用抗生素（如春雷霉素、多抗霉素、井冈霉素、农抗120、中生菌素、浏阳霉素和华光霉素等）、活体微生物农药（如蜡蚧轮枝菌、苏云金杆菌、蜡质芽孢杆菌、拮抗菌剂、昆虫病原线虫、微孢子、核多角体病毒等）。动物源农药包括昆虫信息素（如性信息素）、活体制剂（如寄生性、捕食性天敌动物）。植物源农药包括杀虫剂（如除虫菊素、鱼藤铜、烟碱和植物油等）、杀菌剂（如大蒜素）、拒避剂（如印楝素、苦楝和川楝素等）、增效剂（如芝麻素）。矿物源农药包括无机杀螨杀菌剂（如石硫合剂、波尔多液等）、矿物油乳剂（如柴油乳剂等）。

②允许使用低毒、低残留化学农药。如吡虫啉、马拉硫磷、辛硫磷、敌百虫、双甲脒、尼索朗、克螨特、螨死净、菌毒清、代森锰锌类（喷克、大生M－45）、新星、甲基托布津、多菌灵、扑海因、粉锈宁、甲霜灵、百菌清等。

③有限制地使用中等毒性农药。主要有乐斯本、抗蚜威、敌敌畏、杀螟硫磷、灭扫利、功夫、歼灭、杀灭菊酯、氰戊菊酯、高效氯氰菊酯等。

④禁止使用剧毒、高毒、高残留，致畸、致癌、致突变和具有慢性毒性的农药。无公害果品生产禁止使用的农药品种有：福美甲砷、福美砷、五氯硝基苯、六六六、滴滴涕、三氯杀螨醇、二溴氯丙烷、二溴乙烷、毒杀芬、杀虫脒、除草醚、草枯醚、艾氏剂、狄氏剂、汞制剂、甘氟、毒鼠强、氟乙酸钠、毒鼠硅、敌枯双、氟乙酰胺、甲胺磷、甲拌磷、乙拌磷、久效磷、甲基对硫磷、对硫磷、磷胺、甲基异硫磷、特丁硫磷、甲基硫环磷、氧化乐果、治螟磷、地虫硫磷、灭克磷、水胺硫磷、氯唑磷、硫线磷、杀扑磷、内吸磷、涕灭威、克百威、灭多威、丁硫克百威、丙硫克百威、灭线磷、硫环磷、蝇毒磷、苯线磷等。按NY/T 1276—2007（《农药安全使用规范总则》）和GB/T 8321（《农药合理使用准则》）执行，严格按照规定浓度、每年使用次数和安全间隔期要求施用，农药混剂执行其中残留性最大的有效成分的安全间隔期。注意不同作用机理农药的交替使用和合理混用。

## 三、产品质量检验标准

**1. 卫生要求**

卫生要求是无公害果品安全性的保障，其内容包括两方面：一是无公害果品中二氧化硫、氟、砷和汞、铬、镉、铅、铜等金属元素的含量不能超过规定的限量标准；二是无公害果品中农药的残留量应控制在标准规定的范围内。

**2. 感官及理化要求**

（1）感官要求

无公害果品的感官要求只纳入与食用安全性有密切关系的内容（如腐烂、霉变和病变等），较常规果品标准简略，且无分等级方面的内容。

（2）理化要求

仅无公害苹果和柑橘有此方面要求。无公害苹果的理化指标应符合国家标准《鲜苹果》（GB/T 10651）的规定。无公害柑橘则应符合农业部相关规定。

**思考题**

（1）无公害果品生产标准包括哪几部分？

（2）无公害果品环境质量标准包括哪几部分？

（3）无公害果品生产技术标准包括哪几部分？

（4）无公害果品产品质量检验标准有哪两方面要求？

# 第三节　无公害果品生产规程及认证程序

## 一、生产技术规程

目前，我国农业部已发布了柑橘、苹果、梨、桃、鲜食葡萄、草莓、猕猴桃、香蕉、荔枝、龙眼、杧果、菠萝、阳桃、火龙果、红毛丹15种果树的无公害果品生产技术规程标准（表2–1）。

**表2–1　无公害果品生产技术规程标准代号**

| 树种 | 标准代号 | 树种 | 标准代号 |
|---|---|---|---|
| 香蕉 | NY/T 5022—2006 | 桃 | NY/T 5114—2002 |
| 芒果 | NY/T 5025—2001 | 荔枝 | NY/T 5174—2002 |
| 苹果 | NY/T 5012—2002 | 龙眼 | NY/T 5176—2002 |
| 柑桔 | NY/T 5015—2002 | 菠萝 | NY/T 5178—2002 |
| 鲜食葡萄 | NY/T 5088—2002 | 杨桃 | NY/T 5183—2006 |
| 梨 | NY/T 5102—2002 | 火龙果 | NY/T 5256—2004 |
| 草莓 | NY/T 5105—2002 | 红毛丹 | NY/T 5258—2004 |
| 猕猴桃 | NY/T 5108—2002 | | |

## 二、认证程序

### 1. 认证条件

凡生产产品在《实施无公害农产品认证的产品目录》内，并获得无公害果品产地认定证书的单位和个人，均可申请产品认证。包括产地认证和产品认证两个方面。

### 2. 产地认定程序

由省农业行政主管部门负责组织实施本辖区内无公害果品产地的认定工作。先由申请人写出申请材料，内容包括产地环境、区域范围、生产规模、生产计划、质量控制措施等，再进行现场检查，符合要求后，再由申请人委托有资质的检测机构对产地环境进行检测。只有申请材料、现场检查和产地环境检测结果均符合要求时，才能获得无公害农产品产地的认定证书。无公害农产品产地认定证书有效期为3年。期满需要继续使用时，应当在有效期满90 d前按照本办法规定的无公害农产品产地认定程序重新办理。无公害果品产地应定期进行环境检测，确保果园及其周围环境不受污染。如果无公害果品产地被污染或产地环境达不到标准要求，将受到省级农业行政主管部门的警告，并责令限期改正，逾期未改正的，将撤销其无公害农产品产地认定证书。

### 3. 无公害果品产品认定程序

先由申请人通过省级农业行政主管部门或直接向农业部农产品质量安全中心（简称“中心”）写出申请材料，内容包括产地认定证书复印件、产地环境检验报告和环境评价报告、区域范围、生产规模、生产计划、质量控制措施、生产操作规程等，再对产地进行现场检查（需要检查时），申请材料、现场检查符合要求后，再由申请人委托有资质的检测结构对其申请认证产品进行抽样检验。材料审查、现场检查和产品检验均符合要求的，由中心主任签发《无公害农产品认证证书》。证书有效期为3年，期满后需要继续使用的，证书持有人应当在有效期满前90 d内按照本程序重新办理。

## 思考题

（1）无公害果品生产技术规如何？

（2）无公害果品认证的前提和程序是什么？

# 第二篇　技能篇

# 第三章　育苗技术

【内容提要】果树育苗基本概念，果树育苗最终目标和任务及果树苗木的分类情况。苗圃地创建包括苗圃地选择、规划、苗圃地建立，育苗方式及苗圃地档案制度。实生苗的基本概念、特点及应用，实生苗培育程序。嫁接基本概念，嫁接苗特点及利用。影响嫁接成活的因素，嫁接苗培育程序。砧木和接穗的相互影响，砧木分类、选择和利用。嫁接分类和嫁接时期，枝接和芽接操作规程与程序。果苗矮化中间砧二年出圃技术要点。自根苗概念，分类，特点及利用。影响扦插和压条成活的因素，促进插条生根方法。扦插的概念和分类。果树硬枝扦插技术要点、嫩枝扦插技术要点和根插苗培育要求。压条苗培育的基本概念，分类。各类压条育苗的适用对象和技术要点。分株育苗的基本概念和分类，使用对象和技术要求。无病毒果苗的基本概念和优点。果树苗木主要脱毒途径，繁殖无病毒果树苗木的要求及培育过程。果树苗木出圃的程序包括出圃前准备，苗木挖掘、分级与修苗，检疫与消毒和苗木包装与贮藏。

果树育苗是繁殖、培育优质果树苗木的技术。苗木是果树生产的基础。果树育苗的最终目标是培育纯正、生长健壮、根系发达、无检疫对象及其他病虫害的品种和砧木的优良苗木。果树育苗的任务是培育一定数量，适应当地自然条件、丰产、优质的果苗，以供发展果树生产的需要。果树苗木从繁殖材料和方法可分为实生苗、自根苗、嫁接苗；从砧木特性上可分为乔化苗、矮化苗。其中，矮化苗又分为矮化自根砧苗和矮化中间砧苗。各种果树的育苗技术不完全相同，但主要繁殖方法有两大类：一类是有性繁殖，利用种子培育实生苗；另一类是无性繁殖，就是以果树营养器官为繁殖材料培育果苗，因此又称营养繁殖，如嫁接苗、扦插苗、压条苗、分株苗、组培苗等。由于无性繁殖无果树生产上的童期阶段（幼年阶段），有利于早果丰产，提高果实的产量和品质，因此在生产上应用较为普遍。

## 第一节　苗圃创建

苗圃是提供优质苗木的场所，也是探索植物繁殖新方法，改进育苗技术的试验基地。

### 一、苗圃地选择

苗圃地是固定的育苗基地，其选择应从当地具体情况出发，因地制宜，改良土壤，建立苗圃。在确定苗圃地点时，应注意6点事项。

**1. 位置**

应选择在交通便利、水源充足并远离检疫性病虫害滋生的场所。大风口、灰尘多的公路边、易受牲畜践踏、易受水淹的地段、冷空气易积聚与易受洪水冲刷的低洼地均不宜作苗圃。

**2. 地势**

苗圃地的土壤宜选择背风向阳、排水良好、地势较高、地形平坦开阔的地方。坡地育苗应选坡面在3°以下的地方。坡度过大的必须修筑梯田。地下水位在1.5 m以上的低洼地、光照不足的山谷地均不宜作苗圃地。

**3. 土壤**

苗圃地的土壤以土层深厚（1 m以上）而疏松肥沃，中性或微酸性的沙质壤土、轻黏壤土为宜。黏重土、沙土或盐碱化较重的地块，必须进行土壤改良，分别掺沙、掺黏和修台田，并大量施用有机肥料后才能用作苗圃地。淘汰的老果园不宜作育苗地，前茬育过苗的地不宜连作，特别是繁殖同一种苗木，至少需要间隔 2 ~ 3 年。

**4. 水源**

苗圃地应具备良好的水源，随时保证水分供应，并且水质应符合有关要求。所需灌溉用水，尽量利用河流、湖泊、池塘、水库的水源，但苗圃地不宜离这些水源过近。如无，则应选择地下水丰富，可打井灌溉的地方作苗圃。

**5. 气候**

气候包括温度、雨量、光照、霜期及自然灾害等。应考虑其对苗木生长有无较大影响，如冬季严寒的情况下应采取防寒措施或建立保护地设施等。

**6. 病虫害**

苗圃地应尽量选在无病虫害和鸟兽害的地方。附近不要有能传染病菌的苗木，远离成龄果园；不能有病虫害的中间寄主，如成片的松柏、刺槐等；常年种植马铃薯、茄科和十字花科蔬菜的土地，不宜选作苗圃地。

## 二、苗圃地规划

小型苗圃一般面积在 2 $hm^2$ 以下，育苗种类和数量都比较少，可不进行区划，而以畦为单位，分别培育不同树种、品种的苗木。较大型苗圃面积在 2 $hm^2$ 以上，应搞好规划设计工作。苗圃地的规划应根据育苗的性质、任务、苗木种类，结合当地的气候条件、地形、土壤等资料分析论证，周密考虑。本着经济利用土地，便于生产和管理的原则，合理分配生产用地和非生产用地，划分必要的功能园区。现代化专业性苗圃规划包括母本园和繁殖区两部分；苗圃土地规划包括育苗用地和非育苗用地。其中，繁殖育苗地一般占 60% 。

**1. 母本园**

母本园是生产繁殖材料的圃地。繁殖材料是指用作育苗的种子、接穗、芽、插穗（条）、根等。包括品种母本园、无病毒采穗圃和砧木母本园等。品种母本园主要任务是提供繁殖苗木所需要的接穗和插条。其包括两种类型：一是在科研单位建立的现代化原种母本园和一、二级品种母本园。其中，母本繁殖材料可向生产单位提供，建立低一级品种母本园。二是生产单位改造建成母本园。在品种纯度高，环境条件好，无检疫对象的果园，去杂去劣，高接换头，进一步提高品种纯度建成。建立无病毒采穗圃，应从国家或省级无病毒园引进苗木，进行隔离栽植。要求采穗圃应距现有果园 3 km 以上，未种植过果树，与普通果树或苗木的隔离带至少 50 m，栽植密度行距 3 m 以上，株距 2 m 以上。砧木母本园是生产砧木种子或营养系繁殖材料的园区。

**2. 繁殖区**

繁殖区也称育苗圃，是苗圃规划的主要内容，应选最好的地块。按所培育苗木的种类繁殖区分为实生苗培育区、自根苗培育区和嫁接苗培育区；按树种分区分为苹果育苗区、梨育苗区、桃育苗区和葡萄扦插区等；按相同苗木、相同苗龄的苗木集中管理。各育苗区最好结合地形采用长方形划分，一般长度 ≥100 m，宽度为长度的 1/3 ~ 1/2。繁殖区必须实行轮作，同一树种一般要种 2 ~ 3 年其他作物后再育苗，但不同种类可短些。

**3. 配套设施**

配套设施就是非育苗用地。包括道路、排灌系统、防护林、管理用房及其他建筑物等。规划路宽窄以苗圃面积和使用交通工具种类而定。一般分为干路、支路、小路 3 级。干路为苗圃与外部联系的主要道路，大型苗圃干路宽约 6 m。支路结合大区划分进行设置，一般路宽 3 m。大区内可根据需要分成若干小区，小区间可设若干小路。在规划路的同时，应统一安排灌溉和排水系统、房屋及其他建筑物。本着便于管理、节省开支、少占耕地的原则合理安排。

## 三、苗圃建立

### 1. 准备工作

（1）踏查

踏查人员由设计单位和委托单位人员共同组成。在已经确定的苗圃用地范围内进行实地调查，了解苗圃地现状、历史、地势、土壤、水源、交通、病虫害、主要杂草、周围自然环境、人文环境等，根据实地情况，提出设计的初步意见。

（2）测量

在踏查基础上，精确测量、绘制苗圃地地形图。比例尺一般为 1/2000 ~ 1/500，将各种地形、地貌、河流、建筑及其他设施都绘到图中，同时标明土壤和病虫害情况。

（3）土壤调查

根据苗圃地地形、地势及指示植物情况，选择有代表性地方，挖掘土层剖面，确定土壤种类，观察和记录土层厚度、地下水位，测定 pH、土壤质地、有机质含量、全氮量、有效磷含量等土壤理化性质，调查土地以往土壤改良时间和方法。在苗圃地规划结束后，将土壤情况标注在苗圃地规划图上。

（4）病虫害

主要调查苗圃地土壤中地下害虫，包括地下害虫种类、数量、分布及密度。调查采用抽样法，每公顷机械地抽取 10 个样方，每个样方 0. 25 $hm^2$，挖深 40 cm，统计害虫数量和种类。在条件允许情况下可多设样方。最后将调查统计结果标注在苗圃地规划图上。

（5）气象资料

到当地气象台、站查阅气象资料，如极端最高温度、最低温度、年积温、年平均温度、各月平均温度、土表最高温度、生长期、早霜期、晚霜期、冻土层深度、年降雨量、年降雨分布、主风方向、风力等，将这些资料存入生产档案，长期保存，供随时查阅。

苗圃建成后，将土壤资料、苗圃地病虫害资料绘制成以苗圃地区划图为底图的专用图。

### 2. 苗圃建立

（1）水、电、通信引入和建筑工程施工

房屋建设和水、电、通信的引入应在其他各项建设之前进行。办公用房、宿舍、仓库、车库、机具库、种子库等最好集中和管理区一起兴建，尽量建成楼房。组培室一般建在管理区内。温室建设施工应先于圃路、灌溉等其他建设项目进行。

（2）圃路工程施工

苗圃道路施工前，先在设计图上选择 2 个明显的地物或 2 个已知点，定出 1 级路的实际位置，再以 1 级路中心线为基线，进行圃路系统定点、放线工作，然后修建。可根据实际情况修成土路、灰渣路、石子路、水泥路、柏油路等。

（3）灌溉路工程施工

对于地表水应先在取水点修筑取水构筑物，安装提水设备。对开采地下水，应先钻井，安装水泵。采用渠道引水方式灌溉，修筑时先按设计宽度、高度和边坡处填土，分层夯实，当达到设计高度时，再按渠道设计过水断面尺寸从顶部开掘。采用水泥渠作 1 级和 2 级渠道，修建方法是先用修筑土筑渠道方法，按设计要求修成土渠，然后再在土渠底部和两侧挖取一定厚度的土，挖土厚度与浇筑水泥厚度相同，在渠中放置钢筋网，浇筑水泥。采用管道引水方式灌溉，按照管道铺设设计要求开挖 1 m 以上深沟，在沟中铺设好管道，并按设计要求布置好出水口。喷灌是苗圃中最常用的一种节水灌溉方式。1 个完整的喷灌系统一般由水源、首部、管网和喷头组成。喷灌工程施工，必须在专业技术人员指导下，严格按照设计要求进行，在通过调试能够正常运行后再投入使用。

（4）排水工程施工

一般先挖掘向外排水的大排水沟。挖掘中排水沟与修筑道路相结合，将挖掘土填于地面，作业区小排水沟可结合整地挖掘，排水沟坡降和边坡都要符合设计要求。

（5）防护林工程施工

在适宜季节营建防护林，最好使用大苗栽植。栽植株、行距按设计规定进行，栽后及时灌水，并做好养护管理工作。

（6）土地整备工程施工

苗圃地形不大者，可在路、沟、渠修成后结合土地翻耕进行平整，或在苗圃投入使用后结合耕种和苗木出圃等，逐年进行平整。坡度过大时必须修筑梯田，且应提早进行施工。地形总体平整，但局部不平者，按整个苗圃地总坡度进行削高填低，整成具有一定坡度的苗圃地。

苗圃地如有盐碱土、沙土、黏土，应进行必要的土壤改良。对盐碱地采取开沟排水，引淡水冲盐碱。对轻度盐碱地采取多施有机肥料，及时中耕除草等措施进行改良；对沙土或黏土采用掺黏或掺沙等措施进行改良；在圃地中如有城市建设形成的灰渣、砂石等侵入体时，应全部清除，并换入好土。

## 四、育苗方式

**1. 露地育苗**

露地育苗是指果苗培育的全过程或大部分是在露地条件下进行的育苗方式。通常在苗圃修筑苗床，将繁殖材料置于苗床中培育成苗。小批量和短期性自用苗木生产，可在拟建园地就近选择合适地块，建立小面积临时性苗圃培育苗木。大批量和长期性商品苗木生产，应建立专业化大型苗圃。露地育苗是我国当前广泛采用的主要育苗方式。

**2. 保护地育苗**

保护地育苗就是利用保护设施对环境条件（温度、湿度、光照等）进行有效控制，促进苗木生长发育，提早或延迟生长，培育优质壮苗。保护地设施常见的有 5 种类型。

（1）温床

在苗床表土下 15 ~ 25 cm 处设置热源提升地温。如利用电热线、酿热物（骡、马、羊、牛粪或麦糠）、火炕等，建立温床，提高基质温度，对扦插苗的促根培养极为有利。

（2）温室

通常采用塑料薄膜覆盖日光温室，室内温度、湿度、光照、通气等环境条件与露地大不相同，而且能根据苗木需要进行人为控制。这种设施可促进种子提早萌发，出苗整齐，生长迅速，发育健壮，延长生长期，有利于快速繁殖。

（3）塑料拱棚

就是用细竹竿或薄木片等在床面插设小拱架，覆盖塑料薄膜，建成塑料小拱棚。利用薄膜和日光增加棚内温度，一般气温可维持在 25 ℃左右，配合铺设地膜，可提高地温。塑料拱棚已在生产上广泛应用。

（4）地膜覆盖

就是用塑料薄膜覆盖在苗床上。一般以深色薄膜覆盖较好。可促进插穗生根，提高扦插成活率。

（5）荫棚

就是在苗床上设置棚架，架顶覆盖遮阳网或苇箔、竹箔、席片等遮阴材料。荫棚主要在生长季遮阴，能避免强光直射，防止幼苗失水或灼伤。

（6）弥雾

就是利用弥雾装置，在喷雾条件下培育苗木。常用的有电子叶全光自动间歇喷雾（通过特制的感湿软件——电子叶、微信息电路及执行部件，控制间歇喷雾）与悬臂式全光喷雾（主要组成部分包括喷水动力、自控仪、支架、悬臂和喷头）2 种类型。弥雾育苗是近几年推广应用的快速育苗新技术，主要用于嫩枝扦插育苗。

**3. 容器育苗**

就是在容器中装入配制好的基质进行育苗的方法。在集约化育苗、组织培养生根苗入土前过渡培养、葡萄快速育苗及稀有珍贵苗木扦插繁殖中应用。容器类型有纸袋、塑料薄膜袋、塑料钵、瓦盆、泥炭盆、蜂窝式纸杯等。播种和移栽组织培养苗容器直径 5～6 cm，高 8～10 cm；扦插育苗容器直径 6～10 cm，高 15～20 cm。容器育苗的基质或营养土可单一使用，也可混合使用。实生苗播种宜用园土、粪肥、河沙等的混合材料；扦插繁殖和组胚苗的过渡培养，多单用蛭石、珍珠岩、炭化砻糠、河沙、煤渣等通气好的材料，不混用有机质和肥料。泥炭是容器育苗理想的培养基质，尿醛泡沫塑料是容器育苗的新型基质材料。营养土配制原则是因地制宜，就地取材。对营养土的要求是蓄水保墒，通气良好，重量轻，化学性质稳定，不带草种、害虫和病原体。具体配方有 3 个：配方 1 为泥、土、腐熟有机肥各 1 份；配方 2 为泥炭土 50%，蛭石 30%，珍珠岩 20%，再加适量的腐熟人畜粪尿；配方 3 为淤泥、泥炭土、河沙各等份，再加适量的饼肥和过磷酸钙。

容器育苗的操作步骤是：将培养土装入容器内。培养土装至容器容量的 95%，排放整齐，浇水。待水渗下后，播种、覆土。覆土厚度视种子大小而定，一般为种子直径的 1～3 倍。容器育苗成功的关键是能够有效控制温、湿度。苗木生长适温为 18～28 ℃，空气相对湿度为 80%～95%，土壤水分保持在田间持水量的 80% 左右。幼苗长到 4～5 片真叶时，再根据是否充分形成根系团确定移栽。移栽时如果是纸钵，直接栽到地下即可。如果是塑料钵，可先将底部打开，待栽到地下后，再将塑料袋抽出。

**4. 试管育苗**

又称组织培养育苗，是指在人工配制的无菌培养基中，使植物离体组织细胞培养成完整植株的繁殖方法。因最初应用的培养容器多为试管，故又称试管育苗。试管育苗根据所用材料不同分为茎尖培养、茎段培养、叶片培养和胚培养等。试管育苗在果树生产上主要用于快速繁殖自根苗，脱除病毒，培养无病毒苗木，繁殖和保存无籽果实的珍贵果树良种，多胚性品种未成熟胚的早期离体培养，胚乳多倍体和单倍体育种等。该种育苗方式繁殖速度快，经济效益高，占地空间小，不受季节限制，便于工厂化生产，但对技术要求比较高。

苗木生产过程，常将各种方式组合，形成最优化生产。如保护地育苗中，同时采用日光温室、温床、遮阳网及容器育苗等多种方式。

## 五、苗圃地管理

**1. 整地**

新开垦荒地建立苗圃地，应先清理地表杂草灌木，坡度大的开筑成梯田，深翻土壤拣出树（草）根和石块，用火将草根及地表杂草灌木烧尽，然后进行 1～2 次耕翻、碎土、平整。苗木出圃后苗圃地，应及时耕翻 1 次，耙细耙平。秋季出苗，冬季不用苗圃地，可将土壤耕翻后不耙、晒白，翌年春季耙细耙平作苗床。不同用途苗圃地耕翻深度不同，通常播种苗圃耕地深度以 25～30 cm 为宜，嫁接苗和自根苗以 30～35 cm 为宜。对于土壤条件较差山地和盐碱地应适当深耕。

整地时要注意避免将大量生土翻上来，以逐年逐步加深耕作层为好。整地时土壤湿度要适宜，不能过干过湿。耙时要在翻起的土块表面稍晒成白色，用脚踩土块即碎时耙整地。整地主要作业包括浅耕灭茬、翻耕、深松、耙地、耢地、镇压、平地等。

### 2. 土壤改良与消毒

针对土壤的不良性状和障碍因素，采取相应的物理或化学措施改善土壤性状，提高土壤肥力，增加苗木生长量，改善土壤环境等。为减少苗期土传病原菌和地下害虫，通过土壤消毒可在一定程度上减少土传病虫害的危害。不同苗圃可根据具体情况选用不同的药剂进行土壤消毒，常用的药剂及使用方法如下。

（1）硫酸亚铁（黑矾）

在播种前 5～7 d 将硫酸亚铁捣碎，均匀撒在播种地上，用量 300 $kg/hm^2$，也可用 2%～8% 的硫酸亚铁水溶液浇洒。

（2）五氯硝基苯混合剂

由比例为五氯硝基苯 75% 和代森锌（或其他杀菌剂）25% 混合而成，用量 4～6 $g/m^2$，与细土混合均匀做成药土，在播种前均匀撒在播种床上。

（3）熏蒸消毒

常用化学药剂有福尔马林、三氯硝基甲烷（氯化苦）、甲基溴化物等，用药量为 1% 浓度，6～12 $kg/m^2$。消毒时将药物喷洒在土壤表面，并与表土拌匀，然后用塑料薄膜密封，熏蒸 24～30 h 后撤去覆盖，通风换气 15～20 d 后才可播种。

（4）其他

将一些杀虫（菌）剂拌土。如 5% 西维因或 5% 辛硫磷，30～60 $kg/hm^2$，拌土或拌肥料毒杀土壤中或肥料中的害虫。

### 3. 作业方式

（1）床作

在整地、施肥、毒土等工作基础上，将育苗地修筑成苗床。苗床分高床、低床和平床 3 种。高床是指床面高于步道，适宜降雨多、排水不良的南方地区育苗。其床面不积水，灌溉方便，能提高土壤温度，有利于苗木生长。低床是指床面低于步道，步道如田埂状，有利于蓄水保墒和引水灌溉，适宜西北等气候干旱、水源不足地区育苗，便于灌水和保水。平床是指床面和步道高度基本相等，华北地区多用，适合土壤水分充足，排水良好，不需经常灌溉的地方。露地苗床通常宽 1.0～1.5 m，长度依地形设 10～30 cm，步行道（沟）宽 30～40 cm。人工做床时，先量好床宽和步道宽度，定桩拉绳，再根据要求进行操作。注意畦面平整，坚实度一致。

对于培养珍贵或繁殖难度较大的苗木，常采用砖砌苗床。在育苗设施内的苗床，应根据育苗特性和温湿控制要求设计苗床，如扦插用温床、沙床等。

（2）垄作

在耕耙后可用犁起垄，垄高为 15～20 cm，地势高燥的应起低垄，地势低洼的应起高垄，垄底宽 60～70 cm。地势高低不平时垄短些，地势平坦时可长些。垄向以南北向为宜。有些地区采用低垄和平作育苗。低垄垄面低于地面 10 cm，常在风大干旱且水源不足地区应用。平作和平畦类似，能提高土地利用率和产苗量，但灌溉和排水不如垄作。

（3）轮作

就是在同一块田地上，有顺序地在季节间或年间轮换种植不同的种苗或复种组合的一种种植方式。轮作可有效克服连作障碍，减少病虫草害发生，有利于均衡利用土壤养分，改善土壤理化性状，调节土壤肥力。

## 六、苗圃地档案制度

### 1. 建立苗圃地档案制度意义

苗圃为积累资料，统筹生产，掌握进度，必须建立档案制度。通过建立档案制度，积累生产和科研数据资料，为提高育苗技术和经营管理水平提供科学依据。

**2. 苗圃地档案类型及内容**

（1）基本情况档案及内容

苗圃地位置、面积、自然条件、圃地区划和固定资产、苗圃平面图、人员编制等。如情况发生变化，随时修改补充。

（2）技术管理档案及内容

苗圃土地利用和耕作情况；各种苗木生长发育情况及各阶段采取技术措施，各项作业实际用工量和肥、药、物料使用情况。

（3）科学试验档案及内容

各项试验的田间设计和试验结果、物侯观测资料等。

苗圃档案要有专人记载，年终系统整理，由苗圃技术负责人审查存档，长期保存。

**思考题**

（1）什么是苗圃？其创建应从哪几个方面着手？

（2）苗圃地选择应注意哪些事项？

（3）苗圃地如何规划？

（4）如何建立苗圃？

（5）果树育苗方式有哪些？

（6）保护地育苗常见的有哪几种类型？

（7）容器育苗能否成功的关键是什么？

（8）什么是试管育苗？其适用对象是什么？

（9）如何进行苗圃地管理？

（10）苗圃地档案类型及内容有哪些？

## 第二节 实生苗培育

### 一、基本概念

**1. 实生苗特点**

实生苗是指用种子播种培育的苗木。其主根明显，根系发达、生长强健，抗逆性强；种子来源广，繁殖系数高，繁殖方法简单；具有明显的童期和童性，进入结果期迟；存在较强的变异性和明显的分离现象；在隔离条件下，育成的实生苗不带病毒，是防止感染病毒病的途径之一。

**2. 利用**

果树生产中除核桃、板栗等个别树种有时采用实生繁殖外，一般不采用实生苗作为果树栽培苗木。实生苗在果树生产中的利用主要有两个方面：一是利用实生苗抗逆性强的特点，作为繁殖嫁接苗的主要砧木来源；二是通过杂交育种，得到杂交种子，经实生繁殖后筛选培育新品种。

### 二、培育过程

**1. 种子采集**

（1）选择优良母本树

母本树选择品种纯正、生长健壮、无检疫病虫害和病毒病害方面的单株。培育核桃、板栗实生树苗还要注意选择丰产稳产、品质优良的母株采种。

（2）适时采收

根据当地气候条件和果树种类确定果树种子采收期。但采种用的果实必须充分成熟时采收。判断种子是否成熟，主要根据果实和种子成熟时表现的外部形态特征来鉴定。若果实由绿色变成红色或黄色，果肉变软，种子充实饱满，种皮色泽加深有光泽，表明种子已成熟；否则表明种子未成熟。主要果树砧木种子采收期见表3-1。

（3）果实选择

果实选择肥大、果形端正、外观品质具有该品种典型特征的果实进行采种。如果果实发育不正常，其内部种子也常常发育不正常。

**表3-1　主要果树砧木种子采收期、层积天数和播种量**

| 名称 | 采收时期/月 | 层积天数/d | 每千克种子粒数 | 播种量/（$kg/hm^2$） |
|---|---|---|---|---|
| 山定子 | 9—10 | 30～90 | 150 000～220 000 | 15～22.5 |
| 楸子 | 9—10 | 40～50 | 40 000～60 000 | 15～22.5 |
| 西府海棠 | 9月下旬 | 40～60 | 60 000左右 | 25～30 |
| 沙果 | 7—8 | 60～80 | 44 800左右 | 15～34.5 |
| 新疆野苹果 | 9—10 | 40～60 | 35 000～45 000 | 35～45 |
| 杜梨 | 9—10 | 60～80 | 28 000～70 000 | 15～37.5 |
| 豆梨 | 9—10 | 10～30 | 80 000～90 000 | 7.5～22.5 |
| 山桃 | 7—8 | 80～100 | 400～600 | 450～750 |
| 毛桃 | 7—8 | 80～100 | 200～400 | 450～750 |
| 杏 | 6—7 | 80～100 | 300～400 | 400～600 |
| 山杏 | 6—7 | 80～100 | 800～1400 | 225～450 |
| 李 | 6—8 | 60～100 | — | 200～400 |
| 毛樱桃 | 6 | — | 8000～14 000 | 112.5～150 |
| 甜樱桃 | 6—7 | 150～180 | 10 000～16 000 | 112.5～150 |
| 中国樱桃 | 4—5 | 90～150 | — | 100～130 |
| 山楂 | 8—11 | 200～300 | 13 000～18 000 | 112.5～225 |
| 枣 | 9 | 60～90 | 2000～2600 | 112.5～150 |
| 酸枣 | 9 | 60～90 | 4000～5600 | 60～300 |
| 君迁子 | 11 | 30左右 | 3400～8000 | 75～150 |
| 野生板栗 | 9—10 | 100～150 | 120～300 | 1500～2250 |
| 核桃 | 9 | 60～80 | 70～100 | 1500～2250 |
| 核桃楸 | 9 | — | 100～160 | 2250～2625 |
| 山葡萄 | 8 | 90～120 | 26 000～30 000 | 22.5～37.5 |
| 猕猴桃 | 9 | 60～90 | 100万～160万 | — |
| 草莓 | 4—5 | — | 200万 | — |

（4）取种

对于果肉无利用价值的山定子、杜梨、山桃、核桃、山杏等，可将果实放入缸内或堆积于背阴处，堆放厚度25～35 cm，堆温25～30 ℃，严防堆温超过30 ℃，使果肉变软腐烂。在堆放期间经常翻动或洒水降温。果肉软化腐烂后，揉碎并用清水淘洗干净，取出种子。果肉有利用价值的山楂、野苹果、山葡萄等，可结合加工过程取种。但要防止45 ℃以上高温、强碱、强酸和机械损伤。对于板栗、甜樱桃种子在堆积过程中要注意喷水加湿。

**2. 种子贮藏**

种子贮藏前要薄摊于阴凉通风处晾干（板栗、甜樱桃种子除外），不可暴晒。场地限制或阴雨天气时，可人工干燥。种子晾干后进行精选，除去杂物，挑去不饱满、受到机械伤害、病虫害和畸形种子，使种子纯净度达95%以上。在贮藏过程中，应注意调控好种子含水量、温度、湿度和通气状况。多数种子贮藏时适宜含水量与充分风干的含水量大致相同；空气相对湿度控制在50%～70%，气温控制在0～10 ℃。贮藏过程中保持种子通风状态，防止积累$CO_2$使种子中毒变质。板栗、甜樱桃种子失水情况下易失去生活力，不能干燥贮藏，应立即播种或湿藏。

**3. 种子层积处理**

（1）种子休眠

指由生活力的种子在适宜的水分、温度、通气条件下也不发芽的现象。大多数落叶果树种子具有休眠特性，如桃、李等。南方常绿果树的种子一般无休眠期或休眠期很短，采后可立即播种。种子的休眠是植物在长期进化过程中形成的对外界不利环境条件的一种适应能力，对树种生存和繁殖有利，也有利于种子贮藏，但不利于育苗时播种发芽。

（2）层积处理

指落叶果树种子在采收后处于休眠状态，需要经过一段时间低温、湿润处理才能打破休眠使种子萌发的处理方法。层积处理具体方法是：用洁净、湿润河沙作层积材料，沙的含水量50%左右，以手握成团，但不滴水为度。沙子用量：小粒种子一般为种子体积的3～5倍，大粒种子5～10倍。层积种子量大时，可在干燥背风处挖沟：沟深60～90 cm，宽80～100 cm，沟长随种子多少而定。首先在沟底铺一层5～10 cm厚的湿沙，然后一层种子一层湿沙，分层铺放，每层厚5 cm左右。大粒种子可不分层，与湿沙混合均匀后直接填入沟内。离地面10 cm时，用河沙覆盖至稍高出地面，盖上一层草后用泥土覆盖成龟背形，四周挖好排水沟。为改善通气条件，可相距一定距离垂直放入秸秆束（图3-1）。需要处理种子量较少时，可在木箱、瓦罐中层积后置于地窖内。层积适宜温度为2～7 ℃，层积时间根据树种不同差异较大（表3-2）。开始层积处理时间依据播种期和层积处理所需天数向前推算。记载好层积种子名称、数量和日期，并上下翻动；如沙子变干，适当洒水；发现霉烂种子及时挑出；春季气温上升时，注意种子萌动情况。如距离播种期较远而种子已萌动，应立即将其转移到冷凉处；若已接近播种期，种子尚未萌动，可白天揭开坑上覆土，盖上塑料薄膜增温，夜间加盖草帘保温。

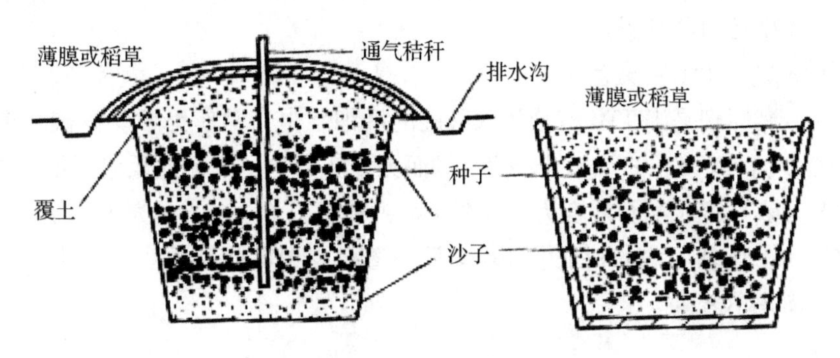


**图3-1　种子层积处理**

表 3-2　不同种子层积时间（2～7 ℃）

| 树种 | 层积处理时间/d | 树种 | 层积处理时间/d |
| --- | --- | --- | --- |
| 湖北海棠 | 30～35 | 猕猴桃 | 60 |
| 海棠果 | 40～50 | 酸枣 | 60～100 |
| 山定子 | 25～90 | 山桃、毛桃 | 80～100 |
| 八棱海棠 | 40～60 | 山葡萄 | 90 |
| 杜梨 | 60 | 杏 | 100 |
| 沙果 | 60～80 | 中国李 | 80～120 |
| 核桃 | 60～80 | 甜樱桃 | 100 |
| 山杏 | 45～100 | 山楂 | 200～300 |
| 扁桃 | 45 | 山樱桃 | 180～240 |
| 板栗 | 100～180 | 酸樱桃 | 150～180 |

**4. 种子生活力鉴定**

（1）目测法

就是观察种子的外表和内部。一般生活力强的种子，种皮不皱缩，有光泽，种粒饱满。剥去内种皮后，胚和子叶呈乳白色，不透明，有弹性，用手按压不破碎，无霉烂味；而种粒瘪小，种皮发白、暗，无光泽，弹性小或无弹性，胚及子叶变黄或污白，都是生活力减退或失去生活力的种子。目测后，计算正常种子与劣质种子的百分数，判断种子生活力情况。

（2）发芽试验法

就是在适宜条件下使种子发芽，直接测定种子的发芽能力。供测种子必须是无须休眠或已解除休眠的。具体方法是：小粒种子取 100 粒，大粒种子取 50 粒，播种在装有育苗基质如清洁河沙的穴盘中，置于 20～25 ℃环境条件下，种子发芽过程中注意保持穴盘湿度。凡长出正常幼根、幼芽的均为好种子；无发芽能力或虽萌发，但幼根、幼芽畸形、残缺，根尖发褐停止生长的，均记入不发芽种子。根据发芽种子数量，计算发芽率。

（3）靛蓝、曙红、红墨水等试剂染色

又称物理染色法。其原理是溶液能透过死细胞组织，但不能透过活细胞。具体操作方法是：取种子 100 粒（大粒种子 50 粒），用水浸泡 1～2 d，待种皮柔软后剥去外种皮与内种皮，浸入 0.1%～0.2% 靛蓝胭脂红溶液 2～4 h，或 0.1%～0.2% 的曙红溶液 1 h，或 5%～10% 红墨水溶液 6～8 h。溶液随配随用，不宜久置。染色温度 20～30 ℃。完成染色时间后，用清水漂洗种子，检查染色情况，计算各类种子的百分数。凡胚和子叶无染色或稍有浅斑的为有生活力的种子，胚和子叶部分染色的为生活力较差的种子，胚和子叶完全染色的为无生活力的种子。

（4）氯化三苯四氮唑（TTC）染色

又称化学染色法。其原理是当 TTC 溶液渗入种胚的活细胞内，并作为氢受体被脱氢辅酶上的氢还原时，便由无色的 TTC 变为红色的 TTF（三苯基甲），而无生活力种子则无此反应。染色方法大致与靛蓝胭脂红相同。氯化三苯四氮唑溶液配制浓度为 0.5%（小粒种子）至 1%（大粒种子），在黑暗条件下，保持 20～30 ℃，染色 3 h。生活力强的种子全部均匀明显着色；中等生活力种子，染色较浅；无生活力种子，子叶及胚附近大面积不着色。

（5）X 光照相法

为一种无伤检验方法，能探及种子的饱满度、空壳率、虫害、胚成熟度和生活力等，且不受种子休眠期的影响。其原理是基于老化劣变种子的细胞失去半透性，用重金属盐类（如 $BaCl_2$、$BaSO_4$）作为照相衬比剂处理后，受损伤细胞能吸收衬比剂，在软 X 射线下照相可显示出不同程度深浅的阴影，进而鉴别出种子劣变或损伤的程度。

（6）烘烤法

适合苹果、梨等中小粒种子的简易快速测定。具体方法是：取少量种子，数清粒数，将其放在炒勺、铁片或炉盖上，加热炒烤，有生活力的好种子会发出"叭叭"的爆裂声响，而无生活力种子则无声焦化，然后统计好种子百分率。

除此之外，还可采用分光光度计测定光密度来判断种子生活力，用过氧化氢（$H_2O_2$）鉴定法测定种子生活力等。

**5. 播种**

（1）播前处理

①播种前种子处理。沙藏未萌动或未经沙藏处理种子，播种前应进行浸种催芽处理。对中、小粒种子常用温水浸种。具体方法是：将种子放入 40 ℃左右温水中，不断搅拌，直至冷凉为止，然后放入清水中浸泡 2～3 d（每天换水 1～2 次）后，捞出种子，混以湿沙，平摊在塑料拱棚、温室、大棚中，或用地热装置，控温 20～25 ℃，加盖草帘，每天用 30～40 ℃的温水冲洒 1～2 次。当有 20%～30% 的种子露出白尖时播种。

②播种前土壤处理。a. 土壤消毒。在整地时，对土壤进行处理。一般用 50% 多菌灵可湿性粉剂 600 倍液或 70% 甲基托布津可湿性粉剂 1000 倍液或 50% 福美双可湿性粉剂 600 倍液，地表喷布 5～6 kg/亩，防治烂芽、立枯、猝倒、根腐等病害。地下害虫蛴螬、地老虎、蝼蛄、金针虫可用 50% 辛硫磷乳油 300 mL 拌土 25～30 kg/亩，撒施于地表，然后耕翻入土。缺铁土壤，施入硫酸亚铁 10～15 kg/亩。b. 施入基肥。在整地前施入，亦可作畦后施入畦内，翻入土壤。一般施充分腐熟有机肥 2500～4000 kg/亩，同时混入过磷酸钙 25 kg/亩、草木灰 25 kg/亩，或混入复合肥、果树专用肥。c. 整地作畦。苗圃地喷药、施肥后，深耕细耙土壤，耕翻深 25～30 cm，清除影响种子发芽杂草、残根、石块等障碍物。土壤经过耕翻平整后作平畦。一般畦宽 1 m、长 10 m 左右，畦埂高 30 cm，畦面应耕平整细。低洼地采用高畦苗床，畦面高出地面 15～20 cm。畦四周开沟深 25 cm。

（2）播种期

播种分秋播和春播。秋播在秋末冬初土壤结冻之前进行，一般在 10 月中旬至 11 月中旬。在无灌溉条件干旱地区及旱地采用秋播，但怕冻种子如板栗等不宜秋播。春播在土壤解冻后进行，一般在 3 月中旬至 4 月中旬。塑料拱棚、日光温室育苗播种时间比露地依次提前。冬季干旱、风大、严寒、鸟兽危害较重的地区宜采用春播，春播一般在立春开始，抢墒播种，并尽量缩短播种时间。

（3）播种量

指单位土地面积的用种量。通常以每亩用种量（kg）或每公顷用种量（kg）表示。播种量的大小受到种子大小、种子发芽率、种子纯净度和每亩留苗量的影响（表 3-3）。在生产中，实际播种量比理论计算值略高。各地可根据当地实际条件因地制宜地选择适合当地的播种量。

**表 3-3　主要砧木种子粒数、播种量及每亩留苗数**

| 树种 | 每千克种子粒数/粒 | 每亩播种量/kg | 每亩留苗数/棵 |
|---|---|---|---|
| 山定子 | 160 000～180 000 | 0.5～1.0 | 8000～10 000 |
| 海棠 | 50 000～6000 | 1.0～1.5 | 8000～10 000 |
| 杜梨 | 80 000～90 000 | 1.5～2.0 | 8000～10 000 |
| 山桃 | 400～500 | 25～30 | 5000～6000 |

续表

| 树种 | 每千克种子粒数/粒 | 每亩播种量/kg | 每亩留苗数/棵 |
|---|---|---|---|
| 山杏 | 400～800 | 25～30 | 6000～7000 |
| 核桃 | 60～80 | 100～150 | 3000～4000 |
| 板栗 | 150～200 | 125～150 | 5000～6000 |
| 黑枣 | 6000～7000 | 5～6 | 6000～7000 |

（4）播种方式和方法

播种方式有大田直播和苗床密播两种。大田直播是将种子直接播种在嫁接圃内；苗床密播是将种子稠密地播种在苗床内，出苗后移栽到大田进行培养的方式。各地应根据当地劳力状况，选择适宜的播种方式。播种方法有撒播、点播和条播 3 种。撒播适用于小粒种子，苗床密播。具体方法是：育苗前先做好苗床，床宽 1.0～1.2 m、长 5～10 m、深 20 cm，东西向设置。床低铲平、压实，撒一层草木灰，铺 10 cm 厚的培养土，用木版刮平，轻微镇压。播种前将层积种子筛去沙子，浸种催芽，有 50% 以上露白时播种，先用水灌足苗床，待水渗下后，将种子均匀撒播在床面。种子撒播后，覆盖厚 1 cm 培养土或湿沙。然后在苗床上搭塑料小拱棚。大田直播多用条播，大、中、小粒种子都可采用。条播通常采用宽窄行播种。一般仁果类种子播种宽行 50 cm，窄行 25 cm，1 m 宽的畦播 4 行；核果类种子播种宽行 60 cm，窄行 30 cm，畦宽 1.2 m 为宜。播时先按行距开沟，沟深度以种子大小和土壤性质而定。大粒种子宜深，小粒种子宜浅；土壤疏松要深，土壤黏重要浅。沟开好后将种子撒在沟中，然后覆土。点播主要用于核桃、板栗、桃、杏等大粒种子。容器育苗小粒种子也多采用点播。大粒种子点播育苗，一般畦宽 1 m，每畦播 2～3 行，株距 15 cm。将种子直接播下即可，但核桃种子要将种尖侧放，缝合线与地面保持垂直；板栗种子要平放。

（5）播种深度

播种深度与种子大小成正比，种子越大，播种越深。一般是种子直径的 1～3 倍。大粒种子气候干燥，沙质土壤可适当深播；小粒种子，气候湿润，黏质土应浅播。秋播比春播略深。生产上，草莓、猕猴桃、无花果等播后不覆土，稍加镇压或筛以微薄细沙土，不见种子即可；山定子播种深度不超过 1 cm；楸子、沙果、杜梨、葡萄、君迁子等播种深度 1.5～2.5 cm；樱桃、枣、山楂、银杏等播种深度 3～4 cm；桃、山桃和杏等播种深度 4～5 cm；核桃、板栗等播种深度 5～6 cm。

**6. 播种后管理**

（1）覆盖

播种后床面覆盖作物秸秆、草类、树叶、芦苇等材料。覆盖厚度取决于播种期和当地气候条件，秋播厚 5～10 cm，春播厚 2～3 cm，干旱、风多、寒冷地区适当盖厚。在覆盖草被上，点撒少量细土。当有 20%～30% 幼苗出土时，应逐渐撤除覆盖物。撤除覆盖物最好在阴天或傍晚进行，且应分 2～3 次揭除。

（2）间苗、定苗与移栽

间苗是把多余的苗拔掉，确定留量，使幼苗分布均匀、整齐、分散。第 1 次间苗在幼苗出土，长到 2～3 片真叶时进行。拔去弱苗、病苗和过密苗。5～6 片真叶时第 2 次间苗并定苗，小粒种子距离 10 cm，大粒种子 15～20 cm。间去小、弱、密、病、虫苗。间出的幼苗剔除病弱苗和损伤苗，移栽到缺苗地方。移栽前 2～3 d 灌水 1 次。移栽最好在阴天或傍晚进行，栽后立即浇水。首先补齐缺苗断垄地方，然后将多余的苗栽入空地。

（3）浇水

种子萌发出土和幼苗期播种地必须保持湿润。种子萌发出土前后，忌大水漫灌，尤其中小粒种子。

若灌水，以渗灌、滴灌和喷灌方式为好。无条件者可用喷雾器喷水增墒。苗高10 cm以上，4~5片真叶时，不同灌溉方式均可采用，但幼苗期漫灌时水流量不宜过大。生长期根据土壤墒情、苗木生长状况和天气情况，适时适量灌水，秋季控制肥水，越冬前灌足封冻水。

（4）追肥

砧木苗在生长期（4—10月）结合灌水进行土壤追肥1~2次。第1次追肥在5—6月，施用尿素8~10 kg/亩，第2次追肥在7月上中旬，施复合肥10~15 kg/亩。除土壤追肥外，结合防治病虫，进行叶面喷肥，生长前期（8月中旬以前）喷0.3%~0.5%的尿素；8月中旬以后喷0.5%的磷酸二氢钾。或交替使用有机腐殖酸液肥、氨基酸复合肥等。

（5）断根

在留床苗苗高10~20 cm时断根，离苗10 cm左右倾斜45°角斜插下铲，将主根截断促发侧根，对移栽苗移栽时切断主根。

（6）中耕除草

苗木出土后及整个生长期，经常中耕锄草，特别是每次浇水或下雨后都要及时中耕，使畦面保持疏松无杂草状态。

（7）应用植物生长调节剂

喷施赤霉素（$GA_3$），可加速苗木生长。

（8）防治病虫害

幼苗期注意立枯病、白粉病与地老虎、蛴螬、蝼蛄、金针虫、蚜虫等主要病虫害的防治。针对不同病虫害，喷布高效、低毒、低残留易分解的农药。如发现立枯病可用65%代森锌可湿性粉剂500倍液或50%甲基托布津可湿性粉剂800~1000倍液防治。

**思考题**

（1）什么是果树实生苗？其特点如何？生产上如何利用？

（2）如何培育实生苗？

（3）什么是种子层积处理？如何操作？

（4）种子生活力鉴定方法有哪些？

（5）果树播种后管理技术要点有哪些？

## 第三节 嫁接苗培育

嫁接是指将一植株的枝或芽移接到另一植株的枝、干或根上，接口愈合形成一个新植株的技术。嫁接包括接穗（芽）和砧木两部分。接穗与接芽是指用作嫁接的枝与芽；而砧木是指承受接穗或接芽的部分。

### 一、嫁接苗的特点和利用

**1. 特点**

嫁接苗能保持栽培品种优良性状，很快进入结果期；繁殖系数高；利用砧木增强果树抗性、适应性，扩大栽植区域；调节树势，使树冠矮化、紧凑，便于树冠管理；可经济利用接穗，大量繁殖苗木，克服某些果树用其他方法不易繁殖的困难，是果树生产上主要的育苗方法。

**2. 利用**

嫁接苗在生产上大量用作果苗，几乎全部主要树种都用嫁接苗生产果实。对于用扦插、分株不易繁殖的树种、品种和无核品种常用嫁接繁殖。果树育种上可用嫁接保存营养系变异，使杂种苗提早结果。高接换头，繁殖接穗等材料，建立母本园，生产上更新品种。

## 二、影响嫁接成活的因素

### 1. 嫁接亲和力

指砧木和接穗的亲和力，是决定嫁接成活的主要因素。具体指砧木和接穗形成层密接后能否愈合成活和正常生长结果的能力。砧木、接穗能结合成活，并能长期正常地生长结实，达到经济生产目的，就是亲和力良好的表现。如果嫁接虽然成活，但表现生长发育异常，或者虽然结果，但无经济价值，或生长结果一段时间后，植株死亡，都是嫁接不亲和或亲和力不强的表现。亲和力与植物亲缘关系远近有关。一般亲缘关系越近，亲和力越强，越易成活；同种、同品种亲和力强；同属异种，亲和力较强；同科异属，亲和力较弱；不同科亲和力差，嫁接不成活。果树砧穗嫁接亲和与不亲和表现见图 3-2。

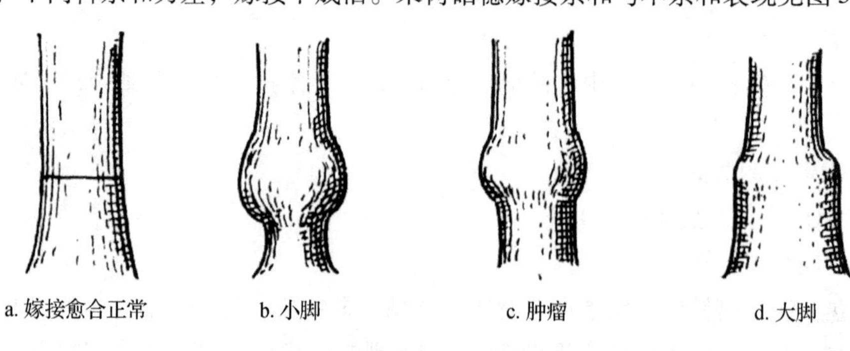


图 3-2 嫁接亲和与不亲和表现

### 2. 生理与生化特性

一般接穗芽眼在休眠状态下，砧木处于休眠状态或刚萌芽状态，任何方法的嫁接都易成活；砧木生理活动过旺时，用不去顶的腹接法嫁接最好；砧穗双方形成层活动旺盛，应用芽接法嫁接。根压大的果树，如葡萄、核桃、猕猴桃等春季易产生伤流，宜在夏秋芽接或绿枝接；桃、杏等果树易产生流胶，一般在 8 月下旬以前嫁接。柿子、核桃、板栗等果树，伤口易形成单宁氧化膜，嫁接成活率比较低。因此，选择适宜嫁接时期、相应嫁接方法及提高嫁接速度，可促进成活。

### 3. 营养条件

营养条件指砧木和接穗的营养状况。砧木生长健壮、发育充实、粗度适宜、无病虫害的苗，嫁接成活率高，接穗（芽）萌发早，生长快，生长不良的细弱砧木苗，嫁接操作困难，成活率低。接穗应选用生长良好、营养充足、木质化程度高、芽体饱满、保持新鲜的枝条。在同一枝条上，应利用中间充实部位的芽或枝段进行嫁接。质量较差的梢部芽不宜使用，枝条基部的瘪芽亦不宜使用。

### 4. 极性

嫁接时，必须保持砧木与接穗极性顺序的一致性，也就是接穗的基端（下端）与砧木的顶端（上端）对接，芽接也要顺应极性方向，顺序不能颠倒，这样才能愈合良好，正常生长。违反植物生长的极性规律将无法成活或成活但不能正常生长。

### 5. 环境条件

嫁接成活与温度、湿度、光照、空气等环境条件有关。一般气温在 20 ~ 25 ℃，接穗含水量 50% 左右，嫁接口相对湿度在 95% ~ 100%，土壤湿度相当于田间持水量的 60% ~ 80%，嫁接伤口采用塑料薄膜条包扎。嫁接后套塑料袋，有利于嫁接成活。在夏秋季嫁接，苗圃遮阴降温会提高嫁接成活率。低温、高温、干旱、阴雨天气都不利于嫁接成活。

### 6. 嫁接技术

嫁接技术包括不同树种最适宜嫁接时期和嫁接方法选择、操作者操作水平等。嫁接可全年进行，但芽接最适宜的嫁接时期为6—10月，枝接最适宜的嫁接时期为春、秋两季。操作者水平直接影响削面深浅、平滑程度、嫁接速度和包扎质量。砧穗切面深浅适宜、平滑，砧、穗形成层对准，包扎紧密，嫁接熟练、操作速度快有利于砧、穗愈合，有利于提高嫁接成活率。具体可概括为快、平、准、紧、严。即动作速度快、削面平、形成层对准、包扎捆绑紧、封口严。

## 三、砧木和接穗的相互影响

**1. 砧木对接穗的影响**

砧木对接穗的影响主要表现在5个方面：一是影响嫁接树树冠大小。若接穗嫁接在乔化砧上，树体高大；嫁接在矮化砧上，树体表现矮小。二是影响嫁接树长势、枝形及树形。接穗嫁接在矮化砧上，树体长势缓和，枝条加粗、缩短，长枝减少，短枝增加，树冠开张，干性削弱。而接穗嫁接在乔化砧上正好相反。三是影响嫁接树结果习性。同一品种嫁接在不同砧木上，始果年限可提早或推迟1～3年，果个、色泽、可溶性固形物含量等均有所差异。四是影响嫁接树抗逆性。用山定子作砧木嫁接苹果树，其抗寒能力大大增强，但耐盐碱能力减弱，在稍偏碱地方易发生黄叶病。葡萄树在绝大部分地区栽培自根苗即可，但在东北地区应采用抗寒砧木嫁接苗，可提高其耐寒性。五是影响嫁接树的寿命。嫁接树比实生树寿命短。同一品种嫁接在乔化砧上，寿命长，而嫁接在矮化砧上寿命短。

**2. 接穗对砧木的影响**

接穗影响砧根系分布的深度、根系的生长高峰及根系的抗逆性。还可影响根系中营养物质的含量及酶的活性。进而影响嫁接树的生长、结果、果实品质及树冠部分的抗性、适应性等方面。

**3. 中间砧对接穗和砧木的影响**

中间砧是嵌入接穗和砧木之间的一段茎干，它对上部（树冠）及下部（基砧）都有一定影响。具体表现为两方面：一是中间砧对接穗的影响非常明显。苹果矮化中间砧能使树体矮化。矮化程度与中间砧成正比，一般15～20 cm以上才有明显的矮化作用，中间砧越长，矮化性越强。外观表现为短枝率增加，提早结果，提高品质。二是中间砧对基砧的影响也很大。苹果矮化中间砧对基砧根系生长控制力极强，如果中间砧深栽，大量生根之后可逐步替代基砧，使其缓慢萎缩。

砧木和接穗的相互影响是生理性的，不能遗传，当二者分离后，影响就会消失。

## 四、砧木

**1. 砧木类型**

（1）实生砧和自根砧

实生砧是利用砧木种子繁殖的苗木；自根砧是利用植株某一营养器官培育的砧木。

（2）共砧

又称本砧，是指砧穗同种或同品种。

（3）矮化砧和乔化砧

矮化砧是指可使树冠矮化的砧木，利于果树早结果。如枳能使柑橘矮化，石楠是枇杷的矮化砧。乔化砧是指可使树体高大的砧木。

（4）基砧和中间砧

基砧是指位于基部的砧木，中间砧是指位于接穗和基砧之间的砧木。

**2. 砧木选择和利用**

（1）砧木选择

果树砧木的正确选择是培育优良苗木的一个重要环节。选择砧木应考虑5个方面。一是与栽培品种有较强的嫁接亲和力，对接穗生长结果有良好的影响。二是能适应栽培地区的气候、土壤和其他环境条件，对病虫害抵抗力强。三是砧木种苗来源丰富，容易繁殖。四是具有某些特殊性能，如乔化、矮化、抗病虫、耐寒冷、耐盐碱或耐干旱等。五是根系发达，固地性好。北方落叶果树常见砧木见表3–4。

**表3–4 北方落叶果树常用砧木**

| 树种 | 砧木名称 | | 砧木特性 |
|---|---|---|---|
| 苹果 | 楸子 | | 抗旱、抗寒、抗涝，耐盐碱，对苹果棉蚜和根头癌肿病有抵抗能力。适于河北、山东、山西、河南、陕西、甘肃等地 |
| | 西府海棠 | | 抗旱、耐涝、耐寒、抗盐碱，幼苗生长迅速，嫁接亲和力强。适于河北、山东、山西、河南、陕西、甘肃、宁夏等地 |
| | 山定子 | | 抗寒性极强，耐瘠薄，抗旱，不耐盐碱。适于黑龙江、吉林、辽宁、山西、陕西和山东北部等地 |
| | 新疆野苹果 | | 抗寒、抗旱，较耐盐碱，生长迅速，树体高大，结果稍迟。适于新疆、青海、甘肃、宁夏、陕西、河南、山东、山西等地 |
| | 常用矮化砧木 | $M_9$ | 矮化砧。根系发达，分布较浅，固地性差，适应性也较差，嫁接苹果结果早，适合作中间砧，适合在肥水条件好的地区栽植 |
| | | $M_{26}$ | 矮化砧。根系发达，抗寒，抗白粉病，但抗旱性较差。嫁接苹果结果早，产量高，果个大，品质优，适合在肥水条件好的地区发展 |
| | | $M_7$ | 半矮化砧。根系发达，适应性强，抗旱，抗寒，耐瘠薄，用作中间砧在旱地表现良好 |
| | | $MM_{106}$ | 半矮化砧。根系发达，较耐瘠薄，抗寒，抗棉蚜及病毒病。嫁接树结果早，产量高，适合作中间砧，在旱原地区表现良好 |
| | | $MM_{111}$ | 半矮化砧。根系发达，根蘖少，抗旱，较耐寒，适应性强，嫁接树结果早，产量高，适合作中间砧，在平原地区表现良好 |
| 梨 | 杜梨 | | 根系发达，抗旱、抗寒，耐盐碱，嫁接亲和力强，结果早，丰产，寿命长。适合辽宁、内蒙古、河北、河南、山东、山西、陕西等地 |
| | 麻梨 | | 抗寒、抗旱，耐盐碱，树势强壮，嫁接亲和力强，为西北地区常用砧木 |
| | 楸子梨 | | 抗寒性极强，能耐－52 ℃的低温。抗腐烂病，不抗盐碱。丰产，寿命长，嫁接亲和力强，但与西洋梨品种亲和力弱。是东北、华北北部及西部地区主要砧木 |
| | 褐梨 | | 抗旱，耐涝，适应性强，与栽培品种嫁接亲和力强，生长旺盛，丰产，但结果晚。适合山东、山西、河北、陕西等地 |
| | 矮化砧 | $PDR_{54}$ | 极矮化砧，生长势弱，抗寒、抗腐烂病和轮纹病。与酥梨、雪花梨、早酥、锦丰等品种亲和性良好，用作中间矮花砧效果极好 |
| | | $S_5$ | 矮化砧木。紧凑矮状型，抗寒力中等，抗腐烂病和枝干轮纹病，与砀山酥梨、早酥梨等品种亲和性好，作矮化中间砧效果好 |
| | | $S_2$ | 半矮化砧木类型。抗寒力中等，抗腐烂病和枝干轮纹病，与砀山酥梨、早酥鸭梨、雪花梨等品种亲和性好，作矮化中间砧效果好 |

续表

| 树种 | 砧木名称 | 砧木特性 |
| --- | --- | --- |
| 葡萄 | 山葡萄 | 极抗寒，扦插难发根，嫁接亲和力良好 |
| | 贝达 | 抗寒，结果早，扦插易发根，嫁接亲和力好 |
| 桃 | 山桃 | 抗寒、抗旱，抗盐碱，较耐瘠薄，嫁接亲和力强。为华北、东北、西北等地桃的主要砧木 |
| | 毛桃 | 根系发达，生长旺盛，抗旱耐寒，嫁接亲和力强，生长快，结果早，但树体寿命较短。在华北、东北、西北各地使用广泛 |
| | 毛樱桃 | 抗寒力强，抗旱，适应性强，生长缓慢，可作桃的矮化砧木，嫁接亲和力强，适应华北、东北、西北等地 |
| 杏 | 山杏 | 抗寒、抗旱，耐瘠薄，适于华北、东北、西北等地 |
| | 山桃 | 与杏嫁接易活，结果早，为华北、东北、西北等地杏的主要砧木 |
| 李 | 山桃 | 与中国李嫁接易成活 |
| | 山杏 | 与中国李及欧洲李嫁接易成活 |
| | 毛樱桃 | 与李嫁接亲和力强，有明显的矮化作用，结果早，丰产 |
| 樱桃 | 山樱桃 | 较抗寒，生长旺盛，嫁接亲和力强。但有些品种易出现小脚现象，易患根癌病 |
| | 青肤樱 | 较抗旱，生长旺盛，易繁殖，嫁接亲和力强，不抗寒，根系浅，易倒伏，不抗根癌病 |
| | 莱阳矮樱桃 | 树体矮小，枝条节间短，生长健壮，根系发达，固地性强，嫁接亲和力强，结果早 |
| | 马哈利樱桃 | 适应性强，耐旱、抗寒，固地性强，嫁接亲和力强，结果早，易丰产 |
| 柿 | 君迁子 | 抗寒、抗旱，耐盐碱，耐瘠薄，结果早，亲和力强。适宜北方地区栽培 |
| 枣 | 酸枣 | 抗寒、抗旱，耐盐碱，耐瘠薄，亲和力强。适宜北方地区栽培 |
| 核桃 | 核桃 | 抗寒、抗旱，适应性强 |
| | 核桃楸 | 抗寒、抗旱，耐瘠薄，嫁接成活率不如共砧，有“小脚”现象，适于北方各省应用 |
| 板栗 | 普通板栗 | 共砧 |
| | 茅栗 | 抗湿，耐瘠薄，适应性强，结果早 |

（2）砧木利用

果树砧木区域化原则是适地适树适砧。要因地制宜，适地适栽，就地取材，育种和引种相结合，经过长期试验比较确定当地适宜的砧木种类。在砧木的选用上，应就地取材，适当引种。引种砧木应对其特性有充分了解或先行试验，观察其各方面的性能，表现良好的再大量引进推广。

## 五、砧木苗培育

具体见前面实生苗培育。

## 六、接穗选取、处理与贮运

**1. 接穗选择**

选择品种纯正、发育健壮、丰产、稳产、优质、无检疫对象和病虫害的成年植株作采穗母树。一般剪取树冠外围中上部生长充实、光洁、芽体饱满的发育枝或结果母枝作接穗，以枝条中段为宜。春季枝接一般多用一年生枝，也可用二年生枝条，枣树可用一至四年生枝条作接穗；夏季芽接用当年成熟的新梢，也可用贮藏的一年生枝或多年生枝，枣可利用贮存的枝条或采集树上未萌动的枝；秋季芽接选用当年生长充实的春梢作接穗。无母本园时，应从经过鉴定的优良品种成年树上采取。

**2. 采穗时间**

北方落叶果树春季嫁接用一年生枝，宜在休眠期结合修剪剪取；有伤流习性果树应在落叶后上冻前采集；夏、秋季嫁接用接穗随采随用。采穗时间宜在清晨和傍晚枝内含水量比较充足时剪取。

**3. 采集后处理**

剪去枝条上下两端芽眼不饱满的枝段，50～100 根 1 捆，标明品种名称，存放备用。夏秋季接穗采后立即剪去叶片，留下与芽相连的一段长 0.5～1.0 cm 的叶柄，用湿布等包裹保湿。为防止病虫害，接穗应进行消毒。

**4. 接穗贮运**

接穗应在 4～13 ℃低温，80%～90% 相对湿度及适当透气条件下存放。在贮藏中要注意保温、保湿和防冻。春季回暖后控制萌发。夏秋季嫁接接穗多，当天或近期接不完的接穗，应放在阴凉地方保存。接穗下端用湿沙培好，并喷水保持湿度。板栗等接穗常采用蜡封保鲜方法：就是将枝条按嫁接要求长度剪截成段后，把工业用石蜡切成碎块，放入铁筒、盆或锅内，加热熔化，当石蜡加热到 75～80 ℃时，手持数根接穗的一端，将另一端浸入蜡液并立即抽出，然后手拿已封蜡的一端，将另一端浸蘸，使整条接穗外表均匀地黏附一层薄蜡。操作中保持适宜的蜡液温度，浸蘸速度要快。接穗需要外运时，应附上品种标签，并用塑料薄膜或其他保湿包装材料包好再装入布袋或木箱或竹筐中，运到后立即开包将接穗用湿砂埋藏于阴凉处。接穗数量少时，可先喷水再用湿布包裹或将基部浸入水中。

## 七、嫁接

**1. 嫁接方法分类**

按接穗利用情况分为芽接和枝接。芽接是指用一个芽片作接穗（芽）；枝接是指用具有一个或几个芽的一段枝条作接穗。按嫁接部位分为根接、根茎接、二重接、腹接、高接和桥接。根接是指以根段为砧木的嫁接方法；根茎接是指在植株根茎部位嫁接；二重接是指中间砧进行 2 次嫁接的方法；腹接是指在枝条侧面斜切和插入接穗嫁接（芽接也大都在枝条的侧面进行）；高接是指利用原植株的树体骨架，在树冠部位换接其他品种的嫁接方法；桥接是利用一段枝或根，两端同时接在树体上，或将萌蘖接在树体上的方法。按嫁接场所分圃接和掘接：圃接又叫低接，是指在圃地进行的嫁接；掘接是指将砧木掘起，在室内或其他场所进行的嫁接，如嫁接栽培的葡萄常先在室内枝接，然后再催根、扦插。嫁接时，要根据嫁接材料类型、嫁接部位、嫁接场所等综合运用嫁接方法。单芽切腹接，是以带有一个芽的一段枝为接穗，接口形式是切接，嫁接部位在砧木以上枝条的一侧。常用基本嫁接方法是芽接和枝接。

**2. 嫁接时期**

（1）春季

具体在砧木开始萌芽、皮层刚可剥离的 3—4 月进行。多数果树在此时都能用枝条和带有木质的芽片嫁接。使用接穗必须处于尚未萌发状态，并在砧木大量萌芽前结束嫁接。

（2）初夏

具体在5月中旬至6月上旬砧木和接穗皮层都易剥离时进行芽接。桃、杏、李、樱桃、枣及扁桃等核果类果树嫁接时期亦在此时。华北地区可在此时采集柿树一年生枝下部未萌发的芽，进行方块形贴皮芽接。

（3）夏秋

具体在7—8月，日均温不低于15 ℃时进行芽接。我国中部和华北地区可持续到9月中下旬。此期嫁接，接芽当年不萌发，翌年春季剪砧后培养成嫁接苗。

**3. 嫁接用具及材料**

（1）芽接用具与材料

芽接用具有修枝剪、芽接刀、磨刀石、小水桶，包扎材料等，包扎材料常用宽1.0～1.5 cm、长12～15 cm的塑料薄膜条。

（2）枝接用具与材料

枝接用具有修枝剪、枝接刀、手锯、劈刀、镰刀、螺丝刀、磨刀石、小水桶、小铁锤；包扎材料采用塑料薄膜条（随砧木粗度，比芽接用条宽、长），或特制的嫁接专用胶带。

**4. 芽接操作规程**

芽接分带木质芽接和不带木质芽接两类。在皮层易剥离时期，用不带木质芽片嫁接或用带有少许木质部芽片嫁接；皮层不易剥离时只能进行带木质嵌芽接。

（1）时期

芽接无严格时期限制，条件适宜可随时进行。在保护地内芽接可常年进行，露地芽接一般在接芽充分成熟，砧木苗干基部直径达0.6 cm以上时进行。具体时期取决于嫁接方法。芽片接（T字形、工字形芽接）在砧木与接穗易离皮时进行；带木质芽接在春季萌芽前和生长季节内均可进行。但春季嫁接不能过早，秋季不能过晚，夏季温度过高（超过30 ℃）时也不宜嫁接。

（2）接穗采集

果树芽接接穗采集要求同前。

（3）接穗贮运

芽接接穗贮运要求同前。

（4）嫁接操作程序

①T形芽接。又称“盾状”芽接、“丁”字芽接，是芽接中应用最广的一种方法。多用于一年生小砧木苗上，在砧木与接穗易离皮时进行。

a. 削芽片。由芽的下方距离芽茎0.8 cm处向斜上方削进木质部，直到芽体上端，再将芽尖上方约0.5 cm处横切一刀，深达木质部，与上一切口接合。削成上宽下窄的盾形芽片。要求芽片不带木质部。然后用左手拿住枝条，右手捏住叶柄基部与芽片，向枝条的一侧用力一推，取下芽片，要求内侧中央带护肉芽（图3-3）。

b. 切砧木。在砧木苗基部离地面5 cm左右粗度达0.8 cm以上，选择光滑无疤部位，用芽接刀切T字形切口。具体方法是：先横切一刀，宽1 cm左右，再从横切口中央往下竖切一刀，长1.5 cm左右，深度以切断皮层而不伤木质部为宜。

c. 插芽片。用手捏住削好的芽片，慢慢插入“T”字形切口内，使芽片上端与“T”形切口的平面靠紧，下端也保持坚实。

d. 捆绑。用塑料条由上向下压茬缠绑严密，芽和叶柄外露（要求当年萌发）或不外露（来年萌发）均可。但伤口一定包扎严密捆绑紧固。

②嵌芽接。嵌芽接又称带木质芽接，适用于具有棱角或沟纹的树种，在砧木和接穗都不离皮的春季

采用的一种方法，其他时间也可进行，多用于高枝接，也可用于苗木嫁接，在生产上应用较为广泛（图3-4）。

1. 削取芽片 2. 取下的芽片 3. 插入芽片 4. 绑缚

**图 3-3 T 形芽接**

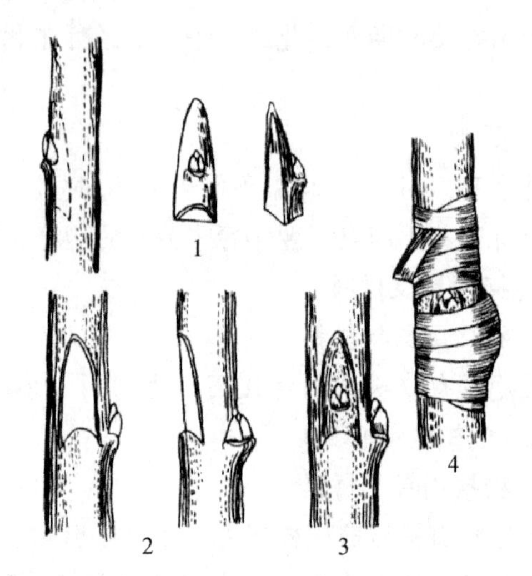


1. 削接芽 2. 削砧木接口 3. 嵌入接芽 4. 绑缚

**图 3-4 嵌芽接**

a. 削芽片。在接穗上选饱满芽，从芽上方 0.8～1.0 cm 处向下斜削一刀，可略带木质部，但不宜过厚，长约 1.5 cm，然后在芽下方 0.5～0.8 cm 处呈 30°角斜切到第 1 刀口底部，取下带木质盾状芽片。

b. 切砧木。在砧木离地面 5 cm 处，选光滑无疤部位，先斜切一刀，再在其上方 2 cm 处由上向下斜削入木质部，至下切口处相遇。砧木削面可比接芽稍长，但宽度应保持一致。

c. 贴芽片。取掉砧木盾片，将接芽嵌入；砧木粗，削面宽时，可将一边形成层对齐。

d. 包扎。用 0.8～1.0 cm 宽的塑料薄膜条由下往上压茬缠绑到接口上方，要求绑紧包严。

③方形贴皮芽接。方形贴皮芽接在砧木与接穗都容易剥离皮层时进行。具体做法是在接穗枝条上切取不带木质部的方形皮芽，紧贴在砧木上芽片大小相同、去到皮层的方形切口（图 3-5）。方形贴皮芽接刀可利用刮胡刀片自制。

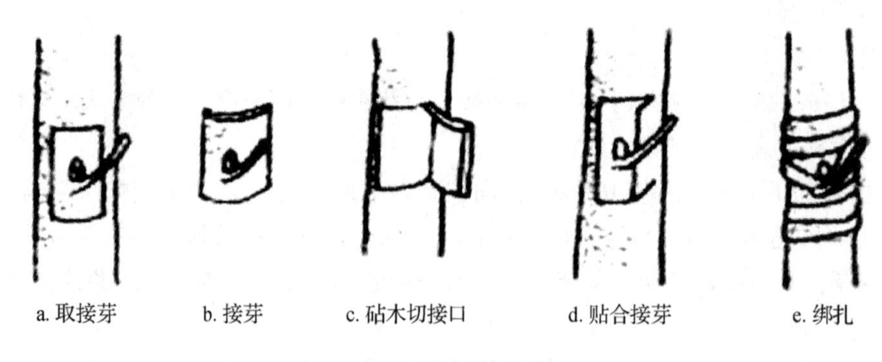


**图 3-5 方形贴皮芽接**

④“工”字形芽接。“工”字形芽接适用于较粗的砧木或皮层较厚、小芽片不易成活的果树种类，如核桃、板栗、葡萄等。

a. 削芽片。先在芽上和芽下各横切一刀，间距 1.5～2.0 cm，再在芽的左右两侧各竖切一刀，取下方块形芽片。

b. 切砧木。按取下芽片等长距离，在砧木光滑部位上、下各横切一刀，然后在两横切口之间竖切一刀。

c. 贴芽片与包扎。将砧木切口皮层向左右挑开，俗称双开门，迅速将方块芽片装入，紧贴木质部包严。

d. 绑缚。用塑料薄膜条压茬绑紧即可。

⑤套芽接。套芽接也称环状芽接、管状芽接，适用于小芽片，易发生伤流，不宜成活的核桃、板栗、柿等树种。

a. 削芽片。先在被取芽上方 1 cm 处将接穗剪断，然后在芽下方 1 cm 处环切一圈，深达木质部。轻轻扭转，使韧皮部与木质部分离，从上端抽出，呈一管状芽套筒。

b. 切砧木。选择与接芽套筒粗度接近的砧木，在光滑顺直部位剪断，从剪口处向下竖切 3 刀，深达木质部，将皮层剥开。

c. 贴芽片。砧木皮层剥开后，随即将芽筒套上，慢慢向下推至上口平齐，再将砧木皮层向上拢合包裹芽套。

d. 包扎。用塑料薄膜条包严绑紧即可。

⑥方块形芽接。方块形芽接适用范围同“工”字形芽接。

a. 取芽与切砧。方块形芽接的取芽和切砧皮方法与“工”字形芽接相同，但砧木的纵切口应切在上下两横刀的一侧，然后从纵切口处用骨片挑起剥开至两横刀的另一侧，直至与接芽片的宽度相等。

b. 插接穗与绑扎。将接穗插贴入切口，使上下对齐靠紧，将剥开的砧皮覆盖于接芽一侧，然后包严绑紧。

总之，无论采用哪种芽接方法，成活率和速度都是衡量芽接技术的两个主要指标。一般情况下，一个熟练的技术工人每天可芽接 800 ~ 1000 株，且成活率在 99% 以上。

**5. 枝接操作规程**

（1）时间

枝接分硬枝嫁接、嫩枝嫁接和具有伤流习性树种枝接 3 种情况。硬枝嫁接在春季树液开始流动的萌芽前进行，在接穗保存良好，尚未萌发时，嫁接可延续到砧木展叶后，一般在砧木大量萌芽前结束。葡萄、猕猴桃等伤流严重的树种，适当推迟到伤流期结束时进行。而嫩枝嫁接则在生长期进行。

（2）接穗采集

枝接接穗采集对象和要求见前面。

（3）接穗贮运

枝接接穗贮运要求见前面。

（4）枝接操作程序

①劈接（图 3–6）。劈接又称割接，适用于砧木较粗或与接穗等粗时。在靠近地面处劈接，又叫“土接”。劈接常用于苹果、核桃、板栗、枣等，是果树生产上应用广泛的一种枝接方法，在春季树液流动至发芽前均可进行。

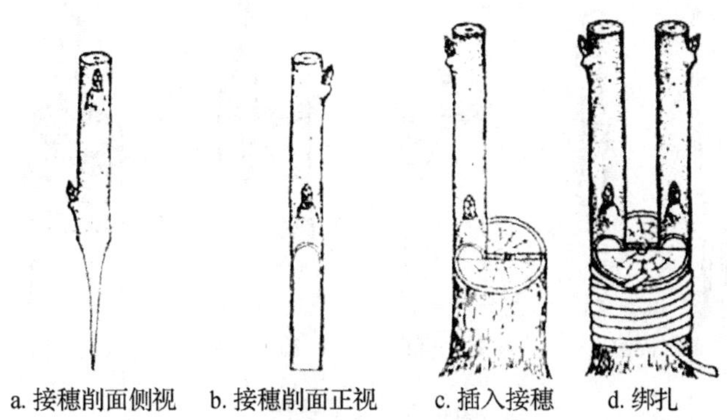

a. 接穗削面侧视　b. 接穗削面正视　c. 插入接穗　d. 绑扎

**图 3–6　劈接**

a. 削接穗。将采下的穗条去掉上端不成熟和下端芽体不饱满的部分，按长5～7 cm，3～4个芽剪成1段作为接穗，然后将枝条下端削成长2～3 cm、外宽内窄的斜面，削面以上留2～3个芽，并于顶端第1个芽的上方0.5 cm处削光滑平面。削面光滑、平整。

b. 劈砧木。先将砧木从嫁接口处剪（锯）断，修平茬口。然后在砧木断面中央切一垂直切口，长3 cm以上。砧木较粗时，劈口可位于断面1/3处。

c. 插接穗。首先将切口用刀锲入木质部撬开，把接穗厚的一面朝外，薄的一面朝内插入砧木垂直切口，要求砧木与形成层对齐，但不要将接穗全部插入砧木切口内，削面上端露出切面0.3～0.5 cm（俗称露白）。砧木较粗时，在劈口两端各插入1个接穗。

d. 捆绑。将砧木断面和接口用塑料薄膜条缠绑严密。较粗砧木要用薄膜方块覆盖伤口，或罩套塑料袋。

②切接（见图3-7）。切接适用于砧木直径1～2 cm，苹果、桃、核桃、板栗等树种的嫁接。

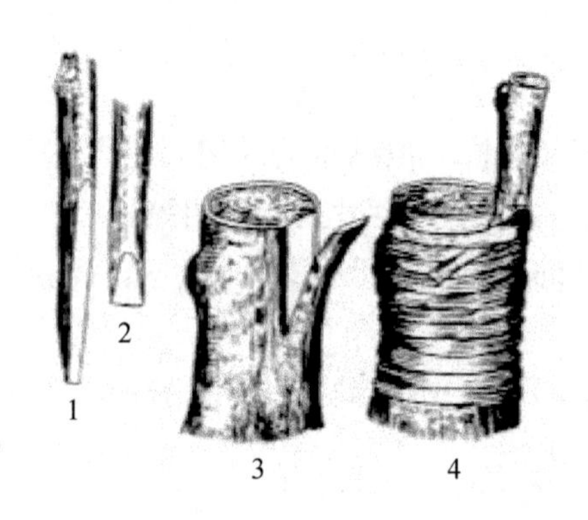


1. 接穗的长削面　2. 接穗短削面
3. 切开砧木　4. 绑缚

**图3-7　切接法**

a. 削接穗。在接穗下端先削1个3 cm左右的长削面，削掉1/3木质部，再在长削面背后削1个1 cm左右的短削面。两斜面都要光滑。

b. 劈砧木。将砧木从距离地面5 cm处剪断，选平整光滑的一侧，从断面1/3处劈一垂直切口，长3 cm左右。

c. 插接穗。将接穗的长削面向里，短削面向外，插入砧木切口，使两者形成层对准、靠紧，接穗较细时，保证一边的形成层对准。

d. 包扎。将嫁接处用塑料条包扎绑紧即可。

③插皮接（图3-8）。插皮接就是皮下接，为枣树上应用较多的一种嫁接方法，也适用于苹果、山楂、李、杏、柿等树种，是在砧木离皮而接穗不离皮时使用的一种方法，如接穗离皮时也可采用。在此基础上，又发展成插皮舌接和插皮腹接等方法。

a. 削接穗。剪一段带2～4个芽的接穗。在接穗下端斜削1个长约3 cm的长削面，再在长削面背后尖端削1个长0.3～0.5 cm的短削面，并将长削面背后两侧皮层削去少量，但不伤木质部。

b. 劈砧木。先将砧木近地面处光滑无疤部位剪断，削平剪口，然后在砧木皮层光滑的一侧纵切1刀，长约2 cm，不伤木质部。

c. 插接穗。用刀尖将砧木纵切口皮层向两边拨开。将接穗长削面向内，紧贴木质部插入。长削面上端应在砧木平断面之上外露0.3～0.5 cm，使接穗保持垂直，接触紧密。

d. 包扎。将嫁接处用塑料条包严绑紧即可。

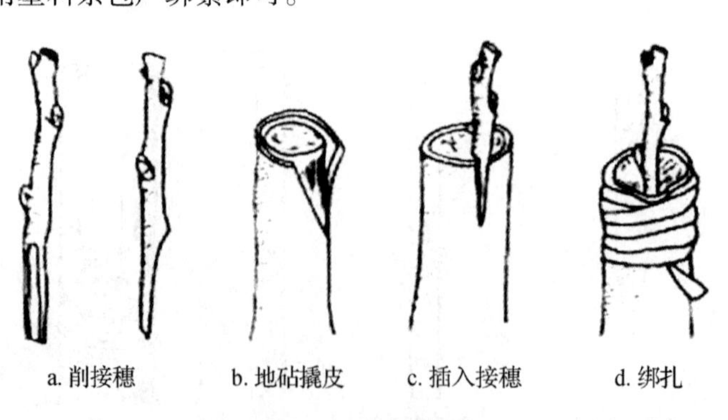

a. 削接穗　　b. 地砧撬皮　　c. 插入接穗　　d. 绑扎

**图3-8　皮下枝接**

④插皮舌接（图3-9）。插皮舌接适用于皮层较厚的树种，如苹果、李、板栗等幼树及大树高接换优。在砧穗离皮时进行，嫁接时间短。

a. 削接穗。先在接穗枝条下端斜削一刀，使削面呈马耳形斜面，长3～5 cm；再在削面上留饱满芽2～3个，并于最上芽上方约0.5 cm处剪断，使接穗长10 cm左右。

b. 砧木处理。幼树可在离地面30～80 cm处剪断砧木；大树高接换优，可在主干、主枝或侧枝的适当部位锯断，锯口用镰刀削平，然后选砧木皮光滑的一面用刀轻轻削去老粗皮，露出嫩皮，削面长5～7 cm、宽2～3 cm。

c. 插接穗与捆绑。插接穗前先用手捏开接穗马耳形削面下端的皮层，使皮层和木质部分离，然后将接穗木质部插入砧木切面的木质部和韧皮部之间，并将接穗的皮层紧贴砧木皮层上削好的嫩皮部分，再用塑料薄膜条绑扎紧实。

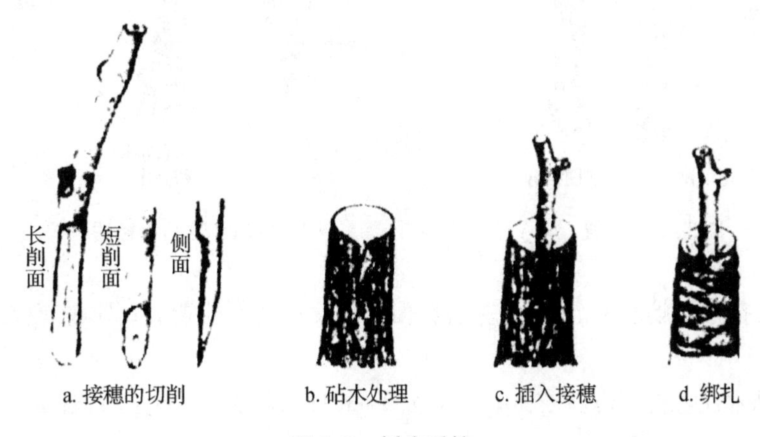


**图3-9　插皮舌接**

⑤腹接（图3-10）。腹接也称腰接，是一种不切断砧木的枝接法，多用与改换良种，或在高接换头时增加换头数量，或在树冠内部的残缺部位填补空间，或在1株树上嫁接授粉品种的枝条等。

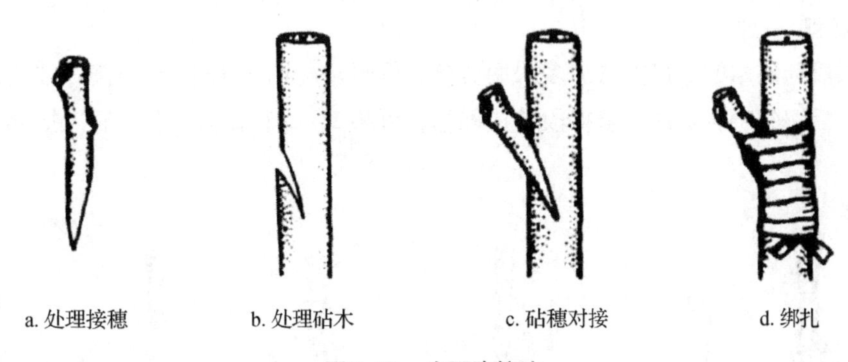


**图3-10　皮下腹接法**

a. 削接穗。选好作接穗用枝条后，将枝条下端削成1个长3.5～4.5 cm的斜面，再在其背后削去表皮，使其略微显绿色，每条接穗留芽2～3个，并在上端芽的上部1 cm处剪断。

b. 劈砧木。在砧木离地面5 cm左右处，选树皮光滑部位，呈30°角斜切1刀，呈倒“V“字形。普通腹接可将切口深入木质部；皮下腹接时，应只将木质部以外的皮层切成倒“V”字形，并将皮层剥离。

c. 插接穗。普通腹接应轻轻掰开砧木斜切口，将接穗长面向里，短面向外斜插入砧木切口，对准形成层，如切口宽度不一致，应保证一侧的形成层对齐密接；皮下腹接，接穗的斜削面应全部插入砧木切口面和砧木木质部外面。

d. 包扎。最后用塑料条绑紧包严。

⑥舌接（图 3-11）。适用于葡萄硬枝接（图 3-12）和成活较难的树种，要求砧木与接穗粗度大致相同。

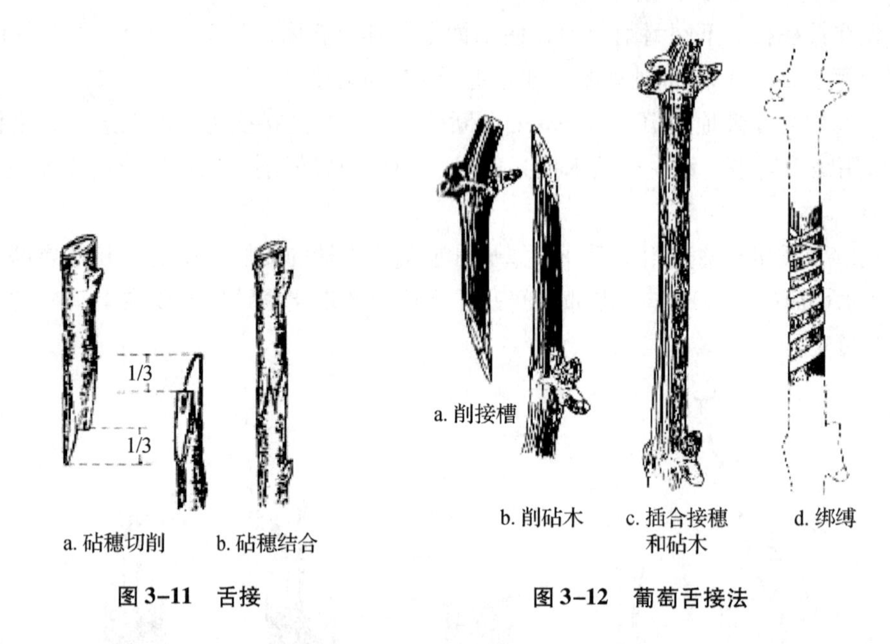


图 3-11　舌接　　图 3-12　葡萄舌接法

a. 削接穗。先在接穗下端削 1 个 3 cm 左右斜面，然后在削面前端 1/3 处顺着枝条往上纵切 1 刀，长约 1 cm，呈舌状。

b. 劈砧木。将砧木在嫁接部位剪断，先削 1 个 3 cm 长的斜面，从削面上端 1/3 处顺砧干往下垂直切 1 cm 长的切口。

c. 插接穗。接穗与砧木斜面相对，把接穗切口插入砧木切口中，使接穗和砧木的舌状部位交叉嵌合，并对准形成层。

d. 包扎。用塑料条包严绑紧。

**6. 根接操作规程**

根接就是以根段为砧木的嫁接方法。多采用劈接、倒腹接（图 3-13）或切接等方法进行嫁接。根接应于休眠期进行，但切勿倒置极性。若根段较接穗细，可将 1 ~ 2 个根段倒腹接插入接穗下部。具体操作情况见图 3-14。

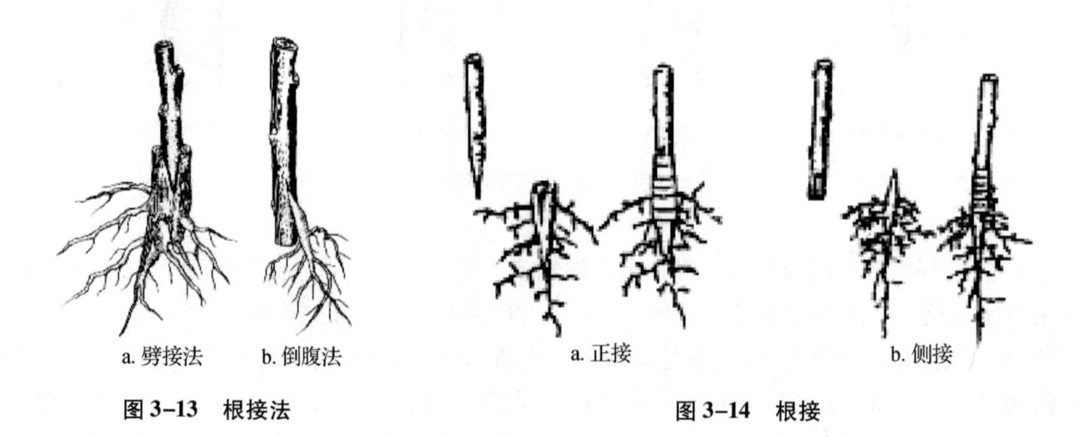


图 3-13　根接法　　图 3-14　根接

（1）削接穗

剪一段带有 3 ~ 4 个饱满芽的接穗，在其中、下部用刀向上切入皮层，长 0.6 ~ 1 cm，深达木质部，随即将皮层向上揭起，不带木质部。也可在接穗下端向上纵切皮层，不伤木质部，轻轻拨开皮层。

（2）劈砧木

将根砧剪成10 cm长的根段，在根砧上端削1个3 cm左右的斜面，再在其背后削1个1 cm长的短斜面呈倒楔形。

（3）插接穗

将根砧长斜面向里，短斜面向外插入接穗切口。

（4）包扎

用麻皮或蒲草包扎。

**7. 茎尖嫁接**

又叫微型嫁接，是用幼小茎尖生长点作接穗进行嫁接的一种方法。适用于接穗少、嫁接成活困难或培育无病毒苗木。将植株嫩尖嫁接在试管组培幼小砧木苗上，可实行工厂化育苗或改良品种。目前，茎尖嫁接育苗技术已在苹果、柑橘、核桃、葡萄、油梨和桃等果树上应用。具体方法是从田间或温室植株采取1～3 cm长嫩梢，用解剖刀切下茎尖。在无菌条件下取出15 d苗龄试管苗作砧木，截顶留1.5 cm长砧茎。在砧木顶侧切一刀T形口，横切一刀，竖切平行2刀，深达形成层，挑去3刀间皮层，将切好茎尖放入砧木切口，然后将嫁接苗放入试管培养基中，在强光下培养。

在果树栽培上，为提高嫁接成活率，应把握住“壮、鲜、平、准、快、紧、期、法、保、防、创”11个字。“壮”就是指砧木生长健壮，未感染病虫害，接穗枝条充分成熟，节间短，芽饱满。“鲜”就是接穗始终保持新鲜，不发霉，不干皱。“平”就是枝接接穗削面平整光滑，不粗糙。“准”就是砧木和接穗形成层对齐密接。“快”就是在保证平、准基础上，操作过程迅速准确。“紧”就是嫁接以后，绑扎要严紧。“期、法”就是选择适宜的嫁接时期和方法。在砧木离皮时可采用皮下接；不离皮时可采用带木质芽接、切接和劈接。秋季适于芽接，春季利于枝接。“保”就是做好保湿工作，采用培土、包塑料袋和蜡封接穗方法进行。“防”就是防风折，对接活的嫩梢立支柱或绑支棍。“试”是指对砧穗亲和力尚不了解时，要多查资料，进行试验后应用于生产。“创”就是改革运用新的嫁接、绑扎方法，如改“T”字形芽接为嵌芽接，改留叶柄露芽绑扎为不留叶不露芽全绑扎，6月单芽切砧苗顶端接等。

嫁接后管理：

①检查成活。芽接后10～15 d检查成活。凡接芽新鲜，叶柄一触即落时，表明已芽接活；如果芽片萎缩，颜色发黑，叶柄干枯不易脱落，则未成活。枝接一般需1个月左右才能判断是否成活。如果接穗新鲜，伤口愈合良好，芽已萌动，表明已枝接成活。

②补接。芽接苗一般在检查成活时做出标记，然后立即安排进行。秋季芽接苗在剪砧时细致检查，发现漏补苗木，暂不剪砧，在萌芽前采用带木质芽接或枝接补齐。枝接后的补接要提前贮存好接穗。补接时将原接口重新落茬。

③解绑。芽接通常在嫁接20 d后解除捆绑，秋季芽接稍晚的可推迟到来年春季发芽前解绑。解绑的方法是在接芽相反部位用刀划断绑缚物，随手揭除。枝接在接穗发枝并进入旺盛生长后解除捆绑，或先松绑后解绑，效果更好。

④剪砧。剪砧是在芽接成活后，剪除接芽以上砧木部分。秋季芽接苗在第二年春季萌芽前剪砧。7月以前嫁接，需要接芽及时萌发的，应在接后3 d剪砧，要求接芽下必须保持10个左右营养叶。或在嫁接后折砧，15～20 d剪砧。剪砧时，剪刀刃应迎向接芽一面，在芽面以上0.3～0.5 cm处下剪，剪口向接芽背面稍微下斜，伤口涂抹封剪油。

⑤抹芽除萌。芽接苗剪砧后，应及时抹除砧木上长出的萌蘖，并且要多次进行。枝接苗砧木上长出的许多萌蘖也要及时抹除。接穗若同时萌发出几个嫩梢，仅留1个生长健壮的新梢培养，其余萌芽和嫩梢全部抹除。

⑥土肥水管理。春季剪砧后及时追肥、灌水。一般追施尿素10 kg/亩左右。结合施肥进行春灌，并

锄地松土。5 月中下旬苗木旺长期，再追施尿素 10 kg/亩或 N、P、K 三元复合肥 10 ~ 15 kg/亩。施肥后灌水。结合喷药每次加 0.3% 的尿素。7 月以后控制肥、水供应，叶面喷施 0.5% 的磷酸二氢钾（$KH_2PO_4$）3 ~ 4 次，间隔 15 ~ 20 d。

⑦病虫害防治。嫁接苗木的病虫害防治见表 3-5。

**表 3-5 苗木病虫害防治历**

| 时间 | 树种 | 防治对象 | 防治措施 |
| --- | --- | --- | --- |
| 2—4 月播种前至幼苗期 | 苹果、梨 | 幼苗烂芽、幼苗立枯、猝倒、根腐 | 在栽培管理上应避开种植双子叶蔬菜的田块，轮作倒茬，多施有机肥；种子用 0.5% 的福尔马林喷洒，拌匀后用塑料纸覆盖 2 h，摊开散去气体后播种；土壤处理每亩用 50% 的菌丹 0.5 kg + 细土 15 kg 撒于地表，耙匀，或用 50% 的多菌灵或 70% 甲基硫菌灵喷撒 5 kg/亩，翻入土壤 |
| | | | 在幼苗出土后拔除病苗；喷 70% 甲基硫菌灵可湿性粉剂 800 ~ 1000 倍液，或 75% 百菌清可湿性粉剂 500 倍液 |
| | 苹果、梨、桃、杏 | 缺素症（叶片黄化） | 多施有机肥；每亩施入硫酸亚铁（$FeSO_4$）10 ~ 15 kg，翻入土壤 |
| | | 地下害虫（蛴螬、地老虎、蝼蛄、金针虫等） | 播种前，用 50% 辛硫磷拌种，用药量为种子量的 0.1%；进行土壤处理，每亩用 50% 辛硫磷乳油 300 mL，拌土 25 ~ 30 kg，撒于地表，然后耕翻入土 |
| | | | 幼苗出土后进行灌根，每亩用 50% 辛硫磷乳油 250 mL 加水 500 ~ 700 kg 灌根；地面诱杀用 90% 晶体敌百虫 1 kg，麦麸或油渣 30 kg，加水适量拌成豆渣状毒饵，撒于土壤表面诱杀；或设置黑光灯或荧光灯诱杀成虫 |
| | 苹果、梨 | 天幕毛虫 | 喷 5% 的灭幼脲悬乳剂 2000 倍液，5% 的氯氟氰菊酯乳油 4000 倍液，20% 甲氰菊酯乳油 2000 ~ 3000 倍液，或 50% 的辛硫磷乳油 1000 倍液防治 |
| | | 白粉病 | 发芽前喷 5% 的石硫合剂；发病初期喷 25% 的三唑酮可湿性粉剂 5000 倍液，或喷 12.5% 的烯唑醇可湿性粉剂 3000 ~ 5000 倍液进行防治 |
| 5—6 月 | 苹果、梨 | 蚜虫类 | 喷 50% 的抗蚜威可湿性粉剂 3000 ~ 4000 倍液，10% 的吡虫啉可湿性粉剂 3000 ~ 5000 倍液，或喷 10% 顺式氯氰菊酯乳油 3000 ~ 4000 倍液 |
| | | 潜叶蛾 | 喷 25% 的灭幼脲悬乳剂 2000 倍液，30% 灭幼 · 哒螨（蛾螨灵）可湿性粉剂 1500 ~ 2000 倍液或 20% 甲氰菊酯乳油 2000 倍液等 |
| | | 卷叶虫 | 喷 2.5% 的溴氰菊酯乳油 3000 倍液或 25% 灭幼脲悬乳剂 1000 ~ 1500 倍液 |
| | | 斑点落叶病 | 喷 10% 多抗霉素可湿性粉剂 1000 ~ 1500 倍液，80% 代森锰锌可湿性粉剂 600 ~ 800 倍液，或 50% 异菌脲可湿性粉剂 2000 倍液 |
| | | 梨黑星病 | 喷 1 : 2 : 240 波尔多液，或 40% 氟硅唑乳油 800 ~ 1000 倍液，或 50% 异菌脲可湿性粉剂 1500 倍液 |

续表

| 时间 | 树种 | 防治对象 | 防治措施 |
| --- | --- | --- | --- |
| 5—6 月 | 桃 | 穿孔病 | 喷 15% 农用链霉素可湿性粉剂 3000 倍液，80% 代森锰锌可湿性粉剂 600 ~ 800 倍液，或 70% 甲基硫菌灵可湿性粉剂 1000 倍液等 |
| | 葡萄 | 白粉病、霜霉病、黑痘病、褐斑病 | 用 1 : 0.5 : 160 倍液波尔多液，70% 甲基硫菌灵可湿性粉剂 800 ~ 1000 倍液，80% 代森锰锌可湿性粉剂 600 ~ 800 倍液等喷雾防治 |
| | | 螨类、二星叶蝉等 | 20% 氰戊菊酯乳油 2000 倍液，20% 氯氟氰菊酯乳油 4000 倍液或 2.5% 溴氰菊酯乳油 2000 倍液喷液防治 |
| 7—8 月 | 苹果、梨 | 红蜘蛛 | 用 5% 噻螨酮乳油 2000 倍液，20% 速螨酮可湿性粉剂 3000 倍液和 5% 唑螨酯悬乳剂 1000 ~ 1500 倍液等喷雾防治 |
| | | 其他病虫害 | 潜叶蛾、蚜虫类、斑点落叶病、梨黑星病防治方法同上 |
| | 桃 | 穿孔病 | 防治方法同桃穿孔病 |
| | | 食叶性害虫 | 用 2.5% 溴氰菊酯乳油 2000 倍液，50% 杀螟松乳油 1000 倍液等喷雾防治 |
| | 葡萄 | 霜霉病、白粉病、黑痘病等 | 用 72% 霜脲・锰锌可湿性粉剂 700 倍液，15% 三唑酮可湿性粉剂 1500 倍液，64% 恶霜・锰锌可湿性粉剂 400 倍液等喷雾防治 |
| 9—10 月 | 苹果、梨 | 白粉病、潜叶蛾、卷叶虫、食叶类害虫等 | 根据苗圃病虫发生情况，有目的地喷药防治 |
| | 葡萄 | 霜霉病、褐斑病 | 根据发病情况，喷药防治 |
| 11—12 月 | 所有苗木 | 各种越冬病虫害 | 苗木检疫、消毒（参照苗木出圃部分）。苗圃耕翻、冬灌、清除落叶，消灭病虫 |

## 八、果苗矮化中间砧二年出圃技术

果苗矮化中间砧是经过 2 次嫁接而成。就是第 1 年春播培育乔砧实生苗；7—9 月芽接矮化砧；第 2 年春季萌芽前剪砧，6 月中下旬芽接栽培品种；接后 3 ~ 10 d 剪砧；秋后成苗出圃。

**1. 培育壮砧**

育苗地选在平整、疏松、肥沃处。首先施足基肥，精细整地。秋播或早秋播种，加强土肥水管理，使砧木苗 7—8 月达嫁接标准。第 2 年春季萌芽前剪去砧木顶端比较细的部分，加强管理，使矮化砧苗 6 月中旬高度达到 50 cm 以上，苗高 30 cm 处直径达 0.5 cm 以上。

**2. 及时嫁接**

实生砧苗第 1 年嫁接矮化砧必须在 9 月中旬以前将未嫁接活的苗补齐。第 2 年 6 月中旬在矮化砧苗上芽接栽培品种，最迟 6 月底以前接完。嫁接采用带木质露芽接。在操作中尽量保护好接口以下矮化砧苗上的叶片。

**3. 及时剪砧**

栽培品种芽接 3 d 后剪砧，或接后立即折砧，15 ~ 20 d 剪砧。剪口涂封剪油，25 d 后解绑。

**4. 肥水管理**

播种前施优质农家肥 5000 kg/亩；砧苗高 10 cm 左右时开沟施尿素 5 kg/亩；6 月上旬结合灌水追复合肥 10 ~ 15 kg/亩。第 2 年春季剪砧后，结合灌催芽水，施尿素 10 ~ 15 kg/亩；栽培品种嫁接前后施 N、

P、K 三元复合肥 10 ~ 15 kg/亩。同时加强根外追肥。栽培品种接芽初萌发时，在嫁接前 10 d 左右喷 0.3%~0.5% 硫酸亚铁（$FeSO_4$）溶液，每隔 10 d 喷 1 次，连喷 3 ~ 4 次，防治黄化病发生。

**5. 覆盖地膜**

覆盖地膜在第 2 年春季剪砧、追肥、灌水和松土后进行，将接芽露出，地膜拉展覆盖地表，周围用土压实。

**思考题**

（1）什么叫嫁接？嫁接特点是什么，在生产上如何加以利用？

（2）影响嫁接成活的因素有哪些？

（3）砧木和接穗的相互影响都有哪些方面？

（4）选择砧木应考虑哪些方面？砧木区域化的原则是什么？如何选用砧木？

（5）果树常见芽接和枝接方法有哪些？如何进行操作？

（6）拟订嫁接苗培育程序，如何提高嫁接成活率？

（7）果树矮化砧苗二年出圃技术有哪些？

## 第四节　自根苗培育

自根苗亦称无性系苗或营养系苗，是利用植物的根、茎、叶、芽等营养器官，采用扦插、压条、分株等无性繁殖方法获得的苗木。

### 一、特点及利用

**1. 特点**

（1）优点

变异性较小，能保持母株优良性状，苗木生长整齐一致，进入结果期较早。繁殖方法简单，成活率高，应用广泛。

（2）缺点

无主根，根系较浅，苗木生活力较差，寿命较短。抗性、适应性亦低于实生苗。育苗时需要大量繁殖材料，繁殖系数较低。较费工。对于营养器官难以生根的树种无法利用自根苗。

**2. 利用**

自根苗可直接作果苗栽培，如葡萄、石榴、无花果和猕猴桃等树种主要采用扦插繁殖；荔枝、龙眼、杨梅等可采用压条法繁殖；枣、石榴、草莓、香蕉和菠萝等主要采用分株繁殖。此外，还可作为嫁接用的砧木，培育自根砧果苗，如苹果的矮化砧自根苗。

### 二、影响扦插、压条成活因素

**1. 内部因素**

（1）种与品种

果树种类与品种不同，再生能力强弱也不同。葡萄、石榴、无花果再生能力强；而苹果、桃等果树再生能力弱。同一树种，枝和根的再生能力也不同：葡萄枝条容易发生不定根，而根系不易萌发不定芽，因此，葡萄常用枝插而不用根插。苹果、山定子、秋子梨、枣、李、山楂、核桃、柿等则相反，枝条再生不定根能力很弱，而根再生不定芽能力强，因此，用根插而不用枝插。同属不同种果树，枝插发根难易也不同，欧洲葡萄和美洲葡萄比山葡萄、圆叶葡萄发根容易。同一树种不同品种发根难易也不同，如美洲葡萄中杰西卡和爱地朗发根比较困难。

(2) 树龄、枝龄和枝条部位

幼树和壮年母树枝条，扦插成活率高，生长良好。一般枝龄越小，再生能力越强。大多数树种一年生枝再生能力强，二年生枝次之，二年生以上枝条再生能力明显减弱。西洋樱桃采用喷雾嫩枝插时，梢尖作插条比新梢基部作插条成活率高。

(3) 营养物质

插条发育充实，木质化程度高，营养物质含量高，再生能力强。通常，枝条中部扦插成活率高，枝条基部次之，枝条梢部不易成活。

(4) 植物生长调节剂

不同类型生长调节剂如生长素（IAA）、细胞分裂素（CTK）、萘乙酸（NAA）等对根的分化有影响。IAA对植物茎的生长、根的形成和形成层细胞的分裂都有促进作用。IAA、IBA（β－吲哚丁酸）、NAA都有促进不定根形成的作用。CTK在无菌培养基上对根插有促进不定芽形成的作用。脱落酸（ABA）在矮化砧$M_{26}$扦插时有促进生根的作用。一般凡含有植物激素较多的树种，扦插都较易生根。在生产上，对插条用生长调节剂（如IBA或ABT生根粉等）处理可促进生根。

(5) 维生素

维生素$B_1$是无菌培养基中促进外植体生根所必需的营养物质。维生素$B_1$、维生素$B_2$、维生素$B_6$、维生素C和烟碱在生根中是必需的。维生素和IAA混合用，对促进生根有良好效果。

无论硬枝扦插或绿枝扦插，凡是插条带芽或叶片的，其扦插生根成活率都比不带芽或叶片的插条生根成活率高。

**2. 外部条件**

(1) 温度

温度包括气温和土壤温度。白天气温21～25 ℃，夜间约15 ℃时有利于硬枝扦插生根。解决北方春季插条成活的关键是采取措施提高土壤温度，使插条先生根后发芽。插条生根适宜土温为15～20 ℃或略高于平均气温3～5 ℃。但各树种插条生根对温度要求不同，如葡萄在20～25 ℃的土温条件下发根最好，而中国樱桃则以15 ℃为最适宜。

(2) 湿度

扦插湿度包括土壤湿度和空气湿度。插条或压条后，土壤含水量最好稳定在田间最大持水量的50%～60%。空气相对湿度越大越好。提高空气湿度采用洒水或喷灌的方式，有条件的地方进行喷雾。但土壤水分不宜过多。

(3) 通气状况

通气状况主要是土壤中氧气含量。扦插基质中的氧气保持在15%以上时，对生根有利，葡萄达到21%时生根最有利。应避免插壤中水分过多，造成氧气不足。

(4) 光照

硬枝扦插发根前及发根初期，应避免阳光强烈照射。带叶嫩枝插，应保持适当的光照促进生根，但仍需避免强光直射。为避免强光直射，可搭棚遮阴。

(5) 土壤

土壤质地的好坏直接影响扦插成活率。扦插地应选择结构疏松，通气良好，保水性强的沙质壤土。一般生产上常采用珍珠岩、泥炭、蛭石、谷壳灰、炉渣灰等作扦插基质。

**3. 促进生根的方法**

(1) 机械处理

①剥皮。对枝条木栓组织比较发达的果树，如葡萄中难发根的种和品种，扦插前将表皮木栓层剥去，

可促进发根。

②纵刻伤。用手锯在插条基部 1～2 节间刻划 5～6 道纵伤口，深达韧皮部，以见到绿皮为度。刻伤后扦插，不仅使葡萄在节部和茎部断口周围发根，而且在通常不发根的节间纵伤沟中成排而整齐地发出不定根。

③环状剥皮。在枝条某部位剥去一圈皮层，宽 3～5 mm。环剥时间有两种：一种是压条繁殖时进行，在欲压入土的枝条上环剥。另一种是剪插条前 15～20 d 对欲作插条的枝梢环剥，待环剥伤口长出愈伤组织而未完全愈合时，剪下枝条进行扦插。

（2）加温处理

也叫催根处理，是在早春扦插所采取的一项催根技术。生产上常用的增温处理方式有温床、电热加温或火炕等。在热源上铺一层湿沙或锯末，厚 3～5 cm，将插条基部用生根药剂处理后，下端弄整齐，捆成小捆，直立埋入铺垫基质中，捆间用湿沙或锯末填充，顶芽外露。插条基部温度保持 20～25 ℃，气温控制在 8～10 ℃。经常喷水，保持适宜湿度。经 3～4 周后，在萌芽前定植于苗圃。

（3）植物生长调节剂处理

对不易生根的树种、品种，常用植物生长调节剂处理插条，其中以 IBA、IAA、NAA 和 ABT 生根粉效果良好，而以 IBA 最好。处理方法有液剂浸渍和粉剂蘸沾。液剂浸渍所用浓度一般为 5～100 mg/kg，嫩枝扦插为 5～25 mg/kg，硬枝扦插为 25～100 mg/kg，将插条基部浸泡 12～24 h；也可用浓度 1000 mg/kg 蘸 5～10 s，嫩枝扦插蘸 5～6 s，硬枝扦插蘸 7～10 s。粉剂蘸沾就是先将插穗基部用清水浸湿，然后蘸粉。具体方法是：用滑石粉作稀释填充剂，稀释浓度为 500～2000 mg/kg，混合 2～3 h 后即可使用。有些营养物质如蔗糖、果糖、葡萄糖等溶液，与 IAA 配合使用，有利于生根。

（4）黄化处理

黄化处理就是对插条进行黑暗处理。一般常用培土、罩黑色纸袋等方法使插条黄化。在新梢生长初期用黑布或黑纸等包裹基部，使枝条黄化，皮层增厚，薄壁细胞增多。黄化处理时间必须在扦插前 3 周进行。

（5）化学药剂处理

用高锰酸钾、硼酸等 0.1%～0.5% 溶液，浸泡插条基部数小时至 24 h，或用蔗糖、维生素 $B_{12}$ 浸泡插条基部，对促进生根有明显的效果。

## 三、扦插苗培育

### （一）扦插及类型

扦插是指将果树部分营养器官插入土壤（基质）中，使其生根、萌芽、抽枝，成为新植株的方法。扦插可在露地进行，也可在保护地内进行，亦可二者结合。根据所用器官不同，扦插可分为根插、枝插和芽（叶）插。根据枝条成熟程度扦插可分为硬枝扦插和绿枝扦插。果树育苗常用的扦插繁殖方法主要有 3 种：硬枝扦插、绿枝扦插和根插。

**1. 硬枝扦插**

就是利用已完全木质化的枝条进行扦插。此法简单易行，繁殖材料丰富，育苗周期短，应用最广，凡容易萌发不定根的树种均可采用，如葡萄、石榴、无花果等。

**2. 绿枝扦插**

又称嫩枝扦插，是利用当年生半木质化带叶绿枝在生长期进行扦插。对生根较难的树种如山楂、猕猴桃等或硬枝扦插材料不足时，可采用绿枝扦插。

**3. 根插**

就是用根段进行扦插繁殖。凡根上能形成不定芽的树种都可采用根插育苗。如山楂、苹果、梨、枣、柿、李等。根插繁殖主要用于培养砧木。繁殖材料可结合秋季掘苗和移栽时收集，或者搜集野生和深翻果园挖断的根系。选直径0.3～1.5 cm的根，剪成长10 cm左右的根段，并带有须根。根插时间、方法和插后管理等与硬枝扦插基本相同。

（二）硬枝扦插

**1. 插条采集与贮藏**

落叶果树插条一般结合冬剪采集。在晚秋或初冬采后贮藏在湿沙中，也可在春季萌芽前，随采随插。葡萄须在伤流前采集。枝条要求充实，芽饱满，无病虫害。贮藏时，将枝条剪成50～100 cm长，50～100根捆成一捆，标明品种、采集日期，湿沙贮于窖内或沟内，贮温1～5 ℃，湿度10%。

**2. 扦插时间**

约在春季发芽前的3月下旬，15～20 cm深土层地温达10 ℃以上时为宜。催根处理在露地扦插前20～25 d进行。

**3. 插条处理**

冬藏后的枝条用清水浸泡1 d后，剪成20 cm左右、有1～4个芽的插条，节间长的树种如葡萄多用单芽或双芽插条。坐地育苗建园的葡萄和枣可剪成长50 cm，而枣须有10 cm长的二年生枝。插条上端剪口在芽上距芽尖0.5～1.0 cm处剪平，下端紧靠节下45°角在芽下0.5～1.0 cm处剪成马耳形斜面。剪口要平滑。在扦插前可进行催根处理。

**4. 整地作畦垄**

根据地势做成高畦或平畦，砂壤土地做成平畦，畦宽1 m，长5～10 m，扦插2～3行，株距15 cm；行距60～80 cm；土壤黏重，湿度大时可起垄扦插，行距60 cm，株距10～15 cm。

**5. 扦插方式方法**

扦插方式有直插和斜插。单芽插穗直插，长插穗斜插。扦插时，开沟放条或直接将条插入土中。直插时顶端侧芽向上，填土压实，上芽外露；斜插时插条向南倾斜45°左右，顶芽向北稍露出地面。灌足水，水渗下后再薄覆一层细土，待顶芽萌发时扒开覆土。覆盖地膜时将顶芽露在膜上。干旱、风多、寒冷的地区，将插条全部插入土中，上端与地面持平，插后培土2 cm左右，覆盖顶芽，芽萌发时扒开覆土（图3-15）；气候温和湿润的地区，插穗上端可露出1～2个芽。

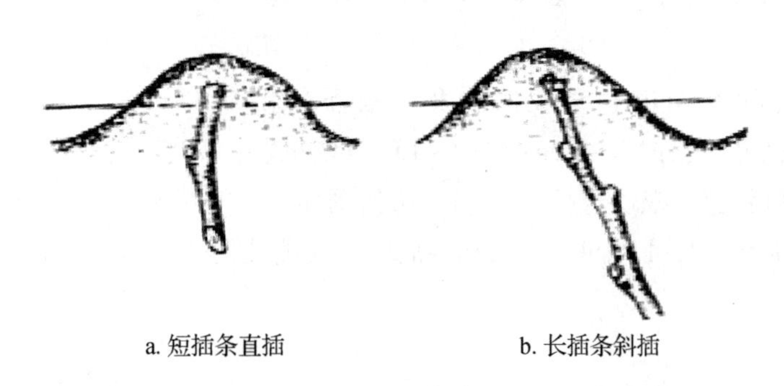

a. 短插条直插　　b. 长插条斜插

**图3-15　硬枝扦插**

**6. 扦插后管理**

（1）灌水抹芽

发芽前保持一定的温度和湿度。土壤缺墒时适当灌水，但不宜频繁灌溉。灌溉或下雨后，及时松土除草。成活后一般只保留1个新梢，其余及时抹去。

（2）追肥

生长期追肥1～2次。第1次在5月下旬至6月上旬。施入尿素10～15 kg/亩；第2次在7月下旬，施入复合肥 15 kg/亩，并加强叶面喷肥，生长前期（4—6 月）间隔 20 d 叶面喷施 0.2%～0.3% 的尿素，后期（7—10 月）间隔 15 d 叶面喷施 0.3%～0.5% 的磷酸二氢钾。

（3）绑梢摘心

葡萄扦插育苗，每株应插立 1 根长 2～3 m 的细竹竿，或设立支柱，横拉铁丝，适时绑梢，牵引苗木直立生长。如果不生产接穗，在新梢长到 80～100 cm 时摘心。

（4）病虫害防治

注意防治病虫，具体防治方法同前。

### （三）绿枝扦插

**1. 扦插时间**

扦插时间在生长季。原则上保证插活后，当年形成一段发育充实的枝。时间尽量要早，最好不晚于麦收后。

**2. 插条采集与处理**

选生长健壮的幼年母树，于早晨或阴天采集当年生尚未木质化或半木质化的粗壮枝条。将采下嫩枝剪成长 5～20 cm 的枝段。上剪口于芽上 1 cm 左右处剪截，剪口平滑；下剪口稍斜或平。插条上端留 1～2 片叶（大叶型将叶片剪去 1/2），其余全部除去。插条下端用浓度 5～25 mg/kg 的 IBA、IAA、ABT 生根粉浸 12～24 h。

**3. 做畦扦插**

扦插前做成平畦。长 5～10 m，宽 1 m，畦土含沙量 50% 以上。将插条直插入畦，扦插深度以只露顶端带叶片 1 节为宜（图 3-16），每畦插 2～3 行，株行距 10 cm × 12 cm。随采随插。

**4. 插后管理**

绿枝扦插后将土踩实，灌透水，立即搭建遮阴设施，使土壤含水量保持在 20%～25%，控温在 25～28 ℃。避免强光直射，晴天 10—16 时，通过遮阴，使光照强度降到自然光照强度的 30%～50%。勤喷水或浇水，保持空气湿度达到饱和，勿使叶片萎蔫。生根后逐渐增加光照，温度过高（超过 37 ℃）时喷水降温，并及时排除多余水分。有条件者利用全光照自动间歇喷雾设备。经过 10～15 d 后，撤掉遮阴物。

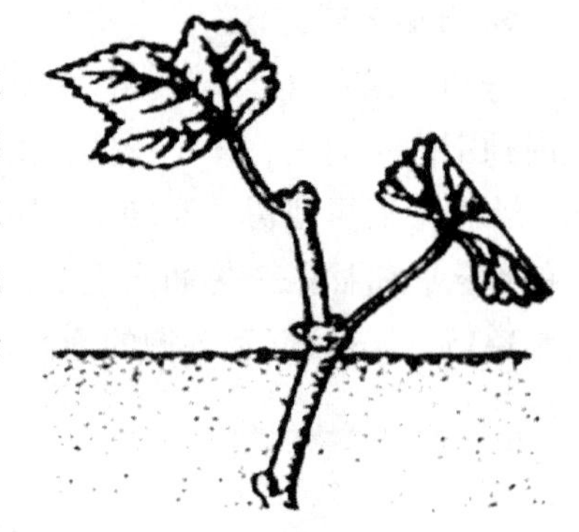

图 3-16　绿枝扦插

### （四）根插

根插材料一般结合秋季掘苗和移栽时收集。根插条粗 0.4～1.5 cm，可全段扦插，也可剪成长 5～8 cm 或 10～15 cm 的根段，并带有须根。上口平剪，下口斜剪，根段直插或斜插，切勿倒插。根插材料一般冬季进行湿藏，春季进行露地扦插，也可春季随采随插。扦插时间、方法和插后管理同硬枝扦插。但应注意防寒防旱。

## 四、压条苗培育

压条苗培育就是压条育苗，是指枝条与母株不分离状态下，将其压入土中或包埋于生根介质中，使其生根后，与母株剪断脱离，成为独立植株的技术。多用于扦插生根困难的树种。一般按压条所处位置分为地面压条和空中压条，其中地面压条按压条状态可分为直立压条、水平压条和曲枝压条等。

**1. 直立压条**

（1）适用对象

直立压条又称培土压条，主要适用于发枝力强、枝条硬度较大的树种，如苹果和梨的矮化砧、石榴、樱桃、李和无花果等果树。

（2）技术要点

冬季或早春将母株枝条距地面15 cm左右（二次枝仅留基部2 cm）剪断，施肥灌水，促其萌发新梢。待新梢长到20 cm以上时，在其基部纵伤或环割，深达木质部。进行第1次培土，促进生根。培土高度8～10 cm，宽约25 cm。新梢长至40 cm左右时，第2次培土，2次培土总高约30 cm，宽40 cm，注意踏实。每次培土前先灌水，保持土壤湿润。一般20 d左右开始生根。冬前或翌春扒开土堆，将新生植株从基部剪下，就成为压条苗（图3–17）。剪完后对母株立即覆土。翌年萌芽前扒开土，重复上述方法进行压条繁殖。

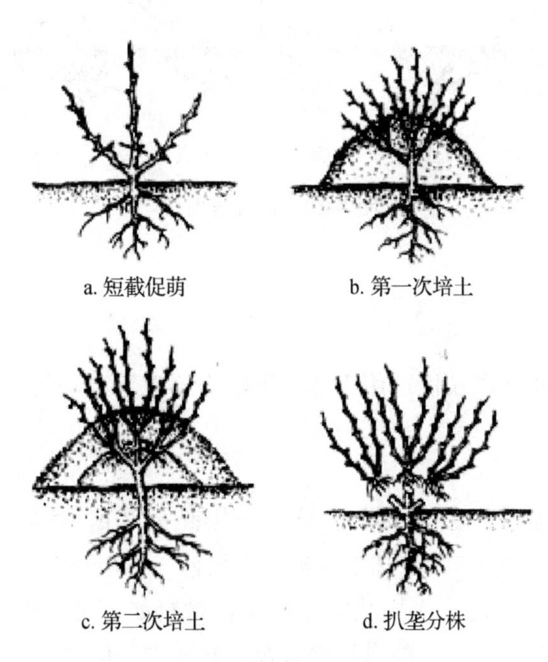


**图3–17　直立压条**

**2. 水平压条**

（1）适用对象

水平压条又称开沟压条，适用于枝条柔软、扦插生根较难树种，如苹果矮化砧、葡萄等。

（2）技术要点

早春发芽前，选择母株上离地面较近枝条，剪去梢部不充实部分。然后开5～10 cm深的沟，将枝条水平压入沟中，用枝杈固定。待各节上芽萌发，新梢长至20～25 cm且基部半木质化时，在节上刻伤。随新梢增高分次培土，使每一节位发生新根，秋季落叶后挖起，分节剪断移栽（图3–18）。

**3. 曲枝压条**

（1）适用对象

曲枝压条同样适用于枝条柔软、扦插生根较难的树种。

（2）技术要点

在春季萌芽前或生长季新梢半木质化时进行。在压条植株上，选择靠近地面一、二年生枝条，在其附近挖深、宽各为15～20 cm沟穴，穴与母株距离以枝条中下部能弯曲压入穴内为宜。然后将枝条弯曲向下，靠在穴底，用沟状物固定，在弯曲处环剥。枝条顶部露出穴外。

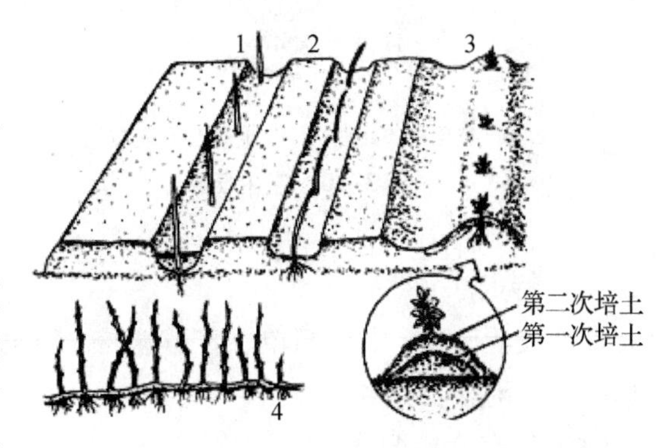


1. 斜插　2. 压条　3. 培土　4. 分株

**图3–18　水平压条**

在枝条弯曲部分压土填平，使枝条入土部分生根，露在地面部分萌发新梢。秋末冬初将生根枝条与母株剪截分离（图 3-19）。

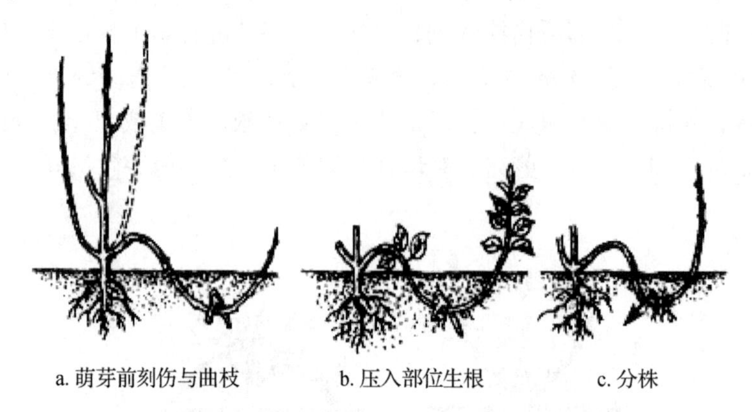


**图 3-19　曲枝压条**

**4. 空中压条**

（1）适用对象

空中压条又称高压法、中国压条法。适用于木质较硬而不宜弯曲、部位较高而不宜埋土的枝条及扦插生根较难珍贵树种的繁殖。

（2）技术要点

在生长季都可进行，但以春季 4—5 月为宜。选择健壮直立的 1 ~ 3 年生枝，在其基部 5 ~ 6 cm 处纵刻或环剥，剥口宽度 2 ~ 4 cm，在伤口处涂抹生长素或生根粉，再用塑料布或其他防水材料，卷成筒套在刻伤部位。先将套筒下端绑紧，筒内装入松软的保湿生根材料如苔藓、锯末和砂质壤土等，适量灌水，然后将套筒上端绑紧（图 3-20）。其间，注意经常检查，补充水分保持湿润。一般压后 2 ~ 3 个月即可长出大量新根。生根后连同基质切离母体，假植于荫棚等设施内，待根系长大后定植。也可用花盆、竹筒等容器装入营养土进行空中压条，但要注意保持湿度（图 3-21）。

1. 被压枝条处理状　2. 包埋生根基质状

**图 3-20　空中压条**

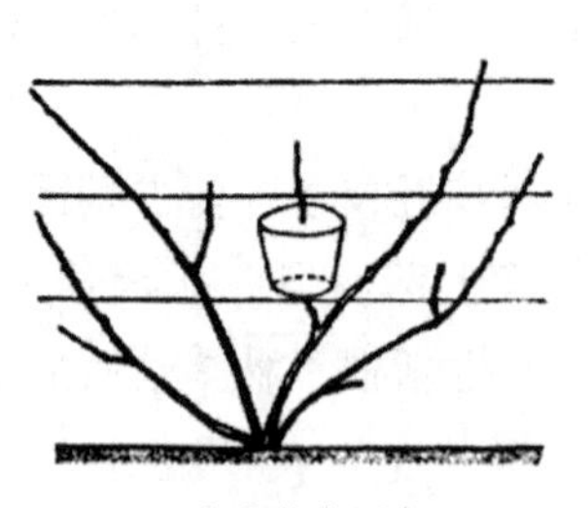

a. 空中花盆压条

b. 压条苗剪离母体

**图 3-21　空中花盆压条及压条苗剪离母体**

（3）特点

育苗成活率高、方法简单、容易掌握，但也存在繁殖系数低、对母体损伤大的缺点，且大量繁殖苗木具有一定困难。

（4）培育盆栽果树

生产上空中压条可作为快速培育盆栽果树的好途径：苹果、梨、葡萄等果树，选易形成花芽枝条，环剥或刻伤处理，促其生根，形成花芽，脱离母体后第 2 年便可开花结果。

## 五、分株苗培育

分株苗培育就是分株育苗，是利用母株的根蘖、匍匐茎、吸芽等营养器官在自然状况下生根后切离母体，培育成新植株的无性繁殖方法。这种繁殖方法因树种不同存在一定的差异。一般包括根蘖繁殖法、匍匐茎繁殖法和新茎、根状茎分株法。

**1. 根蘖繁殖法**

根蘖繁殖法适用于根部易发生根蘖的果树，如山楂、枣、樱桃、李、石榴、树莓、杜梨和海棠等。一般利用自然根蘖在休眠期栽植。在休眠期或萌芽前将母株树冠外围部分骨干根切断或刻伤，生长期加强肥水管理，促使根蘖苗多发旺长，到秋季或翌春分离归圃培养。按行距 70～80 cm、株距 7～8 cm 栽植，栽后苗干截留 20 cm，精细管理。新栽幼苗继续发生萌蘖，其中一些进行嫁接但不够嫁接标准的，次春再度分株移栽，继续繁殖砧苗。

**2. 匍匐茎繁殖法**

匍匐茎繁殖法适用于草莓等果树。草莓地下茎的腋芽，在形成当年就能萌发成为匍匐在地面的匍匐茎（图 3-22）。其匍匐茎在偶数节上发生叶簇和芽，下部生根接地扎入土中，长成幼苗，夏末秋初将幼苗与母株切断挖出栽植。

图 3-22　草莓匍匐茎

**3. 新茎、根状茎分株法**

新茎、根状茎分株法同样适用于草莓等果树。草莓在浆果采收后，当地上部有新叶抽出，地下部有新根生长时，整株挖出，将一、二年生根状茎、新茎、新茎分枝逐个分离成为单株定植。

分株繁殖应选择优质、丰产、生长健壮的植株作为母株，雌雄异株树种应选雌株。分株时尽量少伤母株根系，合理疏留根蘖幼苗，同时加强肥水管理，以促进母株健旺生长，保证分株苗质量。

## 六、无病毒果苗培育

病毒病害是指由病毒、类病毒、类菌质体和类立克体引起的病害。病毒对果树的危害表现在降低种子发芽率，减少苗期分株数量，嫁接不亲和，减少年生长量，降低产量，降低果实品质，增加施肥量，引起树势衰退，有时甚至是毁灭性的。而无病毒果苗是指经过脱毒处理和病毒检测，证明确已不带指定病毒的苗木。无病毒果苗比感病毒果苗生长健壮、总生长量大、寿命长、产量高、需肥少、果实品质好、贮藏期长，经济效益好。建立无病毒苗木繁育体系、健全去病毒检疫检验制度、培育无病毒原种、防止果苗带毒和人为传播是防治和克服果树病毒病危害的根本措施和唯一途径。

### （一）无病毒母树培育

培育无病毒苗木，首先要有无病毒母树。而无病毒母树主要通过脱毒的途径来获得，果树苗木主要脱毒途径有 4 种。

**1. 茎尖组织培养脱毒**

病毒侵入植物体后，并非所有的组织都带有病毒，在生长点附近的分生组织大多不含有病毒。茎尖组织培养脱毒就是切取茎尖这一微小的无病毒部分（一般 0.1～0.3 mm），进行组织培养，从而获得无病毒的单株。

（1）培养基配制

可参考其他组织培养技术手册进行。

（2）取材

于春季发芽时，取田间嫩梢，用70%酒精浸泡消毒0.5 min，再用0.1%的升汞（氯化汞）液消毒10~15 min，然后用无菌水冲洗3~5遍。

（3）接种培养

在经过消毒并冲洗干净的材料上，切下带有1~2个叶原基的生长点，长0.1~0.2 mm，接种于培养基上培养。培养温度28~30 ℃，光照强度1500~2000 lx，光照时间每天10 h左右。

（4）继代培养

在初代培养基础上继代培养。方法是在无菌条件下切取茎尖产生的侧芽，接种到增殖培养基上培养。

（5）诱导生根

将增殖得到的芽或新梢移植到生根培养基上，经诱导生根培养，得到完整试管苗。

（6）移栽

移栽前将幼苗锻炼2~3 d后，用水洗去培养基，移栽到装有腐殖质与沙比例1：1的混合基质塑料钵中，放在温室中生长10 d左右后移栽于室外，按常规方法管理。成活后经病毒检测无病毒后，便获得了茎尖组织培养脱毒苗。

**2. 热处理脱毒**

（1）概念

热处理也叫温热疗法，是利用病毒和植物细胞对高温忍耐性的不同差异，选择适当高于正常的温度处理染病植株，使植株体内病毒部分或全部失活，而植株本身仍然存活。将不含病毒的组织取下，培育成无病毒个体。

（2）脱毒方法

先将带毒芽片嫁接在未经嫁接过的实生砧木上，成活后促进萌发，将萌发植株放入（38±1）℃的恒温箱内处理3~5周。从经过热处理的植株上，剪下正在生长的新梢顶端，长1.0~1.5 cm，嫁接在未经嫁接的砧木上，嫁接成活并生长至一定高度时，取一部分芽片接种在指示植物上进行病毒试验，确认无病毒后，作为无病毒母本树繁殖无病毒苗木。

**3. 热处理结合茎尖培养脱毒**

单独使用热处理或单独使用茎尖培养脱毒都不奏效时使用热处理结合茎尖培养法脱毒。热处理在茎尖离体之前的母株上进行，也可在茎尖培养期间进行。一般以前一种方法处理效果较好。

**4. 离体微尖嫁接法脱毒**

离体微尖嫁接法脱毒是茎尖培养与嫁接方法相结合，用以获得无病毒苗木的一种技术。它是将0.1~0.2 mm的接穗茎尖嫁接到试管中的无菌实生砧苗上，继续进行试管培养，愈合成完整植株。

### （二）繁殖无病毒苗木要求

**1. 建立无病毒母本园**

获得无病毒原种材料后，分级建立采穗用无病毒母本园。母本园应远离同一树种2 km以上，最好栽植在有防虫网设备的网室内。母本树建立档案，定期进行病毒检测，一旦发现病毒，立即取消其母本树资格。

**2. 繁殖无病毒苗木要求**

繁殖无病毒苗木的单位或个人，必须填写申报表，经省级主管部门核准认定，并颁发无病毒苗木生产许可证。

**3. 无病毒苗圃地要求**

繁殖无病毒苗木的苗圃地，应选择地势平坦、土壤疏松、有灌溉条件的地块，同时也应远离同一树种2 km以上，远离病毒寄主植物。

**4. 繁殖无病毒苗木材料要求**

繁殖无病毒苗木使用的种子、无性系砧木繁殖材料和接穗，必须采自无病毒母本园，附有无病毒母本园合格证。

**5. 繁殖无病毒苗木嫁接过程要求**

繁殖无病毒苗木嫁接过程，必须在专业人员的监督指导下进行，且嫁接工具要专管专用。

**6. 无病毒苗木出售要求**

繁殖无病毒苗木，须经植物检疫机构检验，合格后签发无病毒苗木产地检疫合格证，并发给无病毒苗木标签，方可按无病毒苗木出售。

（三）无病毒苗木培育

在苗圃中，用无病毒母株上的材料建立无毒材料繁殖区。利用繁殖区的无毒植株压条或剪取枝条扦插，培育无毒自根苗。由于大多数果树种子不带病毒，可在未经嫁接过的实生砧木上嫁接无毒品种，培育无毒嫁接苗。繁殖区内的植株经过5～10年，要用无毒母本园保存的材料更新一次。

**思考题**

（1）什么叫果树自根苗？在生产上如何加以利用？

（2）影响扦插、压条成活的因素有哪些？如何促进其生根？

（3）什么叫扦插？有哪些类型？

（4）如何进行果树硬枝扦插？如何进行果树绿枝扦插？

（5）什么叫压条育苗？都有哪些具体类型？

（6）哪些果树适合直立压条育苗？如何操作？

（7）哪些果树适合水平压条育苗？如何操作？

（8）哪些果树适合曲枝压条育苗？如何操作？

（9）哪些果树适合空中压条育苗？如何操作？

（10）什么叫分株育苗？包括哪几种类型？

（11）什么叫无病毒果苗？有哪些优越性？

（12）果树苗木主要脱毒途径有哪些？

（13）繁殖果树无病毒苗木都有哪些具体要求？如何培育无病毒苗木？

## 第五节　苗木出圃程序

### 一、出圃准备

果树苗木出圃前要进行苗木调查、制定计划与操作规程、策划营销和圃地浇水。

**1. 苗木调查**

苗木调查就是对拟定出圃的苗木进行抽样调查，掌握各类苗木的数量与质量，为苗木出圃和营销工作提高依据。苗木调查工作程序包括5个方面。

（1）划分调查区

根据树种、苗龄、育苗方式、繁殖方法、苗木密度和生长状况等，划分出不同的调查区。

（2）测量面积

在同一调查区内，测量各苗床面积，并计算出各调查区及出圃苗的面积。

（3）确定样地

样地形状有 3 种方式：样方、样段和样群。样方适合于苗床和播种苗；样段适于垄作、扦插和移栽苗；样群适于苗木密度和生长差异较大时。根据苗木密度，一般每个样地保持 20 ~ 50 株苗即可。样地随机抽取，均匀分布，并且数目要适宜。

（4）苗木调查

就是统计样地内苗木株数、测量每株苗木各项指标。

（5）统计分析

将调查数据分类整理，计算统计，汇总分析，做出结论。

**2. 制定计划与操作规程**

制定计划与操作规程指制定苗木出圃计划和掘苗操作规程。苗木出圃计划内容主要包括：出圃苗木基本情况（树种、品种、数量和质量等）、劳力组织、工具准备、苗木检疫、消毒方式、消毒药品、场地安排、包装材料、掘苗时间、苗木贮藏、运输及经费预算等。掘苗操作规程主要包括：挖苗技术要求，分级标准，苗木打叶、修苗、扎捆、包装和假植方法和质量要求。

**3. 策划营销**

就是通过现代信息网络、媒体及多种信息渠道，获取信息、传递信息。抽调专人搞好营销，并与购苗单位密切联系，保证及时装运。

**4. 圃地浇水**

就是在掘苗前苗圃地土壤干旱的情况下，提前 10 d 左右对苗圃地灌水。

## 二、起苗

**1. 起苗时间**

在秋季落叶后至春季萌芽前的休眠期内均可进行。最好根据栽植时期进行。秋季起苗从苗木停止生长后至土壤结冻前进行。就近栽植，最好随起随栽。春栽起苗从土壤解冻后至苗木发芽前进行。

**2. 起苗**

（1）起苗方式

分带土和不带土 2 种方式。落叶果树露地育苗，休眠期起苗一般不用带土；生长季出圃苗木，带叶栽植，需带土球。

（2）起苗方法

落叶前起苗，应先将叶片摘除，然后起苗。避免在大风、干燥、霜冻和雨天起苗。挖苗时，用镢（镐）将苗木周围土壤刨松，找出主要根系，按要求长度切断，起出苗木，抖落泥土。注意保护好根系、苗干、芽和接口，尽量减少损伤，使苗木完好。小型苗圃多采用人工起苗，大、中型苗圃，有起苗设备的单位，应采用拖拉机牵引起苗犁掘苗。挖出后就地临时假植，用土埋住根系；或集中放在阴凉处，用浸水草帘或麻袋等覆盖。一畦或一区最好一次全部挖完。

## 三、分级与修苗

**1. 分级**

起苗后应根据苗木质量进行分级。各地对苗木规格要求不完全一样，但对苗木质量要求总体原则是一致的。就是品种纯正、苗干充实、芽体饱满、高度适宜、接口愈合良好、根系发达、须根较多、无严重病虫危害及机械损伤。分级参照国家或地方标准进行，将 1、2 级苗分别拣出，对不合格苗木，应留在圃内继续培养，达到标准后才能出圃。无培育价值劣质苗木，应销毁处理。在分级过程中，要严防品种混杂，避免风吹、日晒或受冻。

**2. 修苗**

修苗就是进行修剪，结合分级进行。要求剪去病虫根、过长根及畸形根。主根一般剪留 20 cm 左右短截，受伤粗根修剪平滑，且使剪口面向下。地上部病虫枝、残桩和砧木上萌蘖等全部剪除。

## 四、检疫与消毒

**1. 苗木检疫**

（1）我国对内和对外检疫病虫害

苗木检疫是防止病虫害蔓延的有效措施。我国对内检疫的病虫害主要有苹果棉蚜、苹果蠹蛾、葡萄根瘤蚜、美国白蛾。我国对外检疫的病虫害有地中海实蝇、苹果蠹蛾、苹果实蝇、苹果根瘤蚜、美国白蛾、栗疫病、梨火疫病等。

（2）检疫要求

育苗单位和苗木调运人员必须严格遵守植物检疫条例，做到从疫区不输出，新区不引入。起苗后至包装之前，主动向当地植物检疫部门申请，对苗木进行产地检疫，检疫合格签发检疫合格证之后，才能起运。

**2. 苗木消毒**

（1）杀菌处理

杀菌处理用3%~5%石硫合剂溶液，或1∶1∶100倍波尔多液浸苗10~20 min，再用清水冲洗根部。李属植物一般不用波尔多液，用0.1%的升汞水浸苗20 min，再用清水冲洗1~2次，在升汞中加醋酸或盐酸，杀菌效力更大。休眠期苗木根系消毒用0.1%~0.2%的硫酸铜（$CuSO_4$）溶液处理5 min后，清水洗净即可，但此药不宜用作全株消毒。此外，用于苗木消毒的药液还有甲醛、石炭酸等。

（2）灭虫处理

灭虫处理用氰酸（HCN）气熏蒸。就是在密闭的房间或箱子中，每100 $m^3$ 容积用氰酸钾（KCN）30 g，硫酸（$H_2SO_4$）45 g，水（$H_2O$）90 mL，熏蒸1 h。熏蒸前要关好门窗，先将 $H_2SO_4$ 倒入 $H_2O$ 中，然后再将KCN倒入。1 h后将门窗打开，待HCN气散发完毕，方能进入室内取苗。少量苗木可用熏蒸箱熏蒸。HCN气有剧毒，要注意安全。

## 五、包装运输与贮藏

**1. 包装调运**

（1）要求

苗木经检疫消毒后，即可包装调运。包装时分品种、等级、定量（根据不同品种苗木分别以10、20、50或100株）扎捆，并饱蘸泥浆。若短距离运输，时间不超过1 d，可不在包装，直接装车，但车厢底部与侧旁需铺垫湿草或苔藓等。苗木放置时要根对根，并与湿草分层堆积，上覆湿润物料。运输时间较长，苗木必须妥善包装。一般用草包、蒲包、草席、稻草或塑料编织袋等包装，苗木根部应填充湿润苔藓、锯屑、谷壳等，或根系蘸泥浆处理。除此之外，还可用塑料薄膜袋包装。包裹要严密。包装好后挂上标签，注明树种、品种、数量、等级及包装日期等。

（2）保温、保湿

运输过程中要做好保温、保湿工作，保持适当低温，但不可低于0 ℃，一般以2~5 ℃为宜。

**2. 苗木贮藏**

（1）要求

苗木贮藏习惯称作假植。分临时性短期贮藏与越冬长期贮藏两种方式。对于已分级、扎捆不能及时运走的苗木或运达目的地不能立即栽植的苗木应进行临时性短期贮藏。临时贮藏的苗木，可就近开沟，将苗木成捆立植于沟中，用湿土埋好根系，或整捆码放于阴凉潮湿的地方，喷洒清水，用塑料布包盖根系。越冬长期贮藏是指秋冬出圃到第2年春季栽植的苗木，应选避风背阳、高燥平坦、无积水的地方挖沟假植。南北向开沟，沟宽1 m左右，深50～80 cm，沟长随苗木数量而定。假植时，应除去包装材料，打开捆绳，滩开散置。苗干向南倾斜45°，整齐紧密的排放在沟内，摆一层苗（苗层不宜太厚），埋一层土，填土应细碎，使苗木根系与土壤密接，不留空隙。培土达苗木干高的1/3～1/2（严寒地区达定干高度），填土一半时，沟内灌水。对弱小苗木应全部埋入土中。假植地四周开排水沟，大假植地中间还应适当留有通道。不同品种的苗木，分区假植，详加标签。运输时间过久苗木，视情况立即将其根部浸水1～2 d，待苗木根部吸足水分后再行假植，浸水每日更换一次。

（2）管理

苗木假植期间要定期检查，防止干燥、积水、鼠及野兔等危害，发现问题及时处理。

**思考题**

（1）苗木出圃程序有哪些？

（2）果树苗木出圃前要做好哪些准备工作？

（3）苗木质量要求总体原则是什么？如何修苗？

（4）如何做好果树苗木的检疫和消毒？

（5）如何进行果树苗木贮藏？应注意哪些问题？

## 第六节　果树砧木种子识别和生活力测定实训技能

### 一、目的与要求

从砧木种子形态上识别各种类果树的主要砧木种子；培养观察和识别砧木种子的能力；掌握种子生活力测定的方法。

### 二、材料与用具

**1. 材料**

选用当地主要果树砧木种子山荆子、海棠果、西府海棠、河南海棠、杜梨、山桃、毛桃、山杏、毛樱桃、山葡萄、酸枣和君迁子。所用染色剂有0.1%的氯化三苯四氮唑（红四唑）、5%的红墨水、0.1%的地衣红。

**2. 用具**

天平、镊子、刀片、解剖针、烧杯（500 mL）、量筒、培养皿、水桶、漏勺等。

### 三、内容和方法

**1. 砧木种子识别**

提供适应当地气候条件的果树砧木种子20种，通过观察、记载，明确各种砧木种子的形态特点。

**2. 砧木种子生活力测定**

（1）形态鉴定法

称取砧木种子50～100 g，或数100粒，进行鉴定。有生活力的种子大小均匀，饱满，千粒重较重，有光泽，无霉味和病虫害，剥去种皮后，胚和子叶呈乳白色，不透明，有弹性特点。无生活力的种子与上述特点正好相反，种仁呈黄色，按压易破碎。根据鉴定结果，统计有生活力的种子的百分率。

（2）染色法

取砧木种子50～100粒（大粒种子50粒），首先用水浸泡12～24 h，使种皮柔软并吸水，有壳种子可将硬壳砸碎后水浸。然后剥去种皮，将2个子叶分开，进行如下处理：

①将子叶连同胚放入5%的红墨水中和0.1%的地衣红溶液中，染色2～4 h，取出用清水冲洗。凡胚和子叶完全染色的为无生活力的种子；胚或子叶部分染色的为生活力较差的种子；胚和子叶没有染色的为有生活力的种子。

②将子叶连同胚放入0.1%的红四唑溶液中，在暗处20 ℃左右条件下染色12～24 h后，用清水冲洗。凡子叶和胚呈现红色的为有生活力的种子，无色的为无生活力种子。

（3）发芽试验

发芽试验多在层积处理后进行。方法是将一定数量的待测种子放在培养皿里，在室温下进行发芽试验，统计发芽种子数量占待测种子的百分率。

## 四、实训报告

①描述所观察到的砧木种子形态特征。

②总结目测法和染色法鉴定结果，说明为什么失去生活力的种子在红墨水和地衣红中能着色？

③填写种子生活力测定（表3-6）。

**表3-6　果树砧木种子生活力测定记录**

测定人：　　　　班级：　　　　年　　月　　日

<table>
<tr><th rowspan="4">树种</th><th rowspan="4">测定种子粒数</th><th colspan="10">测定结果</th></tr>
<tr><th colspan="4">不能染色种子数（粒）</th><th colspan="4">染色结果</th><th rowspan="3">生活力/%</th><th rowspan="3">备注</th></tr>
<tr><th rowspan="2">空粒</th><th rowspan="2">腐烂粒</th><th rowspan="2">病虫害粒</th><th rowspan="2">其他</th><th colspan="2">无生活力</th><th colspan="2">有生活力</th></tr>
<tr><th>粒数</th><th>所占百分数/%</th><th>粒数</th><th>所占百分数/%</th></tr>
<tr><td></td><td></td><td></td><td></td><td></td><td></td><td></td><td></td><td></td><td></td><td></td><td></td></tr>
</table>

## 五、技能考核定

技能考核评定一般实行百分制，建议实训态度占10分，实训过程占30分，实训结果占30分，实训报告占30分。

# 第七节　种子层积的处理与播种实训技能

## 一、目的与要求

了解果树砧木种子层积的处理要求，掌握种子层积的处理方法及播种技术。

## 二、材料与用具

**1. 材料**

砧木种子和干净河沙，经过层积处理后或浸种催芽的待播果树种子。

**2. 用具**

镐、锹、耙、皮尺、卷尺、水桶和喷雾器等。

## 三、方法和步骤

### （一）砧木种子层积的处理

**1. 挖层积坑**

选地形稍高、排水良好的背阴处，挖深 60 ~ 100 cm、宽 100 cm 左右，长随种子数量而定的层积坑。

**2. 拌沙**

用水将沙拌湿（含水量约 50%），以手握成团而不滴水，一触即散为准。

**3. 层积**

首先在坑底铺一层湿沙，坑中央插一小草把，然后将种子与湿沙分层相间堆积，堆至离地面高 10 ~ 30 cm 处，上覆湿沙与地面持平。再用土堆成屋脊形。坑四周挖排水浅沟。

**4. 注意问题**

（1）层积处理温度

果树种子层积处理最适温度为 2 ~ 7 ℃。

（2）层积期间应做工作

应经常检查温度和湿度，春暖时需进行翻拌，并注意防止鼠害。

### （二）果树种子播种与管理

**1. 整地**

苗圃地在播种前先深翻 40 ~ 50 cm，同时施入有机肥 2500 ~ 5000 kg/亩，过磷酸钙 25 kg/亩，草木灰 50 kg/亩。深翻施肥后灌水，水渗下后根据需要筑垄或作畦。一般垄宽 60 ~ 70 cm，畦宽 1.0 ~ 1.2 m，畦长 5 ~ 10 m。筑垄或作畦时先将土块打碎、耧平、耙细。

**2. 播种**

播种时期一般分为秋播和春播。播种方法有条播、撒播和点播。

（1）条播

一般小粒种子（如山荆子、海棠和山梨等）可进行畦内条播或大垄条播。畦内条播每畦可播 2 ~ 4 行（采用 4 行时可用双行带状条播），畦内小行距离因畦内播种行数而定，畦内边行至少需畦埂 10 cm。播种时在整好的畦上开小沟，灌透水，待水渗下后再播种。播后及时覆土。不论畦条播还是垄播，有条件时覆土后盖上覆盖物。播种深度小粒种子宜浅，大粒种子宜深；黏重土壤宜浅，疏松土壤宜深；湿度大土壤宜浅，深度小土壤宜深。在土壤适宜时播种深度一般为种子横径的 1 ~ 3 倍。

（2）撒播

小粒种子可采用畦内撒播。一般先将畦内土深翻 20 cm 左右，翻后耧平耙细，如土壤干燥时先灌透水，待水渗下后，将种子均匀撒于畦内，然后覆上细土或再盖上一薄层细沙，有条件时可加覆盖物。

（3）点播

一般大粒种子如桃、杏、核桃和板栗等可按一定株行距进行点播。畦内点播小行距和株距为 15 ~ 20 cm；大垄点播株距一般为 20 cm 左右；每穴内可播 1 ~ 2 粒种子。

**3. 播种后管理**

①注意土壤湿度的变化，如发现表土过干，要适时喷水，使表土经常保持湿润状态，但切忌漫灌。

②在畦内或垄上有覆盖物的，当种子出土时，要及时去掉覆盖物。

③幼苗出土后适时松土和除草若干次，保证土壤疏松、无杂草。

④当幼苗大部分长出 2 片真叶时及时进行间苗移栽。将过弱幼苗、畸形幼苗或有病幼苗拔掉。生长正常而又过密的幼苗，可进行移栽。移栽前 2 ~ 3 d 灌透水，移苗及时灌水。

⑤在幼苗生长过程中，注意灌水和施肥。发现病虫害及时防治。

⑥当幼苗长到 30 cm 左右时，适时进行摘心。并除去苗干基部 5 ~ 10 cm 处副梢。

### 四、实训思考

（1）果树砧木种子为什么要经过层积处理后才能发芽？

（2）果树种子层积处理应掌握哪些关键技术？

（3）播种方法有哪几种？比较播种各方法的优缺点。

（4）列表记载不同果树种子播种日期、出苗日期和幼苗生长发育情况。

### 五、技能考核

技考核评定一般实行百分制，建议实训态度占 10 分，实训过程占 30 分，实训结果占 30 分，实训思考占 30 分。

## 第八节　果树芽接实训技能

### 一、目的与要求

通过实训，了解果树芽接基本知识，熟悉芽接方法并掌握其技术要领。

### 二、材料与用具

**1. 材料**

果树接穗、砧木枝条、塑料薄膜等。

**2. 用具**

剪枝剪、嫁接刀等。

### 三、方法步骤

**1. “T”字形芽接**

（1）削接芽

首先从芽下方距离芽茎 0.8 cm 处向斜上方削进木质部，直至芽体上端，再将芽尖上方约 0.5 cm 处横切一刀，深达木质部，与上一切口接合，削成上宽下窄的盾形芽片。然后左手拿住枝条；右手捏住叶柄基部与芽片，向枝条一侧用力一推，取下芽片，要求内侧中央带有护肉芽。

（2）切砧

在砧木距离地面 5 cm 左右处选光滑部位横切一刀，深度以切断砧木皮层为度，尽量不伤木质部，切口长约 1 cm，从横切缝正中间向下垂直切一刀，长约 1.5 cm，呈“T”字形。

（3）插穗与绑扎成活情况

插芽片时用手捏住削好芽片，慢慢插入“T”字形切口内，使芽片上端与“T”字形切口上端平面靠紧，下端也应保持坚实。芽接绑扎应包严扎紧，只留芽体及叶柄。绑扎时应从芽上方向下。

**2. 带木质部芽接**

（1）削接芽

先从芽上方 0.8 ~ 1.0 cm 处向下斜削一刀，可略带木质部，但不宜过厚，长约 1.5 cm，再在芽下方 0.5 ~ 0.8 cm 处成 30°斜切到第 1 刀口底部，取下带木质盾状芽片。

（2）切砧木

在砧木离地面5 cm处，选光滑无疤部位，先斜切一刀，再在其上方2 cm处由上向下斜削入木质部，至下切口处相遇。砧木削面可比接芽稍长，但宽度应保持一致。

（3）贴芽片

取掉砧木盾片，将接芽嵌入；砧木粗，削面宽时，可将一边形成层对齐。

（4）包扎

用0.8～1.0 cm宽的塑料薄膜条由下往上压茬缠绑到接口上方，要求绑紧包严。

## 四、实训报告

①根据当地情况，选择1～2个树种，进行二种芽接方法苗木嫁接，并统计嫁接成活率。

②简述芽接苗操作程序。

## 五、技能考核

技能考核评定一般采用百分制，建议实训态度占20分，实训结果即嫁接速度和成活率占50分，实习报告占30分。

# 第九节　果树枝接实训技能

## 一、目的与要求

通过实训，了解果树枝接基本知识，熟悉枝接方法并掌握其技术要领。

## 二、材料与用具

**1. 材料**

果树接穗、砧木枝条、塑料薄膜等。

**2. 用具**

剪枝剪、枝接刀等。

## 三、方法与步骤

**1. 劈接**

（1）削接穗

将接穗按长5～7 cm，3～4个芽剪成一段作为接穗，然后将枝条下端削成长约3 cm左右，外宽内窄的楔形斜面，削面以上留2～4个芽，并于顶端第1个芽的上方0.5 cm处削光滑平面。注意削面应平滑整齐，且不宜过短。

（2）切砧木

首先在砧木枝干上适当部位用剪子或锯切断，将削面削平、削光滑，然后在砧木切面上垂直劈切。劈切要轻，深度以略长或等长于接穗切面为宜。劈切口位置可依砧穗粗细而定。砧穗差异大的，可在砧木断面的1/3处劈切；砧穗差异较小的，可在砧木断面中央劈切。

（3）插接与绑缚

将接穗插入砧木切口时，首先将切口用刀撬开，然后把接穗宽削面靠砧木皮层一端慢慢插入，使接穗与砧木形成层对齐，上端“露白”，最后用塑料薄膜条绑扎接合部位。在绑扎过程中，不要触动接穗。

**2. 切接**

（1）削接穗

在接穗下端先削一个3 cm左右的长削面，削掉1/3的木质部，再在长削面背后削一个1 cm左右的短削面。两斜面都要光滑。

（2）劈砧木

将砧木从距离地面5 cm处剪断，选平整光滑的一侧，从断面的1/3处劈一垂直切口，长约3 cm左右。

（3）插接穗

将接穗的长削面向里，短削面向外，插入砧木切口，使两者形成层对准、靠紧，接穗较细时，保证一边的形成层对准。

（4）包扎

将嫁接处用塑料条包扎绑紧即可。

**3. 插皮接**

（1）削接穗

剪一段带2～4个芽的接穗。在接穗下端斜削一个长约3 cm的长削面，再在长削面背后尖端削一个长0.3～0.5 cm的短削面，并将长削面背后两侧皮层削去少量，但不伤木质部。

（2）劈砧木

先将砧木近地面处光滑无疤部位剪断，削平剪口，再在砧木皮层光滑的一侧纵切1刀，切口长约2 cm，不伤木质部。

（3）插接穗

用刀尖将砧木纵切口皮层向两边拨开。将接穗长削面向内，紧贴木质部插入。长削面上端应在砧木平断面之上外露0.3～0.5 cm，使接穗保持垂直，接触紧密。

（4）包扎

将嫁接处用塑料条包严绑紧即可。

## 四、实训报告

①根据当地情况，选择1～2个树种，进行3种枝接方法苗木嫁接，并统计嫁接成活率。

②简述枝接操作程序。

## 五、技能考核

技能考核评定一般采用百分制，建议实训态度占20分，实训结果即嫁接速度和成活率占50分，实习报告占30分。

# 第十节 果树扦插育苗实训技能

## 一、目的与要求

熟悉扦插育苗的关键技术环节，掌握整地、覆膜、插条处理及扦插方法。

## 二、材料与用具

**1. 材料**

硬枝扦插繁殖用插条（葡萄、石榴等果树一年生枝）、植物生长素（IBA、IAA或ABT生根粉等）、地膜、薄膜等。

**2. 用具**

修枝剪、嫁接刀、水桶、整地工具等。

## 三、步骤与方法

**1. 整地**

按照技术要求整地做畦或起垄，并覆盖地膜。

**2. 剪截插条**

将插条截成长约 20 cm，带有 1 ~ 4 个饱满芽的枝段，上口剪平，下口剪成斜面。并用刀在下剪口背面和上部纵刻 3 ~ 5 条 5 ~ 6 cm 长的伤口。

**3. 激素处理**

选地面平整地方，用砖块围成长方形浅池（深 10 ~ 12 cm，即两平砖），用宽幅双层薄膜将浅池铺垫（薄膜应超出池外）。首先将 IBA 或 IAA 用少量酒精溶解，按 5 ~ 100 mg/kg 浓度配兑，将制备好的溶液倒入浅池内，池内溶液深度保持 3 cm 左右，然后将插条基部弄整齐，捆成小捆，整齐竖放在浅池内，浸泡 12 ~ 24 h。

**4. 扦插**

按设计行矩、株距，破膜扦插，插后培土 2 cm 左右，覆盖顶芽。

## 四、实训报告

①记录技术操作步骤，统计扦插成活率。

②分析扦插成活率高或低的原因。

## 五、技能考核

技能考核评定一般采用百分制，建议实训态度占 20 分，实训结果扦插成活率占 50 分，实习报告占 30 分。

# 第十一节 果树苗木出圃与假植实训技能

## 一、目的与要求

通过实地操作，明确果园苗木出圃的步骤和方法，了解果树假植技术要点，掌握起苗、修剪、分级、包装和假植等苗木出圃工作及技术要求。

## 二、材料与用具

**1. 材料**

准备出圃的各种果树苗木，稻草、包装袋、草绳等包装材料，石硫合剂、波尔多液。

**2. 用具**

挖苗工具、剪枝剪等。

## 三、步骤与方法

**1. 苗木出圃前的准备**

①核对果树苗木的种类、品种及合格苗木的数量。

②做好对出圃苗木的病虫害检疫。

③联系用苗或售苗单位，保证出圃后及时装运、销售和定植。

④准备好起苗工具、材料及劳动力。

⑤苗圃地土壤较干时，应在出圃前几天灌水。

**2. 苗木出圃的基本要求**

苗木出圃的基本要求是：品种纯正；苗木达到一定高度和粗度，有 2～3 条分枝，枝条健壮、充实；根系发达，须根多；无严重病虫害和机械损伤；嫁接苗接合部愈合良好。

**3. 起苗与修剪**

落叶果树一般在秋季落叶后至第 2 年春季萌芽前进行。具体方法有裸根起苗和带土起苗二种。按照本章起苗与修剪相关内容技术要求进行起苗和修剪。

**4. 苗木分级**

苗木挖出后，随即进行分级。分级标准按当地执行标准进行。

**5. 苗木检疫和消毒**

按照苗木出圃程序中的有关要求进行。

**6. 苗木包装**

苗木分级消毒后，外运苗木按 50～100 株绑扎成 1 捆，标明品种名称、数量。先将苗木根部蘸以稀黄泥浆（泥浆稠度以蘸在根上不易现根颜色为宜）。再在根部填充湿草、苔藓或其他不易发热的填充物，并用稻草包或包装袋包好，用草绳绑紧，使苗木上部及分枝露在外面。包装后拴上标签，写明品种、砧木、等级、数量和出圃日期。也可用伸缩纸箱包装。就是将两个纸箱套合成一个纸箱，其长度可依苗木高度而伸缩。纸箱四周垫上蜡纸，用洁净的湿苔藓填充根隙及根周围后，用塑料薄带把整个纸箱包扎捆紧。数量不多或名贵苗木可用此法包装。

**7. 苗木假植**

起苗后的苗木不能及时定植或销售的要在遮阳、避风地假植。具体方法是：首先选避风地挖一条假植沟，沟宽约 50 cm，深 60～100 cm，长度根据苗木数量而定。然后将苗木依次斜放在假植沟中，向南斜放为宜。随放苗随覆土，当覆土至苗木根颈处时灌水，使根系与土壤密接，并保持一定湿度。待水渗入后，再覆土 10～30 cm。如需假植越冬，覆土厚度为苗木高度的 2/3。

## 四、实训报告

（1）苗木出圃需经哪些过程？每个过程应掌握哪些技术要点？

（2）在苗木挖掘、修剪、分级、包装和假植过程中尚存在哪些问题？如何改进？

## 五、技能考核

技能考核评定一般采用百分制，建议实训态度占 20 分，实训结果占 80 分。

# 第四章　建园技术

【内容提要】果园园地选择要求与原则；果园类型，商品果园要求；我国果树生产的基本要求，核心内容及果园环境标准。标准化果品生产基地须具备的条件。建园调查与测绘要求，果园规划设计程序及内容，果树栽植内容及要求。

## 第一节　建园基础知识

### 一、园地选择要求与原则

**1. 要求**

建立商品生产果园应选择生态条件良好，环境质量合格，并具有可持续生产能力的农业生态区域。生态条件良好就是坚持适地适栽的原则，在果树的生态最适宜区或适宜区选择园地，并从气候、土壤、地势、水源、社会经济条件等方面分析评价其优劣，从中选出最佳地段作为园址；环境质量合格是指园地的空气、土壤及农田灌溉水必须符合国家标准；可持续生产能力，就是选择良好的环境条件，保护生态环境，采用无公害生产技术，实现优质、丰产、高效和永续利用的目标。在建园之前，必须对地形、土质、土层、水利条件等影响果树生长发育的重要条件加以选择，要尽量选择和利用有利于果树的各种条件，避开不利条件。

**2. 原则**

园地选择要本着 3 条原则：一是要因地制宜利用土地资源；二是要栽植适宜果树；三是要交通方便、易于管理。

### 二、果园类型简介

**1. 果园类型及要求**

在果树的生态最适宜区和适宜区选择适宜的园地类型。常见的类型有丘陵山地果园，一般平地果园、沙滩地及盐碱地果园等。生产上一般从气候、土壤、地势、水源、社会经济条件等方面分析评价各类园地的优劣，并以生态因素为主要依据。通常在地势平坦或坡度小于 5°的缓坡地带最适合建园。具体要求是土层深厚、疏松肥沃、水土流失少、管理方便、环境质量符合绿色果品生产要求。

**2. 丘陵山地果园**

丘陵山地果园一般坡度大于 10°（图 4-1）。丘陵山地建园时，要把握住 3 个要求：一是要选择山麓地带和相对海拔在 200 ~ 500 m 的低位山带建园；二是要充分利用丘陵山区的小气候带；三是要考虑坡向和坡形的作用。通常南坡向阳，光照充足，昼夜温差大，建园果树产量高、品质好，但易发生霜冻、干旱及日灼。北坡与南坡相反，东坡与西坡的优缺点介于南坡和北坡之间。

**3. 平地果园**

平地果园是指地势平坦或坡度小于 5°的果园（图 4-2）。一般应选择地势开阔、地面平整、土层深厚、肥水充足、便于机械化管理和交通运输的地方。但在通风、光照、昼夜温差、控排水方面，不如山地果园，果品品质如外观品质、可溶性固形物、风味和耐贮性方面比山地果园差。在选择园址时，关键要避开地下水位高的地段。

图 4–1　丘陵山地果园

图 4–2　平地果园

**4. 其他地段果园**

沙滩地、盐碱地及滨湖滨海地可选择部分宜林宜果地带，有针对性地采取措施改良土壤，提高肥力之后再建园。而重茬地建园必须彻底进行土壤改良。一般采用连续 4 ~5 年种植其他作物，尤其豆科作物或绿肥，并翻入土中。如在短时间内重茬建园，应采取全园土壤消毒或深翻、换土等方法。

## 三、商品果园要求

**1. 良种选择要因地制宜，适地适栽**

各种果树和品种都有一定的特性及其相应的适生生态区域。建园时必须考虑与其所需条件相对一致，并根据市场信息、交通和居民情况综合考虑，确定果园的生产方向是专供外贸出口、国内超市、就近销售，还是加工原料，然后选择相应的树种和优良品种，才能充分发挥土地和果树的生产潜力。

**2. 新建果园应适当集中成片**

集中成片果园生产基地建立，应着重考虑 3 个基本条件：一是要确保果品优质生态条件；二是要有可靠的能源和培养有相当数量的高素质的劳动者；三是有较方便的交通条件和较好的商业渠道，能获得显著的经济效益。

**3. 新建果园应便于实行集约化管理**

集约化就是在单位面积土地上，投入较多的生产资料和劳动，进行精耕细作，用提高质量和保证单位面积产量的方法，提高经济效益。当前国内外果树发展趋势是矮、密栽培和无公害绿色食品生产。采取矮化砧、短枝型品种和密植栽培等措施使果树始果期提前，取得早期丰产，经济利用土地，提高劳动生产率。果园应避开污染源，采取无公害系列措施，生产高品质的无公害果品。必须竭力改善栽培管理条件，增施肥料，提高土壤有机质含量，特别是沙荒地和易旱的丘陵山区果园尤为重要。

## 四、我国果树生产基本要求，核心内容及果园环境标准

目前，我国果树生产的基本要求是无公害果品。其核心内容是果品生产、贮运过程中，通过严密监测、控制，防止农药残留、放射性物质、重金属、有害细菌等对果品生产及运销各个环节的污染，从而保证消费者的健康，并保持果园及其周围良好的生态环境。选择无污染的产地环境条件是生产无公害果品的基础，根据无公害果品产地环境条件标准，果园环境标准主要包括空气环境质量、农田灌溉水质量和土壤环境质量 3 方面内容，这 3 方面的有关要求参照第二章有关内容。

## 五、标准化果品生产基地须具备的条件

**1. 标准化果品生产基地的概念**

所谓标准化果品生产基地就是按国家统一制定的果树建园标准建立的果品生产基地，属于产前果品标准化生产规范的范畴。

**2. 建立标准化果品生产基地具备的条件**

（1）生态适宜

果树必须在生态最适宜或适宜处选择园址。生态指标主要因子有全年平均气温、≥10 ℃积温、极端最低温度；生长季节（北方6—8月、9月）的月平均气温、平均气温日较差、月平均相对湿度；4—9月的月日照时数及光质、降水量8个方面。根据生态因子状况与标准生态环境对照，确定其是否为最适或适宜区域。在引进纬度跨度较大的国内外品种时，要注意所引品种的引种地与当地生态是否一致，特别是低温量和光照时间，往往影响果树对需冷量的要求和果树光周期诱导对光照时间的要求，导致果树不能正常开花结果。

（2）环境质量合格

环境质量合格主要指产地空气环境质量合格、产地农田灌溉水质量合格和产地土壤环境质量合格3个方面。具体要按照有关标准执行。

（3）产地地势状况适宜

地势包括海拔高度、坡度、坡向和小地形等。地势虽不是果树生存的直接因素，但由于地势不同而引起的各种生态因子的变化复杂，对果树影响作用极为显著。高山果园，高度不同，温度、日照、降雨量等也不同，有“一山分四季，处处不同天”之别。因此，果树分布有明显的垂直分布带，最适宜于某种果树生长的高度范围，称这种果树的生态最适带。不同地区，同一海拔下，同一种果树的生态最适带也不同。高山建园应注意观察，确立正确的栽植地点。坡面朝向和坡度大小不同，日照、温度和水分差异也很大。山南坡春季萌芽早，果实品质好，但果树易遭霜害和日灼；北坡冬季阴冷，比南坡低4°~5°，易受冻害；东、西坡介于二者之间，西坡比东坡得到的日照时间长，温度较高，树干日灼比东坡重。小地形易形成特殊的小气候环境。在高山基部50 m以下长坡及下部凹地或谷地处，冷空气易下沉，降温迅速，此处种植樱桃、杏、李等开花早的果树，萌芽后易受晚霜伤害。而距山脚100~200 m的长坡部位，由于冷空气下降，使山麓热空气上升，最温暖，适宜果树生长；临近江河、湖泊等水域，气温稳定，可避免冻害；山口风大，易使果树形成偏冠，且加速蒸发和蒸腾作用，易引发旱灾。

总之，建设高标准生态果品生产基地，果园园址应选择在生态条件适宜、环境合格、地势平坦或坡度较缓、背风向阳、土层深厚、土质良好、水源充足的地方。这样才能保证果品的优质、丰产、稳产和果品生产的可持续发展。

### 思考题

（1）园地选择要求和原则是什么？

（2）果园类型及要求是什么？

（3）商品性果园有哪些具体要求？

（4）我国果树生产基本要求是什么？其核心内容是什么？

（5）果园环境标准的内容是什么？

（6）建立标准化果品生产基地应具备哪些条件？

# 第二节　建园准备和规划与设计

## 一、建园准备

**1. 建园调查**

首先，进行社会调查与园地踏查。社会调查主要是了解当地经济发展状况、土地资源、劳力资源、产业结构、生产水平与果树区划等，在气象或农业主管部门查阅当地气象资料，采集各方信息。园地踏查主要是调查、掌握规划区的地形、地势、水源、土壤状况和植被分布及园地小气候条件等。其次，进行果品市场构成调查。包括拟发展果品目前市场的基本结构、消费需求、价格变动规律及中长期发展趋势预测，进而为确定良种果树提供依据。

**2. 园地测绘**

利用经纬仪或罗盘仪对规划区进行导线及碎部测量，达规定精度要求，绘制成1：(5000～25000)的平面图。图纸中须标明地界、河流、村庄、道路、建筑物、池塘、耕地、荒地及植被等，应体现未来果园的四至、形状、面积，果园内及周边地势、河流、村落、植被情况。还要绘制出土壤质地分布图等。山地果园规划还应进行测量，绘制地形图。

## 二、果园规划与设计

果园规划设计内容包括果园土地和道路系统的规划，果树种类和品种的选择与配置，果园防护林，果园水利化及果园水土保持的规划与设计。果园规划与设计应遵循以果为主、适地适栽、节约用地、降低投资、先进合理、便于实施的设计原则。

### (一) 果园土地规划

以企业经营为目的的果园，土地规划中应保证生产用地优先地位，并使各项服务于生产的用地保持协调的比例。通常各类用地比例为果树栽培面积80%～85%；防护林5%～10%；道路4%；绿肥基地3%；办公生产生活用房屋、苗圃、蓄水池、粪池等共4%左右。

**1. 果园栽植小区规划**

果园栽植小区又称作业区，是果园的基本生产单位，是为方便生产管理而设置的。

(1) 划分果园小区要求

①1个小区内气候、土壤条件应基本一致。②便于防止果园土壤侵蚀。③便于防止果园的风害。④有利于果园中的运输和机械化。

(2) 小区面积

果园小区面积因立地条件而不同。最适于果树栽培地区，大型果园每个小区面积可设计为8～12 $hm^2$；一般平地果园小区面积以4～8 $hm^2$为宜；山坡与丘陵地果园小区面积1～2 $hm^2$；统一规划而分散承包经营的小果园，可不划分小区，以承包户为单位，划分成作业田块。小区应因地制宜，大小适当。

(3) 小区形状与位置

小区形状在平地果园应呈长方形，长与宽比例为2：1～5：1，其长边尽量与当地主风方向垂直，使果树行向与小区的长边一致。防护林应沿小区长边配置与果树一起加强防风效果。山地与丘陵果园小区的形状以呈带状长方形，小区长边与等高线走向一致。小区形状也不完全为长方形，2个长边不会完全平行（图4-3）。

**2. 道路系统规划**

果园道路布局应与栽植小区、排灌系统、防护林、贮运及生活设施相协调。在合理便捷的前提下尽量缩短距离。面积在 8 $hm^2$ 以上的果园，即大型果园应设置干路、支路、小路。干路应与附近公路相接，园内与办公区、生活区、贮藏转运场所相连，并尽可能贯穿全园。干路路面宽 6 ~ 8 m，能保证汽车或大型拖拉机对开；支路连接干路和小路，贯穿于各小区之间，路面宽 4 ~ 5 m，便于耕作机具或机动车通行；小路是小区内为了便于管理而设置的作业道路，路面宽 1 ~ 3 m，也可根据需要临时设置。对于中小型果园园内仅规划支路和小路。丘陵山地果园，干路与支路要结合小区划分，可顺坡倾斜而上，也可横坡环山而上或呈“之”字形拐。顺坡干路与支路要设在分水线上，不宜设在集水线上。沿坡上升的斜度不能超过 7° ~ 10°。路的内侧要修排水沟，路面要呈内斜状。小路设在小区内或小区间，与支路相连，宽 1 ~ 2 m，是小区内的作业通道。

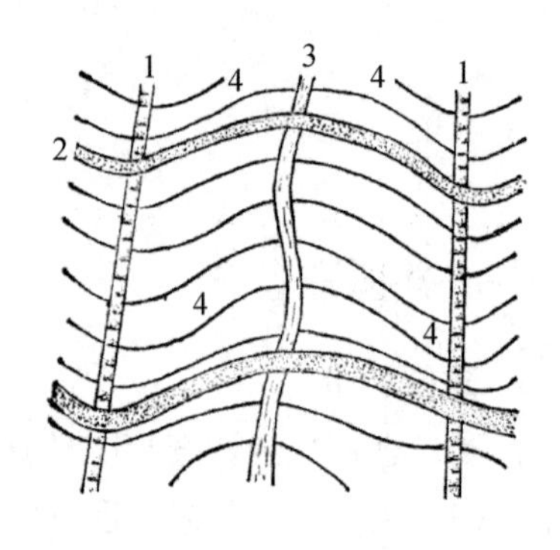


1. 顺坡路　2. 横坡路
3. 总排水沟　4. 作业区
**图 4–3　山地果园小区（作业区）划分**

**3. 配套设施规划**

果园内各项生产、生活用配套设施，主要有管理用房、宿舍、库房（农药、肥料、工具、机械库等）、果品贮藏库、包装场、晒场、机井、蓄水池、药池、沼气池、加工场、饲养场和积肥场地等。通常管理用房建在果园中心位置；包装与堆贮场应设在交通方便相对适中的地方；贮藏库设在阴凉背风连接干路处；农药库设在安全的地方；配药池应设在水源方便处，饲养场应远离办公和生活区，山地果园的饲养场宜设在积肥、运肥方便的较高处。

**4. 绿肥与饲料基地规划**

建立绿肥与饲料基地采用种草（饲料、保持水土）→养畜→肥料→果园种草模式，可有效提高果园的生态效益与经济效益，是值得提倡的优化模式。绿肥与饲料作物可在果树株间和行间种植。山地与丘陵地果园种植绿肥必须与水土保持工程相结合进行。在有条件地区，可另在沙荒地、薄土地带等规划绿肥与饲料基地。

### （二）灌排系统

**1. 灌溉系统**

灌溉系统灌溉方式有沟灌、喷灌、滴灌和渗灌等。不同的灌溉方式在设计要求、工程造价、占用土地、节水功能及灌溉效应等方面差异很大，规划时应根据具体情况而定。

**2. 排水系统**

排水系统因地形不同，所采取的排水方式也不同。平地果园排水方式主要有明沟排水与暗沟排水 2 种。明沟排水系统主要由园外或贯穿于园内的排水干沟、区间的排水支沟和小区内的排水沟组成。各级排水沟相互连接，干沟的末端有出水口。小区内排水小沟一般深 50 ~ 80 cm；排水支沟深 100 cm 左右；排水干沟深 120 ~ 150 cm，使地下水位降到 100 ~ 120 cm 以下。盐碱地果园各级排水沟应适当加深。暗沟排水是在地下埋设瓦管管道或石砾、竹筒、秸秆等其他材料构成排水系统。暗沟设置的深度、沟距与土壤的关系见表 4–1。山地果园主要考虑排除山洪。其排水系统包括拦洪沟、排水沟和背沟等。拦洪沟是在果园上方沿等高线设置一条较深的沟。可将上部山坡洪水拦截并导入排水沟或蓄水池中。其规格应根据果园上部集水面积与最大降水强度时的流量而定，一般宽度和深度为 1.0 ~ 1.5 m，比降 0.3% ~ 0.5%，并在适当位置修建蓄水池，使排水与蓄水结合进行。山地果园排水沟设在集水线上，方向与等高线相交，汇集梯田背沟排出的水而排出园外。排水沟宽 50 ~ 80 cm，深 80 ~ 100 cm。在梯田内修筑背沟（也称集水沟），沟宽 30 ~ 40 cm，深 20 ~ 30 cm，保持 0.3% ~ 0.5% 的比降，使梯田表面的水流入背沟，再通过背沟导入排水沟。

表4-1　暗沟深度与土壤的关系

| 土壤 | 沼泽土 | 沙壤土 | 黏壤土 | 黏土 |
| --- | --- | --- | --- | --- |
| 暗沟深度/cm | 1.25～1.5 | 1.1～1.8 | 1.1～1.5 | 1.0～1.2 |
| 暗沟间距/cm | 15～30 | 15～35 | 10～25 | 8～12 |

### （三）防护林设置

**1. 作用**

果园营造防护林目的是改善果园生态状况，保护果树生产环境，提高果品品质。其作用具体表现在5个方面：一是降低风速，防风固沙；二是调节气候，增加湿度；三是减轻冻害，提高坐果率；四是减轻空气污染，使果面洁净；五是保护果园不被人畜采摘、损坏。

**2. 结构**

防护林带的有效防风距离为树高的25～35倍，由主、副林带相互交织成网格。主林带是以防护主要有害风为主，其走向垂直于主要有害风的方向。若条件许可，交角在45 ℃以上也可，副林带则以防护来自其他方向的风为主，其走向与主林带垂直。在山谷坡地营造防风林时，主林带最好不要横贯谷地，谷地下部一段防风林，应稍偏向谷口，且采用透风林带。谷地上部一段防风林及其边缘林带应该是不透风林带，而与其平行的副林带应为网孔式林型。

**3. 类型、组成及效应**

防护林根据林带的结构和防风效应可分为紧密型林带、稀疏型林带（图4-4）、透风型林带3种类型。紧密型林带由乔木、亚乔木、灌木组成，林带上下密闭，透风能力差，风速3～4 m/s的气流很少透过，透风系数小于0.3，其防护距离较短，但在防护范围内效果显著。稀疏型林带由乔木和灌木组成，林带松散稀疏，风速3～4 m/s的气流可部分通过林带，方向不改变，透风系数0.3～0.5。背风面风速最小区出现在林高的3～5倍处。防护距离较长，但局部防护效果不如紧密型林带好。透风型林带一般由乔木构成，林带下部（高1.5～2.0 m处）有很大空隙透风，透风系数为0.5～0.7。背风面最小风速区为林高的5～10倍处。可减缓风势，但防护效果较差。

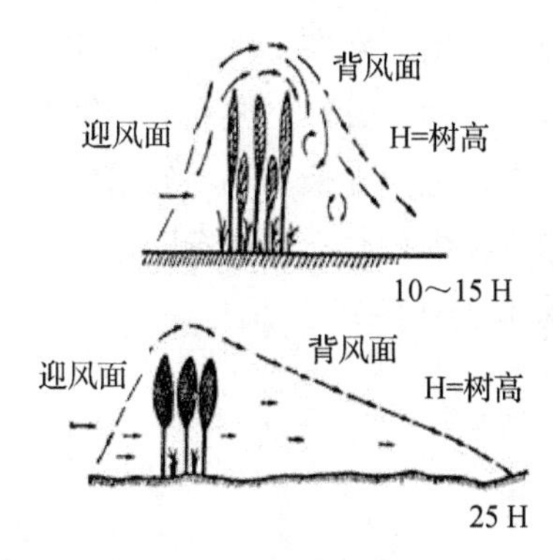


图4-4　紧密型（上）和稀疏型（下）防护林

平地果园以营造稀疏型防护林为好。而山谷、坡地上部宜设紧密型林带，坡下部设稀疏或透风林带较好。

**4. 树种选择**

林带树种应选择适合当地生长、与果树无共同病虫害、生长迅速的树种，同时防风效果好，具有一定的经济价值。林带由主要树种、辅佐树种及灌木组成。主要树种应选用速生高大的深根性乔木，如杨树、洋槐、水杉、榆、泡桐、沙枣、樟树等。辅佐树种可选用柳、枫、白蜡及部分果树和可供砧木用的树种，如山楂、山定子、海棠、杜梨、桑、文冠果等。灌木可选用紫穗槐、灌木柳、沙棘、白蜡条、桑条、柽柳及枸杞等。为增强果园防护作用，林带树种也可用花椒、皂角、玫瑰花等带刺树种。

**5. 营造设计**

果园防护林可分为主林带、副林带和临时折风林带3种。当有地区性主干林带情况下，果园防护林行数与宽度可适当减少；在风沙大或风口处林带宽度和行数应适当增加。主林带由5～7行组成，宽10～14 m，其走向与当地主害风方向或常年大风方向垂直。两条主林带间距为300～400 m。风沙大地方，可采取在两条主林带间设一条由2～3行树木组成的临时折风林带，以增加主林带的防护效果，等果树长大，自身防护能力增强时，可伐去折风林带。副林带与主林带相垂直，带间距500～800 m，风沙大地方可减缩为300～500 m。副林带由3～4行组成，宽度为6～8 m。各行林带最好是乔木与灌木混交。防护林带栽植时，乔木株行距一般为（1.0～1.5）m×（2.0～2.5）m，灌木株行距为1 m×1 m。

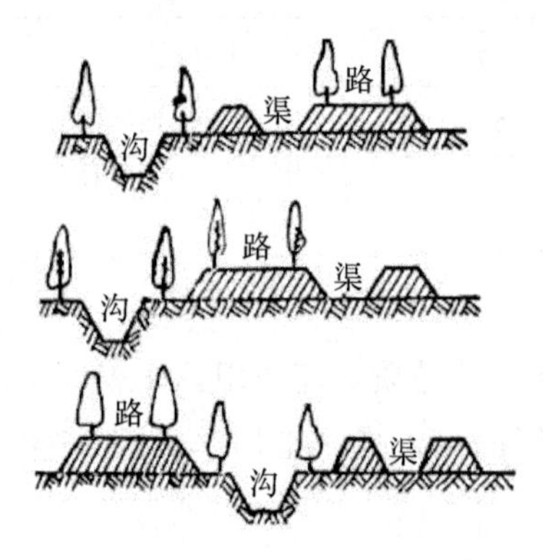


图4-5 果园道路、防护林与地上排灌渠道

防护林建设应和果园道路、灌排水设施统筹规划，如道路两边、渠道两岸可根据位置选择栽植各种林带，以尽量减少占用耕地，提高果园土地利用效果（图4-5）。防护林最好在果树定植前2～3年开始营造。

（四）山地果园水土保持工程

山地果园水土保持工程主要有水平梯田、等高撩壕和鱼鳞坑3种形式。水平梯田是山地水土保持的有效方法。在修筑水平梯田之前，先要进行等高测量，然后根据坡度和栽植行距设计梯田面的宽度。坡度小或栽植行距大，田面应宽些，反之，则可窄些。一般每台梯田只栽一行树者，梯田面宽度不应小于3 m；栽两行树的不应小于5 m。在修筑梯田时应先修梯壁。等高撩壕简称撩壕，是在坡面上按等高线挖横向浅沟，将挖出的土堆在沟的外侧筑成土埂。果树栽在土埂外侧。撩壕只适宜在坡度为5°～10°且土层深厚平缓地段应用。撩壕前，选一坡度适中的坡面，由上而下拉一直线为基线，然后按果树栽植的行距，将基线分成若干段，并在各段的正中间打出基点，以基点为起点，按0.3%的比降向左右延伸，测出等高线，再取50～70 cm距离，划出平行于等高线的两条线。撩壕时将两条平行线间的土挖出，堆在下坡方向，培成弧形宽埂。壕沟宽一般为50～70 cm，深40 cm左右，沟内每隔一定距离做一小坝。具体见图4-6。鱼鳞坑是一种面积极小的单株台田，由于其形似鱼鳞而得名。此法适用于坡度大、地形复杂、不易修筑梯田和撩壕的山坡。修鱼鳞坑时，先按等高原则定点，确定基线和中轴线，然后在中轴线上按株行距定出栽植点，并以栽植点为中心，由上部取土，修成外高内低半月形的小台田。具体见图4-7。

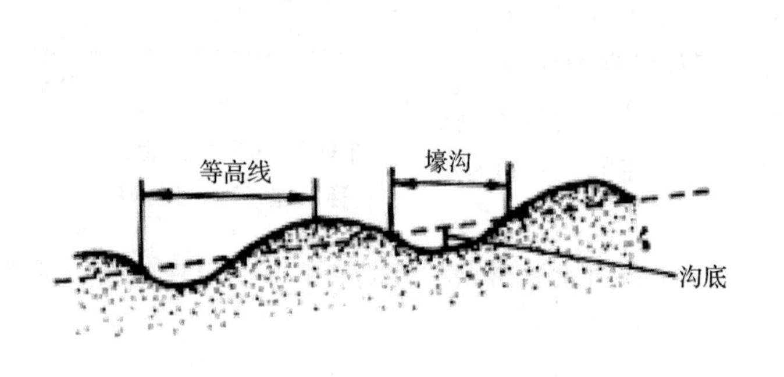


图4-6 等高撩壕

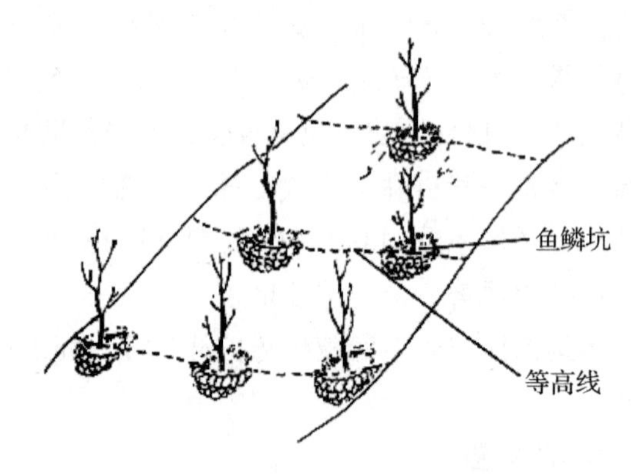


图4-7 鱼鳞坑

（五）树种品种选择、布局和授粉树配置

**1. 树种品种选择**

建园选择树种、品种时要满足3个条件：一是选择具有独特经济性状的优良品种；二是所选树种、品种能适应当地气候和土壤条件，表现优质丰产，保持优质与丰产的统一；三是适应市场需要，适销对路，经济效益高。以大、中城市及工矿区为目标市场的果园，应以周年供应鲜果为主要目标，距城市较远或运输条件较差的地区，应从实际出发选择耐运输、贮藏的树种、品种。外向型商品果园，选择品种时应与国外市场的消费习惯和水平接轨。生产加工原料果园，宜选择适宜加工的优良品种。作为生产果园，树种和品种选择都不宜过多，一般主栽树种1个，主栽品种2～3个即可。要求中、晚熟品种与早熟品种搭配，但不宜有共同的病虫害。一般不提倡苹果与桃混栽，而葡萄和草莓则可混栽。

**2. 树种品种布局**

李、杏平地果园应栽在风力小的背风面，山地果园宜栽在山腰上；杏应栽在地势比李高的地方。穗醋栗、树莓宜栽在地势较低，水源充足的地方。葡萄应栽在地势较高的地方。苹果可安排在果园风力较强的一面，不同品种抗风力不同，应将抗风力强的品种栽在内侧。梨规划布局时要选择比苹果好的地方，且苹果和梨应选择肥沃的地段。

**3. 授粉树配置**

（1）授粉树标准

授粉树应具备 3 条标准。一是与主栽品种授粉亲和力强，最好能相互授粉；二是授粉品种花粉量大，与主栽品种花期一致。树体长势基本相似。如主栽品种是短枝型品种，其授粉树也应是短枝类型；如果是矮化砧，两者也应相同；三是授粉品种果实质量好，开始结果早，容易成花，经济价值高且经济寿命长，最好与主栽品种成熟期一致。

（2）授粉树配置比例和距离

主栽品种与授粉树配置比例一般为（4～5）：1，授粉树缺乏时，最少要保证（8～10）：1。配置距离应根据昆虫活动范围、授粉树花粉量大小及果树栽植方式而定。授粉树距离主栽品种以 10～20 m 为宜，花粉量少时要更近一些。

（3）授粉树配置方式

授粉树配置方式，应根据授粉品种所占比例、果园栽培品种的数量和地形等确定，通常采用的配置方式有 3 种（图 4–8）。

在小型果园中，常用中心式栽植方法，就是保证 1 株授粉树周围栽植 8～10 株主栽品种。在大型果园中配置授粉树应采用行列式整行栽植较好。苹果、梨 4～8 行栽 1 行授粉树，李、杏 3～7 行栽 1 行授粉树，一般虫媒花果树授粉品种占总株树的 20%～25%。核桃、板栗等风媒花果树，可按 5%～10% 比例中心式栽植。在生长条件不很适合情况下，如花期易出现大风、寒流的地方，最好多配置授粉树。当授粉品种与主栽品种经济价值相同时，可采取等量式配置方式。如果主栽品种不能为授粉品种提供花粉，如苹果乔纳金和陆奥等 3 倍体品种，还应增加品种，采用符合行列式，以解决授粉品种授粉。

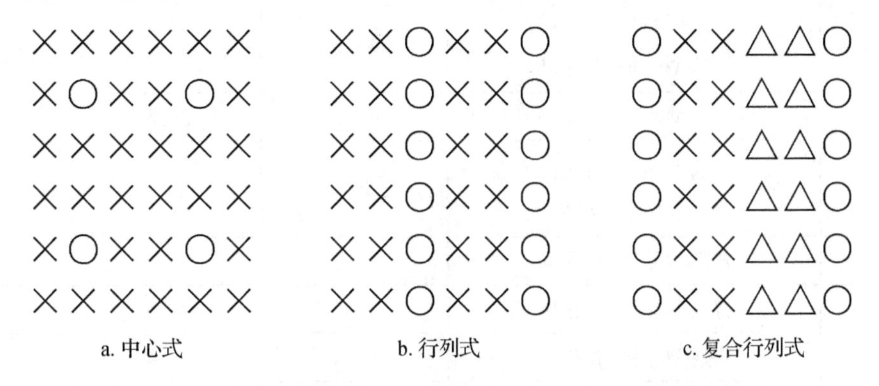


**图 4–8　授粉树配置方式（×主栽品种，○、△授粉品种）**

（六）栽植方式

栽植方式以经济利用土地，提高单位面积经济效益和便于栽培管理为原则。目前常用栽植方式有 4 种。

**1. 长方形、行向为南北栽植法**

行距大于株距，南北行向，是生产上广泛采用的栽植方式。这种栽植方式，对光利用合理，通风透光良好：早晚光线弱，树冠正面对光，行距大，遮光少，受光面积大，光合产物多；中午强光下，树冠以侧面对光，受光面积小，减少了对树的伤害，呼吸消耗也少，光利用合理；行间大，南北向，通风好。

生长季节风向更接近南北方向，风流通好。人、机械可沿较宽的行间行驶，便于果园管理。

**2. 正方形、行距和株距相等栽植法**

植株呈正方形排列，树易郁闭，光利用率低，作业道窄，不利于人工和机械操作，规模大的果园易迷失方向。

**3. 带状、宽窄行栽植法**

双行成带，带距为行距的 3 ~ 4 倍。虽双带抗逆性较强，但带内管理不便，除育苗外，果园栽植一般不用。

**4. 等高线栽植法**

山地、丘陵地果园应用此方式。梯田栽植时，转弯处掌握“小弯取直”“大弯就势”的方法安排植株定植点。

### （七）果树栽植密度

确定果树栽植密度即株行距主要根据果树在盛果期时树冠大小。树冠大小主要与种性遗传有关，也与环境条件、栽培技术和栽培方式有关。树冠大，株行距就大。一般情况下，板栗 > 苹果 > 梨 > 桃 > 葡萄；砧木种类和砧穗组合不同，树冠大小也不同，一般普通品种/乔化砧 > 短枝型品种/乔化砧；普通品种/半矮化砧 > 普通品种/矮化砧。同一种矮化砧，用作中间砧比自根砧树冠大。树冠大小，也受环境影响，一般山地、高纬度、高海拔地区栽植树冠小，栽植密度应比平地大。气候温暖、雨量、水充足的地方栽植树冠高大，栽植密度要小。管理技术水平高，如用圆柱形、纺锤形整形，按时进行人工拉枝、摘心、环剥、喷生长延缓剂等控冠制矮技术，栽植密度可大些。规模化果园，为便于机械化耕作，应放宽株行距。北方主要果树栽植密度参考值（表 4-2）。

**表 4-2 北方主要果树栽植密度参考**

| 果树种类 | 砧木与品种组合（架式） | 栽植距离/m | | 株数/亩 |
|---|---|---|---|---|
| | | 行距 | 株距 | |
| 苹果 | 普通型品种/乔化砧 | 5 ~ 6 | 4 ~ 5 | 22 ~ 33 |
| | 普通型品种/矮化砧<br>短枝型品种/乔化砧 | 4 ~ 5 | 2 ~ 4 | 33 ~ 83 |
| 梨 | 普通型品种/乔化砧 | 4 ~ 6 | 3 ~ 5 | 33 ~ 56 |
| | 普通型品种/矮化砧<br>短枝型/乔化砧 | 3.5 ~ 5 | 2 ~ 4 | 33 ~ 95 |
| 桃 | 普通型品种/乔化砧 | 4 ~ 6 | 3 ~ 4 | 28 ~ 56 |
| 杏 | 普通型品种/乔化砧 | 5 ~ 7 | 4 ~ 5 | 19 ~ 33 |
| 李 | 普通型品种/乔化砧 | 4 ~ 6 | 3 ~ 4 | 28 ~ 56 |
| 葡萄 | （篱架） | 2 ~ 3 | 1.5 ~ 2 | 111 ~ 222 |
| | （棚架） | 5 ~ 8 | 2 ~ 5 | 17 ~ 67 |
| 樱桃 | 大樱桃 | 4 ~ 5 | 3 ~ 4 | 33 ~ 56 |
| 核桃 | 早实型品种 | 4 ~ 5 | 3 ~ 4 | 33 ~ 56 |
| | 晚实型品种 | 5 ~ 7 | 4 ~ 6 | 16 ~ 33 |
| 板栗 | 普通型品种/乔化砧 | 5 ~ 7 | 4 ~ 6 | 16 ~ 33 |
| | 短枝型品种/乔化砧 | 4 ~ 5 | 3 ~ 4 | 33 ~ 56 |
| 柿 | 普通型品种/乔化砧 | 5 ~ 8 | 3 ~ 6 | 14 ~ 44 |

续表

| 果树种类 | 砧木与品种组合（架式） | 栽植距离/m | | 株数/亩 |
|---|---|---|---|---|
| | | 行距 | 株距 | |
| 枣 | 普通型品种 | 4～6 | 3～5 | 22～56 |
| | （枣粮间作） | 8～12 | 4～6 | 9～21 |
| 山楂 | 普通型品种/乔化砧 | 4～5 | 3～4 | 33～56 |
| 石榴 | 普通型品种 | 4～5 | 3～4 | 33～56 |
| 猕猴桃 | （篱架） | 3～5 | 2～3 | 45～111 |
| | （棚架） | 5～8 | 4～5 | 33～83 |
| 草莓 | 普通型品种 | 0.2～0.6 | 0.15～0.2 | 5500～22 000 |

### （八）编写果园规划设计说明书

果园规划要最终完成规划设计文书——果园规划设计说明书，并附规划平面图、主要工程设计图。果园规划设计说明书包括8部分：规划依据、规划区基本情况、总体规划设计、服务保障体系、建设投资概算、经济效益分析、总体实施安排、规划设计图纸。果园规划设计说明书的编写方式及主要内容如下。

**1. 规划依据**

（1）果园建设背景、目的、规模和经营方式等。

（2）规划设计工作过程：如调查、文献信息资料查阅、实地考察、咨询研讨、分析论证、测绘和规划设计等工作情况。

**2. 规划区基本情况**

（1）地理位置及区域范围：规划区所处区域位置、经纬度、四至（东、西、南、北临界接壤处）、总体地形及规划设计总面积等。

（2）气候资源：①光热资源。包括年日照时数，年总辐射量。②热量资源。包括年平均气温、年极端最高平均气温、极端最高气温、年极端最低平均气温、极端最低气温、≥10 ℃有效积温等。③降水和蒸发。包括年平均降水量，年平均自然植被蒸发量。④无霜期。包括年平均无霜期，无霜期最早日期、最晚日期。⑤灾难性气候。就是当地容易遭受的自然灾害，如干旱、洪涝、霜冻、冰雹、沙尘暴及风害等。

（3）水资源：过境水（河流）、地表水、地下水。

（4）土地资源：区内土地资源总体情况、土地面积与利用情况（农业生产用地面积与比例、非农业生产用地面积与比例）、土壤类型等。

（5）劳力资源。

（6）生产现状及产业结构。

**3. 总体规划设计**

（1）作业区划分

包括小区数量、位置、面积形状等。

（2）道路规划

包括干、支、小路规划设计具体情况。

（3）排、灌系统设计

包括果园灌溉系统、排水系统设计。

（4）配套设施建设

包括管理（生活）用房、贮藏库、包装场、晒场、配药池、畜牧场及农机具等。

（5）防护林设计

包括防护林面积、树种、栽植方式及用苗量等。

（6）山地果园水土保持工程设计

包括修筑梯田撩壕等工程建设设计。

（7）树种与品种设计

包括设计依据，树种与品种选择，授粉树配置等。

（8）果树栽植设计

包括栽植密度、栽植方式、苗木用量、肥料用量及栽植用工计划等。

**4. 服务保障体系**

包括技术保障体系、信息服务体系、组织管理和协调体系。

**5. 建设投资概算**

（1）规划设计概算原则和依据。

（2）各主要工程项目分项概算。

（3）建设投资总概算。

**6. 经济效益分析**

从建园投资费用，果园管理费用（包括土肥水管理、整形修剪、花果管理和病虫害防治等），果品加工渠道、销售渠道，当地市场果品需求情况，当地果品价格等方面对拟建果园的经济效益进行分析。

**7. 总体实施安排**

建园调查与测绘→果园土地规划→树种、品种选择和授粉树配置→果园防护林设计→水土保持规划设计→果园排灌系统规划设计→果树栽植。

**8. 规划设计图纸**

包括果园建设设计总平面图和主要工程设计图纸。

（1）果园建设设计总平面图

包括果园生产用地和非生产用地总体规划设计基本情况。

（2）主要工程设计图纸

主要包括果园防护林设计图纸、水土保持工程设计图纸、果园排灌系统设计图纸、果园道路及管理用房设计图纸等。

## 思考题

（1）建园调查内容有哪些？园地测绘如何实施？

（2）果园规划设计程序及内容有哪些？

（3）果园小区规划如何进行？

（4）建园树种、品种如何选择？

（5）授粉树应具备哪些标准？

（6）授粉树如何配置？

（7）果树常见栽植方式有哪些？

（8）果树栽植密度如何确定？

（9）果园规划设计说明书包括哪几部分？

# 第三节　果树栽植技术

## 一、常规栽植技术

**1. 栽植时期选择**

果树主要在秋季落叶后至春季萌芽前栽植。具体时间应根据当地气候条件及苗木、肥料、栽植坑等准备情况确定。秋栽一般在霜降后至土壤结冻前栽植。但在冬季寒冷风大、气候干燥的地区，必须采取有效的防寒措施，如埋土、包草、套塑料袋等。春栽在土壤解冻后至发芽前栽植。春栽宜早不宜迟，一般在立春后即可栽植，栽后如遇春旱，应及时灌水。一般北方多春栽。早秋带叶栽植在9月下旬至10月上旬带叶栽植。但带叶栽植应就近育苗就近栽植；提前挖好栽植坑；挖苗时少伤根多带土，随挖随栽；阴雨天或雨前栽。

**2. 栽植点确定**

建园时，应确保树正行直。挖坑前必须按照设计行、株距，测量放线并准确定出栽植点。

（1）平地穴栽

选园地较垂直一角，划出两条垂直基线。在行向一端基线上，按设计行距量出每一行的点，用石灰标记。另一条基线标记株距位置。在其他3个角用同样方法画线，定出四边及行、株距位置，并按相对应标记拉绳，其交点即为定植点。然后标记出每一株位置。

（2）平地沟栽

用皮尺在园地分别拉直角三角形，划出垂直四边基线。在行向两端基线上，标记出每一行位置，另两条对应基线标记株距位置。接着在两条行距基线上，按每行相对的两点拉绳，划出各行线，再按栽植沟宽度80～100 cm，以行线为中心向两边放线，划出栽植沟开挖线。四周基线上株行距标记点应保护好。

（3）山地定植

山地以梯田走向为行向，在确定栽植点时，应根据梯田面宽度和设计行距确定。如果每台梯田只能栽一行树，则以梯田面中线或距梯田外沿2/5处为行线。向左右延伸按株距要求标记定植点。在遇到田面宽窄不等时，酌情采取加减行处理。

**3. 定植穴（坑）、沟挖掘和回填**

（1）早挖穴（坑）、沟

定植穴、沟应提前3～4个月挖好。一般秋栽树夏挖坑（沟），春栽树秋挖坑（沟），早挖坑（沟）早填坑（沟）。

（2）挖大穴、沟

设计株距在3 m以上的挖栽植穴，以标记栽植点为中心，挖长、宽、深均为80～100 cm的穴；栽植株距在3 m以下时挖栽植沟，沟宽70～100 cm，深80 cm左右。下层土壤坚实或土质较差地块，应适当加深。挖掘时沟壁要垂直向下，地表下30 cm表土与下部心土分开堆放；栽植面积较大时，也可用机械挖掘，拣出粗沙或石块等杂物。

（3）回填灌水

坑挖好后，将秸秆、杂草或树叶等有机物与表土分层填入坑内。在每层秸秆上撒少量生物菌肥或氮素化肥，尽量将好土填入下层，每填一层踩踏一遍。填至离地表30 cm左右时，撒入一层粪土。粪土用优质农家肥量为25 kg/株左右与表土拌匀后撒入。土壤回填后，有灌溉条件的立即灌水，使坑内土壤和有机物充分沉实。

**4. 准备苗木**

不论自育或购入苗木，都应于栽前进行品种核对、登记、挂牌。发现差错及时纠正。对准备苗木进行质量分级，要求根系完整、健壮，枝粗节短、芽子饱满、皮色光泽、无检疫对象，并达到1 m左右高度。对畸形苗、弱小苗、伤口过多和质量很差苗木，应及时剔出，另行处理。远地购入苗木，应立即解包浸根一昼夜，充分吸水后再行栽植或假植。

**5. 苗木栽植前处理**

苗木栽植前按大小分类，使同类苗木栽在同一地块或同一行内。质量较差的弱小、畸形和伤残苗另行假植，作为补苗用的预备苗。将分类后壮苗根用1%～2%过磷酸钙浸泡12～24 h，蘸泥浆栽植。运往地里苗木，先用湿土将根系封埋，边栽边取。

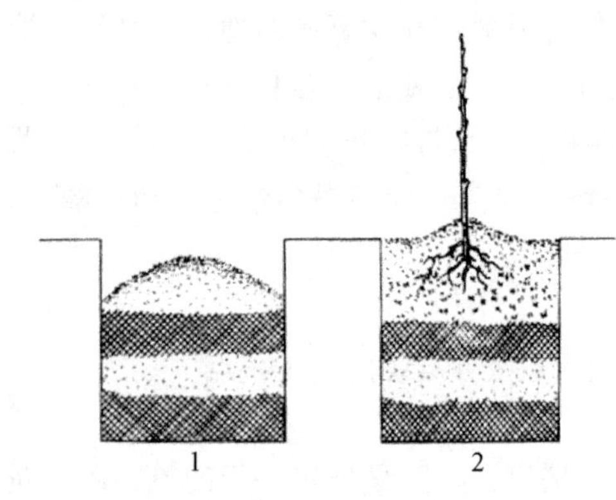


1. 分层填入表土和有机肥，坑中间培成小丘状 2. 幼树栽植

**图4-9 土壤回填与栽植**

**6. 栽植方法**

栽前修整栽植坑。高处铲平，低处填起，深度保持25 cm左右，并将坑中间培成小丘状（图4-9）。栽植沟可培成龟背形小长垄，拉线核对准确栽植点并打点标记。将苗木放于定植点，目测前后左右对齐，做到树端行直。根系周围尽量用表土填埋。填土时轻轻提动苗木，边填土边踏实。将坑填平后培土整修树盘，浇透水。当水下渗后撒一层干土封穴。苗木栽植深度一般普通乔化苗以嫁接口稍高出地面为宜。矮化中间砧苗生产上多采用“深栽浅埋，分批覆土”的方法：就是回填灌水后栽植坑，合墒修整，深度保持35 cm左右，将苗放入坑内，使中间砧1/2～2/3处与地面持平，然后填土栽苗，土壤培至中间砧接口处踏实灌水，剩余部位暂不填土。进入6月，结合田间松土除草，给坑内填充湿润细土10～15 cm；相隔25 d左右再用湿润细土将坑填平。矮化自根砧苗木以品种接口高出地面5 cm为宜。

总之，整个栽植过程可概括为“5个1”：1个大坑、1筐有机肥（优质有机肥15～20 kg，若用土杂肥则为100～200 kg），1把化肥（50～100 g），1担水（100 kg），1块地膜（1 m见方）。在整个栽植过程中应注意两点：一是肥料一定要与所有回填土混合均匀后填入，不能施于土层或根系附近；二是普通苗栽植深度以根颈与地表平齐为宜。

**7. 栽后管理**

（1）定干

就是一年生果树苗木，栽植后剪去顶端不充实一段枝条，使主干有一定的高度。定干后剪口油漆、凡士林或套袋等。此外，也可通过摘心、拉枝弯头等方法定干。定干应“秋栽秋定，春栽春定，栽后就定”。定干后，苗木上端根据各类苗木等级要求，保留一定数目饱满芽。幼树定干高度要根据品种干性、饱满芽位置、苗木质量、土壤等条件灵活掌握，北方主要果树的定干高度范围见表4-3。一般乔木果树，小冠疏层形、开心形，密度较小，干易稍低，为60～90 cm；圆柱形、纺锤形，密度大，干易稍高，为80～120 cm。定干后，苗木顶端有饱满芽的一段中心干，是选留主枝的部位，称整形带。在春、夏季节，多风地区要十分注意剪口下留芽的方位，可把剪口下第3、第4芽留在迎风面上。

**表4-3 主要果树定干高度** 单位：cm

| 苹果、李、梨、杏 | 桃 | 樱桃 | 山楂 | 核桃 | 葡萄自根苗 | 板栗 | 枣 | 柿 |
|---|---|---|---|---|---|---|---|---|
| 70～90 | 60～80 | 80～120 | 60～100 | 70～150 | 15～30 | 70～100 | 60～120 | 70～120 |

（2）适时灌水

除定植当天要灌透水外，第2～第3 d后还要浇一次水。待苗木萌芽且气温升高后，灌水要少量多次，7～10 d一次，直至雨季来临。覆膜果园可适当少浇。严防频繁灌水。进入9月控制灌水。入冬前饱灌越冬水。无灌溉条件地区，应覆盖保墒。

（3）覆膜套袋

覆膜套袋是旱地建园不可缺少的措施。有灌溉条件的地方也应推广应用。新栽幼树连续覆盖2年效果更好。覆盖地膜应根据栽植密度而定。株距在2 m以下密植园成行连株覆盖；株距在2 m以上果园用1 m见方的小块地膜单株覆盖。覆膜前应将树盘浅锄一遍，打碎土块，整成四周高而中间稍低的浅盘形。覆膜时，将地膜中心打一直径3.5～4.0 cm的小孔后从树干套下，平展地铺在树盘上。紧靠树干培一拳头大的小土堆，地膜四周用细土压实。地膜表面保持干净，细心清理下雨冲积泥土，破损处及时用土压封。进入6月后，在地膜上再覆一层秸秆或杂草，也可覆土5 cm左右。寒冷、干旱、多风地区，应在苗干上套一细长塑料袋。细长塑料用塑料薄膜做成，直径3～5 cm，长70～90 cm。将其从苗木上部套下，基部用细绳绑扎，周围用土堆成小丘。幼树发芽时，将苗木基部土堆扒开，剪开塑料袋顶端，下部适当打孔，暂不取下。发芽3～5 d后，在下午将塑料袋取掉。

（4）补苗、抹芽

幼树发芽展叶后及时检查成活情况。发现死亡幼树应分析原因，采取有效措施补救。为保持园貌一致，缺株应立即用预备苗补栽。苗干部分抽干的，剪截到正常部位。夏季发生死苗、缺株时，于秋季及早补苗。最好选用同龄而树体接近的假植苗，全根带土移栽。同时注意抹除整形带以下萌芽。

（5）追施肥料

幼树萌芽后，新梢长到15～20 cm时，追施尿素50 g/株，距树干30 cm左右，挖深5～10 cm环状沟均匀施入。新梢长到30～40 cm时，再追尿素50 g/株。7月下旬，追施N、P、K三元复合肥50～80 g/株。同时，结合喷药防治病虫，在生长前期喷施0.3%～0.5%的尿素，7月下旬以后喷0.3%～0.5%的磷酸二氢钾（$KH_2PO_4$）。

（6）夏季修剪

萌芽后，及时抹除靠近地面萌蘖。新梢长达30 cm左右时，中心干上旺盛新梢不足4个，对顶端延长枝留25 cm左右摘心，当年选好所需主枝数，加速整形。摘心在7月份以前进行。留作主枝枝条若生长直立、角度小，可用牙签等刺入主枝撑开角度。进入秋季后，拉枝纠正主枝角度和方向。除主枝外，其余枝条若有空间，超过1 m皆拉至90°以下作辅养枝。

（7）越冬防寒

①树干刷白。在霜冻来临前，用生石灰10 kg、硫黄粉1 kg、食盐0.2 kg，加水30～40 kg搅拌均匀，调成糊状，涂刷主干。②冻前灌水。冻前浇水或灌水。灌水降温之前进行，灌后即排。浇水结合施用人粪尿，效果更好。但应注意冻后不要再灌水。③熏烟。在寒流来临前，果园备好谷壳、锯木屑、草皮等易燃烟物，每堆隔10 m（易燃烟物渗少量废柴油），在寒流来临前当夜10点后，点燃易燃烟物。④覆盖。冬季树盘周围用绿肥、秸秆、芦苇等材料覆盖10～20 cm，或用地膜覆盖。⑤冻后急救措施。a. 摇去积雪。树冠上积雪及时摇去或用长棍扫去，以防积雪压断枝条。b. 喷水洗霜。霜冻后应抓紧在化霜前，用粗喷头喷雾器，喷水冲洗凝结在叶上的霜。c. 清除枯叶。叶片受伤后，应及时打落或剪除冻枯的叶片。d. 及时灌溉。解冻后及时灌水，一次性灌足灌透。

（8）病虫害防治

幼树萌芽初期主要防治金龟子和象鼻虫等为害。可在为害期内利用废旧尼龙纱网作袋，套在树干上。此外，应注意防治蚜虫、卷叶虫、红蜘蛛、浮尘子等害虫及早期落叶病、白粉病和锈病等侵染性病害。具体参照前面有关育苗部分。

## 二、矮化中间砧苗栽植技术

矮化中间砧苗中间砧入土1/2～2/3。生产上多采用“深栽浅埋，分批覆土”技术。具体做法是回填灌水后的栽植坑，合墒修整，深度保持 35 cm 左右。将苗放入坑内，使中间砧 1/2～2/3 处与地面持平，然后填土栽苗，土壤培至中间砧接口处踏实灌水，剩余部位暂不填土。进入 6 月，结合田间松土除草，坑内填充湿润细土 10～15 cm；相隔 25 d 左右再用湿润细土将坑填平。

## 三、特殊栽植技术

### 1. 干旱半干旱地区建园

（1）选用壮苗

选用壮苗是提高栽植成活率的前提。无论自育还是外购苗木，都应选用根系发达、茎干粗壮、芽体饱满等特点的纯正一级苗。

（2）利用砧木苗建园

在准备建园地段，根据规定株行距，就地播种或栽植砧木，当砧木长到一定大小时高接品种。

（3）提早挖坑

水源缺乏旱地栽树，提早 3～5 个月，在雨季之前挖 1 $m^3$ 的大坑并及时回填。如果未提早整地，可采取小坑栽植技术。将坑挖成上下小、中间大的水罐形，一般宽 30 cm，深 50～60 cm。随挖坑随栽树。填土时将小坑周围踏实，而坑中心根系附近土壤宜稍微虚一些，使水分集中渗入根系附近的土壤中。

（4）使用保水防旱材料

①使用保水剂。旱地建园时，可将保水剂投入大容器中充分浸泡，再与土壤拌匀后施入坑中。②喷部高脂膜。幼树定植后，将高脂膜稀释后用一般喷雾器在树干和树盘喷施。也可在苗木成活展叶之后及入冬前喷施。

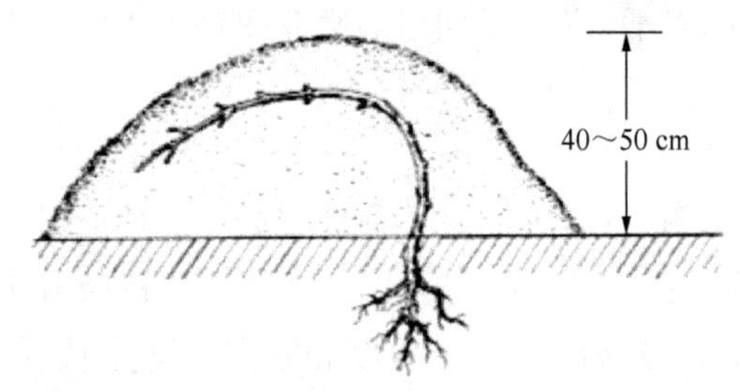

图 4-10　幼树埋土防寒

（5）越冬埋土防寒

干旱寒冷地区秋冬栽植，入冬前将苗木细心弯曲，培土 40～50 cm（图 4-10），以防止冻害，避免抽条。一、二年生幼树，也应采取埋土、套袋、包草或喷布高脂膜等措施保护。

### 2. 大树移栽

果树栽植之后，一般不宜再动。但由于密植园间移、稀植园加密、成龄园缺株补栽、园地另有用处等，需要进行大树移栽。

（1）断根处理

断根处理时间在前一年春季萌芽前或秋季 9 月中下旬进行。距树干 80 cm 左右挖宽 30～40 cm，深 70～80 cm的环状沟，切断粗根后回填混有农家肥和少量复合肥的表土，并适当灌水。

（2）移栽时间

大树移栽在春、秋季进行，以早春土壤解冻到发芽前最为适宜。

（3）挖树与装运过程中要求

挖树前 1 周左右充分灌水。挖树前对树冠进行较重回缩修剪，较大果树应设好支架，并标记大枝方位。最好带土团挖掘。装运过程中注意保护好根系和枝干。

（4）栽植坑要求与移栽方法

栽植坑应提前挖好。坑的规格稍大于根系和所带的土团，将根系按标记方位放入栽植坑后回填混有有机肥的表土，并及时夯实和足量灌水。

（5）移栽后管理

移栽后对树体设立支柱或三角拉绳，避免歪斜。以后根据天气情况及时补水。移栽当年应摘去全部花朵。

## 思考题

(1) 常规果树如何进行栽植?
(2) 果树栽植的具体方法如何?
(3) 果树栽植过程中的“5 个 1”是什么? 应注意哪些问题?
(4) 果树栽植后如何进行管理?
(5) 果树越冬防寒的措施有哪些?
(6) 矮化中间砧果苗如何栽植?
(7) 果树大树移栽技术要求有哪些?

# 第四节　果园规划与设计实训技能

## 一、目的与要求

明确果园规划设计要求和内容；初步掌握果园规划设计的方法和步骤。

## 二、材料与用具

**1. 材料**

可供调查的现有果园和可作为建园的实习场地。

**2. 用具**

(1) 测量用具

经纬仪、水准仪、标杆、塔尺、测绳、皮尺、木桩、记载表、记录本等。

(2) 绘图用具

绘图板、比例尺、三角板、坐标纸、铅笔、橡皮等。

## 三、步骤与方法

**1. 基本情况调查**

(1) 园址情况

所选园地地形、地势、海拔、坡向、坡度、面积、水利及植被生长情况。

(2) 土壤条件

在所选园地代表地段进行土壤剖面调查，剖面深 1.5 m，主要观察表土和心土土壤类型、土层厚度、地下水位高低情况，测定土壤 pH。

(3) 气候条件

了解当地年平均温度、年最低温及出现频率、年降水量、日照、风、环境污染（空气和土壤等）情况。

(4) 社会情况

主要调查当地果树生产情况、人力资源、专业技术服务机构、交通设施条件、整体经济状况等。

**2. 拟选种果树情况调查**

(1) 拟选种果树对自然生态环境条件要求的调查。

(2) 拟选种果树目前生产情况、市场销售状况、经济效益及发展前景预测情况的调查。

**3. 果园实地规划设计**

（1）园地测量

用测量仪器测量所选园地面积，绘制其地形图，图中要标明园地已有的建筑物，包括建筑物、水井等位置。

（2）绘制果园规划图

①小区。绘出每个小区的位置、形状、面积，并注明每个小区的树种和品种。

②道路。绘出干路、支路和区内小路的位置，并注明规格。

③排灌系统。绘出园地水源、水利设备、灌排沟渠位置及规格。

④防护林。绘出防护林的位置、宽度及密度。

⑤树种、品种配置。注明各小区所要种植树种、品种、栽植密度及小区内栽植植株总数。

⑥建筑物。绘出园地内建筑物的位置、面积和名称。

**4. 编写果园规划设计书**

结合果园规划图，对果园规划设计内容和果园施工过程进行较为详细文字说明，指导果园建设和施工。

## 四、实训报告

编写果园基本情况调查报告。

## 五、技能考核

技能考核评定一般采用百分制，建议实训态度占20分，调查报告占80分。

# 第五节　果树定植实训技能

## 一、目的与要求

熟悉果树定植的步骤和方法，掌握果树定植技术和提高果树定植成活率的关键技术措施。

## 二、材料与用具

**1. 材料**

果树嫁接苗木、有机肥、石灰、磷肥（过磷酸钙）适量和ABT生根粉。

**2. 用具**

定植板、标杆、直角规、皮尺、测绳、铁锹、灌水工具和剪枝剪。

## 三、步骤和方法

**1. 定植时期**

北方果树定植一般以春季为主，也可秋季定植。落叶果树在秋季、冬季落叶后至春季萌芽前定植。在无风阴天栽植较好，大风、大雨、高温干旱季节不栽植。

**2. 定点**

平整园地后，根据栽植的密度和方式，测出定植点。平地果园先在果园适当位置定一基线，在基线上按行距定点，插上标杆或打上石灰点，再以此线为基线，定出垂直线2~3条，在线上按株距定点，插上标杆或打上石灰点后，应用三点成一线原理，用标杆或绳子标定全园各点，在各点上打上石灰点。山地果园按梯田走向定点。

**3. 挖定植坑（沟）与土壤改良**

按点在栽植前 3 ~ 6 个月挖定植坑（沟），定植坑一般深为 0. 8 ~ 1. 0 m，长、宽各为 1. 0 m，定植沟深、宽常为 0. 8 ~ 1. 0 m。表土、心土分开堆放；回填土时先填表土，后填心土，将杂草、落叶和土杂肥等填入坑底，撒些石灰，再将表土与有机肥、磷肥混合填入坑内，底土放在坑面，并整成高出地面约 20 cm、直径约 80 cm 的土墩。

**4. 苗木准备**

选择品种优良、纯正、生长健壮、无病虫害、根系发达的苗木。要求嫁接口上方 10 cm 处苗木的直径 0. 8 ~ 1. 2 cm，嫁接口高出地面约 15 cm。外地调入的裸根苗木如失水过多是可用清水浸根一昼夜后再栽植。定植前对苗木进行整形修剪，合理剪留枝、叶、根；如是裸根苗要蘸根。

**5. 授粉树配置**

①确定需配置授粉树的树种及品种。

②授粉树的选择。

③确定授粉树栽植方式。

**6. 定植技术**

定植前先校正原来定植点的位置，并插上标杆。在定植坑中挖一个小穴，把苗木放入穴内，如苗木根部是用包装袋包扎的，要把包装袋撕破拿出，但不能弄散土团；如是裸根苗，将苗木放入定植坑后，展开根系，根系不能与肥料直接接触。扶正苗木、填土压实，并不时将苗木轻轻上下提动，将心土填入坑内上层，并整成四周边缘略高的树盘。定植时注意将所有挖出的土壤全部回穴。

**7. 定植后管理**

①视晴雨适当浇水，保持树盘湿润，直至苗木成活。

②树盘盖草或地膜。

③立杆扶正。

④树干涂白。

⑤定干及修剪。

⑥检查成活率，及时补栽。

⑦除萌。

⑧防治病虫害。

⑨定植后 20 d 薄施水肥。

## 四、实训报告

（1）根据当地实际情况选择 1 ~ 2 个主要树种进行定植示范实习。

（2）试分析提高果树定植成活率的主要措施。

## 五、技能考核

技能考核评定一般采用百分制，建议实训态度占 20 分，实训结果占 40 分，实训报告报告占 40 分。

# 第五章　果园土肥水管理技术

【内容提要】果园土壤改良的方法及要求，果园土壤管理制度的要求；果园土壤的一般管理；果树需肥特点，施肥的种类、方法及要求；果树需水特点，灌水时期、方法及要求。

## 第一节　土壤管理技术

### 一、果园土壤管理目标

果园土壤管理目标要做到4个字：深、松、肥、活。

**1. 深**

就是要求果园土壤深厚，一般应达1 m。果树是深根性作物，根系分布深且范围广。果园土壤的有效土层是指果树根系容易到达而且集中分布的土层深度。有效土层越深，根系分布和养分、水分吸收的范围越广，固地性也越强。一般果树吸收根集中分布多为地下10～40 cm。土层深厚可保证水分、养分充分供给果树需要，形成强大根系，充分利用地力；同时，肥料损失少，防止根系旱害和低温、高温危害，增强树体抗病虫能力，防止农药表层积累。

**2. 松**

果园土壤以结构良好，疏松透气的沙壤土为最佳。果树生长最适宜的土壤结构是：地表下60～90 cm，土层内“固相”“气相”“液相”三者比例适当。通常，保证果树生长健壮并丰产、稳产的根系分布区的三相组成比例为固相40%～55%，液相20%～40%，气相15%～37%。

**3. 肥**

果园土壤以有机质的含量达到3%～7%，且富含果树必需的大量和微量元素为最佳。大量有机质使土壤中“水、肥、气、热”得以充分协调，能改善土壤的物理性状，促进土壤团粒结构的形成，提高土壤保水保肥能力，提高土壤温度，有利于微生物的活动，创造了植物生长的良好条件，因此，富含腐殖质的疏松肥沃土壤适合绝大多数植物生长发育。

**4. 活**

活性生物数量多。土壤生物主要包括真菌、细菌、蚯蚓等。土壤生物是土壤的重要组成部分，对土壤结构、土壤肥力形成及植物营养转化起着积极的作用。理想土壤微生物和动物数量应该十分丰富。每1 g土壤中含有数千万甚至上亿微生物。此外，几乎所有果树，其根系均有菌根存在。菌根的菌丝与根系共生，一方面从根系上获取有机养分，另一方面也扩大了果树根系的吸收范围。

### 二、果园土壤改良方法

**1. 果园深翻**

深翻是果园土壤改良的基本措施，也是清耕果园主要的土壤管理技术，具有加厚土层、改良结构、熟化土壤和提高肥力的作用。

（1）深翻时期

果园一年四季均可深翻，但以秋季果实采收前后结合秋施基肥进行较好。

（2）深度

深翻深度以稍深于果树主要根系分布层为度，并应考虑土壤结构和土质状况。深翻深度一般要求达到 80～100 cm。

（3）深翻方式

①扩穴深翻。扩穴深翻适于定植前挖大穴定植的果园。就是在幼树定植后，自定植穴外缘开始，每年或隔年向外挖宽 60～80 cm、深 40～60 cm 的环状沟。深翻时将挖出的表土和心土分别堆放，并剔除翻出的石块、粗砂及其他杂物，剪平较粗根的断面。回填时，先把表土和秸秆、杂草、落叶填入沟底部，再结合果园施肥将有机肥、速效肥和表土填入。其中，表土可从环状沟周围挖取，然后将心土摊平，及时灌水。

②隔行深翻。就是隔一行翻一行。适于定植前挖沟定植的成龄果园。要求每年轮换深翻树行。

③全园深翻。全园深翻就是将栽植穴以外土壤一次深翻完毕。适于幼年果园，要求每 2 年深翻一次。深翻深度 30～40 cm。

④注意问题。a. 保护根系，尽量少伤根，尤其是直径 1 cm 以上的主、侧根。b. 配合深翻施入有机肥。c. 不要让根系在空气中暴露太长时间。d. 表土和心土分开堆放，先回填表土。e. 要与历年深翻沟挖通，不留隔层。f. 深翻要结合灌水，注意排水。山地果园应根据坡度及面积大小而定，以便于操作，有利于果树生长为原则。

**2. 培土（压土）与掺沙**

培土（压土）与掺沙是我国南北普遍采用的土壤改良方法。具有增厚土层、保护根系、增加养分、改良土壤结构等作用。培土工作要每年进行，土质黏重的培含沙质较多的疏松肥土；含沙质多的可培塘泥、河泥等较黏重的肥土。

（1）方法

就是把土块均匀分布全园，经晾晒打碎，通过耕作把所培土与原来土壤逐步混合起来。培土量根据植株大小、土源、劳力等条件而定。但一次培土不宜太厚。

（2）时期

压土与掺沙，北方寒冷地区一般在晚秋初冬进行。

（3）压土厚度

压土厚度要适宜。“沙压黏”或“黏压沙”时要薄一些，一般厚 5～10 cm；压半风化石块可厚些，但不要超过 15 cm。在果园压土或放淤时应扒土露出根颈。

**3. 增施有机肥料**

有机肥料又称完全肥料、迟效性肥料，多作基肥使用。有机肥料种类生产上常用的有厩肥、堆肥、禽粪、鱼肥、饼肥、人粪尿、土杂肥、绿肥及城市中的垃圾等。有机肥料可改善土壤质地结构，增加土壤有机质含量，改善土壤理化性状，可持续不断发挥肥效，在大雨和灌水后不流失，可缓和施用化肥后的不良反应，提高化肥肥效。

**4. 应用土壤结构改良剂**

土壤结构改良剂分有机、无机和无机-有机 3 种。具有提高土壤肥力，使沙漠变良田的作用。土壤结构改良剂可改良土壤理化性质及生物学活性，可保护根层，防止水土流失，提高土壤透水性，减少地面径流，固定流沙，加固渠壁，防止渗漏，调节土壤酸碱度。

## 三、不同类型土壤改良

**1. 黏性土果园**

该类土壤物理性状差，土壤孔隙度小，通透性差。改良可采用施用作物秸秆、糠壳等有机肥，或培土掺沙。还应注意排水沟渠的建设。

**2. 沙性土**

该类保水保肥性能差，有机质和无机养分含量低，表层土壤温度和湿度变化剧烈。改良重点是增加土壤有机质，改善保水和保肥能力。通常采用填淤结合增施秸秆等有机肥及掺入塘泥、河泥、牲畜粪便等方法改良。近年来，土壤改良剂也有应用，就是在土壤中施入一些人工合成的高分子化合物（保水剂），促进团粒结构形成。

**3. 盐碱地**

在盐碱地上种植果树，除了选择耐盐的果树树种和砧木以外，更重要的是对土壤进行改良。采用引淡水排碱洗盐后再加强地面维护覆盖的方法。就是在果园内开排水沟，降低地下水位，并定期灌溉，通过渗漏将盐碱排至耕作层之外。此外，配合其他措施如中耕（以切断土壤表面的毛细管）、地表覆盖、增施有机肥、种植绿肥作物、施用酸性肥料等，以减少地面的过度蒸发、防止盐碱上升或中和土壤碱性。

**4. 沙荒及荒漠地**

我国黄河故道地区和西北地区有大面积的沙漠地和荒漠化土壤。其中，有些地区还是我国主要的果品基地。这些地域的土壤构成主要是沙粒，有机质极为缺乏，有效矿质营养元素奇缺，温度变化大，无保水保肥能力。黄河中下游的沙荒地域有些是碱地，应按照盐碱地情况治理，其他沙荒和荒漠应按沙性土壤对待，采取培土填淤、增施细腻有机肥等措施进行治理。对于大面积沙荒与荒漠地，防风固沙、发掘灌溉水源、设置防风林网、地表种植绿肥作物，加强覆盖等措施则是土壤改良的基础。

## 四、不同年龄时期土壤管理

根据果树不同年龄时期生长发育特点，将果树的土壤管理分为幼龄果园土壤管理和成龄果园土壤管理。

**1. 幼龄果园土壤管理**

（1）树盘管理

树盘是指树冠垂直投影的范围，为根系分布最集中的地方。树盘内土壤可采用清耕或清耕覆盖法管理。在每年秋季对树盘浅翻，并结合施入有机肥，尽量少伤根系，生长季节结合锄草将地刨松，有条件地区，也可将各种有机物覆盖树盘，覆盖物厚度一般 10 cm 左右，但距树干 20 cm 不宜盖草。要求在覆盖草被上点撒少量细土。

（2）间作管理

幼龄果园选择间作物原则是：一是选择生长期短，生长初期需水少的作物，如马铃薯、葱、蒜等；二是选择提高肥力的作物，如豆类等；三是间作物的大量需水期应与果树需水临界期错开；四是间作物要耐阴、耐药、耐踏，与果树无共同病虫害；五是植株矮小。此外，间作物要进行轮作，可采用豆类→马铃薯或葱蒜→瓜类→豆类的轮作制进行轮作。对间作物也要施肥、灌水、中耕除草。

**2. 成龄果园土壤管理**

成龄果园土壤管理任务应以提高土壤肥力为主。满足果树生长和结实所需的水分和营养物质。其土壤管理方法有 5 种。

（1）清耕管理

主要是勤耕勤锄，保持土壤疏松无草。每年果实采收后结合施肥秋翻一次，并在果树生长期根据草生长情况耙地 2 ~ 3 次，株距较小的果园配合人工或化学除草。

（2）生草管理

就是在果树行间种植一年生或多年生豆科或禾本科草本植物，不翻耕，定期刈割，割下草就地腐烂或覆盖树盘，这也是国外采用较多的一种土壤管理方法。适宜果园人工种植的草种主要有禾本科的黑麦草、羊芽草、无芒雀麦、燕麦草等及豆科的三叶草、紫云英、草木犀、苕子等。豆科和禾本科混合播种，对改良土壤有良好作用。

（3）清耕覆盖作物法管理

就是在果树需肥水最多的生长前期保持清耕，后期或雨季种植覆盖作物，待覆盖作物长成后适时翻入土中作绿肥的一种果园土壤管理方法。

（4）覆盖管理法

就是利用农膜、农作物秸秆、杂草、树叶或绿肥等，对全园或树盘覆盖。是一种优良的土壤管理制度，已在山东、陕西、山西等苹果主要产区广泛应用。可有效地控制杂草，节省中耕除草用工；减少土壤水分蒸发，提高含水量，增加土壤有机质；促进团粒结构形成，提高保肥保水能力；保护地表，减少水土流失；稳定地温，避免夏热、冬寒对根系伤害。将水、肥、气、热不稳定的土壤表层，变成生态最稳定层，扩大了根系分布范围。对促进树体发育，提早结果，保持丰产，增进品质等具有重要作用。因此，覆盖法在干旱地区或土层浅薄、土质较差情况下，最为实用，效果显著。覆盖管理法一年四季均可覆盖，但以4—5月地温升高时较好。覆盖前先将园地深翻一遍，施入少量菌肥或氮肥。有灌溉条件的果园，先浇水后覆盖。覆盖厚度10～20 cm。初次覆盖需秸草2000～3000 kg/亩，以后每年4—5月再添补500～800 kg/亩。连续覆盖3～4年后，将腐烂秸草深翻入土，然后重新覆盖。

（5）免耕管理

指对土壤不进行耕作，用除草剂清除杂草。有全园免耕、行间免耕和行间除草株间免耕3种形式。免耕法保持了果园土壤的自然结构，有利于果园机械化管理，且施肥灌水等作业一般都通过管道进行，要求的管理水平更高。但长期免耕会使土壤有机质含量下降。果园常用的化学除草剂有西玛津、阿特拉津、扑草敬、除草醚和草甘膦等。

## 五、果园土壤年周期的常规管理

### 1. 深翻改土

深翻果园土壤，结合深施有机肥，是改良土壤的一条有效途径。通过深翻可以加深活土层，增加土壤孔隙度，改善理化性质，提高土壤的通透性能，增强保水保肥能力，促进微生物活动，加速有机质分解，提高土壤肥力。果园深翻以后，由于土壤状况的改善，果树根系数量明显增加，根的生长量加大，根系分布层加深，吸收能力增强，从而能有效地促进地上部生长和结果（表5-1）。

**表5-1 深翻对苹果幼树生长结果的影响**

| 处理 | 树高/m | 总生长量/m | 单叶面积/$cm^2$ | 总根量/m | 结果株率/% | 株均结果/个 |
|---|---|---|---|---|---|---|
| 深翻 | 2.67 | 510.6 | 38.3 | 856 | 76.2 | 7.5 |
| 对照 | 2.27 | 184.5 | 20.94 | 504 | 20.4 | 1.0 |

数据来源：青岛农科所。

（1）深翻时期

果园深翻一年四季均可进行。但以秋季深翻效果最好。一般以9月中旬至10月上旬进行为宜，最晚不超过10月末。春季深翻会加重旱情，影响萌芽、开花、坐果和新梢生长，无灌溉条件的果园不宜进行。夏季深翻伤根多，对树体削弱作用较大，一般不宜进行。

（2）深翻方法

①扩穴深翻（图5-1）。又叫放树窝子、放树盘。幼树期，从栽植穴的外围开始，逐年向外挖宽30～50 cm、深40～60 cm的环形沟。与定植穴或前次深翻沟接茬，不留中间夹生层。挖出表土与心土分别堆放。土壤回填时，表土与有机肥混匀填入下层和根系周围，心土填在最上层。挖沟时尽量少伤粗根，尽

早回填土壤，防止根系久晒失水或遭受冻害。

②隔行深翻（图 5-2）。用于成行栽植、密植果园。每年沿树冠外围隔行成条逐年向外深翻，直至行间全部翻完为止。这种深翻方式的优点是当年只伤及果树一侧的根系，以后逐年轮换进行，对树体生长发育的影响较小。

③全园深翻。除树盘外，全园土壤全面深翻。适合栽植株行距较大，有机械化作业的果园。

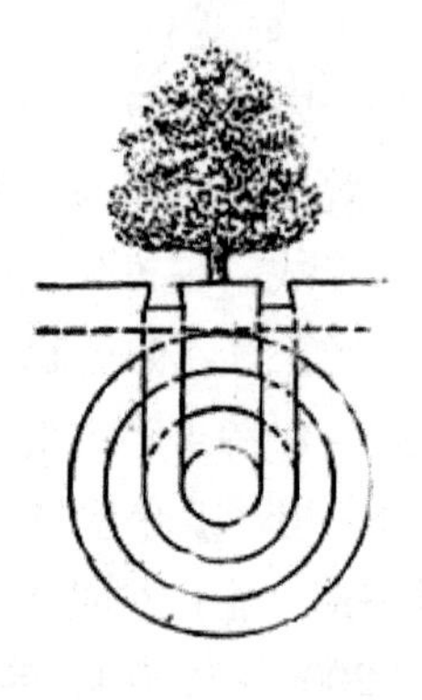

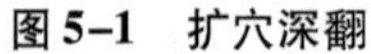

图 5-1　扩穴深翻

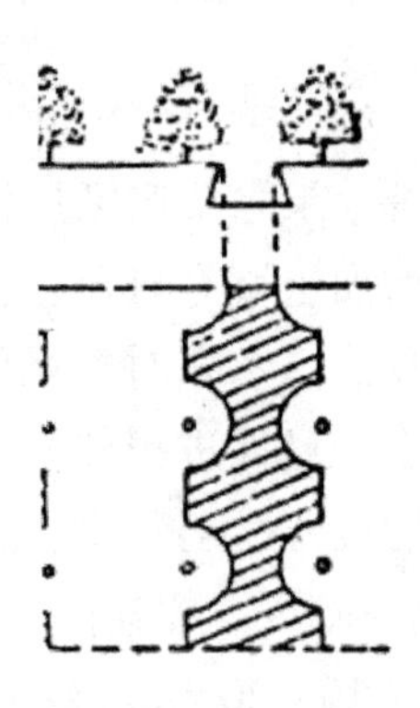

图 5-2　隔行深翻

（3）深翻深度

深翻深度应根据果园下层土壤状况和果园以后采用的耕作制度等灵活确定。如果果园土壤条件差，下层土壤坚实、黏重或砾石较多，必须深翻 60 ~ 80 cm，以改良深层土壤。若土层深厚，疏松肥沃，可适当浅翻，40 ~ 60 cm 即可。

**2. 中耕除草**

深度 6 ~ 10 cm，根据杂草多少及土壤板结情况而定。

**3. 化学除草**

适于免耕法、生草法的树盘管理及清耕法。以 10% 的草甘膦（0. 25 ~ 0. 50 kg/亩）300 ~ 600 倍喷杀果园杂草效果好。

**思考题**

（1）果园土壤管理的目标是什么？

（2）果园土壤改良的方法有哪些？

（3）不同年龄时期果园如何进行管理？

（4）果园年周期常规管理内容有哪些？

## 第二节　施肥技术

### 一、果树营养特点及影响因素

**1. 果树营养特点**

施肥必须与其他管理措施密切配合。肥效充分发挥与土壤和水分有关。果树在一年中对肥料的吸收是不间断的，但在一年中出现几次需肥高峰。需肥高峰一般与果树的物候期相平行。果树在不同物候期对营养吸收是有变化的。一般果树在新梢生长期需氮量最高，需磷高峰在开花、花芽形成及根系生长第 1、第 2 次高峰期，需钾高峰则在果实成熟期。此外，不同果树对肥料的吸收情况也是有差异的。

**2. 影响因素**

（1）营养生长与生殖生长

果树营养生长与生殖生长对养分的竞争激烈。营养生长与生殖生长之间的矛盾贯穿于果树生长发育的全过程。营养生长是基础，生殖生长是目的，协调营养生长与生殖生长之间的矛盾是果树技术措施的主要目标。施肥时期、方法、种类、数量等也要为这一目的服务。生命周期中，幼树良好的营养生长是开花结果的基础，因此，有机肥充足的果园可少施氮肥、多施磷肥，但在贫瘠的山丘地，应重视氮肥的施用。幼树吸收能力差，应加强根外追肥。当营养生长进行到一定程度，土壤施肥以磷、钾为主，少施或不施氮肥；叶面施肥早期以氮为主，中后期以磷钾为主。进入盛果期后，施肥上要氮、磷、钾配合施用，增加氮和钾量，满足果实需要。

（2）根系

果树根系稀少，肥料利用率低。提高肥料利用率，一方面可通过集中施肥，促进局部根系的吸收，进行局部养根；另一方面重视平衡施肥，施缓释肥。

（3）贮藏营养

果树贮藏营养的作用明显。提高树体的贮藏营养水平，减少无效消耗，对果树丰产稳产起着巨大作用。

（4）土壤因素

土壤的理化性质、pH、土壤微生物、疏松程度等，都会对营养元素吸收产生一定影响。

## 二、果树所需营养元素及其作用和施肥原则

**1. 果树所需营养元素及其作用**

果树必需的营养元素共 16 种；碳（C）、氢（H）、氧（O）、氮（N）、磷（P）、钾（K）、钙（Ca）、镁（Mg）、硫（S）为大量元素，铁（Fe）、铜（Cu）、硼（B）、锌（Zn）、钼（Mo）、氯（Cl）和锰（Mn）为微量元素。其中碳、氢、氧来自大气中的二氧化碳（$CO_2$）和土壤中的水（$H_2O$），其他元素则从土壤中获取。这些元素在果树体内的含量、分布，因树种、砧木、品种不同，差异很大，而且随树龄、器官或组织、季节、物候期的不同而变化。除氮、磷、钾肥料三要素外，大量元素中钙、镁，微量元素中的铁、硼、钼、锰、锌等对果树的作用突出，较其他元素更易出现缺素症。

各种必需元素都具有不可取代的作用和特点，但它们之间往往相互影响。当某种元素缺乏或过量时，往往会影响到其他一些元素的吸收和转化。营养元素间的相互作用，有时也在两种以上的元素间发生，因此在分析植物是否缺乏某一种营养元素时，不仅要考察元素本身，还要考察其他元素的动态和所处的理化环境。

**2. 施肥原则**

（1）养地与用地相结合，有机与无机相结合

有机肥被称为“全素肥料”，所含养分全面，矿化后基本可以提供果树所需的各种营养元素，减少缺素症状的发生。因此，一定要注意有机肥和无机肥的配合施用。

（2）改土养根与施肥并举

通过穴贮肥水、沟草养根、果树土壤介质的使用等方法，对果园土壤局部优化，对提高肥料利用率和果树的生长发育起到重要的作用。

（3）平衡施肥

平衡施肥是根据果树的需肥规律、土壤供肥特性与肥料效应，在有机肥为基础的条件下，根据果树产量和品质要求，采用合理施肥技术，按比例适量施用氮、磷、钾和微肥。平衡施肥全面考虑了“果树需肥规律”“土壤供肥性能”与“肥料效应”3 方面的条件，能够满足果树正常生长发育的需要。

（4）注意微量元素的使用

根据果树对微量元素的需要，应及时补充微肥，以免出现缺素症状，影响果树正常的生长发育。

## 三、果树营养诊断和果园施肥量

**1. 营养诊断**

营养诊断是通过形态诊断、土壤分析、叶分析等方法对果树营养状况进行客观的判断，确定植物需肥状况，从而指导平衡、合理施肥的一项技术。要求具备一定的实践经验，能够进行常见土壤分析、叶分析有关仪器的操作。

**2. 果园施肥量**

果树施肥量应根据果树种类与品种、发育状况、土壤条件、肥料特性、目标产量、管理水平和经济能力等多种因素综合考虑来确定。不同地区、不同果树很难确定一个统一的精确施肥量标准，可参照一定的办法，但绝对无一成不变的模式。

（1）养分平衡法

该法是国内外配方施肥中最基本和最重要的方法。可根据作物需肥量与土壤供肥量之差来计算实现目标产量（或计划产量）的施肥量。果树要真正做到准确配方施肥，必须掌握目标产量、果树作物需肥量、土壤供肥量、肥料利用率和肥料中有效养分含量五大参数。一般情况下，幼年果树新梢生长量和成年果树果实年产量是确定施肥量的重要依据。确定最佳施肥量应以当地树种、品种的叶片分析诊断法为基础。

①目标产量。计算施肥量前首先确定目标产量，测出果树各器官每年从土壤中吸收各营养元素量，扣除土壤中供给量，并考虑肥料的损失。具体计算公式是：施肥量（kg/亩）=（果树吸收营养元素量－土壤供肥量）/[肥料中有效养分含量(%)×肥料利用率(%)]。

②土壤供肥量（天然供给量）。土壤中三要素天然供给量大致是：氮的天然供给量约为氮吸收量的1/3，磷为吸收量的1/2，钾为吸收量的1/2。

③果树对肥料利用率。氮约为50%、磷约为30%、钾约为40%。

④肥料中有效养分含量。在养分平衡法配方施肥中，肥料中有效养分含量是一个重要参数，不同肥料种类其有效养分含量也不相同。常见肥料有效养分含量见表5-2。

**表5-2 常用肥料有效养分含量**

| 肥料名称 | | 养分含量/% | | |
|---|---|---|---|---|
| | | N | $P_2O_5$ | $K_2O$ |
| 氮肥 | 尿素 | 46 | | |
| | 碳酸氢铵 | 17 | | |
| | 硫酸铵 | 20 | | |
| | 硝酸铵 | 34 | | |
| | 氯化铵 | 24 | | |
| 磷肥 | 普通过磷酸钙 | | 14～20 | |
| | 钙镁磷肥 | | 14～18 | |
| | 重过磷酸钙 | | 40～50 | |
| 钾肥 | 氯化钾 | | | 50～60 |
| | 硫酸钾 | | | 48 |

续表

| 肥料名称 | | 养分含量/% | | |
|---|---|---|---|---|
| | | N | $P_2O_5$ | $K_2O$ |
| 复合肥 | 磷酸二铵 | 12 ~ 18 | 46 ~ 48 | |
| | 磷酸二氢钾 | | 24 | 27 |
| | 硝酸钾 | 13.5 | | 45 |

（2）以产定肥

就是根据生产一定数量果实所需要纯氮、磷、钾量与所用肥料有效成分，折算出施肥量的方法。

（3）以龄定肥

果树不同年龄时期，其树冠体积、枝叶量、结果量差异很大，施肥量应区别对待。

## 四、施肥时期

合理的施肥时期应根据果树的物候期、土壤内营养元素和水分的变化规律等，选取适宜的肥料进行施肥。

**1. 基肥**

基肥是较长时期供给果树多种养分的基础性肥料。基肥以秋施为好，宜早不宜晚。一般在果实采收前后的9—10月进行。基肥以有机肥为主。施肥时加入占总量1/3的速效性肥料。施肥量为产量的1.0 ~ 1.5倍。

**2. 追肥**

追肥是在果树生长季根据树体需要而追加补充的速效性肥料。施用追肥应根据果树生长物候期的营养状态、需肥特点等状况适时补充。追肥分根际追肥和根外追肥。根际追肥就是土壤追肥，根外追肥主要是进行叶面喷肥。果树主要追肥时期有4个。

（1）花前追肥

一般在3月中下旬果树萌芽前后进行。可促进萌芽整齐一致，有利于授粉，提高坐果率。肥料以氮肥为主，适量加施磷肥。

（2）花后追肥

一般在4月中下旬落花后进行，可加强营养生长，减少生理落果，增大果实。这个时期也以氮肥为主，适量配施磷、钾肥。

（3）果实膨大和花芽分化期追肥

就是春梢停长后追肥。一般在6月果实膨大和花芽分化期追肥，可促进果实膨大、花芽分化及枝条成熟，以氮、磷、钾三要素配合追施较好。

（4）果实生长后期追肥

就是果实着色到成熟前的2周进行，以补充果树由于结实造成的营养亏缺，并满足花芽分化所需要的大量营养，此次追肥以氮、磷、钾配合施用效果为佳。

## 五、施肥方法

**1. 施基肥方法**

基肥多以有机肥为主，应适当深施、广施。施肥方法有4种。

（1）环状沟施（图5-3）

就是在树冠垂直投影外缘，挖深50 ~ 60 cm、宽40 ~ 50 cm的环状沟。挖时表土与心土分别堆放，尽量少伤根系。沟挖好后，先填入大量秸秆、杂草或树叶等有机物，并撒少量菌肥。然后将有机肥与表土混匀，施入坑中，底土填在坑的最上面，整平踏实。有灌溉条件的果园，填土后立即灌水。幼树多采用此法施肥，通过逐年扩穴，诱导根系向四周和纵深方向发展。

（2）放射状沟施（图 5–4）

就是在树冠下距树干约 1 m 处，以树干为中心，向外挖放射状沟 5 ~ 6 条，沟深 30 ~ 60 cm、宽 40 ~ 60 cm，靠近树干一端要浅而窄，向外逐步加深加宽，沟长可超过树冠投影外缘。下年施肥时，应变换位置，即在上年施肥沟之间的位置开沟，以全面均匀施肥。成年树根系分布较广，基肥施用量大，为减少根系损伤，应采用这种方法施肥。

**图 5–3　环状沟施**

**图 5–4　放射状沟施**

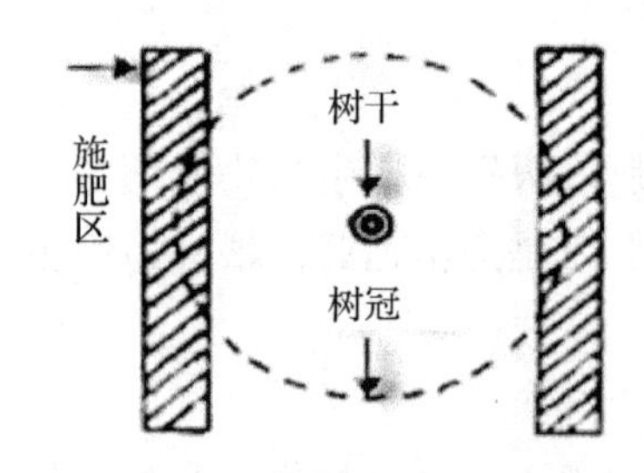


**图 5–5　条状沟施**

（3）条状沟施（图 5–5）

就是在树冠垂直投影的外缘，行间或株间相对两侧各挖 1 条深 50 ~ 60 cm、宽 40 ~ 60 cm 的沟，沟长应超过冠径。每年变换开沟位置，即上年东西开沟，今年南北开沟。密植果园采用此法施肥，应顺行开挖通沟，逐年向外扩展，直到与相邻树行施肥沟连接为止。

（4）全园撒施

将肥料均匀地撒在土壤表面，然后耕翻入土。距树干 50 ~ 100 cm（视树冠大小而定）范围内可以不撒肥料，其他地方要均匀撒到。此法施肥面积大，伤根少、节省劳动力，适用于根系布满全园的成年果园。但施肥较浅，容易引根上移，降低果树抗逆性能。因此，应与放射状沟施或条状沟施交替使用，以弥补不足。

**2. 追肥方法**

追肥多以速效性肥料为主，可适当浅施。追肥后立即灌水，旱地应趁墒追肥。追肥方法主要有 4 种。

（1）浅沟施

可参照施基肥的方法，在树冠下挖环状沟、放射状沟或条状沟施肥，但不必太深，一般 15 ~ 20 cm 即可。开沟以后，将肥料均匀地撒入沟中，并与土壤搅拌均匀，然后覆土填平。

（2）浅穴施

就是在树盘的中外部，挖宽、深各 25 cm 左右的小穴 10 ~ 15 个，内外交叉呈三角形排列，将肥料均匀施入各穴，搅拌后及时覆土填平。幼树或大树均可应用此法，树冠较大时，应适当增加施肥穴数，以扩大施肥范围，充分供给根系吸收利用。

（3）灌溉式追肥

就是将肥料溶入水中，随灌水随施肥。常施用于肥水一体化技术，结合滴灌进行。具有省工、省肥、省水，肥料利用率高，便于机械化操作的优点，是未来果树肥水管理发展的方向之一。

（4）根外追肥

①叶面喷肥。就是把肥料配成一定浓度的水溶液，直接喷洒到果树枝叶上的追肥方法。具有肥效快、用肥省、供肥均匀、使用方便等优点。喷肥时，应根据需要合理选择肥料，掌握好使用浓度和喷布时期。同时，还要周到、细致、均匀，尤其是叶背面和新梢上半部，以提高吸收利用率。生产中，有小叶病果园，可在果树萌芽前一个月喷3%~5%、萌芽后喷0.15%~0.25%硫酸锌溶液。当发现叶片失绿，黄化，在生长期可每隔15 d喷1次0.3%~0.5%硫酸亚铁溶液。为提高坐果率，减少缩果病，可于次年开花前后喷0.3%~0.5%硼砂液。落花后4~6周是果实吸收钙的最大期，可于落花后至套袋前喷氨基酸钙2~3次，减少苦痘病地发生。目前，生产中多用多元微肥、氨基酸、腐殖酸类等多元素螯合态营养液肥，这类叶面肥具有营养成分比较全面、效果显著等优点，因此，在生产中使用越来越广泛。主要肥料叶面喷肥情况见表5-3。

**表5-3　主要肥料叶面喷肥**

| 时期 | 种类及浓度 | 作用效果 | 备注 |
|---|---|---|---|
| 发芽前 | 2%~3%尿素 | 促进萌芽展叶，叶片、短枝发枝发育，提高坐果率 | 不能与草木灰、石灰混用 |
| | 3%~4%硫酸锌 | 矫治小叶病 | 用于易缺锌的果园 |
| 发芽后 | 0.3%尿素 | 促进叶片转绿，短枝发育，增加坐果率 | 可连续2~3次 |
| | 0.3%~0.5%硫酸锌 | 矫正小叶病，促进生长发育 | 出现小叶病时应用 |
| 花期 | 0.3%~0.4%尿素 | 提高坐果率 | 可连续喷2次 |
| | 15%腐熟人尿 | | |
| | 0.3%~0.4%硼砂 | | |
| 新梢旺长期 | 0.1%柠檬酸铁或0.5%硫酸亚铁或0.5%黄腐酸二胺铁 | 矫治缺铁黄叶病 | 连续喷2~3次 |
| 中期（5—7月） | 0.5%硼砂 | 防治缩果病、苦痘病、水心病、果肉褐变病，促进花芽分化 | 多次喷施 |
| | 0.5%氯化钙或<br>0.5%硝酸钙或<br>0.3%的硫酸锰<br>0.6%钼酸铵 | | |
| 果实发育后期 | 0.5%磷酸二氢钾 | 促进果实发育、增加果实品质、提高果实含糖量、增进着色率、防治木栓病 | 草木灰浸出液不能和氮肥、过磷酸钙混用喷施2~4次 |
| | 2%~3%过磷酸钙浸出液 | | |
| | 4%草木灰浸出液或<br>0.5%~1%硝酸钾或<br>0.5%~1%硫酸钾 | | |
| 采收后到落叶前 | 1%尿素 | 延迟叶片衰老，增加树体营养贮备，矫正缺素病 | 连喷多次，大年后尤其重要 |
| | 0.5%磷酸锌 | | |
| | 0.5%硼砂 | | |
| | 0.7%硫酸锌 | | |

叶面喷肥应注意 3 个问题：a. 要严格控制浓度：氮肥如尿素、硝铵等为 3% 左右，但不能超过 5%；钾肥如硫酸钾、氯化钾等同氮肥；草木灰为 4% 浸出液，过磷酸钙为 2% 浸出液。b. 要避免药害：除了控制浓度外，叶面喷肥要预先试喷，观察有无药害，喷药时雾滴要细而匀，不要在叶片边缘积累药液。c. 要注意喷布时间：喷布时间宜在早晨或傍晚。

②树干强力注射施肥技术

就是将果树所需肥料从树干直接注入树体内，并靠机具持续压力输送到树体各部的一项技术。操作时先用钻头在树干基部垂直钻 3 个 3～4 cm 的孔，将针头用扳手旋入孔中。拉动拉杆，将注泵和注管吸满肥液，排净空气，连接针头，即可注肥。注射中应使压力恒定在 10～15 Mpa。肥液浓度 1%～3%。用量 100～200 mL，一般在春季 3—4 月和秋季 9—10 月进行。目前，树干强力注射机有气动式、手动式、注射及喷雾两用式 3 种型号，均有中国农业科学院果树研究所与西南大学合作研制。

## 六、绿肥

种植绿肥可培肥地力，防止水土流失。具体可保护土壤，增加土壤可给态养分，增加土壤有机质，改善土壤理化性质，培肥土壤。

**1. 绿肥植物种植**

我国绿肥植物常见的有紫穗槐、草木犀、沙打旺、田菁和聚合草等。紫穗槐适应性强，可在各类土壤中生长，若土壤条件好便可丰产。草木犀和沙打旺耐瘠薄，可在沙地种植。田菁耐盐碱，喜潮湿，地下水位高的果园也可种植。聚合草适应性广，热带、温带和寒带均可栽植。在选择绿肥种类时，应注意野生资源的利用。

**2. 压青处理**

（1）就地翻压

将绿肥作物于盛花期用人工、畜力或压青机具，就地翻入土中压青作肥，适用于成龄果园或矮化密植果园。

（2）刈割集中埋压

将绿肥于盛花期用人工或机械刈割集中开沟埋于树下施肥沟中。每株果树的埋压量根据树体大小、结果多少及绿肥鲜体产量而定。压青沟长度一般与树冠一侧等长，沟宽、沟深视树体大小而定，一般 30～40 cm 为宜。压青沟位置，最好每次或每年更换部位。此法适用于幼龄果园或株行距较大果园。

（3）就地覆盖

根据绿肥生长情况和需要，定期刈割 1～3 次，所割鲜草，覆盖树盘或行间原地，可结合秋施基肥，将绿肥和有机肥一并埋入施肥沟中。覆盖厚度以 15～20 cm 为宜。此法适用于采用生草法或覆盖法管理的果园。

## 七、平衡施肥技术

**1. 基本概念**

平衡施肥技术是综合运用现代施肥的科技成果，根据果树需肥规律和实际需要、土壤供肥能力与肥料效应，制订出以有机肥为基础，各类营养元素配比适当，用量适宜的施肥方案。以合理供应和调节果树必需的各种营养元素，均衡满足果树生长发育的需要。目前，果树生产上主要采用叶分析和养分平衡法两种平衡施肥技术。

**2. 优点和核心**

平衡施肥技术具有用肥科学经济，优质稳产增效，培肥果园土壤，保护生态环境，防止肥料污染等诸多功效和优点，是目前果树生产上积极推广的施肥技术。其核心是测定养分、科学配方、合理施肥。

**3. 平衡施肥最终方向**

平衡施肥最终方向是平衡配套施肥，形成“测、配、产、供、施”完整技术服务体系。就是针对每一个果园采用分析仪器自动精确测量土壤及叶片各矿质元素含量，由微机施肥数据库进行自动分析给出配方。由专业厂家按配方生产个性化复合专用供给果园。最后按果树生产要求进行施肥。

## 八、其他施肥技术

**1. 穴贮肥水技术**

适用于丘陵山地、河滩荒地及干旱少雨地区。具体方法是：春季发芽前，在树冠投影内挖4～8个直径20～30 cm、深40～50 cm的穴，穴内放1个直径15～20 cm的草把，草把周围填土并混施50～100 g过磷酸钙，50～100 g硫酸钾，50 g尿素，再将50 g尿素施于草把上覆土，每穴浇水3～5 kg。然后将树盘整平，覆地膜，并在穴上地膜穿一小孔。孔上压一石块，在生长季节利用小孔追肥、灌水。

**2. 缺素症矫正技术**

果树结果多年后，会出现多种营养元素缺乏症。其中氮、磷、钾可通过常规施肥补充。其他元素缺素症表现及矫正见表5-4。

**表5-4　果树主要元素缺素症及矫正方法**

| 元素种类 | 缺素症状 | 矫治方法 |
|---|---|---|
| 钙 | 嫩叶首先褪色，出现坏死斑点，叶缘及叶尖向下卷曲，果实发生苦痘病、水心病 | 盛花后3～5周和采前喷0.3%磷酸二氢钙或250倍氨基酸钙液体肥。采后用0.5%氯化钙液体肥浸果实3～5 min |
| 铁 | 新梢顶端叶片变黄白色，以后向下扩展，幼叶叶肉失绿，叶脉保持绿色，严重时出现梢枯叶落 | 叶面喷施0.3%～0.5%尿素铁、硫酸亚铁或0.3%黄腐酸二胺铁，或0.05%～0.1%柠檬酸铁，或采用注射法、灌根法 |
| 锌 | 叶片呈簇生状小叶、狭小，果小畸形，小枝枯死 | 早春萌芽前喷0.5%～1%硫酸锌，花后3周喷0.3%～0.5%硫酸锌加0.3%尿素 |
| 硼 | 顶部小枝枯死，节间短，产生丛状枝，叶片变厚，易碎，果实发生缩果病 | 春季施150～250 g硼砂，盛花期和花后各喷1次0.3%硼砂水溶液 |
| 镁 | 老叶片叶脉间呈现淡绿斑或灰绿斑，常扩散到叶缘，后为淡褐色至深褐色，最后卷缩脱落。枝条细弱弯曲 | 叶面喷施1%～2%硫酸镁，间隔7～10 d，连喷4～5次 |

**3. 新品种肥料应用技术**

根据果树生长发育特点施用专用肥、高效肥和复合肥是目前果树生产技术的重要手段。其中应用广泛的有光合微肥、氨基酸复合微肥、长效氮肥、多元复合肥及各种果树专用肥。

## 思考题

（1）果树所需大量元素和微量元素有哪些？其施肥原则是什么？
（2）如何确定果园施肥量？
（3）果树施肥时期有哪些？
（4）果树施肥方法有哪些？叶面喷肥应注意哪些问题？
（5）什么叫树干强力注射技术？其技术要点有哪些？

（6）绿肥压青处理的方式有哪些？

（7）什么叫平衡施肥？其最终方向是什么？

## 第三节　水分管理技术

### 一、果树需水规律

果树在各个物候期对水分的要求不同，需水量也就不同。落叶果树通常在春季萌芽前，树体需要一定的水分才能发芽。花期干旱或水分过多，常引起落花落果，降低坐果率。新梢生长期需水量最多，对缺水反应最敏感，为需水临界期。花芽分化期需水相对较少，一般降雨适量时不应灌水。果实发育期也需一定水分，但过多易引起后期落果或造成裂果，还易造成果实病害。秋季干旱，会使果树枝条及根系提早停止生长，影响营养物质的积累和转化，削弱果树越冬能力。冬季缺水常使枝干冻伤。

果树需要水分，但并不是水分越多越好。有时，果树适度缺水还能促进果树根系深扎，抑制果树枝叶生长，减少剪枝量，并使果树尽早进入花芽分化阶段，使果树早结果，并可提高果品的含糖量及品质等。

### 二、灌溉技术

**1. 灌水时间**

果树灌水，应在果树生长未受到缺水影响以前就进行，不要等到果树已从形态上显露出缺水时才进行。如果当果实出现皱缩、叶片发生卷曲等时才进行灌溉，则对果树生长和结果将造成不可弥补的损失。确定果树灌水时间，应主要根据果树在生长期内各个物候期需水要求及当时的土壤含水量而定。一般应抓好 4 个时期的灌水。

（1）花前水

花前水又称催芽水，在果树发芽前后到开花前期，若土壤中有充足水分，可促进新梢生长，增大叶片面积，为丰产打下基础。因此，在春旱地区，花前灌水能有效促进果树萌芽、开花、新梢叶片生长，提高坐果率。一般可在萌芽前后进行灌水，若提前早灌，效果则更好。

（2）花后水

花后水又称催梢水，果树新梢生长和幼果膨大期是果树的需水临界期，此时果树的生理机能最旺盛，水分需求迫切，若土壤水分不足，会致使幼果皱缩和脱落，并影响根的吸收功能，减缓果树生长，明显降低产量。因此，该期是一年中灌水最关键期，若遇干旱，应及时进行灌溉。一般可在落花后 15 d 至生理落果前进行灌水。

（3）花芽分化水

花芽分化水又称成花保果水。大多数落叶果树此时正值果实迅速膨大期及花芽大量分化期，应根据天气情况，适量灌水。

（4）休眠期灌水

休眠期灌水即冬灌。一般在土壤结冻前进行，起防旱御寒作用，有利于花芽发育，促使肥料分解，同时，也有利于果树次年春天生长。

**2. 灌水次数及灌水定额**

（1）灌水次数

果树在各个物候期内的灌水次数主要取决于各个时期的降水量和土壤水分状况。一般年份，上述各个灌水时期通常灌水一次即可满足果树该时期的需水要求。除这些时期外，当果园土壤含水量降低到田间持水量的50%时，也必须及时进行灌水。在干旱地区，水资源不足时，一定要保证果树的需水临界期灌溉，一般果树的需水临界期为果实膨大期，此时灌水水分利用效率最高。

（2）灌水定额

果树灌水定额依果树种类、品种和砧木特性、树龄大小及土质、气候条件而有所不同。耐旱树种，如枣树、板栗等及砧木是水分要求较低的树种，灌水定额可以小一些；耐旱性较差的树种，如葡萄、苹果、梨等，灌水定额应大一些。幼树应少灌水，结果果树可多灌水。沙地果园，宜小水多灌。盐碱地果园灌水应注意地下水位。一般成龄果树一次最适宜的灌水量，以水分完全湿润果树根系范围内的土层为宜。在采用节水灌溉方法的条件下，要达到的灌溉深度为0.40～0.50 m，水源充足时可达0.80～1.00 m。

**3. 灌水方法**

（1）沟灌

在果树行间，用犁开20～25 cm深的沟，顺沟灌水，待水渗后将沟培平，该法适于成龄树，便于机械化。大面积国有农场果园多用此法。

（2）盘灌

就是在树盘范围内用土埂围成圆形树盘，灌水时将行间灌水沟的水引进灌水盘，灌后2～3 d对灌水盘进行松土。此法适于幼树灌水。

（3）分区灌溉

在地表比较平坦果园以2～3株为一小区，用土围成长方形土埂，把水引入方格内。灌后同样要松土保墒。

（4）喷灌

就是通过灌水沟或管道将水引到田间，然后由喷灌机把水喷到空中，成为雨一般的水滴洒落下来。喷灌对地面平整度要求不高，节省劳力，节约用水，对土壤结构破坏作用小。通过喷水办法，还可起到防霜和防高温作用。

（5）滴灌

滴灌是通过水塔或水泵和管道组成滴灌系统，水以水滴或细小的水流直接浇灌于作物根域。滴灌是现代化灌水方法，具有不受地形限制，节约用水，不破坏土壤结构，自动化程度高，节省劳力的优点，同时滴灌能使土壤湿度均衡，有利于果树生长发育和提高产量与品质。

## 三、果园保墒

主要针对山坡和丘陵地果园。旱地果园必须采取有效保墒措施，充分利用自然降水，缓解果树需水和缺水矛盾。

**1. 覆盖保墒**

（1）覆草保墒

覆草保墒就是利用杂草、秸秆、绿肥和树叶等有机物覆盖树盘和全园。地面覆盖后，可减少雨水径流损失，促进土壤对水分的接纳，阻碍水分大量蒸发，使土壤含水量显著提高。是旱地果园比较理想的保墒措施（覆草方法见土壤管理部分）。

（2）覆膜保墒

地膜覆盖可保墒提温，加速肥料分解，增强地面反光作用；控制杂草生长，消灭土壤中部分害虫，为果树生长、结果创造条件。覆盖地膜应在早春土壤解冻后及时进行。覆膜前，将树盘土壤浅翻细耙，打碎土块，把树盘整修成四周稍高，中间稍低的浅盘形，然后将地膜平铺在树盘上，拉紧扯平，四周用土压实封严。

**2. 穴贮肥水**

穴贮肥水具有节水、省肥、防旱、改土、壮树和增产等作用。春季土壤解冻后，在树冠投影外缘向内 50 cm 处，均匀挖 4 ~ 8 个小穴（视树冠大小而定），穴深约 50 cm，直径约 30 cm。用玉米秆、麦秸或杂草绑成长 40 cm、粗 25 cm 左右的草把，将其放在浓度 10% 的尿水中泡透后，放入挖好的穴中。然后用优质农家肥与土 2∶1 比例混匀，混合后的粪土将草把周围填实，每穴浇水 4 ~ 5 kg。最后用地膜将树盘覆盖，四周用土封严压实，并在穴上将膜穿 1 小孔，平时用土将小孔压封。天旱时，从穴上小孔向内浇水，每次每穴浇水 4 ~ 5 kg。生长期追施化肥 3 ~ 4 次，每次每穴 50 g 左右，结合浇水兑成肥液灌入穴中。由于根系的趋肥、水特性，穴周围能逐渐引集大量根系，这些根系长期处于肥、水充足而稳定的状态下，可向地上部不断输送水分和养分，对果树生长和结果十分有利。

**3. 喷施保水防旱材料**

（1）喷布高脂膜

高脂膜属于高分子成膜化合物，易溶于水。稀释后用一般喷雾器在树上或地表喷布，能形成一层肉眼难以看见的薄膜。可在不影响叶片正常生理活动的基础上，达到抑制水分蒸发的目的，能有效地增强树体抗旱和抗寒能力，同时，对多种病害和蚜虫等有较好的防治效果。

（2）施用保水剂

保水剂具有吸收水分与释放水分的双重作用。施入土壤后，下雨或灌溉时它能迅速吸收水分，呈溶液状态；土壤干旱时可缓慢地释放水分，供根系吸收利用，并可反复进行。一般保水剂吸水率可达 1000 倍以上，旱地果园施用，能有效抵御干旱。

## 四、果园排水

**1. 水涝对果实危害**

当土壤中水分过多而缺乏空气时，根的呼吸作用会受到抑制，严重缺氧时，迫使根系进行无氧呼吸，积累酒精，引起根系衰弱，导致死亡；长期积水土壤通气不良，抑制好气性微生物活动，从而减缓对有机肥料的分解；土壤缺氧时，有机肥料会进行无氧分解，使土壤中产生一氧化碳、甲烷、硫化氢等还原物质，对根系有毒害作用。果树受涝害之后，轻则引起落叶、落果，重则引起烂根甚至死树。因此，果园要注意排水工作，尤其是地势低、地下水位高的果园及降雨较多的地方更应重视。

**2. 果园排水要求**

建园时，必须修筑好符合要求的排水系统，加强排水系统管理，经常清理渠道淤泥，铲除杂草，保证排水畅通无阻。

**3. 果园排水方法**

果园排水有明沟排水和暗沟排水两种。明沟排水是指排水系统主要由园内或贯穿园内的排水干沟、区间排水支沟和小区内排水沟组成。各级排水沟相互连接，干沟末端有出水口排水。小区内排水小沟一般深 50 ~ 80 cm；排水支沟深 100 cm 左右；排水干沟深 120 ~ 150 cm，使地下水位降到 100 ~ 120 cm 以下。盐碱地各级排水沟应适当加深。暗沟排水是在地下埋设管道或石砾、竹筒、秸秆等其他材料构成排水系统。水分过多果园必须进行排水。可根据土壤水分测定或土壤水分张力计所反映土壤水分含量来确定排水时间。

**4. 受涝树管理**

对已受涝害的果树，首先要尽快排除果园积水。涝害严重时，必须将根颈和部分粗根处的泥土扒开，进行晾根，并对根系和周围土壤喷药消害。株、行间土壤也应耕翻，扩大蒸发面积，降低土壤湿度，提高通透性能。

**思考题**

（1）果树需水规律有哪些？一般应抓好哪几个时期的灌水？

（2）如何确定果树的灌水次数与灌水定额？

（3）果园灌水方法有哪些？

（4）果园保墒方法有哪些？

（5）果园排水方法有哪些？

（6）受涝树如何进行管理？

## 第四节　果园土壤施肥实训技能

### 一、目的与要求

通过实训，明确果园施肥要求，掌握果树土壤施肥方法。

### 二、材料与用具

**1. 材料**

幼年及成年果树、厩肥、土杂肥、绿肥、腐熟液肥、化肥和石灰。

**2. 用具**

铁铲、锄头、水桶、运肥工具和其他施肥工具。

### 三、步骤与方法

**1. 施基肥**

（1）确定施基肥位置

施基肥通常在树冠滴水线处。

（2）挖基肥沟

若采用环状施肥沟则沿滴水线向外挖宽为 40 ~ 50 cm、深为 50 cm 的环状沟或两个半环沟；若采用对面条沟则在树冠两侧滴水线处挖宽为 40 ~ 50 cm、深约 50 cm、长度与树冠直径相当的施肥沟；如植株已封行，则在每两株果树株间挖一条施肥沟。施肥沟内侧露出树根沿沟壁剪平。

（3）施肥方法

先将绿肥、厩肥、土杂肥、磷肥、石灰等肥料施入基肥沟并与土搅拌均匀，再用土覆盖填埋压实，填埋后稍高于地面。

**2. 追肥**

（1）确定施肥方式及施肥沟形状

肥料可干施，也可水施。干施是先把化肥等肥料直接施于树盘土壤中，后盖土，可选用环状沟施肥、放射沟施肥、对面条沟施肥、穴施肥和全园撒施肥等方法。水施是先把肥料先完全溶解于水中，后淋施在树盘的土壤上。

（2）淋施

先将肥料溶解于水中，后淋入树盘。一般肥料的质量分数为 0.5% ~ 2.0%，幼树控制在 1.0% 以下。淋肥前能对树盘中耕、松土，施肥效果更好。

（3）干施

先在树盘的合适位置挖沟穴，施入肥料与土拌均匀，后将沟或穴回土填平。

①环状沟施肥（图 5-6）。沿树冠滴水线挖宽为 20～30 cm、深约 20 cm 的环状沟施肥。

②条沟施肥（图 5-7）。就是在树冠两侧滴水线处挖宽为 20～30 cm、深为 15～20 cm、长度与树冠相当的施肥沟施肥。

图 5-6 环状沟施肥

图 5-7 条沟施肥

③放射沟施肥（图 5-8）。适用于适龄结果树施肥。在树冠下距树干 1 m 左右，以树干为中心，向外呈放射状挖 5～8 条施肥沟，沟宽 20～30 cm，深度距树干近处较浅，渐向外加深，深为 15～20 cm，长为 80～120 cm。

④撒施。树盘除草后将肥料均匀撒在树盘地面上，中耕树盘将肥料翻埋入土中。密植果园也可不翻土埋肥而在地面撒施后全园灌水，将肥料溶解入土。

图 5-8 放射沟施肥

## 四、注意问题

①土壤施肥方法较多，实训时可根据具体情况选做 2～3 种，其余内容可采取示范方式进行。

②进行土壤施肥实训时，先对果园树种、树龄、物候期、土壤性质、根系分布、肥料种类等进行全面分析，确定施肥方法和施肥量后，再进行施肥。

## 五、实训思考

果园施基肥和追肥对施肥沟和肥料种类有何要求？水施化肥和干施化肥各有什么优点？

## 六、技能考核

技能考核评定一般采用百分制，建议实训态度和表现占 20 分，操作技能占 50 分，实习思考占 30 分。

# 第五节 果树叶面喷肥实训技能

## 一、目的与要求

学会配制一定浓度的叶面肥，掌握果树叶面喷肥（根外追肥）方法。

## 二、材料用具

**1. 材料**

果树、各种叶面肥（如尿素、磷酸二氢钾、硼砂等）、洁净水。

**2. 用具**

水桶、天平、杆秤、喷雾器等。

## 三、实训准备

应先对果园树种、物候期、肥料种类、气候条件等进行分析，确定施肥种类及浓度后再进行施肥。

## 四、步骤与方法

（1）确定叶面施肥所用溶液种类和含量

计算需要的化肥和水的量。叶面喷肥常用肥料种类和常用溶液的含量：尿素为0.3%~0.5%，硫酸铵为0.1%~0.3%，磷酸二氢钾为0.2%~0.5%，过磷酸钙为1%（清夜），硫酸钾为0.3%~1.0%，硼酸或硼砂为0.1%~0.3%，其他元素肥料硫酸亚铁、硫酸锌、钼酸铵、硫酸镁常用含量为0.1%~0.3%，硫酸铜为0.01%~0.02%。一些市售商品叶面肥按其说明书配制使用。

（2）称取化肥和量取所需水

按计算所得数据称取化肥，并量取所需水量，将称好的化肥溶解于所量取的水中并搅拌均匀。

（3）叶面喷肥

将称取化肥完全溶解于水中并搅拌均匀，用喷雾器将肥液喷施于树冠枝叶。要求喷雾均匀，肥液湿度以叶面完全湿透并滴水为宜，喷施部位以叶背为主。

（4）注意问题

①不同树种、品种对根外施肥适应浓度不同，使用浓度不宜太高。

②根外施肥时应注意天气，高温季节以阴天喷施为好，晴天应在上午10时以前和下午4时以后，阴雨天不喷施。

③喷时要做到均匀、细致、周到，喷在叶背面更好。

④肥料与某些农药混合施用，应先做试验，防降低肥效、药效或引起肥害、药害。

## 五、实习作业

叶面喷肥有何优点和缺点？简述叶面肥种类、使用浓度及作用。

## 六、技能考核

技能考核评定一般采用百分制，建议实训态度和表现占20分，操作技能占40分，实习作业占30分。

# 第六章　果树整形修剪

【内容提要】整形修剪基本概念，目的与作用，整形修剪原则、依据；果树整形修剪操作步骤与顺序；果树修剪时期及方法，果树修剪程度，果树修剪的主要方法，果树整形修剪发展趋势，果树整形修剪的操作步骤和顺序；介绍了果树上常见树形，以疏散分层性为例，介绍了果树整形修剪的一般过程。从调节生长强弱，调节枝条角度，调节枝梢疏密，调节花芽量，保花保果，枝组培养和修剪，老树更新及树体整体调控8方面介绍了其综合整形修剪技术的应用。介绍了树冠上强下弱、树冠下强上弱、偏冠树、大小年树、旺长树、小老树、老弱树和高接树8类发育异常树的表现、原因和相应处理办法。

## 第一节　基础知识

### 一、基本概念

**1. 整形**

指在不违背果树自然生长规律的前提下，通过修剪技术，使树体形成具有一定形状、枝条分布合理、着生方位适宜、结果面积大、骨架牢固的树形。

**2. 修剪**

指在整形基础上，根据各地自然条件，树种、品种生长结果习性，对养分分配及枝条生长势进行合理调整的一切操作技术或手段（剪枝、刻伤、环剥、拿枝和化学药剂处理等）。

果树整形与修剪相互联系，不可分割。整形是前提和基础，修剪是继续和保证。

**3. 整形修剪**

根据果树的生物学特性，结合果园自然条件和管理特点，将树体建造成一定的形状，并按照生长结果的需要，综合运用各种修剪方法对树体进行处理，从而使树体具有最合理的结构和外观形状，最大限度地利用空间和光热资源。

果树整形修剪作用的充分发挥，必须以加强土肥水综合管理和病虫害综合防治为基础，并与其他栽培管理措施相适应，才能最大限度地发挥其增产作用。

### 二、整形修剪目的与作用

**1. 目的**

果树整形修剪主要目的是根据果树的生长结果习性，构建使果树早果、丰产、稳产、优质、长寿的树体结构，提高果园经济效益。

**2. 作用**

（1）构建合理的树体结构，提高光合效能。

（2）调整树体各部分器官之间的平衡关系。

（3）提早结果，延长经济结果寿命，提高果品产量和质量，克服大小年。

（4）保持树体健壮，提高果树抗逆性。

（5）便于管理，提高工效。

总之，果树整形修剪是协调生长与结果，衰老与复壮之间的矛盾和各部分、各器官间的平衡。主要是对营养的调节，调节有机与无机营养的量比关系，调节大量营养与微量营养的平衡状况。这种调节一方面是促进，促中有控，控中有促；另一方面有其局限性和范围，不能代替土、肥、水，同时，修剪存在多种效应，如局部效应，整体效应等，必须斟酌采用，尽可能减少不利影响。

## 三、整形修剪原则

**1. 因枝修剪，随树作形**

就是在整形过程中，根据每棵树的不同生长情况，整成与标准树形近似的树体结构。但在整形过程中，又不要完全拘泥于所选树形，而要有一定的灵活性。对无法整成预定形状的树，也不能放任不管，而是要根据其生长状况，整成适宜形状，使枝条不致紊乱，这也就是通常说的“有形不死，无形不乱”的整形原则。掌握好这一原则，在果树整形修剪过程中，就能灵活运用多种修剪技术，恰当地处理修剪中所遇到的各种问题。

**2. 整形结果兼顾，轻重修剪结合**

整形修剪的目的，一是建造一个骨架牢固的树形；二是提早成花结果。为了长期的优质、丰产、稳产，树体骨架必须牢固。所以，修剪时必须保证骨干枝的生长优势，但为了提早成花结果和早期丰产，又必须尽量多留枝叶。随着树龄的逐年增长，枝叶量也急剧增加，所以修剪时，除选留骨干枝外，还必须选留一定数量的辅养枝，用作结果或预备枝。因此，对幼树应以轻剪为主，多留枝叶，扩大营养面积，增加营养积累，同时，对骨干枝应适当重剪，以增强长势；对辅养枝宜适当轻剪，缓和长势，促进成花结果。对盛果期大树则应适当重剪，减轻负载，有利于树体更新复壮，延长结果年限。这一修剪原则，对幼树有利于早果丰产；对结果树有利于稳定增产；对老树有利于复壮树势和树冠更新，维持一定产量。在果树的生命周期中，生长和结果的关系，始终处于不断变化之中，应根据生长和结果状况及其平衡关系的变化而有所变动，宜轻则轻，宜重则重。

**3. 均衡树势，主从分明**

在同一果园内，不同果树之间，或同一棵树的不同类枝条间，生长势力总是不平衡的。修剪时，要抑强扶弱，适当疏枝、短截，保持果园内各单株之间的群体、长势近于一致，一棵树上各主枝间及上、下层骨干枝间，保持平衡长势和明确的从属关系，使整个果园的果树都能够上、下和内、外均衡结果，实现长期优质和稳定增产。

## 四、整形修剪依据

**1. 树种和品种的生物学特性**

果树的种类和品种不同，其生物学特性也各不一样。即使同一树种，不同品种间萌芽早晚，枝量多少，分枝角度大小，枝条软硬程度，枝类构成和比例，中干强弱，形成花芽难易，对修剪反应敏感程度等，都有明显差异。因此，在整形修剪时，就必须根据树种和品种的不同生物学特性，采取有针对性的修剪方法，做到因树种、品种进行修剪，就成为果树整形修剪最根本和最重要的依据。

不同树种之间如苹果和梨，其生物学特性就有明显差异：梨树的顶端优势强于苹果，幼龄期间，枝条直立性强于苹果，进入盛果期后，骨干枝角度又比苹果树更为开张，梨的萌芽力高于苹果，成枝力却又弱于苹果，成花比较容易，结果也早，但比苹果容易出现大小年结果现象；梨树隐芽的寿命长于苹果。因此，梨缩剪和更新修剪，就比苹果更为方便。由于苹果和梨生物学特性上的这些差异，在整形修剪时，对幼龄梨树主枝的剪截程度要轻于苹果，比苹果更强调轻剪多留；主枝顶端的高度，要与中心的高度相近，以防出现上强下弱现象；为防止梨树进入盛果期后主枝弯曲下垂，第一层主枝的开张角度一般保持在40°左右，而不必像苹果树那样，一开始就要整成80°左右的基角；梨树萌芽力高，成花容易，进入结果期后要注意控花；梨树稳芽寿命比苹果树长，因此，可利用其基部多年生隐芽，更新骨干枝和树冠，而苹果树四年生以上枝段进行缩剪时，就较难收到更新复壮的理想效果，有时还可能使缩剪枝加速衰老或干枯死亡。葡萄不同品种间，果枝分生节位高的龙眼，宜采用棚架整形和长梢修剪；而长势较弱，果枝分生节位较低的玫瑰香等品种，则应采取篱架整形和短梢修剪。

**2. 树龄和树势**

果树年龄时期不同，生长和结果状况也不一样。在整形修剪时，所采取的方法也应有所区别。苹果、梨等果树，在幼龄至初果期，一般长势较旺，枝叶量较少，长枝较多，中、短枝较少，枝条较为直立，角度不易开张，花果数量也较少；进入盛果期以后，树体长势逐渐稳定，由旺长而中庸以至偏弱，枝、叶量显著增加，长枝数量减少，中、短枝比例增加，角度逐渐开张，花、果数量增多。因此，果树在整形修剪过程中应根据不同年龄时期的生长结果特点，分别采用轻重不同的修剪方法：对幼龄至初果期树，应适当轻剪，增加枝条总量和枝条级次，扩大树冠，提早结果和早期丰产；对已进入盛果期大树，则应适当加重修剪，注意调节开花、结果数量，搞好更新复壮修剪，防止树体衰老，延长盛果年限。对长势过旺树，不论处于何种年龄阶段，修剪量都应从轻，以利成花结果；对长势过弱树，首先要采取加强土肥水综合管理措施；增强树势和增加枝量后，再采取相应的修剪措施。

**3. 栽植密度和栽植方式**

果树栽植密度和栽植方式不同的树种、品种，其整形修剪方式也有所不同。一般栽植密度越大，树冠小、骨架小、枝条级次低，修剪时应注意开张枝条角度，控制其营养生长，抑制树冠过大，促进花芽形成，以发挥其早结果和早期丰产的潜力；栽植密度较小，则应适当增加枝条的级次及枝条的总数量，以便迅速扩大树冠成花结果。

计划性密植和临时加密的果树，永久性植株和临时性植株，要分别采取不同的修剪方法：对永久性植株，则采取常规修剪措施，既要注意树形，又要注意早结果；对临时性植株，修剪时尽量采取促花结果、压缩树冠、控制营养生长的修剪措施，促其早结果、多结果，而不必强调树形。当临时性植株影响永久性植株树冠扩展时，要根据具体情况，对其进行回缩修剪、移栽、间伐或砍除。

**4. 修剪反应**

树种或品种不同，对修剪的反应也不一样。即使是同一品种，用同一种修剪方法处理不同部位的枝条时，其反应的程度和范围，也有较大的差异。因此，修剪反应既可检验修剪的轻重程度，也是检验修剪是否合理的重要标志。只有熟悉并掌握了修剪反应的规律，才能做好整形修剪。

修剪反应，一要看局部表现，即剪口或锯口下枝条的长势、成花和结果情况，二要看全树的长势强弱。一般来说，旺树修剪反应敏感，弱树不敏感；萌芽力和成枝力强的树种反应敏感。如桃树的修剪反应较敏感；苹果中红富士修剪反应敏感，重剪后全树往往发出大量旺枝条，难以成花。

**5. 果园的立地条件和栽培管理水平**

果树立地条件不同，栽培管理水平不同，其生长发育和结果状况也不一样，对修剪的反应也有所不同。在土层薄、土质差、干旱的山地丘陵果园，树势普遍较弱，树体矮小，树冠不大，但成花快，结果早。对这种果园，除注意密植外，在整形修剪时，定干要矮，冠形要小，骨干枝要短，少疏枝，多短截，注意复壮修剪，以维持树体健壮生长，保持较多的结果部位；在土层深厚，土质肥沃，肥水充足，管理水平较高的果园，树势普遍较旺，枝叶量大，成花较难，结果较晚。这种果园，除建园时注意加大株行距外，在整形修剪时，应注意选用大、中冠树形，树干也应适当高些，轻度修剪，多留枝条，缓和长势，而且主枝宜少，层间距应适当加大，还应注意夏季修剪，以缓和树体长势，增加枝条级次，促进成花结果。冬季气温较低地方栽植葡萄时，因冬季需将葡萄下架并埋土防寒，所以，整形修剪方式要适应下架埋土的需要，主干要低，芽眼的留量要适当增加；在冬季不需下架埋土防寒的地区，修剪量可相对较重，芽眼的留量也可适当减少。同样，肥水管理水平的高低，对果树生长发育也有明显影响，在整形修剪时，应根据树势强弱及对修剪反应的敏感程度等，采取相应的管理措施。

此外，树形、花芽数量、病虫危害情况等，也是整形修剪应该考虑的因素。

## 五、果树整形修剪时期及方法

果树整形修剪在过去较长一段时期内只在冬季进行，因此，也称为冬季修剪。随着科学技术的进步和修剪技术的发展，大部分果树都可在一年中根据需要进行修剪。果树在年周期内修剪时期可分为休眠期修剪和生长期修剪两种。休眠期修剪就是冬季修剪；生长期修剪又可分为春季、夏季和秋季修剪。

**1. 冬季修剪**

冬季修剪即休眠期修剪，是指在正常情况下，从冬季落叶到第二年春季发芽前所进行的修剪。果树在深秋或初冬正常落叶前，树体内的贮备营养，逐渐由叶片转入枝条，由一年生枝条转向多年生枝条，由地上部转向地下根系贮藏起来。因此，果树冬季修剪的最适宜时间是在果树完全进入正常休眠以后。此时被剪除的新梢中，所含营养物质最少，损失最轻。修剪时间过早或过晚，都会损失较多的贮备营养，特别是弱树，更应注意选准修剪时间。另外，有些树种如葡萄，春季修剪过晚，易引起伤流而损失部分营养，虽不致造成树体死亡，但却易削弱树势。所以，葡萄最适宜的修剪时间是在深秋或初冬落叶以后。而核桃树在休眠期进行修剪，却会发生大量伤流而削弱树势。因此，核桃树适宜修剪时间是在春季和秋季，而不是冬季。具体春季是在核桃发芽后至开花以前；秋季是在核桃采收以后至落叶盛期以前。在春、秋两个季节中，秋剪比春剪效果好。核桃秋季修剪，伤口愈合快，第二年长势旺；春季开花以后修剪，容易碰落花果或碰伤嫩枝。果树冬季修剪方法主要是疏枝、回缩、刻伤和拉枝。疏除密生枝、病虫枝、并生枝和徒长枝，过多过弱的花枝及其他多余枝条，缩短骨干枝、辅养枝和结果枝组的延长枝，或更新果枝；回缩过大过长辅养枝、结果枝组或衰弱的主枝头；刻伤刺激一定部位的枝和芽，促进转化成强枝、壮芽；拉枝调整骨干枝、辅养枝和结果枝组的角度和延伸方向，等等。

**2. 春季修剪**

春季修剪也称春季复剪，是冬季修剪的继续和补充。春季修剪的时间是在萌芽至花期前后。除葡萄外，许多果树都可春剪。春剪多采用疏枝、刻伤、环剥等方法，以缓和树势，提高芽的萌发力，促生中、短枝。这些方法在枝量少、长势旺、结果晚的树种、品种上较为适用；通过疏剪花芽，调节花、叶芽比例，有利于成龄树丰产、稳产；疏除或回缩过大的辅养枝或枝组，有利于改善光照条件，增产优质果品。由于春季萌芽后，树体贮备营养，已经部分地被萌动的枝、芽所消耗，一旦将这些枝、芽剪去，下部的芽重新萌发，会多消耗一些营养并推迟生长，因此，长势明显削弱，所以，春剪多用于幼树和旺树，而且不宜连年施用。剪除先端已经萌发的芽眼以后，可促进剪口附近及下部芽的萌发，提高萌芽率，增加枝叶量。有的年份，有些果树的花芽在冬剪期间尚不易识别，可萌芽后再剪；容易发生冻害的树种，也可留待萌芽后再剪。但春季修剪量不宜过大，剪去枝条的数量也不宜过多。

**3. 夏季修剪**

果树夏季体内贮备营养较少，夏剪后又减少了部分枝叶量，因此，夏季修剪对树体营养生长抑制作用较大，修剪量也宜轻。夏季修剪只要时间适宜，方法得当，可及时调节生长和结果的平衡关系，促进花芽形成和果实的生长发育；充分利用二次生长，调整或控制树冠，有利于培养结果枝组。夏季修剪的方法除剪梢外，还有捋枝、扭梢、环剥、环刻等，可根据具体情况灵活运用。在幼树和旺树上，夏季修剪的效果较为明显。

**4. 秋季修剪**

秋季修剪时间是在年周期中新梢停止生长以后，进入相对休眠期以前。此时，树体开始贮藏营养，进行适度修剪，可使树体紧凑，改善光照条件，充实枝、芽，复壮内膛枝条。秋剪疏除大枝后所留下的伤口，第二年春天的反应比冬季修剪的弱，有利于抑制徒长。秋季修剪也和夏季修剪一样，在幼树和旺树上应用较多，对控制密植园树冠交接效果明显。其抑制旺长的作用较夏季修剪弱，但比冬季修剪强，削弱树势也不明显。

总之，生长期修剪越早，二次新梢生长越旺，花芽形成也较多。所以，目前，生长期修剪在生产中已经普遍应用。

## 六、修剪程度

修剪程度主要指修剪量，即剪去器官多少。另外，修剪也涉及每种修剪方法所施行的强度，如环剥宽度和深度，弯枝角度等。一般修剪越重，作用越大。果树休眠期地上部修剪一般表现3点作用。一是促进新梢生长。二是适度修剪有利于生殖生长，如葡萄不同程度修剪后，适度修剪的，在年周期生长中期以后枝梢基部碳水化合物含量比重剪的或不剪的都高。一般旺树、幼树、强枝要轻剪缓放，弱树、老树和弱枝要重剪。三是休眠期修剪同施肥灌水有类似作用，大肥大水，要轻剪密留；肥水不足，则需加重修剪。但肥水一般促进全树的代谢和生长，而修剪则往往只加强地上部修剪枝局部生长。在一般情况下，修剪抑制根系生长，甚至抑制全树扩大。应根据肥水条件，考虑修剪的轻重程度。此外，修剪程度的作用还与修剪时期、方法、对象等有关，必须综合分析，才能做到适度修剪。

## 七、果树修剪的主要方法

果树休眠期修剪的方法主要有短截、疏枝、回缩和缓放。生长期修剪的方法主要有抹芽、疏梢、刻伤、拉枝、拿枝、摘心和环剥等。

**1. 短截**

短截（图6-1）是剪去一年生枝条的一部分。其主要作用是刺激剪口下侧芽萌发和抽枝，剪口下第一芽受刺激作用最强，向下依次减弱。短截越重，刺激作用越强，但发枝不一定旺。因为发枝强弱还与剪口芽的质量有关。

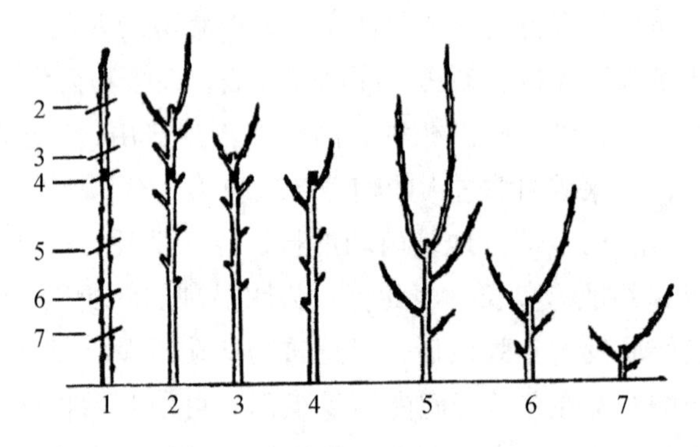


1. 原枝 2. 轻短截 3. 戴活帽 4. 戴死帽 5. 中短截 6. 重短截 7. 极重短截

**图6-1 一年生枝不同部位短截的反应**

（1）轻短截

在枝条顶端次饱满芽下剪去整个枝条长度的1/4左右。剪后抽生的长枝较少，生长势弱，但发出的中、短枝多，全枝势力缓和，有利于花芽形成。

（2）戴帽短截

在枝条春、秋梢交界处（轮痕、盲节）短截，由于剪截部位不同，又分为“戴活帽”和“戴死帽”。

①戴活帽。在春、秋梢交界处以上留1～2个秕芽剪截。由于秕芽当头，剪口下可抽生1～2个中、长新梢，春梢部分的芽子萌发出短枝，有利于形成花芽。此法多用于较强旺的枝条。

②戴死帽。在春、秋梢交界处剪截，由于剪口处盲节（无明芽），因而抑制了顶端优势，刺激春梢部

位的芽萌发出中、短枝，有利于形成花芽。此法多用于生长势较弱的枝条。

（3）中短截

在枝条春梢中上部饱满芽处剪去整个枝条长度的1/2左右。剪口下多为饱满芽，剪后可抽生几个强旺枝条，中、短枝发生较少，成枝力强，单枝生长势强。此法多用于骨干枝延长头的修剪及培养大型枝组等。

（4）重短截

在枝条中下部次饱满芽处剪去整个枝条长度的1/4～1/3。虽短截较重，但剪口下芽子质量较差，可抽生1～2个较强旺的长枝，成枝率较低，中、短枝抽生较少，不利于成花。重短截对局部的刺激作用较大，但对全枝有削弱作用。一般多用于培养枝组、改造徒长枝等。

（5）极重短截

在枝条基部留2～3个秕芽短截，也叫苔剪。由于剪口下芽质量差，只能抽生1～3个中、短枝条。可降低枝位，缓和枝势，有利于形成果枝。但用在幼树和对修剪反应比较敏感的品种上，也能抽生出长枝。应用时必须配合夏季扭稍、摘心或绿枝短截进行控制，才能取得良好效果。此法多用于对竞争枝的处理和培养靠近骨干枝的紧凑型枝组。

不同品种、树龄、树势对各种短截方法敏感程度各异，应用时必须灵活掌握。如成枝力强的品种，对修剪反应敏感，应少短截；成枝力弱的品种，可适当多短截，以提高萌芽和成枝力。幼树期间，为迅速扩大树冠，对骨干枝延长头多用短截，其他枝条一般不短截，以缓和长势，提早结果。对于短枝型品种和矮化树，应适当增加短截量，促发足够长枝，以扩大结果部位。对“小老树”和大龄衰弱树，为促其多发枝条，恢复树势，应多用短截。

**2. 疏枝**

疏枝（图6-2）也称疏剪，是指将枝条从基部剪除。在苹果、梨、桃、李等北方果树上多用于疏除幼树的一年生旺枝及成龄大树的衰弱枝组；在板栗、柿、核桃、山楂等果树上多用于疏除一年生细弱枝。疏枝可改善树冠光照条件，提高叶片光合效能，增加营养积累，有利于花芽形成和果实发育。疏枝造成伤口具有抑前促后作用（图6-3）：对伤口以上枝条有削弱作用，而对伤口以下枝条有促进作用。伤口越大，作用越明显。疏枝对全树有削弱作用，削弱作用大小决定于疏枝量和被疏枝的粗度。若去强留弱，疏枝量大，削弱作用就大；去弱留强，疏枝量小，养分集中，生长势相对增强。

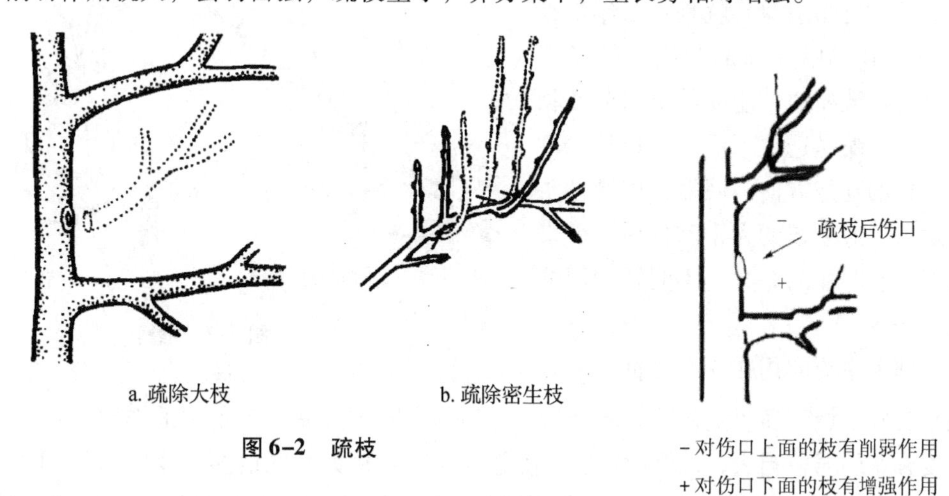


a. 疏除大枝　　b. 疏除密生枝

**图6-2　疏枝**

-对伤口上面的枝有削弱作用

+对伤口下面的枝有增强作用

**图6-3　疏枝作用**

在修剪时，疏除对象主要是病虫枝、干枯枝、徒长枝、密生枝、交叉枝、并生枝、重叠枝和竞争枝等（图6-4）。疏枝必须考虑树势，区别对待，合理疏留（图6-5）。对旺树、旺枝要“去强留弱”“去直留斜”；对弱树弱枝要“去弱留强”“去斜留直”。疏除大枝要分年逐步进行，一次或一年不可疏除过多。

大枝疏除后要特别注意伤口保护。疏枝要从基部疏除，不留残桩，伤口尽量小而平滑（图 6-6）。

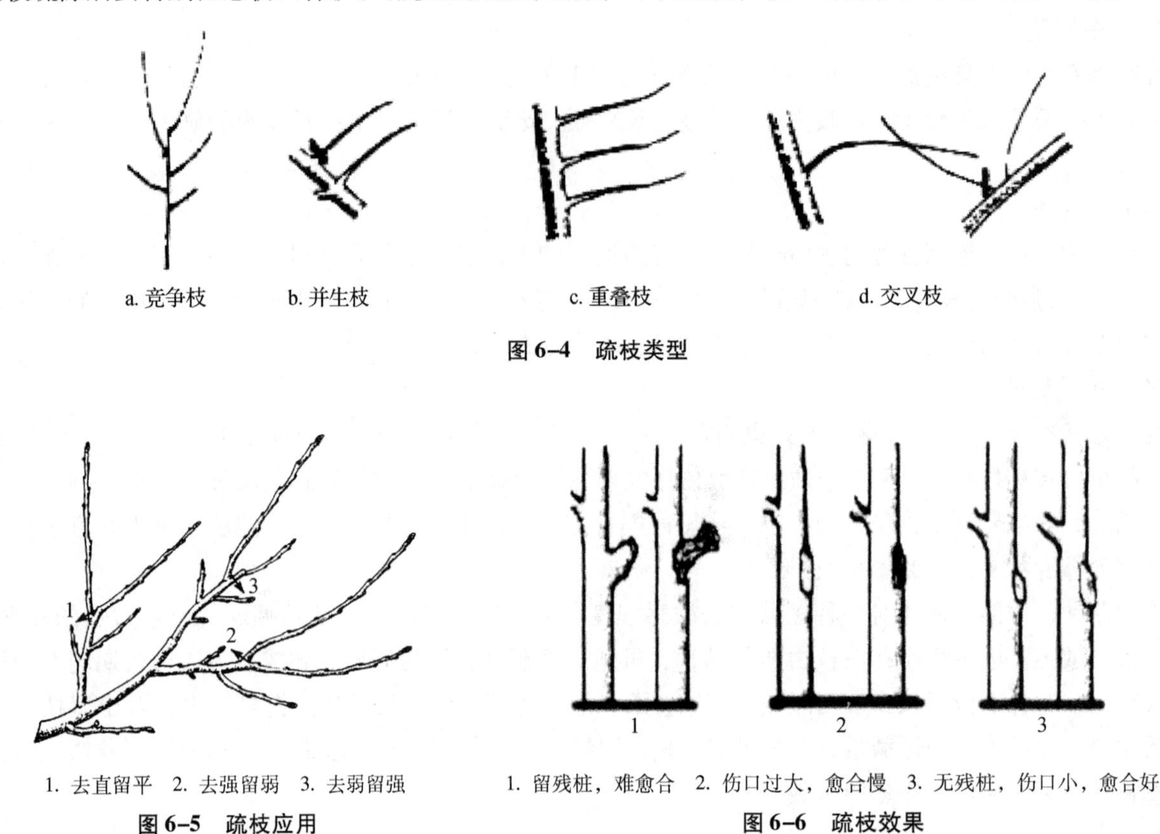


**图 6-4 疏枝类型**

**图 6-5 疏枝应用**

**图 6-6 疏枝效果**

幼旺树多疏枝，盛果期树疏除过密枝条。若疏除衰老结果枝或无效枝，则对树体或母枝有增强生长势作用。生产上疏枝主要用于 3 个方面：一是疏除树冠内过密枝条或背上直立枝，以改善通风透光条件；二是控制强枝，控制增粗，以削弱过强骨干枝和枝组的势力，平衡树势；三是用于培养和改造结果枝组，调节花果量。

**3. 回缩**

回缩（图 6-7）也叫缩剪，就是对二年生以上的枝进行剪截。其作用是局部刺激和枝条变向。一方面回缩与短截相似，能使剪留部分复壮和更新。另一方面回缩时选留不同的剪口枝，可改变原来多年生枝的延伸方向。回缩作用的性质和大小因修剪对象、剪去枝的大小和性质、剪口枝的强弱和角度而有明显的差异。不同枝的回缩方法和作用见图 6-8。

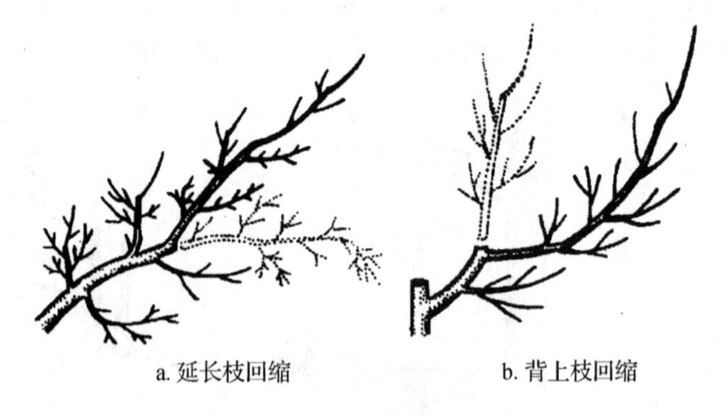


**图 6-7 缩剪**

在生产上，回缩主要应用在 4 个方面：一是平衡树势，更新复壮。调节多年生枝前后部分和上下部分之间的关系。如前强后弱时，可适当缩去前旺部分，选一角度开张的弱枝当头，以缓前促后，使之复壮。对势力衰弱的多年生枝应重回缩，以利于更新（图 6-9）。二是转主换头，改变骨干枝延长枝的角度和生长势。三是培养枝组。对萌芽成枝力强的品种先缓放后回缩，形成多轴枝组。四是改善光照，如整形完成时适当落头，并对一、二层主枝间的大枝适当回缩。具体应用时，一定要掌握好回缩部位和轻重程度。更新性回缩必须缩到健壮部位，造伤过大时，要注意选留辅养枝。旺树一般不宜回缩。

a. 下垂枝组回缩，复壮枝组势力，形成中、小枝组

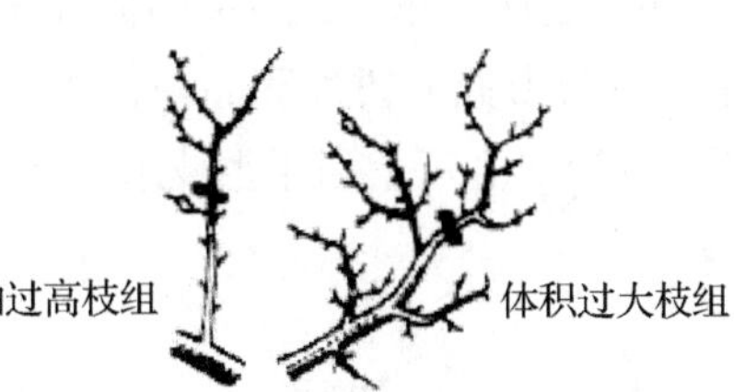


b. 枝轴过高、体积过大枝组回缩，紧凑枝组、复壮枝组势力

c. 密度过大枝组回缩，改善枝组光照，促进周围枝组

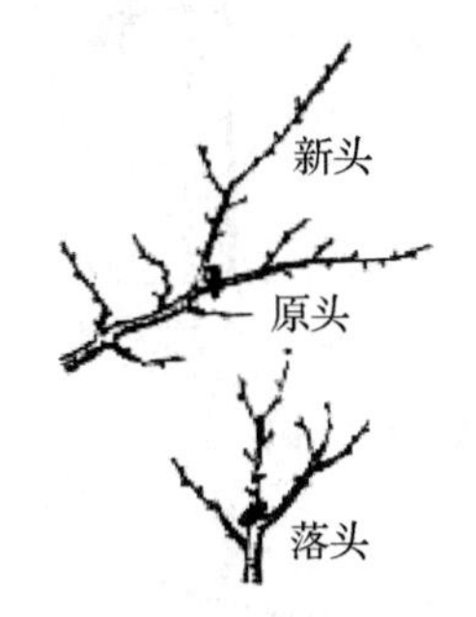


d. 延长枝回缩，增强延长枝生长势，降低树高，紧凑树冠

e. 辅养枝回缩，改善光照，培养枝组。有利于骨干枝扩大

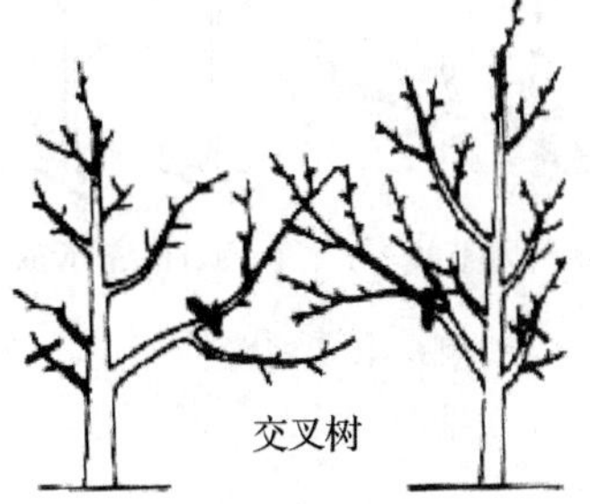


f. 交叉树回缩，改造树形和树体结构，行间通风透光

**图 6-8 回缩类型（汪景彦，2001）**

**4. 长放**

长放（图 6-10）也称甩放或缓放，就是对一年生枝条不进行任何剪截，任其生长。其能缓和枝条长势，有利于缓和枝条长势，有利于养分积累，形成中、短枝和花芽。应用长放要做到“三看”：一看树势。要求被缓树营养生长良好，树势较强或中庸偏旺。在幼树和初结果期多用缓放，盛果期树应用较少。二看品种。萌芽成枝力强或中等的品种，如苹果中红星系、红富士系缓放效果明显。三看枝条。一般平生、斜生的中庸枝和下垂枝可缓放，而竞争枝、直立枝、徒长枝、衰弱枝等不宜缓放。确需长放时，必须配合使用枝条变向、枝上刻芽、环割、破顶芽等措施，才能收到良好的促花效果。

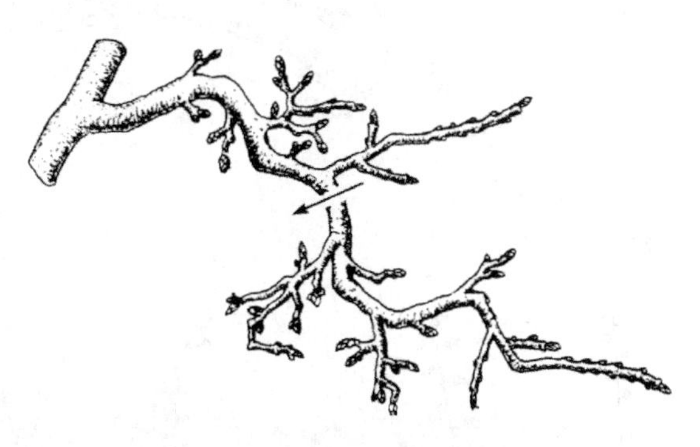

**图 6-9 应用回缩复壮更新**

**5. 造伤**

造伤是指在树体局部造成一定的伤口，暂时阻碍或减缓养分、水分的输导，促进局部营养积累，以达到缓和长势、增加枝量、促进成花或提高坐果率等目的的一种方法。

（1）刻伤

刻伤（图 6-11）又叫目伤，就是在芽的上方 2 ~5 mm 处刻一月牙形伤痕，深达木质部。刻伤可促进该芽萌发，定向促发健壮的发育枝，为扩冠成形和骨干枝更新奠定基础，也可用于增加新枝，填空补缺，培养枝组。幼树整形时在缺枝部位选芽刻伤，可刺激伤口下芽萌发并抽生出长枝，有利于加速整形。长放枝条刻伤侧芽可促发中、短枝，克服光腿现象，有利于成花、结果。刻伤后抽梢长短与枝条角度有一定关系：直立旺枝刻芽后发生长枝多，中、短枝少；斜生和水平枝刻芽后，抽生的多为中、短枝。对长放枝进行刻芽时，必须将直立枝拉成斜生或水平状态，才能取得良好效果。

刻伤一般在春季萌芽前进行。在芽的上方（或下）0.5 cm 用小钢锯条拉一道，伤及木质部，长度为枝条周长的1/3～1/2，深度为枝干粗度的1/10～1/7。芽上刻伤能促进该芽萌发，旺盛生长。芽下刻伤则抑制其生长。刻芽越早，离芽越近，伤口越深，越长，对芽的促进作用越明显，抽生枝条越强壮；反之，则抽生弱小枝条。刻伤一般用在萌芽率或成枝力低的树种和品种，如苹果修剪时，常在需生枝部位（如主枝两侧或中干等）刻伤，使之发枝（图6-12）。生产上当年生枝用小钢锯条，多年生枝用手锯效果好。

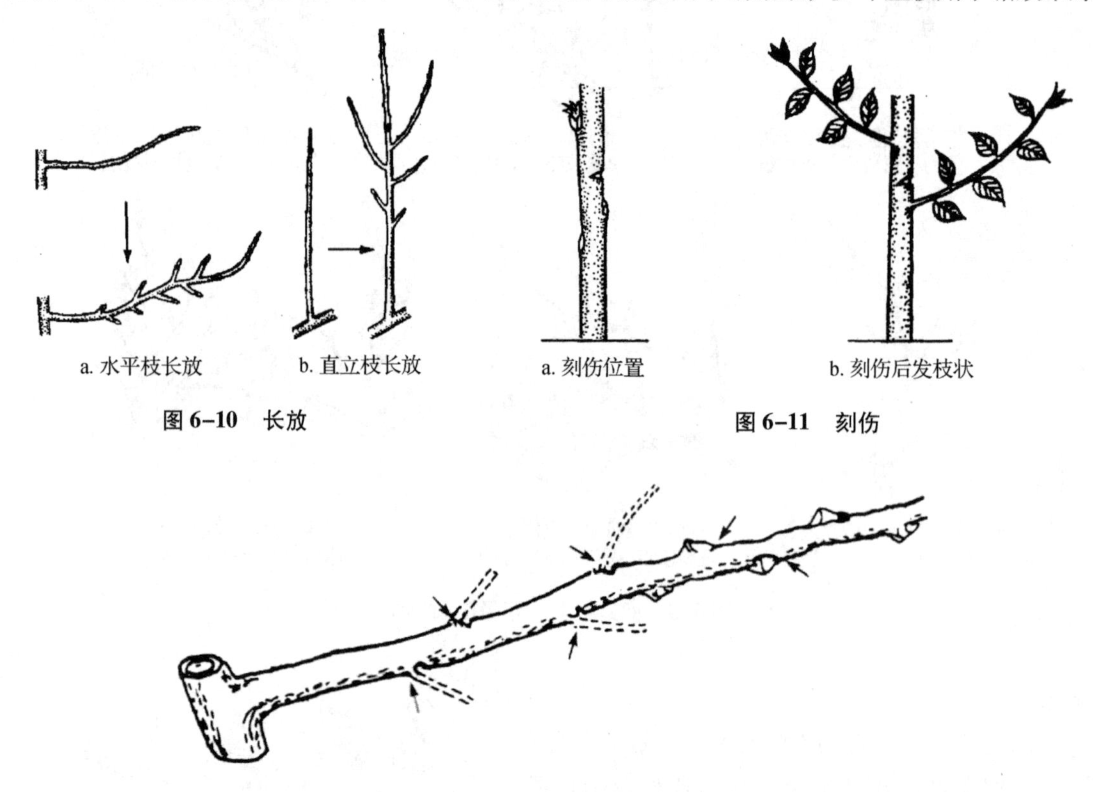


图6-10 长放

图6-11 刻伤

图6-12 刻伤应用

（2）扭梢

扭梢（图6-13）是在新梢旺长期（5月下旬至6月上旬），当新梢达25 cm左右且基部半木质化时，将直立旺梢、竞争梢在基部5～7 cm处扭转90°～180°，使其受伤，并平伸或下垂于母枝旁的一项技术措施。扭梢应先将被扭处沿枝条轴向水平扭动，使枝条不改变方向而受到损伤，再接着扭向两侧呈水平、斜下或下垂方向。扭梢要适时，苹果的新梢长到15～20 cm时进行。对背上直立生长的过旺枝不宜扭梢。扭梢主要在苹果生产上应用，对其早期丰产起到了显著作用。

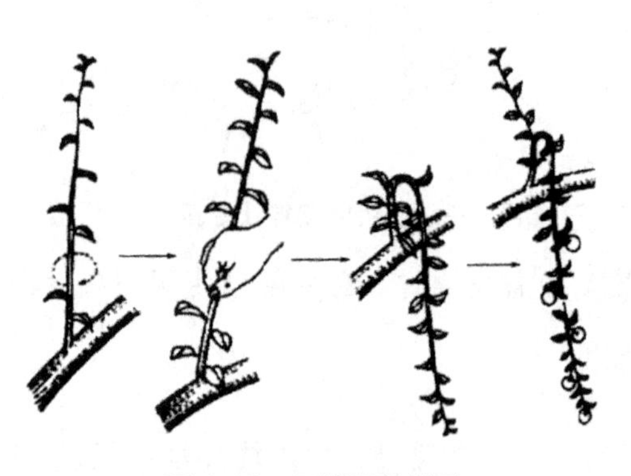

图6-13 扭梢及其效果

（3）环剥

环剥（图6-14）是环状剥皮的简称，就是在果树生长期内在枝干上将皮层横向转切两圈，剥去其间皮层。其作用是中断上下养分运输通道，抑制营养生长，使伤口上部枝芽充分积累营养物质，促进花芽分化和开花坐果，同时促进剥口下部萌芽发枝。环剥应掌握4个技术要点：一是掌握环剥对象。环剥对象必须是营养生长旺盛的果树、辅养枝或枝组。同时要求环剥前水分必须充足，以刀下去后，树液随刀口很快渗出为宜。二是严格掌握环剥宽度和深度。环剥宽度一般不超过枝条直径的1/10，或剥后30 d左右伤口能愈合为度（图6-15）。环剥深度以木质部为界，不宜过深或过浅。过深伤及木质部容易折断，过浅残存韧皮部效果不明显。生产上常采用双半环剥皮、留营养道环剥和环状倒贴皮等技术。其中环状倒贴皮是将剥下来的一圈树皮上下倒转贴接于原处，外面用塑料条绑缚。三是要根据修剪目的选择最佳时期。促进花芽分化，应在新梢旺长期（5 月下旬至 6 月上旬）环剥；提高坐果率则应在花期环剥。四是环剥后应注意消毒和保护剥口。剥后不要用手或器物去摸碰伤口，并立即用报纸或塑料薄膜将伤口包住，一般 7 d 后去除包扎物。

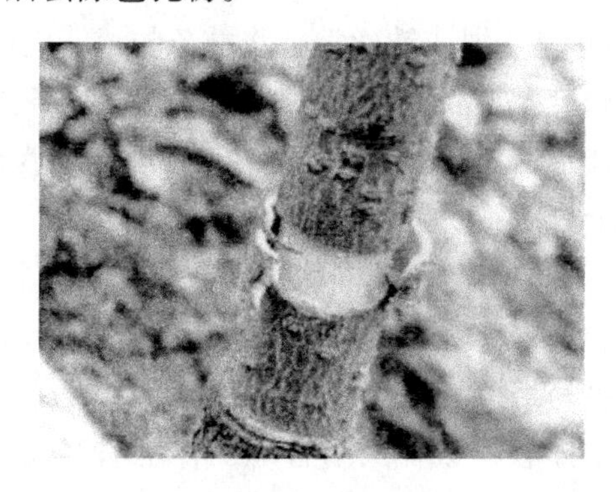

**图 6-14　果树环剥**

**图 6-15　环剥愈合状**

（4）环割

环割（图 6-16）也称环切，就是在枝干横向将皮层转圈切透，但不去皮层的方法。环割促花效果没有环剥显著，但对树体削弱作用小，适宜在旱地果园和树势不过于强旺情况下使用。但环割不能每次连割两圈以上，主干环割之后，在树的大枝上不宜重复使用。割后如果树势仍然旺盛，可间隔 10 ~ 15 d 再割一次。环割在苹果、梨和枣等果树中均可应用，有利于刀口以上部位营养积累，抑制生长，促进花芽分化，提高坐果率。同时，可刺激刀口以下芽的萌发和促生分枝。如枣树于 6 月下旬在枣头基部 7 ~ 10 cm处环割，能明显提高坐果率。但应注意在生长衰弱的果树上不宜使用环割。

**6. 抹芽**

抹芽也叫除萌，是指在春季发芽时抹除无用的芽子。抹芽多在芽萌发时或刚萌发但未加长生长时进行，多用于疏除大枝剪口、锯口附近萌发的潜伏芽或复芽中双芽。对于旺树疏枝后的锯口，一年中应进行 2 ~ 3 次抹芽。桃树抹芽在 4 月上旬至 5 月上旬进行，抹除双芽和无用芽。葡萄在春季芽眼明显膨大但尚未展开，芽长到 0.5 ~ 1.0 cm 时进行，主要依据架面布置、修剪目的等抹除过多的芽、位置不当的芽、生长势弱的芽。

**7. 疏梢**

疏梢是指在新梢生长期内将树体上生长过密枝条从基部疏除的修剪方法。疏梢可改善树体通风透光条件，节省树体养分。苹果一般于果实成熟前 20 ~ 30 d，将内膛萌生枝和细弱枝、外围遮光枝和较大枝组两侧枝及强旺的果台副梢疏除。桃树在 5 月下旬至 6 月上旬将树冠内膛发生徒长枝、无空间生长的枝条及树冠外围的直立枝从基部疏除。8—9 月疏除遮光大枝、直立枝、过密枝。葡萄在新梢长到 10 cm 左右、能辨明生长强弱及花序有无时对新梢进行疏梢（图 6-17），疏去过多、过密发育枝和弱枝。

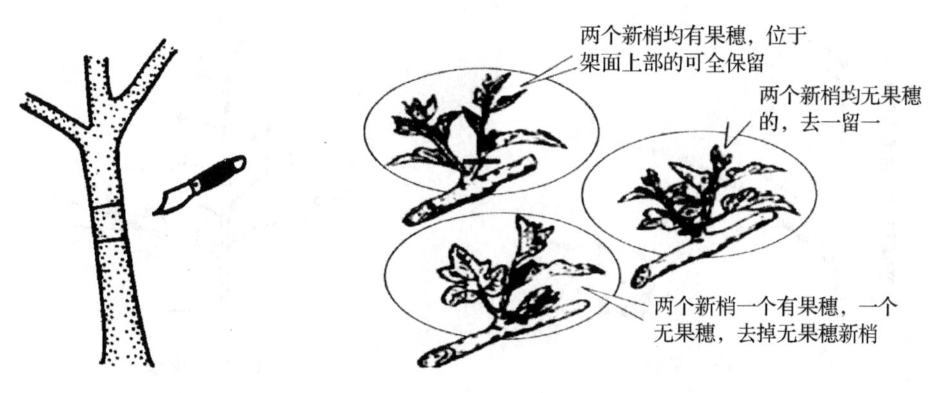


**图 6-16　环割**　　**图 6-17　葡萄疏梢**

**8. 开张角度**

开张树枝角度是修剪工作中的一项重要任务，也是促进幼树早结果、早丰产的有效措施。开张角度可以扩大树冠，缓和树势，改善光照条件，促发中、短枝条，有利于花芽形成。

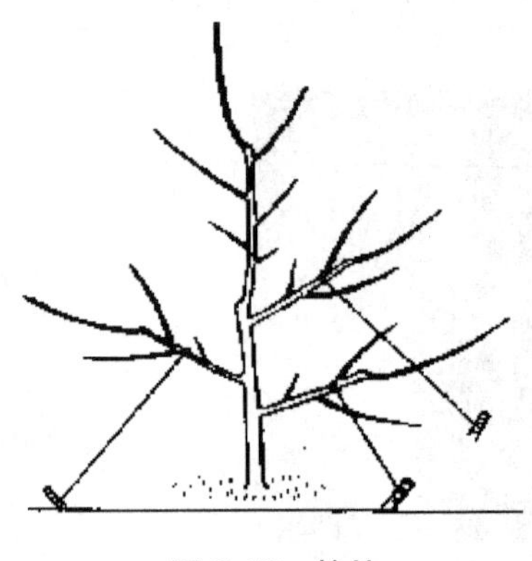

图 6-18 拉枝

（1）拉枝

拉枝（图 6-18）是用绳或铁丝等，将枝条拉成一定的角度。多用于骨干枝和辅养枝角度及方位的调整。此法既能把枝条拉至合适的角度，又能随意调整枝条延伸的方向，是幼树开张角度最为理想的方法。

拉枝应注意 6 个方面：一是拉枝时间。以 8 月下旬至 9 月下旬最适宜。此期枝条长度符合要求，秋梢即将停止生长，拉枝后背上不冒条，提高枝芽的成熟度，增强越冬抗寒能力，次年发生中、短枝多，促花效果好。冬季拉枝容易劈裂，枝位不易固定。春、夏季拉枝背上容易抽生旺条，既影响中短枝形成，又给管理工作增添麻烦。二是被拉枝条有一定的长度要求。一般树体中下部枝 1 m 左右，中上部枝 70 ~ 80 cm 为宜。过短枝条拉后，抽枝和成花的效果较差，且不利于树冠扩大。三是按树形要求和树冠结构合理拉枝。要充分占据空间，向四面八方插空拉开，使枝条分布均匀，树冠丰满整齐。四是根据整形要求确定拉枝角度。一般小冠形，骨干枝拉至 70° ~ 80°，辅养枝以 90°左右为宜。要尽量将枝拉展，使枝条中部不弯弓，梢部不下垂，以免极性部位转移，背上抽生大量徒长枝，减少中、短枝数量，影响花芽形成。五是绑绳不能过紧，并经常检查，及时松绑，防止枝条加粗勒成“细脖子”，影响生长发育或折断。六是为防止枝条劈裂，拉技前先进行揉枝，使枝柔软后再拉。这样可以减轻绳子的拉力，枝条不易劈裂，开张角度和变换方位都比较容易。

拉枝在苹果、梨和山楂等三至四年生幼树整形时应用较多。苹果一至二年生枝及未结果的多年生枝宜在 8 月中旬至 9 月上旬拉枝，骨干枝和多年生强旺枝组宜在 5 月中下旬春梢旺长期进行，枝条开张角度应根据枝条在树体的生长势而定，一般掌握在 45° ~ 85°。

（2）吊枝

吊枝（图 6-19）是在枝条上栓上土袋或砖块使枝条角度开张的方法。其作用和使用对象同拉枝。需要注意问题是吊枝不能使枝条角度固定，当被压枝条生长自重发生改变时，枝的角度也发生变化，因此要注意调节重物。

（3）撑枝

撑枝（图 6-20）是指将剪下枝杈的一端顶在直立生长的旺枝上，另一端顶在树体牢固部位，借助树体本身力量使枝条角度开张的方法。其作用和对象同拉枝。撑枝的支棍两端要做成弧形，不可削成斧刃状；不可使用同一树种的死支棍；被支枝条与中干粗度要有较大差异。

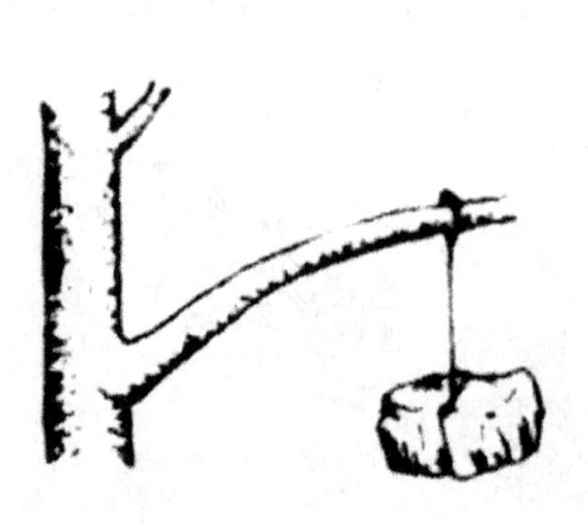

图 6-19 吊枝

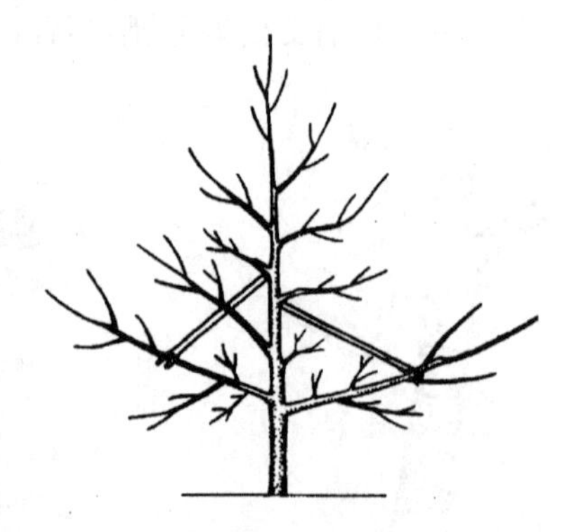

图 6-20 撑枝

（4）拿枝

拿枝（图6-21）又叫捋枝，是在7—8月新梢木质化时，将其从基部拿弯成水平或下垂状态。拿枝操作时先在距枝条基部7～10 cm处，用手向下弯折枝条，以听到折裂声而枝梢不折为度。然后向上退7～10 cm处再拿一次，使枝条改变方向呈水平或下垂状态为止。拿枝能够阻碍养分运输，缓和生长势，积累养分，对提高第二年萌芽率，促进中短枝和花芽形成，提高坐果率和促进果实生长有明显作用，主要用于果树生长期的一年生直立旺枝上。对于苹果，在新梢长到50 cm以上时，选二至三年生中庸枝进行。

**9. 摘心**

摘心（图6-22）是将新梢顶端部分摘去，是果树夏季修剪的一种方法。摘心实质改变了营养物质运输方向。一般果树都可摘心，仁果类和核果类等幼树在新梢长到20～30 cm时及时摘心，可促进副梢萌发，增加分枝级数，加速整形和结果枝组的培养，为提早结果打下基础。幼树新梢停长前摘心，可使新梢增加养分积累，有利于安全越冬。果树花前和花后摘心，可提高坐果率，促进幼果发育。

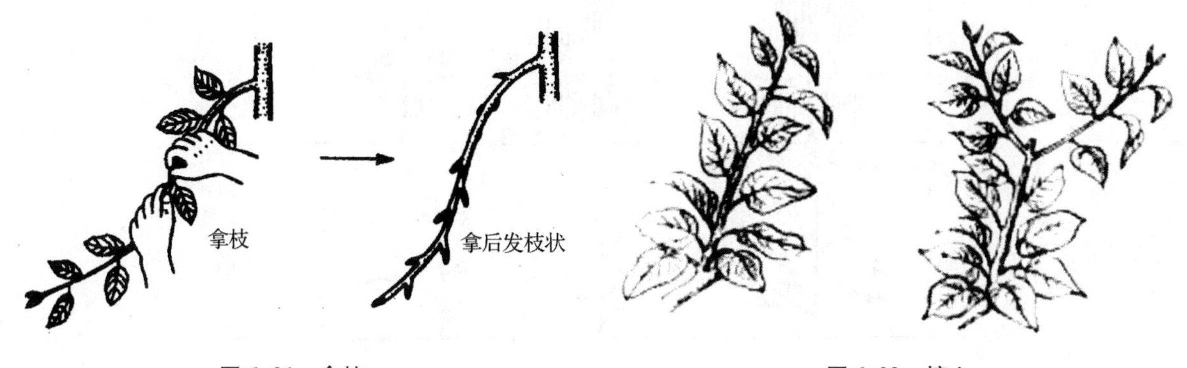


图6-21　拿枝　　　　图6-22　摘心

桃树在5月下旬至6月上旬对无副梢的枝条摘心，可促进副梢形成，有利于培养结果枝组；7月中下旬对未停止生长果枝和副梢摘心，去掉枝梢长度的1/5～1/4，可控制枝梢生长，促进花芽分化。葡萄在一年中多次摘心，可克服多次生长，消耗大量养分的弊病。开花前3～5 d对葡萄结果新梢花序以上留4～6片叶摘心可抑制延长生长，使开花整齐，提高坐果率。对副梢留1片叶反复摘心可节省养分，改善通风透光条件。

**10. 晚剪**

晚剪亦称延迟修剪，就是休眠期不修剪，待春季萌芽后再修剪。其目的主要是抑制旺枝顶端优势，增加萌芽量，防止下部光凸。晚剪在旺枝顶端的芽萌发后进行，将萌发的这一部分嫩枝剪去；或者是对冬剪时已经短截修剪的枝条，待其萌芽生长之后，再将先端萌发的嫩枝剪1～2个，以促使下部侧芽萌发，防止枝条下部光凸。一般对成枝力弱的苹果品种如花红、金红等，采用晚剪克服枝条下部光凸效果比较好。

**11. 花前复剪**

花前复剪在萌芽期能清楚看见花芽时进行。其目的是调整叶芽和花芽比例，克服大小年。大年树若花芽过多时，可适当疏除一部分花芽；小年树常因冬剪留枝过多，复剪时可将过密而无花芽的枝条疏去或回缩。

**12. 关阀门**

关阀门是指在生产上萌芽前对一些过粗、过强的大枝，在枝条基部的下方用锯拉出直径1/3～1/2深的切口，以减缓其生长势，促花结果，调整枝干的技术措施。

## 八、果树修剪发展趋势

果树修剪发展趋势如图6-23所示。具体来说就是树形由高、大、圆向矮、小、扁发展，骨干枝由多到少，分枝级次由多到少。由修剪个体向群体修剪，修剪时期由冬剪为主向四季修剪转化。修剪技术由细致到简化，修剪手段由手工向人工、机械、化学结合发展。修剪方法由剪枝为主向综合调控如土肥水管理、花果管理和病虫害综合防治发展。

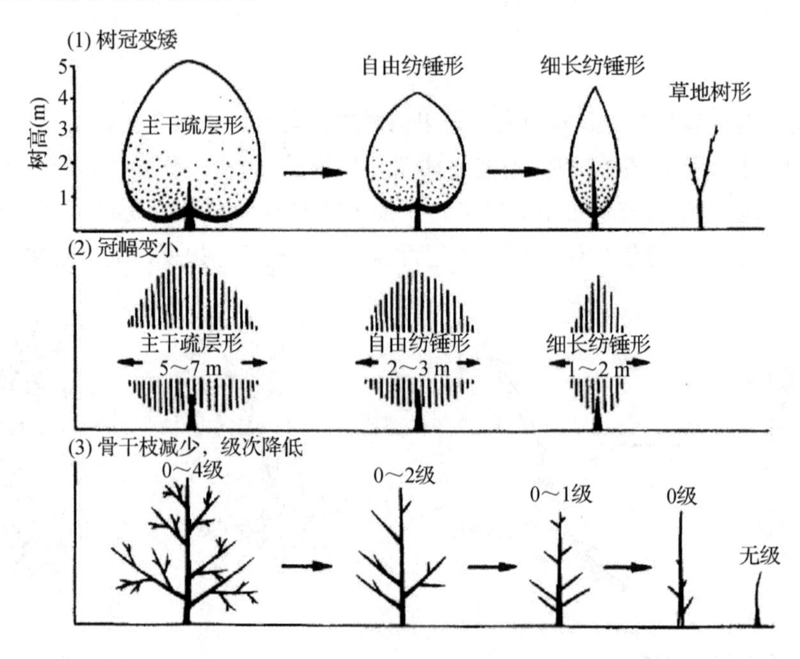


图6-23　果树树体结构变化情况（汪景彦）

## 九、整形修剪操作步骤与顺序

**1. 先大后小，由粗到细**

剪树时，首先根据目标树形，确定和培养各级骨干枝，然后再考虑在骨干枝上配置结果枝组。如树冠的主体整形首先要考虑中心干和主枝的选留与培养，主枝修剪要选好侧枝，结果枝组修剪要考虑大、中、小枝组的配置与间距等。

修剪要从大到小，先解决关系到整个树体生长扩大与负载能力过大的问题，再考虑如何进行定位定量结果的生产细节问题。

**2. 先上后下，由高到低**

除正处于整形时期幼树在选留骨干枝时需要从下到上进行以外，一般已成形结果大树，修剪时都是从树冠上部向下部修剪，这样剪出来树体结构与枝组分布易达到外稀内密、上小下大和开心分层要求，利于改善树冠下部和内膛通风透光条件，从而实现立体结果和优质结果修剪目标。同时，先剪上后剪下，可避免剪树人上下树时踩坏下部枝条所造成损失。

**3. 先外后内，由头到尾**

剪树时，无论大枝、小枝、长枝、短枝，都必须按照先外后内、由头到尾，从枝条顶端开始，逐渐向基部进行修剪。尤其是进行骨干枝修剪时，应首先确定和短截骨干枝的延长头，然后由此向下逐枝修剪。

**4. 先开后疏，由轻到重**

对角度过小而直立的主、侧枝，修剪时应先按要求开角，然后再根据开张后空间大小，对小枝进行合理修剪，从而使小枝在骨干枝上合理分布。

**5. 先缩后截，由长到短**

对有些放任多年没剪而自然发展起来的长弱枝，应根据所存在问题首先考虑回缩，然后再考虑对其进行细致修剪。对有些暂时难以确定回缩部位的长枝，可分两步进行回缩。第一步先轻缩一部分，当全树修剪完成后再根据树的整体情况进行第二步重缩到位。

**6. 先去后理，由乱到清**

对放任多年未剪的荒长乱头树，可在选定各种骨干枝基础上先去除明显不宜存在的干枯枝、病虫枝、密挤枝、交叉枝、重叠枝和并生枝等不规则枝条。当被选留大枝比较清晰后，再逐位逐枝和有条不紊地理顺所留枝干、枝组相互间从属关系。

**思考题**

(1) 何为果树整形修剪？为何进行果树整形修剪？
(2) 果树整形修剪的原则和依据是什么？
(3) 果树修剪时期和方法有哪些？
(4) 果树休眠期修剪方法有哪些？
(5) 果树生长期修剪方法有哪些？
(6) 果树上调整枝叶量的措施有哪些？
(7) 调节枝条角度方法有哪些？
(8) 果树伤枝处理的方法有哪些？
(9) 树环剥应掌握哪些要点？
(10) 长放应注意的“三看”是什么？
(11) 何为关阀门？
(12) 果树如何拉枝？
(13) 果树整形修剪操作步骤与顺序是什么？

## 第二节 果树整形修剪技术和修剪技术综合应用

### 一、整形修剪技术

**1. 常见树形**

当前，我国生产上常用的树形是：仁果类常用疏散分层形，核果类常用自然开心形，藤蔓性果树常用棚架和篱架形。各地应根据当地自然条件，果树种类和品种，总结各类高产、稳产、优质树形的经验，结合栽培制度，灵活掌握（图6-24）。

**2. 疏散分层形及整形修剪过程**

苹果上的疏散分层形（图6-25）是一种比较典型的树形。其树体结构参数是：干高40～60 cm，主枝一般5～7个，主枝与中心干夹角50°～70°；每一主枝上侧枝数目是2～4个，第1层主枝较大，侧枝数目可多些，上层主枝较小，侧枝数目少些。第1侧枝与中心干保持60 cm左右，第2侧枝与第1侧枝保持40 cm左右，第3侧枝与第2侧枝保持60 cm左右。要求主枝两端留中、小枝组，中部侧面和背下留大、中枝组。侧枝上留中、小枝组。同一层主枝层内距一般为30～40 cm。第1层和第2层层间距一般为70～120 cm，第2层和第3层层间距一般为50～80 cm。现以此为例，具体说明果树整形修剪的一般过程和方法，对于不同树种和品种的整形修剪，详见有关章节。

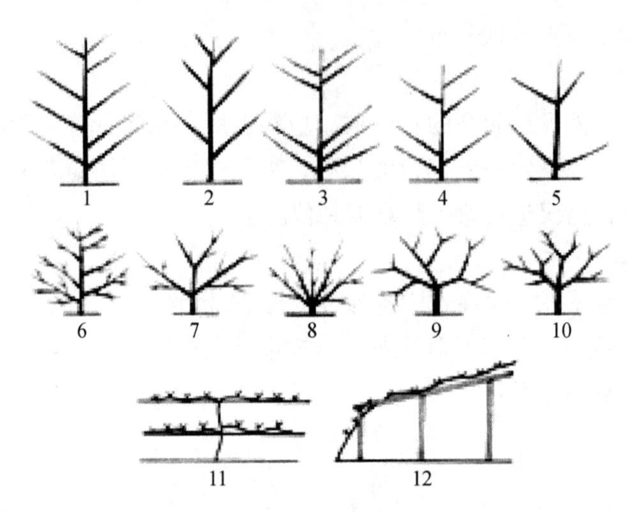


1. 主干形 2. 变则主干形 3. 层形 4. 疏散分层形 5. 十字形 6. 自然圆头形
7. 开心形 8. 丛状形 9. 杯状形 10. 自然杯状形 11. 篱架形 12. 棚架形

**图 6–24 果树主要树形示意**

**图 6–25 疏散分层形**

（1）第 1 年（定植当年）

果树定植当年的修剪任务是定干，就是确定主干的高度。苹果（3 ~ 5）m ×（5 ~ 6）m 定干高度为 60 ~ 80 cm，定干时剪口芽以下 20 cm 左右为整形带，带内有 10 个左右饱满芽。整形带以下芽，强旺的要及早抹掉，弱小的应留下作辅养枝。

（2）第 2 年

第 2 年修剪任务是选留中心干和第 1 层主枝 1 ~ 3 个。选留中心干要求粗壮、直立、居于中心位置。中心干剪口芽的方向要根据中心干偏离树冠中心轴的情况及当地主风向而定，使中心干位于树冠中心。幼树中心干在一株树中应保持最高位置，最强的长势。当第 2 层主枝留定后，如果出现上强下弱现象，则可增大中心干的弯度，使其弯曲上升。中心干剪留长度一般采用中短截或轻短截。第 1 层主枝不足 3 个时，中心干延长枝应适当重截，第 3 年在不太高位置选留第 2、第 3 主枝。第 1 主枝离地面 40 ~ 60 cm，方位最好在西南或南面。主枝与中心干夹角一般为 50° ~ 70°，基部三主枝在水平方向的方位角为 120°。不以邻接芽作主枝，留有 30 ~ 40 cm 层内距。修剪主枝时，剪留高度一般不超过中心干，剪口芽方向多数留外芽或侧芽。

（3）第 3 年

第 3 年修剪任务是继续选留中心干延长枝，并选留辅养枝、侧枝和培养结果枝组。按照第 2 年方法选留中心干延长枝，修剪长度符合层间距要求。注意多留一些辅养枝。辅养枝位置视具体情况，可与主枝上下重叠，也可坐落在主枝空间，与第 1 层主枝重叠时，可使第 1 层主枝向外开张，又可为第 2 层主枝，即第 4、第 5 主枝落在第 1 层主枝的空间创造条件。辅养枝一般较强枝条第 1 年要重剪，当它明显弱于主枝后再轻剪长放。当辅养枝影响主枝时，可逐年回缩修剪，改为大、中枝组，甚至疏除。选留第 1 侧枝与中心干距离稀植树一般要求 40 ~ 50 cm。若第 3 年选留侧枝离中心干太近，可在第 4 年选留。配备侧枝时，同一层各主枝上的同级侧枝最好分布在同一侧面，避免侧枝相互交叉。第 1 层主枝上的侧枝留 3 ~ 4 个，第 2 层留 2 ~ 3 个，第 3 层留 1 ~ 2 个。侧枝与侧枝要错开，不要对生。侧枝间距离为 30 ~ 40 cm。从选留侧枝开始，直至整形完毕，先后在主枝上、侧枝上选留枝组。主枝基部枝组要小，控制长势，使它明显弱于侧枝；主枝中部的侧面或背下可分布大、中枝组；主枝先端和侧枝上要分布中、小枝组。幼树不可在主枝背下或背斜利用强枝培养枝组，背上枝组可利用弱小枝培养。

（4）第4年

除了重复第3年整形工作外，注意选留第2层主枝。使第1、第2层间距保持在80～120 cm。第4、第5主枝垂直投影落在下层主枝空间，使上下主枝错开。主枝角度小于第1层，为50°～60°，层内距20～30 cm。

（5）第5年和第6年

第5年和第6年主要任务是选留第3层主枝1～2个，并重复上一年的整形修剪工作内容。第3层主枝基角同第2层；与第2层层间距50～80 cm，层内距20～30 cm。第6年后整形工作基本结束，骨架已形成，但仍需通过修剪继续扩大树冠。

## 二、修剪技术综合运用

**1. 调节生长强弱**

（1）从修剪时期上，加强生长，要冬重夏轻，提早冬剪；减弱生长，要冬轻夏重，延迟修剪。

（2）加强生长势要减少枝干，去弱留强，去平留直，少留果枝，顶端不留果枝。减少枝干，就是在充分利用足够空间前提下，尽量减少枝干，其包括缩短枝（低干、小冠、近骨干枝结果等）和减少密生枝干（保持果园群体合理间隔和树冠内枝条合理间隔）。去弱留强就是去弱枝留强枝，去弱芽留强芽。减弱生长势要增加枝干，如采用高干，去强留弱、去直留平、多留结果枝、顶端留果枝。

（3）加强生长枝轴要直线延伸，抬高芽位，减少损伤。抬高芽位是指将枝扶直或不加修剪，使其芽在树冠中位置提高。减弱生长枝轴要弯曲延伸，降低芽位，增加损伤。降低芽位是指将枝压平或重剪，使其芽在树冠中位置降低。增加损伤包括增加剪口或通过扭梢、拿枝、环割等损伤组织。

（4）加强局部生长要削弱树体其他部分的生长，如控上可促下，控制强主枝，可促进弱主枝生长。减弱局部生长，可加强树体其他部分生长。

（5）应用生长调节剂。加强生长可用促进剂赤霉素（$GA_3$）；减弱生长可用生长抑制剂如$B_9$，矮壮素（CCC）和乙烯利（CEPA）、整形素等。

**2. 调节枝条角度**

（1）加大角度

①选留培养角度开张枝芽和利用枝梢下部芽。如利用下向芽作为剪口枝芽；苹果顶芽抽生新梢较直立，其下的芽生成新梢依次开张，利用此特性可在骨干枝修剪时多留5 cm，待剪口芽抽长达10 cm时，连同多留的5 cm主干一并剪去或将骨干枝剪口芽以下2～3个芽抹去，让4～5芽以下的芽萌发，促使抽生枝角开张。

②利用芽的异质性。如苹果一次枝基角一般较小，二次枝基角比较大，有时几乎达90°。可在苹果枝梢抽生中进行摘心，促使二次枝萌发加大角度。

③外力进行拉、撑、坠、扭。在幼树上进行，在一年中以枝梢基本停长而未木质化时进行最好。

④利用枝、叶、果本身重量自行拉坠。如采用长放修剪，长枝顶部留果枝结果，利用枝叶果本身重量增加，重心外移，使枝条开张。

⑤利用果树本身枝叶遮阴促使枝梢开张。仁果类开心形整形时，可在幼年先保留中心干，利用其枝叶遮阴，使主枝向外斜生，待基本成形后，再将中心干逐年分段去除。

（2）缩小角度

选留向上枝芽作为剪口枝芽；利用拉撑使枝芽直立向上；短缩修剪，枝顶不留或少留果枝；换头，以直立枝代替原头等。

**3. 调节枝梢疏密**

（1）增加枝梢密度

尽量保留已抽生枝梢，利用竞争枝、徒长枝；控上促下，采用延迟冬剪，摘心，骨干枝弯曲上升，芽上环割，刻伤或扭曲等方法增加分枝；也可短剪增加枝梢密度，骨干枝或枝组延长枝短截，则树冠内枝梢数量虽不增加，但密度增加；应用整形素、细胞分裂素（CTK）、三碘苯甲酸（TIBA）、化学摘心剂、代剪灵、乙烯利（CEPA）等促进分枝。

（2）减少枝梢密度

一般通过疏枝、长放、加大分枝角来解决。

**4. 调节花芽量**

修剪调节花芽形成的途径主要在于调节枝梢停止生长期、改善光照和增加营养积累，花芽形成后，通过剪留结果枝和花芽来调节。

（1）增加花芽量

幼树、旺树、过密树、结果多的树要增加花芽量。一般采取措施是：过密树在花芽分化前疏去过密枝梢，开张大枝角度；幼树要在保证壮旺生长和必要枝叶量基础上采取轻剪、长放、疏剪、拉枝、扭梢和应用生长抑制剂等措施。也可采用环割、扭梢和摘心等措施。结果多的树多留叶芽。应用生长抑制剂和 CEPA 增加花芽分化。

（2）减少花芽量

老树、弱树需要减少花芽量。采用重剪短截，冬重夏轻，应用 $GA_3$ 等加强树势，促进枝梢生长，减少花芽分化。花芽形成后疏剪花芽。

**5. 保花保果**

（1）按丰产指标保持各器官合理数量和比例。通过修剪保留合理花芽量，保持合理花芽、叶芽比例，结果枝、更新枝比例，长、短枝比例，枝梢合理间隔等。

（2）调节枝梢生长适度，有利花果营养供应。

（3）停梢后改善光照，增加贮藏营养，充实枝芽；停梢前，改善光照，控梢保果。对于旺树，停梢后剪大枝；停梢前扭梢、剪梢、摘心、拉枝、断根、喷 $B_9$ 及辅养枝环割等。

（4）选优汰劣，保留壮枝、壮花芽。

**6. 枝组培养和修剪**

根据果树特性合理培养和修剪枝组是提高产量，防止大小年和缓和结果部位外移的重要措施。随着树冠形成，要不失时机逐级选留培养枝组。整形中保持骨干枝间适当距离，适当加大主枝角度，骨干枝延长枝适当重剪及必要骨干枝弯曲延伸都与枝组形成有很大关系。在整个树冠中枝组分布要里大外小，下多上少，内部不空，风光通透。在骨干枝上要大中小型枝组交错配置，防止齐头并进。枝组间隔要适度，幼树以小型枝组结果为主。老树主要靠大中型枝组结果，要特别注意利用强枝培养大中型枝组。枝组培养方法一般有 5 种。

（1）先放后缩

就是枝条缓放拉平结果后再行回缩，培养成枝组。一般对生长旺盛的果树，为提早丰产，常用此法。但要注意从属关系，否则易造成骨干枝与枝组混乱。

（2）先截、后放、再缩

对当年生枝留 16 ~ 18 cm 短截，促使其靠近骨干枝分枝后，再去强留弱，去直留斜，将留下枝缓放再逐年控制回缩成为中型或大型枝组。该种方法多用于直立背生旺枝。采用冬夏剪结合，利用夏季剪梢加快枝组形成或削弱过强枝组。如对桃直立性徒长枝冬季短截后，翌年初夏连续 2 ~ 3 次将其顶梢连基枝一段剪去，则很快削弱其生长势而形成良好枝组。

（3）改造辅养枝

随树冠扩大，大枝过多时可将辅养枝缩剪改造成大中型枝组。

（4）枝条环割

对长放强枝，于5—6月在枝条中下部进行环割，当年在环割以上部分形成充实花芽，次年结果，以下部分能同时抽生1～2个新枝，待上部结果后在环割处短截，就形成一个中小型枝组。

（5）短枝型修剪法

对苹果、梨等，可进行短枝型修剪，使形成小型枝组。一般将生长枝于冬季在基部潜伏芽处重短截，翌年抽梢如仍过强，则于新梢长33 cm以下时，再用同法重短截，使再从基部瘪芽处抽梢。如此连续进行1～2年即能形成小型枝组。

大树枝组修剪对提高产量、品质，特别是对防止大小年有很大作用，其主要措施首先控制花芽量，使与树势和计划产量相适应。为防止灾害，花芽要留有余地。要留足预备枝芽，使能在结果同时，形成足够花芽。苹果、梨等壮年树要保持花芽与叶芽比例为1∶1～3∶2。

**7. 老树更新**

果树进入结果期，枝组结果衰老后，要及时进行回缩更新。随着果树进入结果后期，进一步表现在骨干枝上。树冠开始向心生长，树势衰退，产量下降，则需要对骨干枝及根系进行回缩重剪更新，以恢复树势，延长结果年龄。这就是老树更新。树冠更新方法有两种。

（1）短缩更新

果树开始进入结果后期时，树冠停止扩展并于下部出现徒长时，则需在4～8年生部位选留健壮枝梢进行短缩更新。一般在同一树上逐年分期轮换进行，叫轮换更新。这样既可保持更新过程仍有相当产量，又可达到树冠更新的目的。

（2）主枝更新

果树进一步衰老，则在3～5级枝上（主干是0级，主枝开始每分1次枝提高1级）进行回缩更新。最好在更新前几年用环剥、扎缚刻伤等方法促进更新枝预先抽生，然后再进行主枝更新，则同化养分供应较好，伤口愈合和树势恢复快。

树冠更新时间宜在春季萌芽前进行。大伤口应削光，用1%硫酸铜等药剂消毒，并用接蜡等保护剂涂封。主枝更新时，要用石灰乳喷射树冠骨干枝。更新枝抽生时，宜注意防风和整形修剪，对树干下部抽生萌蘖，不影响新树冠形成的宜全部保留，作为辅养枝。

**8. 整体调控**

（1）强壮树修剪

从修剪时期上冬轻（促结果）夏重（削弱生长），延迟修剪时间。缓和树势采取长放、拉枝、环割、环剥、扭枝、轻短截和摘心等措施。加大枝条角度，剪口芽选取枝下芽，用下拉、坠、撑枝方法拉大枝条角度。减少无效枝，疏去密枝、枯枝、弱枝、病虫枝、重叠枝等，改善透光条件。可利用生长调节剂调节缓和树势，如$B_9$、CCC、CEPA、整形素等。

（2）弱树修剪

从修剪时期上要冬重（促生长）夏轻，提早冬剪。短截、重剪留向上枝和向上剪口芽。去弱枝，留中庸强壮枝。少留结果枝，特别是骨干枝先端不留结果枝。大枝不剪，减少伤口。可利用生长调节剂促进生长，如赤霉素等。

（3）上强下弱树修剪

中心干弯曲，换头压低，削弱极性。树冠上部多疏少截，减少枝量，去强留弱，去直留斜，多留果枝（特别是顶端果枝多留）。对上部大枝环割，利用伤口抑制生长。在树冠下部少疏多截，去弱留强，去斜留直，少留果枝。

(4) 外强内弱树修剪

开张角度，提高内部相对芽位和改善光照。外围多疏少截，减少枝量，去强留弱，去直留斜，多留果枝。加强夏季弯枝，控制生长势。内部疏弱枝，少留果枝，枝条增粗后再更新复壮。

(5) 外弱内旺树修剪

外围去弱留强，直线延伸，少留果枝，多截少疏，促进生长；内膛以疏、缓为主，多留果枝，开张小枝角度，抑制生长。

**思考题**

(1) 果树生产上常用树形有哪些?

(2) 调节枝条角度方法有哪些?

(3) 调节果树花芽量方法有哪些?

(4) 强壮树如何进行修剪? 弱树如何进行修剪?

## 第三节 发育异常树修剪调整

### 一、树冠上强下弱

**1. 表现**

苹果、梨等幼树树势较旺，常有上强下弱现象，尤其在主干疏层形整形过程中经常出现树冠上部枝条生长强旺，下部枝条衰弱无力，表现出明显上强下弱和头重脚轻现象。该类树中心干高大而挺立，其粗度明显大于第1层主枝，上部着生主枝和辅养枝较多，枝条密集，枝旺长竞争养分，树冠下部、内部光照不良，结果少，质量差。

**2. 原因**

(1) 群体密度过大，树冠下部枝条受光不足而逐渐衰弱，生长重心自然上移。

(2) 幼树整形初期，下层主枝角度过大，修剪过重，而上层主枝和辅养枝留得过多，修剪量过轻。

**3. 解决办法**

该类树调整的关键是抑上促下。主要办法是增加下层主枝分枝量，轻剪外围枝，以壮枝壮芽带头，增强生长势；对影响下层光照的过密辅养枝，逐步压缩或疏除，削弱上部长势；对上层主枝加大角度，用弱枝弱芽延伸生长，缓和长势。如果树体过高，只处理辅养枝达不到减弱上强目的时，可在第3层主枝以上落头开心。开心时要选好角度、粗度适当的开心枝，防止落头过急，再刺激上部冒条旺长。对上层主枝上枝条，除疏除密挤、直立以外，其余枝条要轻剪缓放；或在中心干中上部进行环剥、环割，促使上部及早成花结果，以果压势，削弱生长（图6-26）。

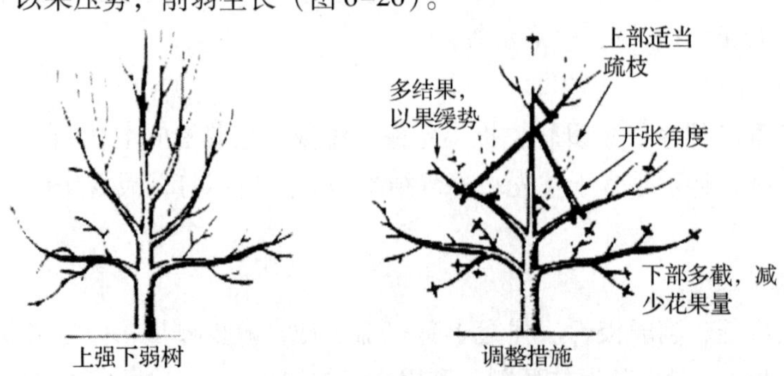


图6-26 上强下弱树修剪

## 二、树冠下强上弱

**1. 表现**

下层主枝生长过强而中心干和上层主枝生长较弱，树枝不开张，树冠内通风透光条件差，不易结果，多发生在干性和顶端优势较弱的树种品种上。如纺锤形整形过程中，经常有中心干挺不起问题。

**2. 原因**

纺锤形树形中心干挺不起主要原因是幼树整形期间，下部主枝选留得过多，间距过近，角度过小，主枝生长势过强，没有及时拉枝开角，形成了轮生“掐脖”现象（图6–27）。

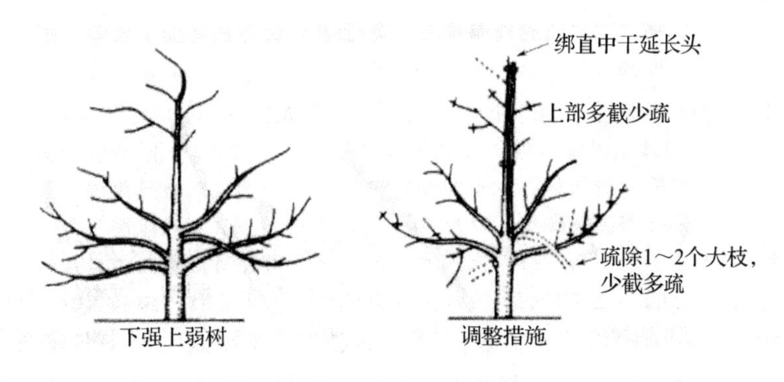


**图6–27　下强上弱树修剪**

**3. 解决办法**

解决树冠下强上弱关键是控制下层主枝生长势，使生长中心上移。可在幼树期采取拉枝、撑枝等措施，及时开张主枝角度，同时疏除过密枝，减少枝量，对基部主枝的排列方式采取邻近而不用邻接，对下层主枝延长枝，可用弱枝带头或用背后枝换头。当主枝过旺时，也可在主枝基部进行环剥，控制其长势，促进成花结果，增加产量，达到以果压枝的目的。对中心干及上层主枝，应适度剪截，少疏枝，促进分枝，增加枝量，延长枝用壮枝壮芽带头，在不影响光照前提下，中心干上多留一些辅养枝，以增强上部长势。

## 三、偏冠树

**1. 表现**

树冠生长极不平衡，有的主枝生长过大，有的主枝生长弱小，造成树冠一侧严重偏斜。该种树缺枝少叶，树冠不圆满，结果空间小，同时也影响根系平衡发展，从而使产量减低和树体寿命缩短，在苹果、梨、山楂和板栗等果树上较为常见。对于整形不当树，外观表现为角度小、枝量多、主枝生长快，竞争力过强，而小的主枝往往角度大，长势缓慢，易成花，早结果，生长势越来越弱，强弱两极分化。主侧关系不当造成的偏冠树外观表现为侧枝强于主枝，伸向一侧，使树冠偏斜。

**2. 原因**

偏冠形树形成的原因主要是主枝劈折、风吹、低温伤害及整形不当等。整形不当造成偏体树主要是由于没有合理地利用修剪技术来平衡树势。偏冠树也有因主侧关系不当造成的。

**3. 解决办法**

对于基部主枝损伤的树，可通过用强枝来培养新主枝或对邻近主枝拉枝补空来解决。对于因风吹而一边不发枝树，可在早春利用刻芽法促进萌发新枝。对于整形不当树，解决的重点是通过抑强扶弱达到平衡树冠的目的。对于生长过旺主枝，可开大角度后再留背下较弱枝回缩换头，并疏除背上直立枝和层间密挤枝，减少枝量；对弱主枝，角度大可通过选留角度小的枝条回缩抬高角度，适度轻剪外围延长枝及内部侧生枝，对延长头在中上部饱满芽处短截，以促发旺枝增加长势。对偏冠中因主侧关系不当造成的要调整和理顺主、侧枝从属关系，削弱侧枝长势，回缩修剪，加大角度，使侧枝顺从主枝生长。对于中心干不直，树体向一侧偏斜的树体，可每年在冬剪延长头时选留迎风面或缺枝面的强壮芽进行短截，或者选强壮枝换头。

## 四、大小年树

**1. 基本概念**

大小年现象也叫隔年结果，是指一年结果多，一年结果少甚至几乎无果的现象。它的实质是生长与结果关系的失调。

**2. 发生对象**

主要发生在土肥水营养管理粗放、修剪时留花留果量太大的果园和坐果率较高的树种品种上，年龄时期多在盛果期以后。

**3. 解决办法**

针对大年之后，花芽较少现象，调整措施是在冬季修剪时，要尽量保留花芽。为防止误剪花芽，在冬季可进行轻剪多留花芽，花前再进行复剪，尽量增加小年产量。同时，要多短截中、短营养枝，促使分生枝条，增加枝条数量，减少次年花芽数量。当小年之后，花芽数量偏多时，在冬剪时，除留足结果所需花芽外，对一部分短果枝可剪去顶花芽。对梨及侧芽结果的板栗、柿、山楂，除修剪外，还要进行疏花疏果。对一部分中、长果枝轻短截，去除顶部花芽，确保来年形成花芽。缓放中庸营养枝，使成花芽。对树冠外围枝条，进行稍重短截，保持良好生长势（图 6–28）。

克服大小年，除修剪外，还必须在保证土肥水管理基础上重点抓好疏花疏果。

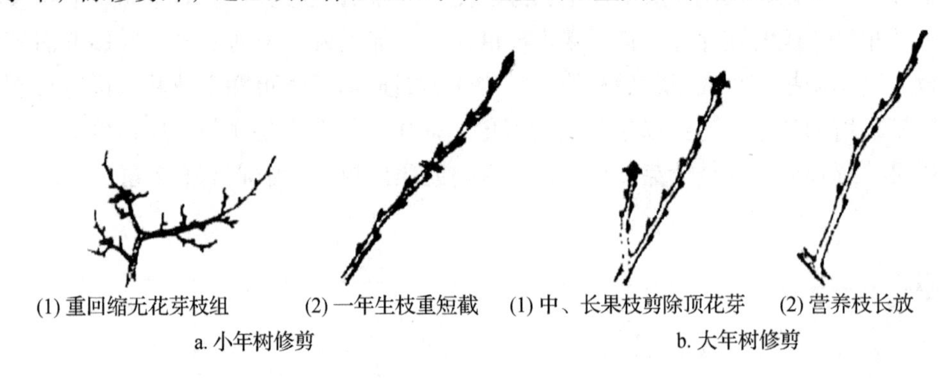


**图 6–28 大小年树修剪**

## 五、旺长树

**1. 特点**

整体生长过旺，枝细而软，组织不充实，叶片大而薄，树冠郁密，光照较差，贪长而不结果或结果很少。在山东西北平地苹果、梨园中较常见。

**2. 原因**

（1）施氮肥和灌水过多。

（2）修剪上短截过多、过重，枝条角度直立。

**3. 处理办法**

旺长树调整原则主要是对全树进行轻剪，以缓和树势。

（1）利用拉枝或背后枝换头开张骨干枝角度，对辅养枝尽可能拉平或拉成下垂状，减缓极性生长。

（2）骨干枝尤其是中心干，尽量是使其弯曲延伸，缓和上强下弱现象，促进树势平衡。

（3）利用轻剪长放后回缩法培养枝组。

（4）采用“旺者拉、密者疏、弱者缩、少短截”剪法，适当疏除部分密生的旺壮直立枝和外围枝，改善树冠光照。

（5）对骨干枝延长枝轻剪长放。

（6）推迟冬剪，多留花芽，配合拉枝、拿枝、主干环剥、摘心、扭梢等措施，促进花芽形成，待大量结果，使树势稳定后，再转入正常修剪（图6-29）。

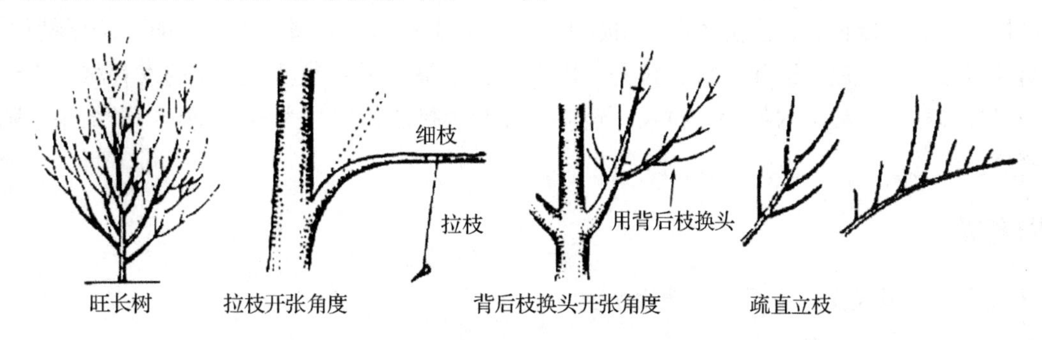


**图6-29　旺长树修剪**

## 六、小老树

**1. 表现**

生产上把树龄不大而未老先衰的幼弱树称为“小老树”。该类树表现是生长极度衰弱，年生长量不到正常树的1/4～1/3，发育枝少而细小无力，结果枝密而弱，常形成串花枝，但花多果少，而且果个小，水分少，品质差。

**2. 核心问题**

该类树的核心问题是缺乏营养，根枝衰弱。

**3. 解决办法**

解决“小老树”的主要措施是促进生长，恢复树势。修剪上只宜冬剪，不宜夏剪。修剪时对营养枝适度剪截，促发旺枝；短截结果枝，少留花芽；疏除部分衰老枝；对衰弱枝组、冗长枝进行缩剪，更新复壮；注意不要对树体造成过多伤口；结合秋季施基肥，进行根系修剪。

## 七、老弱树

**1. 表现**

老弱树树龄均在20～30年生以上，树体发育进入衰老阶段，新梢生长很短，枝组多形成“鸡爪式”短果枝群，外围枝衰弱无力，内膛枝老化干死；骨干枝前部弯曲下垂且出现枯顶焦梢现象，树冠内膛光凸区较大，结果部位严重外移。

**2. 核心问题**

老弱树核心问题是枝龄老化和长势衰弱。

**3. 解决办法**

老弱树修剪重点是更新复壮。主要采取多短截结果枝，保留适量花芽；对营养枝适度重截，促发旺枝；对衰老枝组进行回缩，更新复壮；疏除部分衰老枝，改善树冠光照等措施。同时，加重疏花疏果，合理负载，结合增施肥水，进行根系修剪，加强综合管理。

## 八、高接树

**1. 表现**

高接换头技术是更新品种的一条主要途径，成活后，一般接穗发枝多且旺，粗壮直立，任其自然生长时层次不清，树冠直立，通风透光不良，影响结果质量和寿命。

**2. 采取措施**

在生产中，高接换头后应及时对其新枝头进行修剪，以保证其树势均衡，正常结果。主要采取措施是：对高接枝芽长成的延长梢，当基角和腰角过小时，应及时拉枝开角或用角度大的下位新梢代替原头。对各类枝组辅养枝轻剪长放，连年长放，拉平，以促花，结果，短截有发展空间的发育枝，以迅速恢复树冠。夏季对辅养枝、大枝采取扭梢、拉枝、环剥、环割等措施，促进大量成花，提早结果。随时剪除接口周围萌蘖。

### 思考题

（1）树冠上强下弱或上弱下强如何进行处理？
（2）大小年树如何进行处理？
（3）旺长树和高接树如何处理？
（4）小老树和老弱树如何处理？

# 第四节　几种修剪手法的应用实训技能

## 一、目的与要求

学会使用剪枝剪、手锯；掌握常见的几种休眠期修剪手法。

## 二、材料与方法

**1. 材料**

管理较好的初果期或盛果期果树。

**2. 用具**

修枝剪、锯、磨石等。

## 三、步骤与方法

**1. 学习使用修枝剪与修枝锯**

掌握修剪中剪锯口的要求。剪口要平，距剪口下第 1 个芽 1 cm 左右；同时要注意剪口芽的方位，锯口要平滑，不劈裂，不留撅，锯口尽可能小。

**2. 主要修剪方法**

（1）短截

就是剪去一年生枝条的一部分。分为轻短截（剪去枝条的 1/4 ~ 1/3）、中短截（剪去枝条的 1/3 ~ 1/2）、重短截（剪去枝条的 2/3 ~ 3/4）、极重短截。轻短截有利于发中短枝，多用于培养中小枝组。中短截有利于发中长枝，多用于各级骨干枝延长枝“打头”和复壮枝组。重短截和极重短截多用于处理竞争枝和徒长枝。

（2）回缩

就是剪去多年生枝的一部分。多用于控制辅养枝大小、复壮结果枝组；调整枝条密度；解决光照问题等。

（3）疏枝

将枝条从基部剪掉。疏枝造成伤口，有一定的抑上促下作用。疏枝主要用于疏除过多、过密、过弱的枝条，可改善通风、透光条件。对于过旺枝，疏除部分枝条可抑制其生长。疏枝要逐年分步进行，不要一次疏除过多。疏枝要求从基部疏除，不留残桩。

（4）缓放

缓放就是对枝条不剪。缓放有利于缓和生长势，形成花芽，具有促进早结果的作用。缓放主要针对平生枝、斜生枝和中庸枝，徒长枝、背上直立枝宜压平后再缓放，以避免形成树上“树”。

**3. 修剪程序**

（1）看

看树龄、树势，看存在的问题，制定修剪原则。

（2）疏

疏除病虫枝、枯死枝、密挤枝、交叉枝、重叠枝、徒长枝和并生枝。

（3）拉枝

对角度开张不够枝，采用支、顶、坠和拿的方法开张角度。

（4）修剪原则

从 1 个主枝入手，先主枝，后侧枝，再枝组逐一进行。

## 四、实训作业

设计 1 个小型修剪试验，注意观察不同修剪方法的修剪反应。

## 五、技能考核

技能考核一般采用百分制。建议现场单独考核占 10 分，提问占 40 分，实习态度占 40 分。

# 第七章　花果管理

【内容提要】花果管理包括花果数量调节和果实管理及采收两项内容。花果数量调节包括保花保果技术、疏花疏果技术。保花保果技术包括加强土肥水管理，合理整形修剪，创造良好的授粉条件，化学控制技术，高接授粉花枝和其他措施。疏花疏果方法包括人工疏除和化学疏除。具体包括合理负载量确定，疏花疏果时期和方法，各类果树疏花疏果时期和要求，以花定果措施，疏果。葡萄、核桃疏穗、疏粒时期及要求。疏花疏果原则及要求。疏花疏果4条技术要点。果实管理内容包括增大果形；改善果实色泽及果面光洁度，适时采收及采后处理。其中果形调控包括树种，品种，砧木，气候等6个方面的因素；促进果实着色包括改善树体光照条件，科学施肥、适时控水，果实套袋3个方面。果实套袋是果实品质的主要技术措施之一。介绍了果实套袋的作用，果袋种类、结构及优良果袋应具备的条件。果实套袋时间、方法，套袋应注意问题，果实套袋规程。套袋果实后期管理包括解袋、铺银色反光膜、摘叶、转果和叶面喷施微肥。从果实成熟度和判断成熟度方法方面介绍了确定采收期的依据。采收从采收前准备，采收期确定，采收加以介绍。果实采收处理主要包括清洗、消毒、涂蜡、分级和包装5个方面。

## 第一节　花果数量调节

### 一、保花保果技术

果树保花保果技术也就是提高坐果率，是形成产量的重要因素。通过实行保花保果措施，提高坐果率，是果树获得丰产的关键环节，特别是对初果期幼树和自然坐果率偏低树种品种，尤为重要。

**1. 加强土肥水管理**

加强土肥水管理，提高果树营养水平，增强树势，是提高花芽质量，促进花器正常生育，减少落花落果的重要措施。实践已证明，深翻改土，增施基肥，合理追肥，合理灌溉，适时中耕除草等措施，对提高坐果率，增加产量有显著效果。

**2. 合理整形修剪**

合理整形修剪，可改善通风透光条件，调整果树生长和结果关系，提高树体营养水平，促进花芽分化，提高坐果率。如利用冬剪和花前复剪，调整花量，保持适当的叶芽和花芽比例，减少养分消耗，从而提高坐果率。通过修剪，控制营养生长，如葡萄夏季摘心，壮旺树在花期进行环割或环剥等，均能起保果作用。

**3. 创造良好的授粉条件**

对异花授粉品种，应合理配置授粉树，并辅之以相应措施，加强授粉效果，提高坐果率。

（1）人工辅助授粉

缺乏授粉品种或花期天气不良时，应该进行人工授粉。人工辅助授粉可使坐果率提高70%~80%。

①采花。授粉用的花粉应在授粉前2~3 d采集。采集适宜品种为即将开放（大蕾期）的花或刚开放但花药未开裂的花，选用与授粉品种亲和力强、花粉量大而生活力高的品种。为保证花粉具有广泛的使用范围，在生产上最好取几个品种的花朵，授粉时把几个品种的花粉混合在一起使用。取花量应根据授粉果园的面积大小来确定，通常苹果要取40 kg，然后制成1 kg花粉，能满足3~4 $hm^2$ 果园授粉需要。

②取粉。采花后，立即取下花药。在花量不大的情况下，可采用手工搓花的方法获得花药，即双花对搓或把花放在筛子上用手搓。花量大时，可用机械脱药。花药脱下后，放在避光处阴干，温度维持在20～25 ℃，相对湿度为60%～80%，一般经24～48 h，花药即可开裂。干燥后的花粉放入玻璃瓶，并在低温、避光、干燥条件下保存备用。需长期保存时，应将花粉充分干燥，封于玻璃瓶或塑料袋内，避光保存在0～4 ℃干燥环境中，最好放于有干燥剂的干燥器中存放。

③异地取粉和花粉的低温贮藏。对于生产中遇到授粉品种的花期晚于主栽品种而造成授粉时缺少花粉的现象，采用异地取粉和利用贮藏的花粉来解决。异地取粉是利用不同地区物候期的差异，从花期早的地区取粉为花期晚的地区授粉。花粉在低温、干燥条件下可长时间保持生命力。在进行低温保存时应注意保存花粉条件的控制。一是低温。对大多数树种，应控制在0～4 ℃。二是干燥。在花粉保存中应保持干燥，最好放入加有干燥剂的容器中。三是避光。

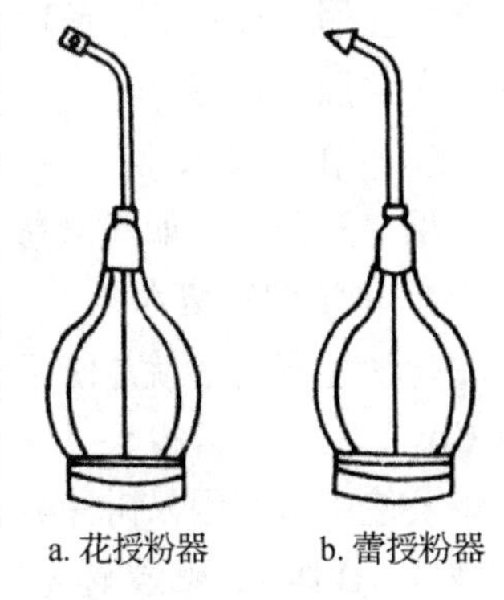

图7-1　花雷授粉器

④授粉。a. 蕾期授粉。在开花前3 d，用花蕾授粉器（图7-1）进行花蕾期授粉。将喷嘴插入花瓣缝中喷入少量花粉，对防治花腐病有效。b. 人工点花授粉。在授粉树少，或授粉树当年开花少，尤其是开花期遇到连日阴雨和花朵遭受冻害时，实行人工点花授粉。点授可用软橡皮、纱布团、纸棒、滤嘴香烟等多种工具。其中纸棒最好。纸棒用旧报纸制成，先将报纸裁成15～20 cm宽的纸条，再将纸条卷成铅笔粗细（越紧越好），一端削尖并磨出细毛，点授时用纸棒尖端蘸取花粉，在花器柱头上轻轻一抹。为节省花粉用量，可加入填充剂稀释，一般比例为1（花粉并带花药外壳）：4填充剂（滑石粉或淀粉）。每蘸一次花粉可抹花5～7朵。c. 机械喷粉。喷时加入50～250倍填充剂，用农用喷粉器喷，现配现用。d. 液体授粉。在盛花期将花粉放入10%蔗糖水溶液中用喷雾器进行喷雾授粉，苹果、梨等仁果类果树用干花粉50～200 g/亩。为增加花粉活力，可加0.1%硼酸。其配制比例为水10 kg、砂糖1 kg、花粉50 mL，使用前加入硼酸10 g。配好后应在2 h内喷完。e. 鸡毛掸子授粉。当授粉树较多，但分布不均匀，主栽品种花量少时可采用鸡毛掸子授粉法。在主栽品种花朵开放时，用一竹竿绑上鸡毛掸子（软毛），先用毛掸在授粉树上滚动蘸取花粉，然后再移至主栽品种花朵上滚动，反复进行而相互授粉。但应注意在阴雨、大风天不宜使用。在用鸡毛掸子授粉时，主栽品种距离不能太远。毛掸蘸粉后不要猛烈震动或急速摆。授粉时，要在全树上下、内外均匀进行。f. 花粉袋授粉。花期将采集的花粉加入3～5倍滑石粉或食用淀粉，过细箩3～4次，使滑石粉（淀粉）与花粉混匀，装入双层纱布袋内。将花粉袋绑于竹竿上，在树上驱动散粉。g. 挂罐与振花枝授粉。授粉树较少，或授粉树虽多，但当年授粉树开花很少及授粉品种与主栽品种花期不遇，在开花初期剪取授粉品种花枝，插在水罐（或广口瓶）中，挂在需要授粉的树上。挂罐后若传粉昆虫（主要是蜜蜂、壁蜂类）较多，开花期天气晴朗，一般授粉较好，但应经常调换挂罐位置。为经济利用花粉，挂罐可与振花枝结合进行。剪来花枝，绑在长约3 m的长竿顶端，高举花枝，伸到树膛内或树冠上，轻轻敲打长竿，将花粉振落分散，振后再插入水罐内。

（2）花期放蜂授粉

①蜜蜂授粉。就是在果树花期，在果园内放养一定量的蜜蜂，通过蜜蜂传粉实现辅助授粉的技术。对于虫媒花果树如苹果、梨、桃等，在果园内放养蜜蜂是我国常用的辅助授粉方法。蜂种选用耐低温、抗逆性强的中华蜜蜂。一般每0.3～0.5 $hm^2$ 放1箱蜂（约8000只），其授粉范围以40～80 m为好。蜂箱间距100～150 m。密植园最好每行或隔几行放置。要求蜂箱在开花前3～5 d搬到果园中，以保证蜜蜂顺利适应新环境，在盛花期到来时能够正常出箱活动。在果园放蜂期间，切忌喷施农药；当花期遇阴雨、大风或温度低于15 ℃的低温天气时，应配合人工辅助授粉。

②壁蜂授粉。壁蜂同蜜蜂相比，具有访花次数多、授粉效果好等优点。其最大特点是一年中只在4—

5月外出活动，其他时间均在蜂巢中。可避免农药对它的伤害，免去周年饲养的费用。用于授粉的壁蜂有角额壁蜂、凹唇壁蜂和紫壁蜂等品种，属膜翅目切叶蜂科壁蜂属，为群聚独栖昆虫。一年1代，以卵、幼虫、蛹、成虫在巢管内越夏越冬，可成虫在巢管外活动20多天时间放蜂传粉。壁蜂开始传粉气温为12～15 ℃。一天中以10—16时飞翔传粉最活跃，有效飞翔距离40 m以内。壁蜂授粉要注意控制其出巢活动时间。在自然条件下，4月上旬壁蜂出巢活动。为使壁蜂能在果树花期出巢活动，应在4月初将有蜂的蜂管放于温度为0～5 ℃的冷藏箱中保存。判断冷藏最佳开始时间的方法是：当壁蜂开始活动时，可听到蜂管内有“咔嚓、咔嚓”的响声。在果树开花前2～3 d，将蜂管从冷藏箱中取出，放入果园。一般果园需放壁蜂1500～2000只/$hm^2$。壁蜂在自然条件下可自然增殖，无须特殊饲喂。但应将蜂管放在花多、温暖避风、宽敞明亮的地方，并在前方1～2 m处挖1个长、宽和深均为40 cm的坑，坑内放些黏泥，注意补水，保持泥土湿润。蜂管周围放置大量的空巢管，以回收壁蜂。放蜂前10 d至巢管回收之前，果园应停止使用杀虫农药。壁蜂活动结束并进入巢管后，应将巢管用细纱网遮罩，水平吊挂于通风阴凉的室内，在常温下保存。

（3）花期喷水

果树开花时，如气温高，空气干燥时，可在果树盛花期喷水，增加空气相对湿度，有利于花粉发芽。

**4. 化学控制技术**

化学控制技术就是使用生长调节剂、矿质元素促进授粉受精，提高坐果率。常用的生长调节剂种类有$GA_3$、$B_9$、$pp_{333}$和6－BA等，防止果树采前落果的生长调节剂有NAA、2，4－D等。生长调节剂种类、用量及使用时期因果树种类、品种及气候条件而不同。用于喷施的矿质元素主要有尿素［$(NH_2)_2CO$］、硼酸（$H_3BO_3$）、硼酸钠（$NaBO_3$）、硫酸锰（$MnSO_4$）、硫酸锌（$ZnSO_4$）、硫酸亚铁（$FeSO_4$）、醋酸钙［$Ca(CH_3COO)_2$］、高锰酸钾（$K_2MnO_4$）及磷酸二氢钾（$KH_2PO_4$）等，生长季节使用浓度多为0.1%～0.5%，一些微量元素与尿素混喷，有增效作用。喷施时期多在盛花期和6月落果以前，次数为2～3次。

**5. 高接授粉花枝**

当授粉品种缺乏或不足时，可在树冠内高接带有花芽的授粉品种枝组。对高接枝于落花后需做疏果工作。该法简便易行，但只能作为局部补救措施。

**6. 其他措施**

通过摘心、环剥和疏花等措施，调节树体内营养分配转向开花坐果，使有限养分优先输送到子房或幼果中，以促进坐果。如花期主干环剥（割伤）方法提高坐果率，效果显著；苹果中美夏、倭锦、元帅系等及乔纳金品种和柿树，在盛花期和落花后环剥，也有促进坐果的良好作用。葡萄花前主、副梢摘心，生长过旺的苹果、梨，于花期对外围新梢和果台副梢摘心，均有提高坐果率的效果。生产上多种果树的疏花、核桃去雄、葡萄去副穗、掐穗尖，均可提高坐果率。此外，果实套袋，树冠上用塑料薄膜覆盖，及时防治病虫害，预防花期霜冻和花后冷害，避免旱、涝等，也是保花保果的必要措施。

## 二、疏花疏果

疏花疏果是人为及时疏除过量花果，保持合理留果量，以保持树势稳定，实现稳产、高产、优质的一项技术措施。果树开花坐果过量，会消耗大量贮藏营养，加剧幼果之间的竞争，导致大量落花落果；幼果过多，树体赤霉素水平提高，抑制花芽形成，造成大小年结果现象；果实过多，造成营养生长不良，光合产物供不应求，影响果实正常发育，降低果实品质，削弱树势，降低抵抗逆境的能力。

通过疏花疏果可以保花保果，提高坐果率；克服大小年，保证树体稳产丰产；提高果实品质，使果实正常的生长发育，整齐度一致，减少残次果；有利于枝叶及根系的生长发育，使树体贮藏营养水平得到提高，进而保证树体的健壮生长。

**1. 合理负载量确定**

确定合理的果实负载量，是正确应用疏果技术的前提。不同的树种，品种，其结果能力有很大的差别。即使相同的品种，处在不同的土壤肥力及气候条件下，其树势及结果能力也不相同。世界各国为保证果品质量，单产标准也有严格要求，具体见表7-1。在生产上确定果树负载量，主要依据以下3项原则：一是保证良好的果品质量。二是保证当年能形成足够的花芽量，生产中不出现大小年。三是保证果树具有正常的生长势，树体不衰弱。

**表7-1　国内外主要果树单产指标**

| 树种 | 苹果（红富士） | | 酿酒葡萄 | | 猕猴桃 | | 梨 | |
|---|---|---|---|---|---|---|---|---|
| | 中国 | 日本 | 中国 | 法国 | 中国 | 新西兰 | 中国 | 日本 |
| 盛果期单产/(kg/亩) | 2500~3000 | 2000 | 1500~2000 | 1200 | 2000~3000 | 1200 | 3000~4000 | 2500~3000 |

疏花疏果关键是根据树种、品种、树势、树龄及管理水平，确定获得最佳质量标准果品的适宜负载量。由于不同树种、品种及在栽培管理条件下成花和坐果能力差异很大，因此，很难确定统一的留果标准。目前确定适宜留果标准的参考指标主要有历年留果经验，干周和干截面积，叶果比和枝果比，果实间距等。这些参考指标在实际应用中，需结合当地的实际情况作必要的调整，使负载量更加符合实际，达到连年优质丰产。

（1）经验法

经验法是目前大多数果园所采用的方法。通常根据树势强弱和树冠大小，结合常年生产实践经验来确定果实保留数量。树势强和树冠大的多留果，反之少留果。在苹果园中，也可根据新梢的生长势特别是果台副梢的生长势来确定留果量。该法简便易行，但操作中没有固定的标准，灵活性强，如判断失误，易造成不良后果。

（2）枝果比

枝果比是枝梢数与果实数的比值，是用来确定留果量的一项参数，也是苹果、梨等果树具体确定留果量普遍参考的指标之一。枝果比通常有两种表示方法：一种是修剪后留枝量与留果量的比值，即通常所说的枝果比；另一种是年新梢量与留果量的比值，又叫梢果比。梢果比一般比枝果比大1/4~1/3，应注意区分二者，以确定合理留果量。适宜的枝果比，有助于花芽形成，增进果实品质，稳定树势，克服大小年。枝果比与叶果比在一定范围内是基本对应的，因此，应用枝果比确定留果量时可参考叶果比指标。据调查，树势稳定的盛果期苹果树，平均单枝叶片数为13~15，当梢果比为3∶1时，叶果比为(39~45)∶1；梢果比为5∶1时，叶果比为（65~75）∶1。在当前的生产条件下，小型苹果品种梢果比为（3~4）∶1，大果型品种梢果比为（5~6）∶1；枝果比比梢果比小1/4~1/3。小型梨品种枝果比为3∶1左右；大型梨品种枝果比为（4~5）∶1。枝果比因树种，品种，砧木，树势及立地条件和管理水平的不同而异。因此，在确定留果量时应综合考虑，灵活运用。

（3）叶果比

叶果比指总叶片数与总果数之比，是确定留果量的主要指标之一。每个果实都以其邻近叶片供应营养为主，所以，每个果必须要有一定数量的叶片生产出光合产物来保证其正常的生长发育，即一定量的果实，需要足够的叶片供应营养。对同一种果树，同一品种，在良好管理条件下，叶果比是相对稳定的。如苹果的叶果比为：乔砧树大型果品种为40~60，矮砧树，中小型果品种为20~40；鸭梨叶果比30~40；洋梨40~50；桃30~40。根据叶果比来确定负载量是相对准确的方法，但在生产实践中，由于疏果时叶幕尚未完全形成，叶果比的应用有一定困难，可参考枝果比、果间距及经验指标，灵活运用。

（4）干周留果法

干周留果法就是根据果树的干周来确定果树负载量的方法。具体方法是在疏果前，用软尺测量树干距地面20~30 cm处的周长，通过公式计算单株留果量。山东烟台市果树所提出苹果树干周法留果的公式：$y=0.8AC^2$，式中$y$为单株负载量（kg）；$A$为每平方厘米干截面积应负载产量；$C$为干周长（cm）。

汪景彦（1986）提出了不同树势的苹果树干周留果法计算公式：$Y_{中}=0.025C^2$；$Y_{强}=0.025C^2+0.125C$；$Y_{弱}=0.025C^2-0.125C$。干周留果法简便易行，在良好的综合管理条件下，按干周法控制产量，可保证大小年幅度不超过5%。

（5）距离法

就是根据果实之间的距离留果。此法在生产中应用最为普遍。一般苹果红富士20~25 cm留一个果，嘎啦15~20 cm留一个果。梨15~20 cm留一个果。

**2. 疏花疏果时期和方法**

（1）时期

理论上讲，疏花疏果越早，节约贮藏养分就越多，对树体及果实生长也就越有利。但在实际生产中，应根据花量、气候、树种、品种及疏除方法等具体情况来确定疏除时期，以保证足够的坐果为原则，适时进行疏花疏果。通常，生产上疏花疏果可进行3~4次，最终实现保留合适的树体负载量。结合冬剪及春季花前复剪，疏除一部分花序，开花时疏花，坐果后进行1~2次疏果可减轻树体负载量。在应用疏花疏果技术时，有关时期的确定，应掌握以下两项原则：一是花量大的年份早进行，分几次进行疏花疏果，切忌一次到位。自然坐果率高的树种、品种，早进行；自然坐果率低的晚进行。对于自然坐果率低的树种和品种，一般只疏果，不疏花。如苹果中的红星品种自然坐果率低，应在6月落果结束后再定果。早熟品种宜早定果，中晚熟品种可适当推迟。花期经常发生灾害性气候的地区或不良的年份应晚进行。二是采用化学方法进行疏花疏果时，应根据所用化学药剂的种类及作用原理，选择疏除效果最好、药效最稳定的时期施用。

（2）方法

疏花疏果方法分人工疏除和化学疏除两种。人工疏除准确、安全、灵活、有效，但费时费工。化学疏除省时、省力、速效，但疏除效果受品种敏感性、树势、用药绝对剂量、气候条件、喷布时期等因素影响很大，因而准确性和安全性较差。一般只作为人工疏除的辅助手段，完成必要疏除量的1/4~1/3，生产上主要采用人工疏除法。

①人工疏花疏果。一般在了解成花规律和结果习性基础上，以早疏为宜。“疏果不如疏花，疏花不如疏花芽”，因此，人工疏花疏果一般分3步进行。第一步疏花芽。就是在冬剪时，对花芽形成过量的树，进行重剪，着重疏除弱花枝，过密花枝，回缩串花枝，对中、长果枝破除顶花芽；在萌动后至开花前，再根据花量进行花前复剪，调整花枝和叶芽枝的比例。第二步疏花。在花序伸出至花期，疏除过多的花序和花序中不易坐优质果的次生花。疏花一般是按间距疏除过多、过密的瘦弱花序，保留一定间距的健壮花序；对坐果率高的树种和品种，可进一步对保留的健壮花序只保留1~2个健壮花蕾，疏去其余花蕾。第三步疏果。在落花后至生理落果结束之前，疏除过多的幼果，进行定果。定果是在幼果期，依据树体负载量指标，人工调整果实在树冠内的留量和分布的技术措施，是疏花疏果的最后程序。定果依据是树体的负载量，即依据负载量指标确定单株留果量，以树定产。一般实际留果量比定产留果量多留10%~20%。定果时先疏除病虫果、畸形果、梢头果和纵径短的小果、背上及枝杈卡夹果，选留纵大果、下垂果或斜生果。依据枝势、新梢生长量和果间距，合理调整果实分布：枝势强，新梢生长量大，应多留果，果间距宜小些；枝势弱，新梢生长量小，应少留果，果间距宜大。对于生理落果轻的树种品种定果可在花后1周至生理落果前进行。定果越早，越有利于果实的发育和花芽分化。

②化学疏花疏果。是在花期或幼果期喷洒化学疏除剂，使一部分花或幼果不能结实而脱落的方法。常用化学疏除剂可分为疏花剂，疏果剂及疏花疏果剂。疏花剂是于花期喷施，可有效疏除花朵或抑制坐果，主要有二硝基邻甲苯酚，石硫合剂等。疏果剂是于幼果期喷施，起到疏除幼果作用的药剂，如萘乙酸、萘乙酰胺、西维因、敌百虫等，疏花疏果剂是既可疏花又可疏幼果的药剂，如乙烯利。原则上，化学药剂疏花疏果，施用浓度不宜过大，并应结合人工疏果措施。即先应用疏花疏果剂疏去大部分过多花

果，再进行人工调整。但树种、品种间对药剂及使用浓度敏感程度差异很大，应用效果不够稳定，应先做试验，根据试验结果，在生产上推广应用。

**3. 各类果树疏花时期及要求**

苹果、梨等仁果类果树疏花时期在花序分离期至盛花期，最好在花序分离前期。疏花方法可用剪子只剪去花序上的全部花蕾，留下果台上叶片，所留花序数量与部位根据将来留果要求而定，一般每留一个花序就能确保该部位坐一个理想果实。

桃、杏等核果类果树一般先结合冬剪疏除一部分多余的花束状果枝，再在花蕾开始膨大期至开花前，对长、中、短果枝进行疏花，留花掌握原则一般是要求留果的1.5~2.0倍。核桃疏花主要针对雄花序进行，疏除方法是用带钩的木杆钩或人工掰除，疏除花量以90%~95%为宜。葡萄疏花时间在开花前进行，对于过密花序，要整序疏除，保留的花序要采用掐去花尖和小穗尖方法对果穗进行整理疏除。

**4. 以花定果措施**

根据树势强弱、管理水平，确定留果数量，再加10%~20%保险系数即为留花序量。所留花序每隔3~5个留1个双花，其余全部留单花。对苹果，保留下来花序将边花全部疏除，只保留中心花。大多数梨品种要尽量留第3~第4序位的花蕾。“以花定果”时间从花序分离期到开花前，越早越好，一次完成。采用以花定果技术必须注意3个方面：一是要有健壮的树势和饱满的花芽；二是疏花后留下的花要全部进行人工授粉；三是只能在坐果率较高，花期气候条件稳定园区应用。在春季低温多雨等不良环境条件下，可采取先疏花序后定果技术，就是从花序分离到开花前，按留果标准，选留壮枝花序，将其余花序全部去掉，坐果后再定果。

**5. 疏果**

①时期和次数。不同种类果树疏果时期不同。苹果、梨等仁果类果树疏果分两次进行较好。第一次疏果叫“间果”，在子房膨大时（落花后1~2周）进行；第二次疏果叫定果，在生理落果后（落花后1个月左右）进行。定果后留下空果台的副梢，在营养条件较好情况下，有些品种当年还能形成花芽。核果类果树疏果一般在硬核期进行，越早越好。葡萄等藤本果树疏果时间在花后2~4周进行。

②方法。疏果可分间果和定果两次进行，管理水平较高果园可一次完成。间果主要是将疏花时多留在花序上的幼果疏掉。定果时应首先疏除过密、有病虫、机械损伤和畸形瘦小的果，然后再根据留果量疏除多余的果。具体确定留果量方法有叶果比法、枝果比法、干周法和以枝定果法4种。以枝定果法主要应用在桃、杏、李等核果类果树上。具体应用时常以结果枝长度与品种果型大小作为标准，不同树种、品种各种枝条留果标准见表7–2。

**表7–2　不同树种、品种各种枝类留果标准**

| 树种 | 果实型号类型 | 代表品种 | 长枝留果数量/（个/枝） | 中枝留果数量/（个/枝） | 短枝留果数量/（个/枝） | 花束状果枝留果数量/（个/枝） |
|---|---|---|---|---|---|---|
| 桃 | 大型果 | 早丰王、重阳红 | (1~2)/1 | 1/(1~2) | 1/(2~3) | 1/(3~5) |
| | 中型果 | 大久宝、庆丰 | (2~3)/1 | (1~2)/1 | 1/(1~2) | 1/(1~3) |
| | 小型果 | 春蕾、麦香 | (3~4)/1 | (2~3)/1 | 1~2 | 1/(2~3) |
| 杏 | 大型果 | 凯特 | (1~3)/1 | (1~2)/1 | 1/(1~2) | 1/(2~3) |
| | 中型果 | 串枝红 | (2~3)/1 | (1~2)/1 | 1/(1~2) | (1~2)/2 |
| | 小型果 | 骆驼黄 | (2~4)/1 | (1~2)/1 | 1/1 | 1/(2~3) |
| 李 | 大型果 | 皇家宝石 | (1~3)/1 | (1~2)/1 | 1/(1~2) | 1/(2~3) |
| | 中型果 | 黑宝石、大石早生 | (2~3)/1 | (1~2)/1 | 1/(1~2) | 1/(2~3) |
| | 小型果 | 玉皇李 | (2~4)/1 | (1~2)/1 | 1/1 | (1~2)/2 |

## 三、疏穗、疏粒

主要针对葡萄和核桃。葡萄为复总状花序，在花后 2～4 周进行疏果。不同品种单果穗留果量因果粒大小而异，根据品种结果特性，果穗重量应控制在 0.5～1.0 kg，中型果控制在 80～100 粒。而核桃的雄花序为柔荑花序，有小花 100～170 个。据研究，核桃疏除雄花序效果较好。疏除时间一般在雄花序萌动之前完成为好。疏除方法多用带钩的木杆钩或人工掰除，疏雄量在 90%～95% 为宜。

## 四、疏花疏果原则及要求

**1. 原则**

果树疏花疏果原则是“看树定产”“按枝定量”。“看树定产”就是看树龄、树势、品种特性及当年花果量，确定单株适当负载量。“按枝定量”就是根据枝条生长情况、着生部位和方向、枝组大小、副梢发生的强弱等来确定留果量。一般经验是强树、强枝多留，弱树、弱枝少留；树冠中下部多留；上部及外围枝少留。

**2. 要求**

疏花对花序较多的果枝可隔 1 去 1，或隔几去 1，疏去花序上迟开的花，留下优质早开的花。疏果先疏去弱枝上的果、病虫果、畸形果，然后按负载量疏去过密过多的果。对于核果类果树一般花序都留单果，去小留大、去坏留好，先上后下、由里及外，防止损伤果枝。

## 五、疏花疏果技术要点

**1. 按枝配果，分工协作**

按枝配果是将全树应负载留果数，合理分配到大枝上。分配依据是每一个枝的大小、花量、性质、位置等。如辅养枝、强枝和大主枝可适当多留。多人同时疏除一株树，应分配好每个人疏除范围和留果数量，并有一人负责检查，防止漏疏。

**2. 科学安排，循序渐进**

在一株树上疏花疏果顺序是先上部后下部，先内膛后外围。为防止漏疏，可按枝条自然分布顺序由上而下，每枝从里到外进行；就一个果园应根据品种开花早晚、坐果率高低，先疏开花早、坐果率低的品种，再疏开花晚，坐果率高品种；同一品种内，先疏大树、弱树和花果量多的树。

**3. 按距留果，注意位置**

果实间距决定留果数量，而果实着生果枝的年龄、部位、方向和果实着生位置及状况则影响果实质量。具体操作时，要同时兼顾上述因素。苹果果实间距和留果数按照表 7-3 进行。同时要选留三至四年生基枝上着生中、长果枝和有一定枝轴长度、结果易下垂的短果枝，最好是母枝两侧着生的果枝。但不同年龄果枝的结果能力因品种而异，可通过调查确定。果实应选下垂状态果和侧生果枝弯曲下垂果。最好是果形端正、高桩、无病虫害、果肩平整。要疏除直接从骨干枝长出的果枝和大枝背上朝上的果枝上的幼果。

**表 7-3 苹果花果间距及留果方法**

| 项目 | 乔化砧树 | | 矮化中间砧树及短枝型树 | |
|---|---|---|---|---|
| 果实类型 | 中型果品种 | 大型果品种 | 中型果品种 | 大型果品种 |
| 花果间距/cm | 15～25 | 20～30 | 15～20 | 20～25 |
| 留果方法 | 留单果为主，结合留双果为辅 | 留单果 | 留单果 | 留单果 |

**4. 及时复查，补充疏除**

全树疏除工作结束后，应绕树一周仔细检查核对全树留果总量，漏疏部分及时进行补疏。

**思考题**

(1) 如何提高果树坐果率？

(2) 果树人工辅助授粉方法有哪些？

(3) 如何确定果树的合理负载量？

(4) 如何进行以花定果？

(5) 如何进行人工疏花疏果？

(6) 葡萄和核桃如何疏穗疏粒？

(7) 果树疏花疏果的原则及要求是什么？

(8) 果树疏花疏果的技术要点是什么？

## 第二节 果实管理及采收

果实管理主要是为提高果实品质而采取的技术措施。果实品质包括外观品质和内在品质。外观品质包括果实大小、形状、色泽、整齐度、洁净度、有无机械损伤及病虫害等方面；内在品质包括果实风味、肉质粗细、香气、果汁含量、糖酸含量及其比例和营养成分等方面。对有些树种、品种还应考虑其耐贮性和加工特点。

### 一、果形调控

果实形状和大小是重要的外观品质，直接影响果实的商品价值。不同品种有其特殊的形状，如鸭梨在果梗处有“鸭头状突起”；元帅系苹果要求高桩，五棱突出等。有些果树如葡萄，枇杷等，其果穗大小、形状、果粒大小、整齐度等也各不相同。消费者不但要求果实风味好，而且要求果实具有良好的外观。努力提高果实外观品质，是适应目前竞争日益激烈的市场，提高果树生产效益的重要措施之一。果形除取决于品种自身的遗传性外，还受砧木、气候、果实着生位置和树体营养状况等因素影响而产生较大的变化。

**1. 树种、品种**

果实原形状首先受其遗传特性的影响。不同品种，其果形相对稳定。

**2. 砧木**

相同的品种，嫁接在生长势强的砧木上比嫁接在生长势弱的砧木上所结果实果形指数大。果形指数是果实的纵径与横径之比。对有些果树如苹果，果形指数是反映其品质好坏的重要指标，果形指数大的果实商品性较好。

**3. 气候**

对许多果树的研究表明：春末夏初的冷凉气候条件有利于果形指数的增加。如在我国西北地区红星苹果果形指数较大。

**4. 着果位置**

鸭梨花序基部序位的果实，具有典型鸭梨果形的果实比例较高，随着序位的增加，其比例降低。富士苹果中，着生在中长果枝上的下垂果，果形指数较大，果实端正。反之，着生在靠近大枝上的侧生果，果形指数较小，易发生偏果。因此，在疏花疏果时，鸭梨应尽量保留下垂果。

**5. 树体营养状况**

大部分果树在花期前后要进行果实细胞分裂，此时，果树的营养状况，对果实大小和形状有很大影响。苹果在大年时，果个小，果形扁。大量的研究结果证明：凡是能够增加树体营养的措施，特别是增加贮藏养分水平的措施，都有利于果实果形指数的提高。

**6. 生长调节剂**

果实发育受多种内源激素的调节。应用生长调节剂可以在很大程度上改变某些果树果实的果形。在这方面，最成功的是普洛马林在元帅系苹果上的应用。元帅系苹果在盛花期喷施500～800倍的普洛马林，可明显提高果形指数，并且五棱突出，显著改善外观品质。目前，国内也不断开发出类似产品，如果实整形素、高桩素等。

## 二、促进果实着色技术

果实着色程度是其外观品质的又一重要指标，它关系到果实的商品价值。我国果品通常着色差，这是在国际和国内市场上缺乏竞争力的重要原因之一。果实着色状况受多种因素的影响，如品种、光照、温度、施肥状况和树体营养状况等。在生产实际中，要根据具体情况，对果实色素发育加以调控。

**1. 改善树体光照条件**

光是影响果实红色发育的重要因素。要改善果实的着色状况，首先，要有一个合理的树体结构，保证树冠内部的充足直射光照。我国在苹果上传统的树形主要是疏散分层形。该树形树冠过大，留枝量过多，会造成树冠郁蔽，冠内光照不良。目前，大量应用纺锤形或细长纺锤形树形，改善了冠内的光照，提高了优质果的比例。因为光照与果实中糖分和花青素的含量有直接关系。其次，果实负载量合理，叶果比适宜：生产上应根据不同树种、品种的适宜留果量指标，确定产量水平。叶果比适宜，有利于果实中糖分积累，从而增加果实着色。

**2. 科学施肥，适时控水**

增加果树有机肥施入，提高土壤有机质含量，均有利于果实着色。矿质元素含量与果实色泽有密切关系，果实发育后期不宜追施以氮肥为主的肥料。在施肥技术上，利用叶片营养诊断指导果树配方施肥。果实发育后期即采收前10～20 d控制灌水，保持土壤适度干燥。

**3. 果实套袋**

果实套袋最初是为防止果实病害而采取的一项管理技术措施。在应用中发现，套袋除可防止果实病害外，在成熟前摘袋，还可促进果实的着色。果实套袋在苹果、梨上应用最为广泛，约占栽培面积的1/2，其次是桃。近年来，随着人们生活水平的提高，葡萄、杏、李、猕猴桃、草莓等树种果实套袋技术，也在管理水平较高的果园广为采用。果实套袋对提高果实外观品质效果显著，除了可促进果实着色，减轻果实病虫害外，还具有提高果面光洁度，减轻果实中农药残留等作用。在雹灾频繁发生的地区，还具有避免或减轻雹害的效果。但套袋也有不利的一面。首先，套袋降低果实中可溶性固形物的含量，果实口味变淡，贮藏性能降低。其次，近年来发现，在夏季雨量大的年份，由于袋内高温高湿，在果实萼部周围发生黑褐色斑点，严重时遍布整个果实。最后，套袋比较费工。另外，在苹果上套袋有时会加重果实日灼。我国现阶段果实品质的主要问题是外观品质差，着色不良。因此，目前套袋对提高果实外观品质和果园经济效益还是切实可行的有效措施。果实套袋技术对果袋质量、套袋及摘袋时期，摘袋后的管理等都有较严格的要求，如掌握不好，会给生产造成一定的损失。

（1）果实袋种类

根据果实袋结构可分为仁果类果实袋（袋口中间不留口或垂直留一个长1.5～2.0 cm的切口）、核果类果实袋（袋口中间留一个直径1.5～2.0 cm长的半圆形切口）和穗状果果实袋［袋口中间不留口，纸袋长宽比一般为（2～3）∶1］。依据应用树种不同，果实可分为苹果果实袋、梨果实袋、葡萄果实袋、桃果实袋、杏果实袋和李果实袋等。依据果实袋颜色和纸层多少可分为单层单色果实袋、单层双色果实袋、双层双色果实袋和多层多色果实袋等。依据果实袋制作工艺可分为手工果实袋和机制果实袋等。依据果实袋对入袋害虫防治作用可分为防虫果实袋和不防虫果实袋。依据果实袋蜡质有无可分为涂蜡果实袋和无蜡果实袋。

（2）果实袋结构

标准果实袋一般由袋口、捆扎丝、丝口、袋体、袋底、通气放水口6部分组成。

（3）果袋质量

果袋用纸应为木浆纸，要求具有较强的耐水性和耐日晒能力。在长时期野外条件下，不变形、不破裂。纸袋的大小应根据所套果实大小确定，一般多为18 cm×14.5 cm，纸袋多数为2层，也有1层和3层。2层袋外袋的外表面为灰色或黄绿色，内表面为黑色，内袋为红色或深蓝色半透明纸袋。1层袋与2层袋的外袋或相同，可为黄色半透明纸袋。3层袋是在2层袋子的外袋与内袋间加1层双面黑色的纸袋。2层袋增加果实色泽的作用强于1层袋，但成本较高。对于梨和葡萄，使用报纸做成的专用果袋应用也很普遍。

（4）优良果袋应具备条件

优良果袋应具备7个条件：一是果袋湿强度要大。即果袋外层浸入水中1~2 h后，双手均匀用力外拉，柔韧性强；二是外袋疏水性能好。就是外袋上倒水后能很快流走，且不沾水或基本上不沾水；三是规格符合要求。2层纸袋的外袋一般宽14.5~15.0 cm，长17.5~19.0 cm，内袋长16.5~17.0 cm；四是外观规范，袋面平展，黏合部位涂胶均匀，不易开胶；五是透气性好。在袋底有透气孔；六是内袋涂蜡均匀。可在太阳下观察蜡质的薄厚及均匀度；七是袋口必须有缺口，袋口一侧有铁丝。

（5）套袋时间

套袋时间一般应掌握在可套范围内越早越好。不同树种、不同品种，在套袋时间上有早有晚。不宜产生水锈的白梨、秋子梨系统品种如鸭梨、砀山酥梨和京白梨等和砂梨系列的褐色品种，一般在生理落果后进行。黄金梨等一些黄色砂梨品种一般应用2次套袋方法，套小袋应在生理落果前完成，大袋可推迟到果实速长期之前。对于一些易产生水锈的梨品种如雪花梨、新世纪等套袋时间可适当向后推迟。苹果套袋时间一般在6月生理落果后进行，但对黄冠等易产生果锈的品种套袋时间应提前，最好像黄金梨一样进行2次套袋。桃、杏、李生理落果严重，套袋时间在生理落果后进行；葡萄套袋时间在落花后应及早进行。

（6）套袋方法

一般果实袋套袋前应将整捆果实袋放于潮湿处，即用一层报纸包住，在湿土中埋放，或于袋口喷水少许，使之返潮、柔韧。

①长果柄仁果类品种及葡萄树种。对于长果柄的仁果类品种及葡萄树种，果实选定后，先撑开袋口，托起袋底，使两底角通气放水口张开，使袋底膨起。手执袋口下2~3 cm处，套上果实后，从中间向两侧依次按“折扇”方式折叠袋口，于丝口上方从连接点处撕开将捆扎丝反转90°，沿袋口旋转一周扎紧袋口。注意切不可将捆扎丝整体拉下；捆扎位置宜在袋口上沿下方2.5 cm处。果实袋与幼果相对位置袋口尽量靠上，果实在袋内悬空，使袋口接近果台位置。套袋人员不要用力触摸果面，幼果入袋后，可手执果柄操作。

②短果柄仁果类品种。对于果柄较短的仁果类品种，果实选定后将果柄放入切口内，使待扎紧的一端在右处，以果柄为分界线，将右手处带有扎紧丝的一端向左旋转90°，使捆扎丝与左边袋口重叠，捆扎丝在内，然后在袋口的0.5~1.0 cm处平行向内折叠，使无丝一端的袋口压住捆扎丝，再将折叠后袋口连同捆扎丝在无丝端的2 cm处向外成45°角折叠，压紧纸袋即可。

③果柄极短核果类品种。对于果柄极短核果类品种，可将果实置于袋内后，将半圆形切口套住果实所着生的结果枝，扎紧袋口。

④套袋应注意问题。套袋应注意5个问题：一是用力方向始终向上，用力宜轻。二是不要把叶片套

在袋内。三是不要把扎丝绑在果柄上。四是一定把果实置于袋的中央，不可靠在袋上。五是袋口要扎紧，以免进水或被风吹掉。

总之，果实套袋规程是：袋子放在左手掌→右手拇指放入袋子中→袋体膨胀→左手夹住幼小果→幼果进入袋子中→袋切口在果柄交叉重叠→袋一侧向袋切口处折叠→另一侧向袋切口折叠→捆扎丝折在折叠处。

（7）套袋果实后期管理

对于不需要果实着色树种、品种，果实袋在果实采收时连同果实一块采下，然后去掉果实袋即可。需要果实着色树种、品种，在果实采收前15～20 d先解除果实袋，然后再进行摘叶、转果、铺反光膜及叶面喷微肥等。

①解袋。在采收前15～20 d进行。对于2层复色果实袋，应首先解除外层袋，5～7 d后再解除内层纸袋。解袋当时应谨防太阳直晒，解袋时间应避开光线强烈的中午，一般上午解除树冠西部的果实袋，下午解除树冠东部的果实袋。

②铺银色反光膜。果实解袋后，应及时铺设银色反光膜。生产上常用反光膜一般宽1 m，根据栽植密度每行铺设银色反光膜2～4块，反光膜铺设要平滑，用15 cm长的直角铁丝或装有土壤的白色塑料袋固定即可。

③摘叶。果实解袋后，应及时将影响光线照射果实的叶片摘除。摘叶应注意一个枝条上叶片不能全部摘除，一般短枝至少每枝保留1～2片，中长枝要保留3片以上。

④转果。当解袋10 d左右时应及时转动果实，使背光面能被阳光直射。

⑤叶面喷施微肥。果实解袋后叶面喷施具有促进果实着色作用的复合微肥，如PBO、稀土多元微肥，不仅能促进果实着色，而且还可增加果实含糖量和提早成熟。

## 三、提高果面洁净度

除果实着色状况外，果面的洁净度也是影响果实外观品质的重要指标。在生产中，因农药、气候、降雨、病虫危害及机械伤等原因，常造成果面出现裂口、锈斑、煤烟黑、果皮粗糙等现象，多发的年份会严重影响果实的商品价值，造成经济效益下降。目前在生产上能够提高果实洁净度的措施主要有：一是果实套袋。二是合理使用农药。农药使用的时期及浓度不当，会造成果锈加重。苹果的某些品种如金冠，在幼果期喷施波尔多液在一定程度上可减轻果锈的发生。三是加强植物保护，防止果面病虫害。四是喷施果面保护剂。如苹果喷施500～800倍高脂膜或200倍石蜡乳剂等，均可减少果面锈斑或果皮微裂，对提高果实外观品质明显有利。五是洗果。果实采收后，分级包装前进行洗果，可洗去果面附着的水锈、药斑及其他污染物，保持果面洁净光亮。

## 四、防治采前落果

### 1. 防止由于品种造成的采前落果

采前落果是指在果实成熟前不久，由于品种特性使枝条与果柄间或果柄与果实间形成离层，果实非正常脱落的现象。采前落果对产量和经济效益都有影响，严重时，可造成经济收益的大幅度降低。如苹果品种“红津轻”是品质优良的中、早熟品种，但由于采前落果严重，使其在我国推广受到严重阻碍。采前落果主要是由品种特性造成的。目前，对采前落果唯一有效的防止方法是施用植物生长调节剂。我国在生产上广泛应用NAA防止苹果采前落果，适宜浓度为30～50 mg/L。适用时期为采前30 d及15 d各喷施1次。NAA除对苹果有效外，对防止梨的采前落果也有较好效果，其施用时期与苹果相同，但施用浓度低于苹果，为20～30 mg/L。

### 2. 防止由于灾害造成采前落果

采收前，经常会发生灾害性落果。灾害性落果主要是指在果实成熟前由于大风、干旱、病虫等灾害造成的果实脱落。对灾害性落果的预防，应针对具体情况，采取相应措施。具体从3个方面着手：一是防风。大风是造成灾害性落果的最主要原因。因此，生产上应加强防风，特别是在采收前经常发生大风的地区要加强风灾的预防。防风的主要措施有：对果实及枝条采用绑枝、撑吊等方法进行加固。如日本梨树栽培采用水平棚架绑缚栽培可大幅度减轻风的危害。也可以建立防风林，设立防风网和防风障等减轻风害。二是合理灌溉。其目的是减轻干旱造成落果。三是加强后期植物保工作。这项工作可防止因病虫害造成的落果。

## 五、果实采收与采后处理

### 1. 采收前准备

（1）估产

在采收前需对果园的产量进行估测。之后根据估产的结果，合理安排劳力，准备采收前用具和包装材料等。估产一般在全年进行两次：6月落果后和采前1个月，后一次尤为重要。估产的方法是根据果园的大小，按对角线方式随机抽取一定数量的果树，调查其产量情况，再换算成全园的产量。抽样时应注意：所调查的树应具有代表性，要避开边行和病虫害严重危害的树。调查时一般抽样为10株/$hm^2$。

（2）采收工具准备

估产后应根据劳力状况合理安排采收进程，并准备采收用具。我国采收多用果筐，筐内垫衬柔软材料，以防止果实碰伤。国外采收用采果袋由金属和帆布做成，可减轻果实损伤。除采收工具外，还必须根据估产结果，准备包装容器。包装容器不可有锐利边角。我国现在主要用纸箱。

### 2. 采收期确定

采收期早晚对果实产量、品质及耐贮性都有很大影响。采收过早，果实个小，着色差，可溶性固形含量低，贮藏过程中易发生皱皮萎缩；采收过晚，果实硬度下降，贮藏性能降低，树体养分损失大。适期采收果实产量高，品质及耐贮性好。

（1）果实成熟度

①可采成熟度。果实已达到应有大小与重量，但香气、风味、色泽尚未充分表现品种特点，果肉硬度大，肉质还不够松脆，不适宜立即鲜食。用于贮藏、加工、蜜饯或市场急需，或因长途运输，可于此时采收。

②食用成熟度。果肉已充分成熟，果实风味品质都已表现出品种应有特点，在营养价值上也达到最高点，是食用的最好时期。适于供应当地销售，不适于长途运输和长期贮藏。作果酒、果酱、果汁加工用也可在此期采收。

③生理成熟度。果实在生理上已达到充分成熟，果肉松软，种子充分成熟。水解作用加强，品质变差，果味转淡，营养价值下降，已失去鲜食价值，一般供采种用或食用种子的，应在此时采收。

（2）判断果实成熟度方法

①根据果实生长日数。在同一环境条件下，各品种从盛花到果实成熟，各有一定的生长日数范围，可作为确定采收期的参考，但还要根据各地年气候变化（主要是花后温度）、肥水管理及树势旺衰等条件决定。如柿约160 d；桃品种早熟品种约60 d，晚熟品种约200 d。

②果皮色泽。果实成熟过程中，果皮色泽有明显的变化。判断果实成熟度色泽指标，是以果面底色和彩色变化为依据。绿色品种主要表现为底色由深绿变浅绿再变为黄色，即达成熟。但不同种类、品种间有较大差异。红色果实则以果面红色着色状况作为果实成熟度重要指标之一。

③果肉硬度。果实在成熟过程中，原来不溶解的原果胶变成可溶性果胶，其硬度则由大变小，据此可作为采收之参考。但不同年份，同一成熟度果肉硬度有一定变化，可用果实硬度计连年测定果肉硬度，积累经验加以判定。

④含糖量。随着果实成熟度增加，果实内可溶性固形物含量逐渐增加，含酸量相对减少，糖酸比值增大。如葡萄采收时期，常根据果中可溶性固形物（主要为糖分）的高低及果粒着色程度来确定。

⑤种子色泽。种子成熟时色泽是判断果实成熟度的一个标志，大多数果树可依此作为判断成熟度的方法之一。

⑥果实脱落难易。核果类和仁果类果实成熟时，果柄和果枝间形成离层，稍加触动，即可脱落，故可以此判断成熟度。但有些果实，萼片与果实之间离层形成比成熟期迟，则不宜作为判断成熟度指标。

⑦碘—淀粉反应。一些树种的果实如苹果在成熟前含有较多淀粉，成熟后果实中的淀粉被分解为糖。利用碘化钾与果实中的淀粉反应生产紫色的程度，可判断果实的成熟度。测定时将苹果横切两半，用5%的碘化钾溶液涂抹切面。根据染色体的面积，将其分为6级。在判断果实成熟度时，不同的品种要求不同的反应指数，如津轻、元帅系品种一般要求在3.5级以下才能采收。

上述判断果实成熟度方法，在生产上要综合考虑，不应以单一项目来判断，同时还要结合品尝来决定。

采收期的确定除要考虑果实的成熟度外，更重要的是要根据果实的具体用途和市场情况确定。如不耐贮运的鲜食果应适当早采，在当地销售的果实要等到接近食用成熟度时再采收。如果市场价格高、经济效益好，应及时采收应市。相反，以食用种子为主的干果及酿造用果，应适当晚采。有些果树种的果实需经成熟后才可食用，如西洋梨、涩柿、香蕉等。这些果实在确定采收期时，主要根据果实发育期、果实大小等指标而定。

**3. 果实采收**

采收果实方法根据是否使用机械，可分为人工采收和机械采收两类。一般鲜食果品多数都采用人工采收，加工果多采用机械采收。

（1）采收时间

采收时间宜在晴天或阴天进行，雨天、雨后有雾和露水未干不宜采收。

（2）采果要求

采收时必须谨慎从事，轻拿轻放，保护果实本身的保护组织，如茸毛、蜡粉等不可擦去，应尽量避免损伤果实，如压伤、指甲伤、碰伤、擦伤等，特别是机械损伤。为减轻果实受到伤害，采收时最好戴手套。一株树采收时应按先下后上、先外后内、由近及远顺序进行。对果实柔软的切勿摇动果枝。采果时还要防止折断果枝，碰掉花芽和叶芽。注意尽量避免碰伤枝芽。对成熟度不一致树种或品种应分期采摘，以提高果实品质和产量。

（3）采收方法

①人工采收方法。对果柄与果枝易分离树种，如核果类和仁果类果树可用手直接采摘，对葡萄等果柄不易脱离的果实，应用剪刀剪取果实或果穗；仁果类采收时用手轻握果实，食指压住果柄基部（靠近枝条处），向上侧翻果实，使果柄从基部脱离。采收果实时应注意要保留果柄。核果类中的桃、杏等果实果柄短，采收时不留果柄。采收时应用手轻握果实，并均匀用力转动果实，使果实脱落。樱桃采收时应保留果柄。桃有些品种的果柄很短但梗洼较深，如部分蟠桃及中华寿桃等，在采收时近果柄处极易损伤，最好用剪刀带结果枝剪取果实。

②机械采收方法。机械采收是将来果树生产发展方向。但现在采收机械还不十分完善，完全的机械采收还主要用于加工果实。机械采收在国内应用较少，在国外机械采收主要有机械震动和机械辅助采收两种方法。

**4. 采后处理**

（1）果实清洗与消毒

果实清洗主要是除去果面上沾有的尘土、残留的农药和病虫污垢等。常用清洗剂主要有稀盐酸

（HCl）、高锰酸钾（$K_2MnO_4$）、氯化钠（NaCl）、硼酸（$H_3BO_3$）等的水溶液。果实清洗剂种类很多，应根据果实种类和主要清洗物进行筛选。但无论何种清洗剂，必须可溶于水，具有广谱性，对果实无药害且不影响果实风味，对人体无害并在果实中无残留，对环境无污染。

（2）果实涂蜡

果实涂蜡就是在果面涂上一薄层蜡层。可增加果实光泽，减少在贮运过程中果实水分损失，防止病害侵入。果实涂蜡成分主要是天然或合成的树脂类物质，并在其中加入一些杀菌剂和植物生长调节剂。涂蜡要求蜡层薄厚均匀，应特别注意果实涂蜡不能过厚。

（3）分级

果实在包装前要根据国家规定的销售分级标准或市场要求进行挑选分级。果实分级后，同一包装中应果实大小整齐、质量一致。同时，在分级中应剔除病虫果和机械伤果。果实分级以果实品质和大小两项内容为主要依据。通常在品质分级基础上，再按果实大小进行分级。品质分级主要以果实的外观色泽、果面洁净度、果实形状、有无病虫危害及损伤、果实中可溶性固形物含量、果实成熟度等为依据。果实大小分级取决树种、品种，果形较大的分为4～5级，如苹果、梨、桃等；果形较小的，如草莓、樱桃等一般只分2～3级。此外，果实分级有时还取决果实的用途，如酿酒用葡萄主要依据可溶性固形物含量和酸含量分级，而鲜食葡萄主要根据果穗大小和果粒大小、果实颜色分级。

（4）包装

包装就是采收的果实包装在一定的容器中。其可减少果实在运输、贮藏、销售中由于摩擦、挤压、碰撞等造成的伤害，使果实易搬运、码放。作为包装的容器应具备一定的强度，保护果实不受伤害；材质轻便，便于搬运；容器形状应便于码放，适应现代运输方式且价格便宜。我国目前的包装材料主要为纸箱、木箱等。包装的大小应根据果实种类、运输距离、销售方式而定。易破损果实的包装要小，如草莓、葡萄等；苹果、梨等可适当大些，为搬运方便，一般以10～15 kg为宜。

**思考题**

（1）果实品质包括哪些具体方面？

（2）果形调控应从哪些方面着手？

（3）如何促进果实着色？

（4）果实套袋的作用是什么？优良果袋应具备哪些条件？

（5）如何进行果实套袋？应注意哪些问题？

（6）果实套袋规程是什么？

（7）如何提高果面光洁度？

（8）如何防止采前落果？

（9）果实合理采收的技术依据有哪些？

## 第三节 果树人工授粉实训技能

### 一、目的与要求

通过实训，明确人工授粉的作用，掌握人工授粉技术。

### 二、材料与用具

**1. 材料**

苹果树、梨树、桃树或其他需异花授粉的果树若干株。

**2. 用具**

采花用塑料袋、小玻璃瓶、授粉工具（毛笔或带橡皮头的铅笔等）、小镊子、干燥器、白纸、梯子、喷雾器、喷粉器等。

## 三、步骤与方法

**1. 选择适宜授粉品种**

选择与主栽品种亲和力强、开花期较早或相同的品种作采花品种树。

**2. 采集花蕾**

在主栽品种开花前1～3 d，于采花品种树上采集当日或次日开放的花。已开花1 d以上或最近2～3 d内还不开的花不采。采花时将花蕾从花柄处摘下。采花数量可根据授粉面积、采花树的花量而定。花量多的采花树多采，也可结合疏花进行。苹果1500～2000朵鲜花有500 g，可出鲜花药50 g左右，出花粉10 g左右。

**3. 取花粉**

将采下花带回室内，两手各拿一朵花，花心相对，轻轻摩擦，使花药全部落入预先垫好的白纸上，然后拣去花瓣、花丝，把花药薄薄地摊开（以各花药不重叠为好），置于室内阴干，室内条件要求干燥（相对湿度为20%～70%、温度为20～25 ℃）、通风、无灰尘。若室内温度不够需加温。一般经1～2 d花药就会开裂，散出黄色花粉。花粉全部散出后，连同开裂的花药壳用纸包好备用，也可用细筛把花粉筛出，用纸包好备用。未筛去花药壳的花粉不宜贮放在玻璃瓶中。

**4. 授粉方法**

（1）人工点授

授粉前准备好授粉工具和洗净擦干的小玻璃瓶。授粉适宜时间在主栽品种盛花初期（单株有25%的花开放）。就一朵花以开花1～3 d内授粉效果最好。开花3 d以内的花的标志是花瓣新鲜，部分雄蕊的花药未开裂，雌蕊柱头分泌的黏液未干。授粉时将花粉装在小瓶内，用授粉工具从小瓶里蘸取花粉，在初开的花朵柱头上轻轻一点即可。授粉时要做到树冠上下、内外全面授粉，每个花序花朵一般授2～3朵。每株树授粉花数多少可根据树的花量和将来留果量来确定。一般花多的树少授，花少的树多授；初结果树多授，弱树少授。授粉次数一般进行1次即可。为保证授粉效果，也可隔日再重复进行1次。

（2）机械授粉

大面积人工授粉时，为节省人工，提高授粉效率，可采用机械授粉。常用方法有喷雾、喷粉两种。

①喷雾。把花粉混入5%～10%的糖液中，混后立即喷，用超低量喷雾器喷液。为增加花粉活力，可加0.1%的硼酸，配制比例为水10 kg，砂糖1 kg，花粉50 g，硼酸10 g。硼酸在即将授粉时混入。液体配好后应在2 h内喷完。喷的时期以花序中主要花朵（苹果中心花，梨的边花）已有50%～70%的开花时为宜。

②喷粉。将花粉用填充剂（滑石粉或甘薯粉等）稀释。花药与填充剂的比例一般为1∶50～1∶250。用农用喷雾器或特制授粉枪进行喷授。

## 四、操作要求

①根据各地实际情况选择需授粉的果树进行人工授粉。根据各果树的特点选择适宜的授粉方法，并设置不授粉树作对照，以比较人工授粉的效果。

②操作时以小组为单位，分树到组后，按实训要求进行人工授粉。授粉完毕后，挂牌注明授粉小组、授粉日期、授粉人姓名。随后利用课外时间进行坐果情况调查。

## 五、实训报告

（1）调查比较人工授粉对果树坐果的影响。
（2）简述人工授粉的技术要点。

## 六、技能考核办法

实训技能考核一般采用百分制，建议实训态度表现占20分，操作能力占40分，实习报告占40分。

# 第四节　果树保花与保果实训技能

## 一、目的与要求

通过实训，掌握苹果、梨、杏、李等果树的保花与保果技术。

## 二、材料和用具

**1. 材料**

苹果、梨或杏和李的成年结果树、赤霉素（$GA_3$ 或 920）、尿素［（$NH_2$）$_2$CO］、磷酸二氢钾（$KH_2PO_4$）、硫酸锌（$ZnSO_4$）、硫酸镁（ $MgSO_4$）、硼砂等保果药剂。

**2. 用具**

喷雾器、水桶等其他保花与保果药剂。

## 三、方法与步骤

以苹果为例，在加强肥水管理及病虫害防治基础上采取措施进行保果。

**1. 激素与叶面肥**

初花期至盛花期，喷施1～2次叶面肥，叶面肥可用0.1%～0.3%的硼砂溶液+0.2%～0.3%的尿素；在谢花后至6月落果前，喷1～2次激素和叶面肥，隔15 d再喷施1次，可用20～50 mg/L赤霉素+0.2%～0.3%的尿素+0.1%～0.2%的磷酸二氢钾+0.15%～0.25%的硫酸镁。

**2. 环割或环剥**

对树势较旺的树可在花期环割（1～3圈），间隔为10～15 cm，或环剥宽度为0.3～0.5 cm主干或主枝保花保果。

**3. 抹芽控梢保果**

春梢抽生较多时抹除部分春梢，并配合抹除夏梢。

**4. 人工辅助授粉**

苹果、梨等异花授粉果树进行人工辅助授粉。具体方法参见本章相关内容。

## 四、实训要求

①根据各地实际情况选择需保果的果树进行保花、保果。根据各果树特性选择2～3项保果措施，并设置不处理树作对照，比较各措施保果效果。

②实训以小组为单位，分组到树，每组3～5人，每组进行1个树种或1～2项保果措施实训。实训结束后，利用空闲时间进行不同树种保果措施的坐果情况调查。

## 五、实训报告

简述苹果或梨保花与保果技术要点及效果。

## 六、技能考核要求

技能考核一般采用百分制，建议实训态度与表现占20分，操作能力占30分，结果调查占20分，实训报告占30分。

# 第五节 果树疏花与疏果实训技能

## 一、目的与要求

学习疏花、疏果方法，了解果实生长习性，掌握其技术要点。

## 二、材料与用具

**1. 材料**

从当地栽培的果树苹果、梨、桃、杏和李等中，确定一种果树，选择花（果）量过多的结果树若干株。

**2. 用具**

疏果剪（或修枝剪），喷雾器。

## 三、步骤与方法

**1. 苹果手工疏花与疏果**

苹果手工疏花、疏果主要根据依树定产、按枝定量、看枝疏花、看梢疏果原则进行。首先根据树龄、树势确定具体单株的适当负载量，然后根据各主枝大小、强弱来分担产量。一般强树、强枝多留花果，病弱树、弱枝少留花果。果苔副梢多留生长势强的，弱的少留或不留。按距离16~20 cm留1个果；或按枝果比例疏果，每2~4个长新梢或5~6个短新梢包括叶丛枝留1个果；或一个花序留1~2个果，另一个花序不留果；或按副梢长度疏果，梢长多留果，梢短少留果，也可疏花序，效果更好。

（1）计算预留花序量

首先根据树冠大小、强弱和花芽多少，参照估产情况，大体确定该树预计产量。然后根据该品种坐果率高低和果个大小，推算出实现预估产量需要保留的花序数量。要求多留10%~20%。

（2）确定各类枝组应保留花序数

根据树的大、中、小型枝组数量，结合各地实际大小，确定各类枝组应当保留的花序数量。

（3）留花序要求

按各类枝组应留花序数，再参照枝组具体情况，灵活掌握。强枝组适当多留，弱枝组少留。枝组中上部适当多留，中下部少留。留下花序要分散均匀。

（4）疏花序要求

留强壮果枝花序，疏除瘦弱果枝花序。疏花序时，要将全部花序、花蕾疏净，保留莲座叶。

（5）注意事项

①若花序分布不均时，花序多的大枝上适当多留。

②疏花、疏果时，应按主枝顺序依次进行。每留1个花序，可放入衣服口袋1个幼果或花蕾。1个主

枝疏完后，计算口袋中幼果数，就是该主枝已留花序数。疏完全树将各主枝疏所留花序数相加就是全树所留花序数。若留量过多，则可根据各主枝情况疏去预定应留数。

③疏花、疏花序或疏果均应在花梗或果梗中间剪断，勿伤花苔或果苔，保护好留下来莲座叶和附近花序或果实。

**2. 桃树手工疏花与疏果**

（1）按大枝、枝组依次进行

对1个枝组，上部果枝多留，下部果枝少留；壮枝多留，弱枝少留。先疏双蕾双果、病虫果、萎缩果、畸形果，后疏过密果、小果等。

（2）各类果枝留果标准

一般为长果枝留果3~4个，中果枝留果2~3个，短果枝留果1~2个，花束状果枝留果1个或不留。上层枝、外围枝或大、中型枝组先端长果枝，可多留果5~7个，采果后将之疏去，用下边长果枝代替之。也可疏蕾，各类果枝留蕾数量，应提高1~2倍。

## 四、实训作业

（1）如何判断1株树花（果）量过多、过少或适量？

（2）疏花、疏果对果树产量、果实品质有何影响？如何确定留果量？

（3）从理论和工效（要计算工时）两方面比较苹果和桃人工疏花疏果方法的优缺点。

## 五、技能考核要求

技能考核一般采用百分制，建议实训态度与表现占20分，操作能力占50分，实习作业占30分。

# 第六节　果实套袋实训技能

## 一、目的与要求

通过实际操作，学习套袋方法，掌握果实套袋的技术要点。

## 二、材料与用具

**1. 材料**

苹果、梨等果树若干株。

**2. 用具**

套果袋、绑扎物。

（1）袋的种类和制作方法

一般用旧报纸制成。根据果实大小，剪裁成8~12开，对折，黏成长方形袋。在袋口中央剪一长2 cm左右的裂口。也可作成口窄底宽的梯形袋。此外，也可就地取材，利用其他材料制袋。

（2）扎口材料

可用麻皮、马蔺、塑料条、细铁丝等；也可用工厂铁片边角料，剪成宽0.5 cm左右，长3 cm左右的长条，作为扎口材料。

## 三、步骤和方法

**1. 苹果套袋**

红色品种一般在疏果后15 d内将袋套上。套袋前幼果树至少喷二次内吸性杀菌剂防治轮纹病、炭疽病、霉心病等。将果实套进纸袋，果柄置于袋口纵向开口基部，再将袋口横向折叠，把袋口一侧纵向细铁丝用手捏成“n”状夹住折叠袋口（套袋细铁丝不能夹在果柄上）。当果实生长到着色盛期时除袋。除袋时间在本品种着色前 10 d 左右。二层袋除法是：先将外层袋撕掉，停 4 d 左右，让果实适应外部条件后再去掉内层纸袋。去外层袋和内层袋在上午 10 时以后、下午 4 时以前进行。不要在上午 10 时以前，下午 4 时以后除外袋。1 层袋除袋时间在上午 10 时以后、下午 4 时以前先将纸袋纵向撕开，但让袋仍旧附着于果实上，4 d 以后当果实适应了外部环境条件后，再除掉袋子。去袋后一般易着色品种 10 ~ 15 d 即可着色，难着色品种，如“富士”30 d 左右才能着好色。绿色品种套袋目前主要用于“金帅”防果锈。一般在谢花后 20 d 内套上袋。“金帅”一提倡套 9 cm × 12 cm 的小袋，随着果实膨大让其撑破纸袋后进行无袋生长。

**2. 梨套袋**

梨套袋要做好黑星病、黄粉蚜的防治。在套袋前先喷一次内吸性有机杀菌剂和杀虫剂，后套袋。套袋方法与苹果套袋方法一致。套袋时间一般在疏果后 20 d 左右，有生理落果现象的品种要待生理落果后套袋。梨采收前不除袋，采收时连同纸袋一起摘下。

## 四、实训作业

（1）简述套袋有何优缺点？

（2）总结苹果套袋的方法？

## 五、技能考核方法

技能考核一般采用百分制。建议实训态度占 20 分，操作能力占 50 分，实习作业占 30 分。

# 第三篇　实践篇

# 第八章　苹果

【内容提要】苹果基本知识。苹果国内外栽培现状及发展趋势。苹果生物学特性，包括生长结果习性，对环境条件的要求。苹果主要砧木和优良品种特征特性。苹果关键栽培技术，包括施肥技术、主要树形及整形技术、不同年龄果树修剪技术要点、整形修剪程序和修剪技术要点歌诀。苹果无公害栽培技术要点，包括环境质量条件，生产技术标准，产品质量检验标准，无公害生产技术要求4方面。提高苹果品质栽培技术，包括选择优良品种与砧木，加强肥水管理，辅助授粉和疏花疏果，整形修剪，果实套袋，摘叶、转果、吊枝，铺反光膜，果面贴字、套瓶和富硒技术，喷生长调节剂，病虫害防治和适时采收11个方面。苹果矮化密植栽培技术，包括矮化苹果育苗、整形修剪和其他管理3个方面。分春夏秋冬四季介绍了苹果栽培管理技术。为便于管理，介绍了苹果树栽培管理技术月历。

苹果是世界四大果树之一，也是落叶果树中主要栽培树种。具有果实外观艳丽，营养丰富、供应期长、耐贮藏，适合加工，能满足人们对果品的多种需求。同时，苹果还具有高产高效，适应性、抗逆性强等特性。发展苹果生产对于调整农业产业结构、改善生态环境，增加经济收入方面具有重要意义。

## 第一节　苹果国内外栽培现状及发展趋势

### 一、中国苹果栽培现状

**1. 基本情况**

苹果是我国第一大水果，也是我国的优势农产品之一，种植分布范围广。从1993年起，我国苹果栽培面积和产量就已经位居世界首位。2013年，我国的苹果种植面积已达到了222.15万$hm^2$，年增长率为7%。目前，我国苹果种植面积占世界总面积的46.34%；2014年中国苹果产量达3849.1万t，同比增长6.96%；2015年我国苹果产量达3849万t，居水果产量首位。我国用了60余年的时间，将苹果产量从1952年仅11万t提高到了3850万t，产量增加了350倍。按我国13亿人口计算，目前人均苹果占有量已达30 kg。通过多年的发展，目前我国的苹果栽培已经形成四大产区：渤海湾（鲁、冀、辽、津、京）产区。该产区中辽宁、山东和河北3省是老产区，栽培历史悠久，面积最大；西北黄土高原（陕、甘、晋、宁、青）产区。该产区面积较大，产量位居全国第二。该产区中甘肃平凉、庆阳、天水等地都是苹果的优势产区；黄河故道（豫、苏、皖）产区即中部产区；西南冷凉高地产区。四大产区栽培面积分别占全国总面积的44%、34%、13%和3%，产量分别占全国总产量的49%、31%、16%和2%。其中，渤海湾和西北黄土高原两大产区不仅是我国两大苹果优势产区，也是世界上最大的苹果适宜产区，年均温度8.5～13 ℃，降雨量500～800 mm，年日照时数2200 h以上，果实着色期日照率在50%以上。尤其是西北黄土高原产区，海拔高，光照充足，昼夜温差大，具有生产高档优质苹果的生态条件。

**2. 主产地和品种结构**

陕西和山东是我国两个苹果生产大省，2012年产量分别为965.1万t和871.0万t，两省之和占全国苹果总产量的47.7%。苹果产量超200万t的省份还有河南（436.7万t）、山西（375.2万t）、河北（311.5万t）、辽宁（263.4万t）、甘肃（248.8万t）5个省；超30万t的有新疆、江苏、宁夏、四川、安徽和云南 6 个省。此外，还有 12 个省少量栽培苹果。产量在 200 万 t 以上的 7 个主产省苹果产量之和达 3471.7 万 t；覆盖了全国苹果总产量的 90.2%。

我国苹果品种结构调整幅度较大，苹果品种结构不断改善，红富士、元帅系、金冠、乔纳金、嘎拉和其他优良品种的栽培面积比例超过 75%，国光和其他老品种栽培面积仅为 25.5%。但新品种的选育、引进和推广具有一定的盲目性，品种基础研究不够。新品种的推广应遵照一定程序慎重进行，并注意品种组成的多样性。

**3. 单产及采后处理加工情况**

我国苹果单产近年来持续增长，但整体与世界先进水平差距仍较大，且区域发展不平衡。我国苹果主产区单产已经超过世界平均水平，但平均单位面积产量很低，只占波兰、法国和意大利等国平均单位面积产量的 1/3，满足西方发达国家进口标准的优果率还达不到 30%。世界上苹果单产最高的国家为奥地利，达 77.9 $t/hm^2$，为我国的 4.3 倍；其次为以色列、瑞士、新西兰、智利、利比亚、意大利和荷兰，分别为我国苹果单产的 3.1、3.1、2.8、2.5、2.1、2.0、2.0 倍，我国的苹果单产为 18.0 $t/hm^2$，在 2005 年刚刚达到世界平均产量标准，目前仅略微超过世界平均产量。

采后处理和加工仍较落后，目前有分级包装生产线近 40 条，采后处理能力占苹果总产量的 1% 左右；贮藏能力约 400 万 t，占苹果总产量的 20%，其中气调冷藏占 5%；苹果加工量近 200 万 t，占苹果总产量的 10%，主要是加工浓缩苹果汁。

**4. 地域品牌、注册品牌、驰名商标**

近 20 年来，我国对苹果生产技术和管理水平的重视程度不断提高，全国各地制定并实施苹果无公害、绿色、优质等生产标准及规范 49 个，标准化生产示范园和标准化生产面积也在逐年增加。根据农业部关于苹果重点区域发展规划，我国重点建设渤海湾和黄土高原两个优势产区。渤海湾优势区包括 53 个苹果重点县市（山东 25 个、辽宁 14 个、河北 14 个），以鲜食为主，重点发展红富士等优良晚熟品种，产品面向国内高档果品市场和国外市场，积极发展深加工企业；黄土高原优势区包括 69 个重点县市（陕西 28 个、甘肃 18 个、山西 20 个、河南 3 个）。重点加快绿色、有机苹果基地建设，完善采后产业体系，积极扩大出口。目前，烟台苹果、栖霞苹果、洛川苹果、吉县苹果、阿克苏苹果、庆阳苹果、静宁苹果、平凉苹果、安塞山地苹果、昭通苹果、盐源苹果、九山苹果、沂源苹果、平阴玫瑰红苹果、盖州苹果、绥中苹果、兴城苹果、瓦房店小国光等众多苹果品种已通过地理标志产品申请保护，树立了我国部分苹果品牌。此外，近年来红肉苹果、高类黄酮苹果、富硒苹果、SOD 苹果等功能性果品很受欢迎，市场逐年看好。

**5. 我国苹果产业竞争优势**

（1）总量规模优势

我国是世界苹果生产大国，苹果产量占世界总产量的 1/3。随着我国新发展果园逐渐进入盛果期，苹果产量在世界总产量中的比重还将提高，我国的苹果生产将进一步向优势产区集中。随着优势区域内苹果单产的逐渐提高，我国苹果产量将有所增加，苹果总量规模优势将进一步影响世界苹果生产格局。

（2）资源优势

我国西北黄土高原和渤海湾地区是世界上最大的苹果适宜产区。年均温度 8.5～13.0 ℃，年降雨量 500～800 mm，年日照时数 2200 h 以上，着色期日照率在 50% 以上。除了降雨多数分布在 6—8 月外，气候条件与美国、新西兰、法国等国家的著名苹果产区相近。尤其是西北黄土高原，海拔高、光照充足、昼夜温差大，具有生产优质高档苹果的生态条件（表 8-1）。另外，我国选育和引进的品种有近 700 个，各国主栽品种在我国几乎都有栽培，能够针对国内外市场，生产出适销对路的苹果。

**表 8–1　苹果生态适宜指标**

| 产区名称 | | 主要指标 | | | | 辅助指标 | | | 符合指标 |
|---|---|---|---|---|---|---|---|---|---|
| | | 年均温/℃ | 年降雨/mm | 1月中旬均温/℃ | 年极端/℃ | 夏季均温(6—8月)/℃ | >35 ℃天数/天 | 夏季平均最低气温/℃ | |
| 最适宜区 | | 8 ~ 12 | 560 ~ 750 | > −14 | > −27 | 19 ~ 23 | <6 | 15 ~ 18 | 7 |
| 黄土高原区 | | 8 ~ 12 | 490 ~ 660 | −8 ~ −1 | −26 ~ −16 | 19 ~ 23 | <6 | 15 ~ 18 | 7 |
| 渤海湾区 | 近海亚区 | 9 ~ 12 | 580 ~ 840 | −10 ~ −2 | −24 ~ −13 | 22 ~ 24 | 0 ~ 3 | 19 ~ 21 | 6 |
| | 内陆亚区 | 12 ~ 13 | 580 ~ 740 | −15 ~ −3 | −27 ~ −18 | 25 ~ 26 | 10 ~ 18 | 20 ~ 21 | 4 |
| 黄河故道区 | | 14 ~ 15 | 640 ~ 940 | −2 ~ 2 | −23 ~ −15 | 26 ~ 27 | 10 ~ 25 | 21 ~ 23 | 3 |
| 西南高原区 | | 11 ~ 15 | 750 ~ 1100 | 0 ~ 7 | −13 ~ −5 | 19 ~ 21 | 0 | 15 ~ 17 | 6 |
| 北部寒冷区 | | 4 ~ 7 | 410 ~ 650 | < −15 | −40 ~ −30 | 21 ~ 24 | 0 ~ 2 | 16 ~ 18 | 4 |
| 美国华盛顿州产区 | | 15.6 | 470 | 8 | −8 | 22.6 | 0 | 15 | 5 |

（3）价格优势

我国苹果的竞争对手主要是发达国家如美国、欧盟、新西兰、日本等。与这些国家相比，我国苹果生产具有明显的价格优势。苹果属于劳动密集型产业，生产优质苹果需要大量的人工投入，如套袋、采收等。我国拥有丰富的劳动力资源，劳动力成本低，苹果的生产成本明显低于发达国家。我国出口苹果的价格相对较低，一般为 300 ~ 500 美元/t，比世界平均价格低 39.1%。另外，由于我国苹果加工原料价格低，以苹果浓缩果汁为主的加工品也具有明显的出口价格优势。

（4）区位优势

我国与俄罗斯和东南亚国家毗邻，交通便捷，地缘优势突出。东南亚国家均不产苹果，年苹果进口量在 30 万 t 左右，这一地区是我国苹果的传统出口市场。俄罗斯年苹果进口量为 48 万 t 左右，我国北方产区每年都通过边贸形式向该国出口大量苹果。

总之，以前我国苹果业的发展，主要是通过扩大面积来增加产量。但苹果产业的总体素质不高和生产力水平仍然较低。提高质量和产后处理水平，扩大出口，充分发挥区域优势，是苹果产业持续健康发展的关键。苹果产业是我国面积最大、产量最高、发展最快、经济效益最为突出的果树产业。在我国，苹果产业已开始向渤海湾和西北黄土高原两个最佳生态区集中，苹果生产正向集约化、标准化、产业化、高效化方向迈进。

## 二、国外苹果栽培现状

### 1. 产地概况

苹果是世界四大水果之一，产量仅次于香蕉，而在中国苹果是第一大水果，产量是香蕉的 3.5 倍，葡萄的近 4 倍。中国苹果产量位居世界第一位，2010 年占世界产量的 47.8%，占据世界苹果生产半壁江山。尽管中国是世界第一大苹果生产国，但是苹果单产较低，2005 年以前低于世界平均水平，近 5 年才略高于世界平均单产，不仅远低于法国、意大利等发达国家，也低于巴西、智利等发展中国家。2010 年仅为法国和意大利两国单产的一半。中国是世界苹果生产大国，但不是苹果生产强国。亚洲是世界上最主要的苹果产区，但是大部分国家单产较低，质量较差；欧洲位居第二，西欧苹果单产较高，质量也较高；北美、南美及澳洲国家总产量相对较低，但单产和果品质量较高。世界苹果进出口市场主要分布在欧洲，其次是亚洲。中国是世界上最大的苹果生产与出口国，但出口比例低、价格低、效益差，需要在科技创新与技术服务、规模化经营等方面加大力度。

**2. 世界苹果生产新趋势**

（1）向优势区域集中

美国华盛顿州苹果产量占全美的50%以上，该州气候条件好，灌溉便利，生产的苹果品质佳，畅销世界；意大利苹果主要集中在南蒂罗尔地区，产量占全国的60%；阿根廷苹果集中在里奥·内格罗峪，产量占全国的75%；日本青森、长野两县苹果面积占全国一半以上，其生产的富士苹果占全国的80%左右。中国渤海湾（包括山东、河北、辽宁）和西北黄土高原（包括山西、陕西、甘肃、宁夏、河南、青海）两个优势区的产量占全国的80%。

（2）向规模化发展

规模经营是实行标准化生产的前提，适度规模经营才能提高产品质量，并降低生产成本、提高生产效率，发达国家逐渐向大农场集中，经营规模不断扩大。户均经营面积美国大于200 $hm^2$，欧盟为20 $hm^2$以上，日本为2～3 $hm^2$，而中国小于0.5 $hm^2$。近几年，中国通过土地流转，也逐渐向经营大户集中，少数果园达70～100 $hm^2$。

（3）品种更新换代加快

高品质的新品种得到快速推广。红富士、嘎拉在美国、智利、意大利、新西兰和南非5国新栽比例最高，粉红女士在澳大利亚新植比例高达43%，其次为新西兰和南非。据预测，未来10年，全球嘎拉和富士会增加50%，粉红女士将增加200%。

（4）重视优质安全生产

随着世界经济发展和人民生活水平的提高，对果品质量和安全性要求越来越高，消费者不像过去那样过分关注外观品质，越来越注重苹果内在的食用品质，更喜欢脆、汁多、风味好且新鲜的苹果。因此，当今的苹果生产者越来越重视消费者的要求，对无公害、绿色、有机果品生产越来越重视。

**思考题**

（1）苹果产业持续健康发展的关键是什么？其趋势如何？

（2）我国苹果产业的竞争优势是什么？

（3）世界苹果生产有哪些新趋势？

## 第二节 生物学特性

### 一、生长结果习性

**1. 生长特性**

（1）树体生长

苹果是落叶乔木果树，通过根系生长和枝条发育，树冠扩展迅速。在自然条件下，树高可达8～14 m；在栽培条件下，通过人为控制，高度达3～5 m，树冠横径2.5～6 m。树冠发育受砧木和品种两重因素制约，树冠一般表现为乔化砧＞短枝形＞矮化中间砧＞矮化砧＞自根砧。

（2）根系生长

苹果根系无自然休眠期，在温度适宜时可全年生长。根系生长一般比地上生长早，停止晚、幼树一年有3次生长高峰，并与地上根系生长高峰交替出现。根系生长主要取决于土壤理化性状和砧木类型：乔化砧根系深，主要根群垂直分布在土层20～60 cm范围，以20～40 cm土层中居多。矮化砧根系主要分布在15～40 cm的土层内。水平根分布范围大于树冠，可超过树冠2～3倍。但主要吸收根分布在树冠的

2/3 以外，是肥水的主要吸收部位。

春季苹果根系活动早于地上部分。当土温为 3 ~ 4 ℃时产生新根，7 ℃以上时生长加快，15 ~ 25 ℃时生长最适，超过 30 ℃时根系停止生长，到了冬季，当地温下降到 0 ℃时，根系被迫休眠。

苹果根生长与周围环境密切相关，最适宜湿度为田间持水量的 60% ~ 80%，土壤空气中氧气达到 10% ~ 15% 时较好，降到 3% 以下时，根生长就会停止。同时，土壤肥力，酸碱度及树体营养等因素均会影响根的正常生长。

（3）枝条生长

苹果树枝条在一年之中有 3 个生长期。春季当日平均气温达到 10 ℃时，叶芽萌动，此后全树的新梢都处于缓慢生长期，枝轴加长不明显，呈叶丛状态，此时称为叶丛期或新梢的第一生长期，该期短，一般仅 7 ~ 10 d。全年只进行第一期生长的枝为短枝或叶丛枝，由于停长早，营养积累充分，所以花芽质量高。叶丛期过后，多数新梢进入旺盛生长期，直到 5 月下旬至 6 月上旬逐渐停止生长，这一阶段为新梢的第二生长期，这时形成顶芽不再生长的枝，多数为中枝。中枝叶片多，营养好，易成芽。经过第二期生长后，仍有部分停长的新梢又继续生长，一直持续到 9 月中下旬至 10 月上旬停止，为新梢第三阶段生长期。这次生长的新梢部分为秋梢，形成顶芽而又萌发生长的，由于芽鳞脱落，有明显的盲节，为春、秋梢的分界。

**2. 结果习性**

（1）结果年龄

苹果栽植后一般 3 ~ 6 年开始结果。品种、砧木不同，苹果结果早晚也不同，如矮化的秦冠、嘎拉、新红星、粉红女士等易成花品种，栽后 3 年挂果，矮化红富士及短枝型品种栽后 4 年挂果，乔化红富士、国光、津轻等品种栽后 4 ~ 6 年挂果。此外，苹果结果早晚与管理措施、立地条件也有关系，管理良好、水肥方便的果园，结果较早，否则相应较迟。

（2）结果枝类型

苹果树结果枝常按其度分为短果枝（长度在 5 cm 以下）、中果枝（长度在 5 ~ 15 cm）、长果枝（长度在 15 cm 以上）3 种类型。以中、短果枝为主，尤其以 5 cm 左右结果枝结果品质较好，2 ~ 3 cm 结果枝所结果实存在果形不正现象，商品率较低；长果枝结果果形正，但果实偏小。幼旺树中、长结果枝较多，果实偏小；进入盛果期后中、短果枝结果较多，果实较大，商品率较高。

（3）花芽分化

苹果花芽分化分为生理分化、形态分化、性细胞形成 3 个阶段。随着生长物候期不同，其生理分化由南向北多数在 5 月下旬至 6 月上中旬，所有促花措施都在此时进行；形态分化主要集中在 6—9 月，该期完成花芽分化的 70%，到 9 月下旬至 11 月中旬进入花芽缓慢分化期，12 月至翌年 2 月，苹果由于低温被迫进入休眠期，翌年春季萌芽后至开花前，完成性细胞的分化过程，从此完成整个花芽分化过程。苹果花芽分化较难，除满足必要的环境条件以外，关键取决于自身营养积累水平（图 8-1）。短果枝停长最早，营养积累快，花芽分化早，花芽质量高；中果枝次之，长果枝停长晚，花芽分化难，花芽质量差，因此，具备一定营养水平，是促进成花的关键因素。

（4）开花结果习性

苹果花芽为混合花芽，分为顶花芽和腋花芽两种，以顶花芽结果为好，腋花芽果小品质差。花芽在春季绽放后，先在顶端抽生一段短缩状的新梢（长 2 ~ 3 cm），花序着生在结果枝顶端和侧面，一般选顶花芽抽生的花序结果，疏除腋花序所结的果（图 8-2）。每个花序开 5 ~ 8 朵花，中心花先开，结果最好。苹果单花开放至谢落有 4 ~ 5 d，一个花序从开至落需 5 ~ 8 d，一株树花期需 12 ~ 15 d，开花后 1 ~ 2 d 内，柱头分泌黏液，是人工授粉最佳期。

苹果属于典型异花授粉果树。多数品种自花结实率较低，如红富士自花结实率仅为 1.5%，常见的品

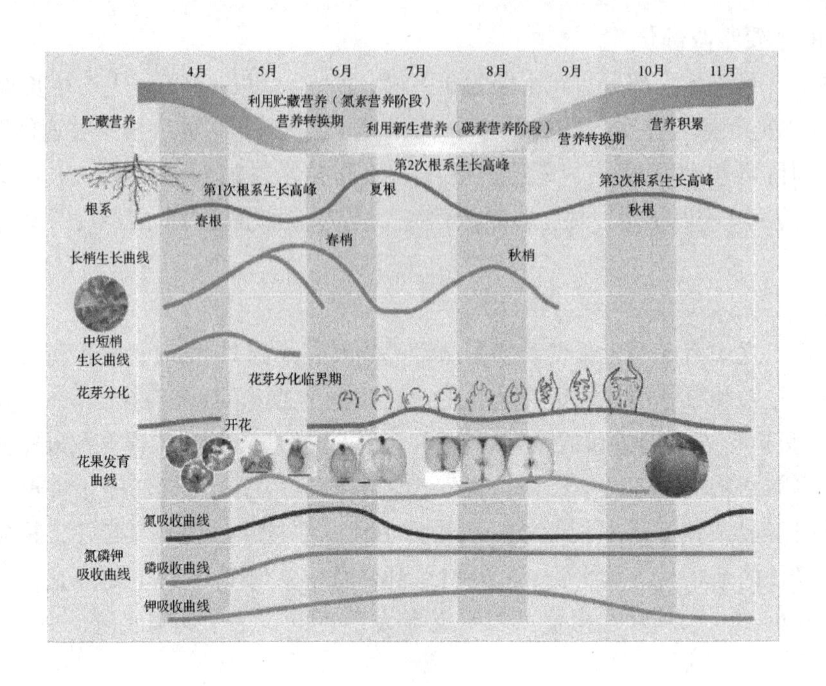


图 8-1 苹果营养转换各器官生长发育规律

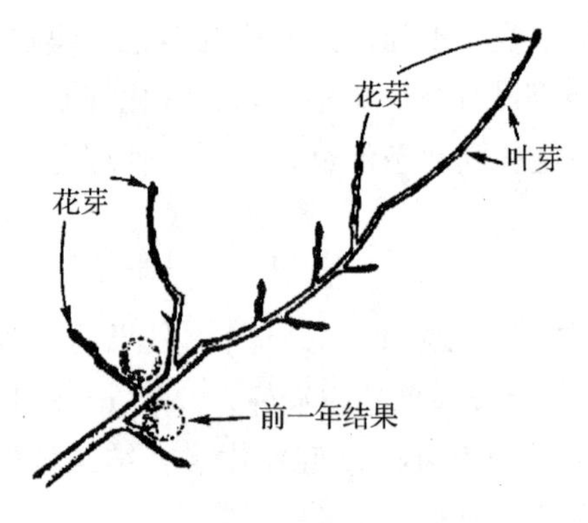


图 8-2 苹果结果习性

种如金冠、新红星、秦冠、嘎拉等自花结实率在 0～15%，因此，建园时一定要合理配置授粉树，使授粉树占全园总量的 20%～30% 为宜。

（5）果实发育

①发育过程。苹果果实发育主要包括 3 个阶段，即细胞分裂期、细胞体积膨大期和果实成熟期。其中细胞分裂期又称幼果膨大期，受精后花托和子房同时加速细胞分裂，经 3～4 周或 5～6 周结束细胞分裂，这一阶段果实加长生长快于加粗生长，然后转向细胞体积膨大，这一阶段果实以加粗生长为主，果实由长形逐渐变为圆、椭圆或扁圆形，直至成熟期停止发育。

②发育时期。一般早熟品种果实发育需 70～110 d，中熟品种 120～150 d，晚熟品种 160～180 d。同一品种成熟期在不同地区随物候期的不同而不同。一般南部地区比北部地区早熟 15～20 d。

## 二、对环境条件的要求

**1. 温度**

苹果属于温带主要落叶树种之一，喜欢冷凉而干燥的气候。6—8 月平均气温 15～22 ℃，生长良好，26 ℃以上生长较差，12 月至翌年 2 月平均气温 -10～10 ℃完成自然休眠，需≤7.2 ℃积温 1400 h。苹果适宜在年平均温度 7～14 ℃的地区栽培。根适宜生长的温度是 20～24 ℃。当土温 1 ℃时越冬新根可继续生长，3～4 ℃时可发新根，当气温高于 30 ℃或低于 0 ℃时根系停止生长。苹果在深冬季节最抗冻，但在 -30 ℃以下时会发生冻害，-35 ℃时会冻死，低于 -17 ℃时根系会冻死，春季花蕾可耐 -7 ℃低温，花期 -3 ℃雄蕊受冻，-1 ℃雌蕊受冻，幼果 -1 ℃时会有冻害发生。

**2. 光照**

苹果属于喜光树种之一，一般要求年日照在 1500 h 以上，光照越充足，光照时间越长，树体生长越好，枝叶茂盛，花芽分化良好。目前，国内外著名苹果产区年日照均在 2000～2500 h，如日本长野为

2056.3 h、法国里昂为2018 h，中国烟台为2559.2 h、洛川为2520.8 h。完全可以满足苹果生长需求。苹果光补偿点9000 lx左右，光饱和点为18 000～40 000 lx。在补偿点和饱和点范围内，随着光照强度的增加，光合作用随之增强。在树冠内透光率<30%时，要使开花率达到50%以上，必须使透光率达到50%以上，花后7周内的光照对苹果花芽分化十分重要，如果缺光，花芽分化不良，后期难以补充，在果实成熟期，树冠内光照>70%时，苹果着色良好，光照<40%时基本不着色。

**3. 水分**

苹果属于耐旱树种之一，4—10月要求降水总量达300～600 mm，月平均降水量达到50～150 mm，就能基本满足苹果生长需求。我国苹果优生区年降水量多数在500～800 mm，生育期降水在50～150 mm，完全能够满足苹果正常生长需求。但全年降水量分布不均，主要表现为：冬春干旱，夏秋多雨现象普遍。因此，要求果园要有排灌设施，做到旱能灌，涝能排。

**4. 土壤**

苹果喜欢土层深厚，土质疏松的中性至微酸性壤土或沙壤土；一般要求地下水位在1 m以下，有机质含量在1.0%以上较好，最好在3%以上。苹果适宜的土壤酸碱度范围在pH 5.3～6.8，当pH<4时，生长不良。苹果对土壤的适应性主要取决于砧木，如山定子在pH>7.8时，容易出现黄叶病，而楸子在pH>8.5时，才出现黄叶病。土壤含氧量大于10%时最适宜苹果根系生长，低于2%根系停止生长，土壤田间持水量占最大持水量的60%～80%时为宜，土壤含水量小于7.2%时，根系停止生长。

**思考题**

（1）总结苹果生长结果习性。

（2）苹果对环境条件要求如何？

## 第三节 主要砧木和品种

### 一、种类

苹果属于蔷薇科苹果亚科苹果属（*Malus* Mill.），高大乔木，本属全世界约有35种，主要分布在北温带，中国有23种，分布广泛，但主要分布于陕西、甘肃、四川3省。

**1. 乔化砧木**

（1）海棠果

海棠果［*Malus prunifolia*（Willd.）Borkh］又名楸子。我国西北、华北和东北都有分布。主要类型有烟台沙果、陕西楸子、崂山柰子等。楸子抗逆性特强，抗寒、抗旱、耐涝、耐盐碱，如陕西富平的小楸子和山东莱芜的茶果在pH 8.6的强碱土壤上无不良反应，抗盐碱能力特强，与苹果嫁接亲和力强，是我国苹果栽培中应用较多的优良砧木之一。

（2）西府海棠

西府海棠（*M. micromalus* mak.，图8-3）在我国东北、西北、华北都广有分布，本种适应性较强，抗寒、抗旱、抗盐碱、耐瘠薄、耐劳性中等，优良类型主要有：河北（怀来）八棱海棠，平顶海棠，山东莱芜的难咽等，该种与苹果嫁接亲和性强，是我国北方苹果栽培中应用最广的苹果砧木之一。

（3）新疆野苹果

新疆野苹果（*M. sieversii* Roem，图8-4）又名塞威氏苹果，主要分布于我国新疆伊犁地区，至今仍有大面积的野生林存在。本种根系发达，树体高大，抗旱、抗寒、耐瘠薄，与苹果嫁接亲和力强，生长势强旺，是西北的主要苹果优良砧木之一。

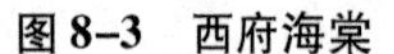

图 8-3 西府海棠

图 8-4 新疆野苹果

图 8-5 山定子

（4）山定子

山定子（*M. baccata* Borkh.，图 8-5）又名水楸子、山荆子、山丁子，原产于我国东北、华北和西北地区。乔木，果实重约 1 g，果梗细长。本种抗寒力极强，有的可耐 -50 ℃低温；根系发达，抗旱，但不耐涝，不耐盐碱，在 pH >7.5 的土壤易发生缺铁黄叶病，是北方寒冷地区常见的苹果砧木。与苹果嫁接有轻微的"小脚"现象。本种类型多，分布广，其他地区从中选出适用于当地的类型有沁源山定子、蒲县山定子、黄龙山定子等。

**2. 矮化砧木**

当前，我国大量推广应用的苹果矮化砧主要是英国东茂林试验站选出的 $M_4$、$M_7$、$M_9$、$M_{26}$、$MM_{106}$，山西农大选育的 SH 系，东北地区主要推广 $GM_{256}$。

（1）$M_4$

半矮化砧，压条繁殖易发根，根多、粗大，嫁接亲和力差。嫁接树较旺，进入结果期较其他矮化砧晚。

（2）$M_7$

半矮化砧，压条繁殖易发根，繁殖系数高，根系好，土壤适应性强，比较抗旱，耐瘠薄，亲和力强，但易生根瘤。嫁接树结果较早，比较丰产。

（3）$MM_{106}$

半矮化砧，与普通乔化砧嫁接亲和力强，抗棉蚜和病毒病。

（4）$GM_{256}$

半矮化砧，吉林省农业科学院果树研究所育成。与多品种嫁接亲和力强、早果丰产、树体矮化。其突出特点是可抗 -40 ℃低温，适应性广。

（5）$M_{26}$

矮化砧，较抗寒。具有抗花叶病和抗白粉病的特性，但抗旱性差，不抗棉蚜和颈瘤病，压条易生根，与普通乔砧嫁接亲和力强。

（6）$M_9$

矮化砧，嫁接亲和力较差。根浅，不抗寒、不抗旱、不耐洼涝，固定性差；嫁接时有"大脚"现象。连续结果能力强，幼树产量提高快，带病毒情况普遍。

（7）SH系砧木

国光和河南海棠的杂交后代。包括半矮化至矮化的多种类型，综合性状表现较好的有$SH_{17}$、$SH_{28}$、$SH_{38}$、$SH_{40}$，在抗逆性（抗旱、抗抽条）、矮生、丰产性、果实品质、风味、着色等诸多性状方面表现优良，是适应中国自然条件的苹果矮化砧木。

## 二、优良品种

### 1. 早熟品种

（1）锦绣红

锦绣红是华冠的早熟浓红芽变新品系。果实近圆锥形，平均单果重225 g，最大单果重400 g。果实底色绿黄，果面全面着鲜红色，充分成熟后果实呈浓红色；果面光洁、无锈，果点稀疏、灰白色、小、不明显；梗洼深，狭窄；萼洼中深、中广、萼片宿存，周围有不明显的五棱突起。果肉黄白色，贮藏一段时间后变为淡黄色，肉质细、致密，脆而多汁，风味酸甜适宜。采收时果实带皮硬度18.06 kg/cm$^2$，去皮硬度6.9 kg/cm$^2$；可溶性固形物含量14.2%，总糖含量11.96%，每百克果肉维生素C含量为5.160 mg，总酸含量0.209%；品质上等。果实9月中旬成熟，果实采前不落果，可在树上挂果至国庆后。果实耐贮藏、贮后不沙化。

（2）华玉

华玉（图8-6）是中国农业科学院郑州果树研究所用藤牧1号×嘎拉杂交培育而成。果实近圆形，整齐端正，平均单果重196 g。果面底色绿黄，着鲜红色条纹，着色面积60%以上。果面平滑，蜡质多，无锈，有光泽。果肉黄白色，肉质细脆，汁液多，可溶性固形物含量13.6%，酸甜爽口，风味浓郁，有清香，品质上等。郑州地区7月中旬着色，7月下旬成熟，果实发育期110～120 d，室温下可贮藏10～15 d。幼树生长旺盛，枝条健壮，一般定植后第2年成形。枝条节间长，尖削度小，长放时萌芽率和成枝力均高于嘎拉和美国8号，早果性和丰产性较好。幼树以中果枝和腋花芽结果为主，随树龄增大，逐渐转变为以短果枝和中果枝结果为主。果台副梢连续结果能力强，花序坐果率高，生理落果轻，丰产、稳产。

（3）早红

早红（图8-7）又名意大利早红，是由中国农业科学院郑州果树研究所从意大利引入材料中选育而成。果实底色绿黄，全面或大半面着橙红色，果肉淡黄色，肉质细，松脆汁多，风味酸甜适度，有香味，可溶性固形物含量11.2%～13%。品质上等。郑州地区果实成熟期8月10日左右。果实成熟期一致，基本无采前落果现象。提早采收时风味稍淡。果实采收后在一般室温下可贮藏7～15 d。该品种幼树生长势较强，成形快，结果后树姿开张，易形成短果枝。幼树具有较强的腋花芽结实能力，进入结果期后以中短果枝结果为主，丰产性好。正常管理条件下，定植的幼树一般第3年即可开花结果。4年生后产量可达2000～3000 kg/亩，且无明显大小年结果现象。

**图8-6　华玉**

**图8-7　早红**

图 8-8　华美

（4）华美

华美（图 8-8）是由中国农业科学院郑州果树研究所用嘎拉×华帅杂交培育而成，2005 年通过河南省林木品种审定。该品种果实短圆锥形，平均单果重 235 g；底色淡黄，果面 70% 左右着鲜红色，片状着色；果面光滑、无锈，有少量果粉和蜡质；果点中大、较密，褐色，周围有淡黄色晕圈；果肉黄白色，肉质中细，松脆，汁液中多；果实去皮硬度 9.6 $kg/cm^2$，带皮硬度 18.7 $kg/cm^2$；可溶性固形物含量 12.6%，总糖含量 10.41%，总酸含量 0.26%，维生素 C 含量 6.31 mg/100 g；风味酸甜适口，有轻微芳香，品质上等。幼树生长旺盛、生长快。定植幼树一般第 2 年成形；枝条生长健壮、粗壮、尖削度小，萌芽率和成枝力中等。具有较好的早果性和丰产性，幼树以中果枝和腋花芽结果为主，随树龄增大逐渐以短果枝和中果枝结果为主。果实发育期 110 ~ 120 d，7 月底果实成熟。果实成熟后在室温下可贮放 7 ~ 15 d；果实冷藏条件下贮藏 30 d 后仍能保持其松脆肉质。

（5）红珍珠

红珍珠是由藤牧 1 号×嘎拉选育而成。果实圆柱形，平均纵径 6.6 cm，横径 5.6 cm；平均单果重 105 g，如鸡蛋大小。果实底色绿黄，果面着鲜红色，片状着色，着色面积 80% 以上。果面平滑，有少量蜡质；果面无锈，果粉少；果点大，中密，浅褐色，较明显。果梗中长，平均 2.4 cm，中粗；梗洼中深、广、缓。萼片大、宿存、直立、闭合；萼洼广、缓、浅，周围有不明显的突起。果肉淡黄色，肉质中细，紧密、硬脆，采收时果实去皮硬度 12.2 $kg/cm^2$。汁液中多，可溶性固形物含量 15.8%，可滴定酸含量 0.29%，风味浓甜，芳香浓；品质上等。果实极耐贮藏，普通室温下贮藏 30 d，冷藏条件下贮藏 4 个月，果皮发皱，果肉仍保持很好的脆度。枝条较细，树势生长中庸。高接树 3 年才能正常结果。以中果枝结果为主，花序坐果率 31.7%，平均坐果 3.1 个/花序，产量中等。在郑州地区 4 月 5 号左右开花，果实 7 月底成熟，发育期 110 ~ 120 d；成熟期集中，无采前落果现象。

该品种浓甜、早熟、极耐贮藏、小果型品种。是目前早熟品种中含糖量最高、果实最耐贮藏的品种，其固形物含量和贮藏性超过了同一产地的大多中熟晚熟品种；也是目前育成的首个小果型苹果优良新品系。可作为稀有、特色品种占领市场。

（6）华丹

华丹（图 8-9）是美国 8 号与麦艳杂交后代。果实近圆形、高桩，平均纵径 6.5 cm，横径 7.2 cm；果实中等大小，平均单果重 160 g。果实底色淡黄，果面着浓红色，片状着色，色泽鲜艳，着色面积 80% 以上，个别果实可达到全面着色。果面平滑，蜡质多，有光泽，无锈；果粉中等，果点小，中多，灰白色。果梗长，平均 2.7 cm，中粗；梗洼深，中广、无锈。萼片宿存，直立，半开张；萼洼广，缓而浅。果肉白色，肉质中细，松脆，采收时果实去皮硬度 6.3 $kg/cm^2$；汁液中多，可溶性固形物含量 12.4%，可滴定酸含量 0.42%，味酸甜，品质中上。果实在普通室温下可贮藏 5 ~ 7 d。生长势中等，树体紧凑。枝条萌芽率高，成枝力中等，易形成中短果枝结果。早果性好，高接一般第 2 年见果，第 3 年丰产；幼树定植第 3 年始果，第 4 年丰产。果台连续结果能力强；坐果率高，在自然条件下花序坐果率

图 8-9　华丹

71%，花朵坐果率 28.7%，平均没花序坐果 2～3个；生理落果和采前落果轻；丰产、稳产。在郑州地区 4 月初开花，果实 6 月底成熟，熟期不一致，发育期 80～90 d。

（7）萌

萌又称嘎富，日本 1996 年利用富士×嘎拉杂交育成，1997 年引入我国。该品种树势中庸，树姿自然开张。新梢叶片似嘎拉，叶片大小介于嘎拉和红富士之间，较旺枝条叶片向上突起。幼树生长旺盛，新梢生长量大。成年树树势趋向中庸。萌芽率高，成枝力强。苗木定植后第 2 年就可结果。初果期树以短果枝结果为主，有腋花芽结果习性，异花授粉坐果率 75%，花朵坐果率 25%，当年果台枝能形成短枝花芽，成花容易，丰产性好，生理落果轻，无采前落果现象，在树上能持续到 8 月初。果实圆形至圆锥形，果个大，整齐，平均单果重 210 g，最大单果重 280 g。果面光滑，有光泽，底色黄绿，表面鲜红色，着色面占果面的 85%，果肉细，乳白色，汁液多，酸甜适口，有香味。可溶性固形物含量 18.5%，可溶性糖含量 14%，可溶性酸含量 0.7%～0.8%，品质好，20～22 ℃下可贮藏 10 d 不变软。2～5 ℃下可存放 3～4 个月，果实 7 月上中旬成熟。对土壤适应性强，耐瘠薄，抗轮纹病和斑点落叶病。河南省周口市川汇区，萌苹果 3 月下旬萌芽，4 月 18 日初花，4 月 22 日盛花，花期 3～4 d，开花较整齐。7 月 17 日左右果实开始着色，7 月 24 日左右果实成熟，果实生育期 95 d 左右，12 月中旬落叶。

**2. 中熟品种**

（1）华硕

华硕是中国农业科学院郑州果树研究所用美国 8 号×华冠培育成早熟苹果新品种。2009 年通过河南省林木良种品种审定。果实近圆形，平均横径 7.8 cm，纵径 8.7 cm。果实较大，平均单果重 232 g。果实底色绿黄，果面着鲜红色，着色面积达 70%，个别可达全红。果面蜡质多，有光泽，无锈。果粉少，果点中稀，灰白色。果梗中长，平均 2.4 cm，粗。梗洼深、广，萼片宿存，直立，半开张。萼洼广、陡，中深，有不明显突起。果肉绿白色，肉质中细，松、脆。采收时果实去皮硬度 10.1 kg/cm$^2$。汁液多，含可溶性固形物 13.1%，可滴定酸 0.34%，酸甜适口，风味浓郁，有芳香。果实室温下可贮藏 20 d 以上，冷藏条件下可贮藏 2 个月。枝条萌芽率中等，成枝力较低。幼树以中果枝和腋花芽结果为主，随树龄增长，逐渐以短果枝和中果枝结果为主，早果性和丰产性较好。幼树定植后个别单株第 2 年即可少量成花，第 3 年正常结果，第 4 年进入盛果期。果实产量超过 2000 kg/亩。高接树一般第 2 年正常结果，第 3 年进入盛果期。郑州地区 3 月 7—10 日萌动，4 月初开花，盛花期 4 月 3—7 日，花期 5～6 d。果实 7 月下旬上色，8 月初成熟，果实发育期 110 d 左右。11 月上旬落叶，果实发育期 250～260 d。

（2）美国 8 号

图 8-10　美国 8 号

美国 8 号（图 8-10）又叫华夏，美国杂交育成中熟品种。1990 年引入我国。树姿开张，枝条灰褐色。皮孔中大、中多，灰白色。芽体较长，尖部稍弯曲。叶片较大，深绿色，叶革质化，长卵圆形，平均叶长 9.66 cm、宽 5.46 cm，叶柄长 3.2 cm，叶缘复锯齿状，一年生枝红褐色，多年生枝灰褐色。幼树生长较旺盛，成龄树生长中庸，树姿较开张。萌芽率高（100%），成枝力中等（24%）。始果期较早，初果期以腋花芽结果为主，以后逐渐转为短果枝结果。结果能力较强，一般花序坐果率达 80% 以上，花朵坐果率 18% 以上。果实近圆形，平均单果重 246 g，最大果重 352 g，果实底色黄，果面光洁、浓红，蜡质中多；果肉黄白色，肉质细脆、汁多，风味酸甜可口，具芳香味，可溶性固性物 12.1%，品质上等。该品种抗旱、耐寒，对食心虫、金纹细蛾、早期落叶病、斑点落叶病、炭疽病等抗性较强。少量新梢有黄化现象，但不影响产量。

（3）福早红

青岛农业大学以特拉蒙×新红星杂交育成。果实圆锥形，平均单果重226 g。果实底色黄绿，果面着农红色，果面光洁，无须套袋。果肉白色，肉质松脆，汁液中多，味酸甜，香气浓郁，品质上等。可溶性固形物含量12%，总糖含量10.6%，可滴定酸含量0.15%，果实硬度9.40 kg/cm$^2$。山东烟台地区果实8月上中旬成熟。果实贮藏后期易发绵。枝条柱形或短枝形，节间极短。适合密植栽培，嫁接在$M_{26}$中间砧上密植效果更好。以短果枝结果为主，开始结果早，丰产稳产性好。易于管理，与富士、嘎拉可互为授粉树。

（4）秋口红

山东果树研究所育成。山东海洋县徐家店镇姜家秋口果园中发现。果实圆形或扁圆形，单果重160～180 g，果实底色黄绿色，阳面具鲜红色霞，具红条纹。果梗短，中粗，有时基部稍粗，果洼深陡，有时有锈。萼洼中深，较广，萼片中大，闭合或开，先端反转，萼筒深，长筒形。果心小，中位，心室闭合。果皮中厚，韧。果肉黄白色，肉质酥脆而稍粗，果汁中多，风味香甜适口。可溶性固形物含量11.2%，可滴定酸含量0.27%，维生素C含量29.40 mg/kg。果实8月中旬成熟。树势中庸，萌芽率较高，成枝力中等。以短果枝和腋花芽结果为主。稳产性好，抗旱、耐瘠薄，较抗苹果轮纹病，有采前落果现象。

（5）太红嘎拉

山东省莱州市小草沟园艺场从太平洋嘎拉的芽变中选出。果实长圆锥形，端正高桩，果形指数0.8～0.9，果个大小整齐，平均单果重200 g。果皮底色黄绿色，果面浓红鲜艳，全红果率78.5%，易着色。果面有蜡质，果点明显。果皮较厚，果肉淡黄绿色，硬脆，汁多，风味酸甜。可溶性固形含量13.9%，硬度8.79 kg/cm$^2$。果实发育期95～105 d，在山东烟台地区8月中旬成熟。该品种定植第4年平均产量2300 kg/亩，第5年平均产量3600 kg/亩，丰产性与太平洋嘎拉无差异。适宜密植栽培，纺锤形整枝。可与富士、元帅系互为授粉树。

（6）奥查金

图8-11 奥查金

奥查金（图8-11）是美国中熟品种，原名奥查克金。树冠自然圆头形，树势中庸，枝条柔软开展。一年生枝与当年生枝色泽及皮孔皆似金冠。叶片中大，呈狭椭圆形，表面有光泽。萌芽率高，成枝力中等。幼树以腋花芽及长果枝结果为主，盛果期以中长果枝及短果枝结果为主，花序坐果率85%，花朵坐果率32%，幼树栽植第2年开花率80%，高接树第2年即可结果，无采前落果现象。果实长圆锥形，高桩，大型果，果形指数0.9，平均单果重240 g，最大可达400 g以上。果面光洁无锈，果皮底色乳黄，阳面有橘红色晕彩，艳丽美观。果肉白色，肉质硬脆，风味较甜，有香味，含可溶性固形物14.8%，总酸0.26%，品质上等。较耐贮运，自然室温内存放两个月仍脆而不绵，不皱不烂。适应性广，抗旱、抗寒，较抗早期落叶病，轮纹病，适宜在沙壤土、壤土上栽植，全国主要苹果产区均可栽植，有望成为黄河故道地区主栽品种之一。

（7）中秋王

中秋王（图8-12）为红富士和新红星杂交育成优良中熟、抗病、抗寒品种。该品种果实高桩，五棱突起更加明显，果形指数1.45，平均单果重422.4 g，最大单果重612.5 g。果皮红绿色，红果率高达90%甚至全红，色泽鲜艳，果面洁净、光滑，果点中大，条形，较密。果肉黄白色，肉质硬脆，香甜爽口，可溶性固形物含量15.47%，品质极上。果实9月成熟，较耐贮运，冷库条件下可贮藏6个月，仍保持脆甜不面，口味不变，新鲜如初。

**3. 晚熟品种**

（1）着色富士系

图 8-12　中秋王

由原产日本的富士苹果选育出的一批着色芽变品种，称为红富士（图 8-13）。包括普通型着色芽变品种、短枝型着色芽变品种和早熟着色富士。普通型着色芽变品种有秋富 1 号、长富 2 号、岩富 10 号、2001 富士、乐乐富士、烟富 1～5 号；短枝型着色芽变品种有宫崎短枝、福岛短枝、长富 3 号、秋富 39 号、烟富 6 号；早熟着色富士品种有红王将等，是我国栽培面积最大的苹果品种。果实圆形或近圆形，平均单果重 230 g。果面有鲜红条纹或全面鲜红或深红。果肉黄白色，细脆多汁，酸甜适口，稍有芳香，可溶性固形物含量 14.0%～18.5%，品质极上，极耐贮藏。顶端优势强，萌芽率高，成枝力强，年生长量大，枝量多、成形快；幼树直立、健壮，易上强下弱，大量结果后树势渐趋缓和，树冠开张。初果期以二至四年生枝条上的中、短果枝结果为主，有腋花芽结果能力。盛果期以短果枝结果为主，花序坐果率高，连续结果能力较差，但结果较早，丰产，适应性强。适宜北方各个苹果产区发展。耐寒性稍差，对轮纹病、水心病、果实霉心病抗性较差，管理不当易出现大小年结果。

图 8-13　红富士

（2）岳华

岳华是寒富×岳帅选育而成的苹果晚熟新品种。2012 年通过辽宁省非主要农作物品种备案。果实长圆形，平均单果重 215 g，最大单果重 325 g，果实鲜红色，色相条红，果肉黄白色，肉质松脆，中粗，汁液多，风味酸甜，微香无异味，品质上等。采收时果实去皮硬度为 11.90 kg/cm$^2$，可溶性固形物含量 15.50%，总糖含量 12.74%，可滴定酸含量 0.37%。冷藏可贮藏到第二年 4 月。在辽宁省营口市，果实在 10 月中旬成熟，适宜在辽宁省大石桥市和凌海市以南及气候条件相似地区栽植。

（3）瑞阳

瑞阳（图 8-14）是富士×秦冠选育而成的优良苹果晚熟品种。2015 年 3 月通过陕西省果树品种审定委员会审定，定名为“瑞阳”。该品种树势中庸，树姿半开张。主干灰褐色，多年生枝紫褐色；一年生枝赤褐色，枝条直伸，枝质中等硬，平均节间长度 2.03 cm；皮孔小，中多，近圆形。叶芽小，三角形；花芽肥大，楔形，紧凑。叶片椭圆形，叶色深绿，平均叶长 7.95 cm，叶宽 4.35 cm。花瓣椭圆形，粉红色，雄蕊 15～20 个，花序内花数平均 6 朵。果实圆锥形或短圆锥形，平均单果质量 282.3 g，果形指数 0.84。底色黄绿，全面着鲜红色，果面平滑，有光泽，果点小，中多，果粉薄。果肉乳白色，肉质细脆，汁液多，风味甜，具香气。果肉硬度 7.21 kg/cm$^2$，可溶性固形物 16.5%，可滴定酸 0.33%，总糖 14.0%，维生素 C 0.088 mg/g。果实耐贮藏，常温下可存放 5 个月，冷库可贮藏 10 个月。萌芽率高，成枝力较强，易形成短枝，二年生枝萌芽率 68.3%，成枝率 56.9%。幼龄树以长果枝和腋花芽结果为主，成年树以中、短果枝结果为主。连续结果能力强，果台副梢连续 3 年可结果。用 $M_{26}$ 矮化自根砧优质苗建园，定植第 2 年即可结果，第 3 年产量达 1666.7 kg/亩。果实成

图 8-14　瑞阳

熟期较一致，无采前落果现象。抗病性较强，抗早期落叶病能力接近秦冠。

在渭北中部地区，3 月中下旬萌芽，4 月上旬开花，果实 9 月开始着色，10 月中旬成熟，生育期 185 d左右。11 月中下旬落叶。适宜在陕西渭北地区栽培。可用嘎拉、粉红女士、海棠等作为授粉品种。

（4）金钟

金钟苹果是以美国品种“白龙”为母本，从其自然杂交实生苗中选育出的苹果晚熟新品种。该品种于2005 年通过由河北省科技厅主持并组织的专家委员会的鉴定，2006 年通过河北省果树品种审定委员会审定。果实圆锥形，果形指数0.94，平均单果重240 g，最大单果重300 g以上，果实外形美观端正，果面绿黄色、光洁无锈，果肉黄白色、质地细脆多汁，风味甜酸适口、有清香味。果实去皮硬度10.9 kg/$cm^2$，可溶性固形物含量14.3%，可滴定酸含量0.413%。在河北省中南部地区果实发育期175 d，10 月下旬成熟，耐贮运，在自然条件下可存放至翌年3 月，不皱皮、不变面，品质上等。

（5）望香红

望香红（图8-15）是在辽宁省大连市瓦房店市赵屯富士与红星混栽苹果园中发现的苹果新品种，2012 年通过辽宁省非主要农作物品种备案并定名。该品种果实短圆锥形，纵径6.96 cm，横径8.28 cm，果形指数0.84。平均单果重240.0 g，最大果重320.0 g。果实底色绿黄色，果面着鲜红色，全红色；果面光洁，平滑有光泽，顶部有棱，无果锈；果点小、多，灰白色，较明显；部分果实梗洼有突起，萼片宿存，直立。

（6）寒富

寒富（图8-16）是由沈阳农业大学用东光×富士杂交选育而成的。平均单果重250 g，果实短圆锥形，果实短圆锥形，果形端正，全面着鲜艳红色，果形指数0.89，果肉淡黄色，酥脆多汁，甜酸味浓，有香气，品质上，耐贮性强。可溶性固形物含量15.2%，具有显著矮化短枝性状，并被誉为“抗寒的富士”。树冠紧凑，枝条节间短，短枝性状明显，再生能力强，以短果枝结果为主，有腋花芽结果习性。早果性强，定植后第2 年见花，第3 年即有产量，第4 年产量20 kg/株，适应于密植栽培。抗逆性强，抗寒性明显超过国光等大型果。抗蚜虫和早期落叶病，较抗粗皮病。

图8-15 望香红

图8-16 寒富

## 思考题

（1）苹果生产上常见的砧木有哪些？如何识别？

（2）当前生产上栽培苹果优良品种有哪些？识别时应把握哪些要点？

# 第四节　无公害栽培技术要点

## 一、环境质量条件

农业部提出的无公害苹果产地环境条件是产地选择在生态条件良好、远离污染源，并具有可持续生产能力的农业生产区域。同时，产地空气质量、灌溉水质量和土壤环境质量等均具有具体规定。

**1. 空气质量**

无公害苹果产地空气质量要符合总悬浮颗粒物、二氧化硫、二氧化氮和氟化物在一定的范围之内。具体见表8-2。

**表8-2　无公害苹果产地环境空气质量标准**

| 项目 | 浓度限值 | |
|---|---|---|
| | 日平均 | 1 h平均 |
| 总悬浮颗粒物（TSP，标准状态）/(mg/$m^3$)≤ | 0.30 | — |
| 二氧化硫（$SO_2$，标准状态）/(mg/$m^3$)≤ | 0.15 | 0.50 |
| 二氧化氮（$NO_2$，标准状态）/(mg/$m^3$)≤ | 0.12 | 0.24 |
| 氟化物（F，标准状态）≤ | 7 μg/$m^3$ | 20 |
| | 1.8 μg/$dm^3$ | — |

注：日平均指任何1 d的平均浓度；1 h平均指任何1 h的平均浓度。

**2. 灌溉水质量**

果园灌溉水质量必须清洁无毒，并符合pH、卤化物、氰化物、氟化物、总汞、总砷、总铅、总镉、六价铬和石油类指标在一定的范围之内。具体见表8-3。

**表8-3　无公害水果生产灌溉水质量标准**

| 项目 | | 指标 | 项目 | | 指标 |
|---|---|---|---|---|---|
| pH | | 5.5～8.5 | 总砷/(mg/L) | ≤ | 0.1 |
| 卤化物/(mg/L) | ≤ | 250 | 总铅/（mg/L) | ≤ | 0.1 |
| 氰化物/(mg/L) | ≤ | 0.5 | 总镉/(mg/L) | ≤ | 0.005 |
| 氟化物/(mg/L) | ≤ | 3.0 | 六价铬/(mg/L) | ≤ | 0.1 |
| 总汞/(mg/kg) | ≤ | 0.001 | 石油类/(mg/L) | ≤ | 10 |

**3. 产地土壤环境质量**

无公害苹果产地土壤质量应符合镉、总汞、总砷、铅、铬、铜含量限值在一定范围之内。具体见表8-4。

**表8-4　无公害苹果产地土壤质量标准**

| 项目 | | 含量限值 | | |
|---|---|---|---|---|
| | | pH＜6.5 | pH 6.5～7.5 | pH＞7.5 |
| 镉/(mg/kg) | ≤ | 0.30 | 0.30 | 0.60 |
| 总汞/(mg/kg) | ≤ | 0.30 | 0.50 | 1.0 |

续表

| 项目 | | 含量限值 | | |
|---|---|---|---|---|
| | | pH <6.5 | pH 6.5 ~7.5 | pH >7.5 |
| 总砷/(mg/kg) | ≤ | 40 | 30 | 25 |
| 铅/(mg/kg) | ≤ | 250 | 300 | 350 |
| 铬/(mg/kg) | ≤ | 150 | 200 | 250 |
| 铜/(mg/kg) | ≤ | 150 | 200 | 200 |

注：重金属（铬主要为三价）和砷均按元素量计，适用于阳离子交换量每千克土样 >5 cmol（+），若≤5 cmol（+），其标准值为表内数值的半数。

## 二、生产技术标准

### 1. 农药使用标准

农药按其毒性可分为高毒、中毒和低毒。生产无公害果品要优先采用低毒农药，有限度地使用中毒农药，严禁使用高毒、高残留农药。

（1）国家明令禁止使用的农药

六六六、滴滴涕（DDT）、林丹粉、二溴氯丙烷、杀虫脒、二溴乙烷、除草醚、艾氏剂、狄氏剂、西力生、赛力散、砷酸钙、砷酸铅、敌枯双、氟乙酰胺、甘氟、毒鼠强、氟乙酸钠、毒鼠硅。

（2）在果树上不得使用的农药

甲胺磷、甲基对硫磷（甲基1605）、对硫磷（1605），久效磷、磷胺、氧化乐果、水胺硫磷、甲拌磷（3911）、甲基异柳磷、杀扑磷（速扑杀）、特丁硫磷、甲基硫环磷、治螟磷、内吸磷（1059）、灭多威（万灵）、克百威（呋喃丹）、涕灭威（铁灭克）、灭线磷、硫环磷、蝇毒磷、地虫硫磷、氯唑磷、苯线磷、五氯酚钠、三氯杀螨醇、福美砷。

（3）适宜无公害苹果生产使用的农药品种

①杀虫剂。辛硫磷、毒死蜱（乐斯本）、马拉硫磷（马拉松）、敌百虫、敌敌畏、杀螟硫磷（杀螟松）、喹啉磷（爱卡士）、丙溴磷、三唑磷（特力克）、三氟氯氰菊酯（功夫）、氰戊菊酯（速灭杀丁、中西菊酯）、顺式氰戊菊酯（来福灵）、甲氰菊酯（灭扫利）、联苯菊酯（天王星）、氯氰菊酯（安绿宝、灭百可、兴棉宝、赛波凯）、顺式氯氰菊酯（高效灭百可、高效按绿宝）、氟氯氰菊酯（百树菊酯，百树得）、溴氰菊酯（敌杀死）、高效氯氰酯（歼灭）、甲萘威（西维因）、抗蚜威（避蚜雾）、硫双灭多威（拉威因）、唑蚜威（灭蚜灵）、丁硫克百威（好年冬）、丙硫克百威（安克力）、吡虫啉（一遍净、蚜虱净、大功臣、康复多）、啶虫脒（莫比朗）、阿克泰、灭幼脲（灭幼脲3号、苏脲1号）、除虫脲（敌灭灵、灭幼脲1号）、苏云金杆菌（Bt）、噻嗪酮（扑虱灵、优乐得）、杀铃脲（灭幼脲4号、氟幼灵、杀虫脲）、虫酰肼（米满）、除虫腈（除尽）。

②杀螨剂。三唑锡（倍乐霸）、四螨嗪（螨死净、阿波罗）、唑螨酯（霸螨灵）、农螨丹、达螨酮（速螨酮、哒螨灵、哒螨净、扫螨净、牵牛星、NC－129）、克螨特、苯丁锡（托尔克）、双甲脒（螨克）、噻螨酮（尼索朗）。

③杀菌剂。代森锌、代森铵、代森锰锌（太盛、喷克、新太生、大生、新万生）、丙森锌（安泰生）、福美双、三乙磷酸铝（乙磷铝、疫霜灵、疫霉灵）、百菌清（敌克）、甲霜灵（瑞毒霉）、甲基硫菌灵（甲基托布津）、三唑酮（粉锈宁、粉锈灵、百里通）、多菌灵、异菌脲（扑海因）、苯菌灵（苯来特）、烯唑醇（特谱唑、速保利、禾果利）、多抗霉素（多氧霉素、宝丽安）、农抗120、农用链霉素、退菌特（三福美）、炭疽福美、843康复剂、石硫合剂、波尔多液、硫黄悬乳剂、三唑醇（百坦、羟锈宁、

斑锈灵)、乙磷铝锰锌（沦落净)、腈菌唑（灭菌强)、仙生、恶醚唑（世高、敌萎丹)、戊唑醇（好力克、力克莠、富力库)、氟硅唑（福星)、咪鲜胺（施保克、扑霉灵、使百克)、咪鲜胺锰络化合物（施保功)、恶唑烷二酮·代森锰锌（易保)、乙霉威（万霉灵)、多·霉威（多霉灵、多霉清)、氧化亚铜（靠山、铜大师)、王铜（氢氧化铜、好宝多)、氢氧化铜（可杀得、蓝盾铜)、松酯酸铜（绿乳铜)、硫酸铜钙（多宁、必备)。

④植物生长调节剂。多效唑（$PP_{333}$、氯丁唑)、乙烯利（一试灵、乙烯磷、ACP)、复硝酚钠（爱多收、丰收素)、高桩素、萘乙酸（α－萘乙酸、NAA)、比久（$B_9$、乙酰肼)、赤霉素（九二〇、$GA_3$)、防落素（坐果灵)、缩节胺（助壮素、甲哌啶)、矮壮素（CCC)、植物细胞分裂素（富滋)。

⑤除草剂。草甘膦（农达、镇草宁)、百草枯（克无踪、对草快)、吡氟乙草灵（盖草能)、茅草枯、氟乐灵、甲草胺（拉索)。

（4）无公害苹果生产使用农药须注意的问题

①严禁使用高毒、高残留的农药。如国家明令禁止使用和不得在果树上使用的农药，有限制地使用中等毒性的农药，提倡使用低毒农药和生物农药。

②在科学选用农药品种的同时，凡国家已订出“农药安全使用标准”的品种，均要按照“标准”的要求执行，严格农药浓度、施药方法、苹果生长期间最多施药次数和安全间隔期（最好一次施药距采果的天数)；尚未制定“标准”的品种，必须按照办理农药登记证时的标准施药，即严格按农业部颁发的农药登记证和批准标签上所推荐的果树（范围)、剂量和方法使用，以确保农药残留不超限量。

③为减少农药污染，除了注意选用农药品种以外，还要严格控制农药的施用量，应在有效浓度范围内，尽量用低浓度进行防治。喷药次数要根据药剂的残效期和病虫害发生程度来定。不要随意提高用药剂量、浓度和次数，应从改进施药方法和喷药质量方面来提高药剂的防治效果。另外，在采果前 20 d 应停止喷洒农药。

**2. 肥料使用标准**

果园施肥原则是将充足有机肥料和一定数量化学肥料施入土壤，同时避免肥料中有害物质进入土壤。

（1）允许使用肥料种类

①有机肥料。如堆肥、厩肥、沤肥、沼气肥、饼肥、绿肥、作物秸秆等。堆肥均需经 50 ℃以上发酵 5～7 d，杀灭病菌、虫卵和杂草种子，去除有害气体和有机酸后施用。

②腐殖酸类肥料。如泥炭、褐煤和风化煤等。

③微生物肥料。如根瘤菌、固氮菌、磷细菌、硅酸盐细菌和复合菌等。

④有机复合肥。

⑤无机（矿质）肥料，如矿物钾肥、硫酸钾、矿物磷肥（磷矿粉)、钙镁磷肥、石灰石（酸性土壤使用)、粉状磷肥（碱性土壤使用)。

⑥叶面肥料。如微量元素肥料、植物生长辅助物质肥料。

⑦其他有机肥料。

（2）限制使用化学肥料

无公害苹果生产应在大量施用有机肥料基础上，根据果树需肥规律，科学合理使用化肥，并要限量使用。化肥与有机肥料、微生物肥料配合使用，可作基肥或追肥，有机氮与无机氮之比以 1∶1 为宜。用化肥作追肥应在采果前 30 d 停用。

（3）慎用城市垃圾肥料

城市垃圾肥料必须清除金属、橡胶、塑料及砖瓦、石块等杂物，并不得含重金属和有害毒物，经无害化处理达到国家标准后方可使用。每年黏土地使用量不得超过 3000 kg/亩，沙土地不得超过 2000 kg/亩。

（4）使用合格肥料

商品肥料和新型肥料必须是经国家有关部门批准登记和生产的品种才能使用。

## 三、产品质量检验标准

### 1. 苹果质量标准

苹果采收后应根据质量好坏进行分级，分级标准见表 8–5。

**表 8–5 苹果等级规格指标**

<table>
<tr><td colspan="2" rowspan="2">项目</td><td colspan="3">品质基本要求</td></tr>
<tr><td>特级果</td><td>一级果</td><td>二级果</td></tr>
<tr><td colspan="2">等级</td><td colspan="3">各品种、各等级的果实均应完整良好、新鲜，无病虫害；具有本品种的特有风味；色泽纯正、果面光洁；发育充分，具有适应市场或贮存要求的成熟度；果形端正或较端正，果个整齐；果梗完整或统一剪除</td></tr>
<tr><td colspan="2">色泽</td><td>红色品种着色面≥90%，其他品种具有本品种成熟时应用的色泽</td><td>红色品种着色面≥80%，其他品种具有本品种成熟时应用的色泽</td><td>红色品种着色面≥60%，其他品种具有本品种成熟时应用的色泽</td></tr>
<tr><td rowspan="3">果径（最大横切面直径，mm）</td><td>大型果</td><td>≥75</td><td>≥75</td><td>≥70</td></tr>
<tr><td>中型果</td><td>≥70</td><td>≥65</td><td>≥60</td></tr>
<tr><td>小型果</td><td>≥65</td><td>≥60</td><td>≥55</td></tr>
<tr><td rowspan="8">果面缺陷</td><td>碰压伤</td><td>无</td><td>无</td><td>轻微碰压伤，表皮不变色，面积不超过 0.5 $cm^2$</td></tr>
<tr><td>磨伤</td><td>无</td><td>无</td><td>轻微磨擦伤 1 处，面积不超过 0.5 $cm^2$</td></tr>
<tr><td>果锈</td><td>无</td><td>无</td><td>允许轻微果锈，面积不超过 1.0 $cm^2$</td></tr>
<tr><td>水锈</td><td>无</td><td>无</td><td>允许轻微薄层，面积不超过 1.0 $cm^2$</td></tr>
<tr><td>药害</td><td>无</td><td>无</td><td>允许轻微薄层，面积不超过 1.0 $cm^2$</td></tr>
<tr><td>日灼</td><td>无</td><td>无</td><td>允许轻微日灼，面积不超过 1.0 $cm^2$</td></tr>
<tr><td>雹伤</td><td>无</td><td>无</td><td>允许轻微雹伤，面积不超过 0.4 $cm^2$</td></tr>
<tr><td>虫伤</td><td>无</td><td>无</td><td>允许轻微表皮虫伤，面积不超过 0.5 $cm^2$</td></tr>
</table>

注：参照烟台苹果等级规格指标。

### 2. 无公害苹果标准

无公害苹果标准从感官要求和卫生要求两方面衡量。感官要求包括风味、成熟度、果形、色泽、果梗和果实横径方面。卫生要求包括常用杀虫剂和重金属浓度要求应达到一定的范围。具体见表 8–6。

**表 8–6 无公害苹果标准**

<table>
<tr><td rowspan="3">感官要求</td><td>风味</td><td>具有本品种的特有风味，无异常气味</td></tr>
<tr><td>成熟度</td><td>充分发育，达到市场或贮存要求的成熟度</td></tr>
<tr><td>果形</td><td>果形端正</td></tr>
</table>

续表

| | | | | |
|---|---|---|---|---|
| 感官要求 | 色泽 | 具有本品种成熟时应有的色泽 | | |
| | 果梗 | 完整或统一剪除 | | |
| | 果实横径/mm | 大型果≥70，中型果≥65，小型果≥55 | | |
| 卫生要求 | 滴滴涕 | ≤0.1 mg/kg | 克菌丹 | ≤5 mg/kg |
| | 六六六 | ≤0.2 mg/kg | 敌百虫 | ≤0.1 mg/kg |
| | 杀螟硫磷 | ≤0.5 mg/kg | 除虫脲 | ≤1 mg/kg |
| | 敌敌畏 | ≤0.2 mg/kg | 氟氯氰菊酯 | ≤0.2 mg/kg |
| | 乐果 | ≤0.1 mg/kg | 三唑锡 | ≤2 mg/kg |
| | 马拉硫磷 | 不得检出 | 毒死蜱 | ≤1 mg/kg |
| | 辛硫磷 | ≤0.05 mg/kg | 双甲脒 | ≤0.5 mg/kg |
| | 多菌灵 | ≤0.5 mg/kg | 砷 | ≤0.5 mg/kg |
| | 氯氰菊酯 | ≤2 mg/kg | 铅 | ≤0.2 mg/kg |
| | 抗蚜威 | ≤0.5 mg/kg | 镉 | ≤0.03 mg/kg |
| | 溴氰菊酯 | ≤0.1 mg/kg | 汞 | ≤0.01 mg/kg |
| | 氰戊菊酯 | ≤0.2 mg/kg | 铜 | ≤10 mg/kg |
| | 三唑酮 | ≤1 mg/kg | 氟 | ≤0.5 mg/kg |

## 四、无公害生产技术要求

**1. 园地选择与规划**

（1）园地选择

无公害苹果园地环境条件应符合如前所述有关规定要求。

（2）园地规划

按 NY/T 441—2013 执行。

**2. 品种和砧木选择**

按 NY/T 441—2013 执行。

**3. 栽植**

按 NY/T 441—2013 执行。

**4. 土肥水管理**

（1）土壤管理

①深翻改土。每年秋季果实采收后结合秋施基肥进行。进行扩穴深翻和全园深翻。扩穴深翻是在定植穴（沟）外挖环状沟，沟深 60 ~ 80 cm、深 40 ~ 60 cm；全园深翻是将定植穴外的土壤全部深翻，深度 30 ~ 40 cm。

②覆草和埋草。覆草在春季施肥、灌水后进行。覆盖材料采用麦秸、麦糠、玉米秸、稻草等。把覆盖物覆盖在树冠下，厚 15 ~ 20 cm，上压少量土，连覆 3 ~ 4 年后浅翻一次，浅翻结合秋施基肥进行，面积不超过树盘的 1/4。也可结合深翻开大沟埋草。

③种植绿肥和行间生草。

④中耕。清耕制果园生长季降雨或灌水后，及时中耕松土，保持土壤疏松无杂草，或用除草剂除草。中耕深度 5 ~ 10 cm。

（2）施肥

①施肥原则。施用肥料应为农业行政主管部门登记的肥料或免于登记的肥料，限制使用含氯化肥。

②允许使用肥料种类。有机肥料包括堆肥、沤肥、厩肥、沼气肥、绿肥、作物秸秆肥、泥炭肥、饼肥、腐殖酸类肥料、人畜废弃物加工而成的肥料等。微生物肥料包括微生物制剂和微生物处理肥料等。化肥包括氮肥、磷肥、钾肥、硫肥、钙肥、镁肥及复合（混）肥等。叶面肥包括大量元素类、微量元素类、氨基酸类、腐殖酸类肥料等。

③施肥方法和数量。a. 基肥。秋季果实采收后施入，以农家肥为主，混加少量铵态氮肥或尿素。施肥量按每生产 1 kg 苹果施 1.5 ~2.0 kg 优质农家肥计算。施用方法以沟施为主，施肥部位在树冠投影外缘挖放射沟（在树冠下距树干 80 ~100 cm 开始向外挖至树冠外缘）或挖环状沟，沟深 60 ~80 cm，施基肥后灌足水。b. 追肥。分土壤追肥和叶面喷肥。土壤追肥每年 3 次：第 1 次在萌芽前后，以氮肥为主；第 2 次在花芽分化及果实膨大期，以磷、钾肥为主，氮、磷、钾混合使用；第 3 次在果实生长后期，以钾肥为主。施肥量以当地土壤供肥能力和目标产量确定。结果树一般每生产 100 kg 苹果需追施纯氮 1.0 kg、磷（$P_2O_5$）0.5 kg、钾（$K_2O$）1.0 kg。施肥方法是在树冠下开沟，沟深 15 ~20 cm，追肥后及时灌水。最后 1 次追肥在距果实采收期 30 d 以前进行。叶面喷肥全年 4 ~5 次，一般生长前期 2 次，以氮肥为主；后期 2 ~3 次，以磷、钾肥为主，可补施果树生长发育所需微量元素。常用肥料浓度尿素为 0.3%~0.5%、磷酸二氢钾 0.2%~0.3%、硼砂 0.1%~0.3%、氨基酸类叶面肥 600 ~800 倍。最后 1 次叶面喷肥应在距果实采收期 20 d 以前喷施。c. 水分管理。灌溉水质量应符合 NY/T 5010—2016 要求。其他按 NY/T 441—2013 执行。

**5. 整形修剪**

冬季修剪时剪除病虫枝，清除病僵果。加强苹果生长季修剪，拉枝开角，及时疏除树冠内直立旺枝、密生枝和剪锯口处萌蘖枝等。

**6. 花果管理**

按 NY/T 441—2013 执行。

**7. 病虫害防治**

（1）原则

贯彻“预防为主，综合防治”植保方针。以农业和物理防治为基础，提倡生物防治，按照病虫害发生规律和经济阈值，科学使用化学防治，有效控制病虫为害。

（2）农业防治

剪除病虫枝、清除枯枝落叶，刮除树干翘裂皮和枝干病斑，集中烧毁或深埋，加强土肥水管理、合理整形修剪、适量留果、果实套袋等措施防治病虫害。

（3）物理防治

根据病虫害生物学特性，采取糖醋液、树干缠草和诱虫灯等方法诱杀害虫。

（4）生物防治

人工释放赤眼蜂，保护瓢虫、草蛉、捕食螨等天敌。土壤施用白僵菌防治桃小食心虫，并利用昆虫性外激素诱杀或干扰成虫交配。

（5）化学防治

①药剂使用原则。提倡使用生物源农药、矿物源农药。禁止使用剧毒、高毒、高残留农药和致畸、致癌、致突变农药。使用化学农药时，按 GB/T 8321（所有部分）规定执行；农药混剂执行其中残留性最大有效成分的安全间隔期。

②科学合理使用农药。加强病虫害预测预报，有针对性地适时用药，未达到防治指标或益、害虫比合理的情况下不用药。根据天敌发生特点，合理选择农药种类、施用时间和施用方法，保护天敌，充分

发挥天敌对害虫的自然控制作用。注意不同作用机理农药的交替使用和合理混用。严格按照规定的浓度、每年使用次数和安全间隔期要求使用，喷药均匀周到。

（6）主要病虫害防治规程

①落叶至萌芽前：重点防治腐烂病、干腐病、枝干轮纹病、斑点落叶病和红蜘蛛。清除枯枝落叶，将其深埋或烧毁；结合冬剪，剪除病虫枝梢、病僵果，翻树盘及刮除老粗翘皮、病瘤、病斑等。树体喷布1次菌毒清或石硫合剂等杀菌剂。

②萌芽至开花前：重点防治腐烂病、干腐病、枝干轮纹病、白粉病、蚜虫类和卷叶虫。刮除病斑和病瘤，涂抹腐殖酸铜水剂，对大病斑及时桥接复壮。喷布多菌灵+吡虫啉；上年苹果棉蚜、瘤蚜和白粉病发生严重的果园，喷1次毒死蜱+硫黄悬乳剂。

③落花后至幼果套袋前：重点防治果实轮纹病、炭疽病、早期落叶病、红蜘蛛、蚜虫类、卷叶虫类和金蚊细蛾。落花后10～20 d、日平均温度达15 ℃、雨后（降雨10 mm以上），喷施多菌灵或代森锰锌，每15 d左右喷1次，防治轮纹病和炭疽病等；斑点落叶病病叶率10%后，结合防治轮纹病喷施异菌脲。山楂叶螨、苹果全爪螨平均4～5头/叶时，喷布四螨嗪等杀螨剂。花后开始卷叶起，用糖醋液诱捕、摘除虫苞或在1代成虫羽化初期开始释放赤眼蜂（4～5 d释放1次，共3～4次，每次8万～10万头/亩防治卷叶虫类；金纹细蛾第1代成虫发生末期，结合防治卷叶虫，喷布1次氰戊菊酯乳油。

④果实膨大期：重点防治桃小食心虫、二斑叶螨、果实轮纹病、炭疽病、斑点落叶病和褐斑病。桃小食心虫越冬代幼虫出土盛期，地面喷布锌硫磷或毒死蜱；卵果率达1%时，树上喷联苯菊酯、氯氟氰菊酯；并随时摘除虫果深埋。二斑叶螨激增上升期，达7～8头/叶时，喷布三唑锡。落花后30～40 d，全园果实套袋，防治桃小食心虫、果实轮纹病和炭疽病等。交替使用倍量式波尔多液（1∶2∶200）或其他内吸性杀菌剂，防治果实轮纹病和炭疽病，15 d左右喷1次；斑点落叶病和褐斑病较重果园，结合防治轮纹病，喷布异菌脲。

⑤果实采收前后。重点防治果实轮纹病和炭疽病，采果前20 d剪除过密枝，喷布1次百菌清。

**8. 植物生长调节剂类物质的使用**

（1）使用原则

苹果生产中应用的植物生长调节剂主要有赤霉素类、细胞分裂素类及延缓生长和促进成花类物质等。允许有限度地使用对改善树冠结构和提高果实品质及产量有显著作用的植物生长调节剂，禁止使用对环境造成污染和对人体健康有危害的植物生长调节剂。

（2）允许使用的植物生长调节剂及技术要求

①主要种类。6－BA、赤霉素类、CEPA、CCC等。

②技术要求。严格按照规定浓度、时期使用，每年可使用1次，安全间隔期在20 d以上。

③禁止使用的植物生长调节剂有$B_9$、NAA、2，4－D等。

**9. 果实采收**

根据果实成熟度、用途和市场需求综合确定采收适期。成熟期不一致品种，应分期采收。采收时轻拿轻放。

**思考题**

（1）试制定苹果园无公害生产技术规程。

（2）制订苹果园病虫害周年无公害综合防治历。

（3）苹果上植物生长调节剂使用的原则是什么？应注意哪些问题？

# 第五节 关键栽培技术

## 一、苹果施肥技术

**1. 苹果树需肥规律**

根据对产量5000 kg/亩以上的苹果园调查，每生产1000 kg果实需氮4～7 kg，磷2～3.5 kg，钾4～7 kg，氮磷钾比例为2∶1∶2。

苹果树对需要补充的主要营养元素在整个年周期生长过程中吸收利用的量有所不同。对氮素的需求生长前期量最大。新梢生长、花期和幼果生长都需要大量的氮，这一时期利用的氮主要来源于树体的贮藏养分，因此，增加氮素的贮藏养分非常重要。进入6月下旬以后氮素要求量减少。如果7—8月氮素过多，会造成秋梢旺长，影响花芽分化和果实膨大。采收到休眠前，是根系的再次生长高峰，也是氮素营养的贮藏期，对氮肥的需求量又明显回升。对磷元素的吸收，表现为生长初期迅速增加，花期达到吸收高峰，以后一直维持较高水平，直至生长后期仍无明显变化。对钾元素的需求规律表现为前低、中高、后低，即花期需求量少，后期逐渐增加，到8月果实膨大期达到高峰，后期又逐渐下降。钙元素在苹果幼果期达到吸收高峰，占全年70%，因此，幼果期补充充足的钙对果实生长发育至关重要。苹果对硼在花期需求量最大，其次是幼果期和果实膨大期，因此，花期补硼是关键时期，可提高坐果率，增加优质果率。锌元素在发芽期需要量最大，必须在发芽前进行补充。

**2. 红富士苹果需肥特点**

红富士苹果对氮肥需求较一般品种少，而对磷、钾肥需求量相对较多。红富士结果期树氮、磷、钾比例一般为1∶1∶1.5；对氮肥反应敏感，稍一过量，就容易引起旺长，树势转虚，影响成花、结果、着色，并且易感染腐烂病。据有关资料，红富士每生产100 kg果实，全年仅需0.35～0.50 kg纯氮，比一般苹果品种大约少一半。但红富士是喜钾品种，果实膨大期更不能偏施氮肥，而应增加磷、钾肥。此外，还需一定量的钙、硼、锰、锌、钼等元素，以保证红富士苹果树正常生长。8月后终止施氮，可喷复合磷肥或单施钾肥。土壤有机质含量应达到2%～3%。果园中要多施有机肥，一般幼树（一至三年生树）每年施肥量为5000 kg/亩；初果期（四至七年生树）施肥量为7500 kg/亩；盛果期树（八年生以上）施肥量为10 000 kg/亩。

**3. 叶面追肥**

叶面喷肥，用量少，肥效快，可用来补充土壤追肥之不足。苹果在整个生长季根据树体需求，定期施用，对于提高叶片质量和寿命，增加光合效能、解决微量元素缺乏而产生的生理病害作用明显。

根外喷肥要注意配比浓度。根据外界气温掌握好浓度，用量和喷施部位，防止和避免肥害的发生。一般苹果园每隔10 d喷施1次，连喷3～4次，在傍晚喷施吸收好、肥效高。

苹果树根外追肥喷施浓度：尿素0.3～0.5%，过磷酸钙1%～3%，磷酸二氢钾0.2%～0.3%，硫酸钾0.5%～1%，氯化钾0.3%。在花期、花后喷0.2%～0.3%硼酸溶液，不仅可以治疗缺硼症，还能提高坐果率。对缺铁引起的黄叶病，在生长期间喷多次0.5%的硫酸亚铁溶液，500～600倍的富铁1号，复绿保等。缺锌时，在发芽前时喷4%～5%硫酸锌液。

## 二、常见树形及主要树形整形技术

目前，我国苹果应用最多的树形是小冠疏层形、自由纺锤形和细长纺锤形或介于它们之间的多种小冠类型。树形选择中，砧木、品种、栽植密度和树形之间必须配套。合理的树形，只有在砧木和品种特性允许的范围内科学合理的密植，才能收到良好的效果。目前，树形在由大冠稀植向小冠密植转化过程中，若选择、整形修剪不当，容易出现枝叶稠密，树冠郁闭、光照通风差等问题。

**1. 疏散分层形（主干疏层形）**

（1）树体结构（图 8–17）

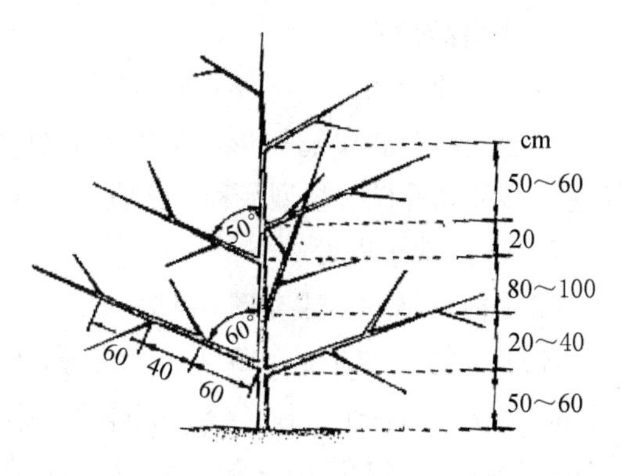

**图 8–17　疏散分层形**

主干高 50～60 cm；在中心干上分 2～4 层着生 5～7 个主枝。其排列方式为 3—2、3—2—1、3—2—1—1。1、2 层层间距 80～100 cm 或 120 cm，2、3 层层间距 50～60 cm 或 70 cm 左右，3 层以上层间距维持 50 cm 即可，层内距 30～40 cm。基部 3 主枝分枝角度为基角 50°～60°、腰角 70°～80°、梢角 50°左右，基部 3 主枝平面夹角 120°，每主枝配侧枝 3～4 个，在第 1 侧枝至主干的左右两侧，配置 2～3 个小枝作为"裙枝"，以增加早期结果部位。第 2 层主枝 2～3 个，每主枝配侧枝 2 个，基角 55°～60°，腰角 60°～70°，梢角 50°～55°。第 3 层主枝 1～2 个，每主枝配侧枝 1 个。在第 3 层最上面 1 个主枝上落头开心，最上面 1 个主枝留在迎风面，以增强抗风力。上层主枝插在下层主枝空间，每个主枝上配 2～4 个侧枝（下多上少），在主侧枝上培养结果枝组。中心干 2.0～2.5 m，树高 4.5～5.0 m，冠径 5～6 m 或 7 m。

适用于株行距（4～5）m×（5～6）m 的乔化砧普通型品种。优点是骨架牢固，层次清楚，通风透光好，结果面积大，产量高，更新易。缺点是成形时间较长，整形技术要求高。

（2）整形过程

定干高度 60～80 cm。定干时剪口芽以下 20 cm 左右为整形带，整形带内有 10 个左右饱满芽。整形带以下的芽，强旺及早疏除，弱小留下作辅养枝。选留粗壮、直立，居于中心位置的作为中心干（枝）。中心干剪口芽的方向要根据其偏离树冠中心轴的情况及当地主风向而定，使中心干位于树冠中心。幼树中心干在一株树中应保持最高的位置，最强的长势。当第 2 层主枝留定后，若出现上强下弱现象时增大中心干弯度，使其弯曲上升。中心干剪留长度一般采用中短截或轻短截。第 1 层主枝不足 3 个时，中心干延长枝适当重剪。第 1 主枝离地面高度符合干高要求，且方位最好在西南或南面。主枝与中心干夹角一般为 50°～70°，使基部三主枝分布均匀，大致平分圆周角。同时，不以临接芽作主枝，留有 30～40 cm 层内距。修剪主枝时，剪留高度一般不能超过中心干，剪口芽方向多数留外芽或侧芽。第 3 年选留中心干延长枝，选留方法同第 2 年，修剪长度符合层间距要求。注意多留辅养枝，辅养枝可与主枝上下重叠，也可坐落在主枝空间。与第 1 层主枝重叠时，将第 1 层主枝向外开张，又可为第 2 层主枝，即第 4、第 5 主枝落在第 1 层主枝的空间创造条件，对辅养枝一般较强枝条第 1 年重剪，当其明显弱于主枝后再轻剪长放。当辅养枝影响主枝时，逐年回缩修剪，改造大、中枝组，甚至疏除。选留第 1 侧枝与中心干距离稀植树一般 40～50 cm。若第 3 年选留侧枝离中心干太近，可在第 4 年选留。配备侧枝时，同一层各主枝上的同级侧枝最好分布在同一侧面，避免侧枝相互交叉。第 1 层主枝上侧枝留 3～4 个，第 2 层留 2～3 个，第 3 层留 1～2 个，各侧枝相互错开，不要对生。侧枝间距 30～40 cm。从选侧枝开始，直至整形完成，先后在主、侧枝上选留枝组。枝组大小主要由其着生位置确定。主枝基部枝组要小，控制长势，使它明显弱于侧枝；主枝中部侧面或背下可分布大、中枝组；主枝先端和侧枝上分布中、小枝组。幼树不可在主枝背上或背斜利用强枝培养枝组，背下枝组可利用弱小枝来培养。第 4 年除重复第 3 年整形工作外，要选留第 2 层主枝。要求第 1、2 层层间距 80～120 cm，第 4、第 5 主枝垂直投影落在下层主枝空间，使上下主枝错落开。使主枝角度小于第 1 层，为 50°～60°，层内距 20～30 cm。第 5 年和第 6 年选留第 3 层主枝 1～2 个，并重复上一年整形修剪工作。第 3 层主枝角度同第 2 层，第 2、第 3 层层间距 50～80 cm、层内距 20～30 cm。第 6 年后整形基本完成，骨架已形成，继续通过修剪扩大树冠。

**2. 小冠疏层形**

（1）适用对象

小冠疏层形属中冠树形。常用于乔砧普通型品种、半矮砧普通型品种和乔砧短枝型品种，适宜采用株行距为（3～4）m×（4～5）m的栽植密度。

（2）树形结构参数（图8-18）

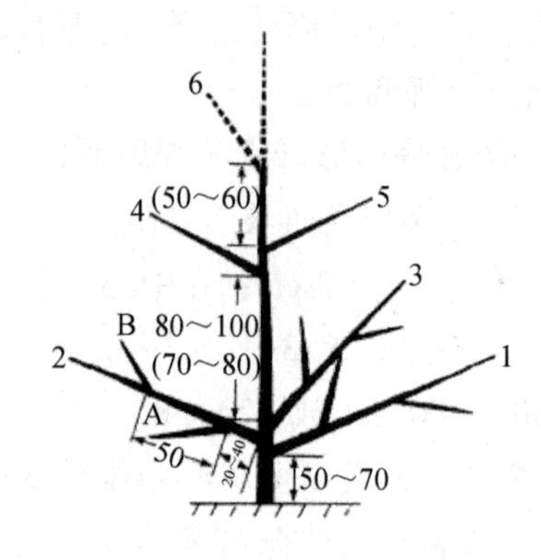


1～6：主枝顺序 A～B：侧枝顺序

虚线及括号内数值为第6主枝时的模式

**图8-18 小冠疏层形模式（单位：cm）**

成形后树高3.0～3.5 m，主干高50～60 cm，冠幅约2.5 m，全树5～6个主枝，分3层排列。第1层3个主枝，邻近或邻接分布，层内距10～20 cm，开张角度60°～80°，方位角120°，每个主枝上留2个侧枝，梅花形排布，第1侧枝距中心干20～40 cm，第2侧枝在第1侧枝的对面，与第1侧枝相距50 cm。第2层在第1层上方70～80 cm处，配置2个主枝，第3层在第2层上方50～60 cm，配置1个主枝。第2、第3层上不留侧枝，只留各类枝组。生产上为通风透光和便于操作，多数只留2层主枝，第1层3个，第2层2个，层间距80～100 cm，层内距20～30 cm。

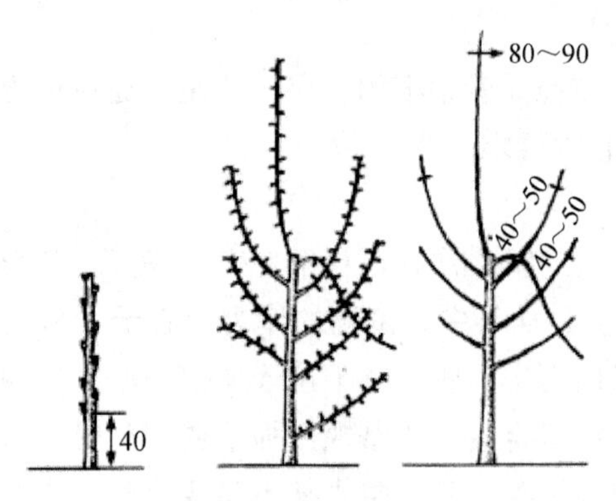


**图8-19 小冠疏层形栽植当年的修剪（单位：cm）**

（3）整形过程

定植后在距地面70～80 cm处定干，剪口下10～20 cm为整形带。萌芽前在整形带内选择方位合适的芽进行刻伤。萌芽后，及时抹除主干上近地面40 cm以下的萌芽，不够定干高度的苗剪到饱满芽处，下年定干。夏季选择位置居中，生长健壮的直立新梢作中心干延长枝。对竞争枝扭梢。同时培养方向、角度、长势合适的新梢，留作基部主枝。秋季主枝新梢拉枝，使开张角度达到60°左右，同时调整方位角达120°。冬剪时，中心干剪留80～90 cm，各主枝剪留40～50 cm，未选足主枝或中心干生长过弱时，中心干延长枝剪留30 cm，在第2年选出（图8-19）。第2年春季萌芽前，主枝上选位置合适的芽进行刻伤。萌芽后及生长期内继续抹除主干上近地面40 cm内的萌芽、嫩梢，并抹除主枝基部背上萌芽，夏季采用扭梢、重摘心和疏剪方法，处理各骨干枝上竞争梢。秋季按要求拉开主枝角度，拉平70～100 cm长的辅养枝，年生长量不足1 m的主枝长放不拉。冬剪时，中心干延长枝剪留50～60 cm，基层主枝头剪留40～50 cm。按奇偶相间顺序选留侧枝。第2层主枝头在饱满芽处短截。在第1～2层主枝间配备几个辅养枝或大枝组（图8-20）。第3～5年夏剪时除按上年方法进行外，还要进行扭梢、摘心、环剥、环割等措施处理辅养枝，同时疏除密生枝、徒长枝。冬剪时，三年生及四年生树的中心干和主、侧枝的延长头分别剪留50～60 cm、40～50 cm、40 cm。选留第3层主枝和基层主枝上第2侧枝。辅养枝仍采取轻剪长放多留拉平剪法。五年生树，树高达3 m以上，树冠大小以符合要求时，基层主枝不短截。继续培养第2、第3层主枝，采用先放后缩法培养枝组（图8-21）。

**3. 自由纺锤形**

（1）适用对象

自由纺锤形属中小冠形，常用于矮砧普通型、半矮砧普通型和生长势强的短枝型品种组合。适宜采用株距2.0～3.0 m，行距4 m左右的栽植密度。

（2）树体结构

树体结构（图8-22）为干高60～70 cm，树高3 m，冠幅2.5～3.0 m，中心干上均匀分布10～15个小主枝，不分层，插空均匀排列，开张角度85°～90°，相临主枝间距15～20 cm，同方向主枝间距50 cm

以上，下部主枝长约1.5 cm，越往上主枝越小。主枝上不留侧枝，直接着生中、小枝组，4~5年成形，6年后进入盛果期。

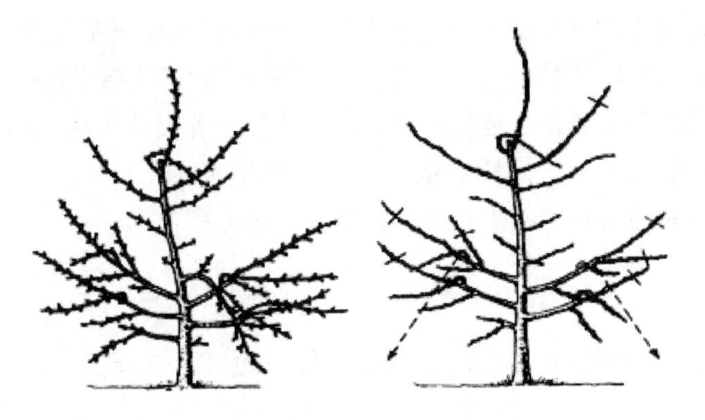

图8-20　小冠疏层形栽后第2年的修剪

图8-21　小冠疏层形栽后第5年的修剪

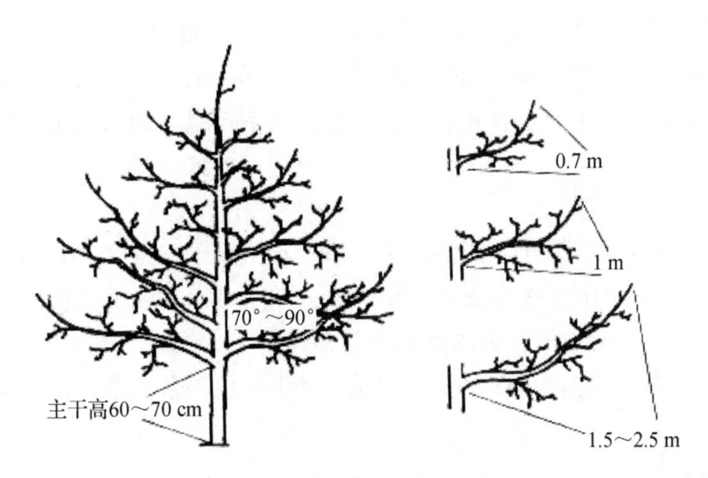


图8-22　自由纺锤形树体结构

（3）整形过程

定植后至萌芽前在距地面80~100 cm处定干，整形带内有8~10个饱满芽。除第1、第2芽外，对整形带内其他芽均进行刻伤或涂抹抽枝宝，保留整形带以下发出的芽。8月底至9月初，对达到一定长度的主枝拉至85°~90°，并使其分布均匀，辅养枝一律拉平。冬季对中心干延长枝留50 cm短截，剪口芽留在上年剪口芽对面。疏除影响主枝和无用的辅养枝，株、行间空间大，主枝轻剪，保持延长，无空间长放。

第2年春季在中心干延长头上选3个方向分布均匀，上下错落着生的芽进行芽刻伤或涂抹抽枝宝，作为第2批主枝。对第1批主枝基部10 cm至梢部15 cm内的外侧芽、背下芽进行刻伤，6月上中旬基部环割。第2批主枝长到85~90 cm时拉枝至85°，冬季中心干延长头留50 cm短截，剪口芽留上年剪口芽的对侧；疏除中心干上密生无用枝和第1批主枝上密生直立枝，水平枝长放或齐花缩剪；全部疏除距主干20 cm以内的强旺枝。

第3年春季在中心干延长头上选3个方向分布均匀、上下错落着生的芽进行刻伤或抽枝宝，作为第3批主枝，在第2批主枝上进行刻芽，方法同前，疏除第1批主枝上过多花果。6月上中旬对第2批主枝进行基部环割或环剥，疏除中心干延长头竞争枝。8月下旬对第3批长度达到80 cm的主枝将其角度拉至80°。冬季将中心干延长头留45 cm短截，对第1、第2主枝上大型分枝及旺长枝疏除或进行扭枝，对已成花枝或枝组，后部有花且有空间的可短截前面的营养枝和长果枝，无空间的去强留弱。用空间中庸枝中剪培养枝组，壮枝长放。

第 4 年春季在中心干延长头上选 2 个能发出第 4 批主枝的芽进行刻伤，夏季控制其竞争枝。对第 3 批主枝侧芽、下芽刻伤，方法同前。疏除第 1、第 2 批主枝上多余的花芽，对第 3 批主枝用摘心、扭梢、重短截等方法控制其背上直立枝。5 月中旬进行主干倒贴皮促花。冬剪时中心干延长头轻剪或长放，疏除或拉平各级枝上直立旺长枝、密生枝，有空间的中、壮枝中剪，培养枝组，细致修剪各类结果枝组。

第 5 年以后，生长季节疏花疏果，保持树体合理负载量。运用各种夏剪方法促进各类枝条成花结果，配合冬剪培养枝组。冬季逐步回缩结果后的弱枝、冗长枝，疏除各级骨干枝上密生枝、旺长枝，逐步回缩、疏除影响主枝生长结果的较大分枝。运用各种方法培养结果枝组，恢复其合理分布。

**4. 细长纺锤形**

（1）适用对象

细长纺锤形常用于矮砧普通型、矮化中间砧短枝型品种组合。适宜采用株行距（2～2.5）m×（3～4）m 的栽植密度。

（2）树形结构

树形结构（图 8-23）为干高 60 cm 左右，树高 2.5 m 左右，冠径 1.5～2.0 cm。中心干上均匀分布 15～20 个小主枝，下部略长，上部略短，相临主枝间距 15～20 cm，同侧主枝间距 50 cm，各主枝与着生处中心干的最佳粗度比为 1∶2。主枝上直接着生中、小型结果枝组。随树冠由下而上，侧生分枝长度变短，角度变大。

（3）整形过程

第 1 年（图 8-24）定植后至萌芽前在距地面 80～100 cm 处定干，剪口下留 10 个左右饱满芽，除第 1、第 2 芽外，对其余各芽在芽上刻伤或抹抽枝宝。春季对主干上 50 cm 以下发出的芽全部抹除，从整形带内萌发的芽中选 3～5 个方向分布均匀、错落有致的新梢作第 1 批主枝，并于 8—9 月新梢长到一定长度时拉至 90°。冬季，中心干延长头剪留 50～60 cm，疏除整形带内多余枝条，并对主枝轻短截。

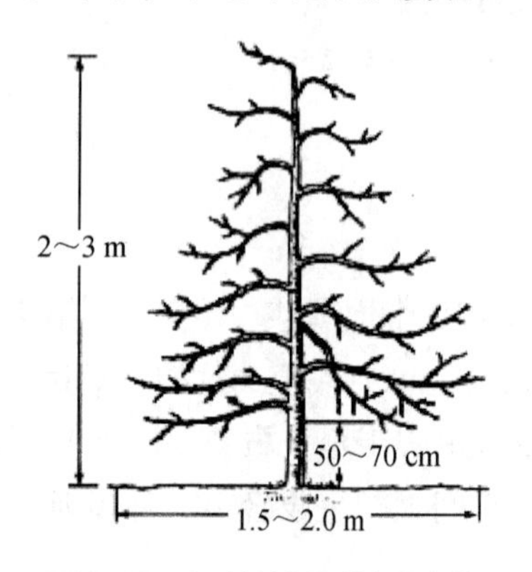


**图 8-23 细长纺锤形树形结构**

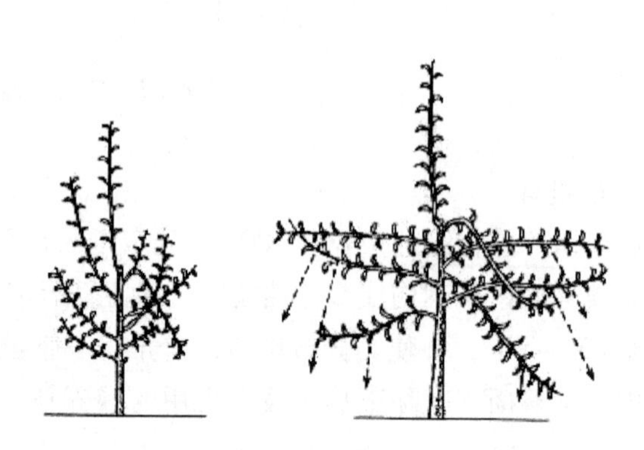

**图 8-24 细长纺锤形树栽植当年的修剪**

第 2 年（图 8-25）春季萌芽前在中心干延长头上选 3～4 个能培养成主枝的芽刻伤或涂抽枝宝，以培养第 2 主枝。对第 1 批主枝从基部 10 cm 至梢部 15 cm 间侧芽、背下芽，隔一刻一。中心干延长头竞争枝长至 15 cm 左右时留 7～8 片叶摘心，再发枝留 2～3 片叶反复摘心。主枝上枝条长至 30 cm 时，拿枝使其向两侧有空间处斜下垂，背上直立枝，过旺、过密枝疏除，其余在 15 cm 左右时摘心或基部留 2～3 个芽重短截，或在 25 cm 长时扭梢。6 月上中旬在基部环割。8 月底至 9 月初对达到一定长度的第 2 批主枝拉平。冬季，中心干延长头留 50 cm 左右短截。若中心干过强，用下部中庸枝换头。疏除第 1 层枝上距中心干 15～20 cm 以内的强旺枝，前部强旺分枝及中心干上密生枝、重叠枝。第 2 批主枝长放不剪。

第 3 年春季在中心干延长头上选留第 3 批主枝，方法同。第 2 批主枝刻芽方法同前，采取摘心、扭梢、重短截、环剥、环割等方法促进花芽形成，同时在第 1 批主枝上培养枝组。在 8—9 月对达到一定长度的第 3 批主枝拉平。冬季，对中心干延长头留 50 cm 短截，疏除其下过密枝。第 3 批主枝轻剪长放，疏除第 2 批主枝上直立旺枝及密生枝。在第 1 批主枝上培养枝组。

第 4 年以后主枝数量不够时，在中心干上继续培养主枝，并在 8—9 月拉平。采取促花措施，促进花芽形成，并随时疏除各批主枝上的直立旺枝、密生枝。当树高达到规定高度后，对中心干延长头缓放，结果后留中庸枝落头开心。

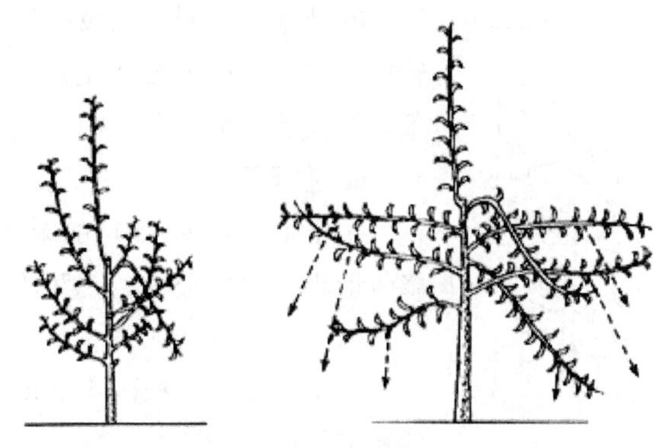

图 8–25　细长纺锤形树栽后第 2 年的修剪

**5. 高纺锤形**

高纺锤形（图 8–26）具有结构简单、技术容易掌握、成形快、省力、前期产量高、冠幅小适宜于密植等优点，是目前推广的矮砧集约高效栽培模式当中首选树形，也是苹果生产先进国家普遍采用的树形。

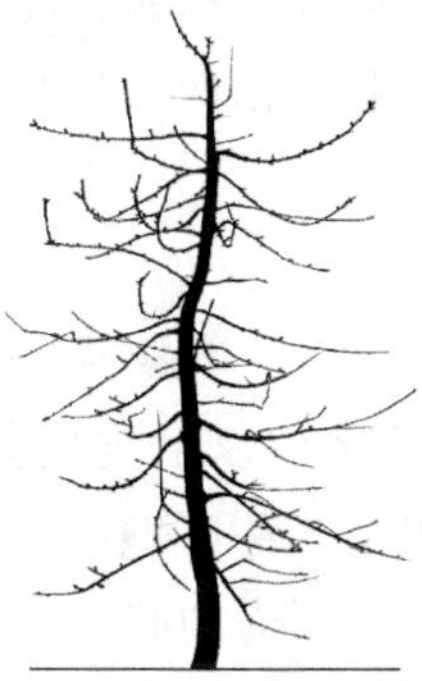

（1）适用对象

在国外，高纺锤形果园的株行距多为（0.9 ~ 1.3）m ×（3 ~ 3.2）m，栽植密度为 140 ~ 242 株/亩，在我国建议栽植株行距为（1.3 ~ 1.5）m ×（3.5 ~ 4）m，栽植量 111 ~ 170 株/亩。

（2）树体结构

高纺锤形整体树形呈高细纺锤形状或者圆柱状，成形后树冠冠幅小而细高，平均冠幅 1.0 ~ 1.5 m，树高 3.5 ~ 4.0 m，主干高 0.8 ~ 0.9 m；中心干上着生 30 ~ 50 个螺旋排列临时性小主枝，结果枝直接着生在小主枝上，小主枝平均长度为 0.5 ~ 0.8 m，与中心干平均夹角约为 110°，同侧小主枝上下间距约为 20 cm。中心干与同部位的主枝基部粗度之比（5 ~ 7）：1，，成形后高纺锤形苹果园亩留枝量为 8 ~ 12 万条，长、中、短枝比例 1：1：8。

图 8–26　高纺锤形

（3）整形过程

如果采用二年生苗木，定植后于萌芽前在饱满芽处定干，用木杆或竹竿扶正苗木使其顺直生长。当侧枝长至 25 ~ 30 cm 时，拉枝开角，使主枝与中心干的夹角为 90° ~ 110°。如果采用三年生苗木，定植时不定干或轻打头，去除主干上长度超过 50 cm 的枝条；同样用木杆或竹竿扶正苗木使其顺直生长。疏除苗干从地面到 80 cm 之间萌枝，以上保留。同侧上下间距小于 25 cm 枝条疏除。冬剪时疏除中心干上发出的强壮新梢，疏除时留 1 cm 短桩，使轮痕芽促发弱枝；保留长度 30 cm 以内的弱枝。

第 2 年春天，在中心干分枝不足处刻芽或涂抹抽枝宝或发枝素，以促发分枝。展叶初期，剪除保留枝条的顶芽，疏除苗干从地面到 80 cm 之间再次发出的萌枝及同侧上下间距小于 20 cm 新枝条。出现开花枝条时，将花序全部疏除，保留果台副梢。枝条角度按树冠不同部位要求拉枝。冬剪时，疏除中心干上当年发出的强壮新梢，疏除时留 1 cm 短桩，使轮痕芽促发弱枝；保留中心干上 50 cm 以内的弱枝。

第 3 年春季和夏季修剪同第 2 年，强调拉枝角度，枝条角度按树冠不同部位的要求进行拉枝。冬剪时，疏除主干上当年发出的强壮新梢，疏除时留 1 cm 短桩，保留中心干上当年发出的长度在 50 cm 以内的小主枝；同侧位小主枝上下保持 25 cm 间距。

第 4 年春季和夏季的修剪与第 3 年相同，但春季开花株要进行疏花和疏果，控制产量在 500 ~ 1000 kg/亩。冬剪时，保留中心干发出的小主枝，同侧位小主枝上下保持 25 cm 间距。

随着树龄增长，去除中心干着生的过长大枝（其中粗度超过 3 cm 的及时疏除。疏除树冠下部小主枝长度超过 1.2 m 的枝条，与中心干夹角不在 100° ~ 110°的，拉枝调整；疏除树冠中部小主枝长度超过 1.0 m 的枝条，与中心干夹角不在 110° ~ 120°的枝条拉枝调整；疏除树冠上部小主枝长度超过 0.8 m 的枝条，与中心干夹角不在 120° ~ 130°的拉枝调整。使五至六年生的小主枝逐年轮换，及时疏除中心干上

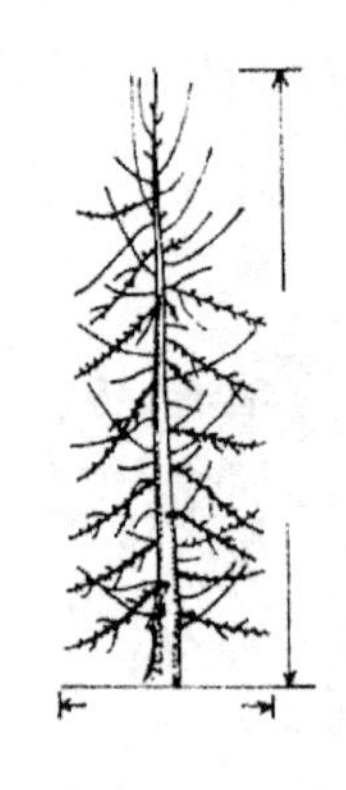

图 8-27 主干形

过多的枝条，并回缩主枝上生长下垂的结果枝，更新复壮结果枝，使结果枝四至五年轮换一次。为保证枝条更新，去除中心干中下部大枝时应留 1 cm 小桩，促发预备枝条。但去除上部枝不留桩。

**6. 主干形**

主干形（图 8-27）的果实围绕中心干结果，受光均匀，果个大。其树形建造快，修剪量小、浪费极少，花芽质量高，横向枝更新容易。

（1）适用对象

主干形适合行株距 4 m×2 m、4 m×1.5 m、3.5 m×1.5 m、3 m×1 m，甚至更密的密植果园整形。

（2）树形结构

强健中心干上直接着生包括 3～5 cm 和 1 m 左右大小不等的 30～60 个横向枝。这些枝的粗度都同中心干相差很大，结果后多呈自然下垂状。一般干高 40～60 cm，树冠直径小于 1.5 m，树高根据株行距灵活而定。一般可略高于行距。整成形后行间能过三轮车，株间能过人。它同细长纺锤形很相似，只是比细长纺锤形上的横向枝多且细，横向枝都不长，单轴而不延伸。

（3）整形技术

主要采用点、刻、拉。定植当年健壮苗木，在成活前提下不定干。距地面 40 cm 以上，在萌芽前枝条变绿时用抽枝宝点芽，隔 2 芽点 1 芽，顶端 20～30 cm 不点；弱苗、小苗从基部嫁接口以上重短截，重新发枝后第 2 年管理同健壮苗木第 1 年管理。横向枝长到 40～60 cm 时，在基部扭梢。芽质饱满，摘心配合扭梢、去叶，转至下垂。第 2 年刻芽。顶端 1 年生中心干上的芽每隔 2 芽刻 1 芽。横向旺枝全部刻芽。背上芽芽后刻，背下芽、侧芽芽前刻。中心干上横向枝虚旺小枝摘去顶芽，控制在 15 cm 以内，超过 15 cm 从中间扭梢。一年生枝轻短截促成花，二年生枝无花去掉，基部保留 2～3 个芽。第 3 年保留顶端果。壮偏旺枝发芽前基部保留 2 个芽环割或扭梢；虚旺枝比筷子细割 1 刀；超过烟头粗中间间隔韭菜叶宽再割 1 刀；小拇指粗割 3 刀。8 月底至 9 月初直立枝条拉枝，冬季基本不修剪。第 3 年，高度超过 2.5 m，全部刻芽促成花，使横向枝超过 60 cm 整枝下垂。同时，通过摘除顶芽控制冠径扩大，减少枝条扩展速度。经过 3 年，树形建造基本完成。主干形结果枝组连年结果后，枝组衰弱，将需要更新的横向结果枝组从基部留短桩直接疏除，对新发出的一年生枝条，长到一定程度，通过扭梢、刻芽、拉枝等措施促使成花，形成结果枝组。

**7. 自然扇形**

（1）适用对象

自然扇形（图 8-28）属篱壁形栽培树形之一，适用于高密度栽培。

（2）树形结构

主干高 40～50 cm，树高 3.5 m 左右，冠厚 2 m。小主枝 4～6 个，分 2～3 层排列，每层 2 个，各层小主枝都与行向保持 15°夹角反向延伸，上下两层小主枝左右错开，第 1、第 2 层间距60～100 cm，第 2、第 3 层间距 50～80 cm，层内距均为 5～15 cm，小主枝上直接着生结果枝组结果。

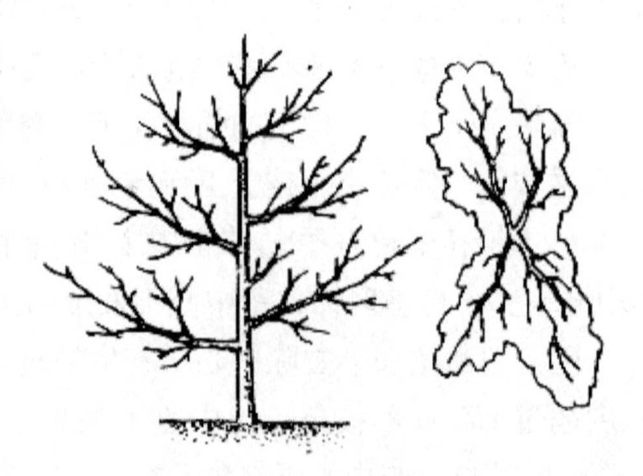

图 8-28 自然扇形

**8. 折叠扇形**

（1）适用对象

折叠扇形适用于高密度栽培。

（2）树形结构

树形结构（图 8-29）为干高 40～50 cm，树高 2.0～

2.5 m，宽2 m左右，树冠呈扁平状。中心干弯曲延伸，小主枝4～6个、分2～3层，顺行水平分布，即每层有2个反向延伸（顺行向左右两侧伸展）的水平主枝，小主枝间距40～50 cm，同向主枝间距80～100 cm，小主枝都是中心干拉弯培养而成，在小主枝上布满中小枝组。

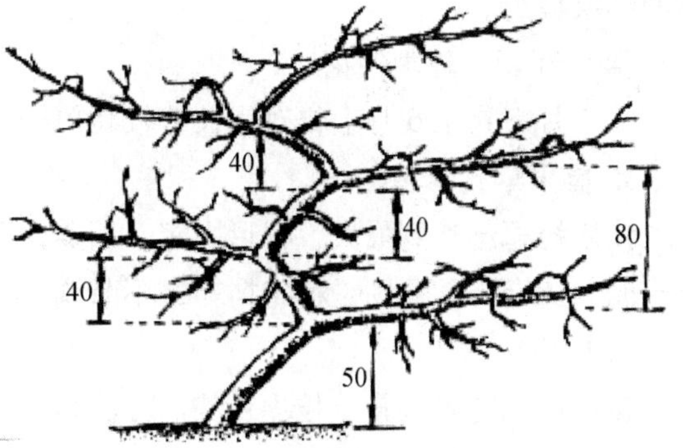

图8-29　折叠扇形

## 三、不同年龄时期修剪技术

苹果生命周期分为幼树期、初果期、盛果期和衰老期。不同时期综合运用不同修剪措施，才能达到早结果、早丰产、稳产、优质的目的。

**1. 幼树期修剪**

该期树体营养生长占优势，枝条、根系生长旺盛，树冠扩展快，营养枝生长期长，停长晚，长枝多。不采取控制措施，几乎难以成花。整形修剪应先按栽植密度确定适宜的树形，然后根据树形结构特点、要求进行修剪。修剪时首先确定骨干枝，对骨干枝采取助势修剪，对非骨干枝采取缓势修剪，大量增加中、短枝数量，及早成花，达到整形结果两不误。

首先选用适当树形，进行正确定干。促生骨干枝，可在春季萌芽前刻芽或涂抽枝宝，对发出的骨干枝注意调整其方位、角度。进行迅速扩大树冠。在冬季修剪时对各级骨干枝延长头在饱满芽处短截，促发壮枝，保持长势，扩大树冠。同时，对各级骨干枝上的中庸枝短截培养枝组，扩大树冠。注意多留辅养枝。在不扰乱树形前提下幼树多留辅养枝，在辅养枝扰乱树形时注意及时处理。辅养枝长到规定长度时从基部拉平，冬剪时长放。第2年萌芽前刻芽促萌增枝，分散营养，缓和长势，在5月下旬至6月上旬于枝条基部环剥或环割促进成花，及早结果。

**2. 初果期树修剪**

该期苹果树仍以营养生长为主，但长势有所缓和，营养枝生长期变短，下层骨干枝已达要求长度，树冠基本成形，枝叶量增加较快，中、短枝比例增大，枝条成花能力增强，产量连续提高。在修剪时应把握的原则是：以缓为主，培养枝组，调节枝势，促进营养生长向生殖生长转化。修剪方法是除个别树形骨干枝以短截培养为主外，重点运用放、缩、疏、剪等手法调节营养分配，缓和生长势，迅速增加中、短枝数量和比例，培养各类结果枝组，促进花芽大量形成。

（1）完善树体结构

苹果树树体结构不完善主要表现在两个方面：一是骨干枝没有完全培养出来；二是树体各部分间不平衡。对未培养完善的骨干枝对其延长头继续短截，促生枝条，尽快占领空间成形；对树体各部分不平衡的如树冠上部与下部、骨干枝与骨干枝、骨干枝与侧枝间长势强弱不均衡，可多留枝、少留果，疏除旺长枝。通过各枝间强弱变化来促进树体各部分平衡，从而建立骨架分布均匀、牢固、主从分明、长势均衡、有利于结果的树体结构。

（2）清理辅养枝

当树冠达到一定大小后，对大型辅养枝每年有计划地疏除1～2个，盛果期前完成；对辅养枝结果后衰弱的回缩至壮枝壮芽处复壮。当影响骨干枝光照时，影响一点，回缩一点，逐步为骨干枝让出空间；对长势过旺的辅养枝采取环剥、拉枝、拿枝相结合，缓势促花。各枝上徒长枝、直立枝、密挤枝、细弱枝从基部疏除，中庸枝缓放。

（3）培养结果枝组

在各级骨干枝上运用长放、短截、回缩、生长季摘心、扭梢、拿枝、环剥、环割等方法培养大、中、小型结果枝组。

（4）环剥、环割促花

在5月下旬至6月上旬对生长势较旺单株、骨干枝、辅养枝进行环剥、环割以促进花芽形成。

**3. 盛果期树修剪**

该期树冠已达到最大，树形固定，营养生长与生殖生长相对稳定，产量达到最高水平，后期生长逐渐衰弱。此期修剪原则是稳定树势，不断调整生长与结果矛盾。

（1）稳定树势

该期应保持各级骨干枝生长势。方法是对各级骨干枝延长枝进行适度短剪，一般留30 cm，对后部过弱的留20 cm，维持一定的新梢生长量，连续延伸几年后再小换头。对结果后开张角度过大的骨干枝，在下垂处用上位枝换头，疏除骨干枝背上大型分枝，稳定骨干枝长势。

（2）改善树冠光照

进行落头开心，注意先在落头处环剥，结果后再落头。对各级骨干枝下部下垂枝、裙枝，结果后逐年回缩打开层间光照。要合理枝组，主枝上大、中、小型枝组插空排列，均匀分布，疏除过密过弱枝组。

（3）更新复壮枝组

采用以截为主、疏截结合、有放有缩的方法不断更新。对长势旺、营养枝多、花果少的结果枝组，疏除直立枝、强旺枝，留平斜枝带头再缓放；对长势弱、营养枝少、花果多的结果枝组，疏除平斜枝、下垂枝、花枝，留直立壮枝带头，并适当短截。该期枝组类型也逐渐由下平斜向直立上斜过渡，由长轴枝组向短轴枝组过渡，由松散枝组向紧密枝组过渡。

（4）克服大小年结果现象

防止大小年结果修剪方法是在良好的肥水管理基础上才能实现的。主要是配齐“三套枝”，即发育枝、育花枝和结果枝，使三套枝各占1/3，进行交替结果，延长盛果年限。对已形成大小年的树，及时在大年进行调整。

**4. 衰老期修剪**

该期焦梢现象十分明显，新梢短而数量少，骨干枝残缺不全，病虫害严重，产量下降，徒长枝大量发生，在修剪上主要是进行更新复壮。

（1）更新

提前培养徒长枝，对衰老枝有计划地逐年更新，做到既更新树冠又要有一定产量。对徒长枝采取小树修剪方法，但层次要少，层间距要小，枝条级次要少，修剪量要小。

（2）复壮

适当减少衰老树产量，加强病虫害防治，加强对更新枝伤口保护。同时加强肥水管理，增施有机肥和氮肥，施用有机肥时有意识地与更新根系结合起来。

## 四、苹果树冬剪五程序

**1. 全园调查，明确任务**

开始修剪前，要全面调查和掌握苹果修剪的整体状况和动态。如品种、栽植密度、选用树形和整形目标及当前进度，产量要求，观察树势、花量、树冠郁闭情况。确定目前修剪在果园总体修剪进程中的位置，当年修剪的方针和主要任务。

**2. 树下观察，确定方案**

具体修剪每一株果树之前，要从不同的方位仔细观察该树树相与修剪反应。分析往年修剪者意图、修剪结果及得失。重点是分析骨干枝数量、角度，辅养枝位置、长势及对骨干枝的影响，枝组类型、数量及配置是否合理，树体存在的突出问题。在此基础上决定骨干枝的选用和辅养枝的处理，具体通过哪些措施解决树体存在的突出问题，如光照不足、从属不明、树势不平衡等，形成修剪方案。

**3. 调整骨架，处理害枝**

按照修剪方案疏除回缩多余的骨干枝，处理妨碍树形、影响通风透光的辅养枝、株行间交叉枝、重叠枝，去除密生枝、病虫枝、竞争枝、徒长枝、轮生枝等有害大枝。

**4. 分区按序，精细修剪**

将全树以骨干枝为单位划分修剪小区，按照从上到下的顺序依次进行修剪。小冠疏层形、改良纺锤形，分别以基部三主枝和中心干为小区；而自由纺锤形和细长纺锤形则以小主枝或侧生分枝为单位。具体修剪每一小区如某一主枝时，应首先熟悉其状态、结构、枝组配置，在大脑中初步形成计划，然后从主枝延长头开始，自下而上依次进行，要做到眼看、心想、手剪。眼看就是看每一枝组的基本状况、着生位置、大小和作用，想它在主枝中的位置及发展前途，定其去留、伸缩、方向、花芽留量；最后用手剪到合适的部位。

**5. 检查补漏，全树平衡**

分区修剪完成后，回头检查是否有露剪或错剪之处，及时补充修剪。全树修剪完成后，应绕着苹果树从不同方位检查看修剪结果，全树进行平衡。

### 五、苹果树整形修剪要点歌诀

围绕树体转三转，定好主枝再修剪。一树主枝五六个，分层布在树体间，辅养大枝见空留，内膛小枝留适当。主副层次要分清，疏缩缓放看树用，幼树旺长不结果，拉枝开角很重要。内膛小枝少疏除，八月拉枝果满树，旺长枝条要控制，不能长成树上树。四周密林遮阳光，剪去直立留平生，延长枝条要短截，其他枝条不动头。环割环剥看树用，两年结果见成效。

**思考题**

（1）苹果生产上适宜稀植栽培树形有哪些？试以疏散分层形为例，说明其整形过程。

（2）初果期和盛果期苹果树修剪应把握哪些要点？

（3）苹果树修剪应把握的程序是什么？

（4）苹果树整形修剪应把握哪些要点？

## 第六节　提高苹果品质栽培技术

### 一、选用优良品种和砧木

**1. 选用优良品种**

目前，适合我国栽培的苹果优良品种有85－1、美国8号、奥查金和华硕等，生产上正在推广的适宜我国栽培的新品种有宫崎富士、松本锦、红将军、皇家嘎拉等。

**2. 选用优良砧木**

选用优良砧木是一项具有长期影响的根本措施，在矮化砧上嫁接的红星苹果，在同样管理条件下，比乔化砧红星苹果着色好、糖分高、果实硬度也增加，耐贮性增强。

各地应因地制宜，选用适应当地条件的优良品种和砧木。

### 二、加强土肥水管理

**1. 土壤管理**

山地果园要整修梯田、树盘，滩地果园要掏沙换土、深翻改土。深翻改土的时期一般在苹果采收后到落叶前结合秋施基肥进行。幼龄果园自定植穴外缘开始，每年或隔年向外挖宽 60 ~ 80 cm、深 40 ~ 60 cm 的环状沟，挖出的表、心土分别堆放，并剔除翻出的石块、粗沙及其他杂物，剪平较粗根的断面；回填时，先将表土和秸秆、杂草、落叶填入沟底部，再将有机肥、速效肥和表土填入，表土可从环状沟周围挖取，然后将心土摊平，及时灌水。成龄果园采用隔行深翻，盛果期或密植园则采用全园深翻，将栽植穴以外的土壤全部深翻，深 30 ~ 40 cm。平原以生产小麦为主的地方，可在 6 月中旬用麦秸覆盖 20 cm 厚，其上放少许土，次年重复进行一次。幼龄果园可利用行间空地种植经济作物（大豆、花生、马铃薯等）和绿肥作物（田菁、柽麻、苕子、苜蓿等），但要禁止间作高秆作物及需肥量大的作物如玉米、棉花和红薯等。

**2. 施肥管理**

（1）增施有机肥

果园有机质含量以 1% ~ 2% 较好。有机肥以人粪尿、家畜厩肥、禽粪、饼肥等为最好。人粪尿和畜禽肥施用前要经过充分发酵。有机肥全年均可施用，以秋季采果后施用效果最好。施肥方法以“井”字形沟施法与撒施法交替进行较好。施肥量盛果期采用“千克果千克肥”方法，有条件果园应“1 kg 果 1.5 kg 肥”，一般施用量为 3000 ~ 5000 kg/亩，有条件的可施 6000 ~ 7000 kg/亩，盛果前期施用量适当减少。

（2）合理施用化肥

土壤追肥分 3 次。第 1 次在萌芽前，一般施尿素 100 ~ 200 g/株。第 2 次在开花前，同样施尿素 100 ~ 200 g/株。第 3 次在幼果膨大期，施过磷酸钙 100 ~ 150 g/株、硫酸钾复合肥 200 ~ 300 g/株。施肥方法是在树冠下开 15 ~ 20 cm 深的沟，将肥料均匀撒入沟中，覆土填平浇水。叶面喷肥 4—6 月喷 0.3% 尿素、500 mg/L 硝酸稀溶液 2 ~ 3 次，间隔期 15 ~ 20 d；7 月及以后，喷 0.2% ~ 0.3% 磷酸二氢钾、0.3% 硫酸钾、5% 草木灰浸出液，每隔 20 d 交替喷一次。无雨阴天或晴天 10 点前或 16 点以后喷，并尽量喷布在叶背。

**3. 合理灌水**

苹果灌水应掌握灌、控、灌的原则。一年内重点灌好 4 次水：第 1 次是萌芽前充分灌水；第 2 次是落花适时灌水；第 3 次是花芽分化前及幼果生长始期即 5 月底至 6 月上旬适量灌水，维持最大持水量的 60%；第 4 次是果实迅速膨大期要保证水分充分供应。采收前 20 d 禁止灌大水。此外，秋施基肥后要及时灌水。注意避免土壤湿度变化过大，在雨季及时排除园内积水。

## 三、辅助授粉与疏花疏果

辅助授粉主要是花期放蜂，人工辅助授粉，结合化学控制。疏花疏果分人工和化学两种方法。

**1. 花期放蜂**

可利用蜜蜂和壁蜂传粉。蜜蜂传粉蜂种选用耐低温、抗逆性强的中华蜜蜂。通常在开花前安置蜂箱。放蜂量约为 1 群（8000 只）/(0.3 ~ 0.5) $hm^2$，其授粉范围为 40 ~ 80 m。蜂群间距为 100 ~ 150 m。密植园最好每行或隔几行放置。壁蜂是苹果优良的授粉树，主要有角额壁蜂、凹唇壁蜂和紫壁蜂等。开花前 5 ~ 10 d，在果园内背风向阳处，按 40 ~ 50 m 间距设置巢箱，将巢箱放于 45 cm 高处支架，巢箱口向东南或南。在巢箱口上放置带有多个空洞的纸盒。纸盒内放入蜂茧，数量掌握在 60 ~ 100 头/亩。巢箱上面搭设防雨棚，附近 1 ~ 2 m 处挖 1 个长、宽、深均为 40 cm 的坑，保持坑内半水半泥状态。

**2. 人工辅助授粉**

人工辅助授粉在苹果盛花初期到盛花盛期进行。首先根据历年开花物候期和当年春季温度变化情况，预测当年花期，做出计划。按计划采集授粉树花朵，制备花粉。按时进行授粉，具体方法有人工点授、机械喷粉和液体授粉。

**3. 化学控制**

在花期喷0.1%~0.3%的硼砂溶液、喷高桩素或普洛马林500~800倍液，中庸树、弱树花后喷0.3%尿素。或采用250~300倍液多效唑（$PP_{333}$）、300倍PBO亦有类似作用。

**4. 人工疏花疏果**

对花芽较多且成花较易的树，可结合冬剪疏除部分花芽，一般花、叶芽比例为1∶3，在花期再疏除一部分边花，疏花时可用手掐，也可用疏花剪疏。疏果在花后7~28 d进行，可采用叶果比法留果［大型果叶果比为（50~60）∶1，中、小型果叶果比为40∶1］，也可采用果间距法留果（大型果果间距为20~25 cm，中、小型果果间距15~20 cm）。具体操作时，要疏除多留的边花果、朝天果、腋花芽果、畸形果及其他劣质果，要求每个花序留1个果，多留母枝两侧中短枝上的下垂果，最好果形端正、高桩、无病虫危害、果肩平整。疏花疏果的顺序是先上部后下部，先内膛后外围。

**5. 化学疏花疏果**

适应省力化要求，可采用化学疏花疏果。疏花在花开放2 d后喷1.0%~1.5%的石硫合剂，或在花蕾膨大期喷300~500 mg/L乙烯利（CEPA）。疏果在落花后期喷5~20 mg/L萘乙酸数（NAA）、萘乙酰胺、15281、M&B25105等。

## 四、整形修剪

**1. 保持良好树体结构**

留枝量6万~8万个/亩，树体外稀内密、上稀下密、南稀北密、大枝稀、小枝密。应采取7点措施：一是控制树高。将树高控制在行宽的2/3以内，超过2/3时应及时落头并疏除上层过密的辅养枝。二是注意层间辅养枝的处理。对过密的辅养枝本着去长留短、去大留小、去粗留细、去密留稀的原则，分期分批疏除。大枝较少时，可一次性去除；大枝较多时；可分3年去除，每年分别去除60%、30%、10%。对有空间的辅养枝，应视情况加以利用。三是注意培养主枝角度。应加大下层主枝角度，降低上层主枝角度。四是疏除各级竞争枝，防止枝出现“头重脚轻”现象。五是回缩、疏除上层背后冗长枝及下层直立枝。六是清除株间交叉枝，采用缩剪方法改变主枝延长枝方向。七是注意疏除、回缩下层细弱枝、过长枝及裙带枝。使树体内膛光照强度达到自然光照强度30%，中午时树下有均匀的梅花状小光斑。

**2. 及时更新结果枝组**

结果能力开始下降的结果枝组及时更新复壮，以维持健壮树势。以壮枝、壮芽带头，进行重回缩。对衰老结果枝组附近的新枝采用先截后放法有计划培养。对壮树促控结合，根据枝组所处的阶段，采取适当的修剪方法。弱树冬剪时适当重剪，少留花芽，壮枝、壮芽带头；旺树冬剪时轻剪缓放，加大枝梢生长角度，用背后枝换头，以缓和树势，同时，适当增加留果量，以果压冠。

**3. 调整枝类比**

苹果适宜枝类比是结果枝与营养枝比例（2~3）∶1。调节枝类比常用修剪方法是“三枝配套法”，就是在冬剪时，缓放一部分结果枝，来年结果，称为结果枝；缓放部分营养枝，下年形成花芽，隔年结果，称为预备枝；短截部分枝条，促发新枝，形成营养枝。

## 五、果实套袋

**1. 果袋选择**

果袋选择长18~20 cm，宽14~16 cm，袋口正中有一半圆形缺口。有些种类袋口两边各有长5 cm的细铅丝。难着色红色品种选用不透水2层袋，外层纸外表面灰色，内表面黑色，内层纸为红色半透明蜡质。易着色红色品种，采用不透水1层袋，外表面灰色，内表面黑色，或采用与难着色红色品种相同袋；绿、黄色品种采用内外均为深褐色1层袋。

**2. 套袋时期与方法**

红色品种在落花后30～45 d套袋，绿色及有果锈品种在落花后10 d内完成，落果较严重品种在生理落果后进行，晚熟红色品种在花后35～50 d完成。套袋果选择果形端正的中心果。套袋时间为连续晴天后的每天9点至17点。套袋前7 d喷一次杀菌杀虫药（100 kg水+25%甲基托布津乳油120 g、1.5%溴氰菊酶乳油300 g、中性洗衣粉100 g，混匀）。对缺水严重果园，套袋3～5 d应浇一次水。套袋前先将袋撑开，再将果实放入，使果实在袋内呈悬空状态，然后从袋边缘向内折，边缘有铅丝的袋用铅丝折弯固定，无铅丝的用回环针或橡皮筋绑口。套过袋后，注意果柄与袋口之间不能留有空隙。

**3. 去袋时期和方法**

红色品种果实成熟前15～20 d去袋。先将外层袋撕开1/2，1～2 d后去掉外层袋，同时将内层袋也撕开1/2，过1～2 d后再去掉内层袋。套1层袋的红色品种去袋与套2层袋第1次去袋操作相同。绿色与黄绿色品种去袋时间在采收前5～7 d。以上午10点前及下午4点后去袋为宜。

## 六、摘叶、转果、吊枝

摘叶主要是摘除果实附近的贴果叶和折光叶，以防止果面着色时形成花斑及部分害虫缀叶贴果危害。摘叶一般进行1～2次。套袋果第1次摘叶在去袋后，不套袋的果在采果前25～30 d进行。第2次摘叶与第1次摘叶间隔5～10 d。总摘叶量控制在14%～30%，不要超过树冠总叶量的30%，以果实能良好受光为宜。转果在果实阳面着色鲜艳时进行。一手捏果柄、一手握住果实轻轻转动使果实阴面转到阳面。一次不能转过的部分分多次进行。注意，一次转的幅度不能太大。就是将下垂枝用绳绑在主干上达原生长角度，对树冠中的下层枝可采用撑枝的方法。

## 七、铺反光膜

常用反光膜有银色反光塑料薄膜和GS—2型果树专用反光膜。末套袋果在果实着色初期铺膜，套袋果在去袋后铺膜。铺膜前5 d清除铺膜地段的残茬、硬枝、石块和杂草，并打碎大土块，把地整成中心高、外围稍低的弓背形。铺膜宽度以树冠为准，要求反光膜的边缘与树冠边缘铺齐。反光膜在采果前1～2 d收起，去掉膜面上的树枝、落果、落叶等，小心揭起反光膜，卷叠起来，用清水漂洗晾干后，放入无腐蚀性室内妥善保存，一般可连续使用3～5年。

## 八、果面贴字、套瓶和富硒技术

**1. 果实贴字技术**

贴字前将果实按规范套袋方法套袋。果实采收前20 d左右果实进入迅速着色期，解除果实袋，将事先备好的字模贴于果实中间部位（图8-30）。一般可用不干胶或凡士林黏合，字模一般为遮光的黑色纸质地或黑色塑料质地，可根据生产者需要设计。生产上多用带有吉祥的“福禄寿喜”“恭喜发财”“吉祥如意”“一帆风顺”等字样，1个果实可贴1个单字，也可贴1组吉祥用语。待果实采收时，将字模揭去。

图8-30　贴字苹果

**2. 果实套瓶技术**

（1）果实瓶选择

果实瓶容积大小，要根据苹果品种体积大小进行设计。果实瓶形状可根据需要进行设计，但各种果实都有自己的形状，设计时应尽量接近该品种的果实生长特征。果实瓶口直径不宜太大，以能塞进大拇指为宜。瓶子底下要留有2～4个小孔作为放水孔。

（2）套瓶操作技术要领

一是及时疏果。落花后一周在确定果实受精后，及时疏果。应确保套瓶工作能按时进行。二是准确选果。套瓶时，要尽量选取果形端正、易于固定瓶体的果实进行。苹果果形较长果实，授粉良好，生长迅速。三是适时套袋。在华北地区，套瓶一般在5月上中旬进行。果实瓶外要套1层纸袋保护，纸袋外加套1层黑色的塑料袋进行遮光。固定时，只需将纸袋和塑料袋固定在果台或结果母枝上即可。四是适时去袋、采收。套瓶果以果为单位精细管理，随时观察。红色品种采收前15～20 d及时去瓶外纸袋和塑料袋。一般果实全红后，即可采摘。

**3. 果实富硒技术**

红富士苹果采用硒素宝补硒。使用量按生产100 kg苹果使用硒素宝100 g。采用土施和喷施两种方法。土施在苹果膨大期（5月中下旬）施入。每100 g硒素宝中混加磷酸二铵0.5 kg、硫酸钾1.5～3.0 kg，多点穴施或放射状沟施，施入深度18～25 cm，施后灌水。喷施第1次在7月上旬，第2次在苹果采收前30～40 d。套袋苹果摘袋后第5天喷施，喷施浓度2500～3000倍。采用树干注射法于5月在树干距地面50 cm处，用打孔器打直径0.8 cm，深4 cm的2个注射孔，注射20 mg/L、50 mg/L、500 mg/L的亚硒酸钠液，用嫁接胶带封口。

## 九、喷生长调节剂

在花期对花萼喷600～800倍高桩素，盛花后14 d喷20～50 mg/L赤霉素（$GA_3$），可明显提高果形指数，盛花后20～35 d喷3000～5000倍$B_9$。采果前15～20 d喷3000倍NAA，采前40 d喷1000倍7305，可促进果实着色。果实采收前30 d喷700～3000倍增糖灵1号，采果前20～30 d喷600倍红果88，除能增加含糖量外，还能促进果面着色。

## 十、病虫害防治

**1. 总体要求**

以农业和物理防治为基础，提倡生物防治，按照病虫害发生规律和经济阈值，科学使用化学防治。要从果园生态系统整体出发，创造有利于果树生长，有利于有益生物繁衍而不利病虫滋生和危害的环境条件，保持生态系统平衡和生物多样化。化学防治提倡使用生物源农药、矿物源农药，禁止使用剧毒、高毒、高残留农药和致畸、致癌、致突变农药。使用化学农药时，按国家有关标准（GB/T 8321）执行。

**2. 合理用药要求**

一是加强病虫害预测预报，适时用药，未达到防治指标或益害虫比合理情况下不用药。二是根据天敌发生特点，合理选择农药种类、施用时间和方法。三是注意不同作用机理农药的交替使用和合理混用。四是严格按照规定浓度、每年使用次数和安全间隔期要求使用，并且喷药均匀周到。

## 十一、适时采收

鲜食、不耐贮藏且在当地销售的品种应在果实充分成熟（10成熟）时采收。外运和贮藏果实应在硬熟期（7～8成熟）采收。采果时按照先采树冠外围、后采内膛，先采下层、后采上层的顺序进行。采双果时要两手同时采：1果台上着生2个以上果时，可一手托住所有果实，另一手逐果采摘；易掉果柄或易折果柄的品种，采果时要注意保护果柄。采果时要避免碰掉花芽和枝叶。采下的果实要轻拿轻放，防止挤压，刺伤果实。采收过程中尽量减少转筐、倒篓次数。采下的果，在果园内初选，将病虫果、畸形果、过小果及机械损伤果捡出。对初选合格果实进行分级、包装、外运或贮藏。

**思考题**

(1) 苹果如何做到合理施肥与灌水?

(2) 简述苹果树保花保果和人工疏花疏果技术。

(3) 苹果树如何保持良好的树体结构?

(4) 如何进行苹果套袋?

(5) 促进苹果着色增质技术措施有哪些?

(6) 苹果病虫害防治总体要求是什么? 如何做到合理施药?

## 第七节　苹果矮化密植栽培技术

苹果矮化密植栽培（矮密栽培），是指利用矮化砧木，或选用矮生品种（短枝型品种），或采用人工致矮措施和植物生长调节剂，使树体矮化，栽植株行距缩小，栽植株数增加，并采取与之相适应的栽培管理方法，获得早期丰产的一种新的果树栽培技术。矮密栽培的优点主要表现在早结果、早丰产、早收益；单位面积产量高；早成熟、品质好、耐贮藏；便于田间管理，适于机械化作业；生产周期短，便于更新换代；可经济利用土地。但其建园成本和管理费用高。

### 一、育苗

**1. 利用乔砧乔（矮）穗果苗**

利用乔砧乔（矮）穗的苗木培育同普通育苗，具体参见前面第三章育苗技术。

**2. 利用矮化砧和矮化中间砧果苗培育**

（1）自根矮化苗木培育

在建立矮化砧木母本园基础上，用扦插、压条或茎尖培养的方法繁殖矮砧自根苗，然后再在矮砧自根苗上嫁接栽培品种。

（2）中间砧苗木培育

①分次嫁接：先培育乔砧，然后在乔砧上枝接或芽接矮化砧。当矮化砧长到一定长度后，再绿枝接或芽接栽培品种。中间砧段长度一般保持 25 ~ 30 cm。

②分段芽接：同样先培育乔砧，再在乔砧上嫁接矮化砧，再于矮化砧段上分段芽接栽培品种，成活后再分段剪截，每段矮砧顶部带有个栽培品种的芽，再枝接到另外乔砧上。

③双重枝接：按矮化中间砧段的长度，将矮砧枝条剪成段，在每段顶端枝接栽培品种，再将接有栽培品种的矮砧段下端枝接在乔砧上。

### 二、整形修剪

**1. 整形要点**

矮化树形主要有细长纺锤形、自由纺锤形、小冠疏层形、圆柱形、折叠扇形、“Y”字形等。现以自由纺锤形为例说明其整形过程。

（1）树体结构

自由纺锤形适合于半矮化或短枝型品种，栽植 45 ~ 84 棵/亩。株行距（2 ~ 3）m ×（4 ~ 5）m。干高 60 ~ 80 cm，树高 2.5 ~ 3.0 m，中心干直立。在中心干上直接均匀分布 10 ~ 15 个骨干枝，外观呈纺锤状。骨干枝层性不明显，下强上弱，下层骨干枝长 1 ~ 2 m，往上依次递减。骨干枝与中心干夹角 70° ~ 90°。

（2）整形过程

整形过程（图8-31）为定植当年定干高度好地、平地80～90 cm，山地、薄地50～60 cm。进行刻伤，促进剪口下20～25 cm处多处发枝，增加枝量。夏季拉枝使之成70°～90°。同时，注意疏除、扭梢、重摘心竞争枝。第2年冬剪时，选留6～7个长势均衡、分布均匀的长枝，短截其中3～4个。根据生长势，中心干延长枝剪留40～60 cm，疏除过密枝和竞争枝。生长季拉开主枝和辅养枝角度为70°～90°。夏季采用扭梢、疏除、摘心和拉枝等方法，控制背上直立旺梢。第3年冬剪时，除中心干延长枝剪留50～60 cm外，其余长枝尽量少截。在上层再选留2～3个骨干枝和1～2个辅养枝。以后每年留2个骨干枝剪留40～50 cm，生长季仍要进行扭梢、疏枝、摘心和拉枝等。一般经历4～5年即可完成整形任务。

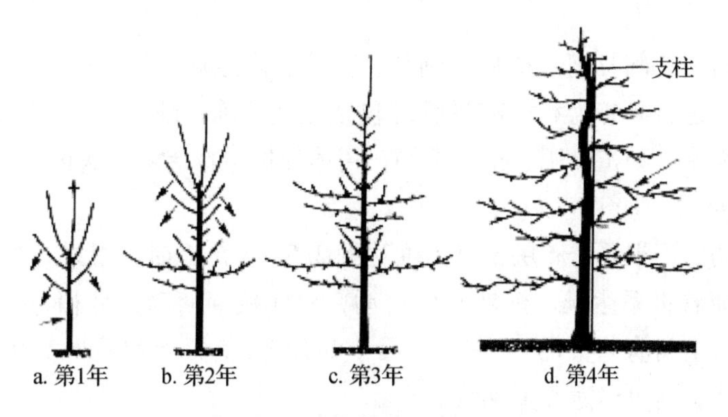


**图8-31　自由纺锤形整形过程**

其他适用于苹果矮化密植树形见图8-32。

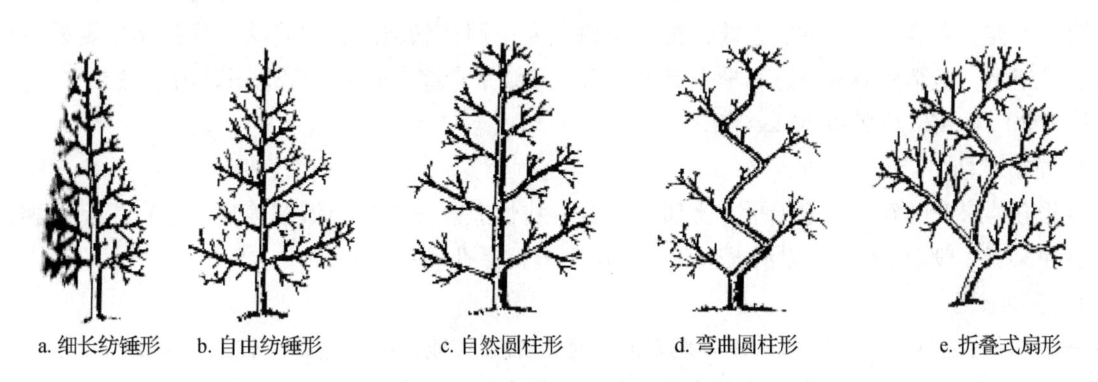


**图8-32　苹果矮化密植常用树形**

**2. 修剪要点**

矮密苹果进入盛果期较早，整形后应及早注意保持生长和结果之间的平衡状态。

当树高超过3 m时，每年反复进行落头，以保持树高。及时进行骨干枝更新。在骨干枝基部或中心干上培养骨干枝预备枝；用改变骨干枝角度的方法调节树冠上下生长势。用环剥、环割、刻伤等方法促进花芽形成。用拿枝、弯枝、扭梢等方法控制旺梢长势。用疏剪方法疏除过密枝，以改善光照，减少养分消耗，提高坐果率和增进果实品质。采用短截、摘心等方法，促进分枝，加速培养更新枝组。

## 三、其他管理

苹果矮密栽培与普通栽培相比，根系相对较弱，要特别注意维持地力，培肥土壤。矮密栽培苹果营养生长较弱，叶片光合产物分配给果实比率较高，即使叶果比稍低，果实也可肥大。但结果过多，树体会更加衰弱，在管理上要特别注意。

**思考题**

矮化苹果生育特点与栽培技术要点有哪些?

## 第八节 苹果四季栽培管理技术

### 一、春季栽培管理技术

**1. 栽培管理任务**

主要是春季修剪，包括花前复剪、拉枝、刻芽、抹芽、多道环切等；进行清园，主要刮翘皮，清除出园，集中烧毁或深埋；进行高接换种；花果管理包括花期防冻、疏花疏果、放蜂、人工授粉；土肥水管理包括清园、追肥、灌水、种植绿肥、松土保墒；树体保护包括遮阴、病虫害防治等工作。

**2. 树体生长发育特点**

早春，随着气温升高，当根系分布层土壤温度达到2.5～3.5 ℃时，根系开始活动并吸收养分，6 ℃以上时根系开始生长。随着根系生长，树液开始流动，树体枝芽萌动，枝梢也开始生长。在北方地区，一般在3月中下旬至4月上旬萌芽，4月中旬至4月下旬开花，5月上旬后果实开始发育，随着气温逐渐升高，根系生长速度加快，新梢迅速逐渐加快。

**3. 春季管理技术要点**

（1）春季追肥

春季追肥主要时期有萌芽期、花期前后两个时期。一般弱树在3月萌芽前后施入，旺长树在开花后施肥。肥料种类主要是以氮为主的速效化肥。幼树主要采用环状施肥、穴施法，成龄园主要采用全园撒施、放射状施肥，施肥后灌水。追肥量主要根据树龄和结果量综合确定，宜选用磷酸二铵或多元复合肥，施肥量幼树20 kg/亩，成龄树50 kg/亩。

（2）春季耕翻

我国北方苹果产区春季普遍干旱，土质黏性强，耕性差。一般在土壤解冻后，进行果园耕翻，随后追肥，耕翻深度一般为30 cm，以消灭杂草，疏松土壤，促进根系生长。

（3）播种绿肥

春季3—4月播种白花三叶草。在旱地果园，播前细致整地，施足底肥。施入尿素15 kg/亩，过磷酸钙30 kg/亩，实行果园行间生草，株间清耕。行间播种量0.3～0.5 kg/亩，以条播为主，播后种子覆土厚度为种子直径的1～3倍。

（4）覆膜

一至三年生幼树采取带状、块状地膜覆盖，增温保墒，增光灭草；提高成活率，促进生长。

（5）刻芽

萌芽前，对二至四年生的中心干和多年生枝主枝两侧、中心干光秃部位及衰弱枝组基部，定向于芽的上（前）方0.3～0.5 cm处用小钢锯条、小手锯顺齿拉一道，伤及木质部，长度为枝干周长的1/3～1/2，深度为枝干粗度的1/10～1/7，促枝补空。需抽生强枝者按照“早、近、深、长”要求刻芽；需抽生弱枝者应按照“迟、远、浅、短”要求刻芽。抽生大枝者需在萌芽前7～10 d进行，抽生小枝者宜在萌芽期进行。

（6）抹芽

萌芽后用手抹除或用刀削去嫩芽。留优去劣，减少枝量；调整分布，加快成形；减少伤口，节省养分。对主干上（全部）、延长枝头上（留1顶芽）、主枝背上及骨干枝基部20 cm以内及剪锯口周围无空间的萌芽全部抹除。

（7）剪病梢、刮翘皮

苹果树开花前，结合露红期花芽数量及分布情况，再次进行修剪，调整花量及结果枝与营养枝布局，完成苹果花前复剪。同时，剪除果树上所有病梢、虫梢，老树刮翘皮，消灭越冬病原菌及虫卵、幼虫等，降低越冬病虫基数。

（8）叶面喷肥

萌芽前，小叶病严重果园喷施1次0.1%硫酸锌。初花期和花期各喷1次优质硼肥。花后5～7 d喷1次多元微肥。从落花后1周开始，连续喷施螯合态钙肥2～3次。

（9）树体保护

3月下旬至4月初，及时收看、收听天气预报，在倒春寒来临前，采取树盘灌水、树冠喷1%石灰水或“富万稼”有机钾肥500倍液等措施，降低地温，推迟花期。冻害来临、降霜当晚22时前后，在果园四周每隔20～30 m堆放柴禾、树叶、麦糠等，24时后点燃，熏烟增温，化霜防冻。冻害发生后加强肥水管理，冲洗被沙尘所糊枝芽，及时回剪受冻枝芽，延迟疏花定果，搞好病虫防治，尽快恢复树势。

（10）花果管理

补栽、高接授粉树，使授粉树与结果树比例达到（3～4）：1。进行人工辅助授粉，可提高坐果率70%～80%。具体方法是在授粉前3～4 d采集大蕾期和初花期的花朵，用手搓下花药。将采集的花药在22 ℃条件下阴干24～48 h，相对湿度保持60%～80%。花粉囊自然破裂后，用小型磨粉机研磨2～3遍，即可得到授粉用的纯花粉。一般在开花当天7—10时进行。苹果柱头分泌旺盛，为授粉的最适时间。授粉时只给中心花授粉，边花不授。用羽状花粉刷每蘸1次花粉可点授20个左右的中心花朵，点授量2万～3万朵花/亩。苹果属虫媒花植物，果园放蜂可提高坐果率15%～20%。目前，果园放的蜂主要有中华蜜蜂，壁蜂（角额壁蜂、凹唇壁蜂）、雄蜂、豆小蜂等，苹果花期每5～10亩果园放中华蜜蜂1～2箱，壁蜂100头/亩。初花期至盛花期上午7—10时配喷0.3%硼砂+0.1%尿素+1%糖（最好蜂蜜）混合营养液+花粉100 g+4%农抗120水剂800倍液（预防霉心病）。

（11）病虫害防治

①萌芽至花芽萌动期（3月至4月上旬）。主要防治腐烂病、干腐病、枝干轮纹病、白粉病、叶螨、蚜虫、康氏粉蚧、绿盲蝽、棉蚜和卷叶虫等。在树上喷干枝，用40%福星5000倍+进口毒死蜱1000倍+200倍渗透剂（或清园宝600倍十绵介净1000倍；或3%～5%的石硫合剂+1500倍中性洗衣粉）。花露红期在树上喷布1%的石硫合剂（花前8 d）或8000倍福星+绵停1500倍（吡虫啉3000倍）+蜡死净2000倍+花果保1000倍。为提高坐果率，预防花期冻害，喷花果卫士600～800倍效果较好。

②开花期（4月下旬至5月上旬）。主要防治霉心病、苦痘病、缩果病，金龟子、蚜虫等。在初花和末花期喷扑海因1000倍+花果保1000倍+1%蔗糖液（速硼钙2000倍或钙硼双补1500倍等）。

③谢花后至幼果套袋前（5月上旬至6月中旬）。主要防治果实轮纹病、炭疽病、苦痘病、斑点落叶病、早期落叶病、潜叶蛾、红白蜘蛛、卷叶虫类和金纹细蛾、食心虫等。在谢花后连喷3遍药。第1遍药谢花后7～10 d，喷75%蒙特森水分散粒剂（猛杀生）1000倍+3%多氧清500倍+阿维高粉2500倍（或90%万灵3000倍）+20%螨死净2000倍（或阿维菌素原粉5000倍）+1000倍花果保（或钙硼双补1500倍）。第2遍药在果毛脱除期（5月中旬）喷70%甲基托布津可湿性粉剂800倍+50%多菌灵可湿性粉剂800倍+10%吡虫琳乳油3000倍+阿维菌素原粉5000倍+速硼钙2000倍。第3遍在药套袋前（5月下旬），喷68.75%易保1500倍+70%甲基托布津1000倍+90%万灵3000倍+蛾蜡灵2000倍（或阿维菌素粉5000倍）+钙硼双补1500倍（或花果宝1000倍）。5月中旬地面防治桃小食心虫：在桃小食心虫出土盛期用辛硫磷或进口毒死蜱1500倍喷洒树冠下地面。第3遍药后间隔1 d进行果实套袋，于上午无露水、下午3点后套袋，避开中午高温时间。套袋结束的果园喷68.75%易保1500倍+25%戊唑醇

3000 倍 + 钙肥，根据害虫、螨类发生情况，选混杀虫、杀螨剂。

## 二、夏季栽培管理技术

### 1. 夏季工作任务

夏季主要任务是土肥水管理。追施花芽分化肥、中耕除草、果园覆盖；摘心、扭梢、拿枝、拉枝、环剥；花果管理：果实套袋；夏季病虫害防治。

### 2. 夏季树体生长发育特点

苹果树进入第 2 个生长高峰（6 月上旬至 7 月上旬），果实正在膨大，花芽分化进入盛期（6—8 月）。同时，此季气温高，日照时间长，空气干燥，苹果红蜘蛛、食心虫危害逐步严重，褐斑病、白粉病开始浸染危害。梨星毛虫、卷叶虫、蚜虫随雨水增多也有加重危害趋势，6 月上中旬苹果新梢封顶，根系活动旺盛，正是追施花芽分化肥的最佳时机。6 月下旬后新梢继续生长，果实迅速膨大，果实膨大与新梢生长交替进行，7 月中下旬根系生长逐渐减弱，果实进入快速生长期，进入 8 月份，果实继续膨大。花芽分化进入关键时期，各种食叶害虫如舟形毛虫、卷叶虫、军配虫等进入危害盛期。

### 3. 夏季管理技术

（1）追施花芽分化肥

5 月下旬至 6 月上旬追肥，肥料种类以磷、钾为主，主要用三元复合肥。追肥量初果期树为 20 ~ 25 kg/亩，结果树为 50 ~ 70 kg/亩。施肥后及时灌水。

（2）夏季灌水

结合追肥及时灌水。一般 5— 6 月，应少灌水，保持土壤适度干旱，7—8 月适度灌水，使 20 ~ 40 cm 土壤田间持水量维持在 60% ~ 70% 为宜。

（3）中耕除草

北方地区夏季温度较高，园内杂草种类多、生长快，要及时中耕锄草。中耕时要注意翻压春播的绿肥。

（4）果园覆盖

夏季高温来临前，在树冠下覆盖杂草、秸秆、绿肥等，一般覆盖厚度为 15 ~ 20 cm。覆盖后草上压土，以防风吹，也可防旱保墒，降低地温，保护浅表层根系，增加土壤肥力。促进果树花芽分化。

（5）疏花疏果

疏花疏果在实际操作时，不可一步到位，一般按以下程序进行。

①修剪时，将花、叶芽比例调整为 1 ∶（3 ~ 4）。

②疏蕾从花序伸长至花序分离期进行。按 20 ~ 25 cm 留果距离先定果台，多余者整序疏除，呈空台，仅保留莲座叶。一般整序保留花序。

③疏花在开花期进行。保留中心花和开花较早的 1 ~ 2 个边花，疏除其余全部边花。对管理优良、树势健壮、花芽饱满、分布均匀、授粉树配置合理的果园，可将所留花序上的边花全部疏除，仅留中心花，一次疏到位。此法称为“以花定果”，可节省劳动力，节约大量营养。但有晚霜危害的地区和花期天气不好时，不能使用，以免造成减产。

④疏果在谢花后一周开始，4 周内结束。主要疏除病虫果、畸形果，边果，保留中心果。在树体生长情况下，留果标准须达到初果期树 2500 ~ 5000 个/亩、盛果树 11 000 ~ 14 000 个/亩。

⑤留果量的确定。疏花疏果，首先要确定植株的适宜留果量，要求在保证当年产量与质量的同时，又能形成一定数量与质量的花芽。因此，合理的留果量，必须根据品种、树势、树冠大小和坐果多少及栽培管理水平等方面的情况来确定。具体有 4 种方法。一是叶果比法。果实主要依靠叶片合成的营养物质进行生长。一个果实需要多少叶片，或多大叶面积供应营养才适宜，取决于品种和砧木。一般乔化砧、

小果型品种的叶果比（30～40）：1；大果型品种（50～60）：1较适宜。短枝型品种和矮化砧叶果比适当减少，前者30：1；后者（20～30）：1为宜。二是枝果比法。是在叶果比基础上发展而来的，目前应用较普遍。一般树平均每个枝条有13～15片叶，按3～4个枝条留1个果，可保证每果占有40～60片，中、小果型品种枝果比（3～4）：1；大果型品种（4～5）：1较好。三是间距法。就是按一定距离留果的方法。一般小型果如嘎拉选留1个果/15 cm，中型果1个果/20 cm，大中型果1个果/(20～25) cm。四是以产定果。根据产量指标推算出留果量，作为疏果的依据。如《陕西省优质苹果园栽培管理技术细则》规定，盛果期树产量指标为2000～2500 kg/亩。以红富士为例，优质果的单果重为250～300 g，由此计算出不同密度条件下的单株留果量（表8-7）。

**表8-7　盛果期富士园单株产量及留果量参考标准**

| 株行距/m | 株数/亩 | 株产量/kg | 单株留果量/个 |
|---|---|---|---|
| 2×3 | 111 | 18～23 | 72～76 |
| 2×4 | 83 | 24～30 | 96～100 |
| 3×4 | 55 | 36～45 | 144～150 |

（6）夏季修剪

夏季修剪主要任务是定梢、摘心、拿枝、拉枝、疏梢、环剥等。通过夏剪控制树体旺长，解决树体通风透光，促进当年果实膨大和来年花芽分化。

①定梢。新梢长到5 cm时，疏去直立向上的徒长枝及过密枝，达到新梢均匀分布。

②摘心。生长旺盛新梢于15 cm处摘心，促生副梢；7月中旬对部分强旺副再次摘心，形成短枝，部分可成花；当果台副梢长至25 cm左右时，保留8～10片叶摘心，提高坐果，并促进幼果生长发育。

③扭梢（图8-33）。扭转一般在春梢旺长期进行。对中心干上过多新枝、主枝背生旺枝，当长至15～20 cm时，用手指从基部5 cm处扭转180°向缺枝的一侧补空。6月上中旬对二至三年生长较强的营养枝从基部扭转半圈，使之呈斜生或下垂状态。

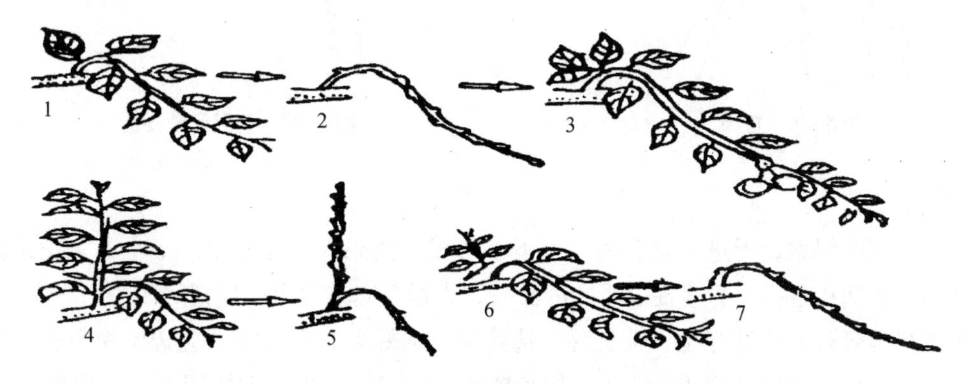


1. 夏季扭梢　2. 当年顶端成花　3. 次年结果状
4～5. 扭梢枝2次梢未去除时，成花难　6～7. 扭梢枝2次梢去除后成花好

**图8-33　扭梢过程示意**

④拿（揉）枝（8－34）。对旺梢自其基部到顶部用手揉捋3～4次，伤及木质部，折响而不断的称为拿（揉）枝。有缓和长势、积累养分的作用，对提高来年萌芽率、促生中短枝效果显著。夏季6月，当新梢长到50 cm以上时，选二至三年生中庸枝进行。

⑤环剥、环切（图8-35）。一般在5月中旬至6月下旬进行。对适龄不结果的旺树可采取主干环剥，宽度为主干粗度的1/10～1/8，要求宽度均匀，并对各刀口用胶带或报纸包裹伤口；矮砧旺树和改形树仅

对其强旺枝组和缓疏的大枝在基部 10 cm 处环切 1 ~ 2 道，间隔 7 ~ 10 d，再前移 10 ~ 20 cm 环切 1 ~ 2 道，刀口用树叶包裹。

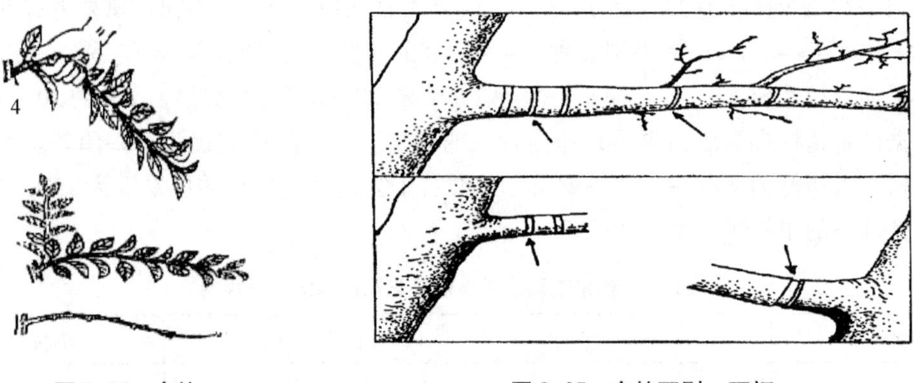


图 8-34　拿枝　　　　图 8-35　主枝环剥、环切

⑥拉枝。用麻绳、铁丝、扎带将枝条人为地拉至整形要求的方位和角度。加速扩冠、成形；一般采取“一推、二揉、三压、四固定”手法进行。5— 6 月主要拉二年生以上骨干大枝，8 月中旬至 9 月主要拉一至二年生枝条宜在上旬拉枝，骨干大枝和多年生强旺枝，不易成花的大冠品种，拉枝角度要大，拉至 100° ~ 120°；矮砧、易成花的品种，拉枝角度宜小，拉至 90°即可（图 8-36）；红富士品种一般根据枝类需要分别拉至 90° ~ 115°。对于小主枝和结果枝组可用“E”形开角器开张角度（图 8-37）。

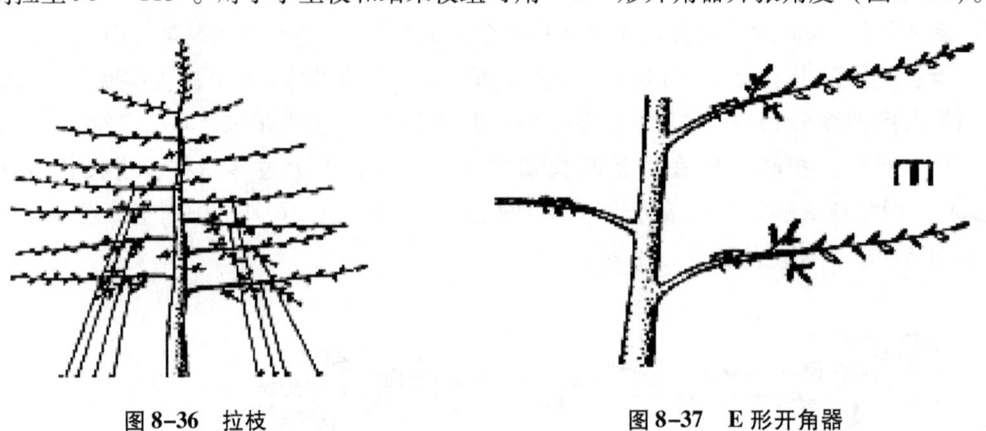

图 8-36　拉枝　　　　图 8-37　E 形开角器

（7）果实套袋

果实套袋能抑制叶绿素，促进花青苷和胡萝卜素形成，使果面干净，果点细小，防止果锈和裂果产生，降低农药污染和病虫危害，显著提高果实的品质，为提高套袋效果，应把好四关。

①套袋前的果园管理。要选好园、选良种、选壮树、选好果。套袋果园应选园貌整齐、综合管理水平高的果园。一般要求土壤比较肥沃，群体结构和树体结构较好，生长期树冠下透光率在 18% 以上，果园覆盖率在 75% 以下，花芽饱满，树龄较小，树势健壮。主要套果形端正、果梗粗长、萼部突出的优质果。套袋前细致喷布 1 ~2 次杀虫、杀菌剂，铲除果面病菌。喷药后 3 d 内套袋。

②袋种选择。根据果园生产实际，主要选择日本小林袋，台湾佳田袋等高质量纸袋。红色品种选遮光袋，绿色及黄色品种选择透光袋。生产优质果品应使用符合标准的 2 层纸袋，检查果袋质量。纸袋外层纸应有力度，耐拉耐雨，蜡纸层要薄；塑膜袋要通气、抗老化。对质量有问题的果袋及时修补。

③套袋时期。富士，粉红女士等晚熟苹果最佳套袋时间在定果后 30 ~40 d 开始，金冠品种易生果锈品种，以花后 15 ~20 d 套袋为宜。

④套袋方法。纸袋套袋前浸水。用 0. 2% 多菌灵液浸水 2 min，袋口向下，在潮湿地方放置半天。具

体应把握住持袋、撑袋、推果、合拢袋口和封口。持袋左手掌心向上，两个手指夹住果袋，袋口向下与手腕平行。撑袋左手拇指、食指和中指捏住袋角，撑开袋口，向袋中吹气，使袋膨开。推果右手持袋，左手食指和中指夹住果梗，双手拇指伸入袋里，推果入袋。合拢袋口就是折叠袋口，两手折叠袋口 2～3 折。封口就是把袋口金属丝在袋长 7/10 的部位折叠成 V 形。

⑤套袋后的果园管理。一是做好病虫防治。要及时防治叶片病虫，特别要防治好炭疽病、斑点落叶病、霉心病及红蜘蛛、金纹细蛾、星毛虫、金龟子等虫。选用 25% 灭幼脲 3 号、10% 世高、菌立灭、农抗 120、甲托、波尔多液等。二是及时灌水和施肥。天气长期干旱，果袋内温度过高，易产生果实烧伤，膜袋处应适量减少环割次数。适量追施磷钾肥料和微量元素，如果氨宝、芸薹素 481、黄腐酸旱地龙、巨金钙、高效钙肥等。三是摘叶防虫。要疏除树冠下部过密枝叶，保持冠下通风。定期检查套袋果实生长情况，对果实生长及病虫害情况进行调查记载，并及时采取相应对策。

（8）夏季病虫害防治

①麦收前后（6 月中下旬春梢停长期）。主要防治褐斑病、早期落叶病、轮纹病、斑点落叶病、食心虫、潜叶蛾、红白蜘蛛、食心虫、苦痘病等。在树上喷 1∶2.5∶200 倍波尔多液 + 阿维灭幼脲 2000 倍。

②秋梢迅速生长期（7 月上中旬）。主要防治斑点落叶病、红蜘蛛、棉蚜、潜叶蛾等。可在树上喷 40% 福星 8000 倍 + 阿维高粉 2000 倍 + 阿维菌素原粉 5000 倍 +1000 倍果树渗透剂。

③果实膨大期（8 月上旬至 8 月下旬）。主要防治轮纹病、斑点落叶病、红白蜘蛛、食心虫、潜叶蛾等。可在树上喷 1∶2∶200 倍波尔多液 +2500 倍卵蜡力打 +1500 倍猎食。8 月下旬主要防治斑点落叶病、褐斑病、红白蜘蛛、食心虫、潜叶蛾、苦痘病等。可在树上喷易保 1500 倍 + 25% 戊唑醇 3000 倍 + 90% 万灵 3000 倍 + 哒蜡灵 1500 倍（或 25% 三唑锡 1000 倍） + 钙硼双补 1500 倍（或速硼钙 2000 倍） + 渗透剂 1000 倍。

交替使用倍量式波尔多液和其他内吸性杀菌剂，每 15 d 左右喷 1 次，防治各种病害。斑点落叶病较重的果园，结合防治轮纹病，喷布异菌脲 1500 倍或 40% 福星 6000 倍。

## 三、秋季栽培管理技术

**1. 秋季工作任务**

秋季主要任务是：秋施基肥、深翻改土、中耕除草、秋季修剪、果实采收和病虫害防治。

**2. 秋季树体生长发育特点**

根系 9 月底至 10 月上旬出现第 3 次生长高峰，10 月中下旬生长减弱，10 月底至 11 月初停止生长，逐步进入休眠。进入秋季后新梢生长缓慢，与根系同时停止生长，进入落叶期。果实进入成熟采收期。

**3. 秋季栽培管理技术**

（1）追施果实膨大肥、营养积累肥

7 月中旬至 9 月上旬（中熟品种稍早，晚熟品种稍晚）追施果实膨大肥，主要追施速效钾肥。肥料种类为硫酸钾，磷酸二氢钾等肥料。追肥量初果期树为 35～50 kg/亩，结果树为 60～90 kg/亩。中熟品种采后到 10 月底，初果期树施复合肥 20～30 kg/亩，结果树施 30～40 kg/亩。

（2）秋施基肥

秋施基肥量占全年施肥量的 70% 以上。其施肥要求有三：一是应重点建立以有机肥为主的施肥制度，扭转目前以化肥为主的不良局面；二是要广开肥源，切实增加有机肥的施入量，提高有机质含量；三是化肥的施入用量、时期要达到精准化。施肥方法、部位科学化，同时注意肥水互动，提高肥料利用率。重点施用腐熟的厩肥、堆肥、沤肥、沼肥、生物菌肥等。遵循《绿色食品　肥料使用准则》NY/T 394—2013 的规定要求，按照土壤供肥性能及树体需求规律，开展配方施肥，诊断施肥，推广缓释肥、掺混肥、粒肥，混施少量化肥。禁止使用硝态氮肥，未腐熟的农家肥，及未准登记的肥料。施肥方式主要以配方施肥为主。根据果树需肥规律及土壤供肥性能，在以有机肥为主的前提下，提出氮（N）、磷（P）、钾（K）和微量元素的适宜比例及用量。各地区均有差异，渤海湾及黄河故道地区苹果施肥的配方N、P、K比例幼树期为2：2：1或1：2：1（旺树）；结果树2：1：2。幼树需氮、磷较多；结果树需氮、钾较多。黄土高原地区土壤缺磷，一般结果树N、P、K比例1：1：1或2：1.5：1较为合理。微量元素的使用，根据树体表现，结合营养诊断后土施或叶喷补充。基肥于9月上旬至10上旬，即晚熟品种采前，中熟品种采后施肥。幼树有机肥一至四年生树施入厩肥、沼肥、绿肥和秸秆肥1500～3000 kg/亩，畜禽粪1000～1500 kg/亩，饼肥150～200 kg/亩。结果树按每千克果1.5～2.0千克肥施入，一般施肥量须达到4000～5000 kg/亩，并施入全年氮肥用量的70%，全年磷肥用量的100%及全年钾肥用量的40%，混匀后施入。以渭北黄土高原红富士为例，不同树龄施肥量详见表8-8。

**表8-8 红富士不同树龄时期施肥标准**

| 树龄 | 产量/kg | 有机肥/(kg/亩) | 硫酸铵/(kg/亩) | 过磷酸钙/(kg/亩) | 草木灰/(kg/亩) |
|---|---|---|---|---|---|
| 一至四年生 | — | 1000～1500 | 15～30 | 25～50 | — |
| 五至七年生 | 500～2000 | 1500～2000 | 60～140 | 60～140 | 60～120 |
| 八至十五年生 | 2500～3000 | 3000～4000 | 160～220 | 160～220 | 150～180 |
| 十六至二十年生 | 2500左右 | 3000以上 | 100 | 180 | 150左右 |
| 二十年生以上 | 2000以上 | 3000以上 | 80～90 | 140～160 | 120～130 |

（3）秋季深翻

秋季果实采收后，结合秋施基肥，进行果园耕翻，疏松土壤，促进新根产生，加速基肥吸收利用。

（4）增色管理

①摘袋。以红富士为代表的晚熟品种，苹果在袋内为90 d，中熟品种金冠、津轻等在袋内时间为70 d左右。一般早熟品种采前5～7 d除袋，中熟品种采前10～15 d除袋，晚熟品种采前15～30 d除袋。除内袋时间在10月6日以后，同一品种在高海拔地区上色快，宜迟除袋，低海拔区上色慢，应早除袋。袋除后第79 d为果实最佳采收期。摘袋方法单层袋先从下向上撕成伞状，过3～5 d后，于晴天下午4—6时除去即可。双层袋先摘外袋，一般在早晨8—10时或者下午4—6时摘袋，外袋摘去后3～5 d后，再摘内袋。

②摘袋后的管理。主要任务是增加着色、预防病害。通过疏除无用徒长枝，秋季萌发出的直立嫩梢等，改善光照条件，提高果实品质。除袋后，首先摘除直接遮光的叶片，然后摘除果实周围挡光的叶片，主要摘除老叶片，摘叶量以不超过总叶量25%为宜。当果面着色达到30%时，开始转果，将果实着色面转向阴面，将阴面转向阳面，用透明胶布固定，每过7～10 d一次，反复转动，促进上色。铺设反光膜主要采取冠区覆膜，以树冠四周投影线为中心，在地面上铺1.0～1.5 m宽的乳白色、银白色反光膜，促使果实全面着色。及时防治果实病害。在除袋2～5 d后喷一次对果面刺激性小的杀菌剂和600倍的钙宝，杀菌剂选用易保1200～1500倍、“农抗120”500倍液倍等，保护好细嫩果面，防治套袋果实的黑红斑点病、轮纹烂果病，促进果实着色。

（5）果实采收

当果实充分发育，并已充分表现出该品种的固有大小、色泽和风味时，进行采收。按果实生育天数确定采收期，一般元帅系155 d，金冠160 d，乔纳金系165 d，富士系180～190 d，秦冠180 d。果实采摘人员要剪手指甲；盛放果实的器具如篮子、筐子应用柔软的物品铺垫，严禁用受到农药或其他有毒、有害物质污染的物品盛装果品。按照从外向内，由下而上进行采摘。采收时用手托起果实底部，逆时针方向90°左右，果实即带柄采下。切记不要硬拽。要随采随放，轻拿、轻放，减少人为损伤。采后装卸要轻装轻卸，运输要缓慢行驶、冷链运输，提高运输商品率。

（6）秋季病虫害防治

主要腐烂病、轮纹病、炭疽病、红点病、黑点病、苦痘病及苹小卷叶蛾等。树上可喷 70% 甲基托布津可湿性粉剂 800 倍（或 70% 甲托 800 倍或宁南霉素 800 倍）+4.5% 高效氯氰菊酯乳油 1000 倍 + 速硼钙 2000 倍。腐烂病严重果园，刮治腐烂病，涂抹 50 倍菌毒清。

## 四、冬季栽培管理技术

**1. 冬季工作任务**

冬季主要工作任务有：冬季修剪、灌封冻水、培土、冬季清园、树干涂白、冻害预防等。

**2. 冬季树体生长发育特点**

苹果冬季进入休眠状态，叶片脱落，枝条成熟，根系缓慢活动，树体发育缓慢，许多病虫害随气温降低，陆续停止了危害活动，在树皮、落叶、杂草、病疤等处越冬，树体抗寒能力增强，花芽分化活动仍在缓慢进行。

**3. 冬季栽培管理技术**

（1）灌封冻水

秋冬干旱地区落叶后至土壤封冻前，应及时灌透水。灌水深度一般浸湿土层达到 80 m 左右，灌水量一般灌后 6 h 渗完为好。

（2）幼树培土

在冬季寒冷地区，为预防幼树抽干，可在树根培土 30 cm，以加强果树根茎保护，提高栽植成活率，预防干腐病滋生。

（3）树干涂白

为预防日灼及兽害，进行树干涂白。涂白剂配方为：水：生石灰：石硫合剂原液：食盐 =10：3：0.5：0.5，动植物油少许。

（4）冬季清园

清扫落叶、烂果，摘除虫苞、僵果，剪除病枝、枯枝等，结合深翻树盘施肥，集中深埋或烧毁。

（5）冬季整形修剪

①树形选择（图 8-38）

一至七年生：栽 44～56 株/亩的乔化，半矮化果园宜选择自由纺锤形；栽 67～76 株/亩的矮化或短枝型果园宜选择细长纺锤形。

八至十五年生：乔化、半矮化果园宜将栽植密度逐步降至 22～28 株/亩，树形应选用变则主干形，矮化园、短枝型果园仍保持细长纺锤形。

十六年生以上：乔化，半矮化果园应将变则主干形逐步改为小冠开心形，矮化园、短枝型果园仍保

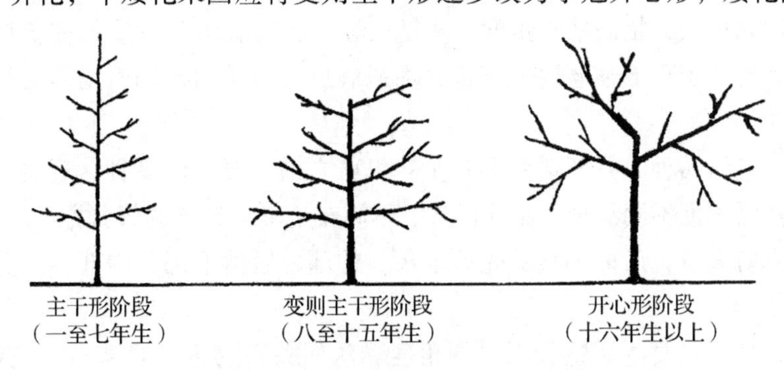


**图 8-38　日本乔化树一生树形变化过程**

持细长纺锤形。

②幼树期修剪：主要任务是促进树体迅速扩大，增加枝量，提早成形；搞好辅养枝的转化，促其成花，提早结果。

按树形要求定干：定干高度为主干高度加整形带高度。不同树形主干高度不一，因此定干高度也不相同。整形带是抽生第1层主枝部位，在20～30 cm整形带内应有8～10个饱满芽。如在规定高度整形带内没有足够数量的饱满芽，可适当抬高或降低定干高度。切忌不论芽质优劣盲目定干，强求一样高。

加速骨干枝培养：骨干枝培养要根据所选树形结构，确定其数目、方位、角度、长度、层次及层间距离等。对骨干枝要以促为主，对辅养枝要轻剪缓放。

结果枝组的培养：小型枝组采用“先放后缩法”，即对一年生枝不剪长放，待成花结果后再回缩。此法在幼树和初果树上应用较多；大型结果枝组采用“先截后放再缩”法，即对一年生枝轻短截或戴帽剪，促发中、短枝，成花结果后，适当回缩，可形成中、小型枝组，但结果晚，在初果期树上不宜应用。

落头开心：完成整形任务后，要注意控制树冠高度在3.0～3.5 m，对超高树必须及时落头开心。对准备去掉的一段中心干，在冬剪时只疏去旺枝而不短截，次春萌芽前，在预定落头部位，将中心干上部揉拿拉平，插向空间，萌芽后及时抹除背上萌蘖，夏季环割或环剥，促花结果，以果压顶，控制树高。

③盛果期修剪：果树盛果期修剪任务是维持健壮树势，调节生长与结果的关系，改善光照条件，搞好枝组培养、调整和更新复壮，争取丰产、稳产、优质和延长盛果期年限。

调节营养生长和生殖生长平衡：根据树体营养状况和花芽形成花情况，确定修剪量。花芽多时，以疏为主；对花量少的树，采取环切、拉枝、变向等措施促花，使树冠体积达到1200～1500 $m^3$，剪后留枝量达到5万～8万，枝类比达到长枝10%～15%，中枝20%，短枝60%～70%为宜。

改善冠内光照条件：进入盛果期的树，应及早控制枝条，以拉枝为主，控制新梢长度和粗度；结合疏枝，以增光，提高成花质量和果实品质。

结果枝组修剪：结果枝应根据不同情况，采取合理的修剪措施。强旺枝组，营养枝多而旺，长枝多，中、短枝少，花芽不易形成，结果不良。这类枝组应疏除旺长枝和密生枝，其余枝条尽量缓放。夏季加强捋枝，缓和长势，促进成花。中壮枝组营养枝长势中庸健壮，长、中、短枝比例适当，容易形成花芽，结果稳定。这类枝组要调整花、叶芽比例，按“三套枝”修剪法修剪：对一部分形成花芽的果枝不剪，使其当年结果；另一部分轻剪或不剪，使其当年形成花芽，下年结果。其余枝条中短截，促其发枝，下年轻剪缓放，促生花芽，后年结果。使其轮换更新，交替结果，以保持果枝连续结果能力。衰弱枝组，一般中、短枝多，长枝少，花芽多，坐果少，应疏除大量花芽，采取去远留近、去斜留直、去老留新、去密留稀、去下留上的更新修剪，恢复枝组长势。

④衰老期修剪：衰老期修剪主要任务是更新骨干枝和结果枝组，恢复树势，延长结果年限。主要是进行更新和复壮。更新在衰老树上要提前培养徒长枝，然后对结果枝进行逐年更新。应分年疏除过多的短果枝，短截长果枝，减轻树体负担，增强生长势。若树势极度衰弱，主、侧枝延长头很短，甚至不能抽生枝条时，要及时回缩换头，抬高枝头角度，恢复长势。后部潜伏芽发生的徒长枝，要充分利用培养成新的结果枝组。复壮要适当降低衰老树的产量，加强病虫害的防治，同时增施有机肥和氮肥，促进树势恢复，延长经济寿命。

⑤修剪方法步骤：确认品种、判断树势和花量：修剪之前，要分清品种，观察长势，了解花量。做到修剪前心中有数。然后根据不同品种、不同树势、不同花量确定具体的修剪方法。

修剪操作原则：先剪大枝，后剪小枝；先剪上部、外部，后剪下部、内部；先剪衰弱病虫枝，后剪健康枝。

调整骨架，处理大枝：主要以调整骨干枝的角度和从属关系为主。修剪时，先根据既定树形要求，调整骨干枝数量、角度、体积和从属关系。骨干枝尚未配齐者应继续选留培养。多余的骨干枝疏除，或重回缩改造成枝组。角度过小的应设法开张。体积过大，扰乱从属关系者，应回缩控制，使树体骨架良好，结构合理，从属关系明确。

辅养枝修剪：检查辅养枝的着生位置、体积、长势和延伸方向等是否合适。对妨碍骨干枝生长、扰乱树形和影响通风透光的密生枝、交叉枝、重叠枝、竞争枝和病虫枝等辅养枝应疏除。对所保留的辅养枝，注意控制体积内大外小，背上大枝疏除，背下较大的下垂枝，回缩体积。达到枝条布局合理，通风透光良好。

结果枝修剪：主要选留靠近主干，果台副梢多的水平枝或背下枝。枝长在 5 ~ 15 cm 的中果枝结果最好，短果枝多数果形不正，长果枝所结果实偏小，二者均不宜多用。

延长头修剪：对中心干、主枝及侧枝延长头剪截应根据需要区别对待。凡需要继续扩冠者在延长枝饱满芽处短截；不需要延伸或长势过旺者，长放不剪。中心干过强时，换头弯曲上升，树冠达到预定高度后，落头开心。主枝延长头若与相邻树冠交接或长势衰弱者，应回缩换头。辅养枝枝头延伸方向应与主枝头相交错，不并列重叠，单轴延伸。

枝组修剪：枝组应根据长势和花量进行细致修剪。强旺枝组，适当疏除密生枝、旺枝，其余缓放不剪。中庸健壮、结果良好的枝组，按“三套枝”法修剪，调整好花、叶芽比例，稳定结果能力。衰弱枝组，应疏去部分花芽，适当回缩，更新复壮，主、侧枝背上直立大型枝组要压缩控制，较长下垂枝组应收缩紧凑，使各类枝组保持适宜的体积和长势。

查漏补缺：修剪完成之后，将全树检查一遍。主要检查枝条分布，病虫枝处理的干净程度及骨干枝调整的合理性等。如果发现处理不当及时更正，以便提高修剪质量。

（6）剪锯口保护

为了防止病害、虫害和冻害，枝条剪口和锯口直径超过 1 cm 时涂保护剂。常用的保护剂有白乳胶漆、防水漆、石灰乳和 843 康复剂等。

（7）冬季病虫害防控

主要防控腐烂病、干腐病、枝干轮纹病、斑点落叶病等越冬病病源和红蜘蛛、蚜虫、棉蚜、康氏粉蚧类、潜叶蛾类等越冬虫螨。进行彻底清园：结合冬剪，剪除病虫枝梢，清除枯枝落叶、病虫果及杂草，刮除老粗翘皮、病瘤、病斑等，集中烧毁或深埋。刮治和涂治腐烂病斑、轮纹病瘤等：将病斑坏死组织彻底刮除，并应刮掉一些好皮，用 5% ~ 10% 的石硫合剂进行伤口消毒。涂抹 500 倍福星 + 200 倍果树渗透剂（或 5 ~ 10 倍轮腐净或农抗 120 原液等）每周涂 1 次，共涂 3 次可治愈。亦可用 3 倍浓碱水涂 3 ~ 5 遍效果明显。

**思考题**

根据苹果四季栽培管理技术，试制定苹果周年管理技术规程。

## 第九节　苹果主要品种识别实训技能

### 一、目的与要求

观察苹果主要品种植物学特征和生物学特性，能从植株和果实两方面描述苹果品种特征特性，初步掌握品种主要特征、特性，具备品种识别能力。

### 二、材料与用具

**1. 材料**

苹果园主要品种的幼树、结果树和成熟果实。

**2. 用具**

卡尺、水果刀、折光仪、托盘天平、记载表和记载用具。

## 三、实训技能要求

**1. 树体休眠期的识别**

（1）树干

干性、树皮颜色、纹理及光滑程度。

（2）树冠

树姿直立、开张、半开张，冠内枝条的密度。

（3）一年生枝

硬度、颜色、皮孔（大小、颜色、密度）、尖削度、有无茸毛。

（4）枝条

萌芽力、成枝力、果台大小和果台枝。

（5）芽

花芽和叶芽形状、颜色、茸毛多少、芽基特征、着生状态。

**2. 生长期识别**

（1）叶片

大小、形状（图 8–39）（卵圆形、阔卵圆形和椭圆形）、叶缘（图 8–40）锯齿单复与深浅，叶背茸毛多少，叶蜡质多少，叶片厚薄，叶片平展、向上翻卷、向下翻卷，叶边缘平展或波展，叶柄长短、颜色，叶色深浅。叶尖（图 8–38）情况见图 8–41。

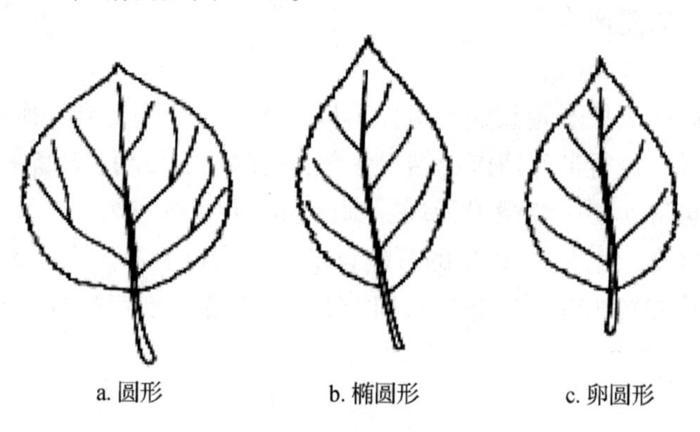


**图 8–39 苹果叶形**

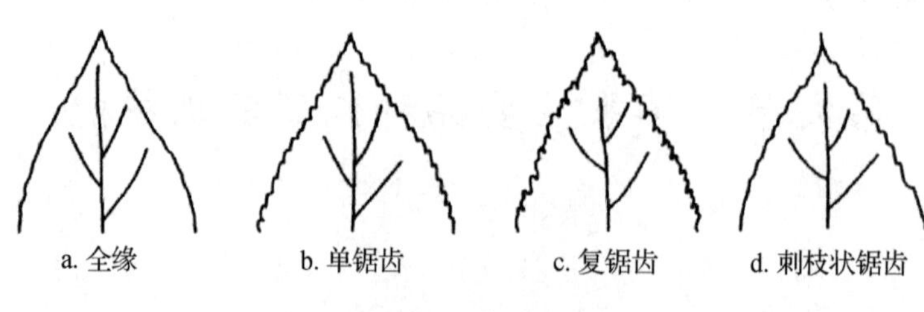


**图 8–40 苹果叶缘**

（2）花

每个花序花数、花色（花蕾色、初花色）、花冠大小、雄花数目、腋花芽有无、多少。

（3）果实

①大小。纵径、横径、果形指数和平均单果重。

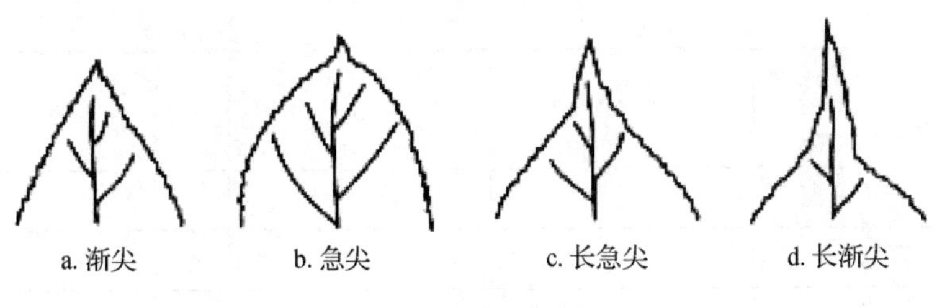


图 8–41　苹果叶尖

②形状。圆形、扁圆形、圆锥形、长圆形、斜（歪）形。

③果梗。长短、粗细。

④梗洼。深浅、宽窄、有无锈斑。

⑤萼洼。深浅、宽窄、有无棱或条棱。

⑥果皮。颜色（底色、面色）、晕纹（晕、条纹）、厚薄。

⑦果点。颜色、形状、大小、多少和分布情况。

⑧果肉。颜色（乳白、黄白、淡绿），质地（松、脆和硬度），汁液多少、风味（甜、酸、可溶性固形物和有无香味）。

⑨萼筒。闭合与开张、萼筒形状（漏斗形和圆筒形）。

（4）结果情况

以哪种结果枝（长、中、短果枝）结果为主，腋花芽结果能力，果台连续结果能力，果台大小。

## 四、技能考核要求

对当地苹果品种果实，能够在规定时间内识别 5 ~ 10 个品种，按正确率记分。

## 五、实训作业

填写苹果品种调查（表 8–9）。

表 8–9　品种调查

| 项目 \ 品种 | | A | B | C | D |
|---|---|---|---|---|---|
| 树皮 | 颜色 | | | | |
| | 皮的纹理 | | | | |
| 枝条密度 | 成枝力 | | | | |
| | 萌芽力 | | | | |
| 一年生枝 | 硬度 | | | | |
| | 颜色 | | | | |
| | 皮孔 | | | | |
| | 茸毛 | | | | |
| 芽特征 | 形状 | | | | |
| | 颜色 | | | | |
| | 茸毛 | | | | |
| | 着生状态 | | | | |

续表

| 项目 \ 品种 | | A | B | C | D |
|---|---|---|---|---|---|
| 叶片 | 大小 | | | | |
| | 形状 | | | | |
| | 叶缘锯齿 | | | | |
| | 叶背茸毛 | | | | |
| | 蜡质 | | | | |
| | 厚薄 | | | | |
| | 叶柄颜色 | | | | |
| | 伸展状态 | | | | |
| | 叶色深浅 | | | | |
| 花 | 大小 | | | | |
| | 花色 | | | | |
| 果实 | 大小 | | | | |
| | 形状 | | | | |
| | 果梗 | | | | |
| | 梗洼 | | | | |
| | 萼洼 | | | | |
| | 果皮 | | | | |
| | 果点 | | | | |
| | 果肉 | | | | |
| | 果心 | | | | |
| | 萼筒 | | | | |
| | 风味 | | | | |
| | 结果情况 | | | | |
| 外貌 | 树姿 | | | | |
| | 树势 | | | | |
| 主要特征描述 | | | | | |

# 第十节　苹果根系观察实训技能

## 一、目的要求

通过实训，掌握苹果根系观察方法，为合理施肥提供依据。

## 二、材料与用具

**1. 材料**

结果期苹果树。

**2. 用具**

挖根用具、钢卷尺、记载和绘图用具及方格纸。

## 三、方法与步骤

**1. 方法**

采用壕沟法观察苹果根系。从树干向外引一直线为基线，在基线两侧各 40 cm 处做一与基线平行的直线。再在基线上离树干 1.0 ~ 1.5 cm 处向外挖一土壤剖面。剖面宽为 60 ~ 80 cm，深一般为 80 ~ 100 cm。挖出剖面必须铲平，再在剖面上纵横每 10 cm 画线，分为若干 10 cm × 10 cm 的方格。然后观察根系分布。根据观察结果，将土壤平面上的根，按方格自左向右，自上向下，根据根的断面粗度，用各种符号逐格绘记在方格绘图纸的相应位置上，绘制成根系分布剖面图。根的标记符号为：● 表示 2 mm 以下细根；○表示 2 ~5 mm 粗的根；⊙ 表示 5 ~ 10 mm 粗的根；◎表示 10 mm 以上的根粗，×表示死根。

**2. 步骤**

（1）时间

安排在苹果果实采收后进行。

（2）要求

预先挖好 2 ~ 3 个根系分布土壤剖面，观察时轮流观察。

## 四、实训作业

根据观察结果，绘制根系分布剖面图。

# 第十一节　苹果主要病害的识别实训技能

## 一、目的与要求

通过观察，掌握苹果病害的识别方法，能够准确识别当地苹果主要病害，为苹果园病害防治奠定基础。

## 二、材料与用具

**1. 材料**

苹果树腐烂病、苹果干腐病、苹果轮纹病、苹果炭疽病、苹果褐斑病、苹果斑点落叶病、苹果白粉病、苹果花叶病及其他苹果病害症状标本和病菌玻片标本。

**2. 用具**

显微镜、放大镜、挑针、刀片、滴瓶、载玻片、盖玻片、培养皿等。

## 三、方法与步骤

**1. 苹果枝干病害的识别**

苹果枝干腐烂病具体有溃疡型和枝枯型两种症状。溃疡型是冬春发病，盛期在树干及主枝下部出现的典型症状。病部初期为水渍状，稍隆起，皮层松软。后变为红褐色，常流出汁液，有酒糟味。最后病皮失水干缩下陷，变为黑褐色，病健交界处裂开，病皮上密生黑色小粒点。雨后或潮湿时，从小黑点顶端涌出橘黄色丝状孢子角；枝枯型主要发生在二年生小枝条至五年生小枝条、果台、干桩等部位，病部为红褐色，水渍状，不规则形，病斑进一步扩展并环绕枝条，造成失水干枯，枝条上叶片变黄。

根据枝干病害症状特点，现场观察苹果树腐烂病溃疡型、枝枯型等病状特点，病皮表面产生黑色小粒点情况和孢子角释放。镜下观察病菌子囊壳、子囊孢子、分生孢子器及分生孢子形态特征。

**2. 苹果果实病害识别**

苹果果实病害主要是轮纹病和炭疽病。苹果轮纹病多在果实近成熟期和贮藏期发病，发病初期以皮孔为中心生成水渍状褐色小斑点，后扩大成深浅相间褐色同心轮纹，并有茶褐色黏液流出，后期失水变成黑色僵果。炭疽病发病初期，果面出现淡褐色水渍状圆形小斑点，后扩大成深褐色干腐状病斑。其中部凹陷，有深浅交替同心轮纹，病组织呈漏斗状向果心扩展，腐烂果肉剖面呈圆锥状，有明显苦味。后期病斑上着生大量排列成轮状的小黑点。雨后或天气潮湿时，小黑点处溢出绯红色黏质团。严重感病时，病斑相连，全果腐烂，最后失水缩成黑色僵果。

比较轮纹病与炭疽病及其他果实病害症状区别，镜下观察病原菌的形态特征。

**3. 苹果其他部位病害识别**

苹果早期落叶病包括斑点落叶病、褐斑病、灰斑病和轮斑病，其共同特点是叶子发病后早期枯黄脱落。对于斑点落叶病在嫩叶片上出现褐色小圆斑，四周有紫红色晕圈，后病斑扩大，其中心有一深色小点或呈同心轮纹状，天气潮湿时，病斑正反面长出黑色霉层，叶片皱缩、畸形。条件适宜时，数个病斑相连，最后叶片焦枯脱落。枝条发病后形成 2 ~ 6 mm 的褐色至灰褐色病斑，边缘裂开。幼果染病后，果面出现黑色斑点，形成疮痂。褐斑病叶片发病初期，在叶背面出现褐色至深褐色小斑点，边缘不整齐，病健界限不清，后期病叶变黄，但病斑边缘仍保持有绿色晕圈。病斑表面有黑褐色微隆起的针芒状和蝇粪状黑点。症状可分为同心轮纹型、针芒型和混合型三种类型。果实染病时在果面出现淡褐色小斑点，后扩大为直径为 6 ~ 12 mm 圆形或不规则形褐色斑，表面凹陷，有黑色小粒点。病部果肉为褐色，呈海绵状干腐。

**4. 要求**

病害识别以室内标本集中观察识别为主，结合果园病害防治进行感性识别。除标本外，可彩图、幻灯、影像资料扩大识别范围。

## 四、技能考核

在规定时间内，能通过症状识别当地苹果的主要病害。

## 五、实训作业

（1）制作当地苹果主要病害检索表。
（2）调查苹果某一病害发生特点。

# 第十二节　苹果主要虫（螨）害识别及药剂防治试验实训技能

## 一、目的与要求

掌握苹果主要虫（螨）害识别方法。能从虫（螨）害形态特征及为害状两方面准确识别当地主要虫（螨）害。要求掌握农药田间药效试验方法，学会合理用药。

## 二、材料与用具

**1. 材料**

桃小食心虫、山楂叶螨、二斑叶螨、苹果叶螨、苹果小卷叶蛾、绣线菊蚜、苹果瘤蚜、苹果棉蚜及其他当地常见的害虫的针插标本、液浸标本、玻片标本及为害状标本。供试药剂。

**2. 用具**

放大镜、体视显微镜、显微镜、镊子、挑针、载玻片、培养皿等，喷药、配药和盛药的各种工具，喷药标签、记录本等。

## 三、方法与步骤

**1. 室内苹果虫（螨）害的识别**

①苹果食心虫类的识别。观察食心虫成虫体形、颜色及前翅特征；幼虫体形、头部、前胸背板、腹板和腹节形状和颜色，胴部色泽、腹足、尾足趾钩数目；幼虫为害果实症状特点；卵的形状和颜色等。

②叶螨类的识别。观察山楂叶螨、二斑叶螨、苹果叶螨的成螨，若螨、幼螨和卵的形态特征和为害状。

③当地苹果其他重要害虫识别，观察其形态和为害状。

**2. 果园苹果虫（螨）害的识别**

选择夏季果园虫（螨）害种类较多时，现场观察鉴别。

桃小食心虫幼虫蛀果后，随着为害程度加重，果实会出现三种受害状。初期在果实胴部或顶部的蛀果孔出现水珠状半透明果胶滴，俗称“流眼泪”，以后蛀果孔成为很小的黑褐色凹点，且周围常呈浓绿色；中期幼虫在果皮下串食，使幼果果面成为凹凸不平的“喉头果”；后期幼虫大量取食并排粪于果实内，俗称“豆沙馅”果。

苹果叶螨类主要有山楂叶螨、二斑叶螨和苹果叶螨。包括害虫为害共同特征是：吸食叶片及初萌发芽的汁液，使叶片出现失绿小斑点，严重者失绿点扩大连成片，最终全叶变黄而脱落。其中，山楂叶螨和二斑叶螨危害症状相同：都是以小群体在叶背面主脉两侧吐丝结网，导致叶片出现灰黄斑，继而枯焦、变褐，引起脱落。苹果叶螨被害叶片均匀散布密集失绿斑点，变硬变脆，但不脱落。

苹果小卷叶虫以幼虫危害果实的芽、叶、花和果实。小幼虫常将嫩叶边缘卷曲。以后吐丝缀合嫩叶；大幼虫常将2～3张叶片平贴，将叶片食成孔洞或缺刻，或将果实啃成许多不规则的小坑洼。

苹果上的蚜虫主要有三种：绣线菊蚜、苹果瘤蚜和苹果棉蚜。绣线菊蚜为害后成蚜、若蚜群集为害新梢、嫩芽和新叶。受害叶向背面横卷。苹果瘤蚜成蚜、若蚜群集叶片、嫩芽和幼果吸食汁液。受害叶向背面纵卷，且有红斑皱缩。苹果棉蚜成、若蚜聚集枝干及根部吸取汁液，受害部膨大成瘤。

**3. 苹果园药剂防治试验**

在苹果虫（螨）害室内外识别的基础上，以某一种虫害为代表，通过果园药剂防治试验，确定药剂品种和防治方案。

选择前一年桃小食心虫发生较重果园，分成两个试验区段（重复2次），每个区段按试验处理数（供试药剂品种数）划成小区，每小区15株树。第2区段按逆向顺序排列。将该果园防治桃小食心虫常用药剂设为标准对照药剂。喷药前每小区中间固定3株调查树，每株树定果100个以上，每个处理（药剂）重复2次，共定果600个左右。用放大镜检查固定果上的蛀入孔数，并随即用玻璃、铅笔将蛀入孔圈起。检查完以后在当天或第2天喷药。当代卵发生期结束后，调查固定果，凡有新增蛀入孔的果实即作为虫果计算，否则都算作好果，然后按以式（8－1）求出好果率，作为选用药剂的依据。

$$\text{好果率} = \frac{\text{好果数}}{\text{检查总果数}} \times 100\% \tag{8-1}$$

**4. 要求**

①实训时间选择在夏季果园害虫（螨）种类多时进行，先室内识别，再果园现场识别，最后进行药剂实验。

②室内识别充分利用彩图、课件、VCD等多媒体教学手段，力求达到准确识别。

③不同害虫（螨）药剂防治效果的调查方法及计算公式不同，可参考有关资料进行。

## 四、技能测试

在规定时间内，能通过害虫（螨）的任一形态或为害状识别出相应的害虫。

## 五、实训作业

（1）制作当地主要害虫（螨）室内检索表。

（2）观察果园主要害虫（螨）各虫态形态特征及为害状，制作苹果常见害虫检索表。

（3）设计某种害虫药剂防治效果试验。

# 第十三节　苹果休眠期整形修剪实训技能

## 一、目的与要求

了解苹果整形修剪特点和修剪要求，掌握其整形修剪技术；具备果树修剪的基本功，为其他果树整形修剪服务。

## 二、材料与用具

**1. 材料**

苹果幼树、结果树和衰老树。

**2. 用具**

修枝剪、手锯、高梯、保护剂（接蜡、铅油、松油合剂）。

## 三、实训内容

**1. 幼树的整形**

（1）树形

目前在生产上采用的多为疏散分层形。小面积试验的尚有圆柱形、树篱形及有干自然形等。本实训以疏散分层形为主，进行修剪。

（2）定干

新栽苗木，在预定的干高以上在留出15 cm左右的整形带，进行剪截，剪口以下要有5~8个饱满芽。

（3）中心干

剪留60 cm左右。但要考虑第2层和第3层主枝的位置。

（4）主枝

①选择原则：选择基角较大、发育充实、方向适宜的3个分枝作为第2层主枝。层内距离40 cm。若1年选不够，可分2年完成。第2层主枝2个，第3层主枝1个，要上下层插空排列。并根据砧木种类和品种特性确定层间距，一般为80~100 cm。

②修剪方法：主枝一般在一年生枝的饱满芽处短截，选留外芽作剪口芽。具体剪留长度根据培养侧枝或大型枝组的位置灵活掌握，并把剪口下第3个芽留在适宜的方向（一般留在背斜侧），以便抽生适宜的侧枝。剪口芽可根据延长枝需要延伸的方向留外芽、侧芽或里芽外蹬。距剪口较近的上位芽，应当除去。剪截之后，同层主枝头最好在1个水平面上。同时注意控制强枝，促使各主枝间的平衡生长。

整形带以下的分枝，一律不疏、不截。个别角度小、生长旺的，可拿枝使其水平或下斜。

（5）侧枝

在主枝离主干60 cm左右地方，选留第1侧枝。第1层主枝的第1个侧枝应各留在主枝的同一侧，角度大于主枝，剪后的枝头低于主枝的枝头。

（6）枝组

①配置原则：在主枝上同侧的2个侧枝之间和侧枝上配置侧生、背斜或背后的大型枝组，大型枝组间距60 cm左右。大型枝组之间和靠近外层或内膛部位，可配置中型枝组。小型枝组则见缝插针。根据各地情况，可以大、中型枝组为主，也可以中、小型枝组为主。

②枝组培养方法：可先截后放或先放后截。骨干枝上的直立枝，应先重截，再去强旺留中庸，或去直立留平斜，以控制其高度，培养成中、小型枝组。幼树、旺树多采用先放后截的方法。

（7）辅养枝

不用作骨干技和枝组的枝条，可作辅养枝处理。一般是缓放不截，仅将其角度扩大到比骨干枝更大一些。如有空间，个别也可短截，使分枝后缓放。

（8）直立枝和徒长技

如有空间，可拿枝缓放，促使缓和生长，形成花芽结果。如无空间，则应疏除。

**2. 结果树的修剪**

修剪之前，先观察树体结构，树势强弱及花芽多少等，抓住主要问题。确定修剪量和主要的修剪方法。

（1）辅养枝

过密、过大的辅养枝，根据树势当年产量，分期、分批疏除。一般应先疏除影响最大和光秃最重的大枝。

（2）中心干

如树体已达到预定的高度，可在第5个主枝的三叉枝处落头开心。如上强下弱，可用侧枝换头或疏去部分枝条，其余枝条缓放；如上弱下强，可将上层一部分一年生枝短截，增加枝量，促进其长势。

（3）主枝和侧枝

梢角过小或过大的骨干枝，应利用背后枝或上斜枝换头，抬高或压低其角度。若与相邻树冠或大枝交叉，则将之适当回缩。空膛严重的树，可将主枝回缩到第4侧枝或第3侧枝处，复壮内膛。

（4）外围枝和上层技

一般应采用疏放结合的修剪方法。疏枝原则是：疏除强旺枝，保留中庸枝；疏除下垂瘦弱枝，保留健壮枝；疏除直立枝，保留斜生枝。留下枝条缓放不截，以减少外围和上层的枝量，改善内膛光照条件，缓和外围和上层的长势，扶持中下部的长势，特别是旺树和成枝力较强的品种，更应如此。外围枝先端已经衰弱的树，适当短截延长枝，加强其长势。

（5）枝组

先疏去部分过密的枝组，再回缩过长、长势开始衰退的枝组。全树应分批分期进行，3～5年轮流回缩复壮一遍。弱枝回缩应早些。回缩部位在有较大的分枝处。对于无大分枝的单轴枝组或瘦弱的小型枝组，一般应先缓放养壮之后，再进行回缩。

（6）直立技和徒长枝

可培养为枝组，填补空间，无用的应及时疏去。

**3. 衰老树的更新**

（1）骨干枝的更新

根据衰老程度，采取回缩复壮更新修剪的方法。适当回缩骨干枝，缩小冠幅，降低树高，建立树体地上部与地下部新的平衡。空膛较重的骨干枝回缩部位应在大分枝处。但为了保护新的骨干枝，则可在其上再留 1 个大中型枝组。

（2）多年生枝的更新

疏去多年生枝先端的下垂部分，利用直立枝换头，抬高角度。

（3）短果枝群和枝组的更新

应疏去其中过密和衰老的分枝，集中营养加以复壮。

（4）徒长枝和直立枝的利用

应充分利用，培养成新的骨干枝和枝组。

**4. 修剪的注意事项**

①先处理大枝，后处理小枝；先疏枝，后短截。

②按主枝顺序由外向内修剪。

③大伤口应立即将伤口面修平，并涂抹保护剂。

④病株应最后修剪，并注意工具消毒。

## 四、作业与要求

（1）掌握苹果整形修剪方法，正确领会各种方法使用技巧。

（2）能够独立完苹果整形修剪任务，技术规范、操作熟练。

（3）完成一份实训报告。通过修剪实习实践总结说明苹果的修剪特点，并完成树势和修剪反应观察任务。

# 附　录

**表 8–10　苹果树栽培管理技术月历**

| 时间 | 管理技术 | 操作要点 | 备注 |
|---|---|---|---|
| 12 月中旬至 3 月上旬（休眠期） | 整形修剪 | 树形以细长纺锤形、自由纺锤形、小冠疏层形为主。冬季修剪：①培养健壮中心干。未成形果树中心干延长头连年短截，维持健壮生长势。主枝单轴延伸，粗度不超过着生处中心干的 1/3；结果枝组单轴延伸，粗度不超过着生处主枝的 1/3。②中心干和主枝上发出的过粗枝条采用中短截采用重短截（截面呈马耳形）修剪，发生新枝后再合理利用。③枝组采用疏放结合的办法培养；当结果枝组长度超过 1 m，或超粗、或衰弱时，用新生枝及时更新。④落头控高。当树高达到标准高度时，适时落头控制树高 | 有干树形中心干保持强健直立。最上部主枝选留在西北或东北方向 |
| | 重点防治果树腐烂病、干腐病、枝干轮纹病等 | ①结合冬剪，剪除病虫枝梢、病僵果。清除枯枝落叶，深埋或烧毁（注意防火）。刮除老粗翘皮、病瘤、病斑等，降低越冬病虫基数。②用噻霉酮（封剪涂抹型）或树大夫 30 ~ 50 倍液涂抹病疤，促进愈合，不复发。③翻树盘 | 树大夫，强力渗透、低毒环保、耐雨冲、耐日照、持久长效、愈合效果好 |

续表

| 时间 | 管理技术 | 操作要点 | 备注 |
| --- | --- | --- | --- |
| 3月中旬至4月中旬（芽萌动期） | 春季追肥，修整树盘 | ①第1次追肥（萌芽前）以氮肥为主，磷肥次之，用全年施氮量的50%（即尿素37.5~50 kg）、磷的30%（即过磷酸钙43.5~57 kg）。或追施苹果配方肥（18：10：17）150~200 kg+有机肥500 kg（或生物有机肥）。施肥后灌水、华锄保墒。②修整树盘，以树冠投影面积修筑大树盘，内高外低，培30 cm土埂，旱能浇，涝能排 | 推荐使用缓控施肥、生物菌肥 |
| | 重点防治腐烂病、干腐病、枝干轮纹病、霉心病、白粉病、蚜虫类、螨类、康氏粉蚧、绿盲蝽、卷叶蛾等 | ①浇萌芽水。②芽萌动前，树上喷布100倍蓝矾水或5%的石硫合剂，铲除潜伏病菌。③芽萌动期，全园喷600倍噻霉酮+35%奥得腾水分散粒剂15 000倍（或万灵3000倍）+哒四螨1500倍液；兼防花期冻害混加1000倍天达2116或喷200倍PBO。④霉心病、白粉病严重的果园树上喷40%晴菌唑6000倍+乐斯本乳油1500倍液+螨死净1500倍液。⑤防治果树烂根用恶霉灵3000倍加植病灵1加1 | 挂杀虫灯预报和杀灭害虫 |
| 4月下旬至5月上旬（花序分离至开花期） | 拉枝，花前复剪 | ①强拉枝。幼园乔化、半矮化品种主枝开张角度90°，矮化、短枝型品种主枝开角110°~130°。挂果树角度不开张的大枝继续拉枝，强旺结果枝组拉至下垂状。②花前复剪。剪除冬剪遗漏的病虫枝、干枯枝等；调整花量，花量大时按10~15 cm留1个结果枝，疏除过密弱枝，间隔疏除串花枝的弱花序 | |
| | 促进开花结果，提高坐果率 | 果园壁蜂授粉，放壁蜂200~300头/亩 | 壁蜂授粉期间严禁喷各种化学药剂 |
| 5月中旬至6月中旬（幼果期至花芽分化期） | 重点防治果实轮纹病、炭疽病、斑点落叶病、炭疽菌叶枯病、红蜘蛛、蚜虫类、卷叶蛾类和金蚊细蛾 | ①谢花后7~10 d喷70%甲基托布津可湿性粉剂800倍+70%的大生M-45可湿性粉剂1000倍液+1.8%阿维菌素粉5000倍液+10%的吡虫啉可湿性粉剂3000倍液+钙硼双补1500倍液。落花后10~15 d，日平均温度达15 ℃，雨后（雨量10 mm以上）树上喷杀虫杀螨剂+杀菌剂+补钙微肥，连喷3遍。②果毛脱除期（5月中旬）喷吡唑醚菌酯1500倍或百泰（吡唑醚菌酯+代森联）1500倍或尊保（吡唑醚菌酯+氟唤唑）1500倍液+20%螨死净2000倍液+90%万灵3000倍液+速硼钙2000倍液。③套袋前5月下旬喷宝丽安（10%多抗霉素）1500倍+50%纯品多菌灵1000倍+赢彩（阿维罗螨酯）4000倍+吡虫啉3000倍+锌硼钙1500倍。④谢花后防治卷叶蛾。开始卷叶时，用糖醋液诱捕成虫，人工摘除虫苞，或在第1代成虫羽化初期开始释放赤眼蜂（4~5 d释放1次，共3~4次，每次8~10万头/亩）。⑤金蚊细蛾第1代成虫发生末期，结合防治卷叶虫，喷氰戊菊酯乳油。⑥在桃小食心虫出土盛期用辛硫磷或进口毒死蜱1500倍喷洒树冠下地面。⑦谢花后喷第3遍药1 d后果实套袋，于上午无露水时，下午3点后套袋，避开中午高温时间。⑧套袋结束后喷68.75%易保1500倍+百泰1500倍+优质钙肥，根据害虫、螨类发生情况，用杀虫、杀螨剂混合喷杀 | |

续表

| 时间 | 管理技术 | 操作要点 | 备注 |
| --- | --- | --- | --- |
| 5月中旬至6月中旬（幼果期至花芽分化期） | 施花芽分化肥 | 第2次追肥（5月底，花芽分化前），用全年施氮量的30%（尿素22.5～30.0 kg）、磷的30%（过磷酸钙43.5～57.0 kg）、钾的40%（硫酸钾30～40 kg）。或追施苹果树配方肥（18∶10∶17）50～100 kg | |
| 6月下旬（春梢停长期） | 重点防治褐斑病、早期落叶病，食心虫和潜叶蛾等 | ①树上喷1∶2.5∶200倍波尔多液+阿维灭幼脲2000倍+果树渗透剂1000倍液。②树上喷200～300倍PBO促使花芽形成 | |
| 7—8月（果实膨大期） | 重点防治斑点落叶病、炭疽病、叶枯病、红蜘蛛、棉蚜、潜叶蛾等 | 树上喷吡唑醚菌酯1500倍+桃小灵1500倍+0.2%的磷酸二氢钾+果树渗透剂1000倍液 | 吡唑醚菌酯防治炭疽菌叶枯病效果明显 |
| | 施果实膨大肥 | 7月底（果实膨大期），第3次追肥，以钾肥为主，磷肥次之，全年磷的20%（过磷酸钙29～38 kg），钾的40%（硫酸钾30～40 kg）。可叶面喷施5～10倍沼液，促使果个大，表光好，果实着色 | 沼液必须单独喷施 |
| 9月至10月中旬（果实着色成熟期） | 秋季修剪 | 疏除内膛徒长枝、密生直立枝、纤细枝，保持树冠通风透光 | |
| | 重点防治桃小食心虫、二斑叶螨、果实轮纹病、炭疽病、斑点落叶病、炭疽菌叶枯病和褐斑病、苦痘病等 | ①树上喷易保1500倍+80%戊唑醇4000倍+90%万灵3000倍+哒螨灵1500倍（或25%三唑锡1000倍）+优质钙肥+渗透剂1000倍液。②交替使用倍量式波尔多液（1∶2∶200）和其他内吸性杀菌剂防治果实轮纹病和炭疽病，15 d左右喷1次。斑点落叶病和褐斑病较重的果园，结合防治轮纹病，喷布异菌脲 | 波尔多液与杀菌剂交替使用 |
| | 适期摘袋，铺设反光膜 | ①9月下旬至10月上旬晚熟品种采果前15～20 d摘除果袋。先摘除外袋，间隔4～5个晴日，再摘除内袋。②摘袋后摘叶、转果、铺设反光膜，增加果实着色 | 切忌在高温下摘除果袋 |
| 10月下旬至11月上旬（苹果成熟采收期） | 秋施基肥 | ①果实采收后施基肥，以有机肥为主，化肥为辅。盛果期树按每生产1 kg果施1.5～2.0 kg完全腐熟的优质农家肥，或施商品有机肥1000～2000 kg，配合施用氮磷钾及中微量元素肥料。按每生产1000 kg果推荐施用纯氮7～9 kg，氮、磷、钾素比例为1.0∶0.5∶1.1。施用全年氮的20%（即尿素15～20 kg）、全部硼砂、硫酸锌、有机活性钙肥等中微量元素肥。②叶面追肥。采果后至落叶前，树上喷0.5%～1.0%尿素或沼液原液2～3次，延长叶片寿命，增加树体贮藏营养 | |
| | 主要防治枝干和叶部病害及苹小卷叶蛾等 | 果实采收后喷施1次杀菌剂+杀虫剂。可选用噻霉酮800倍（或70%甲托800倍）+4.5%高效氯氰菊酯乳油1000倍液（或毒死蜱） | |

续表

| 时间 | 管理技术 | 操作要点 | 备注 |
|---|---|---|---|
| 11 月中旬至 12 月上旬（落叶期） | 清园 | 果树落叶后，清扫园内枯枝、落叶、烂果、果袋、杂草、杂物、刮粗皮和老翘皮，深埋或烧毁，彻底消灭越冬病虫源 | |
| | 树体保护 | ①树干涂白。涂白剂配制：水 20 kg、生石灰 5 kg、石硫合剂原液 0.5 kg、食盐 0.5 kg。涂刷主干及大枝基部，防冻害及野兔啃树等。②根颈处培土。土壤封冻前树干基部培土堆高 20 cm，保护根茎，预防冻害 | |

# 第九章　梨

**【内容提要】**梨基本知识，国内外梨栽培发展的现状与趋势，梨的生物学特性，梨的砧木和主要优良品种；从园地选择与规划，品种和砧木选择，栽植，土、肥、水管理，整形修剪，花果管理，病虫害防治和果实采收8方面介绍了梨的无公害栽培技术要点。从施肥和整形修剪方面介绍了梨栽培关键技术，分春、夏、秋、冬四季介绍了梨四季栽培管理技术。新西兰红梨包括美人酥、满天红和红酥脆，从育苗、高质量建园、加强土肥水管理、精细花果管理、科学整形修剪和综合防治病虫害6方面介绍了其优质丰产栽培技术规程。省力规模化是梨栽培发展的趋势。结合近几年的研究，从品种与砧木选择、园地选择及要求、高标准建园、肥水管理、花果管理、整形修剪、综合防治病虫害7方面介绍了梨省力规模化高效栽培技术。适合大面积推广的需要，介绍了无公害梨园周年管理历。

梨为世界五大水果之一，是我国传统优势果树。中国是世界栽培梨的三大起源中心之一，已有3000多年的栽培历史，远在周朝时期我国已种植梨树。生产上主要栽培的白梨、砂梨和秋子梨都原产于我国。梨被称为“百果之宗”，其营养丰富，医疗价值高，可祛热消毒、生津解渴、帮助消化，熟食具有化痰润肺、止咳平喘之功效。长期食用梨果具有降低血压、软化血管的效果。梨果除鲜食外，还可用于加工罐头、果汁、果酒等产品，是我国出口量最大的水果。梨树适应性强，山地、沙荒、平原或盐碱涝洼地均可栽培；其抗逆性也强，栽培管理比较容易。梨树结果早，易丰产、高产，盛果期长，发展梨树栽培经济效益显著。除此之外，梨树还是美化环境的优良树种，生态效益极为显著。

## 第一节　梨树国内外栽培现状和发展趋势

### 一、我国梨树栽培现状和发展趋势

**1. 我国梨树栽培现状**

近年来，我国梨产业发展迅速。目前，中国为世界第一产梨大国，产量约占世界总产量的2/3，出口量约占世界总出口量的1/6，中国梨在世界梨产业发展中有十分重要的位置。在我国，梨是仅次于苹果、柑橘的第三大水果，其分布范围很广，除海南省、港澳地区外其余各省（市、区）均有种植。据FAO统计数据，2011年全世界梨栽培面积 $1.614\times10^6$ $hm^2$，产量 $2.390\times10^7$ t。我国是世界最大的梨生产国，2011年梨栽培面积 $1.132\times10^6$ $hm^2$，产量 $1.595\times10^7$ t，占世界梨总面积和总产量的43%和47.6%。2010年，我国出口鲜梨 $4.378\times10^5$ t，创汇2.433 010亿美元，为世界最大梨出口国，约占我国梨总产的3.2%，主要出口到东南亚各国和中国香港及澳门地区。

我国梨主产区可划分为华北白梨区、西北白梨区、长江中下游砂梨区。另外，辽宁鞍山和辽阳为南果梨重点产区、新疆库尔勒和阿克苏为香梨重点产区、云南泸西和安宁为红梨重点产区、胶东半岛为西洋梨重点产区。我国梨树主栽省为河北、辽宁、山东、安徽、湖北、陕西、甘肃、四川、云南、吉林、江苏，其栽培面积占全国梨树总面积的70%。其中砀山酥梨的栽培面积占梨总面积的35%左右，鸭梨占22%左右。河北省晋州市是我国鸭梨著名产区；安徽省砀山县、河南省宁陵县及其周围地区是我国中部黄河故道地区的集中产区，以出产酥梨驰名国内外；山东省是我国茌梨主产区，烟台市是我国西洋梨最大产地，产量居全国首位；甘肃兰州市是我国西北的最大梨产区，以出产梨闻名；吉林省延边市是我国寒地梨的最大生产基地，主栽品种为苹果梨；新疆维吾尔自治区库尔勒市和轮台县是我国库尔勒香梨的著名产区。

我国梨资源十分丰富。中国农业科学院果树研究所建立了国家梨种质资源园圃，湖北省农业科学院果树茶叶研究所建立了砂梨种质资源圃。开展了形态、果实经济性状、生理、生化、抗性等多方面的研究，扩大了种植资源在生产和科研上的应用。近年来，我国选用和引进了一大批优良品种，如脆冠、中梨 1 号、黄冠、七月酥、锦香、早酥、华酥、早美酥、黄金、新高、爱甘水、爱宕、圆黄、新世纪等。20 世纪 80 年代后期，我国开始了红梨资源的发掘工作，发现在我国云、贵、川高原地区和华北的燕山地区及渤海湾地区分布着丰富的红梨资源，选育出了许多优良红梨品种，如文山红雪梨、砚山红酥梨、雪山 1 号、红南果梨、红太阳、红香酥、美人酥、红酥脆、红冠王、八月红等，也引进了一批红梨品种，如巨红、秋红、红考密斯、丰月、粉酪等。

在栽培技术方面，我国发展速度很快。我国科研单位和高等院校在长期大量试验研究基础上，提出了梨不同品种的适宜授粉品种、丰产稳产的树体外部形态指标和树体健壮的内部形态指标、不同立地条件下的施肥标准、地膜覆盖技术、疏花疏果技术、果实套袋技术、防止采前落果技术、果实催熟技术，总结出了乔砧密植和矮化密植经验、整形修剪经验、低产园改造经验等。目前，梨的设施栽培、网架栽培、无病毒栽培、矮化栽培、有机栽培等先进的栽培模式及绿色和无公害梨果生产已在全国各地展开。各个梨产区出现了许多优质高产典型。我国著名的鸭梨产区河北省晋州市，全县梨果平均产量在 22.5 $t/hm^2$ 左右，山东省栖霞县观里乡小关村 42 $hm^2$ 梨园，整个梨园平均产量常年保持在 45 $t/hm^2$ 左右。

为提高梨果品质，促进栽培制度的改革和发展，我国相继出台了有关标准：《无公害食品　梨生产技术规程》（NY/T 5102—2002）、《绿色食品标准》《生产绿色食品肥料和农药使用准则》《有机（天然）食品标准》《有机（天然）食品生产和加工技术规范》等。

目前，我国梨树栽培上存在的主要问题是技术推广体系不健全，管理和施肥水平偏低，单产低，品质差，病虫害严重，存在重树上管理，轻地下管理的误区。商品化程度差，缺乏市场竞争力，大小年现象严重，经济效益低，急需更新品种等问题。

**2. 我国梨树栽培发展趋势**

稳定栽培面积和产量；调整品种结构，调整区域布局；提高梨果质量，提高经济效益，提高产业化程度。应特别强化地下优化管理技术模式如诊断施肥、果园覆盖、节水灌溉等和花果精细管理技术的普及和推广。在保证优质栽培的前提下，减少管理成本，实现栽培管理规范化、低成本化及技术轻简化，成为梨栽培技术发展的重要趋势；以“企业 + 中介组织 + 基地 + 果农”的组织化形式进行梨产业化开发，提高梨生产运销的组织化，建立健全梨果采后处理技术体系和从产地到销售市场的贮运技术体系，实现采后技术的标准化，是提高梨果采后附加值的必然趋势。

## 二、世界梨树栽培现状与发展趋势

**1. 栽培现状**

世界上栽培梨树的国家有 76 个，栽培面积为 166.97 万 $hm^2$，总产量为 1953.95 万 t。栽培品种可分为东方梨（亚洲梨）和西洋梨（西方梨）两大类。东方梨主要产于中国、日本、韩国伊朗和印度等亚洲国家，包括砂梨、白梨和秋子梨等；西洋梨主要产于欧洲、美洲、非洲和大洋洲等，主产国有美国、意大利、西班牙、德国等。1995—2004 年 10 年间，世界梨总产量增加了 1 倍，我国产量增加了 3 倍，韩国梨产量增加了 1.9 倍，日本梨产量比较稳定，年产量在 40 万 t 左右。西洋梨产量显著上升的国家主要是西班牙、南非和智利等。而平均单产变化不大，尤其是 1998 年以后趋于稳定，但各国之间差别较大。

在品种方面，日本主要有廿世纪、幸水、丰水、新高、新水，韩国栽培面积最大的品种是新高，其次是长十朗。近年来，日本推出了丰月、爱宕、明月、喜水、爱甘水、北海道、金世纪、新兴、筑水、秋月、鞍月、若光等；韩国推出的有圆黄、华山、黄金、大果水晶、晚秀、甘泉、秋黄、早熟黄金、鲜黄、满丰等。在西洋梨品种，巴梨是许多国家栽培的主要品种，阿贝提是意大利主栽的晚熟品种，康富兰斯是欧盟成员国栽培面积最大的品种。

近年来，红梨在国际市场上备受消费者青睐，在欧洲、美洲和东南亚市场上，其价格是其他颜色梨果的1倍以上，一些国家已将其作为了主要发展对象。从20世纪70年代起，随着红把梨的引入和其他红梨的培育成功，美国的红梨品种不断更新。红安久已成为该国取代红把梨的重点发展品种，华盛顿州已将其作为调整品种结构的首选品种。康考得（Concorde）在欧盟成员国发展很快，也是美国发展最快的品种之一。自1986年新西兰发现考密斯芽变（Taylor Gold）后，该品种已成为新西兰重点发展的晚熟品种。意大利以红巴梨、粉酪为主要发展品种，比利时的日面红、法国的伏茄梨等在世界各国也有少量栽培。

国外梨矮化栽培发展很快，以法国为最早，德国为最快，并已全部实行矮化栽培。美国、意大利、英国、波兰、丹麦、俄罗斯等国家均发展较快。矮化密植栽培的最好利用途径是利用矮化砧和矮化品种。法国、德国、加拿大等国在生产上利用榅桲A和榅桲C作基砧，以哈代作中间砧，嫁接西洋梨效果较好。美国以OH×F无性9，F无性51、F无性333、F无性267、F无性87、F无性217等矮化、半矮化砧应用最广。多数国家采用密度630～1500株/$hm^2$，以树篱形和篱壁形最多，部分采用纺锤形和改良杯状形等。

在施肥方面，欧美国家根据叶分析、土壤分析和区域气候特点确定施用相应的复合肥和施肥量。日本对梨产前、产后叶分析和土壤分析后，根据产量和土壤消耗量，生产符合各品种需要的配方肥料，使施肥更加科学。日本非常重视生物肥料的施用，尤其是EM菌推广应用。多数国家采用生草制或免耕法。在栽培管理上除修剪、采收和辅助授粉还是半机械化外，其他作业已全部机械化和自动化。

在生长调节剂方面，除用于抑制生长、花芽分化、单性结实、疏花疏果、提高坐果率等方面外，还多用于增色、促进果实成熟。如乙烯利和增红剂可使色淡的梨品种果实着色更加鲜艳。

西方一些发达国家非常重视农药的使用和梨对农药残留量的检测，注重梨果食用的安全性。瑞典在1981—1985年和1990—1994年的检测报告显示，该国梨果品农药残留量超标率为0，检出率仅为5.5%和2.3%。加拿大和比利时的自产梨果农药残留量超标率也均为0。

**2. 发展趋势**

由栽培品种繁多到集中发展少数良种；由乔化稀植到矮化密植；由整形修剪的复杂化到简单、省工化；由单一施用氮肥到复合配方施肥；由大水浸灌到喷灌、滴灌、渗灌；由单纯的化学防治病虫害到农业、物理、生物和化学综合防治；由一般冷库贮藏到气调贮藏。果品质量向着优质、安全和无机方向发展。

**思考题**

（1）我国梨树栽培上存在的主要问题是什么？发展趋势是什么？

（2）世界梨栽培发展的趋势是什么？

## 第二节　生物学特性

### 一、生长习性

**1. 树体生长**

梨是高大落叶乔木果树，寿命很长，可达200年以上。在自然状态下，树高可达8～14 m；在栽培条件下，人为控制高度达 4 ~6 m，树冠横径 2.5 ~6 m。

**2. 根系生长**

梨为深根性果树。根系分布的深广度和稀密状况，受砧木、种类、品种、土质、土层深浅和结构、地下水位、地势和栽培管理等的影响很大。一般情况下，梨树根系垂直分布可深入地下 2 ~4 m，在肥水较好的土壤中，以 20 ~60 cm 深的土层中根的分布最多，80 cm 以下则很少。水平分布约为冠幅的 2 倍，少数可达 4 ~5 倍，以越靠近主干根系越密集，越远则越稀。

梨树根系生长一般每年有 2 次高峰。春季萌芽以后根系即开始活动，以后随温度上升逐渐加快。到新梢转入缓慢生长以后，根系生长明显增强，新梢停止生长后，根系生长最快，形成第 1 次生长高峰。以后转慢，到采果前根系生长又转强，出现第 2 次生长高峰。此时根系吸收和叶片合成的养分主要作为贮藏营养积累在枝叶中，为下一年的生长提供物质基础。以后随温度的下降而进入缓慢生长期，落叶以后到寒冬时，生长微弱或被迫停止生长。

**3. 发芽、现蕾、展叶期**

梨树多数萌芽力强、成枝力弱，树冠内枝条密度明显小于苹果。但品种系统间差异较大。秋子梨和西洋梨成枝力较强、白梨次之、砂梨最弱。

梨树芽的异质性不明显，除下部有少数瘪芽外、全是饱满芽；但是顶端优势强，树体常常出现上强下弱现象；隐芽多而寿命长，易更新复壮。其一、二、三年生枝条均着生花芽。在陕西关中地区，一般 3 月中旬气温达到 6 ~7 ℃时开始萌芽，萌芽后 2 ~3 d 展叶，一般一个花芽着生 7 ~8 个花蕾。

**4. 枝叶生长**

梨树萌芽早、生长节奏快，枝叶生长以前期为主。在陕西关中地区，一般 3 月上旬气温达到 6 ~7 ℃时开始萌芽，萌芽后 2 ~3 d 展叶。梨树新梢多数只有一次加长生长，无明显秋梢或者秋梢很短且成熟不好。新梢停止生长比苹果早，长梢绝大多数在 7 月中旬也基本封顶，生长节奏快、叶幕梨的干性、层性和直立性都比较强。特别是幼树期间，枝梢分枝角度小，极易抱合生长，有高无冠。但是枝条比较嫩脆，负荷力弱，结果负重后易自然开张，也易劈折，而且基部数节除西洋梨外无腋芽。

梨叶具有生长快、叶面积形成早的特点。5 月下旬前形成的叶面积占全树叶面积的 85% 以上。当叶片停止生长时，全树大部分叶片在几天内呈现出油亮的光泽，生产上称为“亮叶期”。亮叶期标志当年叶幕基本形成、芽鳞片分化完成和花芽生理分化开始。所有促花和提高光合产量的措施都应在此期进行。梨的净光合率低于苹果。在叶生长过程中，净光合率低，停长后增高，生长末期又降低。短梢净光合率前期高，而长梢后期高，形成早，结束生长也早。

梨幼树枝条生长旺盛，新梢长达 80 ~150 cm，主枝较直立，树冠呈圆锥形；进入盛果期后，枝条生长势减弱，新梢年生长量约 20 cm，主枝逐渐开张，树冠呈自然半圆形。

## 二、结果习性

**1. 花芽分化**

梨树的花芽是混合花芽，主要由顶芽发育而成，有时也能由腋芽发育形成腋花芽。花芽分化期从 6 月上旬开始至 9 月中旬结束。一般情况下，短梢比中梢分化早，中梢又比长梢分化早；同时具有顶花芽和腋花芽的中、长梢，中梢的顶芽分化比腋芽分化略早或同时分化，而长梢的腋花芽常较顶花芽分化得早。另外，夏季干旱花芽分化开始早，中国梨比西洋梨花芽分化早。

**2. 结果习性**

梨花芽较易形成，一般 3 ~4 年能挂果，特别是萌芽率高、成枝力低的品种，或腋花芽有结实力的品种结果较早。梨结果枝可分为长果枝、中果枝、短果枝和腋花芽枝 4 种类型。成龄梨树以短果枝结果为主。仅生长旺盛的洋梨和部分沙梨品种有一部分中、长果枝。花芽是混合芽，顶生或侧生。结果新梢极

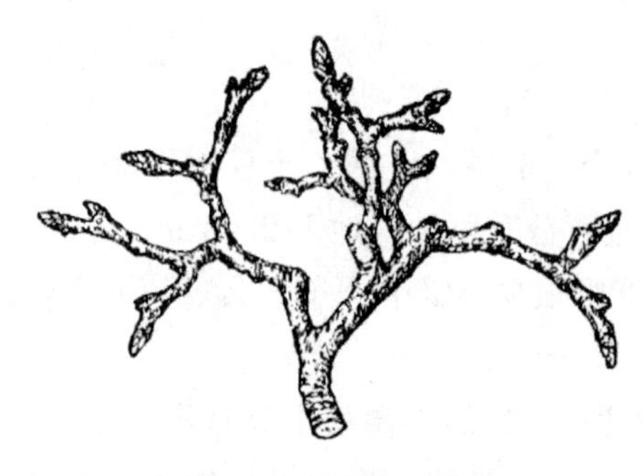

图 9–1 短果枝群

短，顶生伞房花序。开花结果后，结果新梢膨大形成果台，其上产生果台副梢 1～3 个，条件良好时，可连续形成花芽结果，但经常需在结果的第 2 年才能再次形成花芽，隔年结果。果台副梢经多次分枝可成短果枝群（图 9–1）。1 个短果枝群结果能力可维持 2～6 年，长的可达 8～10 年，具体因品种和树体营养条件而不同。随树龄增长，短果枝群结果能力衰退。短果枝群又有姜形枝和鸡爪枝之分。姜形枝又叫单轴短果枝群，指果台上抽生 1 个果台枝，由于连续结果膨大而形成的枝。鸡爪枝是指果台上左右两侧抽生 2 个果台枝，由于连续结果膨大而形成的枝。一般对梨树采取控制先端优势，开张角度、轻剪密留、加强肥水管理等措施，可提早结果。

**3. 开花坐果习性**

梨多数品种先开花后展叶，少数品种花叶同展或先叶后花。梨的花序为伞房花序，花数为 5～12 朵/花序，外围花先于中心花开放。先开的花坐果率高，果实发育快，质量好。西洋梨的一些品种在夏季及中国梨品种在秋季早期落叶的情况下，还有 2 次开花的现象。梨是异花授粉性很强的果树，同品种自花授粉时多不能结实或结实率极低。异品种授粉时则结实率常较高，其中鸭梨、新世纪、菊水、二宫白等品种都是坐果率很高的品种。坐果过多时，果实变小，且易造成大小年结果的现象。梨为虫媒花，可饲放访花昆虫进行授粉受精。

梨开花量大、落花重、落果轻、坐果率高。梨只有 1 次生理落果高峰期，多发生在 5 月下旬至 6 月上旬，即花后的 30～40 d。

**4. 果实发育期**

梨果由花托（果肉）、果心和种子 3 部分组成。其中，种子的发育直接影响其他两部分的发育。种子发育可分为胚乳发育期、胚发育期和种子成熟期。受精后的花，胚乳先开始发育、细胞大量增殖，与此同时，花托及果心部分的细胞进行迅速分裂、幼果体积明显增长。5 月下旬至 6 月上旬胚乳细胞增殖减缓或停止，胚的发育加快，并吸收胚乳而逐渐占据种皮内胚乳的全部空间，时间可持续到 7 月中下旬，在此期间，幼果体积增大变慢。此后，果实又开始迅速膨大，但果肉细胞数量一般不再增加，主要是细胞体积膨大，直至果实成熟。此期为果实体积、重量增加最快的时期。

在生产上，主要栽培的白梨、秋子梨、砂梨和西洋梨系统品种生长结果习性见表 9–1。

表 9–1 梨不同系统品种生长结果习性比较（华北地区）

| 项目 | 白梨 | 秋子梨 | 砂梨 | 西洋梨 |
| --- | --- | --- | --- | --- |
| 直立性 | 较强 | 较强 | 强 | 强 |
| 干性 | 较强或强 | 较强 | 较弱 | 强 |
| 萌芽力 | 强 | 强 | 较强 | 较强 |
| 成枝力 | 较低或低 | 高 | 低 | 高 |
| 隐芽寿命 | 长 | 长 | 较长 | 较短 |
| 花芽形成 | 较易 | 难 | 易 | 难 |
| 结果年龄 | 较早 | 晚 | 早 | 晚 |
| 开花期 | 较早 | 早 | 较晚 | 晚 |
| 腋花芽 | 多数品种有 | 多数品种有 | 部分品种有 | 部分品种有 |

## 三、对环境条件要求

**1. 温度**

温度是决定梨品种分布和制约其生长发育的首要因子。不同品种系统间对温度要求有较大差异（表9-2）。在年生长周期中，不同器官、不同生育阶段对温度要求不一样。土温达0.5 ℃以上时根系开始活动，6～7 ℃生长新根，21.6～22.2 ℃生长最快，超过30 ℃或低于0 ℃停止生长。气温达10 ℃以上开花，4～5 ℃时，花粉管受冻。梨树开花较早，北方地区倒春寒对梨树产量影响很大。梨花芽分化以20 ℃左右气温最好。温度还影响梨果实的品质。在果实膨大期若气温偏高，雨水少，则果实往往偏小，石细胞增多，导致口味变差，商品性降低。

**表9-2　梨不同品种系统对温度适应范围**

| 品种系统 | 年平均温度/℃ | 生长季（4—10月）平均温度/℃ | 休眠期（11月至翌年3月）平均温度/℃ | 绝对低温/℃ |
|---|---|---|---|---|
| 秋子梨 | 4.5～12.0 | 14.7～18.0 | -13.3～-4.9 | -30.3～-19.3 |
| 白梨、西洋梨 | 7.0～12.0 | 18.1～22.2 | -3.5～-2.0 | -24.2～-16.4 |
| 砂梨 | 14.0～20.0 | 15.5～26.9 | 5.0～17.2 | -13.8～-5.9 |

**2. 光照**

梨是喜光阳性树种，年日照时数1600～1700 h。在一定范围内，随日照时数和光照强度增加光合作用增强。因此，生产上要选择适宜的栽植地势、坡向、密度和行向，适当改变整枝方式，注意树形选择，控制树体高度和冠幅。

**3. 水分**

梨耐旱、耐涝均强于苹果，需水量353～564 mL，但种类品种间有区别。砂梨需水量最多，较耐涝，在年降水量1000～1800 mm地区，仍生长良好；白梨、西洋梨需水量次之，主要产在年降雨量500～900 mm地区；秋子梨需水量最少，较耐旱，对水分不敏感。梨久雨久旱对其生长均不利。此外，梨农田灌溉水应符合农业部相关规定。

**4. 风**

梨与其他果树相比，抗风性能较差。原因是梨果柄长而细，果实大又重。一般6级以上大风，就会对梨树造成严重破坏性落果。但花期微风有利于梨授粉受精。

**5. 土壤**

梨对土壤要求不严，无论沙土、壤土、黏土，还是有一定程度的盐碱土壤都可生长。土壤过于瘠薄时，梨果实发育受阻，石细胞增多，肉质变硬，果汁少而风味差。建园时应尽量选择土层深厚、土质疏松、透水和保水性能好、地下水位低的沙质壤土。具体要求是土壤肥沃，有机质含量在1.0%以上，土层深厚，活土层厚度50 cm以上，地下水位1 m以下，土壤pH 6～8，含盐量不超过0.2%。

此外，梨产地土壤及空气质量应符合农业部相关要求。

## 思考题

（1）什么叫亮叶期、姜形枝和鸡爪枝？如何使梨树早结果？

（2）试总结梨生长结果习性与苹果异同点。

（3）如何创造适宜梨树生长发育的环境条件？

## 第三节　主要砧木和优良品种

梨树为蔷薇科梨亚科梨属落叶高大乔木，本属全世界约有30种，原产于亚洲、欧洲以至北非，世界各国均有分布。中国原产有14种，以西北、华北分布最多。

### 一、主要砧木

**1. 乔化砧木**

（1）杜梨

杜梨（图9-2）又名棠梨、灰丁子等。落叶乔木，高10 m左右。根系入土深，生长旺盛。枝条开张下垂，有刺，嫩枝密生短白茸毛。嫩叶表面有白色茸毛，后脱落有光泽；背面多短毛，叶片菱形或卵圆形，叶缘有粗锯齿。花小，花期晚。伞形总状花序，果实近球形，直径5～10 mm，褐色，萼片脱落，子房2～3室。我国华北、西北、长江中下游流域及东北南部均有分布。适生性强，喜光，耐寒，耐旱，耐涝，耐瘠薄，在中性土及盐碱土中均能正常生长，与中国梨、西洋梨嫁接均生长良好，是我国北方各省，如河南、山东、河北、山西、陕西等地应用较多的优良砧木。

（2）豆梨

豆梨（图9-3）亦称明杜梨，乔木，高5～8 m。新梢褐色无毛。叶阔卵圆或卵圆形，先端短，渐尖，基部圆形至阔楔形，叶缘细钝锯齿，叶展后即无毛。果球形，深褐色，萼脱落，子房2～3室。原产于我国华东、华南各地，有若干变种，常野生于温暖潮湿的山坡，与砂梨、西洋梨品种嫁接亲和力强，成活率高。嫁接树生长健壮，根系较深，抗旱耐涝，嫁接西洋梨不发生铁头病。对腐烂病抵抗能力也强，稍弱于秋子梨，抗寒力与耐盐碱力弱于杜梨。适应温暖、湿润、多雨、酸性土壤。野生于华东、华南各省，日本、朝鲜亦有分布。与杜梨区别在于小枝无毛，果实略大，种子小有棱角。本种实生苗初期生长缓慢，与栽培梨品种嫁接亲和良好，为我国南方梨区及日本、朝鲜栽培梨树的主要砧木树种之一。

**图9-2　杜梨**

**图9-3　豆梨**

（3）山梨

山梨（图9-4）也称野生秋子梨，乔木，高达15 m。茎皮灰褐色，有不规则深裂，枝无毛，冬芽有细毛。叶片卵形至广卵形，边缘具刺芒状细锯齿。花白色，伞房花序，花量5～7朵/花序。花期在4—5月。果近球形，黄色或绿色带红晕，果期10—11月。嫁接品种后植株高大，丰产，寿命长，不适于密植栽培。对腐烂病抗性最强，与西洋梨嫁接亲和力较弱，某些西洋梨品种用山梨作砧木时，易发生铁头病。最适于作寒地梨的砧木，辽宁、吉林、内蒙古及河北省北部地区普遍应用。

（4）砂梨

砂梨（图9-5），乔木，高7～12 m。分布于中国长江流域及其以南各省、自治区、直辖市，华北、东北、西北等地亦有栽培。本种成枝力弱，树冠内枝条稀疏。枝条粗壮直立，多褐色或暗褐色。叶片先端长尖，叶缘锯齿尖锐有芒。本种有优良品种砂梨野生于我国长江、珠江流域各省区，日本和朝鲜南部亦有分布。喜温暖湿润气候，抗热、抗火疫病能力强，抗寒力弱于秋子梨和白梨，但强于西洋梨；果实多为圆形，肉脆味甜，一般无香气，果皮多褐色，果实石细胞较多，多数品种耐贮性不如白梨，为长江以南梨区和西洋梨品种的良好砧木。本种栽培品种很多，如四川苍溪梨，日本二宫白、丰水、新世纪等。我国先后引入的日本梨和韩国梨优良品种也属于本种，统称为砂梨系统品种。目前生产上栽培的砂梨有中国砂梨和日韩砂梨两类。

图 9－4　山梨

图 9–5　砂梨

①中国砂梨。主要分布在长江流域以南及淮河流域一带，华北、东北也有少量栽培。其叶片先端长尖，基部圆形或近圆形，叶缘刺芒微向内拢；分枝较稀疏，枝条粗壮直立，多褐色或暗绿褐色；嫩枝、幼叶有灰白色茸毛；果实多圆形或卵圆形，果皮多褐色，少数黄褐色；萼片一般脱落，少数宿存。肉质、硬脆多汁，石细胞极多。该类群性喜温暖湿润气候，抗寒力较其他主要栽培种类差。主要种类有苍溪雪梨、宝珠梨、黄花和紫酥梨等。

②日韩砂梨类。主要分布在日本的鸟取、福岛、千叶、长野；韩国的罗洲等中部地区。近十几年在我国黄河故道和长江中下游地区引种发展较多。日韩砂梨多数成枝力弱，树冠内枝条稀疏，但萌芽力强，芽较早熟，容易成花，短果枝结果多，并能连续成花，且幼树结果早，产量高，适合密植栽培。该类群多数品种叶片厚而大，颜色深。果肉脆嫩，质细味甜，汁多，品质较好。目前，该类群品种在香港市场上享有很高的声誉。但多数品种贮藏性能较差，主要代表品种有新水、幸水、丰水、廿世纪、新世纪、新高、晚三吉、黄金梨、圆黄梨、华山梨等。

（5）川梨

川梨（图 9–6），乔木，高达 12 m，常具枝刺；小枝圆柱形，幼嫩时有绵状毛，以后脱落，二年生枝条紫褐色或暗褐色；冬芽卵形，先端圆钝，鳞片边缘有短柔毛。叶片卵形至长卵形，稀椭圆形，长 4 ~ 7 cm，宽 2 ~ 5 cm，先端渐尖或急尖，基部圆形，稀宽楔形，边缘有钝锯齿，在幼苗或萌蘖上的叶片常具分裂并有尖锐锯齿，幼嫩时有绒毛，以后脱落；叶柄长 1.5 ~ 3 cm；托叶膜质，线状披针形，不久即脱落。伞形总状花序，具花 7 ~ 13 朵/花序，直径 4 ~ 5 cm，总花梗和花梗均密被绒毛，逐渐脱落，果期无毛，或近于无毛，花梗长 2 ~ 3 cm；

图 9–6　川梨

苞片膜质，线形，长 8 ~ 10 mm，两面均被绒毛；花直径 2.0 ~ 2.5 cm；萼筒杯状，外面密被绒毛；萼片三角形，长 3 ~ 6 mm，先端急尖，全缘，内外两面均被绒毛；花瓣倒卵形，长 8 ~ 10 mm，宽 4 ~ 6 mm，先端圆或啮齿状，基部具短爪，白色；雄蕊 25 ~ 30 个，稍短于花瓣；花柱 3 ~ 5 个，无毛。果实近球形，直径1.0～1.5 cm，褐色，有斑点，萼片早落，果梗长2～3 cm。花期3—4月，果期8—9月。嫁接梨品种生长健壮，结果良好，云南一带用作梨的砧木。

**2. 矮化砧木**

（1）中矮1号

锦香梨实生后代，半矮化砧木。树姿开张，树冠呈半圆形。树干灰褐色，表面光滑，二至三年生枝赤褐色，一年生暗褐色，皮孔小，稀，圆形；枝硬，无茸毛和针刺；叶芽肥大，长圆锥形，先端钝，离生；花芽大，长圆锥形，鳞片紧，茸毛少，离生；叶片小，长8.5 cm，宽4.5 cm，浓绿，有光泽；革质，厚，抱合；叶背无茸毛，叶尖长尾尖，叶基楔形，叶缘细锯齿形，无刺芒，叶柄中，长3.1 cm，斜生；花冠小，白色，花瓣卵形，单瓣，花粉少。果实大，平均单果重204 g，椭圆形，底色绿黄，阳面有红晕，果皮较厚，果梗较短，梗洼浅；萼片宿存，萼洼浅，中广；果心中大；果肉白色，果实初采时硬，后熟后变软；果肉中粗，汁液较多；味甜，含可溶性固形物13.5%，品质中上，不耐贮藏。果实成熟期9月中旬。枝条萌芽率高，发枝力强，二年生开始结果，以中果枝结果为主，果台副梢连续结果能力差，枝条剪口平均抽生2.4个长枝。作接穗繁殖系数高。作为中间砧嫁接的梨树早果丰产，抗枝干轮纹病和腐烂病，抗寒性强。中矮1号适宜在我国华北、西北和辽宁西部等梨区应用，在南方梨区可以试栽。

（2）中矮2号

中国农业科学院用香水梨与巴梨杂交后代，极矮化砧木，树冠为乱头形；树姿半开张。树干褐色，皮纵裂，落皮层出现较早。二至三年生枝赤褐色，木栓层厚，皮部粗糙。一年生枝红褐色，平均长50.8 cm，粗0.45 cm，节间长3.17 cm。叶片长狭，长9 cm，宽3.5 cm，叶尖长尾形，叶基楔形，叶缘细锯齿。母株至今未见开花结果。作为中间砧嫁接的梨树，具有早果丰产、抗寒性强、抗枝干腐烂病及枝干轮纹病、亲和性好等优点，经济效益高，对果实品质的影响除果皮颜色稍发黄外，其他没有显著影响。中矮2号作中间砧，适宜行株距3 m×1 m、3330株/亩的高度密植栽培。

（3）榅桲

也称木梨，主要用云南榅桲，异属矮化砧（榅桲属）。乔木，高8～10 m，嫩枝无毛或稀茸毛。叶卵圆形或长卵圆形，叶基部圆形，实生树叶缘多钝锯齿，无毛。果小，球形或椭圆形，褐色。抗赤星病。榅桲常作为西洋梨的矮化砧木，与中国梨的亲和力不强。一般以榅桲为基砧，哈代为中间砧，上部嫁接中国梨品种达到矮化栽培目的。植株具有矮化、早果丰产、根系发育好、能安全越冬和品质优良等特点。

榅桲砧具有一定的矮化功能，在理想的条件下可以获得高产。但是，榅桲与梨是异属植物，其亲和性不如梨属砧木理想，与所有梨品种都有嫁接不亲和性，只能通过中间砧与梨树嫁接。榅桲根系多分布在土壤浅层，固地性、抗寒性和抗旱性差，特别是在盐碱性土壤上种植时生长不良，易出现叶片黄化现象。

（4）OH×F系列

美国引进。作基砧和中间砧亲和性好，固地性佳。具有抗寒、抗衰退病等特点，但在我国北方果园中腐烂病严重，国外也主要作为抗火疫病的砧木。

## 二、主要优良品种

梨品种类型极为丰富，全世界梨品种有7000个以上。我国有3500个以上。梨依据形态特征、生态特征不同可分为秋子梨系统、白梨系统、砂梨系统、西洋梨系统和新疆梨系统。梨生产上主要栽培品种有20多个。梨按果实发育期长短可分为极早熟品种，果实发育期小于80 d，其代表品种有早佳梨、红星、鄂梨2号、六月酥等；早熟品种，果实发育期80～110 d，其代表品种有七月酥、早美酥、绿宝石等；中熟品种，果实发育期111～140 d，其代表品种有新水、新世纪、金世纪、丰水、幸水等；晚熟和极晚熟品种果实发育期都在140 d以上。其中中晚熟品种代表有红考密斯、红安久、新星、白皮酥、金世纪、红皮酥、新兴、黄金梨等；晚熟品种代表有新高、水晶梨等。

**1. 早熟品种**

（1）若光

若光（图 9-7），日本品种。亲本是新水×丰水。果型大，平均单果重 250 g 左右，果实扁圆或近圆形，端正，果皮黄褐色，外观极佳。果肉白色，肉质细而松脆，果心小，味甘甜。是目前我国引入日韩梨中熟期最早、品质最好的优良品种，果实可溶性固形物 12%～13%，丰产抗病，7 月上中旬成熟，货架期 10 d 以上。

（2）甘梨早 6

甘梨早 6（图 9-8）树冠呈圆锥形，树姿较直立。枝干灰褐色，一年生枝红褐色，皮孔较稀。叶芽小、离生，花芽圆锥形，较大。叶片长卵圆形，长 12. 8 cm，宽 6. 7 cm，叶柄长 4. 0 cm,叶尖渐尖，叶基心脏形，叶缘锯齿粗锐，成熟叶片深绿色，嫩叶黄绿色。花冠白色。果实宽圆锥形，平均单果 238 g，果皮细薄、绿黄色，果点小、中密；果肉乳白色、肉质细嫩酥脆，汁液多，石细胞少，果心极小，味甜、有清香味，含可溶性固形物 12. 0%～13. 7%，可溶性糖 8. 06%，维生素 C 4. 2 mg/100 g，有机酸 0. 12%。7 月上中旬果实成熟，有轻微采前落果现象。

**图 9-7　若光**

**图 9-8　甘梨早 6**

（3）华酥

华酥（图 9-9）是由中国农业科学院果树研究所用早酥为父本，八云为母本种间远缘杂交育成。树冠圆锥形，树姿直立。主干表面有片状剥落，枝干光滑，灰褐色。多年生枝光滑，灰褐色。一年生枝黄褐色。叶片卵圆形，绿色，嫩叶淡绿色。叶柄平均长 5. 3 cm，粗 1. 4 mm。叶片平均纵径 12. 4 cm，横径 7. 4 cm，叶缘细锐锯齿具刺芒。叶尖渐尖，叶基圆形。花冠直径平均 4. 1 cm，白色。花瓣圆形，平均 7. 9 朵花/花序。果实近圆形，个大，平均单果重 225 g，纵径 6. 5～7. 2 cm，横径 7～7. 9 cm。果皮黄绿色，果面光洁，平滑有蜡质光泽，无果锈，果点小而中多。果梗长 4. 5 cm，粗 2. 7 mm。梗洼深浅与广狭均中等，萼片脱落，偶有宿存，萼洼浅而外观漂亮美观。果心小，果肉淡黄白色，酥脆，硬度去皮 4. 8 kg/cm$^2$，不去皮 7. 8 kg/cm$^2$，肉质细，石细胞少，汁液多。可溶性固形物含量 10%～11%，可滴 0. 22%，维生素 C 1. 08 mg/100 g，酸甜适度，风味较为浓厚，并略具芳香，品质优良。耐贮性较差，室温下可贮放 20～30 d，最适食用期 250 d。生长势中庸偏强，四年生树高 2. 83 m，干周 16 cm，冠径 87. 3 cm×122. 2 cm，新梢平均长 82. 3 cm，粗 0. 71 cm，节间长 3. 1 cm。萌芽率高（81. 78%），发枝力中等。三年生树开始结果。长果枝占 17%，中果枝占 5%，短果枝占 54%，腋花芽占 24%。果台连续结果能力中等。花序坐果率高达 8. 87%，平均每果台坐果数中等为

**图 9-9　华酥**

1.35个。采前落果程度轻，丰产，稳产。在辽宁兴城，花芽萌动期4月上旬，初花期4月下旬至5月上旬，盛花期5月上旬，终花期5月上旬至5月中旬，花期10 d左右。新梢停止生长期6月上旬，果实成熟期8月上旬，落叶期10月下旬至11月上旬，营养生长天数205 d。抗寒力较强，抗风力强。抗黑星病、腐烂病能力强，抗轮纹病能力一般，对食心虫抗性中等。

（4）早白蜜

早白蜜用幸水梨×火把梨培育而成。树势中庸，结果良好，树姿开张。高接后第2年少量结果，第3年丰产；以短果枝结果为主，腋花芽也能少量挂果；果实卵圆形，平均单果重230 g，最大单果重350 g；果皮黄色，阳面有红晕，果面光滑洁净，果点小而疏，外形美观；果肉白色，肉质细嫩，石细胞少，酸甜可口，无涩味；果心中等偏小；梗洼极浅，萼洼中等而平滑，萼片脱落；可溶性固形物12.8%，品质上；7月上旬成熟。树冠为纺锤形，树姿半开张，树干灰褐色、光滑；一年生嫩枝黄绿色，顶部幼叶为红色，皮孔长圆形、稀少，成熟枝为褐色，叶片卵圆形，浓绿色，革质、平展，嫩叶叶背有少量茸毛；叶缘呈锐锯齿，叶尖为渐尖形，叶基为宽楔形；叶芽中等大小。丰产，抗性较强，未发现黑星病、黑斑病。

（5）早美酥

图9-10 早美酥

早美酥（图9-10）是由中国农业科学院郑州果树研究所用亲本新世纪×早酥人工杂交培育成。树姿半开张，树冠圆头形。主干及多年生枝青灰色，表面光滑。一年生枝黄褐色，皮孔少，茸毛浓密，无针刺。叶片卵圆形，暗绿色，长12.2 cm，宽6.8 cm，内卷。叶柄平均长3.5 cm，粗2.0 mm。叶缘锯齿粗，叶尖急尖，叶基圆形。花冠中等大，直径3.8 cm，花瓣白色，倒卵圆形。平均有花5～6朵/花序，雄蕊20枚，雌蕊5枚。种子中等大，卵圆形，棕褐色。果实大，卵圆形，黄绿色，平均单果重250 g，最大果重540 g，纵径8.3 cm，横径7.5 cm。果面光滑，蜡质厚，果点小而密，无果锈。果柄长3.8 cm，粗3.0 mm，梗洼浅而狭，萼片部分残存，萼洼中深中广，外形美观。果肉带皮硬度为9.1 $kg/cm^2$，去皮为6.8 $kg/cm^2$，果肉白色，肉质细酥脆，石细胞少，汁液多，果心较小，风味酸甜适度，品质中上，含可溶性固形物11.75%，总糖9.77%，可滴定酸0.22%，维生素C 5.63 mg/100 g。货架期10～20 d，冷藏条件下可贮存1～2个月。高大株型，幼树生长势强旺，六年生树高3.5 m，干周40 cm，冠径东西3.5 m，南北3.1 m。新梢平均长88 cm，粗1.2 cm，节间长6.5 cm，萌芽率71%。成枝力低，延长枝剪口下可抽生2～3个分枝。结果较早，一般栽后2～3年即可开花结果，以短果枝结果为主，长中果枝也可结果。短果枝87%，中果枝9%，长果枝4%。果台连续结果能力较强，连续两年结果果台占68%。花序坐果率高达70%，平均每果台坐果1.5个，无采前落果和大小年结果现象，极丰产稳产。六年生树累计产量达5200 kg/亩。在河南郑州地区花芽萌动期3月中旬，初花期4月上旬，盛花期4月中旬，落花期4月中下旬，花期10～12 d。新梢停止生长较迟。果实7月中下旬成熟，落叶期11月上旬，营养生长天数230 d。抗逆性强，抗风，抗旱、耐涝，耐盐碱。抗寒力中等，可耐－23 ℃的低温，抗病性强，对黑星病、腐烂病、褐斑病、轮纹病均有较高的抗性。抗梨蚜和红蜘蛛能力也很强，但易遭受梨木虱危害。成熟期较早，一般不受食心虫危害。

（6）七月酥

七月酥（图9-11）是由中国农业科学院郑州果树研究所选用幸水与早酥梨人工杂交育成。幼树树冠近长圆形，成年树冠细长纺锤形。主干灰褐色，光滑，有轻微块状剥裂，一年生枝红褐色，年新梢生长量为38.3 cm，叶片淡绿色，长卵圆形，叶长12.2 cm，宽6.1 cm，叶柄长4.0 cm，百叶鲜重116.0 g；

图 9-11　七月酥

花冠直径4.2 cm，雄蕊30枚，雌蕊6～7枚，花药较多，浅红色，有花7～9朵/花序，多达12朵/花序，花序自然坐果率为42%左右。果心极小，可食率78%，心室6～8个，含种子2～6粒，种子淡黄褐色，长0.83 cm，宽0.44 cm，圆锥形。果实卵圆形，果皮黄绿色，平均单果重220 g，最大单果重650 g以上，果面光滑洁净，果点小，果实纵径7.6 cm，横径7.8 cm，果形指数0.9，梗洼浅平，萼洼中深，萼片残存。果肉乳白色，肉质细嫩松脆，果心极小，无石细胞或很少，汁液丰富，风味甘甜微具香味；果实带皮硬度6.9 kg/cm$^2$，去皮硬5.4 kg/cm$^2$，可溶性固形物含量12.5%，总糖含量9.08%，总酸含量0.10%，维生素C含量5.22 mg/100 g，品质极上。果实室温下可贮放20 d左右，贮后色泽变黄，肉质稍软。在郑州地区7月初成熟。树势强健，幼树生长旺盛，枝条直立分枝少。进入结果期生长势渐缓，尤其是形成中短枝，中短枝占总枝量92%，其中短枝占总枝量的82%。十年生树高3.85 m，南北冠径3.75 m，东西冠径3.58 m，干周38.8 cm。新梢年生长量38.3 cm，成枝力较弱为1.35，萌芽率高达73%，果台副梢抽生能力。结果较早，一般栽后3年开花结果。以短果枝结果为主，中、长果枝亦可结果，中短果枝占总果枝的93%，长果枝占7%，以短果枝和叶丛枝结果为主，顶花芽、腋花芽较少。果台枝连续结果能力偏弱，大小年结果和采前落果现象不明显。较丰产稳产，6年树累计产量在3400 kg/亩左右。在郑州地区，花芽萌动期3月26日左右，初花期4月5日，盛花期4月12日，末花期4月15日，花期持续10 d左右；春梢停长期在6月下旬；果实成熟期为7月2日，果实生育期约80 d；落叶期为11月底，全年生育期225 d。抗性较强，寒冷、干旱、高湿和病虫危害较轻。在极端气温－25 ℃的环境条件下栽培未发生冻害，在极端最高气温44 ℃条件下生长结果正常。在粗放管理的果园，特别是年降水量大于1000 mm的地区，叶片易感染褐斑病，造成早期落叶；盛果期树，负载量过大时，树势衰弱枝干易感染轮纹病，但较抗梨蚜、梨木虱。果实成熟极早，一般不受食心虫危害。

图 9-12　中梨4号

（7）中梨4号

中梨4号（图9-12）是由中国农业科学院郑州果树研究所用早美酥×七月酥选育而成。树姿半开张，株型乔化，树势中强，树形阔圆锥形，一年生枝红褐色，皮孔多、大、密，呈椭圆形，茸毛浓密，有韧性，平均长度91 cm，粗度0.8 cm，节间长度4.0 cm；叶片椭圆形，浓绿色，叶尖渐尖，叶基楔形，叶姿横切面有皱，叶缘细锯齿，叶片边缘锯齿上方有刺芒，叶柄斜生，基部无托叶，有花朵7～8个/花序，花冠白色，花瓣圆形，单瓣或重瓣，雄蕊23～27个，比雌蕊低，花药紫红，花柱6～7个，花粉多。梨果实大型，平均单果质量300 g，近圆形，果面光滑洁净，具蜡质，果点小而密，绿色，采后10 d鲜黄色且无果锈；果梗长3.5 cm、粗0.3 cm，梗洼、萼洼浅狭，萼片残存，外形美观；果心极小，果肉乳白色，肉质细脆，常温下采后20 d后肉质变软，石细胞少，汁液多，可溶性固形物含量12.8%，风味酸甜可口，无香味，品质上等，货架期20 d，冷藏条件下可贮藏1～2个月。梨果实大型，平均单果质量300 g，近圆形，果面光滑洁净，具蜡质，果点小而密，绿色，采后10 d鲜黄色且无果锈；果梗长3.5 cm、粗0.3 cm，梗洼、萼洼浅狭，萼片残存，外形美观；果心极小，果肉乳白色，肉质细脆，常温下采后20 d后肉质变软，石细胞少，汁液多，可溶性固形物含量12.8%，风味酸甜可口，无香味，品质上等，货架期20 d，冷藏条件下可贮藏1～2个月。普通高大株型，三年生树高2.7 m，冠径东西2.0 m、南北1.8 m；生长势强，萌芽率高、成枝力低，结果较早，一般嫁接苗3年即可结果。在郑州2009年冬季定植，2012年结果株率达68%。以短果枝结果为主，腋花芽也能结果。果台枝1～2个，连续结果能力强，花序坐果率达36%，花朵坐果率中等13.5%，采前落果不明显，极丰产，无大小年。郑州地区气候条件下，花芽萌动期3月10日，初花期4月1日，盛花期4月3日，落花期4月8日，通常气候条件下花期6～8 d。果实成熟期7月中旬。新梢停止生长较迟，一般6月下旬才停止生长，并能生长秋梢，落叶期一般在10月下旬，果实生育期约为100 d，植株营养生长期约为210 d。

（8）金星

果个中大，平均单果重220 g，最大单果重480 g，近圆形。果面浅黄绿色，光洁，果点密，稍突出。梗洼狭，萼洼中深，萼片脱落。果肉淡黄白色，肉质细脆酥松，果心小，汁液丰富，味酸甜适口，香味浓，品质上。在郑州7月下旬至8月上旬成熟，室温可贮30 d以上。

中国农业科学院郑州果树研究所用栖霞大香水×河北麻梨育成。树势中庸强健，较开张。栽后2年开始结果，3年生树平均产量13.5 kg/株，6年累计产量9450 kg/亩。以短果枝结果为主，果台副梢连续结果能力强。

适应性广，抗旱耐涝，耐瘠薄，抗寒抗风性强，适宜在黄淮流域地区、西北地区栽培。高抗黑星病、腐烂病和锈病，椿象、蚜虫、梨木虱危害较少。

图9-13 红太阳

（9）红太阳

红太阳（图9-13）是由中国农业科学院郑州果树研究所最新选育的红皮梨早熟新品种。树冠阔圆锥形，树势中庸偏强，枝条较细弱，六年生株高3.5 m，冠径东西3.0 m，南北3.0 m；干周40 cm。新梢当年生长量88 cm，节间长4.5 cm，嫩枝红褐色，多年生枝红褐色；皮孔较小。叶芽细圆锥形，花芽卵圆形。花朵6～8个/花序；花冠粉红色；花瓣白色；种子中等大小、卵圆形、棕褐色。普通高大株型，六年生株高3.5 m，冠径东西3.0 m，南北3.0 m；干周40 cm。生长势中庸偏强，萌芽率高达78%，成枝力较强（3～4个），结果早，一般嫁接苗定植3年既开始结果。以短果枝结果为主，中、长果枝亦能结果。短果枝连续结果能力很强，一般可结果3年以上。果台副梢抽生能力亦强，一般可抽生1～2个/果台。花序坐果率高达67%，花朵坐果率26%。无采前落果现象，丰产稳产。平均单果重200 g，最大单果重350 g；卵圆形，形似珍珠，外观鲜红亮丽，肉质细脆，石细胞较少、汁多，果心较小，5心室，种子7～10粒。果实硬度带皮7.17 kg/cm$^2$。香甜适口，可溶性固形物含量12.4%，9.37 g/100 g，总酸0.104 g/100 g，维生素C含量6.592 mg/100 g，品质上等。果实常温下可贮藏10～15 d，冷藏条件下可贮3～4月。7月底至8月上旬成熟。花芽萌动期3月8日前后，叶芽萌动期3月20日，初花期通常在4月6日，盛花期4月11日，落花期为4月15日左右。果实7月底至8月上旬成熟，发育期约120 d。性喜深厚肥沃的沙质壤土，在红黄酸性土壤及潮湿的草甸土碱性土壤亦能生长结果，尤其在黄河故道地区品质好，着色艳。抗旱，耐涝能力较强。抗病性较强，各地均无明显病害发生。是目前中国梨品种群中着色最艳的红皮梨品种。

（10）早红考密斯

图9-14 早红考密斯

早红考密斯（图9-14）为原产于英国的早熟优质品种。

2001年河北省农林科学院昌黎果树研究所引进。果实细颈葫芦形，平均单果重190 g，最大280 g。落花后幼果即为全面紫红色直到果实成熟，成熟后果面变为鲜红色，外观漂亮。果面光滑，果点细小。果肉绿白色，刚成熟时肉质硬而稍韧，经8～12 d肉质变细软，石细胞少，汁液多，风味酸甜、微香，含可溶性固形物13%，品质上等。果实7月下旬成熟。丰产，适应性强，为综合性状优良的红色西洋梨品种。

（11）华金

华金（图9-15）是由中国农业科学院果树研究所用早酥×早白育成。树冠圆锥形，树姿半开张；枝干光滑，灰褐色；多年生枝光滑，灰褐色；一年生枝黄褐色，皮孔圆形，大、中等密度、灰色；叶芽钝尖，花芽卵形；幼叶淡绿色，老叶绿色，卵圆形，革质，抱合，叶缘细锐锯齿具刺芒，叶尖渐尖，叶基圆形，叶片长14.2 cm，宽8.2 cm，叶柄长4.2 cm；花量7.75朵/花序；花冠直径4.2 cm，白色，花瓣5枚，圆形，雄蕊20.3个，花药紫红色，雌蕊高于雄蕊，花柱5个。

图9-15　华金

树势较强；四年生干高38.5 cm，干周14.1 cm，树高298.8 cm，冠径150.0 cm×125.0 cm；新梢平均长95.7 cm，粗1.1 cm，节间长度3.4 cm；萌芽率高，发枝力中等偏弱；以短果枝结果为主，兼有腋花芽结果，果台连续结果能力中等；在自然授粉条件下，花序坐果率53.22%，花朵坐果率15.12%，平均坐果1.06个/花序，结果早，丰产性好，定植后第3年全部植株开花结果。六至七年生树产量可达2000～2500 kg/亩。果实长圆形或卵圆形，个大，纵径9.4 cm，横径7.4～8.1 cm，平均单果重305 g；果梗长3.4 cm，粗2.5 mm，梗洼浅而狭，萼片脱落，萼洼中深、中广，有皱褶，果皮绿黄色，果点中大、中密，果面平滑光洁，有蜡质光泽，无果锈；果肉黄白色，肉质细，石细胞少，酥脆多汁，风味甜，且较“早酥”浓厚郁，并略具芳香，果肉硬度去皮5.3 kg/cm$^2$，不去皮7.8 kg/cm$^2$，果心较小，5心室。可溶性固形物含量11.0%～12.0%，可溶性糖7.36%，可滴定酸0.12%，维生素C24.25μg/g，品质上等。在辽宁兴城，4月上旬花芽萌动，4月上中旬叶芽萌动，4月下旬至5月上旬初花，5月上旬盛花，5月上、中旬终花，花期10 d左右；6月上旬新梢停止生长，8月上中旬果实成熟，比早酥提早7～10 d。10月下旬至11月上旬落叶，果实发育期90 d，营养生长期195～213 d。适应性较强，耐高温多湿，抗寒力较强。抗病力较强，高抗黑星病，兼抗果实木栓化斑点病和腐烂病等。

图9-16　粉酪

（12）粉酪

粉酪（图9-16）是意大利用考西亚×可雷亚戈选育而成。幼树长势强，盛果期树势中庸。早果性和连续结果能力强，栽后3年结果，较丰产，大小年现象不明显。果个大，平均单果重325 g，最大单果重500 g，葫芦形。果皮底色黄绿色，阳面60%着鲜红色，果点小而密，光洁。萼片宿存，果梗粗短。果肉白，石细胞少，经后熟底色变黄，果肉细嫩多汁，味甜，香味浓，品质极上。在昌黎7月底成熟。常温下可贮10 d，冷藏下可贮1～2个月。适应性强，抗黑星病和褐斑病，亦抗腐烂病，耐寒能力较弱，对火疫病敏感。

**2. 中熟品种**

（1）黄金梨

黄金梨（图9-17）树势较强，树姿较开张。叶片大而厚，呈卵圆形或长圆形突尖，叶缘锯齿锐而

图 9-17 黄金梨

密；叶色浓绿，嫩梢叶片黄绿色。枝条淡褐色，一年生枝绿褐色，皮孔稀疏而明显；当年生枝条及叶片无白色茸毛。叶长15 cm，宽9.8 cm，叶柄长2.1 cm，叶间距4.7 cm。萌芽率高，成枝力强。有腋花芽结果特性，易形成短果枝，结果早，丰产性好。幼树生长势强，萌芽力、成枝力均很强，一年生树高2.2 m，干高55 cm，干粗2.8 cm，当年抽生2～3个主枝，长度达89 cm，中心干长达1.29 m，粗1.3 cm左右。二年生树长枝秋梢部位可形成腋花芽。其中，在中心干或竞争枝枝条的45 cm处形成10个左右腋花芽，结果株率达80%以上。花器官发育不完全，雌蕊发达，雄蕊退化，花粉量极少。一般自然授粉条件下，花序坐果率70%，花朵坐果率20%左右。果实近圆形，果形端正，果肩平，果形指数0.9，果实底色黄绿色、较粗糙，果点大而稀。套袋果果皮洁净，果点小，透明金黄色；果肉乳白色，果核极小，可食率高达98%以上。肉质脆嫩、致密、甜而多汁，无石细胞，富有清香，可溶性固形物含量14.9%。平均单果重250 g，最大单果重504 g，果实硬度≥8 kg/cm$^2$。外观和内在品质均佳。在河南省周口市黄金梨花芽3月15日萌动，3月26—28日前后开花，4月5—6日为盛花期，4月10日为末花期，花期15 d。花芽萌动期可耐－20 ℃低温，一般不低于－10 ℃为宜。叶芽3月下旬开始萌动，4月初为展叶期，果实9月上中旬成熟，果实发育期150 d左右。1年内≥10 ℃的天数不少于140 d。需冷量为1000 h。生长季温度高达35 ℃以上时，会引起枝条中部叶片失绿变黄，甚至落叶。对环境条件要求不严格，适宜于有机质含量高的沙质壤土上栽培。土壤黏重和瘠薄不利生长。较抗梨黑斑病和梨黑星病。

（2）圆黄梨

图 9-18 圆黄梨

圆黄梨（图9-18）是韩国园艺研究所用早生赤×晚三吉杂交育成早熟梨品种，是目前韩国正在推广主栽梨品种中品质最优品种之一。近几年已成为日本、韩国及东南亚果品市场上主销梨果精品。圆黄梨果实圆形，平均单果重550 g，最大果重1000 g，花萼完全脱落，果面光滑平整，果点小而稀，果梗中长，无水锈和黑斑，表面光洁，外观漂亮，黄褐色。果肉白色，果皮中等厚，石细胞极小，肉质细脆，含糖量15%以上。成熟后有香气，常温下贮藏30 d左右，低温下可贮至春节以后。树势强，枝条半开张，粗壮，易形成短果枝和腋花芽，每花序7～9朵花。叶片长椭圆形，浅绿色且有明亮光泽，叶缘锯齿中等大，叶面向叶背反卷。叶芽尖而细，紧贴枝条，花芽饱满而大，开白花。一年生枝条黄褐色，新梢浅绿色，皮孔大而密集。易形成花芽，花粉量大，既是优良主栽品种，又是很好授粉品种。树势开张，花芽形成能力强，甩放1年易形成短果枝和花束状果枝，自然坐果率高，高接第2年即可开花结果。自然授粉坐果率较高，结果早，丰产性好。河北遵化地区，3月20日左右芽开始萌动，4月15日初花期，4月20日盛花期，4月25日谢花期，8月上旬果实膨大期，9月上旬果实成熟期，但可延长采收至9月下旬，风味不变。果实发育期185 d，11月下旬落叶。抗黑星病能力强，抗黑斑病能力中等，抗旱、抗寒、较耐盐碱。

（3）中梨2号

中梨2号（图9-19）是1983年中国农业科学院郑州果树研究所以新世纪×大香水梨为亲本杂交培育中熟梨新品种。树冠圆锥形，生长势较强。树干灰褐色，表皮光滑；一年生枝黄褐色，长89 cm；节间长4.2 cm。六年生树高3.6 m，干周35 cm，冠径南北3 m×3.5 m。萌芽率高达88%、成枝力中等。叶片卵圆形，平展、革质，叶缘细锯齿；花冠白色。结果早，定植第3年即可结果，以短果枝结果为主。极丰产、稳产。郑州地区3月中旬花芽萌动，3月底或4月初始花，果实8月10日成熟，发育期110 d左右，自然条件下可贮藏25 d，冷藏条件可贮至翌年3—4月。果实近圆形，平均单果重285 g，最大果重550 g。果面光洁，果点小、中密。果心小，肉质细腻，松脆，石细胞少。风味酸甜爽口。可溶性固形物含量为12.20%，品质上等。该品种自花不实，需配置中梨1号、金水2号、新世纪作为授粉树。对梨黑星病有较高抵抗力。适宜全国各地栽培。

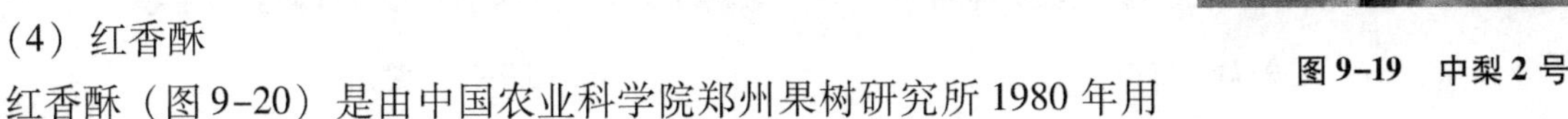

图9-19　中梨2号

（4）红香酥

红香酥（图9-20）是由中国农业科学院郑州果树研究所1980年用库尔勒香梨×鹅梨杂交培育而成。树冠中大，圆头形，较开张；树势中庸，萌芽力强，成枝力中等，嫩枝黄褐色，老枝棕褐色，皮孔较大而突出。以短果枝结果为主，早果性极强，定植后第2年即可结果，丰产稳产，采前落果不明显。平均单果重220 g，最大单果重可达489 g。果实纺锤形或长卵形，果形指数1.27，部分果实萼端稍突起。果面洁净、光滑，果点中等较密，果皮绿黄色，向阳面2/3果面鲜红色。果肉白色，肉质致密细脆，石细胞较少，汁多，味香甜，可溶性固形物含量13.5%，品质极上。郑州地区果实8月下旬或9月上旬成熟。较耐贮运，冷藏条件下可贮藏至翌年3—4月。采后贮藏20 d左右，果实外观更为艳丽。

图9-20　红香酥

该品种适应性较强，高抗黑星病。凡种植过砀山酥梨或库尔勒香梨的地方均可栽培。以我国西北黄土高原、川西、华北地区及渤海湾地区为最佳种植区。

（5）华山

华山梨（图9-21）又名花山，是韩国用丰水×晚三吉杂交育成的梨新品种。果实圆形，平均单果重500 g，最大单果重800 g。果皮薄，黄褐色，套袋后变为金黄色，果肉乳白色，石细胞极少，果心小，可食率94%，果汁多，含可溶性固形物16%～17%，是韩国梨中含糖量最高的品种之一，肉质细脆化渣，味甘甜，品质极佳。果实成熟期8月下旬，常温下可贮20 d左右，冷藏可贮6个月。

（6）黄冠

黄冠（图9-22）是由河北省农林科学院石家庄果树研究所用雪花梨×新世纪选育而成。树冠圆锥形。主干及多年生枝黑褐色，一年生枝暗褐色，皮孔圆形、中等密度，芽体斜生、较尖。叶片椭圆形，成熟叶片暗绿色，叶尖渐尖，叶基心脏形，叶缘具刺毛状锯齿。嫩叶绰红色。叶柄长度1.98 cm，粗度0.26 cm，叶片平均纵横径分别为12.9 cm和7.6 cm。花冠直径4.6 cm，白色，花药浅紫色。平均8朵花/花序。树势强健，树姿直立，结果后开张，萌芽率高，成枝力中等。栽后3年结果，采前落果轻，丰产、稳产，六至七年生树产量2000～2500 kg/亩左右，四年生树平均产量可达2500 kg/亩左右。以短果枝结果为主，果台副梢连续结果能力强。果个大，平均单果重278 g，最大单果重500 g。果实椭圆形，果面绿黄色，套袋后乳黄色，果点小，无锈，光洁。萼洼中深，中广，萼片脱落。果肉白，石细胞少，肉质细、松脆，汁液丰富，味酸甜适口，有蜜香，品质上。在河北中南部地区8月中旬成熟，在昌黎8月下旬成熟。自然条件下可贮20 d，冷藏条件下可贮至翌年3—4月。适应性广，可在华北、西北、淮河及长江流域的大部分地区栽培，高抗黑星病，亦抗炭疽病和黑斑病。

图 9-21 华山

图 9-22 黄冠

图 9-23 玉露香梨

（7）玉露香梨

玉露香梨（图 9-23）是由山西省农科院果树研究所用库尔勒香梨×雪花梨选育而成。幼树生长势强，结果后树势转中庸。萌芽率高（65.4%），成枝力中等，嫁接苗一般 3～4 年结果，高接树 2～3 年结果，易成花，坐果率高，丰产、稳产。平均单果重 236.8 g，最大单果重 450 g；果实近球形，果形指数 0.95。果面光洁细腻具蜡质，保水性强。阳面着红晕或暗红色纵向条纹，采收时果皮黄绿色，贮后呈黄色，色泽更鲜艳。果皮薄，果心小，可食率高达 90%。果肉白色，酥脆，无渣，石细胞极少，汁液特多，味甜具清香，口感极佳；可溶性固形物含量 12.5%～16.1%，总糖 8.7%～9.8%，酸 0.08%～0.17%，糖酸比（68.22～95.31）：1，品质极佳。果实耐贮藏，在自然土窑洞内可贮 4～6 个月，恒温冷库可贮藏 6～8 个月。山西晋中地区 4 月上旬初花，4 月中旬盛花，果实成熟期 8 月底 9 月初，8 月上中旬即可食用，果实发育期 130 d 左右，11 月上旬落叶，营养生长期 220 d 左右。树体适应性强，对土壤要求不严，抗腐烂病能力强于酥梨、鸭梨和香梨，次于雪花梨和慈梨；抗褐斑病能力与酥梨、雪花梨等相同，强于鸭梨、金花梨，次于香梨；抗白粉病能力强于酥梨、雪花梨；抗黑心病能力中等。

（8）丰水梨

丰水梨（图 9-24）是日本用（菊水×八云）×八云培育而成。树冠中大，幼树期生长旺，结果后树势中庸，萌芽力高，成枝力弱，成花容易，结果早，以短果枝和短果枝群结果为主，坐果率极高。易管理，稳产、丰产。三年生树产量可达 1000 kg/亩，六年生树产量可达 1750 kg/亩。平均单果重 240 g，最大单果重 750 g，果实扁圆形，有 2～3 条缝合线，含糖量高达 16%，多汁，口感极佳，成熟颜色为红褐色，套袋果金黄色，半透明状，成熟期为 8 月。抗逆性强，极抗黑星病，也抗黑斑病，成年树树干易感轮纹病，果实易受金龟子为害。适应性强，在沙壤土、沙质土和黏土地中均生长良好。

图 9-24 丰水

（9）罗莎

罗莎（图 9-25）是意大利中熟品种。平均单果重 200 g，粗颈葫芦形。果皮浓红色，略有果锈，果肉白色，汁液多，香甜味浓，品质上等，果实 8 月上中旬成熟。

**3. 晚熟品种**

（1）爱宕梨

爱宕梨（图 9-26）也叫晚秋黄梨，以廿世纪×金村秋培育而成。树势健壮，枝条粗壮，树姿直立，树冠中大，结果后半开张。萌芽力强，成枝力中等，容易形成短果枝，以短果枝和腋花芽结果为主，易形成花芽，自花结实率高，早果性好，一般栽培当年可结果。坐果率极高，极丰产、稳产，生理落果和采前落果轻。但果实抗风力差，成熟期如遇大风，易采前落果。负载量过大，影响发枝，幼树扩冠缓慢，成龄树易衰弱。果实特大，平均单果重 550 g，最大单果重为 2500 g。果实略扁圆形，果实过大时果形不端正。果皮黄褐色，较薄，果点较小。果肉白色，肉质松脆，石细胞少，果实味甜、多汁，可溶性固形物含量 13% 左右，品质上等。果实耐贮藏性较好，成熟后有类似廿世纪梨香味，在郑州地区 10 月中旬成熟。耐贮藏、低温、不腐烂。幼树易发生蚜虫，较不抗黑斑病，抗寒性稍差。树体矮化，适宜密植，需防风。

图 9-25　罗莎

（2）晚秀

晚秀（图 9-27）是韩国园艺研究所用单梨×晚三吉选育而成。树势强健，成枝力强，枝条直立。以腋花芽和短果枝结果为主，连续结果能力强，大小年现象不明显，高产稳产。果形大，平均单果重 620 g，最大单果重 2 kg。果实扁圆形，果顶平而圆，果面光滑平整，无锈斑，有光泽，外观秀丽，黄褐色。果肉白色半透明，肉质细腻，石细胞少，无渣汁多，味美可口，可溶性固形物含量为 14%～15%，品质上等。果实 10 月上中旬成熟，一般条件下可贮藏 4 个月左右，低温冷藏条件下可贮藏 6 个月以上，且贮存后风味更佳。适应性、抗逆性强，适栽范围广，抗黑星病、黑斑病能力强，抗旱、抗寒，耐瘠薄。花粉多，但自花结实力低，种植时宜选择圆黄梨作授粉树。

图 9-26　爱宕梨

图 9-27　晚秀

（3）中华玉梨

中华玉梨（图 9-28）是中国农业科学院郑州果树研究所用“大香水×鸭梨”杂交培育而成。幼树树冠近长圆形，成年树冠细长纺锤形。一年生枝绿褐色，新梢年生长量为 38.3 cm，叶长卵圆形，百叶鲜重 85.9 g；花冠直径 4.36 cm，雄蕊 24 枚，雌蕊 4～5 枚，有花 6～9 朵/花序，花序自然坐果率为 42%。5 心室，可食率 90%，种子 6～8 粒，淡黄褐色饱满，长 0.83 cm，宽 0.44 cm，圆锥形。树势中庸健壮，枝条柔软，多分枝，中短枝占总枝量的 84.5%，中短果枝占总果枝的 98.3%。九年生树高 3.85 m，南北冠径 3.09 m，东西冠径 3.51 m，干周 32.1 cm，成枝力较弱，萌芽率高达 83%，果台副梢抽生能力中等。栽后 2～3 年结果，以短果枝和叶丛枝结果为主，大小年结果和采前落果现象不明显，较丰产稳产。果实

图 9-28　中华玉梨

倒卵圆形或葫芦形，果皮黄绿色，平均单果重 250 g，果面光滑洁净，果点小，果实纵径 10.0 cm，横径 8.5 cm，果形指数 0.85，梗洼浅平，萼洼中深，萼片脱落；果实带皮硬度 10.0 $kg/cm^2$，去皮硬度 7.0 $kg/cm^2$；果肉乳白色，肉质酥脆细嫩，果心极小，无石细胞或很少，汁液丰富，风味甘甜微酸，具香味；可溶性固形物含量 12.5%～13.5%，总糖 9.772 g/100 g，总酸 0.194 g/100 g，维生素 C 含量 7.692 mg/100 g，品质极上。果实室温下可贮放 30 d 左右，贮后色泽变黄。冷藏或气调条件下，可储至翌年 4—5 月份。花芽萌动期 3 月 26 日，初花期 4 月 5 日，末花期 4 月 15 日；春稍停长期在 6 月下旬；果实成熟期 9 月 25 日，果实生育期约 160 d；11 月底为落叶期，全年生育期 225 d。抗寒、耐旱，适应性广，病虫害少，肉质酥脆，多汁味甜。适应性广，在西北、黄河故道、渤海湾地区等多种生态条件下皆可种植，尤其在有机质含量高的沙壤土、河滩冲积土栽培品质最佳。

图 9–29 美人酥

（4）美人酥

美人酥（图 9–29）是由幸水梨 × 火把梨育成的优良红色梨新品种。树冠呈圆锥形，树势健壮，枝条直立性强，结果后开张。年新梢生长量 81.7 cm，平均节间长 3.3 cm。叶片长卵圆形，深绿色，长 12 cm，宽 6.4 cm，叶缘细锐锯齿，具稀梳黄白色绒毛；有花 9～10 朵/花序，花瓣 5～7 片，雄蕊 26～30 枚，雌蕊 5～7 枚，花冠直径 4.3 cm，花药粉红色，种子 5～9 粒，棕褐色，心形。幼树生长旺盛健壮，直立性强；进入结果期树姿开张，生长势减缓。四年生树高 3.56 m，冠径 1.86 m × 1.61 m，干周 15.5 cm，萌芽率高达 72%，成枝力中等。结果早，种植第 2 年结果，顶花芽较易形成，花量较大，坐果率高。以短果枝结果为主，幼树中长果枝较多，果台枝连续结果能力弱。生理落果轻，丰产性好。果实卵圆形，平均单果重 260 g，大果可达 800 g 以上。果柄长 3.5 cm，粗 3.0 mm，部分果柄基部肉质化。果面光亮洁净，底色黄绿，几乎全面着鲜红色彩。果肉乳白色细嫩，酥脆多汁，风味酸甜适口，微有涩味，可溶性固形物含量 14%～15%，总糖含量 9.96%，总酸含量 0.51%，维生素 C 含量 7.22 mg/100 g，品质上等。经贮藏后涩味逐渐褪去，口味更佳。郑州地区花芽萌动期 3 月 23 日，初花期 3 月 26 日，末花期为 4 月 5 日，花期持续 10 d。新梢停长期 7 月中下旬，果实成熟期 9 月中下旬，落叶期 11 月底，全年生育期为 235 d。抗梨黑星病、干腐病、早期落叶病和梨木虱、蚜虫，花期抗晚霜，耐低温能力强。可适于西南、西北地区、辽西地区和黄、淮海平原地区发展。

（5）满天红

图 9–30 满天红

满天红（图 9–30）是中国农业科学院郑州果树研究所王宇霖研究员用幸水梨 × 火把梨选育成的优良红色梨新品种。树姿直立，干性强，树冠圆锥形，枝干棕灰色，较光滑，一年生枝红褐色，平均长66.8 cm，粗 0.9 cm，节间长 3.3 cm。嫩梢具黄白色绒毛，幼叶棕红色，两面均有绒毛。叶阔卵形，浓绿色，叶柄长 3.0 cm，叶柄粗 1.6 mm，叶片平均纵横径 9.5 cm × 6.9 cm，叶缘锐锯齿，先端长尾尖。有花 7～10 朵/花序，雄蕊28～30 枚，雌蕊 5～7 枚，花冠初开放时粉红色，直径 4.2 cm，花药深红色；果实 5～6 心室，种子棕褐色，圆锥形，7～9 粒。幼树生长势强健，枝条粗壮，直立性强；进入结果期树姿开张，生长势减缓。年新梢生长量 65 cm，枝条尖削度 0.66，果台枝抽生能力强，每台抽枝 2～3 条，可连续结果。开始结果早：管理较好的条件下，2 年始果，3 年大部分均可结果。以短果枝结果为主，短果枝占总结果量的 70%，中长果枝分别占 20% 和 10% 左右。易形成顶花芽，花量较大，坐果率高，花序坐果率为 70%，花朵坐果率为 25%，平均坐果 2 个/花序。采前落果较轻，近熟期土壤过于干旱时，有轻微落果现象，极丰产稳产。果实近圆形或扁圆形，平均单果重280 g，最大单果重1000 g以上。果实底色淡黄绿色，阳面着鲜红色晕，占2/3以上。光照充足时果实全面浓红色，外观漂亮。梗洼浅狭，萼洼深狭，萼片脱落，果柄长2.9 cm，粗2.8 mm，果点大且多。果心极小，果肉淡黄白色，肉质酥脆化渣，汁液多，无石细胞或很少，风味酸甜可口，香气浓郁，刚采下来时微有涩味，可溶性固形物含量13.5%～15.5%，总糖含量9.45%，总酸含量0.40%，维生素C含量3.27μg/100 g，品质上等，较耐贮运，稍贮后风味、口感更好。花芽萌动期3月23日，盛花期3月26日，末花期4月5日。果实成熟期9月上中旬，果实发育约165 d，落叶期为11月中下旬，全年生育期约245 d。抗旱、耐涝、抗寒性较好；病虫害少，对梨黑星病、锈病、干腐病抗性强；蚜虫、梨木虱较少危害。可在沙梨分布区和部分白梨分布区发展种植，尤其适于西南、西北地区、辽西地区和黄、淮海平原地区栽培。

（6）红酥脆

图9-31　红酥脆

红酥脆（图9-31）是中国农业科学院郑州果树研究所王宇霖研究员1989年选用日本优良品种幸水梨作母本与中国云、贵、川一带所产的红色梨品种火把梨作父本，在国内人工杂交后，杂种苗在新西兰培育。经多年全国多点生长结果区试观察，反复优选育成的优良红色梨新品种。干性较强，树姿较直立，结果后开张，枝条较细软，前端易弯曲。四年生树高2.91 m，南北冠径1.52 m×1.62 m，干高55.4 cm，干周15 cm，生长势中庸，年新梢生长量为58.9 cm，节间长3.5 cm，嫩梢淡黄绿色，极少绒毛，叶、梢均较光滑。叶卵圆形，浅绿色，长11.6 cm，宽6.6 cm，叶柄长3.3 cm，叶柄粗1.7 mm；花朵淡红白色，开放后为粉白色，花冠直径4.5 cm，有花9～10朵/花序，花药粉红色，花瓣8～10片，多者有16片，雄蕊26～30枚，雌蕊5～7枚，种子6～10粒，棕褐色。幼树生长势强健，枝条粗壮，直立性强；进入结果期树姿开张，生长势减缓。年新梢生长量65 cm，枝条尖削度0.58。果台枝抽生能力强，每台抽枝2～3条，可连续结果。开始结果早，管理较好的条件下，2年始果率可达35%，3年大部均可结果，以短果枝结果为主，占总结果枝的73%，中、长果枝分别占18%和9%。顶花芽较易形成，成花容易，花量较大，坐果率高，花序坐果率为76%，花朵坐果率为23%，平均坐果2.1个/花序。采前落果较轻，极丰产稳产。果实近圆形或卵圆形，平均单果重250 g，最大单果重达850 g以上。果面浅绿色，果点大而密，阳面着鲜红色晕，占果面1/2～2/3。部分果柄基部肉质化，长3.3 cm，粗2.8 mm。梗洼浅狭，萼洼深狭，萼片脱落。果肉乳白色，肉质细酥脆，汁多味甜，果心小，无石细胞，可溶性固形物含量13%～14.5%，总糖含量8.48%，总酸含量0.39%，维生素C含量7.03 mg/100 g，品质上等。较耐贮藏。花芽萌动期3月23日，盛花期3月26日，末花期4月5日。果实成熟期9月中下旬。果实发育约165 d，落叶期为11月中下旬，全年生育期约235 d。抗旱、耐涝、抗寒性较好，病虫害少，对梨黑星病、锈病、干腐病抗性强，蚜虫、梨木虱较少危害。可在沙梨分布区和部分白梨分布区种植，尤其适于西南、西北地区、辽西地区和黄、淮海平原地区发展。

图9-32　红香蜜

（7）红香蜜

红香蜜（图9-32）是中国农科院郑州果树研究所选用新疆库尔勒香梨×郑州鹅梨杂交培育出的优良新品种。幼树生长旺盛，直立性强，成年树冠近圆形，树姿较开张。主干灰色，较光滑，一年生枝灰褐色，枝条节间长3.8 cm，基部有2～3节盲节。叶片长卵圆形，长12.9 cm，宽7.6 cm，深色，微内卷，叶缘锐锯齿，叶尖突尖，基部椭圆形。叶柄长 6. 1 cm，粗 0. 21 cm。有花 5 ~ 6 朵/花序，花瓣 5 片/花，花瓣长椭圆形，花冠粉红色，雌蕊 5 ~ 6 枚，雄蕊 29 枚。种子棕褐色较大、饱满，3 ~ 6粒。幼树生长势强健，进入盛果期渐缓，枝条逐步开张。六年生树高 4. 5 m，冠径东西 3. 4 m，南北 3. 1 m，干周 39 cm。年新梢生长量平均 56 cm，萌芽率低，成枝力中等。果台枝抽生能力中等，连续结果能力不强。3 年始果，5 ~ 6 年进入盛果期，以中、短果枝结果为主，有一定量的长果枝，占 10%，中果枝占 26%。平均坐果 1. 6 个/果台，采前落果不明显，较丰产稳产。五至六年生树产量达 2500 ~ 3000 kg/亩。果实近似纺锤形或倒卵圆形，平均单果重 235 g，最大单果重可达 670 g，底色黄绿色，阳面鲜红色晕。果实纵径 7. 8 cm，横径 7. 1 cm，果面光洁，无锈，果点明显多大，部分果实萼端突出具棱，萼洼深狭，萼片残存，梗洼浅狭，部分果柄具肉质化，柄长 4. 5 cm，粗 0. 42 cm。果心极小，果肉乳白色，肉质酥脆细嫩，石细胞少，汁液多，风味甘甜浓香可口，可溶性固形物 13. 5% ~ 14%，总糖含量 10. 72%，总酸含量 0. 092%，维生素 C 含量 5. 16 mg/100 g，品质极上。果实不耐贮藏，室温下可贮放 20 ~ 30 d，冷库或气调条件下，可贮放至翌年 3—4 月。在郑州地区花芽 3 月上旬萌动，初花期为 3 月 26 日，盛花期 3 月 28 日，末花期 4 月 5 日，花期持续 10 d 左右。果实成熟期为 9 月上中旬，落叶期 11 月下旬，营养生长天数约 230 d。抗逆性强，抗旱、抗寒、耐涝、耐瘠薄，耐盐碱。病虫害少，高抗梨黑星病、锈病、干腐病等；食心虫、蚜虫危害较少，仅果实近成熟期易遭受鸟类危害。可在白梨、新疆梨和部分砂梨分布区发展栽培，尤其适合西北地区、黄淮海地区和辽西、京郊地区种植，有望成为我国生产主栽良种。

（8）鸭梨

鸭梨（图 9-33）品种幼树生长旺，大树生长势弱，树冠开张，萌芽力高，成枝力弱，枝条弯曲，树冠内枝条稀疏，短枝多。定植后 3 ~ 4 年结果，第 7 ~ 第 8 年进入盛果期，以短果枝结果为主，果台连续结果能力强。果实呈倒卵圆形，近果柄肩部有一鸭头状凸起，故名鸭梨。果梗长，萼片脱落。果实中等大小，平均单果重 185 g。果皮细薄而光滑，有蜡质，果皮绿黄色，贮藏后变为黄色，果柄附近有锈色斑。果肉白色，质细而脆，石细胞少，果汁多，味甜微酸，有香气，可溶性固形物含量 11% ~ 13. 8%，品质上等，果实 9 月中下旬成熟。自然条件下可贮至翌年 2—3 月。适应性强，抗旱性强，抗寒力中等，抗黑星病能力强，食心虫危害较重，喜沙壤土，对肥水条件要求高。适宜在渤海湾、华北平原、黄土高原、川西、滇东北，南疆及甘、宁等地区发展。

（9）库尔勒香梨

库尔勒香梨（图 9-34）树势强，枝条较开张，萌芽力中等，成枝力强。定植后 3 ~ 4 年开始结果，丰产、稳产，以短果枝结果为主，腋花芽、长果枝结实力也很强。果实倒卵圆形，有沟纹。平均单果重 110 g，最大可达 174 g。果皮薄，绿黄色，贮后变黄色，阳面具红晕。果梗基部肉质状，果心较大，果肉白色，肉质细嫩，味甜，有浓香，可溶性固形物含量 13% ~ 16%，品质极上。9 月下旬成熟。果实可贮至翌年 4 月。适应性广，沙壤土、黏重土均能适应。抗寒力中等，抗病虫能力强。适宜发展地区同鸭梨。

图 9-33 鸭梨

图 9-34 库尔勒香梨

(10) 茌梨

茌梨（图 9-35）幼树生长健壮，极性强，新梢多而直立。萌芽力高，成枝力中等，定植后 4～6 年结果，有一定自花结实能力，丰产。成年树树势强健，树姿开张，以短果枝结果为主，果台副梢连续结果能力中等，腋花芽及中、长果枝结果能力很强，采前落果较重，寿命长。果实多倒卵圆形或短纺锤形，果形不整齐，侧果肩常突起，平均单果重 233 g。果皮绿色，贮后转为黄绿色。果面粗糙，果肉白色，质嫩，细脆多汁，味浓甜，具微香，石细胞少，果心中大，可溶性固形物含量 13%～15.3%，品质上等。果实 9 月下旬采收，较耐贮藏，一般可贮至翌年 2—3 月。抗旱不抗涝，抗寒力弱。易感黑星病、轮纹病及黄粉蚜为害，也易受晚霜危害。适宜发展地区同鸭梨。

(11) 雪花梨

雪花梨（图 9-36）幼树生长缓慢，树势中庸，萌芽力高，成枝力中等。定植后 3～4 年结果，较丰产。幼树以中长果枝结果为主，随树龄增加，短果枝结果比例逐渐提高，果台发枝力弱，连续结果能力差。短果枝寿命较短，结果部位易外移。腋花芽能结果。果实长卵圆或长椭圆形，平均单果重 300 g，最大单果重 530 g。果皮绿黄色，贮后变为黄色。果点褐色，较大而密，果面稍粗糙，有蜡质分泌物。梗洼深度、广度中等，萼洼深、广，萼片脱落。果肉白色，肉质细脆，汁多味甜，果心较小，可溶性固形物含量 11%～13%，品质上等。9 月中旬成熟。可贮至翌年 2—3 月。喜深厚的沙壤土，抗旱力较强，抗寒力同鸭梨相近，抗黑星病和轮纹病能力较强。适宜发展地区同鸭梨。

**图 9-35　茌梨**

**图 9-36　雪花梨**

(12) 秋月梨

秋月梨（图 9-37）是日本农林水产省果树试验场用（新高×丰水）×幸水杂交育成。生长势强，树姿较开张，一年生枝灰褐色，枝条粗壮，叶片卵圆形或长圆形，大而厚，叶缘有钝锯齿。幼枝生长势强，萌芽率低，成枝力较高，易形成短果枝，一年生枝条甩放后可形成腋花芽。以短果枝结果为主，结果早，丰产性好，结果早，丰产性好，幼树定植第 2 年开始结果。四至五年生骨干枝容易出现下部光秃。果个大，平均单果重 450 g，最大单果重 1000 g。果实略呈扁圆形，果形端正，果肩平，果形指数 0.8 左右。不套袋果果皮略呈青褐色，储藏后变为黄褐色，外观极其漂亮。果肉乳白色，肉质酥脆，可溶性固形物含量 14.5% 左右，汁多味甜，清香爽口，石细胞极少，果核小，可食率 95% 以上，品质上等。在胶东地区，3 月下旬花芽萌动，4 月 15 日初花期，4 月 20—25 日盛花期，花期 10 d 左右。叶芽 4 月中旬萌动，4 月下旬开始萌发。果实 9 月中下旬成熟，生长期 150 d 左右。抗寒力强，耐干旱；较抗黑星、黑斑病。但萼片宿存。

**图 9-37　秋月梨**

**思考题**

（1）梨的乔化砧木有哪些？矮化砧木有哪些？

（2）梨栽培上早熟品种、中熟品种和晚熟品种有哪些？识别时应把握哪些要点？

## 第四节 无公害梨栽培技术要点

### 一、园地选择与规划

**1. 园地选择**

无公害梨生产园选择阳光充足，交通方便，土层厚 1 m 以上，地下水位 1 m 以下，有灌溉条件，土壤 pH 在 6.0 ~ 8.0，含盐量 0.2% 以下，土壤有机质在 1% 以上的壤土或沙壤土地段。平地建园要求地势较高，便于排水；山区、丘陵建园要求在 10°以下，坡度在 6° ~ 15°的应修筑水平梯田，坡向选择背风向阳的东坡、东南坡或南坡；气候条件适宜、远离污染源，环境空气质量、灌溉水质量和土壤环境质量均符合规定的要求。

**2. 园地规划**

一般小区面积 1 ~ 3 $hm^2$，山地边长与等高线平行。最好在栽植梨树前 1 ~ 2 年建造防护林；有条件的地方应配套灌溉设施，如滴灌、微灌和渗灌等。

### 二、砧木和品种选择

砧木和品种选择应以区域化和良种化为基础。结合当地自然条件，选择适宜的砧木、类型和优良品种，适地适栽。秋子梨主栽区域为东北、燕山、西北、黄河流域；白梨和西洋梨主栽区域为黄河流域、东北南部、胶东半岛；砂梨主栽区为长江以南。选用的砧木和苗木品种要求纯正。北方梨区选择的砧木是杜梨、秋子梨；南方梨区选择的砧木是豆梨、砂梨，矮化中间砧是榅桲。

### 三、栽植

**1. 栽植时期**

冬季较温暖地区以秋季为好；冬季干旱、寒冷地区以春季土壤解冻后至萌芽前为宜。

**2. 栽植要求**

选择苗高 1.2 m 以上，接口以上 10 cm 处粗 1.0 ~ 1.2 cm，整形带内有 8 个以上饱满芽，茎皮无干缩及损伤，主根长 25 cm 以上，基部粗 1.2 cm 以上；侧根 5 条以上，长 20 cm 左右，基部粗 0.4 cm 以上；须根多，且侧根分布均匀、舒展、不卷曲，无病虫危害和机械损伤的二年生优质健壮嫁接苗。砧木长江中下游可选用豆梨，其他地区可选用杜梨。定植前苗木根部用 3% ~ 5% 的石硫合剂，或 1∶1∶200 的波尔多液浸苗 10 ~ 20 min，再用清水洗根部后蘸泥浆。南北行向栽植。株距 2 m 以外挖穴栽植，2 m 以内挖沟栽植。挖穴（沟）时间，秋季栽植提前一个月，春季栽植在前一年秋季。穴（沟）底填入 20 cm 厚碎秸秆、杂草或落叶，然后回填表土与腐熟有机肥（30 ~ 50 kg/株）的混合物，填平后灌透水。栽植深度是根颈部与地面相平。栽后灌一次透水。秋季栽植的，土壤结冻前以苗木为中心堆一个 30 cm 高的土堆。栽植密度，利用乔化砧，在土、肥、水条件较好的地方，株行距采用（3 ~ 4）m ×（4 ~ 5）m；土层较薄，肥水条件较差的地方，株行距可采用（2 ~ 3）m ×（3.5 ~ 4）m。采用半矮化砧或矮化中间砧的，可采用株行距（2 ~ 2.5）m ×（3.5 ~ 4）m。选用矮化砧或极矮化砧的，可采用株行距 1.5 m ×（3 ~ 3.5）m。采用计划密植的可在上述株行距基础上加密。山区土层薄选用乔化砧栽植株行距是（2 ~ 3）m ×

（3～5）m。授粉品种选择果大、形好、色美、质优品种（表9–3）。大型梨园采用行列式授粉品种，主栽品种与授粉品种比例（4～5）：1；面积较小梨园采用中心式配置授粉品种，主栽品种与授粉品种比例为8：1。

**表9–3　梨主栽品种及适宜授粉品种**

| 主栽品种 | 授粉品种 |
|---|---|
| 鸭梨 | 雪花、砀山酥、金花、锦丰 |
| 砀山酥梨 | 富源黄梨、鸭梨、秦酥 |
| 茌梨 | 鸭梨、大香水 |
| 雪花 | 金水2号、车头 |
| 早酥 | 新世纪、雪花、砀山酥、黄花、鸭梨 |
| 新世纪 | 黄花、早酥、茌梨、秋黄、丰水、圆黄 |
| 晋酥 | 早酥、砀山酥 |
| 黄金 | 金廿世纪、砀山酥、金星、绿宝石、圆黄、秋黄 |
| 金廿世纪 | 砀山酥、金星、绿宝石、茌梨、蜜梨、鸭梨、雪花 |
| 黄冠 | 雪峰、鸭梨、雪青、西子绿、绿宝石 |
| 圆黄 | 砀山酥、秋黄、丰水、鲜黄、爱宕、幸水 |
| 水晶 | 绿宝石、秋黄、圆黄、丰水、早酥 |
| 秋黄 | 丰水、幸水、新水 |
| 华山 | 秋黄、今村秋、新水、幸水、金廿世纪 |
| 爱甘水 | 新水、幸水、金廿世纪、新兴、松岛 |
| 丰水 | 桂二、幸水、西子绿、金水2号 |
| 新水 | 西子绿、丰水 |
| 爱宕 | 丰水、西子绿 |
| 红巴梨 | 红考密斯、伏茄、金廿世纪、八月红、红太阳 |
| 红香酥 | 满天红、红酥脆 |
| 满天红 | 红香酥、红太阳 |
| 红酥脆 | 红香酥、美人酥 |
| 红太阳 | 八月红、美人酥 |
| 库尔勒香梨 | 满天红、红宵梨 |
| 红茄梨 | 红考密斯、八月红 |
| 红考密斯 | 红南果、红宵梨 |

## 四、土肥水管理

**1. 土壤管理**

（1）深翻改土

分扩穴深翻和全园深翻。扩穴深翻结合秋施基肥进行，在定植穴（沟）外挖环状沟或条沟，沟宽80 cm、深80～100 cm。将表土与有机肥混合后回填，表土不够用时可利用田间表土，然后充分灌水。

（2）中耕

清耕制果园及生草果园树盘，生长季降雨或灌水后，及时中耕深 5～10 cm，保持土壤疏松无杂草状态。

（3）树盘覆盖和埋草

树盘覆盖麦秸、麦糠、玉米秸、稻草及田间杂草等厚 10～15 cm，上压零星土。连覆 3～4 年后结合秋施基肥浅翻一次；也可结合开大沟埋草。

（4）果园间作和行间生草

幼龄梨园在行间种植矮小间作物草莓、蔬菜和豆科等作物，但不能种植高秆作物。成龄梨园行间生草，禾本科草种选用黑麦草和高羊茅等；豆科草种选用三叶草、毛叶苕子、紫花苜蓿、草木犀等，每年割草 3～4 次，使之不影响果树生长发育，通过翻压、覆盖和沤制等方法使其转变为梨园有机肥。还可在梨园内养鸡、鹅，利用鸡吃虫、鹅吃草，鸡、鹅粪便肥地，建立生态果园。

**2. 施肥管理**

（1）施肥原则

施用肥料不能对果园环境和果实品质产生不良影响，且是农业行政主管部门登记或免予登记的肥料。允许使用的肥料种类有：有机肥料、微生物肥料、无机肥料。有机肥料包括堆肥、沤肥、厩肥、沼气肥、绿肥、作物秸秆肥、泥炭肥、饼肥、腐殖酸类肥、人畜废弃物加工而成肥料等。微生物肥料包括微生物制剂和微生物加工肥料等。无机肥料包括氮肥、磷肥、钾肥、硫肥、钙肥、镁肥及复合（混）肥等。能进行叶面喷施肥料包括大量元素类、微量元素类、氨基酸类、腐殖酸类肥料。限制使用的肥料有含氯化肥和含氯复合（混）肥。

（2）施肥方法和施肥量

①基肥。秋季施入，以农家肥为主，混加少量氮素化肥。施肥量初果期按每生产 1 kg 梨施 1.5～2.0 kg 优质农家肥；盛果期梨园施肥量 3000 kg/亩以上。施肥方法采用沟施，挖放射状沟或在树冠外围挖环状沟，沟深 40～60 cm。

②追肥。分土壤追肥和叶面喷肥 2 种。土壤追肥主要有 3 次：第 1 次在萌芽前后，以氮肥为主；第 2 次在花芽分化及果实膨大期，以磷、钾肥为主，氮、磷、钾混合使用；第 3 次在果实生长后期，以钾肥为主。其余时间根据具体情况进行施肥。施肥量以当地土壤条件和施肥特点确定。施肥方法是树冠下开环状沟或放射状沟，沟深 15～20 cm，追肥后及时灌水。叶面喷肥全年 4～5 次。一般前期 2 次，以氮肥为主；后期 2～3 次，以磷、钾肥为主，也可根据树体情况喷施果树生长发育所需微量元素。常用肥料浓度尿素为 0.2%～0.3%、磷酸二氢钾（$KH_2PO_4$）为 0.2%～0.3%、硼砂 0.1%～0.3%，注意叶面喷肥应避开高温时间。

**3. 水分管理**

梨园灌水应根据土壤墒情而定。一般应灌好萌芽水、花后水、催果水和封冻水，灌水后及时松土。水源缺乏梨园应用作物秸秆、绿肥等覆盖树盘。注意采用滴灌、渗灌、微喷等节水灌溉技术，在雨季要注意排出积水。

## 五、整形修剪

**1. 树形与整形过程**

（1）常用树形及典型树形参数

梨树生产上常用的树形有主干疏层形、小冠疏层形、纺锤形和棚架扇形。主干疏层形就是苹果上的疏散分层形，成形后树高小于 5 m，主干高 0.6～0.7 m，主枝共 6 个，分 3 层排列，第 1 层排 3 个，第 2 层排 2 个，第 3 层排 1 个，主枝开展角度 70°。1、2 层层间距 1 m，2、3 层层间距 0.6 m。1 层层内距

0.4 m。2 层层内距 0.5 m。每层主枝留侧枝数：1 层 3 个，2、3 层各 2 个。小冠疏层形（图 9-38）成形后树高 3 m，干高 0.6 m，冠幅 3.0 ~ 3.5 m，第 1 层主枝 3 个，层内距 0.3 m，第 2 层主枝 2 个，层内距 0.2 m，第 3 层主枝 1 个。1、2 层间距 0.8 m，2、3 层间距 0.6 m，主枝上不配侧枝，直接着生大中小型枝组。小冠疏层形适合低度密植园。其骨架牢固，产量高，寿命长，透光性好。其缺点是梨树有效的结果体积较小。纺锤形（图 9-39）成形后树高 2.5 ~ 2.8 m，主干高 50 ~ 70 cm，小主枝 10 ~ 15 个，围绕中心干螺旋式排列，小主枝间隔 20 cm，与中心干夹角 75° ~ 85°，在小主枝上配置结果枝组。纺锤形修剪简单容易，幼树期修剪量小，投产早，适于密植。缺点是该树形骨架欠牢固，通风透光性稍差，植株寿命较短。棚架扇形（图 9-40）成形后树高 2.5 m，主干高 60 ~ 70 cm，无中心干，主枝 4 ~ 6 个，呈扇形排列于棚架上，各主枝间距 20 cm 左右，主枝粗度为着生部位主干粗度的 1/2 左右。冠幅 4 m × 3 m，主枝上着生结果枝组 4 ~ 6 个。该树形便于培育高档次梨果。下面以纺锤形和棚架扇形为例介绍其整形修剪过程。

图 9-38　小冠疏层形

图 9-39　纺锤形

（2）纺锤形整形修剪过程

纺锤形树形整形修剪过程是：苗木定植后，留 80 ~ 90 cm 定干，剪口下 20 ~ 30 cm 为整形带。在整形带内选 3 个分布均匀，长势较强的新梢做主枝，整形带以下的新梢全部疏锄。主枝长 70 cm 时摘心。冬剪时，中心干留 1 m 短截，主枝延长枝轻短截或中截。定植后第 2 年生长季在中心干上继续选留主枝，主枝交错间隔 20 cm，其余新梢长 50 cm 时摘心，或拉枝开角至 75° ~ 85°，同时疏除背上的直立枝和竞争枝。对较旺幼树主干或主枝环割 2 ~ 3 道，间距 10 ~ 15 cm，深达木质部。第 3 年生长季修剪方法与第 2 年相同。第 3 年冬剪时树形基本形成。第 4 年已进入结果期，应及时回缩衰弱的主枝，更新复壮枝组。进入盛果期后，有空间的内膛枝适度短截，并及时回缩衰弱的结果枝组。

图 9-40　棚架扇形

（3）棚架扇形整形修剪过程

定植当年于 1 m 处定干，萌芽后选留 4 ~ 8 个枝条培养。第 2 年选留 3 ~ 4 个作为主枝，每个主枝上选留 2 个结果侧枝，相互错开 20 cm 左右。在梨园上空距地面1.8 ~ 2 m 高度处架设水平铁丝网，将枝条固定在铁丝网上，摆布均匀，轻短截各主枝，促发 1 级枝组，延伸骨架枝。根据树体情况，主要采用水平形、杯状形或开心形，将主枝倾斜延伸拉至棚架架面，然后将延长枝水平绑缚在棚面上，主枝数量以布满架面为宜。整个年生长周期中，芽萌动时，于缺枝部位在芽上 0.3 ~ 0.5 cm 刻芽，长度为枝干周长的 1/3 ~ 1/2，深度为枝干粗度的 1/10 ~ 1/7。注意抹去剪锯口处萌芽，旺枝背上芽，对跑单条新梢摘心。5— 6 月重点解决光照问题，疏除背上枝、下垂枝，回缩延长枝头和长放营养枝；有位置的新梢及时摘心。6 月、7 月、8 月注意扭梢、拿枝，控制旺长。8 月下旬至 9 月中旬，对幼、旺树，主要是疏枝，大量拉枝，回缩长、大枝。拉枝将枝拉展，使枝条中部不弯弓，梢部不下垂。进入 10 月摘去不停长新梢的嫩头。冬剪时注意短截长串结果枝和长营养枝，疏除各骨干枝上部背上直立旺枝。

**2. 不同年龄时期修剪**

梨树整形修剪采用冬剪和夏剪相结合，总的原则是改善通风透光条件，保持营养生长和生殖生长的动态平衡，确保连年高产稳产。冬季修剪方法主要是短截、疏枝、回缩、刻芽等，同时剪除病虫枝，清除病僵果。夏季修剪方法是拉枝、疏枝、摘心、环剥和拿枝等。对于五年生以下幼树，应以夏剪为主。结果初期要保持中心干生长优势，在饱满芽处短截骨干枝延长枝。疏除过密枝、竞争枝、徒长枝，对辅养枝采取摘心、拉枝、环剥等夏剪措施。六年生以上大树，随树体结果量增加，应逐渐加大冬季修剪量。盛果期树调节好生长与结果的关系。花芽量多的树应适当重剪，剪去一部分花枝或花芽；花芽量少的树应轻剪，尽量多留花芽。衰老期树要进行枝组的更新复壮。对骨干枝有计划地进行回缩更新；对于结果枝组，要选择一、二年生枝在饱满芽处进行短截。

（1）幼树和初结果树修剪

梨幼树和初结果树修剪的主要任务是迅速扩大树冠，注意开张枝条角度，缓和极性和生长势，使之形成较多的短枝，达到早成形、早结果、早丰产。要求冬季选好骨干枝、延长枝头，进行中短截，促发长枝，培养树形骨架。夏季拉枝开角，调节枝干角度和枝间从属关系（使中心干生长势大于主枝，主枝大于侧枝，侧枝大于枝组），促进花芽形成，平衡树势。

①促发长枝，培养骨架。定干尽量选在饱满芽处进行短截，一般定干高度 80 cm 左右。要求抹除距地面 40 cm 以内萌发的枝芽，其余保留。冬剪时中心干延长枝剪留 50 ~ 60 cm，主枝延长枝剪留 40 ~ 50 cm，短于 40 cm 的延长枝不剪。

②增加枝量，辅养树体。采取轻剪少疏枝、刻芽、涂抹发枝素、环割和开张角度等措施，促使发枝，增加枝量，迅速壮大树冠。应用发枝素有效促进萌芽，使之在幼树上定点定向发出新梢，按树形结构选留主枝或侧枝。生产上多在 4—8 月用火柴棒蘸取少许发枝素原液，均匀地涂在需要发枝的腋芽表面。涂芽数为 150 ~ 200 个/g。

③开张角度，缓和长势。采取拉、顶、坠、拿枝及应用各种开角器开张枝梢角度，以促使形成较多短枝，实现早期丰产。开张角度时间越早越好。

④抑强扶弱，平衡树势。进行中心干换头或使之弯曲生长。对强枝、角度小的枝加大开张角度，采用弱枝带头，多疏枝缓放少短截，环剥环割、多留果等方法；对弱枝采用相反方法，抑强扶弱，平衡树势。通过改变枝的开张角度，回缩等方法，调整好主从关系。

⑤培养枝组，提高产量。梨树结果枝组培养一般采用先放后缩法为主。第 1 年长放不剪，第 2 年根据情况回缩到有分枝处，或第 1、第 2 年均长放不剪，等到第 3 年结果后再回缩到有分枝处。幼树至初结果期应多培养主枝两侧的中小型结果枝组，增加斜生结果枝组。

⑥清理乱枝，通风透光。采取逐年疏枝、回缩，处理辅养枝，清理乱枝，保持树冠通风透光，小枝健壮，以达到优质丰产的目的。

（2）盛果期树修剪

梨树盛果期修剪的主要任务是调节生长和结果之间的平衡关系，保持中庸健壮树势，维持树冠结构与枝组健壮，实现高产稳产。具体要求为树冠外围新梢长度以 30 cm 为好，中短枝健壮；花芽饱满，约占总芽量的 30%；枝组年轻化，中小枝组约占 90%；达到 3 年更新，5 年归位，树老枝幼，并及时落头开心。

①保持树势中庸健壮。梨树长势中庸健壮的树相指标是：树冠外围新梢长度 30 cm 左右，比例约为 10%，枝条健壮，花芽饱满紧实。

②保持枝组年轻化。枝组大小新旧交替，其内部处于动态变化状态。要求随着树冠的开张，背下、侧背下枝组应逐渐由多变少，侧背上、背上枝组应逐渐由少变多，且以中小枝组为主。位置空间适宜的枝组或培养或维持，不适宜的或更新或疏除，使枝组分布合理，错落有序，结构紧凑，年轻健壮。

③保持树冠结构良好。要及时落头开心，疏除上部过多枝，间疏裙枝、下垂枝；回缩行间碰头枝，解决群体光照，全树保持结构良好，中庸健壮。

（3）衰老期树修剪

梨树当产量降至不足1000 kg/亩时，应进行更新复壮。要求每年更新1～2个大枝，3年更新完毕，同时做好小枝的更新。

梨树潜伏芽寿命长，在发现树势开始衰弱时，要及时在主、侧枝前端二年、三年生枝段部位，选择角度较小，长势比较健壮的背上枝，作为主、侧枝的延长枝头，将原延长枝头去除。如果树势已经严重衰弱，选择着生部位适宜的徒长枝短截，用于代替部分骨干枝。如果树势衰老到已无更新价值时，要及时进行全园更新。对衰老树的更新修剪，必须与增加肥水相结合，加强病虫害防治，减少花芽量。

## 六、花果管理

**1. 保花保果**

采用人工授粉、花期喷0.3%硼砂等方法，提高坐果率。

**2. 疏花疏果**

以人工疏花疏果为主。萌芽后至花前复剪；现蕾后疏花序、花蕾和花朵；坐果后到生理落果前疏果；因树、因枝强弱留花果，去劣留优。一般在落花后25 d内完成疏花疏果。大型果品种留1个果/花序，中型果品种留1～2个果/花序，小型果品种留2～3个果/花序。保留边花，将产量控制在25～50 kg/株。

**3. 套袋**

（1）选择适宜果袋

红皮梨如美人酥、红酥脆，黄皮梨如黄金、新世纪为防果锈需套2次袋：第1次套1层蜡质小袋；第2次套2层或3层纸袋。小蜡袋规格为73 mm×106 mm。生产高档梨果宜采用2层或内层为棉纸的3层防水、防菌纸袋。若选用2层纸袋，黄皮梨和红皮梨适合采用外黄内浅黄的纸袋。褐皮梨采用外黄内黑或外灰内黑纸袋。华山梨采用外黄内红纸袋；绿宝石梨适宜采用外花内黑2层纸袋或外花中黑内棉3层纸袋。小蜡袋黏合处密封要好，纸袋缝合处针脚要小而密，不透光。纸袋两侧扎丝强度要适宜。

（2）套袋技术要点

套袋前疏除过多幼果，喷布2～3次杀菌和杀虫剂，特别是套袋前1～3 d要细致喷1次80%大生M－45可湿性粉剂800倍液或50%多菌灵可湿性粉剂600～800倍（高温期增加水量）液。小蜡袋和纸袋进行湿口处理，使其返潮、柔韧。具体方法是：套袋前2～3 d，打开果实袋包装箱，使袋口向上，喷布少量水，将10张报纸充分吸水后再挤出过多水分，然后覆于袋口上，再覆1层塑料薄膜，盖好纸箱盖，再用塑料布包好纸箱。为避免萼洼处污染，套袋前去除花萼等残留物。套小蜡袋在谢花后10 d开始，谢花后15 d结束。套小蜡袋后30 d套纸袋。套袋时间选择晴天上午9—11时和下午2—6时，不宜在高温干燥和湿度太大条件下套袋，严禁在果面有露水和药液未干时套袋。套袋时，撑开袋口，使袋体膨起，将果实置于袋内中央呈悬空状态，套上果实后，从袋口两侧向中间依次折叠，用扎丝旋转1周扎紧袋口，扎丝尖不能朝向果实。在树冠内对果实套袋顺序是先上后下、先内后外。套袋时要防止碰落果实，并要防止幼果紧贴纸袋。套袋后在干旱或多雨年份，经常检查袋的通气孔，保证其通畅。每隔10 d左右，打开纸袋进行抽查。若发现有黑点、日灼等症状，应打开通气孔，或用剪刀在袋底部剪几个小口。6月初开始，对树冠喷布2～3次氨基酸钙等钙肥。红皮梨去袋时间在果实采收前14～20 d，其他梨种类在果实采收前20～25 d去袋。去袋时间在上午10时至下午4时进行。去袋时先去外袋，后去内袋，摘除外袋时一手托住果实，一手解袋口扎丝，然后从上到下撕掉外袋。外袋除后隔 5 ~ 7 d 再除内袋。

**4. 改善光照，促进着色**

（1）改善光照

严格进行夏季修剪，去除多余大枝和新梢。

（2）摘叶、转果

采果前 6 周，结合去袋摘除果实周围遮光叶和贴果叶，但一次摘叶不能过多，应分期分批摘除。果实向阳面着色后进行分次转果。转果时动作要轻柔，一次转果角度不宜过大。

（3）树下铺反光膜

梨果着色期在树冠下铺设银色反光膜。铺膜前疏除过密枝或过低枝，平整土地。铺膜后经常保持膜面干净。

（4）喷布增色剂

采果前 30 ~ 40 d，喷布 1 ~ 2 次稀土 500 mg/L，促进果实着色；喷布 1 ~ 2 次 NAA 30 ~ 40 mg/L 可防止采前落果，增大果实着色面积。采果前 40 d 内，每隔 10 d 喷 1 次 1500 ~ 2000 倍增红剂 1 号，增加果实含糖量，促使梨果提前着色，提高着色指数。

（5）采后喷水增色

采果后，选背阴通风处在地面上铺 10 ~ 20 cm 厚湿细沙，将果实果柄向下摆放在湿沙上，果与果之间留有空隙，每天早、晚对果实喷布清水。

## 七、病虫害防治

**1. 防治原则**

以农业防治和物理防治为基础，提倡生物防治，按照病虫害发生规律和经济阈值，科学使用化学防治。

**2. 农业防治**

栽植优质无病毒苗木；加强肥水管理、合理负载等措施增强树势；合理修剪，保证树体通风透光；剪除病虫枝、果，清除枯枝落叶，刮除树干老翘裂皮，翻刨树盘；不与苹果、桃等其他果树混栽；梨园周围 5 km 范围内不栽桧柏。

**3. 物理防治**

根据害虫生物学特性，采用糖醋液、树干缠草和诱虫灯如黑光灯、光频杀虫灯等方法诱杀害虫。

**4. 生物防治**

就是以虫治虫、以菌治虫和以菌治菌。以虫治虫就是利用害虫天敌防治害虫。如人工释放赤眼蜂。助迁和保护瓢虫、草蛉、捕食螨等昆虫天敌。以菌治虫就是利用有益菌防治害虫，以菌治菌就是利用有益菌防治病害。如应用有益微生物及其代谢产物防治病虫。利用昆虫性外激素诱杀或干扰成虫交配。

**5. 化学防治**

应禁止使用剧毒、高毒、高残留农药和致畸、致癌、致突变农药，使用农业部推荐的农药，提倡使用生物源农药、矿物源农药、新型高效低毒低残留农药。加强病虫害预测预报，有针对性地、适时地、科学合理使用农药，未达到防治指标或益虫与害虫比例合理情况下不使用农药。在使用农药时，应合理选择农药种类、使用时间和施用方法，严格按照规定浓度、每年使用次数和安全间隔期要求施用，注意保护害虫天敌。注意不同作用机制农药交替使用和合理混用，施药均匀周到。

## 八、适期采收

梨果适期采收就是在果实进入成熟阶段后，根据果实采后用途，在适当成熟度采收。长期贮藏或远销外地，应在可采成熟度采收；鲜食或加工、短期贮藏的，可在食用成熟度采收；作为种子利用应在生理成熟时采收。对成熟期不一致品种，应分期采收。采收时注意轻拿轻放，避免机械损伤。

**思考题**

(1) 梨无公害栽培建园应把握哪些技术要点？

(2) 无公害梨园栽培如何进行土肥水管理？

(3) 梨整形修剪总的原则要求是什么？

(4) 梨盛果期修剪应把握哪些技术要点？

(5) 如何提高梨果品质？

## 第五节　梨关键栽培技术

### 一、梨施肥技术

**1. 梨树需肥特点**

梨树对矿质营养的吸收与器官生长的规律一致，即器官生长高峰即需肥的高峰期；对氮和钾的需求量高。前期氮素吸收量最大，后期氮素吸收水平显著降低，而钾的吸收量仍保持很高水平；对磷的需求相对较低，而且各个时期的变化幅度也不大。氮、钾、磷三元素吸收比例为1∶0.5∶1。梨的新梢和叶片形成早而集中，同时开花、坐果、花芽分化都需要大量营养，但梨的根系分布稀疏，肥效表现慢，仅靠临时追肥往往不能满足需要。因此，梨树施肥提倡秋施基肥，早春追肥。梨是深根性果树，根系发达，主根入土深，侧根分布宽。因此，肥料宜深施和分散施用。施在树冠外50～100 cm、深30～50 cm的四周土层内，不宜浅施和集中施用。

**2. 叶面追肥**

就是叶面喷肥。其用量少，肥效快，可用来补充土壤追肥之不足。在整个生长季可根据树体需求，定期施用。对于提高叶片质量和寿命，增加光合效能，解决微量元素缺乏而产生的生理病害作用明显。梨叶面追肥要注意配比浓度，根据外界气温掌握好浓度、用量和喷施部位。一般梨园每隔10天喷施1次，连续3～4次，在傍晚喷施吸收好、肥效高。

梨树叶面追肥喷施浓度：尿素0.3%～0.5%，过磷酸钙1%～3%，磷酸二氢钾0.2%～0.3%，硫酸钾0.5%～1%，氯化钾0.3%。在花期、花后喷0.2%～0.3%硼酸溶液，可治疗缺硼症，提高坐果率。对缺铁引起的黄叶病，在生长期间喷多次0.5%的硫酸亚铁溶液，500～600倍的富铁1号，复绿保等；缺锌时，在发芽前时喷4%～5%的硫酸锌液。

### 二、梨树整形技术

**1. 树形选择**

梨树根据栽植密度不同选用不同树形，单株面积大于24 $m^2$的稀值园，采用主干疏层形，单株面积在12～24 $m^2$的中密度果园，采用小冠疏层形或开心形，但梨的开心形与苹果不同，梨的开心形无中干，由树干顶端分生3～4个主枝，每主枝呈30°～35°角延伸。这种树形冠内光照好，整形容易。单株面积小于12 $m^2$的高密度园，采用纺锤形，日韩梨多采用棚架V字形树形。新型栽培模式宽行密植常采用细长圆柱形。

**2. 自然开心形**

自然开心形树（图9-41）树形无明显的中心干，在主干上分生3～4个主枝，主枝上各分生侧枝6～

8个，侧枝上再着生结果枝组，树冠中心开心透光。3主枝基角为45°～50°，主枝1 m以外角度逐渐缩小，即腰角应为30°。主枝先端的角度即梢角宜近于直立，植株高约4 m。该树形优点是通风透光良好，骨架牢固，适于密植，主枝角较小，衰老较慢。适于生长势强，主枝不开张的品种；缺点是幼树修剪较重，进入结果期较晚，主枝直立，侧枝培养较难。

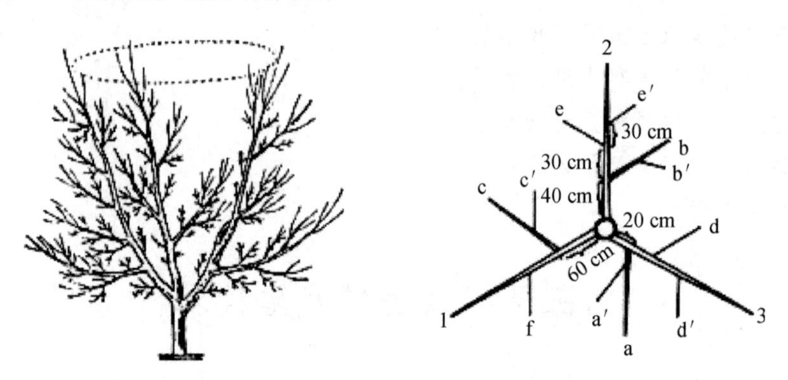


1、2、3为主枝；a、b、c、d、e、f为侧枝，a′、b′、c′、d′和e′为结果枝组

**图9–41 梨树的自然开心形及其骨干枝配置模式**

**3. 单层高位开心形**

单层高位开心形（图9–42）树形适合乔砧密植梨园采用，具有成形快，结果早，易管理等特点。

（1）树体结构

干高60～80 cm，中心干高1.6～1.8 m，树高3.0～3.5 m。在中心干上均匀排列几个枝组，基轴长度30 cm以下，在中心干上着生10～12个健壮结果枝组，基部枝组与中心干夹角70°，顶部与中心干夹角为80°。

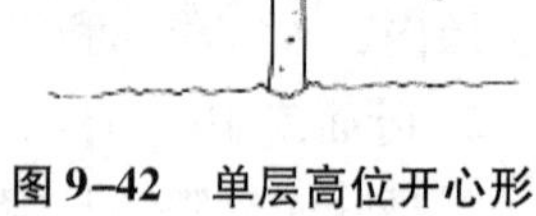

**图9–42 单层高位开心形**

（2）整形修剪技术

①一至三年树修剪要点。栽植后定高高度80～100 cm，同一行内剪口下第一芽方向保持一致。主干高度60～80 cm，抹除50 cm以下所有枝条。前两年新梢长度在30 cm以下时不短截；生长至30 cm以上时，留4～6个饱满芽后短截，并对保留芽刻伤4个。长度在30 cm以下的分枝及细弱枝不剪截。30 cm长以上的壮枝，留2～3个饱满芽短截。

②三年生树修剪要点。对长度在50 cm以下的顶梢及长细弱枝，回缩到二年生部位；健壮直立枝，保留4～6个芽后短截。长50 cm以上粗壮枝，留4～6个芽后短截。全树100 cm以上的分枝数达10～12个且生长均衡时可全部缓放。短截缺枝部位的枝，并在缺枝部位选芽进行刻伤。5月上旬，环刻长放健壮枝。全树环刻枝数不宜超过长放枝的1/3。对直立长放枝在7月进行拉枝。4～6年后逐渐更新复壮，精细修剪结果枝组，保持树老枝新。

**4. 水平棚架形**

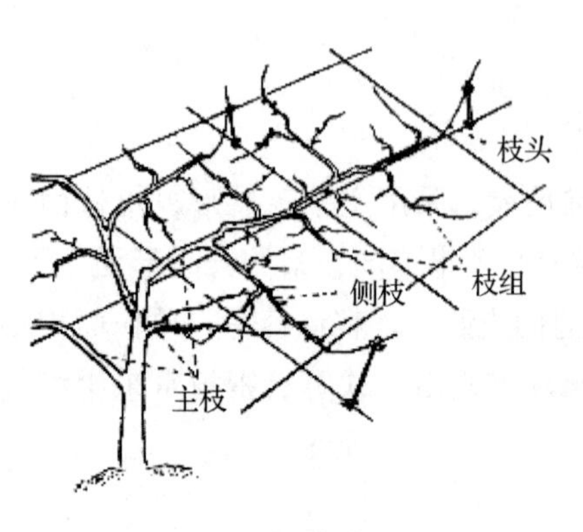


**图9–43 棚架形**

水平棚架形树（图9–43）棚架高2 m，主干高80～100 cm，2～4个主枝，层内距60 cm，均匀分布向行间伸展，主枝在架面上间隔1.5～2.0 m，主枝上不配备侧枝，两侧配备大、中、小枝组，大枝组间距80 cm，中枝组间距30～40 cm，小枝组间距10～20 cm，结果枝组均匀布满架面。主枝背上不留大枝组。该树形优点是套袋、喷药、喷肥、采收等日常管理方便；树冠不高，枝条牢固，能减少风害和机械损伤；树体光照良好，结果稳定，品质优良。缺点为架材投资大，管理费工、费时，对肥水条件要求高，幼树期修剪

量大。

**5. 三裂扇形**

干高60～70 cm。在中心干上错落着生5～6个小主枝，基角70°～80°，层内距50～60 cm，每一主枝上着生两个大型枝组，其余为中、小型枝组。在中心干的上部，每隔20～30 cm配置一个较大枝组，共6～7个。待大量结果、树势缓和后落头开心，适合于56～83株/亩。

**6. 结果枝组修剪**

梨大、中、小型枝组要多留早培养。中心干上转主换头的辅养枝，主枝基部、背上背下可多留。在培养过程中分别利用，逐步选留，到必要时再按情况疏除。不扰乱骨干枝，影响主侧枝生长，做到有空间就留，见挤就缩，不能留时再疏除。有空间大中枝组，后部不衰弱，不缩剪，采取对其上小枝组局部更新的形式进行复壮；对短果枝群（鸭梨多）细致修剪，去弱留强，去远留近。

**思考题**

(1) 梨树需肥特点是什么？

(2) 梨树如何根据栽培密度选用不同的树形？

(3) 梨树密植可选择哪些树形？

(4) 梨树结果枝组如何修剪？

## 第六节　梨树四季栽培管理技术

### 一、春季栽培管理技术

**1. 地下管理**

(1) 耕翻

我国北方果区春季一般在土壤解冻后，进行果园耕翻，随后追肥，耕翻深度一般为30 cm，以消灭杂草，疏松土壤，促进根系生长。

(2) 萌芽前灌水

萌芽前浇一次透水，并结合灌水进行花前追肥。

(3) 花前追肥

花前期追肥于花前15 d施入以复合肥为主的速效肥，一般成年树施0.5～1.0 kg/株，树势弱的树可加尿素1～2 kg/株，施肥量占全年施肥量的10%～15%。

(4) 花后追肥

梨树开花以后新梢迅速生长和大量坐果，都需要大量养分，所以花后及时追施氮肥，可促进新梢生长，叶片肥大，叶色加深，有利于提高坐果率。

**2. 地上管理**

(1) 花前复剪

花前复剪一般在萌芽后到开花前进行。要求修剪轻，修剪量不宜过大。对修剪过轻，留花量较多的梨树应进行复剪，主要是疏除细弱枝、病枯枝、过密枝，调节果树负载量。根据留果量确定留花量，一般留花量应比预留果量多1～2倍，仅留1个花芽/果台，疏除过多的花芽。缓放形成的串花枝适当短截，调整花量及结果枝与营养枝布局，完成花前复剪。

(2) 剪病梢、刮翘皮

剪除梨树上的所有病梢、虫梢，老树还需要刮翘皮，以消灭越冬病原菌及虫卵、幼虫等，降低越冬病虫基数。

（3）疏花

梨树花芽多达7～12朵花/花序，开花消耗树体大量营养。疏除多余的花，可使树体营养供应集中，提高坐果率。疏花在花序分离时进行，留1～2朵边花/花序。对自花结实率较低的品种，应当配置好授粉树，未配置好授粉品种的应人工授粉。

（4）人工授粉

梨树的大多数品种需要异花授粉后才能结果。若梨园内授粉树配植较少或授粉树配植不当，则必须进行人工授粉，以提高坐果率。人工授粉应在授粉前2～3 d采集适宜授粉的品种成年树上充分膨大的花蕾或刚刚开放的花朵，采取花药，烘干出粉，用毛笔或橡皮头或羽毛蘸取少量花粉涂点到所授花朵雌蕊上即可。

（5）花期喷硼

可于花开25%和75%时各喷一次0.3%～0.5%的硼砂（酸）溶液，加0.3%～0.5%的尿素，开花需要大量磷、钾元素，加喷或单喷0.3%的磷酸二氢钾溶液，也可提高坐果率。

（6）花期防霜冻

梨树开花早，花期多在晚霜前，极易受晚霜危害。梨花受冻后，雌花蕊变褐，干缩，开花而不能坐果，花期应当收听当地的天气预报。当气温有可能降到－2 ℃时就要防霜，防霜的办法有以下几种：①花前灌水：能降低地温，延缓根系活动，推迟花期，减轻或避免晚霜的危害。②树干涂白：花前涂白树干，可使树体温度上升缓慢延迟花期3～5 d，避免或减轻霜冻危害。③熏烟防霜：熏烟能减少土壤热量的辐射散发，起到保湿效果，同时烟粒能吸收湿气，使水汽凝成液体而放出热量，提高地温，减轻或避免霜害。常用的熏烟材料有锯末、秸秆、柴草、树叶等，分层交错堆放，中间插上引火物，以利点火出烟。熏烟前要组织好人力，分片专人值班，在距地1 m处挂一温度计，定时记载温度，若凌晨温度骤然降至0 ℃时就应点火熏烟。点火时统一号令，同时进行。点火后要注意防止燃起火苗，尽量使其冒出浓烟，并注意不要灼伤树体枝干。也可利用防霜烟雾剂防霜，其配方常用的是：硝酸铵20%～30%，锯末50%～60%，废柴油10%，细煤粉10%，硝酸铵、锯末、煤粉越细越好，按比例配好后，装入铁筒内，用时点燃，用量2.0～2.5 kg/亩，注意应放在上风头。

（7）疏果

日本梨园产量一般为2200 kg/亩。目前，我国梨园产量保持在3000～4000 kg/亩。一般每15～20 cm留1个果，强树壮枝留果距离10～15 cm留1个果，弱树、弱枝留果20～25 cm留1个果。树冠内膛和下层适当多留，外围和上层少留；辅养枝多留，骨干枝少留。

（8）春季病虫防治

①萌芽期在花芽鳞片松动至刚绽开时，全园喷施3%～5%的石硫合剂；谢花后喷2.5%功夫乳油2500倍液或农地乐2000倍液＋杀菌剂，轮流使用药剂。特别注意在梨树开花期不能打任何农药，以免药害。

②防治梨黑星病。在梨树谢花展叶时喷第1次药，15 d后喷第2次药。用氟硅唑8000～10000倍液或30%绿得保胶悬剂300～500倍液或烯唑醇2500倍液均匀喷雾。

## 二、夏季栽培管理技术

### 1. 秸秆覆盖

覆盖物为麦草、稻草、秸秆及野草、树叶、麦糠、稻壳等有机物。夏初至秋末幼树覆盖树盘，成龄树覆盖行内；常年保持20 cm厚度。覆盖前施速效氮肥并松土，随后及时浇水，覆盖物应与植株根颈保持20 cm距离。连覆3～4年后结合秋施基肥浅翻一次。

### 2. 套袋

（1）套袋时间：落花后20 d（约5月中下旬），幼果如拇指肚大小时，疏完果即套袋，10 d左右结束。

（2）套袋前要按负载量要求认真疏果，留量可比应套袋果多些，以便套袋时有选择余地。

（3）套袋前一定要喷杀虫杀菌混合药 1～2 次，重点喷果面，杀死果面上的菌虫。喷药后 10 d 之内还没完成套袋的，余下部分应补喷一次药再套。

（4）套袋时严格选果。选择果形长，萼紧闭的壮果、大果、边果套袋。剔出病虫弱果、枝叶磨果、次果。只套 1 果/花序，1 果 1 袋。

**3. 壮果肥**

在果实膨大期施速效完全肥料。结果树条沟施或穴施，秋冬深施，若干旱应结合灌水。施绿肥、土杂肥应并混石灰埋施挖深 40～50 cm；春夏浅施，沟深 10～15 cm。

**4. 夏季修剪**

一般在开花后到营养枝停长进行。主要通过结果枝摘心提高坐果率。对直立生长的一年枝拿枝，以开张角度，促进花芽的形成；并抹除剪口的萌蘖。

**5. 西洋梨环剥**

5 月下旬至 6 月上旬，西洋梨旺树主干或旺枝基部环割 2 刀，剥去 1 圈皮层，环剥宽度为枝条粗度的 1/10，长度一般为 2～5 mm。

## 三、秋季栽培管理技术

**1. 采果肥**

采果后，对结果多、树势弱的树，及时施一次采果肥。以腐熟的农家肥为主，配合适量的三元素复合肥。施肥量视树冠大小而定，仅占全年施肥量的 15% 左右。施肥量不宜过大，不施速效尿素或碳铵。

**2. 秋施基肥**

秋施基肥在每年 10 月初。选用优质有机肥，施用量应占全年用肥量的 60%～70%，至少按 1 kg 果 1 kg 肥的比例施入。一般施优质有机肥 50 kg 左右/株。施肥方法可开环沟施，也可根据根系的走向开放射沟施，或者在梨树的行间开条沟施或挖穴施。这些方法每年交替进行。施肥深度 30～50 cm。遇到干旱时，及时灌溉。

**3. 深翻园地**

采果后耕翻园地。翻耕深度树盘周围 10 cm 左右，树盘以外 20～25 cm。耕翻后根据墒情及时灌水。同时，深翻还能将地面上的病叶、僵果及躲在枯草中的害虫深埋地下，使其翌年不能顺利出土而被闷死。

**4. 防止秋季 2 次开花**

梨开 2 次花的主要前期症状是叶片的早期脱落。梨的叶片若在 7—8 月早落（梨树正常落叶期在 10 月下旬至 11 月上旬），则树体被迫提前进入休眠状态，影响了光合产物的制造和积累，不利于叶内营养成分及时转入枝条；秋季若再遇上“小阳春”天气，梨树就会 2 次开花。导致梨树叶片早落，2 次开花的原因有 3 个方面：一是果实成熟过早，梨果一次性采摘。梨果若一次采完，叶片表现萎蔫，加速离层形成，提早落叶。二是病虫害危害导致梨树长势衰弱，也会造成提早落叶。三是留果过多，消耗过量的营养，影响枝叶的正常生长，也会造成梨早期落叶。具体防治措施是：一是分期分批采收。使果实与叶片对水分有逐步适应和调剂，避免提早落叶。二是合理修剪，调整树势，改善通风透光条件。加强病虫防治。三是做好疏花疏果工作，施足肥料。尤其采摘后要及时施肥。

**5. 防治病虫害**

采果后清除枯枝落叶、僵果、烂果及果园周围杂草，集中沤肥或烧毁。对梨黑星病和黑斑病在果实采收后选用大生、必得利、志信星、多菌灵和波尔多液等交替喷施进行。对红蜘蛛、介壳虫，可用阿维菌素、虫螨克防治。若有介壳虫的果园，采果后及时喷 2.5% 辉丰菊酯乳油 +40% 好劳力乳油 1500 倍液防治。

**6. 秋季修剪**

生长过强树，适当疏除少量新梢和徒长枝。对开张角度小的多年枝拉枝开角。中庸树和弱树不疏枝。

## 四、冬季栽培产管理技术

**1. 冬季清园**

落叶后和萌芽前各喷 1 次 5% 的石硫合剂清园，彻底消灭越冬的病虫害，以减少病虫害的危害。

**2. 刮树皮**

冬季或早春用刮刀或镰刀把果树的老皮轻轻刮掉，然后用施纳宁 50 ~ 150 倍液在树干上涂抹。对刮下的老皮集中烧毁。

**3. 冬季修剪**

（1）结果枝组修剪

梨的大、中、小型枝组，要多留早培养。对中心干上、转主换头的辅养枝上，主枝基部、背上背下，都可以多留。在培养过程中分别利用，逐步选留，不必要时再按情况疏除。在不扰乱骨干枝，影响主侧枝生长的前提下，做到有空间就留，见挤就缩，不能留时再疏除。有空间的大中枝组，后部不衰弱，不缩剪，对其上小枝组采取局部更新的形式复壮；细致疏剪短果枝群（鸭梨多），去弱留强、去远留近。

（2）不同时期管理

①幼树期修剪。幼年初果树整形修剪的中心任务是建立良好的树体结构，重点考虑枝条生长势、方位两个因素；但不要死扣树形参数，只要基本符合要求，就要确定下来；对选定枝采用各种修剪技术及时调控，进行定向培养，促其尽量接近树形目标要求。根据梨树修剪反应特点，在具体操作时应注意 4 个问题。

a. 梨树成枝力低、萌生长枝数量少，选择骨干枝困难。为此，应充分利用刻芽、涂抹发枝素、环割等方式促发长枝。可处理预留作骨干枝的芽，也可处理方位适宜的短枝。

b. 梨幼树分枝角度小，往往直立抱合生长，任其自然生长，后期再开角比较困难，且极易劈裂。因此，应及早运用各种开角技术，如拿枝、支撑、坠拉等开张其分枝角度。

c. 梨树枝条负荷力弱，结果负重后易变形或劈折。为增加骨干枝坚实度，各级骨干枝的延长枝都一般剪留 1/2 ~ 2/3；中心干可重些，主枝稍轻。

d. 梨树干性和顶端优势特强，极易出现上强下弱现象。表现为中心干强、主枝弱，有高无冠；骨干枝前强、后弱，头大身子小；树冠外围强、内膛弱，外密内空。因此，控高扩冠，控前促后，防止内膛枝组早衰是幼年初果树整形修剪的难点。

②初果期树的修剪。此时树冠仍在较快地扩大，结果量迅速增加，修剪任务为继续培养各级骨干枝和结果枝组，使树尽快进入盛果期。

a. 各骨干枝延长枝剪留长度，根据树势来定。一般比幼树期短，多在春梢中、上部短截。

b. 发展过高的树，可留下层 5 ~ 7 个主枝“准备落头”或“落头”。对前期保留的辅养枝或过多的骨干枝，根据空间大小，疏除或改造为枝组。

c. 此期树要把修剪的重点逐渐转移到结果枝组的培养上来。

③盛果期树的修剪。修剪的任务主要是维持树冠结构，维持及复壮结果枝组，使树势健壮，高产稳产。

a. 保持中庸健壮树势。通过枝组轮替复壮和短截外围枝，继续维持原有树势。每年修剪量不宜忽轻忽重。对树势趋向衰弱树，可重短截骨干枝延长枝，连年延长枝组中度回缩。对短果枝群和中、小枝组细致修剪，剪除弱枝、弱芽。

b. 维持树冠结构。骨干枝延长枝短留。随着结果量增加，选角度较小的枝作延长枝，也可对角度过大的骨干枝在背上培养角度小的新头。对骨干枝枝头多次更换，以保持适宜的角度。

c. 改善光照。对外围发生长枝多的树，轻截外围枝，增加缓放，适当疏枝。使生长势缓和。如外围多年生枝过多过密，疏除多年生枝，使外围枝减少。骨干枝过密过多，要逐年减少。

d. 维持和复壮枝组。在调整好骨干枝的前提下，再调整枝条和枝组分布，培养质量好的枝组和短枝。在树冠内留壮枝组，疏除瘦弱枝组；在树冠外留中庸健壮枝组，疏除强旺枝组。对枝组连年延伸过长、结果部位外移的，可在有强分枝外回缩。对果台枝发生弱，果枝寿命短，不易形成短果枝群的品种，通过骨干枝换头或大枝组的缩剪来更新部分枝组。

e. 防止大小年。在修剪上，一方面保持树势，培养壮枝；另一方面防止结果过多。冬季修剪时，可以减少花芽留量。

④衰老期树修剪。修剪的主要任务是养根壮树，更新复壮枝组和骨干枝。该期外围枝抽生很短，产量开始显著下降。如果修剪适当，肥水管理跟得上，还能获得相当产量，以延长其经济寿命。

**思考题**

试总结梨周年生产管理要点。

## 第七节　新西兰红梨优质丰产栽培技术

新西兰红梨又称红佳梨，是指中国和新西兰合作培育的12个系列品种，其母本为日本的幸水、丰水、新水等，父本为中国云南火把梨。因其果皮为红色而得名，属于红皮梨品种。通常所说的新西兰红梨是指我国果树育种家王宇霖研究员于1998年从新西兰引入的3个红梨品种美人酥、红酥脆和满天红。新西兰红梨具有果个大，果面鲜红；风味好，果肉细腻，石细胞少；结果早，丰产性好，自花结实力高；适应性强，耐贮运，高抗黑星病等主要优点，在生产上具有较高的栽培推广价值。现将其优质丰产栽培技术总结如下。

### 一、育苗

**1. 选择优良砧木品种**

杜梨是应用最广泛的砧木，它与红梨及其他品种亲和力强，生长旺，结果早，抗旱耐涝，耐盐碱，耐酸性强，出籽率高，特别适于北方平原地区果树栽培作砧木用。而在山区则要选用耐寒，耐瘠薄的秋子梨作砧木。

（1）采种及贮藏

在杜梨或秋子梨的果实充分成熟，种子完全变成褐色时采收。果实采回后人工剥取种子并洗净阴干，切忌阳光曝晒。最好当年采种当年播种。贮藏期间种子含水量应控制在13%~16%，空气相对湿度应保持在50%~70%，温度0~8 ℃。

（2）种子精选与消毒

在播种或层积前应对种子进行精选和消毒处理。将烂籽、秕籽、破损籽和有病虫籽挑出来，然后用3%的高锰酸钾溶液将好种子浸种30 min后用清水洗净备用；或用种子重量0.2%的五氧硝基苯3份与西力生1份混合拌种。

（3）层积处理

砧木种子不经过休眠后熟就不会发芽。秋播种子在湿润的田间自然通过休眠即可发芽。而春播种子必须进行层积处理。层积时根据种子量的大小采用不同的方法。种子量大时采用地面挖沟法：沟深60~

70 cm，长度视种子量而定，种子量小时用瓦盆沙藏。用 1 份种子 4 份湿润河沙充分混匀放入沟中，然后上面盖一层湿沙。层积温度应保持在 0 ~5 ℃。

**2. 播种及播后管理**

（1）播种时期

秋播、春播均可。秋播在 11 月上旬，可不经过层积处理，且秋播出苗早而齐，生长又健壮。旱地育苗最好秋播。春播应在早春解冻后的 3— 4 月进行。

（2）播量及方法

杜梨种子较大，红梨品种子较小。点播大粒种子，用种量 1 kg/亩，小粒种用种量 0. 5 ~0. 75 kg/亩，每穴 5 ~6 粒，穴距 20 cm，行距 30 ~40 cm。条播 1 行/40 cm，用种量相对较多，大粒种子用量 1. 5 ~2. 0 kg/亩，小粒种子用量 1. 0 ~1. 5 kg/亩。播后薄覆土；旱地要浇足水，覆土可稍厚，易板结的地块覆土要薄。以利出苗整齐健壮。

（3）播种后管理

①间苗和定苗。幼苗陆续出齐后，分次间苗。首先除去病虫苗及弱苗，选优质壮苗。条播按株距 20 cm 定苗，穴播按每穴留 1 株定苗，多余的好苗带土集中定植备用。

②补苗。苗木长到 2 片真叶前，选阴天或晴天傍晚结合间苗进行补缺。补栽时间越早越好。起苗时先浇水。补栽后及时浇水。

③苗期肥水管理。齐苗后注意中耕除草和保墒。间苗前一般不浇水施肥。间苗后施尿素 5 kg/亩，结合浇水。6 月下旬至 7 月上旬施尿素 10 kg/亩并浇水。生长后期追施适量过磷酸钙和钾肥。

④苗期摘心和培土。7 月上旬苗高 20 ~30 cm 时摘心，并在砧木基部培土高 5 cm。7 月下旬至 9 月上旬砧木基部 5 cm 高处茎粗达到 0. 4 cm 时进行芽接。

⑤苗期病虫害防治。砧木苗期喷 800 ~1000 倍的福美砷液防治苗期病害。用 400 ~600 倍液的乐果结合浇水冲入土壤，连浇两次以防治各种地下害虫。

**3. 嫁接及嫁接苗管理**

（1）接穗采集

选品种纯正、无病虫、生长健壮，优质丰产的植株作母本来采集接穗。

（2）接穗保存

夏、秋芽接用的接穗随采随用，采下后立即剪去叶片只留叶柄，并用湿布包好带到田间放于阴凉处备用。春季用接穗，应在冬剪时选择优良健壮无病虫的枝条播入冷凉地窖 10 cm 厚的湿沙中保存备用。

（3）嫁接方法

①T 字形芽接法。首先在接穗中选取饱满芽，先在芽上 0. 5 cm 处横切一刀深达木质部，再在芽下方 1. 2 cm 处向上斜削一刀至芽上方横切刀口处，用大拇指从一侧向另一侧推下盾形芽片备用。然后在选好的砧木上横竖各切 1 刀，呈“T”字形切口的砧皮慢慢剥开一条小缝隙，将芽片轻轻插入，使砧木和芽片的横切口对齐用塑料条扎紧即可。该法一般在砧木和接穗都离皮时采用，不带木质部且操作简单，成活率高达 90% 以上。

②贴芽接。该法多用于砧木不离皮时，春秋季均可进行。先在接穗上削取带木质部盾形芽片，在砧木距地面 5 cm 处选光滑部位削取和接芽大小一致的带木质部的树皮，然后嵌入接芽用塑料条扎紧即可。

③枝接法。枝接可分为切接、劈接和腹接等。不管那种方法，切口一定要光滑，接穗和砧木二者的形成层一定要对齐，最后用塑料条扎紧，防止泥土和雨水落入接口而影响成活。

（4）嫁接苗管理

①芽接苗管理。嫁接后 10 d 左右检查成活情况，若此时接芽芽片皮色新鲜，伤口愈合良好，叶柄变黄且一触即落，表明已成活，此时可解除包扎物。若接芽变黑，表明未接活，应及时补接。春季发芽前

及时从接芽以上将砧木剪除。剪口向接芽背面向下倾斜15°。生长期间随时除去砧木上的萌芽。

②枝接苗管理。接穗春季萌芽前进行中耕松土增温；萌发后留一旺梢，其他萌芽全部及早抹掉，待接口完全愈合并木质化后除去包扎物。

## 二、高标准建园

### 1. 栽植时期

冬季温暖的地区适宜在10月中旬至11月中旬栽植，冬季较冷，易发生冻害的地区，宜在春季土壤解冻后至植株萌芽前栽植。

### 2. 栽苗规格及处理

选栽1级苗，苗高1.2 m以上，嫁接口上10 cm处直径1 cm以上，地上部60～80 cm处具有4个以上饱满芽，有4条以上主侧根，根长20 cm以上，须根多，无病虫害。远距离运入苗木，先用清水浸根12～24 h，近距离运入苗木立即栽植。栽前修剪根系，用ABT生根粉、IBA或NAA水溶液喷布根系。

### 3. 栽植技术要点

栽前挖栽植沟宽1 m、深0.8 m，表土和底土分别放置。施充分腐熟的有机肥3000 kg/亩、果树专用肥50 kg/亩，与挖出表土和行间表土混合均匀后回填，填至距沟口20 cm时踏成丘状，灌透水沉实土壤。红梨树势中庸健壮，可适当密植，株行距2 m×4 m。南北行向栽植。根据栽植面积大小选用1～3个授粉品种如美人酥、红香酥、早美酥和砀山酥等。栽植面积小的按8∶1的比例中心式配置授粉树，面积大的可按（4～6）∶1的比例行列式配置授粉树。将苗木放入栽植沟内，舒展下顺根系，填入与肥料混合的表土，踏实，灌入透水；栽植适宜深度为根颈部与地面相平。秋季栽植为防风摇和冬季根颈部受冻，以苗木为中心培一个高30 cm的土堆。萌芽前灌水、松土后，顺行向覆盖地膜宽1 m，4月上旬揭膜。

## 三、加强土肥水管理

### 1. 土壤管理

6月中旬以前，根据灌水和降水情况中耕除草2～3次，6月下旬松土后全园覆草厚10～15 cm（距树干30 cm的范围内不覆草），草上压少许土。秋季结合扩穴一同埋入施肥沟内。栽后3年内株间和行间全部深翻一遍。

### 2. 施肥管理

栽植当年5月上旬、6月上旬各追施尿素100 g/株，展叶后喷施2次0.2%的尿素，2次间隔期20 d。7月下旬和8月上旬各喷施1次0.3%的$KH_2PO_4$。第2年以后，萌芽前、谢花后各追施尿素20～30 kg/亩，果实膨大期追施果树专用肥40 kg/亩。幼果期喷施2次0.3%的尿素，2次间隔期20 d；果实膨大期和着色期各喷施1次0.3%的$KH_2PO_4$或0.5%的$K_2SO_4$，采果后喷施1次0.5%的尿素。10月上中旬，施入腐熟的优质有机肥3000 kg/亩、过磷酸钙50 kg/亩和$K_2SO_4$ 30 kg/亩。栽后的前3年结合扩穴施入，以后条沟施肥、放射沟施肥和全园撒施隔年交替进行。

### 3. 水分管理

每次土壤施肥后均需灌水，花期不灌水，果实着色期适当控水，雨季注意排水。

## 四、精细花果管理

### 1. 提高坐果率

栽植第2年对生长较旺植株的主干、主枝及辅养枝于5月下旬环割或喷布15%的$PP_{333}$可湿性粉剂300倍液。花期遇到不良气候的年份，进行辅助授粉。开花前2～3 d放入蜜蜂1箱/亩。花期将干净的鸡毛掸子绑到一定长度的竹竿上，在授粉品种和主栽品种植株上，轻轻交替滚动，1～3 d后再滚授一次。

**2. 合理负载**

建园后第3年将产量控制在800 kg/亩以内，第4年控制在1500 kg/亩以下，第5年进入丰产期后应将产量控制在2500 kg/亩左右。每年疏花疏果3次：第1次在蕾期，每隔20 cm左右留花序1个，疏除背上，留下垂和两侧花序；第2次在花期，疏除晚开的花、弱花和中心花，每花序留2个边花；第3次在套袋前，留1个果/花序。

**3. 果实套袋**

果实套袋宜选用2层或3层纸袋。自5月20日开始，6月上旬结束。套袋前1~7 d喷布1次高效、低毒、低残留的杀虫剂和杀菌剂。采果前20 d，将外层袋撕开1/2，1~2 d后去除外层袋，并将内层袋撕开1/2，再经1~2 d后选晴天下午的3时以后去除内层袋。

**4. 促进着色**

去除内层袋后，摘除贴果叶，疏除遮光果枝。果实阳面着色充分后，轻轻转动果实，使阴面转向阳面，并利用透明胶布固定。去袋后在树盘内及稍远处覆盖反光膜，采收前收回。

## 五、科学整形修剪

**1. 树形及结构**

新西兰红梨适宜的树形有小冠疏层形和自由纺锤形。小冠疏层形干高30~50 cm，中心干着生2层主枝，第1层3个主枝，基角60°~70°，每主枝着生2个侧枝；第2层2个主枝，基角50°~60°，不留侧枝。层间距70~80 cm，层内距20 cm，成形后树高和冠径均为2.5~3.0 m。自由纺锤形干高60 cm左右，树高2.5 m左右，冠径2.5~3.0 m，中心干上均匀螺旋着生10~15个小主枝，基角70°~80°，同侧2个小主枝间距50 cm左右，小主枝粗度不能超过中心干粗度的1/2，小主枝上配置中小枝组，枝组粗度不能超过小主枝粗度的1/2。

**2. 修剪要求**

萌芽前，按树形要求在适宜高度定干，选直立向上生长的新梢作为主干，在其下选留主枝。冬剪时，中心干和主枝的延长枝适度短截。栽后第1年和第2年尽量多留枝，通过刻芽增加有效枝量。有空间的斜生枝短截培养枝组。树冠达到预定大小后，落头开心，对主枝采用缩放结合方法维持树冠大小。辅养枝影响主枝生长时，逐年回缩直至疏除。生长期及时疏除主枝延长枝的竞争枝和过密枝、重叠枝和直立旺长枝。有空间处的直立枝，在长至30~40 cm时，用“弓”形开角器开角，生长旺的斜生枝长至30 cm时摘心。7月对结果较多的下垂枝吊枝。9月将角度小的主枝按树形要求拉枝开角，将辅养枝拉成90°。

## 六、综合防治病虫害

**1. 农业防治**

定植后开始加强栽培管理。生长季及时剪除病枝、摘除病果，冬季刮除病斑和老树皮，清除枯枝、落叶和杂草，集中烧毁，消灭越冬病菌和虫体。

**2. 化学防治**

新西兰红梨高抗黑星病，其主要病害是轮纹病。虫害主要是蚜虫、梨木虱和梨网蝽等。具体防治方法是谢花后15 d左右第1次喷药，以后每隔15 d喷1次药，直至果实套袋。可选用的农药有80%大生“M-45”或50%多菌灵或70%乙霜锰锌或70%甲托可湿性粉剂800倍液、5%安索菌毒清乳油400倍液。蚜虫、梨木虱、梨网蝽花期前后喷布10%扑虱蚜或蚜虱净乳油3000倍液，害虫发生期喷布速克星乳油1000倍液或果圣乳油500倍液。红蜘蛛在芽开绽期喷布百磷3号乳油4000倍液或1%的石硫合剂，麦收前喷布霸螨灵或克螨特乳油3000倍液。金龟子在害虫发生期喷布2.5%保得乳油3000倍液，或挂瓶诱杀。

## 思考题

(1) 新西兰红梨建园栽植应把握哪些技术要点?

(2) 新西兰红梨如何进行修剪?

(3) 如何提高新西兰红梨果实品质?

# 第八节 梨省力规模化优质丰产高效栽培技术

我国是世界第一产梨大国。随着人民生活水平的提高，人们对梨果需求量不断增加，发展梨果生产蕴藏着巨大的市场潜力。梨实行省力规模化优质丰产高效栽培便于集中统一管理，实行标准化生产。几年来在河南新乡、郑州、许昌和周口等地进行梨省力规模化优质丰产高效栽培的实践表明：建园质量高，管理简单，便于机械化操作，省力、早果性突出，丰产、稳产，优质果率高达95%，经济效益极为显著。黄金梨进入盛果期产量高达3040.5 kg/亩，收益12 082.25 元/亩；红香酥梨进入盛果期产量高达5485.4 kg/亩，收益24 184.30 元/亩；晚秋黄梨进入盛果期产量高达7524.5 kg/亩，收益43 805.0 元/亩。

## 一、品种和砧木选择

7 月成熟主栽品种选择中梨 4 号、若光和超酥梨；8 月成熟主栽品种选择圆黄、黄金梨；9 月成熟主栽品种选择华山、红香酥；10 月成熟主栽品种选择晚秋黄梨（爱宕梨）和晚秀。砧木长江中下游地区选择豆梨，其他地区选用杜梨。

## 二、园地选择及要求

选择交通便利，生态环境良好，土壤肥沃，无农药残留，并具有可持续生产能力的农业生产区域。南北行向栽植，配备必要的排灌设施和建筑物，并建造防风林。要求产地环境质量满足农业部相关要求。同时，根据土壤肥力、品种特性，科学合理确定定植密度，合理搭配授粉树。

## 三、高标准建园

### 1. 选择优质苗木

选择符合国家 NY 475—2002《梨苗木》标准的 1 级苗木。要求苗木无明显病虫害和机械损伤；品种、砧木纯正；地上部健壮、粗度和高度达到要求，茎段整形带具有一定数量的饱满芽；嫁接口愈合良好，砧桩剪平，根蘖剪除干净，苗木直立；根系发达，舒展，须根多，断根少；无检疫性病虫害。具体见表 9-4。

表 9-4 梨树 1 级苗木质量指标

| 项目 | 主根长度/cm | 主根粗度/cm | 侧根粗度/cm | 侧根长度/cm | 侧根数量/条 | 苗木高度/cm | 苗木粗度/cm | 整形带饱满芽数/个 | 纯度/% | 规格执行标准 | 备注 |
|---|---|---|---|---|---|---|---|---|---|---|---|
| 规格 | 25 | 1.2 | 0.4 | 15 | 5 | 120 | 1.2 | 8 | 100 | NY 475 | 实生砧二年生 |

### 2. 科学栽植

梨省力规模化优质丰产高效栽培一般在当年 11 年中旬至翌年 3 月上旬定植。选择优质健壮的二年生嫁接苗，砧木为杜梨或豆梨。细长圆柱形栽培株行距 1 m×3 m，或 1 m×3.5 m；纺锤形栽培株行距 2.5 m×4 m，棚架扇形栽培株行距 3 m×4 m。南北行向，沟栽。开沟宽、深均 80 cm。采用挖掘机机分 2 次挖土开沟：第 1 次挖深 30 cm，挖出的表土放一边；第 2 次挖深 50 cm，挖出的心土放另一边。沟底填入30 cm厚玉米秸秆，撒1层厚0.5 cm的过磷酸钙，回填表土与腐熟有机肥（30 ~ 50 kg/株）的混合物，填至距地表30 cm时，灌水沉实。将苗木放入栽植沟，舒展根系，填入与充分腐熟有机肥料混合均匀的表土，边填土，边摇动苗土，并随土踏实。心土放在最上层。栽植深度是根颈部与地面相平。栽后灌一次透水。土壤结冻前以苗木为中心堆30 cm高的土堆。采用该法建园，挖沟质量高，封土也采用挖掘机，减少了人力成本，且前3年基本不施肥，极大降低了投资成本。

## 四、肥水管理

**1. 施肥**

（1）基肥

定植后前1 ~ 2年行间间作毛叶苕子，生长旺盛期刈割，将其撒于树盘内，高度控制在30 cm以下。3 ~ 4年后将毛叶苕子翻埋入地下做基肥。从第4年开始于9月下旬结合施基肥深翻40 ~ 50 cm。翻土时施入充分腐熟有机肥，鸡粪施入4000 ~ 5000 kg/亩，或腐熟猪、牛、羊圈肥7000 ~ 8000 kg/亩，或腐熟豆饼、棉籽饼200 ~ 250 kg/亩，同时，施过磷酸钙50 kg/亩。施肥后立即灌水。采用猪槽式或环状施肥法，深25 cm以下。

（2）追肥

年生长周期中追施3次肥。第1次土追肥于开花前20 d进行，以氮肥为主，适量掺入磷、钾肥，一般施尿素12 ~ 20 kg/亩，磷钾复合肥6 ~ 10 kg/亩。第2次追肥于花后新梢生长展叶亮叶期进行，追施尿素10 ~ 20 kg/亩或磷酸二铵20 ~ 30 kg/亩。第3次追肥于果实迅速生长期，以磷、钾为主，氮肥为辅，一般施氮磷钾复合肥30 ~ 40 kg/亩。

（3）叶面喷肥

第1次叶面肥在花芽萌动前枝干喷施1次高效有机液肥或3% ~ 5%尿素 + 3%硼砂 + 1% $FeSO_4$ 配成的混合液；第2次叶面肥在展叶后25 ~ 30 d喷施，喷叶面宝或0.3% ~ 0.5%尿素；第3次叶面肥结合第3次追肥进行，叶面喷施0.5%的 $KH_2PO_4$ 1 ~ 2次，间隔期15 ~ 20 d。第4次叶面肥在果实采收后，叶面喷施0.3%尿素 + 0.3% $KH_2PO_4$ 2 ~ 3次，间隔期10 ~ 15 d。

**2. 灌水**

灌水视天气状况、土壤持水量和树体特征综合考虑。将土壤持水量控制在60% ~ 80%。当土壤持水量低于最大持水量60%时进行灌溉。壤土或沙土手紧握成团，松手后土团散开，应及时灌水。黏土握成团后，轻轻挤压便出现裂缝时，应灌水。树体外观形态上梢尖弯垂、叶片萎蔫，经过1个晚上，第2天仍不能恢复原状，说明土壤已严重缺水，应立即灌水。

年生长周期内灌好5次水。第1水是花前水：3月下旬进行；第2水是花后水：4月下旬或5月上中旬进行；第3水是果实膨大水：6—7月进行；第4水是采后补水：9月下旬或10月上旬进行；第5水是越冬防冻水：10月下旬或11月上旬进行。采用滴灌或微喷灌。灌水量以渗透根系集中分布层为宜。此外，7—8月应做好排水防涝工作。

## 五、整形修剪

适宜梨省力规模化优质丰产高效栽培树形有纺锤形、棚架扇形和细长圆柱形。细长圆柱形整形修剪技术，树形结构简单，无主、侧枝，前5年除定干外基本不动剪，以后只进行疏密、更新处理。苗木定植后，根据树形要求及时定干或摘心。树体长到一定大小时，每隔6 m设立2.7 m高支柱，埋入地下40 cm，横拉3道铁丝固定树干。第1道铁丝距地面60 cm，第2道、第3道铁丝分别相距50 cm。

**1. 整形**

细长圆柱形树形成形后树高3.5 m，干高60 ~ 80 cm，中心干60 ~ 80 cm以上每个芽处着生1个小型结果枝组，树形似圆桶形。

**2. 修剪**

细长圆柱形树形整形修剪主要采用刻枝、拉枝、抹芽。定植后第2年春季萌芽前于60～80 cm处短截定干，保证剪口下有1～2个饱满芽，其余芽抹除，以促使当年剪口下发出1个强旺新枝，使之形成中心干。第3～5年春季发芽前，中心干60～80 cm以上1.0～1.2 m范围内的芽在芽上方0.5 cm锯一小口，深达木质部，促使锯口下的芽萌发出小短枝，培养成结果枝组。随时抹去枝条背上萌发的芽。8月底至9月初对生长直立的枝条进行拉枝，以促进花芽分化。冬季基本不修剪，保持树势中庸健壮。结果3～4年后，对中心干上过旺结果枝组去强留弱，对较细结果枝组去弱留强，保证中心干上结果枝组生长均衡。结果6～8年后冬季回缩或疏除过密交叉枝组。

**3. 其他树形修剪**

芽萌动时，于缺枝部位在芽上0.3～0.5 cm处刻芽，长度为枝干周长的1/3～1/2，深度为枝干粗度的1/10～1/7。在每个品种能分辨出花芽时，对长串结果枝、长营养枝进行中短截，同时注意疏除各骨干枝上的直立旺枝。开花期对强旺枝进行环割，注意抹去剪、锯口萌芽，旺枝背上芽。新梢生长与果实第1次膨大期，对跑单条的新梢摘心、刻芽。新梢生长期及果实生长发育期疏除背上枝、下垂枝，回缩延长枝头，长放营养枝；有位置的新梢及时进行摘心。对结果少的旺树，在主干或主枝下部环割。花芽分化和新梢缓慢生长期，新梢迅速生长期与果实膨大期，根据树形、树势及时进行摘心、扭梢、拿枝、环割等，配合疏除密挤、交叉、重叠、病虫、枯死枝、竞争枝等改善通风透光条件。新梢缓慢生长和果实成熟期，幼旺树疏枝，大量拉枝。疏去背上直立枝，要去强留弱，去直留平；拉枝应把握住将枝拉展，使枝条中部不弯弓，梢部不下垂。回缩长、大枝。根系迅速生长、新梢停长期，摘去不停长新梢头。

## 六、花果管理

开花期3月上旬开始，发芽后按照15 cm左右间距留花序，疏去多余花序，并疏去中心花，留1～2朵边花。对坐果率少的品种或遇到低温、阴雨等不良环境条件，进行人工辅助授粉：盛花期（单株有50%的花开放）地放1箱（1500～2000只）蜜蜂/5亩，根据情况采用人工点授方法进行授粉。初花期（单株30%左右的花开放）、盛花期采用蜜蜂授粉的同时，各喷1次硼砂0.3%＋白糖0.5%＋0.3%尿素混合液。坐果稳定后疏果：疏去病虫果、畸形果、背上果，保留具有本品种典型特征的侧生果和下垂果，疏果后留果间距20 cm左右。落花后3周（疏果后20 d左右）开始套袋，有生理落果现象的品种在生理落果后套袋。套袋前喷1次70%甲基硫菌灵可湿性粉剂1000倍＋10%吡虫啉可湿性粉剂5000倍＋500倍氨基酸钙肥，将果实喷均匀，果面药液干后再套袋。对于黄金梨等品种套2层袋：套小袋前喷10%蚜虱净乳油1000倍液＋1.8%阿维菌素乳油1000倍液＋10%的氟硅唑乳油2000倍液＋洗衣粉2000倍液；套大袋前喷40.7%乐斯本（毒死蜱）乳油1000倍液＋5%高效氯氰菊酯乳油1000倍液＋6%氯苯咪啶醇可湿性粉剂1000～1500倍液＋洗衣粉2000倍液。套袋时将果实套进纸袋，果柄置于袋口纵向开口基部，再将袋口横向折叠，把袋口一侧纵向细铁丝用手捏成“n”状夹住折叠袋口。要求套袋细铁丝不能夹在果柄上。梨果采收前不除袋，采收时连同纸袋一同摘下。

## 七、综合防治病虫害

病虫害防治应贯彻“预防为主，综合防治”的植保方针，以农业和物理防治为基础，提倡生物防治，按照病虫害发生规律和经济阈值，科学使用化学防治。

**1. 农业防治**

主要采取剪除病虫枝、清除枯枝落叶、刮除树干翘裂皮和枝干病斑（集中烧毁和深埋）、加强土肥水管理、合理修剪、适量留果、果实套袋等措施防治病虫害。

**2. 物理防治**

利用害虫趋光性于害虫发生初期，在梨园挂黄色板，防治梨茎蜂；挂诱虫灯诱杀金龟子和鳞翅目害虫等；每年4月上中旬在树干上缠1周粘虫胶带，粘杀出土上树越冬代害虫；9月上中旬，在树干上缠1~2周瓦楞纸，诱捕下树入土越冬害虫等。

**3. 生物防治**

在害虫发生盛期，于果园挂糖醋液（按糖0.25 kg、醋0.5 kg、水5 kg的比例配制而成）诱杀梨小食心虫、梨卷叶蛾等害虫；或在果园悬挂梨小性诱剂诱杀梨小食心虫成虫；或利用性诱剂迷向技术，在果园每隔5株树绑上长20 cm的迷向丝，有效杀灭梨小食心虫等害虫。

**4. 化学防治**

花芽刚萌动时，树体淋洗式喷布3%~5%的石硫合剂，主要防治干腐病、轮纹病、红蜘蛛、蚧壳虫和蚜虫。萌芽期喷布12.5%烯唑醇乳油2000倍液+40.7%乐斯本乳油1500倍液防治梨木虱、蚜虫和红蜘蛛。落花80%时喷布10%蚜虱净乳油1000倍液+1.8%阿维菌素乳油1000倍液+70%甲基托布津可湿性粉剂800倍液+洗衣粉2000倍液防治黑斑病、梨木虱和黄粉蚜。套袋前喷杀菌剂和杀虫剂防治病虫害。麦收前喷25%扑虱灵可湿性粉剂1500倍液+5%高效氯氰菊酯乳油1000倍液+40%氟硅唑乳油800倍液+洗衣粉2000倍液防治黑斑病、梨木虱、黄粉蚜、跳甲。幼果期喷1∶4∶200波尔多液，防治梨黑斑病。果实膨大期喷25%灭幼脲3号悬乳剂1000倍液+20%甲氰菊酯乳油2000倍液+80%大生M-45可湿性粉剂800倍液防治黑斑病、梨小食心虫和跳甲。果实迅速膨大期交替喷1∶4∶250~300波尔多液、3%溴氰菊酯乳油2500倍液+68.5%的多氧霉素可湿性粉剂1000倍液+洗衣粉2000倍液防治黑斑病、梨小食心虫及采前落果。果实成熟期喷75%百菌清可湿性粉剂600~800倍液+洗衣粉2000倍液防治黑斑病。果实采收后喷20%的甲氰菊酯乳油2000倍液防治黄粉蚜、军配虫。

**思考题**

试总结梨树省力规模化优质丰产高效栽培技术要点。

## 第九节 梨生长结果习性观察实训技能

### 一、目的与要求

通过观察，识别梨各类枝梢特征，了解梨生长及开花结果习性，判断一个品种结果性能好坏。

### 二、材料与用具

**1. 材料**

梨幼树和成年结果树。

**2. 用具**

钢卷尺、卡尺和记载用具。

### 三、内容方法

**1. 树形**

干性强弱，层次明显程度；树姿开张，直立。

**2. 树性**

幼树成枝力和萌芽率（有无秋梢或二次枝），休眠芽寿命和萌发。

**3. 枝条**

识别徒长枝、普通生长枝、纤细枝和中间枝。长梢停止生长后能否形成顶芽。区分长果枝、中果枝、短果枝，幼树开始结果的树龄和果枝类型。

**4. 开花与结果习性**

①熟悉混合芽的特点。观察花序类型，每个花序的花朵数，开花顺序，花期迟早、长短，花粉量多少，坐果率高低。

②比较梨不同系统品种形成短果枝群能力。

③观察幼树结果迟早，不同品种幼龄植株短果枝、中果枝、长果枝结果百分率。

## 四、注意问题

①观察可在生长期或休眠期进行。开花结果习性观察可与物候期观察结合进行。

②应按照顺序逐项进行观察记载，某些不能观察到内容，留待以后观察。

## 五、实习报告

通过梨性状观察，总结梨的生长结果习性。

## 六、技能考核

技能考核成绩一般实行百分制。建议实训态度与表现占 20 分，观察过程占 40 分，实习报告占 40 分。

# 第十节 梨冬季修剪实训技能

## 一、目的与要求

通过实训，了解梨树不同树形结构和修剪要求，初步掌握梨不同年龄时期、不同种类梨整形修剪技术和要点。

## 二、材料与用具

**1. 材料**

当地栽培不同年龄时期的梨树和不同种类梨的结果树。

**2. 用具**

修枝剪、手锯、梯子和手套。

## 三、内容与要求

**1. 梨树常用树形树冠结构**

（1）主干疏层形

树冠结构与苹果疏散分层形相同。其不同点是：幼树整形期留主枝较多，第 1 层留主枝 3 ~ 4 个，第 2 层、第 3 层各留 2 个，第 3 层以上每层各留 1 个。第 1 层主枝角度在整形期为 40°左右。盛果期前，主枝数可减少，有些品种为限制树高和上强，也可于第 2 层、第 3 层主枝以上落头，成为延迟开心形。

（2）自然圆头形

幼树期有中心干，主枝自然分层。第 1 层留主枝 3 ~ 4 个，第 2 层留主枝 1 ~ 2 个。各主枝自由分布侧枝，最后形成圆头形树冠。

（3）开心形

无中心干，由主干顶端分生3～4个主枝。每个主枝呈30°～35°延伸。主枝上分生侧枝。

**2. 不同年龄时期的树修剪要点**

（1）幼树的修剪

幼树修剪要点与苹果相同。梨修剪量要轻，少疏枝（秋子梨系统除外）、多缓放、多用辅养枝。由于成枝力较低。在整形时要随枝作形，延长枝长留，主枝角度可较小，注意控制上强。

（2）初果期树修剪

①延长枝。修剪长度约50 cm。一般仍在春梢上，中部剪截。外围应少重截、多长放、适当疏剪，内部应多短截，少疏除。

②枝组培养与修剪。长放宜用先放后缩；中庸枝采用先截后放；如需培养大型枝组，宜用连截法；强旺枝宜用连放法。

（3）盛果前期树的修剪

在继续培养各级骨干枝的同时，培养枝组，根据树的高度情况，“落头”或“准备落头”。

（4）盛果期树的修剪

通过修剪维持树冠结构，保持健壮树势，改善光照，维持和复壮枝组，调节花芽量，防止大小年结果现象。

①骨干枝。延长枝轻剪长放，缩放结合。延长枝弱时要重缩，下垂时回缩，利用壮芽进行抬枝。

②调节生长和结果关系。每年保持梢长30 cm，每年抽生新梢不减少。结果枝数占总枝树控制在30%～50%。

③枝组更新。每一枝组修剪应分明年、后年、再后年结果三种枝做好预备更新修剪。保持叶花芽比例为3∶2或1∶1。

（5）衰老树的修剪

在刚衰老时进行更新。衰老大枝、骨干枝，一般可在2～6年生部位，利用隐芽（枝段中、下部）或壮枝进行缩剪更新。

**3. 不同系统（种类）的梨修剪特点**

（1）白梨系统

幼树修剪宜少疏枝，延长枝长留，适当利用缓放，注意控制顶端优势，防止中心干过强。大树注意保持骨干枝角度，防止外围枝过密。易形成短果枝群的品种，注意维持短果枝群的健壮；不宜形成短果枝群的品种，利用大型枝组轮替更新，充分发挥新枝结果的特性。

（2）砂梨系统

幼树修剪少疏、多截、多留枝。枝条一般直立性强，数量少，整形要自然，因势利导，灵活掌握。对不易形成短果枝群的品种，通过对大、中型枝组的修剪维持树势。对易形成短果枝群的品种，大树主要是对短果枝群进行细致修剪，维持树势。

（3）秋子梨系统

幼树以疏枝和缓放为主，少短截，注意开张角度。大树注意冠内光照，过密大枝及时疏除。对小枝组不必细致修剪。

（4）西洋梨系统

幼树留主枝数可略多。对结果级次高、不易形成短果枝群的品种，可采用适量疏枝、少截、多缓放的剪法；对结果级次较低、形成花芽容易、易形成短果枝群的品种，除对留作骨干枝的长枝加以短截外，其余长放，可疏旺枝、缓放中庸枝的剪法，对短果枝群可进行细致修剪。

## 四、要求

在已掌握苹果整形修剪基础上，指出梨与苹果生长结果习性和修剪上的不同特点。

## 五、实习作业

通过梨整形修剪的具体操作，总结梨不同树种、不同年龄时期的修剪技术要领。

## 六、技能考核

技能考核一般实行百分制。建议实训态度与表现占 20 分，技能操作占 50 分，实习作业占 30 分。

# 附　录

## 无公害梨园周年管理历

**1　春季管理（3—4 月）**

1.1　3 月管理

1.1.1　刮树皮。在树下铺塑料布，用刮刀将老树皮连同虫蛹刮下集中烧毁。

1.1.2　防治害虫。在惊蛰节前后在树下撒施杀虫剂（辛硫磷），阻杀出土的梨尺蠖雌蛾。梨树发芽前 15 d 全园喷施 1 次 3%～5% 的石硫合剂。

1.1.3　施肥。梨树发芽前追施促芽肥。占施肥总量的 20%～30%，以速效氮肥为主。根据树龄、树势、土质及品种确定施肥量，一般结果树施氮肥 0.5～1.0 kg/株。幼树减半，施肥后浇透水。

1.2　4 月管理

1.2.1　疏花。4 月初梨树花序刚刚伸出时进行。枝干花序量大的地方，将整个花序疏除。一般小型果 10 cm 留 1 个花序，中型果 13 cm 留 1 个花序，雪花梨等大型果 15 cm 留 1 个花序。

1.2.2　授粉。在需授粉的梨树中上部悬挂 1～2 个瓶，然后从授粉树上剪下 2～3 枝 30～35 cm 长的串花枝插入瓶中或者梨园放蜜蜂授粉。

1.2.3　喷肥。在盛花前期喷 1 次 0.3%～0.5% 的尿素；落花后 10 d 左右喷 1 次 0.3%～0.5% 的尿素。

1.2.4　防治病虫害。梨树开花前喷 1 次 50% 辛硫磷乳油 1000 倍液，防治梨大食心虫、梨茎蜂；落花后 1 周喷 1 次 10% 吡虫啉可湿性粉剂 2000 倍液，防治星毛虫、梨二叉蚜；摘除梨茎蜂危害的新梢集中烧毁。

**2　夏季管理（5—8 月）**

2.1　5 月管理

2.1.1　追施花后肥

5 月上中旬结合锄草松土，施氮、磷为主的氮磷钾复合肥 0.7～1.2 kg/株。

2.1.2　防治病虫害

主要防治红蜘蛛、蚜虫、梨尺蠖、顶梢卷叶蛾。喷施 20% 螨死净 800 倍液和 10% 吡虫啉可湿性粉剂 2000 倍液、48% 毒死蜱乳由 2000 倍液。

2.1.3　疏果

梨谢花后 10～15 d，对坐果太多梨树疏果。疏中心果，留边果，同时注意疏除病虫果、小果、畸形果。一般留 1～2 个果/花序，大型果平均 25 cm 留 1 个果，中型果平均 20 cm 留 1 个果，延长枝头的果应少留或全部疏除。

2.1.4 夏季修剪

主要对开张角度小的二至三年生拉枝。同时疏除剪口处及枝条背上无生长空间的直立旺枝及病虫衰弱枝等。

2.2 6月管理

2.2.1 套袋。落花后15~45 d进行（5月底6月初）。套袋前1周，喷1遍1.8%的阿维菌素乳油2000倍液、4.5%高效氯氰菊酯乳油2000倍液混合80%的喷克800~1000倍液、70%的代森锰锌可湿性粉剂600倍液混合磷酸二氢钾300倍液、氯化钙300倍液。若套袋时间过长或套袋期间遇雨，应重对未套袋果再喷1次杀虫、杀菌剂。套袋可选纸袋或塑料袋。套纸袋时，应将纸袋口喷湿使之返潮柔韧，选定梨果后，撑开袋口，让袋底膨起，手拿袋口下2~3 cm处，套上果实，从中间向两侧按折扇方式折叠袋口，用袋口的铁丝扎紧袋口。

2.2.2 夏季修剪。采取摘心、拿枝、扭梢、拉枝和疏枝等方法，缓和枝条生长势，保持树体通风透光。

2.2.3 防治病虫害。主要防治食心虫、卷叶蛾、红蜘蛛和梨木虱及各类病菌侵染。防治药剂有25%灭幼脲3号800倍液、20%杀灭菊酯乳油2500倍液、2.5%功夫菊酯乳油3000倍液。卷叶蛾严重时喷施48%乐斯本乳油1500倍液或20%的双加脒1500倍液，000红蜘蛛严重时喷施30%蛾螨灵可湿性粉剂2000倍液或15%哒螨灵可湿性粉剂2500~3000倍液。在杀虫剂中加入80%的喷克1000倍液、50%退菌特可湿性粉剂800倍液等防治梨黑星病、炭疽病等。

2.3 7月管理

2.3.1 防治病虫害。7月上旬和下旬各喷1次药，防治黑星病、炭疽病和轮纹病。常用药剂为80%喷克可湿性粉剂600倍液、50%多菌灵可湿性粉剂600~800倍液、70%甲基托布津可湿性粉剂1000倍液、70%代森锰锌可湿性粉剂700倍液等，注意药剂交替使用。

2.3.2 叶面喷肥。结合喷药加入0.3%磷酸二氢钾及其他微量元素。

2.4 8月管理

2.4.1 浇水。采收前1周浇水1次。采收时注意保护好枝叶。

2.4.2 防治病虫害。食心虫严重的果园，喷施25%灭幼脲3号800倍液和20%杀灭菊酯乳油2500倍液或2.5%功夫菊酯乳油3000倍液等杀虫剂。同时加入80%大生M-45或喷克1000倍液、50%的甲基托布津乳油800倍液等，防治梨黑星病、炭疽病、轮纹病，采收前20 d停止喷药。

2.4.3 叶面喷肥。结合喷药加入叶面肥，上旬和下旬各1次，肥料同7月。

**3 秋季管理（9—10月）**

3.1 刮除病斑

9月初刮除树干的腐烂病病斑，并及时喷涂5%菌毒清50倍液、70%甲基托布津可湿性粉剂2000倍液等药剂，或用50%可湿性粉剂1份+植物油1.5份混合剂。病害严重时间隔5~7 d喷1次，连续喷涂2~3次。

3.2 适时采收

采收时果实要轻拿轻放，不用手捏或碰撞；先将等级果运至存放场，再将病虫果、畸形果、等外果、残次果集中处理。

3.3 采后管理

果实采收后立即清园。将落叶、腐烂病虫果清除干净。将顶枝、吊架用的木棍、草绳解下，集中消毒备用或销毁。注意清查枝干病虫情况，发现病虫立即清除，对伤枝绑缚、伤皮消毒。

**4 冬季管理［11—2月（翌年）］**

4.1 施肥浇水

基肥尽量早施，以腐熟的农家肥、土杂肥为主，并配以磷肥。适用量根据树龄、树冠大小、状况、负载量等确定。一般成龄梨树施有机肥 30 ~ 40 kg/株，过磷酸钙 1. 0 ~ 1. 5 kg/株。施肥方法主要有环壮沟施、放射沟施、全园撒施等。施肥后全园浇冻水。

4. 2　树干涂白

涂白剂用生石灰 0. 5 kg、水 4 ~ 5 kg、黏着剂（面粉）0. 25 kg、食盐 0. 15 kg 配制，可加入适量石硫合剂。涂白时，先将树干老皮刮除。

4. 3　清理果园

将果园中杂草、落叶清除扫净，集中烧毁；翻耕树盘，使土中蛹、虫、茧暴露于地面冻死或被鸟啄食，同时积雪保墒。

# 第十章　山楂

【内容提要】山楂起源，营养医疗保健价值，特点、用途，园林景观生态价值。介绍了山楂国内栽培现状及发展趋势。从生长结果习性和对环境条件要求两方面介绍了山楂的生物学特性。当前生产上栽培山楂种类有山楂、湖北山楂、云南山楂、锲叶山楂和伏山楂。优良品种有燕瓤红、滦红、豫北红、辽红、秋金星和敞口。从育苗、建园、土肥水管理、整形修剪、病虫害防治、果实采收和贮藏7个方面介绍了其无公害生产技术。

山楂又名山里红、红果，原产我国，是我国特有树种之一。其果实营养丰富，钙含量居各种水果之首，维生素C含量仅次于枣、猕猴桃，具有营养、保健医疗价值。该树种具有生长快、结果早、寿命长、易管理、耐贮运、适应性强等特点。果实除鲜食外，还可加工成各种加工品。山楂树冠整齐，枝繁叶茂，花白色，果实红色，艳丽可爱，也是良好的园林观赏植物和绿化树种。

## 第一节　栽培现状与发展趋势

### 一、栽培现状

我国地域辽阔，可供山楂栽培的范围很大。北起吉林、南至云南20多个省、市大都有山楂栽培，华北、东北各省最多。在年平均气温2.5～22.6 ℃，≥10 ℃年积温2200～5100 ℃，绝对最低气温－41 ℃以上，无霜期100 d以上，年降水量450 mm以上的地区均有适宜的品种。我国山楂栽培历史悠久，但直到20世纪70年代中期才有较大发展，80年代中期发展最快，在我国果品栽培总面积中，仅次于苹果、柑橘和梨而居第4位。山楂按地理位置、气候特点和栽培利用等情况，大致可分为吉辽、京津冀、苏鲁、中原、云贵高原5个产区。其中，京津冀和苏鲁2个产区为山楂重要生产基地。京津冀产区包括北京、天津及河北省北部，以燕山山区为集中产地，该区气候温暖，适于山楂生长发育。苏鲁产区包括山东中部、东部和苏北，以泰沂山区为集中产区；该区年平均气温11.2～14.6 ℃，年积温3750～4250 ℃，无霜期200 d以上，年降水量478.5～927.2 mm，山楂生长发育良好，大山楂品种资源丰富，有较多的优良品种并多有高产优质典型，为我国山楂产量最集中产区；该区品种单果重普遍较大，品质优良、产量高并有耐藏品种。

我国山楂多为半栽培状态，管理粗放，产量低，质量差，某些园区，病虫严重，近于荒芜。20世纪70年代中后期，山楂生产和科研引起了各方面的重视，到80年代末期，山楂科研工作取得了显著成果。查清了我国山楂属植物的种类和品种资源，建立了国家果树种质沈阳山楂圃，编著出版了《中国果树志·山楂卷》，选育出了一批优良新品种，掌握了山楂生物学特性，总结出配套栽培管理技术及山楂加工和综合利用技术等。80年代山楂果价格刺激及科技进步推动山楂生产发展，涌现一批早期丰产、大面积丰产和靠山楂脱贫致富的典型，促进了山区经济发展。但由于存在重栽轻管、栽植时不注意当地资源条件、盲目扩大面积、不注意严格选择优良品种等问题，加之加工和综合利用滞后等原因，90年代初期，山楂生产陷入困境，出现价格下降卖果难、大面积砍伐山楂树局面。

## 二、发展趋势

如同其他产业一样，山楂生产、加工、销售应受到农村产业结构的制约，使之协调发展。目前已有信息预示，作为一种特殊的食品、营养和药用果品，它具有很大的开发潜力。今后应稳定栽培面积，调整产地布局和品种结构，做到适地适栽，着重发展适于加工的品种，加强综合配套技术的普及，提高果品质量，实行规模化栽培，促进产业化进程，加大山楂加工和综合利用研究的力度，为山楂稳步发展和提高经济效益提供可靠保证。

### 思考题

山楂生产上存在的主要问题是什么？其发展趋势如何？

# 第二节　生物学特性

## 一、生长结果习性

**1. 生长习性**

（1）树体生长

山楂成花容易，结果早，经济寿命长。嫁接苗栽后2～4年即可开花结果，管理条件好的密植园5年左右便进入盛果期，到60～70年仍不衰老，继续结果。产量一般为30～50 kg/株，也有产量达500 kg/株。

（2）根系

用根蘖苗嫁接的山楂树，无明显主根，根的垂直分布较浅，侧根发达。用实生苗嫁接的山楂树，垂直分布较深。就地播种就地嫁接的山楂树比嫁接的根系更深。山楂根系生长能力强，在瘠薄山地也能生长。侧根分布浅，多分布在地表下50 cm以内，最深可达90 cm，10 cm以上和90 cm以下土层根量很少。根系的水平分布范围为树冠的2～3倍。

山楂根系无自然休眠现象，每年随土壤温度、湿度和地上部生长发育而有节奏地变化。土壤温度15～20 ℃时生长旺盛，低于5 ℃或高于20 ℃生长缓慢。河北省北部地区山楂根系每年出现2次生长高峰：第1次在5—6月，表现生长持续时间长，吸收根系发生量多，占全年发根量的50%～60%；第2次出现在果实采收前后，持续时间较短，吸收根发生少，仅10%左右。在山西中部地区，3月下旬至4月末出现第1次生长高峰，第2次生长高峰在5月末至7月上旬，第3次生长高峰出现在10月初至11月中旬。3次生长高峰中以第2次生长高峰生长量大。幼树根系每年开始活动早，结束晚，有3次明显的生长高峰，而盛果期树一般只表现2次明显的生长高峰。

山楂根蘖发生能力很强，地表以下5～25 cm深处发生不定芽形成根蘖。随着根系生长，能形成成簇的根蘖，有时每簇多达十到数十条，浅锄切断后仍能继续萌发，且逐年增多。一般距地表较浅的根系受地表温度和湿度及其他环境条件的影响，很容易产生不定芽而长出地面，成为新的个体，但这些个体只能作砧木用，而不能直接用来栽培。

（3）芽

山楂枝条先端的芽，有花芽和叶芽。分生在枝条中下部的芽，芽体瘦小不饱满。正常情况下多数在形成后的次年仍不萌发，这类芽称为隐芽或潜伏芽，其寿命较长。由叶芽萌发的一年生枝，其顶端形成的芽为真顶芽。当年结果新梢形成的顶芽为假顶芽。着生在枝条侧方的芽为侧芽。

①叶芽。芽内枝叶原始体的雏梢，无花芽原始体，外面有鳞片包被着，较小，着生在营养枝的顶端

及叶腋间或结果母枝的下部，萌发后抽生营养枝。

②花芽。山楂花芽为混合芽，芽内雏梢顶端着生花原基。芽体肥大，呈奶头状，先端钝圆，通常有15~18枚鳞片包被，第2年抽生结果新梢，花序着生于新梢顶端。发育充实的果枝，除顶花芽外，其下还有1~2个侧花芽。侧花芽钝圆形，其体积大于叶芽，小于顶花芽。侧花芽数量与枝条长度有关：长度25~30 cm枝条，在顶花芽以下可形成2~3个侧花芽；长达50~60 cm枝条，可形成8~12个侧花芽；长达1.0 m左右的枝条，所形成花芽数量又有所减少。

山楂为伞房花序。有4~6个分轴/花序，每个分轴上有1~8个小花梗，顶端着生小花。每个花序的花朵数量，取决于品种、枝条质量、花芽着生位置及分化过程中树体营养状况的不同。一般野生品种多于栽培品种；壮枝和外围枝多于弱枝和内膛枝；顶花芽多于侧花芽。在栽培品种中，每一花序的花朵数量也不相同。白瓤绵山楂，平均有16朵花/花序，最多达62朵/花序，畸形花序中的花朵树，有的高达128朵。每朵花萼筒基部皆着生2片苞叶，花梗基部有1片苞片、分轴有1~4片苞片。花序中分轴的形式的有两种：一是花枝顶部2片叶互生，则下面叶的叶腋间着生1副花序，其他各分轴合成1主花序；二是若花枝最顶部的2片叶为对生，则无副花序或副花序和主花序合一。

（4）枝

①枝条类型

营养枝：根据长度可分为叶丛枝（1 cm以下）、短枝（1~5 cm）、中枝（5~15 cm）、长枝（15~60 cm）和徒长枝（60 cm以上）。长枝和中枝充实，节间较短，表皮颜色较深，冬剪时经过中、短截可发生较长枝，是树体制造营养和成花的主要枝条。徒长枝多是骨干枝或树体内膛等部位上的潜伏芽受到某种刺激后萌发出来的枝条。一般在更新结果期的树体上易发出此类枝条。如果树冠完整，内膛充实，应在其萌发后及早抹除。当骨干枝损缺或内膛光秃时，应注意培养和利用该类枝条。叶丛枝节间短，叶片呈莲座状，有1个明显的顶芽。叶丛枝叶片多少决定其质量好坏，7片叶以上的叶丛枝芽体大而饱满，其顶芽有可能成为花芽，6片叶以下一般不易形成花芽。叶丛枝多少及其质量好坏是树体生产能力高低的重要标志。

结果枝：长度一般为5~15 cm，9~13片叶，最长可达17 cm以上。幼旺树和结果少的树，营养状况好的结果枝，长度多在15 cm左右；成龄树、营养状况较差的树，结果新梢长度一般较短，多在8~10 cm；老树和营养条件差的树，结果枝长度多在8 cm以下。

结果母枝：按长度可将结果母枝分为短结果母枝、中结果母枝、长结果母枝3类。长结果母枝一般具有顶花芽，长度在12 cm以上；中结果母枝长度为8~12 cm；短结果母枝长度在8 cm以下。粗壮结果母枝抽生的结果枝结果能力强。在正常栽培管理条件下，一至三年生枝结实能力强，四年以后结实能力逐渐下降。树龄、树势不同，枝类组成不同。初结果树，中、长结果母枝占结果母枝总数的33.7%。盛果期大树树势缓和，长结果母枝所占比例很少，中、短结果母枝占结果母枝总数的95%以上，很少有长结果母枝。结果母枝在盛果期树上，大年可占到总枝量的50%左右，小年仅为10%~20%或更少。大年树宜通过修剪将结果母枝调整为占总枝量的30%~40%。按来源结果母枝分为两种：一种是由上年生长充实的营养枝转化而来，称为交替式结果母枝，具有顶芽，混合芽着生在枝的顶端及其以下1~4个叶腋；也有结果母枝顶芽为叶芽，腋芽为混合花芽。另一种结果母枝由上年结果枝转化而来，称为连续结果母枝，就是结果枝在开花结果后，其顶端自行枯死成为枯桩，枯桩以下1~2个侧芽形成花芽。此外，结果母枝还可分为有顶芽结果母枝和伪顶芽结果母枝。通常1个结果母枝着生1~2个结果枝，个别生长健壮的结果母枝也可着生4~5个结果枝，甚至更多结果枝。

山楂成龄树营养枝与果枝间比例以（1~2）∶1为宜。枝类比例变化，因品种、树势、树龄、产量、管理状况及外界环境条件的变化而有较大差异。

树体内各种不同类型的枝条在不同情况下可以相互转化。营养枝一般都会转化成果枝，但因枝势不同，其转化的难易程度有所不同。一般长度在 5 ~ 30 cm 的营养枝当年大多数可形成花芽，第 2 年抽生结果新梢开花结果。长度在 30 cm 以上营养枝，在自然状态下当年多数不能形成花芽，第 2 年则在其上分生出长 5 ~ 20 cm 的营养枝，这些营养枝可形成花芽，第 3 年才能开花结果。营养枝越强旺，其转化为结果枝所需时间越长。长度在 5 cm 以下的营养枝较难转化成果枝。结果枝经过几年的连续结果后，其营养含量逐渐降低，当降低到一定程度以后就不再形成花芽，便由结果枝转化为营养枝，但经过一定的更新复壮又能恢复其结果能力，又转化成了果枝。

②生长发育动态：成龄树发育枝于萌芽后逐渐加快生长进入高峰期，速长期 10 d 左右；以后进入缓慢生长期，一般持续 10 ~ 15 d，到盛花期停止加长生长。在河北兴隆一般中短枝于 4 月下旬开始生长，5 月上中旬从花序伸长开始进入生长高峰期，此期生长量占全部结果枝长度的 90% 以上，随后进入缓慢生长期，于开花前 5 ~ 6 d 停止加长生长。营养枝开始生长稍晚于结果枝，但迅速生长时间长，生长量大，速长期 25 d 左右，近开花时大部分形成顶芽而停止生长，少量旺枝花后继续生长一段时间。在一般情况下，山楂无分生 2 次枝的习性。冬季短截或回缩修剪幼旺树旺枝，在新梢生长过程中仍能不断分化新的叶片，增加节数。该类枝生长高峰一般出现在 6 月中旬，延续生长到 8 月下旬，单枝最大生长量可达到 2 m，有的还能出现 2 次延伸生长。

（5）叶

山楂叶为完全叶，由叶片、叶柄和托叶构成。叶的外形主要有两类即羽裂叶和全缘叶。如山楂、辽宁山楂和伏山楂等是羽裂叶，云南山楂等则是全缘叶。

①叶的生长。山楂营养枝或结果枝上的叶原始体在芽内的雏梢上就已经形成。芽萌发后，随枝条加长生长，叶片便自下而上生长、成熟、脱落。在冀京辽栽培区，一般 4 月末展叶，11 月上旬落叶，叶片在树上生长时间为 190 d 左右，但不同部位叶片生长形成所需时间不同。第 1 片叶成熟需 12 ~ 24 d，第 3 片叶为 22 ~ 28 d，第 5 片叶为 26 ~ 35 d，第 7 片叶为 24 ~ 27 d。山楂树叶片一般在 8 月中旬全部结束生长。旺盛生长期为 5 月中旬至 5 月下旬。结果枝叶片形成快，停止生长早，75 d 左右可全部形成，营养枝叶片的形成时间较长，均需 105 d 左右。

②叶幕形成。随着枝条加长生长，叶片也随之进入速长期，叶面积迅速增大。叶片生长速度取决于枝类。各类枝上的叶片在初花期起基本长成，幼树叶片的生长延续时间较盛果期树梢长，但其速长期仍在开花期以前。叶片生长期的延续时间与枝条的程度呈正相关。营养枝叶片总生长期为 56 ~ 63 d，长、中、短果枝和叶丛枝，叶片总生长期在 32 ~ 41 d。其中，盛果期发育枝上叶片生长高峰期在 5 月 2—18 日，叶丛枝上叶片生长高峰在 5 月 4—12 日。山楂展叶快，单叶生长期短，叶面积增长快。晚秋采果后，可通过增肥提高光合器官的同化功能，增加树体的营养积累。

**2. 结果习性**

（1）花芽分化

山楂花芽的形态分化可分为 6 个时期：花序原基分化期、花蕾分化期、萼片分化期、花瓣分化期、雄蕊分化期和雌蕊分化期。在兴隆县，盛果期树于 7 月下旬开始分化花芽，8 月中下旬为分化高峰期，该期是决定花芽数量的关键时期，增施肥料对促进花芽分化、增加花芽数量具有重要作用。花芽分化开始后，随着生长点突起膨大，花序即开始分化，两者几乎同时进行。花芽分化期短而集中，约在 2 周内完成。花蕾分离分化从 8 月下旬开始，冬季低温时期，分化速度相对缓慢。等到第 2 年 3 月下旬，气温回升到 10 ℃左右时，花蕾才迅速分离膨大，前后历时 7 个多月。萼片分化从 3 月下旬开始，4 月上旬基本完成。随着气温、地温上升很快转入花瓣分化期，然后迅速进入雄蕊分化和雌蕊分化期。全部花芽分化所需时间长达 9 个多月。不同枝条花芽分化时间不同。短枝顶芽分化早，长枝较晚。分化结束期，各类枝条间差异很大。花芽前期分化持续时间长，后期持续时间短，雄蕊及雌蕊分化时间仅 10 d 左右。

（2）花及开花特性

山楂为两性花，花瓣白色，雄蕊 20 枚，大果型山楂具有雌蕊 5 枚（少数 3 枚），分 2 轮排列，花药粉红色。山楂从初花期到终花期约持续 5 ~ 9 d。一般多在黎明（早晨3—5 时）开始开放，到上午 8 时左右全部展开。初开时慢，接近终放时开放较快。花瓣初开时，外观可见花药，0. 5 h 后露出大部分花药并相继散粉；到花瓣全部展开时，外围花药开裂 1/2，可见大量花粉，也有的在花瓣初开时即开始散粉。单花开放延续约 2 d，从开到全谢需 3 ~ 4 d。1 个花序中，多是健壮的花朵先开，持续 2 ~ 6 d，其中以 2 ~ 4 d 最多。单株或全园花期需 8 ~ 10 d。河北省山楂主产区 5 月中下旬开花，初花到终花一般历时 5 ~ 7 d。山楂开花要求适宜日平均气温 18 ℃左右。若遇干旱、大风等天气，回推迟花期，影响坐果，导致减产。

（3）结实特性

山楂能自花结实，但异花授粉能显著提高坐果率。山楂具有较强的单性结实能力，且单性结实率随树势增强而提高。

（4）落花落果

山楂落花落果时间较为集中。初花后 3 ~ 4 d 开始落花，1 周内形成高峰；从落花后 10 d 左右开始落果，高峰期出现在落花后的 15 ~ 18 d 和 24 ~ 25 d。2 次落果高峰间隔时间为 7 d 左右，第 1 次落果占总数 70% 以上；第 2 次落果结束后，坐果基本稳定。

（5）果实发育

山楂从盛花期到果实完全成熟共需 130 ~ 150 d。品种不同，果实生长发育长短有差异。果实纵横径、体积和单果重增长都呈 S 形，可明显的分为 3 个时期。

①幼果迅速生长期：从受精后开始，经历 15 ~ 20 d。该期细胞分裂快，果实细胞和胚细胞迅速增加，幼果生长很快，是纵、横径生长最快时期，且纵径生长大于横径。此期果实的纵、横径已为果实成熟的 60% ~ 70% 。该期以长果心为主。

②缓慢增长期：此期横径的增长比较稳定，纵径增长逐渐减缓，果形指数缩小。此时果核迅速变硬，种核逐渐木栓化，并逐渐长到成熟果实的种核大小。果实体积和重量增长缓慢，是果肉和果心生长缓慢的时期。

③熟前增长期：进入该时期，果实出现第 2 次生长高峰，此期横径增长速度比纵径快，主要以长果肉为主，果肉细胞膨大，细胞间隙增大，果肉迅速加厚。

## 二、对环境条件要求

### 1. 温度

山楂对温度适应范围大，一般年平均气温 4. 7 ~ 16 ℃的地方都能栽培，以 12 ~ 15 ℃为最适发展区。冬季能耐 - 20 ~ - 18 ℃的低温，可短时间忍耐最高温为 43. 3 ℃，能较长时间忍耐 40 ℃高温。各地因气候条件不同，均有当地较适宜的类型和品种。春季当地温 6. 5 ℃时根系开始活动，8 ℃时开始萌芽，15 ℃时为生长适温，20 ℃左右有利于果实生长。在月平均气温降到 10 ℃以下开始落叶。生长季要求≥10 ℃积温 3000 ~ 4500 ℃，各地不同品种对积温要求不同，最低 2000 ℃，最高 7000 ℃。无霜期 100 d 以上，年生育期 180 ~ 220 d，萌芽抽枝所需日均温为 13 ℃左右，果实发育需 20 ~ 28 ℃，最适温 25 ~ 27 ℃。

### 2. 水分

山楂对水分要求不严格，年平均降水量 170 ~ 1546 mm 地区均能发展栽培。在降水量 500 ~ 700 mm 地区生长良好。山楂安全含水量为 9. 34% ，含水量 7. 9% 时发生萎蔫，致死湿度为 5. 8% 。具有一定抗旱能力，耐旱性比苹果、梨、桃强。干旱会影响果实生长发育。其也比较耐涝，在多雨年份或季节，积水 1 周左右，仍能正常生长。但不抗暴风雨的突然袭击。

**3. 光照**

山楂是喜光树种，对光的要求比较敏感，在光照良好的环境中，可明显提高坐果率，果实着色好，糖分高。在夏季，平均光照达10 000 lx时，结果良好，不足5000 lx时，结果较差，甚至不能孕花。每天利用光能达7 h以上时结果最多，5～7 h则结果良好，3～5 h基本不能结果，每天小于3 h直射光，则不能坐果或坐果很少。

**4. 土壤**

山楂较耐瘠薄，对土壤要求不严格。在山地、丘陵、平原、沙荒地均能栽植，但以沙质壤土和土层深厚、疏松的土质，生长发育和结果表现最好。土壤瘠薄山地，应经深翻土层达1 m以上栽植为宜，在土层瘠薄条件下，枝瘦、叶黄、花而不实，产量很低。土层不足60 cm的地方，若无灌溉条件，大旱之年易旱死。土壤酸碱度要求中性，弱酸、弱碱性土壤上也能生长良好。但盐碱地、地下水位太高地不宜栽培。

**思考题**

（1）概括总结山楂生长结果习性。

（2）试总结山楂对环境条件的要求。

## 第三节　常用砧木和优良品种

### 一、常用砧木

**1. 山楂砧木标准**

山楂砧木应具有根系强大，适应当地环境条件，与接穗亲和力强，对接穗的生长有良好的影响如生长健壮、结果早、丰产、寿命长等，抵抗病虫害能力强等特点。且当地资源丰富，易于大量繁殖，含仁率高，出苗容易。

**2. 砧木选择**

不同地区所选砧木有所差异。辽宁、吉林应用砧木主要有毛山楂、辽宁山楂、光叶山楂等；京、津及河北省北部地区应用砧木主要有橘红山楂、辽宁山楂、甘肃山楂等；太行山区应用砧木主要有野山楂、湖北山楂、华中山楂等。

### 二、主要优良品种

**1. 歪把红**

歪把红是山东省平邑县主栽品种，因果梗部歪斜呈肉瘤状而得名。果实倒卵形，平均单果重15 g左右，肩部较瘦，顶端较肥大，果梗基部一侧着生较肥大红色肉瘤是其典型特征。果皮鲜红色，有光泽，蜡质较厚，果稀且较大，萼片开张反卷，果面有残存苞片，萼筒陡深，果肉乳白色，肉质细密软绵，味酸爽口，总糖7.52%，总酸2.18%，可溶性固形物含量14.5%，含钙24.6 mg/100 g，磷1.3 mg/100 g，铁2 mg/100 g，维生素C 60.8 mg/100 g。果实10月上中旬成熟，耐贮性好。树冠紧凑，萌芽率和成枝力均极强，平均坐果率8.9个/花序，适应性强，是加工兼鲜食的优良品种。

**2. 大绵球山楂**

大绵球山楂是山东费县等地农家品种。果实扁圆形，果皮橘红色。果个较大，百果重1019.2 g，果实整齐度高，可食率85.1%。果肉黄绿色，质地松软细密。树势中庸，枝条开张，早春萌芽时新梢叶片呈红色，以中、短果枝结果为主，平均坐果数10.0个/果枝，母枝连续结果能力较强，幼树丰产性和抗性均较强。初结果期树产量 10 kg/株，六年生产量 40 kg/株。树体易衰弱。幼树和初结果树枝展较大，不宜过密种植。由于结果早，易丰产，应注意前期和采后的肥水管理。进入大量结果期后要注意结果枝组的更新复壮，防止结果部位外移。9 月中旬成熟，适宜北京平谷、房山、怀柔、密云等地区种植。

**3. 大五棱山楂**

大五棱山楂（图 10–1）果个巨大，平均单果重达 24. 3 g，最大果为 31. 6 g，果实长圆形，萼部较膨大，萼洼周围有明显五棱突起，宛如红星苹果。果皮全面鲜红，有光泽，果点小而稀，果肉黄白色，肉质细嫩，味甜微酸，不面不苦不涩，鲜美可口。果实 10 月中下旬成熟，常温条件下可自然存放到第 2 年 5 月底不软不面，甜味增加，酸味减少，此时风味更佳。原产于山东，现主要分布在山东、河南、山西、辽宁等地。

**4. 燕瓤红**

燕瓤红（图 10–2）主产于河北省北部地区，当地称为粉红肉。果实倒卵圆形，平均单果重 8. 8 g。果皮深红色，果面有残毛，果点中大较密，有光泽。萼片半开张或开张反卷。果肉粉红色，甜酸，肉质细硬，耐贮藏。树姿开张或半开张，树冠呈自然半圆形或圆头形，一年生枝红褐色，成枝力强，顶端优势和层性明显，果枝连续结果能力强。产地果实 10 月上旬成熟。适于鲜食、加工。抗旱、抗寒性强。

图 10–1　大五棱山楂

图 10–2　燕瓤红

**5. 滦红**

滦红（图 10–3）主产于河北承德、唐山和秦皇岛市。果实近圆形，平均单果重 10. 0 g。果皮鲜紫红色，果肩部多棱状，果点大而稀，灰白色，果面光洁。萼片残存，开张反卷，萼筒小，圆锥形。果肉红色至浅紫红色，近果皮和果核外紫红色，甜酸，果肉细硬，耐贮藏。树冠呈半圆形，树势中庸，一年生枝红褐色或紫褐色，二年生枝棕黄色，三年生枝棕灰色，中、长成花及果枝连续结果能力强。产地果实 10 月上旬成熟。

**6. 豫北红**

豫北红（图 10–4）是河南职业技术师范学院等从河南省辉县栽培的山楂中选出。果实近圆形，肩部

图 10–3　滦红

图 10–4　豫北红

呈半球状，平均单果重10.0 g。果皮大红色，果点较小，灰白色，果面光洁。果肉粉白色，酸甜适口，肉质细，稍松软，较耐贮藏。该品种树势中庸，幼树新梢生长旺盛，成年树树姿开张，萌芽力、成技力均强，果枝连续结果能力强。当地10月上旬成熟，丰产稳产，耐贮存，主要用于加工。

**7. 辽红**

辽红（图10-5）幼树期树势强健，成龄后树姿开张，多呈自然半圆形，以中果枝结果为主，果枝连续结果能力强，丰产、稳产。果树5月下旬开花，果实10月上旬成熟，果实圆形，平均单果重7.9 g，果皮深红色，有光泽，果点较小，中多、黄白色，果肉红或紫红色，肉质细密，味微酸有香气，抗寒力强，耐贮藏，可贮至翌年5月，适于鲜食和加工。

**8. 秋金星**

秋金星（图10-6），当地又称大金星，原产于辽宁省。该品种树势强健，树冠半开张，呈自然圆头形，枝密，老树皮暗灰色。果实近球形，带有明显的小棱凸起，平均单果重5.5 g，果皮深红色，有光泽，果点黄白色，近萼洼处果点渐小而密。果梗细，果肉深红色，肉质细密而软，甜酸适口，风味浓。产地9月中旬成熟。用于鲜食或加工。

图10-5　辽红

图10-6　秋金星

**9. 敞口**

敞口（图10-7）主产于山东鲁中山区。该品种树势强健，适应性广，山、滩地区连续结果能力强，丰产稳产，耐旱，稍抗碱。果实大，略呈扁平形，平均单果重10.1 g。果皮大红色，有蜡光，果点小而密，梗洼中深而广。果顶宽平，具五棱。萼片大部脱落，萼筒倒圆锥形，深陷，筒口宽敞，故称敞口。果肉白色，有青筋，少数浅粉红色。肉质糯硬，味酸甜，清酸爽口，风味很好，品质最上。耐贮运，是生食、加工、药用优良品种。果实10月中旬成熟，适于制干。

图10-7　敞口

## 思考题

（1）山楂当前生产上主要砧木有哪些？

（2）山楂的主要优良品种有哪些？识别时应把握哪些要点？

## 第四节　山楂栽培关键技术

### 一、育苗技术

山楂采用嫁接繁殖。培育大批高质量砧木苗成为育苗的关键。生产上通常采用种子繁殖和无性繁殖两种方法培育砧木苗。种子繁殖的核心是促进种子萌发，无性繁殖的关键是归圃育苗。

（1）促进种子发芽技术

山楂种壳厚不易裂开，种仁发育完全率低，一般层积技术需经两个冬天方可发芽，就是第1年秋天采种层积，第3年春播种才能出苗，且出苗率低。生产上促进种子发芽采取的措施是：一是提早采收。8月中下旬过时刚开始着色转红（或转黄）时（种子生理成熟但形态未成熟）采种，此时种壳尚未坚硬。二是用干湿法晒裂种壳，就是先用温水浸种，冷却后继续浸泡，白天捞出种子暴晒若干小时，重复3~4次使种壳裂开。三是机械法破开种壳，如指甲剪剪开种壳。四是及时层积。

（2）归圃育苗

就是将山楂大树下的根蘖苗或落地种子萌发生成的幼苗集中起来，移栽到苗圃，在人工管理下培育成苗。

①诱发根蘖。春季发芽前，在山楂母树树冠外围，挖宽30~40 cm、深40~60 cm的沟，并切断直径2 cm以下的树根，沟内填入肥沃湿土。填土后浇水，加强管理，当年可形成根蘖苗。

②根蘖归圃。一般在秋季落叶后和春季发芽前将萌生的根蘖苗移栽到苗圃集中管理。刨苗后按根系粗细、长短、根量多少进行分级，分别入圃。栽植形式有畦栽和垄栽，株行距可参照播种圃适当加大。归圃最好随刨随栽、随浇水，7~10 d再浇一次，并结合中耕，松土保墒，促进苗木成活。

③根蘖苗管理。必须加强根蘖苗田间管理。苗木发芽后应做好中耕除草、松土保墒工作。5—6月应满足苗木对水分的需求。6—7月结合浇水进行开沟施肥，可追施尿素10 kg/亩，砧木苗长到30 cm时摘心。春栽根蘖苗可在距地面5 cm处平茬，使其基部萌发新枝条，萌发后选留一个壮条，夏、秋季嫁接。秋栽根蘖苗，翌年春季先浇一次水，7 d后即可进行嫁接。

### 二、整形修剪

山楂萌芽力中等，顶端优势、干性及成枝力都强，且层性明显。修剪上应注意控制上强下弱，防止内膛光秃，培养健壮枝组，及时进行更新。

（1）树形

山楂树形一般采用二层开心形、自然开心形和主干疏层形。二层开心形干高30~60 cm，树高4 m左右，层间距100~120 cm，主枝5~6个，每个主枝上有侧枝2~4个，主枝开张角度60°~70°。

（2）修剪

①幼树期修剪。根据采用树形和栽培方式，山楂定干高度为60~100 cm。山楂定植当年所发枝叶全部保留。冬剪时，凡是长度在40 cm以上直立和斜生枝条，均留20~30 cm短截，短于40 cm非骨干枝一律缓放，培养结果枝组。二年、三年生树，主侧枝延长枝每年适度短截，注意剪口留外芽。骨干枝以外枝条，若长势很强，与骨干枝发生竞争的，或疏除，或采取别、压、拉等手段加以改造，培养成结果枝组，其他枝条一律缓放。

②初果期树修剪。该期骨架基本形成，树势趋于缓和。以保持树势、巩固树形、培养结果枝组、调节生长与结果矛盾为主。继续对各级骨干枝延长枝进行短截，扩大树冠。其他枝条，特别是发育粗壮、水平或斜生的枝条尽量不剪，培养结果枝组。对过密、交叉、重叠枝及时疏除或回缩，有空间细弱、下

垂的一年或多年生枝及时短截或回缩。控制背上枝，防止生长势过强。

③盛果期树修剪。山楂树进入盛果期后，树势开始衰弱，结果部位外移，修剪主要任务是促发营养枝，维持树势，更新结果枝组，截、缩、疏结合。外围新梢，有空间尽量短截，甚至可短截部分过密结果枝。外围过密枝条及时疏除，保持叶面积系数4~5。先端下垂骨干枝、树冠内冗长细弱枝、连年结果的大中型结果枝组及时回缩更新。树冠内徒长枝及外侧竞争枝视空间情况合理利用。

④衰老期树修剪。要充分利用徒长枝，对骨干枝组进行更新，过密、水平下垂的及长势很弱的大枝直接除掉，但注意伤口保护，过大枝分两年疏除。经回缩、更新促发徒长枝，选择方向、位置适当的培养成新的主、侧枝，更新树冠，延长结果寿命。

**思考题**

（1）如何促进山楂种子发芽？

（2）山楂结果树如何进行修剪？

## 第五节 无公害优质丰产栽培技术

### 一、育苗

#### 1. 种子处理

（1）早采种沙藏法

野生山楂一般在8月中旬至9月上旬，生理成熟期内采种。在果实着色初期采果较为适宜。将采集到的山楂果用碾子把果肉压开，但不可压伤种子，然后用水淘搓，除去果肉和杂质，再将净种放在缸内用凉水浸泡2 d，每隔2 h换1次水，然后从缸内取出山楂种子，趁湿沙藏。按体积将1份种子和4份湿沙混拌均匀，湿度以手握成团，不滴水，松开即散为宜。放入事先挖好的坑内。坑挖在背风向阳处，深1 m，宽80 cm，长度视种子多少而定。将混好的种子放在坑底摊平，厚8~10 cm，然后在种子上方10 cm处搭放1层木棒，在木棒上放1层薄包或席头，并在坑的中央立一把秫秸作通气孔。然后将土填回坑内，并稍高于地面，种子沙藏时间180~210 d，一般4月初（清明）开坑取芽播种。此法可使种子发芽率达95%~100%。

（2）变温处理沙藏法

适用于干种子。就是将纯净野生山楂种子浸泡10 d。每天换水1次，再用2瓢开水兑1瓢凉水的温水浸泡1 d，第2天捞出，放在阳光充足地方曝晒，夜浸日晒，反复5~7 d，直至种壳开裂达80%以上时，再将种子与湿沙混匀沙藏。该法适用于早秋。深秋采用的方法是将净种子用“两开一凉”的温碱水（500 g种子+15 g食用碱）泡1 d，而后用温水泡4 d，每天早晚各换温水1次，然后夜泡日晒，有80%的种壳开裂时沙藏。沙藏坑挖在向阳处，深1 m，宽60 cm，长度视种子数量而定。将混有湿沙的种子在坑内铺厚25 cm，上再盖5 cm的湿沙，坑口用秫秸盖严，覆土厚30 cm，在坑两头各立一把秫秸通风换气。第2年3月中旬开坑检查萌芽情况，扭嘴时播种。

（3）马粪发酵法

秋季将野生山楂籽先用热水烫过，然后用温水浸种3~5 d，将种子捞出和鲜牛粪按1∶4混拌，放入30~50 cm深的坑内，其上覆盖，使之发热35 ℃左右，经30~50 d，各缝开裂取出，再用湿沙取出层积，次年春播种，可当年出苗。

（4）腐蚀法

用石灰水或鲜尿浸种，以腐蚀种皮，促使种壳开裂，再经过湿沙层积，第2年春季播种后也可出苗。

（5）一夏一冬沙藏法

对原来存放或夏季买到的干种子，5—6 月处理种壳，开裂效果较好。就是用 50 ℃热水浸种 1 d 后，用冷水浸泡 5 d，一天换一次水，而后晚上用凉水泡，白天曝晒，反复 3 d 左右，就有 90% 以上的种壳开裂，然后将种子和湿沙按 1∶2 比例混合装入沙袋，预储于深 50 cm，宽 60 cm，长视种子量而定的储藏沟，种袋子放一束秫秸通风换气，覆土高出地面。上冻前改入储藏坑内层积沙藏，第 2 年春发芽率可达有仁种子的 95% 以上。

**2. 整地播种**

选择地势平坦、土层较厚、土质疏松肥沃、有灌溉条件的圃地，整地作畦。采用南北畦，畦宽 1 m，畦长视地而定。畦内施入充分腐熟的农家肥 5000 kg/亩，翻入土内，用耙子搂平，灌一次透水，待地皮稍干时播种。播种一般在 3 月中旬至 4 月上旬，若在此期间，扒开种子沙藏坑，种子没发芽时可进行室内催芽。温度以 10 ~ 12 ℃为宜。注意种子湿度不能过干。在种子刚露白时播种，不宜发芽过长。若种子发芽过长而未及时整地时，可先在育苗畦内高密度漫撒育苗，覆盖地膜，出至 3 ~ 4 片真叶时移栽。播种量目前主要采用条播和点播两种方法。每畦播 4 行 10 cm。具体种植方法是在畦内用镐开沟，沟深 1. 5 ~ 2 cm，撒入少量复合肥和土壤混合，阻止浇种，沟内坐水播种。条播将种沙均匀撒播于沟内，点播将种子按株距 10 cm，每点播 3 粒种子发芽，然后用钉耙搂平，覆土 0. 5 ~ 1 cm，再覆盖地膜。

**3. 砧木苗管理**

播种好 7 ~ 10 d，幼苗长出 2 ~ 3 片真叶时揭去地膜，3 ~ 4 片真叶时按 10 cm 株距间、定苗，保证留苗 2 万株/亩以上。对间出的幼苗或专门育的移栽到事先准备好的畦内，移栽时先浇足水，立即用木棍或手指插孔，将幼苗根用手放入孔内用手挤压一下，栽后立即浇水，密度同前。幼苗出齐和间、定苗后，要及时中耕除草，保持土壤疏松不板结。松土 3 ~ 5 cm，不宜过深，以免伤根。幼苗长到 15 ~ 20 cm，结合浇水施尿素 10 kg/亩，以后每月追肥 1 次，并浇水。嫁接前 5 d 灌 1 次大水。小苗长到 20 cm 时摘心，尽早摘去苗木基部 10 cm 以下生出的分枝。

**4. 嫁接**

嫁接时间一般在 7 月下旬至 8 月下旬。方法主要采用芽接。先在山楂接穗上取芽片，在接芽上 0. 5 cm处横切 1 刀，深达木质部，再在芽子两侧呈三角形切开，掰下芽片；在砧木距地面 3 ~ 6 cm 处，选光滑的一面横切 1 刀，长约 1 cm，在横口中间向下切 1 cm 的竖口，呈“丁”字形，然后用刀尖左右一拨，撬起两边皮层，随即插入芽，使芽片上切口与砧木横切口密接，用塑料条绑好。

**5. 嫁接后管理**

芽接后 7 d 检查成活。凡接芽新鲜未皱缩，叶柄已落或呈绿色一触即落者表明已成活，若接芽变黑，芽片皱缩，叶柄僵死在芽上即未成活，应马上补接。上冻前浇 1 次水，最好不解塑料条。第 2 年早春树液流动前，对所有芽接苗在接芽上方 0. 4 cm 处进行 1 次剪砧，剪口要平滑并向接芽背面稍倾斜，解除塑料绑条。剪砧后，砧木基部发出大量萌蘖，应及时检查，尽早抹除。同时加强追肥浇水，促进生长，在秋后出圃。

**6. 病虫害防治**

山楂苗期病虫害主要有立枯病、白粉病、灰蟓甲、金龟子等。对立枯病在播种前撒施硫酸亚铁 1. 5 ~ 2. 5 kg/亩，或在播种时用 300 倍的硫酸亚铁水浇灌根系，长到第 4 片真叶时再浇第 2 次即可控制。白粉病防治从 6 月开始，每隔 15 d 用 0. 3% 的石硫合剂或 800 倍的托布津防治 1 次，连喷 3 次即可防治。灰蟓甲、金龟子等害虫主要在幼苗期撒毒谷进行防治。

## 二、建园

**1. 园址选择**

在光照充足，土质良好，土层深厚肥沃，排灌良好，未种植过毛白杨或其他老果树的地方建园。

**2. 品种、苗木选择**

根据当地气候、土壤条件，选择适合当地栽培的优良品种。选择两个花期一致或相近的优良品种作为授粉树。苗木选择优质、无病虫害、根系完全、无明显碰伤的壮苗。

**3. 栽植要求**

栽植密度，肥沃土壤株行距为3 m×5 m，瘠薄地为2 m×4 m，采用南北行向栽植。栽植时期为：北方一般春栽，南方秋栽。春栽在土壤解冻后到发芽前进行。一般有灌溉条件的地方以秋栽为好。冬季幼树易受冻害的地方晚秋栽植后，应浇封冻水培土防寒，翌春适时扒开土堆，做好施肥、灌水等工作。

## 三、土肥水管理

**1. 土壤管理**

土层深厚果园要改良土壤质地，加深活土层，提高土壤肥力。土层瘠薄和沙滩果园，要深翻改土或深翻客土改良，加厚土层。有条件的地方改良土壤应在栽树前进行，栽树前没进行的可采用连年深翻扩穴，逐年向外扩展，直到株行间打通为止。深翻深度一般为60～80 cm。一般园要在春、夏、秋三季进行树盘松土，并随时刨除地下根蘖。松土深度通常20 cm左右。要求春、夏季浅，秋季适当深些。此外，土壤管理还可采用覆草、生草等制度。但要注意行间不要间作高秆作物玉米、小麦等，并留出1 m宽的树盘，并在树盘覆盖地膜。

**2. 施肥管理**

施肥分基肥和追肥。基肥在采果后及时施，以有机肥为主，用量不低于“千克果千克肥”。施充分腐熟的有机肥3000～4000 kg/亩，加施尿素20 kg/亩，过磷酸钙50 kg/亩，草木灰500 kg/亩，特别是鸡粪应充分腐熟。施肥方法有环状沟施，用于幼树或初结果树；放射状沟施，用于盛果期大树；穴施用于大树或干旱地区的果园。土壤追肥全年3次：第1次一般在3月中旬树液开始流动时，追施尿素0.5～1 kg/株；第2次在谢花后施尿素0.5 kg/株；第3次在7月末花芽分化前施尿素0.5 kg/株，过磷酸钙1.5 kg/株，草木灰5 kg/株。7—8月进行叶面追肥，喷0.2%，每15 d喷1次，进入8月喷0.5%的磷酸二氢钾。

**3. 水分管理**

灌水一般应掌握每次土壤施肥后必须灌水。如催芽水、花前水、花后水和保果水。在春旱时多浇水，雨季不浇水，秋施基肥后灌大水，封冻前灌封冻水。保持土壤含水量为田间持水量的60%～80%。

## 四、整形修剪

山楂主要树形有主干疏层形、小冠疏层形、自然开心形和自由纺锤形等。丰产栽培多采用延迟开心形和自由纺锤形。延迟开心形定干高度50 cm，第1年冬剪时选留3～4个主枝，第2年冬剪时再选留1～2个与上年主枝临近错开的枝条作2层主枝，层间距保持在1.0～1.5 m，同时采用拉枝等措施使中心枝偏向缺主枝一方，使树冠中央开心。自由纺锤形定干高度50 cm，第1年至第4年冬剪时，直接在中心干上选留5～7个中型枝组，枝级间距30～40 cm；枝组延长枝进行中短截或轻短截，为保证中心干直立强壮，要立支柱扶正。枝组骨架枝的基角为70°～80°，过小时拉枝处理。

**1. 幼树期修剪**

幼树期修建原则是：加速扩大树冠，轻剪缓放，培养枝组，充分利用辅养枝，开张骨干枝角度，进行夏剪，促使适期结果、丰产等。苗木定植后定干，定干高度60～70 cm。定干后，对选定主枝留50～60 cm短截，不足50 cm水平枝或细枝侧芽质量不如顶芽的一般缓放不剪，翌年5月摘心。对二至三年生幼树，主、侧枝每年冬剪剪去长度的1/4～1/3，注意选留外芽，开张主枝角度。骨干枝以外枝条，若枝势过强，与骨干枝发生竞争时应疏除。其余枝条一般不进行短截，采用拿枝、拉枝、压平和别枝等方法培养成结果枝。5月中下旬，对背上枝摘心，对旺辅养枝环割。培养主干疏层形时，按上一年对中心干延长枝剪留长度，继续培养好第1层主枝，并进行第1侧枝选留和短截。对中心干上所抽生其他枝条，中、短者长放，过长者翌春压平缓放。修剪时注意剪口芽位置，或结合夏季管理，进行撑、拉矫正。一般自定植后经过3~4年整形修剪，树形基本完成，并开始结果。

**2. 初果期树修剪**

山楂进入第4年开始结果，该期修剪原则是：轻剪缓放，采用促花措施，同时继续完成整形任务，促使辅养枝大量结果，以果压冠，并进行枝组培养。整形修剪过程中，要重视侧枝选留，拉开主枝上第1和第2侧枝的距离，开张角度，使其位于主枝两侧下方。主干疏层形要继续培养第2层主枝，注意拉开层间距和层内距，第2层主枝与第1层主枝应插空安排。保持中心干优势，树高达到一定限度后，不再短截中心干延长枝。进入初果期后，冬剪时中庸粗壮、水平斜生壮枝，一般甩放不截，但可适当疏除和调整枝条密度和势力。主要疏除密生枝、交叉枝和重叠枝。利用辅养枝增加分枝进行结果。有空间短截占领空间，扩大枝叶量；生长过旺辅养枝，采取夏剪方法，抑长促果。山楂结果枝组主要有球体枝组和扁平枝组两大类。球体枝组多数着生于主枝和侧枝背上，一般主枝背上比侧枝上要大一些。在辅养枝上可培养小型球体枝组。球体枝组培养主要是进行短截，或回缩顶梢偏斜、衰弱部分，使其垂直向上，增加粗壮分枝，但严防球体过大；扁平枝组培养，多采用缓放，使其自然分枝而形成结果部位。

**3. 盛果期树修剪**

山楂盛果期修剪任务是改善树体光照条件，注重结果枝组培养与更新，克服大小年结果，力争丰产、稳产、优质。

（1）改善光照条件，扩大结果面积

对树冠上部过小枝，采用缓放、短截相结合方法，增加中、上层冠幅；若冠顶过大，应及时回缩和疏除；树冠郁闭时，可疏除、回缩部分枝条，注意控制营养枝，力争减轻郁闭程度。对树冠过分稀疏时，通过短截、人工拉枝方法占据空缺部位，增加结果体积。

（2）培养更新结果枝组

结果枝组更新复壮是盛果期修剪的主要任务，其更新方法是：对球体枝组去上留下，去弱留强，去中心留四周；对扁平枝组要回缩弱枝，疏除过密枝、交叉枝、枯死枝及叶幕间距过密处枝。两种枝组修剪以轻为宜，被修剪枝组通常在3~4年枝处剪截，修剪量占全树枝组总量的1/4~1/3。

（3）克服大小年

对大年树修剪应疏除过多果枝，使果枝和营养枝保持（1~2）：1，果枝间距以12~15 cm为宜，大年树还可进行1次花前复剪；对小年树修剪，在尽量保留花芽基础上，进行精细修剪，剪除病枝、细弱枝，开张角度，更新复壮结果枝组，调整树势，改善冠内光照条件。

**4. 衰老期树修剪**

山楂衰老期修剪主要任务是更新复壮结果枝组，疏除回缩部分中、大枝，同时对骨干枝进行不同程度更新，并利用徒长枝代替部分或全部衰老骨干枝，重新组合叶幕，恢复树势。对下部光秃、分枝细弱、落花落果严重、结果能力显著下降的衰老结果枝组，应在下部有分枝地方回缩修剪。但更新应逐年进行，1次回缩40%~50%的结果枝组。一般结果枝组更新3年为一周期。当结果枝组更新修剪达不到应有目的时，可采用大枝更新法处理。在衰弱大枝1/3处回缩，回缩时要使留下的大枝部分具有分枝能力；或极重回缩大枝，即留撅回缩。锯后生出很多徒长枝的，夏季对这些徒长枝进行拿枝、开张、转向；或疏除过密衰弱大枝，在锯口处刺激隐芽大量萌发，增加新生枝。对衰弱树骨干枝，应在分枝处回缩，或在骨干枝徒长枝处短截，以徒长枝代替骨干枝；对衰弱下垂大枝，选背上直立枝或斜生枝，在枝前回缩。对内膛徒长枝，除用作更新枝头外，还可通过短截，促进分枝，转化成结果母枝，增加结果面积，尽快恢复产量。

**5. 密植园修剪技术**

应轻剪缓放，开张角度，尽量少疏制，促进营养生长向生殖生长转化；把整个园当作1株树修剪，力求群体结构合理；减少骨干级次，主枝上直接培养结果枝组；控制树高，树高不应超过行距；行间不应交叉。对于采用计划性密植的山楂园，永久性山楂树整形修剪与一般密植园相同。临时性植株修剪原则是尽早结果、丰产，一般不考虑树形。栽后翌春在距地面 30～40 cm 处将干拉弯，不定干，拉干方向和永久性选留第 1 层主枝方向一致。在弯曲部位抽生的直立强枝，于当年秋季或翌春向相反方向拿弯；其上抽生新梢及时进行摘心。或栽后 2～3 年内，对骨干枝施行中截；其他枝条缓放结果，直立枝压平缓放后结果；背上直立旺枝或过旺骨干枝，甚至树干上者，及时进行环割或环剥。回缩或疏除冗长、细弱、重叠、交叉枝。及时回缩与永久株交叉的外围枝，为永久枝生长结果让位，直到无空间时从基部锯除。

## 五、花果管理

### 1. 提高坐果率

山楂落花落果比较严重，应在保证单果重的前提下提高坐果率。为此，要加强土、肥、水管理和病虫害防治，使树体健壮，营养充足。花期放蜂，进行人工辅助授粉，小年树花期喷布 1 次 50～60 mg/L 赤霉素以提高坐果率。大年树在幼果期喷 1 次赤霉素，花期不喷，以提高单果重。

### 2. 疏花疏果

为提高果实品质，应进行疏花疏果。疏除花序在花序出现后至分离前进行，越早越好。1 个结果母枝抽生 1～3 个结果枝，前部长势强，后部弱。抽生 1 个结果枝的尽量保留其上花序；抽生 2～3 个结果枝，保留前部 1 个，疏除后部 1～2 个结果枝上的花序。保留花序的结果枝，当年完成开花结果任务。疏花序时力求疏留均衡，强壮枝组少疏多留，较弱枝组适当多疏。冬剪时，将先端已结果的枝疏除，第 2 年春再对预备枝转化成的结果母枝作花序的疏除。一般树势强，土肥水条件好时可少疏，反之多疏。要求平均果枝坐果个数不少于 8 个，叶幕表面上果枝数一般应达到 45～50 个/$m^2$。

## 六、病虫害防治

山楂病虫害主要有白粉病、山楂花腐病、白小食心虫等。具体防治方法是休眠期上冻前、解冻后翻树盘；同时，彻底清园，将落叶、杂草，冬剪病虫枝、枯枝，树上虫苞、僵果、挂的草把清除出园，集中烧毁或深埋。早春（3—4 月）刮树皮，将树干和大枝上的老翘皮刮掉烧毁，以消灭老翘皮下越冬的梨小食心虫、卷叶蛾、星毛虫、红蜘蛛等害虫。萌芽前喷布 3%～5% 的石硫合剂，以防治腐烂病、枝干轮纹病、螨类和介壳虫等多种病虫害。萌芽期采用灯光、糖醋液（酒：水：糖：醋 =1：2：3：4）诱杀或人工捕捉金龟子。发芽后用 40% 氟硅唑乳油 6000～8000 倍液 + 10% 的吡虫啉可湿性粉剂 3000 倍液树上喷布，以防治腐烂病、轮纹病兼治叶螨、蚜虫等。花后 1 周树上喷布 20% 的甲氰菊酯乳油 2500 倍液 + 15% 多抗霉素可湿性粉剂 1000～1500 倍液，以防治叶螨、蚜虫、蛾类和斑点落叶病等。从 6 月下旬开始到果实采收前 20 d，每隔 15～20 d，树上交替喷施 1：3：200 波尔多液与 50% 多菌灵可湿性粉剂 600 倍液，或 70% 甲基硫菌灵可湿性粉剂 800 倍液，防治多种病害。喷 48% 毒死蜱乳油 1200 倍液，或 10% 的吡虫啉可湿性粉剂 5000 倍液及 30% 桃小灵乳油 1500～2000 倍液防治桃蛀果蛾类、蚜虫类。果实采收后喷菊酯类农药保护叶片。落叶后清理果园落叶、残枝、病果，焚烧或深埋。

## 七、果实采收与贮藏

### 1. 采收标准

山楂果实成熟期多在 9—10 月，当果实变为红色，果面有光泽，果点明显，果柄微黄，果实大小、风味出现本品种的特征时，即可采收。

### 2. 采收方法

采收方法有人工采收与振落或乙烯利催落法。人工采收果实适合于贮藏供鲜食。可用手摘果，也可用剪子剪断果柄。用作加工时可用竹竿敲打振落，然后拾取，果实有部分损伤。为节省劳力和降低成本，可用乙烯利催落法，在采收前1周喷布40%乙烯利1000倍液，使果实自然脱落，或机械、手摇主干，可振落90%以上果实，最好是人工采摘与乙烯利催落相结合。采用乙烯利催落山楂果实的方法是在采收前7~10 d，用40%乙烯利1000倍液喷布，自然状态下经6~8 d开始落果，药后14 d可落果90%以上。一般可在喷药后1周左右，在树冠下铺好麻袋等承受物用手摇落。采收时，手采果实与振落或乙烯利催落果实不能混放。采下的果实在树下堆放几天，白天用草帘或席子覆盖，温度散热后再用篓筐包装。

**3. 贮藏**

山楂果实贮藏，关键是保持适宜温度和湿度。一般控制在0~5 ℃，如温度在0 ℃时，相对湿度应控制在85%~95%；如温度在0 ℃以上时，相对湿度应控制在80%~85%。贮藏方法有窖藏、缸藏、筐藏和埋藏等。埋藏法是在背阴处，挖深1 m、直径0.7 cm的圆坑，在坑底铺一层15~20 cm的细沙，然后选无伤果实堆放在沙上，厚约50 cm，上面再盖上15~20 cm厚细沙，最后覆土填平或堆成土堆于10—11月贮藏。

**思考题**

（1）山楂种子处理方法有哪些？
（2）山楂建园应把握哪些技术要点？
（3）如何进行山楂园土肥水管理？
（4）山楂结果树如何进行修剪？密植园如何进行修剪？
（5）如何进行山楂花果管理？

## 第六节　山楂周年栽培管理技术要点

### 一、休眠期

上冻前、解冻后翻树盘。萌芽前进行冬季修剪，一般在2—4月进行。早春（3—4月）刮树皮，将树干和大枝上的老翘皮刮掉烧毁，消灭老翘皮下越冬的梨小食心虫、卷叶蛾、星毛虫和红蜘蛛等害虫，清理落叶、枯枝、杂草和剪掉病虫枝等。3月中旬树液开始流动时，大树追施尿素0.5~1.0 kg/株，并灌水。进行刨树盘，萌芽前喷布3%~5%的石硫合剂防治腐烂病、枝干轮纹病、螨类和介壳虫等多种病虫害。

### 二、萌芽期

幼树拉枝整形及刻伤定向发芽、发枝。展叶后喷布1次0.3%尿素。花前15~20 d追肥，以氮肥为主，一般为年施用量的25%左右，即施用尿素0.1~0.5 kg/株，或碳酸氢铵0.3~1.3 kg/株，根据情况可适当配合施用一定量的磷、钾肥，开小沟施入并进行灌水。种植绿源植物肥料，如紫花苜蓿、紫穗槐、三叶草等。5月上中旬树冠内膛枝长到30~40 cm时，留20~30 cm摘心，促进花芽形成，培养紧凑结果枝组。采用灯光、糖醋液诱杀或人工捕捉金龟子。发芽后喷40%氟硅唑乳油6000~8000倍液+10%吡虫啉可湿性粉剂3000倍液树上喷雾，防止腐烂病、轮纹病兼治叶螨、蚜虫等。

### 三、开花坐果期

采取措施提高坐果率。花后1周树上喷布20%甲氰菊酯乳油2000倍液+15%多抗霉素可湿性粉剂1000~1500倍液，防治叶螨、蚜虫、螨类和斑点落叶病等。

## 四、果实发育期

雨季前维修水土保持工程，松土除草，压绿肥。果实膨大前期追肥，施肥量一般为尿素 0.1 ~ 0.4 kg/株或碳酸氢铵 0.3 ~ 1.0 kg/株，并灌水。7 月、8 月各喷 1 次 0.3% 的尿素 +0.1% 的磷酸二氢钾。果实膨大期以钾肥为主，配施一定量的氮、磷肥，钾肥施用量一般为 0.2 ~ 0.5 kg/株，配施碳酸氢铵 0.25 ~ 0.50 kg/株 + 过磷酸钙 0.5 ~ 1.0 kg/株，并灌水。

树冠郁闭，通风透光不良的应及早疏除位置不当及过旺发育枝，花序下部侧芽萌发枝一律去除。生长旺有空间的枝在 7 月下旬新梢停止生长后将枝拉平。在辅养枝上进行环剥，宽度为被剥枝条直径的 1/10。抹除由隐芽萌发的过密新梢。新梢留 20 ~ 25 cm 摘心或短截。

6 月下旬开始到果实采收前 20 d，每隔 15 ~ 20 d 树上交替喷施 1 : 3 : 200 波尔多液 +50% 多菌灵可湿性粉剂 600 倍液，或 70% 甲基硫菌灵可湿性粉剂 800 倍液，防治多种病害。喷 48% 毒死蜱乳油 1200 倍液，或 10% 吡虫啉可湿性粉剂 5000 倍液及 30% 桃小灵乳油 1500 ~ 2000 倍液防治桃蛀果蛾类、蚜虫类等。

山楂果实多在 9—10 月成熟，采收方法根据用途确定。贮藏、制罐山楂采用手工采摘法；一般加工原料山楂采用振落法或乙烯利催落法。

## 五、果实采后及落叶期

采收后立即秋施基肥，以有机肥为主，加入适量磷肥和氮肥。施肥量十年生树施土粪 100 ~ 200 kg/株，过磷酸钙 2 kg/株，尿素 0.5 ~ 1.0 kg/株。采用环状沟施或条状沟施，深 40 ~ 50 cm。深翻施肥后进行灌水。喷药保护叶片。清理果园落叶、残枝、病果，焚烧或深埋。寒冷地区幼树培土防寒、树干涂白。土壤封冻前灌冻水。

**思考题**

结合山楂无公害优质丰产在技术，制订山楂周年管理月历。

# 第七节　山楂生长结果习性观察实训技能

## 一、目的与要求

通过观察，了解山楂各类枝梢特征，掌握山楂生长及开花结果习性。

## 二、材料与用具

**1. 材料**

山楂幼树和成年结果树。

**2. 用具**

钢卷尺、卡尺和记载用具。

## 三、内容方法

**1. 树形**

干性强弱，层次明显程度；树姿开张，直立。

**2. 芽**

花芽、叶芽和隐芽的形态特征、着生部位及生长特性。

**3. 枝条**

识别营养枝、结果枝和结果母枝。交替式结果母枝和连续式结果母枝的特性。

**4. 叶**

叶片大小、颜色、叶脉、叶型、叶形，有无缺刻。

**5. 开花结果习性**

花序类型，着生部位，花朵组成，开放时间，花期。落花、落果情况。

## 四、实习报告

通过山楂性状观察，总结其生长结果习性。

## 五、技能考核

技能考核成绩一般实行百分制。建议实训态度与表现占 20 分，观察过程占 40 分，实习报告占 40 分。

# 第十一章　葡萄

【内容提要】葡萄基本情况。国内外栽培现状与发展趋势。葡萄的生物学特性包括生长特性、结果习性和对环境条件的要求3个方面。葡萄主要包括欧亚、东亚和北美3个种群，还有1个杂交种群。其中，欧亚种群又分为东方品种群、西欧品种群和黑海品种群，东亚种群分为山葡萄和董氏葡萄，北美种群分为美洲葡萄、河岸葡萄和沙地葡萄，杂交种群主要是欧美杂种和欧山杂种。主要优良品种分类情况，当前生产上栽培葡萄优良品种分早熟品种5个、中熟品种6个和晚熟品种7个介绍了其特征特性。从产地环境条件、生产技术规程两个方面介绍了葡萄无公害栽培技术要点。葡萄优质丰产栽培技术包括品种选择，育苗，建园，土肥水管理，整形修剪，花果管理，病虫害防治，采收、分级和包装，以及越冬防寒9个方面。分春、夏、秋、冬四季介绍了葡萄栽培管理技术。葡萄省力规模化优质丰产栽培技术包括选择优良品种，高质量建园，加强土肥水管理，精细花果管理，科学选择架式、合理整形修剪，综合防控病虫害6个方面，针对每一方面又作了系统详细的介绍。

葡萄是世界上较古老的果树树种，已有5000~7000年的栽培历史。我国是葡萄属植物原产地之一，早在2000多年西汉时期就已引入欧亚种葡萄进行栽培。据《齐民要术》记载，欧亚种葡萄由西域经新疆、甘肃、河西走廊到西安，以后又传入华北、东北等地，形成了我国特色的欧亚种群，如龙眼、牛奶和白香蕉等。目前，已形成吐鲁番、和田、黄河故道、胶东、清徐、沙城、北京、天津、旅大、江苏、浙江等重点产区，主产省区有新疆、山东、河北、河南、辽宁，其葡萄种植面积与产量分别占全国的70%和80%以上。葡萄营养丰富，用途广泛。葡萄除鲜食外，还可大量用于酿酒、制干和制汁等加工业。葡萄具有早果丰产、繁殖简便、好栽易管等优良的栽培性状，其适应性、抗逆性强，栽培形式多样，可露地生产、设施栽培、盆栽造形及庭院绿化。因此，葡萄成为世界上分布广泛、产量最高的果树。

## 第一节　国内外栽培现状与发展趋势

### 一、世界栽培现状与发展趋势

**1. 世界栽培现状**

葡萄是全球落叶果树中栽培面积较大、产量较高的树种，2006年全世界葡萄栽培面积大致为725.84万$hm^2$，葡萄总产量超过6821.95万t，居世界水果产量的第2位。目前，欧洲葡萄栽培面积和产量均居世界首位，分别占55%和50%以上，是酿制葡萄酒的主产区。亚洲居第2位，占15%以上，以鲜食和制干为主。世界上葡萄产量和面积最大的国家主要是欧洲的意大利、法国、西班牙等。

**2. 发展趋势**

多年来，世界葡萄发展趋势是稳定栽培面积，着重提高产量和品质。世界葡萄现代化生产的标志是良种化、区域化和栽培技术现代化。

### 二、我国葡萄栽培现状与发展趋势

**1. 我国葡萄栽培现状**

2010年，我国葡萄栽培面积55.2万$hm^2$，总产量843万t，年均增加葡萄面积2万$hm^2$左右。在世界范围内，我国葡萄栽培面积排名第4位，仅次于西班牙、法国和意大利。以现有发展势头，2020年前后，我国有望成为全球最大的葡萄生产国。目前，我国新甘宁区、环渤海湾、黄河故道、汾渭平原、云南高原、吉林等地已进入葡萄和葡萄酒产业的快速发展期。

**2. 我国葡萄栽培发展趋势**

随着我国人民生活水平的提高及消费观念的转变，优质无公害鲜食葡萄及葡萄酒、葡萄汁等加工品必受到广大消费者的欢迎，其市场需求量也会大量增加。在我国建立集约化种植、产业化经营的无公害鲜食葡萄和酿造、加工葡萄生产基地，适应国内外市场对葡萄产品的需求，必将使我国葡萄种植业跃升到一个新的台阶。

（1）市场对有核品种的需求趋势是大粒、优质、色美

红地球等大粒优质的品种在一定时期内会有大发展。同时，一些品质差的中小粒品种将逐步缩小种植面积，甚至被淘汰。

（2）优质无核品种将有大发展

国际水果市场对无核葡萄的要求越来越多，价格也高，目前，国内市场优质无核品种很少。随着人们生活水平的提高和消费观念的转变，无核葡萄将在我国各地得到大的发展。

（3）葡萄品种结构将有重大变化

过去我国葡萄栽培以中熟品种为主，约占90%，早熟和晚熟品种只占10%左右，并且主栽品种巨峰、龙眼等品质较差。将来葡萄品种结构将出现早、中、晚熟品种搭配合理的局面。其中，早熟品种将占10%～15%，中熟品种将下降到60%～70%，晚熟品种将达15%～30%。

（4）酿造加工业将有一个大发展

世界上葡萄85%用于加工，5%用于制干，只有10%用于鲜食。我国葡萄85%以上用于鲜食，加工制干用葡萄只占10%～15%。随着人民生活水平的提高及科学技术的发展，我国酿造加工业将上一个新台阶。

（5）栽培新技术将逐步得到普及

随着市场经济的发展及人们对葡萄质量要求的提高，葡萄栽培新技术（如密植丰产新技术、有核品种无核化技术、提早着色和提高品质技术、果穗整形技术等）将逐步在生产上得到普及应用，并将带来巨大的经济效益。

（6）葡萄设施（保护地）栽培将迅速发展

设施栽培可提早或延迟果实采收，解决淡季鲜果供应，并可进行多层次立体栽培，其经济效益极高，一般每年可创造3万元/亩以上的产值。

**思考题**

（1）世界葡萄栽培发展的趋势是什么？

（2）我国葡萄栽培发展的趋势如何？

## 第二节　生物学特性

### 一、生长特性

**1. 根**

葡萄是深根系果树。生产上多采用扦插繁殖。其根系无真根颈和主根，只有根干及根干上发出的水平根及须根，为须根系。根干由扦插育苗时插入土壤中的枝条发育而来。葡萄的根为肉质根，贮藏大量

营养物质，导管粗，根压大，因此，葡萄较耐盐碱，春季易发生伤流。伤流出现标志着葡萄根系已开始活动。北方较寒冷地区种植的欧亚种自根苗葡萄，可能不会出现伤流或伤流期很短。正常的伤流一般对树体无明显影响。伤流过重时，会使树体流失一定的营养，且剪口下部芽眼经伤流液浸泡后往往延迟萌发，甚至引起发霉，因此，应尽量避免在伤流期修剪。葡萄根系垂直分布为 20 ~ 60 cm，水平分布随架式而不同：篱架根系分布左右对称，棚架根系分布偏向架下方生长，一般架下根量占总根量的 70% ~ 80% 。葡萄根系的生长取决于葡萄的种类、土壤温度。欧洲葡萄的根在土温达 12 ~ 14 ℃时开始生长，20 ~ 28 ℃时生长旺盛。在年周期中有 2 ~ 3 次生长高峰，分别出现在新梢旺长后、浆果着色成熟期及采收后。

**2. 茎**

葡萄的茎通称为枝蔓，可分为主干、主蔓、侧蔓、结果枝组、结果母枝（又称一年生枝）、新梢和副梢（图 11–1）。主干是指从地面发出的一段茎，埋土越冬的地区不留主干。主蔓是从主干上发出的分枝。侧蔓是主蔓上着生的多年生枝。结果母枝是指着生混合芽的一年生蔓。结果母枝上的芽萌发后，有花序的新梢叫结果枝，无花序新梢叫营养枝。新梢叶腋间的夏芽和冬芽当年萌发形成的二次枝分别称二次副梢和冬芽二次枝，营养条件好时，其上亦着生花序，进行第 2 次结果。葡萄新梢由节和节间构成。节部膨大着生叶片和芽眼，对面着生卷须和花序。节的内部有横膈膜，无卷须的节或不成熟的枝条多为不完全的横隔，新梢因横隔而变得坚实。节间的长短因品种及栽培条件而异。葡萄新梢生长量大，每年有 2 次生长高峰：第 1 次从萌芽展叶开始到花前，主要是主梢的生长。以后，随着果穗生长加快，新梢生长转缓。第 2 次生长高峰从种子中的胚珠发育结束后到果实快速生长前，为副梢大量发生期。新梢开始生长粗壮，有利于花芽分化和果实发育。葡萄新梢不形成顶芽，全年无停长现象。

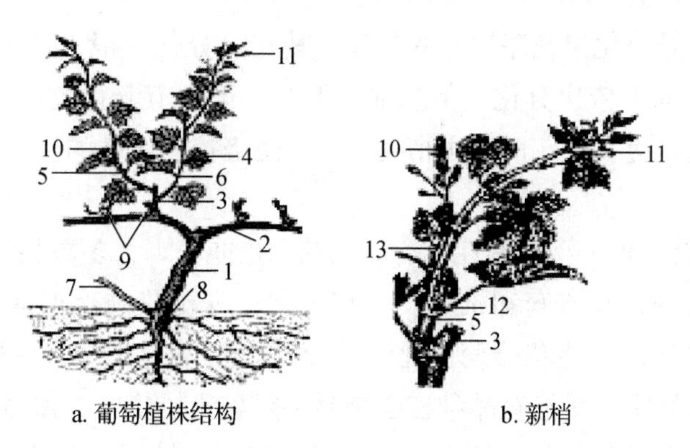


a. 葡萄植株结构　　b. 新梢

1. 主干　2. 主蔓　3. 结果母枝　4. 叶片　5. 结果枝　6. 发育枝　7. 萌蘖
8. 根干　9. 结果枝组　10. 果穗　11. 卷须　12. 冬芽　13. 副梢

**图 11–1　葡萄植株各部分名称及结果枝组成**

葡萄茎细而长，髓部大，组织较疏松，节部膨大，节内有横膈膜，可增加贮藏养分和加强枝条牢固性。冬季修剪时应在节部剪截，能减少枝条水分散失。此外，枝蔓成熟程度受夏秋季雨水量，地下水位、后期氮肥施用量、架面枝条密度、结果量和病虫为害等因素的影响。枝条成熟度越好，其越冬抗寒能力就越强；反之，抗寒性就越差。

**3. 芽**

葡萄新梢每一叶腋内有两种芽：冬芽和夏芽。冬芽也叫芽眼，是几个芽的复合体，内含 1 个主芽和 3 ~ 8 个副芽（预备芽）。主芽发育最好，副芽一般有 2 ~ 3 个发育较好，其他发育较差。自然情况下，冬芽一般经越冬休眠至次年春季才萌发。如果夏季新梢处理过重，冬芽受到刺激也会在当年萌发，但可能会影响下一年葡萄的正常生长和结果。大多数情况下，1 个冬芽内的主芽萌发而副芽不萌发，有时也会有 1 ~ 2 个副芽与主芽同时萌发。冬芽在落叶前已进入自然休眠，打破休眠要求一定时间的低温。若自然休眠不足，则植株表现萌芽延迟、萌芽不整齐、花序分化不良等。通过自然休眠所需要的低温（以 0 ~

7.2 ℃计）累计小时数，称为需冷量。葡萄大部分栽培品种的需冷量为800～1200 h。春季未萌发的冬芽及已萌发芽眼内的副芽，形成葡萄的潜伏芽。葡萄潜伏芽多，寿命长，可利用其进行枝蔓更新。葡萄夏芽为裸芽，属早熟性芽，当年随新梢的生长而自然萌发。由夏芽萌发长出的新梢叫夏芽副梢。夏芽一次副梢叶腋间同样还有1个冬芽和1个夏芽，还可再抽生二次副梢。因此，葡萄的枝条生长量很大，生产上可利用夏芽副梢加速幼树整形，提高前期产量，同时还可以利用夏芽副梢结二次果。

**4. 叶**

葡萄的叶为单叶、互生、掌状的不完全叶，仅有叶片、叶柄两部分组成。葡萄叶片较大，大部分5裂，也有3裂或全缘叶。葡萄叶面或叶背着生茸毛，直立的叫刺毛，平铺呈棉毛状的叫茸毛。葡萄的叶片表面覆盖有较厚的角质层，可防止水分的蒸发，抗旱力较强。葡萄叶片大小、形状、裂片多少、裂刻深浅、叶柄洼的形状、锯齿大小、茸毛多少等，是鉴别品种的重要依据。叶片的光合能力与叶片大小、叶色、叶龄有关，单叶的光合能力随叶片的生长而增强，又随叶片的衰老而减弱。一般幼叶生长到正常叶片大小的1/3以前，其光合作用制造的碳水化合物尚不能自给自足，展叶后30 d左右且叶色深绿的叶光合能力最强。叶片过多或过少，对产量和品质都不利。在一般管理水平的葡萄园，叶面积系数为2.013时，每平方米叶片可负担浆果1.153 kg。叶面积系数过大时，叶片的生产能力就会下降。夏季修剪保留一定量的副梢叶，有利于提高树体营养。

## 二、结果习性

**1. 花芽**

葡萄花芽为混合芽，就是分化出花序原基的冬芽。其花芽分化一般在花期前后开始。随着新梢的生长，新梢上各节的冬芽由下向上依次分化，但基部第1节～第3节分化较迟。花芽分化盛期为6—8月。生产上为促进葡萄花芽分化，应在开花前对主梢摘心，并适当控制副梢的生长。

**2. 花和花序**

葡萄的花（图11–2）有3种类型：两性花、雌能花和雄能花。大多数品种的花为两性花，少数品种为雌能花。两性花就是正常花，其雌蕊和雄蕊发育都正常；雌能花雌蕊正常，雄蕊发育不良，花丝短，花粉无生活力，如罗也尔玫瑰；雄能花雌蕊退化，雄蕊及花粉发育正常，一般为雌雄异株，如山葡萄。两性花的品种可以自花授粉结实，雌能花品种在建园时必须配置授粉树。葡萄开花时，花蕾上花冠基部5个裂片呈片状裂开，由下向上卷起脱落（图11–3），露出雌蕊、雄蕊。花药开裂散出黄色花粉，借风力和昆虫传播花粉。

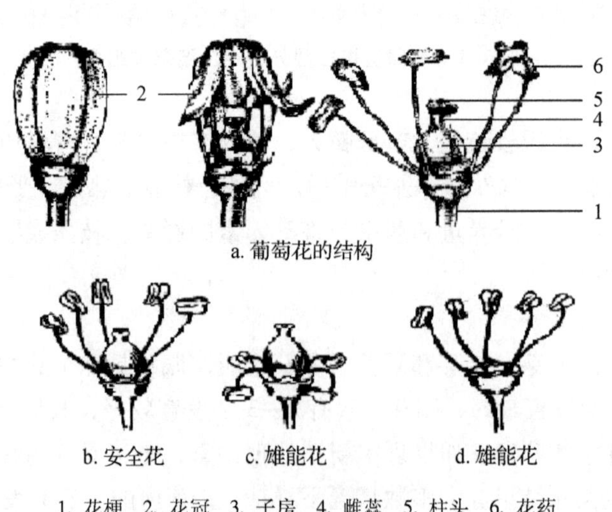


1. 花梗 2. 花冠 3. 子房 4. 雌蕊 5. 柱头 6. 花药

**图11–2 葡萄花的结构和类型**

葡萄大多数品种是在花冠脱落后完成授粉、受精，但也有些品种在开花前已完成授粉、受精，这种现象叫闭花受精，这种授粉方式受花期外界因素影响较小。当日平均温度达到 20 ℃时，葡萄开始开花。花后 1 ~ 2 周，未受精的子房及受精不良的幼果会自行脱落，形成生理落花落果。一般欧亚种品种自然坐果率较高，能满足生产要求；而欧美杂交种品种（巨峰、京亚等）常常坐果率较低，落花落果较严重。这种现象除跟品种有关外，主要还有 4 方面原因：一是树体贮藏营养不足，花器发育不良；二是树势过旺，新梢生长消耗大量营养，与开花坐果形成竞争；三是枝梢过密，架面通风透光不良；四是不良的天气条件，如花期低温、阴雨、大雾、高温、干旱等均影响葡萄的授粉受精过程。

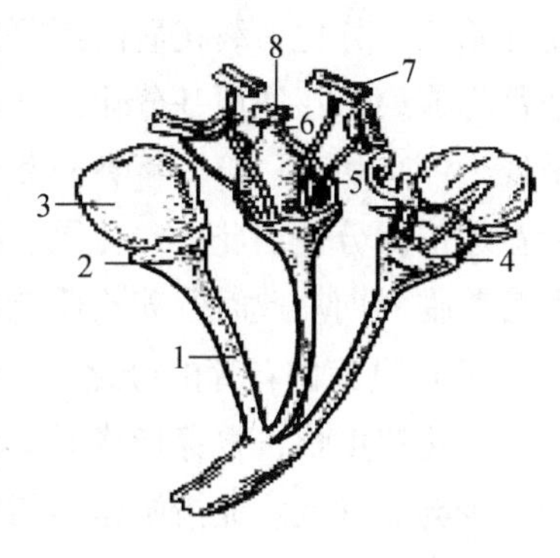


1. 花梗 2. 花萼 3. 花冠 4. 蜜腺 5. 子房 6. 雌蕊 7. 花药 8. 柱头

**图 11–3 葡萄开花**

葡萄花序（图 11–4）为复总状花序，一般着生在结果枝第 3 节 ~ 第 8 节上。葡萄种类不同，果枝上着生花序数也不同。欧亚种一般每结果枝有花序 1 ~ 2 个，美洲种每结果枝有 3 ~ 4 个花序，欧美杂交种每结果枝有 2 ~ 3 个花序。发育好的花序一般有花蕾 200 ~ 1500 个，多者达 2500 个以上。在 1 个花序上，一般花序中部花蕾发育好、成熟早，基部花蕾次之。一般穗尖的花蕾发育较差，坐果率较低。1 个花序开花顺序一般是中部先开，基部次之，顶部最后。葡萄从萌芽到开花一般需 6 ~ 9 周，开花速度、早晚主要受温度影响。一般昼夜平均气温 20 ℃开始开花，最适温度为 25 ~ 30 ℃，15 ℃以下开花很少。1 d 中以上午 8—10 时开花最集中。花序基部和中部花蕾先开，质量好，副穗和穗尖花蕾后开，开花期长短与品种及天气有关。一般 1 个花序开花 5 ~ 7 d，单株 6 ~ 10 d。

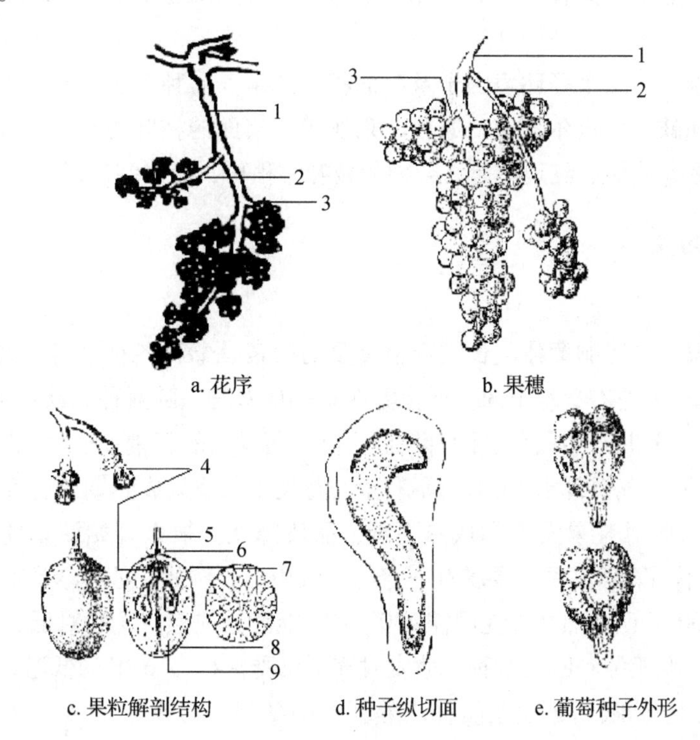


1. 穗梗 2. 副穗 3. 穗轴 4. 果刷 5. 果梗 6. 果蒂 7. 种子 8. 果皮 9. 果肉

**图 11–4 葡萄花序、果穗和种子**

**3. 花芽分化**

（1）冬芽内花芽的分化

葡萄花芽分化盛期为每年 6—8 月。在开花前后（5 月中旬至 6 月中旬），新梢上靠近下部的冬芽首先开始花芽分化，终花后两周第一花序原基才开始形成。同时，第二花序原基也开始产生，大约花后两个月完成第二花序原基分化。开花期是葡萄花芽分化的第 1 个营养临界期。进入休眠期后，花芽分化几乎处于停止状态。第 2 年春萌芽前两周，树液开始流动后，花序原基继续分化，一直到萌芽展叶后，每朵花才依次分化出花萼、花冠、雄蕊、花粉粒和胚。因此，第 2 年春萌芽前两周是葡萄花芽分化的第 2 个营养临界期。此时营养物质充足，可促使花序分化充分、花器发育完整。

（2）夏芽内花芽的分化

分化速度快，夏芽形成后 10 d 内条件较好时就可达到花芽分化完整。但花序较小，而且花序的有无和多少与品种及农业措施密切相关。一般主梢摘心后容易刺激夏芽的分化。

（3）影响花芽分化的主要因素

新梢生长状态、贮藏营养条件、负载量、环境条件和新梢摘心、副梢处理、土肥水等栽培管理措施都影响花芽分化。

**4. 果实发育**

葡萄开花后经过授粉、受精，花序发育成果穗，子房发育成浆果，花序梗发育成穗梗。其中，结果枝平均着生的果穗数称为结果系数。葡萄果粒由果梗、果蒂、果刷、果皮、果肉、果心和种子组成。果刷长的葡萄不易脱粒，且耐贮运。葡萄果实的生长发育曲线呈双“S”形。果实的发育过程包括 3 个时期，即 2 个迅速生长期和 1 个缓慢生长期。第 1 个时期在坐果后 5 ~ 7 周，果实生长迅速；随后进入第 2 期，生长缓慢，持续 2 ~ 3 周；再进入第 3 期，浆果后期膨大，含糖量迅速提高，含酸量减少，果肉变软，持续 5 ~ 8 周，直至果实成熟。葡萄浆果中的糖来源于叶片的光合作用，因此，浆果的含糖量与叶面积及品质有密切关系。一般浆果具有种子 1 ~ 4 粒。种子可产生生长激素，有助于浆果的正常发育，所以无籽浆果的果粒较小。

浆果着色与光照、温度、肥水等环境因子及叶面积、产量、品种等因素均有密切关系。有些品种在散射光下可着色，如玫瑰露、罗也尔玫瑰、康可、京亚等，架面的枝叶可稍密；而一些需直射光才能着色良好的品种，如玫瑰香、黑汉、红地球等，架面的枝叶宜稍稀，套袋栽培时还应于成熟前 2 周去袋。

## 三、对环境条件的要求

**1. 温度**

温度包括气温与土温，是影响葡萄生长发育最重要的因素。葡萄各种群各个时期的生长对温度要求不同。早春平均气温达 10 ℃左右，地下 30 cm 土温在 6 ~ 10 ℃时，欧亚种和欧美杂交种开始萌芽；山葡萄及其杂种可在土温 5 ~ 7 ℃时开始萌芽。随着气温增高，萌发出的新梢加速生长。最适于新梢生长和花芽分化的温度是 25 ~ 38 ℃。气温低于 14 ℃时不利于开花授粉。浆果成熟期最适宜温度是 28 ~ 32 ℃。气温低于 16 ℃或超过 38 ℃时对浆果发育和成熟不利，品质降低。根系开始活动的温度是 7 ~ 10 ℃，在 25 ~ 30 ℃时生长最快。不同熟期品种都要求有一定的有效积温。例如，莎芭珍珠有效积温需 2100 ℃，中熟品种葡萄园皇后需 2500 ℃，晚熟品种龙眼需 3300 ℃才能充分成熟。葡萄对低温忍受能力，因各种群、各器官不同而异。例如，欧亚种和欧美杂种，萌发时芽可忍受 -4 ~ -3 ℃的低温，嫩梢和幼叶在 -1 ℃、花序在 0 ℃时发生冻害；在休眠期，欧亚品种成熟新梢的冬芽可忍受 -17 ~ -16 ℃，多年生的老蔓在 -20 ℃时发生冻害。根系抗寒力较弱，冬季极端气温低于 -15 ~ -14 ℃的地区栽培，需埋土防寒越冬。欧亚种群的龙眼、玫瑰香和葡萄园皇后等品种的根系在 -5 ~ -4 ℃时发生轻度冻害， -6 ℃时经 2 d 左右就被冻死。北方地区采用东北山葡萄或贝达葡萄作砧木，其根系分可耐 -16 ℃和 -11 ℃的低温。葡萄正常生长发育需要一定的低温度过休眠，需冷量 1000 ~ 1200 h。葡萄的经济栽培区要求大于等于 10 ℃的活动积温一般不能少于 2500 ℃，相当于无霜期在 150 ~ 160 d 的地区。一般生产上根据积温要求可将品种划分为 5 类（表 11-1）。

表 11-1　葡萄成熟期类型与活动积温

| 品种成熟期 | ≥10 ℃活动积温/℃ | 代表品种 | 从萌芽到成熟所需天数/d |
|---|---|---|---|
| 极早熟 | 2100～2500 | 莎巴珍珠 | 120 以内 |
| 早熟 | 2500～2900 | 乍娜 | 120～140 |
| 中熟 | 2900～3300 | 玫瑰香 | 140～155 |
| 晚熟 | 3300～3700 | 白羽 | 155～180 |
| 极晚熟 | 3700 以上 | 龙眼 | 180 以上 |

**2. 水分**

葡萄根系发达，吸水能力强，既耐旱又耐涝，但初栽的幼树抗性差。空气湿度和土壤湿度过高或过低对葡萄生长与发育都不利。如土壤过于干旱，根很难从土壤中吸收水分和养分，光合作用减弱，易出现老叶黄化、脱落，甚至植株凋萎死亡。但水分过多也有害生长，汛期淹水，一般不超过 1 周，水渗下后仍能照常生长；淹水 10 d 以上，会使根系窒息，同样可造成叶片黄化、脱落，新梢不充实，花芽分化不良，甚至植株死亡。

葡萄各物候期，对水分要求不同。在早春萌芽、新梢生长期、幼果膨大期均要求有充足的水分供应，一般隔 7～10 d 灌水 1 次，使土壤含水量达 70% 左右为宜。在浆果成熟期前后土壤含水量达 60% 左右较好。但雨量过多要注意及时排水，以免湿度过大影响浆果质量，还易发生病害。如雨水过少，要每隔 10 d左右灌 1 次水，否则久旱逢雨易出现裂果，造成经济损失。

**3. 光照**

葡萄是喜光植物，对光照非常敏感。叶片的光饱和点为 $3\times10^4$～$5\times10^4$ Lx，光补偿点为 $1\times10^3$～$2\times10^3$ Lx。光照条件好，浆果上色好、糖度高、风味浓、品质高。建园时应选择光照良好的地方，并注意改善架面的通风透光条件，采用适宜的株行距、架式、架向，进行合理整枝修剪等生产优质果品。

**4. 土壤条件**

葡萄对土壤适应性很强，除了沼泽地和重盐碱不适宜生长外，其余各类型土壤都能栽培，而以肥沃疏松的沙壤土最为适宜。一般要求土壤疏松、透气良好、肥力较好，保土保水力较强；土层厚度 1 m 以上；地下水位 2 m 以下；含盐量低于 0.2%；pH 在 5.5～7.5。欧洲葡萄喜富钙土壤。生产中要重视土壤改良，增施有机质等工作，为葡萄生长创造适宜的土壤条件。

**5. 其他**

在葡萄栽培中，除了要考虑葡萄对适宜气候条件的要求外，还必须注意避免和防护灾害性的气候，如洪涝、霜冻、大风、冰雹、鸟害等。这些都可能对葡萄生产造成重大损失。生长季的大风常吹折新梢，刮掉果穗，甚至吹毁葡萄架。夏季的冰雹则常常破坏枝叶、果穗，严重影响葡萄产量和品质。因此，在建园地时要考虑到某项灾害因素出现频率和强度，合理选择园地，确定适宜的行向，营造防护林带，并有其他相应的防护措施。

## 思考题

（1）葡萄的芽有几种？它们在形态构造上和生长发育上有何区别？

（2）葡萄花芽分化有何特点？论述葡萄的生长结果习性。

## 第三节　葡萄资源和优良品种

### 一、葡萄资源

葡萄在植物分类中属于葡萄科、葡萄属，本属包括70多个种，分布于我国的有35个种。其中仅有20多个种用来生产果实或作为砧木，其他均处于野生状态，无栽培及食用价值。葡萄属的各个种按照地理分布和生态特点，一般划分为欧亚、东亚、北美三大种群。另外，还有1个杂交种群。

**1. 欧亚种群**

该种群目前仅有欧亚种葡萄1个种，称为欧亚葡萄或欧洲葡萄，起源于欧洲及亚洲。其栽培价值高，世界上著名的鲜食、加工、制干品种大多属于本种。该种群品种多达5000个以上，其产量占世界葡萄产量的90%以上。我国栽培的龙眼、牛奶、玫瑰香、无核白等品种均属于该种。该种群果实品质好，风味纯正，但抗寒性较差。成熟枝条和芽眼能耐－18～－16 ℃低温，根系能耐－5～－3 ℃低温。适宜日照充足、昼夜温差大、夏干冬湿和较温暖的生态条件。抗寒性差，抗旱性强，对真菌病害抗性弱，不抗黑痘病、白腐病、根瘤蚜。根据其亲缘关系和起源地不同可分为3个生态地理品种群。

（1）东方品种群

原产于中亚和东北各国，主要为鲜食和制干品种。该品种生长势旺，生长期长，叶面光滑，叶背面无毛或仅有刺毛。穗大松散呈分枝形，果肉无香味，抗热、抗旱、抗盐碱，但抗寒性、抗病性较弱。适宜于雨量少，气候干燥，日照充足，有灌溉条件的地区栽培和棚架整形修剪。代表品种有无核白、无核黑、牛奶、龙眼、白鸡心和白木纳格等。

（2）西欧品种群

原产于西欧各国，大部分属酿造品种。生长势中等或较弱，生长期短，叶背有茸毛，较抗寒。果穗较小，果粒着生紧密，中大或小，果肉多汁。果枝率高，果穗多，产量中等或较高。代表品种有赤霞珠、贵人香、意斯林、雷司令、黑比诺、法国蓝等。

（3）黑海品种群

原产于黑海沿岸和巴尔干半岛各国，是东方品种群和西欧品种群的中间类型。多数为鲜食、酿造兼用品种，如白羽、白雅、晚红蜜等。鲜食品种有花叶白鸡心等。

**2. 东亚种群**

该种群有40多个种，起源于我国的有27个种，不少种是优良的育种材料，生产上应用最多的是山葡萄。

（1）山葡萄

山葡萄分布于我国的东北、华北及韩国、朝鲜、俄罗斯的远东地区。尤以东北长白山区最多，主要生长在林缘与河谷旁。它是葡萄抗寒性最强的1个种，根系可耐－16 ℃，成熟枝条和芽眼能抗－50～－40 ℃的低温。对白粉病和霜霉病抗性较差，多属雌雄异株。其扦插发根能力较弱，多采用实生播种繁殖。主要应用于3个方面：一是作寒冷地区的抗寒砧木，以扩大品种的栽培范围。二是作酿酒原料。吉林、黑龙江等地酿制的山葡萄酒，浓郁醇香，畅销国内外。三是作抗寒育种的原始材料。山葡萄作父本、母本培育的优良葡萄品种有北醇、北红、北玫、公酿1号、公酿2号等。

（2）蘡薁

蘡薁又名董氏葡萄。该种群产于华北、华中及华南各地，日本、朝鲜也有分布。浆果圆形，黑紫色。果汁深红紫色。扦插不易发根，抗寒性较强，在华北一带可露地安全越冬，可作抗寒、抗病育种的原始材料。

除此之外，东亚种群可供酿造和利用的种还有刺葡萄、葛藟葡萄、秋葡萄、毛葡萄等。

**3. 北美种群**

北美种群起源于美国和加拿大东部，约有28个种，大多分布于北美洲东部，在栽培和育种上有利用价值的有3个种。

（1）美洲葡萄

美洲葡萄简称美洲种，原产于北美东部。该种植株生长旺盛，抗寒，抗病，耐湿性强。幼叶桃红色，叶背密生灰白或褐色被毡状茸毛，卷须连续性。果肉草莓味，与种子不易分离。对石灰质土壤敏感，易患失绿病。著名的制汁品种康可为该种的代表性品种。巨峰、康拜尔、白香蕉等均为本种与欧亚种的杂交种。

（2）河岸葡萄

原产于北美东部。叶3裂或全缘，叶片光滑无毛，生长势强。耐热耐湿，抗寒抗旱，抗病性强，对扇叶病毒有较强的抗性，高抗根瘤蚜。喜土层深厚肥沃的冲积土，不耐石灰质土壤。果实小，味难闻，品质差，无食用价值。扦插易成活，与欧洲葡萄嫁接亲和力好，一般作抗寒、抗旱和抗根瘤蚜的砧木。具有代表性的品种是沈阳农业大学引进和筛选的河岸2号、河岸3号；生产上广泛应用的葡萄抗寒砧木贝拉就是河岸葡萄和美洲种的杂交后代。

（3）沙地葡萄

原产于美国中部和南部。叶片光滑无毛，全缘。果实小，品质差，无食用价值。抗寒性较强，根系可抗－10～－8 ℃的低温，成熟枝芽可抗－30 ℃的低温。抗旱性强，抗根瘤蚜、白粉病、霜霉病。本种及其杂种主要作抗旱、抗根瘤蚜的砧木，具有代表性的品种是圣乔治。

**4. 杂交种群**

该种群是葡萄种间进行杂交培育成的杂交后代。例如，欧美杂交种就是欧洲种和美洲种的杂交后代，欧山杂交种就是欧洲种和山葡萄的杂交后代。其中欧美杂交种在葡萄品种中占有相当的数量。这些品种的显著优点是：浆果具有美洲种的草莓香味，具有良好的抗病性、抗寒性、耐潮湿性和丰产性，栽培适应范围广。目前，欧美杂交种在我国、日本和东南亚地区已成为当地主栽品种。它主要作鲜食和制汁，但品质不及欧洲葡萄。目前，我国和日本栽培较多的欧美杂交种品种有巨峰、京亚、藤稔、康拜尔早生和玫瑰露等。

## 二、主要优良品种

**1. 分类**

目前，世界栽培葡萄品种约有1.4万个。其中，在资源圃保存或在栽培上应用的品种有7000～8000个，它们主要来源于欧洲种、美洲种和欧美杂交种。目前，我国栽培葡萄品种主要分为两大类：欧亚种品种和欧美杂交种品种。欧亚种葡萄品质优良，但抗病、抗湿性较差；欧美杂交种葡萄抗病性、抗湿性均较强，但品质相对较差。欧亚种品种主要栽培在我国东北、华北及西北气候较为干旱的地区。欧美杂交种品种除新疆等干旱地区以外，在全国各地基本上均可栽培。

（1）按成熟期分类

①极早熟品种。从萌芽到浆果充分成熟的天数在120 d以内的品种，大于等于10 ℃有效积温为2100～2500 ℃，其代表品种有87－1系、洛甫早生、莎巴珍珠、早玫瑰、京早晶、早红等。

②早熟品种。从萌芽到浆果充分成熟的天数在120～140 d的品种，大于等于10 ℃有效积温为2500～2900 ℃。其代表品种有京亚、京秀、金星无核、无核白鸡心、乍娜、凤凰51、香妃、早玛瑙等。

③中熟品种。从萌芽到浆果充分成熟的天数在140～155 d的品种，大于等于10 ℃有效积温为2900～3300 ℃。其代表品种有巨峰、藤稔、红脸无核、峰后、京超、里扎马特、先锋、伊豆锦、白香

蕉等。

④晚熟品种。从萌芽到浆果成熟在155～180 d的品种，大于等于10 ℃有效积温为3300～3700 ℃。其代表品种有意大利、晚红、黑大粒、夕阳红、红地球、美人指、木纳格、无核白、高妻等。

⑤极晚熟品种。从萌芽到浆果充分成熟在180 d以上的品种，大于等于10 ℃有效积温为3700 ℃以上。其代表品种有秋红、圣诞玫瑰、龙眼、秋黑等。

（2）按主要用途分类

①鲜食品种。鲜食品种具备较好的内在品质和外观品质。穗形美观，果粒着色均匀、着生疏密适当，甜酸适口（可溶性固形物含量15%～20%，含酸量0.5%～0.9%）。如京秀、红地球、巨峰系等。

②酿造品种。酿造品种注重内在品质，其可溶性固形物含量16%～17%，出汁率70%以上，具有特殊的香味和不同的色泽。如赤霞珠、梅露辄、意斯林、霞多丽、贵人香、法国蓝、雷司令、黑比诺等。

③制汁品种。制汁品种要求有较高的含糖量和较浓的草莓香味。出汁率70%以上。如康棵、康拜尔、卡巴克等。

④制干品种。该品种要求无核、肉厚、含酸量小，可溶性固形物含量要求达到20%以上。如新疆的无核白葡萄。

**2. 品种结构**

目前，我国葡萄主栽品种有巨峰、红地球、户太8号、绯红、瑞比尔、京亚、粉红亚都蜜、维多利亚、奥古斯特、巨玫瑰、森田尼无核、夏黑、藤稔、黑大粒、美人指、早熟红无核、红宝石无核、京秀、黑玫瑰等。其中，红地球、巨峰成为绝对的主栽品种。20世纪80—90年代发展巨峰系品种，20世纪90年代末至21世纪初发展以红地球为代表的晚熟品种，近几年发展以夏黑无核、维多利亚为代表的早熟品种。

**图11-5 粉红亚都蜜**

（1）早熟品种

①粉红亚都蜜（图11-5）。粉红亚都蜜又称亚都蜜、兴华1号、罗莎、矢富罗莎，属欧亚种鲜食葡萄品种，20世纪90年代初引自日本，近年来引进新疆。一年生嫩梢呈绿色，有紫红附加色，无茸毛，叶面光滑。幼叶背面光滑，呈粉红色。成龄叶中等大，深5裂，叶缘锯齿大而锐，叶柄较长，叶柄洼开张拱形。果穗圆锥形，平均穗重650 g，最大穗重1500 g；果粒着生较密，椭圆形，平均粒重9.5 g，最大16 g；果实三面着色，果皮紫红色或深红色；果肉硬而脆，用刀可切成片，浓甜，丰满多汁，可溶性固形物含量16.5%，有清香味。品质佳。植株生长旺盛，结实力强，坐果率高，果实成熟期遇雨不落粒、不裂果，成熟后挂果时间长，极抗病，易管理，1年种植，2年可挂果，3年有产量。在河南郑州地区露地7月中旬浆果完全成熟，温室5月初成熟。

②贵妃玫瑰（图11-6）。欧亚种，原产于中国，山东省葡萄科学研究所用红香蕉和葡萄园皇后杂交培育而成。嫩梢绿色，绒毛稀。一年生成熟枝条棕黄色。幼叶绿色，附带淡红色，有光泽。成龄叶片中等大，心脏形，5裂，叶面呈网状皱，叶背无绒毛，锯齿钝。叶柄洼开张拱形。两性花。植株生长强，丰产，抗病，易栽培。适宜棚架、篱架栽培，中、短梢修剪。果实黄绿色，圆形。果粒大，平均粒重9 g，最大粒重11 g。果穗中等大，平均穗重700 g，最大穗重800 g。果粒着生紧密，果皮薄，果肉脆，味甜，有浓玫瑰香味。可溶性固形物含量15%～20%，含酸量0.6%～0.7%。品质极佳。果实7月下旬成熟。目前，在山东、河北、河南等地种植面积较大。

③夏黑（图11-7）。日本用巨峰和二倍体无核白培育而成的三倍体欧美杂交种。嫩梢黄绿色，有少

量绒毛。幼叶浅绿色，带淡紫色晕，叶片上表面有光泽，叶背密被丝状绒毛。成龄叶片特大，近圆形，叶片中间稍凹，边缘凸起。叶5裂，裂刻深，叶缘锯齿较钝，圆顶形。叶柄洼矢形。新梢生长直立，一年生成熟枝条红褐色。两性花。果穗圆锥形或有歧肩，果穗大，平均穗重420 g左右，果穗大小整齐，果粒着生紧密。果粒近圆形，自然粒重3.5 g左右，经赤霉素处理后可达7.5 g，果皮紫黑色，果实容易着色且上色一致，成熟一致。果粉厚，果皮厚而脆。果肉硬脆，无肉囊，果汁紫红色，可溶性固形物含量20%，有较浓的草莓香味，无核，香甜可口，微微发酸，皮紧沾果肉，可不吐皮。品质优良。中国市场上较好吃的葡萄品种。植株生长势强旺，芽眼萌发率85%。成枝率95%，平均每结果枝着生1.5个花序。隐芽萌发枝结实力强，丰产性强。在江苏张家港地区3月下旬萌芽，5月中旬开花，7月下旬果实成熟，从开花到果实成熟需110 d左右，属早熟无核品种。抗病性强，果实成熟后不裂果、不落粒。

图11-6　贵妃玫瑰

图11-7　夏黑

④香妃（图11-8）。欧亚种，北京市农林科学院林果研究所以“玫瑰香和莎芭珍珠”的后代为母本、绯红为父本杂交的一个新品种。树势中等，萌芽率较高，成花力强，花序多着生于结果枝的第3节~第7节。副芽和副梢结实力均较强，坐果率高，无落花落果现象。早果性强，定植第2年85%以上的植株开始结果，第3年结果株率100%，丰产。果穗较大，平均重322.5 g，穗形大小均匀，紧密度中等。果粒大，近圆形，平均重7.58 g，最大粒重9.70 g。果皮绿黄色、薄、质地脆、无涩味，果粉厚度中等。果肉硬，质地细脆，有浓郁的玫瑰香味，可溶性固形物15.03%，可溶性糖14.25%，可滴定酸0.58%，糖酸比24.57，甜酸适口，品质上等。每果粒含2~4粒种子。成熟前果皮为绿色，成熟以后呈绿黄色。在北京地区4月中旬开始萌芽，5月下旬开花，7月中旬果实开始成熟，8月上旬果实完全成熟。叶片比较厚，对褐腐病和霜霉病有很好的抗病作用。在部分多雨地区有轻微裂果现象，适时采收可予以克服。

图11-8　香妃

⑤维多利亚（图11-9）。罗马尼亚德哥沙尼葡萄试验站用绯红和保尔加尔杂交育成，1996年河北果树研究所从罗马尼亚引入我国。嫩梢绿色，具稀疏绒毛；新梢半直立，节间绿色。幼叶黄绿色，边缘梢带红晕，具光泽，叶背绒毛稀疏；成龄叶片中等大，黄绿色，叶中厚，近圆形，叶缘梢下卷；叶片3~5裂，上裂刻浅，下裂刻深；锯齿小而钝。叶柄黄绿色，叶柄与叶脉等长，叶柄洼开张宽拱形。一年生成熟枝条黄褐色，节间中等长。两性花。植株生长势中等，结果枝率高，结实力强，平均每结果枝着生果穗1.3个，副梢结实力较强。果穗大，圆锥形或圆柱形，平均穗重630 g，果穗稍长，果粒着生中等紧密。果粒大，长椭圆形，粒形美观，无裂果，平均果粒重9.5 g，平均横径2.31 cm，纵径3.20 cm，最大果粒重15 g；果皮黄绿色，果皮中等厚；果肉硬而脆，味甘甜爽口，品质佳，可溶性固形物含量16.0%，

含酸量0.37%；果肉与种子易分离，每果粒含种子以2粒居多。在河北昌黎地区，4月中旬萌芽，5月下旬开花，8月上旬果实充分成熟。抗灰霉病能力强，抗霜霉病和白腐病能力中等。果实成熟后不易脱粒，较耐运输。

（2）中熟品种

①户太8号（图11-10）。欧美杂交种，西安市葡萄研究所（当时称户县葡萄研究所，1997年更为现名）通过奥林匹亚芽变选育而成。嫩梢绿色，梢尖半开张微带紫红色，绒毛中等密。幼叶浅绿色，叶缘带紫红色，下表面有中等白色绒毛。成龄叶片近圆形，大，深绿色，上表面有网状皱褶，主脉绿色。叶片多为5裂。锯齿中等锐。叶柄洼宽广拱形。卷须分布不连续，二分叉。冬芽大，短卵圆形，红色。枝条表面光滑，红褐色，节间中等长。两性花。果穗圆锥形，果粒着生较紧密。果粒大，近圆形，紫黑色或紫红色，酸甜可口，果粉厚，果皮中厚，果皮与果肉易分离，果肉细脆，无肉囊，每果粒含种子1～2粒。平均粒重9.5～10.8 g，可溶性固形物16.5%～18.6%，总糖含量18%，总酸含量0.25%～0.45%，维生素C含量20.0～26.54 mg/100 g。树体生长势强，多次结果能力强，生产中一般结两次果。一次果产量可达1000 kg/亩，二次果产量达1000～1500 kg/亩。7月上中旬成熟。耐低温，不裂果，成熟后在树上挂至8月中下旬不落粒。耐贮性好，常温下存放10 d以上，果实完好无损。对黑痘病、白腐病、灰霉病、霜霉病等抗性较强。

图11-9 维多利亚

图11-10 户太8号

②比昂扣（图11-11）。欧亚种，湖南农业大学、湖南神州庄园葡萄酒业有限公司用Rosaki和Mascat杂交选育而成。嫩梢黄绿色。梢尖开张，绿色，无绒毛，有光泽。幼叶黄绿色，有光泽。成龄叶片肾形，中等大，较薄，光滑，叶背无绒毛。3～5裂，上裂刻深，基部扁平或圆形；下裂刻浅，基部平。锯齿多为圆钝。叶柄洼开张椭圆形，基部圆形。新梢生长直立，新梢节间背侧紫红色，腹侧绿色。成熟枝条黄褐色。两性花。二倍体。果穗圆锥形，果粒大、短椭圆形、黄绿色，果粉厚，皮薄，肉脆汁多、绿黄色、味甜。每果粒含种子1～2粒，种子与果肉易分离。平均粒重8.0～9.0 g，可溶性固形物含量18.0%～20.5%，总糖含量15.0%～17.5%，总酸含量0.45%～0.57%，维生素C含量15.5～17.5 mg/100 g。成熟期在8月下旬至9月上旬。

③醉金香（图11-12）。辽宁农科院研究所用沈阳玫瑰（7601）和巨峰选育而成的欧美杂交四倍体鲜食品种。嫩梢绿色，绒毛少。幼叶绿色，叶表面略有光泽，叶片下表面有绒毛。成龄叶特大，心脏形，3～5裂，裂刻深，叶面绿色、粗糙，具泡状凸起，叶背绒毛居多，叶柄洼矢形，叶柄长，紫色。枝条成熟后为浅褐色，节间长，粗壮。两性花。果穗特大，平均穗重800 g，最大可1800 g，呈圆锥形，果穗紧凑。果粒特大，平均粒重13.0 g，最大粒重19.0 g。果粒呈倒卵形，充分成熟时果皮呈金黄色，成熟一致，大小整齐。果脐明显，果粉中多，果皮中厚，果皮与果肉易分离，果肉与种子易分离，果汁多，无肉囊，香味浓，品质上等，含糖量16.8%，含酸量0.61%，果肉维生素C含量5.85 mg/100 g。植株生长旺盛，芽眼萌发率80.5%，结果枝率55.0%，平均每结果枝有花序1.32个，副梢结实力强。在辽宁沈

阳地区，5 月上旬萌芽，6 月上旬开花，9 月上旬浆果充分成熟。从萌芽到果实充分成熟约 126 d，需有效积温 2800 ℃。对霜霉病和白腐病等真菌性病害具有较强的抗性。适宜棚架或篱架栽培，中、短梢修剪。

图 11-11　比昂扣

图 11-12　醉金香

④巨玫瑰（图 11-13）。俗称香葡萄，欧美杂交种，大连市农科院用沈阳玫瑰（四倍体）和巨峰杂交选育而成的中熟葡萄新品种。植株生长势较强。花芽分化好，芽眼萌发率 82.9%，结果枝占芽眼总数的 60% 左右，平均每结果枝着生果穗 1.5～2.0 个。易早果丰产、稳产。叶片大，第 1 次摘心 12 片叶以下。果穗圆锥形，平均穗重 675 g，最大穗重 1250 g。果粒椭圆形，着生中等紧，平均粒重 10.1 g，最大粒重 17 g，果粒大小均匀一致。果皮紫红色，着色好，外观美，成熟一致。肉较脆多汁，无肉囊，可溶性固形物 19%～25%，甜酸适口，具浓郁纯正玫瑰香味，香气怡人，品质极佳。在河南郑州地区 8 月上中旬成熟。对黑痘病、灰霉病、白腐病、炭疽病抗性较强，不抗霜霉病。

⑤森田尼无核（图 11-14）。又名无核白鸡心、世纪无核、青提，原产于美国，欧亚种，美国加利福尼亚大学农业实验站用 Gold 和 Fzdi（Emperor × Pirovam75）杂交培育而成。嫩梢绿色，附带紫红色，绒毛稀。幼叶黄绿色，附带红色，有稀疏绒毛。成龄叶片较大，心脏形，深 5 裂，锯齿锐，叶面、叶背均无绒毛，叶柄洼拱形。两性花。果实黄绿色，鸡心形。果粒中等大，最大粒重 6 g，平均粒重 4～5 g。果穗大，果粒着生中等紧密，长圆锥形，平均穗重 620 g。果皮薄，果肉脆硬，有淡麝香味。可溶性固形物含量 15%～17%。品质上等，是鲜食和制干的优良品种。植株生长较强，适宜棚架栽培，中梢修剪。在济南地区 4 月初萌芽，到果实完全成熟约需 125 d，需活动积温 2900 ℃。抗病性中等，耐运输。

图 11-13　巨玫瑰

图 11-14　森田尼无核

⑥金手指（图 11-15）。欧美杂交种，日本原田富一氏于 1982 年杂交育成。嫩梢绿黄色，幼叶浅红色，绒毛密。成龄叶大而厚，近圆形，5 裂，上裂刻深，下裂刻浅，锯齿锐。叶柄洼宽拱形，叶柄紫红色。一年生成熟枝条黄褐色，有光泽，节间长。成熟冬芽中等大。根系发达，生长势中庸偏旺，新梢较直立。始果期早，定植第 2 年结果株率达 90% 以上，结实力强，产量 1500 kg/亩左右。三年生平均萌芽

率85%，结果枝率98%，平均每结果枝着生1.8个果穗。副梢结实力中等。果穗中等大，长圆锥形，着粒松紧适度，平均穗重445 g，最大穗重980 g。果粒长椭圆形至长形，略弯曲，呈菱角状，黄白色，平均粒重7.5 g，最大可达10 g。每果粒含种子0~3粒，多为1~2粒，有瘪子，无小青粒，果粉厚，极美观，果皮薄，可剥离，可带皮吃。含可溶性固形物18%~23%，最高达28.3%，有浓郁的冰糖味和牛奶味，品质极上，商品性极高。不易裂果，耐挤压，耐贮运性好，货架期长。4月上旬萌芽，5月下旬开花，8月初果实成熟。抗寒性强，成熟枝条可耐-18 ℃左右的低温；抗病性、抗涝性、抗干旱性均强，对土壤、环境要求不严格，全国各葡萄产区均可栽培。

（3）晚熟品种

①红地球（图11-16）。红地球又名大红球、晚红、美国红提等，欧亚种，二倍体晚熟品种，美国加州大学杂交育成。早春嫩梢浅紫红色。幼叶浅紫红色，叶表光滑，叶背有稀疏茸毛。新梢中下部有紫红色条纹，成熟的一年生枝条为浅褐色。成龄叶中等大，心脏形，中等厚，5裂，上裂刻深，下裂刻浅，叶正背两面均无茸毛，叶缘锯齿两侧凸，较钝，叶柄浅红色，叶柄洼拱形。两性花。自然果穗长圆锥形，平均穗重880 g，最大穗重2500 g，果粒着生松紧适度；果粒圆球形或卵圆形，果粒平均纵径32 mm，横径28 mm，平均粒重14.5 g，最大达22 g以上，果粒大小均匀；果皮中厚，紫红色至黑紫色，套袋后可呈鲜玫瑰红色，果肉硬脆，可削成薄片，味甜适口，可溶性固形物含量17%，含酸量0.5%~0.6%，品质上等，果刷粗长，不脱粒，极耐贮藏和运输。植株生长势强，果枝率70%，结果系数1.5，丰产性强。抗病力弱，易染黑痘病、白腐病、炭疽病和霜霉病。适宜小棚架和篱架栽培。幼树宜长中短梢混合修剪，成年树以短梢修剪为主。幼树贪青生长，新梢成熟较晚。

图11-15 金手指

图11-16 红地球

②美人指（图11-17）。欧亚种晚熟品种，二倍体，从萌芽到浆果成熟需145~150 d，日本植原葡萄研究所于1984年用尤尼坤和巴拉底2号杂交育成。植株春季枝条嫩梢黄绿色，稍带紫红色，有光泽；成龄叶中大，心脏形，黄绿色，叶缘锯齿中锐，叶柄中长，浅绿色，略带浅红色，叶柄洼窄矢形。两性花，成熟枝条灰白色。果穗长圆锥形，平均穗重480 g，最大为1750 g。果粒着生松散，平均重15 g，最大粒重20 g，纵径6.0 cm，横径2.0 cm，果实纵横径之比为3：1。果粒呈长椭圆形，粒尖部鲜红或紫红色，光亮，基部色泽稍浅，恰如用指甲油染红的美人手指头，故称美人指。果皮薄，果粉厚，果肉脆甜，可溶性固形物含量16%~18%，含酸量0.50%~0.65%，品质上等。果枝率45%，结果系数1.1~1.3。果实耐拉力强，不落粒，较耐贮运。植株生长势强，极性强，易徒长。抗病力较差。

③黑玫瑰（图11-18）。欧亚种，美国加州于20世纪50年代杂交选育出的鲜食葡萄品种，其亲本为Damas Rose和Black Monukka。嫩梢红绿色，无绒毛。幼叶薄，叶面浅紫色，有光泽，叶片上表面有稀疏绒毛，下表面无绒毛。成龄叶较大，扇形，中厚，绿红色，5裂，裂刻深，叶片波浪状，叶表面光滑，叶背有稀疏白毛，叶缘锯齿大，稍尖。叶柄洼呈椭圆形。叶柄紫红色，短于中脉，节间短。两性花。一茬果粒重6.2 g；二茬果粒重5.8 g。果穗圆锥形，穗形紧凑美观，果粒着生中等紧密，果粒长椭圆形，

紫黑色，有果粉。果肉肥厚而脆，酸甜适中，果肉可溶性固形物一茬果为 18% ~20%，二茬果为 20% ~22%，每果粒含种子 2.6 粒，果皮厚而韧，种子与果肉易分离，具有浓郁的玫瑰香味。树势强，平均每个果枝着生花序 1.37 个。

图 11-17　美人指

图 11-18　黑玫瑰

第一茬果萌芽期 3 月上旬，开花期 4 月上旬，果实成熟期 8 月上旬至中旬，从萌芽至浆果成熟为 130 ~ 140 d；第二茬果萌芽期 9 月中旬，开花期 10 月中旬，果实成熟期 1 月上旬至次年 1 月中旬，从萌芽至浆果成熟为 125 ~ 135 d。

④瑞必尔（图 11-19）。欧亚种，又名黑提，美国选育的晚熟品种。果实中大，圆锥形或带副穗，平均果穗重 720 g，果粒着生中密。果粒近圆形或长圆形，平均单粒重 6.5 g。果皮紫红色至紫黑色。果肉脆，味酸甜爽口，可溶性固形物含量 16.0%。树势中强，结果枝率高，平均每结果枝着生 1.4 个花序。华北地区 4 月上旬萌芽，5 月下旬开花，9 月下旬果实成熟。抗病、抗寒能力较强，极耐贮运。

⑤红宝石无核（图 11-20）。欧亚种，又名大粒红无核，美国加利福尼亚州采用皇帝和 Pirovan075 杂交培育的晚熟无核品种。嫩梢紫红色，无绒毛。幼叶厚，黄绿色，有光泽，幼叶上下表面均无绒毛。成龄叶片较厚，深绿色，心脏形，叶缘稍向上翘，呈漏斗状，5 裂，上下侧裂中等深。叶片上表面光滑，绒毛少，叶背无绒毛，叶脉黄绿色，叶柄紫红色，叶柄洼呈闭合椭圆形，叶缘锯齿大，稍钝。节间较长，一年生成熟枝条黄褐色。卷须间隔着生，双分杈或三分杈。两性花。生长势强，萌芽率高，平均每结果枝着生花序 1.5 个，丰产，定植后第 2 年开始挂果，着果性好。果穗大多着生在第 4 节 ~ 第 5 节上。果穗大，一般重 850 g，最大穗重 1500 g，圆锥形，有歧肩，穗形紧凑。果粒较大，卵圆形，平均粒重 4.2 g，果粒大小整齐一致。果皮亮红紫色，果皮薄，果肉脆，可溶性固形物含量 17%，含酸量 0.6%，无核，味甜爽口。果实耐贮运性中等。华北地区 9 月中下旬果实成熟，从萌芽到成熟需 150 d 左右。抗病性较弱。适应性较强，对土质、肥水要求不严。

图 11-19　瑞必尔

图 11-20　红宝石无核

⑥摩尔多瓦（图 11-21）。摩尔多瓦共和国用古扎丽卡拉（Guzali Kala）和 SV12375 杂交培育而成。

嫩梢绿色至黄绿色，稍有暗红色纵条纹，茸毛较密，边缘有暗红晕，叶背和叶面均具稠密茸毛。幼茎上有暗红色纵条纹，密被绒毛。幼叶绿色，叶缘有暗红晕，叶面和叶背均具密绒毛。成龄叶绿色，近圆形，中大，叶缘上卷，全缘或3裂，裂刻浅，叶表面无毛，叶背绒毛稀疏，叶缘锯齿大，较锐。叶柄紫红色，平均长9～10 cm，叶柄短于中脉，叶柄洼闭合成椭圆形。一年生成熟枝条深褐色，节间长，冬芽饱满而大，有紫红晕斑。二倍体，两性花。生长势强或极强，新梢年生长量可达3～4 m，但成熟度好。果粒非常容易着色，散射光条件下着色很好，而且整齐。在架面下部及中部光照差的部位均可全部着色，全穗着色均匀一致。结实力极强，平均每结果枝着生果穗1.65个。结果早，丰产性极强。果穗圆锥形，中等大，平均穗重650 g。果粒着生中等紧密，果粒大，短椭圆形，平均粒重9.0 g，纵径2.58 cm，横径2.20 cm，最大粒重13.5 g。果皮蓝黑色，着色非常整齐一致，非常漂亮，果粉厚。果肉柔软多汁，口感一般。可溶性固形物含量16.0%～18.9%，最高可达20%。含酸量0.54%，果肉与种子易分离，每果粒含种子1～3粒。果实先转色后增甜，极耐贮运。在重庆地区，3月初萌芽，5月初始花，7月果实开始着色，8月下旬果实充分成熟。枝条7月上旬开始老熟，枝条成熟度良好，11月下旬落叶。高抗霜霉病、葡萄灰霉病，抗白粉病和黑痘病能力中等，抗旱、抗寒性较强。

⑦克瑞森无核（图11-22）。欧亚种，别名绯红无核、淑女红，美国用皇帝和C33－199杂交培育而成。嫩梢红绿色，有光泽，无绒毛。幼叶紫红色，叶缘绿色。成叶片中等大，深5裂，锯齿中等锐，叶柄长，叶柄洼闭合圆形或椭圆形。果实亮红色，充分成熟后为紫红色，上有较厚白色果霜，椭圆形。平均粒重4 g。果穗中等大，有歧肩，圆锥形，平均穗重500 g。果肉浅黄色，半透明肉质，果肉较硬，果皮中等厚，不易与果肉分离，味甜，可溶性固形物19%，糖酸比大于20∶1，低酸，品质极佳。9月下旬成熟，果实耐贮运。风土适应性强。抗病性较强。自根苗长势极强，宜棚架栽培，采用中、短梢修剪。

图11-21 摩尔多瓦

图11-22 克瑞森无核

**思考题**

（1）葡萄种群是如何划分的？

（2）当前葡萄栽培中，早、中、晚熟葡萄优良品种分别有哪些？识别时应把握哪些要点？

## 第四节 葡萄无公害栽培技术要点

### 一、产地环境条件

建立无公害葡萄生产基地，首先要遵照我国农业部颁布的各项农业行业标准进行，如NY/T 5010—2016《无公害农产品 种植业产地环境条件》等，选择工矿企业“三废”对空气、灌溉水和土壤环境无污染，并远离公路、铁路干线，避开城市工业垃圾污染的地区。

### 1. 空气质量要求

无公害葡萄生产园地要选择无工业“三废”污染和生态条件适宜的地区。空气污染含量应符合表11-2指标。

表 11-2　无公害葡萄园地空气质量要求

| 项目 | 浓度限值 | |
|---|---|---|
| | 日平均 | 1 h 平均 |
| 总悬浮颗粒物（标准状态）/($mg/m^3$) | ≤0.30 | — |
| $SO_2$（标准状态）/($mg/m^3$) | ≤0.15 | ≤0.50 |
| $NO_2$（标准状态）/($mg/m^3$) | ≤0.12 | ≤0.24 |
| 氟化物（标准状态）/($mg/m^3$) | ≤7 | ≤20 |

注：日平均指任何 1 d 的平均浓度；1 h 平均指任何 1 h 的平均浓度。

### 2. 灌溉水源、水质要求

无公害葡萄生产园地灌溉水质要求达到表 11-3 的标准。

表 11-3　无公害葡萄园地灌溉水质量要求

| 项目 | 浓度指标 |
|---|---|
| pH | 5.5 ~ 8.5 |
| 总汞/(mg/L) | ≤0.001 |
| 总镉/(mg/L) | ≤0.005 |
| 总砷/(mg/L) | ≤0.1 |
| 总铅/(mg/L) | ≤0.1 |
| 挥发酚/(mg/L) | ≤1.0 |
| 氰化物(以 $CN^-$ 计)/(mg/L) | ≤0.5 |
| 石油类/(mg/L) | ≤1.0 |

### 3. 土壤环境质量

无公害葡萄园地土壤要求土层深度 80 cm 以上，结构疏松，通气保水功能良好，以沙壤土或轻黏壤土为最佳。其他土壤（如黏壤土、盐碱土、沙荒地和红壤）经过 1 ~ 2 年的改良和种植绿肥后，就能栽植葡萄。土壤环境质量要求标准如表 11-4 所示。

表 11-4　无公害葡萄园地土壤环境质量要求

| 项目 | 含量限值 | | |
|---|---|---|---|
| | pH < 6.5 | pH 6.5 ~ 7.5 | pH > 7.5 |
| 总镉/(mg/kg) | ≤0.30 | ≤0.30 | ≤0.60 |
| 总汞/(mg/kg) | ≤0.30 | ≤0.50 | ≤1.0 |
| 总砷/(mg/kg) | ≤40 | ≤30 | ≤25 |
| 总铅/(mg/kg) | ≤250 | ≤300 | ≤350 |
| 总铬/(mg/kg) | ≤150 | ≤200 | ≤250 |
| 总铜/(mg/kg) | ≤400 | | |

注：表内所列含量限值适用于阳离子交换量 > 5 cmol/kg 的土壤，若 ≤5 cmol/kg，其含量限值为表内数值的半数。

**4. 土壤肥力要求**

无公害葡萄生产园地要求土层深厚，肥力充足。在栽植葡萄苗之前，挖深、宽各 1 m 的定植沟，沟内施优质腐熟农家肥 100 kg/m，与表土混合填入，灌水沉实。栽后每年秋季，在每株葡萄根部一侧深施腐熟有机肥 50 kg。

## 二、无公害葡萄生产技术规程

**1. 园地选择与规划**

（1）园地选择

①气候条件。适宜葡萄栽培地区最暖月平均温度在 16.6 ℃以上，最冷月平均气温在 -1.1 ℃以上，年平均温度 8 ~ 18 ℃；无霜期 120 d 以上；年降水量在 800 mm 以内，采前一个月内降雨量不超过 50 mm；年日照时数在 2000 h 以上。

②环境条件。按照 NY/T 5010—2016 规定执行。

（2）园地规划设计

根据面积、自然条件和架式等进行规划。规划内容包括作业区、品种选择与配置、道路、防护林、土壤改良措施、水土保持措施、排灌系统等。

（3）品种选择

结合气候特点、土壤特点和品种特性（成熟期、抗逆性和采收时能达到的品质等），同时考虑市场、交通和社会经济等综合因素制订品种选择方案。

（4）架式选择

埋土防寒地区多以棚架、小棚架和自由扇形为主；不埋土防寒地区的优势架式有棚架、小棚架、单干双臂篱架和“高宽垂”T 形架等。

**2. 建园**

（1）苗木质量

苗木质量按 NY 469—2001 的规定执行。建议采用脱毒苗木。

（2）定植时间

不埋土防寒地区从葡萄落叶后到第 2 年萌芽前均可栽植，但以上冻前定植（秋栽）为好；埋土防寒地区以春栽为好。

（3）定植密度

定植密度依据品种、砧木、土壤和架式等而定。常见定植密度见表 11-5。适当稀植是无公害鲜食葡萄的发展方向。

**表 11-5 栽培方式及定植株数**

| 方式 | 株行距/m | 每亩定植数/株 |
| --- | --- | --- |
| 小棚架 | (0.5 ~ 1.0) × (3.0 ~ 4.0) | 166 ~ 444 |
| 自由扇形 | (1.0 ~ 2.0) × (2.0 ~ 2.5) | 134 ~ 333 |
| 单干双臂 | (1.0 ~ 2.0) × (2.0 ~ 2.5) | 134 ~ 333 |
| 高宽垂 | (1.0 ~ 2.5) × (2.5 ~ 3.5) | 76 ~ 267 |

（4）定植

定植前对苗木消毒。常用消毒液为 3% ~ 5% 石硫合剂或 1% 硫酸铜。按宽 0.8 ~ 1.0 m、深 0.8 ~ 1.0 m 的定植坑或定植沟改土定植。

**3. 土肥水管理**

（1）土壤管理

根据品种、气候条件等因地制宜灵活应用土壤管理方法。

①生草或覆盖。运用葡萄园种植绿肥或作物秸秆覆盖，提高土壤有机质含量。

②深耕。一般在新梢停止生长、果实采收后，结合秋施基肥深耕 20～30 cm。秋季深耕施肥后及时灌水，春季深耕较秋季深耕深度浅，春耕在土壤化冻后及早进行。

③清耕。在葡萄行间和株间进行多次中耕除草，经常保持土壤疏松无杂草状态，使园内清洁，以减少病虫害。

（2）施肥管理

①施肥原则。按照 NY/T 496—2010 规定执行。根据葡萄施肥规律进行平衡施肥或配方施肥。使用的商品肥料应是在农业行政主管部门登记使用或免于登记的肥料。

②肥料种类。允许施用的肥料种类中，有机肥料包括堆肥、沤肥、厩肥、沼气肥、绿肥、作物秸秆肥、泥炭肥、饼肥、腐殖酸类肥、人畜废弃物加工而成的肥料等；微生物肥料包括微生物制剂和微生物处理肥料等；化肥包括氮肥、磷肥、钾肥、硫肥、钙肥、镁肥及复合（混）肥等；叶面肥包括大量元素类、微量元素类、氨基酸类、腐殖酸类肥料。限量使用氮肥，限制使用含氯复合肥。

③施肥时期和方法。采用 1 年多次供肥。一般于果实采收后秋施基肥，以有机肥为主，并与磷肥、钾肥混合施用，采用深 40～60 cm 沟施方法。萌芽前追肥以氮、磷为主；果实膨大期和转色期追肥以磷、钾为主。微量元素缺乏地区，依据缺素症状增加追肥种类或根外追肥。最后一次叶面施肥应距采收期 20 d以上。

④施肥量。依据地力、树势和产量不同，参考每产 100 kg 浆果 1 年需肥纯氮（N）0.25～0.75 kg、磷（$P_2O_5$）0.25～0.75 kg、钾（$K_2O$）0.35～1.1 kg 的标准测定，进行平衡施肥。

（3）水分管理

萌芽期、浆果膨大期和入冻前保持良好的水分供应。成熟期控制灌水。多雨地区地下水位较高，在雨季容易积水，需要有排水条件。

**4. 整形修剪**

（1）冬季修剪

根据品种特性、架式特点、树龄、产量等确定结果母枝的剪留强度及更新方式。结果母枝的剪留量为篱架架面 8 个/$m^2$ 左右，棚架架面 6 个/$m^2$ 左右。冬剪时根据计划产量确定留芽量：

留芽量 = 计划产量/(平均果穗重 × 萌芽率 × 结实系数 × 成枝率)。

（2）夏季修剪

在葡萄生长季树体管理中，采用抹芽、定枝、新梢摘心、处理副梢等夏季修剪措施对树体进行控制。

**5. 花果管理**

（1）调节产量

通过花序整形、疏花序、疏果粒等办法调节产量。成龄果园产量控制在 1500 kg/亩以内。

（2）果实套袋

疏果后及早进行套袋。套袋应避开雨后高温天气，套袋时间不宜过晚。套袋前全园喷布 1 遍杀菌剂。红色葡萄品种在采收前 10～20 d 摘袋。对容易着色和无色品种及着色过重的西北地区可摘袋，带袋采收。为避免高温伤害，摘袋时不要将纸袋一次性摘除，先将袋底打开，逐渐将袋去除。

**6. 病虫害防治**

（1）病虫害防治原则

贯彻“预防为主，综合防治”的植保方针。以农业防治为基础，提倡生物防治，按照病虫害发生规律科学使用化学防治技术。化学防治应做到对症下药，适时用药；注重药剂轮换使用和合理混用；按照规定的浓度、每年使用次数和安全间隔期要求使用。对化学农药的使用情况进行严格、准确地记录。

（2）植物检疫

按照国家规定的有关植物检疫制度执行。

（3）农业防治

秋冬季和初春，及时清理果园中病僵果、病虫枝条、病叶等病组织，减少果园初侵染菌源和虫源。采用果实套袋措施。合理间作，适当稀植。采用滴灌、树下铺膜等技术。加强夏季管理，避免树冠郁蔽。

（4）药剂使用准则

①禁止使用剧毒、高毒、高残留、有“三致”（致畸、致癌、致突变）作用和无“三证”（农药登记证、生产许可证和生产批号）的农药。禁止使用的常见农药有六六六、滴滴涕、杀毒芬、二溴氯丙烷、杀虫脒、二溴乙烷、艾氏剂、狄氏剂、汞制剂、砷、铅类、敌枯双、氟乙酰胺、甘氟、毒鼠强、氟乙酸钠、毒鼠硅、甲胺磷、甲基对硫磷、对硫磷、久效磷、磷胺、甲拌磷、甲基异柳磷、特丁硫磷、甲基硫环磷、治螟磷、内吸磷、克百威、涕灭威、灭线磷、硫环磷、蝇毒磷、地虫硫磷、氯唑磷、苯线磷。

②提倡使用矿物源农药、微生物和植物源农药。常用矿物源药剂有（预制或现配）波尔多液、氢氧化铜、松脂酸铜等。

**7. 植物生长调节剂使用准则**

允许赤霉素在诱导无核果、促进无核葡萄果粒膨大、拉长果穗等方面的应用。

**8. 除草剂使用准则**

禁止使用苯氧乙酸类（2，4－D、MCPA和它们的酯类、盐类）、二苯醚类（除草醚、草枯醚）、取代苯类（五氯酚钠）除草剂；允许使用莠去津，或在葡萄栽培上登记过的其他除草剂。

**9. 采收**

葡萄果实的采收按照NY/T 470的有关规定执行。

**思考题**

试制定葡萄无公害栽培技术规程。

## 第五节　葡萄无公害优质丰产栽培技术

### 一、品种选择

因地制宜，选择适应当地环境条件的早熟、中熟和晚熟品种。

### 二、育苗

栽培上以扦插繁殖为主，也可采用嫁接繁殖和压条繁殖。

**1. 扦插繁殖**

（1）插条选择与贮藏

在选择好品种的葡萄树上，选取成熟度高、芽眼饱满、节间中偏短、无病害、节直径1 cm以上、粗细一致，一年生壮而不旺的枝条作为插条。冬剪时一般6个芽为1段，对摘心过繁的植株以4个芽1段为宜。将插条捆好后进行沙藏。

（2）扦插

扦插前按要求进行整地。插条一般2～3个芽为1段。节间长的2个芽为1段，节间短的3～4个芽为

1 段，名贵品种则采取单芽扦插。剪条时上平下斜。扦插时，插条用清水浸泡 8 ~ 16 h 或用生根粉处理。一般 3 月中旬开始，平均地温 7 ~ 10 ℃时进行扦插。

（3）扦插后管理

扦插后及时浇水和中耕。若天旱则 10 d 后再浇 1 次水，以保持田间湿润。浇第 2 水后 30 d，再浇第 3 水。发芽后，再浇 1 次催芽水。大部分插条发芽时，副芽将相继而出，需进行多次抹芽，即留主芽，去副芽。1 个枝条留 1 个芽。当苗高 20 cm 左右时第 1 次追肥，施碳酸氢铵 50 ~ 75 kg/亩或尿素 40 kg/亩，撒到浅沟里并锄匀、浇水。苗高 45 cm 左右时，进行摘心、抹芽，留 2 个夏芽副梢，其上留 2 片叶，反复摘心 2 ~ 3 次。中后期（8 月）喷 1 次 250 ~ 300 倍磷酸二氢钾或 1000 倍磷钾精；9 月喷 1000 倍磷钾精、250 ~ 300 倍磷酸二氢钾、100 ~ 150 倍硫酸钾或 4% ~ 7% 草木灰浸出液。苗期病虫害主要是霜霉病、黑痘病、炭疽病、蛾和蝉。一般 6 月底前不喷杀菌剂，7 月开始 20 d 喷 1 次。第 1 次用 70% 的甲基托布津可湿性粉剂 800 ~ 1000 倍液，或 50% 的多菌灵可湿性粉剂 800 倍液防治黑痘病等病害。第 2 次用乙膦铝300 ~ 400 倍液，若出现霜霉病时喷乙膦铝 · 锰锌，交替使用。每次喷杀菌剂时加 1000 倍灭幼脲杀虫。

**2. 压条繁殖**

压条繁殖是用不脱离母树的枝条在土壤中压埋，促发新根，形成新植株的一种繁殖方法。压条分为新梢压条和成熟枝压条。压条繁殖常用于植株行内补空，以快速形成生长旺盛的新植株。

**3. 嫁接繁殖**

一般用巨峰等易生根的品种作砧木插条，用其他优良品种为接穗。砧木与接穗粗度大致相同时，多采用舌接法。如果砧木粗于接穗，多用切接法。舌接法砧木与接穗结合紧密，嫁接后简单包扎。嫁接成活后，及时剪除绑扎物，加强肥水管理，进行夏季修剪和病虫害防治。

为防治病毒病，应大力开展无病毒苗木生产，建立无病毒苗木繁殖体系和制度。

## 三、建园

**1. 园地选择**

应选择光照、通风条件良好，降水量适中，昼夜温差大，有机质含量丰富、疏松肥沃的沙壤土和壤土，有灌水和排水条件及交通便利的地方建园。在风沙大的地方建园要注意防风沙。

**2. 园地规划**

做好苗圃地、灌水排水设施、道路、防护林、园内建筑物等规划。选择适合当地生态条件、品质好、结果早、抗性强的优良品种。较大规模建园时要注意早、中、晚熟品种的搭配。

**3. 栽植**

（1）栽植密度

目前，生产上常用株行距篱架一般为（1 ~ 2）m ×（2 ~ 3）m；小棚架株行距（1 ~ 2）m ×（4 ~ 6）m。温暖多雨、肥水条件好的地区，株行距可大些；生长势强的品种株行距可大些，生长势弱的品种株行距可小些。密植时一定要注意选用适当的架式和抗病品种。

（2）栽植时期

葡萄苗木栽植时期从落叶后一直到第 2 年春季萌芽以前，只要气温和土壤状况适宜都可进行栽植。北方各省一般以春季栽植为主，当 20 cm 深土温稳定在 10 ℃左右时即可栽植。秋季栽植一般在 9—10 月。

（3）栽植技术

栽植前对苗木根系进行适当修剪，剪去过长、过细和有伤的根，其余根系剪出新茬。地上部剪留 2 ~ 4 个芽。将整理好的苗木在清水中浸泡 24 h 左右，使苗木充分吸水，提高栽植成活率。在上一年秋季挖栽植沟宽 1 m、深 0.7 ~ 1.0 m。栽植深度自根苗以原根颈与土面平齐、嫁接苗接口离地面 15 ~ 20 cm 为宜。栽后灌 1 次透水。干旱地区，苗木培土保湿，防苗木芽眼抽干。

**4. 葡萄架式**

（1）柱式架

柱式架是葡萄最简单的架式，就是在每株葡萄旁边设立 1 根支柱，支柱与树形高度相近。采用头状整枝，短梢修剪。一般干高 0.6～1.2 m，主干顶端着生枝组和结果母枝，新梢不加引缚，任其自然向四周下垂。当主干粗大到足以支撑其本身全部重量时，即可撤除临时性支架，进行无架栽培。柱式架费用较低，但国内生产上很少应用。

（2）篱架

架面与地面垂直，沿着行向每隔一定距离设立支柱，支柱上拉铁丝，形状类似篱笆，因此称为篱架、立架。篱架是目前我国葡萄生产中应用最广的架式，主要有以下 3 种类型。

①单壁篱架。就是每行设 1 个架面且与地面垂直。其高度一般为 1～2 m，架上拉铁丝 1～4 道，架的大小依品种、树势、整枝方式、生态条件而定（图 11-23）。行距 1.5 m 时，架高 1.2～1.5 m；行距 2 m 时，架高 1.5～1.8 m；行距 3 m 以上时，架高 2.0～2.3 m。一般顺行向每隔 4～6 m 设 1 个立柱。立柱埋入地下 50～60 cm，在立柱上第 1 道铁丝离地面 60 cm，往上每隔 50 cm 拉 1 道铁丝，将枝蔓固定在铁丝上。该架式通风与光照条件较好，有利于提高浆果品质，适于密植栽培，有利于早期丰产，田间管理比较方便，有利于机械化作业。

②宽顶篱架。就是在单篱架支柱顶部加 1 根横梁，呈 T 形（图 11-24），故又称 T 形架。横梁宽 60～100 cm，在横梁两端各拉 1 道铁丝，在支柱上拉 1～2 道铁丝。宽顶篱架适合生长势强、龙干形整枝、短梢修剪的品种。龙干引缚在离地面约 1.3 m 的篱架铁丝上，结果母枝长出的新梢，均匀引缚在横梁上的两端铁丝上，自然下垂生长。该架式扩大了架面，提高了葡萄产量，能充分利用光能，有利于浆果机械化采收，已成为目前比较流行的架式。

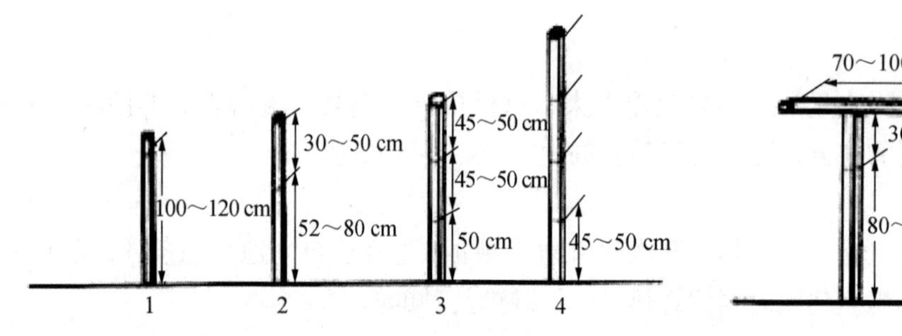


图 11-23　葡萄单壁篱架类型

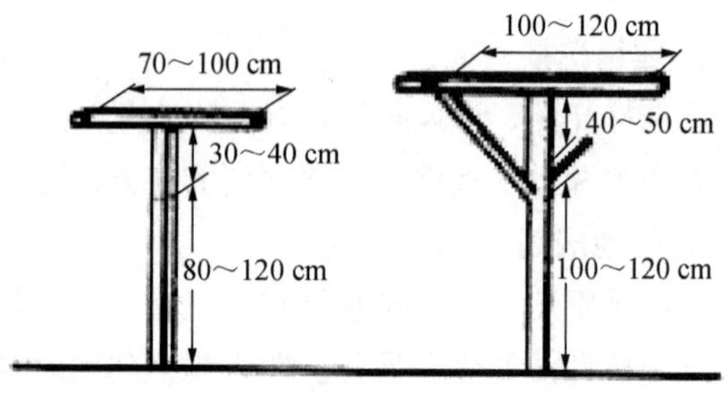


图 11-24　葡萄宽顶篱架主要类型

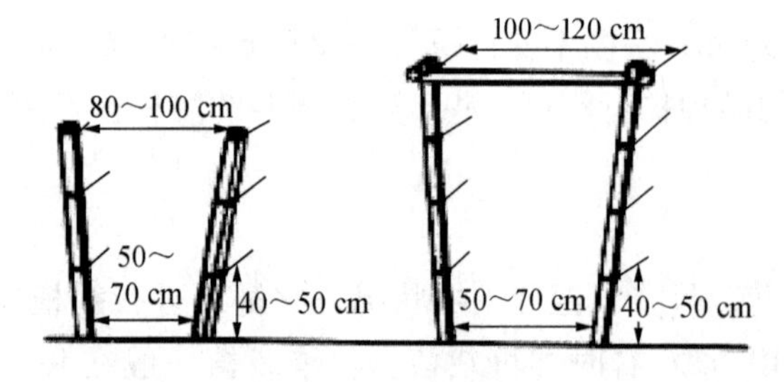


图 11-25　葡萄双壁篱架主要类型

③双壁篱架。架的结构基本上与单壁篱架相似，就是在同一行内设立 2 排单篱架，葡萄栽在中间，枝蔓分别引缚在两边篱架铁丝上（图 11-25）。该架式在植株两侧各 40 cm 左右处设立立柱，架柱向外倾斜与地面成 75°，其余与单壁篱架相同。该架式比单壁篱架增加了 1 倍架面，可有效利用空间，产量较高。但通风透光条件、田间操作管理不如单壁篱架，机械作业不方便，架材费用较大。

（3）棚架

在垂直的立柱上架设横梁，横梁上拉铁丝，形成 1 个水平或稍倾斜状的棚面，葡萄枝蔓均匀分布在架面上，因此称棚架。该架式在我国应用较多，有以下 3 种常见类型。

①大棚架。架长或行距在 6 m 以上的棚架称为大棚架（图 11-26）。一般架根高 1.0～1.5 m，架梢高

2.0～2.4 m。该架式适合庭院及路旁栽植，可充分利用空间。行距大，同样面积可减少挖定植沟的费用，有利于防寒取土。但行距大，整枝年限长，前期产量较低；单株负载量大，对土壤改良和肥水要求高。枝蔓更新困难，管理技术要求较高。

②小棚架。架长或行距在6 m以下的称为小棚架（图11-27）。生产中应用较广的小棚架行距是4～5 m。架根高1.5～1.8 m，架梢高2.0～2.2 m。该架式行距缩小，架较短，易早期丰产；枝蔓短，有利于枝蔓更新和上下架；树势均衡，管理技术较易掌握。

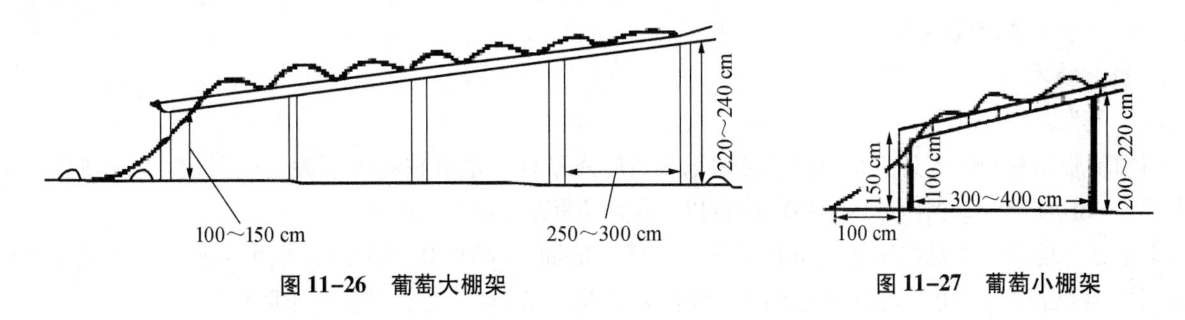


图11-26　葡萄大棚架　　图11-27　葡萄小棚架

③棚篱架。实质是小棚架的一种变形。不同之处在于靠近架根处的棚面稍有提高，从而相应地增加了一定的篱架架面，故称棚篱架。该架式能更充分地利用空间，达到立体结果，在架下进行各项操作较方便。但棚架造成遮阴，往往使篱架部分不易获得足够的光照，致使植株下部难以保持稳定的产量与质量。

## 四、土肥水管理

### 1. 土壤管理

葡萄园土壤管理应按农业行业标准NY/T 5010—2016《无公害农产品　种植业产地环境条件》要求进行，在定植沟改良基础上，每年继续施有机肥，扩沟改土，加强管理。

（1）土壤改良

葡萄在多数土壤中均可进行栽培，但最适宜在肥沃、土质疏松、土层肥厚、通气性较好的土壤中生长。对于沙荒地、盐碱土、重黏土和酸性土需进行改良。

（2）土壤管理制度

①清耕。清耕是目前葡萄上最为常用的土壤管理制度。在少雨地区，春季清耕有利于地温回升，秋季清耕有利于晚熟葡萄利用地面散射光，提高果实品质。清耕园内不种其他作物，一般在生长季进行多次中耕。秋季深耕，保持表土疏松、无杂草，同时可加大耕层厚度。但在有机肥施入量不足，雨量较多的地区或降水较为集中季节，不宜采用清耕。

②果园覆盖。适合在干旱和土壤较为瘠薄的地区应用。常用的覆盖材料有麦秸、麦糠、玉米秸、稻草、树叶等。覆盖应避开早春地温回升期。一般在5月上旬至秋季覆盖较好。覆草后不易灌水，并应注意做好病虫害防治工作。

③生草法。在年降水量较多或有灌水条件的地区，可采用果园生草法。草种用多年生牧草和禾本科植物，如毛叶苕子、三叶草、鸭茅草、黑麦草、百脉根、苜蓿等。一般在整个生长季内均可播种，当草高20～30 cm时，留茬8 cm左右割除，割除草覆盖在树盘或行间。生草一般在葡萄行间进行。也可采用自然生草，就是对园内自然长出的杂草在一定高度进行连续割除，并将割除的草覆在行内。生草后的2～3年，应注意增施氮肥，早春应比清耕园多施50%的氮肥，生长期内，根外追肥3～4次。对生草应注意病虫害的防治。

（3）地面深翻

北方埋土防寒地区在葡萄出土上架后，结合清理地面深翻。在定植沟内深翻20～25 cm。翻后打碎土块，整平地面，修好地埂。植株周围留 20 cm 浅翻或不翻。秋季，可结合地面深翻施基肥，或同时追化肥。

（4）中耕除草

葡萄园每年至少要在行间、株间中耕除草 2 ~3 次，深 10 cm 左右。每个生长季要在行间、株间锄草 3 ~4 次，保持土壤疏松无杂草状态。也可使用除草剂，但应禁止使用苯氧乙酸类（2，4 - D、MCPA 和它们的酯类、盐类）、二苯醚类（除草醚、草枯醚）、取代苯类（五氯酚钠）除草剂；允许使用莠去津，或在葡萄栽培上登记过的其他除草剂。

**2. 施肥技术**

（1）基肥

葡萄基肥以秋季施入为主，以秋季葡萄采收后施入最好，也可在春季葡萄上架后施入。基肥以有机肥为主，一般按 50 kg/株，施入 5000 kg/亩以上优质有机肥。

①撒施。地面撒施是将腐熟优质有机肥均匀撒入地面，深翻 20 ~25 cm；也可将地面表土挖出 10 ~15 cm 深一层后，再将肥料均匀撒入地面，然后深翻 20 ~25 cm 一层，最后将土回填。

②沟施。施肥时在栽植沟两侧每年轮流开沟，且施肥沟要逐年外扩。一般离植株基部 50 ~100 cm，挖宽、深各 40 cm 左右的施肥沟，将肥料均匀施入沟内，回填土后灌水。

施肥部位应在葡萄主要根系分布范围内，并以不损伤葡萄大根为原则。

（2）追肥

追肥在葡萄生长季节进行。前期以追施氮肥为主，中后期以磷肥、钾肥为主。一般 1 年需追肥 3 次：第 1 次追肥在早春芽开始膨大时，宜施用腐熟人粪尿混掺硝酸铵或尿素，施用量占全年施肥总量的 10% ~15%；第 2 次追肥在谢花后幼果膨大初期，以施腐熟人粪尿或尿素等速效肥为主，施肥量占全年施肥总量的 20% ~30%；第 3 次施肥在果实着色初期进行，该次施肥以磷肥、钾肥为主，施肥量占全年施肥量的 10% 左右。氮肥可在两株葡萄间开浅沟施入，覆土后立即灌水，或在下雨前将肥料均匀撒在地面上，肥料遇雨水溶解进入土壤中。磷肥、钾肥应尽量多开沟深施。除土壤追肥外，也进行叶面追肥。一般新梢生长期喷 0.2% ~0.3% 的尿素或 0.3% ~0.4% 硝酸铵溶液，促进新梢生长；开花前喷 0.1% ~0.3% 硼砂溶液；浆果成熟前喷 2 ~3 次 0.5% ~1.0% 的磷酸二氢钾或 1% ~3% 的过磷酸钙溶液，或 3% 草木灰浸出液。若树体呈现缺铁或缺锌症状时，可喷施 0.3% 硫酸亚铁或 0.3% 硫酸锌。为提高鲜食葡萄的耐藏性，在采收前一个月内连续喷施 2 次 1% 硝酸钙，或 1.5% 醋酸钙或氨基酸钙，能明显提高葡萄果穗耐贮、耐运能力。

**3. 水分管理**

对葡萄园及时灌水和排水，是保证葡萄优质丰产的基本措施。

（1）灌水

①萌芽前灌水。又称催芽水，能促进芽眼整齐萌发，要求一次灌透。

②开花前灌水。又称花前水或催花水。一般在开花前 5 ~7 d 进行。可促进葡萄开花坐果和新梢的生长。

③浆果膨大期灌水。从开花后 10 d 到果实着色，一般隔 10 ~15 d 灌水 1 次，以促进幼果生长及膨大。

④采收后灌水。又称采后水。在葡萄采收后立即灌 1 次水，可与秋施基肥结合。此次灌水可延迟叶片衰老，促进树体养分积累和新梢及芽眼充分成熟。

⑤秋冬期灌水。又称防寒水。就是在冬剪后埋土防寒前灌 1 次透水，使土壤和植株充分吸水，保证植株安全越冬。

目前，葡萄生产上灌水主要采取漫灌法，就是在葡萄地面灌水，每次灌水量以浸湿 40 cm 土层为宜。

在灌水前要整理地面，修好地埂。有条件地区可采取滴灌、渗灌和微喷等方法。

（2）排水

葡萄园水分过多会出现涝害。具体防止措施是低洼地不建园，已建葡萄园通过挖排水沟降低地下水位；平地葡萄园修建排水系统，使园地的积水能在 2 d 排完；一旦雨量过大，自然排水无效，引起大量积水时，立即用抽水机械将园内积水人工排出。

## 五、整形修剪

葡萄架式、整形和修剪三者之间密切相关。一定架式要求一定树形，而一定树形又要求一定的修剪方式，三者必须相互协调，才能取得良好的效果。

**1. 整形**

葡萄整形目的是把树冠培养成一定的形状，使枝蔓合理生长，均匀分布，充分利用空间和光照，为优质高产奠定基础。

（1）头状整枝

植株具有 1 个直立的主干，干高 0.6 ~ 1.2 m，在主干顶端着生枝组和结果母枝。由于枝组着生部位比较集中而呈头状，故称头状整枝。该树形可用短梢修剪，也可用长梢修剪。

①短梢修剪。短梢修剪为柱式架、头状整枝和短梢修剪三者结合而形成的树形。由于枝组基轴逐年分枝与延长，最后将成为 1 个结构紧凑的小杯状形。

②长梢修剪。植株主干头部着生 1 ~ 4 个（通常为 2 个）长梢枝组。如着生 2 个枝组，其上发出的结果新梢自然下垂不加引缚，则可采用拉 1 道铁丝的篱架。铁丝距地面 1.5 ~ 1.8 m，2 个长梢结果枝分别向两侧引缚在铁丝上（图 11–28）。如主干头部着生 4 个长梢枝组，则可用宽顶单篱架，4 个长结果母枝分别向两侧引缚在横梁上的 2 道铁丝上。为使结果母枝更牢固地固定在铁丝上，可将长梢顺着铁丝牵引的方向绕 1 周，然后将其先端绑紧。

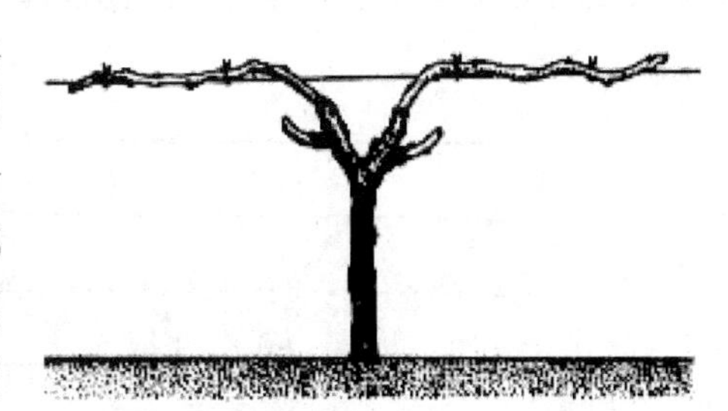

**图 11–28　葡萄头状整枝长梢修剪**

头状整枝长梢修剪的整枝过程是：第 1 年，如苗木形成强壮的新梢，冬剪时，在规定的干高以上再多留 4 ~ 5 个芽短截。第 2 年，主干上发出的新梢保留顶部的 5 ~ 8 个，其余抹芽。冬剪时在稍靠下方的新梢中选留 2 条健壮的作为预备枝，再根据树势强弱在上方选留 1 ~ 2 个新梢作为结果母枝，各剪留 8 ~ 12 个芽。第 3 年，下方的 2 个预备枝上各形成 2 个健壮的新梢，冬剪时按长梢枝组进行修剪，上位新梢作为长梢结果母枝，下位的仍留 2 ~ 3 个芽短截作为预备枝。形成 2 个固定的枝组后，树形即完成。上部已结过果的母枝，在齐枝组的上方剪除。

（2）扇形整枝

扇形整枝可用于篱架，也可用于棚架。在篱架上无干多主蔓自然扇形应用较多，结果母枝采用长、中、短梢混合修剪。一般植株具有较长的主蔓，主蔓着生枝组和结果母枝，大型扇形主蔓上还可分生侧蔓，主蔓数量一般为 3 ~ 6 个或更多，在架面上呈扇形分布，故称扇形整枝。植株具有主干或无主干，无主干的称为无主干扇形整枝。

采用多主蔓扇形整枝时，必须根据株行距大小及架面高度，规定出明确的树形，故称为多主蔓规则扇形。例如，在株距 2 m、架高 1.8 m，拉 4 道铁丝的情况下，采用无主干多主蔓规则扇形。植株具有 4 个主蔓，平均蔓距 50 cm 左右，每根主蔓上留 3 ~ 4 个枝组，以中梢修剪为主，主蔓高度严格控制在第 3 道铁丝以下。每年冬剪时，如能按照规定树形进行修剪，注意保持主蔓前后均衡（图 11–29）。

无主干多主蔓扇形整枝过程是：第 1 年，定植当年最好从地面附近培养 3 ~ 4 个新梢作为主蔓。秋季落叶后，1～2 个粗壮新梢留 50～80 cm 短截，较细的 1～2 个可留 2～3 个芽进行短截。第 2 年，上年长留的 1～2 根主蔓，当年可抽出几个新梢。秋季选留顶端粗壮的作为主蔓延长蔓，其余留 2～3 个芽短截，培养枝组。上年短留的主蔓，当年发出 1～2 个新梢，秋季选留 1 个粗壮的作为主蔓，根据其粗度进行不同程度的短截。第 3 年按上述原则继续培养主蔓与枝组。主蔓高度达到第 3 道铁丝并具备 3～4 个枝组时，树形基本完成。

（3）龙干形整枝

龙干形整枝常见的有 3 种类型：第 1 种为独龙干整枝，植株只具有 1 条龙干，长 3～5 m，多采用极短梢修剪，多用于单独的小型棚架。第 2 种为在小棚架或大棚架上采用两条龙整枝，植株从地面或主干上分生出 2 条主蔓（龙干），主蔓上着生短梢枝组，主蔓长度为 5～15 cm。第 3 种为篱架上所采用的单臂水平（图 11-30）和双臂水平整枝（图 11-31）。龙干式整枝结合短梢修剪时，在龙干上每隔 20～25 cm 着生 1 个枝组（俗称龙爪）。每个枝组上以着生 1～2 个短梢结果母枝为好。龙干式整枝结合中梢修剪时必须采用双枝更新，枝组之间的距离 30～40 cm。小型棚架两条龙整枝过程是：第 1 年，从靠近地面处选留 2 个新梢作为主蔓，并设支架引缚。秋季落叶后，对粗度在 0.8 cm 以上成熟新梢留 1 m 左右进行短截；第 2 年，每一主蔓先端选留 1 个新梢继续延长，秋季落叶后，主蔓延长梢一般留 1～2 m 进行短截。延长梢剪留长度根据树势及其健壮充实程度加以伸缩。树势强旺、新梢充实粗壮的可适当长留，反之适当短留。注意第 2 年不要留果过多。延长枝以外新梢可留 2～3 个芽进行短截，培养枝组。主蔓上一般每隔 20～25 cm 留 1 个永久性枝组。第 3 年仍按上述原则培养。一般在定植后 3～5 年即可完成整形过程（图 11-32）。

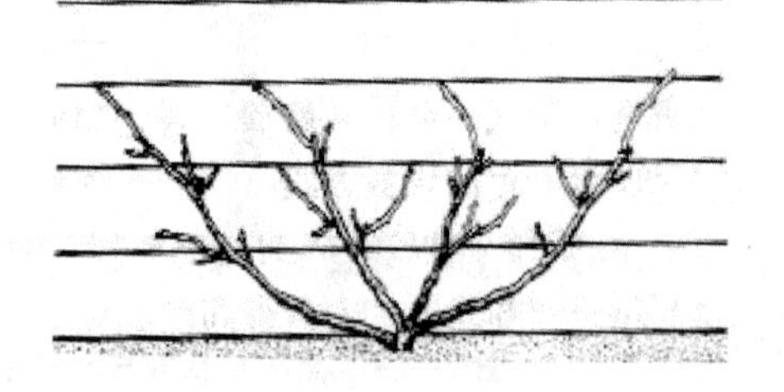

图 11-29 葡萄无主干多主蔓扇形

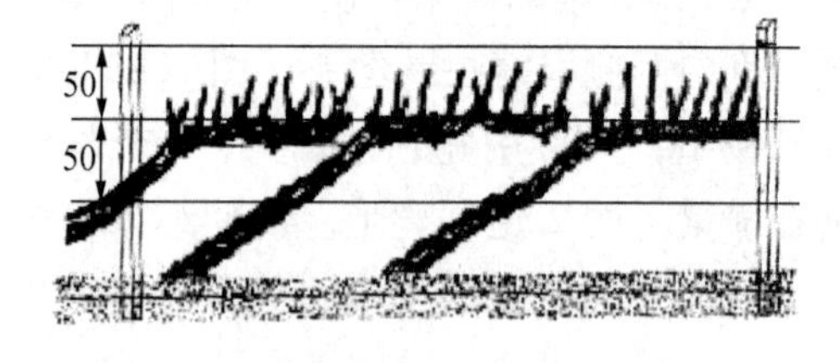


图 11-30 葡萄单臂水平整枝短梢修剪

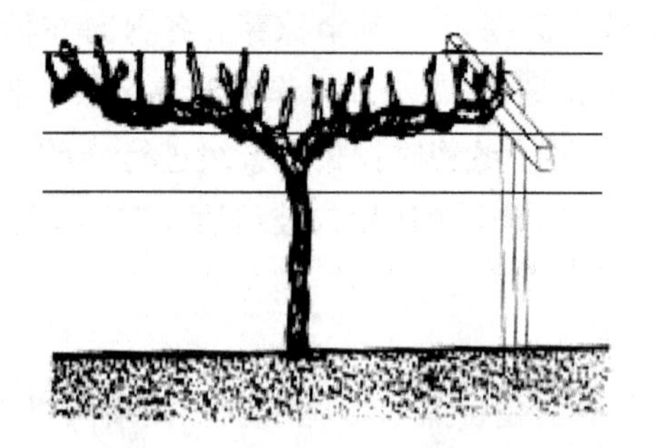

图 11-31 葡萄双臂水平整枝短梢修剪

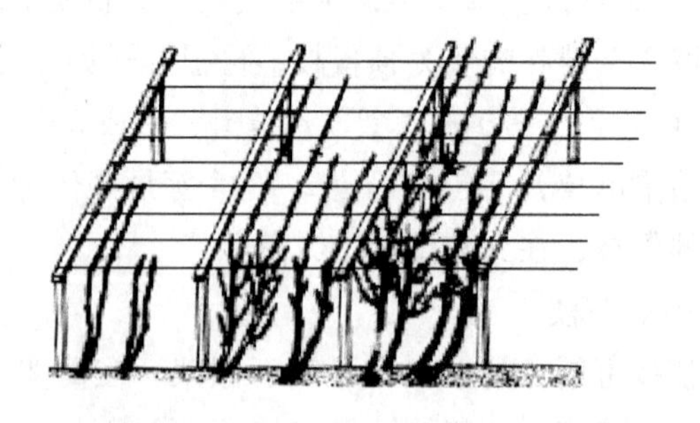

图 11-32 小棚架无主干两条龙整枝过程

**2. 冬季修剪**

（1）目的

培养树体骨架结构，调节树体生长和结果的关系。同时，防止结果部位外移，以达到树体更新、复壮、连年丰产、稳产的目的。

（2）时间

冬季埋土防寒地区，应在埋土前完成；不需防寒地区，在落叶后 2～3 周至次年树液流动前进行，即当年12月至第2年1月中旬进行修剪。春季树液已开始流动，过晚修剪易造成伤流，应注意避免。

（3）技术要求

修剪顺序是先骨干枝，后结果枝组；先疏枝，后回缩、短截。一年生选留健壮、成熟度良好的枝作结果母枝，剪口下枝条粗度一般应在0.6 cm以上，并高出芽眼2～4 cm，以防剪口风干影响萌发。多年生枝缩剪时，弱枝应在剪口下留强枝；强枝应在剪口下中庸枝。疏枝时应从基部彻底去掉，勿留短桩；剪锯口削平滑，不伤皮。

（4）修剪方法和内容

休眠期修剪主要是结果母枝剪留长度、剪留数量的确定，枝蔓的更新等。可根据计划产量来确定结果母枝留量，通常采用下列公式计算：

每株留结果母枝数＝计划单株产量/（结果母枝平均果枝数×果枝平均果穗数×果穗平均重量）。

结果母枝修剪方法主要有5种：极短梢修剪，仅留基部芽1～2个；短梢修剪留芽3～4个；中梢修剪留芽5～8个；长梢修剪留芽9～12个；极长梢修剪留芽13个及以上。其中，短梢修剪、中梢修剪及长梢修剪应用较多。

结果母枝剪留量主要应考虑次年新梢在架面分布情况。一般棚架架面留新梢15～20个/m$^2$，篱架架面每隔10～15 cm引缚1个新梢比较合适。

更新修剪主要是对结果母枝的更新和多年生枝的更新。更新方法有单枝更新和双枝更新。单枝更新多在短梢修剪时应用（图11－33a）。就是短梢结果母枝上当年发出的2～3个枝，在冬剪时回缩到最下位的1个枝，剪留2～3个芽作为下一年的结果母枝。短截留下的短梢母枝，既是次年的结果母枝，又是次年的更新枝，结果与更新在1个短梢母枝上合为一体。每年如此重复，使结果母枝始终靠近主蔓，防止结果部位外移。双枝更新多在中长梢修剪时应用（图11－33b）。就是上位枝可根据品种特性和需要进行中长梢修剪，作为结果母枝；下位枝短梢修剪，做预备枝。第2年冬剪时，上位已结果的一年生枝连同母枝从基部疏除；下位母枝上发出的预备枝，再按前一年修剪方法，上位枝中长梢修剪，下位枝短梢修剪，这样使修剪后结果母枝始终向主蔓靠拢。枝组一般每隔4～6年更新一次，从主蔓潜伏芽发出的新梢新梢中选择部位适当、生长健壮的来代替老枝组，培养成新枝组。培养更新枝组在冬剪时分批分期轮流将老化枝组疏除，使新枝组有生长空间。

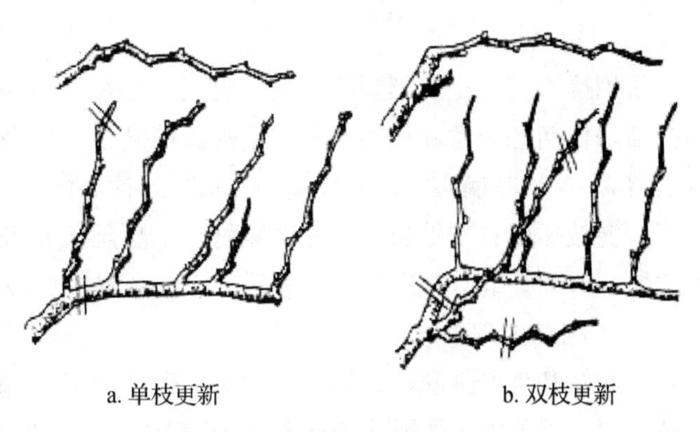

a. 单枝更新　　b. 双枝更新

**图11－33　结果母枝更新修剪**

（5）棚架葡萄模式化修剪

北方葡萄生产上以棚架为主，采用龙干形树形，主蔓上有规则地分布着结果枝组、母枝和新梢。可按1、3、6、9～12修剪法进行模式化修剪。就是在每1 m长的主蔓范围内，选留3个结果枝组，每个结果枝组保留2个结果母枝，共6个结果母枝。每个结果母枝冬剪时采用单枝更新、短梢修剪，剪留2～3个芽。春天萌发后，每个母枝上选留1～2个新梢，共选留9～12个新梢。当葡萄株距为1 m、蔓距为0.5 m，架面上可有新梢18～24个/m$^2$，再通过抹芽、定枝去掉一部分新梢，达到合理的留枝量。按照该模式，篱架扇形和水平整枝时，1 m主蔓内可留4个结果枝组，并且主蔓更新年限较棚架缩短，每隔2～3年更新一次。

**3. 夏季修剪**

（1）抹芽

春季芽眼萌发后在芽长到3～5 cm（即大部分芽已萌动，少部分芽刚萌动）时进行。抹去密挤芽、晚芽、双生芽（副芽中与主芽一样大，去副留主）及近地面 30 ~ 50 cm 内枝蔓上的芽；架面上 1 个芽眼发出 2 个以上新梢的，选留 1 个长势较好、有花序的，其余抹去；主蔓及枝组上过密的芽也要及早抹去。总的原则是根据树势、树形、架式等采取不同的措施。一般留大、早、平、顺、强芽，不留小、晚、尖、空、夹、弱芽，老树留下不留上，幼树留上不留下。同时，注意抹芽不能一次完成，在第 1 次抹芽后，隔 3 ~ 5 d 再抹 1 次。

（2）定枝

定枝是在新枝长到 20 ~ 30 cm，已能看出花序有无及大小，在抹芽基础上调整留枝密度。定枝依品种、树龄、树势而定。大叶型品种（如巨峰等）留枝要少，小叶型的欧亚种留枝可多些，结果枝与发育枝为 2 : 2 或 2 : 1，树龄小少留枝，成龄树适当多留枝；树势好适当多留 2 ~ 3 个枝，树势不好应少留枝条。定枝原则是：留壮枝去弱枝，留顺枝去夹枝；留果枝去空枝，留早枝去晚枝；留主枝去副枝，留内枝去外枝。棚架架面依品种生长势留枝 15 ~ 20 个/$m^2$。单篱架新梢垂直引缚时每隔 10 cm 左右留 1 个新梢，双篱架每隔 15 cm 左右留 1 个新梢。定枝时要留有 10% ~ 15% 的余地。

（3）除卷须

卷须浪费营养和水分，卷坏叶片和果穗，使新梢缠在一起，给以后绑梢、采果、冬剪和下架等作业带来麻烦。因此，夏剪时要及时剪除卷须。

（4）新梢摘心

新梢摘心目的是控制新梢旺长，提高坐果率，减少落花落果，促进花芽分化和新梢成熟。新梢摘心包括结果枝摘心、营养枝摘心和主蔓延长梢摘心。结果枝摘心在开花前 3 ~ 5 d 至初花期进行，一般花序以上留 4 ~6 片叶摘心。营养枝摘心与结果枝摘心同时进行或结果枝摘心稍迟，一般留 8 ~ 12 片叶。强枝长留，弱枝短留；空处长留，密处短留。主蔓延长梢摘心可根据当年预计的冬剪剪留长度和生长期长短确定摘心时间。北方地区生长期较短，应在 8 月中旬以前摘心。延长梢一般不留果穗。

（5）副梢处理

对幼树和生产强旺树，结果枝顶端 1 个副梢留 2 ~ 4 片叶反复摘心，其余副梢留 1 片叶反复摘心；对初结果树，果穗以下副梢从基部抹除，果穗以上副梢留 1 片叶反复摘心，最顶端 1 个副梢留 2 ~ 4 片叶反复摘心；对于篱架和棚架栽培成龄（盛果期）葡萄树，结果枝留最顶端 1 个副梢，每次留 2 ~ 3 片叶反复摘心，其余副梢从基部抹除。对果穗较大，副梢明显的品种，应剪去过大副梢，将穗轴基部 1 ~ 2 个分枝剪去。

（6）剪枯枝、坏枝

一般在葡萄伤流期过后进行。北方多在 6 月上旬，与新梢摘心一起进行。

（7）新梢引缚

在夏剪同时，将一些下垂枝、过密枝疏散开，绑到铁丝上，改善通风透光条件，提高品质，保证各项作业顺利进行。

（8）剪梢、摘叶

剪梢、摘叶在 7 月中下旬至 9 月进行，特别是在果实着色前进行。将过长新梢和副梢剪去一部分，把过密叶片（特别是老叶和黄叶）摘掉。剪梢、摘叶以架下有筛眼状光影为标准，不能过重。

葡萄夏季修剪应注意 3 个问题：一是夏剪下来的枝叶要集中深埋或沤制；二是夏剪时发现病叶、病梢、病果要及时剪下深埋；三是各项作业一定按时、按要求进行。

## 六、花果管理

### 1. 花序管理

（1）疏花序时期与方法

疏花序时期与方法应根据品种特性结合定枝进行。疏花序一般在开花前 10 ~ 15 d 进行。对于树体生长势较弱而坐果率较高的品种，在新梢的花序能够辨别清楚时尽早进行；对于生长势较强、花序较大的品种及落花落果严重的品种，疏花序时间应稍晚些，待花序能够看清楚形状大小时进行。疏花序以“壮二中一弱不留”为原则，就是粗壮枝留1~2个花序，中庸枝留1个花序，细弱枝不留花序；或采用“3、6、9”疏花序法，即花期结果枝长30 cm以下的不留花序，枝长60 cm左右留1个花序，枝长90 cm以上的留2个花序。

（2）负载量

负载量应根据品种和树势确定。一般欧美杂交种产量每亩应控制在1500~1800 kg；欧亚种产量一般产量为1800 kg/亩左右。酿制葡萄酒产量一般不超过1300 kg/亩左右，酿制优质葡萄酒不超过1000 kg/亩。棚架行株距为5.0 m×0.6 m，第2年初结果树，长势较好的产量控制在2.0 kg/株左右，长势较弱的少留或不留果；第3年，长势好的产量控制在7.0 kg/株左右，盛果期长势较好的树控制在10 kg/株左右，长势较弱的树控制在7 kg/株以下。土壤肥沃、肥水充足、树体健壮、管理水平较高，产量可稍高一些，但产量不宜超过2000 kg/亩；土壤瘠薄、肥水较少、树势偏弱，负载量可控制在1300 kg/亩左右。

（3）花序整形及掐穗尖

花序整形与掐穗尖同时进行，以提高坐果率，使果穗紧凑、穗形美观，提高浆果的外观品质。花序整形应根据品种特性进行：果穗较小、穗形较好的品种，对果穗稍加整理即可；果穗较大、副穗明显的品种（如巨峰），应将副穗及早除掉，并掐去全穗长的1/4或1/5的穗尖，使穗长保持在15 cm左右，不超过20 cm；对于一些特大果穗还要疏掉上部的2~3个支穗。

（4）花前喷硼

硼能促进花粉粒萌发、授粉受精和子房的发育。在花前进行叶面喷硼，可有效提高坐果率，减少落花落果。一般在开花前15 d左右喷施1~2次0.2%~0.3%的硼砂溶液。

**2. 果穗、果粒管理**

（1）整穗、疏粒时间和方法

整穗就是在整理花序的基础上对穗形不好的果穗进一步整理，使果穗紧凑、穗形美观，提高果品外观及品质。整穗可结合第1次疏果粒进行。对稀果粒品种疏掉果穗中畸形果、小果、病虫果及比较密挤的果粒。疏粒一般在花后2~4周进行1~2次。第1次在果粒绿豆粒大小时进行；第2次在果粒黄豆粒大小时进行。可先用手轻抖果穗，振落发育差、受精不充分的果粒，再用疏果剪或镊子疏粒。果实生长后期，采收前还需补充1次果穗整理，主要是除去病粒、裂粒和伤粒。根据品种果粒大小，平均粒重6 g以下的留60粒/穗左右；平均粒重6~7 g的留45~50粒/穗；平均粒重8~10 g的留35~40粒/穗。要保证平均穗重500 g左右，且果粒大小比较均匀整齐。

（2）赤霉素（$GA_3$）等生长调节剂应用技术

根据农业行业标准NY/T 5088—2002《无公害食品　葡萄鲜食生产技术规程》3.7植物生长调节剂使用准则规定，葡萄无公害生产允许使用$GA_3$，其主要用来增大果粒及诱导无核果实。应用$GA_3$增大无核品种果粒及诱导有核品种无核化，应根据不同品种、不同时期，使用不同的处理方法和浓度。夏黑等葡萄品种在开花前用20%赤霉酸可溶性粉剂4.0~6.7 mg/L蘸花序。花后1周用20%赤霉酸可溶性粉剂15~20 mg/L蘸果粒。谢花后2周左右用45~50 mg/L赤霉酸蘸或喷果穗，隔2周左右，再重复一次。

（3）果实套袋

①纸袋选择。葡萄专用纸袋应具有较大的强度，耐风吹雨淋，不易破碎，并有较好的透气性和透光性，避免袋内温度过高；纸袋最好还要有一定的杀虫、杀菌作用。果袋选择还要根据地区日照强度及品种果实颜色进行，红色、紫黑色品种（如红地球、巨峰等）宜选用黄褐色或灰白色羊皮纸袋；而绿色品种对纸袋颜色要求不严。

②套袋时期及方法。葡萄套袋时期一般在开花后20 d左右，即6月下旬的生理落果后，果粒黄豆粒

大小时进行。套袋前首先根据品种特性疏果粒，疏掉畸形果、小果及过密果粒，并细致喷布1次70%的代森锰锌可湿性粉剂1000倍液，药剂干后及时套袋。套袋时先撑开袋口，托起袋底，使袋底膨起，手执袋口下2~3 cm处，小心将果穗套进，从中间向两侧依次按"折扇"方式折叠袋口，于丝口上方从连接点处撕开将捆扎丝反转90°，沿袋口旋转1周扎紧袋口后绑在着生果穗的果枝上。不要将捆扎丝整体拉下，捆扎位置在袋口上沿下方2.5 cm处。袋口尽量靠上，果穗在袋内悬空。不要用力触摸果穗，果穗入袋后，手执果穗柄操作。对于容易受日灼的品种（如红地球），套袋后在上面再遮上一张旧报纸，或在果袋上打1~2个小的通气孔。7月，依据早、中、晚熟品种的成熟情况，将套袋下口撑开。

③摘袋时间与方法。应根据品种及地区确定摘袋时间。对于无色品种及果实容易着色的品种（如香妃、巨峰等）可在采收时摘袋；红色品种（如红地球）一般在果实采收前15 d左右进行摘袋；果实着色至成熟期昼夜温差较大地区，可适当延迟摘袋时间或不摘袋；昼夜温差较小地区，可适当提前进行摘袋。摘袋时首先将袋底打开，经过5~7 d再将袋全部摘除。

④套袋注意问题。葡萄套袋应注意4个问题：一是用力方向始终向上，用力宜轻；二是不要把叶片套在袋内；三是一定把果实置于袋的中央，不可靠在袋上；四是袋口要扎紧。

**3. 防止落花落果技术措施**

（1）葡萄落花落果的原因

葡萄落花落果是正常的生理现象，主要是授粉受精不良及发育不正常的花和果粒的自然脱落。

①生理缺陷。与品种本身特性有关。胚珠发育异常，雌蕊或雄蕊发育不健全或部分花粉不育，导致落花落果。

②气候异常。葡萄开花期要求有较适宜的气候条件：白天气温20~28 ℃，最低气温在14 ℃以上，空气相对湿度65%左右，有较好的光照条件。但开花期遇低温、降雨、干旱等异常气候条件，均能导致落花落果。

③树体营养贮备不足。葡萄开花前植株所需要的营养物质，主要是由茎部和根部贮藏的养分供给。如上年度负载量过多或病虫害严重，造成枝条成熟不好或提早落叶，树体营养贮备不足，则新梢生长细弱，花序原始体分化不良，发育不健全，导致开花期落花、花后落果严重。

④树体营养调节分配不当。葡萄开花前到开花期营养生长和生殖生长共同进行，营养生长与生殖生长之间互相争夺养分，且此期养分主要来源于树体贮藏的养分，如抹芽、定枝、摘心、副梢处理不及时，浪费大量树体营养，则花器官分化不良，造成授粉受精不良，产生大量落花落果。

（2）防止落花落果的方法

①控制产量，贮备营养。根据土壤肥力、管理水平、气候、品种等条件严格控制负载量。鲜食品种产量控制在1500~2000 kg/亩，酿酒和制汁品种控制在1300~1500 kg/亩。保证果实、枝条正常充分成熟，花芽分化良好，使树体营养积累充足，完全能够满足翌年生长、开花、授粉受精等对养分的需求。

②增施有机肥，提高土壤肥力。根据土壤肥力，秋施优质基肥5000~8000 kg/亩，并根据树体各时期对营养元素要求，适时、适量追肥。

③及时抹芽、定枝、摘心和处理副梢。及时抹芽、定枝，减少养分消耗，促进花序进一步发育；及时摘心，调节营养生长与生殖生长的关系，使养分更多的流向花序。

④花前喷硼肥。在开花前15 d喷施1~2次0.3%的硼砂溶液，促进花粉管萌发及花粉管伸长，提高坐果率。

⑤初花期环剥。在开花期用双刃环剥刀或芽接刀在结果枝着生果穗的前部3 cm左右处或前个节间进行环剥，剥口深达木质部，宽2~3 mm。环剥后将剥皮拿掉，用洁净塑料薄膜将剥口包扎严紧。

## 七、病虫害防治

**1. 休眠期**

一般在2月上旬，将园内落叶、杂草、树上僵果和冬剪下来的枝条，清除出园，集中烧毁或深埋。

**2. 树液流动期**

树液流动期就是从春季树液流动到萌芽时为止。一般在3月下旬喷1次3%～5%石硫合剂，或喷95%精品多硫化钡粉剂150～200倍液，预防炭疽病、白粉病、黑痘病、霜霉病、介壳虫和红蜘蛛等。

**3. 萌芽与新梢生长期**

萌芽与新梢生长期从芽眼膨大，鳞片裂开，露出茸毛，在芽的顶端呈现出绿色，到新梢加快速度生长，开花为止。该期主要防治黑痘病、白腐病、灰霉病、霜霉病等病害，防治绿盲蝽、瘿螨等虫害。一般在4月下旬喷50%多菌灵可湿性粉剂600～800倍液，70%甲基硫菌灵可湿性粉剂800～1000倍液，25%甲霜灵可湿性粉剂700～1000倍液，或20%甲氰菊酯乳油2000～2500倍液等进行防治。

**4. 果实发育期**

重点防治黑痘病、霜霉病、褐斑病、炭疽病、白粉病、螨类、叶蝉、十星叶甲、透翅蛾等。5月上旬果粒膨大初期喷80%代森锰锌可湿性粉剂600～800倍液，防治黑痘病、霜霉病和褐斑病。白粉病发病初期连喷2～3次三唑酮或甲基硫菌灵等，间隔10 d，同样可兼治霜霉病、褐斑病、炭疽病等。从6月上旬开始喷80%可湿性粉剂代森锰锌可湿性粉剂600～800倍液，或0.2%～0.3%石硫合剂，防治霜霉病、褐斑病和炭疽病。害虫发生时，可喷布50%辛硫磷乳油1000～1500倍液，或20%甲氰菊酯乳油3000～4000倍液等杀虫剂进行防治。

**5. 浆果成熟期**

重点防治白腐病、炭疽病、霜霉病、褐斑病，透翅蛾、金龟子等。从果粒着色开始，白腐病、炭疽病、霜霉病、褐斑病可能同时发生，应特别注意下部发生白腐病。对这四种病害均有效果的药剂是80%代森锰锌可湿性粉剂600～800倍液；对白腐病、炭疽病有效的药剂是50%的福美双可湿性粉剂600～800倍液，50%退菌特可湿性粉剂600～800倍液。对白腐病、炭疽病、霜霉病有效的药剂是70%甲基硫菌灵800～1000倍液，或使用甲霜灵·锰锌、百菌清、多菌灵等。交替使用上述农药和生物农药除虫菊素、烟碱、鱼藤酮和苏云金菌等，于7月中下旬各喷药1次，8月中下旬各喷药1次，9月上中旬各喷药1次，10月中下旬各喷药1次。

## 八、采收、分级和包装

**1. 采收**

（1）采收时期

一般鲜食葡萄在果实达到生理成熟时采收最为适宜，即品种表现出固有的色泽、果肉由硬变软而有弹性、果梗基部木质化由绿色变黄褐色，达到该品种固有的含糖量和风味。需长途运输的果实在8成熟时采收，就地销售和贮藏的可在9～10成熟时采收。加工用品种果实采收期与用途有关：制汁品种需在充分成熟时采收，酿造品种应在含糖量达17%～22%时采收。

（2）采收时间

采收选择阴凉天气进行，雨天与雾天不采收。一天中以上午10时前和傍晚采收为宜。

（3）采收方法及要求

用采果剪剪下果穗。一般果穗梗要剪留3～4 cm。剪下果穗剔除病伤粒、小青粒后，集中轻放在地面上的塑料布或牛皮纸上，等待分级和包装。采收时小心细致，轻拿轻放。鲜食品种尽量保存果粉完整。

**2. 分级和包装**

(1) 分级

采收后立即对果穗进行分级。

(2) 包装和运输

分级后进行妥善包装。选用承压力较强和耐湿的木箱、硬纸箱或塑料箱作为容器，容重一般在 5 ~ 10 kg。先在箱内衬上 PVC 气调膜或一般塑料膜，然后将果穗轻放在果箱内，穗梗倾斜向上，摆放紧凑，每箱内摆 2 ~ 3 层，放满后轻轻压而不伤果，果穗不能超出箱口，封箱后放在葡萄架下阴凉处，包装紧实。运输前，装车摆严、绑紧，层间加上隔板，最好采用冷藏车运输。

## 九、越冬防寒

葡萄越冬防寒主要采用覆土的方法。当地土壤封冻前 15 d 开始埋土。华北地区 11 月上中旬为适宜埋土时期。埋土主要有 4 种方式：一是局部埋土法。就是冬季绝对最低温度高于 – 15 ℃的地区，在植株基部堆 30 ~ 50 cm 高的土堆进行防寒。二塑料膜防寒法。就是在枝蔓上盖麦草等 40 cm，然后盖上薄膜，周边用土压严，注意薄膜不破洞。三是地上全埋法。就是埋土前清理栽植沟，将枝蔓下架，顺沟埋好捆扎，用土埋严。埋土时盖一层 10 ~ 15 cm 厚的草，然后覆土。四是地下全埋法。就是在葡萄行间挖 50 cm 深的防寒沟，然后将枝蔓压入沟内再覆土，或先在植株上覆盖塑料膜、干草或树叶后再覆土，也可先覆盖 2 ~ 3 cm 厚的草秸等再覆土，覆草埋土时，鼠害严重地区应投放毒饵灭鼠。埋土时下架葡萄枝蔓尽量拉直，除边际第 1 株倒向相反外，同行其他植株均顺序倒向一边，后一株压在前一株上，使其首尾相接，捆扎牢固。埋土时都应在植株 1 m 以外取土，并且埋土时土壤应保持 50% ~ 60% 的土壤湿度。

**思考题**

(1) 如何进行葡萄建园?

(2) 葡萄园土肥水管理应把握哪些技术要点?

(3) 修剪葡萄常用的树形有哪些? 如何进行整形?

(4) 如何提高葡萄果实品质?

(5) 葡萄冬季修剪应把握哪些技术要点?

(6) 如何进行葡萄夏季修剪?

(7) 试制定葡萄病虫害周年防控工作历。

(8) 如何进行葡萄采收?

(9) 葡萄越冬防寒如何进行埋土?

# 第六节　葡萄四季栽培管理技术

## 一、葡萄春季栽培管理技术

**1. 春季栽培管理任务**

春季栽培管理任务主要是抹芽、定枝、绑梢、新梢摘心、副梢处理；花期放蜂、人工授粉、疏花序和花序整形；追肥、灌水、种植绿肥、松土保墒；病虫害防治等。

**2. 春季栽培管理技术**

(1) 主要物候期

①伤流期。春季地温达 6 ~ 9 ℃时，根系开始从土壤中吸收水分和无机物质。这时地上部如有碰伤或

新剪口，便引起树液外流，称为伤流。其伤流时间早晚，因葡萄种类不同而异。一般欧美杂交种在地温6～7 ℃时根系开始吸收水分；欧亚种在地温7～8 ℃时根系开始吸收水分。伤流期从根系在土壤中吸收水分开始到展叶后为止，伤流液中含有大量水分和少量营养物质，该期应尽量避免伤枝和修剪。

②萌芽期。从萌芽到开始展叶。当日平均气温在10 ℃以上时，根系吸收的营养物质进入芽的生长点，引起细胞分裂，花序原始体继续分化，使芽眼膨大和伸长。萌芽期较短，在北方冬季埋土防寒地区，一般解除覆盖物后7～10 d芽就开始萌动。

③开花期。从始花期到终花。葡萄开花期的早晚、时间长短，与当地气候条件和栽培品种有关。一般品种的花期为7～10 d。

（2）地面管理

①春季追肥。一般在4月上旬萌芽前后施入。以速效性氮肥为主，可采用尿素、硫酸铵、碳酸氢铵、人粪尿等，一般施尿素300 $kg/hm^2$ 左右。一般在距离树干40～80 cm处挖15～25 cm深的浅沟，将肥料均匀撒入后覆土、浇水。为提高葡萄的坐果率，在开花前、花期和花后喷施0.2%～0.3%尿素+0.2%～0.3%的硼砂混合液，每次间隔5～7 d。

②春季翻耕与种植绿肥。我国北方地区春季普遍干旱，葡萄园施催芽肥后，全园及时耕深15～30 cm。为培肥改良土壤，可在行间或株间播种绿肥作物，如绿豆、美国苜蓿、白三叶草和毛叶苕子等。种草时给葡萄树留出一定空间，夏季进行翻压。

（3）春季灌水

①催芽水。施入催芽肥后立即灌水，要求水分浸透50 cm深度的土层。

②花前水。在开花前灌水1～2次，花前最后一次灌水不应迟于花前一周。要求浸透60 cm深的土层。开花期一般不再灌水。

（4）架面管理

①出土上架和枝蔓引缚。葡萄埋土防寒地区，枝蔓在伤流期出土上架。出土时间根据往年的经验判断，或以当地的山桃、杏树等作为“指示植物”。在山桃初花期或杏等栽培品种的花蕾明显膨大时，葡萄枝蔓出土。出土时，不要碰伤枝蔓或冬芽。为使葡萄枝蔓上的冬芽萌发整齐，枝蔓出土后先在地面上放几天再上架。待冬芽开始萌动时小心上架。上架后据树形及空间，把枝蔓固定在葡萄架的铁丝上。棚架的龙干用绳子吊在铁丝上，使主蔓悬于架面下，但结果母枝位于铁丝上面。

②抹芽和定梢。从萌芽后到展叶期，抹掉多余无用萌芽即抹芽。主要有3种情况：一是将主干、主蔓基部的萌芽和不需要留梢部位的芽抹掉；二是1个芽眼萌发出2个以上新梢，选留1个壮芽，其余抹掉；三是抹去枝蔓上过密部位的芽，留壮芽，保证留芽均匀。定梢是指当新梢长度达15～20 cm、能够分辨出有无花序时，对其进行选择性的去留，使架面上达到合理的留梢密度。一般情况下，棚架每平方米架面留10～12个新梢，单篱架上新梢间距保持10 cm左右，T形架及双篱架上的新梢间距保持15 cm左右（绑梢后），同时注意留下的新梢生长势要基本整齐一致。

③新梢摘心。分结果枝和营养枝摘心。结果枝摘心一般在开花前3～5 d，在结果枝的花序上方留4～6片已达正常叶1/3大小的叶片摘心。摘心时还要考虑枝条的长势：长势偏旺的，摘心程度适当重一些；反之，摘心应轻些。营养枝摘心时间与结果枝基本一致，一般留10～12片叶摘心，长势旺的适当提前，长势弱的则推迟摘心。

④副梢处理。分两种情况：一是主梢顶端的1～2个副梢留3～4片叶反复摘心，果穗下部副梢全部从基部抹除，其余副梢留1片叶“绝后摘心”，此种方法较适合幼树。二是主梢顶端的1～2个副梢保留4～6片叶摘心，其余副梢从基部抹除，以后产生的二次副梢、三次副梢等，始终保留顶端的1个副梢留2～3片叶反复摘心，其他的二次副梢、三次副梢彻底抹除，此种方法较适合结果树。

⑤绑梢和除卷须。引绑新梢时，尽量使新梢在架面上均匀分布。同时，注意使新梢保持一定的倾斜

度，不直立引绑。绑梢时采用尼龙草绳、布条等材料，打结成“猪蹄扣”。卷须在架面上随意缠绕造成架面混乱，影响通风透光和操作管理，也浪费营养，对无用卷须要及时掐掉。

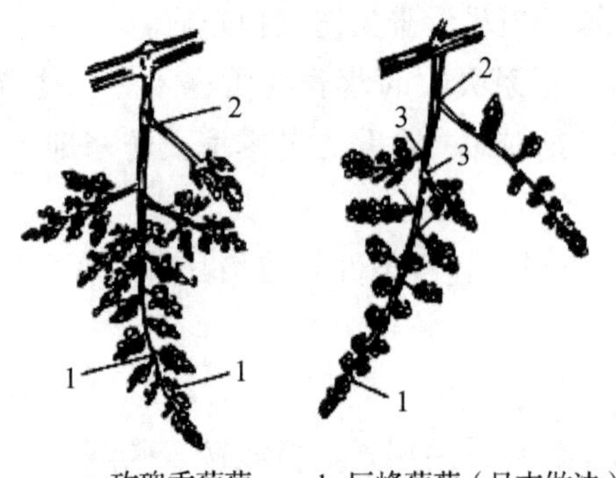

a. 玫瑰香葡萄　b. 巨峰葡萄（日本做法）

1. 掐穗尖　2. 掐副穗　3. 掐小穗

**图 11–34　掐穗尖和花序整形**

⑥疏花序和花序整形。疏花序一般在开花前 7 d 左右进行。对中、大穗型的鲜食品种，中庸壮枝每枝留 1 个花序，个别强旺枝和小穗型品种每枝可留 2 个花序，细弱枝不留花序。最后，根据该品种的平均穗重、单位面积限载量（一般要求结果 1500 kg/亩以内）来确定最终的留花序个数。实际操作时比预计产量多留 10%～20%，生理落果结束后再做适当调整。花序整形包括掐穗尖、除副穗和修剪花序分枝等，可与疏花序同时进行。一般将花序尖端掐去 1/5～1/4，花序上过长的分枝要将尖端掐掉一部分，一些果穗较大、副穗明显的品种除掉副穗。日本在巨峰葡萄上除了除掉副穗之外，还将靠近花序基部的几个小穗分枝去掉，仅保留花序中下部 10～15 个小穗（图 11–34）。

⑦辅助授粉。常用方法有人工辅助授粉和蜜蜂辅助授粉。人工辅助授粉在花期抖动两性花品种的新梢使花粉飞扬，增加授粉的机会；或戴上棉线手套，先轻轻拍摸两性花品种的花序，再拍摸雌能花品种的花序。蜜蜂辅助授粉在初花期或之前，将蜂箱放置于葡萄园固定位置，一般 1 箱蜜蜂可保证 1500 $m^2$ 葡萄园授粉。

（5）春季病虫害防治

春季葡萄园病虫害及防治方法见表 11–6。

**表 11–6　葡萄园春季病虫害防治一览表**

| 物候期 | 防治对象 | 防治措施 | 注意事项 |
|---|---|---|---|
| 萌芽前（3 月） | 黑痘病、炭疽病、短须螨、锈壁虱（毛毡病）、介壳虫等 | 1. 剥去枝蔓上的老翘皮<br>2. 清园，彻底清除枯枝、落叶、病僵果等，检查葡萄架及树体上的斑衣蜡蝉卵块<br>3. 全园喷 1 次 4%～5% 石硫合剂 | |
| 绒球期 | 黑痘病、霜霉病、红蜘蛛等 | 喷 3% 石硫合剂 + 200 倍五氯粉钠或 50～100 倍的索利巴尔液 | |
| 展叶 2～3 片时 | 黑痘病、白粉病、红蜘蛛、锈壁虱、绿盲蝽等 | 1. 往年黑痘病严重者，喷必备、退菌特等<br>2. 往年白粉病严重者，喷三唑类杀菌剂<br>3. 对绿盲蝽、红蜘蛛，可喷歼灭等 | 根据病虫发生的种类，选择用药 |
| 花序分离期（开花前 15 d） | 灰霉病、黑痘病、炭疽病、霜霉病、穗轴褐枯病、斑衣蜡蝉、绿盲蝽等 | 1. 一般可喷 78% 科博 800 倍液<br>2. 有斑衣蜡蝉、绿盲蝽时，可喷科博 800 倍液 + 10% 歼灭 3000 倍液 | |
| 开花前 2～3 d | 灰霉病、黑痘病、炭疽病、霜霉病、穗轴褐枯病、斑衣蜡蝉等 | 1. 对病害，可喷多菌灵、甲基硫菌灵、代森锰锌、必备等<br>2. 对斑衣蜡蝉，可喷 10% 氯氰菊酯、50% 辛硫磷等杀虫剂 | 根据病虫发生的种类，选择用药 |

## 二、葡萄夏季栽培管理技术

**1. 夏季栽培管理任务**

夏季栽培管理任务主要是：追肥和灌水、中耕除草、果园覆盖、翻压绿肥、排水；疏花疏果、顺穗、果穗套袋、果实采收；夏季修剪、病虫害防治等。

**2. 夏季栽培管理技术**

（1）主要物候期

该期主要经历枝蔓生长与花芽分化、果实生长与成熟两个物候期。夏季高温多雨，副梢生长旺盛，果实迅速膨大，花芽不断分化，主梢开始成熟。因此，夏季是葡萄植株消耗土壤养分最多的时期，需进行合理追肥。同时，由于高温高湿，葡萄病害特别严重，也是葡萄病害高发期。

（2）地面管理

①追肥。生理落果结束后的 1 周之内，施尿素 30 kg/亩，过磷酸钙 30 kg/亩，氯化钾或硫酸钾 20 kg/亩；或施复合肥 30 kg/亩，配合适量尿素和硫酸钾。早、中熟品种开始着色时，每 5 ~ 7 d 喷 1 次 0. 3% 的磷酸二氢钾溶液，促进着色和增糖。中、晚熟品种施复合肥 30 kg/亩和硫酸钾 15 kg/亩，并施少量的尿素或人粪尿。晚熟品种开始着色期，追施复合肥 20 kg/亩和硫酸钾 20 kg/亩，每 5 ~ 7 d 喷 1 次 0. 3% 的磷酸二氢钾溶液或 1. 0% ~ 2. 0% 的草木灰浸出液。

②灌水。根据土壤墒情进行灌水。使果园内土壤相对湿度经常保持在 60% ~ 80% ，不忽湿忽干。

③中耕除草。不种植绿肥的果园要及时中耕除草。

④果园覆盖和翻压绿肥。夏季来临时，非生草制葡萄园在葡萄架下及行间覆盖杂草、秸秆、绿肥等，厚 15 ~ 20 cm，以减少地面径流，防止水土流失，减少土壤水分蒸发，增加土壤肥力，避免或减轻夏季高温和冬季低温对根系的伤害。种植绿肥的葡萄园，在绿肥作物进入开花期时进行翻压或刈割，割下的绿肥覆盖于葡萄架下地面上。

⑤排水。当大雨过后，葡萄园内较长时间有积水时要注意排水。

（3）架面管理

①疏果粒和顺穗。生理落果结束后至封穗前，尽早疏果粒，使果粒大小均匀，着色一致，穗形松紧适度，果穗大小符合该品种标准穗重。保证疏果后果粒大而均匀，穗重与自然情况下相比，基本不降低或略降低。疏果粒时，先疏掉畸形果、小粒果及个别特大粒，再疏掉较密挤部位的果粒，使果粒分布均匀。大粒中穗型品种（如巨峰），一般保留 40 粒/穗，使果粒重达 12 g，穗重达 500 g；红地球，一般保留 60 ~ 80 粒/穗，小果穗可留 40 粒/穗，使小果穗重达 500 g，中等果穗重达 750 g，大果穗重 1000 g，单粒重达 13 g。超大粒品种藤稔，留果 30 粒/穗，使果粒重达 15 g，果穗重达 450 ~ 500 g。疏果粒同时，顺便把一些搭在铁丝上的“骑马穗”或夹在枝条与铁丝之间的果穗理顺，使其呈自然下垂状态，称之为“顺穗”。

②果穗套袋和去袋。疏果粒结束后，及时对果穗套袋。购买果实袋时要根据果穗大小选购适宜的优质防水果袋。套袋前，对果穗选用复方多菌灵、代森锰锌、甲基硫菌灵、大生 M – 45 等进行杀菌处理，预防黑痘病、炭疽病、白腐病。最好用蘸穗法，待药液晾干后再套袋。套袋时，要使整个果实袋鼓起，袋口扎紧扎严，果袋自然下垂。同时，不要在阴雨连绵后突然晴天时或正午高温时套袋，也不要在清晨有露水时套袋。在直射光下才能着色良好的一些品种，在果实进入着色期时去袋；绿色品种和一些在散射光条件下也能良好着色的品种不去袋。

③果实采收。鲜食葡萄在浆果达到生理成熟时采收。有色品种充分表现出固有色泽，白色或绿色品种则变为有透明质感的浅黄色或白绿色，多数品种同时果肉变软且富有弹性，果梗基部逐渐木质化而成为黄褐色，达到该品种应有的含糖量和风味时采收。加工品种采收期与用途关系密切，如酿造红、白葡

萄酒的浆果含糖量要达到17%~22%；酿造甜葡萄酒的含糖量应在23%以上；制干的含糖量达23%或更高。采收期最好选择在晴天上午或傍晚，阴雨天、有露水时或烈日暴晒的中午不宜采收。采收时一般果梗留3~4 cm。采收时用手托稳果穗后用采果剪剪下，放入采果箱或采果篮内，轻拿轻放。据品种特性、浆果成熟度、市场需求等分次采收或一次采收。采后及时进行分级、包装、贮藏、销售或运往加工场所。葡萄贮藏适宜温度 -1~0 ℃，相对湿度85%~90%。贮藏过程中注意杀菌保护。

④副梢处理。夏季修剪的主要工作就是对副梢进行处理。过密副梢从基部疏除；保留副梢留3~4片叶反复摘心。及时摘除一些已失去功能的老叶及绑缚新梢。

⑤主蔓延长梢摘心。根据当年预计的冬剪剪留长度和当地的生长期长短进行摘心。北方地区在8月上中旬以前摘心。

**3. 夏季病虫害防治**

夏季是葡萄病害的高发季节，主要病虫害及防治方法见表11-7。

**表11-7 夏季葡萄园病虫害防治一览表**

| 物候期 | 防治对象 | 防治措施 | 注意事项 |
|---|---|---|---|
| 落花后3~5 d | 黑痘病、炭疽病、白腐病、霜霉病、灰霉病、白粉病、穗轴褐枯病、透翅蛾、红蜘蛛等 | 1. 一般喷78%代森锰锌或其他保护性杀菌剂<br>2. 黑痘病严重者，喷78%科博800倍液+50%多菌灵600倍液<br>3. 霜霉病早发的果园，喷78%科博600倍液+80%乙膦铝600倍液<br>4. 斑衣蜡蝉、透翅蛾严重者，喷歼灭、氯氰菊酯等 | |
| 花后15~20 d（套袋前） | 黑痘病、炭疽病、白腐病、房枯病等 | 喷78%科博、或70%甲基硫菌灵、或12.5%烯唑醇3000倍液+80%必备600倍液等 | 配好药液后蘸果穗，效果更好 |
| 幼果膨大至着色前（6—7月） | 黑痘病、霜霉病、炭疽病、白腐病 | 喷10%美安或50%多菌灵或78%科博或80%必备等。每隔10~15 d喷1次 | |
| 着色成熟期（7—8月） | 炭疽病、白腐病、霜霉病、白粉病、灰霉病、褐斑病等 | 1. 对霜霉病，喷1∶0.7∶200的波尔多液或25%甲霜灵、三乙膦酸铝等<br>2. 不套袋果园，喷10%美安或50%多菌灵或80%喷克或78%科博或80%必备等防治炭疽病、白腐病、灰霉病等。每隔10~15 d喷1次 | 采收前20 d禁止喷药 |
| 早、中熟品种果实采收后（8月） | 霜霉病、白粉病、褐斑病等 | 喷1∶1∶（200~240）的波尔多液进行保护；若霜霉病严重，可喷烯酰吗啉、瑞毒霉等治疗剂 | |

## 三、葡萄秋季栽培管理技术

**1. 秋季栽培管理任务**

该期主要任务是秋施基肥、深翻改土、中耕除草；秋季修剪；采收晚熟品种果实；秋季病虫害防治。

**2. 秋季栽培管理技术**

（1）主要物候期

该期主要经历果实着色成熟、枝蔓成熟与落叶两个物候期。进入秋季后，中、早熟品种的果实已经采收，晚熟品种进入着色成熟期，树体开始积累营养。营养回流，根系分配到的有机营养增多，开始加快生长，在9月形成一个小高峰。

（2）地面管理

①深翻改土。根据果园情况，扩穴深翻、隔行深翻或全园深翻。深翻与施有机肥结合进行。在一些土壤过于黏重或过沙的葡萄园，客土换土，改良土壤。

②秋施基肥。基肥以有机肥为主，包括厩肥、人畜粪、饼肥、土杂肥、草木灰、过磷酸钙等。秋施基肥最好在9月中旬至10月上旬，中、早熟品种果实采收后，晚熟或极晚熟品种果实采收前。

（3）架面管理

①秋季修剪。秋剪的主要任务是改善架面通风透光条件，抑制副梢的生长，促进养分积累。主要是疏剪副梢，绑梢，摘心，摘老叶，病叶。疏剪副梢是将较稠密副梢疏除一些，以改善架面光照，促进晚熟品种着色。绑梢是对需要引缚的枝及时进行引绑。摘心是对继续保留的副梢进行严格摘心，控制其旺长，促进养分积累。摘老叶、病叶是对需要直射光才能着色的中、晚熟品种，在果实开始着色时将贴近果穗的挡光老叶摘掉，使果穗能够见到直射光。

②去袋和果实采收。方法和注意事项参照本节“夏季栽培产管理技术”部分。

（4）秋季病虫害防治

秋季葡萄园主要病虫害及防治措施见表11-8。

**表11-8　秋季葡萄园病虫害防治一览表**

| 物候期 | 防治对象 | 防治措施 | 注意事项 |
|---|---|---|---|
| 晚熟品种着色成熟期（8—9月） | 霜霉病、炭疽病、白腐病、浮尘子 | 1. 对霜霉病，用1：0.7：200的波尔多液、代森锰锌、甲霜灵等<br>2. 对炭疽病、白腐病、灰霉病等，可用美安、多菌灵、喷克、科博、必备等。每隔10～15 d喷1次<br>3. 对浮尘子，可用歼灭 | 1. 采前20 d禁止喷药<br>2. 套袋果园，主要针对叶片霜霉病进行防护 |
| 晚熟品种采收后至落叶前 | 霜霉病、褐斑病、白粉病等 | 1. 喷1：1：(200～240）的波尔多液<br>2. 霜霉病严重者，喷80%乙膦铝600倍液＋50%霜脲氰1500倍液等治疗剂<br>3. 褐斑病严重者，喷80%代森锰锌800倍液＋10%多氧霉素1500～2000倍液等治疗剂 | |

## 四、葡萄冬季栽培管理技术

### 1. 冬季栽培管理任务

葡萄园冬季栽培管理的主要工作任务有：灌封冻水、冬季耕翻、冬季修剪、清园、树干涂白、埋土防寒、整修葡萄架等。

### 2. 冬季栽培管理技术

（1）主要物候期

冬季，葡萄植株进入休眠期，枝条已充分成熟，树体生理代谢活动微弱，外表无明显生长特征，但体内一系列生理活动（如呼吸、蒸腾、根的吸收与合成、花芽分化等）仍在缓慢进行，树体抗寒能力增强。

（2）地面管理

①灌封冻水。自落叶至土壤封冻前，灌1～2次透水，使土壤中贮备足够的水分。

②冬季耕翻。在土壤封冻之前，对葡萄树行间土壤进行 1 次耕深 25 cm，但不能距离葡萄树的主干太近。

（3）整形修剪

①结果母枝修剪。根据冬剪留芽数不同，结果母枝修剪可分为 5 种。一是极短梢修剪，就是每结果母枝留基部 1 ~ 2 个芽短截，适宜弱枝。二是短梢修剪，就是每结果母枝留 2 ~ 4 个芽短截，一般用于龙干形整枝的枝组修剪，或对预备枝的修剪。三是中梢修剪，就是每结果母枝留 5 ~ 7 个芽短截，适用于大多数品种，但需留预备枝。四是长梢修剪，就是每结果母枝留 8 ~ 12 个芽短截，适用于生长强旺的枝条或花芽着生节位较高的品种的结果母枝修剪，此种情况须留预备枝。五是极长梢修剪，就是留芽 13 个以上，主要用于主蔓延长枝修剪。

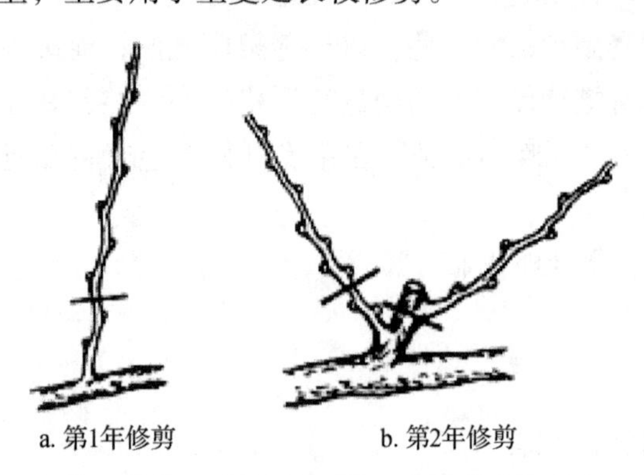


图 11－35　短梢修剪单枝更新法

②枝组和多年生蔓的更新。分为单枝更新、双枝更新和多年生蔓的更新 3 种。单枝更新分短梢修剪单枝更新法和中长梢修剪单枝更新法。短梢修剪单枝更新的做法（图 11-35）：第 1 年冬剪时，对结果母枝进行短梢修剪，来年可抽生 2 ~ 3 个新梢；第 2 年冬剪时，将该枝组回缩至最下一个健壮一年生枝处，再对该一年生枝进行短梢修剪，其既是下一年的结果母枝，同时又担负预备枝的任务。该种方法较适合花芽着生节位较低的品种。中长梢修剪单枝更新的做法（图 11-36）：第 1 年冬剪时，对结果母枝进行中长梢修剪，并进行水平引缚或弓形引缚。萌芽后，结果母枝前部抽生的新梢结果，下部发出的新梢不让其结果，培养成为预备枝。第 2 年冬剪时，将枝组回缩至预备枝处，再继续进行中长梢修剪。双枝更新冬剪时，枝组中的上位枝进行中长梢修剪，使其来年结果，下位枝留 2 ~ 3 个芽短截作为预备枝（图 11-37）。第 2 年冬剪时，将上年长留的上位枝回缩掉，下位预备枝上发出的 2 个新枝仍按第 1 年的剪法进行。多年生蔓的更新是指当老蔓衰弱，结果能力极差，后部又无新枝可培养时，可在地面处锯掉，利用萌蘖重新培养，进行整株更新。当老蔓后部光秃，但前部尚能结果，基部又发出新枝时，可对新枝进行培养，逐渐代替老蔓，完成更新。

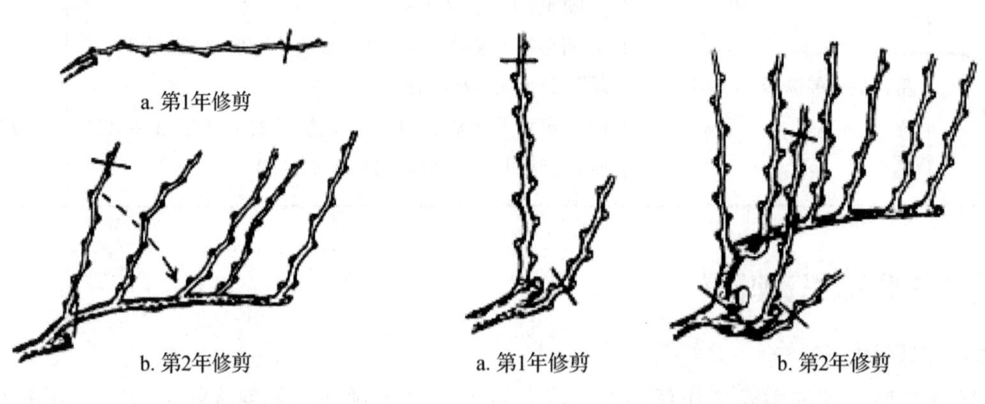


图 11-36　长梢单枝更新修剪法　　　　图 11-37　枝组双枝更新修剪法

（4）埋土防寒

一般认为冬季绝对最低气温低于 －15 ℃的地区，葡萄越冬时需进行埋土防寒。埋土防寒的时间是在冬季修剪结束后至土壤结冻前一周，其做法主要有以下 3 种。

①地面实埋法。先将葡萄枝蔓缓慢拉下架、理顺、捆成束，再将各株均按同一方向顺行向压倒平放于地面上（为防止主干或主蔓被压断或压伤，可在树干的基部先垫上一个草把做枕头），然后覆土。覆土的厚度为 20 ~ 30 cm，土堆的宽度为 1 m 左右。

②开沟实埋法。在株间或行间挖临时性沟，沟的宽度和深度以能够放入枝蔓为度，将捆好的枝蔓放入沟中，然后埋土。该法容易损伤根系，而且较费工。

③塑膜防寒法。将枝蔓捆好后放于地面，在枝蔓上覆盖麦秸或稻草 40 cm 厚，再盖塑料薄膜，周围用土培严。这种方法要注意不要碰破薄膜，以免冷空气侵入。

一些不需要进行下架埋土的葡萄园，为防止葡萄树根颈部位受冻害，可进行培土护干，即在树干基部培 30 cm 厚的土堆。此法也有明显的预防冻害效果。

（5）冬季病虫害防治

①清园。结合冬季修剪，剪除病虫枝和挂在树上的僵果，揭掉树干和多年生枝蔓上的老翘皮，并清除田间枯枝、落叶、烂果，一同带出果园集中烧毁。

②喷石硫合剂。清园工作结束后，全园立即喷 1 次 3% 石硫合剂，杀死枝蔓表面和地面的病虫，减少越冬病虫基数。

③树干涂白。减轻树干冻害，兼治病虫。涂白主要部位是主干和主蔓基部。要求涂刷均匀。涂白剂配方是：水 30 kg、生石灰 12 kg、食盐 0.1 kg、大豆粉 0.5 kg、石硫合剂原液 0.5 kg、植物油 0.1 ~ 0.2 kg。配制时先将生石灰化开，做成石灰乳，加入盐、大豆粉、石硫合剂原液和植物油。配制好的涂白剂浓度以涂在树上既不往下流又不黏成疙瘩为宜。

④人工捕杀越冬虫卵。秋季斑衣蜡蝉为害较严重的葡萄园，在葡萄树落叶之后，仔细进行人工杀卵。斑衣蜡蝉的卵一般产在葡萄多年生枝蔓的下侧、葡萄架横梁的下侧、立柱的阴面等处。同时，仔细检查葡萄园周围其他的树木、木棍等处卵块并杀之。

**思考题**

根据葡萄园四季栽培管理技术，试制定葡萄园周年管理技术规程。

## 第七节　葡萄省力规模化优质丰产栽培技术

几年来，王尚堃等从事葡萄省力规模化优质丰产栽培技术的研究，成效显著：栽培第 2 年少量结果，第 3 年产量达 1025.5 kg/亩，经济效益达 4323.5 元/亩；第 4 年进入盛果期，产量达 2214.3 kg/亩，经济效益达 9346.5 元/亩，优质果率高达 90%。这对促进当地经济发展起到了重要作用，已成为当前广大农民脱贫致富奔小康的新途径之一。

### 一、选择优良品种

**1. 优良品种标准**

葡萄选择优良品种应符合穗形美观，整齐一致，中等大小；果粒大，无大小粒现象；果实具品种典型色泽；浆果可溶性固形物 15% ~ 18%；可滴定酸度 0.5% ~ 0.7%，糖酸比 25 ~ 35；具有成熟果实的芳香物质；洁净、安全、无公害、无污染。

**2. 注意问题**

具体应注意 3 个方面的问题。一是根据市场需求选择品种。选择葡萄品种前应充分了解当地市场情况，选择符合市场需求、商品价值较高的葡萄品种。当地市场什么品种畅销，就选择什么品种或与其近似的品种。二是根据当地环境条件和栽培条件选择品种。首先根据当地葡萄有效生长天数选择品种。葡萄生长有效天数大于 150 d 的地区，可发展各种成熟期的葡萄品种，而有效天数短的地区最好选择早、中熟品种。其次是根据降雨分布选择品种。生长季降雨量低于 400 mm 的地区，应重点发展品质好的欧亚种葡萄，如红地球、维多利亚等。降雨量大于 600 mm 的华北地区，露地葡萄生产则应选择抗病性强的欧美杂交种葡萄品种，如巨峰、京亚、巨玫瑰等。发展欧亚种葡萄，特别是抗病性弱、晚熟的欧亚种葡萄，如红地球、美人指等，最好采用避雨栽培。淮河以南降雨量大于1000 mm的地区，也最好采用避雨栽培，除非选用一些特殊品种。三是根据自己的经济和技术水平选择品种。葡萄前期投资偏大，栽培管理技术要求较高。发展葡萄生产必须考虑自己的经济基础和技术水平，特别是葡萄栽培技术水平和劳动用工管理能力。

## 二、高质量建园

### 1. 3个关键点

高质量建园有3个关键点：打好基础、把握好定植时间和定植密度。打好基础就是利用挖掘机开定植沟回填。所开定植沟宽80～100 cm，深80 cm。分两次开挖：将30 cm深表土放一边，50 cm深底土放另一边；在表土中施优质农家肥3～5 $m^3$/亩、氮磷钾复合肥50 kg/亩，与表土掺匀后填入沟底，底土放上面，灌透水沉实。把握好定植时间就是在适宜定植期内采用适当的定植方法。春栽在土壤解冻后到萌芽前；秋栽在落叶后至土壤封冻前；生长季4—6月栽植采用营养钵苗。定植密度需根据品种生长特性、栽培目的来确定，同时利于机械化，方便作业。采用宽行密株栽培，一般定植株行距（1～3）m×（3～8）m。前3年密些，3年以后采取间伐形式稀植。

### 2. 定植技术

定植苗选择根系发达，枝蔓充实，无病虫害的优质壮苗。先用800倍敌敌畏或辛硫磷全株浸15 min，再用5%石硫合剂浸根部10 min。定植前用开沟机开30～40 cm的沟，将苗木放入沟中，使根系舒展，用少量土压住根系后继续填土。填好后打好水堰，浇1次透水。待水渗下后，整平地面，以一行为中心，在其两边覆1 m宽黑色地膜，保墒、提温，抑制杂草，提高成活率。对秋季、生长季栽植的苗木灌水后应填土保墒。

## 三、加强土肥水管理

### 1. 土壤管理

北方埋土防寒地区，出土上架后结合清理地面在定植沟内采用机械深翻20～25 cm，打碎土块，整平地面，修好地埂，尽量少损伤根系，一般植株周围留20 cm浅翻或不翻。若秋天没施基肥，可结合地面深翻施足基肥，或同时追化肥。每年至少在行间、株间中耕2～3次，深10 cm左右，生长季在行株间锄草3～4次，保持葡萄园疏松无杂草状态。为省力，成龄葡萄园可喷洒农达、西玛津、茅草枯等进行除草，但应注意不要使用2，4－D类除草剂，且不能喷到叶片上。5月下旬至秋季，可以行为中心在地面覆盖地布；进入结果期，同样以行为中心在地面覆盖反光膜。葡萄种植前1～2年，按照矮秆、培肥地力，不与葡萄争水、争肥的要求，行间间作紫花苜蓿、沙打旺等牧草，以培肥、改良土壤；或间作草莓、洋葱、大蒜等，以提高葡萄园前期栽培的经济效益，并具有防治病虫害的作用。

### 2. 施肥管理

葡萄施肥分基肥和追肥两种。基肥在秋季葡萄采收后施入，或在从春季葡萄上架后施入。以有机肥为主，一般施入充分腐熟的有机肥50 kg/株。施肥方法有撒施和沟施两种。撒施是将充分腐熟的优质有机肥均匀撒入地面，深翻20～25 cm；也可先把地面表土挖出10～15 cm深后将肥料均匀撒入地面，再深翻20～25 cm后将土回填。沟施是在栽植沟两侧每年轮流开沟，将肥料均匀施入沟内，回填土后灌水。将基肥施在葡萄主要根系分布范围内，并以不损伤大根为原则。追肥在葡萄生长季进行，采用肥水一体化技术，就是将肥料溶于水中，采用埋设软管，利用机具持续压力将溶于水的肥料施入土壤中。坐果前追肥以氮为主，坐果后以磷钾肥为主。一般1年追肥3次：第1次追肥在早春芽开始膨大时，施用腐熟的人粪尿，混掺硝酸铵或尿素，施用量占全年施肥总量的10%～15%；第2次追肥在谢花后幼果膨大初期，以腐熟的人粪尿或尿素等速效肥为主，施肥量占全年施肥总量的20%～30%；第3次追肥在果实着色初期进行，以磷钾肥为主，施肥量占全年施肥量的10%左右。除土壤追肥外，也可叶面追肥。一般在新梢生长期喷0.2%～0.3%的尿素或0.3%～0.4%的硝酸铵溶液；开花前喷0.1%～0.3%硼砂溶液；浆果成熟前间隔10～15 d喷2～3次0.5%～1.0%的磷酸二氢钾，或1%～3%过磷酸钙溶液，或3%草木灰浸出液。若树体呈现缺铁或缺锌症状，可喷施0.3%硫酸亚铁或0.3%的硫酸锌。为提高鲜食葡萄耐藏性，在采收前一个月内连续喷施2次1%硝酸钙、或1.5%醋酸钙或氨基酸钙。

**3. 水分管理**

对葡萄园及时灌水和排水是保证葡萄优质丰产的基本措施。采用渗灌技术，应灌好5次水。第1水是催芽水，在萌芽前灌，要求灌透。第2水是花前水或催花水，在开花前灌，一般在开花前5～7 d进行。第3水是浆果膨大水，在开花后10 d到果实着色前灌水。一般隔10～15 d灌水1次。第4水是采后水，就是在果实采收后灌水，常与秋施基肥结合进行。第5水是防寒水，就是在葡萄冬剪后埋土防寒前灌1次透水。生长期供水应均匀，夏季高温灌水应在夜间进行。排水对于低洼地可挖排水沟降低地下水位。平地葡萄应修建排水系统，使园地积水能在2 d排完。夏季雨量过大，自然排水无效时立即用抽水机将园内积水人工排出。

## 四、精细花果管理

**1. 花序管理**

主要是疏花序、拉长花序、花序整形及掐穗尖。疏花序应根据品种特性结合定枝进行：对树体生长势较弱而坐果率较高的品种，在花序能够辨别清楚时尽早进行；对生长势较强、花序较大的葡萄品种及落花落果严重的品种，疏花序在能够清楚看出花序形状大小时进行。疏花序以“壮二中一弱不留”为原则，就是粗壮枝留1～2个花序，中庸枝留1个花序，细弱枝不留花序。拉长花序主要针对红地球等葡萄品种，在花序分离期用赤霉素5 mg/kg蘸穗或喷穗。花序整形与疏花序同时进行，使果穗紧凑、穗形美观。具体根据品种特性进行：果穗较小、穗形较好品种对果穗稍加整理即可；果穗较大，副穗明显品种（如巨峰）应将副穗及早除掉，并掐去全穗长的1/4或1/5穗尖，使穗长保持在15 cm左右，不超过20 cm；对一些特大果穗还要疏掉上部2～3个支穗。

**2. 提高坐果率**

主要是花前喷硼、初花期环剥和盛花末期赤霉素处理。花前喷硼可有效提高坐果率，减少落花落果。一般在开花前15 d左右喷1～2次0.2%～0.3%的硼砂溶液。在初花期环剥是用双刃环剥刀或芽接刀在结果枝着生果穗前部3 cm左右处或前个节间进行环剥，剥口深达木质部，宽2～3 mm。环剥后将剥皮拿掉，用洁净塑料薄膜将剥口包扎严紧。盛花末期赤霉素处理主要针对夏黑无核品种，用赤霉素25 mg/kg蘸穗或喷穗。

**3. 整穗、疏粒**

整穗是在整理花序基础上对穗形不好的果穗进一步整理，使果穗紧凑、穗形整齐美观。整穗结合第1次疏粒进行：对稀果粒品种疏掉果穗中畸形果、小果、病虫果及比较密挤果粒。疏粒一般在花后2～4周进行1～2次。第1次在果粒绿豆粒大小时进行；第2次在果粒黄豆粒大小时进行。根据品种果粒大小确定留果量：平均粒重在6 g以下的，每穗留60粒左右；平均粒重5～7 g的，每穗留45～50粒；平均粒重8～10 g，每穗留35～40粒。

**4. 促进果实膨大**

主要是针对夏黑等无核葡萄品种，在定果后用赤霉素50 mg/kg蘸穗或喷穗，使果粒膨大。

**5. 果实套袋**

选择透光率高的优质果袋。套袋一般在葡萄开花后20 d左右，即生理落果后果粒黄豆粒大小时进行。套袋前首先根据品种特性疏果粒，疏掉畸形果、小果及过密果粒，细致喷 1 遍 70% 代森锰锌可湿性粉剂 1000 倍液，药剂干后及时套袋。对于果实容易受日灼的红地球等品种，套袋后最好在上面再遮上 1 张旧报纸。除袋时间在成熟前 10 d 左右，首先将袋底打开，并适时转动果穗充分接触阳光，促进果实着色，经过 5 ~ 7 d 再将袋全部去除。

**6. 适期采收和处理**

一般葡萄在果实达到生理成熟时采收：即品种表现出固有色泽、果肉由硬变软而有弹性、果梗基部木质化由绿色变黄褐色，达到品种固有的含糖量和风味。需长途运输的果实在 8 成熟时采收，就地销售和贮藏的在 9 ~ 10 成熟时采收。采收时间选择阴凉天气进行，雨天和雾天不采。一天中在 10：00 前和傍晚采收。采收时尽量保存果粉完整，小心细致，轻拿轻放。一般果穗梗用采果剪剪留 3 ~ 4 cm。剪下果穗剔除病伤粒、小青粒后，集中轻放在地面上的塑料布或牛皮纸上，等待分级和包装。

## 五、科学选择架式，合理整形修剪

当前葡萄生产上适合省力规模化栽培的架式有双“十”字架、飞鸟架和联电杆式宽顶架。双“十”字架适合露地栽培，飞鸟架和联电杆式宽顶架适合避雨栽培。双“十”字架由 1 根立柱、2 个横梁（一长一短）组成（图 11–38）。立柱用长 2. 5 m 的粗水泥柱或耐腐木材；长横梁长 80 cm，短横梁长 60 cm，横梁粗细根据实际情况，以耐用为原则。铁丝选用 8 ~ 10 号型。立柱每 4 ~ 6 m 埋 1 根，入土深度 60 cm。距地面 80 cm 处在立柱上架设第 1 个短横梁，在短横梁上 35 cm 处架设第 2 个长横梁。距地面 50 cm 拉第 1 道铁丝，在短横梁和长横梁左右两边各拉 1 道铁丝。飞鸟架由立柱、1 根横梁和 6 条拉丝组成（图 11–39）。大棚或露地栽培的，柱长 2. 4 ~ 2. 5 m（若搭避雨棚，柱长再增加 0. 4 m），柱宽高为 8 cm × (8 ~ 10) cm，埋入土中 50 ~ 60 cm。立柱间距 4 m，两头边柱须向外倾斜 30°左右，并牵引锚石。第 1 道拉丝位于立柱 120 ~ 140 cm 处，第 1 道拉丝 20 ~ 30 cm 处架横梁，长度为 1. 5 ~ 1. 7 m（行距 2. 5 ~ 3. 0 m），横梁上离柱 35 cm 和 70 ~ 80 cm 处各拉 1 道铁丝，架面上共 4 道铁丝。联电杆式宽顶架是双“十”字架的改进，适用于株行距（1 ~ 2）m × 3 m 的葡萄园（图 11–40）。该架式为单立柱，南北行向，立柱间距 6 m，每根立柱离地 1. 0 ~ 1. 2 m 处设 1 道铅丝，第 1 道铅丝上方 50 cm 处设一横担，长 1. 0 ~ 1. 5 m（因行距宽、窄不同），在横担中部和两端拉 3 ~ 4 道铅丝，短梢修剪品种中间和两端各拉 1 道，长梢与短梢搭配修剪品种中间拉 2 道，两端各拉 1 道。

图 11–38 双“十”字架

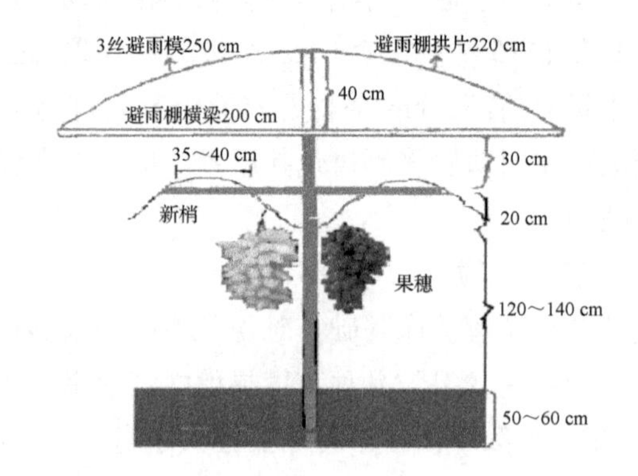


图 11–39 飞鸟架

各个架式整形均采用双臂水平形：定植当年冬季选留 2 个健壮分枝做主蔓，留 6 ~ 8 个芽短截，第 2 年春季水平绑缚到第 1 道铁丝上。第 2 年冬剪时，留顶端枝蔓做延长蔓，留 6 ~ 8 个芽短截，水平绑缚，其余去弱留强，每隔 15 ~ 20 cm 选留一枝做结果母蔓，全部留 2 ~ 3 个短截。第 3 年冬剪时要求同第 2 年，当相邻两臂相接时整形完成。

**1. 休眠期修剪**

图 11-40 联电杆式宽顶架

休眠期修剪冬季埋土防寒地区应在埋土前完成；不需防寒地区，在落叶后 2～3 周到第 2 年树液流动前进行。休眠期修剪主要是结果母枝剪留长度、数量和间距及结果母枝更新、主蔓更新和其他枝蔓修剪。结果母枝剪留长度有长、中、短梢 3 种。生长势中庸或较弱、花芽部位低的品种（如玫瑰香、沙芭珍珠等）多采用中、短梢修剪；生长势强旺、花芽部位高的品种（如龙眼、紫牛奶等）多采用中、长梢修剪。生产上应根据实际情况，采用 1 种方法或 3 种方法结合用。结果母枝数量采用“按树定产”方法确定。一般距地面 40 cm 左右处接近第 1 道铁丝处开始选留结果母枝，以上相距 20 cm 左右留 1 个结果母枝，使其左右排开，交错着生。结果母枝更新有单枝更新和双枝更新两种方法。单枝更新多在短梢修剪时应用，双枝更新多在中长梢修剪时应用。单枝更新每个结果部位留 1 个一年生枝做结果母枝，根据品种和生长势采用中梢、短梢修剪，不留预备枝。第 2 年冬剪时将已结果部分剪去，选留下部 1 个一年生枝按上年剪法进行。双枝更新每个结果部位留 2 个一年生枝，上部枝采用中梢、长梢修剪做结果母枝，下部枝留 2～3 个芽做预备枝，每年冬剪时，将上部已结果部分连同一段母枝剪去，预备枝上发出的 2 个新枝采用相同方法修剪。当主枝结果部位严重外移或衰老，结果能力下降时，应进行更新。更新前 1～3 年，有计划选留和培养由基部发出的萌蘖，培养预备主枝，当培养预备主蔓能担负一定产量时，再将需更新主蔓剪去。不做结果母枝或预备枝的枝，不论一年生枝还是多年生枝均疏去，并疏去细弱枝、二次枝、病虫枯死枝、卷须和果穗柄等。

**2. 生长期修剪**

葡萄生长期修剪主要是抹芽与定梢、摘心、副梢处理和引缚新梢。抹芽在萌芽后尽早进行，主要抹去瘦芽、副芽、位置不当的不定芽及基部无用芽等。定梢是确定新梢的合适留量，将过密和过弱新梢疏除。一般在新梢长出 6～7 片叶，花序显露时进行。留梢根据品种、架式、管理条件及植株生育情况灵活确定。摘心一般在盛花期前进行。果枝在果穗前留 4～7 片叶摘心，营养枝留 8～12 片叶摘心，整形放蔓时一般在 80 cm 时摘心。留梢时，强的长留，弱的短留，已停长的全留。副梢处理分结果枝和营养枝。结果枝上副梢幼龄树顶端 1～2 个副梢留 2～3 片反复摘心，果穗以下副梢抹除，果穗以上副梢留 1 片叶反复摘心；成龄树顶端 1～2 个副梢留 3～4 片叶摘心，其余副梢从基部抹除。顶端产生二次副梢、三次副梢，只保留前端 1 个留 2～3 片叶反复摘心，其余全部从基部抹除。营养枝副梢除培养枝组外，一般将先端 1～2 个副梢留 2～3 片叶反复摘心，其余副梢从基部抹除。如利用副梢整形扩大树冠时，应在其达到要求长度时再摘心处理。对卷须要及时去除。新梢长到 40 cm 左右时，将其均匀引缚在架面上，适当水平或斜向引缚。

## 六、综合防控病虫害

**1. 萌芽前**

主要防控黑痘病、炭疽病、短须螨、锈壁虱（毛毡病）和介壳虫等。防控措施是剥去枝蔓上老翘皮，彻底清除枯枝、落叶、病僵果等，检查葡萄架及树体上斑衣蜡蝉卵块，全园喷 1 次 4%～5% 石硫合剂。

**2. 绒球期**

重点防控黑痘病、霜霉病、红蜘蛛等病虫。可喷 3% 石硫合剂 +200 倍五氯粉钠或 50～100 倍索利巴尔等进行防控。

**3. 展叶 2～3 片**

重点防控黑痘病、白粉病、红蜘蛛、锈壁虱和绿盲蝽等。要根据病虫发生种类，选择用药。对往年黑痘病严重者，可喷50%的退菌特可湿性粉剂600倍液或70%的甲基硫菌灵可湿性粉剂1000倍液。往年白粉病严重者，可喷50%硫悬浮剂200～300倍液，或20%三唑酮乳油1500倍液，或5%安福悬浮剂1500倍液。对绿盲蝽、红蜘蛛可喷2.5%的高效氯氟氰菊酯乳油1000～1500倍液，或20%的甲氰菊酯乳油2000倍液。

**4. 花序分离期（开花前15 d）**

重点防控灰霉病、黑痘病、炭疽病、霜霉病、穗轴褐枯病、斑衣蜡蝉、绿盲蝽等。一般喷78%科博800倍液。有斑衣蜡蝉、绿盲蝽时，喷78%科博800倍液＋10%歼灭3000倍液。

**5. 开花前2～3 d**

重点防控灰霉病、黑痘病、炭疽病、霜霉病、穗轴褐枯病、斑衣蜡蝉等。对病害选择喷50%的多菌灵可湿性粉剂600～800倍液，70%甲基硫菌灵可湿性粉剂1000倍液，80%代森锰锌可湿性粉剂600～800倍液。斑衣蜡蝉可喷10%氯氰菊酯乳油2000倍液进行防控。

**6. 落花后3～5 d**

重点防控黑痘病、炭疽病、白腐病、霜霉病、灰霉病、白粉病、穗轴褐枯病、透翅蛾、红蜘蛛等。一般可喷78%代森锰锌可湿性粉剂600～800倍液。黑痘病严重者，喷78%科博可湿性粉剂800倍液＋50%多菌灵可湿性粉剂600倍液；霜霉病早发果园，喷78%科博600倍液＋80%乙膦铝乳油600倍液；斑衣蜡蝉、透翅蛾严重者，可喷歼灭、氯氰菊酯进行防治。

**7. 花后15～20 d**

套袋前重点防控黑痘病、炭疽病、白腐病和房枯病等。可喷78%科博或70%甲基硫菌灵或12.5%烯唑醇3000倍液＋80%必备600倍液等进行防控，配好药液后蘸果穗效果更好。

**8. 幼果膨大至着色前**

该期在6—7月，重点防控黑痘病、霜霉病、炭疽病、白腐病。交替喷布10%美安、50%多菌灵、78%科博、80%必备等，每隔10～15 d喷1次。

**9. 着色成熟期**

该期在7—8月，重点防控炭疽病、白腐病、霜霉病、白粉病、灰霉病、褐斑病等。对霜霉病，喷1：0.7：200波尔多液或25%甲霜灵、三乙膦酸铝等进行防治；不套袋葡萄园，喷10%美安或50%多菌灵、80%喷克或78%科博或80%必备等防控炭疽病、白腐病、灰霉病等。同样每隔10～15 d喷1次药，但应注意采收前20 d不喷药。

**10. 早、中熟品种果实采收后**

该期在8月，重点防控霜霉病、白腐病、褐斑病等。可喷1：1：（200～240）倍波尔多液进行保护；若霜霉病严重，可喷50%烯酰吗啉、75%瑞毒霉等进行防治。

**11. 晚熟品种着色成熟期**

该期在8—9月，重点防控霜霉病、炭疽病、白腐病、浮尘子等。对霜霉病，用1：0.7：200的波尔多液、70%的代森锰锌、58%的甲霜灵等轮换喷施进行防控。对炭疽病、白腐病、灰霉病等，可用美安、多菌灵、喷克、科博、必备等每隔10～15 d轮换喷1次进行防控。对浮尘子可喷歼灭进行防控。但应注意在采前20 d禁止喷药，套袋果园主要防控霜霉病。

**12. 晚熟品种采收后至落叶前**

主要防控霜霉病、褐斑病和白粉病等。可喷1：1：（200～240）的波尔多液保护叶片。霜霉病严重者喷80%乙膦铝600倍液＋50%霜脲氰1500倍液进行治疗；褐斑病严重者，喷80%代森锰锌可湿性粉剂800倍液＋10%多氧霉素可湿性粉剂1500～2000倍液等治疗。

**13. 休眠期**

参照本章第六节有关“葡萄冬季栽培管理技术”中病虫害防治技术进行操作。

## 思考题

试总结葡萄省力规模化优质丰产栽培技术规程。

# 第八节 葡萄生长结果习性观察实训技能

## 一、目的与要求

通过实训，了解葡萄生长结果习性观察内容，掌握葡萄的主要生长结果习性。

## 二、材料与用具

**1. 材料**

选有代表性的葡萄结果树若干株。

**2. 用具**

游标卡尺、铅笔、记载表格等。

## 三、实训内容

**1. 观察葡萄枝蔓类型**

主干、主蔓、侧蔓、结果母枝、结果枝、营养枝和副梢。

**2. 观察葡萄芽的类型**

冬芽、夏芽、潜伏芽及其特性。

**3. 观察葡萄的花芽着生节位**

结果母枝上抽生结果枝的节位。

**4. 观察葡萄花序和花的结构**

明确葡萄花序的形状，花序着生花的个数。

**5. 调查葡萄结果母枝**

结果母枝的粗度、剪留节数与抽生结果枝能力的关系，为冬季修剪提供依据。

## 四、实训安排部署

**1. 实训时间**

本实训第 1 项 ~ 第 4 项的内容可安排在开花前二周至花期进行，第 5 项内容应安排在新梢长度达 15 ~ 20 cm 时进行。

**2. 实训方法**

第 1 项 ~ 第 4 项内容先由老师现场集中讲解，然后学生分成 3 ~ 4 人一组进行观察和记载，最后一起讨论总结，老师点评。第 5 项内容先由老师讲解调查和测量的方法、标准，然后学生分成 2 ~ 3 人为一组进行调查和记载，最后统计数据和分析，得出结论。

## 五、作业与要求

（1）掌握葡萄生长结果习性和田间试验有关知识。

（2）熟练掌握调查方法，符合田间试验的要求，完成实验报告，数据翔实可靠，结论正确。

# 第九节　葡萄主要品种识别实训技能

## 一、目的与要求

通过葡萄地上部植物学特征和生物学特性的观察；掌握其主要种和品种群的识别特征；掌握当地葡萄主栽品种的识别要点；学会识别葡萄品种的方法，能识别当地葡萄主栽品种。

## 二、材料与用具

**1. 材料**

当地栽培葡萄的主要品种和品种群。

**2. 用具**

放大镜、钢卷尺、铅笔、橡皮。

## 三、内容与方法

葡萄品种调查项目说明；调查东方品种群、西欧品种群、欧美杂交种的代表品种。生长季观察内容如下。

**1. 卷须**

连续性、间歇性。

**2. 叶片**

（1）裂刻

有无裂刻，3 裂或 5 裂，裂刻深浅（浅、中、深、极深）。

（2）叶缘锯齿

粗短、细长。

（3）叶片形状

近圆形、卵圆形、扁圆形、V 形、U 形等。

（4）叶背茸毛

有无、多少、颜色（黄、浅黄、白色）、丝毛、刺毛、混合毛及着生密度。

（5）叶色

深浅、光泽度及叶片厚薄。

**3. 嫩梢颜色**

黄褐色、嫩绿色等。

**4. 果实**

（1）果穗

大小、有无复穗、松紧、穗形（圆柱形、圆锥形、单歧、双歧圆锥形和分枝形）及果穗紧密、松散。

（2）果粒

颜色（绿、黄、红、粉红、紫红、紫黑等）、形状（长圆形、长椭圆形、椭圆形、圆形、鸡心形、瓶形、倒卵形、卵形等）、大小、果粒多少。

（3）果肉

颜色、果肉与果皮是否易剥离。

（4）种子

有无、多少、种子与果肉是否易剥离。

（5）风味

甜、酸甜、甜酸、酸，有无玫瑰香味和草莓香味。

## 四、实训作业

（1）填写葡萄品种特征记载，表 11-9。

（2）从哪几个方面的特征，最易识别欧亚种葡萄、美洲葡萄和欧美杂交种葡萄？

## 五、技能考核

技能考核成绩一般实行百分制。建议作业单占 50 分，现场表现占 50 分。

**表 11-9　葡萄品种特征记载**

| 项目 | 品种 1 | 品种 2 | 品种 3 | 品种 4 |
|---|---|---|---|---|
| 1. 叶片形状与大小 | | | | |
| 2. 叶片裂刻数及深浅 | | | | |
| 3. 叶背茸毛 | | | | |
| 4. 叶色及叶片厚薄 | | | | |
| 5. 叶柄洼形状 | | | | |
| 6. 嫩梢颜色 | | | | |
| 7. 果穗形状及紧密程度 | | | | |
| 8. 果粒形状 | | | | |
| 9. 果粒颜色 | | | | |
| 10. 卷须 | | | | |

# 第十节　葡萄搭建架实训技能

## 一、目的与要求

通过具体操作，了解葡萄架式结构，架材，搭架步骤。学会葡萄架搭建方法。

## 二、材料与用具

**1. 材料**

支柱（钢筋水泥柱、木杆、竹竿等）、10～12 号镀锌铅丝、锚石和 U 形钉。

**2. 用具**

紧线器、钳子和挖土穴用具。

## 三、内容与方法

**1. 架式结构**

（1）单壁篱架

（2）宽顶篱架

（3）双十字 V 形架

由架柱、2 根横梁和 6 道铁丝组成。

①立柱。沿葡萄行正中，每隔 4 m 立一支柱，柱长 2.5 m，埋入土中 0.6 m，地上 1.9 m。纵距、横距要一致，柱顶要成一平面，牢固又美观（需柱 55～60 根/亩）。

②架横梁。第 2 年开始每根柱架 2 根横梁。下横梁长 60 cm，上横梁长 80～100 cm，分别扎在离地面 105 cm 和 140～150 cm 处的柱上。二道横梁高低和两边距离必须一致。两头横梁必须坚固。

③拉丝。离地面 80 cm 处，柱两边拉二道底层铁丝，二道横梁离边 5 cm 处各拉 1 道铁丝，形成双十字 6 道铁丝的架式。铁丝必须拉紧，横梁两头打孔，铁丝从孔中穿过。

④水平棚架

架面高 1.8～2.0 m，柱间距离 4 m，用等高支柱搭成 1 个水平架面，棚面每隔 50 cm 左右用铁丝纵横拉成方格。

⑤倾斜棚架

架高南面为 1.5 m，北面为 2.0～2.2 m，就是南侧低而北侧高，形成 10°～20°倾斜，棚宽 3～4 m，长度不一。棚面纵横用铁丝或用树枝、竹竿拉成方格状。

**2. 架材**

包括支柱、铅丝、锚石等。

（1）支柱

支柱材料有树干、竹竿、钢筋水泥柱。定植后头几年，可因地制宜就地取材，利用竹、木搭架，3～5 年后有了经济效益，改用钢筋水泥柱，建立永久性支柱。

①木柱规格。以篱架为例，边柱长为 2.5～3.0 m，直径为 12～15 cm；中柱长 2～2.5 m，直径为 8～10 cm。

②水泥柱规格见表 11-10。

**表 11-10　水泥柱规格**

| 架式 | 立柱（中柱） | | 边柱 | |
|---|---|---|---|---|
| | 直径/cm | 长度/m | 直径/cm | 长度/m |
| 单壁篱架 | 8～10 | 2.2～2.5 | 10～12 | 2.5～2.8 |
| T 形架 | 10～12 | 2.2～2.5 | 10～12 | 2.5～2.8 |
| 双十字 V 形架 | 8 | 2.5 | 10 | 2.8 |
| 水平棚架 | 8～10 | 2.3～2.5 | 10～12 | 2.6～2.9 |

（2）铅丝

需要镀锌铅丝。一般篱架用 11～14 号铅丝，固定边柱用 10～11 号铅丝，棚架用 8～12 号铅丝。

**3. 建架步骤**

①先在葡萄行内按 4～6 m 距离定点，每行葡萄两端的两个点应定在葡萄定植点之外。并根据点的位置挖穴深 50～60 cm，穴的口径在能埋入支柱的前提下，要尽可能小些。

②穴挖好后，先埋设每行两端二个支柱。可将支柱以120°向外倾斜，并用粗铁丝在支柱顶端1/4处紧缚，铁丝另一端缚大石一块，就是“锚石”，埋入土中，牵住两端支柱，稳定整个篱壁；也可将两端支柱直立埋入土中，靠支柱内侧另用水泥柱支撑（图11-41）。

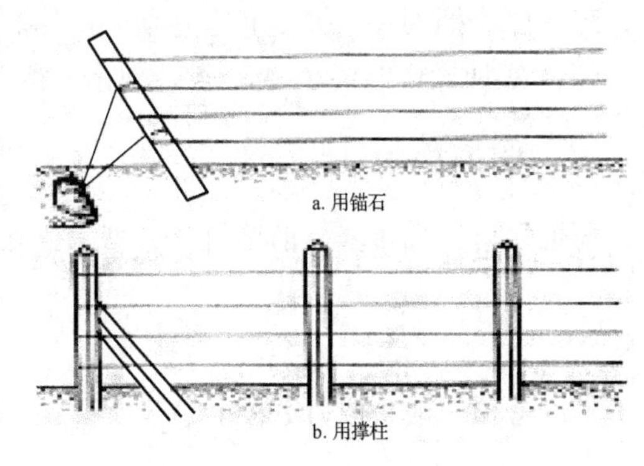

图11-41　篱架架端建立法

③然后依次垂直埋设同一行内的其他支柱。各支柱要等高，垂直，成一直线，牢固。

④同一行各支柱埋好后，按照对各道铅丝距离要求架设铅丝。下层铅丝用粗11~13号铅丝，上层铅丝用细13~14号铅丝，铅丝先在一边柱上固定，然后用紧线器从另一端拉紧。

⑤建双十V形架、小棚时，埋设支柱方法与篱架基本相同。先埋好支柱后，再架横梁。横梁可用木杆或竹竿，也可用铁丝。

## 四、注意问题

葡萄建架可在葡萄落叶至第2年萌芽前进行，各地可根据当地条件选建一种架式。

## 五、实习报告

根据操作过程，说明建架方法，并计算亩用支柱、横杆数及铁丝用量。

## 六、考核方法

实训技能考核一般采取百分制。建议实训态度与表现占20分，操作技能占50分，实习报告占30分。

# 第十一节　葡萄夏季修剪实训技能

## 一、目的与要求

通过具体操作，了接葡萄夏季修剪的内容，掌握葡萄夏季修剪的时期和方法。

## 二、材料与用具

**1. 材料**

选择已进入成年期的葡萄树。

**2. 用具**

修枝剪、绑扎材料。

## 三、内容方法

抹芽、定枝、摘心、副梢处理、疏花序及掐花序尖、除卷须与新梢引缚。具体方法参见葡萄夏季修剪内容。

## 四、注意问题

（1）可根据具体情况选择合适的修剪项目。如只实训1次，可选在开花前进行。可做摘心、副梢处理、疏花序、掐穗尖、绑蔓和除卷须等操作。

（2）实训操作时要小心，避免弄断新梢。绑蔓时注意结扣方法。

## 五、实习报告

根据所进行的夏季修剪项目，总结要点和效应。

## 六、考核方法

实训考核一般采取百分制。建议实训态度与表现占 20 分，实训操作占 50 分，实训报告占 30 分。

# 第十二节　葡萄冬季修剪实训技能

## 一、目的与要求

通过操作，了解葡萄修剪时期和方法，掌握葡萄冬季修剪技术。

## 二、材料与用具

**1. 材料**

葡萄植株、绑缚材料。

**2. 用具**

修枝剪、手锯。

## 三、内容与方法

**1. 修剪时期**

冬季葡萄正常落叶后至第 2 年春枝蔓开始伤流前修剪，在 12 月下旬至次年 1 月底。

**2. 修剪方法与步骤**

（1）确定留枝量（结果母蔓剪留数量）

根据品种、树龄、树势、初步确定植株负荷能力（产量），大体上确定留枝量。每亩（或每株）剪留枝量可根据式（11－1）计算，将计算结果作为修剪的参考。

$$\text{每亩(或株)剪留结果母蔓量} = \frac{\text{计划每亩(或株)产量}}{\text{每母枝平均果枝数} \times \text{每果枝平均果穗数} \times \text{每果穗平均重(kg)}} \times (1+15\%) \quad (11-1)$$

（2）枝蔓去留原则

根据留枝数量，挑选位置适宜、健壮的枝蔓作结果母蔓，多余疏去。原则是去高（远）留低（近）、去密留稀、去弱留强、去徒长留健壮、去老留新。

（3）结果母蔓剪留长度

参见前面有关部分。

（4）结果母蔓更新

结果母蔓更新有两种：单枝更新、双枝更新。具体情况参见本章相关部分。

（5）主蔓更新

主蔓结果部位严重外移或衰老，结果能力下降时，需进行更新。为减少更新后对产量的影响，应在前 1～3 年，有计划地选留和培养由基部发出的萌蘖作为预备主蔓。当培养的预备主蔓能承担一定产量时，再将要更新的主蔓剪除。在冬季修剪时，应疏除枯枝、病虫枝、细弱枝、过密枝、无用2次枝、3次枝及位置不当的徒长枝等。

**3. 注意问题**

①注意鉴别枝蔓质量和芽眼优劣。凡枝条粗而圆，髓部小，节间短，节部突起，枝色呈现品种固有颜色，芽眼饱满，无病虫害的为优质枝。芽眼圆而饱满，鳞片包紧为优质芽。

②防止剪口芽风干。葡萄枝蔓短截时，应在剪口芽上端1节中部或节间中部剪断。疏剪时，剪口应离基部1 cm左右（就是要长约1 cm的残桩）。

③需水平绑缚的结果母蔓或主蔓延长蔓，剪口芽应留在枝的上方。

④剪掉枝蔓从架上取下并拿出园外集中烧毁。

## 四、实训报告

（1）如何正确进行结果母蔓的修剪？

（2）总结修剪时，长梢、中梢、短梢修剪的具体运用。

（3）调查修剪后单株留结果母枝数，并按每亩株数折算每亩留量，预测下年产量。

## 五、技能考核方法

技能考核一般采用百分制。建议实训态度与表现占20分，操作能力占50分，实习报告占30分。

# 第十二章　桃

**【内容提要】**桃栽培概况。桃国内外栽培现状，我国桃树栽培上存在的问题及发展趋势。从生长特性、结果习性和对环境条件的要求3个方面介绍了桃的生物学特性。桃的六大种类分别是桃、山桃、新疆桃、甘肃桃、光核桃和陕甘山桃；五大品种群分别是北方品种群、南方品种群、黄肉桃品种群、蟠桃品种群和油桃品种群。按照毛桃、油桃、蟠桃和水蜜桃的顺序分别介绍了其优良品种。桃无公害栽培技术要点包括园地选择、果实质量要求、品种选择与栽植、土肥水管理、整形修剪和病虫害防治原则6个方面。从建园和整形修剪技术两个方面介绍了桃栽培关键技术。按照育苗、建园、土肥水管理、整形修剪、花果管理、综合防治病虫害、采收与分级7个方面介绍了桃无公害优质丰产栽培技术。按照冬季、春季、夏季和秋季的顺序介绍了桃四季栽培管理技术。

桃树原产于我国，《诗经》《尔雅》等古书上均有桃的记载，公元前10世纪就已有人工栽培桃树。桃果实营养丰富、味道鲜美、芳香诱人，深受人民喜爱。在我国，桃果被视为吉祥之物，素有“仙桃”“寿桃”之称。桃树品种繁多，成熟期不一，从5—6月开始一直延续到12月陆续有桃果成熟上市，配合设施栽培和南北半球之间的进出口贸易，世界上许多国家和地区一年四季可向消费者供应新鲜桃果。桃具有种类多、早果丰产、适应性强等优良的栽培性状，是我国主要落叶果树之一。桃果用途广泛，除鲜食外，还可加工成果汁、果酱、蜜饯、糖水罐头、奶油桃瓣等。此外，桃树根、桃树皮、桃树叶、桃树花、桃树仁等均可入药，具有止咳、活血、杀虫的功效。桃树树姿优美，花色粉红，果实外观艳丽，有较高的观赏价值，为优良的庭院绿化树种。桃树对土壤、气候适应性很强。南方或北方、平原或山地均可选用适宜的砧木和品种进行栽培。桃树开始结果早，经济效益高，是我国民间较受欢迎、栽培较为普遍的果树树种。

## 第一节　国内外栽培现状与发展趋势

### 一、国内外栽培现状

桃遍及世界五大洲，主要经济产区分布在南北纬30°~45°。目前，世界上桃商业栽培主要产区分布在亚洲和欧洲，美洲、非洲和大洋洲栽培面积较小，亚洲则主要分布在东亚的中国和日本。据FAO统计，2006年世界桃平均单产798.34 kg/亩，其中，奥地利单产最高，达2964.40 kg/亩，其次是法国、希腊、土耳其和意大利。其中，希腊、英国、西班牙和意大利等为主要的罐桃出口国，而德国、英国、加拿大、中东诸国如法国等则为重要的罐桃进口国。

中国桃栽培面积和产量从1993年以来一直居世界第1位，现已基本上可做到周年生产与供应。在桃树新品种选育方面陆续推出了一大批早熟、极早熟、晚熟、极晚熟及油桃、蟠桃优良新品种。在栽培技术的研究与应用方面取得了长足进步，特别在早期丰产、树体控制等方面跃居世界领先水平，单位面积产量和果品质量大幅度提高。在早期丰产方面，露地及设施栽培均可做到速成苗定植第2年产量达3 t/亩。在优质高产方面，高产园区年产优质鲜果4 t/亩。在树体控制方面，现有技术基本上可随意控制树体大小，并保持很高的生产能力。在规模化生产方面，北京的平谷，河北的唐山、保定、邯郸、秦皇岛等地，生产规模都在10万$hm^2$以上，已成为我国桃树规模化生产基地。

## 二、我国桃树栽培上存在的问题及发展趋势

**1. 存在的问题**

（1）不能因地制宜地发展，种类、品种布局不合理

在我国，桃品种区域化程度低，成熟期不配套，品种结构不合理，早熟桃占比例过大，缺乏耐贮运的中、晚熟品种，造成供应期失调。

（2）栽培管理水平低，果实品质差

病虫害严重，结果部位外移，产量低，盲目追求提早上市提早采收，品种特有的外观颜色及风味不能充分表现，果实品质差。一些果农不能科学管理，滥用农药，污染果品，污染环境。

（3）贮藏、加工、运输等产后设施不配套

桃自身不耐贮运，且我国种植的品种多以柔软多汁的水蜜桃为主，果实病虫害严重，加快了果实的腐烂。我国对桃的包装、贮藏、运输、加工等产后设施、设备不配套，造成桃的商品性差。

（4）农户单一经营，缺乏竞争力

目前，桃生产主要是个体户分散经营和专业户小规模经营。没有规模，不便进行标准化生产，竞争力不强。急待把农民组织起来，成立果树协会，走合作化的道路。

（5）良种繁育体系不健全，苗木市场混乱

目前，桃砧木良莠不齐，苗木病虫害严重，如根癌病、根结线虫病、介壳虫等；品种成“灾”，一些苗商不管品种是否适应当地气候，只要是“新”品种，引来不经结果就取条繁殖，或另取“别名”，蒙骗果农；市场混乱，无序经营。因此，从技术、市场和生产等方面，迫切需要建立良性的苗木规范化生产体系。

**2. 发展趋势**

按照果树发展“应以市场为导向，以效益为中心，以质量为目标，以科技为依托，以产业化为纽带，突出抓好品种改良、结构调整、提高果品质量，全面推进水果生产由面积数量型向质量效益型转变”的要求，桃的生产趋势是品种区域化、多样化、特色化、国际化；果实绿色化、优质化、高档化、品牌化，加工品营养化、自然化、情趣化，产品要有创新，突出其艺术性和保健性；种植规模化、集团化；技术规范化、标准化；经营产业化、规则化；信息网络化。利用中国的桃文化，建设休闲农庄、观光桃园，体现文化情趣。

（1）发挥优势，区域化布局，调整品种结构

根据我国各地生态条件、桃分布现状及其栽培特点，可划分为5个桃适宜栽培区（华北平原桃区、长江流域桃区、云贵高原桃区、西北高旱桃区、青藏高寒桃区）及2个次适宜栽培区（东北高寒桃区、华南亚热带桃区）。华北平原桃区是我国桃的主要产区，可大力发展油桃，适度发展水蜜桃，特别要发展中、晚熟优质水蜜桃。油桃要发展果实大、外观美、耐贮运的中、晚熟品种。该区北部是我国桃、油桃保护地栽培的最适宜区，亦可大力发展桃、油桃、蟠桃的保护地栽培。长江流域区和云贵高原桃区以发展优质水蜜桃、蟠桃为主，可适当发展早熟油桃品种，但要选择不裂果的品种，限制发展中、晚熟油桃品种。有些省份（如湖南、江西）可进行油桃的避雨栽培。西北高旱桃区总的情况较为复杂。甘肃的天水、兰州，陕西的渭北等地，以及新疆的南疆，都是绝好的桃、油桃生产基地，要进行规模化发展。新疆的北疆桃树需进行匍匐栽培，生产出的果实质量好，管理费用较高，可适度发展，满足本地市场。东北高寒桃区可进行桃的匍匐栽培，适度发展，自产自销。华南亚热带桃区栽培桃的限制因子是冬季低温不足，不能满足桃品种的需冷量，应引进需冷量低的桃、油桃品种。桃、油桃的保护地栽培是当今果树栽培的热点。综合生态、经济与技术水平等诸多因素，我国桃、油桃保护地栽培的适宜区应为华北平原

桃区、环渤海湾地区及西北高旱桃区的大、中城市郊区。水蜜桃、油桃种植面积的比例大体为9：1。在未来10～20年可逐步调整为7：3或6：4。在成熟期方面，极早熟（果实发育期小于60 d，包括保护地栽培的桃、油桃）、早熟（果实发育期61～90 d）、中熟（果实发育期91～120 d）、晚熟（果实发育期121～160 d）、极晚熟（161 d以上）的比例大体在5：35：30：25：5。华北平原桃区中、晚熟品种比例可适当增大，长江流域桃区早熟比例可适当增大，但要注意品质的提高。鲜食桃与加工桃的比例可在7：3。加工桃的发展要依照制罐、制汁、制脯等不同加工形式，发展专用品种，改进包装，增加花色，适应消费者对食品方便型、自然型、情趣型的需要。要因地制宜，正确选择适应当地环境条件的优良品种。

（2）拓宽国内市场，开拓国际市场

我国对桃的消费可分为3个层次。第1层次是高档反季节无污染的桃、油桃。这些果实可在3—5月上市，正值水果淡季，售价极高，可作为高档宾馆、饭店及高收入家庭的消费。露地大个、色艳、味美、无公害、精包装的品牌优质桃也会在高消费中占相当大的比例。第2层次是城镇居民的消费。城镇郊区现以白肉水蜜桃为主，基本处于饱和状态。作为城镇居民的消费，在近一段时间内将以提高品质、增加花色为主，油桃、蟠桃、鲜食黄肉桃将成为城镇居民消费的新热点。第3层次是农村市场。其消费将主要以个大、味美的水蜜桃为主。要创名牌，开拓国际市场。我国桃总产量居世界第1位，除了20世纪80年代的桃糖水罐头有外销外，桃基本是内销。美国、澳大利亚、新西兰的油桃频频在我国各大城市的高档果品柜台出现，售价高达120～160元/kg，但风味并不好。我国有绝好的油桃生产基地，生产出的果实可以和进口的油桃媲美，争创名牌，开拓国际市场的前景广阔。桃果属生产密集型产品，按价格比较优势，我国的桃果应在国际市场上有竞争力。应在品种的耐贮运性、采后商品处理上下功夫，采后清洗、杀菌、分级、包装也是提高果实商品质量、增加市场竞争力的重要手段。要强化生产与贸易一体化，提高果农的组织化程度，发展农民购销组织和果农协会，改变分散经营、小生产的格局，生产出高标准、高质量的桃果。在我国的周边国家中，除日本、韩国及西亚部分国家外，基本都不适宜桃树生长，而日本的桃树业近年呈下降趋势，西亚的桃树业又极为落后，抓住机遇与周边国家进行互补，使我国的桃走出国门，就可较大提高桃树栽培的经济效益。目前，从市场需求和交通运输等方面，应大力开拓东南亚市场、俄罗斯市场和中东市场。

（3）加强栽培管理

应大力推行科学管理，以质取胜。土肥水是基础，要在土壤分析、叶分析的指导下，科学配方，多施有机肥，合理施用化肥，采用行间生草、树冠覆盖。疏花疏果、铺设反光膜、果实套袋，以及病虫害防治时合理选用药品、抓住关键时期，特别要注意农业防治、生物防治和物理防治，要精心管理，加强病虫害防治，提高果实质量。按照国家制定的NY/T 5114—2002《无公害食品　桃生产技术规程》标准执行。

（4）适度发展观光业

随着生活水平的提高，人们对大自然产生了更浓厚的兴趣。田园风光、幽幽曲径、农家小院，令人神往，果农应该迎合人们的消费心理，利用杂果的丰富多彩，在大城市近郊建立观光果园，在城镇农家建立“农家乐”，在风景区建立“逍遥居”等，一举两得。

（5）整顿苗木市场，建立良种繁育体系

苗木是生产的前提，关系到生长、结果、品质和效益。苗木质量的优劣直接影响定植成活率、桃园的整齐度、进入结果年限和经济寿命，进而影响产量、质量。因此，桃苗木市场应做到“六化”，即砧木品种化、母本园优质化、育苗标准化、检疫规范化和法制化、经营法制化、桃苗木标准化。砧木品种化是指砧木材料要经过严格筛选，具有良好的亲和性、特殊的抗性和指示性。母本园优质化是指除品种优良外，母本园要做到品种无差错，结果后再取条，无明显病虫害，接芽饱满。育苗标准化是指苗圃地选择地势平坦、土壤疏松、排灌良好的地块。禁重茬，忌果园、林木苗圃地再育苗，还要进行土壤消毒处理，减少病虫害。在苗木管理上要标准化，具体包括种子处理、播种量、嫁接高度、整形带芽的质量、枝条充实度等，按标准严格执行。要控制单位面积出苗量，保证苗木的整齐度、充实度。落叶起苗后，及时做好假植工作，防冻、防抽干、防霉烂。检疫规范化、法制化是指要严格检疫制度，凡有检疫对象和控制性的病虫害苗木，必须严格封锁，不得外运。经营法制化是指果农要与苗木经营者签订购销合同，尤其是批量购进时，如果苗木出现混杂、纯度不够，与所购品种性状不符，经营者应该按双方约定，赔偿果农的损失。桃苗木标准化是指要按照国家制定的标准执行。

**思考题**

我国桃树栽培上存在的主要问题是什么？如何解决？

## 第二节　生物学特性

### 一、生长特性

桃树为落叶小乔木，干性较弱，自然生长呈圆头形，高4 m左右。桃幼树新梢生长旺盛，1年中可发生一至三次副梢，发枝多，形成树冠快，花芽分化容易，结果早，产量高。一般栽后2～3年开始结果，4～5年进入盛果期，但寿命较短，经济寿命15～25年。桃树品种大枝着生角度差异很大，有直立、半直立、半开张和开张4种类型。直立型品种（如照首白、照首红等）干性极强，为观花品种，可用作住宅小区和城市街道两旁的行道树。半直立型品种易上强下弱，下部枝条结果后迅速衰弱，2～3年后死亡。开张型品种骨干枝开张角度大，先端易衰弱，土壤管理不便。半开型品种主枝开张角度适中，树冠各部位生长势均衡，树体及果园管理方便，有利于实现优质、丰产、稳产栽培。

**1. 根**

（1）组成及发育

桃树根系由砧木种子发育而成，有主根、侧根和须根构成。主根向下生长，侧根沿着表土层向四周水平延伸，须根着生在主根和侧根上。根系发育状况取决于砧木：毛桃砧根系发育好，须根较多，垂直分布较浅，能耐瘠薄土壤；山桃主根发达，须根少，能耐旱、耐寒，适于高寒山地栽种；寿星桃主根短，根群密，细根多。

（2）分布

桃树根系在土壤中分布状态除与砧木有关外，还受接穗品种生长特性、土壤条件和地下水位的影响。水平根较发达，分布范围为树冠直径的1～2倍，但主要分布在树冠范围之内或稍远；垂直根不发达，通常分布在1 m深左右的土层中。土壤黏重，地下水位较高的桃园，根系主要分布在15～25 cm的土层中；在土层较深厚的地区，根系主要分布在20～50 cm的土层中。无灌溉条件而土层深厚的情况下，桃垂直根可深入土壤深层，具有较强的耐旱性。桃树吸收根主要分布在树冠外围20 cm左右、深20～50 cm的土壤中。

（3）根系生长

桃根系在年周期中无明显休眠期：在通气良好，温湿度条件适宜的深层土壤中，即使在冬季也能生长。在年周期中，桃根系春季生长较早，地温在0 ℃以上时，根即能顺利吸收并同化氮素；4～5 ℃时，根系开始生长，长出白色吸收根；地温升至7.2 ℃时，可向地上部输送营养物质；15 ℃以上时，开始旺盛生长；地温超过30 ℃时，根系停止生长。桃根系年生长周期中有2个生长高峰期：5—6月，当土温达20～21 ℃时，根系生长最旺盛，出现第1个生长高峰；7—8月，表层土壤温度过高，常常超过26 ℃，同时多数品种正处于果实成熟阶段，需要大量消耗养分，根系生长趋于迟缓，吸收根发生较少，且寿命也短；9—10 月，新梢停止生长，叶片制造的大量有机养分向根部输送，土温在 20 ℃左右，根系进入第 2 个生长高峰期，新根发生数量多，生长速度快，寿命较长，伤根易愈合，再生新根；11 月以后，根系生长微弱，进入相对休眠期。

（4）好氧性

桃根系好氧性强。当土壤空气氧含量在 15% 以上时，树体生长健壮；在 10%～15% 时，树体生长正常；降至 7%～10% 时，生长势明显下降；7% 以下时，根呈暗褐色，新根发生少，新梢生长衰弱。桃积水 1～3 d 即可造成落叶，尤其在含氧量低的水中。

**2. 芽**

（1）叶芽

桃叶芽呈圆锥形或三角形，比较瘦小，着生在叶腋或枝条顶端。叶芽有单叶芽和复叶芽之分。单叶芽是指 1 个节位仅着生 1 个叶芽；复叶芽是指 1 个节位着生 2 个或 2 个以上的叶芽。桃树萌芽率高，成枝力强，且芽具有早熟性。其叶芽大多数能在翌年萌发成不同类型的枝条。旺长新梢当年可萌发抽生副梢，生长旺盛的副梢上侧生叶芽可抽生二次副梢，树冠易出现枝条过多而郁闭现象，可利用此特点使幼树提早形成树冠，以达到早结果、早丰产的目的。枝条下部叶芽在第 2 年往往不萌发而成为潜伏芽。桃树潜伏芽少且寿命短，萌发力差，树冠内膛容易光凸，老龄桃园更新困难。

（2）花芽

桃花芽是纯花芽，呈椭圆形，芽体饱满，着生于新梢叶腋间，只能开花结果。桃花芽有单花芽和复花芽之分。单花芽是指 1 个节位上仅着生 1 个花芽；复花芽是指 1 个节位上着生 2 个及以上花芽。花芽充实、着生节位低、排列紧凑及复花芽多是桃树丰产性状之一。

（3）常见复芽类型及芽发育情况

常见的复芽有两种类型：一种是 1 个叶芽和 1 个花芽的二芽并生；另一种是两侧花芽、中间叶芽的三芽并生。桃树上一般生长前期形成的芽多盲芽、弱芽、单芽，中期形成的芽多复芽，后期形成的芽多单芽。

**3. 枝**

（1）枝条分类（图 12–1）

桃树枝条按性质和功能可分为营养枝和结果枝两类。

营养枝按其生长强弱分为徒长枝、发育枝、叶丛枝。徒长枝主要分布在骨干枝中后部，直立向上生长，多由树冠内膛的多年生枝上的潜伏芽萌发形成。其长势强旺，长度在 80 cm 以上，粗度 2 cm 左右，节间长，组织不充实，其上常发生二次枝和三次枝，生长势过旺的徒长枝还可抽生四次枝。若控制不好，

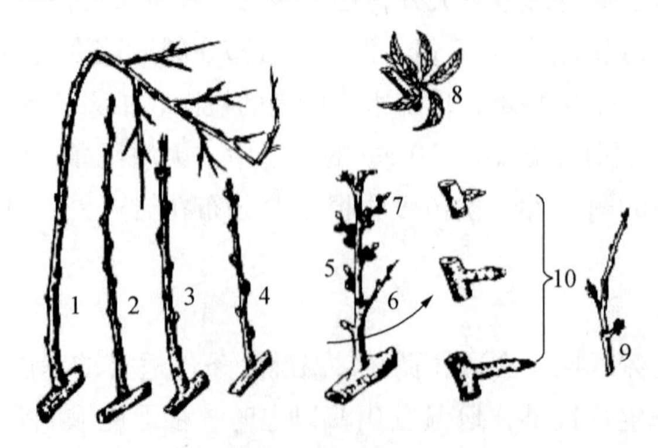


1. 徒长枝 2. 发育枝 3. 长果枝 4. 中果枝 5. 短果枝 6. 纤细枝 7. 叶丛枝
8. 叶丛枝夏季生长状 9. 花束状果枝 10. 不同年龄的叶丛枝休眠期状

**图 12–1 桃的枝条类型**

易形成树上“树”，造成树形紊乱，严重影响树冠内通风透光，进而降低产量和果实品质。发育枝一般着生在树冠外围光照较好的部位，组织充实，腋芽饱满且生长健壮，长度多在 50 cm 左右，最长可达 80 cm，粗度 0.5 cm 左右，最粗可达 1.5 cm，较粗、较长的发育枝上可发生二次枝。发育枝可形成主枝、侧枝和枝组等。叶丛枝是只有 1 个顶生叶芽的极短枝，长 1 cm 左右，多发生在树冠内膛。叶丛枝多年保持单芽枝状态。若条件继续恶化，便会枯死。但当营养、光照条件好转或受到其他刺激时，也能抽生徒长枝、发育枝或结果枝。

华南产区包括广东、广西和海南。主栽种为中国李，主栽品种为木奈李、三华李和南华李等。西南区包括四川、云南和西藏，主栽种为中国李，该区野生资源较多，引进栽培品种也很多，主栽种有江安李、红心李、玫瑰李、木奈李、金沙李、早黄李等。

结果枝按长度和芽的排列分为徒长性结果枝、长果枝、中果枝、短果枝和花束状果枝 5 类。北方品种群初果期以长果枝和徒长性果枝结果为主，盛果期后多以短果枝结果为主，老树及弱树则以短果枝和花束状果枝结果为主。主要结果枝类型和花芽特性及功能见表 12–1。

**表 12–1　主要结果枝类型及花芽特性**

| 结果枝类型 | 长、粗度/cm | 生长及花芽特性 | 功能 |
| --- | --- | --- | --- |
| 徒长性结果枝 | 长 60 ~ 80，粗 1.0 ~ 1.5 | 生长较旺，上部有数量不等的二次枝和三次枝。叶芽多，花芽少，有单花芽和复花芽，但花芽着生节位较高，质量较差，坐果率低。有部分品种结实性较好，结果后能萌发较旺新梢 | 可培养大、中型结果枝组 |
| 长果枝 | 长 30 ~ 59，粗 0.5 ~ 1.0 | 无二次枝。基部和上部数芽常为叶芽，中部多为复花芽，复芽多，坐果能力强 | 结果同时发出的新梢能形成新的长、中果枝 |
| 中果枝 | 长 15 ~ 29，粗 0.3 ~ 0.5 | 无二次枝，发育良好的中果枝基部和上部数芽为叶芽，中部为复芽和单花芽，坐果率高，果实品质好。长势较弱中果枝以单花芽结果为主，坐果很少，难抽出分枝，一般从顶端抽出短果枝，寿命较短。为多数品种的主要结果枝 | 结果同时能发出长势中庸的结果枝 |
| 短果枝 | 长 5 ~ 14，粗 0.3 ~ 0.5 | 顶芽为叶芽，其余各节多为单花芽，花芽饱满，坐果率高。比较瘦弱的短果枝结果后常会枯死，或变为更短的花束状果枝。为北方品种群的主要结果枝 | 发育良好的短果枝在结果同时顶芽仍可继续抽生新的短果枝连年结果 |
| 花束状果枝 | 长 <5，粗 0.1 ~ 0.3 | 顶芽为叶芽，侧芽均为单花芽，开花时各花相互邻接形成花束。为北方品种群的主要结果枝 | 结果后多数枯死或自顶芽继续抽生花束状果枝 |

（2）枝组分类

桃的枝组分大型枝组、中型枝组、小型枝组 3 种类型。大型枝组有 10 个以上的结果枝，长度≥50 cm，结果多，寿命长；中型枝组有 5 ~ 10 个结果枝，长度在 30 ~ 50 cm，一般 7 ~ 8 年后衰老；小型枝组有 5 个以下的结果枝，长度≤30 cm，结果少，寿命短，一般 3 ~ 5 年后衰老。

（3）枝条生长动态

春季萌芽展叶后，新梢生长缓慢，节间短，叶片小，叶腋间无腋芽而形成盲节或者腋芽很小。5—6月，新梢进入迅速生长期，新梢单叶面积增大，节间加长，叶腋内形成腋芽大，枝条中部腋芽可萌发抽生二次枝。7—8月，新梢生长速度逐渐减慢。9—10月，各类新梢停止生长。

新梢生长动态及生长期长短与其生长势密切相关。生长势强的新梢生长期长、生长量大。1个生长季中有2～4次生长高峰，每次生长高峰都伴有大量副梢发生。生长势弱的生长期短、生长量小。生长势极弱的新梢，展叶后7～10 d停止生长。凡能增强生长势的因素均可促进新梢生长，延长其生长期，加大生长量。反之，则降低新梢生长量。

## 二、结果习性

### 1. 花芽分化

桃花芽分化属夏秋分化型，主要集中在7—9月。花芽形成全过程需8～9个月，分为生理分化期、形态分化期、休眠期和性细胞形成期4个阶段。生理分化期在形态分化前5～10 d，一般在5月下旬至6月上旬开始，到7月中旬结束。桃芽原基分化出鳞片原基后，如新梢处于缓慢生长期，树体内C/N高、CTK和乙烯含量升高等，桃芽将进入花芽形态分化阶段。在芽原基出现后先分裂分化出12～15片鳞片原基。如果是叶芽，将停止发育进入休眠状态；如果是花芽，则开始花芽形态分化，继续分化出萼片、花瓣、雄蕊和雌蕊原基（图12-2）。8月底至9月下旬，可分化出4轮雄蕊，每个雄蕊的花药中分化出花粉母细胞，雌蕊也分化形成柱头和子房，以后花芽进入休眠期。第2年早春，气温上升到10 ℃以上时，开始减数分裂，在花药中形成含有精子的成熟双核花粉粒，在子房胚珠中形成含有卵子的八核胚囊，精子和卵细胞完全形成，进入开花期。

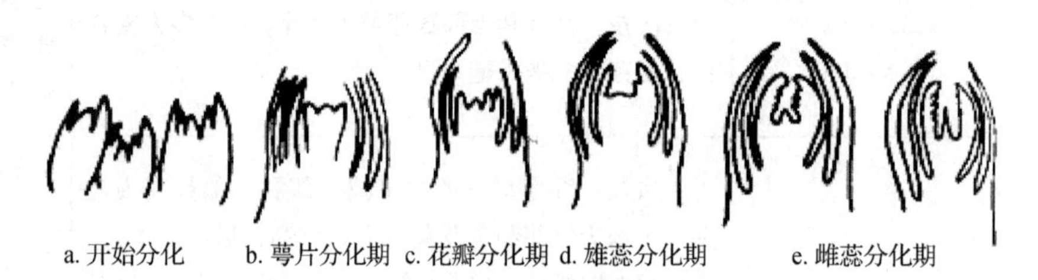


**图12-2 桃花芽分化过程**

### 2. 开花

桃花为子房上位中位花，多数为1芽1花（图12-3）。桃花从花冠形态上分为2种类型（图12-4）：一类是蔷薇型花，花冠大，开花后花瓣平展，雌蕊、雄蕊包于花内或稍露于花外，大部分品种属此类型；另一类是铃型花，花冠小，开花后花瓣不平展，雌蕊、雄蕊不能被花瓣包住，开花前部分雄蕊已成熟。

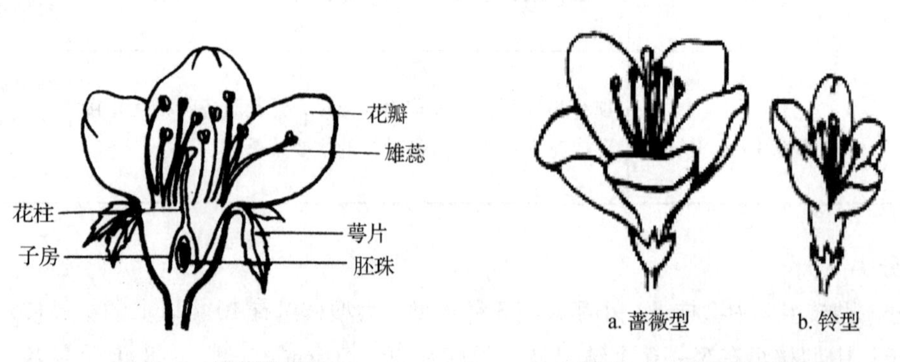


**图12-3 桃花纵剖面**　　**图12-4 桃花的2种类型**

花芽分化完成后，开花早晚主要受环境温度影响。当春季气温稳定在10 ℃以上时桃花开放，但开花最适温度是12 ~14 ℃。正常年份同一品种花期为7 d左右。气温低、湿度大则花期长；反之，则花期短。桃树开花早晚因品种、树龄、树势、枝条类型、天气、土壤而不同。在北方，冬季低温时间长，所有品种需冷量均能得到满足，开花早晚与品种需热量有关，需热量低的品种开花早。盛果期树较初果期树开花早；树势弱的较树势强的开花早；花束状果枝和短果枝较中、长果枝开花早；徒长性果枝开花最晚。桃多数品种为完全花，是自花授粉结实率较高的树种。但也存在雌能花品种，其雌蕊发育正常，雄蕊败育，如深州水蜜桃、丰白桃、仓方早生等，对这类品种在建园时应配置授粉树。桃花芽膨大后，要经过露萼期、露瓣期、初花期到盛花期。一般当天开的花，花瓣浅红色，随后逐渐变为桃红色，最后花丝聚拢，花瓣脱落。但部分油桃品种的花瓣颜色较深。桃花为虫媒花，果园放蜂有利于提高坐果率。

**3. 坐果与果实发育**

桃经过授粉受精后，子房膨大发育成果实叫坐果。桃是由子房发育而成的真果。3层子房壁发育成3层果皮。子房中有2个胚珠，受精后2 ~4 d，较小的胚珠退化，较大的继续发育成种子。桃果实发育过程中可形成“桃奴”，就是个别子房未经授粉受精或授粉受精不充分而形成的单性结实果。“桃奴”（图12-5）果实小，无商品价值。

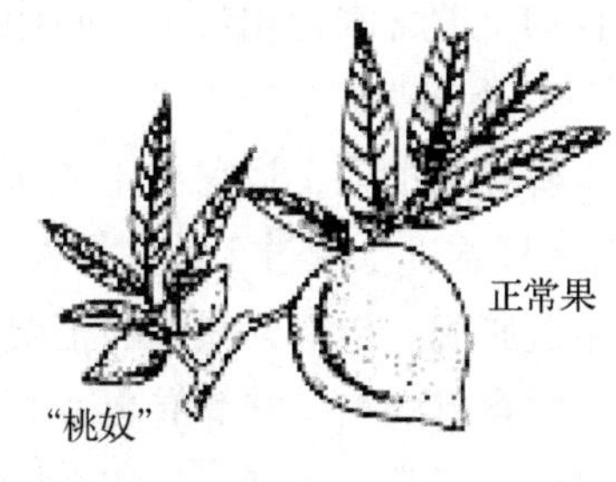

图12-5　桃正常果与“桃奴”

桃果实发育分3个时期：前后有2个迅速生长期，2个迅速生长期之间有1个缓慢生长期，构成桃果双“S”形生长曲线期。第1期为幼果迅速生长期：从受精卵开始发育到果核开始木质化为止。在花后15 ~20 d，受精卵细胞迅速分裂、分化形成种子，子房壁形成的果肉细胞，也迅速分裂、增长，此时果实的纵径比横径增长快，此后内子房壁形成的内果皮自果实尖部呈现淡黄色为桃核木质化开始。此期果实体积和重量迅速增加，种子也达到应有大小，该期一般持续40 d左右。第2期为果实缓慢生长期或硬核期：从果核开始硬化至果核坚硬、种子内胚乳消失、子叶长成为止。此期果实增长缓慢。果核自尖端向下，由内到外逐渐木质化，最后达到一定的硬度，胚乳在迅速发育的同时逐渐被消化，子叶发育并充满整个种皮空间。早熟品种硬核期为2 ~3周，中熟品种为4 ~5周，晚熟品种为6 ~7周或更长。第3期为果实的第2次迅速膨大期：从硬核期结束到果实成熟为止。果实再次迅速生长，此期果实重量的增加占总果重的50% ~70%，增长最快时期在采收前2 ~3周，横径比纵径增长快，种皮逐渐变褐，种仁干重迅速增加。果形丰满，果皮底色明显改变，呈现出品种固有的色彩，果肉硬度下降，并具一定的弹性，呈现出果实进入成熟期的标志。此期持续长短品种间差异较大，一般在35 d左右。油桃有些品种第2、第3期都处于渐增状态。油桃果实生长与普通（毛）桃完全不同，其果实在整个发育过程中没有明显的缓慢生长期和迅速生长期，一直处于不断生长状态。

桃生理性落花落果一般有4次。第1次在花期；第2次在花后约2周；第3次在花后约4周，落果较多；第4次一般在核硬化开始前后，有些品种在采收前。此外，有些品种（如安丘蜜桃、中华寿桃等）有裂果现象，影响果实的品质和贮藏。加强有机肥和钙肥的使用及稳定果园土壤含水量可防止桃裂果。有时桃会发生裂核现象，中、早熟品种的裂核果大部分能成熟，而晚熟品种则常脱落。

## 三、对环境条件的要求

**1. 温度**

桃喜温耐寒，温度适宜范围较广，在南北纬25° ~45°、年平均气温12 ~17 ℃、生长期平均气温在13 ~18 ℃的地区均可栽培桃树。桃果实生长期需一定的高温条件，适温为18 ~23 ℃，果实成熟适温约为24.9 ℃。温度过高，果顶先熟，味淡，品质下降，枝干也易灼伤。夏季土温高于26 ℃，新根生长不良。我国产桃区果实成熟的6—8月气温一般在24 ℃以上，适合果实生长。桃树大多品种需0 ~7.2 ℃低温量为600～1200 h，如果不能满足对需冷量的要求，桃芽萌发、开花便不整齐，果实产量低、品质差。桃具一定耐寒力，休眠期一般品种可耐－25～－22 ℃的低温。但桃花芽萌动后，不耐低温，低于－1.7 ℃即受冻，开花期低于－1 ℃、幼果期低于－1.1 ℃受冻，桃易受春季晚霜和寒流的伤害。

**2. 光照**

桃树喜光，并形成了与桃树喜光习性相适应的外观形态：树冠小，干性弱，树冠稀疏，叶片狭长。桃对光照反应敏感：光照不足则影响花芽分化，降低产量，树冠内部光秃，结果部位上移或下移。夏季直射光过强，可引起枝干日灼，影响树势。桃叶片的光饱和点是$4\times10^4$ Lx，光补偿点是$2.6\times10^3$ Lx。

**3. 水分**

桃树是耐旱忌涝树种，特别是早春开花前后和果实第2次迅速生长期必须有充足的水分供应。桃树适宜的土壤含水量相当于田间持水量的60%～80%，连续积水两昼夜会造成树体落叶，甚至死亡。

**4. 土壤**

桃好氧性强，适宜在土质疏松，排水良好的壤土或沙壤土中栽培。一般桃树要求的土壤含氧量在10%～15%。土壤过于黏重易发生流胶病、茎腐病。在肥沃土壤中营养生长过旺，易发生多次生长，也易发生流胶病。桃树最适宜的土壤pH为5.5～6.5，pH在7.5以上时易发生缺铁性黄叶病。桃栽培忌重茬，桃根中含有的扁桃苷等有毒物质，容易导致植株生长不良而死亡。桃根系在土壤含盐量0.08%～0.1%时，生长正常，达到0.2%时容易生长不良或死亡。

**思考题**

（1）桃花芽和叶芽的形态特征及着生部位如何？

（2）桃树上复芽常见的有哪几种类型？

（3）桃树枝条是如何进行分类的？

（4）何为“桃奴”？

（5）如何减少桃裂果的发生？

（6）试总结桃树的生长结果习性。

（7）桃树对环境条件要求如何？

## 第三节　主要种类、品种群、砧木和优良品种

### 一、主要种类

桃在植物分类学上属蔷薇科桃属。我国的桃有6个种，分别是桃、山桃、新疆桃、甘肃桃、光核桃和陕甘山桃。生产上主要栽培的是桃和山桃。

**1. 桃**

桃（图12-6）又名普通桃、毛桃。原产于我国陕西、甘肃一带，为桃属植物中最重要的种。目前世界各国栽培的品种均来源于此种。小乔木或灌木，高3～8 m，树皮暗红褐色，老时粗糙呈鳞片状；嫩枝细长无毛，有光泽，绿色，向阳红色，具多数皮孔。冬芽为钝圆锥形，外被短茸毛，多2～3个簇生，中间为叶芽，两侧为花芽。叶片长圆披针形或倒卵状披针形，先端渐尖，基部宽楔形；叶缘有细锯齿、粗锯齿或钝锯齿，锯齿末端有或无腺体；叶柄长1～2 cm，具1～8个腺体或无腺体。

图12-6　桃

花单生，先于叶开放，具短柄或近无梗；萼筒钟状，外被短柔毛，绿色具红色斑点，萼片卵圆形或长圆三角形；花瓣倒卵形或长椭圆形，粉红色，少为白色。花柱与雄蕊等长或稍短。果实自卵形、扁圆形至广椭圆形，缝合线明显，果柄深入柄洼；果皮密被短柔毛，极稀无毛，果肉白色、淡绿白色、黄色、橙黄色或红色，多汁有香味，甜或酸甜；离核或黏核，核大，椭圆形或圆形，两侧扁平，顶部渐尖，外面具深沟纹或呈蜂窝状。该种栽培品种最多，分布最广，是我国南北方栽培桃的主要砧木。主要有蟠桃、油桃、寿星桃和碧桃 4 个变种。

（1）蟠桃（图 12–7）

蟠桃果实扁圆形，果肉多为白色，也有黄色。核小，扁圆形。蟠桃为主要的栽培种。江苏、浙江等省栽培较多，果实主要供鲜食。蟠桃品种较多，分有毛、无毛两种类型，无毛为油蟠桃。

（2）油桃（图 12–8）

油桃又称光桃、李光桃。果实圆形或扁圆形，光滑无毛，含糖量较高，多为黄肉，也有白肉类型。个别品种很晚熟。油桃也是主要的栽培种。性喜干燥，其果实供鲜食。

**图 12–7　蟠桃**

**图 12–8　油桃**

（3）寿星桃（图 12–9）

寿星桃树冠矮小，根系浅，枝条粗，节间短，是一种矮生型桃树。花重瓣，有大红、粉红和白色 3 种类型。果实小，品质差，不宜食用。一般供观赏，可作桃的矮化砧或矮化育种原始材料。

（4）碧桃（图 12–10）

花重瓣艳丽，多作观赏树种。抗病虫及耐寒力强。

**图 12–9　寿星桃**

**图 12–10　碧桃**

**2. 山桃**

山桃（图 12–11）又名山毛桃，原产于我国华北、西北山岳地带。小乔木，树冠开张，树皮暗紫色，树干表皮光滑，枝细长，直立，嫩时无毛，老时褐色。叶片卵圆状披针形，先端长渐尖，基部宽楔形，边缘有细锐锯齿，两面无毛；叶柄长 1 ~ 2 cm，具腺。花单生，近无柄；萼筒钟状，萼片卵圆形，紫色，

图 12-11 山桃

外面无毛；花瓣倒卵圆形，淡粉色，先端圆钝或微凹；雄蕊与花瓣等长；子房被毛。果实圆形，直径约 3 cm，成熟时干裂，不能食用。核圆形，表面有沟纹、点纹。抗寒、耐旱、耐盐，但不耐湿。有红花山桃、白花山桃和光叶山桃 3 种类型，是我国北方主要的桃树砧木类型。

**3. 新疆桃**

新疆桃别名大宛桃，原产于我国新疆、中亚细亚，作为地方品种栽培。乔木，高达 8 m；树皮暗红褐色，鳞片状；枝条光滑，有光泽；叶片披针形，先端渐尖，基部圆形；叶缘有锯齿，锯齿上有腺；叶柄粗，长 0.5～2.1 cm，具 2～8 个腺体；叶脉分枝特点是侧脉直出至叶缘，不分枝，鳞芽有茸毛。花单生，近无柄，先于叶开放；萼筒钟状，萼片卵形或椭圆形；花瓣近圆形，淡粉色；雌蕊与雄蕊近等长；果实扁球形或近球形，外被短茸毛，极少无毛，绿白色，稀金黄色，有时具浅红色晕；果肉多汁，有白有黄，酸甜，有香味，离核；果不耐运输；核球形、扁球形或广椭圆形，表面具纵向平行的棱或纹；种仁味苦涩或微甜。果实有多种变异，分新疆油桃、新疆蟠桃 2 个变种和 1 个新变型——李光蟠桃。新疆桃是经济栽培种，在我国新疆地区广为分布，甘肃也有少量栽培，野生种可作桃砧木。

**4. 甘肃桃**

甘肃桃（图 12-12）别名毛桃，原产于陕西和甘肃。冬芽无毛，叶片卵圆状披针形，中部以下最宽，叶缘锯齿较稀，近基部中脉有茸毛。花柱长于雄蕊，约与花瓣等长；核表面有沟纹，无点纹。核仁有甜有苦。除采食鲜果外，主要用作桃树砧木。具有抗寒、抗旱、抗线虫、抗瘤蚜的特点，可作抗寒育种的原始材料。

图 12-12 甘肃桃

**5. 光核桃**

光核桃（图 12-13）别名西藏桃，原产于西藏。乔木，高达 10 m；枝条细长，无毛，绿色，老时褐灰色；叶片披针形，先端长渐尖，基部圆形，叶缘有圆钝锯齿，先端近全缘，下表面中脉被长茸毛；叶柄长 8～15 mm，有 2～4 个腺体。花白色，单生或 2 朵齐出。果实球形，稍小；核卵形，扁而光滑无沟或浅纹。果可食用或制干。光核桃是培育耐寒、长寿品种的优良原始种，可作桃的砧木。

**6. 陕甘山桃**

陕甘山桃（图 12-14）原产于我国陕西、甘肃。叶片卵圆状披针形，先端急尖或渐尖，基部圆形，边缘锯齿稍钝。果实及核均为椭圆形，比山桃更抗旱，可作为砧木利用。

图 12-13 光核桃

图 12-14 陕甘山桃

## 二、主要品种群

### 1. 北方品种群

北方品种群是古老的品种群，主要分布于我国西北、华北及黄河流域的山东、河南、河北、山西、陕西、甘肃和新疆等省（区）。这些地区的气候属于我国南温带的亚湿润和亚干旱气候，年降水量400～800 mm，冬暖夏凉，日照充足。适宜栽培地区的年平均气温8～14 ℃，比较抗寒和耐旱，能耐绝对低温，但不适应早春的变温。本品种群不耐温暖多湿的气候，栽培在南方，表现不良。冬季严寒、生长季热量不足及早春的变温，是北方地区桃树栽培的限制因子；而冬季低温不足是南方地区桃树栽培的限制因子。该种群树势强健，树姿直立或半直立，成枝力弱，中、短果枝较多，单花芽多。果形大，果实顶端有突尖，缝合线及梗洼深，多数为圆形果。果肉硬质，致密。较耐贮运。著名品种有肥城桃、五月鲜等。

### 2. 南方品种群

南方品种群主要分布在我国长江以南的江苏、浙江、四川、贵州、湖北及湖南等省。这些地区的气候属于北亚热带和中亚热带的湿润性气候，降水量1000～1400 mm，春季雨量较多，太阳辐射量小，冬季较温暖，夏季温度较高。适宜栽培地区的年平均气温为12～17 ℃。耐温暖多湿的气候，是华北及陕甘地区的主栽品种，耐寒性较差。该种群树姿开张或半开张，成枝力强，中、长果枝比例较大，复花芽多，果实圆形或长圆形，果顶平圆或微凹；果肉柔软多汁或硬脆致密，代表品种有上海水蜜桃等。

### 3. 黄肉桃品种群

黄肉桃品种群树姿直立或半开张，生长势强，成枝力较北方品种群稍强，中、长果枝比例亦稍多。果实圆形或长圆形，果皮与果肉均金黄色，肉质紧密坚韧，适于加工制罐。主要品种有黄甘桃、晚黄金、黄露桃、郑黄2号、金童6号等。

### 4. 蟠桃品种群

蟠桃品种群树姿开张，成枝力强，中、短果枝多，复花芽多。果实扁圆形，多白肉，柔软多汁。著名的品种有撒花红蟠桃、陈圃蟠桃、白芒蟠桃、早蟠桃、黄金蟠桃、早露蟠桃、早油蟠桃、瑞蟠8号、中油蟠2号等。

### 5. 油桃品种群

油桃品种群果实光滑无毛，果肉紧密，硬脆，多黄色，离核或半离核。如新疆李光桃、甘肃紫胭桃等。目前，生产上优良油桃品种有瑞光5号、早红2号、曙光、华光、艳光、霞光、丽春、超红珠、春光、千年红、中油4号、双喜红等。

## 三、常用砧木

适宜的桃砧木与多数品种嫁接亲和力强，对接穗品种有良好的促进作用，花芽形成容易，开始结果早，稳产、丰产、优质；繁殖容易，可以用种子繁殖，也可以无性繁殖；苗期生长快；抗逆性强，包括抗寒性、抗旱性、抗热性、抗病性、抗线虫和害虫能力；无病毒；固地性良好，能适应不同土壤类型。萌蘖少，生长整齐，适合芽接的时间长。在生产上常用的桃砧木是毛桃和山桃。

## 四、优良品种

桃品种全世界有3000个以上，我国有800个左右。这些品种按果面茸毛有无，分为普通桃（有毛）和油桃（无毛）；按果实用途分为鲜食和加工品种。按果核与果肉的黏离度分为离核、黏核和半黏核品种。按肉质性质分为溶质、不溶质和硬肉桃3个类型。按果肉颜色分为白肉、黄肉、红肉3类。按果实成熟期分为极早熟（果实发育期≤60 d）、早熟（果实发育期61～90 d）、中熟（果实发育期91～120 d）、晚熟（果实发育期121～160 d）、极晚熟（果实发育期≥161 d）。按照生态适应性分为北方品种群、南方品种群和欧洲系品种群。其中，南方品种群又分为硬桃类和水蜜桃类。硬桃类为南方品种群起源较早的品种。适应性强，分布广，栽培遍及南方各省。树势强，枝条直立，中、长果枝多，单花芽多，叶片狭窄而色泽深绿；果顶部微突起，果肉硬而细密，汁液少。适于硬熟期采收，过熟时果肉发绵而品质下降。多数为离核，成熟期早。抗性强，耐瘠薄。代表品种有浙江一带的小暑桃、安徽的吊枝白、江西等地的象牙白等。水蜜桃为南方品种群中高度进化的品种群，在南方夏季高温下果实品质优良。多数品种树势中强，树冠较开张，枝梢粗壮，复花芽多，结果性能好；果实圆形或微长圆形，顶部钝，肉质柔软多汁，味甘甜。充分成熟后果皮易剥离，黏核者居多，贮运性能较北方品种群差。代表品种有玉露、白花和白凤等。欧洲系品种群适应夏干生态环境，包括地中海沿岸的西班牙南部、法国、意大利、巴尔干半岛、非洲北部沿海地区；小亚细亚沿海地区，黑海沿岸一部分地区。经过长期的栽培驯化，形成了适应当地夏季干燥凉爽气候特性。大多树冠直立，枝条粗细分明，单花芽多，复花芽少；小花型居多，开花早；多为黄肉，肉质有溶质与不溶质之分。不溶质代表品种有晚 9 号、西姆士和超市红等，都具有很好的加工适应性，是培育罐藏品种的宝贵资源。

**1. 毛桃**

（1）白如玉（图 12–15）

中熟品种，SH 肉质。7 月上旬开始成熟，果实发育期 100 d，果实圆形。单果重 248 ~ 389 g，外观及果肉纯白如玉，浓甜，高品质，可溶性固形物 14% ~ 16%，黏核，品质优良。留树时间长，极耐贮运。大花型，有花粉，极丰产。适合规模化栽培。

图 12–15 白如玉

（2）中桃 22 号（图 12–16）

特晚熟品种。9 月初开始成熟，果实发育期 155 d，果实近圆形。单果重 230 ~ 376 g，白肉，浓甜，可溶性固形物 15% ~ 17%，黏核，品质优。硬溶质，耐贮运。大花型，有花粉，极丰产。可延长至中秋节上市。

（3）中桃 10 号（图 12–17）

早中熟品种，SH 肉质。7 月初开始成熟，果实发育期 95 d，果实圆形。单果重 250 ~ 376 g，黄肉，甜，可鲜食加工兼用，可溶性固形物 13% ~ 14%，黏核，品质优良。留树时间长，极耐贮运。大花型，有花粉，极丰产。适合建大型基地，远距离运销。

图 12–16 中桃 22 号

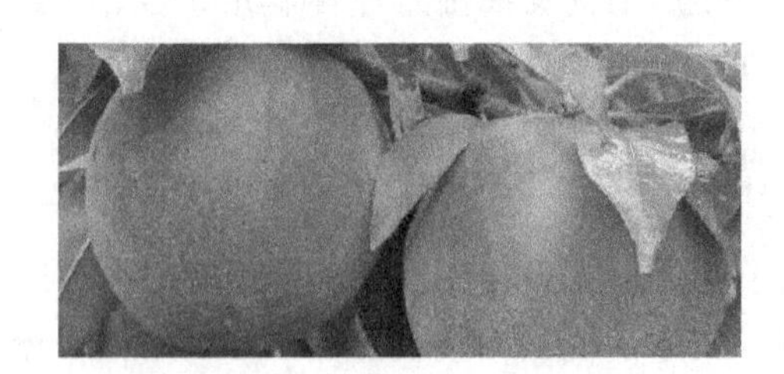
图 12–17 中桃 10 号

（4）中桃 9 号（图 12–18）

早熟品种，SH 肉质。6 月中旬开始成熟，果实发育期 75 d，果实近圆形。单果重 230 ~ 336 g，白肉，浓甜，可溶性固形物 11% ~ 12%，黏核，品种优良。留树时间长，极耐贮运。大花型，有花粉，极丰产。

（5）中桃 8 号（图 12–19）

早熟品种。6 月下旬成熟，果实发育期 85 d，果实近圆形，偶有尖。单果重 245 ~ 380 g，白肉，浓甜，可溶性固形物 13% ~ 15%，离核，品质优。硬溶质，耐储运。大花型，有花粉，极丰产。

图 12-18　中桃 9 号

图 12-19　中桃 8 号

（6）春蜜（图 12-20）

春蜜又名中桃 2 号，由中国农业科学院郑州果树研究所培育而成。果实近圆形，平均单果重 120 g，最大单果重 205 g；果肉白色，肉质细，硬溶质，可溶性固形物含量 11%～12%。黏核，成熟后不易变软，耐贮运。果实 6 月 10 日左右成熟。

（7）春美

春美又名中桃 3 号，果实 6 月中旬成熟，发育期 72 d。果实圆形，单果重 172～215 g，成熟后整个果面着鲜红色，果肉白色，风味浓甜，可溶性固形物 12%～15%。肉质脆，留树时间长。黏核。花蔷薇型，花粉多，自花结实，极丰产，需冷量 600 h。果实硬肉、外观美、品质优、耐贮运，留树时间长，是目前综合性状较好的早熟品种，可生产优质高档果，宜大面积发展。生产上应注意疏果，不宜提前采收。露地、保护地均可栽培。

（8）黄金蜜 4 号（图 12-21）

最新育成的特晚熟黄肉鲜食桃。果实 9 月上中旬成熟，适逢中秋、国庆双节，果实发育期 160 d。果实近圆形，单果重 220 g 左右。果皮底色黄、着鲜红色，套袋后呈金黄底色。果实硬溶质，风味浓甜、浓香，可溶性固形物 17.2%，品质极上。有花粉，极丰产。

图 12-20　春蜜

图 12-21　黄金蜜 4 号

（9）早凤王

北京市大兴区从早凤桃芽变选育而成的普通桃品种。幼树强健，结果后树势中庸，树姿半开张，萌芽力、成枝力中等，盛果期树以短果枝结果为主。坐果率较高，丰产性良好。果实近圆形稍扁，平均单果重 250 g。果顶微凹，果皮底色白，果面披粉红色条状红晕。果肉粉红色，近核处白色，甜而硬脆，可溶性固形物含量 16.5%，半离核，耐贮运，品质上，可鲜食兼加工。在北京地区 6 月底至 7 月初成熟。

（10）春雪桃

美国选育的早熟普通桃新品种，由山东果树研究所2005年推出。树势健壮，萌芽率高，成枝力强，长、中、短枝均能结果。自然坐果率高，定植当年即结果。果实圆形，大果型，平均单果重200 g，果皮全面浓红色，内膛遮阴果也着全红色。果肉白色，肉质硬脆，纤维少，风味甜、香味浓，黏核，可溶性固形物含量16%，品质上，不落果。6月上旬果实成熟，耐贮运，常温下货架期10 d。

图12–22 王母红仙桃

（11）王母红仙桃（图12–22）

树势健壮，树姿直立。主干、多年生枝白色，光滑，一年生枝红褐色，节间短，平均1. 52 m。叶片肥厚，常绿色，叶脉黄绿色，叶长16 cm左右，宽3. 3 ~3. 5 cm，尖端渐尖，叶柄长0. 7 cm左右，叶片倒卵状披针形。花芽较小，大花型，花药紫红色，花粉多，初花粉红色，以后逐渐变深红色。幼树生长旺盛，形成树冠快，1年发生2 ~ 3次副梢，平均节间长1. 52 cm，稍具短枝性状。盛果期后树势趋向中庸。新梢抽枝粗壮，复花芽多，萌芽力中等，成枝力强。初果幼树以长果枝和中果枝结果为主，盛果期以短果枝和花束状果枝结果为主。成花容易，花芽着生节位低，一般枝条第2节花朵发育正常。自花授粉坐果率高达46. 8%，建园时无须配置授粉树。果实近圆形，果顶尖略凸出，果尖黄白色，近核处紫红色，缝合线明显，中深，两半部较对称。平均单果重350 g，最大单果重1350 g。果面底色浅黄色，成熟后色泽鲜红，着色面75%以上。果面光洁，茸毛极短且少，果肉黄白色，近核处紫红色，果肉脆细、甘甜、味浓略带香味，半黏核。可溶性固形物含量17. 5%~19. 0%，套袋果实含糖量18%~20%。在河南商水果实9月下旬成熟，耐贮藏，冷藏条件下可贮至翌年2—3月。在河南商水，3月中旬花芽萌动，3月下旬叶芽萌动进入始花期，4月2日左右进入盛花期，花期持续8 ~ 10 d。5月初至5月中旬末新梢进入初长期，新梢旺长期在5月下旬至6月上旬。果实第1次迅速膨大期在8月下旬至9月中旬，果实发育期180 d左右，12月上旬落叶。对土壤适应性强，抗旱、耐寒、耐瘠薄，土壤黏重易发生流胶。

**2. 油桃**

（1）曙光（图12–23）

中国农业科学院郑州果树研究所用丽格兰特和瑞光2号杂交选育而成。树体生长中庸偏旺，树姿较开张，中果枝节间长1. 73 cm，叶片黄绿色，有波纹状弯曲，长宽比3. 76：1。蔷薇型花，花瓣淡粉红色，有花粉，自花坐果率33. 3%。果实近圆形，平均单果重90 g左右，最大单果重170 g以上，表面光滑无毛，外观艳丽，果面全面着鲜红色或紫红色，果肉黄色，硬溶质，纤维中等，风味甜，有香气，可溶性固形物含量10%左右，pH为5. 0，黏核。果实发育期65 d左右，6月上旬成熟。大花型，花粉量多，树势中强，较丰产。果实含总糖（包括可溶性糖和蔗糖）8. 2%，总酸（以苹果酸计）0. 1%，维生素C 9. 2 mg/100 g。果实高抗疮痂病，对白粉病和细菌性穿孔病抗性中等。抗逆性强，不裂果，花芽较抗寒，适宜在河南省及全国各桃产区和保护地栽培。

图12–23 曙光

（2）双喜红（图12–24）

中国农业科学院郑州果树研究所培育而成的油桃品种。树势中庸，树姿较开张，节间长度2. 22 cm；叶片长14. 47 cm，宽4. 1 cm，呈长椭圆状披针形，叶柄长0. 77 cm，叶腺为肾形；花为铃型，花粉多。萌芽力和成枝力均较强。长、中果枝和短果枝所占比例分别为26. 5%、28. 4%、34. 8%；复花芽居多，花芽起始节位为第3节；幼树以中、长果枝结果为主，进入盛果期后各类果枝均能结果；自花结实率较曙光好。郑州地区2月下旬叶芽膨大，3月底始花，4月初盛花，花期持续6～8 d，果实成熟期6月底至7月初，果实生育期90 d左右；大量落叶期10月下旬至11月上旬，生育期240 d左右；需冷量650 h。果实圆形，果形正，两半部对称，果顶平、果尖凹入，梗洼浅，缝合线浅，成熟状态一致；平均单果重170 g，最大单果重250 g；果皮光滑无毛，底色乳黄，果面75%～100%着鲜红色、紫红色，果皮不易剥离；果肉黄色，红色素少，肉质硬溶，汁液中多，纤维少；果实风味浓甜，可溶性固形物13%～15%，可溶性糖10.01%，可滴定酸0.48%，维生素C 8.8 mg/100 g，果核浅棕色，离核。适合长江以北地区栽培和北方保护地栽培。

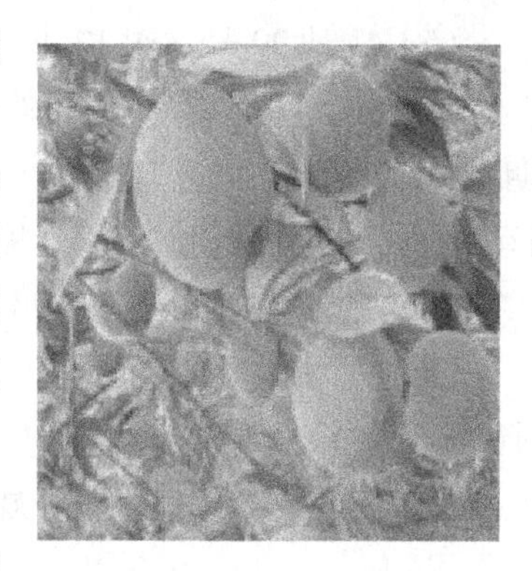
图12-24　双喜红

（3）玫瑰红（图12-25）

中国农业科学院郑州果树研究所用京玉和五月火选育而成。树势较旺，树姿较开张。幼树以中、长果枝结果为主，进入盛果期后，各类果枝均能结果；自花结实率高。果实圆形或近圆形、端正，果顶稍平，缝合线明显，果梗粗短，果形指数平均1.08。果皮玫瑰红色达70%以上，果核椭圆形，黏核。单果重129.5～162.6 g，可溶性固形物8.8% －12%，可食率93%左右。总酸0.33%，总糖7.66%，还原糖1.48%。在福建省三明市三元区回瑶，萌芽期2月中下旬，展叶期3月中旬，新梢生长期3月下旬，初花期3月上中旬，盛花期3月中旬，终花期3月下旬，果实成熟期5月下旬至6月上旬，果实生育期70～75 d。

（4）中农金辉（图12-26）

瑞光2号和阿姆肯（Armking）人工杂交后用胚培育而成。树姿半开张；节间长2.24 cm；叶片长14.98 cm，宽4.2 cm，长椭圆状披针形，叶柄长0.80 cm，正常叶绿色，秋季叶脉呈红色；叶基楔形，叶尖渐尖；花铃型，花径2.1 cm，花深粉红，花瓣长1.4 cm，宽0.95 cm，雌蕊高于雄蕊或等高，花粉多，萼筒内壁色橙黄；花药橙红，自花可结实。树势中庸健壮，长、中、短果枝均能结果。其中，长果枝占45.23%，中果枝占20.05%，短果枝占15.24%，花束状果枝占13.35%，徒长性结果枝占4.64%。徒长性结果枝长放时仍能结果。复花芽占57.43%，花芽起始节位为第1节～第2节；坐果率29.6%。丰产性强。果实椭圆形，果形正，两半部对称，果顶圆凸，梗洼浅，缝合线明显、浅，成熟状态一致；平均单果重173 g左右，最大单果约重252 g；果皮无毛，底色黄，果面80%以上着明亮鲜红色晕，皮不能剥离；果肉橙黄色，硬溶质，耐运输；汁液多，纤维中等；果实风味甜，可溶性固形物含量12%～14%，有香味，黏核。郑州地区2月下旬叶芽膨大，3月底至4月初始花，开花持续期约7 d。果实6月18日左右成熟，果实生育期80 d左右。需冷量650～700 h。花芽抗霜能力强。落叶终止期11月10日左右，生育期255 d。

图12-25　玫瑰红

图12-26　中农金辉

（5）中油 20 号（图 12–27）

中国农业科学院郑州果树研究所育成，中熟白肉油桃，SH 肉质。7 月中下旬成熟，果实发育期 110 d。果形圆，外观全红，色泽鲜艳。单果重 185～278 g，口感脆甜，可溶性固形物 14%～16%，黏核，品质优良。留树时间长，极耐贮运。有花粉，极丰产。适合规模化栽培。

（6）中油 19 号（图 12–28）

早熟黄肉油桃，SH 肉质。6 月上中旬成熟，果实发育期 69 d。果形整圆，端正美观。外观全红，色泽鲜艳。单果重 165～250 g，口感脆甜，可溶性固形物 13%～14%，黏核，品质优良。留树时间长，极耐贮运。有花粉，极丰产。适合规模化栽培。

**图 12–27　中油 20 号**

**图 12–28　中油 19 号**

**3. 蟠桃**

（1）农神蟠桃（图 12–29）

中熟、优质、白肉蟠桃品种，由美国引入。果皮底色白，成熟后果面披鲜红色。果形中等，单果重 110～160 g。果肉乳白色，风味浓甜，可溶性固形物 13%～16%，品质优。果肉硬溶质。黏核。果实发育期 90 d，7 月上旬果实成熟。花朵蔷薇型，花粉多，自花结实，丰产。需冷量 600 h。栽培时，注意疏果。

（2）早露蟠桃（图 12–30）

北京市农林科学院林果研究所育成，为优质早熟白肉蟠桃品种。花朵蔷薇型，花粉多，自花结实，丰产。需冷量 600 h。果皮底色白，小部分果面披鲜红色。果形中等，单果重 85～120 g。果肉乳白色，风味浓甜，可溶性固形物 12%～15%，品质优。果肉软溶质，黏核。果实 6 月上旬成熟，发育期 68 d。

**图 12–29　农神蟠桃**

**图 12–30　早露蟠桃**

（3）中蟠 1 号（图 12–31）

最新育成的早中熟、优质、白肉蟠桃品种，是目前综合性状较好的蟠桃品种。果形扁平，果顶光洁不裂，果皮底色白，成熟后整个果面披鲜红色。果形中等，单果重 120 ~ 169 g。果肉乳白色，风味浓甜，可溶性固形物 13% ~ 16%，风味佳，品质优。果肉硬溶质。黏核。果实发育期 85 g，7 月初果实成熟。花朵蔷薇型，花粉多，自花结实，丰产。需冷量 600 h。

图 12-31　中蟠 1 号

**4. 水蜜桃**

（1）京春

北京市农林科学院林果研究所育成，优质、早熟、白肉水蜜桃品种。果实圆形，果顶微凹。果皮底色白，大部分果面披鲜红色，亮丽美观。果形中大，单果重 120 ~ 166 g。果肉乳白色，风味浓甜，可溶性固形物 12% ~ 14%，品质优。果肉硬溶质，充分成熟后柔软多汁。黏核。6 月初果实成熟，果实发育期 65 d。花朵蔷薇型，花粉多，自花结实，丰产。需冷量 600 h。

（2）加纳盐

优质、早中熟、白肉水蜜桃品种，由日本引入。果实圆形，果顶微凹。果皮底色白，成熟后整个果面披鲜红色，亮丽美观。果形大，单果重 195 ~ 256 g。果肉乳白色，风味浓甜，可溶性固形物 12% ~ 15%，品质优。果肉硬溶质，充分成熟后柔软多汁。黏核。果实 6 月下旬成熟，发育期 80 d。花朵蔷薇型，花粉多，自花结实，丰产。需冷量 650 h。

图 12-32　黄金蜜 3 号

（3）黄金蜜 3 号（图 12-32）

优质、晚熟、黄肉水蜜桃品种。果实圆形，果皮底色金黄，大部分果面披鲜红色。果形大，单果重 215 ~ 260 g。套袋后整个果面金黄色，果肉金黄色，风味浓甜，香气浓郁，可溶性固形物 3% ~ 17%，品质优。果肉硬溶质，货架期长。黏核。果实发育期 125 d 左右，8 月初果实成熟。花朵蔷薇型，花粉多，自交结实，极丰产。需冷量 600 h。

**思考题**

（1）桃的主要种类有哪些？

（2）北方品种群和南方品种群的主要区别是什么？

（3）生产上栽培桃的优良品种有哪些？识别时应把握哪些技术要点？

## 第四节　桃无公害栽培技术要点

### 一、园地选择

无公害桃园在满足桃对气候条件、土壤条件的基础上，还应选择在生态条件良好、远离污染源并具有可持续生产能力的农业生产区域。无公害桃产地环境空气质量、农田灌溉水质、土壤质量应分别符合表 12-2、表 12-3 和表 12-4 的规定。

表 12–2 无公害桃产地空气质量指标

| 项目 | 指标 | |
|---|---|---|
| | 日平均 | 1 h 平均 |
| 总悬浮颗粒物（TSP，标准状态）/(mg/$m^3$) | ≤0.3 | — |
| 二氧化硫（$SO_2$，标准状态）/(mg/$m^3$) | ≤0.15 | ≤0.5 |
| 氮氧化物（$NO_x$，标准状态）/(mg/$m^3$) | ≤0.10 | ≤0.15 |
| 氟化物（F）/(μg·$dm^{-2}$·$d^{-1}$) | ≤5.0 | — |
| 铅（标准状态）/(μg/$m^3$) | ≤1.5 | ≤1.5 |

表 12–3 无公害桃产地农田灌溉水质量指标

| 项目 | 指标 | 项目 | 指标 |
|---|---|---|---|
| pH | 5.5～8.5 | 铬（六价）/(mg/L) | ≤0.10 |
| 总汞/(mg/L) | ≤0.001 | 氯化物/(mg/L) | ≤250 |
| 总镉/(mg/L) | ≤0.005 | 氟化物/(mg/L) | ≤3.0 |
| 总砷/(mg/L) | ≤0.05 | 氰化物/(mg/L) | ≤0.50 |
| 总铅/(mg/L) | ≤0.10 | 石油类/(mg/L) | ≤1.0 |

表 12–4 无公害桃产地土壤质量指标

| 项目 | 指标 | | |
|---|---|---|---|
| | pH＜6.5 | pH 6.5～7.5 | pH＞7.5 |
| 总镉/(mg/kg) | ≤0.3 | ≤0.3 | ≤0.6 |
| 总汞/(mg/kg) | ≤0.3 | ≤0.5 | ≤1.0 |
| 总砷/(mg/kg) | ≤40 | ≤30 | ≤25 |
| 总铅/(mg/kg) | ≤100 | ≤150 | ≤150 |
| 总铬/(mg/kg) | ≤150 | ≤250 | ≤250 |
| 六六六/(mg/kg) | ≤0.5 | ≤0.5 | ≤0.5 |
| 滴滴涕/(mg/kg) | ≤0.5 | ≤0.5 | ≤0.5 |

## 二、果实质量要求

无公害桃感官要求和卫生指标应符合表 12–5、表 12–6 的规定。

表 12–5 无公害食品桃感官要求

| 项目 | 指标 |
|---|---|
| 新鲜度 | 新鲜、清洁、无不正常外来水分 |
| 果形 | 具有本品种的基本特征 |
| 色泽 | 具有本品种成熟固有的色泽，着色程度达到本品种应有着色面积的 25% 以上 |
| 风味 | 具有本品种特有的气味，无异常气味 |
| 果面缺陷 | 雹伤、磨伤等机械伤总面积≤2 $cm^2$ |

续表

| 项目 | 指标 |
| --- | --- |
| 腐烂 | 无 |
| 果肉褐变 | 无 |
| 整齐度 | 果重差异不超过果重平均值的5% |

**表 12-6　无公害食品桃卫生指标**

| 序号 | 项目 | 指标/(mg/kg) |
| --- | --- | --- |
| 1 | 敌敌畏 | ≤0.2 |
| 2 | 乐果 | ≤1.0 |
| 3 | 百菌清 | ≤1.0 |
| 4 | 多菌灵 | ≤0.5 |
| 5 | 三唑酮 | ≤0.2 |
| 6 | 氰戊菊酯 | ≤0.2 |
| 7 | 毒死蜱 | ≤1.0 |
| 8 | 溴氰菊酯 | ≤0.1 |
| 9 | 辛硫磷 | ≤0.05 |
| 10 | 铅（以Pb计） | ≤0.2 |
| 11 | 汞（以Hg计） | ≤0.01 |

## 三、品种选择与栽植

**1. 品种选择**

根据市场需求及发展趋势选择品种。鲜食选择果型大、果肉溶质、果面红色艳丽、果形整齐、风味浓、有香味的品种；罐藏加工品种要求果实大小均匀、缝合线两侧对称、果肉厚，黏核、核圆、小而不裂，果核周围不红、果肉不溶质，有香味、肉色金黄色、果实含酸量略高；干制用离核、风味甜的品种。以早、中、晚熟品种配合，面积比例适宜，供应周期长为原则。

**2. 栽植**

土质肥沃的平坦地、缓坡地，株行距可采用2 m×4 m、3 m×5 m、4 m×5 m；丘陵、山坡株行距为2.5 m×（4～5） m。授粉树占主栽品种的20%～25%，在主栽品种中均匀配置，成行栽植。栽前苗木用水浸泡1夜，并用杀菌剂（如石硫合剂）蘸根。从落叶后到萌芽前均可栽植。华北地区以春栽为主。栽植时将苗栽正，填土踏实。栽植深度以苗木根颈与地面相平；载后定干，定干高度50～60 cm，剪口下15～20 cm内有5～7个饱满芽。

## 四、土肥水管理

**1. 土壤管理**

桃园土壤管理的目的是改良土壤、增加土壤有机质含量、改善土壤理化性能、提高土壤肥力，为桃树生长提供良好的条件，及时供给桃树生长和果实发育所需养分、水分和氧气。桃园土壤管理方法可采用清耕法、生草法、覆盖法和免耕法等。清耕法在我国桃园应用较多，但长期采用会使土壤中有机质迅速减少，破坏土壤结构，影响桃树生长发育；生草法和覆盖法可减少土壤冲刷，增加土壤有机质，改善土壤理化性状；免耕法可保持土壤自然结构，节省劳力，降低成本。因此，免耕法、生草法和覆盖法是桃园土壤管理的方向，并且越来越倾向于生草法或生草结合树下覆盖的方法进行桃园土壤管理。

**2. 施肥管理**

（1）原则

以有机肥为主、化肥为辅，保持或增加土壤肥力及土壤微生物活性。所施用的肥料不能对果园环境和果实品质产生不良影响。

（2）允许施用的肥料种类

农家肥料按 NY/T 394—2013 中 3.3 所述的农家肥料执行，包括堆肥、沤肥、厩肥、沼气肥、绿肥、作物秸秆肥、泥肥和饼肥等。商品肥料按 NY/T 394—2013 中商品肥料执行，包括商品有机肥、腐殖酸类肥、微生物肥、有机复合肥、无机（矿质）肥、叶面肥等。其他可使用的肥料包括不含有毒物质的食品、鱼渣、牛羊毛废料、骨粉、氨基酸残渣、骨胶废渣、家禽家畜加工废料、糖厂废料等有机物料制成的，经农业部门登记允许使用的肥料。禁止使用未经无害化处理的城市垃圾或含有金属、橡胶和有害物质的垃圾，硝态氮肥和未腐熟的人粪尿，未获登记的肥料产品。

（3）施肥时期、方法和数量

桃园施肥时期以秋施基肥为主，春、夏追肥为辅。基肥以有机肥为主，加入少量氮肥，酸性土壤混施一定量石灰，在秋季深施到土中。早、中熟品种在落叶前 30～50 d 施入，晚熟、极晚熟品种在果实采收后尽早施入。追肥一般在萌芽前、开花后、硬核期、采收前、采收后施用。萌芽前、开花前追肥以氮肥为主，配合磷肥、钾肥；硬核期追肥以钾肥为主，配合氮肥、磷肥；采收前追肥应氮肥、磷肥、钾肥结合；采收后追肥以氮肥为主，配合磷肥。追肥方式一般是土施，或进行叶面喷肥。追肥次数取决于土壤类型、肥力状况、基肥施用量、树龄和结果量。施肥方式以土壤施肥为主，叶面喷肥为辅。土壤施肥可环状施肥、放射沟施肥、条沟施肥、全园撒施等，施肥深度 20～50 cm，基肥施深些，追肥适当浅一些。叶面喷肥后 15 min～2 h 即可被叶片吸收利用。桃园叶面喷肥常用喷施浓度为尿素 0.3%～0.4%、硫酸铵 0.4%～0.5%、磷酸二铵 0.5%～1.0%、磷酸钾 0.3%～0.4%、硫酸亚铁 0.2%、硼酸 0.1%、硫酸锌 0.1%、草木灰浸出液 10%～20%。施肥量以不刺激桃树徒长为原则，一般在树体大小未达到设计标准之前、主枝延长枝的基部粗度以不超过 2 cm 为好。成年树以生长势为主要施肥依据，保持树势中庸健壮，主要结果枝比例在 70% 以上。

**3. 水分管理**

（1）灌水

桃树灌水时期、次数、灌水量主要取决于降水、土壤性质和土壤湿度及桃树不同生育期需水情况等。土壤持水量 20%～40% 时桃树能正常生长，降到 10%～15% 时枝叶出现萎蔫现象。一般在萌芽前、开花后、硬核始期、果实第 2 次速长期、落叶期，根据土壤含水量、降雨情况灌水 4～5 次。此外，每次土壤追肥后立即灌水。硬核期一般不灌水。灌水应以节水、减少土壤侵蚀和提高劳动效率为原则，可采用畦灌、沟灌、穴灌、喷灌和滴灌等灌溉方式。根据经济实力和果园管理技术水平选用适当的灌溉方式。

（2）排水

在秋雨较多、地势较低、土壤黏重的桃园，应提前挖好排水沟。建园时设置排水系统，每年雨季到来以前进行维修，保证排水渠道畅通。

## 五、整形修剪

桃树修剪应按照其生长结果习性、品种修剪特性、生长势强弱及不同年龄时期对修剪的要求等进行修剪，以改善树体通风透光条件，调节生长和结果的关系，抑制树冠上部枝条的旺长，增强树冠下部枝条的生长势，控制结果部位的上移和外移，及时更新复壮衰老的枝条，使树体提早结果，延长盛果期年限，达到丰产的目的。

### 六、病虫害防治原则

桃病虫害防治原则参照第八章“苹果”执行。

**思考题**

（1）无公害桃树建园如何进行品种选择和栽植？
（2）无公害桃园如何进行土肥水管理？
（3）无公害桃树如何进行修剪？应达到什么要求？

## 第五节 桃关键栽培技术

### 一、建园

首先应选择符合绿色无公害果品生产要求的土壤、环境条件，并按果园标准化建园程序进行建园。桃园选地应注意八忌：一忌低洼积水；二忌土壤黏重；三忌地下水位过高；四忌盐碱；五忌背阴；六忌连作重茬；七忌交通不便，八忌 -20 ℃低温。

桃喜在壤土或沙壤土上建园。盐碱地、黏重土壤要进行改良：深翻，多施土杂肥、有机肥。在老桃园重茬建园或在株行间又间栽桃苗，因桃根中含扁桃苷，老残根腐烂时，水解产生氢氰酸和苯甲醚，能抑制根呼吸，同时，由于长年生长结果，土壤中缺乏桃生长所需的矿质元素，因此，树体生长慢、产量低，叶片易失绿变黄，树抗逆性差，流胶、溃疡、线虫病等严重。进行深挖坑换土、添加微量元素、多施有机肥、杀菌消毒、施用生物菌肥等，则可减轻老园重茬建园的为害。

品种选择应因地制宜，发展当地优势品种。尽量选择外观、食用、贮藏品质相对俱佳的品种。此外，还应考虑成熟时间是否和其他种和品种果品重叠、市场需求状况等。例如，离城市、市场近的地区，鲜食品种可多选软质的，早熟品种所占比例应大些，麦收、秋种成熟的品种，所占比例可适当少些。一般平原栽植株行距为 4 m×5 m 或 3.5 m×4.5 m，山地为 3 m×4 m。高温多雨和土壤较肥沃的地区不宜密植。管理水平高、整形修剪规范的果园，可加大密度。

### 二、整形修剪技术

**1. 整形**

（1）自然开心形（图 12-33）

①基本结构。通常留 3 个主枝，无中心干，又称三主枝开心形。该树形整形容易，树体光照好，易丰产。基本结构：干高 30～50 cm。主干上错落着生 3 个主枝，相距 10～15 cm，主枝开张角度 45°～60°，3 个主枝水平夹角 120°，最上面的主枝最好朝北，开张角度 40°左右，最下面的主枝朝东南，开张角度 60°～70°；中间主枝朝西南，开张角度 50°～60°。每个主枝上留 2～3 个平斜侧枝，开张角度稍大于主枝角度，3 个主枝的 3 个第一侧枝和 3 个第二侧枝各着生在同一侧，角度相近。第一侧枝距主枝基部约 60 cm，第二侧枝在第一侧枝的对面距离 50 cm 左右（图 12-34）。在主、侧枝上培养大、中、小型枝组。随着

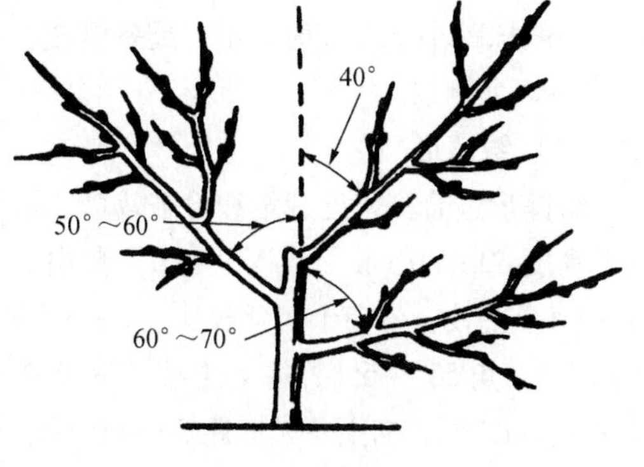

图 12-33 自然开心形

桃树整形修剪技术的提高，近年来，为降低骨干枝级次，常采用不留侧枝，直接在主枝上均衡培养大、中、小型枝组的方式（图 12–35）。

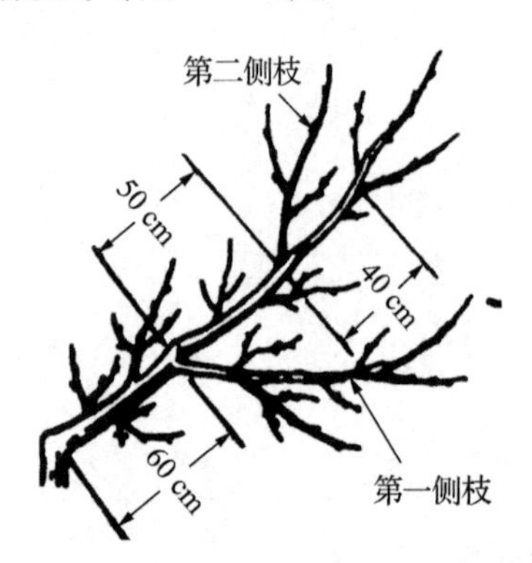


图 12–34 主枝上侧枝分布距离

图 12–35 主枝上直接着生枝组

②整形过程。定干高度 50 ~ 70 cm，剪口下有 5 个以上饱满芽。芽萌发后抹去距地面 30 ~ 50 cm 的芽梢。选 3 个生长势均衡、分布均匀的新梢作主枝培养，角度不适合的在生长期拉枝调整。其他枝，密枝疏除，有空间的拉平缓放。定植当年冬季，主枝选外侧饱满芽留 60 cm 左右短截，第 2 年萌发成主枝延长枝拉枝至要求角度。同时，剪口附近留一饱满外侧芽，第 2 年春季萌芽后，培养成第一侧枝。此外，延长枝也可用带 10 ~ 15 cm 小橛延长技术，以增加主枝角度，增加母枝生长量，加大骨干枝尖削度。小橛上可培养小型枝组，小橛在 2 ~ 3 年疏除（图 12–36）。第 2 年冬剪时，主枝延长头剪留 55 cm 左右，第一侧枝剪留 45 cm 左右。春季萌芽后，继续选留主枝延长枝。同时，在延长枝下部上一年主枝处，且在第一侧枝的另一侧选择新梢培养第二侧枝。第 3 年冬剪时，主枝延长枝剪留 50 cm 左右，侧枝延长枝剪留 40 cm 左右。春季萌芽后和上年修剪方法相同，第 4 年冬季修剪时，自然开心形基本形成。

图 12–36 延长枝上留小橛

桃树副梢多，早发副梢可摘心，利用其作侧枝或结果枝，也可选择角度开张、健壮的代替原头作延长枝，加快整形进度。在整形过程中，枝条过密时适当疏除。培养骨干枝时，其余枝可同时进行大、中、小型枝组或结果枝的培养。

（2）二主枝开心形

二主枝开心形除全树只留 2 个主枝，其他配备和整形过程与自然开心形相同。其基本结构是：定干高度 60 cm 左右，干高 40 ~ 50 cm，主干上着生 2 个东西方向的主枝，长势相近，相向延伸。主枝开张角度 45° ~ 60°，每个主枝上着生 2 个侧枝。第一侧枝距主干 50 ~ 60 cm，在另一侧着生第二侧枝，第二侧枝距第一侧枝 40 ~ 50 cm。侧枝以平斜生为宜，侧枝开张角度在 50° ~ 70°，在主、侧枝上配置结果枝组。二主枝开心形整形一般采用宽行密植，树冠可大可小。株行距（0.8 ~ 3.0）m ×（2 ~ 6）m 的均可采用此法整形。一般株距小于 2 m 时，不需配备侧枝，主枝上直接着生结果枝组；株距大于 2 m 时，每个主枝上可配置2 ~ 3 个侧枝。

（3）纺锤形

纺锤形适合高密度栽培和设施栽培，需及时调整上部大型结果枝组，避免上强下弱。其基本结构是：定干高度 60 ~ 80 cm，干高 50 cm，有中心干。每年在通过当年新梢和延长头重摘心形成的副梢中选留 3 ~ 4个主枝，中心干留延长头。2 ~ 3 年后在中心干上着生 8 ~ 12 个主枝，基部主枝稍大，长 0.9 ~ 1.2 m，基角 55° ~ 65°，往上主枝长度 0.7 ~ 0.9 m，基角 65° ~ 80°。主枝在中心干上均匀分布，间距 25 ~ 30 cm，同方向上主枝间距 50 ~ 60 cm。结果枝组直接着生在主枝和中心干上。树高 2.5 ~ 3.0 m。如果栽植密度加大，中心干上主枝上下相差不多，则为细纺锤形。

（4）主干形

中心干强而直立，无主、侧枝，中心干上直接分生大型结果枝组。该树形适用于密植栽培，一般栽培100～134株/亩。具体密度取决于品种与砧木组合的生长势、土壤肥力高低、气候条件及栽培机械化程度。该树形一般都设立架，将中心干和部分大型枝组绑扶在架上。

**2. 桃树修剪**

（1）修剪特点

①干性弱，易采用开心树形。自然生长的桃树，中心干生长势弱，寿命较短。所以生产上多采用开心树形。如果采用有中心干的树形也要注意扶持中心干的生长势。当然，随着果树品种更新周期的缩短和整形技术的提高，采用有中心干的树形也可获得较好的生产效果。

②萌芽率高，成枝力强，生长量大，顶端优势弱。桃萌芽率高，潜伏芽少且寿命短，所以多年生枝下部光秃后更新较难。成枝力强，幼树主枝延长枝一般能长出5个以上长枝。因此，桃树成形快，结果早，但也容易造成树冠郁闭，必须适当疏枝和注重夏季修剪。

③耐修剪性强。桃树无论是休眠期修剪，还是生长季修剪，修剪量都比较大。

（2）桃树不同品种群修剪特点

①北方品种群的修剪特点。北方品种群树冠比较直立，主枝开张角度小，下部枝条易枯死而造成光秃，结果部位外移较快。因此，在整形上要注意开张主、侧枝的角度，延长枝修剪要轻剪缓放，待后部生长变弱时再回缩促后。北方品种群以短果枝和花束状果枝结果为主，其次是中果枝。因此，长果枝短截要轻，缓和修剪，培育短枝，以利结果。北方品种群的结果枝单花芽较多，短截时要注意剪口下留叶芽。

②南方品种群的修剪特点。南方品种群树冠比较开张，整形时主、侧枝延长枝可适当长留，开张角度不宜过大，到后期还要注意抬高角度。生长势一般不如北方品种群强旺，以中、长果枝结果为主。修剪上可以稍重，促发较多的中、长果枝。南方品种群结果枝复花芽多，坐果率高，结果枝修剪可适当短留和少留，以免结果过多，使树体衰弱。

（3）不同枝条修剪

①骨干枝修剪。骨干枝由主枝和侧枝延长头形成，一般栽后第1年剪主枝延长头剪留60 cm左右，第2年剪留50 cm左右，盛果期剪留30 cm左右。侧枝延长枝的剪留长度为主枝延长枝的2/3～3/4。一般情况下，强壮树骨干枝延长枝剪去1/3～2/5，弱树剪去1/2～2/3，在全园树冠交接前一年，主、侧枝的延长枝全部长放，减弱其生长势。当树冠达到应有的大小时，缩放延长枝头控制树冠大小和树势强弱。骨干枝角度通过生长季拉枝、用副梢换原头等方法进行调整，总的原则是与中心干的夹角主枝小于侧枝，侧枝小于枝组，枝组要比辅养枝小，同级次枝角度相似。

②徒长枝修剪。无生长空间的徒长枝尽早从基部疏除，有生长空间的徒长枝，在徒长枝生长15～20 cm时留5～6片叶摘心，或在冬剪时留15～20 cm重短截，培养结果枝组。

③结果枝修剪。初结果树结果枝以长、中果枝居多，花芽着生节位偏高偏少，结果枝适当长留、多留，也可利用副梢、二次副梢结果。要长留结果枝，培养预备枝。盛果期结果枝修剪主要是短截修剪。北方品种群以轻短截为主，长果枝或花芽节位高的枝剪留10～12节，中果枝剪留5～7节，短果枝顶部无侧叶芽可不动，有叶芽剪到叶芽处，花束状果枝不动，开花后可疏花健枝。南方品种群一般以中短截为主，长果枝剪留5～7节，中果枝剪留4～5节，短果枝不剪或疏剪。留枝数量为果枝间距10～20 cm，伸展方向互相错开（图12-37）。也可采用长放修剪（长梢修剪）技术，即在骨干枝和大型枝组上每15～20 cm留1个结果

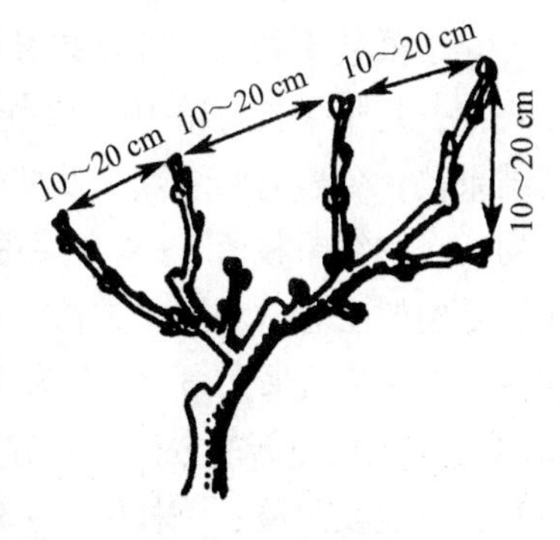

图12-37　果枝剪口距离

枝，结果枝剪留长度45～70 cm，总枝量为短截修剪量的50%～60%。对长果枝剪留10～12个芽，只剪去先端不充实的部分，开花时疏掉下部的花，让中上部结果，结果后使枝条下垂，极性部位转移，使枝条基部发生1～2个较长的新梢，靠近母枝，冬剪时把已结果的下垂母枝部分回缩至基部的健壮枝处。密生的长果枝，应疏除部分直立和下垂的，但疏除时留2～3个基部芽进行短截，可刺激其再发新的预备枝或果枝。这种修剪技术主要应用于以长果枝结果为主的品种（如大久宝、雪雨露等）、中、短果枝结果的品种（如深州水蜜、丰白等）及易裂果的品种（如华光和瑞光3号等）。

④结果枝组培养、更新和修剪。桃结果枝组是直接着生在骨干枝上的独立结果单位。桃结果枝组分为大、中、小型枝组。大型枝组有10个以上结果枝，长度≥50 cm；中型枝组有5～10个结果枝，长度30～50 cm；小型枝组结果枝少于5个，长度≤30 cm。大型枝组由发育枝、徒长枝和徒长性果枝培养而成，数量多，占空间大，寿命长；中型枝组多由徒长枝和徒长性果枝培养而成；小型枝组多由长、中果枝培养而成，寿命短，3～5年便衰弱枯死。桃树主要结果单位为大、中型枝组。

桃树枝组培养方法主要是选择骨干枝上位置适宜的发育枝、徒长枝或徒长性果枝，重截20～30 cm后，去直留斜疏强旺，留2～3个斜生充实中庸枝再重短截，然后再去直留斜，并对其中形成的结果枝留10个芽左右短截。这样经过1～4年可形成小、中、大型枝组（图12-38）。小型枝组也可选择较强壮的中、长果枝留3～4个芽短截，发出2～3个结果枝形成小型枝组培养。

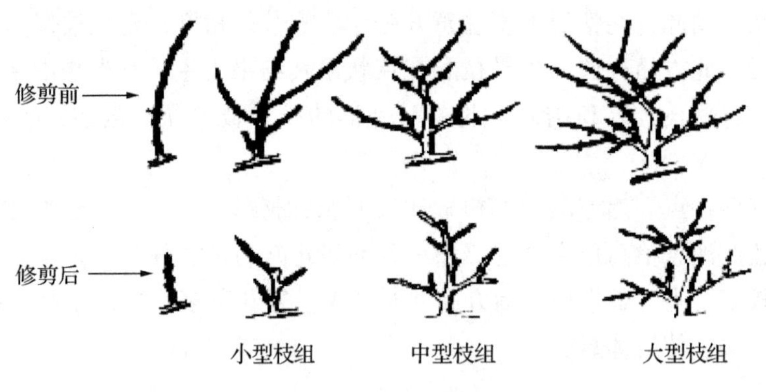


**图12-38 桃枝组培养方法**

结果枝组生长3～4年后进行更新复壮。更新分全组更新和组内更新两种。全组更新就是培养新的枝组代替衰弱的枝组。组内更新是在枝组内培养预备枝，同时在壮枝处回缩，使枝组得到更新。结果枝组更新方法是弱时缩、状时放，放缩结合，维持结果空间。

结果枝组在主枝上分布要均衡，一般小型枝组间距20～30 cm，中型枝组间距30～50 cm，大型枝组间距50～60 cm。桃树以培养大、中型枝组为好。大型结果枝组主要排列在骨干枝背上向两侧倾斜，骨干枝背下也可配置大型结果枝组；中型结果枝组主要排列在骨干枝两侧，或安插在大型枝组之间；小型结果枝组可安排在大、中型结果枝组之间，有空则留，无空则疏。结果枝组形状以圆锥形为好。

⑤结果枝更新修剪。结果枝更新修剪有单枝更新、双枝更新和三枝更新3种方法。单枝更新有2种方式：一是长果枝剪留10～12个芽，让中上部饱满花芽结果，枝下垂后，基部由于顶端优势又发出优良的结果枝，冬剪时回缩到新发枝处，这样可避免结果部位外移的单枝更新方式（图12-39）；二是利用强壮的长、中结果枝留3～4个芽短截，在结果的同时又能促生发枝，即“长出来，剪回去”的单枝更新方式，是幼树上较常利用的方法（图12-40）。双枝更新是在1个部位留2个结果枝，修剪时上位枝长留（5～6节花芽结果），以结果为主；下位枝适当短留（2～3节），以培养预备枝为主的更新方式（图12-41）。三枝更新的方法，亦称三套枝修剪法，就是在1个基枝上选相近的3个果枝，一枝中短截结果、一枝长放促发果枝、一枝留2～3个芽重短截促生发育枝。冬剪时将已结过果的枝疏掉，长放枝适当短截，选留几个短果枝结果，预备母枝上长出的发育枝一个长放、一个重短截，轮流结果。该法适用于以

短果枝结果为主的品种。在大、中型枝组更新修剪上可综合采用单枝、双枝和三枝更新修剪的方法，可有效控制结果部位外移，延长结果枝组寿命。

图 12-39 桃单枝更新（一）

图 12-40 桃单枝更新（二）

（4）生长季修剪

桃树生长季修剪一般幼树、旺树每年 3 ~ 4 次，盛果期 3 次。

①春季修剪。春季修剪从萌芽到坐果后进行，主要内容包括抹芽、疏梢，即除去过密、无用、内膛徒长、剪口下竞争的芽或新梢；选留、调整骨干枝延长梢；冬剪时长留结果枝，前部未结果的缩剪到有果部位，未坐果的果枝疏除或缩剪成预备枝。

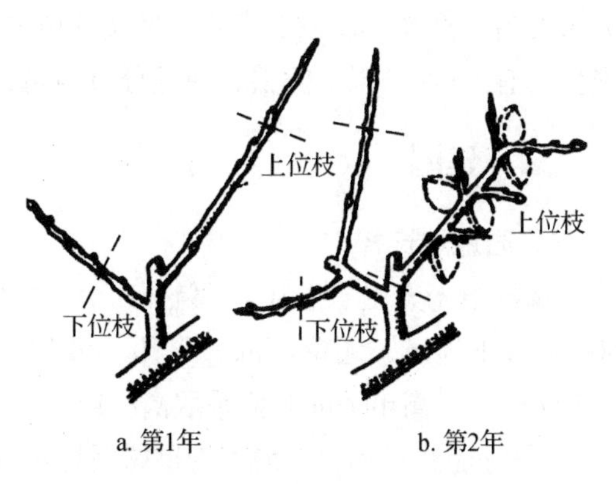


图 12-41 桃双枝更新

②夏季修剪。桃树夏季修剪一般进行 2 次。第 1 次在新梢旺长期进行。主要内容是对竞争枝疏除或扭梢。疏除细弱枝、密生枝、下垂枝，以改善光照，节省营养。旺长枝、准备改造利用的徒长枝，留 5 ~ 6 片叶摘心或剪梢。骨干枝延长枝达到要求长度时剪主梢留副梢。其他新梢长到 20 ~ 30 cm 时摘心。第 2 次夏剪在 6 月下旬至 7 月上旬进行，控制旺枝生长，对尚未停长的枝条捋枝、拉枝，但修剪量不宜超过全年修剪量的 30% 。

③秋季修剪。秋季修剪在 8 月上中旬进行。疏除过密枝、病虫枝、徒长枝。摘心后形成的顶生丛状副梢，将上部副梢“挖心”剪掉，留下部 1 ~ 2 个副梢，以改善光照条件，促进花芽分化和营养积累。同时拉枝调整骨干枝角度、方位长势。对尚未停长的新梢摘心，促使枝条充实，提高抗寒力。

（5）休眠期修剪

桃树休眠期修剪易在最寒冷的 1 月过后进行。其任务有 3 个方面。一是调整骨干枝的枝头角度和生长势。骨干枝角度小时，留外芽或利用背后枝换头。骨干枝延长枝生长量小于 20 cm 时，选择长势和位置合适的抬头枝代替；各主枝之间采取抑强扶弱的方法，保持各主枝之间的平衡。二是结果枝更新复壮和结果枝修剪。在结果枝下部注意培养预备枝，采用单枝更新法，使结果枝组靠近骨干枝。结果枝组以圆锥形为好，当枝组出现上强下弱时，及时疏除上部强旺枝；当结果枝组枝头下垂时，及时回缩到抬头枝处。一般修剪后的结果枝枝头之间距离 10 ~ 20 cm。三是保持树体生长势的均衡。对不能利用的徒长枝、细弱枝及时疏除。

## 思考题

（1）桃建园选地应注意哪些问题？

（2）三主枝自然开心形结构如何？试述其整形过程。

(3) 桃树的修剪特点是什么？桃树的各类枝条如何进行修剪？

(4) 桃树休眠期修剪的任务是什么？如何进行修剪？

(5) 桃树生长季如何进行修剪？

# 第六节 桃无公害优质丰产栽培技术

## 一、育苗

目前，国内外广泛采用嫁接法繁育桃苗，采用山桃或毛桃作砧木。采用速成法育苗是桃树规模化发展的方向，就是在播种当年6月中下旬芽接，接后立即折砧，促使接芽迅速萌发，秋季成苗出圃的育苗方法。一般采用速成法育成的苗木称为速成苗。优质成品苗的标准是：苗高80 cm以上，接口处苗木粗度0.8 cm以上，苗木40～60 cm处有5～7个饱满芽，接口愈合良好，无病虫害；有3～5条以上侧根，分布均匀，舒展，须根发育好。优质芽苗的标准是株型好，芽接处愈合良好，无裂口；接芽充实饱满无损伤；有3～5条以上侧根，并且分布均匀，舒展，须根发育良好。

## 二、建园

### 1. 园地块选择

选择阳光充足、土层深厚、pH为5～6、土壤通透性好、排灌方便、交通便利的地方建园。海拔400 m以下地区，无论河滩、平原、坡地、丘陵、山地均可种植。平地、河滩地建园时要求地下水位1.5 m以下，高出1 m时应采取高畦或台田种植，并要开挖排水沟；山地建园应选背风南坡，坡度小于30°，最好能修筑梯田；前茬为桃树园地不宜再种植桃树，老桃园重新建园，应轮作3～5年后再栽植桃树。土质黏重地、低洼易涝地和盐碱地必须改良后才能建园。并且园地要远离污染源，具有可持续生产能力。

### 2. 品种选择

桃树优良品种应具备综合性状优良、优良性状突出和无明显缺陷。选择优良品种应遵循5个原则：一是生态适应性原则。所选品种对当地气候、土壤要有较好的适应性，例如，在周口栽植应选择五月鲜、大久保、雨花露、安农水蜜、京春、京艳等。二是地域优势原则。所选品种尽可能在最适宜的环境条件下生长。三是目标市场原则。事先确定桃果销售的目标市场，然后根据市场要求和特点确定具体品种。四是优质丰产原则。所选品种要品质优良，结果早、丰产性好。例如，树势健壮，树姿开张，自花结实能力强，成花容易，复花芽多，各类结果枝均能成花结果，坐果率高，采前落果少，不易裂果等。五是低成本高效益原则。选择品种要考虑销售市场远近和道路状况。远距离销售产区或道路状况较差的地区应选择耐贮运性能较好的硬肉品种。距离中心消费区5～6 h路程产区，适当发展一定数量的优良软溶质品种。

### 3. 品种搭配

建园时，要根据果园面积的大小及采收和销售能力确定主栽品种的数量和规模。面积小，品种要少，成熟期相对集中；规模大，品种要多，成熟期尽量拉长。

### 4. 栽植

按照本章第四节“桃无公害栽培技术要点”进行栽植。

## 三、土肥水管理

按照本章第四节“桃无公害栽培技术要点”进行土肥水管理。

## 四、整形修剪

桃树整形修剪应根据其生长结果习性、品种修剪特性、生长势强弱及不同年龄时期对修剪的要求等进行，达到改善树体通风透光条件、调节生长和结果关系、抑制树冠上部枝条旺长、增强树冠下部枝条生长势、控制结果部位上移和下移，及时更新复壮衰老的枝条。使树体提早结果，延长盛果期年限，达到丰产的目的。我国桃树栽培主要采用无中心干的两主枝、三主枝或多主枝自然开心形，部分技术水平较高的地区开始使用有中心干的主干形。

**1. 幼树期和初果期**

（1）生长特点

幼树期桃树生长旺盛，常常萌发大量发育枝、徒长性结果枝、长果枝及大量副梢，花芽少，着生节位高，坐果率低。初果期树结果枝长、中果枝多，花芽着生节位相对偏高、偏少。

（2）整形修剪任务

幼树期快速扩大树冠，构建合理树体结构，迅速培养各类结果枝，促使早结果、早丰产。初果期缓和树势。

（3）修剪要点

一是骨干枝培养。按预定树体结构培养骨干枝，对选留骨干枝轻剪长放，加大开张角度。培养侧枝最好选留剪口下第3芽~第4芽枝作侧枝。侧枝剪留长度为主枝长度的2/3~3/4。为加快骨干枝培养速度，应充分利用副梢和二次副梢。二是辅养枝处理。在不影响骨干枝生长的前提下尽量多留辅养枝。随着骨干枝生长将辅养枝改造成结果枝组或者疏除。三是结果枝组培养。对徒长性结果枝、徒长枝加强夏季修剪，如曲枝、摘心等，或冬季短截，培养大、中型结果枝组。夏季对有空间的新梢可通过剪梢，培养小型结果枝组。初果期树结果枝适当长留、多留，也可利用副梢结果。

**2. 盛果期**

（1）生长特点

盛果初期桃树生长势仍然旺盛，树冠继续向外扩展。盛果中后期，主枝逐渐开张，生长势逐渐趋于缓和，徒长枝和副梢逐渐减少，树冠不再扩大，各类枝组培养齐全，短果枝比例上升，生长和结果矛盾突出，树冠下部中、小型结果枝逐渐衰老死亡。

（2）修剪任务

保持树势平衡和良好从属关系，调节好生长和结果关系，保持足够数量营养生长，适量结果，注意结果枝组培养和更新，防止树体早衰和结果部位上移。

（3）修剪要点

一是骨干枝延长枝修剪。骨干枝延长枝一般剪留30~50 cm。树冠停止扩大后，先缩剪到二至三年生枝上，使其萌发新延长枝，2~3年后再缩剪，缩放结合，保持骨干枝延长枝生长势及树冠大小。二是结果枝组修剪。结果枝组出现衰弱症状后，及时回缩更新，促使中下部发出健壮新枝。过分衰弱枝组，可利用徒长枝进行全组更新。对远离骨干枝的细长枝组或上强下弱枝组，及时回缩修剪，促使萌发壮枝，降低枝组高度。

**3. 衰老期**

骨干枝延长枝生长势衰弱，年生长量不足20~30 cm，中果枝、短果枝大量死亡，大枝组生长衰弱。由于桃树萌芽力强，隐芽数量少，寿命短，树冠下部不易萌发新枝，因此，应考虑进行全园更新。

## 五、花果管理

为提高优质果率，一般三至四年生初结果桃园产量应控制在500~1000 kg/亩，五至七年生桃园应控制在 1500～2000 kg/亩，八至十五年生盛果期桃园应控制在 2000～2500 kg/亩。

**1. 保花保果**

（1）加强秋季树体管理

加强秋季采后树体管理，提高花粉生活力，使授粉受精良好。

（2）改善授粉条件

合理配置授粉树，进行人工辅助授粉及花期果园放蜂等工作。人工辅助授粉和花期放蜂相结合。人工辅助授粉在主栽品种初花期至盛花期进行，采用人工点授、喷粉或装入纱布袋内在树上抖动，一般进行 2 次。花期放蜂一般 3000 $m^2$ 桃园放 1 箱蜜蜂。

（3）疏花疏果

及早疏花疏果，节约养分，提高坐果率。

（4）花期喷硼

盛花期细致地对花朵喷 1 次 0.3%～0.35% 硼砂和蜂蜜或红糖水，提高受精率和坐果率。

（5）加强果实生长期管理

适时进行土肥水管理，防止 6 月落果。及时进行夏季修剪，疏除过密枝，减少新梢生长，调节营养平衡，改善通风透光条件，提高叶片同化功能，满足果实生长营养供应。

（6）加强采前管理

防止采前落果，采收前不灌水，并注意防风。

**2. 疏花疏果**

疏花在大花蕾期至初花期（植株上有 5% 左右的花朵开放）进行。疏花时首先疏除早开的花、畸形花、瘦小花、朝天花和梢头花。一般长果枝留 6～8 个花蕾，中果枝留 4～5 个花蕾，短果枝和花束状果枝留 1～3 个花蕾，预备枝不留花蕾。保留果枝两侧或斜下侧花蕾，疏除背上花蕾。长、中果枝疏花时，要疏除结果枝基部的花，留枝条中上部的花，中部的复花芽两花留一，疏花量一般为总花量的 1/3。疏果分两次进行。第 1 次在花后两周，疏除萎黄果、小果、病虫果、畸形果、并生果、枝杈处无生长空间的果，双果去一留一；第 2 次在花后 4～6 周（硬核期前），主要是疏除朝天果、附近无叶片的果和形状短圆的果。留果枝两侧果及向下生长的果。长枝留中上部的果，中、短枝留先端果。各类型结果枝的留量见表 12-7。采用叶果比留果每 30～50 片叶留 1 个果；果间距留果，小型果 5～7 cm 留 1 个果，大型果 8～12 cm 留 1 个果。一般树冠外围、上部多留果，内膛及下部少留果，树势强的多留果，弱的少留果；壮枝多留果，弱枝少留果。疏果顺序是从树体上部向下，由膛内而外逐枝进行。

**3. 果实套袋**

（1）果袋选择

可使用白色、黄色和橙色 3 种颜色纸袋。中、早熟品种使用白色或黄色袋，晚熟品种用橙色或褐色袋，极晚熟品种使用深色 2 层袋（外袋为外灰内黑，内袋为黑色）。

**表 12-7 不同类型结果枝参考标准**

单位：个

| 果枝类型 | 大型果 | 中型果 | 小型果 |
|---|---|---|---|
| 长果枝 | 1～3 | 2～4 | 3～4 |
| 中果枝 | 1～2 | 1～3 | 2～3 |
| 短果枝 | 1 | 1 | 1～2 |
| 花束状果枝 | 不留果 | 2～3 个枝留 1 个果 | 1～2 个枝留 1 个果 |

（2）套袋时间

一般在定果以后或生理落果后开始，当地蛀果害虫进果以前完成。主要适用于中、晚熟品种和易裂果品种。

（3）技术要求

套袋前首先喷1次70%的代森锰锌可湿性粉剂1000倍液，待药液干后套袋。套袋时先将纸袋吹开，套进果实，然后将袋口折叠，用线绳或22号铁丝将袋口扎紧，缠绕在果枝上。套袋按疏果顺序进行，避免漏套。

**4. 提高果实品质**

多施有机肥，施肥时注意氮磷钾合理应用，硬核期不灌水，果实采收前10 d左右停止灌水。果实即将着色期疏除一些过密枝条，在果实采收前7～10 d，摘除部分挡光叶。

## 六、综合防治病虫害

桃树病虫害防治应掌握“预防为主，综合防治”的方针，优先选用农业防治、物理防治、生物防治措施，尽量少用化学防治，将病虫害控制在经济阈值之下，合理使用农药，减少农药残留和环境污染。

**1. 植物检疫**

从外地引进或调出的苗木、接穗、种子等材料都应进行严格检疫，防止危险性病虫害引入和扩散。

**2. 农业防治**

农业防治就是通过农事活动，控制病虫害发生。冬剪时剪去枝干上潜伏越冬的病菌、虫卵和其他越冬害虫，清扫枯枝落叶，深埋或集中销毁。秋末冬初时刨树盘，将地表的枯枝落叶埋于地下，把越冬的害虫翻于地表，能有效减少害虫发生，同时疏松土壤，有利于土壤熟化和根系活动。合理修剪，改善通风透光条件；合理施肥浇水，树体合理负载，以增强树势，提高树体本身抗病虫能力。桃树落叶后树干、大枝涂白，以消灭病菌虫卵，防止日灼，减少天牛产卵。生长季果园覆草，可优化土壤环境，提高土壤肥力，促进微生物活动，加速有机质分解，提高根系生理活性。早春铺地膜，可促使土中越冬害虫不能出蛰。

**3. 物理防治**

物理防治就是利用昆虫的趋光性、趋味性、假死性、群聚性来防治害虫。在桃果发育期采用频振式杀虫灯，诱杀金龟子、桃蛀螟、卷叶蛾、食心虫、舟形毛虫、大青叶蝉等成虫；运用糖醋液（红糖1份、食醋5份、酒0.5份、水10份）或烂水果沤制后诱杀桃蛀螟、卷叶蛾、红颈天牛和蝶类等；或利用专业厂家生产的性引诱剂成品，挂在桃树上，下放一碗水，水里放入洗衣粉来诱杀梨小食心虫、桃小食心虫、桃蛀螟的雄蛾。利用蚜虫、粉虱、潜叶蝇等多种害虫对黄色敏感，或具有趋向性的特点，采用特殊的诱虫胶黏杀害虫成虫。利用蓟马对蓝光的趋性，采用蓝色捕虫板诱杀。利用金龟子、象鼻虫、舟形毛虫等假死性，在树下铺上塑料薄膜或旧布，摇摆树体，害虫落下后人工捕杀。舟形毛虫1～2龄幼虫有群集性，采摘虫叶，杀死害虫。桃红颈天牛夏季静卧在树上、白星金龟子群居于果实上，均可人工捕杀。对桃缩叶病、褐腐病，可用人工摘除病叶、病果深埋。介壳虫越冬期用钢刷刷掉虫体，或用强力喷水泵冲刷树干，或在初冬降温时，向树干喷水，结冰后用木棍敲击树枝，振落虫体，或冬季用火把快速烧死介壳虫。天牛、豹蚊木蠹蛾采用挖、刺方法，消灭虫道内的幼虫。有些枝干害虫，用透明胶布贴住虫孔，使其不能钻出。通过爬而上树的害虫，可在主干上绑一圈很光滑的材料，使其无法攀缘，也可在树干、主枝基部刷防虫环（如凡士林），黏着红蜘蛛、蜗牛等害虫上树。进入秋季，可在树干上绑草把，诱集害虫，冬季收集后烧毁或深埋，但应注意先取出其中的天敌昆虫。也可通过桃园养鸡捕杀多种地表害虫，控制杂草生长。

**4. 生物防治**

生物防治就是利用生物或它的代谢产物来控制有害生物为害程度的方法。一般有保护天敌、人工繁殖天敌和利用生物农药3种方法。例如，利用七星瓢虫捕食蚜虫；利用红点唇瓢虫捕食桑白蚧；利用草蛉捕食蚜虫、螨类；利用捕食性蓟马捕杀蚜虫、螨类、粉蚧等；利用赤眼蜂寄生梨小食心虫、小黄卷叶蛾等。病害生物防治主要是利用有益生物的拮抗性、寄生性、诱导抗病性等，以菌治菌，以农用抗生素来防治病害。

**5. 化学防治**

化学防治要使用高效、低毒、低残留的无公害农药进行防治。

## 七、采收与分级

**1. 适时采收**

桃果要适时采收。一般就地鲜销果8、9成熟时采收；长途运输7、8成熟时采收。硬桃、不溶质桃适当晚采；溶质桃，尤其是软溶质桃适当早采。贮藏及加工用硬肉桃7、8成熟时采收；加工用不溶质桃8、9成熟时采收。成熟期不一致的品种，分期采收。

**2. 分级**

桃果（普通桃）成熟度在生产上分为7成熟、8成熟、9成熟和10成熟。7成熟是果实充分发育，果面基本平整，果皮底色开始由绿色转黄绿色或白色，茸毛较厚，果实硬度大。8成熟是果皮绿色大部分褪去，茸毛减少，白肉品种底色绿白色，黄肉品种呈黄绿色，彩色品种开始着色。9成熟是绿色全部褪去，白肉品种底色乳白色，黄肉品种呈浅黄色，果面光洁，充分着色，果肉稍有弹性，有芳香味。10成熟是果实变软，溶质桃果肉柔软多汁，硬质桃开始发软，不溶质桃弹性减少。鲜桃果实质量标准主要以果实大小、着色度为主要指标进行分级，基本要求是不允许有碰伤、压伤、磨伤、日灼、果锈和裂果。根据果实大小分级的标准如表12-8所示。具体要求是感官要求和卫生指标应符合有关标准。

**表12-8 鲜桃果实依据果实大小分级标准（河北省）**

| 品种类型 | 果实类型 | 特等/g | 一级/g | 二级/g |
|---|---|---|---|---|
| 普通桃 | 大果型 | ≥300 | ≥250 | ≥200 |
| | 中果型 | ≥250 | ≥150 | ≥150 |
| | 小果型 | ≥150 | ≥120 | ≥120 |
| 油桃和蟠桃 | 大果型 | ≥200 | ≥150 | ≥120 |
| | 中果型 | ≥150 | ≥120 | ≥100 |
| | 小果型 | ≥120 | ≥100 | ≥90 |

## 思考题

（1）桃优质成品苗和优质芽苗的标准分别是什么？

（2）桃品种选择应遵循哪些原则？

（3）初果期桃树和盛果期桃树如何修剪？

（4）如何提高桃果的产量和品质？

# 第七节 桃四季栽培管理技术

## 一、冬季栽培管理技术（以晚熟品种为例）

桃冬季栽培管理又称为休眠期管理，而休眠期是指桃树自落叶后到第2年春萌芽前的一段时间，在

12 月中旬至翌年 2 月。

**1. 栽培管理任务**

桃在休眠期树体处于相对静止状态，除看护好桃树和清理桃园外，主要管理任务是休眠期修剪。主要生产任务有：制订桃园年度管理计划，准备生产无公害果品所需要的肥料和农药等生产物质；根据桃树的树龄、树势和品种，制订修剪方案和任务目标；防止极端低温引起桃树冻害。

**2. 生产技术**

（1）刮树皮与树体保护

在萌芽前对主干和主枝的老翘皮进行 1 次刮除。一般应适当晚些刮树皮。刮除的病害、介壳虫等部位涂抹杀菌剂、杀虫剂。同时，对刮除工具及时消毒，刮除物及时清理出果园。全园刮完及清园后，在花芽膨大期喷布 3%～5% 石硫合剂，以消灭越冬病虫源，减轻全年病虫害的发生。

（2）整形修剪

桃树休眠期修剪一般宜在 2 月中旬后进行。对骨干枝整形及对结果枝组培养、更新、修剪按有关技术要求进行。注意在枝组下部培养预备枝，使结果枝组靠近骨干枝。枝组出现上强下弱时，及时疏除上部的强旺枝，防止枝组下部光秃。下垂结果枝组及时回缩到抬头枝处，不能利用的徒长枝应尽早疏除。当骨干枝延长枝生长量小于 20 cm 时，及时将枝头回缩到三至四年生处，选用强壮结果枝组代替原头，也可用后部的徒长枝代替原头（图 12-42）。

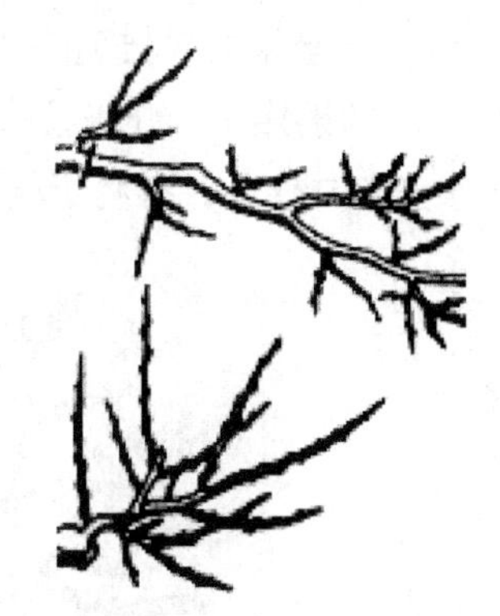

图 12-42　下垂枝回缩复壮

（3）防止冻害

在休眠期发生的冻害，主要由极端低温引起的，最容易发生冻害部位是根颈处与嫁接部位，特别是幼树，会有树皮纵裂、流胶、抽条等为害现象发生，严重时会导致树体死亡。

防寒措施主要有：建园时栽好防护林，多施有机肥并疏花疏果使树体结实健壮。此外，浇好封冻水、涂白、培土、绑草把、设防风障等。灌封冻水在土壤上冻前一周左右进行，一般在 11 月末至 12 月初，采取树盘下浇水方式，水渗入土壤后，松土或盖一层干土保墒；采用树干涂白可减少阳面昼夜温差，防止冻伤，还可杀死病虫。涂白剂配比组成可如下：生石灰 6 kg、食用盐 1 kg、20% 石硫合剂 1 kg、动物油 0.1 kg、水 18 kg，搅拌均匀。涂白时间一般在 11 月下旬至 12 月中旬完成即可，一般涂到树干 40 cm 高以上。

## 二、春季栽培管理技术

春季为 3—5 月，指从根开始活动，到萌芽、开花、展叶至新梢、幼果速长期，并进入果实硬核期的一段时间。

**1. 栽培管理任务**

桃树春季根系先于芽开始加强吸收活动，在河南 4 月上旬为盛花期，盛花期为 7～10 d。4 月上中旬开始展叶、抽枝，新梢从叶簇期到速长期，果发育至硬核期，幼果发育与新梢生长在营养竞争上矛盾较大，在栽培管理上要注意调整。主要栽培管理任务有：人工授粉，疏花及提高坐果率，防止晚霜冻害；疏果、定果及果实套袋，夏季修剪，土肥水管理，病虫害防治等。

**2. 栽培管理技术**

（1）授粉

桃是虫媒花树种，可利用蜜蜂传粉，以提高坐果率。一般 3000 $m^2$ 桃园放置 1 箱蜜蜂可满足授粉需要；也可人工授粉，采集授粉品种的花粉，在主栽品种初花期至盛花期进行人工点授等。

（2）人工疏花

按照桃无公害优质丰产技术规程进行疏花。

（3）疏果及定果

按照桃无公害优质丰产栽培技术规程疏果及定果。最后一般将产量控制在 1250～2500 kg/亩。

（4）果实套袋

果实套袋在定果后进行。套袋可明显提高果面光洁度，降低虫害和农药残留。但套袋增加物力和人力，目前，有不进行套袋栽培的趋势。套袋前要喷洒 1～2 次杀虫杀菌剂。

（5）春季修剪

春季修剪共进行两次。第 1 次在叶簇期，主要是抹芽、疏梢。除去过密、无用、内膛徒长、剪口下的竞争芽或梢；选留、调整骨干枝延长梢；对冬剪时长留的结果枝，前部未结果的缩剪到有果部位（图 12-43）；未坐果的果枝疏除或缩剪成预备枝。第 2 次在新梢迅速生长期。主要是对主、侧枝进行摘心或剪梢，用副梢换头，开张枝头角度，缓和生长势；处理竞争枝和徒长枝；其他枝条密者疏除，留下的在 30 cm 左右时摘心，有利于枝条充实和果实发育，防止 6 月落果（图 12-44）。

图 12-43 缩剪到有果处

图 12-44 未坐果疏除与结果枝摘心

（6）播种生草

土壤水分条件较好的桃园可进行生草法。目前采用比较多的是行间生草、树盘清耕方法。于 3—4 月播种，如白三叶草，播种量为 0.50～0.75 kg/亩。

（7）土肥水管理

桃芽萌动前后追施 1 次速效肥，以氮肥为主，产量 50 kg/株以上，施生物有机肥 5 kg/株和尿素 1.5 kg/株或高氮复合肥 2.5 kg/株，以促进营养生长。未秋施基肥的补施基肥和磷肥。追肥后灌 1 次透水，并及时中耕松土。若上一年秋季施入有机肥和氮肥或含氮复合肥，则当前可不施。4 月下旬花后追肥，一般以高氮复合肥为主，施肥后灌水。花期喷 0.3% 的硼砂；同时，叶面补充中微量元素。

（8）防治病虫害

花芽膨大期喷布 3%～5% 石硫合剂，以消灭越冬病虫源。展叶后每 10～15 d 轮换喷代森锰锌、甲基托布津、苯醚甲环唑等，防治细菌性穿孔病、缩叶病、褐腐病和炭疽病等。当年定干幼苗套袋防治金龟子，人工钩杀方式消灭已经开始活动的红颈天牛幼虫。花前花后若蚜虫严重，喷吡虫啉防治，并根据介壳虫、梨小食心虫、潜叶蛾、卷叶蛾等发生情况，喷布杀脲灵、灭幼脲等防治。

（9）防止晚霜冻害

晚霜冻害多在桃萌芽以后到幼果期发生，由温度回升后又突然降温引起。防止倒春寒在早春，尤其是花期和幼果期注意收听天气预报，在霜冻之前 2～3 d 开始浇水或树体喷天达 2116 等抗逆性保护剂的水溶液。霜冻来临时于夜间熏烟。春剪最好向后推迟一段时间，2 月末至初开花期修剪均可。

此外，定植、建园，整地、播种、生产砧木苗，枝接、带木质芽接法生产嫁接苗，也应在此期进行。

## 三、夏季栽培管理技术

桃夏季栽培管理是指自果实进入硬核期开始至果实成熟前一段时间的管理，晚熟品种在6—8月。

**1. 生长特点与栽培管理任务**

桃晚熟品种一般6月上旬至8月上旬为果实缓慢生长的硬核期，此时短、中果枝基本已停滞生长，大多数长果枝、徒长性果枝、发育枝进入第2、第3次生长高峰。完成核硬化后，8月上旬至果实成熟前，大约1个月，果实进入第2次速长期，果实迅速膨大，花芽自7月也开始分化。长枝、强旺枝多从中部开始抽生二次枝，基本已进入生长中后期。该期主要栽培管理任务是夏季修剪，改善光照条件，加强肥水管理，促进果实膨大和花芽分化，防治病虫害。

**2. 栽培管理技术**

（1）夏季修剪

对竞争枝、徒长枝在春剪基础上，继续改造培养成枝组。过密疏除，角度较小的主、侧枝拉枝或换头开角，对负载重的枝进行支撑。

（2）土肥水管理

进入硬核期以后中耕深约5 cm，尽量少伤新根，雨季注意排水。硬核期的6月上旬追肥1次，以磷肥、钾肥为主，氮磷钾配合施用。可叶面喷0.3%尿素、1.5%醋酸钙溶液和0.2%磷酸二氢钾2～3次。出现缺素症状时，喷施相应的微量元素。例如，缺铁可喷施1000～1500 mg/kg的硝基黄腐酸铁，间隔7～10 d喷1次，连喷3次，出现缺镁症状可喷施0.2%～0.3%硫酸镁。进入雨季后应注意桃园排水。

（3）防治病虫害

每10～15 d喷1次杀菌剂，防治褐腐病、黑星病、炭疽病等。应特别注意对桃小食心虫，桃蛀螟，以及第2、第3代梨小食心虫成虫、卵、幼虫的观测和综合防治，并尽量用特异药剂（如灭幼脲等）进行防治。螨类喷阿维菌素乳油进行防治。枝干出现流胶应及时刮除，并涂抹杀菌剂进行保护。

## 四、秋季栽培管理

晚熟品种桃树的秋季栽培管理在9—11月，主要是指果实成熟至落叶前的管理。

**1. 生长特点与栽培管理任务**

9月上旬，果实继续膨大到应有大小。同时，在色泽和风味等方面进行内部转化，逐渐呈现出品种固有的特征。大部分新梢停止生长，花芽分化进入高峰期，体积不断膨大。9月中下旬果实成熟，各类新梢的加长生长停止，枝条自下而上发育成熟，树体进入营养积累时期，花芽继续分化发育。进入10月中下旬后，叶片从下部开始衰老脱落，11月中下旬落叶完毕，进入休眠状态。秋季主要栽培任务是：秋季修剪；促进花芽分化，提高花芽质量；促进果实着色，提高果实品质；果品采收；保护好叶片，秋施基肥，加强肥水管理，促进新根的生成，增加树体贮藏营养水平，增强树体越冬能力防；综合防治病虫害。

**2. 栽培管理技术**

（1）秋季修剪

主要是对未停止生长的新梢进行摘心或剪梢，对未控制住的旺枝从基部疏除，新长出的二次枝、三次枝从基部疏除，骨干枝角度小的枝拉枝开角。

（2）果实管理

套袋的鲜食果于采收前10～20 d将袋撕开，使果实先接受散射光，采收前3～5 d逐渐摘掉袋体。不易着色品种早摘袋，如中华寿桃，宜在采收前2周左右摘袋。罐藏桃果采前不必摘袋，采收时连同果袋一起摘下。在果实着色期间疏除部分过密背上枝和内膛徒长枝，也可摘掉果实附近叶片，在果树行间地面上铺反光膜。

(3) 果品采收

按照果实成熟标准、要求，适期采收。

(4) 土肥水管理

果实成熟前一个月追施膨果肥。以钾肥为主，配合少量氮肥。叶面可喷施磷酸二氢钾或草木灰。但距果实采收期20 d内停止叶面追肥，也不宜灌大水。果实采收后，早秋施基肥，一般不宜晚于9月，早熟品种8月下旬施。基肥以腐熟的农家肥为主，施入量4000～5000 kg/亩，过磷酸钙150 kg/亩。根据树体营养状态，加入适量速效化肥及微量元素肥料，如尿素10～15 kg/亩、硫酸亚铁2～3 kg/亩等。秋施基肥后要灌1次水，特别是在秋旱的情况下。采收后喷施0.3%～0.4%尿素。山地桃园可结合秋施基肥进行扩穴深翻，改良土壤。河滩沙地桃园可利用作物秸秆进行树盘覆盖。

(5) 病虫害防治

果实发育中后期，生产无公害桃果，病虫害防治一般不宜采用化学防治方法。可采用黑光灯、糖醋液和性外激素诱杀方法，以防治桃蛀螟、卷叶蛾、桃小食心虫、桃潜叶蛾等害虫。对红颈天牛可人工捕捉，并挖其幼虫。采果后叶面喷施26%扑虱灵可湿性粉剂1500～2000倍液，防治一点叶蝉和椿象。用25%灭幼脲悬浮剂2000倍液防治潜叶蛾。在主干和主枝上绑草绳或草把，诱集害虫，晚秋或早春取下烧死害虫。

**思考题**

试制订桃树无公害栽培管理周年工作历。

# 第八节 桃生长结果习性观察实训技能

## 一、目的与要求

通过观察，了解桃生长结果习性，学会观察记载生长结果习性的方法。

## 二、材料与用具

**1. 材料**

桃幼树和结果树。

**2. 用具**

钢卷尺、放大镜、记载和绘图用具。

## 三、步骤与方法

①干性强弱、分枝角度、枝条极性、生长特点与树冠形成。

②识别休眠芽、副芽、花芽和叶芽。观察副芽的着生位置，新梢在何种情况下萌发。花芽、叶芽在枝条上的分布及其排列形式。

③发育枝、徒长枝、叶丛枝、单芽枝的区别及其对生长结果的作用。强旺新梢叶腋内形成的芽当年萌发副梢，幼树、旺树（枝）一年能萌发1～3次副梢。一年多次分枝与扩大树冠，提早结果关系。

④花芽为纯花芽，纯花芽在各类果枝上的着生位置。识别长枝、中枝、短果枝及花束状果枝，不同品种的主要果枝类型。结果部位外移的生长习性与枝条更新规律。

## 四、实习报告

根据观察结果，总结桃生长结果习性。

## 五、技能考核

实训技能考核一般实行百分制，建议实训态度与表现占20分，观察方法占40分，实习报告占40分。

# 第九节　桃树休眠期整形修剪实训技能

## 一、目的与要求

学习桃树整形和修剪的方法，初步掌握桃休眠期整形修剪技术。

## 二、材料与用具

**1. 材料**

不同年龄时期桃树。

**2. 用具**

剪枝剪、手锯、伤口保护剂等。

## 三、内容与方法

**1. 幼树整形**

幼树整形是定植后4～5年。以常见的自然开心形，参照整形修剪部分自然开心形整形要求，进行修剪。

**2. 结果树修剪**

（1）结果树初期修剪

骨干枝延长枝留40～80 cm修剪，角度大的侧枝第1次剪定长度适当拉长。结果树修剪以轻剪长放为主，疏去过强直立的枝条，留作结果用的水平或斜生长枝不进行短截。

（2）盛果期修剪

修剪必须随结果量增加而逐年加重，同时注意控上促下，使主枝、侧枝弯曲延伸，及时培养和更新结果枝组，改善内膛光照。枝组分布遵循多、匀、近原则。多是各类枝组布满树冠空间，骨干枝上无空挡或光秃现象；匀即均匀，枝组之间无交叉、遮阴；近即紧凑，结果枝要尽量靠近骨干枝。枝组在骨干枝上分布，要求两头稀，中间密；两端小型为主，中间大型为主。背上、背下小型或中小型为主，两侧以中大型为主。

## 四、实习报告

通过本次实训，总结幼树、初结果树和盛果期桃树的整形修剪要点。

## 五、技能考核

实训技能考核一般实行百分制，建议实训态度与表现占20分，实践操作技能占50分，实习报告占30分。

# 第十节　桃树生长季修剪实训技能

## 一、目的与要求

通过实训，掌握桃树生长季修剪方法，学会生长季修剪方法的综合应用。

## 二、材料与用具

**1. 材料**

生长正常的桃幼树和初结果树。

**2. 用具**

卷尺、卡尺、剪枝剪、标签、铅笔和调查表。

## 三、内容与方法

**1. 修剪方法实训**

捋枝、扭梢、疏枝、重短截、中短截、摘心和缓放。

**2. 修剪方法的应用**

疏除徒长枝、过密枝，延长梢剪梢，按照树形进行调整。对未坐果枝梢疏除、结果枝摘心、竞争枝重短截。

**3. 修剪反应的观察**

在整形修剪同时，进行拿枝、扭梢、重短截、中短截、摘心、缓放，编号挂牌，测量其长度和粗度。秋季新梢停长后调查新梢长度、粗度、节数、成花节数和数量，以及副梢数量、长度和花芽数量等。

## 四、实习报告

通过本次实训，总结桃幼树、初结果树生长季修剪的方法和综合应用应注意的问题。

## 五、技能考核

实训技能考核一般实行百分制，建议实训态度与表现占 20 分，实践操作技能占 50 分，实习报告占 30 分。

# 附　录

## 露地桃周年管理历

1 月（桃树处于深休眠状态）——冬剪，清园（剪除病虫枝、清理桃园及周围残枝落叶），直径 1 cm 以上剪锯口涂保护剂，刮治介壳虫，总结一年工作，制订全园管理计划。

2 月（下旬根系开始活动，花芽开始膨大）——冬剪在本月 20 日前完成，熬制石硫合剂，下旬灌萌芽水，月底追花前肥（以氮肥为主），新建园开始定植。

3 月（根系加速活动，中下旬叶芽开放，常有 1 次寒流）——发芽期喷 5% 石硫合剂，下旬涂药环防治蚜虫、红蜘蛛；中耕，注意天气变化，做好晚霜预防。

4 月（根系活动进入高峰期，上旬开花，中旬展叶，下旬枝条开始生长）——疏花蕾、人工授粉，防治金龟子，花后防治蚜虫、浮尘子、卷叶虫、红蜘蛛、潜叶蛾，谢花后抹芽。视树势、产量追花后肥，雨水多时注意防治炭疽病、疮痂病。进行市场调查，根据苹果设置桃价格，预计当年桃市场。

5 月（新稍加速生长，中旬开始硬核，第 1 次生理落果，月底极早熟品种成熟）——上中旬防治蚜虫、卷叶虫、穿孔病、炭疽病，中旬硬核期疏果、定果［叶、果比（30～50）：1］、套袋、早熟品种施三元复合肥和腐熟饼肥，进行摘心、回缩等，做好病虫害发生预测预报，中下旬防控椿象、桃蛀螟、梨小食心虫、红颈天牛等。

6 月（上旬极早熟品种成熟，中下旬早熟品种成熟，新梢生长高峰，中下旬花芽开始分化）——早熟果实采收、上市，月初防控红蜘蛛，捕捉红颈天牛，防治椿象、潜叶蛾、梨小食心虫，中旬地面全面喷洒 40% 毒死蜱乳油 1000 倍液杀灭橘小实蝇脱果幼虫或出土成虫，下旬诱杀橘小实蝇成虫，叶面喷敌百虫＋红糖＋白酒，每次间隔 20 d，共 2 次。同时，叶面喷洒磷酸二氢钾。

7 月（新梢生长放缓，中熟品种成熟）——中熟品种成熟前 20 d 追催果肥，以氮、钾为主。中熟品种特别注意防治桃蛀螟、梨小食心虫、橘小实蝇，注意排水防涝，其他管理同 6 月。

8 月（晚熟品种成熟、新梢大部分停长）——上旬采果，适度夏剪（疏少量外围挡光枝），采果后追肥，以磷肥、钾肥为主，行间杂草、绿肥翻压。下旬防治潜叶蛾、浮尘子、诱杀橘小实蝇，树干绑草把诱集红蜘蛛等，堆沤有机肥。

9 月（月初枝条停长生长，根系进入第 2 高峰期）——秋施基肥，腐熟有机肥和袋控缓施肥，防治潜叶蛾、浮尘子等，保护叶片，行间种植绿肥等。

10 月（中旬大量落叶开始，养分开始向下输导）——树干、大枝涂白。

11 月（中下旬落叶终止，进入休眠）——解下树干草把，消灭越冬害虫，清除园中杂草、枯枝、落叶。

12 月（自然休眠）——技术培训，冬剪，灌封冬水，清园，总结当年工作，做好来年工作准备。

# 第十三章　杏

**【内容提要】**杏基础知识。我国杏栽培现状与发展趋势。从生长结果习性和对环境条件的要求两个方面介绍了杏的生物学特性。杏的主要种类有普通杏、西伯利亚杏、辽杏、藏杏、梅、李梅杏；我国北方杏主要品种群分布在华北温带杏区、西北干旱带杏区和东北寒带杏区。当前栽培杏的优良品种有凯特杏、金太阳杏、红丰杏、新世纪杏、骆驼黄杏、华县大接杏、串枝红杏、早金艳杏和枚香杏。从无公害杏质量标准和栽培技术要点（包括园地选择与规划、品种选择、栽植、土肥水管理、花果管理、整形修剪、病虫害防治和采收）两个方面介绍了杏的无公害栽培技术要点。杏关键栽培技术包括育苗建园技术和整形修剪技术两个方面。从育苗、建园、土肥水管理、花果管理、整形修剪、病虫害防治和适期采收7个方面介绍了杏的无公害优质丰产栽培技术规程。从常规防霜冻和药剂及生防菌两个方面介绍了杏树花期防霜冻技术。“金光”杏梅是杏梅中的优良品种，具有较高的栽培推广价值。从形态特征、果实经济性状、生长结果习性、生态适应性和物候期5个方面介绍了该品种的表现；参照有关标准，结合栽培实践，从园地选择、高标准建园、加强土肥水管理、精细花果管理、科学整形修剪、综合防治病虫害、适期采收7个方面介绍了该品种无公害标准化生产技术规程。为便于管理，按照冬季、春季、夏季和秋季的顺序介绍了杏树四季栽培管理技术。

杏树原产于我国，具有3500年以上的栽培历史，远在周朝时就有栽培。杏果是营养丰富、药用价值较高的时令水果。杏果具有止咳去痰、润肺清泻的功效，对支气管炎、哮喘、癌症有较好的疗效。在栽培规模上，杏在古代与桃、李、栗、枣并称为“五果”。在汉代，我国杏树栽培已有很大发展。随着历史的发展，杏的栽培分布日益扩大。我国杏的分布范围大致以秦岭—淮河为界，淮河以北杏栽培渐多，尤以黄河流域各省为其分布中心，淮河以南杏树栽培较少。

杏果用途广泛，除鲜食外，还可加工，是食品工业的重要原料。杏仁是我国传统的出口商品之一，在国际市场上享有很高的声誉。此外，杏树适应性广，平原、高山、丘陵、沙荒地均可栽培，是农民致富和改善生态环境的优良树种。

## 第一节　我国杏树栽培现状与发展趋势

### 一、现状

**1. 我国是杏生产大国**

我国杏总产量高，从1996年起就居世界第1位。我国杏分布广泛，除南部沿海地区及我国台湾、海南外，各省（自治区、直辖市）都有杏的分布。栽培中心黄河流域的山东、河北、河南、山西、陕西、甘肃、新疆及辽宁等省（自治区），栽培面积和产量均占全国的90%以上。我国杏品种资源极为丰富，具有各种特异性状的优良品种。

**2. 我国不是杏生产强国**

我国杏生产长期处于自种自食的封闭状态。栽培方式分散、落后，缺乏集约栽培的大片杏园，品种参差不齐，真正的优良品种地域性强，栽培规模小，管理粗放，产量低而不稳。杏产品档次低，缺乏市场竞争力，成熟期大多集中在6月初至7月中旬，市场供应期70 d左右，同一品种不足20 d，难以做到均衡供应。20世纪80年代以来，在农业部支持下，相继在河北、山东、北京、河南、甘肃、新疆、辽宁等省（自治区、直辖市）确认或建立了以地方优良品种为主的杏生产基地。在全国范围内开展了优良品种选育、交流和推广，西部大开发战略和“退耕还林还草”政策及营造三北防护林系统工程，有力地推进了杏产业的发展。但基地面积所占比例小，档次低，产供销加工配套率低，还未从根本上改变我国杏产业落后于世界水平的状态。

**3. 国内主要产区**

（1）野生种分布

在我国东北、华北、西北地区，野生种的杏普遍存在，新疆伊宁、新源、霍城一带山区，至今仍有大面积野生杏林分布，西南、华南等地的广大山区也有野生杏生长。我国杏分布的南界远在北纬23°~28°一带，浙江、福建、湖南、广西和云南等省（自治区），都可见野生杏，大体可推至雁荡山、武夷山、南岭、越城岭、九万大山和云南的大雪山一带。四川省西南部海拔2800~3800 m的高寒山区，也有杏树分布。德格、甘孜、巴塘、康定等地有杏的野生种和栽培种。

（2）栽培种范围

杏树栽培种主要分布在北纬32°~47°、东经32°~76°的地域内，以新疆和黄河流域各省区为其分布中心，大致以秦岭—淮河为界，其以南地区栽培渐少，以北地区则栽培渐多。杏树集中栽培区都有相应的栽培品种，根据生态条件差异，我国杏树分为三大产区。

①东北、内蒙古产区。包括黑龙江、吉林、辽宁和内蒙古等省（自治区）。

②华北及豫南产区。包括河北、河南、山西、山东、北京、天津等省市。

③西北产区。即陕西、甘肃、青海、宁夏、新疆等省（自治区）。

除上述产区外，安徽、江苏、浙江、湖北、湖南、云南、贵州、四川、西藏等省（自治区）也有少量杏树栽培。

## 二、发展趋势

当前，在重视选择优质品种的前提下，连年丰产性状尤为关键。应注意早、晚熟品种搭配，以早熟品种为主，晚熟品种甚至极晚熟优质品种也有其季节优势，应努力挖掘选用。此外，杏梅这一自然杂交种也应择优积极开发。

**思考题**

我国杏树栽培的现状与发展趋势如何？

# 第二节　生物学特性

## 一、生长结果习性

**1. 生长习性**

（1）树性

杏为多年生落叶果树，树冠高度一般3~5 m，直立或开张，因品种和树形及环境条件不同而异。杏具有早熟性等，幼龄时期植株生长快，1年内新梢可有2~3次生长，嫁接后一般2~3年开始结果，6~8年丰产并进入盛果期，管理水平高时，四十至六十年生树仍能维持较高产量。

（2）根系

杏树根系入土较深，成龄树根系庞大，在土层深厚的地方，根系可深达7 m之多，水平扩展能力也极强，其分布往往超过树冠直径的2倍。杏根冠比较大，根系发达，抗旱能力较强。3月中下旬土温5 ℃左右时，细根开始活动，但生长较慢，生长量较小。年生长周期中根系有两个生长高峰：一个在6月中下旬至7月中旬，当土壤温度高于20 ℃时，生长量最大；另一个生长高峰出现在9月土壤温度稳定在18～20 ℃时，又开始第2次生长，但没有第1次生长量大。11月后，地温下降，低于10 ℃时，根生长减弱，并几乎停止。

杏树根系发育及其在土壤中的分布，受栽植地的土壤状况、树龄、砧木种类、栽植方式等多种因素的影响。一般以桃、李、杏为砧木，抗性强，根系发达，主要分布在距地表20～40 cm处，水平分布范围比树冠直径大1～2倍。用毛桃、毛樱桃作砧木时，根系相对较浅。用实生杏自根砧时根系也较深。1年中根系的生长活动早于地上部分生长，停止生长晚于地上部分。一般情况下，根系绝大部分集中在距地表20～60 cm深处土层中，仅有10%左右分布在更深土层中。

（3）枝

自然生长情况下，杏树主干一般比较高大，人为栽培和嫁接树干较矮，一般只有60～80 cm。杏树枝条按其生长顺序和着生部位，可分为主枝、侧枝和延长枝等；按其功能不同可分为营养枝和结果枝。营养枝根据长势可分为发育枝和徒长枝。发育枝由一年生枝上的叶芽或多年生枝上的潜伏芽萌发而成，生长旺盛，在叶腋间能形成少量花芽，其主要功能是形成树冠骨架。徒长枝是特别旺长的发育枝，枝条多直立生长、节间长、叶片大而薄、组织不充实。杏树枝条加长生长通常是通过顶芽的延伸，也有从短截枝上的叶芽抽生。日均温10 ℃以上时，枝条即进入旺盛生长期。一般短枝无旺盛生长期。品种、树体状况和枝条长势不同，每年可抽梢1～3次，形成春梢和秋梢。杏树生长势较强，幼树新梢年生长量达2 m；随树龄增长，生长势渐弱，一般新梢生长量30～60 cm。在年生长期内可出现2次新梢生长高峰：第1次在6月下旬至7月中旬；第2次生长高峰在9月。

（4）叶

叶片生长是在花后随着新梢生长而进行。6月底至7月初，叶片面积生长达到最大值，但其厚度可继续增加。一般情况下，杏树1年中只发一次叶，但当遭到严重病虫害或雹灾后，可发两次叶，但叶片质量差。秋季气温降到10 ℃以下时，杏树开始落叶，低温加速杏叶黄化和脱落。当温度持续在10 ℃以上时，将延迟落叶时间。

（5）芽

①叶芽和花芽。杏叶芽大多着生在叶腋间，顶部叶芽萌发后使枝条延长。杏枝条下部的芽多不萌发而形成隐芽，也叫潜伏芽，其虽不萌发，但保持着萌发的能力，当枝条受到外界刺激时会萌发成枝。潜伏芽寿命长达二三十年。杏树叶芽也具有早熟性。当年形成后，条件适宜，特别是幼树和高接树上的芽，容易萌发抽生副梢，形成二次枝、三次枝甚至四次枝。能早期形成树冠，并且早期进入结果期。杏花芽为纯花芽，较小，着生在各种结果枝节间基部。每芽1朵花，在长、中结果枝上常与叶芽及其他花芽相并生。

②杏芽着生方式。有单生芽和复生芽两种。各节内着生1个芽的为单芽，着生在新梢或副梢的顶端，坐果率不高；着生2个或3个芽的为复芽。有1个叶芽、1个花芽的二芽并生和中间叶芽、两侧花芽的三芽并生两种典型方式。一般长果枝上端及短果枝各节的花芽为单芽，其他枝的各节为复芽。单芽及复芽数量、比例、着生部位与品种、营养及光照有关。在同一品种中，叶腋间并生芽的数目与枝条长度有关，枝条越长，并生芽数目越多，个别情况可出现4个芽。

③假顶芽及芽的萌发生长。杏树新梢顶端有自枯现象，顶芽为假顶芽。杏树每节叶腋有侧芽1～4个。但杏树越冬芽的萌芽率和成枝力是核果类果树中较弱的树种。一般新梢上部3～4个芽能萌发生长，

顶芽形成中、长枝，其他萌发的芽大多只能形成短枝，下部芽多不萌发而成为潜伏芽。因此，杏树树冠内枝条比较稀疏，层性明显。

**2. 结果习性**

（1）结果情况

杏树早果性比较突出，一般 2 ~ 4 年开始结果，6 ~ 8 年进入盛果期。在适宜条件下，盛果期年限比桃长。

（2）花芽着生部位及结果枝情况

杏花芽单生或 2 ~ 3 个芽并生形成复芽。在同一枝条上，上部多为单花芽，中下部多为复花芽。单花芽坐果率低，开花坐果后该处光秃。中间叶芽、两侧花芽的复花芽坐果率高。杏树形成花芽容易，一至两年生幼树即可分化花芽，开花结果。结果枝按其长度可分为长果枝、中果枝、短果枝和花束状果枝。长果枝长 30 cm 以上，中果枝长 15 ~ 30 cm，短果枝长 5 ~ 15 cm，花束状果枝长 5 cm 以下。长果枝花芽质量差，坐果率低；中果枝生长充实，花芽质量好，复花芽多，坐果率高，是主要结果枝。结果枝在结果同时，顶芽还能形成长度适宜的新梢，成为第 2 年的新结果枝。短果枝和花束状果枝多单花芽，结果和发枝能力都比较差，寿命也比较短。幼树和初结果树，中、长果枝比较多；老树和弱树，短果枝和花束状果枝较多。杏树大多数品种盛果期以短果枝和花束状果枝结果为主，但寿命短，一般不超过 5 ~ 6 年。杏树花束状果枝较短，节间也短，结果部位外移比桃树慢。

（3）花及开花

①花。杏花为两性花。有 1 个雌蕊和 20 ~ 40 个雄蕊。雌蕊柱头和花柱呈黄绿色，发育健全的雌蕊高于或等于雄蕊。子房上位，花冠由 5 片花瓣组成，白色。根据花器官发育程度，形成了 4 种类型的花：一是雌蕊长于雄蕊；二是雌蕊、雄蕊等长；三是雌蕊短于雄蕊；四是雌蕊退化。其中前两种花称为完全花，也叫正常花，可以授粉、受精、坐果；第 3 种花授粉受精能力很差，坐果能力也很差；第 4 种花为不完全花，不能授粉、受精，也不能坐果。后两种花也叫退化花。4 种不同类型花的数量，与品种、树龄、树势、营养及栽培管理水平密切相关。在同一品种中，老树、弱树、管理粗放或放任不管的树，退化花比例相对较大，在同一株树上，退化花一般是长果枝多于中果枝，中果枝多于短果枝，短果枝多于花束状果枝。在同一枝条上不同部位，秋梢多于夏梢。

②开花。花芽经过冬季休眠后，早春气温达到 3 ℃左右时，花芽内各器官即开始缓慢生长发育，并随着气温升高，生长和发育速度逐渐加快。不同年份气候差异，初花期早晚相差 1 周左右。不同品种初花期也不尽相同。初花到谢花经历时间长短，受品种特性、气候、树龄及管理条件等影响。花期温度高、湿度低、树龄小，则开花期短。气候正常情况下，一般品种单花花期 2 ~ 3 d，全株花期 8 ~ 10 d，盛花期 3 ~ 5 d。杏雌蕊保持受精能力一般 3 ~ 4 d。若花期遇到低温、干旱和风，柱头 1 ~ 2 d 内枯萎。绝大多数杏品种自花授粉不结实，建园时需配置授粉树。在核果类果树中，杏芽休眠期最短，解除休眠状态较早，春季萌芽开花比桃、李等均早，易遭晚霜为害。

（4）果实生长与发育

杏果实发育具有明显的阶段性，生长速率呈双 S 形曲线，整个过程分为 3 个时期：2 个速长期，1 个缓慢生长期即硬核期。第 1 期是果实迅速生长期，果实重量和体积迅速增加，果核也迅速生长到相应的大小，该期幼果大小为采收时果实大小的 30% ~ 60% 。果肉细胞分裂主要集中于该期。此期果肉细胞数量的多少，决定着成熟时果实的大小。第 2 期为硬核期，果实增长变得缓慢或不明显，果核逐渐木质化，胚乳逐渐消失，胚迅速发育。这一时期持续的长短品种间差异不大，一般早、中熟品种 4 月下旬果核开始发育，5 月中旬形成，5 月下旬木质化。硬核期持续 10 d 左右，晚熟品种持续 15 d 左右。第 3 期为果实第 2 次迅速生长期，果肉厚度迅速增加，果面逐渐变得丰满，果面底色明显发生变化并最终显示出各品种所固有的色泽。此期果实增重占总果重的 40% ~ 70% 。该期持续长短品种间差异较大，早熟品种 18 d左右，中熟品种 28 d 左右，晚熟品种 40 d 左右。

（5）落花落果

杏树落花落果严重。一般幼果形成期和果实迅速膨大期各有 1 次脱落高峰。其自然坐果率通常为 3%～5%。

## 二、对环境条件的要求

杏树对环境条件适应性极强，从北到南，我国所有省区几乎都有分布，年平均气温在 5～23 ℃、无霜期 100～350 d、降雨量 50～1200 mm 的地区均适合杏生长。杏既能耐－40 ℃低温，也能抵抗 44 ℃高温。

**1. 气温**

杏树主产区年平均气温 6～14 ℃，要求大于等于 10 ℃的积温在 2500 ℃以上。冬季休眠时期在－30 ℃或更低温度下杏仍可安全越冬。但在花芽萌动期或开花期，花器抗低温能力大减。若低于临界温度就有受冻危险。花期低温是发展的限制因子。花期和结果期，若昼夜温差大，就会造成落花落果。杏不同品种间对气温要求存在一定的差异，开花适宜温度为 11～13 ℃，花粉发芽适宜温度为 18～21 ℃，果实成熟期要求 18.3～25.1 ℃。在生长期内，杏树耐高温能力较强。

**2. 光照**

杏树喜光，要求年日照时数在 1800～3400 h。光照充足，树冠开张，新梢生长充实，枝组寿命长，花芽发育好，结实率高，丰产、优质。杏果着色好，含糖量高，品质好；光照不良则枝条易徒长，雌蕊败育花增加，病虫害严重，果实着色差，严重影响果实产量和品质。

**3. 水分**

杏树是抗旱、耐瘠薄、怕涝的深根性树种，土壤积水 1～2 d 就会发生早期落叶，甚至全株死亡。但新梢旺盛生长期、果实发育期仍需要一定的水分的供应，否则会影响树势和果实产量及品质。一般年降水量为 400～600 mm 的地区均能正常生长结果，年降水量 500～600 mm 地区生长最好。

**4. 土壤**

杏树对土壤适应性较强，除通气过差的黏重土壤外，在黏土壤、壤土、沙壤或者沙砾土上都能正常生长，但在疏松土壤上生长表现得好。杏树也耐盐碱，在有害盐类（如氯化钠、碳酸钠、碳酸氢钠、硫酸钠等）总量在 0.1%～0.2% 时，也能发育正常，但总盐量超过 0.24% 时，就会发生伤害，杏栽培在 pH 6.8～7.9 的土壤上，生长结果正常。杏比苹果、桃耐盐力强。土壤质地黏重、透气不好，不仅影响根系生长、树体生长和果实品质，而且容易发生流胶病，使树体早衰或死亡。

**思考题**

（1）杏生长结果习性与桃有何不同？

（2）如何创造适宜杏树生长发育的环境条件？

# 第三节　主要种类、品种群分布和优良品种

## 一、主要种类

杏为蔷薇科杏属植物，与梅亲缘最近。除作经济栽培的杏外，西北地区还有变种李光杏，变种山杏多用作砧木或取仁用。东北、华北等地尚有辽杏、蒙古杏等野生种。近年在中原地区，出现了由当地研究者新发现的杏梅大面积栽培与生产。

全世界杏属共有 10 个种，我国就有 9 个种，分别是普通杏、西伯利亚杏、辽杏、藏杏、紫杏、志丹

杏、梅、政和杏与李梅杏。其中普通杏是世界上栽培最广的一个种。我国现有各种各类杏品种 1463 个。辽杏可作砧木及抗旱育种的原始材料，极少栽培；西伯利亚杏一般用于砧木或作为抗寒育种的原始材料；山杏可作南方杏的砧木，也是暖地杏育种的原始材料。

**1. 普通杏**

普通杏（图 13-1）通称杏。原产于亚洲西部及我国西北、华北地区，世界各国栽培杏品种大多来源于此种。落叶乔木，高达 15 m，树冠圆整，树势健壮，适应性强。主干树皮不规则纵裂，暗灰褐色或黑褐色。一年生枝红褐色或暗紫色；多年生枝灰褐色。叶片近圆形或阔卵圆形，先端突渐尖，基部近圆形或微心形，钝锯齿，叶柄带红色无毛，叶深绿色，幼叶红色。花单生，两性花，蔷薇型花冠，5 花瓣，白色或粉红色，径约 2.5 cm，萼紫红色，先叶开放。果实圆形、扁形至长圆形，果面具短茸毛，成熟后橙黄色、黄色、淡黄色、绿白色，阳面具红晕或无；果肉绿色、淡黄色、橙黄色，汁多，味酸甜。有离核、半离核及黏核之分，核扁圆或扁椭圆形，核面光滑；核仁扁圆形，苦、微苦或甜。本种用途广，可食性好，但其野生类型果实小而味酸，鲜食品质差，可供加工，种核宜作砧木种子用。普通杏变种有垂枝杏、花叶杏和李光杏等，具有很好的开发价值。东北杏、山杏可做其砧木及抗旱育种的原始材料。

**图 13-1　普通杏**

**2. 西伯利亚杏**

西伯利亚杏（图 13-2）又名山杏、蒙古杏。分布于我国华北、西北、东北及俄罗斯西伯利亚和远东地区。多为落叶灌木或小乔木，树矮小，高达 3 m。枝条灰褐色或红褐色，无毛。单叶、互生，叶较小，圆形或卵圆形，先端渐尖，叶缘锯齿细而钝，成叶无毛，主脉上有毛。花芽为纯长芽，单生，一般先叶开放，色稍带粉色，花径 3 cm，花萼 5 裂，5 花瓣。果实小，圆形，单果重仅 5 ~ 7 g。果肉薄、汁多，味酸苦涩，不能食用。离核，核面光滑，核仁味苦。果实完熟后，果肉水分消失，果肉沿缝线开裂。杏仁可供作砧木种子，也可加工或药用。能抗 -50 ℃低温，也极抗旱，是抗旱育种的重要种质资源。

**3. 辽杏**

辽杏（图 13-3）即东北杏。主要分布在我国东北各省，偶见于河北、山西，朝鲜及俄罗斯远东地区也有分布。落叶乔木，枝条生长较直立。小枝无毛，树干具有一层厚而软的木栓层，树皮木栓质，生长迅速。叶片大，圆形或长卵形，先端尖，基部圆形或阔楔形，叶缘锯齿细而深，为重锯齿。叶呈暗绿色，幼叶有稀疏之茸毛，老叶无毛。花淡红色，单生，其大小介于西伯利亚杏和普通杏之间。果实小，圆形，黄色，果面有红晕或红色，果肉薄，多汁或干燥，味酸或梢苦涩，不能食用。离核，核小，长圆形，核面粗糙，边缘钝。种仁味苦，用于加工、医药。抗寒性强，可作抗寒砧木及抗寒育种的原始材料。本种有心叶杏和尖核杏两个变种，可供观赏。

**图 13-2　西伯利亚杏**

**图 13-3　辽杏**

**4. 藏杏**

藏杏（图 13–4）又名野杏、山杏。广泛分布于西藏东南部和四川西部的高海拔地区。小乔木，高 4 ~ 7 m，多年生枝有刺，新梢阳面暗红色。叶片长卵圆形，长 4 cm，宽 2 cm，叶尖渐尖，基部圆形或楔形，叶缘细、单锯齿，两面密布短柔毛，叶柄短 1.0 ~ 1.5 cm，有柔毛。果实小，果肉薄，果汁少，味酸涩，食用品质差。种仁味苦，可入药。核可作砧木种子。极抗旱耐寒，是抗旱耐寒育种的材料。

**5. 梅**

梅（图 13–5）主要分布于长江流域以南各省，江苏北部、河南南部也有少数品种，日本、朝鲜也有分布。乔木，少数灌木。树皮灰色或灰绿色，平滑。小枝绿色，无毛。叶片卵形至宽卵形，先端长渐尖，基部楔形，叶缘细锐锯齿；嫩叶两面无毛，成叶无毛或叶背脉叶处被短柔毛。叶柄短，1.0 ~ 1.5 cm。果实圆形，黄色或绿白色，外被柔毛。果实味酸少汁，黏核，核卵圆形，表面有蜂窝状点纹。性喜温暖、潮湿，抗线虫病和根癌病，潮湿地区发展核果类的重要砧木树种，也是杏抗湿热育种的重要原始材料。花期早，多于严冬开放，为名贵观赏树种，颇多变异。果实可供生食或制作各种加工品，多用于加工乌梅、话梅或入药。

图 13–4 藏杏

图 13–5 梅

图 13–6 李梅杏

**6. 李梅杏**

李梅杏（图 13–6）又名酸梅、味（河南）、杏梅（辽宁、河北、山东）、转子红（陕西）等，是正在发掘的一种核果类果树，主要分布于华北的山区丘陵地区。小乔木。树高 3 ~ 4 m，树势弱，开张，主干粗糙；树皮灰褐色，表皮纵裂。多年生枝灰褐色，一年生枝阳面黄褐色，背面绿色或红褐色，无毛，皮孔扁圆形，较稀。叶片椭圆形或倒卵状椭圆形，先端渐尖至尾尖，基部楔形；边缘具浅钝锯齿，叶柄有 2 ~ 4 个腺体，花 2 ~ 3 朵簇生，花与叶同时开放或花先叶开放，具微香；自花不结实；果实近球形或卵球形，较大，单果重 18 ~ 60 g；果顶平或微凹，缝合线较深，果面黄白、橘黄或黄红色，具短柔毛，无果粉；果皮较厚，不易与果肉分离，果肉黄至橘黄色，肉质致密、多汁，酸中有甜，具浓香，黏核；核扁圆形，先端圆钝或急尖，表面有浅网纹，腹棱圆钝，核基具浅纵纹；仁苦；果实较耐贮运。

## 二、品种群分布

长期以来，在我国自然形成了 5 个各有特色的杏品种群地理分布区域，即华北温带杏区、西北干旱带杏区、东北寒带杏区、西南高原杏区和热带—亚热带杏区。我国北方杏品种群主要区域是华北温带杏区、西北干旱带杏区和东北寒带杏区。

**1. 华北温带杏区**

华北温带杏区包括河北、河南、山东、山西、陕西、北京、天津、甘肃、兰州以东地区、辽宁沈阳以南地区及安徽和江苏的北部地区，为中国杏的主要产区，鲜食杏产量占全国的51.2%。本区有栽培品种和类型近1400个，均为本地农家选育。此区域主要优良品种有唐王川大接杏、兰州大接杏、华县大接杏、礼泉二转子杏、临潼银杏、三原曹杏、张公园杏、仰韶黄杏、沙金红杏、骆驼黄杏等。仁用杏品种有龙王帽、一窝蜂和白玉扁等。

**2. 西北干旱带杏区**

本区包括新疆、青海、甘肃兰州以西、内蒙古包头以西及宁夏地区。本区有栽培杏品种350个，是我国制干品种李光杏的主要产区。该区杏的特点是果实较小，但含糖量特别高，果实外表光泽多为离核甜仁。适宜加工杏干和杏包仁。

**3. 东北寒带杏区**

本区包括内蒙古包头以东地区、辽宁沈阳以北地区及吉林和黑龙江等区。本区有栽培品种350个左右，龙垦系列杏品种抗寒性强。

## 三、主要优良品种

杏品种根据用途可分为肉用杏、仁用杏和观赏杏3类。其中，肉用杏包括鲜食杏和加工杏，而仁用杏是我国特有的一类杏品种资源，包括苦仁杏和甜仁杏。

**1. 凯特杏**

图13-7　凯特（Katy）杏

凯特（Katy）杏（图13-7）是美国加州于1978年选育的杏优良品种。我国于1991年从美国加州直接引入山东省果树研究所，1996年通过了山东省科委组织的专家鉴定。该品种树势旺，树姿直立，新梢阳面深红色，阴面绿色。一年生枝棕红色，表面光滑；多年生枝和主干浅棕色，表面粗糙，皮孔大，叶片也大，深绿色，近圆形，花芽大，顶端钝圆，花瓣粉红色。果实卵圆形，果顶微凸，缝合线浅。大果型，平均单果重105 g，最大果重130 g，果皮光滑，橙黄色，底色橘黄，阳面着红晕。果肉橙黄色，肉质细，含糖量高，甜酸爽口，味醇正，芳香味浓，品质上等。可溶性固形物12.7%，离核，较耐贮运。裂果少，采前不落果。树势强，树姿半开张。萌芽力中等，成枝力较强。幼树以中、长果枝结果为主，盛果期树以短果枝结果为主。落叶晚，二次枝和秋梢上花芽较多，质量亦较好，但花期比一次枝和春梢上花芽晚2～3 d。幼树成花易，定植当年开花株率100%。自花授粉坐果率18.7%，自然授粉坐果率31.4%。抗性强，耐瘠薄，抗盐碱，耐低温、阴湿，适应性强，抗晚霜。在河南省周口市一般3月上旬萌芽，3月底开花，6月上中旬果实成熟，11月上旬落叶。

**2. 金太阳杏**

图13-8　金太阳杏

金太阳杏（图13-8）又名太阳杏，是从美国农业部太平洋沿岸实验室选种圃中选出的杏优良品种，属欧洲生态品种，1993年山东省果树研究所从美国引进此品种。该品种树姿开张，树体较矮，多年生枝皮面粗糙，一年生枝红褐色、粗壮、节间短；嫩梢红色，叶呈卵圆形；叶基圆形或截形。叶色深绿，叶面光滑有光泽，叶先端凸尖，叶缘锯齿中深而钝，较整齐，叶柄中粗，呈红色。基部有 4 枚蜜腺，圆形。花芽肥大、饱满、复芽多。花蕾期花瓣红色，初开始先端粉红色，盛花期浅粉色。果实较大，平均单果重 75 g，最大单果重 82.5 g。果实近圆形，果顶平，缝合线浅，两半部对称，果面光洁，底色金黄，阳面着红晕，果肉黄色，肉厚 1.46 cm，可食率 97%，离核，肉质细嫩，纤维少，汁液较多，有香气，品质上等。果实可溶性固形物含量高达 15.3%，总糖 13.5%，总酸 1.2%，风味甜，抗裂果，耐贮运，常温下可放 7 d，2 ~ 4 ℃下可贮藏 20 d 以上。树势中庸。幼龄树枝条有春梢、夏梢、秋梢 3 次生长，成龄树一般只有春梢生长。萌芽力中等，成枝力强。幼树轻剪可抽生较多短枝，夏季短截可抽生 2 ~ 3 个长果枝。幼树以中、长果枝结果为主，盛果期树以短果枝结果为主。花器发育完全，自花结实率强，自然坐果率 28.8%。对土壤要求不严格，抗旱耐瘠薄，适应性广，抗寒、抗病（褐腐病、细菌性穿孔病）强。在河南省商水县，金太阳杏树 3 月上旬萌芽，3 月 25 日前后为盛花期，花期 4 ~ 5 d，5 月中旬果实开始着色，果实发育期约 60 d，11 月上旬落叶。

### 3. 红丰杏

红丰杏（图 13-9）是山东农业大学园艺系用二花槽和红荷包杂交培育而成。果实近圆形，果个大，品质优，外观艳丽，商品性好。平均单果重 68.8 g，最大果重 90.0 g，肉质细嫩，纤维少，可溶性固形物含量 16% 以上，汁液中多，浓香，纯甜，半离核，品质特上。果面光洁，果实底色橙黄色，外观 2/3 为鲜红色，为国内外最艳丽漂亮的品种。一般成熟期 5 月 10 日—5 月 15 日，是国内极早熟品种，商品性极高。树冠开张，萌芽率高，成枝力弱，花期比华北杏晚 5 ~ 8 d，正好能避开晚霜为害。但成熟期最早，自花结实能力强，自然坐果率高达 22.3%，丰产性极强。稳产、适应性强，抗旱、抗寒，耐瘠薄，耐盐碱力强，一般土壤均可种植，露地、保护地均可栽培。

### 4. 新世纪杏

新世纪杏（图 13-10）是由山东农业大学陈学森教授培育而成的早熟品种，为红丰杏的姊妹系。果实单果重 73 g，最大单果重 110.5 g。果面着鲜红色，缝合线深而明显，果面光滑，果皮底色橙黄，粉红色。果实具浓香味，肉质细，味甜酸，风味浓，离核，仁苦。果肉含可溶性固形物 15.2%。自花结实，丰产性能好，开花晚，可躲避晚霜为害。果实发育期 65 d 左右，6 月上旬果实成熟，是露地和保护地栽培的优良品种。

图 13-9 红丰杏

图 13-10 新世纪杏

### 5. 骆驼黄杏

骆驼黄杏（图 13-11）原产于北京市门头沟区龙泉务，是极早熟的鲜食杏品种。现主要分布在辽宁、北京、河北、山西、山东、甘肃等地区。树冠自然圆头形，树姿半开张。主干粗糙，纵裂，灰褐色。多年生枝灰褐色，一年生枝斜生、粗壮、红褐色、有光泽。枝条直立，密度中等；皮孔小、少、凸，圆形。芽基部呈突起状。叶片椭圆形，先端渐急尖，叶基圆形，叶缘锯齿圆钝，叶面平展，叶色深绿，有光泽，叶脉黄绿色，蜜腺 1 ~ 2 个，圆形，褐色。花瓣白色，5 瓣，阔圆形，平展；花冠径 3.1 cm，蜜盘浅黄色，雌蕊 1 枚；退化花高达 77.7%。果实圆形，平均单果重 49.5 g，最大单果重 78.0 g，纵径 4.29 cm，横径 4.49 cm，侧径 4.46 cm。果实缝合线显著、中深，两侧片肉对称。果顶平，微凹。梗洼深、广。果皮底色橙黄，阳面着红色，果肉橙黄色。肉厚 1.61 cm，肉质较细软，汁中多，味甜酸。果肉可溶性固形物 9.6%，硬度 12.2 kg/cm$^2$，总糖 7.1%，总酸 1.9%，糖酸比 3.74∶1，含维生素 C 5.4 mg/100 g，常温下可贮放 1 周左右，品质上等。黏核，核卵圆形，鲜核深褐色；干核淡黄褐色。核表面光滑，网纹不明显，核基宽而锐，唇形，核顶尖圆。甜仁，不饱满，干仁平均重 0.36 g。抗寒力较强；抗流胶病、细菌性穿孔病、疮痂病能力也较强。在辽宁省熊岳地区，3 月下旬花芽萌动，4 月中旬开花，花期5～7 d，果实 6 月上中旬成熟，果实发育期约 55 d。叶芽 4 月中下旬萌动，10 月下旬落叶，树体营养生长期约 190 d。

图 13-11　骆驼黄杏

**6. 华县大接杏**

华县大接杏（图 13-12）原产于陕西省华县，现分布在陕西、甘肃、宁夏、河北、北京、辽宁、河南等省（自治区）。优良中熟品种。树势强健，树冠紧凑，短枝性状明显。成龄树树冠圆头形，半矮化状。新梢紫褐色，多年生枝灰褐色。叶片长圆形、绿色、较平展；锯齿钝；有 2 个圆形暗褐色蜜腺。平均单果重 52 g，大果重 60 g 以上。果实扁圆形或近圆形，果顶微凹或稍平，缝合线浅，较明显。果面乳黄色，阳面具紫红色斑点。果肉橙黄色，肉质细软，汁液多，味甜，具芳香，可溶性固形物含量 9.5%～12%，离核，甜仁，品质上。萌芽力高，成枝力低，冠内枝条稀疏，层性明显。以短果枝结果为主，自花不实。早果性较好，丰产。在土层深厚的土壤上生长良好。抗逆性较强，在沙砾土质中能够生长、发育良好。在陕西省华县，3 月上旬花芽萌动，3 月下旬开花，6 月上中旬果实成熟，果实发育期 80 d 左右；4 月上旬展叶，11 月上旬落叶，营养生长期 210 d。

图 13-12　华县大接杏

**7. 串枝红杏**

串枝红杏（图 13-13）树冠是自然半圆形，树姿开张，主干粗糙，树皮纵状裂，紫褐色。一年生枝粗壮，直立，阳面红褐色，背面绿色，光滑无毛。多年生枝为紫褐色。皮孔中密，中大，圆形，灰褐色，凸起。叶片较厚，卵圆形，深绿色，有光绎，叶基圆形，先端突尖，紫红色。叶缘较整齐，单锯齿，圆钝。主叶脉浅绿色。花白色、5 瓣，雌蕊 2 枚，雄蕊 32～37 枚。花药橘黄色。树势中庸，生长量大。萌芽率中等，成枝率低，自然坐果率低。二年生开始开花，五至六年生进入盛果期，以短果枝和花束状果枝结果为主。丰产、稳产性好。果实呈卵圆形，缝合线明显。平均单果重 52.5 g，最大单果重 85 g。果顶微凹，梗洼深而窄，果皮紫红色，果肉橙黄色，肉质硬脆。果实硬度 17.3 kg/cm$^2$，耐贮运。含总糖 7.1%、总酸 1.6%、可溶性固形物 10.2%、维生素 C 9.1 mg/100 g。纤维细，果汁少，离核，可食率 96%。抗病、抗寒、耐干旱、耐盐碱等。在辽宁熊岳地区于 4 月上旬叶芽萌动，4 月中旬开花，7 月下旬成熟，果实发育期 95 d 左右。11 月上旬落叶，树体营养生长期约 214 d。

图 13-13　串枝红杏

图 13-14 早金艳杏

**8. 早金艳杏**

早金艳杏（图 13-14）是中国农业科学院郑州果树研究所用实生早熟杏和仰韶杏杂交培育而成。成年树树冠自然半圆形，树势强健，树姿半开张。幼树树干表面光滑，褐色，成年树主干深褐色，有纵向轻微块状剥裂。一年生枝紫红色，较粗壮，节间较短；多年生枝褐色，嫩梢阳面紫红色，背面黄绿色，皮孔稀而少。叶片深绿色，近圆形，有折，光滑，有光泽，叶尖突起，叶缘锯齿整齐，基部有 1～3 个蜜腺。平均叶长 6. 8 cm，宽 6. 2 cm，叶柄平均长 3. 10 m。花芽肥大，饱满，完全花比例 65% 以上，开花初期紫红色，末花期白色，花冠中大，花瓣 5 片，雌蕊 1 枚，雄蕊 32 枚左右，花药较多，淡黄色，花瓣上部白色，下部红色。果实近圆形，平均单果重 59 g，最大单果重 105 g，纵径 4. 82 cm，横径 5. 02 cm，侧径 5. 13 cm，果顶平，缝合线明显，两半部对称。洁净美观，果面光滑明亮，果皮金黄色，裂果不明显。果肉黄色，肉厚质细，纤维少。可食率 96. 5%，汁液多，香气浓，味浓甜。含可溶性固形物 15. 6%，风味极佳。离核，种核小，苦仁。适应性强，抗旱，较抗早春霜冻。成熟较早，果实发育期基本不发生病虫害。树体对蚜虫、细菌性穿孔病有较强抗性。对土壤要求不严，黏壤土、壤土、沙壤土上均可栽培。以土壤肥沃、水分充足条件下栽植，产量更高，品质更为优良。在郑州地区，3 月初萌芽，3 月中下旬初花，3 月底 4 月初进入盛花期，花期持续 9～15 d，4 月中旬进入末花期，5 月 13—17 日果实开始成熟，果实生育期约 55 d。11 月中旬落叶，全年生育期 225 d。

**9. 枚香杏**

图 13-15 枚香杏

枚香杏（图 13-15）是中国农业科学院郑州果树研究所用大果甜仁杏和早熟优质杏杂交培育而成的早熟性杏品种。树冠半圆形，树姿较开张。主干较粗，树皮暗灰色。多年生枝暗灰色，一年生枝粗壮，斜生，枝条灰褐色，光滑无毛。节间长 1. 24 cm，皮孔多、平，中大，灰白色，近圆形。花 5 瓣，白色；雌蕊 1 枚，雄蕊 32～41 枚。叶片近圆形，基部心形，先端短、渐尖，叶长 7. 34 cm，叶宽 6. 40 cm，厚 0. 03 cm，叶柄长 3. 0 cm，叶柄暗红色，蜜腺中大，圆形，3～4 个，叶片深绿色，有光泽，叶缘较整齐，锯齿中、中深、钝，单锯齿，主脉黄白色，侧脉黄绿色。果实近圆形，平均单果重 97 g，最大单果重 142 g；纵径 5. 3 cm，横径 5. 5 cm，侧径 5. 6 cm。果顶平，缝合线浅，较明显，片肉对称，梗洼深广，果皮橙黄色，阳面有红晕，果面有绒毛。果皮中厚，易剥离。果肉金黄，肉质细、蜜、软，纤维少，多汁，味酸甜适度，香味较浓。可溶性固形物含量 14. 6%，pH 为 6，维生素 C 11. 5%，总糖 7. 15%，总酸 1. 39%。核卵圆形，仁甜，较饱满。可食率高达 95. 2%，常温下可贮放 5～7 d。树势强健，盛果期树坐果率 28% 左右，萌芽率高，成枝率低，以短果枝和花束状果枝结果为主。二年生树开始开花结果，3 年即有一定产量。5 年树产量 35 kg/株以上，成龄大树产量 60 kg/株。在河南郑州地区，3 月上旬花芽萌动，3 月中下旬开花，花期 7 d 左右。6 月上旬成熟，果实发育期 70 d 左右。3 月下旬叶芽萌动，4 月上旬展叶，11 月中旬落叶，树体营养生长期 220 d。该品种抗晚霜，抗病性较强，适应性强，耐旱，耐瘠薄，对土壤要求不严格，适合在黄河流域及生态条件相似的地区栽培，是很有发展潜力的优势品种。

## 思考题

（1）杏的主要种类有哪些？

（2）杏的品种群有哪些？

（3）生产上栽培杏的优良品种有哪些？识别时应把握哪些技术要点？

# 第四节　杏无公害栽培技术要点

## 一、无公害杏质量标准

无公害杏的感官指标必须符合表13-1的规定，卫生指标必须符合表13-2的规定。

**表13-1　无公害食品杏的感官指标**

| 项目 | 指标 |
|---|---|
| 新鲜度 | 新鲜，清洁，无不正常外来水分 |
| 果形 | 具有本品种的基本特征，无畸形果 |
| 色泽 | 具本品种采收成熟度时固有色泽 |
| 风味 | 具本品种固有的风味，无异常气味 |
| 果面缺陷 | 无明显缺陷（包括磨伤、雹伤、裂果等） |
| 病虫果及腐烂果 | 无 |

**表13-2　无公害食品杏的安全指标**

| 项目 | 指标/（mg/kg） | 项目 | 指标/（mg/kg） |
|---|---|---|---|
| 铅（以Pb计） | ≤0.2 | 氰戊菊酯 | ≤0.2 |
| 镉（以Cd计） | ≤0.03 | 氯氰菊酯 | ≤2.0 |
| 总砷（以As计） | ≤0.5 | 三氟氯氰菊酯 | ≤0.2 |
| 毒死蜱 | ≤1.0 | 多菌灵 | ≤0.5 |

注：根据《中华人民共和国农药管理条例》，剧毒和高毒农药不得在果树生产中使用。

## 二、栽培技术要点

**1. 园地选择与规划**

（1）园地选择

园地应选择在气候条件适宜、远离污染源，环境空气质量、灌溉水质量和土壤环境质量都应符合规定的地区。

（2）园地规划

栽植前进行园地规划和设计，包括防护林、道路、排灌系统、小区、品种配置、房屋及附属设施，合理布局并绘制平面图。

**2. 品种选择**

栽培品种应选择优良品种。用2个以上成熟期不同的优良品种为主栽。早、中、晚熟品种及早期效益与长远利益应统筹安排，每一时期同时成熟的品种，以2～3个为宜。

**3. 栽植**

（1）栽植密度

土壤比较差的山区梯田或丘陵地株行距3 m×（4～5）m；地势平坦、土壤肥沃、土层深厚的平原地株行距（3～4）m×(5～6）m。

（2）授粉树配置

在同一果园内选用1～2个品种作为授粉树，授粉品种与主栽品种比例为1∶4或1∶5。

（3）栽植时期

可春栽和秋栽，春栽最好。一般在土壤解冻后至苗木发芽前进行。

（4）栽植方法

栽植前苗木用清水浸泡12～24 h。挖1 $m^3$ 定植穴，表土与底土分放。每定植坑施50 kg腐熟的优质有机肥和0.5～1.0 kg过磷酸钙，与表土充分拌匀后回填，灌水沉实后栽植，实生砧木嫁接口应略高于地平面。

（5）栽后管理

栽后在树苗周围培土埂，整修树盘，及时定干，充分灌水。栽后浇缓苗水，覆盖地膜。

**4. 土肥水管理**

（1）土壤管理

①深翻改土。秋季落叶前结合秋施基肥沿原栽植穴外缘向外挖宽、深各60 cm的沟，混入有机肥回填，灌水。耕翻后耙平。对质地不良土壤进行改良，结合深翻增肥进行黏土掺沙土、沙土掺黏土。

②中耕除草。清耕制杏园生长季节降雨或灌水后及时中耕除草，深5～10 cm。

③间作、覆草。可间作矮秆作物、绿肥或生草，豆科类及药用植物。在早春结合修整树盘，用麦秸、玉米秸、干草等作物秸秆在树冠下覆盖，一般厚15～20 cm，上面压少量土。3～4年后翻土1次，也可开深沟埋草。

④地膜覆盖。地膜覆盖在水源条件差的地方采用。

（2）施肥管理

①施肥原则。以有机肥为主，化肥为辅，所施用肥料不能对果园环境和果实品质产生不良影响。

②允许使用的肥料。按NY/T 394—2013执行。

③施用方法和施肥量。基肥一般在落叶前或萌芽前15 d施，以迟效性农家肥（如堆肥、绿肥、落叶等），骨粉、复合肥等也可作基肥深施。秋季没有施基肥果园在春季化冻后及时补施。采用环状沟施或放射状施肥方法，施优质土杂肥50 kg/株、硼肥0.3～0.5 kg/株，磷酸二铵或磷酸二氢钾1～2 kg/株。施肥后灌足水。追肥在花前、花后、幼果膨大及花芽分化期和果实开始着色至采收期间。花前肥追施尿素0.3～0.5 kg/株；果实膨大期以速效氮肥为主，配合磷肥、钾肥，施磷酸二铵0.5～0.6 kg/株；采果后追肥以磷肥、钾肥为主，配以少量氮肥，施三元复合肥1.5～2.0 kg/株。花前喷0.5%～1.0%尿素水溶液（喷树干）；花期喷0.3%硼砂+0.3%尿素混合液；花后喷0.3%尿素+0.3%磷酸二氢钾；果实膨大期喷0.3%～0.4%磷酸二氢钾；花芽分化期每隔15 d喷1次0.2%～0.4%磷酸二氢钾。

（3）水分管理

水分管理主要是灌水和排涝。

①灌水时期。在萌芽前、新梢生长期、幼果膨大期分别灌1次水，封冻前结合施肥灌1次水，其他时期根据干旱情况灌水。果实成熟期勿灌水。

②排涝。杏树怕涝，应设置排水沟，雨后或出现积水时及时排水。一般9月尽量使土壤干燥。

**5. 花果管理**

（1）疏花疏果

对花量大、坐果多、树体负担过重的杏树蕾期疏花。一般在蕾期和花期进行，宜早不宜迟。疏果采用人工在花后1～2周进行。对生理落果严重的品种（如骆驼黄杏）可适当晚些。一般短果枝留1个果，中果枝留2～3个果，长果枝留4～5个果。也可按距离留果，小型果（30～49 g）间距7 cm，中型果

（50～79 g）间距10 cm，大型果（80～109 g）间距13 cm。将鲜食杏产量控制在1000～1500 kg/亩。

（2）提高坐果率

在配置适宜授粉品种的基础上，加强树体综合管理；在合理的土肥水管理基础上，加强病虫害防治，保护好叶片，增强树势；进行人工授粉，生产上较为实用的授粉方法主要有人工点授、喷粉和液体授粉3种；花期放蜂以角额壁蜂授粉效果好，放蜂量2箱/$hm^2$；进行花期树体喷水补肥，盛花期树体喷清水，在清水中加入0.1%硼砂+0.1%尿素，或在盛花期喷20 μg/g赤霉素；4月底喷300倍液的多效唑，可控制旺长，减少落果；10月中旬喷50 μg/g赤霉素，可提高第2年坐果率；防霜冻是在花期易发生冻害的地方，采用花前灌水、熏烟等方法，防止花器官受冻。

**6. 整形修剪**

（1）常见树形

①自然圆头形。无明显中心干，主干上着生主枝5～6个，错开排列，其中一个主枝向上延伸到树冠内部，其他几个主枝斜向上插空错开排列，各主枝上每间隔40～50 cm留1个侧枝，侧枝上下、左右均匀分布成自然状。该树形整形简单，修剪量小，定植后3～4年即能成形，结果早，易丰产，适合密植和旱地栽培，但易造成树冠内空虚，呈“光腿”现象。

②疏散分层形。有明显中心干。主枝6～8个分层着生在中心干上，第1层主枝3～4个，第2层主枝2～3个，第3层主枝1～2个。层间距60～80 cm，层内距20～30 cm。主枝上着生侧枝，侧枝前后距离40～60 cm，在侧枝上着生短枝和结果枝组。此树形适于干性较强的品种，株行距较大，土层深厚的地方采用。

③自然开心形。无中心干，主干高50 cm左右；主干上着生3～4个均匀错开的主枝，主枝基角45°～50°。每个主枝上着生若干侧枝，沿主枝左右排开，侧枝前后距离50 cm左右。侧枝上着生短果枝和结果枝组。此树形适用于干性较弱的品种，整形技术基本上同桃。

④杯状形。主干高50～60 cm，环树中心有方向各异主枝4～5个，主枝基角50°～60°，距树体中心60～80 cm处向上直立生长，无中心干，中空状，主枝上不培养侧枝，直接着生结果枝组，主枝呈单轴延伸。树高3～4 m即封顶。

（2）不同年龄树修剪

①幼树期修剪。幼树修剪任务以整形为主，兼顾结果。定植当年应根据设想树形配置主枝，保持主枝具有较强生长势，同时，控制其他枝条生长。此后2～3年不断扩大树冠，短截主、侧枝延长枝，剪截量根据品种、发枝力强弱、枝条长短和生长势确定。一般幼龄杏树需掌握“长枝长留，短枝短留，强枝轻剪，弱枝不剪”原则，一般可剪去当年生长量的1/3左右，使各主枝生长势均衡。干扰骨干枝生长的非骨干枝，无利用价值，应及早疏除。位置合适能弥补空间的枝条，缓放或轻短截，促发分枝，培养成结果枝。幼树修剪要考虑良好树形结构，使之具备足够枝条。修剪宜轻不宜重。有时为达到某种树形，过分追求骨干枝位置，疏去较多枝条，对早期丰产不利。

②初果期修剪。杏树定植后3年就能开花结果，标志着已进入了初果期。该期修剪的目的有3个：一是保持必要树形；二是不断扩大树冠；三是培养尽可能多的结果枝组。修剪时要剪截各级主、侧枝，留饱满外芽，以求得到大于等于50 cm的长枝。疏除骨干枝上的直立枝、密生枝及膛内影响光照的交叉枝。短截部分非骨干枝和中庸的徒长性枝，促生分枝成为结果枝组。对树冠内部新萌发出的较为旺盛、方向和位置合适的徒长枝进行缓放。

③盛果期修剪。杏树进入盛果期后，生长势有所缓和，前期树体大量结果，枝条生长量明显减少，生殖生长大于营养生长；中后期结果部位外移，树冠下部枝条开始光凸，果实产量下降，容易形成周期性结果。为此，应注意对主、侧枝头和发育枝加重修剪即短截，按“强枝少剪，弱枝多剪”原则灵活掌握。一般剪去年生长量的1/3～1/2。疏除树冠中下部极弱的短果枝和枯枝，留下强枝，对留下来的长果

枝适当短截。疏除树冠中上部过密枝、交叉枝、重叠枝，更新一部分结果枝组。对连续几年结果而又表现出极为衰弱的枝组，可回缩到延长枝的基部或多年生枝的分枝部位。鲜食杏品种结果枝留量不宜过多。仁用杏品种可在保证树势健壮的情况下，尽量多留结果枝。盛果期后期，应根据生长势强弱，在枝条生长到 40 ~ 50 cm 时，进行夏季摘心，当年即可形成分枝，或在冬季修剪时短截，培养成结果枝组。树冠外围发生下垂枝，一般可回缩到一个向上分枝处。

④衰老期修剪。杏树树龄逐渐老化后，其枝叶生长和开花绝大部分在树冠顶部和外围，新枝生长量很小，树冠中下部枯枝量增多，枝条细弱，花芽瘦，退化花比例很大，落花落果严重，果实小而质量差。衰老期修剪的主要任务是复壮更新和重新培养结果枝组。

**7. 病虫害防治**

以预防为主，采取农业、物理、化学综合防治相结合的方法。即以农业和物理防治为基础，提倡生物防治，按照病虫害发生的规律和经济阈值，科学使用化学防治，有效控制病虫为害。

**8. 采收**

一般根据杏果实生长发育及用途，将杏果实成熟度分为 3 种。一是可采成熟度。杏果实大小已经长成，但果实仍没有完全成熟，果肉硬，应有的风味和香气还没有充分表现出来，运销贮运、制罐加工者在此时采收。二是食用成熟度。果实已经成熟，表现出该品种应有色香味，营养成分含量达到最高点，风味最好。适于当地鲜销，不宜长途运输，用来做果汁、果酱时可于此时采摘。三是生理成熟度。果实生理上已充分成熟，果肉松软、风味变淡、营养价值下降，不宜食用，更不能贮运，但种子达到充分成熟，采种用时宜在此时采摘。

一般可根据果皮色泽、果肉硬度、果柄脱落难易、果实发育日数等判断杏果实成熟度，确定采收期。用于鲜食、产销两地相近、不需长途运输者，可在成熟度较高时采收；用于加工杏脯、话梅、杏罐头或长途运输时，成熟度可低些采收；加工杏汁、杏酱则应在充分成熟时采收；为延长市场供应期，保证果实色、香、味，可分期、分批采收。鲜食杏采收时用手摘，不宜用杆打落；仁用杏在成熟期机械采收或人工打落。鲜杏目前最有效的贮藏方法是低温贮藏，可保鲜 30 ~ 60 d。生产单位应以快销为目标，趁鲜销售，减少损耗。

**思考题**

试制定杏树无公害标准化栽培技术规程。

## 第五节　杏关键栽培技术

### 一、育苗建园技术

**1. 育苗**

杏树常用砧木有本砧、山杏、山桃和李等。一般我国北方干旱地区多以本砧和山桃作砧木。播种方法、时间和桃树相似。培育嫁接苗一般在 6 月中旬至 7 月。砧木离皮时，采用接芽带少量木质 T 形芽接，成活率高，苗木质量好。砧木较粗时，如二年生砧木，可在春季采用带木质嵌芽接，比枝接省力、成活率高。砧木和接穗材料均应来自品种纯正、生长健壮、无病毒和无检疫病虫害对象的正规母本园。

**2. 建园**

根据无公害和绿色果品对环境、土壤、空气、灌溉水质量的要求，选择建园地址。杏树建园应避开风口和低洼谷地，山地以背风口、向阳的南坡为宜，同时注意建造防护林。杏树不耐涝，地下水位高、排水不良和土壤黏重地不宜建杏园。同时尽量避免重茬地建园。若重茬地建园，则一定要对土壤进行深翻改良、杀菌消毒。

杏树一般秋栽比春栽成活率高。要求深挖坑、浅栽苗，根据定植密度，挖宽、深各 1 m 的定植穴或沟，在底部铺 20 cm 厚的秸秆、秧草或树叶，在表土层中掺入适量的有机肥和磷肥、钾肥，混匀后填入坑底。栽植深度以浇过定植水后根茎交接处与地面持平为宜，定植后灌足水，然后覆土保墒。

新建杏园以株行距（2～3）m×（5～6）m 为宜，仁用杏株行距（2～3）m×（4～5）m 为宜。大多数杏品种自花结实率很低，需配置授粉树，主栽品种和授粉树比例是 4∶1。建园主栽品种选择应慎重。中国杏品种成熟早，品质好，备受消费者青睐。但中国杏品种雌蕊败育率高，大多数品种自花不实，花期易受晚霜为害，造成花粉受精不良而严重影响当年产量，"十年九不收"成为制约我国杏产业发展的一大障碍。近年来，我国先后从美国、意大利等国家引进的凯特杏、奉王、金太阳、玛瑙、金醉等品种成花容易，早实性强，花期幼果期抗晚霜为害，稳产，能自花结实，雌蕊败育率低，丰产性强，是当前露地栽培的首选品种。

杏选用优质壮苗是保证成活率和丰产的关键。杏优质壮苗标准是：苗高 80 cm 以上；嫁接口以上 10 cm 处直径超过 1 cm，50～60 cm 整形带内有 6 个以上饱满芽；根系完整无根瘤，骨干根 4 条以上、须根多；嫁接口愈合完好，砧木无大的机械损伤。

## 二、整形修剪技术

**1. 树形**

杏树若不修剪，其自然生长状态下树冠为自然圆头形。目前，栽培上采用多主枝开心形（杯状形）、延迟开心形、小冠疏层形效果好。

**2. 多主枝开心形及整形过程**

多主枝开心形树体干高 30～50 cm，主干上主枝 3～5 个。主枝单轴延伸，无侧枝，其上直接着生结果枝组。主枝开张角度为 25°～35°，枝展直径 1.0～1.5 m。定植后在 50～70 cm 处定干。从剪口下新梢中选留 3～4 个生长健壮、方位角度适宜的新梢，作为主枝培养。其余枝条通过拉枝、扭梢拉平后缓放，避免与主枝竞争。第 1 年冬剪时，主枝剪留 60 cm 左右，其余枝依据空间大小适当轻剪或不剪。翌年春季，在剪口下新梢中继续选留主枝延长枝培养，通过摘心、扭梢等方法控制住竞争枝和其他旺枝，也可采用重短截，促发分枝，培养结果枝组。其他枝轻剪缓放，促进花芽形成。第 2 年按上年修剪原则操作，到第 3 年基本完成树形。

**3. 修剪应把握技术要领**

杏树修剪应掌握"疏密间旺，缓放斜生，轻度短截，增加枝量"原则。杏树以短果枝和花束状果枝结果为主，修剪时应着重培养。杏树结果枝的寿命为 3～5 年，因此要注意及时回缩更新，防止结果部位外移。

**思考题**

（1）杏育苗、建园的关键技术有哪些？

（2）杏整形修剪的关键技术有哪些？

# 第六节　杏无公害优质丰产栽培技术

## 一、育苗

杏树一般采用嫁接法育苗。杏树砧木应具备 3 个条件：一是对栽培地区的环境条件有较强的适应性；二是具有较强的抗病虫能力；三是与嫁接品种有良好的亲和力。目前生产中最常用的砧木是普通杏，主要采用实生法培育砧木。一般生产上多在春季进行枝接，具体时间在3月末至5月上旬，叶芽萌动前后，采用插皮接、插皮舌接、劈接、切接、皮腹接（皮下接）5种方法。

## 二、建园

### 1. 园址选择

杏树园址选择要"三不宜"：一不宜在晚霜发生频繁地建园，即1年有一半以上时间发生严重霜冻；二不宜在低涝地建园；三不宜在核果类迹地上建园。具体应根据经营类型选择园址，对不耐贮运的鲜食杏，应在大中城市周围或交通便利的地方建园，而加工杏和仁用杏在远郊或山区建园。除此之外，园地气候条件适宜、远离污染源，环境空气质量、灌溉水质量和土壤环境质量都应符合规定的要求。

### 2. 园地规划

园地规划包括生产用地规划和非生产用地规划。生产用地规划就是株行距的规划；非生产用地规划包括道路、排灌系统、防护林和管理用房的规划。无论是生产用地规划还是非生产用地规划，都要以经济实用、便于管理为原则。

### 3. 品种选择和授粉树配置

品种选择应遵循3条原则：一是适于经营的规模，面积较小的杏园（2～3亩）以发展优质鲜食、早熟杏品种为宜，面积较大的杏园以加工品种和仁用品种为主；二是与经营方式相适应，位于大中城市附近或交通便利地区以发展鲜食品种为主，远离城市、山区或交通不便地区，以加工品种和仁用品种为主；三是适应当地生态条件，一般应选择对本地水土条件有良好适应性的品种。此外，栽培品种要做到优良化。授粉树选择与主栽品种花期一致或稍早的品种。最好在主栽品种行内按配置比例定植。适宜授粉品种见表13-3。

**表13-3　主要杏栽培品种适宜授粉品种**

| 栽培品种 | 授粉品种 |
|---|---|
| 骆驼黄 | 串枝红、红玉、早甜核、大扁头、红荷包 |
| 红荷包 | 葫芦杏、串枝红 |
| 串铃 | 骆驼黄 |
| 大玉巴达 | 串枝红 |
| 大扁头 | 葫芦杏、红荷包 |
| 临潼银杏 | 串枝红、红金榛 |
| 青岛红杏 | 串枝红、红金榛 |
| 银白杏 | 串枝红、葫芦杏、麦黄杏 |
| 红玉 | 串枝红、杨继元、早甜核 |
| 葫芦杏 | 骆驼黄、西农25号、大扁头、红玉 |
| 串枝红 | 骆驼黄、蜜陀罗、金玉杏、杨继元、红玉、早甜核、葫芦杏 |
| 红金榛 | 串枝红、大扁头 |
| 西农25号 | 骆驼黄 |
| 蜜陀罗 | 葫芦杏、杨继元、串枝红、早甜核、红玉 |

### 4. 栽植密度、方式与时期

栽植密度应根据园地土壤肥力、管理水平而综合考虑。土层深厚、肥沃疏松、水源充足，密度宜小；反之，密度宜大。按照本章第四节"杏无公害栽培技术要点"中的栽培密度执行。目前常用栽植方式主要有长方形栽植、正方形栽植、品字形栽植和等高栽植。栽植时期见本章第四节“杏无公害栽培技术要点”。

**5. 栽植要点**

按照本章第四节“杏无公害栽培技术要点”执行。

## 三、土肥水管理

按照本章第四节“杏无公害栽培技术要点”执行。

## 四、花果管理

按照本章第四节“杏无公害栽培技术要点”执行。

## 五、整形修剪

杏树杯状形整形过程是定植后在50～70 cm处定干。从剪口下新梢中选留3～4个生长健壮、方位角度适宜的新梢培养成主枝。其余枝条通过拉枝、扭梢拉平后缓放。第1年冬季修剪时，主枝剪留60 cm左右，其余枝依据空间大小适当轻剪或不剪。翌年春季，在剪口下新梢中继续选留主枝延长枝培养，通过摘心、扭梢等方法控制竞争枝和其他旺枝，也可采用重短截，促发分枝，培养枝组。其他枝轻剪缓放，促进花芽形成。第2年按上年原则修剪，到第3年基本完成树形。休眠期修剪原则是“细枝多剪，粗枝少剪；长枝多剪，短枝少剪”。少疏枝条，多拉枝缓放，待大量果枝形成后再分期回缩，培养成结果枝组，修剪宜轻不宜重。对生长势减弱枝组回缩到抬头枝处。

## 六、病虫害防治

杏树病虫害主要有杏褐腐病、疮痂病、细菌性穿孔病、杏仁蜂、蚜虫、叶螨等。以预防为主，采取农业、生物、化学综合防治的方法。以农业和物理防治为基础，提倡生物防治，按照病虫害发生的规律和经济阈值，科学使用化学防治。

休眠期结合修剪，彻底剪除病梢，早春结合果园耕翻，清除地面病叶、病果，集中烧毁或深埋，以有效防治杏疔病、杏仁蜂等病虫害。春季萌芽前喷布1次5%的石硫合剂，防治病虫害；成龄树每1～2年萌芽前刮1次树皮；萌芽开花期注意防治杏星毛虫、杏象鼻虫等害虫，在做好刮树皮、早春翻树盘和树干涂白基础上，尽可能人工捕杀。有杏疔病发生的杏园，在杏树展叶后喷布1～2次1∶1.5∶200波尔多液预防。幼果长至豆粒大小时，喷20%的甲氢菊酯乳油2000倍液防治杏仁蜂等食心虫。果实发育期每15 d喷1次70%的甲基硫菌灵可湿性粉剂1000倍液、50%的多菌灵可湿性粉剂600～800倍液等杀菌剂，防治杏褐腐病、杏疮痂病等，间或喷洒10%的中生菌素或硫酸链霉素防治细菌性穿孔病。秋季落叶后将病枝、病叶和病果及果核残体集中销毁或深埋，树体主干或主枝涂白保护。

## 七、适时采收

杏树要根据果实用途适时采收。鲜食杏随熟随采；远距离运输，7、8成熟采收；制作糖水罐头和杏脯果实，在绿色褪尽、果肉尚硬的8成熟时采收；加工杏汁、杏酱则应在充分成熟时采收。为延长市场供应期，保证果实色、香、味，还可分期、分批采收。仁用杏在果面变黄、果实自然开口时采收。鲜食杏采收时宜用手摘，不宜打落；仁用杏可在成熟期机械采收或人工打落。

## 思考题

试总结杏无公害优质丰产栽培技术要点。

# 第七节　杏花期霜冻预防

杏树花期霜冻，轻者造成减产，重者出现绝收，这严重制约着杏的生产和发展。目前，杏树花期霜冻的预防主要有以下几种方法。

## 一、常规防霜措施

**1. 选用抗霜和避霜品种**

生产上可选用的抗霜品种有黑龙江省培育的农垦1号、农垦2号等，或选用避霜品种（如凯特杏、金太阳杏、红丰杏和新世纪杏等)，可避过晚霜的为害。

**2. 延迟发芽**

（1）春季灌水或喷水

杏树发芽后至开花前灌水或喷水1～2次，可明显延缓地温上升速度，延迟发芽，可推迟花期2～3 d。

（2）涂白或喷白

早春对树干、骨干枝进行涂白，树冠喷8%～10%石灰水，可反射光照、减少树体对热能的吸收，降低冠层与枝芽的温度，可推迟开花3～5 d。

（3）利用腋花芽结果

腋花芽萌发和开花较顶花芽晚，有利于避开晚霜。

**3. 改善果园小气候**

（1）加热法

加热法就是在果园内每隔一定距离放置一加热器，在霜冻发生前点火加温，使下层空气变暖而上升，使杏树周围形成一暖气层，一般可提高温度1～2 ℃。

（2）吹风法

辐射霜冻是在空气静止的情况下发生的。可利用大型吹风机增强空气流通，将冷气吹散，可起到防霜效果，吹风后可升温1.5～2.0 ℃。

（3）熏烟法

根据天气预报，在晚霜将要来临，园内气温接近0 ℃时，在迎风面堆放10个烟堆/亩熏烟，可提高气温1～2 ℃。采用硝酸铵、锯末、柴油混合制成的烟雾剂代替烟堆熏烟，使用方便，烟量大，防霜效果好。

（4）树盘覆草

早春用杂草（或积雪）覆盖树盘厚20～30 cm，可使树盘升温缓慢，限制根系早期活动，以延迟开花。若结合灌水，效果更好。

**4. 应用植物生长调节剂推迟花期**

秋季树冠喷施50～100 mg/L赤霉素（$GA_3$)，以延迟杏树落叶，增加树体贮藏营养，可提高花芽的抗寒力。10月中旬喷施100～200 mg/L乙烯利（CEPA）溶液可推迟杏树花期2～5 d；杏芽膨大期于冠层喷施500～2000 mg/L青鲜素（MH，又名抑芽丹）水溶液，可推迟花期4～6 d。

## 二、药剂和生防菌防除INA细菌，减轻杏树霜冻害

**1. 药剂防霜**

用羧酸酯化丙烯酸聚合物（CRYOTED）喷洒叶面，形成薄膜，可阻止INA细菌繁殖来防御杏树霜

冻。在生产上，采用抗霜剂 1 号和抗霜素 1 号这两种防霜药剂防御果树霜冻，效果显著。

**2. 生物防霜**

利用微生物菌株，对其进行人工生产繁殖，再喷洒在植物体上，以控制或杀灭 INA 细菌，达到防御霜冻的目的。

**3. 颉颃菌防霜**

利用 RNA506 和生防 31 这两种生防菌株防御杏树花期霜冻。而 RNA506 和生防 31 经过抗药选择压力处理后，能与抗霜素 1 号混用，提高防霜效果。

**思考题**

（1）如何防治杏树花期冻害？

（2）采用哪些新技术能更好地解决花期冻害？

## 第八节　杏四季栽培管理技术（晚熟品种）

### 一、冬季（休眠期）栽培管理技术

**1. 栽培管理任务**

杏树冬季栽培管理主要任务是：冬季修剪，刮树皮、喷施石硫合剂，施肥灌水、土壤浅耕，果树枝接。

**2. 栽培管理技术**

（1）冬季修剪

杏修剪原则是“粗枝少剪，细枝多剪；长枝多剪，短枝少剪”。幼树及初结果树冬剪应兼顾整形和结果两个方面。主、侧枝延长枝短截到饱满芽处培养树形，角度小的骨干枝开大角度。生长中庸、角度比较开张的发育枝轻剪长放。疏除密枝，处理直立强旺枝和竞争枝。有空间多留辅养枝。盛果期树冬剪主要任务是调整生长和结果的关系，延长盛果期结果年限。适当疏密、截弱，对基部发育枝，短截使其抽生健壮的新梢。下垂枝，在强壮枝部位进行回缩。树冠外围过密枝、强旺枝回缩或疏除。杏树成枝力弱，各部位结果枝组、长果枝和长势中庸的发育枝，不过密一般不要疏除，进行短截促发少量长枝，使中下部抽生中、短枝交替结果。衰老期杏树冬剪的主要任务是更新骨干枝和枝组，增强树势。利用背上枝换头。回缩比较直立的枝段。对位置适当的徒长枝培养为骨干枝和结果枝组。选留壮枝、壮芽进行更新修剪。

（2）刮树皮、喷施石硫合剂

春季萌芽前，刮除枝干老皮、翘皮，对病斑、流胶处刮除的同时，涂抹杀菌保护剂。刮老树皮、修剪任务完成后，彻底清理果园，集中烧毁病残枝叶，全园在花芽萌动时，喷施 1 次 5% 石硫合剂，防治病虫害，促进树体生长。

（3）施肥灌水、土壤浅耕

土壤解冻后萌芽前追肥，以速效氮肥为主，或高氮复合肥，以促进营养生长。为防止裂果，可增施钾肥。追肥后灌 1 次透水，水渗入土壤后，划锄浅耕 1 次，以保温保墒。

（4）果树枝接

萌芽前后，用枝接或带木质芽接法繁育苗木。品种不良杏园，采用高接更换优良品种，缺乏授粉树杏园，按一定比例改接授粉品种。高接一般采用劈接或皮下接方法。

## 二、春季栽培管理技术

杏树春季管理主要是指萌芽至开花期一段时间的管理。

**1. 栽培管理任务**

春季栽培管理任务主要有：授粉、保花，防霜冻，控冠促花，应用植物生长调节剂保果，防治病虫害。

**2. 栽培管理技术**

（1）授粉、保花

授粉是提高杏树产量的重要措施。具体方法有3个：一是配置授粉树。建园时配置好授粉树，已建杏园缺少授粉树或所配置的授粉树不当的，尽早按配置要求高枝嫁接授粉品种。二是花期放蜂。杏树开花期可用角额壁蜂进行辅助授粉。角额壁蜂具有活动要求温度较蜜蜂低，授粉效率比蜜蜂高的优点，释放壁蜂100~200头/亩。三是人工辅助授粉。选择适宜品种采花制粉（注意采含苞待放的完全花花蕾、多个品种的花），采下花药后放在20~25 ℃通风干燥室内，使花药开裂取粉，装入棕色瓶中，并放低温干燥处备用。杏树不同品种间花期一般相差3~5 d，授粉最好的时期是花开放后1~2 d。辅助授粉多采用人工点授。大面积授粉时可采用液体喷雾法授粉，花粉液配方是花粉10 g，硼砂5 g、蔗糖150 g、尿素15 g、水5~10 kg，加少许黏着剂，现配现用，当开花60%以上时，喷雾授粉。盛花期全树喷布1次0.3%硼砂+0.3%尿素+0.3%磷酸二氢钾混合液。

（2）防霜冻

杏树在花蕾期低于-3.9 ℃，花期低于-2.2 ℃，幼果期低于-0.6 ℃，低温时间超过30 min时，容易发生冻害。为防止晚霜为害，可采用早春浇水、早春树干涂白（涂白剂配方：生石灰6~8 kg，硫黄粉或石硫合剂原液1 kg，食盐1 kg，大豆粉0.5 kg克或动植物油0.1~0.2 kg，水20 kg）、喷0.8%~1.5%的食盐水、石灰水（生石灰与水为1∶5）等，延迟开花；在杏树铃铛花期至幼果期，关注天气预报。当寒流来临时，在杏园内堆稍微潮湿的柴草6~7堆/亩，柴草多堆在上风头，低温多在凌晨2—3时来临，当铃铛花期气温降至1 ℃左右，花期气温降到2 ℃左右，并且还有下降的趋势时，开始点火熏烟。受冻后采取补救措施是重视开花期授粉、喷激素、喷肥等管理，使未受冻或轻微受冻的花坐果。如可在幼果期喷天达2116水剂800~1000倍液或1.8%爱多收水剂5000倍液，7~8 d天喷1次，连喷2~3次。杏树春季开始生长早，开花和幼果发育期正是倒春寒和晚霜频发期，花器、幼果极易受冻停止发育而脱落。

（3）控冠促花

进入丰产期后，为控制树冠生长，应结合保果，于4月底、5月初喷2次300倍15%多效唑或200倍PBO。

（4）应用植物生长调节剂保果

盛花期喷20μg/g赤霉素；4月底喷300倍15%多效唑可控制旺长，减少落果。

（5）防治病虫害

杏病虫害防治以“预防为主，综合防治”为原则。选用高效低毒、低残留、对天敌杀伤力轻的生物农药或化学农药。春季杏树虫害主要有蚜虫、介壳虫等，主要病害有流胶病、褐腐病、细菌性穿孔病等。落花后15~20 d喷多菌灵或甲基托布津加吡虫啉，可防治各种病害和蚜虫为害，以后每15 d左右交替喷1次不同类型的杀菌剂。常用杀菌药剂有多抗霉素、大生M-45、苯醚甲环唑、甲基托布津等，消灭病菌。有的园区在萌芽开花期还应注意防治杏星毛虫、杏象鼻虫、食花金龟子等害虫为害。在做好刮树皮、早春翻树盘和树干涂白的基础上，为保护害虫天敌，尽可能人工捕杀。

## 三、夏季栽培管理技术

杏树夏季栽培管理是指落花坐果后至果实采收一段时间的管理。

**1. 栽培管理任务**

杏树夏季主要栽培管理任务是控冠促花、疏果、夏季修剪、肥水管理、病虫害防治、适时采收等。

**2. 栽培管理技术**

（1）控冠促花

控冠促花在定植第 2 年进行。常用方法是：6 月下旬、7 月中旬各喷 200～300 倍 15% 多效唑 1 次，并在 6 月、7 月开沟排水，使田间土壤适度干旱。

（2）疏果

杏树不完全花比例高，坐果率低，一般不疏花，而采取疏果来控制产量。疏果在落花后 15～30 d 完成，即第 1 次生理落果坐果稳定后幼果直径 1.0～1.5 cm 时进行。疏果时先疏除病虫果、畸形果和小型果，摘除过密果，使留下果均匀分布于树上。强旺树多留，弱树少留。每 5～8 cm 枝梢留 1 个果，产量控制在 2000 kg/亩左右。

（3）夏季修剪

幼树期枝条生长到 40 cm 左右时摘心，以刺激萌发二次枝，使树冠尽早成形。旺长新梢采用摘心、扭梢、拉枝的方式，促进幼树早成花结果。初果期夏剪主要是在 6 月底 7 月初，疏除背上过密枝和部分徒长枝，达到通风透光良好。

（4）肥水管理

5 月初是杏树新梢旺长，花芽分化和果实生长集中期，对结果树施尿素 100 g/株左右 + 果树专用复合肥 200～300 g/株。为防止裂果，果实成熟期叶面可喷施 0.2% 磷酸二氢钾或 0.2% 硫酸钾。6 月上中旬施氮磷钾三元复合肥 200～300 g/株或优质饼肥 2 kg/株，追肥后灌水。6—8 月，雨水多开沟排水，使田间土壤保持适度干旱。

（5）病虫害防治

杏树主要病虫害有杏褐腐病、疮痂病、杏疔病、细菌性穿孔病、流胶病、炭疽病等，以及蚜虫、球坚蚧、毛虫、螨类及桃小食心虫、桃蛀螟、杏仁蜂类蛀果虫等。5 月上旬喷 1 遍杀虫杀菌剂 + 扑虱蚜，防治病虫，以后视病虫发生情况，每隔 15～20 d 喷 1 次杀虫杀菌剂。尽量选用高效低毒特异性药剂，如中生菌素、武夷菌素、靓果安、链霉菌素、阿维菌素、灭幼脲等，按药剂说明书倍数喷药。

（6）适时采收

控制好采收成熟度，鲜食杏外运以 7～8 成熟为宜。制作糖水罐头和杏脯的杏果，在绿色褪尽、果肉尚硬，即 8 成熟时采收。仁用杏应在果面变黄、果实自然开口时采收。

## 四、秋季栽培管理技术

杏树秋季管理指果实采收后至落叶前的管理。

**1. 秋季栽培管理任务**

杏树秋季主要栽培管理任务是保护叶片、喷激素提高第 2 年坐果率、深翻施基肥、整形修剪、灌封冻水、树体越冬保护等。

**2. 秋季栽培管理技术**

（1）保护叶片

果实采收后加强对叶片的管理，加强肥水和病虫害防治。防止因病菌及毛虫、螨类等害虫及肥水缺乏为害叶片，影响花芽分化和树体营养积累。叶面喷施 0.3%～0.5% 的尿素，延缓叶片衰老。

（2）喷激素提高第 2 年坐果率

10 月中旬喷 50 μg/g 赤霉素，可提高第 2 年坐果率。

(3) 深翻施基肥

未结果或初结果园，于8月下旬至10月上旬对杏园立地条件不好的，可结合秋施基肥进行扩穴深翻，扩穴应从第2年秋季开始，从定植沟或定植穴逐年向外扩翻，最终达到全园深翻的效果。结合扩穴深翻可按3000～4000 kg/亩的量施入有机肥。盛果期果园应用腐熟好的优质有机肥或生物有机菌肥（量为有机肥的1/10），再加复合肥80 kg，过磷酸钙50 kg，施肥量应占全年施肥量的50%左右。通过土壤扩穴施基肥，可培肥地力，疏松土壤，引导根系向深层发展，增加土壤对养分的吸收力，是获得优质丰产的重要措施。

(4) 整形修剪

每年秋季选留骨干枝开张角度，进行调整。3～4年内全树选留5～6个角度相近的主枝，各主枝两侧部每隔40～60 cm选留1个侧枝，角度开张比主枝大。或在主枝上直接培养各类结果枝组。疏除影响光照外围枝、密生枝、直立徒长枝，剪去长枝顶部不充实的部分，多次枝留1个副梢回缩。

(5) 灌封冻水

土壤上冻前，全园浇1遍透水，以增强树体抗逆性，防止抽条。水渗入后，全园深翻20～30 cm，以疏松土壤，保墒并蓄积雨雪。

(6) 树体越冬保护

落叶后将病枝、病叶、病果及果核残体集中销毁或深埋，减少病虫基数。对树体主干和主枝涂白防护，低凹果园，在风口加强防护林建设或设置风障。

**思考题**

试制定杏树周年管理技术规程。

## 第九节 金光杏梅品种表现及无公害标准化栽培技术

金光杏梅（图13-16）是河南省新乡市农业局从当地杏和李的自然杂交后代中选出的优良变异类型，属核果类果树，1999年通过省级审定。该品种综合了杏和李的许多优良性状，花期耐低温，早果、丰产、稳产，营养价值较高，含有人体所需的Ca、Fe、Zn、Mn、Cu等元素。金光杏梅树姿优美，枝、叶、花和果实均具有较高观赏价值：其花色清丽，花香袭人，神、姿、形、色、香俱美。草坪、庭园、水际、路旁、桥头、石边及风景区都可栽植，孤植、丛植、群植均适宜。也可作盆景，美化庭院等环境。其适应性强，平原、丘陵、山地、盐碱地均可种植，市场前景广阔，具有较高的栽培推广价值。

### 一、品种表现

#### 1. 形态特征

图13-16 金光杏梅

干性不太强，自然生长情况下为小乔木，自然圆头形，冠径较小，树姿开张。随树龄增长，树姿逐年开张，中心干趋于不明显。多年生枝紫褐色，一年生枝阳面为棕红色，背面为绿色；枝光滑无茸毛，节间平均长1.7 cm；皮孔扁圆形且稀少，芽为短圆锥形，芽顶较尖，芽体较饱满，芽中部宽度为2.12 mm，紫褐色，中、长枝侧芽多为三芽复生，同一节位的芽大小均匀一致；叶片倒卵圆形或椭圆形，较大，长9.7 cm，宽4.9 cm，厚0.15 cm，光滑无茸毛，深绿色，急尖，叶基楔形，叶缘锯齿浅而钝，多为复锯齿，少有单锯齿，叶缘较整齐，叶柄艳红色，长2.21 cm，叶主脉红色，蜜腺2～3个，较大且明显，着生在近叶片处；花2～3朵簇生，花冠直径

2.5 cm，花瓣5，近圆形，花瓣长0.96 cm、宽0.75 cm，初开时淡红色，盛开时白色；雌蕊1枚，长1.3～1.6 cm；雄蕊17～30枚，长0.6～0.8 cm；花药淡黄色；萼筒钟形，黄绿色，萼片5枚，舌状，浅红绿色，无毛。

**2. 果实经济性状**

果实近圆形，纵横径为4.7 cm×5.1 cm，平均单果重76.1 g，最大单果重82 g，果顶平或微凹，缝合线浅而明显，两侧对称，果形端正，外形美观；梗洼深广度中等，果梗长1.0～1.2 cm；果面光滑无毛，果粉灰白色，较明显；果皮较厚，成熟时金黄色；果肉黄色，质地致密；汁液中等，采摘时略带涩味，3～5 d后，酸甜适口，具杏香味；成熟时硬度为6.7 kg/cm$^2$，可溶性固形物含量12.1%，总糖含量11.2%，总酸含量0.46%，可食率98.6%；果实较耐贮藏，室温下可贮藏10 d左右，3～5 ℃低温条件下，可贮藏20 d以上；果核半黏核，核扁，倒卵形，核面有点状纹，纵径长2.95 cm，横径长2.52 cm。

**3. 生长结果习性**

一年生枝生长旺，嫁接当年生枝平均生长量1.2 m，最长可达1.8 m，常有2次生长现象，可分生一至二次副梢，树冠扩大和枝量增加较快，长势较弱的枝1年仅1次生长；当年生枝生长直立，第2年以后开张较快，萌芽率82%，形成长枝能力中等，平均2～3个；顶端易抽生健壮中、长枝，而中下部长势较弱，易形成花束状枝或短枝。定植幼树当年开花枝率达70%以上，高接树当年成花枝率达95%以上；自然坐果率在20%以上，有一定的自花结实能力，除有1次集中明显的落花外，5月上旬以后至成熟前很少落果。三年生高接树果枝率达59.37%，其中长果枝占3.4%、中果枝占11.5%、短果枝占23%、花束状果枝占62.1%。三年生嫁接树产量达75 kg/株，成龄树产量稳定在100～150 kg/株。

**4. 生态适应性**

金光杏梅对不良环境有较强适应性，耐旱、耐瘠薄；对土壤要求不严格，花期对低温抗性较强，可与桃、杏、李嫁接，生长旺盛，结果正常；对病虫抗性也较强，除发现蚜虫为害新梢、穿孔病为害叶片外，未发现受其他病虫的为害，果实抗食心虫能力较强。

**5. 物候期**

在河南省新乡市，金光杏梅3月上中旬萌芽，初花期3月20—22日，盛花期3月24—29日，花期7～10 d；4月上旬坐果，短枝4月中旬停止生长，中枝4月下旬停止生长，长枝5月中旬停止生长；6月10日果实颜色明显褪绿变白，逐渐变为黄色，在果实成熟前20 d，果实体积明显增大，6月底至7月初果实成熟，果实发育期90～110 d，叶片变色期11月上旬，落叶期11月中下旬，营养生长期210～220 d。

## 二、无公害标准化栽培技术

几年来，王尚堃等参照农业行业杏最新标准和李最新标准的要求，在河南新乡、周口等地开展金光杏梅无公害标准化栽培技术的研究，成效显著，生产的金光杏梅优质果率高达95%以上，进入丰产期产量稳定在45 000 kg/hm$^2$。果品检验结果符合无公害果品安全、卫生、优质和营养成分的质量标准，平均每年纯收益高达195 696元/hm$^2$。

**1. 园地选择**

园地选择清洁卫生、地势平坦、光照充足、排灌方便、周围1 km以内无工业“三废”污染源的地方，并远离医院、学校、居民区和公路主干线500 m以上，空气环境质量、农田灌溉水质量和土壤环境质量符合GB 18407.2—2001要求。

**2. 高标准建园**

（1）培育优质壮苗

采用绿枝嫁接法培育成苗高60～80 cm、粗0.8～1.2 cm、根粗0.3 cm以上，具有5条以上侧根，芽眼充实饱满，无病虫为害的优质健壮速生苗。

1）培育优质砧木苗

①种子处理。选择新鲜、饱满的当年毛桃种子，经水选剔除瘪粒和杂质。采取干湿交替法浸种，即晚上用清水浸泡，白天在阳光下曝晒，使种壳胀缩。经5～7 d处理，待部分种壳裂开播种。

②土壤准备。结合整地施充分腐熟土杂肥或圈肥4000 kg/亩。整地前3～5 d浇1次水，将播种地整成高15 cm、宽150 cm的高畦，要求畦面平整。

③精细播种。10月下旬播种，按30 cm的行距在畦面上开深3 cm的播种沟，要求深浅一致。按株距10 cm点播，种核缝合线与地表面垂直，播后立即覆土，并适当镇压，然后覆盖地膜。

④翌年春季（3月初）幼苗出土时，及时撕破地膜，使苗顶露出。待幼苗长至15 cm时，喷施0.2%的尿素+20 mg/L的赤霉素。当幼苗长至30 cm时摘心。

2）采用绿枝嫁接法

①接穗采集。5月上旬采集半木质化的金光杏梅绿枝，削去叶片，保留叶柄长0.1～0.2 cm，剪截成长约3 cm，带2～3个芽的接穗，用湿毛巾包裹备用。

②整理砧木。选择砧木粗0.3～0.4 cm，距地表20 cm左右的半木质化处平剪，去除顶端2～3片叶，保留下部叶片。

③嫁接。采用劈接法、切接法及腹接法均可，以劈接法成活率较高，操作方便。嫁接适期5月。嫁接时，用单面刀片将接穗下部削成2个等长、等宽的削面，削面长约1 cm。在砧木顶端过中心点纵切略长于接穗削面的刀口，将接穗轻轻插入，用宽20 cm的地膜条带，先将嫁接口处绑紧包严再向上将整个接穗全部包扎严密，用长5 cm、宽3 cm的报纸袋将接穗套住遮阴、保湿。

④加强接后管理。接后立即浇1次水。嫁接后10 d，去除顶端的报纸袋；15 d后，当接穗顶芽开始萌发时，及时将绑缚塑料膜撕开。接穗顶芽萌发10 cm左右，4～5片叶时，结合浇水施尿素10 kg/亩；30 cm高时，解除绑缚塑料膜，再施1次尿素15 kg/亩。幼苗生长过程中，结合防治病虫，叶面喷施0.2%尿素，每次灌水或降雨后及时浅锄，保持土壤疏松无杂草。苗高80 cm摘心，以利于形成壮苗。

（2）科学栽植

土壤比较差的山区梯田或丘陵地栽植株行距2 m×4 m；地势平坦、土壤肥沃、土层深厚的平原地，栽植株行距3 m×5 m。选择金太阳杏、凯特杏等作为授粉树，主栽品种与授粉品种比例为4∶1。土壤解冻后至苗木发芽前的春季栽植。定植前将苗木根系剪去损伤残根，在清水中浸泡12 h左右，再在10%的硫酸亚铁或3%石硫合剂溶液中浸泡5～10 min，最后将苗木根系在50～100 mg/L IAA或ABT生根粉液中浸泡10 s。挖1 $m^3$的定植穴，表土与底土分开，每个坑在表土中添加充分腐熟的优质有机肥50 kg和过磷酸钙0.5～1.0 kg。栽时将苗木放于定植点，目测前后左右对齐，做到树端行直。根系周围尽量用表土填埋。填土时轻轻提动苗木，使根系舒展，边填土边踏实，将坑填平后培土整修树盘，然后浇透水。当水下渗后撒一层干土封穴。要求实生砧木嫁接口略高于地平面。

（3）严格加强栽植后管理

栽后在树苗周围培土埂，整修树盘，及时定干，覆盖地膜。地膜选用1 $m^3$的小块地膜单株覆盖。覆膜前将树盘浅锄1遍，打碎土块，整理成四周高中间稍低的浅盘形。覆膜时，将地膜中心打一直径3.5～4 cm的小孔后从树干套下，平展地铺在树盘上。紧靠树干培一拳头大的小土堆，地膜四周用细土压实。地膜表面要保持干净，下雨冲积的泥土要细心清理，破损处及时用土压封。进入6月后在地膜上在覆一层秸秆或杂草，或覆土5 cm左右。在苗干上套一细长塑料袋。用塑料薄膜做成直径3～5 cm、长度70～

90 cm 的细长塑料袋，将其从苗木上部套下，基部用细绳绑扎，周围用土堆成小丘。幼树发芽时，将苗木基部土堆扒开，剪开塑料袋顶端，下部适当打孔，暂不取下。发芽 3 ~ 5 d 后，于下午去掉塑料袋。幼树发芽展叶后及时检查成活情况。发现死亡苗木，及时采取有效措施补救，缺株立即用预备苗补栽；苗干部分抽干的剪截到正常部位。夏季发生死苗、缺株，在秋季及早选用同龄而树体接近的假植苗，全根带土移栽。在新梢长到 15 cm 左右时追施尿素 50 g/株。距离树干 35 cm 左右，挖 4 ~ 5 个小坑均匀施入。新梢长到 30 cm 时再追尿素 50 g/株。进入 7 月追施氮、磷、钾三元复合肥 50 ~ 80 g/株。配合根外追肥，4 ~ 6 月喷 0.3% ~ 0.5% 的尿素，7—10 月喷 0.3% ~ 0.5% 的磷酸二氢钾或交替喷光合微肥，腐殖酸叶肥。根据病虫害种类，选用高效、低毒、低残留、易分解的菊酯类农药喷药防治。萌芽后及时抹除靠近地面的萌蘖。

**3. 加强土肥水管理**

（1）土壤管理

秋季落叶前，结合秋施基肥沿原栽植穴外缘向外挖宽、深各 60 cm 的沟，混入充分腐熟的有机肥回填、灌水。耕翻后耙平，对土质不良的黏土掺沙土、沙土掺黏土。对于纯金光杏梅园生长季降雨或灌水后及时中耕 5 ~ 10 cm。幼龄果园，在行间间作大豆、花生、马铃薯等矮秆豆科类植物，紫花苜蓿、沙打旺、草木樨等绿肥植物及药用植物。早春结合树盘覆盖，用麦秸、玉米秸、干草等作物秸秆在树冠下覆盖，一般厚 15 ~ 20 cm，上压少量土。3 ~ 4 年翻土 1 次，或开深沟埋草，以培肥改良土壤。对水浇条件差的采用地膜覆盖。

（2）施肥管理

施肥以有机肥为主、化肥为辅，所施肥料不能对果园环境和果实品质产生不良影响。允许使用的肥料按 NY/T 394—2013 执行。基肥一般在果实采收后落叶前或萌芽前 15 d 施，以迟效性农家肥（如堆肥、绿肥和落叶等）为主，骨粉、复合肥等也可作基肥，但应深施。秋季未施基肥果园在春季化冻后及时补施。采用环状沟施或放射状施肥方法，施优质土杂肥 20 ~ 50 kg/株、棚肥 0.3 ~ 0.5 kg/株、磷酸二铵或磷酸二氢钾 1 ~ 2 kg/株，施肥后灌足水。追肥分别在花前、花后、幼果膨大及花芽分化期和果实开始着色至采收期间进行。花前肥追施尿素 0.3 ~ 0.5 kg/株；果实膨大期以速效氮肥为主，配以磷肥、钾肥，施磷酸二铵 0.5 ~ 0.6 kg/株；采果后追肥以磷肥、钾肥为主，配合少量氮肥，可追施三元复合肥 1.5 ~ 2.0 kg/株。花前用 0.5% ~ 1.0% 的尿素水溶液喷树干；花期喷 0.3% 的硼砂 + 0.3% 的尿素混合液；花后喷 0.3% 的尿素 + 0.3% 的磷酸二氢钾；果实膨大期喷 0.3% ~ 0.4% 的磷酸二氢钾；花芽分化期每隔 15 d 喷 1 次 0.2% ~ 0.4% 的磷酸二氢钾。

（3）水分管理

灌水于萌芽前、新梢生长期、幼果膨大期各灌 1 次，封冻前结合施肥灌 1 次，其他时期根据干旱情况适时灌水，果实成熟期不灌水。7—8 月于果园内设置排水沟，雨后出现积水时及时排除。一般 9 月尽量使土壤干燥。

**4. 精细花果管理**

开花前复剪，疏除细弱花枝。盛花期释放角额壁蜂 3 箱/$hm^2$。幼旺树盛花后环剥 1/8 ~ 1/10。第 1 次生理落果后喷施 50 mg/L 赤霉素，间隔 15 ~ 20 d 再喷 1 次。易发生倒春寒为害的北方地区，采用花前灌水、熏烟等方法，防止花器官受冻。为提高果实品质，可根据坐果情况，合理调整结果部位。要求在花后 3 周（约 4 月 15 日）坐果基本稳定时，首先按同一方向间隔 10 cm 留一结果部位疏果；其次按枝类确定留果数量，长果枝留 7 ~ 8 个果，中果枝留 5 ~ 6 个果，短果枝留 3 ~ 4 个果，花束状果枝留 1 ~ 2 个果；最后依据坐果部位的叶片数和质量，确定留果量，一般 20 ~ 30 片叶留 1 个果。疏果时注意疏除并生果、朝天果、畸形果、病虫果及其他发育不正常果。要求弱枝少留（1 个果）或不留，中庸枝适当留，壮枝多留。树冠外围及上部少留果，内膛和下部多留果。疏果顺序按照先上部后下部、先内膛后外围、先大枝后小枝的顺序进行。定果后及时进行套袋。套袋前喷 1 次 70% 代森锰锌可湿性粉剂 1000 倍液，待药液干后用专用果袋套住金光杏梅果实，使果实在袋内呈悬空状态，最后通过袋口铅丝将袋扎在结果枝上，要求喷药后一次套完。解袋后喷 1 次 50% 甲基硫菌灵可湿性粉剂 800 倍液。二次喷药要均匀细致周到。采摘前 20 d 除袋。

**5. 科学整形修剪**

根据金光杏梅形态特征和生长结果习性，为便于统一管理，2 m×4 m 栽植规格采用三主枝自然开心形；3 m×5 m 栽植规格采用双层疏散开心形。

三主枝自然开心形成形后树高 2.5 m，冠幅 3～4 m，干高 25～30 cm，主枝与主干夹角 40°～45°，主枝间距 10 cm，分布均匀，方位角约呈 120°。各主枝上相距 30～40 cm 梅花形排布配置 2～3 个侧枝，方向相互错开。第一侧枝距主干 30 cm，与主枝夹角 60°～70°。苗木定植后留 40～50 cm 短截定干，剪口以下 20 cm 为整形带。在整形带内选 3 个生长势强，分布均匀、相距 10 cm 左右的新梢作主枝培养，其余新梢除少数作辅养枝外，全部抹除。同时，及时抹除整形带以下萌发的枝和芽。夏季新梢尚未完全硬化前，将新梢拉枝开角，使主枝与主干呈 40°～45°。第 2 年春季萌芽前，将主枝顶端衰弱部分剪去 1/4 或 1/5。使大冠树留 50～60 cm，小冠树留 30～40 cm。主枝着生角度较小直立时，剪口芽留外芽或拉枝开角调整适宜角度。在各主枝中部，选留 2～3 个向外倾斜生长的分枝作侧枝，剪去 1/3。各主枝上萌发的花束状果枝全部保留，10 cm 以上中、长枝条稍重短截。第 3 年继续培养主枝和侧枝，主枝延长枝剪去 1/4 或 1/5，侧枝剪去 1/3，剪口芽留外芽。主、侧枝上萌发的短果枝和花束状果枝全部保留。竞争枝、徒长枝采用绑枝和拉枝变向，缓放结果。树冠内强旺枝条，无缓放空间者疏除；不重叠、不交叉枝条一律缓放，待结果后回缩，培养结果枝组。一般经 3 年培养树形可基本形成。在夏剪中应以疏枝为主，少截或不截，疏除内膛密生枝、重叠枝、萌蘖枝。对剪口萌发枝条及时抹除。对于强旺枝或树，可在清明前后在枝条基部环割 1～2 道（间隔 12～15 cm）。为实现早结果、早丰产，幼树夏季修剪应综合运用摘心、环割、拉枝、疏枝等修剪措施，并配合喷施 15% 多效唑可湿性粉剂 300 倍液，抑制树体旺长，促使形成花芽。冬剪时，主枝延长枝截留 50～60 cm，主枝上侧枝截留 40 cm。对于其他枝条仍以疏除为主，有空间的缓放拉平。冬剪要注意掌握以缓放、疏枝为主，避免修剪量过重，整个树形枝条分布总体上应达到“三稀三密”，即南稀北密、上稀下密和外稀内密。

双层疏散开心形成形后干高 50 cm，主枝分 2 层排列。第 1 层 3 个主枝，按 45°延伸，每主枝上配侧枝 3～4 个，每相邻 2 个侧枝间距 30～40 cm，第一侧枝距主干 50～60 cm，侧枝开张角度 60°～80°；层间距 80～100 cm 培养第 2 层 2 个主枝，在主枝上直接培养结果枝组。树形培养从三方面着手。一是定干抹芽。定干高度一般 70 cm 左右。定干后在整形带内选留第 1 层主枝，整形带以下芽全部抹除。二是选留主、侧枝。定干当年发枝后，从整形带内确定 3～4 个生长健壮、角度适宜的枝作主枝，冬剪时留 50 cm 短截，其余除直立旺枝疏除外，均缓放。三是上层主枝培养。第 2、第 3 年冬剪剪截下层主枝时，有目的地将剪口下第 3、第 4 芽留在背上方或上斜方。抽枝后先行缓放，第 2 年修剪时根据其长势和高度按 1.0～1.2 m 留枝高度挖头开心，使之构成上层树冠。但在第 2 层修剪时应注意两方面：一是采用缓放与疏枝相结合，在放的同时，除疏除过强枝和密生枝外，一般不短截；二是在枝组培养上以中、小型为主，要按照“两大两小”“两稀两密”原则，防止出现上强下弱和结果部位上移、外移。对于双层疏散开心形在修剪上应本着有利于壮树、扩冠、早实、丰产和稳产原则，以夏剪为主，冬剪为辅，冬夏结合，综合运用多种修剪技术和方法促使营养生长向生殖生长转变，达到在整形修剪中结果，在结果同时逐年成形，实现结果、整形两不误。

总之，金光杏梅幼树修剪以轻剪缓放、疏枝为主，综合应用摘心、环割、环剥、拉枝等修剪方法，并配合叶面喷施多效唑。成年树夏季应注意疏除内膛过旺枝、萌蘖枝；秋季拉枝开角，疏除徒长性直立枝、竞争枝；冬季注意疏除重叠枝，过密枝及病虫枝，除对极细弱枝短截外，其他强枝一律不短截。

**6. 综合防治病虫害**

金光杏梅病虫害主要有细菌性穿孔病、褐腐病、炭疽病，蚜虫、红叶螨、李实蜂、李小食心虫、卷叶蛾类等。对这些病虫害的防治，应贯彻“预防为主，综合防治”的植保方针，以农业和物理防治为基础，提倡生物防治，按照病虫害的发生规律和经济阈值，科学使用化学防治，有效控制病虫害。在休眠期主要防治细菌性穿孔病、褐腐病、流胶病和蚜虫、红叶螨、李实蜂、李小食心虫、桃蛀螟等各种越冬病虫源。在该期所做工作是彻底清除园内落叶、杂草，摘除病虫苞、僵果，剪除病虫枝及枯枝，刮除树干老翘皮及树上挂的草把等，清除出园，集中烧毁或深埋。进行深翻树盘，将土壤内越冬害虫翻出，利用冬季低温杀灭越冬虫卵。春节前全园喷1次3%~5%石硫合剂，并进行树干涂白，在涂白剂中加入适量硫黄。萌芽前为防治各种病虫害，在花芽鳞片开始松动时（露白前）喷0.3%~0.5%石硫合剂或1∶1∶200波尔多液；3月中下旬花期喷1次0.2%~0.3%硼砂+0.2%~0.3%磷酸二氢钾。开花及花后展叶坐果期及以后果实生长期内，可利用害虫假死性人工捉虫，并进行果实套袋；虫害发生期尽可能采用黑光灯、光控杀虫灯、糖醋液（酒∶水∶糖∶醋=1∶2∶3∶4）、黄色板、杨柳枝把等诱杀。在使用化学农药时，按国家有关标准GB/T 8321.9—2009执行，应禁止使用高毒、剧毒、高残留农药和“三致”农药（致畸、致癌和致突变农药）。应尽量使用微生物源农药（农抗120、多氧霉素、苏云金杆菌、阿维菌素等）、植物源农药（烟碱、除虫菊酯、印楝素乳油等）、昆虫生长调节剂（如灭幼脲3号、抗芽威、扑虱灵等）、矿物源农药（石硫合剂、波尔多液、柴油乳剂等）。果园化学防治还必须做到合理用药，把握住4个方面：一是加强病虫害预测预报，有针对性地适时用药，未达到防治指标或益害虫比合理情况下不用药；二是根据天敌发生特点，合理选择农药种类、施用时间和施用方法，要充分利用天敌控制病虫害，通过在果园内合理间作作物、种植绿肥及有益植物，改善果园生态条件，招引天敌或人工饲养天敌、养蜂等措施调节果园生态系统平衡；三是注意不同作用机理农药的交替使用和合理混用，采用酸性农药与酸性农药混合或碱性农药与碱性农药混合，避免酸性农药与碱性农药混合；四是严格按照规定的浓度、每年使用的次数和安全间隔期的要求使用，喷药均匀周到。

**7. 适期采收**

根据果实用途适时采收。采收鲜果应在坐果后66~87 d，果面光滑无毛、果粉灰白色、果皮呈金黄色时采收；加工产品应在坐果后80~87 d，果实充分成熟变软时采收。

**思考题**

（1）金光杏梅特征特性如何？

（2）试制定金光杏梅无公害标准化生产技术规程。

# 第十节　杏生长结果习性观察实训技能

## 一、目的与要求

通过观察，了解杏生长结果习性，学会观察记载杏生长结果习性的方法。

## 二、材料与用具

**1. 材料**

杏幼树和结果树。

**2. 用具**

钢卷尺、放大镜、记载和绘图用具。

## 三、内容、方法和步骤

**1. 观察杏树体形态与结果习性**

①树形，干性强弱，分枝角度，极性表现和生长特点。

②发育枝及其类型，结果枝及其类型与划分标准。各种结果枝着生部位及结果能力。

③花芽与叶芽，以及在枝条上的分布及其排列方式，单芽与复芽及其排列方式，副芽、早熟性芽、休眠芽。花芽内花数。

④叶的形态。

**2. 调查萌芽和成枝情况**

选择长势基本相同、中短截处理的二年生枝 10～20 个，分别调查总芽数、萌芽数，萌发新梢或一年生枝的长度。

**3. 其他**

观察树体形态与生长结果习性，调查萌芽和成枝情况，并做好记录。

## 四、实训报告

（1）根据观察结果，结合桃技能实训，总结杏生长及结果习性与桃生长及结果习性的异同点。

（2）根据调查结果，结合桃技能实训，比较桃、杏萌芽率和成枝力。

## 五、技能考核

实训技能考核一般实行百分制，建议实训态度与表现占 20 分，观察方法占 40 分，实习报告占 40 分。

# 附　录

**表 13-4　金光杏梅病虫害无公害综合防治历**

| 时间 | 物候期 | 病虫害 | 防治方法 |
| --- | --- | --- | --- |
| 12 月至次年 2 月底 | 休眠期 | 细菌性穿孔病、褐腐病、流胶病和蚜虫、红叶螨、李实蜂、李小食心虫、桃蛀螟等各种越冬病虫害 | 清除落叶、杂草，摘除病虫果、僵果，剪除病虫枝及枯枝，刮除树干老翘皮及树上挂的草把等，集中烧毁或深埋。深翻树盘，将土壤内越冬害虫翻出，利用冬季低温杀灭越冬虫卵。春节前，全园喷 1 次 3%～5% 石硫合剂，并进行树干涂白，在涂白剂中加入适量硫黄 |
| 3 月上中旬 | 萌芽期 | 各种病虫害 | 在花芽鳞片开始松动时（露白前）喷 0.3%～0.5% 石硫合剂或 1∶1∶200 波尔多液；3 月中下旬花期喷 0.2%～0.3% 硼砂、磷酸二氢钾 |
| 3 月下旬至 4 月上旬 | 开花后及花后展叶坐果期 | 褐腐病、李实蜂、蚜虫等 | 防治褐腐病，在落花后期喷 1 次 50% 多菌灵可湿性粉剂 300～500 倍液。全园出现第 1 个李实蜂为害果当天喷 2.5% 功夫乳油 3000 倍液或 10% 氯氰菊酯乳油 3000 倍液。防治蚜虫喷洒 20% 速灭杀丁乳油 1000 倍液，展叶后喷 10% 吡虫啉可湿性粉剂或 10% 蚜虱净粉剂 3000～5000 倍液 |

续表

| 时间 | 物候期 | 病虫害 | 防治方法 |
|---|---|---|---|
| 4 月中下旬至 6 月中旬 | 果实生长和新梢旺长期 | 细菌性穿孔病、炭疽病、卷叶蛾类、食心虫类、红叶螨等 | 防治细菌性穿孔病、炭疽病可使用 70% 甲基托布津可湿性粉剂 1000 倍液 + 65% 代森锰锌可湿性粉剂 500 ~ 800 倍液或 50% 多菌灵可湿性粉剂 800 ~ 1000 倍液。在食心虫类害虫出土期（严格注意 5 月上旬的雨后）地面撒毒土 1 次。防治卷叶蛾类害虫，于幼虫发生期喷施 2.5% 的功夫乳油 2000 ~ 3000 倍液、2.5% 的溴氰菊酯乳油 2000 ~ 3000 倍液或 10% 的天王星乳油 4000 ~ 5000 倍液。防治红叶螨可用 5% 霸螨灵悬乳剂 1200 倍液或 1.8% 的齐螨素乳油 4000 倍液或 20% 螨死净可湿性粉剂 2000 倍液 |
| 6 月下旬至 7 月上旬 | 果实成熟期 | 红叶螨、卷叶蛾类、食心虫、金龟子等 | 在采收前 20 d，喷上述药剂进行防治 |
| 7 月中旬至 11 月底 | 采果后 | 小绿叶蝉等 | 喷 20% 的功夫乳油 1000 倍液或 10% 氯氰菊酯乳油 1000 倍液 |

# 第十四章　李

【内容提要】李原产于我国长江流域，是一种优良时令水果。除鲜食外，还可加工，具有一定的医疗价值。李是绿化的良好树种和蜜源植物。其适应性强，优点突出。李国内外栽培现状与发展趋势。从生长结果习性和对环境条件的要求两个方面介绍了李的生物学特性。李的主要种类有中国李、杏李、乌苏里李、欧洲李、美洲李、樱桃李、加拿大李及黑刺李；当前生产栽培李的优良品种有大石早生李、李王、幸运李、红美丽李、早美丽李、黑宝石李、黑琥珀李、安哥诺李、秋姬李、西梅、脆红李。李无公害栽培技术要点包括环境质量要求、施肥原则、农药使用原则与允许使用的农药种类、无公害栽培技术要点4个方面。李关键栽培技术包括育苗建园技术与整形修剪技术两个方面。从育苗、建园、土肥水管理、整形修剪、花果管理、病虫害防治和适期采收7个方面介绍了李无公害优质丰产栽培技术。分冬季栽培管理技术、春夏季栽培管理技术和秋季栽培管理技术介绍了李四季栽培管理技术。杂交杏李是杏和李杂交后，再与李或杏回交而培育出的果树种间杂交新品种。介绍了风味玫瑰、风味皇后、味王、味帝、味厚、味馨、恐龙蛋、红天鹅绒和红绒毛的特征特性，从育苗、高标准建园、加强土肥水管理、科学整形修剪、花果管理和病虫害防治6个方面介绍了杂交杏李无公害优质丰产技术，并以列表的形式介绍了杂交杏李无公害病虫周年防治工作历。

李原产于我国长江流域，是我国栽培历史悠久的古老果树之一，至今已有3000多年历史。李果实营养丰富，多有香气，含有17种人体所需要的氨基酸，是一种优良的时令果品。其果实除鲜食外，也可加工制作蜜饯、果干、果酱和糖水罐头等，是食品加工业的原料，也是传统的出口创汇果品。李有较高的药用价值，可利肝、消渴、美容，但李与杏含果酸较高，多食损脾胃。李对水土适应性强，栽培管理容易，极易成花，除严寒和干旱沙漠地区外，我国各地均有分布。北方主要分布区为河北、辽宁和山东一带。李树具有早结果、早丰产、早收益的优点。

李的叶、花、果均有观赏价值，特别是果实，色泽丰富艳丽，形态圆润独特，是绿化的良好树种，无论成片栽植或利用四旁隙地栽植，均甚相宜。

## 第一节　国内外栽培现状与发展趋势

### 一、国内栽培现状

世界上李主要生产国有中国、罗马尼亚、西班牙、智利、俄罗斯、美国、乌克兰等。据FAO统计，2006年中国李栽培面积和产量居世界第1位。我国是李原产地，分布广泛，除青藏高原高海拔地区外，从最南部的我国台湾到最北部的黑龙江，从东部沿海到西部新疆，都有栽培。但以河北、山东、山西、河南、湖北、湖南、江苏、浙江、安徽、四川、广东、陕西、辽宁等省栽培较多。其中著名产区有浙江的嘉兴、桐乡、镇海，江苏的南京，安徽的萧县，河南的偃师，辽宁的锦西等地。我国栽培李属果树共有8个种，即中国李、杏李、乌苏里李、樱桃李、欧洲李、美洲李、加拿大李和黑刺李。

李树栽培区有东北区、华北区、西北区、华东区、华中区、华南区和西南区。其中，东北区包括黑龙江、吉林、辽宁和内蒙古东部。主要优良品种有绥棱红、跃进李、美丽李、香蕉李、秋李、朱砂李、长李15、紫李、龙园蜜李等，其显著特点是抗寒力强。华北区包括河北、河南、山东、山西、北京和天津地区。主要优良品种有玉皇李、帅李、晚红李、西瓜李等，其特点是果实较大。西北区包括陕西、新疆、青海、甘肃、宁夏、内蒙古西部。其中，新疆欧洲李优良品种有贝干、阿米兰、爱奴拉等。中国李的优良品种有奎丰、奎冠、玉皇李等。其特点是抗寒、抗旱，果实较小，但含糖量较高。华东区包括江苏、安徽、浙江、福建、我国台湾和上海地区。主要优良品种有携李、红心李、夫人李、桃子李等。其特点是果实较大，多红肉类型，适宜加工蜜饯。华中区包括湖北、湖南和江西地区。主要优良品种有白糖李、苹果李、空心李、玉皇李、红心李、芙蓉李等。其特点是耐高温，但不耐寒，栽培品种参差不齐。华南产区包括广东、广西和海南，主栽种为中国李，主栽品种为木奈李、三华李和南华李等。西南区包括四川、云南和西藏，主栽种为中国李，该区野生资源较多，引进栽培品种也很多，主栽种有江安李、红心李、玫瑰李、木奈李、金沙李、早黄李等。

近年来，我国加强了李品种的培育和引进工作，黑龙江、吉林、新疆等地先后选育出跃进李、绥棱红、奎丰、奎冠、绥李3号、龙园蜜李、新李1号、长李8420号等；20世纪80年代以来，陆续从日本、朝鲜、意大利、俄罗斯、法国、澳大利亚和美国等国家引入大石早生李、玫瑰皇后、黑琥珀、黑宝石、澳大利亚14号、安哥诺等优良的栽培品种。引入的大石早生李使我国李的鲜果供应期提前了15～20 d；黑宝石、澳大利亚14号使鲜李供应期延后30 d，安哥诺使鲜李供应期延后60 d。

2006年我国李栽培面积已超过155.37万 $hm^2$，总产量达到453.50万 t，面积和产量均居世界第1位。但单产较低，只有2918.84 $kg/hm^2$，距世界平均单产11283.39 $kg/hm^2$ 的水平还有很大差距。

### 二、发展趋势

目前，我国栽培面积尚少，除适当发展传统的中国李优良品种（包括新育成的）外，可积极发展引进优质大果且货架期较长的美洲李品种。注意早、中、晚熟品种适当搭配，以早、晚熟品种为主，与相关加工业配合，适量发展部分欧洲李优良品种。

### 思考题

我国李栽培现状与发展趋势如何？

## 第二节　生物学特性

### 一、生长结果习性

#### 1. 生长习性

李为小乔木，树冠不大，一般树高3～4 m，冠幅5～6 m。幼龄时期生长迅速，一年生新梢加长生长可达2～3次。李萌芽力强，成枝力弱，潜伏芽寿命较桃长，主枝下部光凸现象不严重。中国李幼树生长迅速，树冠呈圆头形或圆锥形，随年龄增长，树冠逐渐开张，寿命30～40年或更长；欧洲李树势旺，枝条直立，树冠较密集；美洲李树体较矮，枝条开张角度大。美洲李和欧洲李寿命为20～30年。

（1）根

李为浅根性果树，根系一般是由砧木的种子发育而成，包括主根、侧根和须根。主根向下生长不发达，侧根沿着表土层向四周水平延伸，须根着生在主根和侧根上，较发达。吸收根主要分布在20～40 cm深的土层中，水平根分布范围通常比树冠大2～3倍，垂直根分布深度取决于立地条件和砧木。土层较厚、肥力较好的土壤垂直根分布可达4～6 m，但大量垂直根则分布在20～80 cm土层内；在土壤肥力较差，土层较薄的山地或丘陵，垂直根主要分布在15～30 cm的土层内。沙壤土栽植李树，垂直根分布比在其他土壤中深。本砧耐湿涝而抗旱力差。毛樱桃作砧木，根系分布较浅，主要分布在 0～20 cm 土层中；山杏作砧木时根系主要分布在 60 cm 土层内；毛桃作砧木嫁接的大石早生李根系分布居于毛樱桃和山杏之间。根蘖萌发力强，可供繁殖用。根系集中分布在 40 cm 深土层内，水平根分布较远，常为冠径的 1～2 倍。

李树根系活动除自身生长规律外，还受立地条件影响。根系一般无自然休眠期，只是在土温过低时进入被迫休眠。如果土壤温度、湿度适宜，全年都能生长。土温在 5～7 ℃时发生新根，15～22 ℃为根活动最适温度，超过 26 ℃时根系生长缓慢，超过 35 ℃时根系停止生长。土壤含水量达到土壤田间持水量的 60%～80% 时，最适合根生长。

李根系生长的变化随季节而变。幼树的根系 1 年出现 3 次生长高峰。春季随着土壤温度上升，根系利用树体内的贮藏营养开始生长，一般 4 月下旬至 5 月上旬出现第 1 次生长高峰。随着地上部抽枝开花，新梢开始迅速生长，养分集中供应地上部，根系生长转入低潮。当新梢生长缓慢，根系利用当年叶片制造的营养及根系吸收的水分和各种矿质元素开始第 2 次旺盛生长。以后果实迅速膨大、花芽分化和新梢生长三者处于养分竞争时期，再加之土壤温度过高，根系活动又转入低潮。8 月下旬以后，随着土壤温度降低、降雨的增多和土壤湿度的增大，根系又出现第 3 次生长高峰，一直延续到土壤温度下降时，才被迫休眠。成年李树 1 年只有 2 次发根高峰：春季根系活动后，生长缓慢，直到新梢停止生长时出现第 1 次发根高峰；到了秋季，出现第 2 次发根高峰，但这次高峰不明显，持续的时间也不长。

（2）芽

李树芽有花芽和叶芽两种。多数品种在当年生枝条的基部形成单叶芽，在枝条中部多为花芽和叶芽并生形成复芽，而在枝条近顶端又形成单叶芽。各种枝条的顶芽均为叶芽。李树花芽为纯花芽，萌发后只开花不抽生枝叶，侧生，每个花芽内包含 1～4 个朵花。叶芽萌发后抽生发育枝。根据芽在枝节上着生情况，可分为单芽和复芽。单芽多为叶芽。两芽并生的多为 1 个叶芽和 1 个花芽，也有 2 个芽都是花芽的。3 芽并生的，多数是中间叶芽，两侧花芽，也有 2 个叶芽和 1 个花芽并列或 3 个花芽并列的。个别情况下，1 个叶腋内有 4 个芽。同一品种内复花芽比单花芽结的果大，含糖量高。复花芽多，花芽着生节位低，花芽充实，排列紧凑是丰产性状之一。

李树新梢上的芽当年可萌发，连续形成二次梢或三次梢，芽具有早熟性，树体枝量大，进入结果期早。李树萌芽力强，一般条件下所有的芽基本上都能萌发，成枝力中等，一般延长枝先端发 2～3 个发育枝，以下则为短果枝和花束状果枝，层性明显。李潜伏芽寿命较长，极易萌发，衰老期更为明显。

（3）枝

李树枝条分为营养枝和结果枝两类。

①营养枝。一般指当年新梢，生长较壮，组织比较充实。营养枝上着生叶芽，可抽生新梢、扩大树冠和形成新的枝组。其中，处于各级主、侧枝先端的为各级延长枝。幼树发育枝经过选择、修剪，可培养成各级骨干枝，是构成良好树冠的基础。

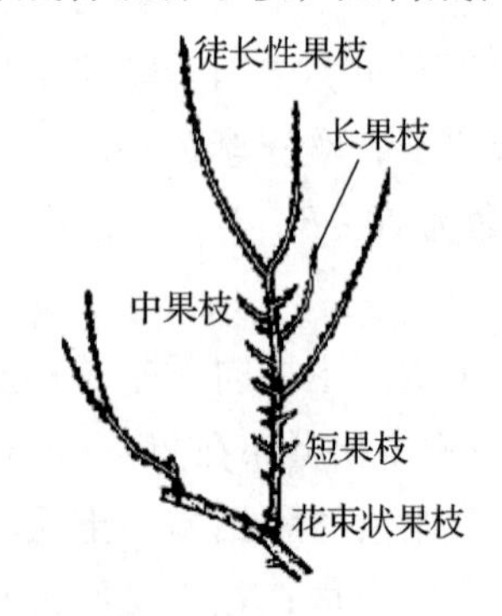

**图 14-1 李树结果枝类型**

②结果枝。即着生花芽并开花结果的枝条。根据结果枝长短和花芽着生情况，结果枝分为徒长性果枝、长果枝、中果枝、短果枝和花束状果枝 5 种（图 14-1）。徒长性果枝枝条一般长 1 m 左右，枝条下部多为叶芽，上部多为复花芽，副梢少而发生较晚。生长过旺，花弱果小，结果后仍能萌发较旺新梢，常利用其培养健壮枝组。该类枝多发生在树冠内膛及上部延长枝上。长果枝枝条一般长 30～60 cm，枝条发育充实，一般不发生副梢。中部复芽较多，结果能力强，能形成健壮的花束状果枝。此类枝多发生在主、侧枝中部。中果枝枝条一般长 15～30 cm，其上部和下部多单芽，中部多复花芽；结果后可抽生花束状果枝。短果枝枝条一般长 1～15 cm，其上多为

单花芽，复芽少。二至三年生短果枝结实力高，五年生以上的结实力减退。花束状果枝枝条一般在 1 cm 以下，除顶芽为叶芽外，其下为排列密集的花芽。花束状果枝粗壮，花芽发育充实，坐果多，果个大。但坐果过多，如结果 4 个以上时，会影响顶端叶芽的延伸，甚至枯死。

**2. 结果习性**

李栽植 3 ~4 年后可开花结果，8 年左右进入盛果期，30 年后即趋衰老。李树主要结果枝类型因种类和品种的不同而不同。树龄和树势也影响李树结果枝的组成。中国李以短果枝和花束状果枝结果为主，欧洲李和美洲李主要以中果枝和短果枝结果为主。幼树抽生长果枝多，至初果期则形成较多的短果枝和少量的中、长果枝。随着树龄增长，长、中、短果枝逐渐减少，花束状果枝数量逐渐增多。花束状果枝为盛果期树的主要结果部位，担负 90% 以上的产量。花束状果枝结果当年，其顶芽向前延伸很短，并形成新的花束状果枝连年结果，10 多年其长度也只有 2 cm 左右。因此，李树结果部位外移较慢，并且在正常管理条件下不易发生隔年结果现象。花束状果枝结果 4 ~5 年后，当其生长势缓和时，基部潜伏芽萌发，形成多年生花束状果枝群，大量结果，这也是李树丰产性状之一。当营养不良、生长势衰弱时，有一部分花束状果枝不能形成花芽，从而转变为叶丛枝。当营养得到改善或受到重剪的刺激时，有部分花束状果枝抽生出较长的新梢，转变为短果枝或中果枝。有一些发枝力强的品种，中、长果枝结果后仍能抽生新梢，形成新的中、长果枝和花束状果枝，发展成小型枝组，但其结实力不如发育枝形成枝组高。生长旺盛的树，也可以发生副梢，其中发生早而又充实的副梢可以形成花芽。此外，砧木不同，也影响李树枝类组成。一般具有矮化作用的砧木可使长、中果枝比例减少，花束状果枝增多。李树结果习性和杏、梅相同，结实主要部位为着生于二年生以上健壮枝的短果枝（图 14–2）。桃树是一年生中、长果枝为结果的主要部位，李树这些枝条几乎不能坐住果。李树结实的主体为着生于主枝、侧枝上的健壮短果枝和花束状果枝。花束状果枝质量依其发生节位不同而异。同一枝条上、中部节位形成的花束状果枝多而健壮，花芽饱满，而低位花束状果枝，枝、芽瘦小，坐果率低。

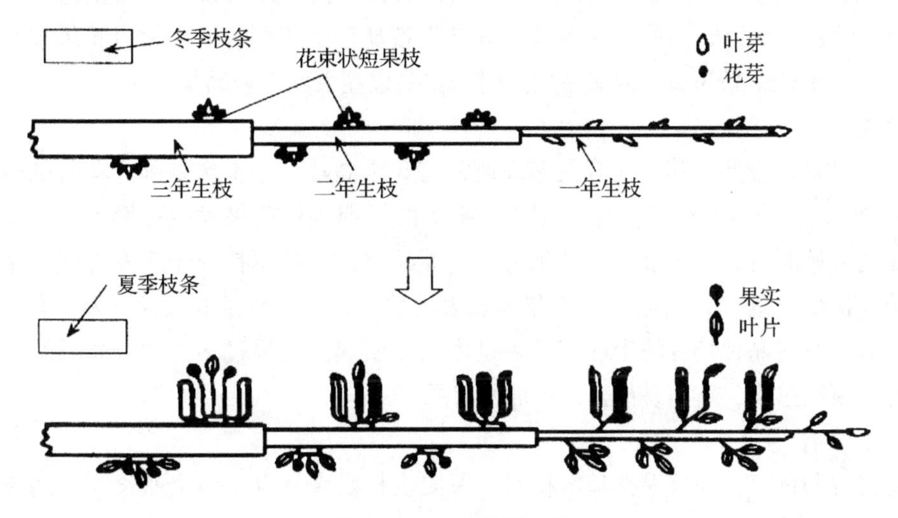


**图 14–2　李树结果习性**

花束状果枝寿命很长，连续结果能力很强，但以二年生以上枝条的花束状果枝结果最好，五年生以上的坐果率明显下降。因此，通过栽培管理，尽快在二年生以上健壮的主、侧枝上培养大量短果枝和花束状果枝是李树早期丰产的关键。

（1）花芽分化

李成花容易。当新梢顶芽形成后，花芽的形态分化开始。开始分化的时期因品种、立地条件和年份而不同。温度较高，日照较长，降水较少，则提前分化。李树花芽分化的各时期形态特征和桃十分相似，所不同的是桃每个花芽内一般只有 1 个生长点，分化出 1 个花蕾；而李在同一花芽内有 1 ~3 个生长点，分化出1～3个花蕾。以大石早生李为研究对象，对李花芽形态分化的研究结果表明：李花芽分化开始早，延续时间长，各时期均有重叠：大石早生李花芽6月初开始分化，9月中旬部分花芽进入雌蕊原基分化期，但9月2日仍有5%左右的花芽尚处于花蕾分化期，说明大石早生李的花芽分化期是重叠进行的。花芽的芽体达到固有的颜色后即进入花芽分化：花束状果枝、短果枝上的花芽进入分化期早，而中、长果枝生长旺盛，停止生长晚，其花芽分化时期晚且不整齐，但后期分化速度快，落叶前均发育到雌蕊分化期。长果枝和徒长性果枝上，芽内双花数量多。

（2）开花坐果

中国李是仅次于梅、杏开花较早的树种。大石早生李、美丽李等品种在河北中部3月下旬至4月初开花，在辽宁南部4月上中旬开花。欧洲李系统的品种开花较晚，一般比中国李系统的品种开花晚7～10 d。李树开花要求平均气温9～13 ℃，花期7～10 d，单花寿命5 d左右。一般短果枝上的花比长果枝上的花开花早，越是温暖地方表现越为明显。中国李和美洲李大多数品种自花不实，欧洲李可分为自花结实和自花不实两类，并且李也存在异花不实现象。李树完成受精过程一般需要2 d左右，如花期温度过低或遇不良天气，则需延长受精时间。影响李树授粉受精的内因是树体营养状况：树体营养充足，花芽分化质量高，雌雄器官发育充分，花粉管生长快，胚囊寿命长，柱头接受花粉时间长，可显著延长有效授粉时间。反之，则不能受精，进而降低结实率。花期气候条件是影响授粉受精的重要外因。花期多雨影响授粉，进而影响产量；空气相对湿度低于20%时，花粉发芽率显著降低，影响坐果；花期低温影响昆虫活动、授粉，低温使花粉粒发芽慢，花粉管生长更慢，致使中途败育。中国李花粉发芽温度是0～6 ℃，9～13 ℃发芽较好。欧洲李在15 ℃时花粉发芽需5 d。因此，在栽培上采取措施，创造良好的授粉受精条件，保证授粉受精可提高产量。

（3）李树结果枝类型

李的种类不同，其结果枝类型也不同：中国李以花束状果枝和短果枝结果为主；美洲李和欧洲李则以中、短果枝结果为主。此外，不同年龄阶段，其结果枝比例也不同，幼龄树以长果枝结果为主，初果树以短果枝和花束状果枝结果为主，而盛果期大树则主要以花束状果枝结果为主。

（4）李树落果

李开花多，而坐果率较低。其生理落花落果通常有3个高峰：第1次是刚开花时的落花，即开花后带花柄脱落（落花），其原因是花器发育不完全；第2次早期生理落果发生在第1次落花后14 d左右，果似绿豆粒大小时开始脱落，直至核开始硬化为止，其原因是受精不良或子房发育缺乏某种激素，胚乳中途败育等；第3次落果是“6月落果”，在果实长大后发生，落果明显但数量不多。有无采前落果和落果程度因品种而异，有些品种特有的生理落果多是由遗传引起。结果过多、树势衰弱及光照不足等都会加剧落果。此外，氮肥过多，新梢易徒长，也加剧落果。

（5）果实生长发育

李果实发育过程和桃、杏等核果类基本相同，果实生长发育特点是两个速长期之间有一个缓慢生长期。生长发育呈双S曲线。

## 二、对环境条件的要求

### 1. 温度

李对温度要求因种类和品种不同而异。中国李、欧洲李喜温暖湿润的环境，美洲李比较耐寒。同是中国李生长在我国北部寒冷地区的绥棱红、绥李3号等品种，可耐－42～－35 ℃的低温；而生长在南方的携李、芙蓉李等则对低温的适应性较差，冬季低于－20 ℃就不能正常结果。李树抗寒性取决于其种类。乌苏里李抗寒性最强，加拿大李次之，美洲李较强，欧洲李较弱。一般李开花最适温度为12～16 ℃。李不同发育阶段对低温抵抗力不同，如花蕾期在－5.5～－1.1 ℃就会受害；花期和幼果期为

-2.5～-0.5 ℃，在北方李树要注意花期防冻。生长季最适温度为20～30 ℃。

**2. 光照**

李对光照要求不如桃严格，阴坡和阳坡均能生长良好。但李也是喜光树种，通风透光良好的果园，其树体果实着色好、糖分高，枝条粗壮、花芽饱满。阴坡和树膛内光照差的地方果实成熟晚，枝条细弱，叶片薄。一般慢射光比直射光对李树更为有利。李树栽植在光照较好的地方并修整成合理的树形。

**3. 水分**

李树对水分要求不严格，干旱和潮湿地区均能生长。李为浅根系，对水分要求取决于李的种类和砧木。欧洲李、美洲李要求较高的空气湿度，而中国李相对要低一些。共砧抗性差，山杏砧抗性强，毛桃砧一般抗旱性差、耐涝性较强，山桃耐涝性差、抗旱性强，毛樱桃砧根系浅，不太抗旱。一般李树要求的土壤含水量相当于田间持水量的60%～80%。绝对含水量为10%～15%时，地上部停止生长，低于7%时，根系停止活动。在较干旱地区栽培李树应有灌溉条件，在低洼黏重土壤上种植李树注意雨季排涝。

**4. 土壤**

李树对土壤的适应性以中国李最强，几乎各种土壤上均能生长，欧洲李、美洲李适应性不如中国李。但所有李均以土层深厚的沙壤土、壤土栽培表现好。黏性土壤和沙性过强的土壤应加以改良。李树对盐碱土的适应性也较强，在瘠薄土壤上亦有相当产量。

**5. 风**

李树抗风性弱，风速大于10 m/s时，常使枝干折断，果实脱落。冬季干燥北风也会给李树带来冻害。有风害的地方必须营造防护林带。

**6. 环境污染**

空气中二氧化硫浓度达3 mL/$m^3$时，10 min李树就表现受害症状，而氟化氢更毒。在一些工业发达的城市周围，栽植李树常常减产甚至绝收、死树。水和土壤的污染主要源于工厂废水和农药，农药进入李树后，转移到种子和果实中，最后影响人体健康。李园应建在远离污染源的地方。

**思考题**

（1）试总结李和桃、杏生长结果的异同。

（2）李树对环境条件的要求如何？

## 第三节 主要种类和优良品种

### 一、主要种类

李属蔷薇科李亚科李属植物，广泛分布于亚洲、欧洲、北美洲等地。李（包括不常见种）全世界有30余种。我国有8个种（中国李、欧洲李、美洲李、杏李、乌苏里李、樱桃李、加拿大李和黑刺李）、5个变种、800余个品种和类型。原产于中国和引进中国栽培的主要有4个种：中国李、欧洲李、杏李和美洲李。其中，中国李原产于长江流域，生产上常见栽培的李品种多属本种。欧洲李和美洲李近年始有引种栽植。

**1. 中国李**

中国李（图14-3），小乔木，树冠开心形或半圆形。老皮灰褐色，块状或条状裂，多年生枝灰褐色或紫红色，无毛，二年生枝黄褐色。叶倒卵圆形，质薄，锯齿细密，叶面有光泽，无毛。花2～3朵并生，小，白色。果实圆形或长圆形，顶端稍尖，果皮黄色、红色、暗红色或紫色，果梗较长，梗洼深，缝合线明显，果粉厚，果肉黄色或紫色。核椭圆形，黏核或离核。树势强健，发枝力强，以花束状果枝和短果枝结果为主，多数品种自花不结实或结实量较少。适应性强，暖地、寒地、山地和平原均能生长。

**2. 杏李**

杏李（图 14–4）原产于我国西北和华北东部，为栽培种。小乔木，树尖塔形，枝条直立。叶片狭长，呈长圆披针形至长圆倒卵形，叶柄短而粗，叶缘细钝锯齿。花 1 ~ 3 朵簇生。果实扁圆形或圆形，果梗短粗，缝合线深。果皮红色或黄色，果粉薄或无，无茸毛。果肉淡黄色或橘黄色，肉质紧密，汁液中等，香味浓，稍有苦味，黏核、核小，晚熟。易与中国李杂交，并可获得品质优良的后代。自花结实率高，但丰产性差。

图 14–3 中国李

图 14–4 杏李

**3. 乌苏里李**

乌苏里李原产于我国东北各省，为栽培种。小乔木，有时呈灌木状，树冠紧凑矮小。老枝灰黑色，粗壮；小枝稠密，节间短。叶片长圆形至倒卵长圆形，叶柄短，背面有茸毛。花 2 ~ 3 朵簇生，有时单朵。果实扁圆形、近圆形或长圆形，果实小，直径 1.5 ~ 2.5 cm。核圆形，核面光滑。果肉黄色、味甜、多汁、具浓香，果皮苦涩，黏核。抗寒性极强，其花朵能耐 – 3 ℃低温。冬季能耐 – 55 ℃严寒，为寒地李树育种的原始材料。实生苗是李的良好砧木。

**4. 欧洲李**

欧洲李（图 14–5）原产于西亚、欧洲和我国新疆伊犁等地区，栽培品种 2000 多个。乔木，树冠圆锥形，老皮深灰色，开裂，枝条无刺或稍有刺。叶片椭圆形或倒卵形，质厚，叶缘锐锯齿。新梢和叶均有茸毛。花较大，1 ~ 2 朵簇生于短枝顶端，花梗有毛。果实卵圆形或长圆形，基部多有乳头突起。果皮红色、黄色、紫色、绿色、蓝色等，果粉蓝灰色，果肉黄色，肉质硬，果汁中多，味甜酸，无香味，离核或黏核。欧洲李花期明显晚于中国李，可避开晚霜和春寒的为害。

图 14–5 欧洲李

**5. 美洲李**

美洲李原产于北美洲，是北美所产李属植物中栽培利用最多的种类。小乔木，树冠呈极开张的披散形或伞形，树皮粗糙。无中心干，枝条多水平或下垂，枝多，无刺。叶片大，倒卵圆形或长圆倒卵形，边缘有尖锐重锯齿，无光泽，有茸毛。花芽着生在针刺状短枝或一年生枝上，后于叶开放，每个花芽有 2 ~ 5 朵花，簇生。果实圆锥形或椭圆形，果梗较长。果皮多为红色、橙黄色或红黄色，纯黄色较少，坚韧，耐运输。果肉黄色，黏核或离核。花期比中国李晚，比欧洲李早，坐果率低。鲜食加工兼用型品种。对土壤适应性强，抗旱和抗寒性均强，植株和花芽能耐 – 40 ℃低温，可在我国最北部地区栽培。

**6. 樱桃李**

樱桃李（图 14-6）原产于我国新疆、中亚、小亚细亚、巴尔干半岛、高加索、外高加索、北高加索、中塔什克斯坦山区等广大地区。品种有垂枝、花叶、紫叶、狭叶、黑叶等栽培变形。灌木或乔木，多分枝、枝条细长，有针刺。叶片椭圆形、卵形或倒卵形。花白色，多数单生，少数 2 朵，着生在短缩枝或小枝上。果小，近球形或椭圆形。果皮红色、黄色或紫红色，果肉多汁，黏核。果实成熟后不易脱落，耐贮运。抗旱力强，种子可作为李和桃的砧木资源。

**7. 加拿大李**

加拿大李原产于美国和加拿大。小乔木，树冠卵圆形，紧凑。枝条多直立，有较粗壮针刺。叶片椭圆形或倒卵形，叶缘具粗缘锯齿或重缘齿。花 3～4 朵簇生。果实小，椭圆形。果皮红色、黄红色或黄色，有果粉，果皮厚韧，味涩。果肉黄色，多汁，有纤维，味甜酸。黏核。能耐 -45～-40 ℃低温，抗寒力仅次于乌苏里李，可在我国东北地区生长，是抗寒育种的良好材料。

**8. 黑刺李**

黑刺李（图 14-7）原产于欧洲、西亚和北非等地。灌木，树姿开张，枝条稠密，枝条上有大量针刺。新梢微具有棱。叶片长圆倒卵形、椭圆状卵形或稀长圆形。花多单生，先于叶开放。果实圆球形，广椭圆形或圆锥形，先端急尖。果皮紫黑色，具浅蓝色果粉。果肉绿色，酸甜，极涩，果汁少，无香味。核小，黏核。果实刚采收时不能食用，经水冻以后，果肉的单宁和酸含量降低，味变甜，可食用。适应性强，具有较强的根蘖分生，多用作李和桃的矮化砧木或用作盆栽砧木，还可利用其多刺与根蘖多的特点，用作绿篱栽植。

图 14-6 樱桃李

图 14-7 黑刺李

## 二、主要优良品种

**1. 大石早生李**

图 14-8 大石早生李

大石早生李（图 14-8）为日本品种，由日本福岛县伊达郡大石俊雄从台湾李的实生苗中选出。1981 年引入我国。目前主要栽培在辽宁、河北、上海、山东、江苏、浙江、福建、广东、陕西、甘肃、新疆和宁夏等地。树体自然生长圆头形。树势强壮，树姿直立，结果后逐渐开张。主干较光滑，树皮有块状裂，灰褐色。枝条着生较密，多年生枝灰褐色，一年生枝黄褐色，自然斜生，无茸毛。节间长 1.2 cm，无刺。花芽鳞片紧，黄褐色，花白色，5 瓣。雌蕊 1 枚，雄蕊 25～30 枚。每个花芽有1～3 朵花，多为 2 朵。叶片长圆形，基部宽楔形，先端渐尖；叶长 11.3 cm，宽 5.1 cm，叶柄长 1.8 cm；叶色浓绿有光泽，叶缘锯齿细锐，复锯齿。果实卵圆形。平均单果重 42.5 g，最大单果重

106 g；果实纵径4.21 cm，横径3.99 cm，侧径4.05 cm。果顶尖，缝合线较浅，片肉对称。梗洼深较广。果皮底色黄绿，着鲜红色，果面具大小不等的黄褐色果点。果肉黄色，肉质细，较密，过熟时变软，果汁多，纤维粗较多，味甜酸，微香。可溶性固形物含量11.5%，pH 4.3，硬度1.25 kg/cm$^2$，总糖含量6.12%，总酸含量1.82%，维生素C含量7.19 mg/kg。黏核，核较小，可食率97.6%，果实较耐贮运，常温下可贮放7 d左右。以小黄李为砧木亲和力良好，耐湿性强，根系分布较深而广；以毛樱桃为砧木根系分布浅而广。幼树固地性较差，培土过高时，可产生大量自生根，1年可产生二至三次枝，形成树冠快。枝条萌芽率高，成枝力中等，以花束状果枝和短果枝结果为主，采前不落果，成熟期较一致，结果早，高产，适应性广。抗寒、抗病、抗旱性较强，适合南北方栽培发展。在河南省商水县，该品种3月上旬花芽膨大，3月26日前后始花，4月1日左右盛花，花期6~7 d；4月中旬叶芽萌发，中下旬出现生理落果，5月23日前后果实开始着色，6月5日左右果实完全成熟，果实发育期65~70 d，营养生长期230 d左右，11月中上旬落叶。

**2. 李王**

**图14-9 李王**

李王（图14-9）是日本山梨县杂交育成的李新品种。在日本被誉为“李中之王”，是目前日本的主栽和当家品种。1992年引入我国，具有高糖度、极早熟、丰产稳产的优点，发展前景广阔。李王为极早熟品种，在我国中部地区，3月初萌芽，3月下旬始花，6月中旬果实成熟。平均单果重102 g，最大单果重158 g。果实近圆形，果皮浓红色，全面着色，果点不明显，外观极美丽。果肉橘黄色，多汁，出汁率达70%，含糖量高达17%，香气浓，酸味少，是李品种中含糖量最高的品种，品质极上。一般定植后第2年开花结果，三年生产量700~1000 kg/亩，4年丰产，产量达2000 kg/亩以上。其短果枝占45%，花束状果枝占53%，自花结实率为7%，异花授粉坐果率可达56%以上。丰产性、连续结果性均好，无采前裂果和落果现象。

**3. 黑琥珀李**

**图14-10 黑琥珀李**

黑琥珀李（图14-10）是美国品种，黑宝石和玫瑰皇后杂交育成，是美国加州布朗李十大主栽品种之首。1985年引入我国。该品种树势强健，枝条直立，生长旺盛。一年生枝较光滑，阳面淡黄褐色，背面淡绿褐色，皮孔小，中多，二年生枝绿褐色，多年生枝灰褐色。叶片倒卵形，深绿色，有光泽。一般在枝条上部和下部形成单叶芽，中部形成复芽，叶芽小，近圆形。花芽较小，近圆形。每个花芽有花2~3朵。一至三年生幼树树势强健，具有抽生副梢的特性，结果后树势中庸，枝条直立，放任情况下树冠不开张。萌芽率高，成枝率低，极易形成花芽。坐果率高，以坐单果为主。以短果枝和花束状果枝结果为主，连续结果能力强，高产稳产。自花不实，栽培上需要配置授粉树澳得罗达李、玫瑰皇后李。早实丰产性较好。果实发育期95 d。平均单果重101.6 g，最大单果重138 g。果实扁圆或圆形，果顶平，缝合线不明显，两半部对称；果皮厚韧，完全成熟时呈紫黑色，果点小，不明显，果粉少。果肉淡黄色，不溶质，质地细密、硬韧，汁液中多，风味香甜可口，品质上等。可溶性固形物含量12.4%，总糖9.2%，可滴定酸0.85%，糖酸比为11：1。离核，果核小，可食率99%。耐贮存，0~3 ℃条件下能贮存4~5个月。抗寒性强，适应性也强，山区、平原皆可栽培。在大连地区，4月初萌芽，4月下旬展叶，花期4月下旬至5月初，果实成熟期8月上旬，果实发育期54 d。

**4. 幸运李**

幸运李（图 14-11）原产于美国，果实发育期约 125 d，树体营养生长期约 180 d。树冠纺锤形，树姿直立，六年生树高 3.1 m，冠径 2.4 m×2.8 m，干周 23 cm。一年生枝长 82 cm、粗 0.6 cm，萌芽率 81.8%，成枝力 2.1，自然坐果率 37.5%，自花坐果率套网袋 12.7%（套纸袋为 0）。幼树中、短果枝均可结果。果实椭圆形，平均单果重 100 g，最大单果重 150 g，果顶尖，梗洼中深、广，缝合线浅、广，较明显。二至三年生树开始结果，四至五年生进入盛果期，产量 15～20 kg/株，折合产量 1000～2000 kg/亩。

**5. 黑宝石李**

黑宝石李（图 14-12）是美国品种，以 Gariota 和 Nubiana 杂交育成。山东省果树研究所于 1987 年从澳大利亚引进。综合性状优良的晚熟品种。商品名“布朗李”。世界许多国家广为栽培，为李中的高档品种。该品种植株长势壮旺，枝条直立，树冠紧凑。以长果枝和短果枝结果为主，极丰产。一般管理条件下，第 2 年始花见果。果实扁圆形，果顶平圆。果面紫黑色，果粉少，无果点。果肉乳白色，硬而细嫩，汁液较多，味甜爽口，品质上等。平均单果重 72.2 g，最大果重 127 g。可溶性固形物含量 11.5%，总糖含量 9.4%，可滴定酸含量 0.8%。果实肉厚核小，离核，可食率 97%。果实货架期 25～30 d，0～5 ℃条件下可贮藏 3～4 个月。山东泰安地区果实 8 月下旬成熟。适应性强，凡能栽培普通桃树、李树的地方均可种植，极抗病虫害。

**图 14-11　幸运李**

**图 14-12　黑宝石李**

**6. 红美丽李**

红美丽李（图 14-13）是美国品种，山东省果树研究所于 1992 年引进。该品种树性强健，树势中庸，枝条分枝角度较大，树冠开张，幼龄树分枝多。萌芽率、成枝率均高，新梢能抽生大量副梢；枝条极易成花，多数新梢都能形成花芽结果。幼树以中、长果枝结果为主，进入盛果期树则以短果枝和花束状果枝结果为主，盛果期平均产量 19.8 kg/株，最高产量 41.3 kg/株，折合产量 2000 kg/亩以上。在山东泰安地区，花芽 3 月中旬膨大，3 月底开始萌芽，4 月上旬开花，盛花期 4 月 4—6 日，花期持续 7 d 左右，6 月 20—25 日果实成熟，果实生育期为 75～80 d。自然授粉条件下，授粉树为蜜思李、黑琥珀李和澳得罗达李。果实成熟不一致，应分期采收。果实中大，心脏形；平均单果重 56.9 g，最大单果重 72 g。果顶尖，缝合线明显，两半部对称。果皮底色黄，果面光亮，鲜红色，艳美亮丽；果皮中厚，完全成熟时易剥离。果实没有完全成熟时果肉淡黄色，果点小而密，不明显，果粉少，完全成熟后鲜红色，平均肉厚 2.0～2.1 cm，可食率 96%。肉质细嫩，可溶，汁液较丰富，风味酸甜适中，香味较浓，品质上等。可溶性固形物含量 12%，总糖含量 8.8%，可滴定酸含量 1.26%，糖酸比 7∶1。果核小，椭圆形，黏核。

**图 14-13　红美丽**

**7. 安哥诺李**

安哥诺李（图 14–14）是美国加利福尼亚州十大李子主栽品种之一。1994 年引入我国，现主要在河北、山东等地栽培。幼树生长健旺，树势中庸，树姿开张。萌芽力强，成枝力中等，以短果枝和花束状果枝结果为主。花粉量大，需配置授粉树。一般坐单果。丰产性好，幼树 2 年见花，3 年见果。果实大型，平均单果重 96 g，最大单果重 152 g。果实扁圆形，果顶平，缝合线浅而不明显。果面紫黑色，光亮美观。果皮较厚，果粉少，果点小。果肉淡黄色，近核处果肉微红色，质细，不溶质，汁液多，味甜，富香气。离核，核小。可溶性固形物含量 14%～15%，总糖含量 13.1%，可滴定酸含量 0.7%。果实耐贮藏，品质极佳。果实 9 月下旬成熟。抗蚜虫（被害后不卷叶、不落叶），高抗潜叶蛾，高抗轮纹病、炭疽病、白粉病。

**8. 早美丽李**

早美丽李（图 14–15）是美国品种，亲本不详。山东省果树研究所于 1992 年引进试栽。该品种树势中庸，树姿开张，枝条中强。萌芽率高，成枝力中等。长、中、短果枝和花束状果枝均能成花结果，极丰产，高接后第 2 年即形成大量花芽，第 3 年产量 8 kg/株，第 4 年产量 13 kg/株。果实成熟期不一致，应分期采收。抗蚜虫和红蜘蛛能力强，抗晚霜能力强。果实中小型，单果重 30～45 g。果实心脏形，果顶尖，缝合线浅，两半部对称。果面鲜艳红色，光滑，具光泽。果粉薄。果肉淡黄色，质地细嫩，硬溶质，汁液丰富，味甜爽口，香气浓郁，品质上等，可溶性固形物含量 13%～17%。黏核，可食率 97%。在山东泰安地区果实 6 月 15 日左右成熟。果实生育期 70 d 左右。

图 14–14　安哥诺李

图 14–15　早美丽李

图 14–16　秋姬李

**9. 秋姬李**

秋姬李（图 14–16）是日本品种，有“布朗李之王”之称，是供应国庆、元旦的李中极品。以果实巨大的独特品性居众品种之首，是当今国内外最优秀的布朗李品种，将引领未来若干年布朗李的发展方向。该品种树势强健，分枝力强，幼树生长旺盛，新梢生长较直立。叶片长卵形，较小，浓绿。幼树成花早，花芽密集，花粉较少，需配授粉树。果实长圆形，缝合线明显，两侧对称，果面光滑亮丽，完全着色呈浓红色，其上分布黄色果点和果粉，平均单果重 150 g，最大可达 350 g；果肉厚，橙黄色，肉质细密，品质优于黑宝石和安哥诺品种，味浓甜具香味，含可溶性固形物 18.5%，离核，核极小，可食率 97%。果实硬度大，鲜果常温下可贮藏 2 周以上，且贮藏期间色泽更艳，香味更浓；恒温库可贮藏至元旦。鲁南地区 4 月初萌芽，4 月下旬花芽萌动，5 月上旬盛花，花期 1 周左右，9 月上旬果实开始着色，9 月中旬完全成熟，

11 月上旬落叶。

**10. 西梅**

（1）蒙娜丽莎（图 14-17）

蒙娜丽莎李有“梅李之王”之称，属欧洲李系统，我国从罗马尼亚引入。它是罗马尼亚综合性状优良、栽培面积最大的李品种，在国际市场上享有很高的声誉。它是当前国内第 1 代布朗李，主要是黑宝石、黑琥珀、蜜思李等品种最理想的换代品种。该品种树势强健，枝条粗壮，节间长，叶片大而肥厚，叶面及叶背均具绒毛，成花容易。一般栽后第 2 年开花株率 100%，挂果株率 90% 以上，以短果枝和花束状果枝结果为主，特丰产。果实长椭圆形，中部外鼓，两端钝尖，上下左右对称性极好，果形独特，端正，果面 100% 蓝黑色，上覆灰白色黑粉，果实极大，单果重 130 ~ 140 g，最大单果重 206 g。果肉黄色，汁多，味浓甜，具宜人香味，核小，离核，可溶性固形物含量 16% ~ 18%。果皮厚，果肉硬韧，抗挤压，极耐贮运，自然条件下可贮存 30 d 以上，低温条件可贮藏至春节。华北地区 9 月下旬成熟。

（2）尤萨李（图 14-18）

尤萨李有“梅李皇后”之称，又称“女神”“奥特果”，是我国从美国引入，属欧洲李系统。该品种幼树树势强健，树姿直立，枝条粗壮，节间长，成龄树树势中庸。多年生枝灰褐色，一年生枝灰绿色，平均节间长 2. 8 cm。叶片椭圆形，浓绿色且厚，成龄叶长 8. 4 ~ 9. 0 cm，宽 4. 5 ~ 5. 6 cm，正背面无毛，叶缘钝锯齿，叶柄浅绿色，长 2. 3 cm。花芽饱满，花瓣白色，有花粉。果实长椭圆形，平均单果重 150 g，最大单果重 208 g，纵径长 8. 0 cm，横径长 5. 4 cm，果柄长 1. 68 cm，果皮蓝黑色，果粉厚，果肉金黄色，肉质硬韧汁多，风味浓甜，有宜人香味，核小，离核，核重 2. 5 g，缝合线浅，果形端正。可溶性固形物含量 18. 5%，果肉可食率 98% %，耐贮运，采后自然条件下可存放 30 d，低温（2 ~ 4 ℃）下可贮藏至春节。萌芽率高，成枝力强。以中、短果枝及花束状果枝结果为主，长果枝也有结果现象。花束状果枝连续结果能力强，寿命长，结果部位外移较缓慢，无隔年结果现象，基部潜伏芽能萌发，形成花束状果枝群，并可大量结果，自花结实率高，成花容易。一般栽后第 2 年开花株率 100%，挂果率 90% 以上。对土壤要求不严格，适宜在沙壤土、壤土和黏壤土上生长，较耐干旱且抗旱。在河南省商水县，3 月上旬萌芽，3 月下旬始花，3 月 29 日—4 月 2 日盛花，8 月上旬果实全面着色，8 月下旬果实成熟，10 月下旬落叶。

图 14-17　蒙娜丽莎李

图 14-18　尤萨李

**11. 脆红李**

脆红李（图 14-19）是 1993 年乐山市中区剑峰乡团结村 4 组从中国李实生后代中选育而成。1994 年通过四川农业大学等部门审定，是目前世界李类中品质最优者。该品种树势中庸，树冠自然开心形。果实整圆形或近圆球形，果个较小，单果重 16 ~ 25 g，最大单果重 40 g。果皮紫红色，果肉黄色或偶带片状红色。缝合线整，缝沟浅，果点黄色，较密，大小均匀。果粉厚，灰白色，肉质脆，味甜，可溶性固形物 12. 7% ~ 13. 27%，可溶性总糖 10%，维生素 C 2. 6 mg/100 g，核小，离核，可食率 96. 8%，8 月中

图 14-19 脆红李

旬成熟。有采前落果现象，耐贮运。嫁接苗第 2 年可结果，第 3 年产量达 10 kg/株，丰产、稳产，自花结实，不需配置授粉树，连续结果能力强，无大小年。五年生树平均产量 15 kg/株左右，六年生产量达 2500 kg/亩，抗逆性强，适宜四川省中国李产区种植。

## 思考题

（1）李的种类有哪些？

（2）目前生产上栽培李的优良品种有哪些？识别时应把握哪些技术要点？

# 第四节 李无公害栽培技术要点

鲜食李要求单果重 50 g 以上，着色好，单果之间大小均匀，口感良好，风味佳，要达到内质和外观的统一。加工用果单果重 40 g 以上基本可以满足要求，对芙蓉李在着色、口感、风味方面也没有太多的要求。

## 一、环境质量要求

**1. 大气质量**

空气质量要求达到国家制定的大气环境质量一级标准（GB 3095—2012）。其中，二氧化硫日平均 0.05 $mg/dm^3$。

**2. 灌溉水标准**

李果园灌溉水要求清洁无毒，符合国家《农田灌溉水质量标准》（GB 5084—2005）的一、二级标准，其主要指标是 pH、重金属、氯化物、氟化物、氰化物、细菌总数等。

**3. 土壤标准**

无公害李园土壤标准参考中国环境质量监测总站编写的《中国土壤环境背景值》，要达到一、二级标准，污染综合指数≤1。其主要指标有汞、镉、铅、砷、铬 5 种重金属和六六六、DDT 及 pH。

## 二、施肥原则

无公害李园肥料质量必须符合国家标准或行业标准的有关规定。肥料中不得含有对果实品质和土壤环境有害的成分，或有害成分严格控制在标准规定的范围之内。商品肥料必须获得国家农业部或省级农业部门的登记证书（免于登记的产品除外）。农家自积自用的肥料必须经高温腐熟发酵，以杀灭各种寄生虫卵和病原菌及杂草种子，使之达到无害化卫生标准。无公害李树栽培允许使用的肥料为未被污染的农家肥料及商品肥料（硝态氮肥及氯化钾除外）农家肥料为就地取材、就地制作使用的各种肥料，由含有大量生物物质的动植物残体、排泄物、生物废物等积制而成，包括堆肥、厩肥、沤肥、沼气肥、绿肥、作物秸秆肥和饼肥等。商品肥料是指国家法规规定受国家肥料部门管理，以商品形式出售的肥料，包括腐殖酸类肥、微生物肥、有机复合肥、无机（矿质）肥和叶面肥等。无公害果品栽培允许限量使用规定的化学肥料，如尿素、磷酸二氢钾、硫酸钾、过磷酸钙和果树专用肥等，要求必须与农家肥料配合使用，也可与商品有机肥、微生物肥、腐殖酸肥等配合使用。但最后一次施用无机化肥，必须在采果 20 d 之前。无公害李树栽培禁止使用的肥料主要有：不符合相应标准的肥料；未办理登记手续的肥料（免于登记的产品除外）；未经无害化处理的有机肥；含有激素、重金属超标，对果树品质和土壤环境有害的肥料（如医院垃圾等）。限制使用的肥料主要有含氯化肥及硝态氮化肥。

## 三、农药使用原则与允许使用的农药种类

无公害李园农药使用必须贯彻“预防为主，综合防治”的植保方针，强调以栽培管理为基础的农业防治，提倡生物防治，注意保护天敌，充分发挥天敌的自然控制作用。提倡生态防治和物理防治，按照病虫害的发生规律，选同高效低毒的生物制剂和化学农药。农药安全使用标准和农药合理使用准则，参照 GB/T 8321. 9—2009（所有部分）执行。提倡使用抗生素类农药、植物源农药、昆虫生产调节剂和矿物源农药。抗生素类农药有农抗 120、多氧霉素（宝丽安）、阿维菌素（齐螨素、T 蛹光）和 BT 乳剂（苏云金杆菌）等。植物源农药有烟碱、绿保威（疏果净）、辣椒水、菌迪和除虫菊等。昆虫生长调节剂有灭幼脲 3 号、卡死克、抗蚜威和扑虱蚜等。矿物源农药有石硫合剂、柴油乳剂和索利巴尔等。禁止使用高毒、高残留农药，如福美胂、久效磷和三氯杀螨醇等。

## 四、无公害栽培技术要点

**1. 土壤改良**

秋季全园深翻、扩穴。深翻是将种植穴外的土壤一次性全面进行深翻 20 ~ 30 cm。扩穴可隔年、隔行、隔株轮换进行。扩穴范围为原种植穴外沿宽 100 cm，深 60 cm，穴中施入有机肥和农作物秸秆，将表土填回穴。

**2. 施肥**

1 年中一定要保证施 1 次有机肥。有机肥于秋季结合深翻作为基肥施用。结果树施肥分基肥、花前肥、壮果肥、采后肥。对于鲜果年产量 50 kg/株的施肥量，肥料种类以有机肥为主。

（1）基肥

基肥结合深翻施，以经沤制发酵的有机肥为主。施用厩肥 30 kg/株或鸡粪 5 ~ 10 kg/株。

（2）花前肥

花前肥在开花前 5 d 左右施。花果量多、树势弱的多施，施入复合肥 0. 3 ~ 0. 5 kg/株，壮树花量少的树少施或不施。

（3）壮果肥

壮果肥施肥时间在 2 月下旬至 3 月上旬。可施用发酵后的鸡粪 5 kg/株，配合复合肥 0. 5 kg/株。

（4）采后肥

果实采收后施，施肥量同壮果肥。

**3. 整形修剪**

修剪后要求达到每个枝组之间有间距，树冠投影的地面有稀弱的光照。修剪首先要删疏扰乱树冠的交叉枝、重叠枝；其次是剪去病虫枝、枯枝、弱枝；最后考虑已结果多年枝组的更新。需要更新树冠采用短截手法，促发新枝，不宜删疏修剪。充分利用成年树徒长枝，删疏其周围弱枝、病虫枝，短截徒长枝代替老枝组。初投产成年树宜多删疏少短截，以减少枝叶改善光照，提高果实品质。幼年树培养丰产树形，促进早日形成众多的中、短果枝。结果树协调好生长与结果关系，保持相对平衡。从基部剪除交

叉枝、扰乱枝、病虫枝、枯枝等。成年树、衰老树通过培养多量优良的中、短结果枝，达到丰产稳产。在充足水肥供给的前提下，及时更新枝组，延长盛果期和经济寿命。具体方法是三年生以上结果枝组短截，促发新的结果枝；五年生以上结果枝组从基部删除，第 2 年选留 1～2 条培养为结果母枝，冬季短截；第 3 年可发生大量的结果枝。

**4. 清园**

在不提倡清耕的前提下，清园主要是针对修剪后剪掉枝条，特别是病枯枝，将其搬出果园焚烧处理，彻底减少病虫源。其次，对当年发生病害严重的果园，要清理落果。最后，对果园杂草，如实行清耕法，则进行全园除草，或深翻将其埋入土壤，与周围杂草一块处理。也可采用半清耕的做法，对 70 cm 以下的杂草（俗称软草，不包括茅草）1～2 年清耕 1 次，超过 70 cm 的用劈刀劈草。以半清耕法较好。

**5. 覆盖**

有条件的果园，提倡全园覆盖。覆盖材料紧缺的生产者，树兜部分一定要覆盖。覆盖材料可用芦苇的茎叶、农作物秸秆等。

**6. 病虫害综合防治**

无公害李园病虫害综合防治应全面贯彻“预防为主，综合防治”的植保方针。以改善果园生态环境，加强栽培管理为基础，优先选用农业和生态调控措施，注意保护利用天敌，充分发挥天敌的自然控制作用，选用高效生物制剂和低毒化学农药，并注意轮换用药，改进施药技术，最大限度地降低农药用量，将病虫害控制在经济阈值以下。冬季清园后喷 1 次 2%～3% 石硫合剂。

**思考题**

李无公害栽培应从哪几个方面着手？

## 第五节　李关键栽培技术

### 一、育苗建园技术

**1. 育苗**

李树生产上普遍应用嫁接繁殖。北方嫁接繁殖李树常用砧木是本砧、毛桃砧、山桃砧及杏砧。本砧较适宜平原地区，耐涝性较强；山桃砧抗寒抗旱力较强，适宜山地、丘陵等地。生产上一般采用本砧，采用其他属砧木育苗时应慎重选择，或先行试验观察。

（1）苗圃地选择

苗圃地应选择地势平坦、土质疏松、肥力中等、排水良好、前茬作物为非核果类果树或苗木的地块。播种前施肥、耕翻、整地、做畦、灌水。

（2）种子采集与选择

选择品种纯正，生长健壮、稳产高产、品质优良、无病虫害的优良母本，在果实充分成熟时采收。适宜采种时期是 7 月中下旬。并标明产地、采集日期和重量。

（3）播种

可秋播或春播。秋播在秋末、冬初进行，春播在初春进行，春播种子必须进行层积处理。种子播种有床播和直播两种方法。床播就是将种子播在预先备好的苗床内，出苗后间苗移栽，调节适当密度，便于集中管理，此法出苗率高。直播就是将种子直接点播在苗圃地里，苗木分布均匀，生长快，质量高。

（4）砧木苗管理

播种后种子出土前不灌水。若土壤干燥，可在傍晚时均匀喷水。幼苗出土后长出 2～3 片真叶时，间苗移植要做到早间苗、晚定苗、分次间苗、合理定苗，保证苗全苗壮。为提高砧苗利用率，间下幼苗除有病虫害和生长过弱的苗拔除不要外，均进行移栽。幼苗生长期间，经常中耕除草，保持土壤疏松。雨季来临前，根据苗木生长情况及时灌水，并追施肥料。若当年嫁接，除加强前期肥水管理外，在苗高40 cm左右时，及时摘心。同时，将嫁接部位以内长出的分枝及早抹除。

（5）接穗选择、采集和贮藏

接穗从经过严格挑选、鉴定、选定的品种纯正、生长健壮、丰产稳产、无病虫害的成年李树采集。选取树冠外围中上部生长充实、芽体饱满的当年生或一年生发育枝，不选择细弱枝、徒长枝作接穗。在生长期嫁接应随采随用。若当天接不完时，应放在潮湿阴凉的地方保存；春季枝接用的接穗可结合冬剪采集，采后埋于湿沙中；也可将枝条两端用石蜡封闭，放冰箱保存。

（6）嫁接

李树嫁接时期分为生长季嫁接和春季嫁接。生长季嫁接又分为夏季嫁接和秋季嫁接。夏季嫁接在6月上旬至7月上旬进行，一般常采用T形芽接；秋季嫁接在8月中旬至9月上旬进行。一般采用带木质芽接或T形芽接。春季嫁接一般在3月下旬至4月上旬进行，采用带木质芽接、切接、腹接和插皮接。

李树壮苗标准是：主根长于20 cm，须根较多，根系完整、无劈裂和病虫害；苗高度在1.0～1.5 m，树干表面有光泽，距接口以上5～10 cm处直径在1.0～1.5 cm；芽体饱满、充实；无病虫为害。

**2. 建园技术**

为高产优质，应选择土层疏松深厚、有机质丰富壤土为佳。由于李树根浅不耐涝，果园应有排水设施。若土层瘠薄要进行深穴改土定植。穴深、宽皆0.8～1.0 m，距地表30 cm以下填入表土、植物秸秆、腐熟有机肥混合物，距地表10～30 cm处填入腐熟有机肥与表土混合物，0～10 cm只填表土，生土撒在地表，填好坑灌1次透水后覆土或膜保墒。土壤酸碱度以pH在6.0～6.5的微酸性土壤最为合适，微碱或中性土壤亦可。李树春栽或秋栽均可，习惯上多春栽，最好是李枝顶芽开始活动时栽植。秋季种植要注意踩实土壤，浇足定根水，再用少量杂草覆盖。不宜在低温、阴雨、土壤泥泞时期种植。同时注意配置授粉树，按主栽品种与授粉品种（4～5）∶1配备。株行距生产上多采用（2～3）m×（4～5）m。

## 二、整形修剪技术

根据品种特性和栽植密度确定树形。树冠开张的用自然开心形，直立的用主干疏层形和纺锤形，栽植密度大时可用自由纺锤形和圆柱形。

**1. 自然开心形**

主干高40～50 cm，错落着生3～4个主枝，层内距10～15 cm，每个主枝上有2～3个侧枝或直接在主枝上培养枝组，全树骨干枝6～7个，骨干枝单轴延伸。同级次骨干枝，角度相近，骨干枝级次高，开张角度小。骨干枝角度比桃略小（图14-20）。

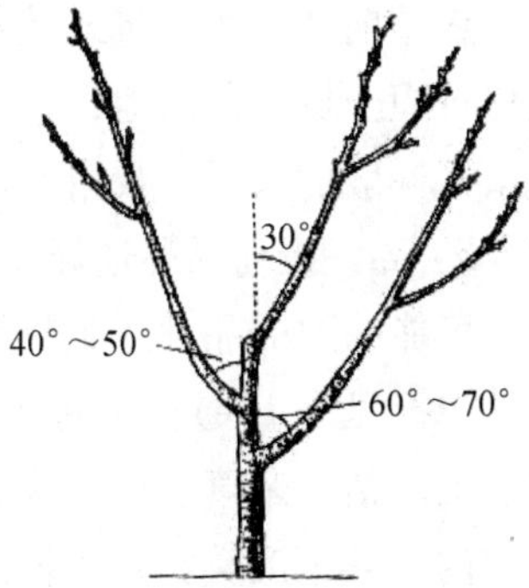

30°
40°～50°
60°～70°

图14-20 李树自然开心形

**2. 主干疏层形**

主干疏层形以两层为宜。干高40～50 cm，有中心干，第1层3个主枝，层内距15～20 cm，第2层2个主枝，层内距60～80 cm，以上落头开心。此树形适于干性强的品种。

**3. 自由纺锤形**

树高3.5 m左右，干高50～60 cm，小主枝10～12个，同侧主枝间距不小于50 cm，交错着生在主干上。下层主枝1.5 m左右，向上逐渐缩短。

李树萌芽率高，一年生枝不短截可形成很多短果枝和花束状果枝。整形修剪过程中，骨干枝及大、中型枝组适当短截，注意控制竞争枝，保持骨干枝单轴延伸，其余枝轻剪长放促生多量短果枝和花束状果枝，连续结果3～4年后，及时缩剪更新复壮。

## 思考题

（1）李树壮苗标准是什么？

（2）如何进行建园？

（3）李树整形修剪应注意哪些问题？

# 第六节　李无公害优质丰产栽培技术

## 一、育苗

具体参考本章第五节有关内容。

## 二、建园

**1. 园地选择六原则**

一是在有霜害的地区，应注意品种选择，营造防护林。在地势上应避免在谷地、盆地或山坡底部等冷空气容易集结的地方建园。二是在适宜的土壤上建园。在山岭薄地、沙荒地和黏重土壤上建园，宜进行改良。最适宜的土壤pH为6～6.5。三是李树喜湿不耐涝。在地下水位高、雨季易积涝的低湿、涝洼地段不宜建园。平原地区李园应建立在地下水位不高于2 m的地段。四是李果成熟期不一致，特别是早、中熟品种不耐贮运，应选择交通运输方便的大中城市周围及工矿企业、人口密集、商业旅游业发达的地区附近建园。五是应尽可能避开栽过桃、李、杏、樱桃等核果类果树的地方。六是尽可能在光照充足的地方建园。

**2. 栽植时期**

冬季较温暖地区，一般进行秋栽；冬季严寒、易发生冻害地区，以春栽为好。

**3. 优质壮苗标准**

参考本章第五节标准执行。

**4. 栽植方法**

栽植前苗木用等量式波尔多液100倍或3%～5%石硫合剂浸泡10～20 min，然后用清水冲洗干净。栽植株行距土壤瘠薄山地、荒滩及树冠较小品种，可适当密植；栽植方式以长方形为好。土地条件好而管理水平一般的果园，栽植株行距（3～4）m×（5～6）m；土壤瘠薄山地、沙滩，可采用（2～3）m×（4～5）m。授粉品种选择花粉量大，与主栽品种花期相同或相近，且亲和性好，树体大小、生长结果习性尽可能一致的品种。主栽品种与授粉品种配置按照本章第三节的要求执行。主要栽培品种适宜授粉品种的选择见表14-1。按南北行向挖长、宽、深各80 cm的定植穴，要求表心土分放。在定植穴内填入豆秸、玉米秸、杂草、树叶等有机物，然后施优质农家肥50 kg/株+果树专用肥1 kg/株，与表土混匀后回填穴内，灌水沉实。起垄栽植，栽后浇水，并以树干为中心覆盖1 $m^2$ 地膜。

**表14-1　主要栽培品种的适宜授粉品种**

| 主栽品种 | 适宜授粉品种 |
| --- | --- |
| 大石早生李 | 美丽李、香蕉李、黑宝石李 |
| 美丽李 | 黑宝石李、香蕉李、龙园秋李 |
| 黑琥珀李 | 黑宝石李 |

续表

| 主栽品种 | 适宜授粉品种 |
| --- | --- |
| 黑宝石李 | 黑琥珀李 |
| 澳大利亚 14 号李 | 黑琥珀李 |
| 安哥诺李 | 圣玫瑰李、黑宝石李、龙园秋李 |

**5. 栽植后管理**

（1）定干

李树苗栽植后定干高度是 70 ~ 80 cm，一般干高 50 ~ 60 cm，剪口下 20 cm 左右为整形带。整形带内留饱满芽，发出健壮枝条后选留作为主枝。其余不充实枝芽及时剪除。

（2）堆土防寒

在北方冬季严寒地区，在入冬前于离苗木 50 cm 的西北面，堆成月牙形土堆防寒，等开春苗木萌芽后再撤除土堆。

（3）灌水

秋季栽植苗木，入冬前灌封冻水，水下渗后及时松土。开春萌芽前及时灌水，并松土保墒。

（4）检查成活率及补苗

新栽苗木灌水后及时检查，如有歪斜或穴内填土不平现象，应扶直并填土补平栽植坑。开春幼苗萌芽时，检查苗木成活情况，发现死苗及时拔除，补栽新苗。

## 三、土肥水管理

**1. 土壤管理**

雨后、灌水后及时中耕，1 年进行 3 ~ 5 次，深度 10 ~ 15 cm，保持土壤疏松无杂草。秋季结合施基肥进行扩穴，隔行或隔株深翻 60 ~ 80 cm。幼龄果园在行间套种紫花苜蓿、俄罗斯饲料菜，生长季将高度控制在 30 cm 以下，割下的紫花苜蓿覆盖在树盘内，俄罗斯饲料菜饲养奶牛，生产牛粪，施在行间，以培肥、改良土壤。

**2. 施肥管理**

（1）基肥

基肥秋施（10 月至落叶前），一般以迟效性农家肥（如堆肥、厩肥、作物秸秆、绿肥、落叶等）为主，并在基肥中加入适量速效氮肥 100 ~ 200 g/株。成年李树基肥施充分腐熟农家肥 50 kg/株。

（2）追肥

为保证李树正常生长发育需要，成年李树年生长周期追施 4 次肥料：萌芽前 10 d 左右，追施尿素 250 g/株；花后 10 d 左右追施尿素 250 g/株，钾肥 250 g/株；生理落果后至果实进入迅速膨大期前追施尿素 250 g/株，钾肥 250 g/株，过磷酸钙 1. 5 ~ 2. 5 kg/株，过磷酸钙必须与农家肥混合堆放 2 周，腐熟后施入土壤；果实着色至采收期追施过磷酸钙 1. 5 ~ 2. 5 kg/株，钾肥 250 g/株，尿素 250 g/株，结合喷药叶面喷施 0. 3% ~ 0. 5% 的尿素。一般幼龄旺树、土壤肥力高的少施肥；大树、弱树，结果量多，肥力差的山地、荒滩多施肥。沙地要多次少施。

**3. 水分管理**

李园土壤水分一般要保持在田间持水量的 70% 左右。根据降水状况和树体发育需要，重点灌好 3 次水：第 1 水是花前水，要求在 2—3 月，充足灌水。第 2 水是花后水，是李树需水临界期，要保证水分充足供应，量宜足，次数宜少。第 3 水是封冻水，在土壤结冻前灌足。果实膨大期如遇干旱，应及时灌水，秋季一般不灌水，使土壤保持适当干燥。雨水少的年份，采果后土壤过于干旱，可适当轻灌。果实成熟前勿灌水。果园灌水方法有树盘灌水、沟灌、分区灌、漫灌、喷灌、滴灌、渗灌等。此外，现代果园水分管理中还可采用塑料袋简易滴灌、雾灌、管道灌溉、皿灌、薄壁软官微滴、微地形打孔集流等技术，各地可根据当地实际情况，选择灵活的灌水方法。排水不良李园，雨季来临前，应及时挖好排水沟；李园受到涝害要及时排除积水，并将根颈部土壤扒开撒墒并晾根。

## 四、整形修剪

中国李枝条较开张，主枝较多，树冠多呈半圆形；欧洲李树势较旺盛，枝条直立，树冠较密集；美洲李树形较矮，枝条开张角度大，有下垂现象。为适应李树这些生长习性，整形上可采用自然丛状开心形、自然开心形和主干疏层形。

### 1. 常用树形

（1）自然开心形（三主枝自然开心形）

自然开心形无中心干，干高 30～50 cm，主干上 3 个主枝，层内距 10～15 cm，方位角 120°，主枝基角 35°～45°，每个主枝上侧枝留 1～2 个，在主枝两侧向外侧斜方向发展。

（2）小冠疏层形

小冠疏层形有中心干，干高 40～60 cm，第 1 层 3 个主枝，层内距 15～20 cm。第 2 层 2 个主枝，距第 1 层主枝 60～80 cm，与第 1 层主枝插空选留，以上开心。每个主枝上配置侧枝 1～2 个。

（3）细长纺锤形

细长纺锤形适用于栽培密度较高的李园。干高 50～60 cm，树冠直径 3 m 左右，中心干上培养 10～12 个主枝。主枝基角 70°～90°，近似水平，向四周伸展，主枝在中心干上无明显层次，主枝间距 10～15 cm，同侧主枝间垂直距离不少于 50～60 cm，下层主枝长 12 cm，上层主枝逐渐缩短，外形呈纺锤形，在各主枝上直接配置中、小型结果枝组。

### 2. 不同年龄树修剪

（1）幼龄期树修剪

幼龄期指从定植到大量结果之前，一般为 3～5 年。该期修剪任务主要是尽快扩大树冠，培养合理的树体骨架，尽快形成大量的结果枝，为进入盛果期获得早期丰产做好准备。采用冬夏剪相结合的方法，以轻剪缓放、开张角度为主，多留大型辅养枝。采用撑、拉、别等方法开张主枝角度为 65°～80°，结合利用外芽轻剪，使其开张生长，弯曲延伸。辅养枝以利用骨干枝两侧的平斜中庸枝为主，或通过拿枝下垂方法，选择利用部分骨干枝两侧的上斜枝。幼树要注意结合夏季修剪，及时除去过多的直立旺长枝和竞争枝。夏剪时要注意利用主枝延长枝上方位和角度适宜的二次副梢，开张角度，加速整形。

（2）盛果期树修剪

李树盛果期主枝开张，树势缓和，中、长果枝比例下降，短果枝、花束状果枝比例上升。此期主要任务是提高营养水平，保持树势健壮，调整生长和结果的关系，精细修剪结果枝组。

①稳定树势。主枝头下垂或枝头交接，造成全园郁避的，适当回缩主、侧枝，或转换枝头以中部中型枝组代替原头，控制树体大小，维持其生长势。对树冠上枝条疏密留稀，去弱留壮，疏除或回缩外围枝，加大外围枝间距，保持在 40～50 cm。

②枝组更新。盛果期李树大枝组不能过多。除用作枝头或填补较大的空间外，一般不宜多留，可压缩成中型枝组。着生花束状果枝的单轴枝组，回缩更新复壮。三至五年生花束状果枝的结果枝，需经常更新，保持果枝壮而不衰，连续结果。被更新枝，斜生、直立的效果好，水平或下垂枝反应较差。对极度衰弱的水平、下垂单轴枝组逐步疏除。中国李潜伏芽易萌发，花束状果枝受到刺激时也能抽生壮枝，多年生枝组回缩，一般都能得到良好的效果。如需增强顶端优势，可用叶丛枝或花束状果枝作剪口枝；如需缓和顶端优势、增强中下部的生长势，则可在中、短果枝处下剪。为维持枝组中下部的结实力，发

育枝以缓放一两年后及时回缩为宜。回缩后先选留 1 个中庸枝作延长枝，将其余疏掉。如空间较大，需培养大、中型枝组时，则应先将发育枝短截，促发新枝后再缓放，徒长枝向比较空旷的地方拿平，改造为枝组；长、中果枝可缓放或短截，利用其结果或培养为中、小型枝组；其余过密枝、病虫枝及细弱枝一律疏除。

（3）衰老期树修剪

该期树势衰弱，果枝多形成鸡爪枝群，部分开始枯死，产量下降，隔年结果严重。此期主要任务是集中养分，恢复树势，使产量回升。

衰老期李树应充分利用内膛和骨干枝上的徒长枝，进行剪截或按倒压平，培养结果枝组，疏补后部光秃及枝组衰退脱空现象，以延长结果年限。适当回缩骨干枝和较大枝组。在更新修剪同时，加强肥水管理和病虫害防治，结合秋施基肥，断去部分根系，使之更新复壮。如树龄过大，用重回缩起不到应有效果时，可重新建园。

## 五、花果管理

### 1. 提高坐果率

（1）人工辅助授粉

授粉树不足或授粉树配备不均匀的李园，应尽早补栽授粉树或高接授粉枝。在补栽授粉树或高接授粉枝未大量开花前，每年应进行人工授粉。授粉树充足的李园，如花期遇到阴冷、大风等不良天气，应进行人工辅助授粉，方法有人工点授、液体授粉法、鸡毛掸子滚授法和电动采粉授粉器授粉法，应根据具体情况选择合适的人工授粉方法。

（2）花期放蜂

生产上主要以角额壁蜂和凹唇壁蜂为主。壁蜂在开花前 5～10 d 释放，将蜂茧放在李园提前准备好的简易蜂巢（箱）里，放蜂量 1200～1500 只/$hm^2$，蜂箱离地面约 45 cm，箱口朝南或东南，箱前 50 cm 处挖一小沟或坑，备少量水，存放在穴内。一般放蜂后 5 d 左右为出蜂高峰，是李授粉最佳时刻。

（3）喷激素、营养元素和多效唑

花前 10 d（露白）喷布 1 次 PBO 200 倍液；盛花期喷布 0.3% 磷酸二氢钾 +0.5% 硼砂，间隔 20 d 再喷 1 次，可显著提高坐果率 15%～20%。第 1 次生理落果后，喷 50～100 mg/L 赤霉素或 30～50 mg/L 防落素，间隔 15～20 d 再喷 1 次，可提高坐果率 30%～40%。幼果期和果实膨大期各喷 1 次 PBO 150 倍液，或叶面喷布 1000 mg/L 多效唑，或于秋季采果后土施多效唑 300～500 g/亩，可明显提高花序坐果率，且果实明显增大。

（4）花期环剥

幼旺树盛花期环剥枝干 1/10～1/8，可显著提高坐果率 20%～30%。

### 2. 疏花疏果

（1）疏花

生产上主要采用人工疏花。一般在蕾期和花期进行。在保证坐果率及预期产量标准前提下，疏花越早越好。要选疏结果枝基部花，留中上部花；中上部花芽留单花，预备枝上花全部去掉。注意疏掉小个花蕾和畸形花蕾。坐果率高的品种或可人工授粉的李园也可以花定果，留花数和留果量基本相等，只疏花不疏果。整株树树冠中部和下部少疏多留，外围和上层要多疏少留；辅养枝、强枝多留；骨干枝、弱枝少留。具体到 1 个结果枝，疏两头留中间，疏受冻、受损花，留发育正常花。一般长果枝留花蕾 5～6 个，中果枝留花蕾 3～4 个，短果枝和花束状果枝去掉后部花蕾，留前部花蕾 2～3 个，预备枝不留花蕾，在盛花期要回缩一部分串花枝。考虑到当地早春不利气象因素影响和病虫害情况，一般应多留一些。

（2）疏果

疏果通常在第2次落果开始后，坐果相对稳定时进行，最迟硬核期开始时完成。果实较小、成熟期早、生理落果少的品种，可在花后25～30 d（第2次落果结束）一次完成疏果。为保证疏果质量，可分2次进行：第1次在李果黄豆粒大小时（花后20～30 d）进行，第2次在花后50～60 d完成。生理落果严重的品种，应在确认已经坐住果以后再进行疏果。疏果标准应根据历年产量、当年长势、坐果情况等确定当年结果量，然后根据品种、树势、修剪量大小、栽培管理水平、果实大小确定单株产量。按照"弱枝少留（1个果）或不留，中庸枝适当留，壮枝多留"原则疏果。一般每个李果需16片叶以上。小果型品种，1个短果枝留1～2个果，果间距4～5 cm；中果型品种，每个短果枝上留1个果，果间距6～8 cm；大果型品种，每个短果枝上留1个果，果间距8～10 cm。一般徒长性果枝留7～8个果，长果枝留5～6个果，中果枝留3～4个果，花束状果枝留1～2个果。保留具有品种特征发育正常的果实，侧生和向下着生的幼果。疏去病虫果、伤果、畸形果、并生果、小果、果面不干净果和朝天果。生产中要多留纵径长的果实。疏果时按枝由上而下，由内向外的顺序进行。一般强树、壮枝多留果；弱树、弱枝少留果；树冠内膛、下部多留，上部及外围少留。

## 六、病虫害防治

李树病虫害主要有李树流胶病、李红点病、李褐腐病、李细菌性穿孔病、蚜虫、叶螨、李小食心虫、李实蜂、大青叶蝉等。防治要贯彻"预防为主，综合防治"的植保方针。首先，掌握病虫害发生规律，抓住关键的时期，加强农业防治、人工防治及物理防治。冬季结合果园深翻，清除园内枯枝、落叶、杂草、树上虫苞、僵果、挂的草把、冬剪病虫枝及刮掉的树干老翘皮等，集中烧毁或深埋，并进行树干涂白；萌芽前喷1次5%石硫合剂+80%五氯酚钠可湿性粉剂500倍液，以消灭越冬病虫源；在果树生长期内，利用害虫的假死性人工捉虫，并进行果实套袋；在虫害发生期，用黑光灯、光控杀虫灯、糖醋液（酒：水：糖：醋=1：2：3：4）、黄色板、杨柳枝把等方法诱杀。其次，合理选用农药。在禁止使用高毒、剧毒、高残留农药的前提下，提倡使用微生物源农药（如农抗120、多氧霉素、苏云金杆菌、阿维菌素等）、植物源农药（如烟碱、除虫菊酯、印楝素乳油等）、昆虫生长调节剂（如灭幼脲3号、抗蚜威、扑虱灵等）、矿物源农药（如石硫合剂、波尔多液、柴油乳剂等）。再次，充分利用天敌控制病虫害。通过在果园内合理间作作物、种植绿肥及有益植物，改善果园生态环境，招引天敌，或人工饲养天敌、养蜂等。

## 七、适时采收

在6月下旬至7月上旬，李果颜色逐渐减退，显出本品种固有颜色时采收。"鲜食"与"罐藏"用果在接近完熟时采收：红色品种在果面彩色占全果4/5以上时采收，黄色品种果面绿色完全转变为淡黄色时采收。长途运输、制干用果硬熟时采收：红色品种在果面彩色占全果的1/3～1/2时采收，黄色品种果面由绿色转变为白色时采收。酿造用果在充分成熟时采收。鲜食用果要注意保护好枝叶和果粉。

**思考题**

（1）李树园址选择应把握的原则是什么？

（2）如何提高李树坐果率？

（3）结果李树如何进行修剪？

（4）李疏花疏果应把握哪些技术要点？

（5）试制定李树无公害优质丰产栽培技术规程。

# 第七节　李四季栽培管理技术

## 一、冬季栽培管理技术

**1. 栽培管理任务**

李树冬季栽培管理主要任务有修剪、清洁果园、喷施石硫合剂等。

**2. 栽培管理技术**

（1）修剪

李幼树和初果期树以整形为主：树形以自然开心形为主，与桃树相同。定植第2年，在每一主枝上确定一侧枝，其剪留长度为50 cm左右；定植第3年，在每一主枝上确定第二侧枝，同时在各级骨干枝上培养结果枝组。剪留时注意角度安排，达到主从分明。此期树萌芽力和成枝力均较强，长势很旺，修剪需轻剪甩放，适当疏枝，有利于树势缓和，多发花束状果枝和短果枝。有适当的外芽枝也可换头开张角度。成龄树应用骨干枝换头的方法，控制树体大小，调整先端角度。上、下层骨干枝外围枝应采用疏、放、缩相结合，即疏密留稀、去旺留壮；保留的枝条缓放不截，下年再于适当的分枝处缩。外围枝间距保持40～50 cm。枝组可用先放后缩法培养，若空间较大，可将发育枝短截，培养大、中型枝组。树冠内枝组疏弱留强，去老留新，分批回缩复壮。长果枝和中果枝适当短截，短果枝和花束状果枝疏密不短截。强旺枝组去强留弱，弱枝带头；中庸枝组疏弱留壮，去老留新；并有计划地分期、分批地回缩复壮，控制其密度和长度；弱枝组除回缩外，疏去其上部分结果力弱的短果枝或花束状果枝。

（2）刮树皮、清园、喷石硫合剂

李褐腐病、细菌性穿孔病、桑白蚧（又称桑盾蚧）、蚜虫、螨类为其常见病虫害，其越冬病菌、虫卵存在场所主要是老树皮、翘皮、芽鳞等处，故应刮除老树皮、翘皮处，并对刮除部位涂抹杀菌剂。对刮除物、剪掉病虫枝、残叶一并清理出果园焚烧。早春清除落叶和病残枝深埋或烧毁，喷布3%～5%石硫合剂预防李红点病等病虫害。

（3）施花前肥、浇花前水

具体参考本章第六节内容。

## 二、春夏季栽培管理技术

**1. 主要栽培管理任务**

春夏季主要栽培管理任务是花果管理、修剪、肥水管理和病虫害防治。

**2. 栽培管理技术**

（1）提高坐果率

参考本章第六节有关内容。

（2）疏花疏果

参考本章第六节有关内容。对果实大的品种应留稀些，反之留密一些；肥水条件好树势强健的树可适当多留果，而肥水条件差、树势又弱的树一定少留。李盛果期树产量应控制在2000～3000 kg/亩。

（3）修剪

春夏季注意通过摘心、扭梢、换头调整冬剪后剪口芽的方向，保证延长头角度开张和枝组向有空间合理的方位发展；疏去过密枝；内膛直立壮枝有空间的短剪留7～10 cm,；发育枝长到60～80 cm时剪梢，或留至副梢处。不妨碍膛内通风透光时，尽量少疏多控制。为尽快形成理想树形，对各级延长枝摘心，促发副梢培养骨干枝，摘心不能晚于6月下旬，保证发出新梢在入冬前发育充实。其他部位旺枝在长到 20 cm 左右时连续摘心，促发分枝，培养枝组。5 月下旬至 6 月中旬，角度小的旺长枝拉枝，缓和枝条长势，以利于结果和改善树体光照条件。

（4）施肥浇水

秋施土杂肥，在萌芽前施氮肥的基础上，5 月中旬果实进入硬核期之前，施 1 次高钾复合肥，追肥量是 50 kg/亩。同时，注意叶面喷肥补充中、微量元素。花后施肥浇水按本章第六节有关内容要求进行管理。

（5）早春防冻

李早春防冻的有关措施与杏相同。

（6）病虫害防治

开花期树冠下喷施 25% 辛硫磷微胶囊悬乳剂 200 ~ 300 倍液防治李实蜂、李小食心虫等地下越冬害虫。展叶后如发现叶面有近圆形、橙红色稍隆起、表面散生深红色小粒点的李红点病，应及时喷布 50% 琥珀胶酸铜可湿性粉剂 500 倍液防治。

## 三、秋季栽培管理技术

**1. 栽培管理任务**

秋季栽培管理任务是分批采收，深翻土壤、秋施基肥，灌足封冻水，病虫害防治。

**2. 主要栽培管理技术**

（1）分批采收

李果成熟期后应分批采收。鲜食用果在接近完熟时采收；长途运输、制干用果在硬熟（7 ~ 8 成熟）时采收；酿造用果在充分成熟时采收。采收宜人工采摘，注意保护枝叶，鲜食用品要保护好果粉。

（2）深翻土壤、秋施基肥

果实采收后，结合秋施基肥进行扩穴深翻或带状深翻，基肥以粉碎秸秆、农家肥为主，施肥量 3000 ~ 5000 kg/亩，施肥后灌小水覆土。

（3）灌足封冻水

在土壤上冻前的 11 月，灌 1 次透水，以增加土壤温度，保证根系安全越冬，防止抽条。

（4）病虫防治

落叶后至萌芽前，清除园内枯枝落叶，剪除病虫枝并集中烧毁，摘除枝干上的黄刺蛾虫茧，深翻树盘，消灭土壤中李实蜂、食心虫、金龟子等越冬害虫，降低病虫基数。对于李树流胶病，刮除病斑，涂抹石硫合剂、农抗 120 杀菌剂等进行保护。

**思考题**

试制定李周年栽培管理技术规程。

# 第八节　杂交杏李特征特性及无公害优质丰产栽培技术

杂交杏李是杏李种间杂交新品种的简称，属核果类果树，包括 Plumcot、Aprium 和 Pluot 3 个新品种系列。其中，Plumcot 系列是将具有优良特性的李（Plum）和杏（Apricot）进行种间杂交，然后从其子代中选育出具有目的性状的种间杂种。在 Plumcot 系列品种中，李（Plum）和杏（Apricot）基因各占 50%；Pluot 或 Aprium 则是将李或杏再与 Plumcot 系列杂种回交而培育出的种间杂交新品种。杂交杏李包括风味玫瑰、风味皇后、味馨、味帝、味王、味厚、恐龙蛋、红天鹅绒、红绒毛、加州天鹅绒和黑玫瑰等品种，通常所说的杂交杏李是指前 7 种。杂交杏李诸品种均具有果实外观艳丽、营养丰富、耐贮藏等特点，国内外市场前景广阔，具有较高的栽培推广价值。2000 年国家林业总局将“杏李杂交新品种引进”列入 948 项目，由中国林业科学研究院经济林研究开发中心主持实施。新品种推出仅 4 年，推广面积就达 6666.67 $hm^2$。杂交杏李生态适应性强，经济效益、生态效益和社会效益极为显著，适宜公园绿化进行丛植、片植和孤植，具有良好的景观效果。现将其品种特征特性及无公害优质丰产栽培技术介绍如下。

## 一、特征特性

### 1. 风味玫瑰

风味玫瑰（图 14-21），一年生枝阳面暗褐色，背面新梢绿色，主干及多年生枝暗红色。节间平均长 2.3 cm，皮孔小而密。叶柄长 1.2 cm，叶长 9.5 cm、宽 4.1 cm，叶缘锯齿形。初花为淡绿色，以后变白，雌蕊略低于雄蕊。果实中李基因占 75%，杏基因占 25%。果实扁圆形。果实纵径 4.6～5.0 cm，横径 5.6～6.5 cm，平均单果重 110 g，最大单果重 132 g。成熟后果皮紫黑色，光滑，果肉鲜红色，质地细，粗纤维少，果汁多，风味甜，香味浓，品质极佳，可溶性固形物含量 17.2%～18.5%。极早熟，耐贮运，常温下可贮藏 15～20 d，2～5 ℃低温下可贮藏 3～5 个月。树势中庸，树姿开张。萌芽率高，成枝力中等。栽植当年树干基径可达 3.9 cm，平均新梢基径 1.4 cm，单株新梢数 25 个，平均新梢长 167 cm，停止生长在 9 月中旬。以短果枝和花束状果枝结果为主，自花结实率低，需配置授粉树。配置授粉树情况下，栽植第 2 年结果，结果株率达 100%，产量可达 6～8 kg/株；4～5 年进入盛果期，产量可达 30～40 kg/株，盛果期长达 20 年。适应性强，对土壤要求不严格，抗干旱、高温、寒冷能力特别强，且对细菌性穿孔病、疮痂病高抗。除海南省及广东省南部地区外，全国其他地区均能正常生长结果，但授粉较困难。在河南省郸城县，风味玫瑰花芽 2 月 18—20 日萌动，花期 3 月 1—12 日；叶芽 3 月 7—10 日萌动，3 月中旬展叶，4 月上旬抽枝。5 月 8 日左右果实着色，着色期 15～20 d。第 1 次果实迅速膨大期在落花后 15～20 d，第 2 次在落花后 28 d，第 3 次在采前 10 d 左右。5 月下旬至 6 月上旬果实成熟，生育期 75～85 d。11 月上中旬果树落叶，需冷量 400～500 h。

### 2. 风味皇后

风味皇后（图 14-22），李基因占 75%，杏基因占 25%。果皮橘黄色，光滑，果肉橘黄色，风味浓甜，含糖量极高，一般可达 20%。具香气，品质极上等。果实大，单果重 70～130 g，特耐贮运，中熟。树势较强，树姿中等开张。栽后第 2 年结果，第 4 年进入盛果期，极丰产，平均产量 3000 kg/亩，盛果期 20 年以上。适应性强，需冷量少，一般 350～400 h，适合在我国广州以北的广大地区小规模发展，在南北方均有裂果现象。

图 14-21　风味玫瑰

图 14-22　风味皇后

### 3. 味帝

味帝（图 14-23），树姿开张，主干及多年生枝青灰色，一年生枝青绿色，新梢绿色，有光泽，皮孔小而密，节间长 2.2 cm。叶片椭圆形，暗绿色，有光泽，背面绿色，叶缘锯齿状，叶片长 5.1～10.0 cm、

图 14-23 味帝

宽 2.5～4.1 cm，先端尖，基部宽楔形，节间长 2.2 cm，叶柄长 1.2 cm。花托长，花萼青绿色，花瓣在花初时为淡绿色，以后逐渐变为白色，雌蕊略高于雄蕊，花药暗黄色。果实中李基因占 75%，杏基因占 25%。果实圆球形或近圆球形，纵径 5.1～6.2 cm，横径 4.9～6.3 cm，平均单果重 106.0 g，最大单果重 152.0 g；果皮带红色斑点，光滑，果顶平而稍突，缝合线浅，梗洼深，果柄短。黏核，果肉鲜红色，肉质细，粗纤维少，汁液多，香气浓，风味甜，品质极佳。可溶性固形物含量 14.00%～19.00%，较耐贮运，果实室温下可贮藏 15～30 d，低温下可贮藏 3～5 个月。生长势强，萌芽率高，成枝力较弱，栽植当年树干基径达 4.6 cm，平均新梢基径 1.5 cm，单株当年新梢数 28 个，平均新梢长 162 cm，停止生长期 9 月下旬。以短果枝和花束状果枝结果为主，复花芽多，完全花率高，自花授粉坐果率低。苗木栽植后第 2 年结果，第 4 年进入盛果期，平均产量 30.6 kg/株，折合产量 2000～2500 kg/亩。盛果期 20 年以上。抗逆性较强，病虫害较少，不裂果。极丰产，栽培适应性和丰产稳产性好。在长江中下游及其以北的杏李适生区引种栽培表现较好，需冷量仅 500～600 h，是当前最有发展潜力的杂交杏李品种之一。在河南省，花芽萌动期为 2 月 27 日至 3 月 3 日，开花期 3 月 6—19 日，叶芽萌动期 3 月 5—10 日，展叶期 3 月 20—25 日，4 月 1—5 日开始抽枝，5 月 29 日果实开始着色，着色期 8～15 d，果实迅速生长期第 1 次在落花后、第 2 次在花后 30～35 d、第 3 次在采收前 10～15 d，果实成熟期 6 月 10—15 日，果实发育期 85 d 左右，落叶期 11 月下旬。

**4. 味馨**

味馨（图 14-24），一年生枝及新梢均为暗红色，主干及多年生枝灰红色，皮孔不明显。节间长 1.8 cm，叶柄长 2.5 cm。叶片呈圆形或阔卵形，浅绿色，叶长 7.3 cm、宽 6 cm；初花为粉红色，以后逐渐变为白色，花托短，花萼红色，雌蕊略高于雄蕊，授粉率高。果实中李基因占 25%，杏基因占 75%。果实圆形或近圆形。果实纵径 4.6～5.0 cm，横径 4.1～4.8 cm，平均单果重 50 g，最大单果重 65 g 以上。成熟果实果皮黄红色，果肉橘红色，离核，风味甜，香气浓，品质极佳。可溶性固形物含量 16.5%～18.1%。树势较强，树姿自然开张。萌芽力强，成枝力弱，栽植当年树干基径达 4.5 cm，平均新梢基径 1.5 cm，单株当年新梢数 28 个，平均新梢长 157 cm。自花结实能力较强，早实丰产，以短果枝和花束状果枝结果为主。栽植第 2 年结果，结果株率 100%，平均产量 6～8 kg/株。4～5 年进入盛果期，产量可达 30～40 kg/株。盛果期 20 年以上。抗性强，病虫害少，具有极强的抗倒春寒能力。但遇雨易裂果，采前落果严重。需冷量少，一般 350～400 h，除海南省及广东省南部少数地区外，全国其他地区均能正常生长结果。花芽萌动期 2 月 12～20 日，花期 2 月 23—3 月 10 日。叶芽萌动期 3 月 9—12 日，展叶期 3 月 15—25 日，4 月 1 日开始抽枝，新梢停止生长在 9 月中旬。5 月 25 日果实开始着色，着色期 9～13 d。第 1 次果实迅速生长期在落花后，第 2 次在落花后 1 个月，第 3 次在采收前 10 d 左右。果实 5 月下旬至 6 月上旬成熟，发育期 75 d 左右。10 月下旬至 11 月上旬落叶，需冷量达 400～500 h。

图 14-24 味馨

**5. 味王**

果实中李基因占 75%，杏基因占 25%。果皮紫红色，光滑，果肉红色，风味浓甜，甜度极高，含糖量超过 20%，香气最为浓烈，清爽宜人，品质极上等。果实大，单果重 55～110 g，特耐贮运，晚熟。树势中庸，树姿中等开张。栽后第 2 年结果，第 4 年进入盛果期，极丰产，平均产量 3000 kg/亩以上，盛果期 20 年以上。需冷量中等，一般需冷量 700～800 h，适合在我国北亚热带、中亚热带、温带广大地区发展。在南北方均有裂果现象。

**6. 味厚**

图 14-25 味厚

味厚（图 14-25）树姿开张，主干及多年生枝黄褐色，有裂纹，皮孔小而密；一年生枝及新梢较细弱，阳面淡褐色，背面绿色。新梢节间长 2.7 cm。叶片长椭圆形，边缘锯齿盾片状，表面绿色，叶长 9.7 cm、宽 4.5 cm，叶柄长 1.4 cm，叶片薄，沿主脉向上隆起，呈勺状；无毛或稀散生柔毛，叶背淡绿色，沿主脉密被白色至锈色柔毛。托叶淡绿色，线形，边缘有紫褐色锯齿，早落。通常在叶柄上端两侧各有 1 ~ 2 个腺体。花先开放，初花为绿色，以后逐渐变为白色，花托长。花萼青绿色。每个花芽有花 1 ~ 3 朵，簇生于短枝顶端；花萼和花瓣均为 5 片，覆瓦状排列；萼筒钟状，萼片卵形，青绿色；花蕾绿色，花朵白色；雌蕊略高于雄蕊，花药暗黄色。果实中李基因占 75%，杏基因占 25%。果实圆形，纵径 5.2 ~ 5.8 cm，横径 5.6 ~ 6.6 cm，平均单果重 126 g，最大单果重 203 g。成熟果果皮紫黑色，有蜡质、光泽，果顶圆平而凹陷，缝合线浅，果梗长 1 ~ 2 cm，无毛。黏核，果核近圆形，长、宽约 1.5 cm，表面粗糙。果肉橘黄色，肉质细，粗纤维少，汁液多，风味甜，香气浓，品质极佳。可溶性固形物含量 15.00% ~ 18.00%，较耐贮藏、运输，果实常温下可贮藏 15 ~ 30 d，2 ~ 5 ℃低温可贮藏 3 ~ 6 个月。树势中庸，萌芽率中等，成枝力较弱，枝条较细弱，容易下垂。苗木栽植当年树干基径达到 3.9 cm，平均新梢基径 1.12 cm，单株当年新梢数 12 个，平均新梢长 1.57 m，新梢停止生长期 9 月下旬。初结果树以中果枝和短果枝结果为主，盛果期树以短果枝和花束状果枝结果为主。复花芽多，自花授粉结实率低，需配置授粉树。苗木栽后第 2 年结果，第 4 年进入盛果期，平均产量 28.7 kg/株，折合产量 2000 ~ 2500 kg/亩。盛果期长达 20 年以上。极丰产、稳产。具有较强的抗逆性，病虫害也较少，不裂果。在长江中下游地区及其以北地区适生区均可引种栽培，而在长江流域以南地区引种栽培应考虑当地冬季低温能否满足该品种需冷量的要求，味厚需冷量为 800 ~ 900 h。在河南省郸城县，花芽萌动期为 3 月 5—8 日，开花期 3 月 9—25 日。叶芽萌动期 3 月 5—10 日，展叶期为 3 月 15—20 日，4 月 5—10 日开始抽生新枝。果实 6 月 10 日开始着色，8 月下旬至 9 月上旬成熟，果实发育期 150 d 左右。落叶期 11 月下旬。

**7. 恐龙蛋**

恐龙蛋（图 14-26）树姿开张，主干及多年生枝暗绿色，一年生枝及新梢淡绿色。单叶、互生，叶片长倒卵状或椭圆形，绿色，叶长 6 ~ 9 cm、宽 2.5 ~ 4.0 cm，叶柄长 0.8 ~ 1.3 cm，先端渐尖，基部楔形，边缘锯齿三角状，叶脉无毛或散生柔毛，叶背淡绿色，沿脉疏被柔毛，侧脉 7 ~ 9 对；通常在叶片基部边缘两侧各有 1 个腺体，托叶线形，先端渐尖。先开花后展叶，每个花芽有 1 ~ 3 朵花，簇生于短枝顶端；花萼、花瓣均为 5 片，覆瓦状排列；萼筒钟状，萼片卵形，绿色；萼筒和萼片内外两面均被短柔毛；

图 14-26 恐龙蛋

花初为淡青色，以后逐渐变为白色；雌蕊略高于雄蕊，花药暗黄色。果实中李基因占 75%，杏基因占 25%。果实近圆形，纵径 5.5 ~ 6.3 cm，横径 5.6 ~ 6.6 cm，平均单果重 126 g，最大单果重 199 g。果皮淡红色，密被片状暗红色，表面被白色蜡质果粉，果顶圆平，侧沟不明显，缝合线浅，果梗长 1 ~ 2 cm，无毛。黏核，果核椭圆形，长 1.0 ~ 1.5 cm、宽约1 cm，顶端有尖头，表面粗糙。果肉粉红色，肉质脆，粗纤维少，汁液多，风味甜，香气浓，品质极佳。可溶性固形物含量 15% ~ 20%。较耐贮运，果实常温下可贮藏 14 ~ 21 d，低温贮藏时间 3 ~ 6 个月。生长势旺，萌芽率高，但成枝力弱。以短果枝和花束状果枝结果为主，复花芽多，完全花率高，自花结实率低，需配置适宜授粉树，花朵坐果率 40% 以上。苗木栽植后第 2 ~ 3 年结果，第 4 年进入盛果期，平均产量 33.6 kg/株。极丰产、稳产。抗逆性较强，病虫害较少，不裂果。在长江中下游及其以北地区的杏李适生区均可引种栽培。抗干旱，不耐涝，对早春低温有较强的抵抗性。高抗干腐病和细菌性穿孔病。需冷量仅 400 ~ 500 h。在河南省郸城县，花芽萌动期 3 月 3— 6 日，开花期 3 月 7—22 日，叶芽萌动期 3 月 5—10 日，展叶期 3 月 12—18 日，4 月 1—5 日开始抽枝，果实 6 月 7 日开始着色，着色期30 ~ 50 d，果实成熟期 8 月上中旬，果实发育期 135 d 左右，落叶期 11 月上旬，年营养生长期约 260 d。

**8. 红天鹅绒**

红天鹅绒杏李（图 14-27）是美国培育的杏李杂交新品种，杏、李基因各占 50%，极早熟，是目前国内成熟期最早的两个名贵李品种之一。1999 年引入我国。果皮红紫色，果面有一层极柔软的绒毛，就像红天鹅绒覆盖在果皮上，该品种因此而得名。含糖量高，浓甜，结果初期含糖量约 15%，盛果期含糖量 18% 以上，具较浓烈香气。果大，平均单果重 100 g，最大单果重 150 g 以上，极耐贮运。生长势中等，萌芽率高，成枝率中等，当年生长枝平均长达 80 cm，半开张，秋梢可形成花芽，来年可少量见果。栽后第 2 年结果，第 4 年进入结果期，极丰产，平均产量 2500 ~ 3000 kg/亩，盛果期可达 20 年。不落果，无裂果。需冷量 400 h 左右，授粉较困难。适应性广，适合在广州以北地区规模发展。长江下游地区能连年结果，市场前景广阔。

**9. 红绒毛**

红绒毛（图 14-28）原产于美国，果实近球形，缝合线浅，与杏相近，平均单果重 100 g 左右，果面鲜红色，有非常短的绒毛。果肉致密，果汁多，味浓甜，含糖量 14%，风味独特，品质极佳，丰产，耐贮运，是非常优良的种间杂交品种。在重庆，5 月上中旬成熟。

**图 14-27 红天鹅绒**

**图 14-28 红绒毛**

## 二、无公害优质丰产栽培技术

**1. 育苗**

（1）种子处理

杂交杏李嫁接苗所用种子应选用充分成熟的桃树果实，采收期以果实自然成熟为宜。采收后除去外面果肉，用清水冲洗，置于通风处晾晒。10 月下旬左右，在背风向阳处开挖深 50 cm、长 2 m、宽 1 m 的储藏坑，储藏坑的长度视种子多少而定。储藏坑挖好后，浇底墒水，待水渗完后，用筛过的细河沙铺在坑底，厚 10 ~ 15 cm，河沙湿度以手握成团、手松散开为宜，然后每铺 1 层种子覆 1 层河沙，最后覆沙厚 20 cm，并覆稻草保温保湿。种子储藏后，每隔 15 d 检查 1 次，若沙湿度不够（手握能成团），在稻草上面浇水，保证上、下面沙同样湿度。次年 2 月中旬以后，要每隔 1 周检查 1 次，待桃核露白（俗称炸口）达 20% 以上时，下地播种。

（2）整理苗圃地

杏李幼苗不耐淹，苗圃地应选择排水良好、平坦肥沃、土层深厚、pH 5.5～7.5 的壤土为宜，且灌溉条件便利。苗圃地选好后，施充分腐熟厩肥 2000 kg/亩、尿素 20 kg/亩作底肥，深翻、耙平、整地，按宽 1.5 m 标准打好低床畦。

（3）播种

用筛子将沙和种子筛开，捡露白种子播种。没有露白种子继续按上述储藏方法进行储藏，并适当增加沙的湿度和温度。以后每隔 10 d 检种播种 1 次，直到 4 月上旬为止。播种时按行距 30 cm 开沟播种，沟深 10 cm，在沟内浇足发芽水，待水渗完后将露白种子按 3～4 cm 1 粒摆放于沟内，覆土厚 5～8 cm。有条件地方，播后覆盖稻草，以保墒。3 月中旬左右播种。播后 10～15 d 种子开始发芽出土，此时要注意保持苗床土壤湿度，发芽率达到 90% 以上时视苗床土壤墒情进行浇水，浇水时忌大水喷灌。5 月后，砧木苗及时松土除草，适时灌溉浇水，5 月中下旬苗木高达 40 cm 时，及时摘除苗木顶芽，控制苗木徒长，促进苗木加粗。

（4）接穗准备

①接穗采集。杏李是异花授粉，因此，在采集接穗时应选择品种多的果园。目前，栽培上常见品种有：味馨、恐龙蛋、味帝、风味皇后、味厚、味王、风味玫瑰。在树体上选生长健壮、芽眼饱满充实、粗度在 0.5 cm 左右、充分木质化的一年生枝条采集。

②采集时间。嫁接前 1～2 d 采集，在每天上午 10 点前和下午 4— 6 点采集最好。

③接穗处理。接穗采后，去掉叶子，留少许叶柄，注意保证芽不受损伤，剪截成长 50 cm，剪口在芽上 1 cm 以上，然后迅速封蜡，分品种标号捆绑装入保鲜袋中置于低温（5 ℃左右）通风处保存备用。短期使用也可不封蜡，将分品种捆绑的接穗吊于深井中，要求接穗距水面 40 cm。嫁接时随用随拿。但无论哪种储藏方法，要尽量避免长期储存枝条，一般以 3～5 d 为宜。

（5）嫁接

嫁接时间在 6 月上旬，最迟不超过 6 月中旬，以晴朗无风的上午 8—11 点和下午 3— 6 点为宜。嫁接前若苗圃地土壤干旱，要浇 1 次透墒水。然后将砧木在距苗木地面以上 20 cm 处剪除，保留剪口以下砧木上的叶子。嫁接工具可用嫁接刀或单面刀片。将 0.03 mm 厚的塑料布剪截成宽 2 cm、长 15 cm 的小条，每 100 个捆绑 1 把备用。嫁接方法采用嵌芽接，在砧木上距剪口 3～5 cm 处用嫁接刀横切 1 刀，再在刀口上面 1 cm 左右处斜切 1 刀，拿掉切皮，然后在接穗上以同样方法切取接芽，迅速将接芽贴于砧木的接口上，要注意刀口密结，然后用 0.03 mm 厚的塑料布条自上而下缠绑紧，注意把芽露在外面。

（6）嫁接后管理

①抹芽。接穗成活后，砧木上易萌发砧芽，应及时抹除。抹芽宜早不宜迟，抹芽中要注意不要伤及砧木上的老叶子，当嫁接新梢长到 30 cm 以上砧木很少萌发时，可停止抹芽。

②松土除草。嫁接后要及时除草。接穗生长到 10 cm 以上时进行第 1 次松土除草，松土深 3～5 cm。以后视情况松土除草，当苗高 40 cm 以上时可不再进行松土，但仍要进行除草。

③浇水施肥。嫁接后 7～8 d 接芽就会发芽成活，此时要注意苗圃地土壤湿度，防止干旱，切忌苗木因缺水而导致嫁接芽枯萎。20 d 以后，接穗新梢长至 5～10 cm，嫁接部位完全愈合，成活已稳定，第 1 次施肥浇水，沟施尿素 15 kg/亩，浇水，使水顺畦沟渗入苗床，禁止大水喷灌。以后每隔 20 d 追施 1 次肥料，以尿素为主，施肥量 10～20 kg/亩，少量多次原则，施肥时视苗圃地墒情配以浇水。9 月上旬后停止追肥。11 月中旬浇 1 次防冻水。

**2. 高标准建园**

选择地势平坦、排灌条件良好、土层深厚、土壤肥沃，土壤 pH 5～8 的壤土或沙壤土地块建园。若土层较浅（在 40 cm 以内），则应改土。且园地周边水质、空气、土壤应符合无公害有关标准。主栽品种选择风味玫瑰、恐龙蛋、味帝和味厚。栽植时间黄河以南及冬季风小、干旱轻的地区，一般以11月秋栽为好，而黄河以北地区易在3月12日左右春栽。黄河以北秋栽，栽后定干伤口要封蜡，并用细薄膜筒将枝干套住，下部入土，并浇足水、高培土。一般秋栽比春栽的当年生长量增加30%以上。采用南北行向栽植，栽植株行距为2 m×3 m、2 m×4 m或1 m×3 m。一般土壤肥沃易稀植，果树管理技术水平高的易密植。栽植前挖长、宽、深各80 cm的定植穴或宽、深各80 cm的定植沟，表土和底土分放，每穴施充分腐熟有机肥20 kg，回填时先填表土后填底土，回填深度低于地表10 cm，栽后浇水。栽植苗木选优质健壮嫁接苗，苗木栽植方向尽量与原方向一致，一般根系密集一方仍朝南。栽苗时在回填后的大穴中央开挖宽、深各20 cm的小穴，将苗木根系舒展，放置于穴内，取少量表土回填后，将苗木轻轻上提，使根系舒展，踩实后浇透水，苗木栽植深度以浇水沉降后根颈与地面平，其上再培30～40 cm的土堆。一般年降水量800 mm以上地区要沿行起垄，年降水量在600 mm以下的地区，除根部培土堆外要沿行打畦。若时间仓促或劳动力紧张，亦可先定植后再扩穴改土。各主栽品种适宜授粉品种是：风味玫瑰为恐龙蛋和风味皇后；恐龙蛋为风味玫瑰和风味皇后；味帝为风味玫瑰、恐龙蛋和风味皇后；味厚为恐龙蛋、风味皇后和味王。另外，亦可选用花期相近的杏或李作相应的授粉品种，主栽品种与授粉树的配置比例为7∶3。芽苗栽植后及时剪砧，剪砧高度位于接芽上芽1 cm，待接芽长出后选择1个长势较旺且方位适合的新梢。夏季管理加强抹芽并及时绑缚固定。成品苗木栽后立即定干，定干高度70～80 cm。

**3. 加强土肥水管理**

定植后，在树行两侧距树行栽植线50 cm处开挖深、宽各为20 cm的沟，同时将土封于树盘，每10～15 d追肥1次，以氮肥为主，配合磷、钾，至6月中旬停肥。10月下旬至11月上旬，结合深翻扩穴施基肥，在定植穴外四周或定植沟两侧挖深60 cm沟，填入秸秆、人畜粪等，施入氮、磷、钾三元复合肥2 kg/株左右。第2年行间进行深翻，并注意生长季节中耕锄草6～7次（亦可用除草剂除草）。有条件的情况下可进行树盘行覆盖作物秸秆、杂草、花生秧等，覆盖厚20 cm左右，草上压少许土。2月上旬（发芽前）、4月上旬、6月上旬各追肥1次，施尿素0.3～0.5 kg/株。果实采收后，施氮、磷、钾三元复合肥0.5 kg/株，10月下旬至11月上旬，于树行两侧开挖深40 cm、宽30 cm的沟或槽，施充分腐熟有机肥20～50 kg/株，过磷酸钙2 kg/株。每年于花前、花后、幼果膨大期及休眠期各灌水1次，7—8月视降水多少及时进行灌排水，第3年后，每年2月上旬、5月上旬各追肥1次，9月中下旬施基肥1次，施肥与李、杏相近。

**4. 科学整形修剪**

杂交杏李树形可采用“V”字形、三主枝自然开心形、多主枝自然开心形、双层疏散开心形。

“V”字形适用于株行距1 m×3 m的密植园。定植当年春留30～40 cm定干，选留伸向行间并与行间垂直、生长较旺、对称生长的2个新梢为主枝，让其自然生长。另选3～4个新梢为辅养枝，其余新梢一律抹去。6—7月将辅养枝拉成近水平状或扭梢，2个主枝则任其旺长，至次年早春再斜插两根竹竿将其方向固定，使之与行向呈45°。

三主枝自然开心形适合于株行距2 m×3 m的栽植规格。主干上三主枝错落（或邻近），三主枝按45°开张延伸，每个主枝有2～3个侧枝，开张角为60°～80°。定植当年从定干后长出的新梢中选3个长势均匀、方位适宜的枝条作为主枝，待其长到60～80 cm时，截留50 cm，其余枝条有空间拉平，并在其基部环割1～2道，以削弱其生长势，促其尽早形成花芽。过密枝条疏除或摘心。杂交杏李以短果枝及花束状果枝结果为主，除味王外其他几个品种对修剪反应都较为敏感，且萌芽率高、抽枝力强，易发徒长枝。在夏剪中应以疏枝为主，少截或不截，疏除内膛密生枝、重叠枝、萌蘖枝。对剪口萌发的枝条应抹除。强旺枝或树可在清明前后于枝条基部环割1～2道（2道间隔10 cm以上）。味王萌芽率较低，抽枝力较弱，在夏季修剪时应适当短截。为实现早结果、早丰产，杏李幼树夏季修剪应综合运用摘心、环割、拉枝、疏枝等修剪措施，配合叶面喷施15%多效唑可湿性粉剂300倍液，抑制树体旺长，促使形成花芽。

冬剪时，对主枝延长枝截留 50 ~ 60 cm，主枝上侧枝截留 40 cm。对于其他枝条仍以疏除为主，有空间的缓放拉平。杏李幼树生长势较强，以中、长果枝结果，多在枝条的上部和顶端形成花芽。冬剪应注意掌握以缓放、疏枝为主，避免修剪量过重，整个树形枝条分布以南稀北密、上稀下密、外稀内密为好。

多主枝自然开心形适合于株行距 2 m × 4 m 的栽植规格。干高 50 cm，在主干上错落排列 4 ~ 5 个主枝，开张角度 45°，每个主枝上有 2 ~ 3 个侧枝，侧枝开张角 60°。定植后，先按 60 ~ 70 cm 的高度定干，春季整形带内抽生新梢长度约 30 cm 时，选留 5 ~ 7 个新梢继续生长，其余疏除。待所留新梢长到 50 cm 左右时，选择 4 ~ 5 个长势均匀、方位适宜的枝作主枝，其余枝条摘心、拉平，培养临时结果枝。冬剪时，主枝留 50 cm 短截，其余缓放。从第 2 年起，在距主枝基部 50 cm 以上部位逐步培养 2 ~ 3 个侧枝，以外侧枝为好。

双层疏散开心形适合于株行距 2 m × 4 m 的栽植规格。干高 50 cm。主枝分 2 层排列：第 1 层 3 个主枝，按 45°延伸，每个主枝上配侧枝 3 ~ 4 个，侧枝开张角度 60° ~ 80°；层间距 80 ~ 100 cm，培养第 2 层，主枝 2 个，在主枝上直接培养结果枝组。培养方法从 3 个方面着手。一是定干抹芽。定干高度一般为 70 cm左右。定干后，在整形带内选留第 1 层主枝，整形带以下的芽全部抹除。二是选留主、侧枝。定干当年发枝后，从整形带内确定 3 ~ 4 个生长健壮、角度合适的枝作主枝，冬剪时，留 50 cm 短截，其余除直立旺枝疏除外，均缓放。三是上层主枝培养。第 2 年、第 3 年冬剪剪截下层主枝时，有目的地将剪口下第 3 芽或第 4 芽留在背上方或上斜方。抽枝后先行缓放，第 2 年修剪时根据其长势和高度按 1.0 ~ 1.2 m 的留枝高度挖头开心，构成上层树冠。同时，在第 2 层修剪时必须注意两点：一是应采用缓放与疏枝相结合，即放的同时，除疏除过强枝和密生枝外，一般不短截；二是在枝组培养上以中、小型为主，要按照“两大两小”“两稀两密”的原则，防止出现上强下弱和结果部位上移、外移。

对多主枝开心形和双层疏散开心形在修剪上应本着有利于壮树、扩冠、早实、丰产、稳产的原则，以夏剪为主，冬剪为辅，冬夏结合，综合运用多种修剪技术和方法促使营养生长向生殖生长转变，达到在整形修剪中结果，在结果的同时逐年成形，实现结果、整形两不误。

（1）夏季修剪

杂交杏李初果期树以短果枝和花束状果枝结果为主，夏季修剪中应坚持以疏枝为主、少截或不截，重点是疏除重叠枝、萌蘖枝、内膛密生枝、背上直立枝等。同时，综合运用夏季修剪手法，加快成形速度，控制枝叶生长，促进营养物质积累和花芽形成。

①摘心。对骨干枝的延长枝，可在 4 月下旬至 5 月上旬进行摘心，以促发二次枝。对旺枝、直立枝、徒长枝 6 月上中旬摘心。

②环割（或环剥）。对于长势偏旺的树或枝可在 5 月中旬左右环割（或环剥），但环割的宽度不能超过直径的 1/10。

③拉枝。5 月中旬至 6 月中旬拉枝。主、侧枝按照树形要求拉开，但不宜拉平或下垂。

④疏枝。疏除的对象是竞争枝、下垂枝、徒长枝、密生枝。

⑤除蘖。在萌芽期对剪口处的萌蘖及主干上的分枝，及时抹去。

（2）冬季修剪

杂交杏李冬剪原则是“轻剪缓放”。主枝延长枝截留 50 ~ 60 cm，主枝上的侧枝可截留 40 cm 左右。其他枝条仍以缓放为主，有空间拉平。细弱枝、过密枝、交叉枝疏除。截留主、侧枝时的剪口芽以下芽或侧芽为好，并保持一定主从关系。

总之，杂交杏李对幼树修剪应以轻剪缓放、疏枝为主，综合应用摘心、环割、拉枝等修剪方法，并配合叶面喷施多效唑，抑制树体生长，促使形成花芽。生长季修剪应注意疏除内膛过旺枝、萌蘖枝；秋季拉枝开角，疏除徒长性直立枝、竞争枝；冬季注意疏除重叠枝，过密枝及病虫枝，除了对极细弱枝短截外，其他强枝一律不短截。

**5. 花果管理**

开花前复剪，疏除细弱花枝，盛花期放蜂结合叶面喷施0.3%~0.5%的磷酸二氢钾+0.3%尿素，以提高坐果率。为提高果实品质，应进行疏果。在第1次生理落果后，一般每隔10 cm留一果。着色前每隔1周喷1次0.3%的磷酸二氢钾溶液，可明显提高含糖量并促进着色。果实采收后加强肥水管理。同时，叶面喷施2~3次15%的多效唑可湿性粉剂250~350倍液，控制树体旺长，促使花芽形成。一般结果初期留果量150~250个/株，盛果期留果量500个/株左右。

**6. 病虫害防治**

杂交杏李病虫害主要有细菌性穿孔病、蚜虫、李小食心虫、金龟子等。对这些病虫害应贯彻“预防为主，综合防治”的植保方针。冬季休眠期彻底清园：清除落叶、杂草，摘除病虫果、僵果，冬剪病虫枝及枯枝，刮除树干老翘皮及树上挂的草把等，集中烧毁或深埋。同时，结合上述操作，深翻树盘，将土壤内越冬害虫翻出，利用冬季低温杀灭越冬虫卵。特别是间作果园，更应重视冬季清园。春节前，全园喷施1次6%~8%石硫合剂，并进行树干涂白，在涂白剂中加入适量硫黄。2月下旬至3月中旬萌芽期，预防各种病虫害。在花芽鳞片开始松动（露白前）喷0.3%~0.5%石硫合剂或1：1：200波尔多液。3月下旬至4月上旬花后及展叶期，主要防治褐腐病、李实蜂、蚜虫等。防治褐腐病，在落花后期喷1次50%多菌灵可湿性粉剂300~500倍液。严格预防，从全园出现第1个李实蜂受害果当天即喷2.5%功夫乳油3000倍液或10%氯氰菊酯乳油3000倍液。防治蚜虫喷洒20%的速灭杀丁乳油1000倍液，展叶后喷10%吡虫啉可湿性粉剂或10%的蚜虱净粉剂3000~5000倍液。4月中旬至6月上旬的果实生长和新梢旺长期，主要防治细菌性穿孔病、炭疽病、卷叶蛾类、食心虫类、红蜘蛛等。防治细菌性穿孔病、炭疽病可使用70%甲基托布津可湿性粉剂1000倍液+65%代森锰锌可湿性粉剂500~800倍液或50%多菌灵可湿性粉剂800~1000倍液。在食心虫类害虫出土期（严格注意5月上旬的雨后）地面撒毒土1次。防治卷叶蛾类害虫于幼虫发生期喷2.5%功夫乳油2000~3000倍液、2.5%敌杀死乳油2000~3000倍液或10%天王星乳油4000~5000倍液。防治红蜘蛛可用5%霸螨灵悬浮剂1200倍液或1.8%齐螨素乳油4000倍液或20%螨死净可湿性粉剂2000倍液。6月中旬至8月中旬的果实成熟期，在采收前20 d主要防治红蜘蛛、卷叶蛾类、食心虫类、金龟子等，防治药剂同上。防治金龟子可用灯光诱杀。8月下旬至11月采果后主要防治小绿叶蝉，可喷布25%功夫乳油1000倍液或10%氯氰菊酯乳油1000倍液。

**思考题**

（1）杂交杏李包括哪些品种？试总结7个杂交杏李品种的特征特性。

（2）试制定杂交杏李无公害优质丰产栽培技术规程。

## 第九节　李生长结果习性观察实训技能

### 一、目的与要求

通过观察，了解李生长结果习性，学会观察记载李生长结果习性的方法。

### 二、材料与用具

**1. 材料**

李正常结果树。

**2. 用具**

钢卷尺、放大镜、记载和绘图用具。

## 三、内容与方法

**1. 观察李树体形态与结果习性**

①树形，干性强弱，分枝角度，极性表现和生长特点。

②发育枝及其类型、结果枝及其类型与划分标准。各种结果枝着生的部位及其结果能力。

③花芽与叶芽，以及在枝条上的分布及其排列方式，单芽与复芽及其排列方式，副芽、早熟性芽、休眠芽。花芽内花数。

④叶的形态。

**2. 调查萌芽和成枝情况**

选择长势基本相同、中短截处理的二年生枝 10～20 个，分别调查总芽数、萌芽数，萌发新梢或一年生枝的长度。

**3. 观察树体形态与生长结果习性**

调查萌芽和成枝情况，并做好记录。

## 四、实训报告

（1）根据观察结果，结合桃、杏技能实训，总结李生长结果习性与桃、杏生长及结果习性的异同点。

（2）根据调查结果，结合桃、杏技能实训，比较桃、杏、李的萌芽率和成枝力。

## 五、技能考核

实训技能考核一般实行百分制，建议实训态度与表现占 20 分，观察方法占 40 分，实习报告占 40 分。

# 附　录

**表 14–2　杂交杏李无公害病虫周年防治工作历**

| 时间 | 物候期 | 病虫害 | 防治方法 |
|---|---|---|---|
| 12 月至次年 2 月中旬 | 休眠期 | 细菌性穿孔病、褐腐病、流胶病和蚜虫、红蜘蛛、李实蜂、李小食心虫、桃蛀螟等各种越冬病虫源 | 彻底清园：清除落叶、杂草，摘除病虫果、僵果，冬剪病虫枝及枯枝，刮除树干老翘皮及树上挂的草把等，集中烧毁或深埋。同时，结合上述操作，深翻树盘，将土壤内越冬害虫翻出，利用冬季低温杀灭越冬虫卵。春节前，全园喷施 1 次 6%～8% 石硫合剂，并进行树干涂白，在涂白剂中加入适量硫黄 |
| 2 月下旬至 3 月中旬 | 萌芽期 | 各种病虫害 | 在花芽鳞片开始松动（露白前）喷 0.3%～0.5% 石硫合剂或 1∶1∶200 波尔多液；3 月中下旬的花期喷 0.2%～0.3% 硼砂、磷酸二氢钾 |
| 3 月下旬至 4 月上旬 | 花后及展叶期 | 褐腐病、李实蜂、蚜虫等 | 防治褐腐病，在落花后期喷 1 次 50% 多菌灵可湿性粉剂 300～500 倍液。严格预防，从全园出现第 1 个李实蜂受害果当天即喷 2.5% 的功夫乳油 3000 倍液或 10% 氯氰菊酯乳油 3000 倍液。防治蚜虫喷洒 20% 的速灭杀丁乳油 1000 倍液，展叶后喷 10% 吡虫啉可湿性粉剂或 10% 的蚜虱净粉剂 3000～5000 倍液 |

续表

| 时间 | 物候期 | 病虫害 | 防治方法 |
| --- | --- | --- | --- |
| 4月中旬至6月上旬 | 果实生长和新梢旺长期 | 细菌性穿孔病、炭疽病、卷叶蛾类、食心虫类、红蜘蛛等 | 防治细菌性穿孔病、炭疽病可使用70%甲基托布津可湿性粉剂1000倍液+65%代森锰锌可湿性粉剂500~800倍液或50%多菌灵可湿性粉剂800~1000倍液。在食心虫类害虫出土期（严格注意5月上旬的雨后）地面撒毒土1次。防治卷叶蛾类害虫于幼虫发生期喷2.5%功夫乳油2000~3000倍液、2.5%敌杀死乳油2000~3000倍液或10%天王星乳油4000~5000倍液。防治红蜘蛛可用5%霸螨灵悬浮剂1200倍液或1.8%齐螨素乳油4000倍液或20%螨死净可湿性粉剂2000倍液 |
| 6月中旬至8月中旬 | 果实成熟期 | 红蜘蛛、卷叶蛾类、食心虫类、金龟子等 | 在采收前20 d，喷上述药剂进行防治 |
| 8月下旬至11月 | 采果后 | 小绿叶蝉 | 可喷布2.5%功夫乳油1000倍液或10%氯氰菊酯乳油1000倍液 |

# 第十五章　樱桃

【内容提要】樱桃栽培概况。樱桃国内外栽培现状与发展趋势。生物学特性包括生长结果习性（生长习性和结果习性）和对环境条件（温度、光照、水分、土壤）的要求。樱桃的主要种类有欧洲甜樱桃、欧洲酸樱桃、中国樱桃、马哈利樱桃、草原樱桃、山樱桃和毛樱桃。欧洲甜樱桃优良品种有早红宝石、大紫、红灯、芝罘红等26个。欧洲酸樱桃优良品种有顽童、相约、美味等5个。杂种樱桃优良品种有盼迪等5个，中国樱桃优良品种有大窝楼叶、崂山短把红樱桃、崂山樱珠、大樱桃、莱阳矮樱桃和春红6个。从环境质量条件、无公害樱桃标准和无公害生产技术要求3个方面介绍了樱桃无公害栽培技术要点。从整形修剪和综合保护技术两个方面介绍了樱桃关键栽培技术。从育苗、建园、土肥水管理、整形修剪、花果管理和病虫害防治、果实采收7个方面介绍了樱桃无公害优质丰产栽培技术。分春、夏、秋、冬四季节介绍了樱桃四季栽培管理技术。

樱桃是落叶果树中成熟较早的果树，有“春果第一枝”的美称。其果实成熟早，色泽艳丽，营养丰富，外观和内在品质俱佳，具有便于加工、适宜生食、经济效益高等特点，被誉为“果中珍品”。樱桃在调节鲜果淡季、均衡周年供应和满足人民生活需要方面，有着重要作用。

樱桃还有重要的药用价值，其根、枝、叶、果都可入药。果实有益脾之功，可调气活血，平肝去热，促进血红蛋白再生，对贫血患者、身体虚弱的病人有一定的补益作用，特别对消除浮肿效果更好。

樱桃树姿秀丽，花期早，花量大，结果多，在果实成熟季节，甚为美观，是园林绿化和庭院经济的良好树种。其适应性强、易管理、成本低、经济价值高，既适用于大面积栽培，又适用于发展庭院经济。开发樱桃生产还具有较好的生态效益和社会效益，在我国北方广大地区有着广阔的发展前景。

## 第一节　国内外栽培现状与发展趋势

### 一、国内外栽培现状

中国之外的世界各国种植的樱桃包括欧洲甜樱桃和欧洲酸樱桃两种。欧洲甜樱桃是随着航海业和文化交流的日益频繁，陆续由原产地传播到世界各地，18世纪初引到美国，19世纪70年代传到日本。目前，樱桃已培育了2000个以上的栽培品种，逐渐形成了富有特色的栽培区域：北美栽培区、西欧栽培区、东欧栽培区、西亚栽培区、东亚栽培区、大洋洲栽培区等。据FAO统计：2006年世界樱桃收获面积34.13万$hm^2$，收获面积较大的国家依次是伊朗、美国、土耳其、意大利、俄罗斯、西班牙；全世界产量187.2万t，收获产量较大的国家依次是土耳其、美国、伊朗、意大利、罗马尼亚、西班牙。

我国过去种植的樱桃主要是中国樱桃，即小樱桃。近年来发展的大樱桃基本上是欧洲甜樱桃，欧洲酸樱桃还没有被我国种植者和消费者所接受。中国樱桃在中国分布很广，北至华北各省，南至华中及两广均有分布，其主要产区有安徽太和、浙江诸暨、河南郑州、山东青岛和枣庄、陕西蓝田、甘肃天水等地。我国大樱桃栽培始于19世纪70年代，现在已形成了三大主产区：山东烟台、辽宁大连和河北秦皇岛。另外，北京郊区、四川坝上地区、山东泰安及甘肃、陕西亦有引种栽培。全国大樱桃栽培面积已超过4000 $hm^2$，总产量5000 t。其中，山东烟台栽培面积2700 $hm^2$ 左右，年产量3500 t，分别占全国的2/3

和70%。现在，中国樱桃有被大樱桃代替的趋势。

## 二、发展趋势

今后，无论早熟小樱桃，还是大樱桃，均应在其适生区重点发展，在试栽基础上选择出优质、果大、早中熟、丰产、稳产的品种。

### 思考题

（1）我国大樱桃的三大主产区分别是什么？

（2）樱桃栽培发展的趋势是什么？

# 第二节　生物学特性

## 一、生长结果习性

### 1. 生长习性

（1）根系生长习性

樱桃根系因种类、繁殖方式、土壤类型的不同而不同。中国樱桃实生苗无明显主根，整个根系分布较浅；欧洲甜樱桃实生苗根系分布深而比较发达；马哈利樱桃主根特别发达，幼树时须根亦较多，随植株生长，须根大量死亡，植株生长势明显下降，进入盛果期易发生死树现象；欧洲酸樱桃和库页岛山樱桃的实生苗根系比较发达，可发育3～5个粗壮侧根；本溪山樱桃根系较发达，粗、细根比例较合适，但对黏重、瘠薄土壤适应性差，不抗涝。同一种砧木，在不同土壤条件和土、肥、水管理条件下，其分布范围、根类组成和抗逆性均明显不同。扦插、分株和压条等无性繁殖苗木无主根，根量比实生苗大、分布范围广，且有两层以上根系。土壤条件和管理水平对樱桃根系的生长有密切的关系。一般在土层深厚、疏松肥沃、透气性好、管理水平较高的情况下，根系发达，分布广。在生产上要注意选择根系发达的砧木种类和良好的土壤条件，并加强土壤管理，促进根系发育。

（2）芽枝特性

樱桃芽按其着生位置可分为顶芽、侧芽（腋芽）；按其性质可分为花芽和叶芽两类。甜樱桃顶芽全是叶芽，侧芽为叶芽或花芽。长、中果枝及混合枝的中上部侧芽均是叶芽；中、短果枝的下部5～10个芽多为花芽，上部侧芽多为叶芽。樱桃潜伏芽是由副芽或芽鳞、过渡叶腋中的瘦芽发育而来，是侧芽的一种。

樱桃萌芽力较强，不同种和品种之间的成枝力有所不同。中国樱桃和酸樱桃成枝力较强；甜樱桃成枝力较弱，一般剪口下抽生3～5个中、长发育枝，其余的芽抽生短枝或叶丛枝，基部极少数芽不萌发而变成潜伏芽（隐芽）。甜樱桃萌芽力较强，一年生枝上的芽，除基部几个发育程度较差外几乎全部萌发，易形成一串短枝，是结果的基础。樱桃花芽是纯花芽，每个花芽萌发可开1～5朵花，个别品种甚至可达6～7朵。其中，中国樱桃和欧洲甜樱桃4～6朵，欧洲酸樱桃3～4朵，毛樱桃1～3朵。开花结果后着生花芽的节位即光秃，不再抽生枝条。在先端叶芽抽枝延伸生长过程中，枝条后部和树冠内膛容易发生光秃，造成结果部位外移，尤其生长强旺、拉枝不到位的树表现更为突出。樱桃潜伏芽寿命较长，七十至八十年生的中国樱桃大树，当主干或大枝受损伤或受到刺激后，潜伏芽便可萌发枝条更新原来的大枝或主干。甜樱桃二十至三十年生的大树其主枝也很容易更新。潜伏芽抽生枝条多生长强旺，呈徒长特性，可用于骨干枝和树冠更新。

樱桃枝条按其性质可分为营养枝（也称发育枝、生长枝）和结果枝两类。营养枝顶芽和侧芽都是叶芽。幼龄树和生长旺盛的树一般都形成营养枝。叶芽萌发后抽枝展叶，是形成骨干枝、扩大树冠的基础。进入盛果期和树势较弱的树，抽生发育枝的能力越来越小，使发育枝基部一部分侧芽也变成花芽，使发育枝成了既是发育枝也是结果枝的混合枝。

（3）叶片生长发育特性

春季随着温度升高，樱桃萌芽后，叶片逐渐展开，同一叶片从伸出芽外至展开最大需 7 d 左右。叶片展到最大以后，功能并未达到最强。再经过 5 ~ 7 d，叶片发育完善，外观表现为颜色变深绿而富有光泽、较厚、有弹性，功能达到最强，称为亮叶期或转色期。以后叶片保持较高的稳定水平直至落叶。新梢先端 1 ~ 3 片叶转色快，叶厚而亮、弹性好。甜樱桃丰产园的叶面积指数在 2 ~ 2.6 为宜。

（4）枝条生长发育特性

甜樱桃叶芽萌动一般比花芽晚 5 ~ 7 d。叶芽萌发后，有一短暂的新梢生长期，历时 1 周左右，展叶 4 ~ 5 片，形成一莲坐状叶片密集的短节间新梢。进入花期后，新梢生长极为缓慢，短果枝和花束状果枝此期即封顶，不再生长。花期后新梢进入旺盛的春梢生长阶段。在甜樱桃幼旺树上，春梢生长一直延续至 6 月底至 7 月初。7 月中旬前后，秋梢开始生长。幼旺树剪口枝当年抽生新梢可达 2.5 m 以上。

**2. 结果习性**

（1）花芽分化

甜樱桃花芽分化的特点是分化时间早、分化时期集中、分化速度快。生理分化期大致在硬核期，形态分化期一般在采果前 10 d 左右开始，整个形态分化期需 40 ~ 45 d。分化时期早晚与果枝类型、树龄、品种等有关。花束状果枝和短果枝比长果枝和混合枝早，成龄树比生长旺盛幼树早，早熟品种比晚熟品种早。摘心、剪梢处理树上，二次枝基部有时亦可分化花芽，形成一条枝上两段成花现象。

（2）结果枝

樱桃结果枝按其长短和特点可分为混合枝、长果枝、中果枝、短果枝和花束状果枝 5 种类型。混合枝长度在 20 cm 以上，中上部的侧芽全部是叶芽，枝条基部几个侧芽为花芽。该类枝条能发枝长叶，扩大树冠，进行开花结果。但花芽质量差，坐果率低，果实成熟晚，品质差。长果枝长度为 15 ~ 20 cm，除顶芽及其临近几个侧芽为叶芽外，其余侧芽均为花芽。结果后中下部光秃，只有顶部几个芽继续抽生出长度不同的果枝。初果期树上，该类果枝占有一定的比例，进入盛果期后长果枝比例减少。中果枝长度 5 ~ 15 cm，除顶芽为叶芽外，侧芽全部为花芽。一般分布在二年生枝的中上部，数量不多，不是主要的果枝类型。短果枝长度在 5 cm 以下，除顶芽为叶芽外，其余芽全部为花芽。通常分布在二年生枝中下部，或三年生枝的上部，数量较多。短果枝上的花芽一般发育质量较好，坐果率较高，是樱桃的主要果枝类型之一。花束状果枝是一种极短的结果枝，年生长量很小，仅有 1 ~ 2 cm，节间短，除顶芽为叶芽外，其余均为花芽，围绕在叶芽的周围。该类枝条花芽质量好，坐果率高，果实品质好，是盛果期樱桃树最主要的果枝类型。花束状果枝寿命较长，一般可达 7 ~ 10 年。一般壮树、壮枝上花束状果枝数量多，坐果率高，弱树、弱枝则相反。该类枝条每年只延伸一小段，结果部位外移缓慢。中国樱桃初果期以长果枝结果为主，进入盛果期后则以中、短果枝结果为主。甜樱桃盛果期初期有些品种以短果枝结果为主，有些品种以花束状果枝结果为主。总之，初果期和生长旺的树，长、中果枝占的比例大，进入盛果期和偏弱的树则以短果枝和花束状果枝结果为主。

（3）开花坐果

樱桃对温度反应敏感。当日平均气温达到 10 ℃左右时，花芽开始萌芽。日平均温度达到 15 ℃左右时开始开花，花期 7 ~ 14 d，长时 20 d。中国樱桃比甜樱桃早 25 d 左右，常在花期遇到晚霜为害，严重时绝产。樱桃花序为伞形花序，子房下位花。雌能败育花柱头极短，花瓣未落，柱头和子房已黄化萎蔫，完全不能坐果（图 15-1）。

不同樱桃种类之间自花结实能力差别很大。中国樱桃和酸樱桃自花授粉结实率很高，在生产中无须

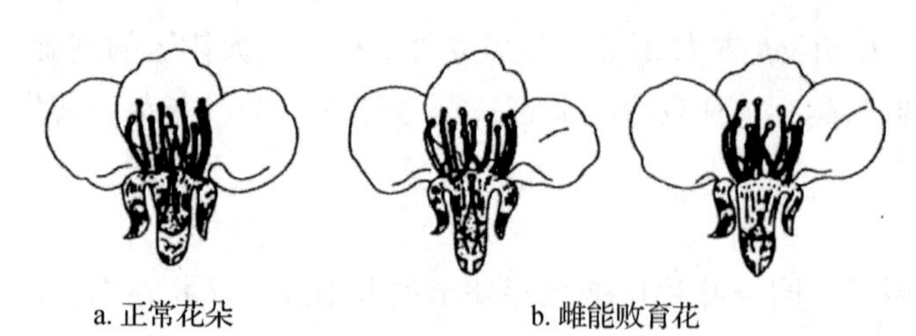


图 15–1 大樱桃雌能败育花

配置授粉品种和人工授粉。而甜樱桃大部分品种都存在明显的自花不育现象。在建立甜樱桃园时要特别注意搭配有亲和力的授粉品种，并进行花期放蜂或人工授粉。樱桃花量大，果小，不能像苹果、梨一样进行疏花疏果。

（4）果实发育

樱桃果实生长发育期较短。中国樱桃从开花到果实成熟需 40～50 d；甜樱桃早熟品种需 30～40 d，中熟品种需 50 d 左右，晚熟品种需 60 d 左右。甜樱桃果实发育曲线为双 S 形，分为 3 个时期：第 1 个时期是果实第 1 次迅速长期，自坐果到硬核前，历时 25 d 左右，该期主要特点是子房细胞分裂旺盛，果实迅速膨大。果核增长至果实成熟时的大小，胚乳也迅速发育；第 2 个时期是硬核期，是核和胚的发育期，历时 10～15 d，该期营养物质主要供给胚和果核生长需要，果实纵、横径增长缓慢；第 3 个时期是第 2 次果实速长期，自硬核到果实成熟，主要是果实第 2 次迅速膨大并开始着色，历时 15 d 左右，然后成熟。中国樱桃果实生长发育曲线亦如此。

樱桃果实发育后期易裂果，甜樱桃、酸樱桃更是如此。影响甜樱桃果实裂果的因素有降雨量、温度、果实成熟度、可溶性固形物含量、果实膨胀度、气孔频率与大小、果实大小与硬度、果皮韧性、角质层特性、栽培措施（如灌水、修剪、砧穗结合等）等。矿质元素、植物生长调节剂、抗蒸腾剂、表面活性剂和覆盖等措施都可减少裂果。

## 二、对环境条件的要求

### 1. 温度

樱桃喜温，耐寒力弱。要求年平均气温 12～14 ℃。1 年中，大樱桃要求高于 10 ℃的时间为 150～200 d。中国樱桃在日平均气温 7～8 ℃，欧洲甜樱桃在日平均气温 10 ℃以上芽开始萌动，15 ℃以上时开花，20 ℃以上时新梢生长最快，20～25 ℃时果实成熟。冬季发生冻害温度是 –20 ℃左右，而花蕾期气温 –5.5～–1.7 ℃，开花期和幼果期 –2.8～–1.1 ℃即可受冻害。对低温适应性，甜樱桃杂交种较强，软肉品种次之，硬肉品种较差。果实第 1 次迅速生长期和硬核期平均夜温宜高，第 2 次迅速生长期平均夜温宜低。一般甜樱桃需冷量为 2007～2272 h，酸樱桃为 2566～2787 h。

### 2. 光照

樱桃喜光，以甜樱桃为甚，其次是酸樱桃和毛樱桃，中国樱桃较耐阴。甜樱桃要求全年光照时数 2600～2800 h。樱桃光饱和点是 $4\times10^4$～$6\times10^4$ Lx，光补偿点是 400 Lx 左右。光照条件好时，樱桃树体健壮，果枝寿命长，花芽充实，坐果率高，果实成熟早，着色好，糖度高，酸味少。光照条件差时，树体易徒长，树冠内枝条衰弱，结果枝寿命短，结果部位外移，花芽发育不良，坐果率低，果实着色差，成熟晚，质量差。

### 3. 水分

大樱桃喜水，既不抗旱，也不耐涝，适于年降水量 600～800 mm 的地区。甜樱桃需水量比酸樱桃高，年周期中果实发育期对水分状况很敏感。大樱桃根系呼吸的需氧量高，介于桃和苹果之间，水分过多易徒长，不利于结果，也会发生涝害。樱桃果实发育的第 2 次迅速生长期，春旱时偶尔降雨，易造成裂果。干旱不仅造成树势衰弱，还会引起旱黄落果，大量减产。特别是果实发育硬核期的末期，旱黄落果最易发生。

### 4. 土壤

樱桃对土壤要求取决于种类和砧木。除酸樱桃能适应黏土外，其他樱桃则生长不良，特别是马哈利樱桃作砧木最忌黏重土壤。在土质黏重的土壤中栽培时，根系分布浅，不抗旱、不耐涝也不抗风。酸樱桃对土壤盐渍化适应性稍强。欧洲甜樱桃要求土层深厚，土质疏松，通气好，有机质丰富的沙质壤土和砾质壤土；土壤 pH 在 6.0～7.5 条件下生长结果良好；耐盐碱能力差，忌地下水位高和黏性土壤。

**思考题**

（1）试总结樱桃生长结果习性。

（2）樱桃对环境条件有哪些要求？

# 第三节　主要种类和优良品种

## 一、主要种类

### 1. 欧洲甜樱桃

欧洲甜樱桃（图 15-2）又名大樱桃、西洋樱桃，是一大类樱桃优良品种的总称。起源于欧洲和西亚。乔木，高 10～20 m。树冠卵球形，树皮暗灰褐色，有光泽，具横生褐色皮孔，小枝浅红褐色。冬芽卵形，长 5～8 mm，鳞片暗褐色。叶片卵形、倒卵形或椭圆形，长 10～17 cm，宽 5～8 cm，先端突尖，边缘有重锯齿，叶柄长 2～5 cm，暗红色，有 1～3 个紫红色腺体。伞形花序，每个花序有花 1～5 朵，多数 4～5 朵，花径 2.5～3.5 cm，花梗长 3～5 cm，花大，白色。果实圆球形或卵圆形，直径 1.1～2.5 cm，暗红色至紫红色，有的橘黄色或浅黄色。果肉较硬，果汁较多，味甜或稍有苦味，果核卵圆球形或卵形，平滑，浅黄褐色。抗寒性较弱，在夏季温度高的地方寿命显著缩短。用中国樱桃作砧木，一般寿命在 50 年左右。栽培较容易，无严重病虫害。要求较好的灌溉条件，其耐寒性比中国樱桃强，抗旱力较差。

### 2. 欧洲酸樱桃

欧洲酸樱桃（图 15-3）是二倍体甜樱桃和四倍体草原樱桃的杂交种，原产于欧洲及西亚。小乔木或灌木，树冠圆头形，枝干灰紫色或浅棕紫色，有光泽。叶片倒卵形至卵圆形，长 5～7 cm，宽 3～5 cm，先端急尖，基部楔形，常有 2～4 个腺体，叶缘复锯齿，小而整齐，叶面粗糙，浓绿色，无毛。叶柄长 1～2 cm，无腺体；托叶长披针形，有锯齿。伞形花序，每个花序有花 2～4 朵，花梗长 2.5～3.5 cm，萼筒钟状或倒圆锥状、无毛，花瓣白色。果实球形或扁球形，直径 1.2～1.5 cm，鲜红色，果肉浅黄色，味酸，黏核，核球形，褐色，直径 0.7～0.8 cm，果实主要用于加工。用酸樱桃作砧木与甜樱桃嫁接亲和力较高，并有一定的矮化作用。喜沙质土壤，在黏土上较容易感染根癌病和流胶病。适应性强，抗寒、抗旱、耐瘠薄。

图 15-2　欧洲甜樱桃（拉宾斯）

图 15-3　欧洲酸樱桃

### 3. 中国樱桃

中国樱桃（图 15-4）又叫草樱桃、小樱桃，原产于我国。乔木，树高 6～8 m。叶片卵圆形至椭圆形，基部圆形或广楔形，暗绿色。长 8 ~ 15 cm，侧脉 7 ~ 10 对，叶柄长 8 ~ 15 cm，托叶常 3 ~ 4 裂。花白色或粉红色。花直径 1. 5 ~ 2. 5 cm，花梗长 1. 5 cm，具短柔毛，花瓣白色，卵圆形至近圆形，先端微凹，花柱与子房无毛。花先于叶开放，3 ~ 6 朵成伞形花序或有梗总状花序，花期早。果实近球形，红色、粉红色、紫红色或乳黄色，皮薄，直径 1 ~ 2 cm。果肉柔软多汁，不耐贮运，直径约 1 cm，核卵形，微扁。在落叶果树中成熟最早，易生根蘖，其适应性广，抗寒、抗旱，对土壤要求不严格。在温暖地区疏松沙质土壤中生长旺盛，果实品质好。扦插繁殖较易，分株繁殖 2 ~ 3 年开始结果，6 ~ 7 年进入盛果期。中国樱桃优良品种多产于长江流域。山东省从当地中国樱桃品种中选出的草樱桃，是欧洲甜樱桃的良好砧木。

**4. 马哈利樱桃**

马哈利樱桃（图 15–5）又称圆叶樱桃，原产于欧洲及西亚。乔木，高达 10 m。主干矮，分枝多，形成广开树冠，小枝幼叶密被短茸毛。叶片圆形至宽卵形，长 3 ~ 6 cm，先端短尖，基部圆形或近心形，边缘有圆钝细锯齿，叶柄长 1 ~ 2 cm。花 6 ~ 10 朵，呈总状花序，花径 1. 5 cm，花瓣白色，微香。果实球形，直径约 6 mm，黑紫色，不能食用。该种有黄果、垂枝、矮生等变种，常用作樱桃砧木。其根系发达，抗寒、抗旱，但不耐涝。在沙壤土上生长良好，在通气条件差、贫瘠的黏重土壤上生长不良。

**图 15–4 中国樱桃**

**图 15–5 马哈利樱桃**

**图 15–6 草原樱桃**

**5. 草原樱桃**

草原樱桃（图 15–6）为灌木，高 0. 2 ~ 1. 0 m。小枝紫褐色，嫩枝绿色，无毛。冬芽卵形，无毛，鳞片边有腺体。叶片倒卵形、倒卵状长圆形至披针形，长 3 ~ 6 cm，宽 1. 5 ~ 2. 5 cm，先端急尖或短渐尖，基部楔形，边有圆钝锯齿，上面绿色，下面淡绿色，两面均无毛，侧脉 6 ~ 9 对，叶柄长 8 ~ 15 mm，无毛；托叶线形，长 3 ~ 4 mm，边缘有腺体。伞形花序，每个花序有花 3 ~ 4 朵，花叶同开；花序基部有数枚小叶，比普通叶小，倒卵状长圆形，长 1 ~ 2 cm；总梗长 3 ~ 8 mm，无毛；花梗长 2 ~ 4 cm，无毛；萼筒管形钟状，长 0. 7 ~ 1. 0 cm，宽约 4 mm，无毛，萼片卵圆形，先端圆钝，边有腺体；花瓣白色，倒卵形，先端微有缺刻，长 6 ~ 7 mm；雄蕊多数；花柱无毛。核果卵球形，红色，味甜酸，纵径长约 1 cm，横径长约 8 mm；核表面平滑。花期 4—5 月，果期 7 月。

**6. 山樱桃**

山樱桃（图 15–7）产于华北、华东各省。落叶灌木，高可达 3 m。分枝开展，幼枝密生黄茸毛。芽通常 3 个并生，两侧为花芽，中间为叶芽，花芽开放较早，或与叶芽同时开放。单叶互生，或于短枝上簇生；叶片倒卵形或椭圆形，长 4 ~ 7 cm，宽 2. 5 ~ 3. 5 cm，先端渐尖，或稀为 3 浅裂，基部阔楔形，边缘具粗锯齿，上面深绿色，有短柔毛，下面有较密的近黄色的茸毛；叶柄长 2 ~ 7 mm，有密毛；托叶线形。花单生或 2 个并生；萼片 5 个，基部连合成管状，内外都有毛；花瓣 5 片，白色或带粉红色，倒卵形；雄蕊多数；雌蕊 1 枚。核果近椭圆形或近球形，熟时红色，直径约 1 cm。花期 4— 5 月，果期 5— 6 月。多用作樱桃的砧木。

**7. 毛樱桃**

毛樱桃（图 15-8）是中国樱桃上主要应用的砧木。原产于中国。株高 2 ~ 3 m，冠径 3 ~ 3. 5 m。有直立型和开张型两类，为多枝干形。叶芽着生枝条顶端及叶腋间，花芽为纯花芽，与叶芽复生。萌芽率高，成枝力中等。隐芽寿命长。花芽量大，花先叶开放，白色至淡粉红色，萼片红色，坐果率高。适应性强，在我国西南、西北、东北、华北均有栽培。果实可食用。

图 15-7　山樱桃

图 15-8　毛樱桃

## 二、主要优良品种

樱桃为蔷薇科、李属、樱桃亚属植物，该属共有 120 多种植物，主要包括中国樱桃、毛樱桃、欧洲甜樱桃、欧洲酸樱桃、欧洲甜樱桃和欧洲酸樱桃的杂交种。由于后三种樱桃果实明显大于原产于我国的中国樱桃即小樱桃，习惯上将欧洲甜樱桃、酸樱桃及其杂交种统称为大樱桃，我国通常所说的大樱桃一般是指欧洲甜樱桃。在世界上作为果树栽培的主要有 3 种：中国樱桃、欧洲甜樱桃和欧洲酸樱桃。我国栽培的仅有中国樱桃和欧洲甜樱桃。

**1. 欧洲甜樱桃**

（1）早红宝石（图 15-9）

早红宝石又名早鲁宾，乌克兰培育的早熟品种，其亲本是法兰西斯和早熟马尔其。果个中大，单果重 5 ~ 6 g，阔心脏形，紫红色，果点玫瑰红色。果皮细，易剥离，肉质细嫩多汁，酸甜适口，鲜食品质优。花后 27 ~ 30 d 果实成熟。植株生长强健，生长较快，树体大，以花束状果枝和一年生果枝结果。该品种自花不实，需配置授粉树。抗寒、抗旱。

图 15-9　早红宝石

（2）大紫（图 15-10）

大紫又名大红袍、大红樱桃、大叶子，原产于俄罗斯，是我国目前主栽品种之一。果实较大，平均单果重 6. 0 g，最大可达 10 g。果实心脏形或宽心脏形，果顶微下凹或几乎平圆，缝合线较明显；果梗中长而较细，最长达 5. 6 cm；果皮初熟时为浅红色，成熟后紫红色或深红色，有光泽，皮薄易剥离，不易裂果；果肉浅红色至红色，质地软，汁多味甜，可溶性固行物含量为 12% ~ 15% ；果核大，可食部分占 90. 8% 。花后 40 d 左右果实成熟，成熟期不一致，需分批采收。该品种树势强健，幼树期枝条较直立，随着结果量增加逐渐开张。萌芽力强，成枝力也较强，节间长，枝条细，树冠大，树体不紧凑，树冠内部容易光秃。

(3) 红灯（图 15-11）

红灯是大连农业科学研究所育成，其亲本为那翁和黄玉。果个大，平均单果重 9.6 g，最大果达 12 g。果梗短粗，长约 2.5 cm，果皮深红色，充分成熟后紫红色，富光泽；果实肾脏形，果肉淡黄、半软、汁多，味甜酸适口。核小，半离核。成熟期较早，在大紫采收后期开始采收。采前遇雨有轻微裂果现象。树势强健，生长旺盛。幼树枝条直立，生长迅速；盛果期逐渐开张，进入结果期稍晚，但连续丰产能力强，产量高。

**图 15-10 大紫**

**图 15-11 红灯**

(4) 芝罘红（图 15-12）

芝罘红原名烟台红樱桃。果个大，平均单果重 8 g，最大果重 9.5 g。果实圆球形，梗洼处缝合线有短深沟。果梗长而短，平均 5 ~6 cm，不易与果实分离，采前落果较轻。果皮鲜红色，富光泽；果肉浅红色，质地较硬；果汁较多，浅红色，酸甜适口，含可溶性固形物 16.2%，风味佳，品质上。果皮不易剥离，离核，核较小，可食部分达 91.4%。成熟期比大紫晚 3 ~5 d，几乎与红灯同熟，成熟期较一致，耐贮运性强。树势强健，生长旺盛，萌芽力、成枝力均强。枝条粗壮，直立。各类果枝均有较强的结果能力，丰产、稳产。

(5) 先锋（图 15-13）

果个大，平均单果重 8.6 g，最大果重 10.5 g；果实肾脏形，紫红色，光泽艳丽，缝合线明显，果梗短、粗为其明显特征。果皮厚而韧，果肉玫瑰红色，肉质脆硬，肥厚，汁多，糖度高，含可溶性固形物 17%。酸甜可口，风味好，品质佳，可食率 92.1%。核小，圆形。成熟期较红灯晚 10 d 左右，耐贮运。树势强健，枝条粗壮，丰产性好。抗逆性强。紧凑型先锋的早实性、丰产性等果实性状与先锋相同，唯一不同之处是树冠比先锋小而紧凑，更适于密植栽培。

**图 15-12 芝罘红**

**图 15-13 先锋**

(6) 雷尼（图 15-14）

雷尼又名雷尼尔，美国以滨库和先锋育成的中熟黄色品种。果实大型，平均单果重 8.0 g，最大达

12.0 g。果实心脏形，果皮底色黄色，富鲜红色红晕，在光照好的部位可全面红色。果肉白色，质地较硬，可溶性固形物含量15%~17%，风味好，品质佳。离核，核小，可食部分达93%。果皮韧性好，裂果轻，较耐贮运，生食、加工皆宜。该品种树势强健，枝条粗壮，节间短，树冠紧凑，以短果枝结果为主，早果、丰产。抗逆性强。

（7）抉择（图15-15）

果个大，单果重9~11 g，果实圆形至心脏形，果顶浑圆，果梗粗，较短。果皮紫红色至暗红色，皮薄，韧性强，易剥离，裂果轻。果皮无涩味，果肉紫红色至暗红色，较硬，肉质细腻多汁，酸甜可口。半黏核至离核，品质极佳。花后42~45 d果实成熟，成熟后可挂树长达2周，果不落不烂，品质不变。该品种树势强健，树体高大，早果丰产性极佳。抗寒、抗旱。

**图15-14　雷尼**

**图15-15　抉择**

（8）拉宾斯（图15-16）

拉宾斯是加拿大以先锋和斯坦勒杂交育成的晚熟品种。大果型，平均单果重8 g。果实深红色，充分成熟时紫红色，有光泽，美观。果皮厚韧，裂果轻。果肉肥厚，脆硬，果汁多，可溶性固形物含量16%，风味佳，品质上等。成熟期在6月中下旬。该品种树势强健，树姿较直立，自花结实，早果、丰产，耐寒。

（9）那翁（图15-17）

那翁樱桃是中熟、黄色、优良品种。果实较大，平均单果重6.5 g；果实心形；果皮黄色，阳面有红晕，有光泽，完全成熟后呈全红色，外观美；果肉淡黄色，质密，细嫩多汁，有芳香，口味酸甜，可食率高达93.6%，品质佳，耐储运。6月中旬成熟。该品种树势强健，树冠圆球形、紧凑，萌芽率高，成枝力稍差，枝干粗壮，节间短；当年生枝棕褐色，具灰白色膜，黄褐色皮孔，多年生枝深褐色；叶片大而肥厚，长卵圆形，深绿色，叶柄较长；花白色，多为2~5朵簇生，以花束状果枝为结果主枝。丰产、稳产。

**图15-16　拉宾斯**

**图15-17　那翁**

（10）龙冠（图 15-18）

龙冠樱桃是中国农业科学院郑州果树研究所育成，其亲本为那翁和大紫。果实宽心脏形，平均单果重 6.8 g，最大果重 12 g。果皮呈宝石红色，肉质较硬，果肉及汁液呈紫红色，汁液中多，酸甜适口，风味浓郁，品质优良。核椭圆形，黏核。果实较耐贮运。树体生长健壮，开花整齐，自花授粉坐果率高达 25%～30%，果实发育期 40 d 左右。早果、丰产，抗逆性强。

（11）佳红（图 15-19）

佳红樱桃是大连农业科学研究所培育的品种，亲本为滨库和香蕉。果实宽心脏形，大小整齐，平均单果重 10 g 左右，最大可达 15 g。果皮底色浅黄，向阳面着鲜红色彩霞，外观色彩艳丽，有光泽，极美丽。果肉浅黄白色，质地较脆，肥厚多汁。黏核。鲜食品质极佳，耐贮运。成熟期比红灯约晚 1 周。该品种树势强健，枝条横生或下垂，树冠开张，萌芽率高，成枝力强，早果、丰产。

图 15-18 龙冠

图 15-19 佳红

（12）滨库（图 15-20）

滨库是美国品种。果实心脏形。果个大，平均单果重 7.2 g。梗洼宽、深，果顶平，近梗洼处缝合线侧有短深沟，果梗粗短。果皮浓红色至紫红色，外形美观，果皮厚。果肉粉红，质地脆硬，汁中多，淡红色，酸甜适度，品质上。半离核，核小。成熟期较红灯晚 10～15 d。耐贮运，采前遇雨有裂果现象。树势强健，树姿较开张，枝条粗壮、直立，树冠大，以花束状果枝和短果枝结果为主。丰产、稳产性好，适应性较强。

（13）红手球（图 15-21）

红手球樱桃是日本极晚熟品种，果实生育期 70～80 d。果实短心脏形至扁圆形，平均单果重 10～13 g。果皮鲜红至浓红色，先着色，后成熟。果肉硬，可切成片。果肉乳黄色，略有酸味，风味浓郁，可溶性固形物含量 20% 以上。核中大，核周围有红色素。树姿半开张，幼树生长势强，树势缓和后结果能力强，花芽着生多，丰产，叶片大，叶色浓。栽后第 2 年结果，4～5 年进入盛果期。授粉品种有那翁、红蜜、佐藤锦。抗冻性、抗病性强。

图 15-20 滨库

图 15-21 红手球

（14）春晓（图 15-22）

中国农业科学院郑州果树研究所从早红宝石芽变中选种育成的大果型极早熟品种。果实紫红色，短心脏形，亮丽美观，平均单果重 5.3 g。果肉紫红色，肉质细脆、多汁，可溶性固形物含量 13.9%，总糖含量 8.89%，可滴定酸含量 0.79%，维生素 C 含量 16.87 mg/100 g，酸甜适口，风味浓郁，品质上等，较耐贮运。树势中庸，树姿较开张，定植后 3 年结果，早果性能较好。自花不实，丰产，花期早。适应性强。果实发育期 37～41 d，在河南省郑州市 5 月 2 日开始成熟。2009 年通过河南省林木品种审定委员会的品种审定。

（15）春艳（图 15-23）

中国农业科学院郑州果树研究所从雷尼尔和红灯杂交后代中选育的大果型早熟优质新品种。果实黄红色，短心脏形，果柄短粗，平均单果重 8.1 g。果实底色黄色，着鲜红色晕，亮丽美观。果肉黄色，肉质细脆、多汁，可溶性固形物含量 17.2%，总糖含量 11.55%，可滴定酸含量 0.93%，维生素 C 含量 8.38 mg/100 g，甜味浓，微酸，风味浓郁，品质上等。耐贮运性较好。树势中庸，树姿较开张，早果性和丰产性好，自花不实。果实发育期 41～47 d，在郑州市 5 月 15 日左右成熟。适应性强。2012 年通过河南省林木品种审定委员会的品种审定。

**图 15-22　春晓**

**图 15-23　春艳**

（16）春绣（图 15-24）

春绣是从滨库自然杂交实生后代中选育出的大果型晚熟优质欧洲甜樱桃新品种。果皮紫色，果实心脏形，平均单果重 9.1 g；果肉红色，可食率 93.2%，可溶性固形物含量 17.6%，肉质细脆，汁液多，酸甜适口，鲜食品质上等。树势中庸，树姿较开张，早果性和丰产性好。适应性强，在郑州地区 5 月 29 日左右成熟，比滨库早熟 5 d。2012 年通过河南省林木品种审定委员会的品种审定。

**图 15-24　春绣**

（17）早大果

早大果是引自乌克兰极早熟甜樱桃品种。单果重 8～12 d，果实心脏形，紫红色，果肉肥厚，酸甜适口，耐贮运性较好。树势中庸，树姿较开张，枝条结果后易下垂，定植后 3 年结果，早果性能较好。自花不实，丰产。果实发育期 37～41 d，在郑州市 5 月 9 日左右成熟。

（18）维卡

维卡为引自乌克兰极早熟甜樱桃品种。单果重 8～12 g，果实肾形，外观整齐，果柄中短粗，果实亮丽美观。果肉肥厚多汁，酸甜适口，耐贮运性较好。树势中庸，树姿较开张，定植后 3 年结果，早果性能较好。自花不实，丰产，果实发育期 37～41 d，在郑州市 5 月 9 日左右成熟。

(19) 布鲁克斯

布鲁克斯为引自美国早熟甜樱桃新品种。果实肾形，紫红色，光泽亮丽。果实大，单果重 8 ~ 10 g，果实整齐。果肉脆，味甜可口，品质佳，耐贮运性好，果柄中长、中粗。不抗裂果，畸形果率低。树势健壮，早果，很丰产。果实发育期 44 ~ 47 d，在郑州市 5 月 18 日前后成熟。

(20) 赛维（图 15-25）

赛维是中国农业科学院郑州果树研究所于 2001 年从德国引进的大果型中晚熟甜樱桃新品种。果实心脏形，平均单果重 9.3 g，紫红色，有光泽；果肉红色，肉质细脆，汁液多，酸甜适口，鲜食品质上等；可食率 92.9%，可溶性固形物含量 16.2%，畸形果率 2.1%；硬肉型，较耐贮运。花期晚，在郑州地区 5 月 27 日左右成熟，比萨米脱晚熟 4 d，果实发育期 51 ~ 53 d。2012 年通过河南省林木品种审定委员会的良种认定。

(21) 美早（图 15-26）

美早为引自美国早中熟甜樱桃品种。单果重 8 ~ 14 g，果实肾形，果柄特别短粗，外观整齐，果实紫红色，有光泽，鲜艳，肉质脆，肥厚多汁，风味酸甜可口。果肉硬脆、不变软、耐贮运。果实发育期 45 ~ 48 d，在郑州市 5 月 20 日前后成熟。

**图 15-25 赛维**

**图 15-26 美早**

(22) 桑蒂娜

桑蒂娜为引自加拿大中熟甜樱桃品种。单果重 7 ~ 11 g，果实心脏形，紫红色，果肉紫红色，肉硬，味佳，耐贮运，品质上。树势中庸健壮，枝条粗壮。自花结实，早果性好，很丰产。果实发育期 48 d 左右，在郑州市 5 月 20 日左右成熟。

(23) 萨米脱（图 15-27）

萨米脱为引自加拿大中熟甜樱桃品种。单果重 8 ~ 13 g，果实长心脏形，果顶尖，果个均匀一致，果实紫红色，有光泽，果皮中厚，果肉红色，致密、脆，肥厚多汁，可溶性固形物含量 16.5%，风味酸甜适口，品质上。果实发育期 50 d 左右，在郑州市 5 月 24 日左右成熟。自花不实，花期晚，很丰产。

**图 15-27 萨米脱**

(24) 阿尔梅瑟（图 15-28）

阿尔梅瑟为引自意大利中熟甜樱桃品种。单果重 8 ~ 10 g，果实心脏形，紫红色，果个均匀一致，果实紫红色，有光泽，脆甜爽口，风味佳，品质上，耐贮运。树势中庸健壮，易形成花束状果枝，早果性好。自花不实，自然结实率高，很丰产。

(25) 塞尔维亚（图 15-29）

塞尔维亚为引自加拿大中熟甜樱桃品种。单果重 7 ~ 11 g，果实心脏形，紫红色，果肉较硬，耐贮运。果柄较短，果实外观整齐，成熟期比较一致。自花结实，枝条粗壮，节间短，短枝型，分枝角度小，树姿不开张，早果性好，很丰产。果实发育期48 d，花期晚，郑州市5月26日左右成熟。

**图15-28　阿尔梅瑟**

**图15-29　塞尔维亚**

（26）艳阳

艳阳为引自加拿大中晚熟甜樱桃品种。单果重8～13 g，果实短心脏形，浅紫红色，味佳，果肉硬，耐贮运性好。枝条粗壮，树姿较开张，生长势较弱。自花结实，花期晚，与萨米脱同期开花。早果性好，很丰产。果实发育期52 d，在郑州市5月26日左右果实成熟。

**2. 欧洲酸樱桃**

（1）顽童

顽童是一个杂交种。果实扁圆形，整齐一致。果实大，单果重5.5 g。果皮浓红色或近黑色。果肉紫红色，细嫩多汁，酸甜爽口，鲜食品质佳。花后果实50～55 d成熟，果实亦适宜加工。植株健壮，树冠圆形，枝中密，以花束状果枝和一年生果枝结果。早果、丰产，抗寒、抗旱，抗细菌病害，适应性广。

（2）相约

相约果实扁圆形。果个特大，单果重8～9 g。果皮紫红色。果肉红色，细嫩多汁，软肉。酸甜适口，果汁红色，蘚食品质极佳。花后50～60 d果实成熟，适宜加工。植株长势中庸偏弱，以花束状果枝和一年生果枝结果为主，部分自花结实。结果早，较丰产，抗旱、抗寒力中等。

（3）美味

美味果实圆形。果个大，整齐，单果重6～8 g。果皮红色。果肉玫瑰红色，细嫩柔软，具葡萄甜味，汁液玫瑰红色，鲜食品质极佳。花后60～65 d果实成熟，适宜加工。植株健壮，树冠圆形，枝中密，以长果枝和一年生果枝结果为主。嫁接苗结果早，抗寒、抗旱力中等，对细菌性病害、褐腐病抗性中等。

（4）毛把酸

毛把酸是我国酸樱桃主栽品种之一。果实圆球形或扁圆形，果个小，平均果重2.5～2.9g，果皮浓紫红色，具有蜡状光泽。果肉柔嫩多汁，酸甜，品质中上。核小，离核。果柄基部常有苞片或小叶状。易繁殖，花期晚，不易受晚霜为害，生产中可作为甜樱桃的授粉树和砧木应用。适应性强，抗寒、抗旱，耐瘠薄。

（5）斯塔克

斯塔克不带樱桃黄矮病毒和环斑坏死病毒。树冠比普通型蒙特莫伦西略小，适于机械采收。早熟性、丰产性均比蒙特莫伦西好，其他特点与其相似，自花授粉结果。

**3. 杂种樱桃**

（1）盼迪

盼迪是甜樱桃和酸樱桃的天然杂交种（四倍体）。果实大，单果重7～8 g。味美，果肉红色，酸度明显低于蒙特莫伦西，一般作为鲜果食用。树势强健，叶片中等大小，二至四年生树开始结果。自花不育，酸樱桃和甜樱桃是其授粉树。花期不抗寒，是匈牙利栽培最多的一个种群。

（2）尔迪·博特莫

尔迪·博特莫是1978—1979年由匈牙利选育而成。果实中等大小，扁球形。果皮鲜红，果肉橘黄色，较硬，风味酸甜，非常鲜美。果汁色较浅，糖度中等，酸度一般，较早熟，高产，可作鲜食加工用。适于机械采收。

（3）西甘内

西甘内是欧洲甜樱桃与草樱桃杂交而成的一个老种群。树体紧凑、开张，自花可育，并宜机械采收八至十年生树一般产量40 kg/株左右。果肉和果汁颜色很鲜艳，果实适于加工果汁和果酒，是盼迪优良授粉树，在匈牙利种植面积约占20%。

（4）弗尔套斯

弗尔套斯于1978—1979年由匈牙利选育而成。自花可育，果实稍小，并成串生长在枝条上，无果柄，能机械采收，较晚熟。

（5）玛瑙

玛瑙于19世纪在法国育成。味甜酸，是大樱桃杂种中优良的品种之一。果实大，长圆形或长卵形。果顶圆而顶点有小凹陷，果柄细，长约4 cm，果皮暗红色，柔软，易剥离。果肉灰黄色，肉质柔软，酸味较少，果汁无色，核稍大，长圆形，扁平。在河北，6月上旬成熟。树冠中大，树姿开张，不够丰产。

**4. 中国樱桃**

（1）大窝楼叶

大窝楼叶产于山东枣庄市多城区齐村，因其叶片大向后反卷，皱缩不平而得名。果实圆球形或扁圆球形，脐部微下凹，缝合线暗紫红色。单果重1.5～2.0 g。果皮较厚，紫红色，易剥离。果柄中长、较粗，果肉淡黄色，微红色，果汁中多，肉质软，味甜微酸，有香味。离核。5月上旬成熟，较耐瘠薄，抗干旱。

（2）崂山短把红樱桃

崂山短把红樱桃果实近圆球形，缝合线浅。果个较大，平均单果重2 g左右，果皮深红色，中厚，易剥离；果梗短粗。果肉黄色，汁多，黏核，味甜，品质中上。

（3）崂山樱桃

崂山樱桃果实扁斜，宽心形，先端具小突尖，缝合线不明显。果个较大，平均单果重2.8 g。果皮紫红色，中厚易剥离；果肉橙黄色，近核处粉红色，稍黏核，果汁多，味甜、品质上。树体高大，喜肥水，不耐瘠薄、干旱。

（4）大樱桃

果实宽心形，果肩微偏斜，果顶尖瘦。果个较大，平均单果重2.1 g。果皮朱红色，皮厚韧，易剥离。果肉黄白色，近核处微红，肉质略有弹性，果汁中多，味甜而微酸。离核，品质上。树势强健，内膛易空虚。

（5）莱阳矮樱桃

莱阳矮樱桃是山东莱阳市林业局从当地实生苗中选出的矮生型中国樱桃优良品种。果实圆球形，平均单果重1.73 g。果皮深红色，果肉淡黄色，肉质致密，皮肉易分离，风味甜，有香气，可溶性固形物含量16.5%。离核，果肉可食率91.3%，较耐贮运。树体强健，树冠紧凑矮小，早期丰产性好，抗逆性强。

（6）春红

春红属特早熟小樱桃品种。中国农业科学院郑州果树研究所培育。单果重2.5～3.0 g，果实扁心脏形，果柄较短，果实鲜红色，采前不落果。树势强，树姿不开张，早果性好，定植后第2年结果，第3

年丰产，自花结实。在郑州市，花期3月中旬，花期不集中，果实发育期约40 d，4月21日左右开始成熟。

**思考题**

（1）世界上作为果树栽培的樱桃有哪些种类？

（2）欧洲甜樱桃（大樱桃）的优良品种有哪些？识别时应把握哪些要点？

（3）欧洲酸樱桃、杂种樱桃和中国樱桃都有哪些优良品种？

# 第四节　樱桃无公害栽培技术要点

## 一、环境质量条件

无公害樱桃产地环境条件必须符合最新环境标准要求。无公害樱桃产地应选择在生态条件良好、远离污染源，并具有可持续生产能力的农业生产区域。

## 二、无公害樱桃标准

无公害樱桃必须达到表15-1规定的标准。

**表15-1　无公害樱桃标准**

| | | |
|---|---|---|
| 感官指标 | 新鲜度 | 新鲜、清洁，无正常外来水分 |
| | 风味 | 具有本品种固有的风味，无异常气味 |
| | 果形 | 具有本品种的基本特征 |
| | 色泽 | 具有本品种固有色泽 |
| | 果梗、果面缺陷 | 无未愈合的裂口 |
| | 病虫果及腐烂果 | 无 |
| 卫生要求 | 铅（以Pb计） | ≤0.2 mg/kg |
| | 镉（以Cd计） | ≤0.03 mg/kg |
| | 总砷（以As计） | ≤0.5 mg/kg |
| | 敌敌畏 | ≤0.2 mg/kg |
| | 毒死蜱 | ≤1.0 mg/kg |
| | 氰戊菊酯 | ≤0.2 mg/kg |
| | 氯氰菊酯 | ≤2.0 mg/kg |
| | 多菌灵 | ≤0.5 mg/kg |

## 三、无公害生产技术要求

### 1. 园地选择与规划

（1）园地选择

无公害大樱桃产地应选择在生态条件良好，远离污染源（造纸厂、水泥厂和印刷厂等），具有可持续生产能力的农业生产区域。

（2）园地规划

科学合理确定株行距，搭配授粉树。

**2. 品种与砧木选择**

品种与砧木应选择适应当地自然条件、表现良好的种类。

**3. 栽植**

按 NY/T 441—2013 的相关要求执行。栽植沟穴内施入的有机肥应是 NY/T 394—2013 中规定的农家肥料和商品肥料，主栽品种与授粉树比例不少于 4∶1。

**4. 土肥水管理**

（1）土壤管理

①深翻改土。分为开沟与全园耕翻。山地果园栽植前应先开沟，沟宽 1 m，深 0.6 m 左右，开沟后回填土壤。回填土中混以有机肥，回填好后充分灌水，使土沉实。全园耕翻一般于秋季结合秋施基肥进行，深度 20 cm 左右。

②覆草和埋草。覆草在春季施肥、灌水后进行。覆盖材料可用麦秸、麦糠、玉米秸、干草等。将覆盖物覆盖在树冠下，厚 10 ~ 15 cm，上压少量土，连覆 3 ~ 4 年后浅翻 1 次。也可结合深翻开大沟埋草，以提高土壤肥力和蓄水能力。

③种植绿肥和行间生草。行间种植紫花苜蓿、沙打旺、三叶草等，以增加土壤有机质含量。

（2）施肥管理

①施肥原则。以有机肥为主、化肥为辅，保持或增加土壤肥力及土壤微生物活性。所施用肥料不应对果园环境和果实品质产生不良影响。

②允许使用的肥料种类。农家肥料应符合 NY/T 394—2013 中所述的农家肥料执行。包括堆肥、沤肥、厩肥、沼气肥、绿肥、作物秸秆肥、泥肥和饼肥等。商品肥料按 NY/T 394—2013 中所述执行。包括商品有机肥、腐殖酸类肥、微生物肥、有机复合肥、无机（矿质）肥、叶面肥、有机无机肥等。其他肥料为不含有毒物质的食品、鱼渣、牛羊毛废料、骨粉、氨基酸残渣、骨胶废渣、家禽家畜加工废料、糖厂废料等有机物料制成，经农业部门登记允许使用的肥料。

③禁止使用的肥料。一是未经无害化出来的城市垃圾或含有金属、橡胶和有害物质的垃圾。二是硝态氮肥和未腐熟的人粪尿。三是未获准登记的肥料产品。

④施肥方法和数量。基肥以农家肥为主，混加少量氮素化肥。施肥量按 1 kg 鲜果施 1.5 ~ 2.0 kg 优质农家肥计算，一般盛果期果园施有机肥 2000 ~ 3000 kg/亩。施肥方法以沟施或撒施为主。追肥分土壤追肥和叶面追肥两种。土壤追肥每年 3 次：第 1 次在萌芽前后，以氮肥为主；第 2 次在花芽分化及果实膨大期，以磷肥、钾肥为主，氮、磷、钾混合使用；第 3 次在果实生长后期，以钾肥为主。施肥量以当地土壤条件和施肥特点确定。结果树一般每生产 100 kg 大樱桃，需追施纯氮（N）1.0 kg、纯磷（$P_2O_5$）0.5 kg、纯钾（$K_2O$）1.0 kg。叶面喷肥 1 年 4 ~ 5 次：一般生长前期 2 次，以氮肥为主；后期 2 ~ 3 次，以磷肥、钾肥为主，可补充果树生长发育所需的微量元素。

（3）水分管理

樱桃园灌溉水质量应符合最新标准要求。

**5. 整形修剪**

冬季修剪时剪除病虫枝，清除病僵果。加强生长季修剪，拉枝开角，及时疏除树冠内直立旺枝、密生枝和剪锯口处的萌蘖枝等，以增加树冠内通风度。

**6. 花果管理**

重点抓好疏花疏果、人工辅助授粉，防止晚霜冻及科学灌水等。

**7. 果实采收**

根据果实成熟度、用途和市场需求综合确定采收适期。成熟期不一致的品种，应分期采收。采收时轻拿轻放。

**思考题**

樱桃无公害栽培技术要点包括哪些内容？

# 第五节　樱桃关键栽培技术

## 一、整形修剪

**1. 主要树形**

中国樱桃和欧洲酸樱桃多采用丛状形、主干自然形，欧洲甜樱桃可采用自然开心形、主干疏层形和纺锤形。

**2. 典型树形结构及整形技术**

纺锤形树形成形后干高 40～60 cm，树高 3 m 左右，中心干上着生主枝 8～10 个，主枝间距 25 cm，方向互相错开，同方向主枝间距 70 cm 左右。定植当年定干 80～100 cm，定干后刻芽，促发多个新梢培养主枝。第 2、第 3 年发芽前对主枝刻芽。生长季新梢长至 15 cm 左右时摘心，培养短果枝和花束状果枝。第 3 年夏季 5 月下旬喷 15% 的多效唑可湿性粉剂 200～300 倍液控制树势。秋季或春季拉枝，骨干枝开张角度 80°，临时枝开角至 90°。休眠期疏除无利用价值的徒长枝、竞争枝和病虫枝。

**3. 休眠期修剪**

休眠期修剪应把握住适期修剪、修剪程度、各类枝条的处理及不同年龄时期的修剪任务和修剪要求，具体内容见本章第七节“樱桃四季栽培管理技术”中的“四、冬季栽培管理技术”。

**4. 生长期修剪**

生长期修剪主要在新梢旺长期和采果后进行。内容包括摘心、扭梢、拿枝、拉枝及采后疏大枝等。

**5. 大樱桃倒伏“回炉法”修剪**

（1）为何采用“回炉法”修剪

大樱桃根系浅，固地性差，易倒伏。采用纺锤形修剪，如果修剪不当，易造成树体过大，树冠偏斜，树体倒伏。

（2）“回炉法”修剪技术要点

大樱桃当年春季定植后于 80～90 cm 饱满芽处定干，抹除主干上离地面 50 cm 以内的萌芽，其余枝条任其自由生长。第 2 年春季萌芽前，中心干留 50 cm 短截，疏除竞争枝，将第 1 年萌发出的枝条全部留隐芽重截，并刻芽促发枝条。秋季长出的枝龄、粗度及生长势基本一致的枝条 8～12 个。对角度小的枝条及时拉成 80°。第 3 年疏除竞争枝，中心干短截留 50 cm，刻芽促枝，其余枝条单轴延伸不短截，并刻芽促发短枝。夏季采用扭梢、摘心等措施，培养结果枝组。6—7 月，喷施 1500 mg/L 多效唑 2～3 次控制生长。以后两年以刻芽、扭梢、摘心、拉枝、喷多效唑等缓势修剪措施为主，适当疏除竞争、重叠、交叉、过密枝条，使之形成中心干粗壮、分枝均匀的纺锤形树体结构。

## 二、综合保护技术

露地樱桃栽培应在加强肥水管理、合理整形修剪的基础上，采取综合措施保护树体。

**1. 冻害防御**

防御冻害是大樱桃生产的重要内容。一是选择地势较高、地形开阔、背风向阳的地段建园。土壤最好是土层深厚、土质疏松、保水力强、地下水位低的沙壤土。二是选择抗寒性较强的品种。三是加强树体管理。除施足基肥外，8 月增施有机肥，同时喷施氨基酸微肥 2～3 次，加强病虫害防治，落叶后进行树体涂白。

**2. 预防裂果**

裂果是樱桃在成熟前因久旱遇雨或突然灌水造成果皮破裂的一种生理病害。生产上可采取三方面措施进行预防：一是选择抗裂果品种（如雷尼、拉宾斯）或成熟早的品种（如抉择、红灯、芝罘红、大紫等）；二是加强果实成熟前的水分管理，土壤含水量保持田间持水量的60%～80%，采取勤浇水、浇小水的方法，避免土壤忽干忽湿；三是避雨栽培防止裂果，就是在樱桃园设置防雨棚，同时注意及时排水。

**3. 预防鸟害**

樱桃成熟时，色泽艳丽、口味甘甜，极易遭受鸟害。目前生产上主要采取人工躯鸟的方法，如设置稻草人、挂气球，均有一定效果，有条件的地方最好架设防鸟网。

**思考题**

（1）大樱桃为什么要进行“回炉法”修剪？采用“回炉法”修剪时，应把握哪些技术要点？

（2）如何进行樱桃综合保护？

## 第六节　樱桃无公害优质丰产栽培技术

### 一、育苗

**1. 砧木苗培育**

（1）实生砧木苗培育

采用本溪山樱桃、中国草樱、马哈利樱桃作砧木时多用实生播种法繁殖砧木苗。通过实生播种法繁育出的苗木具有根系发达、成本低、繁殖系数高等优点。

①种子采集及沙藏。种子采集在果实充分成熟时进行。果实采回后立即浸入水中搓洗，弃去果肉和漂浮在水面的秕种子，将沉入水底饱满种子清洗干净后备用。沙藏时将纯净种子按1份种子与3～4份湿河沙的比例混匀，贮于阴凉不积水处，不干放。本溪山樱桃种子可先阴干1个月，再混入湿沙贮藏。冬季来临之前取出种子进行层积。层积时仍按1份种子与3～4份细河沙混匀，河沙含水量50%～60%，即手握成团不滴水，松手一触即散。混匀后装编织袋、木箱等容器，或堆放稍加覆盖，置于0～4 ℃环境中，经160～180 d完成后熟。

②播种。将经过层积种子第2年春天播种。播种方式分为大田直播、畦床播种、穴盘和营养钵播种。

③播后管理。播种后随时注意土壤湿度变化，播后覆盖稻草或麦草，苗拱土时撤去。期间除非特别干旱，一般不浇水。土壤过干时，用细眼喷壶喷水，保持表土湿润、松散，切忌大水漫灌。幼苗出土后及时松土、除草。幼苗大部分长至4～5片真叶时，及时间苗、定株、移栽。幼苗移栽时必须带土坨。幼苗生长过程中保证肥水供应。

（2）营养系砧木苗培育

采用考特、吉塞拉、大青叶等作为砧木时均采取营养系繁育苗。该类苗的共同特点是变异小、整齐度高，但根系分布浅、寿命短。营养系苗的繁育方法有扦插、压条、分株、组织培养。其中，组织培养在生产上应用较少。

①扦插育苗。扦插育苗有两种：一种是硬枝扦插，即利用一至二年生休眠枝在春季扦插；另一种是嫩枝扦插，利用半木质化带叶新梢进行扦插。对于容易生根的种类可以硬枝扦插；生根困难的种类，可进行嫩枝扦插。

②压条和分株育苗。各类樱桃砧木在母树基部靠近地面处都能萌发出很多萌蘖苗，可将这些苗进行

压条。方法是在6月根际苗长到高50 cm左右时，在根际苗周围放射状开沟，将萌条压倒在沟内，上面培土，前面保留30 cm，使顶芽和叶片继续生长。一般到翌年春季萌发前刨出，集中栽于苗圃地培养。

**2. 嫁接**

1年中，甜樱桃适宜嫁接时期有3次：第1次在春季3月下旬，时间15 d左右，该期多采用板片梭形芽接、单芽切腹接或劈接法；第2次在6月下旬至7月上旬，15~20 d，该期主要采用板片条状芽接或丁字形芽接；第3次在9月中下旬至10月上旬，该期一般采用板片条状芽接。

## 二、建园

**1. 园地选择**

樱桃园地选择应根据其对生态条件的要求，尽量选择适于樱桃生长发育的地方建园，做到适地适树。樱桃选择园地时一般应考虑气候条件、地形条件、土壤条件、水质条件和空气条件。

（1）气候条件

甜樱桃最适宜在冬无严寒、夏无酷暑、无风灾雹害、春季气温回升较平稳、无经常性的倒春寒和晚霜为害的地区栽植。

（2）地形条件

最好选择坡地15°以下的缓坡丘陵和平地建园。

（3）土壤条件

土质疏松、透气性好、空隙度大而保肥能力强的沙质壤土建园最好。其他较适宜的土壤为沙质土、壤质土和砾质土。黏质土应彻底改良后才能建甜樱桃园。

（4）水质条件

必须选择水源充足、有水浇条件的地方建园。甜樱桃对水质要求较高，不能用含盐、含碱、受污染的水灌溉，水硬度不能过高。果园灌溉用水必须清洁无毒，符合国家农田灌溉水质量标准。

（5）空气条件

大气环境质量应满足国家制定的无公害水果基地大气环境质量标准。

**2. 园地规划**

园地规划包括防风林体系规划、栽植区规划、水土保持与排灌体系规划、施肥与喷药体系规划、附属设施规划，规划方法和其他果树基本一样。

**3. 栽植密度**

栽植密度应根据品种、砧木、土壤、气候条件、肥水条件和整形修剪方式不同而不同。一般平原地区采用小冠疏层形整形时，株行距3 m×4 m或3 m×5 m；若采取纺锤形整形，则株行距2 m×4 m或2 m×5 m。丘陵地和山坡地，采取小冠疏层形时，株行距2 m×4 m或3 m×4 m；若采取纺锤形，株行距2 m×4 m。进行梯田栽植的地方，若每个梯田面单行栽植，株距可为1.2~2 m。

**4. 授粉树配置**

樱桃配置授粉树可明显提高产量和果实品质。生产上樱桃授粉树配置可将几个品种混栽，互为授粉树。互为授粉树的几个品种间必须花期一致、花粉量大且生命力强、互相授粉亲和力强。栽植时不宜采取中心式，最好2~3个品种间隔栽，每2~3行1个品种。同一品种不宜连栽3行以上。甜樱桃适宜授粉品种见表15-2。

**表 15–2 甜樱桃授粉品种**

| 主栽品种 | 适宜授粉品种 |
|---|---|
| 那翁 | 大紫、水晶、巨红、滨库、雷尼尔、先锋 |
| 大紫 | 水晶、那翁、滨库、芝罘红、红丰、巨红、黄玉、红灯 |
| 滨库 | 大紫、水晶、巨红、红灯、斯坦勒、雷尼尔、先锋 |
| 雷尼尔 | 那翁、滨库、巨红、红蜜 |
| 佳红 | 巨红、雷尼尔、先锋 |
| 美早 | 先锋、红灯、红艳、拉宾斯、萨米脱 |
| 红灯 | 红蜜、滨库、大紫、佳红、巨红、红艳 |
| 红艳 | 红灯、红蜜、巨红 |
| 先锋 | 滨库、雷尼尔、早大果、胜利、友谊、宇宙 |
| 萨米脱 | 大紫、友谊、宇宙、奇好、佐藤锦、南阳 |
| 早红宝石 | 抉择、乌梅极早、那翁、早大果、红灯 |
| 抉择 | 早大果、早红宝石、红灯、那翁、先锋 |
| 早大果 | 早红宝石、抉择、胜利、先锋 |
| 胜利 | 早大果、雷尼尔、先锋、那翁、红灯 |
| 友谊 | 胜利、早大果、雷尼尔、先锋、红灯 |
| 宇宙 | 友谊、奇好、萨米脱、胜利、那翁、先锋 |
| 奇好 | 宇宙、友谊、萨米脱、先锋 |
| 芝罘红 | 水晶、大紫、那翁、滨库、红灯、红丰 |

**5. 栽植技术**

(1) 苗木选择

樱桃苗木应选择根系完整，须根发达，粗根 5 mm 以上的大根 6 条以上，长度 20 cm 以上，不劈、不裂、不干缩失水，无病虫害。枝条粗壮，节间较短而均匀，芽眼饱满，不破皮、不掉芽，皮色光亮，具有本品种典型色泽，嫁接口愈合良好。

(2) 栽植时间

樱桃适于春栽。一般土壤彻底化冻，越冬作物（如冬小麦、油菜）或杂草开始返青时栽植。如采取措施抑制苗木萌发，稍延后栽植，则成活率更高。

(3) 栽植技术

樱桃可采用传统的挖沟、挖坑栽植方法，也可采用平面台式栽植方法。平面台式栽植技术具体做法是：栽前按要求整地，撒施入充足土杂肥后旋耕深 20 cm。栽植时，每株树位置先放 50 g 左右少量复合肥，上盖一锹土，将苗轻轻放在上面，扶直，将行间表土培在根部，踏实。栽好后将行间表土沿行向培成台，台上宽 60 cm、下宽 100 ~ 120 cm、高 40 ~ 60 cm。沿每行铺设 1 条滴灌管，盖黑色地膜，充分灌足水，每 10 ~ 15 d 施 1 次水肥，施用量以浸湿台为宜，每次施复合肥 4 ~ 5 kg/亩。栽后立即定干，并套长 40 cm 的地膜筒。

## 三、土肥水管理

**1. 土壤管理**

（1）土壤改良

樱桃土壤改良最常用的方法是深翻熟化、根部培土和盐碱土改良。土壤深翻可在春、夏、秋 3 个时期进行。春季深翻在开春撒施有机肥后进行，此次翻得宜浅；夏季深翻在施完采果肥后进行；秋季深翻一般在 8 月下旬至 9 月进行，结合秋施基肥，翻的深度宜深些。根部培土既能加固树体，还能使树干基部发生不定根，增加吸收面积，并有抗旱保墒作用。培土最好在早春进行，秋季将土堆扒开，随时检查根颈是否有病害，发现病害及时治疗。土堆顶部要与树干密接，防止雨水顺树干下流进入根部。盐碱地改良可用定植沟内铺秸秆、增施有机肥、勤中耕、地面覆盖或地膜覆盖、种植绿肥等方法。

（2）树盘覆盖

①覆草。适宜在山岭地、沙壤地、土层浅的樱桃园进行，黏重土壤不宜覆草。秸秆、杂草均可作覆草材料。除雨季外，覆草可常年进行。覆草厚度以常年保持在 15～20 cm 为宜。连续覆草 4～5 年后有计划深翻，每次翻树盘 1/5 左右。覆草果园要注意防火、防风刮。

②覆膜。可在各类土壤上进行，尤其是黏重土壤。覆膜应在早春根系开始活动时进行。幼树定植后应整平树盘，浇 1 次水。追施 1 次速效肥后立即覆膜。覆膜后一般不再耕锄。膜下长草可压土，覆黑地膜可免除草工序。采取平面台式栽植，必须覆地膜。

（3）种植绿肥与行间生草

幼龄甜樱桃园可行间间种矮秆、浅根、生育期短、需肥水较少且主要需肥水期与甜樱桃植株生长发育的关键时期错开，不与甜樱桃共有危险性病虫害或互为中间寄主的作物。最适宜间作物是绿肥。常用绿肥作物有沙打旺、苜蓿、草木樨、杂豆类等，生长季将间作物刈割覆于树盘或进行翻压。成龄甜樱桃园可采用生草制，就是在行间、株间、树盘外区域种草，树盘清耕或覆草。草类以禾本科、豆科为宜。也可采取前期清耕，后期种植覆盖作物的方法，就是在甜樱桃需水、肥较多的生长季前期实行果园清耕，进入雨季种植绿肥作物，至花期耕翻压入土中。

**2. 施肥管理**

（1）施肥原则

设法增加樱桃植株营养贮备水平、少量多次使根系较好地吸收利用水肥并使肥效充分发挥，浅施多点使全树根系功能都得以利用，地上和地下配合施用及时满足树体对养分的需要。

（2）施肥时期

①秋施基肥。宜在 9 月中旬至 10 月尽早施入。施用基肥种类主要是腐熟的人粪尿、猪圈肥、鸡粪和豆饼等有机肥料。施肥量约占全年施肥量的 70%。幼树和初果树施充分腐熟人粪尿 30～60 kg/株，或猪圈肥 125 kg/株左右，幼树期加速效氮肥 150 g 左右，初果期亦可混入复合肥，做到控氮、增磷、补钾。结果大树施人粪尿 60～90 kg/株，或施猪圈肥 3500～5000 kg/亩。采用环状沟施，也可隔行施肥。结合施基肥，幼树进行扩穴深翻。

②花前追肥。初花期追施尿素 500～1000 g/株，一般施 40 cm 以内。盛花期喷施 0.3% 尿素 +0.1%～0.2% 硼砂 +600 倍磷酸二氢钾（$KH_2PO_4$），以提高坐果率，增加产量。

③采果后追肥。樱桃采果后 10 d 左右，可追施磷酸二铵 1.0～1.5 kg/株左右。

叶面喷肥在整个生长季根据需要随时进行。喷施肥料种类是 0.3% 的尿素 +0.3% 的磷酸二氢钾，每隔 10～15 d 喷施 1 次。

**3. 水分管理**

樱桃灌水应本着“少量多次、稳定供应”的原则进行。既要防止大水漫灌导致土壤通气状况急剧恶化，也要防止干旱导致根系功能下降。果实发育期要注意水分稳定供应，严防过干、过湿造成大量裂果。

（1）适时浇水

①花前水。在发芽后开花前进行。主要满足发芽、展叶、开花对水分的需求。要保证适宜的水分供应。

②硬核水。硬核期是果实生长发育最旺盛的时期，此期 10～30 cm 土层内土壤相对含水量不低于 60%，否则要及时灌水。该次灌水量要大，浸透土壤 50 cm 为宜。

③采前水。采收前 10～15 d 是樱桃果实膨大最快时期，此期若土壤干旱缺水，则果实发育不良，但若在长期干旱后突然在采收前浇大水，易引起裂果。因此，此期浇水采取少量多次原则。

④采后水。樱桃果实采收后，正是树体恢复和花芽分化的关键时期，要结合施肥进行充分灌水。

⑤封冻水。落叶后至封冻前要浇 1 遍封冻水，有利于其安全越冬、减少花芽冻害及促进健壮生长。

（2）雨季排水

樱桃树是最不抗涝树种。要求建园时必须设计排水系统，保证雨后 2 h 内将园中水排净，绝对不能出现园内积水现象。

## 四、整形修剪

### 1. 常用树形

（1）丛状形

中国樱桃和甜樱桃可采用此树形。该树形无主干和中心干，自地面分生出长势均匀的 4～5 个主枝，主枝上着生结果枝组，不配备大的侧生分枝。

（2）自然开心形

中国樱桃和甜樱桃都可用此树形。该树形主干高 20～40 cm，无中心干，主干上着生 4～5 个长势均衡的主枝，主枝角度 30°～45°，主枝在整个树冠所占空间均匀分布。每个主枝上分生 6～7 个侧枝，分为 4～5 层，侧枝着生角度 50°～60°。侧枝上及主枝上配备各类结果枝组。主枝较少时，可在第 1 个～第 3 个侧枝上配副枝。

（3）小冠疏层形

甜樱桃可采用此树形。小冠疏层形树高 3～3.5 m，主干高 50～60 cm，中心干着生主枝 5～6 个，分 2 层排列：第 1 层主枝 3 个，第 2 层主枝 2～3 个。第 1 层主枝各配备 2 个侧枝，第 2 层主枝为 2 个时各配 1 个侧枝，为 3 个时不配侧枝。主枝角度 45°～60°，侧枝角度 60°～80°。该树形较适于在土壤肥沃、水肥条件较好的平地采用。

（4）自由纺锤形

甜樱桃可用此树形，施于密植甜樱桃园和设施栽培。自由纺锤形树高 2.5～3.0 m，主干高 50～60 cm，中心干直立挺拔，生长势较强，其上分层或不分层着生 10～15 个单轴延伸主枝；主枝角度 80°～120°，下层 80°～90°，上层 90°～120°。下部主枝较长，通常 2.0～2.5 m，向上逐渐变短，最下部下垂状主枝长在 1.5 m 左右。

（5）改良纺锤形

①丛状改良纺锤形。在丛状形基础上，按照纺锤形整形修剪原则形成的一种树形。主枝数量 5～6 个，其上不着生侧枝，直接培养各类枝组，主枝严格单轴延伸，枝组也呈细长形状。

②开心式改良纺锤形。在自然开心形基础上采用纺锤形整形修剪原则形成的一种树形。主干高 40～60 cm，主枝 6～7 个，分 2 层排列：第 1 层 3～4 个，第 2 层 2～3 个，各主枝角度在 80°左右，其上不再配置侧枝，直接着生各类结果枝组。

③基部三主枝改良纺锤形。由疏散分层形改良而成。树高控制在 3.5 m 以下，主枝数量可适当增加

至10个以上。保留原植株基部三大主枝不动，维持其原有结构，采取原有整形修剪方式，对中心干上基部三主枝以外的所有大枝均按纺锤形整形修剪原则加以改造，压缩或去除大的侧枝，改造为中小型结果枝组。主枝角拉大至80°~90°，保持严格单轴延伸，主枝上直接培养各类中小型结果枝组，不配大型枝组。

④组合式改良纺锤形。由疏散分层形改造而来。每个大枝相当于1株小型纺锤形“树”，整株树由7~10个这样的大枝分2~3层组成，第1层4个，第2层2~3个，第3层1~2个。对原有疏散分层形改造时，首先加大原有主枝角度；其次将各辅养枝改造成细长纺锤形状，作主枝用；原有各主枝的大侧枝压缩变小；而主枝上大型结果枝组则拉长其枝轴，培养成细长纺锤形状，长度在1.0~1.5 m。每个主枝上可以着生5~7个细长纺锤形枝，其上再培养各类中小型结果枝组，不配大型枝组。

**2. 休眠期修剪**

（1）修剪时间及要求

休眠期修剪时间宜晚不宜早，一般以3月中下旬萌芽前为宜。修剪程度易轻不易重，除对各级骨干枝轻短截外，其他枝多行缓放，待结果转弱后，及时回缩复壮。疏除病枝、断枝和枯枝等。同时，注意疏剪密生中小型枝，回缩细弱冗长枝到壮枝、壮芽处，剪锯口涂油漆保护。

（2）各类枝修剪

①主侧枝培养。通过冬剪，必须调整主侧枝间的从属关系。主侧枝的分布必须株间不交叉、不重叠。株间大枝通过冬剪相互避让互不影响，行间应有光路，至少有0.5 m的空间，切实达到通风透光。

②枝组培养及更新复壮。每年冬剪应该注意枝组不断更新修剪，使枝组内抽生足够的中长果枝。培养枝组方法有两种：一是先放后缩法，二是先截后放法。使枝组分布在主侧枝两侧，着生状态呈水平及斜生。主侧枝背上应留中小型枝组．高度不超过0.4 m，中下部位，空间大的适当安排较大型枝组。整株树各类枝组相互搭配，不能交叉、重叠。通过合理的回缩、短截、长放等方法的运用使枝组保持各占一处、错落有致。

③结果枝修剪。结果枝剪留要按照樱桃树的生长势、各类结果枝的分布状态进行剪截。结果枝中的长果枝应留在枝组的侧边，以斜生状态为好；背上或直立的长果枝少留；树冠上部徒长性结果枝坚决不留。初结果树和生长过旺不易结果的树以疏剪长放为主，枝组轻缩少截多留果枝，促进树势缓和，提高结果能力；成年树采用长放截缩配合方法：一般长果枝剪去梢部不充实段，剪去梢部1/4~1/3长度，中果枝以长放为主，短果枝需保留的绝不能剪截；老年树或衰弱树应少疏多截，控制结果量，加强枝组更新，促进树势恢复。

（3）不同年龄时期修剪

①幼树修剪。樱桃幼树主要修剪任务是培养树体骨架，促使幼树早成形、早结果，为盛果期高产稳产打下可靠的基础。修剪幼树根据树形选配各级骨干枝。中心干剪留长度50 cm左右，主枝剪留长度40~50 cm，侧枝短于主枝，纺锤形树形留50 cm短截或缓放，注意骨干枝的平衡与主次关系。严格防止上强，用撑枝、拉枝等方法调整骨干枝角度。树冠中其他枝条，斜生、中庸枝条缓放或轻短截，旺枝、竞争枝视情况疏除或进行重短截。

②初果树修剪。初结果树修剪任务重点是缓和树势，积极培养结果枝组，为大量结果打好基础。初果树除继续完成整形任务外，注意结果枝组培养。树形基本完成时，注意控制骨干枝先端旺长，适当缩剪或疏除辅养枝。对结果多年结果部位外移较快的疏散型枝组和单轴延伸的枝组，在其分枝处适当轻回缩，更新复壮。对以短果枝结果为主的那翁、红丰、水晶、晚红等，在修剪上应以甩放为主。对结果树一般不采用短截手法。当树势衰弱时，适当回缩，使短果枝抽生发育枝，进行枝组更新。新生发育枝继续甩放，促生短果枝形成，增加结果部位。对以中长果枝结果为主的大紫等品种成枝力强，要以长放为主，回缩为辅，放缩结合原则培养中长结果枝。培养大、中型结果枝组时，可选70~80 cm的旺枝，缓

放 1～2 年后再回缩，对长度 40 cm 以下的中等枝，多用于培养小型结果枝组。采用先缓放后回缩培养结果枝组时，应注意缓放后不弱，回缩后不旺，保持中等长势。回缩时一定要根据树势、肥水条件和枝条着生部位来决定。

③盛果树修剪。盛果树修剪任务主要是保持强壮树势，尽量控制树冠向外扩展，改善冠内通风透光条件，延长结果年限，达到连年稳产高产的目的。通过修剪，调节生长和结果的关系；疏弱枝，留强枝，保持较大的生长量和形成一定数量的结果枝。同时，对结果枝组不断进行更新修剪，复壮衰老的结果枝组，保持树冠内有较多的有效结果部位。盛果树要休眠期修剪和生长期修剪相结合，调整树体结构，改善树冠内通风透光条件，维持和复壮骨干枝长势及结果能力。骨干枝和枝组带头枝在其基部腋花芽以上 2～3个叶芽处短截；经常在骨干枝先端二至三年生枝段进行轻缩剪，促使花束状果枝向中、长枝转化，复壮枝势。对结果多年的结果枝组，也要在枝组先端的二至三年生枝段处缩剪，复壮枝组生长结果能力。盛果后期骨干枝衰弱时，及时在其中后部缩剪至强壮分枝处。

④衰老树修剪。樱桃衰老树修剪任务主要是及时更新复壮树体，重新恢复树冠，达到继续连年结果的目的。在樱桃分批采收后回缩大枝。大、中枝回缩后伤口处萌发出的徒长枝，选留方向和角度适宜的作为骨干枝进行培养。截除大枝时，如在适当部位有生长正常的分枝，最好在此分枝上端回缩更新。利用徒长枝培养新主枝时，选择位置适当、长势良好、角度开张枝条进行培养，过多萌条及时疏除，先短截，促发分枝，再缓放使其成花，形成大、中型枝组。更新时间在早春萌芽前进行。

**3. 夏季修剪**

（1）刻芽

刻芽应用主要是幼树整形和弥补冠内空缺。甜樱桃刻芽要在芽顶变绿尚未萌发时进行，秋季和芽未萌动时不可刻芽，以免引起流胶。

（2）摘心

樱桃早期摘心一般在花后 7～10 d 进行。对幼嫩新梢保留 10 cm 左右摘心。此期摘心的主要目的是控制树冠和培养小型结果枝组，也可用于早期整形。生长旺季摘心是在 5 月下旬至 7 月中旬进行。旺长枝保留 30～40 cm 把顶端摘除。幼龄树连续摘心 2～3 次能促进短枝形成，提早结果。

（3）扭梢

扭梢必须在新梢半木质化时进行，以缓和枝条长势，积累养分，促进花芽分化。

（4）拿枝

拿枝在 5—8 月均可进行。拿枝有缓势促花的作用，还可用于调整二至三年生幼树骨干枝方位和角度。

（5）开张角度

开张角度主要用于甜樱桃开张主枝基角。开张角度方法有拉枝、拿枝、坠枝、撑枝和别枝等，最常用的方法是拉枝。拉枝开角要及早进行，以利于早成结果枝、早结果、早收益。

## 五、花果管理

**1. 促进花芽分化**

樱桃花芽的大量分化一般在果实采收后 10 d 左右及时进行，整个分化期持续 40～45 d。因此，施肥、灌水，加强根系吸收能力，增加枝叶功能，可促进花芽分化，增加花芽数量，提高花芽质量。

**2. 疏花芽、花蕾**

樱桃花量大，果实小，应提前疏花芽和花蕾。疏花芽适宜在花芽膨大时进行。疏除生长势弱、过多、过挤的短果枝上的全部花芽，让其继续抽生健壮短果枝，次年结果。疏花芽枝量以控制在短果枝数量的 20% 为宜。疏花蕾在大蕾期进行，把弱枝、过密枝、畸形、较小的疏除。可将一些弱花枝、过密花枝上的花蕾全部疏除；也可对每个花枝进行疏蕾，每个花芽留2～3朵健壮花。若结合采花粉进行疏蕾，则应在花开放50%左右时进行。

**3. 保证授粉**

除建园时合理配置授粉品种外，也可采用花期放蜂或人工授粉等方式保证授粉。花期放蜂需蜜蜂3箱/$hm^2$，可提高坐果率10%～20%，增产效果明显，省工。人工授粉为省力可采用喷粉方法。喷粉时将花粉配成1%溶液，在盛花期初期至盛花期进行，为提高授粉受精效果，最好采取几个品种混合花粉，连续喷2～3次。

**4. 防止裂果**

防止樱桃裂果可从六方面着手：一是选择成熟期较早的品种（如早红宝石、抉择、维卡、芝罘红、红灯和大紫等）或选择抗裂果品种（如雷尼尔、拉宾斯等）。二是要加强果实发育后期水分管理，防止忽干忽湿，要浇小水、勤浇水，保持土壤含水量为田间最大持水量的60%～80%。三是可采用防雨篷防止裂果。四是喷植物生长调节剂减少裂果。在盛花期每隔10 d叶面喷布20～60 mg/L赤霉素，连喷2次，可提高坐果率10%～20%。五是喷钙。成熟期初期，喷乙酸钙和螯合钙可减少裂果，但喷氯化钙效果很小。六是其他措施。例如，用1%抗蒸腾剂+0.3%植物油溶液也可有效减少裂果。

**5. 预防鸟害**

在采收前7 d树上喷灭梭威杀虫剂，忌避害鸟；采用害鸟惨叫录音磁带，扩音播放吓跑害鸟；用高频警报装置干扰鸟类听觉系统；在树上挂稻草人、塑料猛禽、气球，放爆竹惊吓害鸟；架设防鸟网把树保护起来。

## 六、病虫灾害防治

**1. 休眠期**

每月喷1次250～300倍羧甲基纤维素，以防止冻害和抽条；萌芽前喷3%～5%石硫合剂，消灭越冬病虫害。根据当地天气预报，采用早春灌水、树体喷5%石灰水避开霜期；或萌芽前喷布0.8%～1.5%食盐水，或27%高脂膜乳剂200倍液，延迟花期，避开霜冻。

**2. 萌芽开花期**

霜冻来临前熏烟，早晚人工振树，铺塑料布捕捉金龟子；在盛花期喷20%甲氰菊酯乳油2000倍液防治害虫。

**3. 果实发育期**

喷5%噻螨酮乳油2000～3000倍液，或25%灭幼脲3号悬乳剂2000倍液，防治桑白蚧、红蜘蛛、卷叶蛾、蚜虫类等；6月发生流胶及时人工刮治；近成熟时采取综合措施预防鸟害。

**4. 生长后期**

6月下旬防治穿孔病，喷70%甲基硫菌灵可湿性粉剂800～1000倍液，或80%代森锰锌可湿性粉剂600倍液，兼防早期落叶病。喷1.8%的阿维菌素乳油4000～6000倍液防治红蜘蛛、潜叶蛾。人工捕捉天牛和金缘吉丁虫成虫、挖除幼虫。7月中旬喷药，主要防治叶螨、潜叶蛾、穿孔病和早期落叶病等。8月下旬喷0.3%石硫合剂，防治桑白蚧；喷20%四螨嗪胶悬剂2000～3000倍液，防治红蜘蛛。

**5. 落叶期**

10月落叶后，及时清扫果园，将落叶、残枝收集在一起，集中深埋或烧毁，以消灭越冬病虫害。

## 七、果实采收

**1. 采收期**

樱桃果实要随熟随采，分批采收。当地销售鲜食果实，在果实成熟、充分表现出本品种的性状时采收；外销鲜食或加工制罐果实，在8成熟时采收，一般比当地销售的鲜食果实提前5 d左右采收；作当地酿酒用果实，在果实充分成熟时采收。

**2. 采收方法**

采收时，用手握及果柄基部，轻轻按捺采下，轻拿轻放，避免损伤果面。外销鲜食和加工制罐果实，采收时不要损伤花束状果枝。采收后，果实要先在园内集中场地进行初选，剔除青绿小果、病僵果、虫（鸟）蛀果、霉烂果、双果和“半子果”等，然后运往包装场分选包装。

**思考题**

试制定樱桃无公害优质丰产栽培技术规程。

## 第七节 樱桃四季栽培管理技术

### 一、春季栽培管理技术

**1. 栽培管理任务**

樱桃春季栽培管理任务是形成健壮树体，使之合理负载。采取的相应措施主要有喷药、培土、施肥灌水、花前复剪、花果管理和保护树体等。

**2. 栽培管理技术**

（1）萌芽前后综合管理

①防止霜冻或倒春寒为害。采取有关措施规避开霜冻或倒春寒为害。

②拉枝。早春后，随着气温升高，树液流动后，对方位不适当的枝进行拉枝。

③培土。早春树干基部培土30 cm左右。培土除有加固树体作用外，还能使树干基部发生不定根，增加吸收面积，并有抗旱保墒作用。在甜樱桃进入盛果期前一定要注意培土。土堆顶部要与树干密接，防止雨水顺树干下流进入根部，引起烂根。

④追肥、灌水和中耕。萌芽前追施氮肥，一般初结果树施尿素1～2 kg/株，追肥后灌水，地表稍干时中耕浅锄，以利保墒和提高地温。

⑤刻芽、抹芽。甜樱桃在芽顶变绿尚未萌发时，在侧芽以上0.2～0.3 cm处刻芽，促发短枝；萌芽后抹芽疏梢，除去无用的和有害的芽和新梢。

（2）花前复剪

樱桃花前复剪在萌芽期能清楚地看见花芽时进行。以调整花、叶芽比例，克服大小年。大年树若花芽留量过多，可适当疏除一部分花芽；小年树冬剪留枝过多，复剪时可将过密而无花芽的枝条疏去或回缩。

（3）花期防冻

3月上中旬，中国樱桃苗木已经开始开花，甜樱桃在3月下旬开始开花，此期气温变化较大，经常出现冷空气侵袭或霜冻，易遭遇早春晚霜的为害。樱桃苗木的花蕾抗低温的临界温度是在－1.7 ℃，低于此温度，花果就会受到冻害。必须密切注意天气预报，同时还要根据本地区小气候情况，查看往年天气预报的气温与本地区气温的差异，根据具体情况做好花期防冻害的准备工作。

①浇水、喷水。浇水在开花前1～2周。樱桃苗木园浇水可推迟花期3～5 d，可避过低温期为害。有轻微霜冻时，可在降霜前1～2 h进行果园喷水。

②熏烟。熏烟在樱桃遇到－2 ℃左右霜冻时进行。可在接近降霜时间（凌晨3点左右）开始熏烟防霜，持续到太阳出来后为止。燃料采用锯末、碎柴草。夜间12点左右点燃，注意控制火势，以暗火浓烟

为宜，一般燃烟点不少于3~4个/亩。

③喷施防护剂。喷施防护剂在大花蕾期进行。预计降温幅度较小，不低于-2 ℃时，喷防护剂[如天达2116、鱼蛋白防冻液、云大120、复硝酸钠（爱多收）、果树花芽防冻剂等]对抵御霜冻有一定作用。

④火炉升温。樱桃苗木花期，如果温度降到-4 ℃以下，上述防低温方法几乎无效时，可采用火炉升温。具体方法是：在树冠下放置1~2个耐火炉芯/株，每炉芯内配易燃煤球3~4块，当温度降到-11 ℃左右时，开始点火升温。点燃火炉数量视降温情况而定，降温剧烈，火炉全部点燃，降温量较小，树下可只点燃1个火炉/株，或每2株树点燃1个火炉。如果降温量大，又有风，可在果园外边迎风面围上挡风布，在彩条布外点燃几堆大火，阻挡冷空气进入果园，可防-7 ℃低温。

（4）保花保果

①果园放蜂。蜜蜂授粉时，约5000 $m^2$ 放1箱。采用壁蜂授粉时，需壁蜂150~200只/亩。

②人工授粉。授粉时间从开花当天至花后4 d。人工授粉时，既可人工点授，也可采用授粉器授粉，或用鸡毛掸子在不同品种树间互相滚动。

③化学调控。于盛花期、盛花后10 d连续喷2次2~8 mL/L赤霉素（$GA_3$），可明显提高坐果率。

④花期追肥。萌芽前未追肥果园，在初花期追施氮肥；也可在盛花期喷施0.3%尿素+0.1%~0.2%硼砂+600倍磷酸二氢钾（$KH_2PO_4$），以提高坐果率。

（5）疏花疏果

①疏花芽、花蕾。樱桃疏花芽适宜在花芽膨大时进行。疏除生长势弱、过多、过挤的短果枝上的全部花芽，让其继续抽生健壮短果枝，次年结果。疏花芽量以控制在短果枝数量的20%为宜。疏花蕾在大蕾期进行，将弱枝、过密枝、畸形、较小的疏除。将一些弱花枝、过密花枝上的花蕾全部疏除；也可对每个花枝进行疏蕾，每个花芽留2~3朵健壮花。若结合采花粉进行疏蕾，则应在花开放50%左右时进行。

②疏果。樱桃疏果一般在生理落果后进行。疏果程度依树体长势和坐果情况确定。一般每个花束状果枝留3~4个果，最多5个。疏除小果、畸形果和着色不良的下垂果，保留生长发育正常，具有本品种特征的正常果。疏果配合摘心等措施，效果更好。

（6）修剪

花后7~10 d对幼嫩新梢保留10 cm左右摘心，以促发短枝，培养小型枝组。当外围新梢长到40 cm左右时，留25 cm短截；对新生直立枝、斜生枝留基部5~6个芽进行扭梢或留5~10 cm反复摘心。

（7）肥水管理

坐果后四至五年生结果树施腐熟鸡粪25 kg/株，施肥后灌水；硬核期灌1次水；采果前10~15 d如干旱缺水则采用少量多次的方法灌水。

（8）摘叶铺膜

摘叶铺膜在果实着色期，将遮挡果实的叶片摘掉；同时树下铺银色反光膜，促进果实着色均匀，增加其鲜艳度，提高其商品品质。

（9）树体保护

采用有关措施进行树体保护。

（10）病虫害防治

采用有关措施进行病虫害防治。

## 二、夏季栽培管理技术

### 1. 栽培管理任务

樱桃夏季栽培任务是采取措施，改善光照条件，保证樱桃树冠内通风透光。保证肥水供应，严防病虫害，适时采收，以提高樱桃的产量和品质。

**2. 栽培管理技术**

（1）夏季修剪

摘心在5月下旬至7月中旬进行，对旺长枝保留30～40 cm将顶端摘除，可增加枝量。在幼树期连续摘心2～3次能促进短枝形成，提早结果。5—8月进行拿枝。拿枝可起到缓势促花作用，还可调整二至三年生幼树骨干枝的方位和角度。采果后疏除过密枝、过强枝、紊乱树冠的多年生大枝，以及后部光秃、结果部位外移的大枝。继续进行摘心、扭梢、拿枝，控制旺梢，培养幼树骨干枝和结果枝组。

（2）适时采收

按照有关要求进行采收。

（3）施肥灌水

按照有关要求进行施肥灌水。

（4）病虫害防治

按照有关要求进行病虫害防治。

## 三、秋季栽培管理技术

**1. 栽培管理任务**

樱桃秋季栽培任务是施足基肥，保证樱桃树体内积累足量的有机营养物质；继续缓和树势，调节营养生长和生殖生长的平衡；防治冻害，清园，保护树体，减少越冬虫源。

**2. 栽培管理技术**

（1）秋施基肥

樱桃秋施基肥参照有关要求进行。

（2）拉枝开角

樱桃拉枝可使其加大角度，缓和生长势力，促进花芽形成，合理利用空间。拉枝方法是撑、拉、别、坠（图15-30）。拉枝应注意三点：一要选准着力点。即拉的支撑点。使枝条开角后仍趋于直线，避免成为弓形枝。二要保护枝条，防止劈裂。实施拉枝时，应在枝条着力点上垫衬柔软物品，以避免损伤枝条。角度过小的多年生枝，应在枝条基部用手锯拉开枝条粗度的1/3～1/2的缺口，再进行拉。三是拉枝后要及时抹芽，防止背上抽生旺枝。

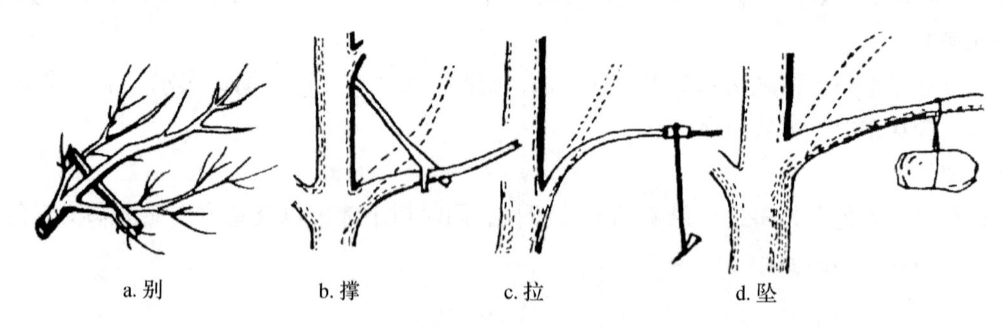


**图15-30 拉枝**

（3）浇封冻水

浇封冻水在10月施基肥后进行。要求灌透，以满足冬、春季樱桃树对水分的需要，防止冻害发生。

（4）清园、涂白

10月落叶后，及时清扫果园。将落叶、杂草、落果等清除出园，集中处理。同时结合清园，进行树体涂白。树干涂白于11月上旬进行。涂白剂原料为石灰、盐、石硫合剂、水，其配比为12∶1∶2∶400。

树干涂白可避免或减少冻害和日灼病，还可以消灭树干和树皮缝内潜伏越冬的病虫。

## 四、冬季栽培产管理技术

**1. 栽培管理任务**

樱桃冬季栽培管理任务是修剪，改善树冠内通风透光条件；培养枝组，调节树体生长势的平衡；进行树体防护，清园，减少越冬病虫害。

**2. 栽培管理技术**

（1）冬季修剪

参照有关内容进行。

（2）树体防冻

①喷化学药剂。冬季每月喷 1 次 250～300 倍的羧甲基纤维素，以防止冻害和抽条。

②培埂覆膜。冬季低温对甜樱桃的影响较大，－15 ℃的温度条件，对发育不充分的新梢和生长较弱的幼树，会造成枝干干枯。为保证安全越冬，对一年生的幼树，在树北面 50 cm 处培月牙埂。埂长 1. 5～2 m，高 0. 5 m，埂前覆地膜，起挡风、防寒、护根、防抽条的作用。二年生幼树，对生长较弱的做埂覆膜，生长正常的可不做埂，只覆地膜。随着树龄增长，可取消培月牙埂和覆膜。

③树盘覆草。对三年生以上的幼树，为减少冻土层厚度，推迟翌年萌动期，预防晚霜为害，可在树盘周围覆草（麦秸、稻草、杂草等），厚 10～15 cm。覆草后，围绕树冠边缘处压土，以防风刮。

（3）继续清园

初冬，及时清扫落叶，收集病果、病枝等，集中烧毁或深埋，以消灭越冬病虫害。

**思考题**

试制定樱桃周年综合管理技术规程。

# 第八节　樱桃生长结果习性观察实训技能

## 一、目的与要求

通过观察，了解樱桃生长结果习性，学会观察记载樱桃生长结果习性的方法。

## 二、材料与用具

**1. 材料**

樱桃幼树和结果树。

**2. 用具**

钢卷尺、放大镜、记载和绘图用具。

## 三、内容与方法

**1. 观察樱桃树体形态与结果习性**

①树形，干性强弱，分枝角度，极性表现和生长特点。

②发育枝及其类型、结果枝及其类型与划分标准。各种结果枝着生部位及结果能力。

③花芽与叶芽，以及在枝条上的分布及其排列方式，单芽与复芽及其排列方式，副芽、早熟性芽、休眠芽。花芽内花数。

④叶的形态。

**2. 调查萌芽和成枝情况**

选择长势基本相同、中短截处理的二年生枝 10～20 个，分别调查总芽数、萌芽数，萌发新梢或一年生枝的长度。

**3. 其他**

察树体形态与生长结果习性，调查萌芽和成枝情况，并做好记录。

## 四、实训报告

①根据观察结果，结合桃、李、杏技能实训，总结樱桃生长结果习性与桃、杏、李生长结果习性的异同点。

②根据调查结果，结合桃、杏、李技能实训，比较樱桃与桃、杏、李萌芽率和成枝力情况。

## 五、技能考核

实训技能考核一般实行百分制，建议实训态度与表现占 20 分，观察方法占 40 分，实习报告占 40 分。

# 第十六章　枣

【内容提要】枣栽培历史、营养医疗价值、用途和栽培特性。枣的国内外栽培现状与发展趋势。从生长结果习性（生长习性、结果习性）和对环境条件（温度、光照、水分、土壤和地势、风）的要求两个方面介绍了枣的生物学特性。枣的主要种类有酸枣、枣、毛叶枣等8类。枣品种可按果实大小和果形、用途进行分类。按照用途介绍了优良品种：八大制干品种、八大鲜食品种、三大蜜枣品种和三大兼用品种。枣无公害栽培技术要点包括基地选择、生产技术指标和无公害生产技术规程3个方面。枣关键栽培技术包括根蘖繁殖技术、利用野生酸枣嫁接枣树技术、枣粮间作技术、整形修建技术、保花保果技术和病虫害防治技术。从育苗、建园、土肥水管理、整形修剪、花果管理、病虫害防治和采收7个方面介绍了枣无公害优质丰产栽培技术。分春、夏、秋、冬四季介绍了枣栽培管理技术。

我国是枣树原产地，起源于黄河中下游地区，近代考古资料表明，枣的栽培始于7000年以前。酸枣原产于我国，而栽培枣是由酸枣演变而来。据古文献记载，枣树的栽培历史在3000年以上。《诗经》是我国记载枣树栽培最早的史书，陕、晋是枣最早栽培地区，而最早记载枣品种的著作是《尔雅》。枣与桃、李、杏、栗合称“五果”，至今枣已成为我国第一大干果和第七大果树。枣果营养丰富，含有丰富的维生素C、维生素P和糖，特别是鲜枣中维生素C含量高，有“维生素丸”之美誉，是一种优良的滋补食品。枣树浑身是宝，有很高的医疗保健价值。枣果、枣核、树皮、根、叶、木心、枣仁均可入药。枣果可用来治疗心血管病、癌症、痢疾、肠炎、慢性气管炎等疾病。枣果用途广泛，既可鲜食，也可制成加工品枣酒、枣泥和枣糕等。枣树是良好的蜜源植物和绿化树种。枣树抗旱、耐瘠薄，适应性很强，分布广泛，是保持水土、防护农田、果粮间作的优良树种，具有结果早、收益快、寿命长、易管理等优点，有“铁杆庄稼”之称。枣树花香果美，适宜绿化荒山及庭院和四旁栽植。在果树生产中占有重要的地位。

枣树发芽晚、落叶早、生长期短（从4月中下旬至10月下旬）、叶片小、枝条稀疏，遮阴少，非常有利于枣粮、枣棉间作，这对我国人多地少的情况具有特殊意义。

## 第一节　国内外栽培现状与发展趋势

### 一、国外栽培现状

外国枣树都是在不同历史时期，直接或间接从我国引进的。最早传到朝鲜、日本，其后传到欧美等国，现在已遍及五大洲30多个国家。除韩国外，其余各国多限于庭院栽培或作为种质保存。韩国枣树栽培主要分布在全罗南道等4个地区。目前，韩国枣产量尚不能自给自足，仍需从我国进口。日本在奈良和平安朝时代，枣树栽培相当普及。后因其他果树迅猛发展，枣树大减。现日本市场的枣主要来自我国。韩国现已实现苗木良种化、苗木嫁接化和栽培矮密化及加工产业现代化，在良种普及、单产、人工干制、深细加工和市场开拓等方面已走在我国前面。由于我国枣的强大竞争力，韩国枣生产受到严重冲击，生产已出现下降趋势。

## 二、我国栽培现状

我国枣树分布大致在东经76°~124°、北纬23°~42.5°的平原、沙滩、盐碱地、山丘及高原地带均有分布。最北到内蒙古自治区、吉林，东至沿海各省，南至两广，西南至云南、贵州、四川，西北至新疆维吾尔自治区，我国台湾也有枣分布。除黑龙江、吉林和西藏外，各省、自治区、直辖市均有枣树栽培。清代记载所谓“藏枣”即由西藏进贡而得名。枣大面积经济栽培区则集中在山东、河北、河南、山西、陕西5省。枣树的垂直分布，在高纬度的东北、内蒙古、西北地区多分布在海拔200 m以下的丘陵、平原和河谷地带；在低纬度的云贵高原可生长在海拔1000~2000 m的丘陵地上；在低纬度的华北、西北的个别地区，枣也可分布在海拔1000 m以上，最高可达1800 m处。

根据我国气候、土壤、品种特点及栽培管理情况，以秦岭—淮河为界划分为南北两大枣栽培区。北方栽培区包括目前产枣最多的河北、山西、山东、河南、山西5省，该区自然条件好，是鲜枣和制干品种的良好生产基地。南方栽培区包括湖北、湖南、安徽、四川、江苏、浙江、广东、福建、云南等省，果实品质较差，为蜜枣品种和鲜食枣的生产基地。

新疆凭借其得天独厚的自然资源优势，正在建设中国和世界上最大的优质干枣生产基地。近年来，枣树发展正值兴旺时期，其中，冬枣栽培面积扩大较快。河北、山西、山东、陕西、新疆、河南6省（自治区）是红枣主产区，对全国枣的贡献率达90.5%。

当前，我国枣业生产存在六大问题：一是缺乏综合性状好的优新品种；二是缺乏品种区划；三是枣果品质严重下降；四是植保工作薄弱；五是新技术普及率低；六是采后处理环节薄弱。

## 三、发展趋势

未来枣业发展呈现五大趋势：一是整个枣产业将持续发展。特别是鲜食枣，随冷链和贮藏保鲜技术水平的提高，会有跨越式发展，并迅速实现周年供应和扩大出口贸易。二是品种组成更加优化。今后，随着区划工作的展开，栽植更加合理，做到适地适栽。品种更新加快。通过选优和引进，使品种组成更加优化。制干、鲜食、观赏品种将更加协调发展，早、中、晚熟有机搭配将成为必然趋势。三是安全生产将更受重视。今后，应注意控制产前、产中和产后各生产环节及流通环节的污染，切实执行食品质量追溯和食品市场准入制度。四是推进优质名牌战略。要提高枣果及制品的科技含量，迅速向优质化和品牌化迈进。低档大宗产品应强调优质和适口性好，高档产品应向高营养和功能性食品方向发展，如SOD枣和富硒枣等。五是区域分工，国际化经营。在国内切实做好区域分工：鲜食枣北上冷凉地区，制干品种将向雨量少、光照足、温差大的西部地区（如甘肃、新疆）转移，加工、经营和研发将向经济、技术和信息发达的东部地区集中。在国际上，中亚、非洲、大洋洲等干旱地区可能会规模引种和商业化栽培我国枣树，同时，一些跨国公司可能会涉足我国枣加工、营销等产业。

**思考题**

（1）我国枣栽培区域是如何划分的？

（2）枣栽培发展趋势如何？

# 第二节　生物学特性

枣树栽植当年即可开花结果，根蘖苗栽植后2~3年开花结果。寿命一般为70~80年。其结果期长，经过几次自然更新，二三百年的老树仍能正常开花结果。

## 一、生长结果习性

### 1. 生长习性

（1）根

枣树根系由水平根、垂直根、侧根和须根组成。用种子繁殖或用实生酸枣为砧木嫁接繁殖的枣树水平根和垂直根都很发达。根蘖繁殖的枣树水平根发达，垂直根较差。水平根和垂直根构成根系骨架，为骨干根，其上可发生侧生根，多次分枝形成侧生根群。

①水平根。枣树水平根很发达，向四周延伸生长能力很强，分布范围广，能超过树冠的3～6倍。但一般多集中于近树干1～3 m处。枣树根系易发生根蘖，可供繁殖用。水平根一般多分布在表土层，以15～30 cm深土层内最多，为根系集中分布层，50 cm以下土层很少分布。幼树水平根生长快，进入衰老期后，水平根出现向心更新。

②垂直根。实生根系有发达垂直根，根蘖苗的垂直根是由水平根的分根垂直向下延伸而成。垂直根主要分布在树冠下面。其分布深度与品种、土壤类型、管理水平有关，一般为1～4 m。

③侧根。主要由水平根的分根形成，延伸能力较弱，但分支能力强。在侧根上着生许多须根，可产生不定芽抽生根蘖，培育枣苗。侧根不断加粗增长，转化为骨干根，变成水平根或垂直根。

④须根。又称吸收根，着生在水平根及侧根上，垂直根也着生少量须根。须根的粗度为1～2 mm，长30 cm左右。须根寿命短，有自疏现象，进行周期性更新。土壤条件适宜，管理水平高，则须根多，吸收能力强，反之则弱。

总之，枣树根系分布与品种、土壤条件和管理水平有关。一般大枣类型根系分布深广，小枣类型则较浅，精细管理枣园根系发达，放任生长枣树根系生长较差，产量也低。加强土壤管理，增厚土层，提高土壤肥力，可使根系健壮生长。早春，枣树根系生长先于地上部。根系开始生长时间因品种、地区、年份不同而异。在河北保定，铃枣根系活动早于地上部（4月初）。河南新郑灰枣根系生长高峰在7月中旬至7月底。山西郎枣根系在7月上旬至8月中旬为迅速生长期，8月末生长速度急剧下降。

（2）芽、枝

1）芽

枣树的芽为复芽，由1个主芽和1个副芽组成，主、副芽着生在同一节位上，副芽着生在主芽侧上方。主芽形成后一般当年不萌发，为晚熟性芽。主芽萌发后有两种情况：一种是生长量大，长成枣头；另一种是生长量小，形成枣股。副芽随枝条生长萌芽，为早熟性芽，萌发后形成二次枝、枣吊和花序。枣树主芽可潜伏多年不萌发，寿命很长，在受刺激后可形成健壮枣头，有利于枣树更新复壮。

2）枝

①枣头。枣头由主芽萌发形成。枣头中间枝轴称为枣头一次枝，当年生枣头一次枝基部第1节～第3节一般着生枣吊，其余各节着生二次枝。枣头二次枝是由一次枝上的副芽当年萌发形成。一次枝基部二次枝常发育较差，当年冬季脱落，称为脱落性二次枝，其余各节二次枝发育健壮不脱落，称为永久性二次枝。永久性二次枝是着生枣股的主要部位。枣头生长力强，能连续单轴延伸生长，加粗生长也快，可迅速构成枣树体骨架。

②枣股。由结果基质和枣头一次枝上的主芽萌发而形成的短缩状枝，枣股上副芽萌发形成枣吊。枣股生长很慢，1年只有1～2 mm。每枣股一般抽生2～5个枣吊。健壮枣股抽生枣吊数量多，结实能力强。枣股上抽生的枣吊的结果能力与枣股着生的部位、股龄及栽培管理水平有关，以三至八年生枣股结实能力强，幼年和老年枣股结实力较差。枣股上主芽也可萌发形成枣头。

③枣吊。由副芽萌发而来，是枣的结果枝，当年脱落，故名脱落性枝。枣吊主要着生在枣股上，当年生枣头一次枝、二次枝各节也有。枣吊边生长，叶腋间花序边形成，开花、坐果交叉重叠进行。枣吊

一般为第 10 节 ~ 第 18 节，长 12 ~ 25 cm，最长可达 40 cm 以上，但品种间长短不一样。例如，脆枣型枣吊长达 28 ~ 34 cm，小枣型为 19 ~ 22 cm，大枣型一般为 14 ~ 19 cm。在同一枣吊上以第 3 节 ~ 第 8 节叶面积最大，第 4 节 ~ 第 7 节坐果较多。

④二次枝。由枣头一次枝副芽形成的永久性二次枝简称二次枝，呈"之"字形生长，是着生枣股的主要枝条，故又称结果基枝、枣拐。二次枝停止生长后不形成顶芽，翌春萌芽后，一般先端回枯，随树龄增长，生长势转弱，有再次回枯现象。结果基枝长度、数量和节数与品种、树势和树龄等有关。结果基枝的节数变幅较大，短的仅 4 节左右，长的可达 13 节左右。一般健壮的枣头二次枝多，弯曲度大，单枝长，节数多，节间短，皮色深而有光泽，翌年可形成多个结实力强的枣股。其中，以中部各节上枣股结实力最强。一般结果基枝与枣股寿命相似，为 8 ~ 10 年。

3）枝芽相互转化

枣树具有 4 枝 2 芽。枝条间具有相互依存、相互转化和新旧更替的关系。枣树主芽着生在枣头和枣股顶端或侧生在枣头和枣股的叶腋间，主芽萌发后，形成枣头和枣股，这两类枝条生长势不同，形态上有差异，功能也不一样。枣头和枣股均可通过某种刺激或改变营养条件，使其相互转化。当枣股受刺激，如更新修剪，可抽生枣头，使结果性枝转变为生长性枝；如对枣头早期强摘心，可抑制二次枝生长，则转变为结果性枝，当年获得较多枣果。枣头上二次枝都是由副芽形成，其叶腋的主芽第 2 年均形成新生枣股，说明结果性枝有赖于生长性枝的形成。

**2. 结果习性**

（1）花芽分化

枣树花芽分化的主要特点是当年分化、随生长随分化、分化期短、分化速度快，但全树的分化期持续时间较长。枣树的花芽是当年分化的，随枣股和枣头的主芽萌发而开始，随枝条生长陆续进行，停止生长，分化也结束，即花芽分化与枝条生长同时进行。当枣吊幼芽长 2 ~ 3 mm 时，花芽已开始分化，即在枣吊生长点侧方出现第 1 片幼叶时，其叶腋间即有苞片突起发生，这标志着花芽原始体即将出现，随枝条不断生长，基部的花芽在不断加深分化，至枣吊幼芽长 1 cm 以上时，最早分化的芽以完成花的形态分化。

枣股上的枣吊早期萌发的先分化，枣吊上的花芽以基部、中部和上部的顺序分化，而枣头上的花芽分化的次数更多。先是一次枝基部的枣吊，再是各二次枝上的枣吊先后分化，即树冠内有新的生长点，就有花芽分化形成的可能，从而导致枣树开花期长和多次结果现象。具体到一个花序，中心花先分化，继而一级花、二级花至多级花顺序分化。枣花芽分化速度快，完成单花分化仅历时 6 d 左右，花序分化结束需 6 ~ 20 d，1 个枣吊花芽分化期历时 1 个月左右，单株分化期则长达 2 ~ 3 个月之久。完成花芽发育周期而开花需时较短，仅 42 ~ 54 d。

枣树在花前生命活动已很旺盛，枣吊各节芽体增长高峰出现在 5 月上中旬。在一个花序中，花的质量一般中心花最好，花的级别越高，质量越差，多级花易出现僵芽和落蕾现象。

枣花芽分化和树体营养状况关系密切，如连续多次掰芽，则随掰芽次数增多，开花坐果能力递减。当养分枯竭则不再萌发。枣苗移栽后，一般枣吊基部或至中部不具花芽分化，至根系恢复生机，吸收能力增强，营养状况改善，则形成花芽而开花。若植株健壮，移栽后管理较好，则可较早形成花芽。

（2）开花结实

①开花和授粉。枣花序为不完全聚伞花序，着生在枣吊叶腋间。每个花序有花 3 ~ 15 朵，一般 3 ~ 4 朵。枣花器较小，每朵小花由外向内分为 3 层。外层为 5 个三角形绿色萼片，其内两层为匙形花瓣和雄蕊各 5 枚，与萼片交错排列，中间为一发达蜜盘，雌蕊着生其中央。柱头 2 裂，子房多为 2 室。枣花盛开时蜜汁丰富，香味浓，是典型的虫媒花。枣树冠外围花先开，逐渐向内。枣吊开花是依花芽分化顺序，从近基部逐节向上开放。1 个花序也以花芽分化先后开花，即中心花先开，再一、二级花，多级花最后

开放。枣单花开放分为蕾裂、初开、萼片展开（半开）、瓣立、瓣平（盛开期、大量散粉）、花丝外展和瓣萼凋萎等时期。日平均气温达 23 ℃以上时进入盛花期。单花开花期在 1 d 内，1 个枣吊开花期平均 10 d，全树花期 2～3 个月。枣树一般能自花授粉，如配置授粉树或人工辅助授粉可提高坐果率。

枣树种、品种的开花时间可分为两类：一是日开型。蕾裂时间在上午 10 时至下午 14 时，如金丝小枣、无核小枣、婆枣、赞黄大枣、圆铃枣等。二是夜开型。蕾裂从 22 时起到翌日凌晨 3—5 时，如灵宝大枣、新郑灰枣、相枣等。枣树整个开花过程均经过 1 个明暗交替的昼夜。例如，金丝小枣先明后暗，灵宝大枣先暗后明。这两种类型虽蕾裂时间不同，但主要散粉和授粉时间均在白天，因此，对授粉影响不大。枣花开放过程中，花瓣与雄蕊分离所需时间很短，在几秒内完成。

枣花授粉和花粉发芽均与自然条件有关，低温、干旱、多风、连雨天气对授粉不利，枣花粉发芽以室温 24～26 ℃为宜，温度过低或过高（36～38 ℃）均对花粉发芽不利。湿度达 40%～50% 影响花粉发芽。北方枣区花期空气过于干燥而出现“焦花”现象，于花期喷清水，可给花粉发芽创造条件，以提高坐果率。枣花以蕾裂到半开期花粉发芽率最高。在花粉发芽过程中。喷 10 mg/L 硼酸可提高发芽率。

②落花落果。枣花芽量大，落花落果严重，自然坐果率仅 1% 左右。花期如遇干旱、低温、高温、多雨、大风等不良气候，便出现大量落花现象。在北方地区落果高峰出现在 6 月中下旬至 7 月上旬，即盛花期后，幼果迅速生长初期，落果量占总量的 50% 以上；至 7 月中下旬虽仍有落果，但逐渐减少，生理落果基本结束，以后落果多由病虫和生理病害引起，有关产区落果与气候和管理条件有关。枣落果量虽取决于品种，但生理落果的主要原因是营养不良。在开花前后出现落蕾落花现象，至盛花期后，大批幼果因营养不良而变黄，甚至叶色变浅，呈现缺乏营养的症状，尤以弱树落果现象更为严重。

（3）果实发育

枣花授粉受精后果实开始发育。由于花期长，坐果期不一致，因而果实生长期长短也不同，但果实停止生长相差不大。枣果实发育分为 3 个时期。

①迅速生长期。该期是果实发育最活跃的时期，即果实的各个部分都在进行着旺盛的生命活动，细胞迅速分裂，其分裂期的长短与果实大小有密切关系，一般分裂期为 2～3 周。其中，大果型细胞分裂期长达 4 周，小果型的则短。单果内细胞数量是果实增大的基础。单果内细胞大小虽与品种有关，但不与果实大小成正比。总之，枣果生长发育有细胞分裂期短而增长期长的特点。在细胞分裂期，细胞体积增长缓慢，果实外形增长慢，细胞分裂一旦停止，则细胞体积迅速增长，因而果实各个部分出现增长高峰。种仁增大最快，在此期末才停止生长，核开始硬化，果实纵径生长占优势，此期消耗养分较多，如肥水不足，则影响果实发育甚至落果。

②缓慢增长期。果实各个部分增长速度下降，核硬化，在核硬化过程中种仁进一步充实、饱满，期末达增长高峰，随即停止生长，种仁生长期较果肉、种核均短。此期持续期长短因品种而异，一般 4 周左右，持续期长的果实较大，期内完成果形的变化，具品种特征。

③熟前增长期。此期细胞和果实增长均缓慢，主要进行营养物质的积累和转化，果实达一定大小，果皮绿色转淡，开始着色，糖分增加，风味增进，直至果实完熟，具该品种的特征特性为止。

枣果实发育过程中个别品种有裂果现象，尤以后期多雨年份严重，进而给生产造成损失。裂果不但与品种有关，且果实向阳面、着色部位易发生裂果现象。表皮细胞分裂期短和后期空胞扩大迅速的品种也易发生裂果现象。

## 二、对环境条件的要求

枣喜温、喜光，抗风，对土壤和水分有广泛的适应范围。

**1. 温度**

枣生长期耐高温，休眠期耐寒。适宜生长年平均气温为 9～14 ℃，13～14 ℃芽开始萌动，17 ℃以上枝叶生长和花芽分化，20～22 ℃时开花，盛花期需在 25 ℃左右。果实发育期要求 24～25 ℃，积温应达到 2430～2480 ℃。成熟期适温 18～22 ℃。夏季可耐 40 ℃高温，冬季可耐 -32 ℃低温。

**2. 光照**

枣喜光性强，光补偿点为 400～1200 Lx，光饱和点为 30 000～43 000 Lx。对光照反应敏感，树冠不同部位的结实率差异很大，生长在阳坡和光照充足地方的枣树，产量高，品质好。生产上通过合理密植，科学整形修剪，保持良好树体结构，能够满足枣生长发育对光照条件的要求。

**3. 水分**

枣对降雨量的适应范围广，耐旱又耐涝，在 200～1500 mm 的地区均生长良好。花期宜少雨，但要求较高的空气湿度，一般花粉发芽适宜相对湿度为 70%～80%。果实成熟期则要求较低的空气湿度，如阴雨连绵，会引起落果、裂果，降低品质。

**4. 土壤和地势**

枣对土壤和地形适应能力很强。只要不是通透性太差的重黏土，其他质地类型的土壤都能栽培，在 pH 5.5～6.0 的酸性土或 pH 7.8～8.2 的碱性土上均可正常生长。

枣对地势要求不严，平原、沙荒、丘陵山地均可栽植。但要达到优质、丰产，仍以土层深厚肥沃的沙壤土为宜，其生长健壮，产量高。

**5. 风**

枣树抗风性强，但花期、果实成熟期应避免大风。枣树休眠期抗风能力很强，可作为防风固沙树种。

**思考题**

（1）枣树的 4 枝 2 芽指什么?

（2）试总结枣的生长结果习性。

（3）枣树对环境条件的要求如何?

## 第三节　主要种类和优良品种

### 一、主要种类

枣为鼠李科枣属植物，该属全世界约有 100 种，主要分布在亚洲和美洲的热带和亚热带，少数分布在非洲，南北半球温带也有分布。我国原产 14 个种，但在果树生产上主要的种类是枣，而酸枣用作砧木。

**1. 酸枣**

酸枣（图 16-1）原产于我国，古称“棘”，俗名“野枣”“山枣”。我国南北均有分布，以北方为多。其适应性很强，平原、丘陵山区、荒坡均能生长，为枣的原生种。酸枣为灌木、小乔木或大乔木，树高 2～3 m，高者达 36 m。主干、老枝灰褐色，树皮片裂或龟裂，坚硬。枝有枣头、枣股和枣吊之分。枣头一次枝和二次枝节间短，托刺发达，长达 2 m 以上。枣吊较细短，节间短，落叶后脱落。叶片光滑无毛，较小，卵形或长卵形，长 2～7 cm，宽 1～3 cm，基生三出脉。花较小，完全花，萼片、花瓣、雄蕊各 5 枚，柱头一般 2 裂，子房 2 室。花序为二歧聚伞花序或不完全二歧聚伞花序。果小，有圆形、长圆形、扁圆形、卵形、倒卵形等。果皮厚，成熟时为紫红色，果肉薄，核大，味酸或甜酸。核多为圆形，具 1 粒或 2 粒种子，种仁饱满，萌芽率高。抗逆性很强，耐旱、耐涝、耐盐碱、耐瘠薄，常用作枣的砧木。

**2. 枣**

枣（图 16-2）原产于我国，是我国主要栽培种，南北各地均有分布。枣为落叶乔木，树龄可达千年以上。树干、老枝灰褐色或深灰色。枣头一次枝、二次枝幼嫩时绿色，成熟后黄褐色或紫红色，节间较长，各节有托刺。枣吊较长，一般 15 ~ 22 cm。叶片光滑无毛，较大，长 3 ~ 9 cm，宽 2 ~ 6 cm，卵形或长卵形，基生三出脉，花较大，花径 5 ~ 8 mm；完全花，萼片、花瓣、雄蕊各 5 枚，柱头一般 2 裂，子房 2 室。花序为二歧聚伞花序或不完全二歧聚伞花序。果实大或较大，圆形、椭圆形、卵形、倒卵形、葫芦形、长圆形等。成熟时为红色或深红色，果肉厚，味甜可食。核为纺锤形、圆形、菱形等，核面有纹沟，核内多无种仁，少有 1 粒种仁，偶有 2 粒。本种有无刺枣（大枣、红枣、枣树、枣子等）、龙须枣（曲枝枣、蟠龙枣、龙爪枣）、葫芦枣（磨盘枣、缢痕枣）宿萼枣（柿蒂枣、柿顶枣）4 个变种。

图 16–1　酸枣

图 16–2　枣

（1）无刺枣（图 16–3）

枣头一次枝、二次枝上无托刺，或具小托刺易脱落，其他性状与原种相同。

（2）龙须枣（图 16–4）

枝条扭曲生长，似龙飞舞。果实品质多不佳，一般供观赏用。

图 16–3　无刺枣

图 16–4　龙须枣

（3）葫芦枣（图 16–5）

在果实中上部或下部有明显缢痕，果实似葫芦状而得名。果实有大小之别，且因缢痕深度及在果实上部位不同而果形不同，其他性状与枣同，一般供观赏用。

（4）宿萼枣（图 16–6）

果实基部萼片宿存，初为绿色，较肥厚，随果实发育成熟为肉质状，最后成暗红色，外皮稍硬，肉质柔软，食之干而无味，供观赏用。

**3. 毛叶枣**

毛叶枣（图 16–7）又叫滇刺枣、南枣、酸枣（云南、广东）、缅枣（广西）、印度枣等。常绿小乔木或灌木，高 3 ~ 25 m，多年生枝条黄褐色，嫩枝密被黄褐色茸毛，每节有 2 托刺，长 2 ~ 8 cm。叶较大，长 2.5 ~ 6.2 cm。

图 16-5 葫芦枣

图 16-6 宿萼枣

图 16-7 毛叶枣

叶卵形、椭圆形，顶端极钝，基生三出脉。幼叶正面、背面均被黄褐色茸毛，成龄叶正面光滑无毛，背面密被白色或淡黄色茸毛。花小，花径 4 mm。果实圆形、长圆形。果实中大或大，肉质疏松，味淡，品质差。核大，圆形或长圆形，两端钝圆。果实可食用或药用。分布于我国广西、广东、海南、台湾、云南、四川、福建等地，四川可分布到海拔 2900 m 干旱河谷地带。印度、越南、缅甸、泰国、印度尼西亚、马来西亚、澳大利亚和非洲均有分布。

**4. 蜀枣**

蜀枣（图 16-8）产于四川乡城。小乔木或灌木，高 2 ~ 3 m。幼枝红褐色，被密短柔毛，老枝灰褐色，无毛，呈“之”字形弯曲。叶纸质，互生或 2 ~ 3 叶簇生，卵形或卵状矩圆形，长 2 ~ 4 cm，宽 1.5 ~ 3.0 cm，顶端钝形或圆形，基部不对称，近圆形，边缘具圆齿状锯齿，上面深绿色，无毛，下面浅绿色，无毛或仅下部脉腋有簇毛，基生三出脉，叶脉在两面凸起，具不明显的网脉，中脉无明显的次生侧脉；叶柄长 5 ~ 8 mm，被疏短柔毛；托叶刺 2 个，细长，直立或 1 个下弯，长 1.0 ~ 1.6 cm。花黄绿色，两性，5 基数，数个至 10 余个簇生于叶腋，近无总花梗，花梗长 4 ~ 5 mm，被锈色短柔毛；萼片卵状三角形，顶端尖，外面被锈色密柔毛；花瓣匙形，兜状；雄蕊短于花瓣；子房球形，无毛，2 室，每室具 1 个胚珠，花柱 2 浅裂。核果圆球形，黄绿色，直径 12 ~ 15 mm，顶端具小尖头，基部有宿存的萼筒；果梗长 5 ~ 7 mm，被疏短柔毛；中果皮薄，木栓质，厚不超过 1 mm，内果皮硬骨质，厚约 4 mm，2 室，具 2 个种子；种子压扁，另一面凸起，倒卵圆形，长约 8 mm，宽 8 ~ 9 mm。果期 7—8 月。生于河岸边，海拔 2800 m。

**5. 大果枣**

大果枣（图 16-9）又名鸡蛋枣（云南），产于云南西部至西北部（昆明、德钦、开远）。生长在河边和林缘，海拔 1900 ~ 2000 m。乔木，高达 15 m。幼枝黄绿色，无毛，小枝紫红色，有纵条纹，具刺。叶纸质，卵状披针形，长 7.5 ~ 15.0 cm，宽 3.5 ~ 7.0 cm，顶端长渐尖，基部偏斜，不等侧，近圆形，边缘具圆齿状锯齿，上面深绿色，下面浅绿色，两面无毛，基生 3 或 5 出脉，叶脉上面下陷，下面凸起，具明显的网脉；叶柄长 6 ~ 9 mm，无毛；托叶刺 2 个，黄色或后变紫红色，直立，或一个向上，另一个横向，长

图 16-8 蜀枣

8～25 mm。花小，黄绿色，两性，5 基数，通常数个或 10 余个密集成腋生二歧聚伞花序，总花梗短，长不超过 2 mm，被锈色绒毛，花梗长 3～4 mm；萼片卵状三角形，顶端尖或渐尖，外面被疏毛；花瓣倒卵状圆形，顶端微凹，基部具短爪；雄蕊与花瓣等长；花盘 5 裂，中央凹陷；子房藏于花盘内，基部（约 1/3）与花盘合生，2 室，每室有 1 个胚珠，花柱 2 半裂至深裂。核果大，球形或近倒卵状球形，黄褐色，常有斑点，干时多少皱褶，长 2. 4～3. 5 cm，直径 1. 8～3. 0 cm，顶端具宿存的花柱，基部凹陷，边缘常增厚；果梗长 5～7 mm，无毛；中果皮木栓质，内果皮厚约 6 mm，硬骨质，2 室，具 1 或 2 粒种子；种子扁平，长约 12 mm，宽约 10 mm。花期 4—6 月，果期 6—8 月。

**6. 山枣**

山枣（图 16-10）产于四川西部到西南部、云南西北部、西藏（察瓦龙）。生长在海拔 1400～2600 m 的高山上。落叶乔木，高 8～20 m。树干挺直，树皮灰褐色，纵裂呈片状剥落，小枝粗壮，暗紫褐色，无毛，具皮孔。奇数羽状复叶互生，长 25～40 cm，小叶柄长 3～5 mm；小叶 7～15 枚，对生，膜质至纸质，卵状椭圆形或长椭圆形，长 4～12 cm，宽 2～5 cm，先端尾状长渐尖，基部偏斜，全缘，两面无毛或稀叶背脉腋被毛；侧脉 8～10 对。花杂性，异株；雄花和假两性花淡紫红色，排列成顶生或腋生的聚伞状圆锥花序，长 4～10 cm；雌花单生于上部叶腋内；萼片、花瓣各 5；雄蕊 10；子房 5 室；花柱 5，分离，长约 0. 5 mm。核果椭圆形或倒卵形，长 2～3 cm，径约 2 cm，成熟时黄色，中果皮肉质浆状，果核长 2. 0～2. 5 cm，径 1. 2～1. 5 cm，先端具 5 小孔。花期 4 月，果实成熟期 8—10 月。

**图 16-9　大果枣**

**图 16-10　山枣**

**7. 滇枣**

滇枣又名印度枣，产于云南、广西、贵州、西藏，分布在海拔 1000～2500 m 的混交林中，印度、尼泊尔、不丹也有分布。乔木，高达 15 m。幼枝被棕色短柔毛，小枝黑褐色或紫黑色，具皮刺。叶纸质，卵状矩圆形或卵形，稀矩圆形，长 5～14 cm，宽 3～6 cm，顶端渐尖或短渐尖，具钝尖头，稀近圆形，基部近圆形或微心形，稍不对称，边缘具圆齿状锯齿，上面深绿色，无毛或仅中脉有疏柔毛，下面浅绿色，初时沿脉被柔毛或疏毛，后脱落，或沿脉基部有疏柔毛，基生 3 或稀 5 出脉，网脉在下面明显；叶柄长 5～11 mm，被棕色短柔毛；托叶刺 1～2 个，直立，长 4～6 mm，早落。花绿色，两性，5 基数，数个至 10 余个密集成腋生二歧式聚伞花序，总花梗长 7～16 mm，被棕色细柔毛；萼片卵状三角形，顶端尖，外面被短柔毛；花瓣匙形，兜状，与雄蕊近等长；花盘厚，肉质，10 裂；子房球形，2 室，顶端被微毛，每室具 1 个胚珠；花柱 2 半裂。核果近球形或球状椭圆形，长 1. 0～1. 2 cm，直径 0. 8～1. 1 cm，无毛，基部有宿存的萼筒，成熟时红褐色；果梗长 4～11 mm，有短柔毛；中果皮薄，内果皮厚骨质，厚约 3 mm，2 稀 1 室，具 1 或 2 粒种子；种子黑褐色，平滑，有光泽。花期 4—5 月，果期 6—10 月。

**8. 皱枣**

皱枣又名皱皮枣、弯腰果、弯腰树，产于我国广西、海南、云南，印度、缅甸、越南等国也有分布。常绿灌木或小乔木，高达 9 m。幼枝被锈色或黄褐色密绒毛，老枝红褐色，粗糙，有条纹，具明显的皮孔，常有1个（稀2个）紫红色下弯的短刺，刺长3～6 mm。叶纸质或近革质，宽卵形或宽椭圆形，长8～14 cm，宽4.5～9.5 cm，顶端圆形，基部近心形或圆形，偏斜，不对称，边缘具细锯齿，上面绿色，初时被长柔毛，后渐脱落变无毛，或仅脉腋有疏柔毛，下面被锈色或黄褐色密绒毛，基生3～5出脉，中脉每边有侧脉2～5条，叶脉在上面下陷，下面凸起，具明显的网脉；叶柄短粗，长5～9 mm，被黄褐色密绒毛。花绿色，被密柔毛，5基数，两性，通常数个至10余个密集成聚伞花序，排成顶生或腋生的大圆锥花序或总状花序，总花梗长5～12 mm，花序长达20 mm，花梗长1～2 mm，花序、总花梗及花梗均被锈色密绒毛；萼片卵状三角形或三角形，顶端尖，外面被锈色绒毛，与萼筒近等长；无花瓣，花盘稍厚，圆形，5裂；子房球形，密被绒毛，基部近1/3与花盘合生，2室，每室具1个胚珠；花柱2深裂或2半裂。核果倒卵球形或近球形，橙黄色，成熟时变黑色，长9～12 mm，直径8～10 mm，被毛，后渐脱落，基部有宿存的萼筒；果梗长7～10 mm，有绒毛，1室，具1粒种子；内果皮薄，脆壳质；种子球形，红褐色，长宽均6～7 mm。花期3—5月，果期4—6月。

另外，还有小果枣、球枣、褐果枣、毛脉枣、无瓣枣和毛果枣。

## 二、主要优良品种

我国枣树资源极其丰富，在长期栽培驯化和选育过程中，形成了许多品种和品种群。据记载，我国有枣树品种700个。随着新品种的不断选育，品种数量不断增加。

**1. 枣品种分类**

（1）按果实大小和果形分类

①按果实大小可分为大枣和小枣。大枣一般果实大，生长旺，树势强健，适应性强，平均重8 g以上，如灵宝大枣、灰枣、赞皇大枣、阜平大枣等。小枣果实较小，平均重5 g左右，生长势弱，树冠小，适应性较差，如金丝小枣、无核小枣、鸡心蜜枣等。

②按果形可分为长枣形（如朗枣、壶瓶枣、骏枣、赞皇大枣、灌阳长红等）、圆枣形（如赞黄圆枣、圆铃枣、绥德圆枣等）、扁圆形（如冬枣、花红枣等）、缢痕枣（如羊奶枣、葫芦枣、磨盘枣等）、宿萼枣（如柿顶枣、五花枣等）。

（2）按用途分类

按用途可分为制干品种、鲜食品种、兼用品种、蜜枣品种和观赏品种。制干品种核小肉厚，汁少，含糖量高，干制出干率高，如金丝小枣、赞黄大枣、灰枣、婆枣、灵宝大枣、郎枣、相枣等。鲜食品种皮薄，肉质脆嫩，汁多味甜，如冬枣、临猗梨枣、大白铃等。兼用品种可鲜食，也可制干或加工蜜枣等产品，如鸣山大枣、骏枣、晋枣、葫瓶枣、板枣等。蜜枣品种果大而整齐，肉厚质松，汁少，皮薄，含糖量较低，细胞空腔较大，易吸糖汁，如义乌大枣、宜城圆枣、宜城尖枣、枣阳秤砣枣、灌阳长枣等。观赏品种果实或枝条形状或颜色特殊，有观赏价值，如葫芦枣、茶壶枣、柿蒂枣、胎里红、龙枣等。

**2. 优良品种**

（1）制干品种

①金丝小枣（图16-11）。原产于河北、山东交界地带。主要分布在河北沧县、献县、泊头、青县、盐山、南皮、海兴和山东乐陵、无棣、寿光、庆云、阳信、沾化。果实小，平均单果重4～6 g，果形变异较大，可分为大圆身、小圆身、大长身、小长身等多种类型。果皮薄，果肉致密细脆，味甘甜，微具酸味，含糖量34%～38%，每100 g鲜枣含维生素C 560 mg，可食率95%～97%，制干率55%～58%。主要用于制干，鲜食品质上。干制红枣肉质细密，果表皱纹细浅，果形饱满，富有弹性，含糖量74%～80%，含酸量1.0%～1.5%，耐贮运，品质极上。9月下旬成熟。树势弱，丰产、稳产，耐盐碱、抗旱，但不耐瘠薄，喜肥沃壤土和黏壤土。能生长在pH 8.5以上的土坡上，不宜在丘陵山地栽植。

②赞皇大枣（图16-12）。主产于河北省赞黄县，是目前枣树发现的唯一自然三倍体类型，在当地已

有400年栽培历史。果实个大，平均单果重17.3 g，最大果重29 g，果实长圆形或圆柱形，大小整齐，果面平整、光滑，果皮较厚，韧性好。果肉致密质细，汁液中等，味甜。干枣含糖量62.57%，含酸量0.25%，每100 g鲜枣含维生素C 383.63 mg，可食率96%，制干率47.8%。制干后红枣果形饱满，富有弹性，耐贮运，品质极上。9月下旬成熟，较抗裂果。树势中庸，早果丰产，耐旱抗涝、耐瘠薄。自花结实性差，可配置板枣为授粉树。

图16-11　金丝小枣

图16-12　赞皇大枣

③无核小枣（图16-13）。又名空心枣、虚心枣，分布在河北沧县、献县、青县、泊头、盐山及山东乐陵、无棣等。果实多为圆柱形，中部稍细，平均单果重3～4 g，最大果可达8～10 g，果实大小不均匀。果皮薄，肉质细腻，较松软，汁少味甜。鲜枣含糖量33%～35%，干枣可达75%～78%，含酸量0.2%～0.8%，每100 g鲜枣含维生素C 339.3 mg，制干率50.8%～53.8%，核退化成膜质，可食率99%以上。成熟期9月上中旬。该品种适应性较差，要求深厚肥沃的坡土或黏壤土。

图16-13　无核小枣

④圆铃枣（图16-14）。又名紫枣、紫铃枣等，主产于山东聊城、德州地区，以及河北邢台、衡水、邯郸地区。河南东部也有栽培。果实圆形或近圆形，平均单果重11 g，大小不整齐。果皮厚，坚韧，紫红色，果面不平，富光泽。果肉厚，质地紧密，较粗，汁少味甜。鲜枣含糖量33%，干枣可达73%～77%，每100 g鲜枣含维生素C 339.8 mg，可食率95%左右，制干率60%～62%。成熟期9月上中旬。采前不落果，熟前遇雨不易裂果。

⑤灵宝大枣（图16-15）。灵宝大枣别名屯屯枣，主产于河南灵宝、新安，陕西渔关，以及山西平陆、芮城等地。制干品种。果实圆形或扁圆形，平均单果重22.3 g。大小较均匀，果面有不明显的五棱突起。果皮中厚，色深红色，有不规则黑点。果肉厚，肉质较细硬，汁少，核大，鲜枣含糖量23.4%～26.5%，制干率50%；干枣皱纹粗浅，肉质粗松，含糖量70%～72%，含酸量0.12%～1.1%，甜味较

图16-14　圆铃枣

图16-15　灵宝大枣

淡，品质中上，耐贮运力中等。产地9月中下旬成熟。树势强，较丰产、稳产，早实性较差。对土壤适应性强，抗旱，抗枣疯病能力强。

⑥灰枣（图16–16）。分布在河南新郑、中牟、西华等县及郑州市郊，为当地主栽品种。果实长倒卵形，平均单果重12.3 g。果肉致密、较脆，汁液中等多。鲜枣含糖量30%，干枣含糖量85.3%，制干率55%~60%，可食率97.3%。制干后，成品皱纹较粗深，肉质紧密，有弹性，耐贮运，品质优良。9月中旬成熟。成熟期遇雨易裂果。

⑦相枣（图16–17）。又叫贡枣，分布于山西运城，是当地主栽品种。果实大，平顶锥形或卵圆形。平均果重22.9 g，最大果重29.5 g，大小不均匀。果肩宽，耸起，有数条浅棱通过，梗洼窄深。果顶平，顶点微凹。果柄较粗。果面光亮，有不明显的小块起伏。果皮厚，紫红色，颇美观。果肉厚，绿白色，质地较硬，略粗，汁液少，味甜，含可溶性固形物28.5%，总糖25.5%，可食率97.6%，制干率53%。干枣含总糖73.5%，适宜制干，品质上等。果核较小，大果核内有不饱满种子。在产地，4月19日前后萌芽，5月底始花，9月下旬成熟采收，果实生育期110 d左右。树体高大，干性较强，树冠多呈自然半圆形，树势中等。结果龄期较早，根蘖苗和嫁接苗多数第2年结果。15年左右进入盛果期。坐果稳定，产量中等。枣吊平均坐果0.45~0.50个。成熟期落果轻。适土性较强，旱地、水洼地都可栽培。抗霜力和抗枣疯病力较弱。抗裂果。发枝力较强，枝叶较密，修剪时应以夏剪为主，摘心、疏枝结合，调整生长与结果的营养分配。繁殖多用根蘖和嫁接。结果较早，可密植。

**图16–16 灰枣**

**图16–17 相枣**

**图16–18 长木枣**

⑧长木枣（图16–18）。别名大木枣，分布于山西运城，是当地主栽品种。果实大，长椭圆形或长卵形。平均单果重15.3 g，最大单果重19.4 g。大小较整齐。果肩圆整，很少棱线。梗洼和环洼中等深广。果柄较粗。果顶圆瘦，略凹陷。果面不很平整。果皮赭红色。果肉厚，乳白色，质地致密硬实，汁液少，含可溶性固形物33.4%~34.8%，制干率57.0%~59.2%，宜制干。红枣硕大美观，皮色深红，皱纹中等、均一，外形饱满，质地紧密，富弹性，极耐贮运，甜味浓，含糖75%~80%，稍具苦味，品质上等。果核大，长纺锤形，核内无种子。在鲁北产区，4月中旬萌芽，5月底至6月初始花，9月下旬果实成熟。果实生育期105 d左右。树体较小，树势中等，干性较弱，树冠多呈自然半圆形或开心形。枝条软，容易叠合，树冠内部容易形成空膛。枣股圆锥形，持续开花结果约15年。结果龄期晚，栽后10年左右开始少量结果。坐果率低，落花落果严重。环剥后，产量较高、较稳定。枣吊平均坐果1个左右。适应性较差，不耐瘠薄，要求土壤深厚肥沃，遇雨有轻度裂果。

（2）鲜食品种

①枣脆王（图 16-19）。当前我国乃至世界最优良的早熟鲜食枣新品种。枣脆王果实个大，平均单果重 30.9 g，最大果重 93 g。果面光洁，白熟期果面嫩白，成熟期果面鲜红，颜色美观统一。脆熟期含糖量达 30%，完熟期则达 39%～48%，维生素 C 含量高达 497 mg/100 g，核小，肉厚，可食率 97%。该品种抗逆性很强，抗低、高温，抗裂口，抗炭疽病、缩果病、落果病，抗红蜘蛛，抗旱，耐瘠薄，并且耐贮藏、保鲜、运输。

②冬枣（图 16-20）。冬枣别名苹果枣，主产于山东、河北等地，为优良鲜食晚熟品种。果实圆形或扁圆形，平均单果重 13 g。果皮薄而脆，果面平整光洁。果肉较厚，细嫩多汁，无渣，甜味极浓，果核较大，含糖量 34%～38%，品质极上。10 月上中旬成熟，较耐贮藏。树势较弱，花量较多，丰产稳产。适于偏碱性土壤，对气候和地下水位要求较为严格。

**图 16-19　枣脆王**

**图 16-20　冬枣**

③梨枣（图 16-21）。原产于山西临猗，鲜食品种，因果实梨形而得名，平均单果重 30 g，大小不整齐，果皮凹凸不平，皮薄，鲜红色，富光泽。果肉厚，松脆细嫩多汁，核大。鲜枣含糖量 27.9%，含酸量 0.37%，味极甜，品质上。9 月中下旬成熟。树势中等，结果枝粗长，当年生枣头结果能力很强。结果早，产量较高而稳定，适于较肥沃的土壤。成熟期不整齐，采前落果较严重。

**图 16-21　梨枣**

④辣椒枣（图 16-22）。在山东、河北交界一带有零星栽培。果实中大，长椭圆形或长锥形，平均单果重 12.0 g，果皮薄，紫红色，果面平滑光洁。果肉绿白色，质地细，酥脆，汁液较多，甜酸可口。全红果含糖量 36%～37%。可食率 97.2%，制干率 52.7%。鲜食品质上。果实生长期 110d 左右。

⑤大白铃（图 16-23）。别名鸭蛋枣、馒头枣，产于山东夏津、临清、武城、阳谷等地，多零星栽培。果实大，近球形，平均单果重 25.0 g，最大果重达 49 g 以上。果肉绿白色，质地松脆，味甜，鲜枣含糖量 25% 左右，可食率 96.4%，鲜食品质上。果实生长期 110 d 左右。

⑥蛤蟆枣。为山西永济仁阳主栽品种。果实特大，平均单果重 34.0 g，长圆形或柱形，因果面凹凸不平，且有深色斑纹，似蛤蟆背部皮纹而得名。果皮薄，果肉厚，绿白色，质地松脆，汁液中多，味甜。鲜枣含糖量 28.5%，每 100 g 含维生素 C 397.5 g，可食率 96.5%，鲜食品质上。果实生长期 110 d 左右。树势强健，树体高大，干性较强，枝条中密粗壮，树姿较直立，树冠自然半圆形。抗枣疯病能力强，但抗霜力弱，成熟期遇雨易裂果。对栽培条件要求较高，栽植不宜过密，枣头坐果率高，宜分期适时进行采收。

图 16-22　辣椒枣

图 16-23　大白铃

⑦不落酥。主产于山西省平窑县辛村乡赵家庄。树势较弱，树体较小，干性弱，枝条细而较密，树冠乱头形，树姿开张。萌蘖力中等，根蘖苗生长较弱，一年生根蘖苗苗高50.60 cm，根径0.60 cm。枣头红褐色，萌发力较强，生长势较强，平均生长量62.66 cm，二次枝着生部位较高，着生永久性二次枝5～6个，节间长5～6 cm，二次枝生长弱。皮目小而中密，圆形，灰白色。针刺不发达，基本退化。枣股小，抽吊力较强，每股平均抽4吊，枣吊细而较长，平均长20 cm左右。叶片中大，长卵形，深绿色，叶长5.10 cm，宽2.60 cm，先端渐尖，叶基偏圆形，叶缘锯齿钝，花量较少，每吊平均44.2朵，每花序平均3.03朵。花中大，花柄长，花径6.0～6.5 mm。蜜盘较大，橘黄色。蕾裂时间5～6点。果实长扁柱形，纵径4.45 cm，横径3.22 cm，侧径2.80 cm，平均果重20.25 g，大小不够均匀。果顶微凹，柱头遗存。果梗细长，梗洼窄深。果皮中厚，紫红色，果面不平滑。果点小，浅黄色，不明显。果肉厚，绿白色，肉质酥脆，味甜，汁中多，品质上等，适宜鲜食。可溶性固形物含量31.80%。核小，纺锤形，纵径2.84 cm，横径0.91 cm，重0.68 g，可食率96.64%，核面粗糙，核内无种仁。结果较早，定植后第2年开始结果，坐果率中等，枣头吊果率32.30%，二年生枝吊果率38.46%，三年生枝吊果率28.46%，坐果第1果节～第14果节，主要坐果部位第3节～第8节，占坐果总数的97.84%。产量中等，较稳定。在山西太谷，4月中旬萌芽，5月下旬始花，6月上旬盛花，6月28日前后终花，8月下旬开始着色，9月20日前后脆熟，10月中旬落叶，生长期175 d左右，果实生育期110 d左右。枣吊生长高峰期4月25日—5月30日，占总生长量的80.28%，5月30日后缓慢生长，6月10日前后停止生长。枣头生长高峰期4月25日—5月30日，占总生长量的94.36%，5月30日后缓慢生长，6月15日前后停止生长。适应性较强，结果较早，产量中等，果实较大，品质优良，适宜鲜食，为山西省稀有名贵鲜食优良品种，适宜北方地区城郊和工矿区及四旁发展。主要缺点是不够丰产，抗枣疯病力较弱。

⑧郎家园枣（图16-24）。原产于北京市朝阳区郎家园。近年来，山东、河北、山西、陕西均有引种栽培。果实小，平均单果重5.6 g，大小较均匀。果实长圆形或倒卵形，果面光滑、果皮较薄，深红色，着色均匀。果肉绿白色，质地酥脆，细嫩多汁，味浓甜，稍有香气。半红期含糖量31%，全红期含糖量35%左右，含酸20.66%。品质上。9月上旬采收，果实生长期90～95 d。成熟期不裂果，但坐果率低，产量低，采后不耐贮运。

图 16-24　郎家园枣

（3）蜜枣品种

①宜城圆枣。别名团枣，主要分布在安徽宣城水东、孙埠、杨林等地，是水东镇主栽品种。果实大，平均单果重24.5 g，大小整齐。果实近圆形，平整光滑，果皮薄，白熟期绿白色，着色后鹅红色。果肉淡绿色，质地细密，汁液中多，白熟期含糖量10.7%，含酸量0.23%，每100 g鲜枣含维生素C 351.1 mg，可食率97%。8月下旬进入白熟期，蜜枣品质上。9月下旬开始上色，果实生育期95 d左右。

②宜城尖枣。主要分布于安徽宣城水东、孙埠、杨林等地，为当地主栽品种。果形大，平均单果重22.5 g，大小整齐。果实长卵圆形，果面光滑，果皮红色，采收加工期为乳白色，很少裂果。果肉乳黄色，汁液少，味甜稍淡，含糖量9.9%，含酸量0.27%，每100 g鲜枣含维生素C 351.1 mg，可食率97%。8月下旬进入白熟期，蜜枣品质上。9月上旬开始上色，果实生育期95 d左右。

③桐柏大枣（图16-25）。产于河南桐柏。果实特大，一般果重46 g左右，近圆形。果皮中厚。果肉厚，黄白色，质地较松，汁液少，甜度中等，含糖量22.1%，含酸量0.32%，每100 g鲜枣含维生素C 442.3 mg，可食率97.2%，适于加工蜜枣。9月上旬采收，果实生育期110 d左右，易裂果。进入结果期早，极丰产、稳产。对气候、土壤适应性较强，抗旱，抗涝，耐瘠薄，耐盐碱，生长期能耐43 ℃的高温，休眠期能抵御-32 ℃的低温，抗风力较弱。

（4）兼用品种

①晋枣（图16-26）。分布于陕西、甘肃交界的彬县、长武、宁县、泾川、正宁、庆阳等地。果实大，平均单果重21.6 g，大小不整齐。果实长卵形或圆柱形，果面不平整，有不明显的凹凸起伏和纵沟，有光泽。果皮薄，果肉厚，质地致密，酥脆，汁液较多，甜味浓。鲜枣含糖量26.9%，含酸量0.21%，每100 g鲜枣含维生素C 390 mg，可食率97.8%，鲜食品质极上。干枣含糖量68.7%~78.4%，制干率30%~40%。10月初完熟采收，果实生育期110 d左右，易裂果。

**图16-25　桐柏大枣**

**图16-26　晋枣**

②壶瓶枣（图16-27）。主产于山西太谷、清徐、交城、祁县、文水等地。果实大，平均单果重19.7 g，大小均匀。果实长侧卵形或圆柱形，果面较平滑，果皮较薄，深红色。果肉厚，绿白色，质地较松脆，汁液中多，味甜。鲜枣含糖量30.4%，含酸量0.58%。每100 g鲜枣含维生素C 493.1 mg，可食率96.6%，品质上。干枣含糖量71.8%，含酸量3.15%，每100 g干枣含维生素C 30.1 mg。8月中旬进入白熟期，9月中旬完全成熟采收。果实生育期100 d左右。采前落果严重，易裂果。

**图16-27　壶瓶枣**

③骏枣。分布于山西交城，为当地主栽品种。树体较高大，干性强，树冠多呈自然圆头形。树势强旺，发枝力中强。枝叶密度中等。根系发达，萌蘖力中等。根蘖苗长势较强。多数第3年开始结果，15年后进入盛果期。丰产性较好，但不够稳定。枣吊平均坐果0.6个，十九年生树，平均株产34.1 kg，最高产量46.4 kg/株。树株经济寿命长，二百至三百年生大树仍有一定产量。果实大，平均单果重22.9 g，大小不整齐。果实圆柱形或长侧卵形，果面光滑，果皮薄，果肉厚，质地略松脆，汁液中等，稍具苦味。鲜枣含糖量28.7%，含酸量0.45%，每100 g鲜枣含维生素C 492 mg，可食率96.3%，品质上。干枣含糖量75.6%，含酸量1.58%，每100 g干枣含维生素C 16 mg。果实8月上旬成熟，8月中旬开始粉色，9月上旬进入脆熟期。

果实生育期100 d左右。采前易落果，成熟期遇雨裂果严重。

其他优良制干、鲜食兼用品种有板枣、金丝1号、无核小枣、壶瓶枣、骏枣、晋枣、敦煌大枣等。优良鲜食、加工兼用品种有鸣山大枣、泗红大枣、鸡蛋枣等。优良制干品种有临泽小枣、长红枣和相枣等。

**思考题**

(1) 果树生产上枣的主要种类有哪些?

(2) 生产上枣是如何分类的? 其优良品种有哪些?

## 第四节 枣无公害栽培技术要点

### 一、基地选择

选择距离工矿企业距离超过5 km，无“三废”污染、土壤肥沃、水质良好、空气清新、光照资源丰富，生物资源呈多样性的基地。大气、水、土壤环境质量符合无公害农产品生产基地环境质量标准要求。

### 二、生产技术指标

**1. 温度**

春季气温需达13 ~ 15 ℃，芽开始萌动；抽枝展叶和花芽分化需17 ℃以上的温度，气温19 ℃以上现蕾；日平均气温达20 ℃左右进入始花期，22 ~ 25 ℃进入盛花期。一般花粉发芽的适温为24 ~ 26 ℃，低于20 ℃或高于38 ℃，发芽率显著降低；秋季气温降到15 ℃开始落叶。根系生长要求地温8.6 ℃以上，22 ~ 25 ℃达到生长高峰，温度降到21 ℃生长缓慢。

**2. 空气相对湿度**

枣树花期一般需要空气相对湿度（RH）75% ~ 85%，若空气相对湿度低于40%，花粉几乎不能萌发，不利于受精，易造成落花落果。

**3. 光照**

枣树是喜光树种，日照长短会影响枣树的生长和果实的膨大。在11 ~ 12 h的日照条件下枣树枝叶茂密，果实膨大较快。

**4. 土壤**

枣树较适宜在沙壤土上生长。氮素含量达到50 mg/kg以上，磷肥、钾肥能较好提高坐果率，促进果实生长发育。枣树对钙、镁、铜、铁等元素也有一定的需求量。

### 三、无公害生产技术规程

**1. 深翻扩穴，增施有机肥**

枣树每年秋季采枣后，深翻扩穴，修整树盘。土层薄、根系裸露的枣树进行培土。同时，普施1遍有机肥，施肥量100 kg/株以上，并混施果树专用肥1 ~ 2 kg/株。有机肥以优质土杂肥、圈肥、腐熟畜禽粪便为主。

**2. 整修梯田树盘**

冬春农闲季节，修补加高梯田边埂和树盘外沿，使之保持略高于梯田或树盘表面，并在一侧留出水口，雨后及时修补被大水冲毁的梯田和树盘。

**3. 肥水管理**

在施足基肥同时，每年萌芽前、花后追施两次速效氮肥，施肥量0.5 ~ 1.5 kg/株，后期结合病虫害防治，叶面喷施0.2%~0.5%尿素，500倍光合微肥及0.2%~0.5%磷酸二氢钾等两次以上。浇水和施肥结合进行，每次施肥后及时浇水。关键浇好4次水，即萌芽前、花期、果实膨大期和封冻水。在此基础上加强中耕，以松土、保墒。大力推广应用树盘覆膜、穴贮肥水技术。

**4. 整形修剪**

枣树整形修剪采取冬夏结合，随树造形的办法，每树保留5~10个骨干枝，并在树体内均匀排列；对过多的直立并生枝疏除1~2个和拉枝开角1~2个；疏除或回缩过密枝、交叉枝、病虫枝；下垂枝、衰老枝，回缩更新复壮；有空间的枣头枝短截，以进一步扩大树冠。

**5. 保花保果**

加强枣树花期管理，提高坐果率是取得枣树高产的关键措施。

（1）花期喷水

枣树花期持续高温干旱时，于下午16—17时，向树上喷水。条件允许时，同时进行地面浇水，增加枣园空气湿度。

（2）花期喷赤霉素

初花期到盛花末期喷2~3次10~15 mg/L赤霉素。

（3）花期开甲和放蜂

开甲适用于壮旺树和肥水条件好的枣园。盛花至末花期，在距地面20~30 cm处，剥除一圈树皮，宽度3~5 mm，一个月内甲口不能完全愈合，绑塑料薄膜，促进愈合。开甲部位以后每年上移3~5 cm。

此外，花期放蜂也可明显提高坐果率。

**思考题**

（1）枣树无公害生产的技术指标有哪些？

（2）试制定枣树无公害生产技术规程。

## 第五节　枣关键栽培技术

### 一、根蘖繁殖技术

**1. 开沟育苗**

枣树开沟育苗在春季发芽前于树冠外围挖育苗沟，宽30~40 cm，深40~50 cm。切断所有直径2 cm以下的根，切平伤口，铺垫松散湿土，盖没所有断根。5月，断口及断口附近发生大量萌蘖，当苗长到20~30 cm时间苗，留1~2株/丛健壮苗。距断根沟30 cm附近靠近母株一侧再开一条宽30 cm左右、深40~60 cm的沟，将根蘖苗与母株切断，回填根蘖苗两侧断根沟，同时，母树施入50~100 kg/株，并灌水。根据苗木生长情况，可在当年秋季或第2年秋季出圃。

**2. 归圃育苗**

枣树归圃育苗又称二级育苗，是在春季将枣园里零星散生的根蘖苗刨出来，带15~20 cm长母根及全部须根；按壮弱、大小分级，丛生剪成单株。在苗圃中施足有机肥1000kg/亩后，按（20~25）cm×（60~100）cm株行距，将根蘖苗按类栽植；栽植深度以超过原苗木深度1 cm为宜，并将根上5 cm处平茬。达到标准后出圃。

### 二、利用野生酸枣嫁接枣树技术

**1. 选树**

选择土层深厚、肥沃的山地、沟坡和梯田埂堰边上的酸枣树，进行成片嫁接。

**2. 时间**

时间在3月下旬至7月底。最佳嫁接期在清明节前10 d至后20 d。

**3. 嫁接技术**

嫁接前按（2~3）m×(3~4）m株行距留苗，其余植株全部清除刨掉。从品种特性显著、丰产性能良好、无病虫害、生长健壮的枣树上剪取粗壮的二次枝或枣头作接穗。春季嫁接用接穗，可提前7~15 d采回，封蜡后在冷凉处用湿沙埋藏备用。夏季硬枝接穗可随用、随采、随接。嫁接方法有腹接、插皮接、劈接和带木质芽接等。

**4. 嫁接后管理**

嫁接后及时除萌蘖。枝接接穗长出新枣头达30~50 cm时，及时解绑；芽接后15~20 d后解绑。芽接苗成活后于接芽上方0.5 cm处剪砧。当芽接苗干长达到80~120 cm时摘心定干。嫁接部位愈合不捞者，尤其是插皮接，应绑支柱。利用野生酸枣改接大枣，必须做好水土保持工作，增施肥料，加强综合管理。

## 三、枣粮间作技术

**1. 优点**

枣粮间作能充分利用土地、空间和光能，提高单位面积产量和产值。

**2. 技术要点**

（1）确定栽植密度

枣粮间作以枣树冠径（3~4 m）作为株距，行距为冠径的3倍约15 m。具体因环境条件而不同：丘陵山区枣树多栽于梯田外缘，行距随坡度变化，很少超过10 m，平原地区行距大多数在10~20 m。

（2）采用高干稀冠树形

枣树采用高干稀冠树形便于冠下间作，而枣树产量也不受到大的影响。长势弱、冠形小的品种，干高以1.4 m左右为宜；长势强、树冠大的品种以1.6~1.8 m为宜。所留主枝要粗壮，不超过7~9个，并保持60°左右开张角度。

（3）注意枣树行向

采用南北行向栽植的枣树，树冠两侧受光较为均匀，对间作物无不良影响。丘陵山地，只能按等高栽植。

（4）间作物选择与布局

间作物要矮秆，比较耐阴，秋收作物还要求早熟，在枣果采收前收获。夏作物以冬小麦、春小麦、大麦和豌豆、蚕豆最好，秋收作物黍子和谷子最好；其次是芝麻、红小豆、豇豆和瓜类；再次是矮秆早熟的玉米、大豆、花生和棉花。

（5）加强间作地肥水供应

应增施肥料，给枣树偏重施肥，及时灌水，解决好枣树与间作物争肥水的矛盾。

## 四、整形修剪技术

枣树结果部位稳定，对修剪反应不敏感。因此，枣树修剪的主要任务是培养树形，配备安排结果枝组，调节枝组与骨干枝的从属关系。

**1. 主要树形**

枣树常见丰产树形主要有主干疏层形、自由纺锤形、自然半圆形和开心形。主干疏层形适于干性强、层次分明的晋枣、板枣等品种，其主枝8~9个，分3~4层，开张角度50°~60°，每主枝留1~3个侧枝，层间距50~70 cm。自由纺锤形是密植枣树理想树形，在中心干上均匀着生10~14个水平延伸的主枝，长度由下到上逐渐变短，树高 2. 5 m 以下。自然半圆形和开心形适于生长势较弱的品种，如长红枣、赞黄大枣等。其中，自然半圆形主枝 6 ~ 8 个，无层次，在中心干上错落排开，每主枝 2 ~ 3 个侧枝，树顶开张。开心形具有主枝 3 ~ 4 个，以 30° ~ 40°开张角度着生在主干上，每个主枝有侧枝 2 ~ 3 个，结果枝组均匀分布在主、侧枝周围。

**2. 幼树整形**

枣树幼年期多单干直立生长，7 ~ 8 年后逐渐形成侧生枣头，使树冠扩大。因此，枣幼树整形必须促进树冠横向扩大，增加分枝级次。下面以主干疏层形为例，具体介绍其整形要点。

（1）定干

枣树定干在栽植 2 ~ 3 年后，当树高达 2 m 左右、干粗达 3 cm 左右时，根据树势、栽植密度确定干高。纯枣园干高 0. 5 ~ 1. 2 m，枣粮间作干高 1. 2 ~ 1. 6 m。

（2）整形过程

定干后将整形带内的二次枝从基部剪除，或将二次枝留基部 1 个枣股短截，促使其萌发枣头。第 2 年，对留作主枝而发育强壮的枣头留 70 ~ 100 cm 短截，并剪去剪口附近需要发枝的二次枝，培养成侧枝。选作中干用枣头，在 120 ~ 150 cm 处短截，剪去剪口下第 1 个二次枝，选留 2 ~ 3 个二次枝从基部剪除，或留基部 1 个枣股短截，促使其萌发枣头，培养第 2 层主枝；按同样方法培养第 3 层主枝。同时，对骨干枝上其他枣头，选留部位合适、生长健壮者摘心或早春轻短截，抑制延长生长，促其形成结果枝组。然后疏除过密或生长过弱的枣头。

**3. 结果树修剪**

枣树结果树修剪以疏枝和培养结果枝组为重点，采用疏枝、回缩、短截相结合方法。即疏除轮生枝、并生枝、过密枝、徒长枝、交叉枝、重叠枝、病虫枝和干枯枝；回缩下垂、和衰弱的骨干枝及二次枝，剪口下留强壮枣股，促发健壮枣头；短截是对于作骨干枝的枣头适量短截，以培养或复壮枝组。其中，一至二年生枣头选 4 ~ 6 个二次枝短截，改造或培养成中小结果枝组，以后轮换进行枣股更新复壮。三年生以上枣头通过短截或回缩，使下部复壮。

**4. 衰老或树势修剪**

枣树衰老或树势过弱后，应根据其衰弱程度分别进行轻、中、重不同程度更新，分别回缩骨干枝长度的 1/3、1/2 和 2/3，同时更新结果枝组。

**5. 生长期修剪**

枣树生长期修剪一般在发芽后到枣头停长前进行。主要内容包括抹芽、疏枝、摘心和开甲等。枣股上萌发的新枣头，或枣头基部及树冠内萌发的新枣头，若不利用均应及时疏除。其余枣头中不用于骨干枝延长枝及大型枝组者，可于盛花期在枣头长度的 1/3 ~ 1/2 处短截，以提高坐果率。

## 五、保花保果技术

枣树保花保果技术就是提高坐果率。枣树提高坐果率的根本措施就是加强土肥水管理，改善树体营养状况。在此基础上，采取一系列其他栽培技术措施，调节营养分配，创造授粉受精的良好条件。

**1. 开甲**

（1）技术要领

枣树开甲就是环状剥皮。宜在干粗 10 ~ 12 cm 以上的盛果期树上使用；而密植树在干径达 5 cm 时即可开甲。具体在盛花初期天气晴朗时进行。初次开甲树在主干距地面 20 ~ 30 cm 处进行。甲口部位选光滑平整处，先用刀将该处的老树皮刮掉一圈，宽约 2 cm，深度以露出韧皮部为度，然后用开甲刀在其上按 0. 3 ~ 0. 6 cm 的间距，平行环切两圈，深达木质部，强树宜宽，弱树宜窄，切时要上刀下斜，下刀上斜，再将切口间的韧皮部仔细全部剥掉，下方切口向外下侧倾斜，以后开甲在原甲口上 3 ~ 5 cm 处进行，逐年上移，至主枝叉处再向下移。甲口涂25%的西维因乳油50倍液，或25%的久效磷乳油50～1000倍液，一周后再涂一次，甲口用泥抹平，或用塑料薄膜条包缠甲口。

（2）开甲后管理

开甲后灌一次水，并追施尿素50～80 g/株，并加强综合管理。

（3）注意问题

开甲要因树而异。小树、弱树不开。开甲时要精心操作，并掌握适期，保护甲口，涂药防虫，缠纸或塑料薄膜，同时，注意加强肥水管理，提高树体营养水平。

**2. 喷水**

喷水在盛花期早晚喷清水或喷灌，使空气相对湿度达70%～80%。

**3. 摘心**

摘心在枣树上又称打枣尖。一般于6月对枣头一次枝、二次枝或枣吊摘心。摘心一般越重越好。特别在枣头迅速生长高峰期后的一个月，摘心效果更好。

**4. 放蜂**

枣异花授粉可提高坐果率。放蜂在花期放蜜蜂和壁蜂。

**5. 应用植物生长调节剂和微量元素**

盛花初期喷10～20 mg/L赤霉素（$GA_3$）水溶液或10～20 mg/L 2，4－二氯苯氧乙酸（2，4－D）、10～30 mg/L生长素（IAA）或20～30 mg/kg萘乙酸（NAA）、10～30 mg/kg KT－30、0.3%的硼砂、0.3%～0.4%的硫酸锌，可明显提高坐果率。

## 六、病虫害防治技术

**1. 枣疯病**

（1）识别与诊断

枣疯病一般于花后出现明显症状，其症状特点是枝叶丛生，外观表现为花梗延长、花变叶及主芽不正常萌发。病树花器官变成营养器官，花梗、雌蕊变成小枝，纤细丛生，萼片、花瓣、雌蕊变小叶。一年生枝的腋芽及不定芽多次萌发形成许多细小枝条，呈扫帚状，叶片黄化，叶缘上卷，硬而脆，易焦枯。疯枝一般不结果，健枝虽结果，但果实含糖量低，有时出现花脸症状，果面凹凸不平，内部组织疏松，不能食用。病树主根常常长出一丛丛短疯枝（根蘖），同一条侧根上可出现多丛，出土后枝叶细小，黄绿色，经强日照照射后即全部焦枯呈刷状。后期病根皮层变褐腐烂。

（2）防治方法

枣疯病主要通过农业措施防治，具体包括；选用抗病品种，采用无病苗木、接穗和砧木；加强栽培管理，增施有机肥料，提高抗病能力；清除枣园及其附近杂树、杂草及树下根蘖，并适时喷药，防止叶蝉传病；及时拔除病株、病苗。此外，也可采用手术治疗方法，治愈率达50%以上。具体措施有四：一是锯除病枝。即在生长期从基部锯除着生疯枝的侧枝或主枝。二是环锯树干。在5月，从距地面40 cm处，用手锯在主干上锯一圈，深达木质部表面。根据病情轻重，每树可锯1环或多环，间距20 cm。三是断根。在4—5月将病树根周围土壤挖开，从基部切除与疯枝相对应方位的水平侧根，施肥浇水，将坑填平。四是环锯主根。在病树主根基部环锯，深达木质表面。

**2. 枣锈病**

（1）识别与诊断

枣锈病只为害叶片。发病时先在叶背散生淡绿色小斑点，后逐渐凸起暗黄褐色，直径约0.5 mm，此即病菌夏孢子堆。以后表皮散裂，散出黄色粉状物即夏孢子。在叶正面与夏孢子堆相对应处发生绿色小点，边缘不规则，使叶面呈花叶状，且逐渐失去光泽，最后干枯脱落。落叶先从树冠下部开始逐渐向上蔓延。落叶上有时也产生冬孢子堆，黑褐色，稍凸起，但不突破表皮。

（2）防治方法

①加强栽培管理：栽植不过密，疏除过密枝，在园内避免间作高粱、玉米等高秆作物和需要灌水的瓜、菜等。

②喷药保护：7 月上中旬和 8 月上中旬各喷 1 次 1：2：300 波尔多液，即可控制为害。其他杀菌剂如 65% 代森锌可湿性粉剂 500 倍液、25% 三唑酮可湿性粉剂 1000～1500 倍液、0.3% 石硫合剂等均有良好效果。

**3. 枣黏虫**

枣黏虫又名枣叶虫、枣食蛾，寄主有枣和酸枣，为枣区重要害虫。

（1）识别与诊断

枣黏虫幼虫为害枣叶时，吐丝将叶片黏在一起，在内取食叶肉，使叶片呈网膜状。为害枣花时侵入花序为害，咬断花柄，蛀食花蕾，吐丝将花缠绕在枝上，被害花逐渐变色，但不落花，常造成满树枣花呈枯黑一片。为害枣果时，除啃食果皮外，幼虫蛀入果肉蛀食，粪便排出果外，被害果不久即发红脱落。

（2）防治方法

①农业防治：主要包括刮树皮和绑草把。刮树皮是冬季或早春刮除树干粗皮，堵封树洞，消灭越冬蛹，刮下树皮带出园集中烧毁；绑草是在各代幼虫化蛹前，在树干分叉处绑草把，引入大量幼虫化蛹，然后及时解下草把烧毁。

②灯光诱杀：在枣园内设置黑光灯，诱杀成虫。

③药剂防治：做好虫情预报工作，各代幼虫孵化盛期进行喷药。一般 1 代喷药 2 次，可在孵化始盛期喷 1 次，隔 7 d 再喷 1 次。药剂有 2.5% 溴氰菊酯（敌杀死）乳油 4000 倍液、25% 除虫脲可湿性粉剂 1500 倍液。

**4. 枣尺蠖**

枣尺蠖又名枣步曲，为害枣、苹果、梨等果树。

（1）识别与诊断

枣尺蠖以幼虫取食幼芽、叶片，后期转食花蕾，常将叶片吃成大小不等的缺刻，发生严重时可将叶片全部吃光，使枣树大幅度减产，甚至绝产。

（2）药剂防治

①挖蛹：秋季和早春在成虫羽化前，结合翻地挖越冬蛹并予以消灭。

②捉蛾：在秋季羽化前在树干基部堆 35 cm 高锥形沙堆，堆面培成波形，表面松滑。每天清晨处理树下雌蛾。或于树干基部绑宽 10 cm 的塑料薄膜带，下缘涂黏虫药带，黏虫药带由黄油 10 份、机油 5 份、药剂 1 份（溴氰菊酯）充分混合而成。

③杀卵：成虫产卵前在塑料薄膜带下方绑一圈草绳，引诱雌蛾产卵其中，自成虫羽化之日起每 15 d 更换 1 次，换下后烧毁，连续进行 3～4 次。如再配合施洒 50% 辛硫磷乳油 700 倍液，效果更好。

④振虫：利用 1～2 龄幼虫假死性，振落幼虫及时消灭。

⑤药剂防治：幼虫盛发期树上喷药，选用 50% 辛硫磷乳油 1500 倍液，48% 毒死蜱乳油 1500～2000 倍液，或 25% 灭幼脲悬乳剂 1500 倍液。

## 思考题

（1）如何进行枣树繁殖？

（2）枣粮间作应把握哪些技术要点？

（3）如何提高枣树坐果率？

（4）如何防治枣封病？

# 第六节 枣无公害优质丰产栽培技术

## 一、育苗

**1. 分株法**

分株法是枣生产主要繁殖方法。此法繁殖简单，就地栽植成活率高，但繁殖苗木数量少，其长期沿用此法，也易发生变异。生产上繁殖枣苗多利用枣园自然萌发的根蘖，春季结合刨根蘖，选优栽植。为增加苗木数量，于春季发芽前在树冠外围或行间，挖宽 30～40 cm、深 40～50 cm 的沟，切断粗 2 cm 以下的根，剪平创面，然后填入湿润肥沃土壤，促其发生根蘖。根蘖发生后保留强健苗，除去过密弱苗并施肥灌水，促其生长，翌年根蘖苗达 1 m 高时出圃。个别枣区在树体衰老后，于树冠周围开长沟，就地培养苗木，进行枣园更新。

**2. 嫁接**

（1）砧木培育

砧木有酸枣实生苗和枣的根蘖苗，长江以南可用铜钱树作砧木。采集充分成熟酸枣，机械破壳，筛出种仁，晒干备用。春季可不经任何处理直接播种。播种苗圃选择土层深厚、地势平缓、接近水源、肥力较好的地块。苗圃地精耕细作，施足有机肥。北方一般在 3 月 25 日—4 月 20 日播种，采用条播。酸枣仁用种量 2.5～3 kg/亩。播后覆土、盖地膜，覆土厚约 2 cm。出苗后加强肥水管理，秋后砧木基径达 4 mm 以上时出圃。

（2）接穗采集和处理

接穗在优良品种的健壮树上采集，以一年生枣头一次枝最好，二次枝次之。采接穗最好在春季。接穗采后在冷凉条件下保存，勤检查，防止接穗失水或发霉。接穗有 1 个主芽即可，在嫁接前将枣头一次枝长条截成带 1 个主芽接穗，然后进行蘸蜡处理。

（3）嫁接方法

枝接一般在春季萌芽前进行。砧木萌芽后也可进行嫁接，但要保存好接穗，不要使接穗萌芽。枝接方法主要有腹接、劈接、插皮接和切接等。

## 二、建园

**1. 品种选择**

一般城郊附近和工矿区枣园，以不同熟期鲜食品种和加工品种为主；丘陵山区及山滩地带，有条件地区应建立枣树生产基地，成批生产干枣和乌枣，可为制作蜜枣提供原料；海涂盐碱地应以抗性强的干制品种为主，采用枣粮间作方式栽植，即宽行密株栽植，南北行向；四旁栽枣树，以果大、味美的鲜食和干制品种为主，并错开熟期。

**2. 园地选择**

园地选择阳光充足、风害较少、土层较厚、排灌较好的沙土地块建园。沙荒地大面积建园时，只除去杂草，略加开垦平整土地即可栽植。栽植前最好播种豆科绿肥作物数年，适时翻耕，改良土壤；低洼盐碱地区栽植枣树，首先挖沟降低地下水位，保持土壤深度 1 m 以上，播种耐盐碱杂草或绿肥（如黄须菜、田菁等），改良土壤后栽植；山丘地建园宜等高栽植，栽植前作好鱼鳞坑、撩壕或梯田等水土保持工程，然后栽植。

### 3. 栽植技术

（1）栽植时期

南方栽植时期以秋植为宜，北方则以春栽为好。萌芽期栽树较易成活。多雨地区亦可雨季栽植。

（2）栽植密度

以土层厚度和品种生长势而定。土层薄，生长弱的品种，株行距（3～4）m×(6～7）m，栽植23～37株/亩；土层较厚，生长势强的品种，株行距（4～5）m×(7～8）m，栽植16～24株/亩；山丘地区采用枣粮间作，多把枣树栽在梯田外缘或内缘，进行等高栽植，株距3～5 m；平原沙地多采用宽行密株栽植方式，株行距（3～4）m×(15～20）m，栽植8～15株/亩，风大地区缩小株距；盐碱台地多将枣树栽于台田两侧，若台田面宽，可在台田间增加1～2行；枣粮间作果园，以高干为宜。为早果、丰产，采用计划密植栽植方式。在行株间加密，对加密树少留枝，早开甲。待加密树结果早衰后刨除。

（3）栽植方法

栽前挖定植穴直径80 cm左右，深70～80 cm，施充分腐熟有机肥30～50 kg/株，将根系埋严并踏实，使根系与土壤密接。栽后灌足水，水渗后覆盖地膜。栽植枣树时客土改土和施肥灌水，可提高栽植成活率和缩短缓苗期。具体应用时可根据当地具体条件采取不同措施，如北方干旱地区“旱栽法”，要掌握最好墒情期，随挖坑随栽树，随即砸实，使根与土密接是成活的关键。盐碱地栽枣在雨季挖坑，借雨水淋洗盐碱。客土施肥、深坑浅栽等方法有效地提高了成活率和缩短了缓苗期。栽植枣树成活的关键还在于全根、保湿。刨枣苗、包装运输过程中，一定要注意全根和保湿等措施。

（4）栽后管理

枣树栽植后，应注意及时灌水保墒，防治病虫害。

## 三、土肥水管理

### 1. 土壤管理

（1）土壤改良

丘陵山地枣园，应逐年扩穴去石客土；沙荒地枣园可以土压沙、沙中掺土；黏重土壤采用泥中掺沙方法；盐碱地严重的枣园，要采取工程措施，设置排灌系统，以水压盐、排盐，降低地下水位。

（2）土壤深翻

一般在秋季采果后，结合施基肥进行。土壤深翻方法主要有两种：一是扩穴深翻，就是在栽后第2年、第3年开始，从定植穴外缘逐年或隔年向外开轮状沟，直至枣树株间土壤全部翻完为止；二是行株间深翻，就是顺行或在株间挖条状沟深翻。深翻沟宽一般为40～60 cm。密植枣园可进行全园深翻；山地枣树，可采用炮震扩穴方法进行松土。

（3）刨树盘

刨树盘在秋末冬初或早春进行。就是在树干周围1～3 m范围内用铁锨刨松或翻开土层15～30 cm，近树干处浅，越向外越深，除去杂草和不必要的根蘖。

（4）中耕除草

在生长季进行中耕除草。中耕深度5～10 cm，保持土壤疏松无杂草状态。

（5）枣园覆盖

在树冠下或全园覆盖杂草、作物秸秆、绿肥、树叶等材料，覆盖厚度一般为20～25 cm。覆草一般在枣树萌芽前进行，亦可在生长季中期进行。

（6）不同类型枣园

①纯枣园。平地枣园无间作物情况下，可采取土壤清耕法。1年中耕3～4次。冬耕在土壤结冻前进行，耕翻深度为20～30 cm；春耕在土壤解冻后进行，深度10～20 cm；伏耕在夏季进行，应适当浅耕，

结合土壤耕翻，清除园内根蘖苗。

②枣粮间作园。采取冬、春刨树盘，生长季浅锄，清除树冠下杂草和根蘖等土壤管理措施。间作时要使间作物与枣树保持适宜的距离，并注意选择矮小、生长期短的农作物（如豆科作物）。

（7）间作绿肥

枣园间作绿肥要及时刈割，就地翻压或沤肥，也可用于覆盖树盘。适于枣园间作绿肥植物有草木樨、柽麻、田菁等。

**2. 施肥管理**

（1）基肥

一般枣果采收后至落叶前（8 月下旬至 9 月上旬）施用。基肥以有机肥为主，掺入少量的氮肥、磷肥、钾肥。基肥施用量应占全年施肥量的 1/2，施用量通常为每生产 1 kg 鲜枣施用 2 kg 优质有机肥。基肥施用方法有 3 种。一是环状沟施法，亦称轮状沟施。就是在树冠外围投影处挖一条环状沟，平地枣园一般沟深、宽各 40 ~ 50 cm，土层薄的山区可适当浅些，深为 30 ~ 40 cm，该法适用于幼树。二是放射状沟施，又称辐射沟施。就是在距主干 30 cm 左右向外挖 4 ~ 6 条辐射状沟，沟长至树冠外围，沟深、宽各为 30 ~ 50 cm，该法适用于成龄大树。三是条状沟施。就是在树行间或株间于树冠外围投影处挖深 30 ~ 50 cm、宽 30 ~ 40 cm，行视树冠大小和肥量而定的条状沟。条状沟每年轮换位置，就是行间和株间轮换开沟。

（2）追肥

枣树追肥主要分 4 次。第 1 次在萌芽前（4 月上旬），以氮肥为主，适当配合磷肥。第 2 次在开花前（5 月中下旬），仍以速效氮肥为主，同时成龄配合适量磷肥。第 3 次在幼果发育期（6 月下旬至 7 月上旬），施氮肥同时，增施磷肥、钾肥。第 4 次在果实迅速发育期（8 月上中旬），该期氮、磷、钾配合施用。对于成龄大树，萌芽前追施尿素 0.5 ~ 1.0 kg/株、过磷酸钙 1.0 ~ 1.5 kg/株，开花前追施磷酸二铵 1.0 ~ 1.5 kg/株、硫酸钾 0.5 ~ 0.75 kg/株，幼果生长发育期施磷酸二铵 0.5 ~ 1.0 kg/株、硫酸钾 0.5 ~ 1.0 kg/株，果实迅速膨大期施磷酸二铵 0.5 ~ 1.0 kg/株，硫酸钾 0.75 ~ 1.0 kg/株。施肥方法同基肥。

（3）叶面喷肥

从枣树展叶开始，每隔 15 ~ 20 d 喷 1 次。生长季前期以喷氮为主，果实发育期以磷、钾为主，花期喷硼肥。喷施肥料及浓度是尿素 0.3% ~ 0.5%、磷酸二氢钾 0.2% ~ 0.3%、过磷酸钙 2% ~ 3%、草木灰浸出液 4%、硼酸 0.03% ~ 0.08%、硼砂 0.5% ~ 0.7%、硫酸亚铁 0.2% ~ 0.4%、硫酸钾 0.5%、硝酸钾 0.5% ~ 1.0%。

**3. 水分管理**

栽培管理上要根据枣树需水特点和当地年降雨分布，进行灌水和排水。在年生长周期中为保证枣树正常生长发育，应灌好 5 次水。第 1 水是催芽水：在萌芽前结合追肥灌水，促进萌芽，加速枝叶和根系生长。第 2 水是助花水：结合花前追肥灌水。第 3 水是保果水：于 7 月上旬幼果发育期，需水量较大。若天气干旱，气温高，可灌水并结合追肥进行。第 4 水是促果水：一般在 7 月下旬至 8 月上旬，进入果实膨大期，此期灌水可结合追肥进行。第 5 水是封冻水：在枣树落叶后，土壤上冻之前结合施基肥进行灌水。

此外，花期应保持适宜的土壤墒情，进行树冠喷水。枣果成熟期应控水，若此期水分过多，应做好排水工作。

## 四、整形修剪

**1. 主要任务和修剪原则**

（1）主要任务

枣树修剪主要任务见本章第五节“枣关键栽培技术”。

（2）修剪原则

枣树修剪原则是因势利导，随枝造形，修剪宜轻，冬夏剪结合。以夏剪为主，冬剪为辅。

**2. 主要树形**

枣树在整形过程中必须注意结构合理，从属分明，结果单位枝配置合理，树冠内通风透光。一般枣树多采用高干（1.4～1.6 m），树高5～7 m，冠径4～6 m，分3～4层。

（1）主干疏层形

主干疏层形有明显中心干。树高3 m以下，干高80～120 cm，枣粮间作地干宜高，密植园及丘陵山地干宜低。主枝8～9个，分3～4层着生在中心干上。第1层3个主枝，均匀向四周分散开，开张角度60°～70°；第2层2～3个主枝，第3层1～2个主枝，第4层0～1个主枝。第1层层内距40～60 cm，第1层～第2层层间距为80～120 cm；第2层层内距为30～50 cm，第2层～第3层层间距为50～70 cm，第3层～第4层间距30～50 cm。每个主枝下边两层选留2～3个侧枝，上边两层选留1～2个，每一主枝上侧枝及各主枝上侧枝之间要搭配合理，分布匀称，不交叉重叠。此树形骨架牢固，层次分明，易丰产。一般生长势强的品种（如赞皇大枣、圆铃枣等）可培养3～4层，而金丝小枣、无核小枣、灰枣等生长势弱的品种可培养2～3层。

（2）自由纺锤形

自由纺锤形树高2.5 m以下，干高70～90 cm，主枝10～14个，轮生排在主干上，不分层，主枝间距20～40 cm。主枝不培养侧枝，直接着生结果枝组。

（3）开心形

开心形树高2.5 m以下，干高80～100 cm。树干适当部位分生主枝3～4个，基角40°～50°，向四外伸展。每一主枝外侧着生2～3个侧枝，树顶开张。结果枝均匀分布在主、侧枝的周围。该树形光照较好，结果单位枝较多，骨干枝结合牢固，造形简单，树体较便于管理，较丰产，除适用于生长势较弱的品种外，也可在土质较瘠薄的枣园应用。在整形修剪时要注意主枝开张角度不宜过大或过小。

（4）自然半圆形

自然半圆形也就是多主枝自然，树体高大，无层次，主枝6～8个，在中心干上错落排开，每主枝2～3个侧枝，延迟开心。该树形骨干枝结合牢固，结果单位枝发育好。通风透光，产量较高，但生长势弱的品种成形较慢。

**3. 修剪**

（1）修剪时期

枣树修剪分冬季修剪和夏季修剪。冬季修剪从落叶后至翌春发芽前。但在干旱地区，宜在春季2—3月至萌芽前。早春干旱少雨的大陆性气候地区，在剪口芽上1 cm处剪截为好。夏季修剪就是生长季修剪，一般在发芽后到枣头停长前进行，就是在枣头发生高峰的5—7月进行1～2次。

（2）幼树修剪

枣树定干高度因栽植方式、耕作制度、品种等而不同。枣粮间作枣园定干宜高，树势弱、树冠较小的品种（如金丝小枣、稷山板枣等），干高1.2 m左右为宜；树势强、树体高大的赞黄大枣、晋枣、长红枣等于1.6 m左右处定干。在不影响间作物生长和土壤管理的前提下，定干宜矮。发枝力强的品种，干高以上已发生枣头，可选留培养骨干枝，对干上的二次枝逐年清除；不易发生侧生枣头品种一般栽植后2～3年定干，定干后将顶部二次枝疏除，选留2～3个部位适当生长方向较好的二次枝留1～2个枣股短截，促进发生健壮枣头，或剪去其上所有二次枝，从主干上直接发生枣头，再选留培养成主枝。侧枝培养可采用选留和重截两种方法：一般以选留自然萌发的枣头为主，并调节其生长方向和角度好的培养侧枝。这种方法修剪量小，主枝生长快，结果早。对生长过旺枣头，于停止生长前摘心或春季萌芽前剪去顶芽。生长数年不萌发侧枣头的主枝，也可采用重剪回缩到需要发枝的部位，并疏除靠近剪口需发枝部位的二次枝，或采用摘心、目伤等方法，促其发枝，培养侧枝。对骨干枝上不作主、侧枝的枣头，选留部位合适、生长健壮的枣头摘心或早春轻短截培养成结果单位枝。并注意调节单位枝大小和密度，过密或生长过弱枣头适当疏除。同时，对过弱骨干枝可换头调节，原头可不疏除使其继续结果。

（3）结果树修剪

结果树修剪的任务主要是调节改造骨干枝，在3～4年有计划地疏除过密枝、重叠、交叉和衰老骨干枝，使保留下来的骨干枝按适当的方向生长。改善树冠内光照条件，疏除部位发生过多的徒长枝枣头，在生长季进行抹芽、疏枝、摘心等，并注意选留、更新、培养结果单位枝，使树老枝不老。以后每年修剪任务主要是对枣头利用和控制。根据枣头生长势和部位进行处理。保留健壮枝、补空枝、外围枝和斜生枝，疏除病虫枝、枯死枝、重叠枝、衰老枝、过密枝、细弱枝、交叉枝、并生枝等，使树冠内通风透光。与此同时保留适量枣头，促其转化为结果单位枝，保持一定结果部位。

（4）老树更新复壮

老、残、弱树在加强土肥水管理的基础上，采用恰当的修剪方法，进行树冠更新复壮，3～4年即能恢复常年产量。

①回缩骨干枝。对开始焦梢、残缺少枝的骨干枝回缩更新，剪去枝长的1/3～1/2，剪口直径不超过3～5 cm，剪口下留向上的健壮芽和枣股，且保留5 cm长枝段。

②衰老结果枝回缩疏截。对已残缺、二次枝很少的从基部疏除或保留2～3个健壮芽缩剪。较完整枝条缩剪1/3～2/3。更新当年或第2年，更新枣头适当调节。一般按幼树整形原则，选部位好、健壮的枣头培养作骨干枝，配备好结果枝。细弱、过密枝适当疏除。利用摘心、短截、开张角度等调节枝势，使其尽快形成较理想树形。注意停止开甲养树，结合加强肥水管理，延长结果年限。

（5）夏季修剪

枣树夏季修剪指生长季修剪，其主要内容包括抹芽、疏枝、摘心、开甲、拉枝等。其作用是调节生长和结果矛盾，减少养分消耗，改善树体光照，培养健壮结果枝组，提高坐果率。

## 五、花果管理

枣树花果管理主要是提高坐果率，具体可参照本章第五节“枣关键栽培技术”。

## 六、病虫害防治

枣树病虫害防治应贯彻“预防为主，综合防治”的植保方针。以农业防治和物理机械防治为基础，提倡生物防治，科学使用化学防治，有效控制病虫害。

**1. 休眠期**

（1）消灭越冬病虫

包括清园、刨树盘和刮树皮。清园是在落叶后解除草把，剪除病虫死枝，清扫枯枝落叶，集中烧毁。消灭越冬叶螨、枣黏虫、绿刺蛾、枣绮夜蛾、枣豹蠹蛾等害虫及枣锈病、枣炭疽病、枣叶斑点病等越冬病原菌；刨树盘是在越冬前浅翻树盘，捡拾虫茧、虫蛹，消灭在土中越冬的枣步曲、桃小食心虫、桃天蛾、枣刺蛾等害虫；刮树皮是在入冬前或萌芽前将骨干枝的粗皮刮掉，以露出粉红色嫩皮为度。收集粗皮烧毁或深埋，消灭越冬虫卵和病原菌。

（2）其他

刮树皮后，在封冻前和解冻后分别进行树干涂白。萌芽前，全园喷布3%～5%石硫合剂，缠塑料带、绑药环。具体方法是在3月中下旬在树干下部宽6～10 cm缠塑料带，并使上部反卷，阻止枣步曲上树。同时，绑1000倍液20%氰戊菊酯乳油药环，15 d更换1次，毒杀枣步曲、枣芽象甲。

**2. 萌芽和新梢生长期**

萌芽时在距树冠1 m范围树盘内撒辛硫磷颗粒后划锄，以杀死出土枣瘿蚊、枣蚜象甲。萌芽后喷

48% 毒死蜱（乐斯本）乳油 1500 倍液 +25% 灭幼脲悬乳剂 2000 倍液，防治绿盲椿象、食芽象甲、枣粉蚧、枣瘿蚊、枣步曲、红蜘蛛、枣黏虫等食芽、食叶害虫。同时，用黑光灯诱杀黏虫成虫；抽枝展叶期喷 25% 灭幼脲悬乳剂 2000 倍液 +25% 噻嗪酮（扑虱灵）可湿性粉剂 1500 ~ 2000 倍液，防治枣瘿蚊、红蜘蛛、舞毒蛾、龟蜡蚧。间隔 10 d 连续喷 2 次。

**3. 开花坐果期**

雨后在树盘 1 m 范围内撒辛硫磷颗粒后划锄，以杀死出土的桃小食心虫等害虫；配合人工剪除萎蔫枝梢烧掉，消灭豹蠹蛾幼虫。人工捕捉金龟子、黄斑蝽、枣芽象甲等害虫；开花前期喷 1. 8% 的阿维菌素乳油 3000 ~ 4000 倍液 +25% 灭幼脲悬乳剂 2000 倍液，防治枣壁虱、红蜘蛛、枣黏虫；开花期喷 50% 的溴螨酯乳油 1000 倍液 +80% 的代森锰锌可湿性粉剂 600 ~ 800 倍液，防治桃小食心虫、枣黏虫、红蜘蛛、龟蜡蚧、黄斑蝽、炭疽病、锈病、枣叶斑点病等。

**4. 幼果发育期**

7 月初，喷 25% 灭幼脲悬乳剂 2000 倍液，或 1. 8% 的阿维菌素乳油 5000 ~ 8000 倍液，防治桃小食心虫，兼治龟蜡蚧若虫。同时，用黑光灯诱杀豹蠹蛾成虫。7 月中下旬喷 40. 7% 的毒死蜱乳油 1500 倍液 +70% 的甲基硫菌灵可湿性粉剂 800 ~ 1000 倍液，防治棉铃虫、枣锈病、枣叶斑点病、炭疽病等；7 月下旬喷 1 : 2 : 200 波尔多液 +2. 5% 的溴氰菊酯乳油 4000 倍液，防治枣锈病、枣叶斑点病、黄斑蝽、炭疽病、棉铃虫等。

**5. 果实膨大期**

8 月初喷 1 次 1 : 2 : 200 波尔多液。有缩果病园区，8 月上旬结合喷杀菌剂加喷 70000 万 ~ 140000 万 U/L 链霉素，间隔约 7 d，连喷 3 ~ 4 次。8 月中旬，喷 1% 的中生菌素水剂 200 ~ 300 倍液，防治斑点病等早期落叶病及果实病害；进入 9 月，喷 50% 多菌灵可湿性粉剂 600 ~ 800 倍液 +1. 8% 的阿维菌素乳油 5000 ~ 8000 倍液，防治枣锈病、炭疽病、缩果病、桃小食心虫、龟蜡蚧等。9 月上旬在树干、大枝基部绑草把以诱集枣黏虫、枣绮夜蛾、红蜘蛛等，集中烧毁。

**6. 采收及落叶期**

采果后树体喷 50% 多菌灵可湿性粉剂 600 ~ 800 倍液，或 70% 的甲基硫菌灵可湿性粉剂 800 ~ 1000 倍液。及时捡拾落果，集中烧毁。

## 七、采收

**1. 成熟期**

枣果实成熟期可分为 3 个阶段：白熟期、脆熟期和完熟期。

（1）白熟期

白熟期果皮绿色减退，呈绿白色或乳白色。果实肉质松软，果汁少，含糖量低。用于加工蜜枣时应在该期采收。

（2）脆熟期

脆熟期从梗洼、果肩变红到果实全红，质地变脆，汁液增多，含糖量剧增。用于鲜食和加工蜜枣时应在此期采收。

（3）完熟期

完熟期是果皮红色变深，微皱，果肉近核处呈黄褐色，质地变软。此期果实已充分成熟，制干品种此期采收，出干率高，色泽浓，果肉肥厚，富有弹性，品质好。

**2. 采收**

枣果根据用途，适期采收。加工蜜枣白熟期采收；鲜食枣在达到半红时，即脆熟期用手托起果实，连果柄一同摘下，或用小剪刀剪下果实，轻拿轻放，防止碰伤和落地，随摘收随分级，当天入库贮存；

加工酒枣脆熟期采收；制干枣在果皮深红、果实富有弹性和光泽的完熟期振落采收。采收时用的装枣果筐不宜太大，应有柔软物作内衬。采收方法有人工摇落、机械振落、乙烯利（CEPA）催落、拾落枣等。枣果用于制干时采用木杆敲打或用机械臂摇动树干将果实振落。乙烯利（CEPA）催落在采前 5 ~ 7 d 喷 300 mg/L CEPA，并在树下铺布单，配合人工摇落，以防止果实损伤。目前，我国大多数枣产区均采用自然晾晒方法，简单易行，投资少，适宜大量枣果处理。但如遭遇连阴雨天气，应注意防止烂枣。

**思考题**

（1）如何进行枣园土肥水管理？

（2）试述枣树整形修剪的原则和技术要点。

## 第七节　枣四季栽培管理技术

### 一、春季栽培管理技术

**1. 土肥水管理**

（1）土壤管理

春季耕翻和整修树盘。春季耕翻在土壤解冻后进行，耕翻深 30 ~ 40 cm，离树干附近应浅些。春季风多、风大的地区和时期不宜耕翻。山区春季耕翻应该与修补整理树盘一起进行。

（2）施肥

晚春追施速效肥以氮肥为主，施肥时间在 4—5 月发芽前后进行。一般成年树在树外围里侧，挖小坑 4 ~ 8 个，深 30 ~ 40 cm，追施尿素 0.5 ~ 1.0 kg/株、过磷酸钙 2.0 kg/株，幼树酌减。

（3）灌水

北方春季大多干旱少雨，萌芽期应灌水。一般采取穴灌或沟灌。灌水量视天气、墒情、树势、树龄等而定。春季灌水最好与追肥结合进行。

（4）枣园间作

选择合适间作物，结合春季土壤管理，种植间作物。

**2. 修剪**

春季修剪一般在 3 月中旬至 4 月中旬（萌芽前）进行。冬季未能完成幼树整形修剪工作的，可在此期继续进行。方法同冬季修剪。枣树萌芽后，及时清除无用根蘖。

**3. 病虫害预防**

具体见本章第六节“枣无公害优质丰产栽培技术”。

### 二、夏季栽培管理技术

**1. 肥水管理**

5 月中旬追施尿素，五年生树施 500 g/株左右。8 月初要再追一次氮、磷、钾丰富的复合肥，五年生树追肥量 1 kg/株。每次施肥后要翻压、浇水。

**2. 修剪**

枣夏季修剪是在展叶至盛花期进行，以疏梢、摘心为主，改善通风透光条件，减少枣头营养消耗，促进坐果。

（1）疏枝

疏枝就是疏除内膛部位不好枝条和密集新梢及徒长枝。每隔 50 cm 留一新枣头，以培养结果枝组，促进二次挂果。

（2）长放

长放就是将更新、回缩、短截骨干枝剪口下萌生的新梢，选留方向好、长势壮的新枣头长放，不予修剪，以便培养成主枝延长枝和侧枝，扩大树冠，增加更多结果部位。

（3）摘心

摘心是指剪掉枣头顶端的芽，以控制其生长，促发二次枝，增加枣股数量。依据枝条方向确定摘心程度，空间大的留 5 ~ 6 个二次枝；空间小的留 3 ~ 4 个二次枝，以增加内膛结果的枝组。6—7 月在新生枣头尚未木质化时，保留 3 ~ 4 个二次枝，将顶梢剪去。

（4）徒长枝利用

偏冠树，缺枝或有生长空间的，将内膛徒长枝拉出，填补空间，扩大结果部位。

（5）开张角度

角度小、生长直立或较直立的枝条，用撑、拉、吊等方法，把枝条角度调整到适当的程度，以缓和树势，改善通风透气条件。尽量让阳光照到每一片叶子上。

（6）抹芽

枣树萌芽后，各类树枝上萌芽，需要的保留；多余的及时抹除。在树枝或树干上 1 cm 左右的小芽都要抹去。

（7）清除根蘖

清除根蘖就是及时清除枣树水平根上不定芽萌生出的根蘖苗。若有病虫枝，则需剪下来烧掉。

**3. 提高坐果率技术**

（1）开甲

大龄壮树在开花盛期选晴朗无风天进行开甲。距地面 20 ~ 30 cm 光滑处，用刀环剥一圈至木质部，向上 0. 3 ~0. 5 cm 再环剥一圈，然后将两刀之间的韧皮部扒掉。操作时做到切口无毛茬，剥后对伤口涂氧化乐果 1000 倍液防虫，并包塑料薄膜防水分蒸发。

（2）枣头摘心

枣头摘心是在花期对新生枣头留 3 ~ 5 个枣拐摘心。树冠低处可用修枝剪枝剪剪取，高处用长杆甩打梢尖，故也称“打枣尖”。

（3）疏花疏果

疏花疏果主要依据树势强弱、树冠大小、品种特性和栽培管理水平的高低等具体情况来调整花果布局。一般树冠内部和中下部多留少疏，树冠外围和上层要多疏少留，强枝多留，弱枝少留，坐果率高的品种要多留。生产上一般采用果吊比法进行，做到按树定产、以吊定果。第 1 次在 6 月中旬子房膨大后，按照适宜果实负载量和果实合理布局要求细致进行。树势强、易坐果的品种，每一枣吊留 2 个幼果，其余的都疏去；树势较弱、不易坐果品种，每一枣吊留 1 个果，留果时选留顶花果（即中心花结的果）。第 2 次在 6 月下旬进行定果。原则是旺树 1 个枣吊 1 个果，树势中庸的 2 个枣吊 1 个果，弱树 3 个枣吊留 1 个果。若果不足，也可每吊留 2 个果加以调整。定果在生理落果后进行。生理落果轻的早定果，反之，晚定果。枣头枝疏花疏果，可视具体情况向后推迟 10 ~ 15 d。枣头枝上木质化枣吊应多留果，以提高产量。

（4）花期喷水

枣树花粉发芽需要空气相对湿度 70% ~ 100% 。为克服花期干旱，除进行枣园灌水，可在盛花期选晴朗无风的下午或傍晚，用喷雾器向枣花上均匀地喷洒清水。中等大小的树冠，喷水 3 ~ 4 kg/株，隔 3 ~ 5 d 后再喷 1 次，可提高坐果率 20% ~ 40% 。花期遇雨则不必喷水。

（5）花期放蜂

花期枣园放蜂时，将蜂箱均匀地放在枣行中间，蜂箱的间距500 m。据研究，距箱300 m以内的枣树，其坐果率要比1000 m以外的高1倍以上，生理落果也较轻。

（6）喷施微量元素（硼）和植物生长调节剂

花期喷硼，能促进枣树提早开花，促进授粉、减少花果脱落。常用的含硼药品有硼酸和硼砂两种，均为细粒状晶体结构，在冷水中溶解度较小。使用时，先加入少量酒精或50~60 ℃温水中溶解后，再加水稀释到所需浓度。硼酸1 g加水33.5 kg，即为30 mg/kg；硼砂1 g加水20 kg即为50 mg/kg。喷洒时期和用药量与赤霉素相同。枣树花期喷洒赤霉素、2，4-D、吲哚丁酸（IBA）和三十烷醇等，均有提高坐果率和增产的明显效果。

**4. 病虫害防治**

可参考本章第六节“枣无公害优质丰产栽培技术”。

## 三、秋季栽培管理技术

**1. 预防裂果**

（1）裂果原因

枣有些品种成熟期遇雨常会发生不同程度的裂果，裂果多发生在果皮开始从局部变红到完全变红的脆熟期。果皮可裂的果实，外观差，果易烂，不能完全成熟。裂果造成的经济损失一般占枣产量的10%~30%。9月上旬如果遇旱，处于白熟期的果实失去的水分得不到及时补偿，就会引起果皮日灼。这种未能愈合的微小伤口，在9月下旬脆熟期遇下雨或夜间凝霜的天气，长时间停留在果面的雨露就会通过日灼伤口渗入果肉，造成果肉体积膨胀，使果皮以日灼伤口为中心发生胀裂。裂果重的年份，大多为雨季结束早及8月中旬至9月上旬有旱情的年份。

（2）防止裂果技术措施

枣防止裂果可在树下覆盖地膜或及时灌水。树下覆膜效果好，成龄结果树覆膜宽度达到树冠边缘即能基本上防止裂果发生。覆膜在8月上旬雨季结束前进行。覆膜后，膜上盖土厚1~2 cm。有条件的果园，也可覆盖稻草代替地膜，有增加土壤有机质、培肥土壤的作用。灌水防旱，要求果实白熟期间，地表20 cm的土层含水量稳定在14%以上。

**2. 控制水分**

在枣果成熟前15~20 d控制水分供给。若连阴雨天，果园中要及时排涝。

**3. 深翻施肥**

秋季土壤管理主要是深翻树盘，以刨断表层根系，促使向下生长新根，增强枣的抗旱能力，并增厚活土层，改良土壤。幼树也可深翻扩穴。秋季采果后至土壤上冻前，距树干1.5 m外挖环状沟，深60~80 cm，宽1 m。原则是不伤太多粗根，表土与心土分开堆放。以后随树冠扩大再逐年向外扩展。深翻结合施有机肥，有条件时深翻后立即灌水。

枣树施肥以秋施基肥为主。施肥方法主要有环状沟施、条状沟施、放射状沟施和穴施法等。一般沟深和沟宽为30~50 cm。挖放射状沟4~8条/株，穴施时挖穴8~10个/株。一般成龄大树每年施土粪100~150 kg/株；复合肥0.5~1.0 kg/株；硫铵3~4 kg/株或尿素1.5~2.0 kg/株；过磷酸钙3~4 kg/株；草木灰10~15 kg/株。

**4. 适期采收**

枣果不同用途采收适期标准不同。采收适期的确定还应考虑到天气及贮藏加工和市场的需求等。一般采前落果严重的，可适当早采。有条件的地方，特别是鲜食品种，以分期采收为宜。

（1）人工采摘

人工采摘主要用于鲜食和加工枣的采收。采收要遵循“轻摘、轻放，避免挤碰、摔伤和保持果实完整”的原则。要求果实带果柄，果与果柄间不能有机械伤。果柄处伤口易染病菌导致鲜枣腐烂，采用采收方法是随身携带疏果剪，切忌用手揪拉果实，正确的做法是一手托住枣果、一手用疏果剪从果柄与枣吊连接处剪断。采收的果实放在内壁无刺且铺有柔软内衬的果篮里。装箱时轻轻倒人，减少碰伤。另外，要避开在清晨露水未干时采摘。此时摘果易造成果柄处开裂，果实采摘结束，尽快分级入库。

（2）振落

振落主要适用于制干枣果的采收。一般用木棍振荡枣枝，在树下铺布单接枣。采用此法采收，应注意保护树体，每年振荡部位应相对固定，以减少伤疤。

（3）化学采收

化学采收主要适用于制干枣果的采收。在拟采收前的 5～7 d，全树均匀喷洒 200 mg/L 的乙烯利（CEPA）溶液。一般喷后 2 d 见效，4 d 进入落果高峰。喷后 5～6 d 时，轻轻振动枝干，枣果即可全部落地。

**5. 病虫害防治**

可参考本章第六节“枣无公害优质丰产栽培技术”有关内容。

## 四、冬季栽培管理技术

枣树冬季栽培管理技术措施主要包括：树体防寒、治病、防虫、修剪及帮助树体解除休眠等。

**1. 冬前灌水**

在土壤上冻前灌 1 次封冻水。

**2. 冬季整形修剪**

幼树休眠期整形修剪要在 12 月初至萌芽前完成。成年枣树休眠期修剪可在春节前后至萌芽前完成。

（1）修剪任务

冬剪任务是应用短截、疏剪、回缩等方法，按照预定目标整形，控制树高，培养骨干枝，调整骨干枝角度，培养结果枝组；疏除病虫为害枝、机械损伤枝、过密枝、丛生枝和枯死枝；培养预备枝，回缩衰老枝和下垂枝。

（2）幼树至初果期树整形修剪（以主干疏层形为例）

①定干：枣树栽植后在高 1 m 左右处定干，同时疏去剪口下第 1 个枣拐，其下的 5～6 个枣拐各留基部一节重短剪，使发出新枣头后角度开张。整形带以外的枣拐一律不剪截，不疏除。

②骨干枝培养：定干后，剪口下第 1 个主芽抽出强壮直立枣头，用作中心干培养。当其长达 1 m 左右时，留 80 cm 摘心。整形带内其余枣头中，选择 3～4 个方位适宜、生长健壮的作为第 1 层主枝，留 5～6 个枣拐摘心。以后连续几年按此法培养，促其加粗生长。同时，在适当位置将枣拐留 1～2 节重短截，促发侧生枣头，以培养侧枝。以同样超重短截方法在主、侧枝上培养结果枝组。产生的侧枝，同培养主枝一样，连续进行枣头摘心促长。当中心干高度超过第 1 层主枝约 1.5 m 时，在 1.3 m 处短截并疏除剪口下第 1 个枣拐，以下再选 3～4 个枣拐各留一节短截，促发枣头作为第 2 层主枝，从中选 2 个连续摘心培养。注意在其上选配侧枝和枝组，方法同第 1 层骨干枝和枝组的培养。

③结果枝组培养：枣树结果枝组是由枣头构成的。其大小、长短因其所在空间而定。小型枝组有 3～4 个枣拐，大型枝组长达 1.5 m，均匀分布于各级骨干枝的中下部。在整形过程中，主、侧枝上发生的侧生枣头，均可按枝组要求进行培养。枣头抽生 3～5 个枣拐时，强枝留 4 个，弱枝留 3 个，枣拐及时摘心。若空间有限，可在枝组达到一定长度后，每年剪去顶端抽生的新枣头，控制其长度。

（3）盛果期枣树休眠期修剪

枣盛果期结果大树应按照以疏枝为主，疏截结合，去密留稀、去弱留强的原则处理。将过密枝、交叉枝、纤弱枝、病残枝、无用徒长枝等均自基部疏除。生长势弱的树，强壮枣头一般不短截，如需分生枣头，可轻短截；枣头过多可适当疏除一部分。枣头二次枝轻剪或不剪。长势较弱树，适当重剪短截。衰老枣头，剪去剪口附近的1~2个二次枝，使其萌发新枣头。主、侧枝上衰老枝和下垂枝回缩，促使萌发较强的枣头；二次枝，除需要萌发枣头和生长过弱适当短截外，一般不剪，使其多形成枣股。盛果期枣树修剪总的要求是宜轻剪、忌重剪。

**3. 树体保护**

（1）刮树皮和涂白

刮树皮是把树干及大树枝部位的粗糙老皮刮除。刮掉的老皮收集起来集中烧毁。树干涂白是在树干上涂上一层涂白剂。可用混合石硫合剂的涂白剂，配方是生石灰10 kg、硫黄粉1 kg、水40 kg，配好刮皮后涂刷。涂白剂浓度以涂在树干上不往下流又不结块，能黏在树干上为宜。

（2）修补树洞

堵塞老树洞，杀虫灭菌，预防果树冻害。

**4. 病虫害预防**

主要是清园和喷施石硫合剂。具体参考本章第六节“枣无公害优质丰产栽培技术”。

**思考题**

试制定枣周年栽培管理技术规程。

## 第八节 枣生长结果习性观察及提高坐果率措施实训技能

### 一、目的与要求

通过实训，进一步熟悉枣生长结果特点，明确其与其他树种的异同点，掌握花期提高枣坐果率的方法，增强对提高坐果率重要性的认识。

### 二、材料与用具

**1. 材料**

枣结果树、水、赤霉素、硼砂和酒精。

**2. 用具**

环剥刀、喷雾器、卷尺、记载工具、天平、量筒和烧杯。

### 三、内容与方法

**1. 观察枣形态特征及生长结果习性**

①主芽、副芽的着生部位和形态。

②枣头、枣股、枣吊的形态特点。

③花序和花的形态。

④枣头的着生部位，枣头生长与扩大树冠关系。不同部位枣头上二次枝生长特点（永久性二次枝和脱落性二次枝）、二次枝与结果关系。

⑤枣股的着生部位，生长特点，枣股年龄与结实力的关系。

⑥枣吊的着生部位，生长特点，枣吊着生部位与结果的关系。

⑦芽（主芽、副芽）和枝（枣头、枣股和枣吊）的相互关系，不同类型枝之间转化关系。

**2. 提高坐果率的试验**

①分组进行。每组施行 1 ~ 2 项提高坐果率措施。

②提高坐果率措施包括环剥、喷水、枣头摘心、喷赤霉素、喷硼砂、枣吊摘心、疏花等。

③选择长势等基本一致的树，每项措施选 1 ~ 2 棵树，处理、对照各一株，或同一株上，一部分作处理，另一部分作对照。

④在处理和对照部位，分别调查 50 ~ 100 个枣吊上的花序数，做好标记，并做好记录。

⑤各组分别实施措施。其中赤霉素称取 100 ~ 150 mg，先用酒精溶解，再加入 10 L 水溶解；枣吊摘心程度与疏花留花标准自行确定。

⑥处理二周后调查各处理与对照坐果情况。

## 四、作业

（1）同其他树种相比，枣的根、芽、枝、花及花芽分化有哪些特点？

（2）列表对各项措施处理情况进行统计，并计算出坐果率，对结果进行分析，说明所实施措施对枣坐果率有何影响。

# 第九节 枣整形和修剪实训技能

## 一、目的与要求

通过实训，初步掌握枣整形基本方法与基本步骤。

## 二、材料与用具

**1. 材料**

枣幼树和结果树、小木条、绳子。

**2. 用具**

修枝剪、手锯、高枝剪、高梯或高凳、开甲刀。

## 三、内容与方法

**1. 整形**

（1）观察枣丰产树形

枣树丰产树形有主干疏层形、开心形和多主干自然半圆形。目前生产中多采用主干疏层形。枣树主干疏层形干高 1.0 ~ 1.2 m（小枣可矮些），枣粮间作树干高可在 1.4 ~ 1.6 m。一般第 1 层留主枝 3 ~ 4 个，第 2 层留主枝 2 ~ 3 个，第 3 层留主枝 1 ~ 2 个。第 1 层与第 2 层层间距为 50 ~ 70 cm，第 2 层与第 3 层层间距为 40 ~ 60 cm，各层主枝插空选留。树体不宜过高。

（2）幼树定干

定植后 2 ~ 3 年内，若苗木较弱，可不必剪截；3 年后待树干直径达 2 ~ 3 cm 时，再形定干。生长较壮苗，栽后 1 ~ 2 年内可定干。具体有两种方法。

①清干法。幼树定植后不剪截，每年冬剪时自下而上逐渐清除主干上的二次枝，直到清出所需主干高度，清除范围不超过树高的 1/3 ~ 1/2。同时，在准备培养主枝的主芽上方进行目伤。

②剪截法。幼树干径达到 2 cm，在定干高度留出整形带，短截枣头主轴，并疏去剪口下第 1 个二次枝，使主芽萌发成中心干；其下生长粗壮（直径为 1 cm 左右）的 3～4 个二次枝，各留 1 节短截，从萌发枣头中选出第 1 层主枝。整形带以下的二次枝适当保留。

（3）骨干枝培养

①主枝、侧枝及中心干延长枝。冬季剪留 60～70 cm，同时疏除剪口下第 1 个二次枝，促使主芽抽生新枣头，扩大树冠；其下 3～4 个二次枝如加粗，留 1 节短截，如细弱则从基部疏除，其余二次枝均应保留。也可在需要萌发的主芽上方目伤或环剥，使主芽萌发以培养主、侧枝。

②采用撑拉等方法调整骨干枝的角度。

③枣成枝力强的品种，在干高以上萌发的枣头，可利用作为骨干枝。选择方向好、位置合适的培养成主枝。如角度太小，可缚引，使之方向合适、角度增大。而干上的二次枝，逐年清除。以减轻修剪量。

④对树势强、连年单轴延伸而不分生枣头的树，可采用一次清干法。就是在干上留 4～6 节进行整形修剪，在其上选择方向好、距离适当的 3～4 个二次枝，留 1～2 个向上的芽短截，其余干上二次枝全部清除。促使整形带萌发出 3～4 个生长健壮的枣头，将其培养作为主枝。

⑤侧枝培养，可选留自然萌发的枣头，或用自然重截的方法来培养侧枝。

第 2 层与第 3 层主枝间隔一定距离。同样用留第 1 层主枝的选留或重截的方法进行整形。

（4）结果枝组培养

对欲培养为结果枝组的枣头枝，冬季短截或夏季摘心，使其封顶停止延伸。同侧枝组保持 60 cm 的间隔，过密者疏除。缺枝处目伤或环剥，促发新枣头，然后在适当位置摘心或短截。

（5）辅养枝处理

疏除交叉枝、重叠枝、细弱枝、徒长枝和病虫枝。早期所留辅养枝，按照有空就留，无空疏缩的原则处理。

**2. 冬季修剪**

（1）枣头修剪

选留长放向外生长的枣头，如生长过长，可抹去顶芽。在骨干枝上同样选留生长健壮的枣头，作为背侧枝或边侧枝。每年萌发的枣头，选生长健壮、部位合适、侧生有大量二次枝和枣股的枣头，作为结果枝组。结果枝组一般 50 cm 左右留一个。在多年生骨干枝上，留一部分枣头，以弥补树冠空间。

（2）枣头更新

枣树生长 6～10 年已衰老的枣头进行短截，并剪去剪口附近的 1～2 个二次枝，使其萌发新枣头。枣头结果量大，枝条被压弯，在弯曲部位的主芽萌发的新枣头要保留，回缩先端弯曲的老枣头。

此外，过密枝、交叉枝从基部疏除；下垂枝，特别是由枣股主芽萌发的枣头，细弱下垂、无结果能力者必须疏除。

**3. 夏季修剪**

（1）摘心

枣头萌发后，当年在 6 月对枣头摘心，可提高坐果率。摘心程度依枣头强弱和着生部位而定。弱枝轻摘心，强枝重摘心，有空间部位重摘心，以培养结果枝组。

（2）疏枝

疏枝是在枝条旺盛生长季节，疏去无用徒长枝、过密枝和下垂枝。

（3）环剥

环剥对生长强旺树，干粗（直径）在 10 cm 以上的结果树进行环剥效果好。弱树不宜环剥。密植树可隔行或隔株环剥。环剥时期在盛花期（枣吊有 80% 的花已开放）。初次环剥枣树在距地面 10～20 cm 处开始，以后逐年向上开。不要在原环剥口重开，二年间环剥口相距最少 3～5 cm。一直环剥到树干分枝处，以后再剥仍应从树干下部开始。环剥用锐利开甲刀和扒镰操作。环剥宽为0.3～0.5 cm，树势强者略宽，树势中等者略窄，但不超过0.6 cm。环剥深达木质部（不伤木质部）。先用扒镰刮去老皮，宽为1～2 cm，以露出白色韧皮部为止。然后再用锐利开甲刀切到韧皮部，上下刀口都要向里坡。环剥口扒净，不留毛茬。在正常情况下，经20～30d环剥口愈合。若愈合不好，要用塑料布包扎，并涂药防虫。

## 四、作业

以组为单位完成一株枣树修剪任务，写1份实训报告，总结枣的修剪反应规律和整形修剪技术要点。

# 第十七章　柿

**【内容提要】** 柿树栽培经济意义、栽培历史、生态作用和栽培价值。国内柿栽培现状、存在的问题和发展趋势；国外柿栽培现状，我国柿在世界上的情况，从5个方面提出了柿发展的行业建议。从生长结果习性（生长习性、结果习性）和对环境条件（温度、光照、水分、土壤）的要求两个方面介绍了柿的生物学特性。柿作为果树栽培和利用的种类有柿、君迁子、油柿、老鸦柿、山柿、毛柿、浙江柿和美洲柿8个。介绍了柿品种分类的两种方法。当前生产上栽培涩柿优良品种有16个，甜柿优良品种有11个。从无公害质量标准和无公害生产技术要点两个方面介绍了柿无公害栽培技术要点。柿关键栽培技术包括整形修剪和病虫害防治两个方面。从育苗、建园、土肥水管理、整形修剪、花果管理、病虫害防治、适期采收7个方面介绍了柿无公害优质丰产栽培技术。分春、夏、秋、冬四季介绍了柿栽培管理技术。

柿是我国普遍栽培的一种果树。果实艳丽，味甜多汁，营养丰富，因在晚秋成熟，素有“晚秋佳果”的美称。柿果除鲜食外，还可制成柿饼、柿干、柿脯，是水果和干果兼用果品。柿还可制糖、酿酒、做醋、提取柿漆等，用途广泛。此外，柿还具有较高的药用价值。

柿是东亚特产果树，我国是柿树栽培最好的国家，早在3000多年前我国已有柿属植物栽培。柿作为果树在我国栽培已有2000年以上历史。

柿树适应性强，无论山地、丘陵、河滩、平原均能栽培。柿树叶大果艳，树形美观，抗逆性强，耐尘力强，是良好的园林美化和行道树种。柿树具有寿命长、产量高、收益大、易管理的优点，发展柿树生产对增加农民收入、调整农业产业结构具有重要的意义。

## 第一节　国内外栽培现状、发展趋势和行业建议

### 一、国内栽培现状与发展趋势

**1. 国内栽培概况**

柿在我国分布较广，南方、北方均有栽培。黄河流域的河北、山东、河南、陕西、山西5省柿产量在20世纪80年代占全国总产量的70%~80%，20世纪90年代中期占60%。近10年来，我国柿产量从1992年的72.43万t上升到2001年的158.47万t，平均每年以8万t的速度增长，特别是南方的广东、江苏、重庆、福建等省（市）增长最快，使南方各省（市）柿产量已超过北方。据统计，2011年全国柿果产量305万t，主要分布在广西、河北、河南、陕西、山东、福建、安徽、广东等省（自治区），年产柿果超过10万t。其中，广西、河北、河南是柿树三大主产区，产量占全国半数。陕西富平、山东青州、宁波余姚、河北满城、北京平谷等地都是我国柿的主要产地。我国著名的六大名柿分别为陕西泾阳、三原一带出产的鸡心黄柿，陕西富平的尖柿，河北、山东一带出产的莲花柿，菏泽镜面柿，浙江杭州古荡一带的方柿，华北大磨盘柿。这些柿子共同的特点是皮薄肉厚，个大多汁。黄河流域的陕西、河北、河南、山东、山西5省的柿树分布占全国的80%以上，产量占全国的70%以上。山东原产柿品种皆为涩柿，各产区推广应用的优良品种，如菏泽的镜面柿、临朐的小萼子、青岛的金瓶柿、嘉祥的牛心柿、泰安的四烘柿、枣庄的磨盘柿、历城的小面糊柿、烟台的旗杆柿、沂源的水柿、蒙阴的滑柿等。品种数量

仅次于陕西，居全国第 2 位。随着人们生活水平的提高，对果品需求日趋多样化，保健意识日益增强，柿作为具有独特风味和营养价值的果品，必将越来越受到消费者青睐。

**2. 存在的问题**

长期以来，我国柿树栽培存在者品种杂乱和管理粗放两个严重问题，阻碍生产的发展。据统计，我国柿品种有 936 个，生产上栽培的品种数以百计，但优良品种不多，栽培比重不大。这些品种果个、品质、规格不同，数量不多，难以符合商品性生产要求。柿产区，特别是边远山区的许多果农至今仍沿用传统的零星栽植方式，栽而不管，使柿树经常处于半野生状态，易导致树势衰弱、病虫滋生、大小年严重、产量低下、商品性差。

**3. 发展趋势**

今后，应树立商品观念，以国内外市场为导向，引进和推广优良的甜柿品种，发展大果、无核、红皮、早熟涩柿品种，实现良种化栽培。同时，学习日本先进的成园栽培技术，进行科学管理和商品化生产，努力促进我国柿树生产的发展。

## 二、国外栽培现状

**1. 栽培概况**

世界上栽培柿树的国家不多，据 FAO 统计，2000 年全世界柿产量 233.5 万 t。其中，我国最多，为 165.57 万 t，居世界第 1 位。其次是日本、韩国、巴西和以色列。此外，新西兰、智利、意大利和美国也有柿栽培，但产量很少。

日本和韩国柿树栽培较多。日本主要栽培品种有富有、平核无、刀根早生、松本早生、峰屋、西村早生、西条、次郎、前川次郎等。其中，富有是日本最主要的栽培品种，西村早生为主要出口品种。主产县是和歌山县、福冈县、奈良。韩国柿主要栽培品种有富有、次郎、西村早生和松本早生等，主要栽培于全罗南道和庆尚南道。

**2. 中国柿在世界栽培中地位**

中国是柿的原产国，也是世界上柿树栽培面积最大和柿果产量最多的国家。据 FAO 统计，2011 年我国柿树收获面积 72 万 $hm^2$（占世界 90.13%），产量 305 万 t（占世界 76.05%）。其他生产国依次为韩国、日本、巴西、阿塞拜疆、乌兹别克斯坦、以色列和意大利。中国柿果产量近 20 年增长约 6 倍。西班牙柿栽培面积由 1992 年 6 $hm^2$ 增加到 2012 年 3714 $hm^2$。目前，印度尼西亚、泰国、土耳其、摩洛哥、葡萄牙、新西兰等国也有柿的产业并正在开展相关研究；德国、斯洛伐克、匈牙利和保加利亚等国家开始试种。因此，从温带到亚热带、热带，从北半球到南半球均有柿的栽培，柿树正从东南亚特产逐渐成为一种新的世界性果树。

2011 年，中国柿栽培面积和产量均居世界第 1 位，但单产低，不仅落后于日本和韩国，也远远落后于巴西、意大利等国家。

## 三、行业建议

**1. 进一步加强良种良砧的引选与新品种的推广工作**

在涩柿品种选育上，选育出品质优、果个大、易削皮、抗性强、糯性好的加工品种；选育出皮薄、果个大、耐贮运、质优、抗性好的鲜食品种，以弥补当前涩柿品种中鲜食品种的不足。利用我国原产的完全甜柿品种与引自日本的优良的完全甜柿品种，开展甜柿杂交育种研究，选育出适合各地栽培的优良甜柿品种。选育出与日本优良甜柿品种“富有”和“大秋”嫁接亲和的优良砧木，进一步加大新品种的推广和宣传力度。

**2. 高标准抓好柿子基地建设，多层次开发柿果自身特色的食用品、保健品**

探索柿饼精加工的工艺和配套机械，积极引进国内外先进的柿子加工生产技术，改进传统加工工艺；

提倡通过改变单家独户家庭小作坊经营模式，建立柿饼规模化、标准化、现代化的加工经营模式。同时，开发除柿饼以外的柿醋、柿子脯、柿子干、柿子糕、柿叶茶等产品。进一步探索柿子功能成分的研究，通过单宁物质的提取，开发出一系列具有美容、抗菌、抗衰老、抗病毒活性及抗肿瘤活性等功能的保健品。

**3. 培育和发展柿子专业合作社**

积极引导和扶持集柿子种植、加工、销售为一体的具有相当规模的柿子农民专业合作社，使其成为柿饼销售的“生力军”。为广大果农提供灵通的信息和优质的技术服务，指导柿农运用商标开拓市场，带动柿子产业的发展，辐射带动更多的农民增收致富。

**4. 加快质量标准体系建设**

应按照国家食品市场质量安全要求，改进加工工艺，提高产品质量，取得质检部门食品准入 QS 认证，使柿饼进入大中城市超市。

**5. 加大技术培训、服务力度**

坚持以科技为先导，全面开展对园地建设、标准化建园、科学管理等环节的科技服务；积极开展科技下乡，通过邀请专家讲课、举办电视讲座等各种形式，推广实用技术，培训技术骨干；在病虫害发生严重的乡村组织专业防虫队进行技术培训，使他们掌握复杂的喷药和施药技术，把技术普及给农民，切实抓好炭疽病防治工作，做到随发生随防治。同时，加强柿子栽培、加工、储藏、保鲜等技术的研究与开发。

**思考题**

（1）我国柿树栽培上存在的主要问题是什么？

（2）柿树栽培发展的趋势如何？

（3）柿树栽培发展的行业建议有哪些？

## 第二节　生物学特性

### 一、生长结果习性

柿树嫁接后 5 ~6 年开始结果，15 年后进入盛果期，经济寿命在 100 年以上。丰产园 3 ~4 年开始结果，5 ~6 年进入盛果期。

**1. 生长习性**

（1）根系及其生长特性

①分布。柿根系分布随砧木而异。柿砧主根发达，侧根、细根较少，根系分布较深，耐寒性较弱而耐湿性强；北方柿常用君迁子作砧木，主根弱，侧根和细根多，根系分布浅。根系大多分布在 10 ~40 cm 土层内，但垂直根分布可深达 3 ~5 m，水平分布为冠径的 2 ~3 倍，多数在 3 倍以上。根系生长力强，耐瘠薄土壤。

②年生长动态。1 年中，根系开始生长时期较枝条晚。一般在展叶后新梢即将枯顶时开始生长。在泰安地区，柿根系（君迁子砧）开始生长是在新梢基部停止生长之后的 5 月上旬，新梢停止生长后至开花前的 5 月上中旬出现第 1 次生长高峰；花后至果实快速生长前的 5 月下旬至 6 月上旬出现第 2 次生长高峰，这也是根系全年生长量最大的时期；果实快速生长期的 6 月中旬至 7 月上旬，根系有一暂时停止生长阶段；7 月中旬至 8 月上旬出现第 3 次生长高峰；8 月上旬至 9 月中旬为根系生长缓慢阶段；9 月下旬停止生长。此外，在不同立地条件下，根的生长量也各不相同。

③根系生长与土温关系密切。当25 cm深土层内地温达13 ℃以上时，根系开始生长，18～20 ℃时生长最适宜，25 ℃时生长受抑制，冬季地温降至12～13 ℃时根系停止生长。

④根系特性。柿根系单宁含量多，受伤后难愈合，发根困难，应注意保护根系。根系春季开始生长晚于地上部，一般地上部展叶时开始生长。

（2）芽、枝、叶生长特性

①芽。柿树芽从枝条顶端到基部逐渐变小，有花芽、叶芽、潜伏芽和副芽4种。花芽（又称混合芽）位于一年生枝顶端第1节～第3节，较肥大饱满，萌发后抽生结果枝或雄花枝。叶芽较瘦小，位于营养枝、结果母枝（一年生枝）中下部，萌发后抽生营养枝。潜伏芽着生在枝条下部，较小，一般不萌发，修剪和枝条受伤后也能萌发抽出新梢，寿命长，可维持10多年。副芽位于枝条基部，有2个，大型，被鳞片覆盖，常不萌发而呈潜伏状态，萌发后生长壮旺，加强培养可更新树冠、复壮树势、开花结果。

②枝。柿枝条分为结果母枝、结果枝、生长枝（发育枝）和徒长枝。结果母枝（图17-1）是指着生混合花芽的枝条；结果枝（图17-2）是指春季由混合花芽抽生的枝条，大多由结果母枝的顶芽及其以下1～3个侧芽发出。生长枝是指不开花结果的枝条，一般较短而弱，由结果母枝中下部侧芽发出。已结过果而不能连年结果的枝条或潜伏芽能发出较旺的生长枝，当年顶部芽可形成花芽成为翌年结果母枝。徒长枝大多由潜伏芽或枝条基部的副芽受刺激后萌发形成。徒长枝夏季摘心或短截可促发分枝或形成花芽，培养为结果枝组或结果母枝。柿枝条顶部在生长后期自行枯死，称为“自枯”现象。无真正顶芽，其顶芽为伪顶芽。发枝能力大小及枝条长度与品种、树龄及枝条所处位置关系最大，一般能发1～3个枝条，多的可达5～7个。新梢抽生一般以春季为主。幼树和旺树新梢生长期长，生长量也大，可抽生春梢和夏梢。成年树只有春梢，生长期20～30 d，生长量小，一般15～20 cm。在陕西关中地区，一般品种在3月上中旬萌芽，4月上中旬展叶，自第1片叶子展开到最上部叶子枯死，即“自枯”现象出现，为15～20 d，在该段时间内，枝条生长最迅速，此后生长缓慢，到5月中旬开花前完全停止。而石家庄及泰安地区，柿新梢生长自4月中旬展叶开始，以后逐渐加速，至4月下旬生长最快，为枝条加长生长高峰期。5月上旬以后生长减缓，5月中旬开花前停止生长，长枝生长期30 d左右。加粗生长在加长生长之初较快，形成第1个高潮；当加长生长逐渐加速时，加粗生长逐渐减缓，而加长生长停止时加粗生长又加速，形成第2个高潮。第2个高潮比第1个高潮生长势缓，但时间较长。柿树顶端优势和层性都比较明显，但新梢生长初期先端有下垂性，枯顶后不再下垂。

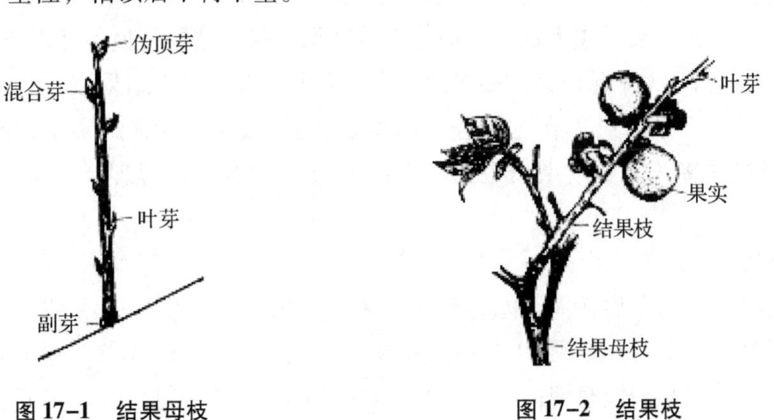


图17-1　结果母枝　　　图17-2　结果枝

③叶片。柿树叶片为单叶。展叶后，随着枝条生长而生长，当枝条生长最快时，叶子生长也最迅速。同一枝条上的叶片，叶面积增长与单一叶片生长进程表现一致，呈单S曲线。同一枝条上的叶片，叶面积依着生位置的不同而不同，基部叶小而圆，顶部中等大，较窄长，中部最大，发育正常。单叶生长期45～55 d。同一枝条上叶片大小排列顺序一般是顶端叶较大，徒长枝和生长旺的发育枝则中上部叶片大。

**2. 结果习性**

（1）花芽分化

柿树的花芽分化大多在新梢停止生长后1个月当母枝腋芽芽内雏梢具有8～9片幼叶原始体时开始分化，分化时，从雏梢基部约第3节开始，由下向上逐节顺序分化。分化时期因地区、品种而不同。镜面柿在河南6月中旬出现花原始体，7月中旬进入萼片分化期，以后直至翌年3月以前，花器分化处于停顿状态，翌年3月下旬分化花瓣，4月上旬分化雄蕊，4月中旬分化雌蕊，每一花器的发化期相隔15 d左右。而四烘柿在山东泰安6月中旬分化花原始体，7月下旬是花瓣分化期，8月中旬直至休眠期始终保持花瓣分化期，休眠后翌春完成形态分化全过程。柿每个混合芽内分化花的数目因品种而不同，有的可达10个左右，但一般为3～5个。在1个芽内包含的花，因芽位不同，分化和发育的程度也不同，雏梢中部的花比基部及顶部的花分化和发育的完全，将来开花较早，结果也好，不易落果。分化和发育不完全的花多在雏梢萌发后于开花前脱落，即所谓落蕾。

（2）花、开花、落花落果和坐果

①花。柿树的花有雌花、雄花、两性花3种类型。一般栽培品中仅生雌花，单生于结果枝第3节～第7节的叶腋间，雄蕊退化。我国柿品种绝大多数仅生雌花，具有单性结实的能力。雄花一般1～3朵聚生于弱枝或结果枝下部，呈吊钟状，比雌花小，雌蕊退化。我国柿少数品种及日本甜柿品种（如禅寺丸等）雌花和雄花都有，属雌雄同株异花。两性花为完全花，在着生雌花的品种上出现，大小介于雌花和雄花之间，单生或聚生，结实率低，果实小，品质也差。

②开花。柿树开花晚，在展叶后30～40 d，日均温达17 ℃以上时开花，花期3～12 d，多数品种为6 d。单花寿命1～5 d。有雄花品种表现为雄花先开，同一花序的雄花，中间花先开。开花期较高的温度、充足的日照和适度低的空气湿度有利于开花和坐果。

③落花落果。柿在开花前随枝条迅速生长，果枝上部叶腋间花蕾即有脱落现象，一般落蕾率在30%左右。谢花后至7月底为落果期，以花后2～4周生理落果较重，占落果总数的60%～80%，以后显著减轻。一些单性结实率低的品种（如富有、松本早生等），如果缺乏授粉树或花期低温阴雨，昆虫传粉机会减少，使授粉受精不良，也会出现落果。

④坐果。柿树坐果率的高低除气候、土壤等立地条件和病虫害等影响因素外，还与品种及树体生长发育状况关系密切。品种不同坐果率不同。一般结果枝第3节～第7节叶腋间着生花蕾，开花结果，着生花的各节没有叶芽，开花结果后成为盲节。柿是强枝结果果树。结果枝顶芽及以下几芽可分化为花芽。一般每一结果母枝上着生2～3个混合芽，多者达7个，混合芽次年抽生结果枝。每一结果枝能着生雌花1～9个，但以由下向上第3节～第7节上的花坐果率高。结果枝越健壮，结实率越高，果实也大。结果母枝越强，抽生结果枝越多，抽生结果枝也强。生产上通过加强栽培管理、促生强壮结果母枝来提高产量。

（3）果实成熟和发育

柿果实生长发育从谢花后子房膨大开始，到成熟采收结束，果实生长曲线呈双S形。据观察，小面糊柿等品种，从谢花后6月上旬开始到10月中旬采收，生长期约130 d，有2次生长高峰：第1次在6月上旬至7月上旬，是果径增长最快时期；第2次在9月中旬至10月上旬，是果实成熟前迅速生长期，果径增长量虽小于第1次迅速生长期，但果实体积、重量增加快。随着果实生长，种子由绿白色变为黑褐色，果实顶部开始由绿色变为橙黄色，进入成熟期。

## 二、对环境条件的要求

**1. 温度**

柿树喜温暖气候，但也耐寒。在年平均温度10.0～21.5 ℃，绝对最低温度不低于-20 ℃的地区均可栽培，但以年平均气温13～19 ℃最为适宜。甜柿（13 ℃以上）要求适温较涩柿（10 ℃以上）高。涩柿休眠期有一定抗寒力，冬季温度在－16 ℃时不发生冻害，且能耐短期－20～－18 ℃的低温。年均温10 ℃以下和绝对低温－20 ℃以下地方不宜栽培。甜柿耐寒力较弱，冬季－15 ℃时会发生冻害，－17 ℃时枝条不充实的植株会被冻死。涩柿萌芽期温度在12 ℃以上，枝叶生长需在13 ℃以上，开花期17 ℃以上，果实发育期23～26 ℃，果实成熟期12～19 ℃。生产商品性强的优质甜柿气象条件是：年平均温度13 ℃以上，4—10月（生长期）17 ℃以上。8—11月（果实成熟期）18～19 ℃，9月21～23 ℃，10月16～18 ℃，11月12 ℃以上。温量指数（1年中大于5 ℃月份的温度减去5 ℃，各月所得值之和）在100～120 ℃范围为甜柿 经济栽培带，日均温度在10 ℃以上的日数为210～240d。我国甜柿应在年平均温度13 ℃以上地区栽培，13～18 ℃是其经济栽培地带，20 ℃以上不适宜栽培。采用温量指数，100～150 ℃（沿海地区110 ℃以上，内地100 ℃）为柿树经济栽培地域，包括黄河流域的中下游及长江流域。经济栽培区以北不宜栽培柿树。

**2. 光照**

柿树喜光，但也较耐阴。光补偿点是1500 Lx，光饱和点是6500 Lx。一般在光照充足地方，柿树生长发育好，果实品质优良。对于甜柿要求4—10月日照时数在1400 h以上。

**3. 水分**

柿树耐湿抗旱。在年降水量500～700 mm、光照充足地方，生长发育良好，丰产优质。由于柿树根系分布深广，较耐干旱，在年降水量450 mm以上地方，以北不需灌溉。在土壤含水量16%～40%时柿根系能发生新根，土壤含水量20%时枝条停长，12%以下则叶片萎蔫。在粗放管理条件下，降雨量成为柿树产量的主导因素。当年降水量在500 mm左右时产量比较稳定，变幅不大；200～400 mm时，一般当年减产。降雨量对第2年产量影响最明显。上一年雨量大时，次年增产；上一年雨量少时，次年减产；连续干旱，产量大减。但在开花坐果期，发生干旱，易造成大量落花落果。降雨量不但影响土壤含水量，也影响温度和光照。柿花期和幼果膨大期阴雨过多，日照不足，容易引起生理落果；夏季连阴雨时间长，易受病害；成熟前阴雨过多，果实色浅味淡，含糖量降低，尤其对柿饼质量影响大。柿苗期受淹12～18 d后新梢才停止生长，当排除积水后7～10 d枝条又能继续生长。

**4. 土壤**

柿树对土壤要求不严，山区、丘陵、平地、河滩均能生长。但以土壤pH6.0～7.5、含盐量0.3%以下、地下水位在1 m以下，保水排水良好的壤土和黏壤土为宜。

此外，大风和冰雹对柿树为害很大。建园时应避开定向大风和冰雹的多发地段。

**思考题**

（1）柿芽枝有哪些类型？

（2）试总结柿树的生长结果习性。

（3）柿对环境条件的要求如何？

## 第三节　主要种类和优良品种

### 一、主要种类

柿属柿树科柿树属植物。柿属植物全世界约有250种，原产于我国的有49种。多分布在热带和亚热带，在温带分布很少。我国柿属植物据《中国果树志》记载有64个种和变种（型）（其中57个种、6个变种和1个变型）。除新疆、黑龙江、吉林、宁夏、青海等5省（自治区）外，其他各省均有分布。作为果树栽培和利用的有柿、君迁子、油柿、老鸦柿、山柿、毛柿、浙江柿和美洲柿 8 种，目前生产栽培以前三种为主。

**1. 柿**

柿（图 17-3）原产于我国，绝大部分栽培品种来自此种。果实依能否在树上自然脱涩分甜柿和涩柿两类。涩柿是我国传统栽培柿品种。柿为落叶乔木，高 10 m 以上，树冠呈自然半圆形或圆头形，树皮呈鳞片状脱落。叶片厚，呈卵圆形或椭圆形，幼叶初具绒毛，后即脱落，光滑，有光泽。花黄白色，花瓣基部联合成筒状，先端反卷。花单性或两性，雌雄异株或同株。雄花小，2 ~ 5 朵聚生，呈聚伞花序着生于新梢叶腋内。有雄蕊 16 ~ 24 枚，子房退化，萼片小，贴伏于花冠基部。雌花大，单生于结果新梢叶腋内，心皮 6 ~ 8 个，雌蕊 6 ~ 8 枚，子房上位，退化雄蕊 8 ~ 12 枚，萼片大，4 裂，宿存。果实大，多呈扁圆、长圆、卵圆或方形。9—11 月成熟，熟前绿色，成熟后橙红色或黄色。

**2. 君迁子**

君迁子（图 17-4）又名软枣、黑枣、豆柿等，原产于我国黄河流域，土耳其、外高加索、伊朗及阿富汗也有栽培。多野生，实生繁殖，耐寒力强，是我国北方柿的优良砧木。君迁子为落叶乔木，树体高 10 ~ 15 m，最高可达 20 m，树冠为圆头形，开张。树皮暗黑色，呈方块状裂，嫩梢具灰色短柔毛。叶片比柿小，椭圆形或长椭圆形，叶面被柔毛，无光泽。花单性或完全花，雌雄同株或异株，花较小，花瓣基部联合成筒状，先端反卷，着生于结果新梢叶腋内。雄花 2 ~ 3 朵聚生，呈聚伞花序，雄蕊 8 ~ 16 枚（最多者可达 50 枚），雌蕊退化，微显遗迹；雌花单生，几乎无梗。果实小，直径 1.0 ~ 1.5 cm，长卵形、球形或扁球形，成熟黄绿色至橙黄色，味涩，不能食用，充分成熟后呈蓝黑色或黑褐色，味甜可食。君迁子雌株开花结果。依果实内种子多少分为多核、少核和无核 3 种类型。少核或无核类型有栽培者。雄株只开雄花而不结果，可作授粉树或砧木用。

图 17-3 柿

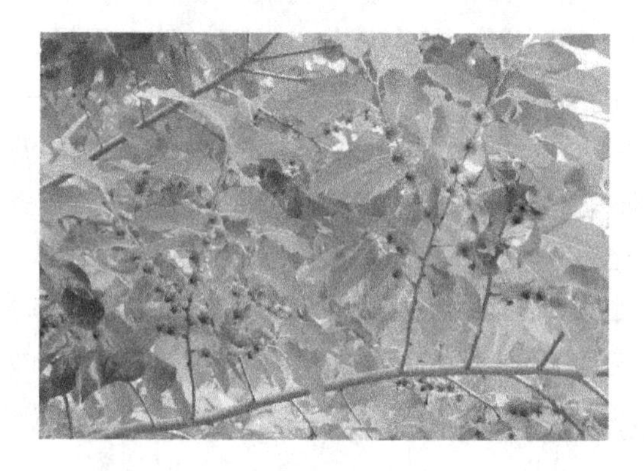

图 17-4 君迁子

**3. 油柿**

油柿（图 17-5）又名漆柿或稗柿，原产于我国中部和西南部。目前，福建、浙江、江西、湖北等省都有野生分布，在江苏、浙江一些地区栽培较多。油柿为落叶乔木，树高 6 ~ 7 m，树冠圆形。老树枝和干都呈灰白色，片状剥落，新梢密生黄褐色短茸毛。叶长卵形或椭圆形，叶面及叶背均密生灰白色茸毛。花单性，雌雄花同株或异株。雌花单生或与雄花同生一花序上，而位于花序中央，雄花序有花 1 ~ 4 朵。果大型，圆形或卵圆形，果面分泌黏液，有短柔毛，果实橙黄色或淡绿色，常有黑色斑纹，果内种子较多，果可生食，但主要用于提取柿漆。实生繁殖可作柿树砧木。

**4. 老鸦柿**

老鸦柿（图 17-6）原产于我国浙江、江苏等省。落叶小乔木，高可达 8 m 左右；树皮灰色，平滑；枝条深褐色或黑褐色，细而稍弯，散生椭圆形的纵裂小皮孔，光滑无毛。叶纸质，菱形或倒卵形，长 4.0 ~ 8.5 cm，宽 1.8 ~ 3.8 cm，先端钝，基部楔形，上面深绿色，沿脉有黄褐色毛，后变无毛，下面浅绿色，疏生伏柔毛，脉上较多，中脉在上面凹陷，下面明显凸起，侧脉每边5～6条，上面凹陷，下面明显凸起，小脉纤细，结成不规则疏网状。叶柄很短，纤细，长2～4 mm，有微柔毛。雄花生当年生枝下部，花萼4深裂，裂片三角形，长约3 mm，宽约2 mm，先端急尖，有髯毛，边缘密生柔毛，背面疏生短柔毛；花冠壶形，长约4 mm，两面疏生短柔毛，5裂，裂片覆瓦状排列，长约2 mm，宽约1.5 mm，先端有髯毛，边缘有短柔毛，外面疏生柔毛，内面有微柔毛；雄蕊16枚，每2枚连生，腹面1枚较短，花丝有柔毛；花药线形，先端渐尖；退化子房小，球形，顶端有柔毛；花梗长约7 mm。雌花散生当年生枝下部；花萼4深裂，几裂至基部，裂片披针形，长约1 cm，宽约3 mm，先端急尖，边缘有柔毛，外面上部和脊上疏生柔毛，内面无毛，有纤细而凹陷的纵脉；花冠壶形，花冠管长约3.5 mm，宽约4 mm，4脊上疏生白色长柔毛，内面有短柔毛，4裂，裂片长圆形，约和花冠管等长，向外反曲，顶端有髯毛，边缘有柔毛，内面有微柔毛，外面有柔毛；子房卵形，密生长柔毛，4室；花柱2，下部有长柔毛；柱头2浅裂；花梗纤细，长约1.8 cm，有柔毛。果单生，球形，直径约2 cm，嫩时黄绿色，有柔毛，后变橙黄色，熟时橘红色，有蜡样光泽，无毛，萼片细长，果梗长，顶端有小突尖，果可食用。有种子2～4颗；种子褐色，半球形或近三棱形，长约1 cm，宽约6 mm，背部较厚，宿存萼4深裂，裂片革质，长圆状披针形，长1.6～2 cm，宽4～6 mm，先端急尖，有明显纵脉；果柄纤细，长1.5～2.5 cm。花期4—5月，果期9—10月。主要作观赏树木栽培，也可作柿砧木。

图17-5　油柿

图17-6　老鸦柿

**5. 山柿**

山柿（图17-7）又名罗浮柿，原产于我国南部。广东、广西、福建、浙江、台湾均有分布。树皮带灰色，后变褐色，树干和老枝常散生分枝的刺；嫩枝稍被柔毛。叶近纸质或薄革质，形状变异多，通常倒卵形、卵形、椭圆形或长圆状披针形，通常长3～5 cm，宽约1.5 cm，先端钝，微凹或急尖，基部钝，圆形或近心形，两面多少被毛，中脉上面凹陷，下面凸起，侧脉每边3～8条；叶柄长3～7 mm，被毛或变无毛。雄花小，生聚伞花序上，长约5 mm；雌花单生，花萼绿色，花冠淡黄色，子房无毛，8室，花柱4。果球形，红色或褐色，直径1.5～2.5 cm，8室，宿存萼革质，宽1.5～2.5 cm，裂片叶状，多反曲，钝头，果柄长3～8 mm。喜生于山谷、路旁及阔叶林中。果实10月成熟，果可生食，也可榨取柿油。

图17-7　山柿

**6. 毛柿**

毛柿（图17-8）野生于我国台湾。灌木或小乔木，高达8 m；树皮黑褐色，密布小而凸起的小皮孔。幼枝、嫩叶、成长叶的下面和叶柄、花、果等都被有明显的锈色粗伏毛。枝黑灰褐色或深褐色，有不规

图 17-8 毛柿

则浅缝裂。叶革质或厚革质，长圆形、长椭圆形、长圆状披针形，长 5 ~ 14 cm，宽 2 ~ 6 cm，先端急尖或渐尖，基部稍呈心形，很少圆形，上面有光泽、深绿色，下面淡绿色，干时上面常灰褐色，下面常红棕色，中脉上面略凹下，下面明显凸起，侧脉每边 7 ~ 10 条，下面突起，小脉结成疏网状，在嫩叶上的不明显。叶柄短，长 2 ~ 14 mm。花腋生，单生，有很短花梗，花下有小苞片 6 ~ 8 枚；苞片覆瓦状排列，上端较大，长 1.5 ~ 6.0 mm，有粗伏毛或在脊部有粗伏毛，先端近圆形；萼 4 深裂至基部，裂片披针形，长约 6 mm，宽约 2 mm；花冠高脚碟状，长 7 ~ 10 mm，内面无毛，花冠管的顶端略缩窄，裂片 4，披针形，长约 3 mm；雄花有雄蕊 12 枚，每 2 枚连生成对，腹面 1 枚较短，退化雄蕊丝状；雌花子房有粗伏毛，4 室；花柱 2，短，无退化雄蕊。果卵形，长 1.0 ~ 1.5 cm，鲜时绿色，干后褐色或深褐色，熟时黑色，顶端有小尖头，有种子 1 ~4 颗；种子卵形或近三棱形，长约 8 mm，宽约 4 mm，干时黑色或黑褐色；宿存萼4 深裂，裂片长约 7 mm，宽约 4 mm，先端急尖；果几无柄。花期 6—8 月，果期冬季。可供食用。

**7. 浙江柿**

浙江柿（图 17-9）又名粉叶柿，原产于我国浙江西部及江西山区。落叶乔木，高达 17 m；树皮灰黑色或灰褐色；枝深褐色或黑褐色，散生纵裂的唇形小皮孔；冬芽卵形，长 4 ~ 5 mm，除两片最外面的鳞片外，其余均密被黄褐色绢毛。叶革质，宽椭圆形、卵形或卵状披针形，长 7.5 ~ 17.5 cm，宽 3.5 ~ 7.5 cm，先端急尖，基部圆形、截形、浅心形或钝形，上面深绿色，无毛，下面粉绿色，无毛或疏生贴伏柔毛，中脉上面凹下，下面明显凸起，侧脉每边 7 ~ 9 条，上面不甚明显，下面稍凸起，小脉结成不规则网状，上面微凹下，下面常不明显；叶柄长 1.5 ~ 2.5 cm，无毛，上面有槽。花雌雄异株；雄花集成聚伞花序，通常 3 朵，有短硬毛；花萼 4 浅裂，外面有短伏硬毛，里面有绢毛，裂片宽三角形，长约 1.5 mm，宽约 2.0 mm。先端急尖，花冠壶形，4 浅裂，裂片近圆形，长约 2 mm，先端圆，有短硬毛；雄蕊 16 枚，每两枚连生成对，腹面一枚花丝较短，花药近长圆形，长约 4 mm，腹背两面中央都有绢毛，先端渐尖；退化子房细小；花梗纤细，长约 1 mm，有短硬毛；雌花单生或 2 ~ 3 朵丛生，腋生，长约 7 mm；花萼 4 浅裂，裂片三角形，长约 1.5 mm，疏生柔毛，先端急尖，花冠带黄色，壶形，4 裂，花冠管长约 5 mm，裂片长约 1.5 mm，有睫毛；子房 8 室；花柱 4 深裂，柱头 2 浅裂；近无花梗。果球形或扁球形，直径 1.5 ~ 2.0（3.0）cm，嫩时绿色，后变黄色至橙黄色，熟时红色，被白霜；种子近长圆形，长约 1.2 cm，宽约 8.0 mm，侧扁，淡褐色，略有光泽；宿存萼花后增大，裂片长 5 ~ 8 mm，两侧略背卷；果柄极短，长 2 ~ 3 mm，有短硬毛。花期 4—5（7）月，果期 9—10 月。果可食用，通常作砧木或制柿漆。

图 17-9 浙江柿

**8. 美洲柿**

美洲柿（图 17-10）又叫弗吉尼亚柿，原产于美国东南部各州。我国可在北至新疆中部、内蒙古和辽宁南部，南至云南、广西、广东北部的区域内生长。树高 8 ~ 13 m，树皮方块

图 17-10 美洲柿

状开裂。单叶互生，椭圆状倒卵形。夏季新生的棕色叶片变成具有光泽的深绿色，果实随着第 1 次霜降到来逐渐由黄色变成橘红色，味道也由酸变甜。喜光，耐寒，耐干旱瘠薄，不耐水湿和盐碱。喜排水性良好的潮湿土壤。果可食，在美国用来制造果酱和果冻。叶面光亮，可作园林绿化树种，也可作柿的砧木。

## 二、主要优良品种

**1. 品种分类**

（1）果实脱涩与种子形成无关的品种

①完全甜柿。不论果实有无种子均能自然脱涩成为甜柿，但果肉内常常形成少量褐斑，如富有、次郎、伊豆、骏河等及我国的罗田甜柿。

②完全涩柿。不论果实有无种子均不能自然脱涩，果肉内也不形成褐斑，如西条、堂上蜂屋等及我国的绝大多数柿品种。

（2）果实脱涩与种子形成有密切关系的品种

①不完全甜柿。种子作用范围较大、脱涩度高的品种，如西村早生、禅寺丸、正月等。我国迄今未发现不完全甜柿品种。

②不完全涩柿。种子作用范围较小、脱涩度低，如平核无、会津身不知、甲州百目等。我国尚未发现有不完全涩柿品种的存在。

按照这一分类系统，日本原产的 292 个品种中，4 类品种所占比例分别为完全甜柿 11%、不完全甜柿 36%、不完全涩柿 9%、完全涩柿 44%。

**2. 涩柿类**

（1）磨盘柿（图 17-11）

磨盘柿又名盖柿（河南、山西）、盒柿（山东）、腰带柿（湖南）、帽儿柿，为华北地区生食涩柿主栽品种，亦可用于制饼。树势强健，树冠高大，树冠半开张，呈圆锥形，中心干直立，层次明显；幼树树冠不开张，结果后逐渐开张。枝粗壮、稀疏。叶片大而肥厚，呈椭圆形，先端渐尖，基部楔形，叶柄粗短。果实极大，扁圆形，略方，平均单果重 250 g，最大单果重可达 500 g。果腰缢痕明显，形如磨盘，橙黄色。果肉淡黄色，肉质松脆多汁，纤维少，汁特多，味甜无核，可溶性固形物含量 16.6%～18.2%。果皮橙黄色或橙红色。10 月中下旬成熟，耐贮运。适应性强，抗寒，抗旱，较抗圆斑病，但抗风力差。喜肥沃土壤，单性结实力强，生理落果少，但大小年较明显，产量中等。

（2）博爱八月黄柿（图 17-12）

博爱八月黄柿主要在河南省博爱县及附近地区栽培。树势强健，树冠圆头形，树姿开张。新梢粗壮，棕褐色。叶片椭圆形，先端渐尖，基部楔形。果实中等大，平均单果重 137g。扁方形，橙红色，常有纵沟两条，果顶广平或微凹，十字浅沟，基部方形，蒂大。果肉黄色，肉质致密，汁多味甜，无核，与有雄花品种的柿树混栽时有核，品质上等。10 月中旬成熟。适应性强，高产、稳产，但抗柿蒂虫能力较弱。

**图 17-11　磨盘柿**

**图 17-12　博爱八月黄柿**

（3）托柿（图 17-13）

托柿又名莲花柿（河北）、萼子，主要在河北、山东等地栽培，是生食、制饼兼用型涩柿品种。树势强健，树姿开张，树冠圆头形，丰产、稳产，易成花，寿命长。果实短圆柱形，果顶平，十字纹稍显，果肩部有较薄而浅或不完整的缢痕。平均单果重 150 g。果皮薄，橙黄到橘红色。果肉橙红色，可溶性固形物含量 21. 4%，汁多，味甜，品质上。果实 10 月下旬成熟，不耐贮运。适应性强，抗风力极强。

（4）镜面柿（图 17-14）

镜面柿主产于山东菏泽。树势强健，树姿开张。果实扁圆形，顶部平，横断面略方。单果重 120 ~ 150 g，果皮光滑，橙红色，肉质松脆，汁多，味甜，无核。在山东菏泽长期栽培中形成了成熟期不同的 3 个类型，早熟的称八月黄，果稍大，以硬柿供食；中熟的称二糙柿，含糖量高达 24% ~ 26%，品质极上；晚熟的称九月青。中、晚熟以制柿饼为主，也可生食。抗旱、丰产，但抗病虫力差。

**图 17-13　托柿**

**图 17-14　镜面柿**

（5）新安牛心柿（图 17-15）

新安牛心柿主要在河南省新安县内的黄河南岸一带栽培。树姿开张，枝条稀疏。果实极大，平均单果重 250 g 左右，心脏形，果皮细，橙黄色或橙红色，顶部有 4 条不明显的小沟。果肉橙黄色，肉质细软，浆液特多，味浓甜，纤维多，无核或少核。10 月上中旬成熟。宜生食和加工。适应性强，平地、山地均能栽植，最喜肥沃沙壤土，丰产、稳产。

（6）眉县牛心柿（图 17-16）

眉县牛心柿又叫水柿、帽柿，主要在关中西部栽培。树势强健，树冠圆形，枝条稀疏；主干呈褐色，上有粗糙裂纹；叶端急尖，基部圆形，表面有光泽。果大，平均单果重 240 g，最大果重可达 290 g，方心形，果顶广尖，有十字状浅沟，基部稍方。蒂洼浅，果梗短稍粗。果面纵沟浅或无。果面及果肉均为橙色，皮薄易破，肉质松软，纤维少，汁极多，味甜，无核，品质上等。果实 10 月中下旬成熟。适合软食或脱涩后硬食，但皮薄汁多，不耐贮藏运输。较丰产。抗风，耐涝，病虫害少，对土壤要求不严，坡地、山地均可栽植。

**图 17-15　新安牛心柿**

**图 17-16　眉县牛心柿**

（7）橘蜜柿（图 17-17）

橘蜜柿又名早柿、八月红、梨儿柿、水沙红等，树势中庸，坐果率高，树冠开张呈圆头形。丰产、稳产。果实扁圆形，顶部广平微凹，十字纹较浅，单果重 70～80 g。形如橘，味甜似蜜而得名。果实橘红色，果面有黑色斑点，肉质松脆，汁中多，味甜爽口，品质上。10 月上中旬成熟。主要在山西西南部和陕西关中东部栽培。适应性强，抗寒性也强。

（8）绵瓤柿（图 17-18）

绵瓤柿又叫绵柿、面瓤柿。树冠自然半圆形，幼树较直立，结果后逐渐开张。新梢褐色。叶纺锤形，先端锐尖，基部楔形。萌芽力和成枝力均强。果实中等大，平均果重 135 g，短圆锥形，具 4 条纵沟，基部缢痕浅，肉座状。肉质绵，纤维少，汁较多，味甜，多数无核，耐贮藏运输，适宜生食或制饼。主要分布在太行山南部地区。耐寒、耐涝、抗旱、抗病虫，适应性强，产量高。

图 17-17　橘蜜柿

图 17-18　绵瓤柿

（9）水柿（图 17-19）

水柿树势健旺，树姿开张，树冠自然半圆形，枝密，叶大，呈阔卵形。果个中大，平均果重 140 g，果形不一致，有圆形和方圆形，多为圆形，基部略方。纵沟浅，无缢痕。果皮橙黄色，皮细。蒂凸起，呈四瓣形，萼片心形，向上反卷。果肉橙黄色，汁多，味甜，多数无核，品质上。10 月中旬成熟。生食，不易脱涩，最宜制作柿饼。主要在河南省荥阳市栽培。适应性强，耐瘠薄，极丰产，抗病能力强。

（10）中农红灯笼柿（图 17-20）

中农红灯笼柿是在河南省修武县发现的普通小火罐柿的实生变异单株。植株中大，枝条稀疏，直立性较强，树冠呈圆锥形或圆头形。叶片中等大，狭长，较厚，深绿色，基部和顶部较尖，两侧微向上翻，老叶脱落前呈鲜红色或红黄色。一年生枝条红褐色，多年生枝条灰色，老枝灰褐色，成年大树树皮粗糙，老皮呈片状脱落。花浅黄白色，近四方形；萼片 4 片，薄而小；直平或朝下贴在果上。柿蒂较小，朝上鼓起，呈倒漏斗形。

图 17-19　水柿

图 17-20　中农红灯笼柿

生长势较强，枝条直立，干性强，萌芽力强，成枝力也强，生长健壮，进入盛果期后树冠逐渐开张。早果、早丰性较强。一般一年生嫁接苗定植后第2年均结果，第3年平均产量5～10 kg/株，最多可达15 kg/株以上。坐果率高，栽植当年均能形成混合芽，第2年抽枝结果，最长发育枝（1 m以上）除基部1～3个芽外，往上芽全部为混合芽，无论在任何部位短截均可抽枝结果。若缓放从上往下能抽生20多个枝均能结果，最多能结100个，达3～5 kg。一般生长枝、结果枝或结果母枝均能抽枝结果，基本无空枝。当年结果枝条，果实以上各节的各个芽均能形成混合芽，第2年连续抽枝结果，连年结果能力强。大小年现象不明显，从定植到第2年产量逐年上升，稳产、高产。叶片光合作用极强，叶果比较低，一般（3～5）：1，甚至有的（2～3）：1。生理落果不明显，单性结实，结果成串，很少有生理落果。

果实心脏形，平均单果重45 g，最大单果重60 g，果皮橘红色，果肉鲜红色，细软多汁，易剥皮，无核或少核，果面光滑发亮，软化后果面颜色更浓，外观似红灯笼。含糖量16%～18%，特别是果糖含量高，宜鲜食。果实极耐贮藏，室温下可贮藏至来年清明节前后。

在河南省修武县3月下旬萌芽，4月上旬展叶，5月上旬开花，10月中下旬果实成熟，11月上中旬落叶进入休眠期，生长期220 d，果实生长发育期150 d。

抗逆性和适应性强，对土壤要求不严格，抗干旱、耐瘠薄能力强，耐水淹。抗风、抗病虫害，对柿蒂虫、柿绵蚧、柿角斑病和圆斑病等主要病虫害均有一定的抗性。

（11）胭脂红（图17-21）

**图17-21 胭脂红**

胭脂红柿是河南灵宝乡土品种“竹竹罐”柿自然实生变异单株经无性繁殖选育而成的软食柿新品种。胭脂红柿树姿直立，萌芽率高，成枝力低。树势强，结果树新梢平均长度11.22 cm，平均芽间距1.28 cm，枝条直立，新梢皮孔较密、大而突出、褐色、圆形。混合芽大而饱满，芽尖端微露红鳞片。叶片大，平均叶长×叶宽为10.99 cm×6.95 cm，质地厚平展，椭圆形，先端渐尖，基部圆形，深绿色，正面有光泽，背面黄石色、茸毛稀少，萼片2枚，近肾形，捏合状。结果母枝占总枝量的62.6%，基本无徒长枝，易成花，花为单性雌花，着生在第2节～第6节叶腋内，以第3节～第5节为多，花朵大，黄白色，花瓣厚，肉质，基部联合成筒状，先端反转，花柱3个，柱头细，退化雌蕊3枚，散生。单性结实能力强，坐果率高，易丰产，定植后第3年普遍结果，平均产量7.6 kg/株。果实卵圆形，果顶平，果尖小而突出，果面无缢痕和纵沟。果实大小整齐，平均单果重100.1 g，最大达136.4 g，果蒂方圆形。果柄短，果皮光滑，有光泽，橙黄色，软化后鲜红色。果肉橙黄色，无褐斑，肉质硬，汁多，味涩，经后熟以后甜。可溶性固形物含量17.8%。容易脱涩，易鲜食，耐贮藏，室内常温存放20 d不变软。在河南灵宝地区，一般3月20日左右萌芽，3月底4月初发芽，4月10日左右现蕾，5月5日左右初花，8月中旬果实开始着色，9月中下旬果实成熟，果实发育期约140 d，11月中下旬落叶。适应性强，耐瘠薄，对土壤要求不高，山地、沙壤土均可建园。肥水条件较好、土层较厚的丘陵和平原地，更易发挥增产潜力。幼树不耐水淹，雨季注意果园排涝。

（12）树梢红

树梢红柿是河南省林业科学研究院调查中新发现的极早熟农家品种。树势中庸，树姿开张，树冠圆头形。枝条细长，密度中等。叶较小，具光泽，椭圆形，先端渐尖，基部楔形，叶缘稍呈波状，两侧微向内折。花小，只有雌花。果实整齐，平均单果重150 g，扁方形，果顶略有凸起，果肩平，略有4个棱突，蒂洼浅而窄。果蒂绿色，蒂座方形，萼片中等大，扁心脏形，斜向上伸展，边缘外翻。果皮橙黄色，光滑细腻，有时有锈斑。果肉橙红色，纤维少，汁液多，甘甜爽口，无核或少核，品质上等。8 月中旬成熟，易脱涩，硬食、软食皆优，但不耐久贮。主要在河南偃师市栽培，具有极早熟和较丰产、稳产等优良特性，是一个很有发展前途的优良品种。

（13）斤柿（图 17-22）

斤柿原产于日本，河南省林业科学研究所于 2001 年从日本引进，因其重量 0.5 kg 左右，故名本斤柿。幼树长势健壮，结果后随产量增加树形自然开张。一年生枝呈灰褐色，皮孔纵长，中下部枝条下垂。叶片呈长椭圆形，叶片较厚，叶色深绿，正面有蜡质，光泽较强，叶背面主脉呈金黄色或绿色，侧脉呈轮生状沿主脉向两侧延伸。叶脉近处有褐黄色绒毛。有腋花芽结果习性，自花结实坐果率高，结果枝上结果部位集中。进入盛果期早，定植后第 2 年开始挂果，第 3 年进入盛果期，大量结果后，树体趋向中庸，无大小年结果现象，极丰产。果实呈高桩形，果顶平或微凹，果面有明显 4 条纵沟。果实成熟后为橙红色，平均单果重 450 g，最大果实重 650 g 以上。果皮厚，果肉金黄色或橙红色，基本无籽，肉质绵甜，可溶性固形物含量 17%～19%，纤维较少，适口性很强，品质极佳。耐贮藏。在河南省周口市，5 月底进入盛花期，10 月初果面着金黄色，可采收上市，采收期可延长到 11 月中旬，12 月上旬落叶。适应性和抗逆性均较强。主要在豫东地区栽培，根系发达，抗旱能力较强，对土壤要求不严，沙壤土、黏土均能生长良好，抗病能力强。

（14）水板柿（图 17-23）

水板柿树冠圆头形，半开张，树干白色，裂皮宽大。叶片倒卵形，先端狭急尖，基部锐尖，叶背茸毛多，叶柄长。结果部位在结果枝第 3 节～第 5 节，果实在树冠内分布均匀，自然落果少。丰产、稳产。果实极大，平均单果重 300 g，果扁方形，大小均匀。果皮细腻，橙黄色。果梗粗，中长。果蒂绿色，蒂洼浅，蒂座圆形。果肉橙红色，风味浓，味甜，汁多，种子 1～3 粒，品质上等。10 月中旬成熟。宜鲜食。果实极易脱涩，自然放置 3～5 d 便可食用。软后皮不皱。用温水浸泡 1 d，果实将完全脱涩。耐贮性强，一般条件下可贮藏 4 个月。具有较强抗逆性，抗旱，抗病虫能力强，是一个较有发展前途的优良品种。

**图 17-22 斤柿**

**图 17-23 水板柿**

（15）高脚方柿（图 17-24）

高脚方柿树势强健，丰产、稳产。果高方圆形，平均单果重约 158 g，橙黄色。果肉黄色，肉质较粗，汁少味甜，品质上等。主要分布在浙江、江西。

（16）黑柿（图 17-25）

黑柿是乔木，高达 20 m，胸高直径达 40 cm，树干通直；树皮灰黑色；小枝灰色或黑棕色，有不规则的浅裂，有纵裂的小皮孔；冬芽细小，针形，密被紧贴的黄色短柔毛。叶薄革质或纸质，披针形或披针状椭圆形，长 5～9 cm，宽 1.5～3.3 cm，先端渐尖，尖头钝，基部渐狭，下延，在叶柄上端 1/3 形成狭翅，上面深绿色，有光泽，干后往往呈黑色，下面绿色，嫩时薄被柔毛，中脉上面凹下，下面凸起，侧脉和小脉很纤细，两面都微凸起，略可见，侧脉在近叶缘处相连结，小脉结成小网状；叶柄细瘦，长约5 mm，有短柔毛，上面有小槽。雄花簇生，或集成紧密短小的聚伞花序，有短柔毛，花各部分4；花梗纤细而短，长约1.5 mm。雌花单生；花萼裂片近卵形，宽约2.2 mm；花冠壶形，长约3 mm，裂片近卵形，长约3 mm，先端急尖；子房无毛；花梗长2～3 mm。果球形，直径1.0～1.2 cm，鲜时绿色，干时黑色，4室，每室有种子1粒；种子三棱形，长约6 mm，褐色，背较厚；宿存萼直径约1.4 cm，无毛，裂片开展，椭圆状卵形，长宽各约5 mm，先端圆形；果柄细，长约3 mm。花期7—12月，果期9—12月。适宜在年平均气温10 ℃以上，最低气温不低于－25 ℃，无霜期170 d以上，无灌溉条件的地区年降水量400 mm以上，土壤中性、微碱或微酸，含盐量低于0.3%，土层深厚，土壤肥沃，保水性好的地方生长。

**图17-24　高脚方柿**

**图17-25　黑柿**

**3. 甜柿类**

甜柿品种全世界已有200多个，我国原产的仅有湖北的罗田甜柿及几个变异类型和近两年发现的甜宝盖、秋焰。我国甜柿品种大部分从日本引进，栽培历史短。甜柿果实脆硬、甘甜，在树上能自然脱涩，保脆时间较涩柿长。近20多年来在我国备受重视，引种栽培日渐增多。甜柿分完全甜柿和不完全甜柿两种。完全甜柿在果实中不论有无种子，都能在树上自然脱涩；不完全甜柿果实中种子多时能够脱涩，当种子少时不能完全脱涩。

（1）罗田甜柿（图17-26）

罗田甜柿原产于我国湖北罗田及麻城地区，为生食、制饼兼用的甜柿品种。树冠圆头形，树势强健，枝条粗壮，新梢棕红色。叶大，阔心脏形，深绿色，挺直。果个中等，扁圆形，平均单果重100 g，果皮粗糙，橙红色，着色后不需脱涩即可食用。果面广平微凹，无纵沟，无缢痕。肉质细密，初无褐斑，熟后果顶有紫红色小点，味甜，含糖19%～21%，核较多，品质中上。在湖北罗田县，果实10月上中旬成熟。高产、稳产，寿命长。抗干旱，耐湿热。

**图17-26　罗田甜柿**

（2）富有（图17-27）

富有柿原产于日本岐阜县，于1920年引入我国，现为主栽品种。富有柿为完全甜柿品种。树势中庸，树姿开张。休眠枝上皮孔明显而下凹，基部叶片常呈勺形。叶柄微红色。全株仅有雌花。果实较大，扁圆形，平均果重100～250 g，果皮橙红色，熟后浓红色，鲜艳而有光泽。果肉致密，果汁中等，味甘甜，品质上等。种子少。含糖18.7%。果实成熟期稍晚，一般10月下旬采收，11月中旬至12月上旬完熟。耐贮藏运输。与君迁子亲和力差，若管理不好则树势很容易衰弱，宜用本砧。进入结果年龄早，丰产、稳产。结果太多时果实小。易患炭疽病和根头癌病。单性结实力差，应配置授粉树。适应性强，在北方可栽培。

（3）次郎（图 17-28）

次郎原产于日本，于 1920 年引入我国，为完全甜柿，现为主栽品种。树势强壮，树姿开张，树冠较小，枝条节间短，结果早而稳定，产量中等。有一定的单性结实能力，但仍需配置授粉树或进行人工授粉。果实扁圆形，平均单果重 200～300 g，从蒂部至果顶有 4 条明显的纵沟，果皮橙黄色，完全成熟时呈红色。果肉黄红色，致密而脆，甜味浓，品质中上。褐斑小而少，有种子。核小，亦有无核。10 月中下旬成熟。硬柿常温下经 28 d 变为软柿，软后果皮不皱不裂。与君迁子嫁接亲和力强，抗炭疽病。

**图 17-27 富有**

**图 17-28 次郎**

（4）西村早生（图 17-29）

西村早生原产于日本，为不完全甜柿，于 1998 年引入我国。树势中庸，树姿半开张。休眠枝偏黄色，副芽发达，苗期易分枝，落叶后叶痕凹陷。枝稀疏，粗壮。萌芽早。雌雄同株异花，花期较早，雄花量较少，不能作授粉树。雌花单性结实能力较强。叶椭圆形，新叶期鲜绿色。果实整齐，扁圆形，单果重 180～200 g。果肉橙黄色，粗脆，味甜，品质中等。褐斑小而极多，种子 3～6 粒，有 4 粒以上种子时才能完全脱涩。陕西 9 月下旬至 10 月上旬成熟。常温下贮藏 10 d 左右，不易软化，商品性好。与君迁子嫁接亲和力强，不抗炭疽病。在陕西、山东、安徽、浙江、湖南、江苏等地有少量栽培，适宜排水良好的壤土或沙壤土。

**图 17-29 西村早生**

（5）阳丰（图 17-30）

阳丰系完全甜柿，由日本农林水产省果树试验场安艺津支场于 1990 年用富有和次郎杂交育成。树势中庸，较开张，极易成花，坐果率特高，是目前品质最优良、丰产性最好的甜柿品种。密植园（2.5 m×1.2 m，222 株/亩）第 2 年挂果，第 4 年进入丰产期，每亩产量可达 3000 kg/亩以上。果实扁圆形，平均果重 230 g，最大果重 400 g，成熟时果面橙红色，果顶浓红色。果肉橙红色，肉质硬脆，味甜，甘美爽口；存放后肉质致密，味浓甜。糖度 16%，可溶性固形物 18.4%，品质特佳。单独栽培时无核，配置授粉树后产量增加，但果实种子数增多。耐贮运，不裂果。重庆地区 8 月中下旬可食用，9 月上旬始着色，9 月中下旬成熟，可留树至国庆节后上市，而品质风味更佳。采后自然存放 20 d 后即变软，肉质软黏、糖度更高、风味更好。阳丰是目前综合性状最好的甜柿，建议在长江流域发展。

（6）伊豆（图 17-31）

伊豆是日本完全甜柿品种，于 1982 年引入我国。树势中庸，树姿开张。与君迁子嫁接亲和力弱，无雄花，着花率高，单性结实力稍强，生理落果少。果实扁圆形，无纵沟，单果重 180 g。果实橙红色，肉质细腻，内无褐斑，汁多，味甜，品质上。种子少，9 月下旬至 10 月上旬成熟。在陕西、浙江、山东、河北、湖南等省有栽种。丰产，抗病。

图 17–30 阳丰

图 17–31 伊豆

（7）松本早生（图 17–32）

松本早生原产于日本。树势弱，树姿开张。休眠枝上皮孔明显，全株仅生雌花。果实呈扁圆形，平均果重 193 g，橙红色至朱红色。无纵沟或不明显，通常无缢痕。果实横断面呈圆形或椭圆形，肉质松脆，软化后黏质，汁少，味甜，品质上等。褐斑无或极少，种子少。与君迁子嫁接亲和力弱，不抗炭疽病，不耐盐碱。

（8）新秋（图 17–33）

新秋是日本完全甜柿品种，于 1991 年引入我国。树势中庸，树姿开张。果实扁圆形，无十字沟和纵沟，单果重 240 g。果实黄橙色，果肉褐斑少，肉致密，汁中多，味甜，品质上。果内种子 2 ~ 4 粒。成熟期比伊豆稍迟，需用禅寺丸作授粉树。坐果率高，丰产，抗病。

图 17–32 松本早生

图 17–33 新秋

（9）骏河

骏河是日本品种完全甜柿。树势强健，树姿开张。果实扁形，单果重 250 g 左右。果实橙红色，果肉褐斑小，汁中多，肉致密而硬，软后黏质，味浓甜，品质上。陕西 10 月中下旬成熟。需用禅寺丸作授粉树。丰产、稳产性好。

（10）禅寺丸（图 17–34）

禅寺丸原产于日本，属不完全甜柿。树势中庸，树姿开张。果实圆形，平均单果重 142 g，果皮粗，少光泽，果皮鲜艳橙红色。无纵沟，胴部有线装棱纹，果柄长。果肉松脆，黏质，汁液多，甜味浓，品质中上。有密集黑斑，种子多，种子少于 4 粒时果实不能脱涩。10 月下旬成熟。宜鲜食或作授粉树。实生苗可作富有系品种砧木。

(11) 甘百目

甘百目甜柿树形高大，树姿开张，树势强，枝条粗壮，叶片较大。种子多为4～5粒。早果，丰产性强，易成花。高接树第2年即可大量结果，第3年产量达30 kg/株以上。果实圆球形或椭圆形，果顶微凹，为大果型品种。果实大小均匀，平均单果重260 g，最大单果重350 g。果皮浅橙色，较细腻，果肉松脆细腻，肉质多，可溶性固形物含量20%～22%，肉脆，橙色，无涩味，品质上乘，耐贮运。货架期较长，果顶无裂果现象。果实10月下旬至11月上旬成熟。

图17-34　禅寺丸

**思考题**

(1) 柿的主要种类有哪些？

(2) 当前生产上栽培柿的优良品种有哪些？识别时应把握哪些要点？

# 第四节　柿无公害栽培技术要点

## 一、无公害质量标准

**1. 感官品质**

(1) 果实充分发育，具有本品种固有的形状和色泽。

(2) 果面洁净，无机械伤、病虫果、日灼和霉烂，无不正常外来水分和异味，允许品种特有的裂纹、锈斑和果肉褐斑。

(3) 果梗完整或统一剪除，果蒂和宿存萼片完整。

**2. 卫生指标**

无公害食品柿卫生指标见下表17-1。

表17-1　无公害食品柿卫生指标

| 序号 | 项目 | 指标/(mg/kg) |
|---|---|---|
| 1 | 铅（以Pb计） | ≤0.2 |
| 2 | 镉（以Cd计） | ≤0.03 |
| 3 | 乐果（di methoate） | ≤1.0 |
| 4 | 敌敌畏（dichlorvos） | ≤0.2 |
| 5 | 溴氰菊酯（delta methrin） | ≤0.1 |
| 6 | 氰戊菊酯（fenvalerate） | ≤0.2 |
| 7 | 多菌灵（carbendazim） | ≤0.5 |

注：根据《中华人民共和国农药管理条例》，高毒、剧毒农药不得在柿生产中应用。

## 二、无公害生产技术要点

**1. 园地选择**

除满足园地选择的条件，果园土壤质量、空气质量、灌溉水质量必须符合同第八章“苹果”中一样的要求。

**2. 建园**

（1）苗木选择

根据当地环境条件、生产目的、经营规模及品种特性等因素综合考虑选择品种。要求品种纯正、生长健壮、根系完整。

（2）整地

坡度10°以下的园地，全垦整地，深挖30 cm以上，挖定植穴栽植，坡度10°~25°的园地，梯面宽2~3 m，梯面要求外高内低，在中间挖定植穴栽植。

（3）栽植

具体参照本章第六节“柿无公害优质丰产栽培技术”进行栽植。

**3. 土肥水管理**

（1）土壤管理

按照本章第六节“柿无公害优质丰产栽培技术”中的要求进行土壤管理。

（2）施肥

①施肥原则。以有机肥为主、化肥为辅，保持或增加土壤肥力及土壤微生物活性，所施用的肥料不应对园地环境和果实品质产生不良影响。

②肥料施用标准。参照第八章“苹果”中肥料施用标准部分。

③施肥方法、时期和数量。按照本章第六节“柿无公害优质丰产栽培技术”中的要求进行。

（3）灌水和排水

按照本章第六节“柿无公害优质丰产栽培技术”中水分管理执行。灌溉水质量应符合同苹果一样的要求。

**4. 整形修剪**

参照本章第六节“柿无公害优质丰产栽培技术”有关内容进行。

**5. 病虫害防治**

防治原则、防治方法参照第八章“苹果”执行。

**6. 采收**

按本章第六节“柿无公害优质丰产栽培技术”中的要求进形采收。

**思考题**

结合有关内容，试制定柿无公害栽培技术具体要点。

## 第五节　柿关键栽培技术

### 一、整形修剪

**1. 主要树形**

柿树姿直立的品种可用疏散分层形；干性弱、分枝多、树姿较开张的品种，宜用自然圆头形；成片密植栽培可用纺锤形。疏散分层形干高1 m左右，第1层主枝3~4个，第2层2~3个，第3层1~2个。层间距60~70 cm，层内距40~50 cm。上下层主枝错开。纺锤形干高50 cm，主枝8~12个，分枝角度70°~85°，在中心干上错落分布，相间15~20 cm，主枝上着生中、小型结果枝组。树高3 m左右，冠径3~4 m。

**2. 休眠期修剪**

栽后按树形结构要求适时定干，选好主枝。主、侧枝延长枝轻短截或缓放，中心干延长枝适当重短截，剪留长度约 80 cm。注意调整骨干枝角度、长势和平衡关系，衰弱时及时更新复壮。结果母枝去弱、疏密、留壮或剪去顶端 3 ~4 个花芽，使其保持合理的负载量和距离。留下结果母枝根据其生长情况，分别进行修剪：生长健壮结果母枝一般不短截；强旺结果母枝可剪去顶端 1 ~3 个芽；生长较弱结果母枝从充实饱满的侧芽上方剪去，若无侧芽，也可从基部短截，留 1 ~2 cm 残桩，让副芽萌发成枝。结果枝如当年未形成花芽，可留基部潜伏芽短截，或缩剪到下部分枝处，使下部形成结果枝组。有发展空间徒长枝短截补空，否则从基部疏除。结果枝组培养以先放后缩为主。徒长枝拿枝后缓放，或先截后放培养枝组。枝组修剪缩放结合，过高、过长老枝组，及时回缩；短而细弱枝组，先放后缩，增加枝量，促其复壮。

**3. 生长期修剪**

柿生长期修剪主要包括抹芽、摘心、拉枝和环剥等。

## 二、病虫害防治

**1. 柿角斑病**

（1）识别与诊断

柿角斑病为害柿叶及柿果蒂部。叶片受害初期在叶面产生不规则黄绿色病斑，斑内叶脉变黑，病斑颜色加深后变为灰褐色多角形病斑，边缘黑色与健部分开，病斑大小 2 ~8 mm，上面密生黑色绒状小粒点，是病菌分生孢子座。病斑背面开始时淡黄色，最后为褐色或深褐色，有黑色绒状小点，但较正面的小。柿蒂染病时，病斑多发生在蒂的四角，褐色至深褐色，形状不定，由蒂的尖端向内扩展，病斑 5 ~9 mm，正反两面都可产生黑色绒状小粒点，但以背面为最多。角斑发生严重时，采收前一个月即可大量落叶。落叶后柿果变软，相继脱落。落果时，病蒂大多残留在树上。

（2）防治方法

秋后扫净落叶、落果，摘净挂在树上的病蒂，消除菌源。加强栽培管理，改良土壤，增施肥水，增强树势，提高抗病能力。6 月中下旬至 7 月下旬，即落花后 20 ~30 d，喷 1：(3 ~5)：(300 ~600) 的波尔多液 1 ~2 次。喷药时要求均匀周到，叶背及内膛叶片一定要着药。同时，尽量避免在柿林中混栽君迁子。

**2. 柿蒂虫**

（1）识别与诊断

柿蒂虫以幼虫蛀食柿果，多从果柄蛀入幼果内食害，虫粪排于蛀孔外。前期幼虫吐丝缠绕果柄，幼果被害由青变灰白色，进而变黑干枯，但不脱落；后期幼虫在果蒂下蛀食，蛀处常以丝缀结虫粪，被害果提前发黄变红，逐渐变软脱落，故称“柿烘”“黄脸柿”。

（2）防治方法

①农业防治：包括刮树皮、摘虫果和绑草把。冬季刮除树枝干上的老粗皮，集中烧毁；生长季及时检查，将虫果连同柿蒂摘下，集中处理；8 月中旬以前，在刮过粗皮的树干及枝干绑草诱集越冬幼虫，冬季将草解下烧毁。

②化学防治：5 月中旬、7 月中旬、第 2 代成虫盛发期，喷 40.7% 毒死蜱乳油 1000 ~2000 倍液，或 25% 除虫脲可湿性粉剂 1000 ~2000 倍液。

### 思考题

（1）柿子主要树形有哪些？

（2）休眠期如何进行修剪？

## 第六节 柿无公害优质丰产栽培技术

### 一、育苗

柿育苗方法有嫁接法和组织培养法，目前生产上以嫁接法为主，采用的砧木是君迁子、实生柿和油柿。

**1. 砧木苗培育**

（1）种子采集

果实充分成熟时从生长健壮、无严重病虫害植株上采摘果实，取出种子阴干、备用。

（2）播种

①播期和方法。播期分春播或秋播。春播种子需进行层积处理或催芽处理。北方地区春播一般在3月下旬至4月上旬播种，南方比北方稍早。秋播种子可不经处理，直接播种。播种方法以宽窄行条播为好，播种量为90～120 $kg/hm^2$。

②播后管理。幼苗出土后长出2～3片真叶时，按株距10～15 cm间苗和移栽，以后注意肥水管理、中耕除草和病虫害防治等工作，苗高30～40 cm时摘心。

**2. 结穗采集**

枝接用接穗在落叶后至萌芽前采集健壮充实的一年生发育枝或结果母枝，采后蜡封接穗用湿沙埋藏或置阴凉处。春季芽接可用未萌发的一年生发育枝或结果母枝，采集时间同枝接用接穗。6—9月芽接可用当年生新梢，随用随采，最好采集颜色已经变褐的枝条，采后剪去叶片，保留叶柄。

**3. 嫁接时期和方法**

枝接于春季萌芽前后进行，北方多在3月下旬至4月上旬，常用劈接、皮下接和腹接法。芽接可周年进行，春季萌芽前后用嵌芽接，6至9月用嵌芽接、方块芽接、套接和“丁”字形芽接。

**4. 提高柿嫁接成活率的措施**

（1）选粗壮充实、皮部厚而营养丰富的枝条作接穗。枝接时应蜡封接穗，或用塑料薄膜全部包严。芽接时选饱满芽嫁接。

（2）枝接砧、穗削面要长，芽接时削芽片要稍大些。

（3）砧、穗（芽）形成层对准、对齐，结合部绑紧、绑严。

（4）嫁接技术要熟练，速度要快。

### 二、建园

**1. 园地选择**

柿园地选择时必须考虑环境条件要求，使柿树在其最适宜的环境条件下生长发育。

**2. 园地规划**

建园前必须对园地进行科学合理的规划。园地规划包括栽植区规划、水土保持与灌排体系规划、施肥与喷药体系规划、附属设施规划、土壤改良规划、防护林规划等，规划方法和其他果树基本一样。

**3. 品种选择和授粉树配置**

（1）品种选择

品种选择根据柿园立地条件、气候特点、栽培目的、经营规模及品种特性等因素综合考虑。首先选择适应当地气候、土壤等环境条件的优良品种，做到适地适树。其次考虑栽培目的：以鲜食为主时，宜选择果形美观、色泽鲜艳、易脱涩、风味好、耐贮藏运输的涩柿和甜柿优良品种；以制柿饼或其他加工为目的时，选择果形整齐、果面无缢痕、含糖量、水分少、果皮薄、出饼率高的品种。经营规模小的宜在同一园内选2~3个成熟期大体一致的品种；经营规模大的地方应不同成熟期品种合理搭配。秋季温度能满足晚熟品种或甜柿成熟期对积温的需求，可选用晚熟品种或甜柿品种；秋季温度低、生长期短的地区，则应选择成熟较早的品种。在交通便利的地方、城镇附近或工矿区，选择果大、色艳、味美、质优、脱涩容易的鲜食品种；交通不便的地方或偏远山区则应选择果实中等大、果形整齐、果面光滑、出饼率高、饼质好的品种。

（2）授粉树配置

一般柿多数品种不需授粉即可单性结实。若栽植授粉树，所结果实有种子，反而降低果实品质。但刺激性单性结实（有的品种进行授粉后而未受精能结成无籽果）、伪单性结实（有的品种受精后种子中途退化而成为无籽果实）和不完全甜柿品种需配置授粉树。授粉品种必须雄花量多、花粉量大，并与主栽品种花期相遇。涩柿雄性资源有五花柿、什样锦柿、襄阳牛心柿、树头红和台湾正柿；甜柿雄性资源有禅寺丸、赤柿、山富士和西村早生。其中，西村早生不宜作其他柿品种的授粉树，其余品种均可作授粉树。但以禅寺丸、赤柿两个品种作甜柿授粉树较好。授粉品种与主栽品种比例为1：(8~15)。

**4. 栽植**

（1）栽植时期、方式和密度

①栽植时期。北方冬季寒冷，高燥地区可在春季地解冻后3月栽植；华北地区可秋栽或春栽，但以秋栽为好。

②方式和密度。目前，我国柿树有4种栽植方式。一是园区式栽植：无论幼树期是否间作，到成龄树时均成为纯柿园。一般滩地、土层深厚肥沃地建园，栽植株行距为4 m×6 m或6 m×8 m；丘陵、土层较瘠薄栽植株行距为4 m×6 m或5 m×6 m；山地通常单行栽植，株距4~5 m，栽在梯田外部1/3处。计划密植在株间、行间或株行间加密栽植，待树冠相接后逐步缩伐或间伐。二是间作式栽植：即柿树与农作物或其他果树、药用植物等长期间作。梯田、堰边可按3 m×4 m株行距栽植，平原地区为（5~6）m×（20~30）m。柿粮间作园则采用南北行向栽植，株行距为6 m×(20~30) m。三是密植栽培方式，株行距分别为3 m×4 m或2 m×3 m。四是零星栽植。利用沟边、堰边、路旁或庭院等闲散地分散栽植，栽植密度由具体条件而定。

（2）提高栽植成活率的措施

①掘苗前灌透水。掘苗时尽量挖大根系，减少根系损伤。掘苗后注意苗木保护，长途运输前根系蘸泥浆、包农膜、裹麻袋、运输途中车上盖帆布，防止根系干燥或冻伤，运回及时假植且多培土。育苗建园相结合，自育自栽或就地栽植。

②重视苗木质量，栽植品种纯正、无病虫害、根系长、侧根多（侧根5条以上，根长15~20 cm）、伤口小、苗木粗壮、芽大饱满、接口愈合良好的苗木。

③长途运输苗木，栽前清水浸泡24 h，使其吸足水分，适时栽植。提高栽植质量，使苗木根系向四周伸展且与土紧密接触。

④栽后做好树盘，灌透水，水渗后用细土覆盖。干旱地区树盘覆盖地膜1 $m^2$，外高内低呈漏斗形。及时定干。栽植当年加强肥水管理及病虫害防治。

## 三、土肥水管理

**1. 土壤管理**

（1）土壤耕翻

土壤耕翻分深翻和浅翻两种。深翻是每年或隔年沿定植沟或定植穴边缘向外挖宽40~50 cm、深60 cm左右的沟，将土回填。深翻结合施基肥或夏季结合压绿肥进行。浅翻是每年春、秋季进行1~2

次，深 20 ~ 30 cm。

（2）树盘覆盖

树盘覆盖就是在树下用秸秆、杂草或地膜覆盖。树盘覆草可常年进行，厚度以常年保持 15 ~ 20 cm 为宜，连续覆草 4 ~ 5 年后有计划深翻，每次翻树盘 1/5 左右。覆膜在早春根系开始活动时进行，幼树定植后最好能立即覆膜，覆膜后一般不再耕锄。

（3）间作

在幼园和柿粮间作园的行间种植矮秆作物，如花生、甘薯和豆类。但应注意间作物不得影响柿树生长发育。

**2. 施肥管理**

（1）施肥原则

少量多次，每次浓度应在 10 mg/kg 以下，避免肥害发生；以基肥为主，深施多点，使全树根系功能都得以利用；少施磷肥，多施氮肥、钾肥，使氮：磷：钾 = 10：（2 ~ 3）：9。

（2）施肥量

柿树施肥量应根据品种、树龄、树势、产量和土壤营养状况来决定。一年生树一般年施肥量氮、磷、钾各 50 g/株，镁 25 g/株。以后施肥量逐年增加。五年生柿施肥量为氮 200 g/株、磷 150 g/株、钾 200 g/株和镁 100 g/株。成龄柿园产量 1700kg/亩年施肥量为氮和钾各 8.4 kg/株，磷和镁各 4.7 kg/株。

（3）施肥时期和方法

①基肥。可在采果前后（9—12 月）结合深翻或秋耕施入，最好在采果前施入。基肥以有机肥（如厩肥、圈肥、堆肥等）为主，掺入少量化肥。施肥方法有环状沟施、条沟施、放射状沟施、全园撒施等。可施农家肥 50 ~ 100 kg/株，尿素 0.5 kg/株，过磷酸钙 1 kg/株，硫酸钾复合肥 1.5 kg 株。

②追肥。在枝叶停长至开花前、生理落果高峰后、果实第 1 次迅速膨大期及果实着色前和采收后追肥 3 ~ 4 次。以化肥为主，前期施氮肥，后期施磷肥、钾肥。3 月上中旬施尿素 0.5 ~ 1.0 kg/株；花前 5 ~ 10 d，施尿素 0.3 ~ 0.4 kg/株；6 月上中旬定果后及时追施磷酸二铵 0.1 kg/株，7 月果实膨大期施磷酸二铵 0.12 kg/株 + 硫酸钾复合肥 0.5 kg/株，9 月果实采收后施磷酸二铵 0.12 kg/株 + 硫酸钾复合肥 0.5 kg/株。放射状沟施或穴施。根外追肥一般在花期及生理落果期每隔 15 d 喷 1 次 0.3% ~ 0.5% 的尿素，生长季后期可喷 0.3% ~ 0.5% 的磷酸二氢钾或过磷酸钙浸出液，也可喷 0.5% ~ 1.0% 的硫酸钾。

**3. 水分管理**

（1）适时浇水

萌芽前灌好萌芽水；开花前后灌好花前水；每次施肥后灌水。灌水量幼树 50 ~ 100 kg/株，成年树 100 ~ 150 kg/株。灌水方法有盘灌、沟灌、畦灌和穴灌，有条件的最好采用喷灌、滴灌、渗灌、微喷灌等，无灌溉条件的山丘果园，采用覆膜或覆草保墒。

（2）雨季排水

柿园排水必须通畅，要求建园时必须设计排水体系，保证雨后及时将园中水排净，不能出现园内积水现象。

## 四、整形修剪

**1. 树形结构**

（1）主干疏层形

主干疏层形又叫疏散分层形，树高 4 ~ 6 m，干高 1 m 左右，柿粮间作园可提高至 1.0 ~ 1.5 m，有明显中心干，主枝在中心干上成层分布。第 1 层主枝 3 ~ 4 个，第 2 层主枝 2 ~ 3 个，第 3 层主枝 1 ~ 2 个。上下两层主枝相互错开，主枝层内距 30 ~ 40 cm，层间距 60 ~ 70 cm，主枝基角 50° ~ 70°。各主枝着生侧枝2~3个，两侧枝距离约60 cm，主、侧枝上着生结果枝组，树冠呈圆锥形或半椭圆形。

（2）变则主干形

变则主干形干高0.5~1.0 m，有明显中心干，主枝4~6个错落着生在中心干上。第一主枝和第二主枝、第三主枝与第四主枝均成180°，4个主枝成“十”字形排列。每相临主枝间距30~50 cm，下大上小，主枝基角50°~70°。每主枝上留1~2个侧枝，全树留侧枝7~8个。第一侧枝位置一般距主枝基部50 cm以上，第二侧枝距第一侧枝30 cm以上。最上一个主枝留1个侧枝。最后一个主枝选定后，在其上方去除中心干顶部，完成整形。

（3）自然开心形

自然开心形树高4 m以内，干高度0.6~1.0 m，主干上培养3个均匀分布的主枝，第一主枝与第二主枝间隔30 cm左右，第二主枝与第三主枝间距20 cm以上，主枝间夹角120°。主枝基角50°以上，下部主枝基角要大。每主枝上着生侧枝2~3个，第一侧枝距基部50 cm以上，第二侧枝距第一侧枝30 cm以上。主、侧枝上配置结果枝组。该树形整形容易、高度低、管理方便、通风透光好、结果早。

（4）自然半圆头形

自然半圆头形又叫自然圆头形。无明显中心干，主干较高，一般1.0~1.5 m，主干上选留3~8个主枝，成40°~50°向上斜伸，各主枝留2~3个侧枝，侧枝间相互错开，均匀分布。在侧枝上培养结果枝组。该树形无明显层次，但树冠开张，内膛通风透光较好，是一种采用较普遍的树形。

（5）纺锤形

纺锤形树高3 m左右，冠径3~4 m。干高50 cm，主枝8~12个，分枝角度70°~85°，在中心干错落分布，相间15~20 cm，在主枝上着生中、小型结果枝组。

**2. 不同年龄时期修剪**

（1）幼树期

①修剪任务。培养骨架，开张角度，扩大树冠，疏截结合，增加枝级，调节是树体营养，为早结果、早丰产打好基础。

②修剪要求。根据所选树形要求选留中心干、主枝、侧枝等各级骨干枝，各级骨干枝延长枝在适当部位短截，扩大树冠，增加分枝，培养稳固树冠骨架。在整形过程中，注意采取各种措施使各级骨干枝在树冠内分布均匀，一般经3~4年骨架即可形成。对冠内发育枝少疏多截，培养枝组，充实内膛，为早期丰产做好准备。

（2）初果期

柿树初果期树势较强，树冠继续扩大，产量增加。

①修剪任务。继续培养各级骨干枝，扩大树冠，同时培养结果枝组，促进结果母枝大量形成，迅速进入结果盛期。

②修剪要求。各级骨干枝延长枝继续在适当部位短截，注意保持其角度，维持生长势，以扩大树冠。根据品种、树龄、树势、栽培管理情况，确定计划产量，推算出保留结果母枝的数量，并使在树冠内均匀分布。结果母枝顶端第1节~第3节不轻易短截。结果母枝密挤或过多时，去弱留壮，保持一定距离。细弱发育枝疏去，健壮发育枝缓放或短截，培养新的结果母枝。生长弱的结果枝留1~2 cm短截，促进基部副芽萌发。

（3）盛果期

柿树盛果期随着结果量的增加树势逐渐缓和，树姿开张，树冠稳定。以后随着树龄增加，内膛枝受遮阴而逐渐衰弱，甚至枯死，结果部位外移。

①修剪任务。稳定树势，通风透光，培养内膛结果枝，防止结果部位外移，延长盛果期年限。

②修剪要求。疏缩结合，调整骨架，抬高主枝角度，维持树势。疏除冠内过密枝、交叉枝、重叠枝、

病虫枝和枯死枝。回缩冠内过高、过长大枝，促使后部发生更新枝，控制结果部位外移。短截复壮细长多年生弱枝。充分利用徒长枝，培养更新结果枝组。

（4）衰老期

老柿树生长衰弱，无明显延长枝，树冠开始枯顶、下垂、缩小，冠内小枝和枝组不断死亡，光凸部位日益增大，骨干枝后部发生徒长枝，出现自然更新现象。

①修剪任务。大枝回缩，促发更新枝，更新树冠，延长结果年限。

②修剪要求。修剪时根据衰老程度，决定回缩轻重。一般在五至七年生甚至更大年龄枝段上进行，缩到后部有新生小枝或徒长枝处，使新生枝代替大枝原头向前生长。大枝回缩应灵活，一枝衰老一枝回缩，全树衰老全树回缩。

**3. 夏季修剪**

（1）抹芽

抹芽在新梢萌发后至木质化前进行。幼树将整形带以下的萌芽全部抹去；大树在4—6月抹去各级骨干枝及大枝上、剪锯口附近萌发的过多新梢。把握原则是去弱留强、去直留平、去密留稀、培养结果母枝。

（2）摘心

幼树期对各级骨干枝延长枝留40～50 cm摘心，促生二次枝，缩短整形年限。新发健壮发育枝留20～30 cm摘心，培养结果母枝。保留新发徒长枝留30～40 cm摘心培养成枝组。

（3）拉枝

骨干枝在6—8月按要求角度和方向拉枝，培养合理骨架。非骨干枝、角度小而旺枝条拉枝，促进中、下部芽充实饱满，以利于翌年发枝和形成果枝。

## 五、花果管理

**1. 疏花疏果**

花果过多时必须疏花疏果。疏花蕾在开花前10 d左右进行最好，每果枝上保留发育最大、开放最早的1～2个花蕾，其余花蕾全部疏除。刚开始结果的幼树，将主、侧枝上花蕾全部疏去。疏果一般在生理落果即将结束时即花后35～45d进行。疏去小果、萼片受伤果、畸形果、病虫果和向上着生的果，保留不易受日光直射、个大、深绿色、萼片大而完整的果实，尤其是萼片大的果实应尽量保留。留果原则是一枝1～2个果，或15～18片叶留1个果。或以叶果比确定留果量，适宜叶果比为（20～25）：1。叶片在5片以下的小枝和主、侧枝延长枝上不留果。

**2. 保花保果**

造成柿树落花落果的原因主要是病虫为害、机械损伤、受精不良、树体营养不足、果园管理不善等，保花保果应根据落花落果的原因而采取相应的措施。

（1）加强综合管理，提高树体营养水平

加强土肥水管理，使树体健壮，果实得到充足而及时、稳定的养分供应；合理整形修剪，使树冠内通风透光良好；及时防治病虫害，保证枝、叶、果不受病虫为害。

（2）保证授粉

柿多数品种具有单性结实能力。但一些甜柿品种（如富有、伊豆、松本早生、次郎等）单性结实能力低，授粉不良易加重落果，可通过配置授粉树、花期放蜂和人工辅助授粉提高坐果率。尤其是花期阴雨、刮风和授粉树不足或花期不遇情况下，进行人工授粉更为重要。

（3）花期环剥

盛花期在健壮柿树主干、主枝上环剥，能显著提高坐果率。初果期树效果最明显。环剥宽度一般在

0.3～0.5 cm，剥后伤口用报纸或塑料膜包扎。树势弱或大小年结果严重的品种不宜环剥。

（4）喷矿质元素和激素

花期喷0.1%的硼砂+300 mg/kg赤霉素或单独喷20～200 mg/L赤霉素，或0.3%的尿素+0.1%的硼砂+0.5%的磷酸二氢钾，可明显提高坐果率。

## 六、病虫害防治

### 1. 休眠期

清除越冬病虫害。11月剪除刺蛾虫茧；将树干绑草把取下和园内落叶集中焚烧，杀灭越冬病虫；入冬前喷5%石硫合剂。3月主干、主枝刮粗皮，在主干基部周围60 cm内堆土，堆高20 cm左右。发芽前，近地面树干上环状刮粗皮，宽20 cm左右，然后涂40.7%的毒死蜱乳油；发芽前喷5%石硫合剂，或5%的柴油乳剂。

### 2. 萌芽和新梢生长期

发芽时，沿树干周围0.5～0.8 m以外土施辛硫磷；发芽后喷0.2%石硫合剂，喷石灰倍量式波尔多液，或80%的代森锰锌可湿性粉剂600～800倍液，防治柿黑星病、圆斑病、角斑病、白粉病等病害，并剪除柿黑星病病叶、病果。

### 3. 开花期

开花期除去树干基部堆土，摘除虫果，5月喷2.5%的溴氰菊酯乳油4000倍液防治柿小叶蝉、柿蒂虫；喷80%的代森锰锌可湿性粉剂600～800倍液，抑制白粉病、炭疽病。6月喷2.5%溴氰菊酯（敌杀死）乳油4000倍液防治柿小叶蝉，喷50%辛硫磷乳油600倍液+20号石油乳剂120倍液，防治柿绵蚧；喷1：（2～5）：600波尔多液，防治柿圆斑病、角斑病、白粉病。

### 4. 果实发育期

7月喷20%的甲氰菊酯（灭扫利）乳油2500倍液，或2.5%敌杀死乳油4000倍液，防治柿蒂虫，并摘除其为害果；喷波尔多液防多种病害；刮粗皮、绑草把，诱集柿蒂虫越冬幼虫，并加强柿绵蚧的防治。9月摘除柿蒂虫为害果，喷50%的辛硫磷乳油+20号柴油乳剂120倍液，防治柿绵蚧和柿蒂虫。并喷波尔多液预防炭疽病。

### 5. 采收后及落叶期

果实采收后及落叶期，及时清理果园落叶及柿树病残体，消灭越冬病虫害。

## 七、适期采收

### 1. 采收时期

柿采收时期因品种和目的不同而异。榨取柿漆用果实在单宁含量最高的8月下旬采收；涩柿鲜食品种在果实由绿变黄尚未变红时采收；制柿饼用果实在果皮黄色渐褪呈橘红色时采收；软柿（烘柿）鲜食，在充分成熟、果实变红而未软化时采收；甜柿品种在充分成熟、完全脱涩、果皮由黄变红、果肉尚未软化时采收。

### 2. 采收方法

采收要在晴天进行，采收方法有两种。一是折枝法：用手、夹杆、挠钩将果实连同果枝上中部一同折下，再摘果实。二是摘果法：用手或采果器将柿果逐个摘下。二者交替使用。采果后及时剪去果柄，轻拿轻放，并在分级时将萼片摘去。

## 思考题

试制定柿无公害优质丰产栽培技术规程。

## 第七节　柿四季栽培管理技术

### 一、春季栽培管理技术

**1. 萌芽前施肥灌水**

春季施肥以有机肥为主、化肥为辅。常用肥料有圈肥、堆肥、厩肥、绿肥等。一般在春季土壤化冻后至树体萌芽期施入。萌芽前注意适量灌水。小年开花前后也要适量灌水，使土壤湿度保持田间最大持水量的60%~80%。

**2. 花前复剪**

发芽前后在第四、第5主枝适当部位刻芽，提高萌芽率，减少单枝生长量；在第一、第二、第三主枝适当部位刻芽，促生斜生新梢，培养第一侧枝。休眠期主要调整树体结构，维持各骨干枝生长平衡；生长过旺主、侧枝可利用中庸枝带头，并长留缓放；生长娇弱的主、侧枝继续利用壮枝带头，并于40~50 cm处短截；直立向上徒长枝、细弱枝全部疏除，远离树干的甩放枝及时回缩至壮芽、壮枝处，培养成紧凑的结果枝组。

**3. 人工授粉**

适当混栽授粉品种。柿树大多数品种仅有雌花，混栽有雄花的品种数量较少，为充分利用授粉树所生雄花，应人工授粉。根据气候条件，人工授粉分3~4次进行。

**4. 疏花疏果**

为提高柿果质量，应适当疏蕾、疏花和疏果。一般结果枝先端部及晚花全部疏除，并列花蕾除去1个，只留结果枝基部到中部1~2个花蕾，其余疏去。疏蕾时期掌握在花蕾能被手指捻下为适期。疏果在生理落果结束时即可进行，将发育差、萼片受伤、畸形果、病虫害果及向上着生易受日灼的果实全部疏除。疏果程度需与枝条叶片数配合，叶果比例一般掌握在15：1。

**5. 病虫害防治**

春季病虫害防治参照本章第六节“柿无公害优质丰产栽培技术”中萌芽和新梢生长期进行防治。

### 二、夏季栽培管理技术

**1. 夏季修剪**

（1）抹除萌芽或疏除嫩枝

4—5月，在新梢萌发后至木质化前，树冠内膛老枝上萌发的过多新枝及早疏除一部分；粗大枝条剪、锯口处萌芽及早疏除。如用于补充空间或更新，应及早摘心。树体长势衰弱时，根据疏密情况，于花期适当疏除一部分结果母枝，以防止落果，提高坐果率。

（2）摘心

生长旺盛幼树，4月下旬至5月中旬，着生位置适宜、有利用价值的长枝或徒长枝，在长达20~30 cm时，检查其是否枯顶并出现了伪顶芽，如未形成伪顶芽，在先端未木质化处摘心，促发二次枝，这些二次枝当年可以形成花芽，成为第2年的结果母枝。

（3）短截

易形成花芽的品种（如富有柿等），需在新梢萌发、显蕾后，将过多的结果母枝从基部短截，迫使副芽萌发，增加发育枝，以调节树体长势。

（4）环剥

幼旺树上进行适量环剥，以促进花芽分化，提早结果。柿树环剥办法不是剥去1个圆圈，而是相互错开（错口）剥去 2 个半圆，或是螺旋形环剥。环剥宽度以当年能够愈合为宜。环剥时间以柿树花期为好。

**2. 果实套袋**

柿树套袋应在果实有拇指头大小时进行。套袋材料采用半透明果袋套袋。具体方法参照第七章第二节中果实套袋部分。

**3. 施肥灌水**

（1）施肥

5— 6 月，一至二年生幼树施纯氮 20 g/株，过磷酸钙 10 g/株、氯化钾 20 g/株的速效性肥。三至五年生的单株施肥量为一至二年生的 2 倍。成年结果树夏季施肥量为纯氮量 4 kg/亩（折成尿素 7. 8 kg/亩）、过磷酸钙 4 kg/亩、氯化钾 4 kg/亩。在树冠垂直滴水线外围、幼树的 5 ~ 10 cm 处，成年果树的 15 ~ 20 cm 处，开挖一条宽、深各 20 cm 的环形沟。在阴天或晴天上午 9 点前、下午 5 点后，将上述肥料施入后立即覆土，施肥后灌水。

（2）灌溉

在 7—8 月，如果降雨量很少，或降雨不匀，柿园发生干旱时；山地柿园或零星栽植的柿树，因水土保持不好，雨水不能充分渗入土内，土壤水分不足时，要及时灌溉抗旱。灌水时间、次数和灌水量，视柿树长势、气象变化和土壤含水量确定。凡未实行间作的柿园应全面盖草（也可种草），可保墒增肥。

**4. 病虫害防治**

柿树夏季栽培病虫害防治按照本章第六节“柿无公害优质丰产栽培技术”中开花期和果实发育期的有关要求进行防治。

## 三、秋季栽培管理技术

**1. 深翻施肥**

柿树的秋季施肥主要以基肥为主，一般在采果前后结合深翻或秋耕施入。有条件的宜在采果前施。基肥以有机肥（如厩肥、圈肥、堆肥等）为主，掺入少量化肥。基肥施肥方法有环状沟施、条沟施、放射状沟施，也可 2 ~3 年进行 1 次全园撒施。

**2. 适期采收**

柿采收按照本章第六节“柿无公害优质丰产栽培技术”中有关要求执行。

**3. 病虫害防治**

柿秋季病虫害防治按照本章第六节“柿无公害优质丰产栽培技术”中果实发育期进行防治。

## 四、冬季栽培管理技术

**1. 整形修剪**

（1）幼树整形

柿树树形大多数采用自然开心形。定栽时在苗高 90 ~ 100 cm 处定干（剪断顶梢）。生长 1 年后，在休眠期内选生长方向不同，分 3 层但横向枝相隔距离基本相同的 3 个枝条作主枝，并分别剪除其长度的 20% 。第一主枝离地面 40 ~ 50 cm，第二主枝在第一主枝上方 30 cm 处，第三主枝位于定干处的下方，离第二主枝约 20 cm。同时，根据各主枝间横向夹角是否 120°，必要时拉枝，使第一主枝与主干夹角在 50°以上，第二主枝与主干夹角 45°左右，第 3 主枝开角 40°。定植生长两年后，进行第 3 次冬季整形。先将主干上的非主枝全部疏除，再将各主枝剪去其当年生长量的 20% 。各主枝上的侧枝先剪除细弱枝、病虫枝、过密枝、交叉枝和重叠枝，在离主干分枝部位约 50 cm 处选一侧向伸展的健壮枝作为第一亚主枝，并连同其他所留侧枝一起回缩剪去其长度的 20% 。定植生长第 3 年后，整形修剪先在第一亚主枝之上约

30 cm 处选留第二亚主枝。并对各主枝、亚主枝和侧枝进行回缩，剪去其当年生长度的 20% 。

（2）成年树修剪

①侧枝修剪。原则上应使侧枝着生在亚主枝上。但在主枝少、亚主枝间隔又宽时，可让部分侧枝着生在主枝上。在疏除亚主枝、牵引主枝和亚主枝后，修剪过粗、过大、过分开张的侧枝。着生结果母枝侧枝随着其枝龄增大，逐渐弯曲、下垂，6 年以上的侧枝应利用发育枝更新。应多留结果母枝和预备枝。

②结果母枝的修剪。为保证丰产，结果母枝应根据亩产目标、品种、栽植密度等保留足够数量。为防止柿树落花落果现象出现，结果母枝保留数可增加 10% 的保险系数，即可保留在 40 个/株。为此，应将部分结果母枝留下一定数目的健壮芽后截短，使其次年生发新的结果母枝，进行更新换代。

（3）衰老树修剪

衰老树修剪按照本章第六节“柿无公害优质丰产栽培技术”中的要求进行修剪。

**2. 树体防冻**

（1）选择暖地建园

在园地选址时，应选择背风向阳的南坡、东南坡或西南方向的山窝等暖地建园。在地形不佳的地方，应营建防护林，创造温暖的小气候，以防寒害。

（2）选栽抗寒品种

选栽抗寒品种是防止寒害的基本方法。选用君迁子作嫁接砧木，用抗寒品种的枝条作接穗，并采用高位嫁接法培育嫁接苗，抗旱能力较强。

（3）科学施肥灌水

幼树和生长旺盛的投产树，晚秋停止追施氮肥，施磷肥、钾肥，以促进枝叶老熟化，提高耐寒力。冬季应施有机肥和热性肥，以提高地温；冬季冻前灌水，可使地温提高 2～4 ℃，以减少冻土深度，增加空气湿度，减少地面辐射，减轻冻害程度。

（4）施行理化保温

成年柿树培土至根颈，幼龄柿树用土壤埋覆主干。进行树干涂白，以缩小昼夜温差，防止受冻开裂。成年树干包草衣，幼树搭盖棚架，均有良好的防冻效果。浓霜期用杂草、秸秆等材料在柿园内进行熏烟，以减轻冻害。另外，还可喷施抑蒸保湿剂，也有防寒、防冻、防风作用。

**3. 防治病虫害**

在果实采收后采取清园措施防治病虫害，具体参见本章第六节“柿无公害优质丰产栽培技术”中采收后及落叶期病虫害防治。

**思考题**

试制定柿树周年综合管理栽培技术措施。

## 第八节 柿生长结果习性观察实训技能

### 一、目的与要求

通过观察和调查，了解柿生长结果特点，为掌握其栽培技术打好基础。

### 二、材料与用具

**1. 材料**

柿主栽品种的结果树。

**2. 用具**

钢卷尺、记载和绘图用具。

## 三、内容与方法

**1. 观察柿基本形态特征和生长结果习性**

①树势、树姿、树形、干性、层性、分枝角度。

②叶芽、花芽和潜伏芽形态、大小、着生部位，假顶芽的形成。

③结果母枝、结果枝、发育枝形态及着生部位。

④叶的形状和着生规律。

**2. 调查生长结果情况**

选择长势不同的10～30个二年生枝，先测量记录其长度，再观察记录其上新梢生长情况，调查其萌发部位、长度，花或果实着生数量、部位。

**3. 其他**

统一进行观察，分组进行调查，做好记录。

## 四、实训报告

①根据柿生长结果习性，说明其修剪特点。

②列表总结分析调查结果，说明结果母枝强弱与萌芽率、抽生结果枝及连续结果的关系，结果枝着生规律及花或果实的着生规律。

## 五、技能考核

实训技能考核一般实行百分制，建议实训态度与表现占20分，观察方法占40分，实训报告占40分。

# 第十八章　石榴

【内容提要】石榴栽培的历史和经济意义。从生长结果习性（生长习性和结果习性）和对环境条件（温度、光照、水分、土壤）的要求方面介绍了石榴的生物学习性。石榴的主要栽培种类，即变种有7种，分别是白石榴、黄石榴、红石榴、重瓣白石榴、墨石榴、玛瑙石榴和四季石榴。石榴的分类中介绍了16个石榴食用优良品种，3个观赏品种。石榴无公害栽培技术要点有无公害石榴质量标准和具体栽培技术要点。石榴关键栽培技术包括整形与修剪、提高坐果率两方面。从育苗、建园、土肥水管理、整形修剪、花果管理和病虫害防治和适时采收7方面介绍了石榴的无公害、优质、丰产栽培技术。分春、夏、秋、冬四季介绍了石榴的四季栽培管理技术。

石榴是世界上栽培较早的果树之一，原产于伊朗及阿富汗等中亚地带，汉代传入我国，盛行于唐代，具有2100多年的栽培历史。石榴果实色泽艳丽，籽粒似玛瑙水晶，风味甜酸适口营养丰富，是一种珍稀鲜食时令水果。石榴果实营养丰富，既可生食鲜果，也可加工果汁和作工业原料。其具有收敛、润燥等重要的医疗功效。此外，石榴叶片对二氧化硫、氯气、氟化氢和铅蒸气的吸附能力强。其花色艳丽，枝繁果美，是重要的园林观赏和盆景树木。

## 第一节　国内外栽培现状与发展趋势

### 一、国内栽培现状

#### 1. 栽培概况

我国石榴分布范围较广，东经98°～122°，北纬19°50′～37°40′范围内均有分布。石榴分布区平均气温为10.2～18.6 ℃，大于等于10 ℃生物学积温为4133～6532 ℃，年日照时数为1770～2665 h，年降水量为55～1600 mm，无霜期为151～365 d。分布区最低海拔高度为50 m（安徽怀远），最高海拔高度为1800 m（四川会理）。分布北界为河北省的迁安、顺平、元氏，山西省的临汾，极端最低气温为－23.5～－18 ℃；南界为海南省最南端的乐东、三亚；西端为甘肃临洮、积石山保安族东乡族撒拉族自治县至西藏自治区贡觉、芒康一线；东至黄海、东海和南海沿岸。其中，以安徽、江苏、浙江、河南、山东、四川、陕西、甘肃、广东、广西、云南及新疆等地较多。我国石榴栽培区划分为8个主要区，分别是豫鲁皖苏栽培区、陕晋栽培区、金沙江中游栽培区、滇南栽培区、三峡栽培区、长江三角洲栽培区、新疆叶城与喀什栽培区和三江栽培区。除此之外，栽培较多的还有河北省的元氏、迁安、石家庄，甘肃省的文县、临洮，湖南的湘潭、芷江，广东南澳，广西梧州等地。江西、海南、福建、北京、台湾等地也有分布。

我国石榴栽培历史悠久，但长期以来发展缓慢，主要是“四旁”零星种植，规模化栽培较少。20世纪80年代中期，全国石榴栽培总面积约4200 $hm^2$、380万株，总产仅4000 t。20世纪80年代中期之后，石榴生产有了较快的发展，进入90年代后发展迅速。截至2005年，全国石榴栽植面积为64 668 $hm^2$，居世界第1位，产量达38万t。随着农村产业结构的调整和完善，石榴已成为各产区新农村建设的支柱产业和农民脱贫致富的主要经济来源。陕西西安临潼区、山东枣庄峄城区、四川攀西地区、河南郑州和云南蒙自、巧家等地，均已建成数千公顷集中连片的石榴商品果基地。

**2. 石榴栽培中存在的问题**

我国石榴栽培中存在品种资源混乱、栽培技术落后及生产与流通环节不配套等问题。我国石榴栽培品种的成熟期过于集中，标准化技术普及率不高，商品果率低，裂果现象严重影响商品质量，大多石榴产地在病虫害预测、预报方面无规范措施，防治很难准确、及时。干腐病、黑斑病影响石榴的外观和贮藏质量，早期落叶病影响枝干营养积累，花芽分化不均。大部分园区配备的病虫害防治的机械较落后。枝干冻害，预防措施不得力。不能做到按需施肥、灌水。重施氮肥，忽视有机肥和配方施肥。微喷、滴灌在石榴生产中还未普及。示范作用不强，贮藏条件落后。贮藏中冷链不完善，市场营销机制不完善，石榴生产质量意识不强，被认证的产地、产品，缺乏有效的监督管理办法和完善的检测手段。

**3. 发展方向**

实现石榴栽培品种良种化。提高栽培技术，加强果园管理：适地适栽，合理整形修剪；科学管理，提高坐果率；抓住防治点，准确用药，综合防治病虫害；推广标准化技术，提高果实品质，推广省力化栽培管理。贮藏加工应加强。进一步拓展市场，加强商业化运作。增加科技投入，提高研究水平。

## 二、国外石榴栽培现状

国外石榴栽培主要集中在伊朗、印度、以色列及地中海沿岸等国。目前，伊朗石榴栽培面积达7万 $hm^2$，年产量为65 t，大约有700多个品种资源，是世界石榴生产与出口大国之一。印度石榴种植面积为6.3万 $hm^2$，每年大约生产石榴50万 t，印度石榴几乎可全年生产，并供应欧洲联盟组织。近几年，土耳其石榴种植面积不断增加，特别是地中海、爱琴海及安娜陀利亚东南地区。美国极为重视种质资源的收集、引进与创新工作，先后收集232个石榴品种，石榴主产区在加利福尼亚州。突尼斯石榴种植面积为1.5万 $hm^2$，年产量5万 t，主要集中在南部地区，大约有60个品种资源。阿富汗有2%的园艺植物是石榴，主要集中在巴尔克、赫尔曼德、鲁兹和坎大哈等省。近几年，以色列、亚美尼亚和土库曼斯坦等国石榴栽培面积不断扩大，它们在石榴新品种选育方面做了大量的研究工作，促进了石榴产业的发展。

**思考题**

我国石榴栽培存在哪些问题？其发展方向如何？

# 第二节　生物学特性

## 一、生长结果习性

石榴为多年生落叶性灌木或小乔木，但在热带地区可成为常绿植物，可四季生长，2次开花、2次结果。

**1. 根系**

石榴根系发达，须根多，易发生根蘖。根系在土壤中分布较浅，一般在20~70 cm深土层中根量最多，占根系总量的70%左右。水平分布范围一般是地上部树冠直径的1~2倍。1年中根开始生长时间较地上部晚，成龄树一般在5月初开始生长，5月中下旬为生长高峰期。随着开花坐果，生长逐渐缓慢。果实生长基本停止后，根系又进入生长高峰，随着地温降低，根系生长逐渐停止。

**2. 芽、枝和叶的生长特性**

(1) 芽

石榴芽有叶芽、混合芽、潜伏芽和不定芽4种。叶芽大部分着生在一年生枝叶腋间，萌发后抽生枝叶；混合芽能抽生结果新梢，多着生在发育健壮的极短枝顶部或近顶部；潜伏芽与不定芽一般不萌发，只有在枝条折断或受到修剪等刺激后才萌发，多长成徒长性枝条。石榴枝条生长后期顶端变成针刺，中、长枝中无真正顶芽。

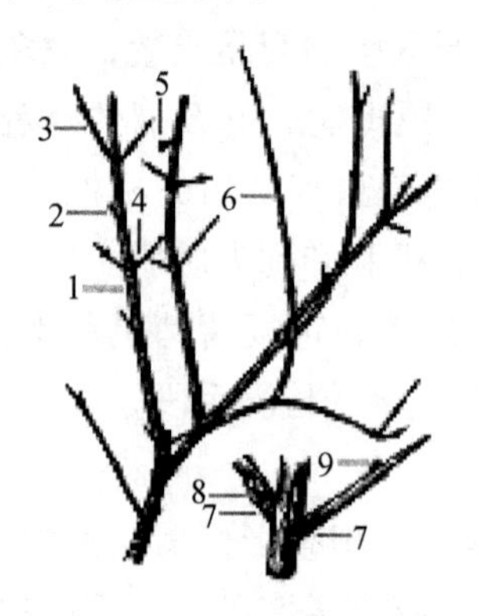


1. 2 年生枝 2. 短枝 3. 长枝
4. 短结果母枝 5. 果苔枝
6. 徒长枝 7. 短结果母枝(放大)
8. 混合芽(花芽) 9. 营养芽(叶芽)

**图 18–1 石榴枝条冬态**

（2）枝

石榴枝条一般比较纤细，腋芽明显，枝条先端成针刺，皆为对生。枝条通常分为营养枝、结果枝和结果母枝。在 1 年中枝条生长的长短不一，长枝和徒长枝先端多自枯或成针状，无顶芽。长枝（营养枝或称新梢）长 30 ~ 40 cm，每年继续生长，扩大树冠。生长较弱、基部簇生叶的最短枝，先端有 1 个顶芽，这些最短枝如果当年营养适度，顶芽即成混合芽，翌年抽生结果枝。反之，营养不良，则仍为叶芽，翌年生长很弱，仍为最短枝，但亦有受刺激而伸展成长枝或发育枝的。生长力强的徒长枝年生长量可达 1 m 以上。随着徒长枝生长，在中、上部各节生长二次枝，二次枝生长旺时又生三次枝，这些二次枝、三次枝和结果母枝几乎成直角，向水平方向伸展。但二次枝、三次枝生长并不旺盛，常常当年成为短枝，发生较早的二次短枝，如当年营养好，顶端也能形成混合芽（图 18–1）。

（3）叶

石榴叶片厚，全缘，呈披针形或倒卵形，先端圆钝或微尖，深绿色，叶面光滑，叶背无毛，叶柄短，无托叶，对生。芽萌发后叶片逐渐展开，随新梢生长，叶的数量及单叶面积逐渐加大。叶的生长规律与新梢生长规律基本相似。

**3. 结果习性**

（1）花芽、结果母枝和结果枝

石榴花芽为混合芽，多着生于发育健壮的极短枝顶部或近顶部。着生混合芽的一年生枝称为结果母枝。结果母枝于春季抽生结果枝，结果枝是着生花的短新梢（图 18–2）。结果母枝多为春季生长的一次枝或初夏所生的二次枝，均为短枝或叶丛枝。

（2）花芽分化

石榴花芽分化容易，春、夏、秋的一次梢与部分二次梢都能成为结果母枝而抽生结果枝。其花芽分化时期长，陆续进行，极短枝顶芽和一年生长枝的上部 1 ~ 4 节均能成花。石榴花芽分化初期持续时间长，自当年 7 月开始至翌年萌芽前，绝大多数花芽均处于分化初期，持续期超过 200 d，仅有少数花芽在进入休眠期时已处于萼片分化前期。品种间差异不大。花器官在萌芽前后集中分化，3 月下旬至 4 月下旬为萼片原基至萼筒腔集中形成期。4 月中旬开始至 5 月初，相继出现花瓣、雌蕊及雄蕊原基。雌蕊原基早于或与雄蕊原基同时出现。石榴萌芽期为 4 月初，其花器官分化与发育是随着叶片与新梢生长进行的，尤其是性器官分化更是如此，主要利用贮藏营养，且与叶片、新梢营养器官建造存在着养分竞争矛盾。石榴完全花与不完全花在形态分化过程中差异不明显，不完全花雌蕊发育慢，心皮过早合拢；完全花雌蕊发育快，心皮合拢较晚。雌蕊、雄蕊原基分化集中期正处于短梢叶片迅速扩展与短梢加速生长期。结果母枝在春、夏 2 季抽出结果枝。

1. 短营养枝抽生新梢 2. 短结果母枝抽生结果枝 3. 结果枝 4. 新梢

**图 18–2 石榴开花与结果状态**

（3）花与开花

石榴花以 1 朵或 2 朵以上（多的可达 9 朵）的形式着生在结果枝顶端及顶端以下的叶腋间，其中 1 朵在顶端（顶生花芽），其余则为侧生（腋花芽）。一般顶生花发育最好，开花最早，最易坐果。1 朵花从现蕾到开放需 20 ~ 25 d。

石榴花分为完全花、中间花型和不完全花 3 种（图 18–3）。完全花是正常花，其花冠大，子房肥大，萼筒葫芦状，除雌蕊高于雄蕊外，花粉粒大，萌发力强，新室数多，胚珠饱满。该种花易完成受精作用而形成籽粒（种子）。中间花型花冠、萼筒较大，近似于圆筒形，其花粉粒略大，部分可正常萌发，具有一定的授粉和受精能力，但坐果率中等。不完全花是退化花，其花冠小，子房瘦小，呈喇叭形。该种花无受精成为籽粒作用。品种不同，完全花及退化花的发生率不一样，退化率一般小型果品较大型果品种低，酸石榴品种较甜石榴品种低。老树较幼树和初果树退化花率高。生长在壤土地上石榴树较沙土地的退化花率低。壮树和强壮的结果母枝上的退化花较弱树和弱结果母枝上少。

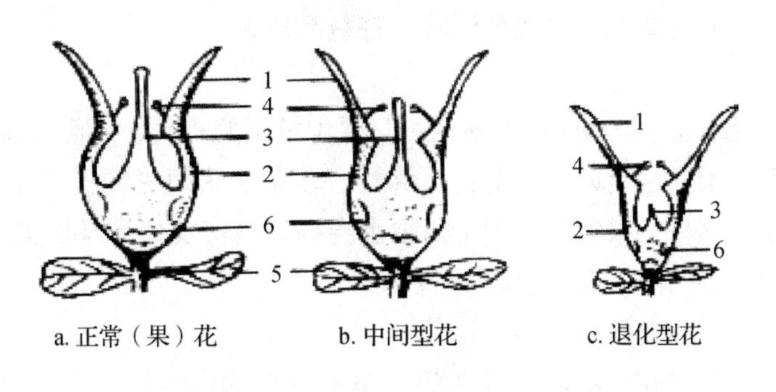


1. 萼片　2. 萼筒　3. 雌蕊　4. 雄蕊　5. 托叶　6. 心皮

**图 18–3　石榴不同类型花的纵剖面**

（4）开花与枝条生长、花期和开花习性

石榴开花与枝条生长相对应。一般 1 年中石榴枝条有 2 ~ 3 次生长，分别抽生春梢、夏梢和秋梢。而每次抽梢都开花结果，因此石榴花期可持续 2 ~ 3 个月。根据这种情况，生产上将石榴花期分为头茬花、二茬花和三茬花等。一般头茬花和二茬花结果比较可靠，末茬花坐果在北方不能正常成熟，品质差，果个小。而在一个花枝上，顶花先开，侧花后开。

（5）授粉、结实习性

石榴为虫媒花，正常花具有自花结实能力，但自花结实率低，异花结实率较高。石榴坐果率不高，在各茬花中，头茬花坐果率低，二茬、三茬花坐果率较高，末茬花也低。早花坐果的果实生长期长，个大、品质好，成熟也早。

（6）果实发育和落花落果

石榴果实生长发育过程分为幼果期、硬核期和转色期 3 个时期。其生长曲线基本属于单 S 形。幼果期出现在坐果后的 4 ~ 7 周，此期果实膨大最快，纵横径增长量占果实发育期总增长量的 50. 1% ~ 63. 0%；硬核期出现在坐果后的 6 ~ 13 周，该期果实膨大速度显著降低，占总生长量的 4. 4% ~ 22. 4%；转色期出现在采前的 4 ~ 5 周，此期果实膨大再次加快，占总生长量的 22. 6% ~ 27. 5%。果实生长从坐果到成熟需要 110 ~ 120 d。石榴落花、落果的特点是落花重，落果轻。主要集中在盛花后期，脱落量占全年落果总数的 80% ~ 96%。一旦稳定坐果，则很少落果，稳定坐果的标志是幼果转色，即由红（黄）转绿。石榴在成熟前，还会出现部分裂果和落果现象。

（7）种子

石榴种子也叫籽粒，由外种皮、内种皮和胚组成。其中食用部分为多汁的外种皮。内种皮角质较坚硬，有的内种皮变软则称为软仁石榴或叫软籽石榴。

## 二、对环境条件的要求

**1. 温度**

石榴适宜温暖气候条件。对高温反应不敏感。生长季要求≥10 ℃有效积温在3000 ℃以上，冬季能忍耐一定程度的低温，但在－15 ℃以下时，则会出现冻害，－17 ℃以下会发生不同程度的冻害，－20 ℃时可整株冻死。－15 ℃是石榴能否露地越冬的临界温度。

**2. 光照**

石榴是喜光树种。在光照充足的条件下，正常花分化率高，果实色泽艳丽，籽粒品质好；光照不足时，生长结果较差，正常花分化率低，果实色泽淡，籽粒品质差。

**3. 水分**

石榴抗旱、耐涝，年降水量500 mm以上地区，只要保墒措施得力，不灌水也能正常结果。现蕾至初花期，应保持适当的湿润，干旱会引起严重落花、落蕾。盛花期阴雨影响授粉受精，但花期降水多也易造成枝叶徒长，加重落花、落果；果实膨大期干旱缺水会抑制果实发育；但果实成熟期，要求气候干燥，土壤湿润；而果实采收期过多的雨水会引起裂果。

**4. 土壤**

石榴对土壤要求不严格，在pH为4.5～8.2的各类土壤上均可生长，其最适pH为6.5～7.5。一般石榴以灰质壤土或质地疏松、透水性强的砂质壤土最好。石榴的耐盐能力很强，其耐盐力可达0.4%，是落叶果树中耐盐树种之一。

**思考题**

（1）石榴开花结实有何明显的特点？

（2）石榴芽、石榴枝分为哪几种类型？

（3）如何创造适宜石榴生长发育的环境条件？

# 第三节　主要种类和优良品种

## 一、主要种类

**1. 植物学特征**

石榴（图18-4）又名安石榴、若榴、丹榴、天浆及金婴等，属石榴科石榴属植物。作为栽培的种只有石榴1个种，在各地均有许多优良品种。石榴分枝多，嫩枝有棱，略呈方形或六角形，成长后则枝条圆滑。小枝柔韧，不易折断，先端呈针刺状。叶对生或丛生，质厚，全缘，长倒卵形或长椭圆形，先端稍尖，有光泽。花两性，但雌蕊退化的雄花数量多，1朵或数朵着生在当年生新梢的顶端及近顶端数叶的叶腋间，子房下位，萼筒为钟状或筒状，萼筒与子房连生，形成石榴的果皮。花瓣极薄，有5～7片，为鲜红色或白色。果皮厚，为红色或黄褐色或黄白色。子房5～7室，有极薄的膜彼此分离，每室内有多粒种子，种子的“外种皮”称为肉质层，即为食用部分，呈鲜红、淡红或黄白色，内含汁液，味甜稍酸，或特别酸。本种有2个变种，即重瓣红石榴和白石榴。

**2. 变种**

（1）白石榴（银榴）（图18-5）

白石榴嫩叶和枝条为灰白色，成龄叶为浅绿色。花瓣为5～7片，背面中肋为浅黄色，花大，为白色，萼筒低，萼6片，开张。果实球形，皮为黄白色。

图 18-4 石榴

图 18-5 白石榴

（2）黄石榴

黄石榴（图 18-6）花为黄色。

（3）红石榴（重瓣石榴）

红石榴（图 18-7）又称千瓣石榴。花冠为红色，花瓣 15～23 片，花药变花冠形为 32～43 枚，花大。不孕花有叠生现象。萼筒较高，萼 6～7 片。果实呈球形，皮为青绿色，薄而易裂果，向阳面有红晕，果面有点状果锈，果大。

图 18-6 黄石榴

图 18-7 红石榴

（4）重瓣白石榴

重瓣白石榴（图 18-8）花为白色，花瓣 27 片，背面中肋为浅黄色。花药变花冠形为 50～100 枚，花柱、花丝为白色，不孕花有重叠现象，萼 6 片闭合。果实呈圆球形，果面有棱，果皮为粉白色。花形美观，在沙地生长良好，赏食兼用，分布范围广。

图 18-8 重瓣白石榴

（5）墨石榴

墨石榴（图 18-9）属极矮生种，树冠极矮，植株矮小，树势较强。一年生枝条为紫黑色，枝细柔、叶狭小，呈披针形，浓绿色，嫩梢、幼叶、花瓣为鲜红色，花萼、果皮、籽粒均为紫红色。花瓣 6 片。花期 5—7 月，果为小球形，紫黑色、味不佳。5—10 月不断结果。果实小，呈圆球形紫黑色、味不佳，直径为 3～5 cm。秋季充分成熟裂果后，紫红色籽外露尤为美观，是家庭养花盆栽，盆景制作的理想品种。

（6）玛瑙石榴

玛瑙石榴（图 18-10）又称彩色石榴。花为红色，重瓣 54～60 片，具有黄白色条纹；中肋为浅黄色；花色为白色，花药变花冠形为 25 ~ 34 片，花期 5—6 月；针状枝，叶呈倒卵形或椭圆形，无毛。果实呈球形，不孕花雌蕊退化。

图 18-9 墨石榴

图 18-10 玛瑙石榴

（7）四季石榴（月季石榴）（图 18-11）

落叶小乔木，树冠常不整齐。植株矮小，高仅 1 m 左右，一年生枝为绿色，小枝四棱形，刺状，细密而柔软。叶呈椭圆状披针形，长 1 ~ 3 cm，宽 3 ~ 5 mm，在长枝上对生，短枝上簇生。叶色浓绿，有油亮光泽。花萼硬，红色肉质，开放之前成葫芦状。花朵小，为朱红色，重瓣，花瓣 6 片，花期 5—9 月。果较小，为古铜红色，挂果期长，为盆栽观赏品种。

图 18-11 四季石榴

## 二、代表优良品种

据统计，我国现有石榴品种在 150 个以上，其中食用品种 140 个，观赏品种及其变种 10 余个。目前，石榴树种当中的优良品种，果实近圆形或扁圆形，果皮为鲜红色，果面光洁有光泽，外形极为美观，厚 0.5 ~ 0.8 cm，质脆，籽粒为鲜红色，粒大肉厚，平均百粒重 54 g，可溶性固形物含量为 17% ~ 19%，味甜微酸，核小半软，口感好，风味极佳，品质上等。

**1. 分类**

在生产上，石榴根据其使用价值通常分为果石榴和花石榴两大类。果石榴以生产果实为主，多为石榴原种，绝大多数栽培品种均属此类；花石榴以观花为主，多作观赏和盆栽，多为重瓣，花色艳丽，观赏价值较高，一般不产生果实，或很少形成果实，如醉美人、墨石榴、一串铃等。

**2. 食用优良品种**

石榴食用品种按果汁风味、嫩梢、幼叶、果皮、籽粒色泽等分为甜、酸、红、白等品种。栽培上应选择果实大、色红艳、风味甜、籽粒大、核较软、耐贮运、抗逆性强的品种。

（1）泰山红

泰山红（图 18-12）由山东省果树研究所于泰山南麓庭院内发现。树势生长强健，自然开张性强，自花授粉，二茬花和三茬花坐果率较低。结果早，丰产、稳产。果实呈圆形或扁圆形，平均单果重 450 g，最大单果重 750 g。果皮为鲜红色，果面光洁艳丽。籽粒为鲜红色，晶莹剔透，粒大肉厚，平均百粒重 54 g，可溶性固形物的含量为 17% ~ 19%，味甜微酸，核小半软，口感好，风味极佳。产地成熟期为 9 月下旬或 10 月上旬，不裂果，耐贮运。适应性强，平原、丘陵及盐碱地均可栽植。

（2）豫石榴系列品种

①豫石榴 1 号（图 18-13）。其由开封市农林科学研究所育成。树形开张，枝条密集，成枝力强；幼

枝为紫红色，老枝为深褐色；幼叶为紫红色，成叶窄小，为浓绿色，刺枝坚硬、坚锐，量大；花为红色，花瓣为 5～6 片，总花量大，完全花率为 23.2%，坐果率为 57.1%。果实呈圆形，果形指数呈 0.92，果皮呈红色，萼筒呈圆柱形，萼片开张，5～6 裂，平均单果重 270.5 g，最大单果重 672 g。子房为 9～12 室，籽粒呈玛瑙色，出籽率为 56.3%，百粒重 34.4g，出汁率为 89.6%，可溶性固形物含量为 14.5%，含糖量为 10.4%，含酸量为 0.37%，糖酸比为 29：1。抗寒、抗旱、抗病、耐贮藏，抗虫能力中等，适应性强，平原沙地，黄土丘陵，浅山坡地均可生长良好。

图 18-12　泰山红

图 18-13　豫石榴 1 号

②豫石榴 2 号（图 18-14）。其由开封市农林科学研究所育成。树形紧凑，枝条稀疏，成枝力中等；幼枝为青绿色，老枝为浅褐色；幼叶为浅绿色，成叶宽大，为深绿色；刺枝坚韧，量小。花冠为白色，花瓣 5～7 片，总花量少，完全花率为 45.4%，坐果率为 59%。果实呈圆球形，果形指数为 0.90。果皮呈黄白色，光洁。萼筒基部膨大，萼 6～7 片。平均单果重 348.6 g，最大单果重 1260 g。子房为 11 室，籽粒为水晶色，出籽率为 54.2%，百粒重 34.6g，出汁率为 89.4%，可溶性固形物含量为 14.0%，含糖量为 10.9%，含酸量为 0.16%，糖酸比为 68：1，味甜。成熟期为 9 月下旬。抗寒、抗旱、抗病虫能力中等，适生范围广。

③豫石榴 3 号（图 18-15）。其由开封市农林科学研究所育成。树形开张，枝条稀疏，成枝力中等；幼枝为紫红色，老枝为深褐色；幼叶为紫红色，成叶宽大，为深绿色；刺枝绵韧，量中等。花冠为红色，花瓣 6～7 片，总花量少，完全花率为 29.9%，坐果率为 72.5%。果实扁圆形，果形指数为 0.85，果皮为紫红色，果面光洁。萼筒基部膨大，萼为 6～7 片。平均单果重 281.7 g，最大单果重 980 g；子房为 8～11 室，籽粒为紫红色，出籽率为 56%，百粒重 33.6 g，出汁率为 88.5%，可溶性固形物含量为 14.2%，含糖量为 10.9%，含酸量为 0.36%，糖酸比为 30：1，味酸甜。成熟期为 9 月下旬。抗旱、耐瘠薄、抗病、耐贮藏，适生范围广，但抗寒性稍差。

图 18-14　豫石榴 2 号

图 18-15　豫石榴 3 号

（3）净皮甜石榴

净皮甜石榴，又名粉皮甜、红皮甜、大叶石榴，原产于陕西临潼。树势强健，树冠较大。茎刺小，枝条粗壮，为灰褐色；叶大，为绿色，长披针形或长卵圆形。果实呈圆球形，平均果重250～350 g，最大单果重605 g；萼筒、花瓣为红色，萼片为4～8裂，多数7裂。果面光洁，底色黄白，具粉红色或红色彩霞。心室4～12个，多数为6～8个，单果籽粒522粒，籽粒粉红色，百粒重26.4 g，可溶性固形物含量为14%～16%，风味甘甜。当地3月下旬萌芽，花期5月上旬至7月中旬，9月上中旬成熟，采前或采收期遇连阴雨易裂果。耐瘠薄，抗寒、抗旱。

（4）大果黑籽甜石榴

大果黑籽甜石榴（图18-16）树势强健，耐寒、抗旱、抗病，树冠大，呈半圆形，枝条粗壮，多年生枝为灰褐色，枝条开张性强，叶大，宽披针形，叶柄短，基部为红色，叶浓黑绿带红色，树冠紧凑。果实近圆球形，果皮鲜红，果面光洁而有光泽，平均单果重700 g，最大单果重1530 g，籽粒特大，百粒重68 g，仁中软，可嚼碎咽下，籽粒为黑玛瑙色，颜色极其漂亮，汁液多，味浓甜略带有红糖香浓甜味，出籽率为85%，出汁率为89%，籽粒可溶性固形物含量为32%，含糖量为26%，含酸量为7%，品质特优。9月下旬成熟，耐储藏。抗旱、耐瘠薄，抗寒性更强，耐涝力一般，是极有发展潜力的石榴品种之一。

（5）大红甜石榴

大红甜石榴（图18-17）又名大红袍、大叶天红蛋，原产于陕西临潼。是目前国内优良品种之一，可能是净皮甜石榴的优良变异品种。树势强健，树冠大、呈半圆形、枝条粗壮，多年生枝为灰褐色，茎刺少；叶大，长椭圆或阔卵形，浓绿色。果实大，呈圆球形，重400 g，最大重620 g。萼片为朱红色，6～7裂，果皮较厚，果面光洁，底面为黄白，上着浓红外彩色。心室为4～12个，多数为6～8个，单果籽粒563粒，果粒大，百粒重27.3 g，呈鲜红或浓红色。汁液特多，含可溶性固形物为15%～17%，风味浓甜而香。当地3月下旬萌芽，花期5月上旬至7月上旬，9月上中旬成熟。采前或采收期遇连阴雨易裂果。丰产、稳产。适应性广，抗旱、耐寒、耐瘠薄、投产快，定植后的第2年开花结果株率达90%～100%，单株结果4～6个，多者达11个。进入盛产期后，产量达5000 kg/亩以上，极具发展潜力。

**图18-16　大果黑籽甜石榴**

**图18-17　大红甜石榴**

（6）三白甜石榴

三白甜石榴（图18-18）又名白净皮、白石榴，原产于陕西临潼，因花萼、花瓣、籽粒、果皮黄白至乳白色，故称“三白”。树势强旺，树冠较大，呈半圆形；枝条粗壮，皮为灰白色，茎刺稀少；叶大色绿，幼叶和叶柄及幼茎为黄绿色。果实为圆球形，单果重250～350 g，最大单果重505 g，萼片6～7裂，多数直立抱合；果皮较薄，果面光洁，充分成熟时为黄白色；心室4～12个，一般6～8个，单果籽粒485粒，百粒重32.6 g，可溶性固形物含量为15%～16%，风味浓甜具香味。当地4月初萌芽，花期5月上旬至6月下旬，9月中下旬成熟。采收期遇连阴雨易裂果。抗寒、耐旱。

（7）红如意软籽石榴

红如意软籽石榴（图 18-19）是以“突尼斯软籽石榴”为母本，“粉红甜石榴”为父本，经杂交选育获得。枝条较密，成枝率较强；幼枝为红色、四棱，老枝多细长、枝梢多数卷曲，枝刺少。叶狭长椭圆、浓绿；花为红色，5～7 瓣。果实近圆球形，果皮光洁，果皮薄，为浓红色，红色着果面积可达 95%，裂果不明显，果个大、平均单果重 475 g，最大单果重 1250 g，籽粒为紫红色，汁多味甘甜，出汁率为 87.8%，核仁特软，硬度为 2.9 $kg/m^2$，可食用，尤其适合老人和儿童食用。含可溶性固形物在 15.0% 以上，风味极佳。

**图 18-18　三白甜石榴**

**图 18-19　红如意软籽石榴**

（8）中农红软籽石榴

中农红软籽石榴（图 18-20）树势中庸，枝条柔软但较突尼斯软籽石榴枝条稍直立。幼树针刺稍多，成年树针刺不发达，树干为青褐色，多年生枝为青灰色，皮孔稀而少，一年生枝条为绿色，上有红色细纵条，平均长度为 10.33 cm，粗 0.20 cm，节间长度为 1.8 cm，较突尼斯软籽石榴节间短。叶片深绿色，大而肥厚，平均叶长 5.3 cm，宽 2.7 cm，四年生树平均树高 2.5 m，平均冠幅 2.0 m，花量大，完全花率约为 35%，自然坐果率在 70% 以上。

**图 18-20　中农红软籽石榴**

树势强健，幼树干性弱，萌芽力高，成枝力低，幼树以中、长果枝结果为主，成龄树的长、中、短果枝均可结果。多数雌蕊高于雄蕊或与雄蕊相近，自花结实，配置突尼斯软籽石榴或中农红黑籽甜石榴作为授粉树，坐果率更高。大小年结果现象不明显。二年生树高达 1.5 m，结果 3～5 个，平均产量为 1.5 kg/株，三年生树平均产量为 5.5 kg/株，四年生树平均产量为 10 kg/株。五年生树平均产量为 20.2 kg/株。

果实近圆球形，果皮光洁、明亮，阳面为浓红色，着果率可达 90%，裂果不明显。果个较大，平均单果重 475 g，最大单果重 1250 g。籽粒为紫红色，汁多味甘甜，出汁率为 87.8%，核仁特软（硬度为 2.9 $kg/cm^2$）可食用，尤其适合老人和儿童食用。含可溶性固形物在 15.0% 以上，风味极佳。在河南郑州地区 9 月上旬成熟。在河南驻马店地区 9 月 5 日—8 日成熟；在河南济源地区 3 月萌芽，4 月中下旬初花，4 月底至 5 月初进入盛花期，盛花期持续约 20 d，5 月下旬进入末花期，末花期后 1～2 周开始生理落果，一般生理落果持续 2～3 d，果实生育期约为 105 d，9 月上旬果实开始成熟，11 月中下旬落叶，全年生育期约为 165 d。

中农红软籽石榴适应性强，抗旱，耐瘠薄，抗裂果。对桃蛀螟和干腐病均有抗性。对土壤要求不严，在黏壤土、壤土、沙壤土上栽培，均表现出优良的生长结果习性。在丘陵、山地或河滩、平原均能正常生长，在土壤肥沃、水分充足的条件下栽植，产量和品质更为优良。

图 18-21 突尼斯软籽石榴

（9）突尼斯软籽石榴

突尼斯软籽石榴（图 18-21）于 1986 年从突尼斯引入我国。树势中庸，枝较密，成枝力较强，幼嫩枝为红色，有四棱，刺枝少；叶长呈椭圆形，浓绿；花为红色，花瓣 5 ~7 片，总花量较大，完全花率在 34% 左右；萼筒呈圆柱形，较低，萼片 5 ~7 枚，萼片闭合。定植后 3 年挂果。果实近圆球形，平均果重 406 g，最大单果重 750 g；果皮为红色间有浅黄条纹，子房为 4 ~6 室，种子籽粒为红色，核软可食；百粒重 56. 2 g，可食率为 61. 9%，出汁率为 91. 4%，可溶性固形物含量为 15. 5%，含酸量为 0. 29%，风味甜。在河南中部 8 月上、中旬成熟。冬季应注意防寒。

（10）青皮软籽石榴

青皮软籽石榴（图 18-22）原产于四川会理。单树冠半开张，树势强健；刺和萌蘖少；嫩梢为红色，叶阔披针形，长 5. 7 ~6. 8 cm，宽 2. 3 ~3. 2 cm；花大，为朱红色，花瓣 6 片；萼筒闭合。果实近圆球形，单果重610 ~750 g，最大单果重 1050 g；皮厚约 0. 5 cm，青黄色，阳面红色或具淡红色晕带；心室 7 ~9 个，单果籽粒为 300 ~600 粒，籽粒为马齿状，水红色，核小而软，百粒重 51 g，可食率为 55. 2%。风味甜香，可溶性固形物含量为 16%，含糖量为 11. 7%，含酸量为 0. 98%。当地 7 月末至 8 月上旬成熟，裂果少，耐贮藏。

（11）红皮软籽石榴

红皮软籽石榴（图 18-23）树冠半开张，树形较紧凑，近圆头形；叶片较大，为绿色；花为朱红色。果实大，呈圆球形，单果重 400 g，最大重 1000 g。果皮中厚，底色黄白，果皮为鲜红色，阳面为胭脂红，果面光洁。果粒大，为鲜红色，百粒重 53 ~58 g，汁多味浓，籽粒透明，放射状宝石花纹多而密，味甜有香气。核小而软，可溶性固形物含量在 15% 以上，品质极优。7 月中下旬成熟，抗裂果。早果性好，丰产、稳产。抗逆性强、适应推广，山地、平地均可种植。

图 18-22 青皮软籽石榴

图 18-23 红皮软籽石榴

（12）会理红皮石榴

会理红皮石榴（图 18-24）原产于四川会理。树冠开张，嫩枝为淡红色，叶片稍厚，花为朱红色。果实近球形，果面略有棱，平均单果重 530 g，纵径为 9. 5 cm，横径为 11. 1 cm，最大单果重 610 g。果皮底色为绿黄覆朱色红霞，阳面具胭脂红霞，萼筒周围色更深，果肩有油浸状锈斑。皮厚约 0. 5 cm，组织较疏松，心室为 7 ~9 个，单果籽粒为 517 粒，籽粒为鲜红色，马齿状，核小较软，百粒重 54 g，可食率为44.1%。风味甜浓，有香味，可溶性固形物含量为15%。当地7月末至8月上旬成熟。

（13）蒙阳红石榴

蒙阳红石榴（图18-25）素有果中珍品，石榴之王的美名。果实近圆形，果皮呈鲜红色，色泽鲜艳，果面光洁润极美观，果皮薄0.6 cm左右，籽粒鲜红色，粒大，肉厚，百粒重57g。可溶性固形物含量为17%~19%，核半软，口感好，汁多，含果汁为64%。品质极佳。并具有不裂果、耐贮、口感甜、微酸等优良品性。果实9月下旬成熟。丰产性能强，栽后第2年产量达350 kg/亩左右，第3年产量达1000 kg/亩以上。

图18-24　会理红皮石榴

图18-25　蒙阳红石榴

（14）河南大红甜

河南大红甜（图18-26），又名大叶天红蛋，是目前国内优良品种之一，可能是净皮甜石榴的优良变异品种。树势强健，树冠大，半圆形，枝条粗壮。多年生枝为灰褐色，叶大，呈长椭圆或阔卵形，浓绿色。花瓣为朱红色。果实大，呈圆球形，平均果重400 g，最大可达1200 g左右。果皮较薄，果面光洁，底面黄白，上着浓红外彩色，外观极美。心室为6~8个，果粒中大，百粒重37.3 g，呈鲜红或浓红色。风味浓甜而香，可溶性固形物为15%~17%，品质极上。8月中旬成熟，抗裂果性强。丰产、稳产、投产快。定植后第2年开花结果株率达90%~100%，结果4~6个/株，多者达11个/株。进入盛产期后，产量达5000 kg/亩以上，极具发展潜力。适应性广，抗寒、抗旱、抗病、耐瘠薄。

**3. 观赏和盆栽优良品种**

石榴观赏和盆栽品种有半矮化和矮化两种类型。前者适于庭院种植或作行道树；后者多作盆植家养即可。

（1）醉美人

醉美人（图18-27）树冠较大，树形半矮，树姿开张。叶较大，嫩梢、幼叶、萼筒、花瓣均为鲜红色；花冠硕大，直径为20~70 mm；花瓣数极多，有重萼（重台）花。临潼地区每年4月初萌芽，5—6月开花，花繁似锦，是公园、庭院、行道绿化的上乘树种。

图18-26　河南大红甜

图18-27　醉美人

（2）墨石榴

具体见前面变种。

（3）一串铃

一串铃为陕西临潼常见的结实品种。树势较弱，树冠较矮，开张。枝粗壮，叶大，嫩梢、新叶为浅红色。萼、花为朱红色。易坐果，成串珠状，果圆球形，平均单果重不足 200 g，故称“一串铃”。果皮底色黄白，阳面为浅红至鲜红色。籽粒大，为鲜红色，百粒重 40 g 左右，味甜美，可溶性固形物含量为 15%～16%。核软渣少，故当地又称其为软籽石榴。因其枝干虬曲易造型，且花多易结果，很适于制作树桩盆景或家庭盆栽。5—6 月开花，9 月上中旬成熟。易裂果，不耐贮藏。

**思考题**

（1）石榴都有哪些变种？

（2）石榴优良品种有哪些特征？食用优良品种又有哪些特征？

## 第四节　无公害栽培技术要点

### 一、无公害石榴质量标准

根据相关要求，在感官指标上无公害石榴要求成熟适度、果形正常、果面光洁、表皮具该品种正常色泽，籽粒具该品种正常色泽和固有风味，无异味，无裂果，无明显病虫害，无腐烂；卫生指标必须符合表 18-1 的规定。

**表 18-1　无公害食品石榴卫生指标**

| 项目 | 指标/（mg/kg） | 项目 | 指标/（mg/kg） |
|---|---|---|---|
| 铅（以 Pb 计） | ≤0.2 | 多菌灵 | ≤0.5 |
| 镉（以 Cd 计） | ≤0.03 | 百菌清 | ≤1 |
| 杀螟硫磷 | ≤0.5 | 氰戊菊酯 | ≤0.2 |
| 敌敌畏 | ≤0.2 | 溴氰菊酯 | ≤0.1 |

注：根据《中华人民共和国农药管理条例》，剧毒和高毒农药不得在石榴生产中使用。

### 二、栽培技术要点

**1. 园地选择**

（1）园地选择

产地环境条件应符合农业部颁布的最新标准的要求。一般选在土层深厚（厚度不小于 60 cm）、通透性、地势高、排水方便、有灌溉条件的地方；土质以疏松、肥沃的壤土、沙壤土为好，有机质含量最好在 1.5% 以上，土壤 pH 为 6.5 左右，地下水位在 100 cm 以下。山区建园宜选在阳坡土层深厚地方。

（2）园地选择

石榴园必须完善必要的田间道路网络、水利设施、健全排灌系统。做到能排、能灌、排灌自如，完善附属建筑等设施，营造防护林。防护林最好选择速生树种，并与石榴无共生性病虫害。

**2. 选用良种壮苗**

在最适宜区和适宜区选用适应当地环境条件的抗逆性强的优良品种，无病虫害、合格健壮苗发展无公害石榴生产。尤其注意选择商品价值高、丰产、抗逆性强的良种。良种具备早产、丰产潜力和市场畅销的果实质量，即果实外形为红色、大果、果皮光滑鲜亮，籽粒大，味浓甜、汁液多和柔软等特性。同时，考虑到不同品种的不同成熟期，早、中、晚熟品种按一定比例搭配。苗木质量按石榴良种苗木规格标准执行。

**3. 合理栽植**

石榴一般在10—11月秋梢停止生长后或3—4月春梢萌芽前栽植。栽后树盘覆盖。栽植密度按每亩栽植永久性植株计，石榴一般株行距（2~3）m×（3~4）m，栽55~111株/亩，栽植密度一般根据品种、环境条件、管理水平等确定。栽植时挖长、宽各为100 cm，深为80 cm以上的定植壕沟、定植穴定植，回填时进行土壤改良，分层回填，定植后浇足定根水。

**4. 栽培管理**

（1）土壤管理

①深翻扩穴，熟化土壤。每年秋末（采果后）至翌年1月，结合施基肥，深翻60~80 cm。

②间作或生草。石榴园实行生草制种植间作物或草类应是与石榴无共生性病虫、浅生、矮秆作物为主，以豆科作物、绿肥作物等为宜，适时刈割翻埋于土壤中或覆盖于树盘上。

③覆盖与培土。干旱季节，树盘内用秸秆等覆盖，覆盖厚度为10~15 cm，覆盖物与根颈保持10 cm左右的距离。覆盖可采取间作豆科作物、绿肥（花期翻压）、生物覆盖（秸秆、杂草等覆盖树盘或行间，用干草1000~1500 kg/亩，鲜草2000~4000 kg/亩）。培土在冬季中耕松土后进行。培入塘泥、河泥、沙土或石榴园附近肥沃土壤，厚5~10 cm。

④中耕。可在夏、秋和采果后进行。每年中耕2~3次，保持土壤疏松无杂草。中耕深10~15 cm。坡地宜深些，平地宜浅些。雨季不中耕。

（2）施肥管理

①施肥原则。充分满足石榴对各种营养元素的需求。以有机肥为主，有机肥、无机肥结合，重施基肥，增施磷肥、钾肥，提倡使用果树专用肥、有机复合肥，合理施用无机肥，平衡协调施肥。

②肥料种类和质量。按规定选择肥料。使用叶面肥应在农业部登记注册。人、畜粪尿等需经50 ℃以上高温，发酵7 d以上。微生物肥料中有效活菌数量必须符合规定。

③施肥方法。土壤施肥可采用环状沟施、放射状沟施、条沟施及穴施等方法。速溶化肥应浅沟（穴）施，有微喷或滴灌设施的石榴园，可进行液体施肥。在不同生长发育期，选用不同种类肥料进行叶面施肥。石榴树体后期、花期、果实膨大期、采前转色期分别喷施磷酸二氢钾、硼砂、氨基酸微肥及微量元素等叶面肥。高温干旱期按使用浓度范围下限施用。喷施时间在晴天上午10时以前、午后16时以后。果实采收前30 d，停止一切根外追肥。

④施肥量。根据树种、品种、产量、树龄、树势情况，因地制宜确定。一般施有机肥为2000~3000 kg/亩，施速效氮、磷、钾肥为80~100 kg/亩，基肥占60%~70%，追肥占30%~40%。微量元素肥以缺补缺，作叶面喷施。

⑤施肥时间。基肥在采果后到落叶前结合深耕翻土施用。一般以有机肥为主，化肥为辅，增磷补氮。每生产1 kg果实施用1 kg有机肥较为合理。追肥一般是3个时期：一是开花前期，萌芽到现蕾初期（3—4月），以速效氮肥为主，适当增加磷肥。二是幼果膨大期绝大多数花凋谢、脱落，幼果开始迅速膨大期（5—6月），及时追施氮、磷速效肥及配合一定量的钾肥。三是果实膨大转色期在果实成熟采收前30 d，果实膨大果皮开始着色（转色），适当追施磷、钾肥。

（3）水分管理

要求灌溉水无污染，水质符合要求。保证生长期的前期水分供应，后期控制灌水。重点灌好4次水：萌芽水、花后水、催果水和封冻水。提倡喷灌、低位喷灌、滴灌和渗灌等节水新技术。由于石榴耐旱、怕涝，必须做好石榴园的排涝工作。北方地区7月下旬以后进入雨季，应注意及时排清淤，疏通排灌系统；果实采收前多雨，可采取地膜覆盖园内土壤。

**5. 整形修剪**

（1）原则和方法

石榴整形修剪原则是有利于造就科学合理地丰产树形；有利于光的充分利用；有利于实现营养生长与生殖生长之间的平衡；有利于立体结果；有利于早投产、丰产及稳产。

石榴整形修剪方法有疏剪、缩剪、缓放、短截、环剥、环割、摘心、抹芽、扭梢和除萌蘖、拉撑吊等。疏剪是石榴修剪应用最多的一种修剪方法。根据不同品种、树龄、树势、负载量进行修剪。以冬剪为主，夏剪为辅。通过冬剪形成科学合理的丰产树形，夏剪是冬剪的补充和完善，通过夏剪随时、随地采用抹芽、扭梢、摘心等方法剪除冬剪后萌发的过多、过旺的新梢。同时，对长势过旺树采取环剥、环割、扭梢、拉撑吊等方法，开张角度，缓和树势，促进结果。

（2）不同时期树修剪

①幼树修剪。幼树期根据树形，选择培养好骨干枝，扩大树冠，培养丰产树形。常用树形有单主干延迟开心形、三主干自然开心形和双主干 V 字形。干高 30～50 cm。

②初结果树修剪。将主枝两侧位置适宜，长势健壮的营养枝培养成侧枝或结果枝组，疏除或改造徒长枝、萌蘖枝成为结果枝组，长势中庸的营养枝缓放，促其开花结果。长势弱、枝细瘦的多年生枝轻度回缩复壮。以轻剪、疏枝为主，采用“去强枝，留中庸偏弱枝；去直立枝，留斜生水平枝；去病虫枝，留健壮枝，多疏枝，少短截，变向缓放”的修剪方式。

③盛果期树修剪。采用轮换更新结果枝组，适当回缩枝轴过长、结果能力下降的枝组和长势衰弱的侧枝，剪至较强分枝处，疏除无用枝、干枯病虫枝、细弱枝、徒长枝、纤细枝、萌蘖枝，培养以中、小型为主的健壮结果枝组，有空间可利用的新生枝培养成结果枝组；重点留春梢，适当选留夏梢，抹除秋梢。

④衰老树修剪。采取回缩复壮地上部和深耕施肥促生新根；采取缩剪更新、去弱留强和结合秋、冬季深耕施肥。在原树盘内适当铲断部分根系，施入磷肥和腐熟有机肥，促生大量新根。同时，剪除老枝、枯枝，多留新枝、强枝，靠近主干直立旺盛枝，培养基部萌蘖。

**6. 花果管理**

（1）疏花

疏花尽量保留头茬花、二茬花，根据实际选留三茬花、四茬花；强枝适当多留花，弱枝少留或不留。疏花从能分辨出花蕾形状开始，越早越好。疏除多余雄花、畸形花、病虫花、退化花和无叶花枝。

（2）疏果

花后果实形成，生理落果结束后开始适当进行疏果。只疏除果形不正、小果、病虫果、畸形果、病弱果；一般留果 4000～5000 个/亩为宜。产量在 1000～2000 kg/亩为宜。

（3）套袋

果实套袋适期为 6 月初以后。套袋前进行病虫害防治 3 次以上，特别是套袋前必须喷 1 次杀虫、杀菌剂防治病虫后再立即进行套袋。尽量选择生长正常、健壮的果实套袋。纸袋应选抗风吹雨淋透气性好的专用纸袋。果实采收前 10～15 d 摘袋较好。

**7. 病虫害防治**

石榴园病虫害防治采用预防为主，综合防治病虫的原则。使用农药种类、防治方法等按照国家规定执行。清除杂草、残果、残叶、病虫为害枝梢、病叶、病株及衰弱枝和干枯枝，集中烧毁，并通过果园深翻、刮皮、涂白树干、药剂喷雾、破坏病虫越冬环境，减少病虫越冬基数，降低越冬虫源。

**8. 适时采收**

适时采收必须根据品种的生物学特性和市场需求进行。采后立即上市，最好在果实充分成熟时采收。

采收后果实应按销售需要进行商品化处理，做到精选分级，精美分装，形成无公害商品化优质果。

**思考题**

石榴无公害栽培技术要点包括哪些方面?

## 第五节 石榴栽培关键技术

### 一、树形与修剪

**1. 树形**

石榴可选用三主干开心形、单主干自然开心形、双主干 V 形、三主枝自然圆头形等树形。其中，三主干开心形属无主干树形，全树具有 3 个方位角为 120°的主枝，每个主枝与地面水平夹角为 45°。每个主枝配置 3 ~4 个侧枝：第 1 侧枝距地面 60 cm，第 2 侧枝距第 1 侧枝 60 cm 左右，第 3、第 4 侧枝相距 40 cm。每个主枝上配置 10 ~15 个大、中型结果枝组。树冠高度控制在 3.5 ~4.0 m。该树形成形快，通风、透光，结果早，主干多，易于更新。

**2. 不同时期修剪要求**

幼树整形处理好骨干枝剪留量。一年生枝轻短截，促发较多分枝，培养骨干枝。3 ~4 年生幼树延长枝一般剪留 40 ~50 cm，侧生枝剪留长度稍短于延长枝。同时，疏除树冠内膛各级枝上过密、交叉的小枝，其他枝缓放不剪，使其尽早形成果枝。盛果期石榴树疏弱枝、留强枝，复壮衰老结果枝组，改善树冠通风、透光条件。同时，缓放着生混合芽的健壮短枝。石榴树衰老期对衰弱的主枝、侧枝等进行较重回缩剪，一般缩剪主枝的 1/2 ~1/3。剪口保留结果枝组。对保留结果枝组，不再进行缩剪。

### 二、提高坐果率

**1. 进行综合管理**

建园时注意合理配置授粉树，并加强土肥水管理、病虫害防治和合理修剪。

**2. 断根**

花芽分化前树冠外围挖 40 ~50 cm 的深沟断根，抑制旺长。

**3. 加强花期管理**

花期疏去过多的细小果枝，环状剥皮，放蜂，人工授粉，喷布 0.1%~0.2% 的硼砂、0.05% 的赤霉素等。能分辨出退化花蕾时及时摘除退化花蕾。

**4. 合理负载**

6 月上中旬，头茬花、二茬花的幼果坐稳后进行疏果，坐果不多时部分枝留双果，坐果足够时留单果。疏除畸形果、病虫果，保留头花果，选留二花果，疏除三花果，不留或少留中长枝果，保留中短枝果。成年树按中短结果母枝基部茎粗确定留果量，直径 1 cm 留 1 ~2 个果，2 ~3 cm 留 2 ~3 个果。一般三年生树留果 15 ~30 个，四年生树留果 50 ~100 个，五年生树留果 100 ~150 个。

**思考题**

(1) 石榴不同年龄时期修剪的技术要点是什么?

(2) 如何提高石榴的坐果率?

## 第六节　无公害优质丰产栽培技术

### 一、育苗

石榴育苗可采用扦插、分株、压条、嫁接和组织培养等方法。目前，生产上大量育苗以硬枝扦插繁殖苗木为主。

**1. 扦插育苗**

（1）苗圃地选择与整地

苗圃地选择地势平坦、背风向阳、土层深厚、质地疏松、排水良好、蓄水保肥、中性或微酸性沙质壤土为宜。苗圃地必须有较好的灌溉条件，并注意挑选无危险性病害的土壤育苗。育苗过程中，实行合理轮作倒茬，切忌连作。扦插前施足充分腐熟的有机肥 50～80 kg/株，深翻，灌水蓄伤。土壤解冻后及早作畦，畦长 10 m、宽 1 m，将畦面浅耕耙平，准备扦插。

（2）母株选择和插条采集

落叶后萌芽前从生长健壮、优质丰产的优良品种母树上采集健壮、灰白色、树膛内部的一年生、二年生枝。插条粗度为 0.5～1.0 cm，插条下部刺针多。

（3）扦插时期

石榴插条不必经过贮藏，从树上采下即可扦插。温度、湿度合适时，一年四季均可扦插。在北方以春、秋两季为好。春季在解冻后到开花前，秋季在 10—11 月较好。同时，秋插比春插好。在适宜的时间内，秋插越早越好。

（4）扦插方法

扦插方法有硬枝扦插和绿枝扦插 2 种。硬枝扦插在适宜条件下一年四季均可进行。但春季硬枝扦插和秋季绿枝扦插易成活。硬枝扦插有短枝插和长枝插 2 种类型。短枝插枝长 12～15 cm，有 2～3 节。要求下端剪成斜面，上端距芽眼 0.5～1.0 cm 处剪平。短枝插条剪好后立即浸入清水中浸泡 12～24 h，使插条充分吸水；或用生长素（IAA）或 ABT 生根粉处理。用 100 mg/L 的吲哚丁酸（IBA）浸泡插条基部 8～10 h 可使扦插苗根系发达，生长健壮，成活率和出圃率提高。插时在畦内按 30 cm×10 cm 扦插。长枝插多用于直接建园或庭院内少量繁殖，每个穴插 2～3 根 80～100 cm 长的插条，入土深 40～50 cm，插条与地面成 50°～60°。绿枝插在生长季利用半木质化绿枝插条繁殖。大量育苗时插条长 15～20 cm；扦插建园插条长 80～100 cm。绿枝扦插雨季成活率高，晴天时应注意遮阴。一般秋季扦插的翌年出圃，春季插的当年出圃。

**2. 实生繁殖**

石榴一般在选育新品种时多用实生繁殖。选充分成熟果实，将种子取出洗净晾干后层积贮藏，翌年春季谷雨前后播于苗床，覆土 1.5 cm。

**3. 压条繁殖**

压条繁殖是根际所生根蘖，于春季压入土中，至秋季即可成苗。一般旱区应用较多，成活容易。此外，石榴用空中压条亦可。

**4. 分株繁殖**

石榴分株繁殖南北各地均有应用，即选用优良品种根部发生的较健壮的根蘖苗，挖起另行栽植。一般以春季分株较为适宜，分后即可定植。但此法出苗量少，每株母树每年只能繁殖 10 株左右。

## 二、建园

**1. 园地选择**

园地选择在立地条件好、土层深厚的地段。要求所选地绝对最低气温高于 -17 ℃、大于等于 10 ℃活动积温在 3000 ℃以上、地下水位低于 1 m、土壤 pH 在 4.5 ~ 8.2。北方山地建园海拔高度一般不要超过 800 m。丘陵山地坡度以 5° ~ 10°缓坡地为好，不宜超过 20°。以向阳山坡栽植为好。

**2. 品种选择**

品种选择根据气候、地形、地势、土壤、市场需求、品种适应性和栽培目的等综合考虑，选择优质、高产、抗逆性强、耐贮运的品种。建园时应选择当地或与当地土壤、气候相近地区的优良品种为主，异地引种应先少量引入试栽，成功后再发展。注意早、中、晚熟和耐贮藏品种的适宜比例，在同一园中选择花期相同或相近品种。小型石榴园选 2 ~ 3 个品种。

**3. 合理密植**

合理密植是石榴高产栽培的基础。石榴树形矮，冠幅小，盛果期单干树冠幅为 2 ~ 3 m，多干冠副为 3 ~ 4 m。因此，石榴丰产园以株行距 2 m × (3.5 ~ 4) m 为宜，栽植 1245 ~ 1425 株/$hm^2$ 较为合适。

**4. 栽植技术**

栽植方式依立地条件而定。一般以长方形为宜。北方冬季多风、少雨雪，秋栽易抽条而枯死，宜春季栽植，秋栽树浇水后将苗压倒埋土防寒。栽后将苗木在距地面 5 ~ 10 cm 处截干平茬。石榴苗栽前用清水浸泡 12 ~ 24 h，修平伤根，根部蘸泥浆。

## 三、土肥水管理

**1. 土壤管理**

建园前后土壤改良，淘沙取石，换土改良，山坡地整修梯田或鱼鳞坑，广种绿肥，进行全园深翻。对山岭薄地、较黏重土壤，深翻 0.8 ~ 1.0 m；而土层深厚的沙质土壤深翻 0.5 ~ 0.6 m，重施农家肥，果园覆盖（早春土壤解冻后灌水覆膜），树盘培土（一般在落叶后培土厚 30 cm，春暖时及时清除培土，并在生长季及时除萌蘖）；在栽后 1 ~ 3 年，用豆类或薯类作物或草莓间作。株间和树盘内土壤保持无杂草状态。每次灌水或下雨后立即中耕除草，保持石榴植株附近土壤呈疏松状态。山地石榴园播种间作物，必须做好水土保持工作。如云南即用“理腰沟”（挖水平沟）方法保持水土，使石榴及间作作物都获得良好的收成。沟的多少视坡度大小而定，缓坡少（每 6 ~ 9 m 开 1 个沟），陡坡多（3 m 开 1 个沟），在沟的斜坡上，要做到“缓坡沟要陡，陡坡沟要平”，其做法与等高撩壕一样。

**2. 施肥管理**

（1）基肥

采果后至落叶前后结合深翻改土，施入有机肥。施用量可按照产量确定：每生产 1 kg 果实施用 1 kg 优质有机肥，并加入一定量的磷肥。

（2）追肥

①土壤追肥分 3 次：第 1 次花前追肥。在萌芽到花现蕾初期，追施速效氮肥，配合磷肥。弱树和年前结果过多树，应加大追肥量；生长势旺的幼树可不追氮肥。第 2 次是幼果膨大期。在绝大多数花谢后，6 月下旬至 7 月上旬，幼果开始膨大，追施氮、磷速效肥，也可适当加些钾肥。第 3 次是果实转色期。在果实采收前 1 个月左右追肥应以速效磷肥、钾肥为主，叶色淡时可加施氮肥。

②根外追肥。石榴开花期间，每隔 7 ~ 10 d 单独或混合喷施 2 ~ 3 次 0.3% ~ 0.5% 的尿素和 0.2% ~ 0.3% 的硼酸。果实膨大期、采前转色期喷施 0.2% ~ 0.3% 的磷酸二氢钾、稀土等。采果后及早喷施 0.5% 的尿素 +0.3% 的磷酸二氢钾，混合后叶面喷肥。

### 3. 水分管理

水分管理主要包括灌溉与排水。石榴生长季节需要有充足的水分，应注重冬、春、夏三季的灌水，即冬灌封冻水、春灌萌芽水、夏灌膨果水。开花期间应避免水分过多。多雨时应注意排水、防涝。

## 四、整形修剪

### 1. 树形

石榴栽培中所用树形较多。其中，较为理想的树形有单主干自然开心形、多主干自然开心形、多主干自然半圆形、双主干 V 字形、自然开心形和三主干开心形。丰产树形均是骨干枝少、结果枝多、分布均衡、无中心干的开心形。

（1）单主干自然开心形

单主干自然开心形树高 3 m 左右，干高 50 cm 左右，无中心干。干上均匀分布 3 ~ 5 个主枝，各主枝在干上间距为 15 ~ 20 cm，主枝角度为 50° ~ 60°。稀植园每个主枝上留侧枝 2 ~ 4 个，侧枝与主干和相邻侧枝间距离为 50 cm 左右。密植石榴园主枝上不培养侧枝，直接着生结果枝组。该树形通风透光好、管理方便、成形快、结果早，符合石榴树生长结果习性，是石榴树丰产树形之一。

（2）多主干自然开心形

多主干自然开心形树高 3 m 左右，干高 50 ~ 80 cm。有主干 2 ~ 3 个，3 个主干均匀分布，主干与垂直线夹角为 30° ~ 40°。每个主干上有主枝 2 ~ 3 个，共有主枝 6 ~ 9 个，各主枝向树冠四周均匀分布，互不交叉重叠，同主干上的主枝间距 50 cm 以上，主枝上着生结果枝组。该树形成形快、结果早、主干多，易于更新。但主枝多，易交叉重叠。该树形若留 2 个主干，就成双主干 V 字形。树体结构同三主干开心形，但减少了主干，主枝容易安排，特别适合宽行密株丰产石榴园。

（3）双主干 V 字形

双主干 V 字形树高、冠幅控制在 2.5 ~ 3.0 m，树冠呈自然扁圆形。有 2 个顺行间斜生于地面的主干，主干与地面夹角为 40° ~ 50°，方位角为 180°。每个主干上分别配置 2 ~ 3 个侧枝，第 1 侧枝距根际 60 ~ 70 cm，第 2、第 3 侧枝间的相互距离为 50 ~ 60 cm，同侧侧枝相距 100 ~ 120 cm。各主、侧枝上分别配置 15 ~ 20 个大、中型结果枝组。该树形适于株行距 3.5 m × 2.5 m 的大株距小行距园内采用，适于中密度栽植。具有骨干枝少、结果较多、通风、透光、病虫害少、管理方便、果实品质好等优点。

（4）三主干开心形

三主干开心形冠幅、树高控制在 3.5 ~ 4.0 m，呈自然圆头形。全树具有 3 个方位角为 120°的主干，主干与地面水平夹角为 40° ~ 50°。每个主干上分别配置侧枝 3 ~ 4 个，第 1 侧枝距根际 60 ~ 70 cm，第 2 侧枝距第 1 侧枝 60 cm，第 3、第 4 侧枝间的相互距离为 40 cm。每个主干上配置 15 ~ 20 个大、中型结果枝组。适于株行距 3 m × 4 m，栽植 832 株/$hm^2$ 的普通密度园采用。树冠较大，枝组较多，开心通风，株产高，品质优，病虫害少，耕作方便。

（5）多主干自然半圆形

树高 3 ~ 4 m，干高 0.5 ~ 1 m，有 2 ~ 4 个主干，主干各自向上延伸，每个主干上着生主枝 3 ~ 5 个，共有主枝 12 ~ 15 个，分别向四周生长，避免交叉重叠。

### 2. 修剪要点

石榴修剪按时期分为冬季修剪和夏季修剪。石榴冬季修剪不宜多短截，有“宜疏不宜截，越截越不结”之说。主要是疏除徒长枝、旺枝、衰老下垂枝和并生枝等。我国北方多于春季萌芽前进行冬季修剪。石榴树夏季修剪主要方法是抹芽、疏枝和拉枝。春季萌芽后对主干上的萌蘖和冬剪时剪锯口发出的萌蘖及时抹除。盛花期至结果期及时疏除一些过密枝和徒长枝，较直立枝条拉枝。

（1）幼树期整形修剪

①标准及修剪任务。幼树期是指尚未结果或初始结果的树，一般在四年生内。该期整形修剪任务是根据选用树形，选择培养各级骨干枝，使树冠迅速扩大进入结果期。

②修剪要求。栽后第 1 年主要是培养主干，主干长度在 80 cm 以上，单干式开心形保持主干直立生长，双干 V 字形和三主干开心形将选定主干拉到与地面呈 20°～40°夹角位置；同时，将距地面 60 cm 以下的所有细弱枝疏除。冬剪时，主干留 60～80 cm 剪截，其余细弱枝全部疏除。栽后 2～4 年以培养骨干枝为主，同时开始培养结果枝组。春季剪口芽萌发后，留一侧芽作主枝延长枝培养；另一侧芽作侧枝或枝组培养，7—8 月对其角度通过撑、拉进行适当调整。主枝背上芽发生的新枝，或重摘心控制，或抹除；两侧和背下生出的枝保留不动或适当控制，以不影响骨干枝生长为原则。冬剪时各类骨干枝仍留左右芽，剪留 50～60 cm。侧枝及其他类枝均缓放不剪。

（2）初结果树修剪

①标准及修剪任务。初结果树是指栽后 5～8 年的树，此期树冠扩大快、枝组形成多，产量上升较快。该期修剪的主要任务是完善和配备各主、侧枝及各类结果枝组。

②修剪要求。修剪时对主枝两侧发生位置适宜、长势健壮的营养枝，培养成侧枝或结果枝组。影响骨干枝生长的直立性徒长枝、萌蘖枝疏除、扭伤、拉枝等，改造成大、中型结果枝组。长势中庸、2 次枝较多的营养枝缓放不剪，促其成花结果；长势衰弱、枝条细瘦的多年生中枝，轻度短截回缩复壮。

（3）盛果期修剪

①标准及修剪任务。盛果期树是指 8 年以上、产量高而稳定的树。该期修剪的主要任务是疏除多余的旺枝、徒长枝、内向枝、交叉枝、重叠枝、并生枝、病虫枝、枯死枝、瘦弱枝等，使树冠保持“上稀下密、外稀内密、大枝小枝密”的良好结构状态，使枝势壮而不衰，延长盛果年限，推迟衰老期。

②修剪要求。适当回缩枝轴过长、结果能力下降的枝组和长势衰弱的侧枝到较强分枝处；疏除干枯枝、病虫枝、无结果能力的细弱（寄生）枝及剪、锯口附近的萌蘖枝，对有空间利用的新生枝要保护，培养成新的枝组。注意解决园内光照不足。

（4）衰老树修剪

①标准及表现。指大量结果二三十年生以上的树。该期贮藏营养大量消耗，地下根系逐渐枯死，冠内枝条大量枯死，花多果少，产量下降。

②修剪要求。主要采取回缩复壮和更新措施。回缩衰老的主、侧枝：对于前部下垂衰弱的主侧枝，回缩至抬头部位，使其恢复健壮树势；后部光凸主、侧枝，回缩至后部有分枝处，或利用次年后部萌蘖旺枝或徒长枝，结合生长季拉枝，逐步培养成新的主、侧枝。1 次性更新改造：第 1 年冬季将全株的衰老主干从地面处锯除，第 2 年从根际萌生出大量萌蘖，冬剪时从中选留 1～3 个作为新的主干，分别按单干形、双干形或三主干形培养为新的树形，其余萌蘖枝疏除。也可采取逐步更新改造。该法适宜于双干形、三干形和自然丛状形树的更新改造。第 1 年冬季，双干形和三干形树从地面处锯除 1 个主干，丛状树锯除 1～2 个主干；第 2 年生长季抽生数个萌蘖枝，冬季从萌蘖枝中选留 1～2 个（双干形选 1 个，三干形和丛状形选 1～2 个）进行培养，其余萌蘖枝疏除。同时，对三干形树再锯除 1 个主干，从丛状形树再锯除 1～2 个主干；第 3 年冬季，从萌蘖枝中再选留 1～2 个主干进行培养，余者疏除。同时，锯除双干形的另一个主干和三干形、丛状形的其余主干。第 4 年再从萌蘖枝中选留 1～2 个主干进行培养，使树体恢复原来的主干数。这样，第 1 年更新的主干已开始结果，第 2 年更新的主干已开始形成花芽，既不绝产，又使树冠全部得到更新。

## 五、花果管理

### 1. 加强综合管理，增强树势

主要是建园时注意合理配置授粉树，加强肥水管理，病虫害防治，勤除根蘖。剪除死枝、枯枝、病枝、过密枝、徒长枝、下垂及横生枝等，实行以疏为主的修剪。此外，花期前进行摘心、抹芽及环剥等，提高坐果率。

**2. 花期放蜂**

花期石榴园放蜂可提高坐果率30%左右。

**3. 人工授粉**

花期无蜂时进行人工授粉。人工点授一般在开花当天进行，如开放前1天授粉，坐果率更高。授粉时用授粉器蘸少许花粉，轻轻点在盛开的筒状花柱头上。为不重复授粉，可将花粉染色。为节省花粉，可按1∶4比例加滑石粉或淀粉稀释再用。液体喷粉可按水10 kg、砂糖0.5 kg、尿素30 g、硼砂10 g、花粉20 g或按水10 kg、蔗糖1 kg、花粉50 mg、硼酸10 g的比例配成花粉液，随配、随用。

**4. 花期环剥**

5月初即花前进行环剥可提高坐果率。可在主干上或大型辅养枝或旺枝上进行，剥口宽为0.2～0.5 cm，旺树可宽些，不太旺树可适当窄一些。坐果率低的品种和幼旺树应早剥，坐果率高的品种和较弱树可晚一些环剥。

**5. 喷微量元素和激素**

花期喷布0.1%～0.2%的硼砂、0.05%的赤霉素可减少落花、落果，显著提高坐果率。

**6. 断根或施多效唑**

花芽分化前在树冠外围挖40～50 cm深沟断根或施多效唑，3～4年生幼旺树在5月下旬至6月上旬施多效唑1.0～1.5 g/株，或7月喷15～20 mg/株。

**7. 疏花疏果**

疏花要及时疏去钟状花，越早越好。尽量保留头茬花、二茬花，根据实际选留三茬花、四茬花；强枝适当多留花，弱枝少留或不留花。当头茬蕾能分辨筒状花和钟状花时进行最好。三茬花在坐果已够时也应疏去。疏除多余雄花、畸形花、病虫花、退化花、无叶花枝。疏果于6月上、中旬，头茬花、二茬花的幼果坐稳后进行：坐果不多时部分枝留双果，坐果足够时留单果。疏除果形不正、小果、畸形果、病虫果和密弱果，保留头花果，选留2花果，疏除3花果，不留或少留中长枝果，保留中短枝果。成年树按中短结果枝基部茎粗确定留果量，直径为1 cm的留1～2个果，为2～3 cm留2～3个果。一般三年生树留果15～30个，四年生留果50～100个，五年生留果100～150个。一般掌握留果为4000～5000个/亩，产量为1000～2000 kg/亩。疏果时要注意均衡树势，强树、强枝应多留，弱树、弱枝要少留；外围和上层多疏少留，内膛、下层少疏多留。

**8. 果实套袋，配合其他措施，促进果实着色**

套袋适期在6月初以后，套袋前进行病虫害防治3次以上，特别是套袋前喷1次防治病虫害的杀虫剂与杀菌剂的混合液后立即套袋。尽量选择生长正常、健壮的果实进行套袋。套纸袋应选用抗风吹雨淋透气性好的专用纸袋，纸袋规格为18 cm×17 cm。果实采收前15～20 d摘袋。同时，摘除盖在果面上的叶片，采用拉枝、别枝、转果或在树盘的土壤上铺设反光农膜等，以促进果实着色。

## 六、病虫害防治

**1. 休眠期**

萌芽前刮除的枝干翘皮和清理的病虫枝果应集中烧毁或深埋，结合喷3%～5%的石硫合剂，或45%的多硫化钡（索利巴尔）50～80倍液，以消灭树上越冬桃蛀螟、龟蜡蚧、刺蛾等害虫及干腐病、落叶病。

**2. 萌芽和新梢生长期**

设置黑光灯或糖醋液诱杀桃蛀螟成虫，结合树冠下土壤喷50%的辛硫磷乳油100倍液，并配合树盘松土、耙平，防治桃小食心虫、步曲虫。树上喷20%的氰戊菊酯乳油2000倍液+50%的辛硫磷乳油1500倍液+50%的多菌灵可湿性粉剂800倍液，或80%的代森锰锌可湿性粉剂600~800倍液等，防治桃小食心虫、桃蛀螟、茶翅蝽、绒蚧、龟蜡蚧等害虫及干腐病、落叶病等。

**3. 果实发育期**

用1份40%的辛硫磷+50份黄土配成软泥堵住萼筒，或6月上中旬进行套袋。6月底喷洒石灰倍量式波尔多液或50%的多菌灵可湿性粉剂800倍液+30%的桃小灵乳油2000倍液，或20%的氰戊菊酯乳油2000倍液，防治干腐病、落叶病、桃小食心虫、桃蛀螟、木蠹蛾、龟蜡蚧等。摘除桃蛀螟、桃小食心虫为害虫果，碾轧或深埋。剪除木蠹蛾虫梢烧毁或深埋。7月底喷洒80%的代森锰锌可湿性粉剂500倍液，或70%的甲基硫菌灵可湿性粉剂800倍液+20%的甲氰菊酯乳油2000倍液；或20%的氰戊菊酯乳油2000倍液，或20%的氰戊菊酯乳油2000倍液，防治桃小食心虫、桃蛀螟、刺蛾、龟蜡蚧、茶刺蝽、干腐病、落叶病等。

**4. 采后及落叶期**

9月下旬树干绑草把，诱杀桃小食心虫，刺蛾等害虫越冬。继续喷杀菌剂、杀虫剂保护枝叶。入冬前剪虫梢、摘拾虫果，集中烧毁或深埋，以防治木蠹蛾、桃小食心虫、桃蛀螟等害虫。

## 七、适时采收

根据品种特性、果实成熟程度、天气状况和市场需求进行适时采收。红色品种果皮底色由深绿变为浅黄色，而白石榴果皮由绿变黄时采收。头茬花、二茬花果采收早，开花坐果晚的三茬花果成熟晚，应晚采。同一株树上一般应先采头花果、大果、裂皮果和病虫果，留下小果和嫩果使其继续生长，分批采收。采收期天气干旱可迟几天采，雨前应及时采收，雨天应禁止采收。采收要求不损枝，不伤果，采摘时一手扶枝，一手摘果，要求做到“慢摘轻放”，最好用采果剪，并注意果梗不要留太长。采收后果实应按销售需要进行商品化处理，做到精选分级、精美分装。

## 思考题

（1）如何提高石榴树的坐果率？

（2）简述幼树和盛果期石榴树整形修剪要点。

（3）如何进行石榴园土肥水管理？

（4）试制定石榴园无公害优质丰产栽培技术规程。

# 第七节　石榴四季栽培管理技术

## 一、春季栽培管理技术

**1. 清除培土和覆草**

将冬前树干基部培土清掉。采用覆草制管理果园进行覆草，覆盖材料可利用麦秸、玉米秸秆和干草等，厚20 cm左右，覆盖后注意浇水。

**2. 追肥和灌水**

土壤解冻后至发芽前，除生长过旺树外，均应进行追肥。一般盛果期石榴树施尿素或磷酸二铵为0.5~1.0 kg/株；或花前5~10 d施清粪水20~40 kg/株+尿素0.1~0.3 kg/株。追肥后及时灌水。

**3. 修剪**

初级修剪主要是调整果枝比，疏去过多细小果枝，使果枝与营养枝比例在1∶(5~15)。抹去主枝主干上位置不适宜的萌芽，旺枝摘心，拉枝开角，旺枝、旺树环切、环剥。同时，及时抹除剪锯口及树干基部萌芽和萌条。环切在花蕾初显时，对花量少的幼旺树主干或大枝基部环割 2～3 道，间距为 5 cm。

**4. 疏蕾、疏花**

疏蕾在肉眼能分辨出正常花（筒状花）和退化花（钟状花）时进行，疏除多余的钟状花蕾。簇生花序疏除顶生正常花以下所有花蕾，只保留顶生正常花。

**5. 辅助授粉**

①人工授粉。可直接摘取开放时间在 2 d 以内的退化花，去掉萼片和花瓣，露出花药，直接点授在正常花的雌蕊柱头上。

②果园放蜂和机械喷粉。参照石榴无公害优质丰产栽培技术。

③喷生长调节剂和硼肥。盛花期时叶面喷洒 5～10 mg/L 赤霉素 920，或 5～20 mg/L 2，4－D 钠盐，或 0.3% 的硼砂，连续喷 3 次，每次间隔 7～10 d。在显蕾始期，幼、旺树叶面喷施 500～1000 mg/L 多效唑，控制旺长。

**6. 病虫害防治**

春季病虫害防治具体见萌芽和新梢生长期。

## 二、夏季栽培管理技术

**1. 疏果**

疏果在 6 月中下旬，幼果基部膨大，色泽变青，已坐稳时进行。疏除病虫果、畸形果、丛生果的侧位果。坐果量够用时，疏除三茬花果。

**2. 果实套袋**

疏果后应立即给果实套袋。

**3. 土壤管理**

按照有关要求进行中耕，保持土壤疏松无杂草状态。6—8 月期间用作物秸秆、杂草等各种绿肥覆盖园地土壤。

**4. 肥水管理**

追施花后膨果肥，施三元复合肥 0.4～0.8 kg/株，适量浇水，喷施叶面肥，幼旺树加喷多效唑。在果皮开始转色时增施磷、钾肥为主的采前肥，并灌水；根外喷施 0.3% 的磷酸二氢钾与 0.2% 的尿素的混合液，每 7 d 喷施 1 次，连续 2～3 次，对结果多、叶片发黄的植株需根施少量尿素。

**5. 防治病虫害**

主要是果实发育期的病虫害防治，具体可参照无公害优质丰产栽培技术中有关内容。

## 三、秋季栽培管理技术

**1. 秋施基肥**

秋施基肥施土杂肥幼树为 7.5～10.0 kg/株，大树为 50 kg/株，施肥后灌水。

**2. 深翻改土**

结合秋施基肥深翻改土。山岭薄地或较黏重的土层，深翻 0.8～1.0 m，土层深厚的沙质土壤深翻 0.5～0.6 m。

**3. 水分管理**

进行稳定的水分供应。土壤封冻前灌冻水。采取地膜覆盖、地面覆草、科学灌水的措施。

**4. 适时采收**

具体参照石榴无公害优质丰产栽培技术中的适时采收进行采收。成熟果实分批采收。

**5. 病虫害防治**

参照石榴无公害优质丰产栽培技术中的采后及落叶期进行病虫害防治。

## 四、冬季栽培管理技术

**1. 防寒**

采用树干涂白，主干束草、包裹农膜、基部培土堆或埋入土中等方法防寒。

**2. 冬季修剪**

按照石榴无公害优质丰产栽培技术中介绍的进行整形修剪，主要是疏除病虫害枝、过密大枝，更新调整结果枝组。

**3. 清园**

按照石榴园无公害栽培技术要点中进行彻底清园。

**4. 病虫害防治**

进行果园深翻、刮皮、涂白树干、药剂喷雾、破坏病虫害越冬环境，减少病虫越冬基数，降低越冬虫源。

**思考题**

试制订石榴园四季综合管理技术。

# 第八节 石榴不同品种花的退化率及形成原因分析实训技能

## 一、目的与要求

通过对石榴不同品种花的退化率及形成原因分析，明确导致石榴花退化的因素，为采取栽培措施提高可育花比率提供依据。

## 二、材料与用具

**1. 材料**

石榴结果园（5~6个品种）。

**2. 用具**

放大镜、记载工具。

## 三、方法与步骤

**1. 制订试验计划**

制订试验计划应结合石榴生长及结果习性、群众生产经验，对不同品种及同一品种不同时期退化花率进行观察对比，栽培技术措施，如肥水管理、整形修剪、病虫防治等对退化花率的影响。

①石榴结果习性是由结果母枝抽生结果枝开花结果。石榴一年中有2~3次生长，春季抽生的叫春梢，夏季抽生的叫夏梢，秋季抽生的叫秋梢。如外界条件适宜，营养充足它们均有可能成为结果母枝，但以春梢和初夏形成的夏梢抽生结果枝多，坐果率高，晚夏梢和秋梢上结果枝少，开花晚，坐果率低或幼果发育不良。

②石榴结果枝从春到夏陆续抽生，陆续开花，一般花期可延续2~3个月。每抽一次枝，开一次花，坐一次果。花期可分三期，即头茬花、二茬花和三茬花。一般头花坐果率高，果实大，成熟好；二花果、

三花果逐渐变小或发育不良。

③石榴花分可育花（两性花）及退化花（雌蕊退化的不良花）二种。一般可育花数量少，退化花数量多，管理不善，营养缺乏，树势衰弱退化花比例更高。可育花花形大，子房部位肥大，退化花花形小，子房部位也小，极易识别。

**2. 观察记载**

①不同退化花率。

②同一品种不同时期退化花率（头茬花、二茬花和三茬花）。

③栽培技术措施，如肥水管理、整形修剪、病虫防治等对退化花率影响。

**3. 结果分析总结**

## 四、实训报告

①说明影响石榴退化花率的因素。

②提出提高石榴可育花比率的技术措施。

## 五、技能考核

实训技能考核一般实行百分制，建议实训态度与表现占20分，观察方法占30分，实训报告占50分。

# 第十九章　无花果

【内容提要】介绍了无花果原产地，栽培历史，经济价值、栽培情况及发展趋势。从生长结果习性（生长习性和结果习性）和对环境条件（温度、光照、水分、土壤）要求方面介绍了无花果的生物学习性。雌雄异花的原生型无花果、雌性花的斯麦那型无花果、中间型无花果和单性结实的普通型无花果。介绍了当前生产上栽培的15个无花果优良品种的特征、特性。从范围、产地环境、园地选择与规划等8方面介绍了无花果的无公害栽培技术要点。无花果栽培关键技术是繁殖技术、建园技术和整形修剪技术。从育苗、建园、土肥水管理、整形修剪、果实管理、病虫害防治和冬季防冻技术介绍了无花果无公害优质丰产栽培技术。分春、夏、秋、冬四季介绍了无花果的四季栽培管理技术。

无花果原产于阿拉伯半岛南部的半沙漠干燥地区，包括现在的沙特阿拉伯、也门和阿曼等国家，是世界上人类驯化栽培最早的果树之一，迄今已有近5000年的栽培历史。无花果营养丰富，风味独特，具有较高的药用价值，被誉为21世纪人类健康的“守护神”。无花果除鲜食外，也可制成多种加工产品如果干、果脯、蜜饯等。无花果叶片可制成果茶，还可提取食用香料和类黄酮物质。无花果果实成熟期较长，每年约有5个月陆续不断成熟新鲜果实。其繁殖容易，结果年龄亦早：一般栽后的第2年即可结果，第3年产量可达2~3kg/株。在良好管理条件下，年年丰产，经济寿命长，病虫害少，管理容易，对土壤适应性也较广泛。无花果树姿优雅，枝叶婆娑，其病虫害相对较少，既是无公害果品，也是天然观赏树木。

无花果在我国有1000多年的栽培历史。目前，新疆是栽培无花果最多的地区，其次为陕西关中、江苏、上海、山东等地。无花果栽培应在充分调研基础上，周密安排生产计划，并与龙头企业发展相匹配，才能获得较大的发展。随着人民生活水平的提高，选择适宜的地区扩大栽培，对增加群众收入，绿化环境将起到非常重要的作用。

## 第一节　国内外栽培现状与发展趋势

### 一、国内栽培现状

**1. 栽培的基本情况**

长期以来，我国无花果种植南北各地皆有，并以零星分散为主要特征。目前，世界无花果年产量约为250万t，而我国年产量不到0.6万t，排在世界22位。无花果全国栽培面积只相当于苹果栽培面积的1/1220，是柑橘栽培面积的1/420，属国内栽培面积较小的果树种类之一。因无花果果品产量有限，不具备工业化，因而无花果具有广阔的市场前景。传统产区有新疆的阿图什、和田，甘肃的文县、武都，陕西的汉中，山东的烟台、威海，上海郊区，浙江杭州，福建的福州、平潭，广东韶关，广西的柳州，云南的昆明、玉溪、大理、保山、个旧，贵州威宁等地，主要为自产、自销，商品化程度低。20世纪80年代初，南京农业大学开展了无花果抗逆性、栽培体制、营养保健、加工及药用价值等方面的研究工作，取得了多项研究成果，促进了江苏乃至全国无花果发展。目前，全国有成片无花果生产园约3000 $hm^2$，加工企业20多家，开发产品数十个，并涌现了河南新乡、新疆阿图什、山东嘉祥及上海浦东等产业化水平较好的发展典型。无花果栽培上存在品种较单一，栽培面积小，管理水平低，采后保鲜技术落后等具体问题。

**2. 栽培推广的注意问题**

由于无花果本身耐寒性弱、忌地性强及果实不耐贮运，因而在栽培推广时应在充分调研的基础上，周密安排生产计划，并与龙头企业发展相匹配，才能取得成功。

**3. 发展趋势与对策**

（1）提高果农商品意识和组织化程度

坚持适地、适量、适种原则，使栽植基地建设布局做到区域化，经营集约化，服务系列化。进行栽植前统一提供种苗，栽植过程中定期上门对果农进行技术指导。在果实成熟后进行统一收购、加工和贮运。同时，引导果农发展适度规模经营，由小而全向专业化转变，提高集约化经营水平，科研人员和生产基地果农进行沟通，向果农询问其在种植过程中碰到的难题，争取帮果农尽快解决难题。

（2）扩大种植规模，建立无花果有机生态种植基地

在某些果品生产过剩形势下，无花果需求却正在增长，国际市场货源紧缺，出口前景广阔。而国内消费市场也大增，故发展无花果是一种很有希望的新兴种植业。目前，应根据无花果生长发育的要求，按照有机无公害标准技术规程种植，达到有机水果的要求，并研究无花果树下种植苜蓿等有机增肥植物，地上养殖鹅等立体有机农业开发模式。进行土壤测定和环境认证，生产无公害无花果。在建园时要对果园土壤、用水水质和果园环境进行测定或认定，以确定无污染和无有毒、有害成分，扩大种植规模，建立无花果有机生态无公害种植基地。

（3）选用优良品种，生产高质量果品

根据栽培目的选择优良品种：以鲜果上市为主，应选用果型大、品质好、耐储运的品种；以加工利用为主，应选用果型大小适中、色泽较淡、可溶性固形物含量较高的品种。

（4）推广设施栽培技术

露地栽培时，由于受气候条件的影响，如在果实成熟期遇连阴雨，果实易腐烂、裂果，生产不稳定。若采用保护地栽培，能达到高产、稳产、质优的目的，还可提早上市，提高经济效益。

（5）加强产后处理及加工设施建设，提高无花果的附加值

为保证无花果果品商品化、优质化、标准化和规范化，只有加强产后处理和分级包装冷藏，才能使无花果走向高档次和远距离销售。同时，要加大无花果在医药和食品领域深加工的投资力度，加强加工设施建设，提高无花果活性成分的制备技术，进一步开发生产出适销、对路的产品。

（6）加强宣传，实施品牌战略

无花果不仅具有营养价值，还具有药用价值。通过宣传，让人们充分了解到无花果的优势，使无花果的鲜果和其加工产品的销售量得到提高，进一步扩展无花果市场。使无花果成为人人都吃得起的水果，满足中低档消费人群，占领中低档消费份额。要积极创名牌，推出包装精美、品质优良的即食型优质果，向中高档果品迈进。同时，加强冷藏保鲜链的建设，进军国际市场。要走产业化道路，以质量取胜。在农村以农户为单位的家庭联产承包责任制的情况下，采用公司、协会 + 农户形式，发展现代农业龙头企业，实施“订单农业”生产模式，在最适宜区建立大面积的栽培基地，进行集中经营，实行统一管理、统一指导、统一品牌，利益分成。研制出有品牌的无花果保健品和相应的加工品，全方位开发，综合利用，创出名牌，大幅度提高经济效益，形成产地又一经济增长点或新的支柱产业。

## 二、国外栽培现状

无花果栽培遍及欧、亚、美、非等洲。据 FAO 统计，2001 年，全世界收获无花果面积为 42 $hm^2$，产量为 100 万 t。11 个主产国分别是葡萄牙、土耳其、摩洛哥、伊朗、阿尔及利亚、埃及、西班牙、希腊、

突尼斯、利比亚和叙利亚。果干是无花果国际进口贸易的生产品。主要进口国家有德国、法国和意大利，中国香港位居第4位。2011年，世界上无花果产量较多的国家有土耳其、埃及、阿尔及利亚、伊朗、摩洛哥和叙利亚，产量分别为21.6万t、16.5万t、15.0万t、7.6万t、7.4万t和4.3万t，产值1亿5千万美元至2564万美元。而中国无花果产量约为1.2万t，总产值为716.3万美元，居世界第17位。

**思考题**

我国无花果栽培上存在的问题及发展趋势和对策是什么？

# 第二节　生物学特性

## 一、生长结果习性

无花果为亚热带落叶果树，多为小乔木或灌木。一般无性繁殖的无花果，栽植后的2~3年开始结果，6~7年进入盛果期，其经济结果年限为40~70年，寿命可达百年以上。

**1. 生长习性**

（1）根

无花果根为茎源根系，主根不明显，根系分布较浅，生理年龄较老，生活力相对较弱。根为肉质根。幼嫩须根呈白色，成熟老根为褐色。土壤水分过多时，根系会因缺氧而窒息死亡。无花果根系在15 cm深、地温达10 ℃时开始生长，20~26 ℃时进入生长高峰，8 ℃以下停止生长。

（2）枝叶和芽

无花果生长势强，并有多次生长习性。幼树新梢及徒长枝年生长量可达2 m以上。无花果枝开张角度较大，萌芽力和成枝力均较弱。树冠稀疏，树冠非常明显。无花果叶片为倒卵形或圆形，掌状单叶，5~7裂，叶互生，革质。叶面粗糙，叶背有锈色硬毛，叶脉极明显，叶落后在枝条上可留下三角形叶柄痕。无花果一年生枝上顶芽饱满，中上部芽次之，基部为瘪芽而成为潜伏芽。其寿命可达数十年。骨干枝上易萌发形成大量的不定芽，树冠易更新。

无花果在春季气温15 ℃以上时开始萌发，22~28 ℃时新梢生长旺盛。萌芽后，新梢从基部3~4节起，每1叶腋内形成1~3个芽，中间圆锥形的小芽为叶芽，两侧圆而大的芽为花芽，花芽抽生隐头花序。

**2. 开花结果习性**

（1）花

无花果的花为雌雄异花，着生于隐头花序内部，其中普通型、中间型和斯麦那型无花果只有雌花，而原生型无花果有雌花、雄花及虫瘿花。虫瘿花是短柱头雌花，也是无花果蜂寄生的场所。种植麦那型或中间型无花果需要配置原生型无花果作为授粉树。如果在新区种植原生型无花果，还需要注意引进无花果蜂。无花果的隐头花序分化与枝条伸长同时进行。除了枝条基部几个节位叶腋间不能形成花序外，其上每片叶片的叶腋中都能分化花序。每年夏天成熟的夏果分布在枝条的顶端，其原基的分化是从前1年的秋季开始（图19-1）。入冬后花序分化暂时停止，开春后继续分化，并往往在叶芽萌动前后开始膨大。形成秋果的花序原基是在当年混合芽萌发前后开始分化的，并随着新梢不断伸长，自下而上地在叶腋间逐渐分化出花序原基。新梢生长、花芽分化、幼果发育及果实成熟等不同生育阶段相互交融在一起。无花果花托肥大，多汁中空，花托顶端

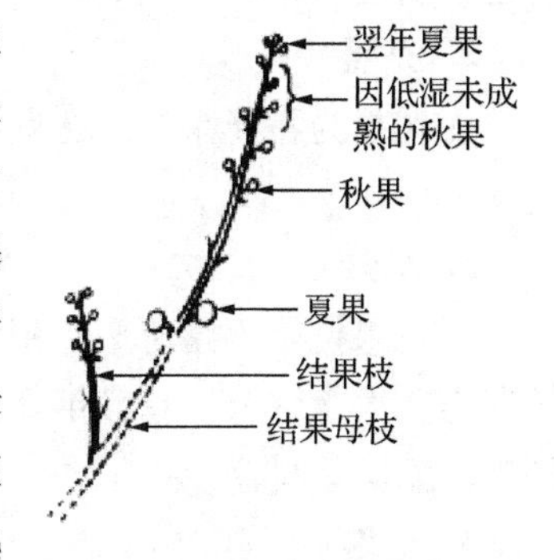

图19-1　无花果生长结果习性

有孔，孔口是空气和昆虫进出的通道，其周围排列了许多鳞片状苞片。在果实内壁密生小花1500～2800朵。果实形成20 d左右开花。普通型无花果花托内只有雌花，但无受精能力，胚珠发育不完全，不经授粉受精即可膨大发育成聚合果。

（2）果实

①果实形成。普通型无花果的果实发育是自发性单性结实，但其他类型多少需要异花授粉。无花果按果实形成时期可分为春果、夏果和秋果。春果结果部位均为上年生枝未曾结果部位，多出现在生长中庸健壮的一年生枝的基部和顶端，但春果数量很少。当年生结果新梢叶腋内分化形成夏果。当年生结果新梢在停滞一段生长后，在6月下旬至7月上旬开始二次加长生长，形成秋梢，在秋梢叶腋内分化形成秋果。春果是在腋芽内分化花托原始体后休眠越冬，第2年继续分化形成花的其余器官。夏果和秋果都是在萌芽后抽生的新梢由基部向上，渐次形成。无花果在芽萌发前无花芽分化迹象，形成花芽的途径主要是芽外分化。就是在无花果新梢生长的同时，腋芽内进行花托分化、果实发育等过程。

②发育过程。无花果无论是单性结实还是异花授粉，其果实纵横径和重量的发育均为双S性曲线。果实前期的快速生长与小花授粉、受精无关。随着种胚与胚乳的发育，果实生长变缓，并持续到成熟前果实迅速膨大。必须是异花授粉的品种在授粉、受精后生长素含量急剧增加，自发性单性结实品种自身能合成大量的生长素，不依赖于授粉、受精过程。无花果中可溶性糖分绝大多数是还原糖。其果实成熟属于呼吸跃变形，往往在树上完成呼吸跃变过程。无花果果实发育过程分为幼果期、果实膨大期和果实成熟期3个时期。幼果期从果粒膨大到果实绿色鲜嫩，果面茸毛明显，历时10～15 d，该期果实体积和重量增长慢，但细胞数量增长快，果实组织致密紧实。果实膨大期果面逐渐变为深绿色，果面茸毛变少，此期为40～50 d，果实体积增长加快，果肉组织开始变得疏松。果实成熟期果面茸毛几乎全部脱落，果实体积急增，果肉成熟变软，此期只有4～6 d。果实糖分积累急剧上升，果酸含量显著下降，表现出无花果特有的甘甜软糯风味。

③果实成熟。无花果果实成熟是从结果枝基部起依次向上逐个成熟，下一节位果实成熟后，临近的上个节位的果实才能成熟，集中采果期在7—9月。发育的瘦果和肥大的花托均为无花果果实中的主要食用部分。由于所有瘦果都是由子房壁发育而来的，因而尽管整个果实是假果，但是其中的瘦果却是真果。

无花果种植后当年挂果，甚至有的扦插苗当年可见果。

## 二、对环境条件要求

### 1. 温度

无花果喜温、不耐寒。以年平均温度为15 ℃，夏季平均最高温度为20 ℃，冬季平均最低温度为8 ℃，5 ℃以上的生物学积温达4800 ℃较为适宜。在生长季水分供应充足的情况下，能耐较高温度而不至于受害，但不耐寒，冬季温度达－12 ℃时新梢顶端就开始受冻，在－22～－20 ℃时根茎以上的整个地上部将受冻死亡。无花果生长适温为22～28 ℃。如果连续数日温度高于38 ℃，则将导致果实早熟和干缩，有时还会引起落果。

### 2. 光照

无花果为喜光果树。在良好光照条件下，树体健壮，花芽饱满，坐果率高，果枝寿命长，果实含糖量高。

### 3. 水分

无花果抗旱不耐涝。在积水情况下，树体很快凋萎落叶，甚至死亡。但无花果在新梢及果实迅速生长期需要大量水分。一般年降雨量达600～800 mm地区均适宜无花果的生长。若年降雨量超过1000 mm，则需注意雨季排涝。

### 4. 土壤

无花果对土壤适应范围较广，沙土、壤土、黏土、弱酸性或弱碱性土中均能生长，但以pH为7.2～

7.6、土层深厚肥沃、排水良好的沙性壤土最适合其生长和结实。无花果对土壤盐分忍耐力较强，不论是硫酸盐渍土还是氯化物盐渍土，其抗性均较强。在滨盐渍土上能忍耐0.3%～0.5%的土壤含盐量，是开发盐碱地的先锋树种之一。但无花果应避免在同一块地上2～3年内重复种植。同时，应避免在地下水位高、土壤易积水地块上种植。

**思考题**

简要说明无花果的生长结果特性。

# 第三节　主要种类和优良品种

## 一、主要种类

无花果属桑科无花果（榕）属植物。此属约有600种，但作为果树商品化栽培的仅有普通型无花果1种。此外，还有野生果树树种，如天仙果、薜荔和地瓜等。无花果按照花器构造与授粉特性差异可分为4个类群：雌雄异花的原生型无花果、雌性花的斯麦那型无花果、中间型无花果和单性结实的普通型无花果。世界上无花果的主要生产栽培品种大部分为普通型，欧洲及美国加利福尼亚州有斯麦那型无花果，我国栽培的无花果皆为普通型。

**1. 原生型无花果**

原生型无花果（图19-2）是小亚细亚及阿拉伯一带的原野生种，为许多栽培无花果的祖先。雌雄同株异花。花序中有雄花、虫瘿花和雌花。雄花着生于隐头花序的上半部和与果孔周围，虫瘿花密生于花托的下半部，雌花也生于下半部，但为数较少。温暖地区一年能陆续结果，形成春果、夏果和秋果。但是果小，食用价值低，通常作为授粉树或者杂交育种的亲本。

**2. 斯麦那型无花果**

斯麦那型无花果原产于土耳其斯麦那地区。其隐头花序中只有雌花，需经过无花果蜂传粉才能正常结实。许多制干用无花果属于这一类型。种植斯麦那型无花果需要配置原生型无花果作为授粉树。

**3. 普通型无花果**

目前，世界各国生产所用的无花果品种多数属于普通型无花果（图19-3）。其特点是隐头花序中只有雌花，而且不需要经过授粉就能自发单性结实。若经异花授粉，也能形成有育性的种子。

**图19-2　原生型无花果**

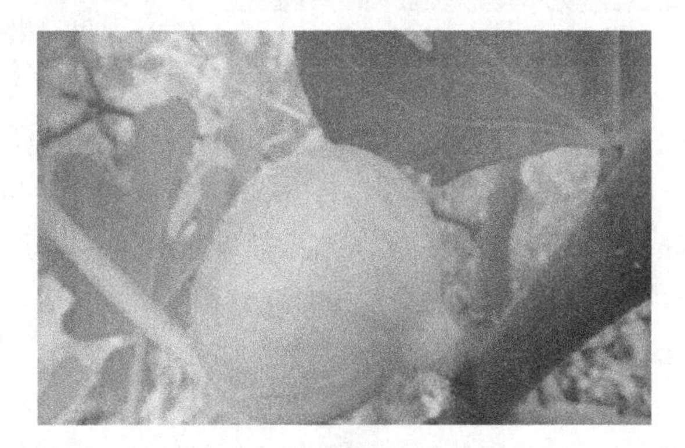

**图19-3　普通型无花果**

**4. 中间型无花果**

中间型无花果（图19-4）也称圣比罗型无花果，其授粉特性介于斯麦那型无花果和普通型无花果之间。其中第1批隐头花序不经过授粉受精作用就能自发发育形成可食用的果实，类似于普通型无花果；

而其后形成的隐头花序必须经过雄花品种授粉才能正常结实，故类似于斯麦那型无花果。

图 19–4　中间型无花果

## 二、优良品种

### 1. 布兰瑞克

布兰瑞克无花果（图 19–5）原产于法国，是目前我国推广的优良品种之一。长势中庸，树姿半开张，枝条粗壮，节间长度中等；分枝习性弱，如不摘心或短截，则分枝少；枝条中上部着果多，连续结果能力强，适应性强，较丰产性。有少量夏果，但以秋果为主。夏果 7 月中下旬成熟，果数少，多集中在基部 1～5 叶腋中，果呈长卵形，颈小，果梗短，果实大，平均单果重 80 g，最大果重 150 g，果面为淡黄色，光滑而纵条不明显，收果量为秋果的 1/10，成熟果易出现细裂纹。秋果 8 月中旬至 10 月中旬陆续采收，延续到下霜为止。其果形不正，为稍偏一方长卵形果，单果平均重 30～60 g，最大可达 100 g。果皮为黄褐，果肉为红褐色，味甘，可溶性固形物含量为 18%，有芳香味，品质优良。果实基部与顶部成熟度不一致。在南京地区，3 月下旬萌芽，11 月上中旬落叶。夏果成熟期一般在 7 月上中旬。秋果始见期 6 月上旬，成熟期始于 8 月中下旬；果实发育期约 70 d，供应期约 60 d。北方秋季来临较早地区，部分秋果不能及时成熟；南方温暖地区，绝大多数果实均可成熟。耐盐力较强，含盐量为 0.3%～0.4% 的土壤上生长结果正常；耐寒力也较强，黄河以南地区栽培皆可露地越冬。其为鲜食、加工兼用品种，适宜制果脯、蜜饯、罐头，亦可加工果酱或饮料。

图 19–5　布兰瑞克

### 2. 金傲芬（A212）

金傲芬无花果（图 19–6）1998 年从美国加利福尼亚州引入我国。树势旺，枝条粗壮，分枝少，年生长量为 2.3～2.9 m，树皮为灰褐色，光滑。叶片较大，叶径为 25～36 cm，掌状 5 裂，裂刻深12～15 cm，叶形指数 0.94，叶缘具微波状锯齿，有叶锯，叶色浓绿，基出脉 5 条，叶柄长 14～15 cm。夏秋果兼用品种，以秋果为主。始果节位 1～3 节，果实个大，卵圆形，果颈明显，果柄长 0.9～1.8 cm，果颈长 6～7 cm，果形指数为 0.95，果目微开，不足 0.5 cm，果皮为金黄色，有光泽，似涂蜡质。果肉为淡黄色，致密，单果重 70～110 g，最大单果重 160 g。可溶性固形物含量为 18%～20%。鲜食风味极佳，品质极上。扦插当年结果，第 2 年产量达 9 kg/株以上，极丰产。在山东济宁嘉祥地区，3 月 18 日—4 月 12 日萌芽，3 月 26 日—4 月 16 日展叶并开始新梢旺长，11 月初落叶，夏果现果期 3 月 21 日—4 月 14 日，成熟期 7 月 18 日，发育期约 64 d。秋果 6 月 1 日现果，8 月上旬成熟，发育期约 62 d。果熟期 7 月下旬至 10 月下旬，条件适宜可延长至 12 月。其较耐寒，是黄色鲜食最佳品种，也可加工。

### 3. 新疆早黄

新疆早黄（图 19–7）是新疆南部阿图什特有的早熟无花果品种。树势旺，但树姿开张，萌枝率高，枝粗壮，尤以夏梢更盛。夏、秋果兼用品种，秋果扁圆形，单果重 50～70 g，果熟时为黄色，果顶不开裂，果肉为淡黄色，可溶性固形物含量达 15%～17% 或更高，风味浓甜，品质上。在原产地新疆阿图什，夏果熟期为 7 月上旬，秋果 8 月中下旬成熟。果中大，品质好，丰产，鲜食、加工均佳。不宜在新疆南部以外的地区栽培。

图 19-6 金傲芬

图 19-7 新疆早黄

**4. 青皮**

青皮无花果（图 19-8）树势旺盛，树冠圆长形，主干明显，侧枝开张角度大，多年生枝为灰白色。叶大粗糙，色深亮绿，背生茸毛，黄绿色，掌状分裂，通常 3 ~ 5 浅裂，裂开长度不足叶长的 1/2，少全缘，基部深心形，叶缘具明显的波状锯齿、圆钝，叶形指数为 1. 12，叶柄平均长 10. 32 cm。果实扁、倒圆锥形，果形指数在 0. 86 左右。果实成熟前为绿色，成熟后为黄绿色，果肉为淡紫色，果目小，开张，果面平滑不开裂，果肋明显，果皮韧度较大，果汁较多，含糖量高，夏秋两季果。鲜食、加工品质均佳。该品种适应性广，耐寒、耐贫瘠、耐盐碱。南方栽培注意控制旺长。

**5. 绿抗 1 号**

绿抗 1 号无花果（图 19-9）是南京农业大学的研究人员在江苏省进行无花果资源调查时发现的，来源不详。树冠自然圆头形，树势旺，树姿半开张。枝条粗壮，分枝较少。枝条上部结果多，但在长势旺盛情况下结果减少。夏、秋兼用品种，但以秋果为主。秋果呈短倒圆锥形，较大，单果重 60 ~ 80 g，最大果重 100 g 以上；果成熟时色泽浅绿，果顶不开裂，但在果肩部有裂纹；果实中空，果肉为紫红色；可溶性固形物含量在 16% 以上，风味浓甜，品质极佳。在南京，4 月上旬萌芽，11 月中下旬落叶。夏果 4 月中旬出现，成熟期为 7 月上旬末；秋果 6 月底初现，成熟始期为 8 月下旬，果实发育天数约 60 d，供应期约 50 d。耐盐力极强，在含盐量 0. 4% 的土壤上生长发育正常，但耐寒力稍弱于布兰瑞克。果大、质优，鲜食、加工均佳。

图 19-8 青皮

图 19-9 绿抗 1 号

**6. 麦司依陶芬**

麦司衣陶芬（图 19-10）原产于美国加利福尼亚州，1985 年由日本引入我国。树势中庸，树冠开张，枝条软而分枝多，枝梢易下垂。为夏、秋兼用品种，以秋果为主型。夏果为长卵圆或短卵圆形，具有短果颈和果梗。果皮为绿紫色，果较大，单果重 80 ~ 100 g，最大可达 150 ~ 200 g。果皮为绿紫色。品质优

图 19-10 麦司依陶芬

良，果熟始期为7月上中旬。秋果果熟期为8月下旬至10月下旬，倒圆锥形，果实中等，单果重50～70 g，果颈短，果实纵线明显，果目开张，鳞片为赤褐色。果皮薄、韧为紫褐色。果肉为桃红色，肉质粗，可溶性固形物含量在15%左右，味较淡，品质中上等。耐盐、耐寒性较弱。采用T形整形修剪，盛果期早、果大、极丰产，采收期长，较耐运输，以鲜食为主，也可加工。已在江苏、山东、浙江、湖南、广东、上海、四川等地规模栽培。

**7. 波姬红**

波姬红无花果（图19-11）属普通无花果类型，1998年由山东省林科院从美国德克萨斯州引入我国。树势中庸、健壮，树姿开张，分枝力强，新梢年生长量可达2.5 m，枝粗为2.3 cm，平均节间长5.1 cm。叶片较大，多为掌状5裂，裂刻深而狭，裂片成条状，叶径长27 cm，裂深15 cm，基出脉5条，叶缘具有不规则的波状锯齿，成熟叶片具有波状叶距，叶色浓绿，叶脉掌状5出，叶柄长15 cm，黄绿色。幼苗期叶片2～4裂，裂较浅、无叶距。始坐果部位第2节～第3节，极丰产。果实为夏、秋兼用型，秋果为主。夏果长孵圆或长圆锥形，果形指数为1.37，皮色鲜艳，为条状褐红或紫红色。果肋较明显。果径短为0.4～0.6 cm，果目开张径为0.5 cm。秋果单果重60～90 g，最大单果重110 g。果肉微中空，为浅红或红色，味甜、汁多，可溶性固形物含量为16%～20%，品质极佳。为鲜食大型红色无花果优良品种。耐寒性较强，丰产性能好。山东济宁嘉祥果熟期7月下旬至10月中下旬。主要分布在山东济宁、济南、青岛、烟台、威海、临沂、潍坊、泰光、东营，河北石家庄、秦皇岛，四川，重庆，河南开封等地。

**8. 谷川**

谷川（图19-12）由南京农业大学于20世纪80年代从日本引入江苏。树体长势旺盛，树姿直立。枝条粗壮，不易抽生二次枝，如不加控制则结果量会减少，故栽培上应缓和树势。该品种为夏、秋兼用品种，以秋果为主。秋果倒圆锥形或倒锥形，单果重40～60 g；成熟时为黄色，果顶不开裂；果实中空，果肉为浅红色；可溶性固形物含量达15%～16%，风味甜，品质上等。在南京3月下旬萌芽，11月上中旬落叶。夏果始现于4月上旬，成熟期为7月上旬；秋果始现于5月下旬，成熟期为8月上中旬。果实供应期约60 d。耐寒性中等。果实大小适中，品质好，外观色泽好，适于鲜食和加工。目前，浙江、上海、山东、四川等地已引种试栽。

图 19-11 波姬红

**9. 日本紫果**

日本紫果（图19-13）于1997年由日本引入我国，属普通无花果类型，为秋果专用品种。树势健旺，分枝力强，一年生枝长1.5～2.5 m，枝径为2.1 cm，新梢节间宽为6.1 cm。枝皮为绿色或灰绿或青灰色。叶片大而厚，宽卵圆形，叶径为27～40 cm，叶形指数为0.97，掌状5裂，裂刻深达15 cm，叶柄长10 cm。果实为春、秋兼用品种，以秋果为主型，果扁、圆卵形，始果节位3～6或枝干基部。成熟果为深紫红色，果皮薄，易产生糖液外溢现象。果颈不明显，果梗短，在0.2 cm左右。果目为红色，为0.3～0.5 cm。果肉鲜艳红色、致密、汁多、甘甜酸适宜，果叶富含微量元素硒，可溶性固形物含量为18%～23%，较耐贮运，品质极佳。丰产，较耐寒，果熟期8月下旬至10月下旬。其为目前国内外最受欢迎的鲜食、加工兼用的优良品种。

图 19-12　谷川

图 19-13　日本紫果

**10. 果王**

果王（图 19-14）1998 年由美国加利福尼亚州引入我国，在日本等国家也有栽培。树势强壮，分枝直立，枝条为褐绿色，新梢生长量长可达 2.7 m，枝径为 2.4 cm，节间长 5.6 cm。叶片大，掌状 4 ~ 5 裂，叶径为 18 ~ 22 cm，叶柄长 6 ~ 10 cm。果实以夏果为主，在日本福岛地区 7 月果实成熟，单果重50 ~ 150 g，最大单果重 200 g。果实卵圆形，果皮薄、为绿色，果肉致密、为鲜桃红色，味甘甜，较耐寒，丰产，品质优良。可作为商品果供应鲜果市场。

**11. 卡利亚那**

卡利亚那（A38）是 1998 年山东省林业科学研究院由美国加利福尼亚州（加州）引入我国。该品种在土耳其被称作 Sari lop，已栽培了好几个世纪。现为美国加州栽培面积最多的品种，约占总栽培面积的 40%。树势中庸，分枝角度小，成枝力弱。盛果后期枝条易下垂，成龄树应注意抬高枝条角度，除去下垂枝，短截结果枝。同时应控制氮肥和灌水量，采用隔年施氮肥和果熟前不用水的方法，提高果品产量和品质。果实必须由无花果小黄蜂作为一种媒介，将原生型无花果花粉，传到花序托内壁上的无数枚雌花柱头上，完成受精过程，才能获得成熟可食用的果实，否则只长到果径长的 1/2 ~ 3/4 大小即变黄、干瘪、脱落。成熟果实大型，果皮为金黄色，果肉为琥珀色至浅草莓色，果目大，可溶性固形物含量高，品质佳，丰产，是鲜食、加工兼用的优良品种，果熟期 8 月下旬至 10 月上旬。

**12. 美利亚**

美利亚（A134）（图 19-15）无花果树势强健，分枝力强，树冠较开张。新梢年生长量为 1.5 ~ 1.8 m，果实为夏、秋兼用品种，其外形为卵圆或倒圆锥形，果径长 5.0 ~ 6.5 cm，单果重 70 ~ 110 g。河南郑州 8 月初开始成熟，熟时果皮为金色，皮薄，光亮。果肉为褐黄或浅黄色，微中空，汁多，味甜，风味佳，品质优良。始果部位低，第 1、第 2、第 3、第 5 节位均能结果，极丰产。二年生树鲜果产量为 8.11 kg/株，是我国目前大果型、鲜食、优良品种。

图 19-14　果王

图 19-15　美利亚

**13. 中农寒优**

中农寒优（A1213）（图 19–16）无花果树势健旺，分枝力强。新梢年生长量达 2.6 m，果实为长卵形，果形指数为 1.2。果皮薄，表面细嫩，为黄绿色或有光泽，外形美观。果肉鲜艳为桃红色，汁多，味甜，可溶性固形物含量在 17% 以上，平均单果重 50 ~ 70 g，秋果型，较耐储运，品质极佳。可耐受 –13.7 ℃低温及 30 ℃左右高温日较差考验，仍能正常生长和结果。其为鲜食无花果商品生产中最耐寒的抗寒型优良品种。

**14. 蓬莱柿**

蓬莱柿（图 19–17）原产于日本，树冠高大，直立性强，树势强健，分枝少而粗壮，叶片小，多为掌状 3 浅裂。秋果专用型，秋果为短卵圆形，果顶圆而稍平，易开裂，果目小，开张。鳞片为红色，颈部极短，纵状果肋较明显，果皮厚，为红紫色，果肉为鲜红色、味甜，香气淡，可溶性固形物含量为 16%，品质中等。单果重 60 ~ 70 g，丰产。较抗寒，江淮一带一般能安全越冬。果熟期 9 月上旬至 10 下旬，果实供应期 50 d 左右。宜鲜食或加工。耐寒力强，目前，在我国江苏、山东、广西、上海等地广泛栽培。

图 19–16　中农寒优

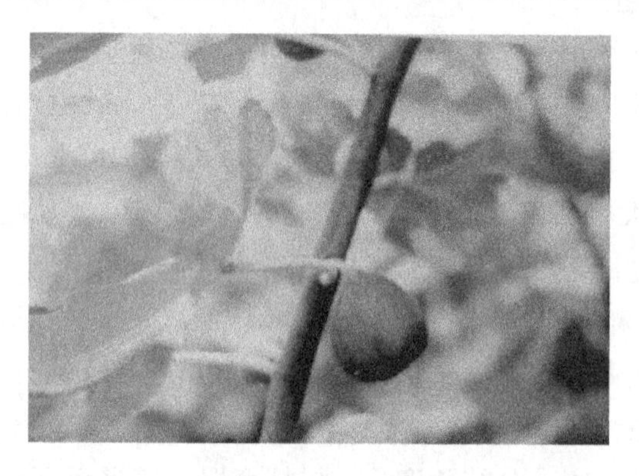

图 19–17　蓬莱柿

图 19–18　加州黑

**15. 加州黑**

加州黑（图 19–18）原产于西班牙，1998 年由山东省林科院从美国加利福尼亚州引入我国，是美国用于商品生产的主要栽培品种之一。其树体高大，生长健旺，大枝分枝处易萌生粗壮的下垂枝。果实为夏、秋兼用品种，夏果个大，单果重 50 ~ 60 g，为长卵圆形。果皮为紫黑色，果肉为浅草莓色，品质上等。美国加州果熟期为 6 月下旬，多用于鲜食市场。秋果数量大，果个中等，卵圆形，单果重 35 ~ 45 g，果颈不明显，果柄短，果目小而闭合。果皮近黑色，果肉致密，为琥珀色或浅草莓色，果熟期为 8 月中旬至 9 月中旬。极丰产，是整果制干、制酱和果汁的优良品种。

**16. 卡独太**

卡独太（图 19–19）是意大利培育品种为夏、秋果兼用型，在美国加利福尼亚占栽培面积的 15%，主要用于加工制干、糖渍和罐藏。树势中强，较耐寒，冬季顶芽为绿色。叶片较大，掌状 3 ~ 5 裂，下部裂刻浅，叶背绒毛中等，叶色深绿。果实中等大，为卵圆形。单果重 40 ~ 100 g，果皮黄绿或有光泽，果柄短，果肉致密，为浅草莓色或琥珀色，味浓甜，品质优良。果目或部分关闭。果皮较厚而有韧性，易于贮运。树体较耐修剪，重剪可促进其生长、结果。

**17. 棕色土耳其**

棕色土耳其（图 19–20）原产于小亚细亚的土耳其共和国，新疆阿图什早已引入，已有数百年历史，为当地主栽品种。树势中庸，树冠开张，接触地面的枝条极易生根，枝条粗而短，节间短。多年生枝为灰绿色。叶片较大，掌状3～5深裂，叶形指数为1.26，叶柄长10 cm，基部弯曲。果实为中到大型，倒卵圆或倒圆锥状，纵肋明显，果颈细长，成熟果皮光滑，为绿棕或绿紫色，果目易三角形开裂，果实易遭受昆虫侵染而酸败，果柄长1.2 cm，果肉为草莓色或琥珀色，质黏而甜，品质上等。单果重40～80 g，外形美观，果皮厚耐韧，较耐运输，栽培容易，为鲜食类专用优良品种。1年2次结果，夏果至7月上旬到中旬采收，但产量不高，一般只占年产量的30%，秋果9月下旬开始采收，果大，质佳，丰产果实占年产量的70%，品种适应性强，栽培管理方便，进入结果期早，丰产性能良好，寿命长，适宜于大面积栽培，为无花果栽培类型中的优良品种。

图19-19　卡独太

图19-20　棕色土耳其

**思考题**

当前生产上栽培无花果的优良种类有哪些？主要优良品种有哪些？识别时应把握哪些要点？

## 第四节　无公害栽培技术要点

### 一、范围

该规程适用于河南无花果生产园。规定了产地环境、园地选择、栽植、土肥水管理、整形修剪、病虫害防治和果实采收等无花果的生产技术。

### 二、产地环境

空气环境质量符合GB 3095—2012中规定的二级标准。土壤环境质量符合GB 15618—1995中的规定。灌溉水质量符合GB 5084—92规定的标准；地下水质量符合GB/T 14848—1993中的规定。

### 三、园地选择与规划

**1. 园地选择**

（1）气候条件

年平均气温为13～15 ℃，绝对低温不低于－15 ℃，1月平均温度不低于－2 ℃。年降雨量为600～800 mm。

（2）土壤条件

各种土壤均可。要求土壤肥沃，土层深厚。排灌方便，忌连作。土壤pH为6.0～7.5，盐量小于0.5%。

（3）地形地势

坡度低于15°，以平地为宜。6°～15°的丘陵地，应选择背风向阳的南坡，并修筑梯田。避开风口、低洼易涝地和冷空气易沉积的地方。

（4）市场条件

应尽量选择靠近消费市场或加工厂的地区建园，且交通比较便利。

**2. 园地规划**

（1）栽植行向

平地、滩地和6°以下的缓坡地，栽植行以南北向为宜；6°～15°的坡地，沿等高线栽植。

（2）小区规划

一般4 $hm^2$ 为1个小区。丘陵、坡地因地制宜，小区面积可为1～2 $hm^2$。小区形状为长方形。长边与主风向垂直。山坡地长边沿等高线。

（3）路渠规划

一般沿小区边界设主道，主道宽5 m左右。作业道宽度3 m左右。配备必要的排灌设施。

（4）防护林规划

园地应建立防护林带。主林带间距300～400 m，副林带间距500 m左右。防护林带宽带2～3行，树种配置应乔灌结合。

## 四、品种选择

品种应选择抗寒性强的优良品种。以鲜果上市为主时，应选大果、优质、耐贮运的品种，如麦司义陶芬、布兰瑞克、金傲芬等；以加工利用为主时，应选果实大小适中，可溶性固形物含量高的黄色品种，如布兰瑞克、绿抗1号等。

## 五、栽植

**1. 整地**

按株行距0.8 m×0.8 m挖栽植穴，穴底垫30 cm左右的作物秸秆或腐熟有机肥。表土与足量有机肥、磷肥、钾肥混匀。回填到穴中，待回填至距地面20 cm时，灌透水，使土沉实，然后覆1层表土。如园地地势低洼易积水，应采用高垄栽培。

**2. 栽植方式与密度**

坡地、滩地和6°以下缓坡地以长方形定植或三角形定植；6°～15°坡地以等高线定植。栽植密度以土壤肥力、品种和整形方式而异，一般株行距（2～3）m×（3～4）m，以2.5 m×3.0 m为宜。

**3. 苗木选择**

栽培用苗选择品种纯正、枝条充实、无病虫害，尤其是无根瘤线虫病、侧根发达的新鲜壮苗。修剪根系后分级栽植。

**4. 栽植时间**

一般春季栽植，也可秋季落叶后栽植。

**5. 栽植技术**

将苗木放在穴中央，舒展根系，扶正苗木，边填土边提苗、踏实。填土完毕在树苗周围做直径为80 cm的树盘，立即灌透水。栽植深度以苗木根颈部略低于地面为宜。栽后立即定干，定干视高度整形方式而异，一般为40～60 cm。剪口下应留较多饱满芽。

## 六、土肥水管理

**1. 土壤管理**

（1）土壤改良

土壤偏酸时，撒施石灰改良，石灰用量为300～500 $kg/hm^2$。还可通过增施有机肥改良土壤。

（2）中耕除草与覆盖

园内经常中耕除草，保持土壤疏松无杂草。中耕不超过 5 cm，防止伤根过多。提倡树盘覆盖秸秆。

（3）种植绿肥

行间提倡种植矮秆绿肥作物和固氮作物，通过翻压提高土壤有机质含量。

**2. 施肥**

根据土壤肥力和产量确定施肥量。多施有机肥，使用氮肥、磷肥、钾肥配方施肥，其比例一般为 1∶0.75∶1。无花果需钙较多，应注意增施钙肥。

（1）秋施基肥

以猪粪、骨粉、绿肥、堆肥为主。使用鸡粪时应控制生长期氮肥追施量。基肥施用量：堆肥为 75 t/$hm^2$、氮（纯 N）为 50 g/株、磷（$P_2O_5$）为 30 g/株、钾（$K_2O$）为 30～40 g/株；盛果期氮（纯 N）为 90～120 kg/$hm^2$、磷（$P_2O_5$）为 100～150 kg/$hm^2$、钾（$K_2O$）60 kg/$hm^2$。基肥宜撒施。若沟施，应在树冠投影边缘外开沟，防止施肥过量伤根。

（2）合理追肥

追肥以速效肥为主。应少量多次，一般 4 次。展叶后以追施氮肥为主；6—7 月为需肥高峰，应增加追施量。9 月中旬后控制氮肥，增施磷钾肥。全年追施量：氮（纯 N）为 100～120 kg/$hm^2$、磷（$P_2O_5$）为 90～100 kg/$hm^2$，钾（$K_2O$）为 100kg/$hm^2$ 左右。追肥宜沟施、随水撒施。追肥后及时灌水。根据树体生长情况，可进行叶面追肥。叶面追肥以微量元素肥料为主，使用质量分数为 0.3%～0.5% 的微量元素肥料。

（3）灌水

灌水次数及时期依土壤墒情而定。通常包括萌动水、新梢速生期灌水、夏果膨大前灌水等。1 年灌水 3～5 次，灌水后及时松土。水源缺乏果园应用秸秆覆盖树盘。提倡利用滴灌、渗灌等节水灌溉措施。采收期应避免使用喷灌。

## 七、整形修剪

**1. 修剪原则**

因树修剪，随枝造型：上稀下密，外稀内密，大枝稀小枝密；平衡树势，主从分明。

**2. 适宜树形**

定植后根据栽植密度选择适宜的树形。

**3. 修剪**

（1）以采收夏果为主的修剪

秋季短截当年生壮枝，促发新梢。冬剪时主要修剪方式是疏除过密枝、尽量不短截。

（2）以采收秋果为主的修剪

以疏枝和短截相结合的方法，控制枝条的生长量和树冠大小。

（3）幼树期的修剪

修剪尽量从轻。夏季多摘心，促进分枝。利用剪口外芽开张角度，直立性强的品种拉枝开角。注意枝条均匀，主从分明。

（4）初果树的修剪

冬季短截骨干枝延长头。夏季摘心、短截促进分枝。利用徒长枝培养结果母枝。

（5）盛果树的修剪

控强扶弱，强化结果母枝的长势。充分利用摘心和不定芽萌发的新枝培养结果枝。缩放结合，维持骨干枝的长势和树冠大小，适当重剪更新。

（6）更新复壮期的修剪

及时更新复壮，恢复树冠，尽量维持产量。

## 八、病虫害防治

无花果的主要虫害有桑天牛、蓟马、红蜘蛛等，主要病害为叶斑病。以农业防治为基础，综合运用农业防治、人工捕杀、化学防治等技术，经济、安全、有效地控制病虫危害。

**1. 农业防治**

农业防治主要通过选用抗病虫品种、施用有机肥、采用合理的树形和栽培方式、合理运用综合栽培技术等，增强树体抗病虫能力，减轻日灼病害发生，抑制害螨、蓟马等害虫的繁殖。生长后期注意控水、控肥，防止徒长，减轻冻害。冬剪后清除枯枝落叶，减少越冬病虫基数。不进行无花果连作，有效减少根瘤线虫病的发生。树干缚草，防止草履蚧上树。

**2. 人工捕杀**

桑天牛可于成虫羽化期、产卵期人工捕杀成虫，杀灭卵和初孵幼虫，幼虫期虫孔注射敌敌畏 8 ~ 10 倍液毒杀。

**3. 化学防治**

根据防治对象的生物学特性和危害特点，选择符合综合防治要求的农药品种。加强病虫发生的动态测报，掌握目标害虫种群密度的经济阈值，适期喷药。注意使用农药的合理混用和轮用。所用农药必须按农业部颁布的最新规定执行。应尽量选用所推荐农药的品种。推荐农药的品种见表 19–1。

**表 19–1　无花果病虫害防治推荐农药的品种**

| 作用 | 种类 | 名称 |
|---|---|---|
| 杀虫、杀螨剂 | 生物制剂和天然物质 | 浏阳霉素、白僵菌、除虫菊素、硫磺悬浮剂、风雷激（绿旋风）、齐螨素、阿巴美丁、爱福丁、阿维虫清乳油 |
| | 合成制剂 | 溴氰菊酯、氟氯氰菊酯、氯氰菊酯、氟氰菊酯、联苯菊酯、氰戊菊酯、甲氰菊酯、氟丙菊酯、硫双威、丁硫克百威、抗蚜威、异丙威、速灭威、辛硫磷、毒死蜱、敌百虫、敌敌畏、马拉硫磷、乙酰甲胺磷、三唑磷、杀螟硫磷、倍硫磷、丙溴磷、二嗪磷、亚胺硫磷、灭幼脲、氟啶酮、氟铃脲、氟虫酮、除虫脲、噻嗪酮、抑食肼、虫酰肼、哒螨灵、四螨嗪、唑螨酯、二唑锡、炔螨特、噻螨酮、三苯锡、单甲脒、双甲脒、杀虫单、杀虫双、杀螟丹、甲氨基阿维菌素、啶虫啉、吡虫脒、灭蝇胺、氟虫腈、溴虫腈、丁醚脲 |
| 杀菌剂 | 无机杀菌剂 | 碱式硫酸铜、王铜、氢氧化铜、氧化亚铜、石硫合剂 |
| | 合成杀菌剂 | 代森锌、代森锰锌、福美双、乙磷铝、多菌灵、甲基硫菌灵、噻菌灵、百菌清、三唑酮、戊唑醇、圣希唑醇、戊唑醇、己唑醇、乙霉威、硫菌灵、腐霉利、异菌脲、霜霉威、烯酰吗啉·锰锌、霜脲氰·锰锌、邻烯丙基苯酚、嘧霉胺、氟吗啉、盐酸吗啉胍胍、恶霉灵、噻菌铜、咪鲜胺、咪鲜胺锰盐、抑霉唑、氨基寡糖素、甲霜灵·锰锌、亚胺唑、春王铜、噁唑烷酮·锰锌、脂肪酸铜、松脂酸铜、嘧菌酯 |
| 生物制剂 | | 井脚霉素、农抗 120、菇类蛋白多糖、春雷霉素、多抗霉素、宁南霉素、木霉素、农用链霉素、华光霉素、浏阳霉素、菌毒素 |

## 九、果实采收

根据果实成熟度、用途和市场需求综合确定采收期。无花果成熟时期不一致，要分批采收。采收成熟度以 8 ~9 成熟为宜，防止过熟采收。采收时手掌托住果实，手指轻压果柄并折断取下。勿撕伤或撕裂果皮。采收过程中，严禁对果实碰、挤、摩擦。戴塑料或橡胶手套采收。采收后立即按标准分级，用软物包装、预冷。

**思考题**

无花果无公害栽培技术要点包括哪些内容？

# 第五节　关键栽培技术

## 一、繁殖技术

**1. 繁殖方法**

目前栽培的无花果多为单性结实的普通型。生产上多以无性繁殖方法育苗，主要有扦插繁殖、压条繁殖、分株繁殖和嫁接繁殖。

**2. 硬枝扦插育苗**

无花果生产上普遍采用硬枝扦插育苗。要求贮藏好插条。当春季日均温达到 15 ℃以上时进行扦插。扦插密度是 30 cm×40 cm，可出苗 5000 ~6000 株/亩。出苗后插条上仅保留 1 个新梢生长，尽可能培育成高 1 m 左右，基部直径为 1.0 ~1.5 cm 的壮苗。

## 二、建园技术

**1. 建园地点和时期**

鲜食无花果园宜建在距大、中城市较近，交通运输方便的市郊。同时，应选在背风地带栽植。此外，无花果忌桑树前茬地，更忌重茬及无花果苗圃地，栽植时期在春季为好。

**2. 栽植密度**

无花果露地栽植密度是（2 ~3） m×（3 ~4） m 为宜，可根据土壤条件和管理水平适当调整。

## 三、整形修剪技术

**1. 树形及整形**

无花果大面积栽培地区，应用广泛的树形是多主枝自然开心形。该树形具有整形容易，成形快，结果早，便于管理等优点。整形方法是定植后定干留 60 cm，培养 3 ~4 个强壮主枝。当新梢长到 40 ~50 cm 摘心，在每个主枝上培养 2 ~3 个侧枝。第 2 年春对主枝延长枝中短截，促发健壮枝，这样 3 年即可形成树冠。纺锤形易形成较大树冠，适宜在株行距较大情况下采用。整形方法是：定干高度约为 60 cm，保持中心干直立生长，必要时设立支架；在中心干上培养约 10 个主枝，主枝不分层，螺旋排列。主枝开张角度为 70° ~90°。庭院栽培和设施栽培的无花果可采用 X 形或一字形。X 形主干高 50 cm，主枝 4 个；一字形主干高 50 cm，主枝 2 个。X 形或一字形均是将主枝压平呈 X 形或一字形，在主枝上培养结果新枝，结果枝间隔为 20 ~50 cm，每株树培养 24 ~26 个结果枝。

**2. 修剪**

由于无花果发枝力较弱，且一次枝挂果率最高，因此，疏剪尽量轻。树冠上强壮的 1 ~2 年生枝应尽量少短截或不短截。过高、过长枝组应及时回缩到较粗壮分枝处，细弱枝组应注意回缩更新复壮。培养粗壮结果母枝，以获得较高产量。

**思考题**

（1）无花果繁殖方法有哪些？

（2）无花果主要树形有哪些？如何修剪无花果？

## 第六节　无公害优质丰产栽培技术

### 一、育苗

无花果育苗方法主要有扦插繁殖、压条繁殖、分株繁殖和嫁接繁殖。目前生产上以扦插育苗为主。

**1. 扦插育苗**

（1）硬枝扦插

选用充分成熟的一年生枝条作插条，于冬季修剪时取直径为1.0～1.5 cm并已充分木质化的枝条，剪成枝段长为30～60 cm，成捆埋在室内容器或室外土坑中，覆盖上湿沙保存过冬，或春季随剪随插。一般在春季3月下旬至4月初进行，日均温达15 ℃以上扦插成活率高。如采用保护地育苗，还可提早于秋、冬季进行扦插。无花果育苗选择地势高燥的沙壤土地块。苗床宽1.0～1.2 m，高20 cm。预先是施足充分腐熟的有机肥，并添加适量菜籽饼、过磷酸钙和石灰作基肥。苗圃内应有良好的排灌条件。苗床松土平整后扦插，并在畦面上铺地膜。扦插时，取出冬藏枝条或从树上随剪随插。插条长15 cm左右，含2～3个饱满芽。枝段形态学上端剪成平口，剪口离第1饱满芽距离约1 cm；形态学下端应剪成斜面。用1～2 g/L吲哚丁酸（IBA）或萘乙酸（NAA）将插条形态学下端浸泡5～10 s，取出后平置，阴干后即可插入苗床。扦插株距为20～25 cm，行距为30～35 cm。扦插时将插条斜插45°～80°入土，上芽近地面或露出地面，插完后浇透水。1个月左右即可生根。

（2）绿枝扦插

一般于6—8月进行。插条选用当年抽生的半木质化带叶枝条，剪留长15～20 cm，含2～3个芽，最上芽留半叶，扦插于疏松透气排水良好的沙床或沙性土床中。插前用1.0～1.5 g/L生长素（IBA或NAA）处理插条基部，插后用遮阳网或芦帘遮阴，并注意喷水保湿。若条件允许，还可用现代化全光照弥雾扦插方法进行绿枝扦插，成活率高达90%以上。

**2. 嫁接繁殖**

嫁接繁殖采用枝接法。从春季芽开始萌动到生长期均可进行，但以春季采用一年生枝作接穗和夏季嫩枝嫁接成活率较高。砧木选用应适应当地立地条件的乡土品种紫果或抗旱性强的布兰瑞克等。

（1）春季枝接

选取枝条木质化程度高、节间长度适中、芽眼饱满的一年生枝作接穗，其间可沙藏备用或春季随剪、随用。嫁接适宜时期是砧木植株芽萌动期。枝接方法采用V字形贴接或榫接。接穗长4～5 cm，上含1个芽。接穗基部削成尖V字形，削面长1.0～1.5 cm；选取粗度与接穗相近或稍粗的砧木，在距地面10～15 cm处横截，并将断面向下切成相应的V形切口，切面亦长1.0～1.5 cm。将接穗V形基端插入砧木V形切口，至少于一面形成层对齐。用塑料带将接口包扎严紧，芽外露，待愈合发芽成活后，及时解绑。

（2）生长季嫩枝接

在生长季6—8月，选取嫩枝作为接穗和砧木，采取劈接方法嫁接。以尚未完全木质化的当年扦插苗或需嫁接更换的品种嫩梢作为砧木，接穗以3 cm左右长的含1芽的短枝较好。

## 二、建园

**1. 园地选择**

根据不同品种对环境条件的要求，选择不同的立地条件建园。无花果要求年平均气温为15 ℃，夏季平均最高温度≤20 ℃，冬季平均最低温度为8 ℃，避免在地下水位高、土壤易积水的地块种植。

**2. 生产区划**

长江以南地区为无花果常规露地栽培适宜区。在生产上需要采用灌越冬水、设置防风林带、风障、树体包草和树干培土等综合防护措施，以确保安全越冬。黄河以北种植无花果除选用抗性强的品种外，需进行树体埋土防寒或选用防护设施。江淮之间的地区为无花果栽培的次适宜区，需选用较抗寒的品种才能正常越冬。黄淮之间的地区需实行冬季防寒保护并选用抗寒品种才能正常生长、发育。在具有海洋性气候特征的胶东沿海地区和有特殊小气候条件的地方栽培无花果，应根据其实际的冬季低温情况，采取适当的越冬保护措施。

**3. 品种选择**

目前，我国推广栽培的品种均为单性结实的普通无花果类型，一般不需配置授粉树。冬季能正常越冬的适宜地区，主要应根据生产目的选择品种。若以向城市供应鲜果为主要目的，应选择果实大、果形整齐、含糖量高的品种，如玛斯义·陶芬、绿抗1号、$HAA_9$及布兰瑞克等。若主要作为加工原料，则应选择果实为黄绿色、大小适中、含糖量高且丰产性好的品种，如布兰瑞克、谷川、$HAA_9$等。在冬季需保护越冬地区应首选抗寒性和抗旱性强的品种，如布兰瑞克、蓬莱柿、红果1号等。在盐碱地建园，应选择耐盐力较强的品种，如绿抗1号、绿抗2号及布兰瑞克等。

**4. 栽植要求**

生产上一般采用计划密植栽培及常规复合栽培等种植制度。采用计划密植栽培制度，最初株行距为（1～2）m×（2～3）m，以后逐年间伐，最后株行距为4 m×6 m。若在复合栽培制度下种植无花果，株行距为（3～4）m×（5～6）m。宽阔行间选择间作蔬菜、草本药材、花卉和瓜果等。一般盐渍地或适宜地区选择计划密植方式，而城郊地区和冬季需越冬保护地区则选择复合模式。北方一般春季栽植。栽植时采用深坑浅栽方式。定植穴深50～70 cm、直径为60～70 cm，施入有机肥25～30 kg/穴，过磷酸钙2 kg/株，并与土壤拌匀。幼苗栽植后培土压实，浇足水，并在树盘上覆草或覆地膜。

## 三、土肥水管理

**1. 土壤管理**

（1）土壤改良

无花果要求土层深厚，土壤肥沃。目前，生产上使用的无花果苗木均为扦插自根苗，缺少主根，只有发达的侧根；因此，无花果根系主要分布区在其周围30～40 cm处。但是，若要栽培取得高产优质，应改善土壤结构，使土壤疏松、通气、保肥、保水，以促进根系发育。主要措施有二种：一种是土壤深翻，种植于山丘地区和黏土地区的无花果园，应在初果期深翻2～3次，深为40～50 cm，隔行和隔株深翻；二是中耕除草，根据土壤类型，加强中耕松土并结合除草。

（2）行间管理

盐地的无花果园，采用行间生草（或种植间作物）与树盘覆草相结合的土壤管理度；山丘地无花果园，采用覆草和种草相结合的土壤管理制度；平原地区的无花果园，在幼树和初果期，行间可间作豆科作物和蔬菜类作物，密植果园和成年果园应实行精细管理栽培。

**2. 施肥管理**

无花果除大量补充氮肥外，还需要大量的磷肥和钾肥。无花果喜弱碱性，故土壤中还应适当增施钙肥，如石灰等。

（1）基肥

无花果基肥施入时间一般在其叶片脱落前后，即每年的10月中下旬至12月，肥料种类有猪粪、羊粪、牛粪、鸡粪等各种农家肥。一般无花果果园幼树施用氮（纯N）为30～50 g/株、磷（$P_2O_5$）为40～50 g/株、钾（$K_2O$）为20～30 g/株；成年无花果园补充氮（纯N）为6～13 kg/亩、磷（$P_2O_5$）为8～10 kg/亩、钾（$K_2O$）为5～10 kg/亩。在酸性土壤中可在施用有机肥同时，添加一定量的石灰。施肥方法是在行间或株间挖宽30 cm、深30～50 cm的施肥沟施入。

（2）追肥

无花果枝叶生长和果实发育同步进行，对养分的需求特点是平衡而长效。如有可能，应追肥7～8次/年。其中3月下旬追肥量最大，以氮肥为主，施肥量为3000 kg/$hm^2$。果实成熟期（8—10月）追肥2～3次，以磷肥、钾肥（或复混肥）为主，每次施肥量为225～300 kg/$hm^2$。土壤追肥方法与基肥基本相同。此外，也可在叶面喷施0.3%～0.5%的磷酸二氢钾或以氮、钾为主的复合肥。无花果生长初期需要大量氮肥，但值得注意的是入秋后所有无花果品种都不能再施用速效性氮肥，特别是北缘地区的无花果更值得注意。

**3. 水分管理**

（1）灌水

为保证无花果高产优质，在正常降雨不能满足无花果需求的情况下，及时向果园补充水分。无花果需水期有3个阶段：一是发芽与新梢生长期，4—5月是无花果需水临界期，有春旱地区或年份时，应及时为无花果灌水。二是新梢快速生长期，7—9月是1年中气温最高的季节，也是无花果新梢生长最快的时期。新梢基部秋果开始成熟采收，中、上部果实也逐渐膨大，对水分需求量大。若遇到伏旱，则新梢受抑，果实发育受阻，当年产量大幅度下降。三是树体越冬前，江淮地区经常出现冷空气南下现象。在气温骤然下降前，给无花果灌足冻水，能够明显减少低温对树体的伤害，为树体经受低温并安全越冬创造条件。无花果园灌水方法除传统沟灌、穴灌外，还可根据条件采用滴灌和喷灌。

（2）排水

在所有果树中，无花果耐涝性最弱。若连续降雨，土壤排水不畅，造成积水或地下水位过高，轻则引起无花果叶片凋萎脱落，细根死亡；重则整株死亡。在果实成熟期，如降雨过多，降低果实的含糖量，品质变劣，甚至造成裂果。因此，在梅雨季节或地势低洼地带，要注意及时排除积水或作高垄降渍。

## 四、整形修剪

**1. 整形**

合理的树形是无花果丰产稳产优质的基础。无花果比较喜光，其树形应以无中心干或平面形为宜，但应保持一定的枝叶量，主枝和大枝不宜暴露在直射光下。国内常用的无花果树形有丛状形、Y字形自然开心形、自然圆头形、杯状形，国外还有一字形和X形等。下面介绍国内常用的无花果树形。

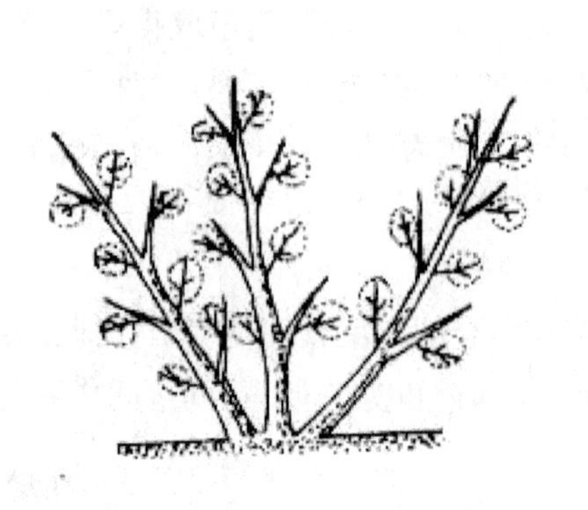

**图19-21　丛状形**

（1）丛状形（图19-21）

丛状形树冠矮小，无明显主干，3～5个主枝从近地面处或土壤中直接抽生，成丛生状态。幼树结果母枝直接从基部抽生，成年树结果母枝从选留的主枝上抽生，结果后转为新的结果母枝。该树形整形容易，适合于风大及需要进行冬季保护的地区。树体矮小，适于密植园。但是，树体内膛光照较差，影响果实的发育与品质的提高。适于发枝量多、抗寒性较弱的品种。在需要冬季埋土防寒地区，在严寒来临前，需将大部分枝条剪除，埋土，来春利用该树形重新整枝。其整形要点是：苗木栽植当年，植株剪留 10 ~ 15 cm，促进基部发枝并当年结果；以后从所剪枝条中选留 3 ~ 5 个作为主枝培养，并依次培养侧枝和结果枝组。

（2）Y 字形（图 19-22）

Y 字形定干高 50 ~ 60 cm，主干高 40 ~ 50 cm，在主干以上培养 2 个主枝，主枝与行向成 45°。每个主枝上所培养的侧枝数量以定植密度而定。定植 83 株/亩，可留侧枝 2 ~ 3 个/主枝；定植 111 株/亩，可留侧枝 1 ~ 2 个/主枝。栽植密度更大时，主枝上不留侧枝，直接在主枝上培养结果枝组。

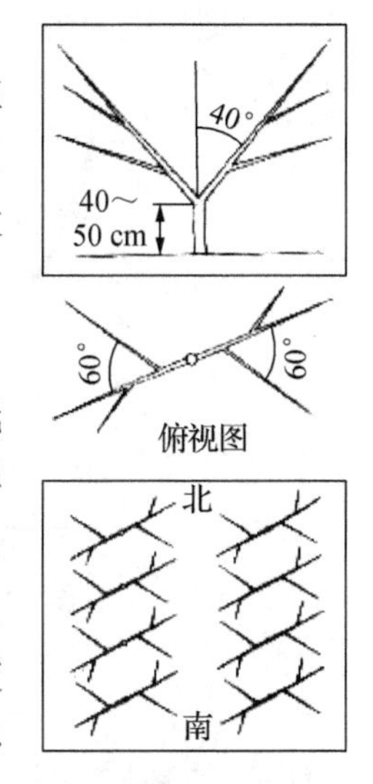

图 19-22　Y 字形

（3）自然开心形

无花果树苗自然开心形类似于桃树等其他树的开心形。树冠体积较大，主枝低矮，无中心干，3 ~ 4 个主枝分布于主干上，每个主枝上再留 2 ~ 3 个侧枝。该树形立体结果能力强，树势易控制，修剪较容易。冠内通风、透光性好，果实产量高，品质好，适用于树势强旺、枝条健壮的品种。在风大地区不宜采用本树形。另外，因树冠较大，采收不太方便。其整形要点是：苗木栽植当年，植株留 40 ~ 60 cm 定干，促生抽生强壮枝条。生长季节注意选择方位、角度和生长势都较理想的 3 ~ 4 个分枝作为主枝培养，当年冬剪时留 60 cm 左右短截，一般剪口下留侧芽或外芽，翌年萌发后继续扩大树冠，并在主枝上萌发的分枝中选留侧枝培养。以后每年在主、侧枝上培养结果枝组。

（4）纺锤形

纺锤形整形适宜在株行距较大时采用。整形方法是：定干高度约为 60 cm。保持中心干生长，必要时设立支架。在中心干上培养约 10 个主枝，主枝不分层，螺旋排列。其开张角度为 70° ~ 90°。

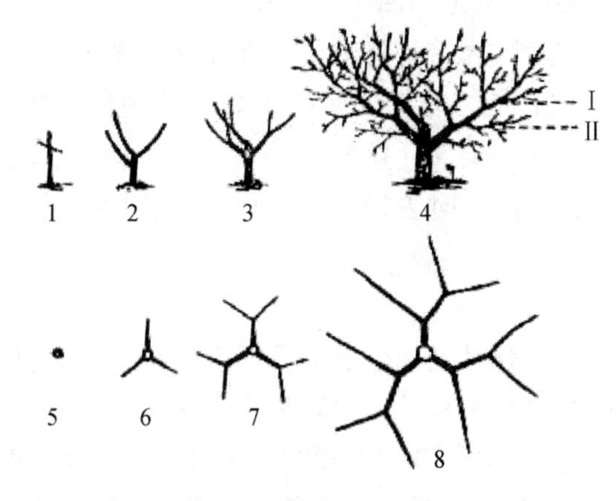

1 ~ 3. 为 1 ~ 3 年整形　4. 完整树形侧面图
5 ~ 8. 为平面图
图 19-23　杯状形结构图

（5）杯状形

杯状形主干高 30 ~ 40 cm，整形带为 15 ~ 20 cm，整形带错落着生出 3 个主枝，主枝仰角为 45° ~ 50°。3 个主枝的平面夹角为 120°，第 3 主枝朝正北方延伸。同一级侧枝选留在各主枝的同一侧方，图 19-23（d）中 Ⅰ 表示第 1 侧枝，都是顺时针方向生长，Ⅱ 表示第 2 侧枝，都是逆时针方向生长。具体整形方法是：定植当年在 50 ~ 60 cm 的饱满芽处剪截、定干。春季新梢发枝后选留 3 个主枝，主枝长 70 cm 时，在 60 cm 处摘心，促发副梢选留侧枝。第 1 年夏季主枝摘心后，每个主枝已发出几个分枝。冬剪时，由每个主枝上选留 2 个相对侧生枝条作为主枝延长枝。主枝延长枝留在饱满芽处，总共有 6 个主枝延长枝，称三股六叉。其余枝条距分枝处疏除，距离稍远些可剪截促生分枝，控制在三股部位结果，但不得影响主枝生长（图 19-24）。秋季若无拉开主枝角度，冬剪时可拉开角度，拉枝时注意每个主枝上的 2 个延长处于平衡地位。第 2 年夏剪疏除主枝上徒长枝和强旺直立枝，主枝延长枝上有副梢可疏去过密副梢，留下枝条长 25 ~ 30 cm 时摘心培养结果枝组。第 2 年冬剪疏除徒长枝和其他扰乱树形、影响骨干枝的枝条。主枝延长枝剪截 2/3 或剪留 50 cm 左右。有副梢者以外向副梢取代原主枝延长枝，副梢剪留长度以发枝后不光凸为度。在主枝外侧间隔 1 m 左右留 1 个侧枝。其余枝条按各类枝组培养方法要求剪截（图 19-25）。第 3 年夏剪疏除强旺直立枝和徒长枝，竞争枝摘心控制其生长，在主枝上选留内侧枝，过密枝条予以疏除，其余枝按结果枝修剪，逐渐扩大为各级枝组。第 3 年冬剪与第2年冬剪基本相同，注意选留内、外侧枝，同时侧枝上安排好结果枝组。第4年树冠已初步形成，骨干枝延长枝还在继续扩伸，剪截长度适当加大，注意协调各主、侧枝之间的平衡，内侧枝因空间大小灵活控制不要过大，外侧枝长度为100～120 cm。主枝上着生大、中、小型结果枝组，外侧枝上可着生1个大型枝组，以中、小型枝组为主，内侧枝安排中、小型枝组，互相插空，以互不影响光照为宜（图19-26）。

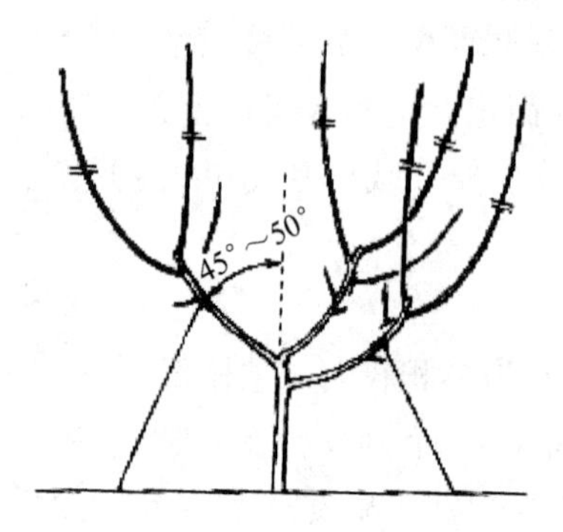

图19-24 第1年冬剪示意

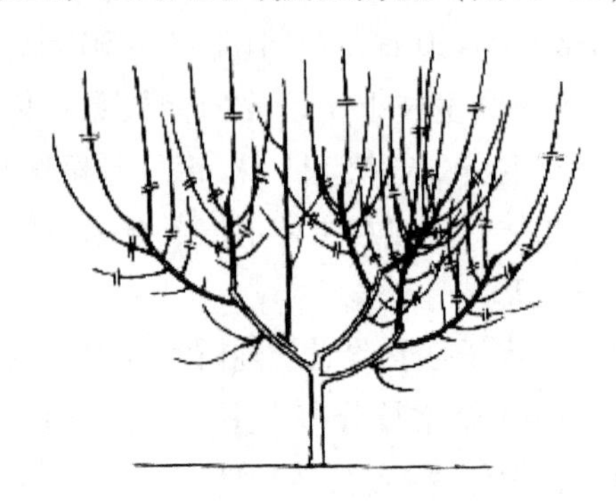
图19-25 第2年冬剪示意

**2. 修剪技术**

（1）冬季修剪

无花果根据不同品种的生长结果特性与修剪反应可分为不耐修剪和耐修剪二大类型。

①不耐修剪类型。不耐修剪类型品种顶端优势不明显，发枝力强，成枝量大，树体分枝多，如紫果1号、明星、绿依斯其亚、舍勒斯特等。如重剪，则新生枝更多，结果少，光照差，产量低。以夏果为主的品种，因夏果着生在枝条顶端，也不宜多短截、重剪。但为了更新结果枝组，需适当回缩或疏枝。

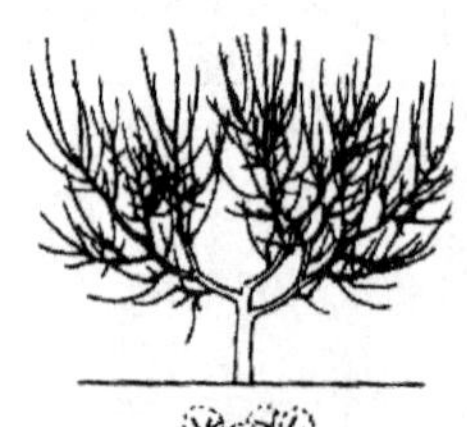
图19-26 成形后树冠平面

②耐修剪类型。耐修剪类型品种，或者因为结果能力强，即使地上部分全部剪除，抽出的新梢仍可结果；或者因为成枝能力较弱，实施重短截可刺激分枝，促进树体生长，如布兰瑞克，棕色土耳其、玛斯义·陶芬、蓬莱柿等。幼树、旺树及成年树的主、侧枝可中短截，结果枝组重短截。此外，修剪时应及时去掉枯枝、病虫枝及扰乱树形的枝条等。

（2）生长季修剪

无花果生长季及时去除根蘖、萌条和徒长枝，培养树体结构，保持通风、透光是无花果生长季修剪的主要任务。无花果在果园病虫害防治的同时，应在生长季抹去多余的枝芽，给玛斯义·陶芬等品种立支架，对分枝能力弱但生长旺盛的品种如蓬莱柿等，在7—8月新梢展叶20～25片前后及时摘心。每年9月，对抗寒性较弱品种如玛斯义·陶芬等未及时停止生长的旺枝，应行剪梢，促进其下枝条成熟度提高，增强越冬性能。

**3. 不同年龄树修剪**

（1）幼树修剪

无花果幼树时期的重要任务是建立牢固的骨架。在整形基础上，对各类枝条轻修剪。夏季对幼树生长旺枝梢多摘心。修剪延长枝一般留50 cm左右，利用留外芽开张角度。直立性强的品种，利用拉枝开张角度。注意平衡树势，将枝条摆布均匀，使各级骨干枝从属关系分明。

（2）初果树修剪

初果树修剪目的是尽快扩大树冠，迅速地培养出结果母枝，促使早丰产。冬季对骨干枝、延长枝继续短截。夏季加强摘心和短截，促使中、下部发枝，利用徒长枝培养结果母枝，尽快完成树形构建，并使结果母枝增多，使生长、结果两不误。

（3）盛果期树修剪

盛果期树冠已经形成，生长和结果矛盾日益突出。因此，此期应注意控强扶弱，利用多种修剪方法重点解决好生长和结果的矛盾，着重强化结果母枝的长势，充分利用夏季摘心的新生侧枝和不定芽萌发的新结果母枝。各骨干枝、延长枝剪留长度以 30 cm 为宜。树冠停止扩大后，选旺壮枝结果，大枝缩剪到 2～3 年生枝，使其萌发一年生枝，冬季再剪一年生枝，2～3 年后再行缩剪。对各部位的结果母枝要有计划有目的地重剪，更新成新的结果母枝，稳定健壮的结果母枝数量。

（4）衰老树修剪

衰老树生长势转弱，树冠多枯枝、焦枝，缺枝少杈，产量下降。该期修剪任务是及时更新复壮，重新恢复树冠。对潜伏芽、徒长枝培养 2～3 年，便可重新恢复树冠。在截除大枝时，要选有适当生长正常分枝的部位截，同时配合加大施肥、灌水，促使树体的更新复壮。对无经济价值的老树，要及时更新。

## 五、果实管理

**1. 综合管理**

无花果在幼果形成后，对同时萌发的副梢留 1 小叶后及早摘除，并疏去畸形、弱小、病虫危害的果实。在果实青绿转全黄时（果重约 60 g）进行套袋。在生长后期随着果实采收，逐步摘去下部老叶。保持通风透光。并每隔 7～10 d 喷施 1 次叶面肥，喷施 0.3%～0.5% 的磷酸二氢钾和尿素。8—9 月果实成熟期喷 0.3% 的硝酸钙。当结果新梢长到一定长度或留果数达到要求时，摘心控制新梢生长。

**2. 催熟技术**

（1）油处理技术

无花果油处理催熟的果实，风味、品质和大小与自然成熟的果实毫无二致，因此，在世界无花果产区，特别是作为鲜果供应的无花果园，应用普遍。

①处理时期。无花果果实发育属于双 S 形，生长速度为快—慢—快的三段式。油处理一般在第Ⅱ期末，在果实自然成熟前 15 d 左右最为合适。秋果一般从 7 月下旬至 8 月上旬开始处理，其后 5～7 d 果实即可成熟采收。

②处理方法。采用新鲜植物油，如大豆油、芝麻油、菜籽油、橄榄油等，用毛笔涂布于果孔内或用尖头小口径塑料瓶（内装油）和注射器将植物油注入果孔，每次每个结果枝处理最下部的 1～2 个果。

（2）乙烯利处理法

乙烯利处理催熟无花果也在果实生长的第Ⅱ期末。主要方法有微量喷雾和浸果等。一般喷雾处理的乙烯利浓度是 200～400 mg/L，浸果处理的乙烯利浓度为 100～200 mg/L，毛笔蘸涂处理的乙烯利浓度是 100 mg/L。还可用注射器将乙烯利液直接注入果孔，处理浓度降为 25 mg/L。乙烯利处理无花果果实应注意 5 点：一是处理整个果面比处理局部果面效果好；二是处理不能过早；三是处理浓度不能过高，特别是在树体生长旺盛及雨水多的情况下，易造成果顶开裂。四是乙烯利和油处理不能用于同一个果实；五是乙烯利稀释液 1 次用不完，可留存下次再用，但贮藏时间不能超过 1 个月。

**3. 采收**

无花果果实成熟时一般为夏、秋兼用品种可有 2 批，有的品种只有秋果。夏果在 6 月下旬前后即可成熟采收，但采收期只有 2～3 周。秋果可从 8 月上旬开始成熟采收，直到 10 月上中旬采收完成。10 月中上旬之后的果实因气温下降不能完全成熟，但未成熟的幼果可用于制干、加工蜜饯，也可用于中药配剂。

（1）成熟特征

无花果果实成熟时，散发出特有的浓郁芳香，风味香甜；果皮颜色转为各个品种固有的紫、红、黄、浅黄或浅绿等色，果孔颜色变为深红色；果实变软，果皮变薄；有的品种果顶开裂，果肩处出现纵向裂纹。

（2）采收时期

当地鲜销宜在九成熟时采收，即果实长至标准大小，表现出品种固有的着色，且稍稍发软时采收。外运品种除了良好的包装和冷藏条件外，采收应以八成熟为宜，即果已达固有大小且基本转色但尚未明显软化时采收。如为加工所需，成熟度可再低些。若果实已经过熟，可采下后用于加工果酱。10 月中下旬以后的果实不能自然成熟，可采下切片、制干，用作加工原料。采收时间以晴天早、晚温度较低时为宜。

（3）采收方法

无花果果柄基部伤口溢出的白色浆液，对人的皮肤具有一定的腐蚀性，采收时应多加小心，并戴橡（乳）胶手套。采收时手掌托住果实，手指轻压果柄，并向上托起，折断取下，尽量不擦伤果皮。

## 六、病虫害防治

无花果主要病虫害是炭疽病、角斑病、枝枯病、灰斑病、果锈病、桑天牛、黄刺蛾、东方金龟子等，生产上以综合防治为主。入冬前清除园内枯枝落叶和病残果，集中深埋或烧毁。萌芽前全园喷 1 次 4% 的石硫合剂。病害发生初期用 80% 的代森锰锌可湿性粉剂 800 倍液或 50% 的多菌灵可湿性粉剂 800 倍液防治；用 80% 的敌敌畏乳油 800 倍液或 50% 的氯丹乳剂 800 ~ 1000 倍液或青虫菌 800 倍液防治桑天牛、黄刺蛾。在长约 60 cm 的树条上蘸 80% 的敌敌畏乳油 100 倍液分散插在地里，诱杀东方金龟子成虫的效果很好。

## 七、冬季防冻技术

无花果在我国向淮河以北地区推广的两个主要限制因子是冬季的冻害和抽条，因而，有效地进行冬季防冻保护措施是栽培成功的关键。无花果抗寒栽培包括选用抗寒性强的品种、选择避风和冷空气不宜沉积的地块、建立防护林体系、采用抗寒栽培体制和越冬保护措施等。

### 1. 埋土防寒

埋土防寒是南疆无花果生产的常规防寒措施，在黄河以北地区也可参照此法进行越冬保护。一般在日平均温度下降到 0 ℃以前进行埋土，厚度在 30 cm 以上。第 2 年春天土壤解冻后，去除覆土，重新整形，并应特别注意树体生长季修剪。

### 2. 灌越冬水

无花果进入秋季后要及时控制土壤水分，防止新梢徒长，提高枝条木质化程度。但在冬季寒潮来临前，应适时浇灌越冬水。特别是在淮河流域地区栽培无花果时，灌越冬水非常重要。一来可防止土壤降温过快；二来可防止枝梢抽条。灌水方法可采用全园漫灌或树盘浸灌 2 种。

### 3. 设立风障

在果园北侧与果园中间，用玉米或高粱秸秆扎成几道与主要有害风向垂直的防风篱笆，可起到明显的防护作用。

### 4. 树干涂白或束草

初冬时节用石硫合剂或加盐石灰水涂刷无花果枝干，以减小温度变化幅度，稳定枝干内水分状况，从而减少枝干冻害。或者利用秋季收割的禾本科植物秸秆包裹无花果树干，也可起相似作用。

## 思考题

试制定无花果无公害优质丰产栽培技术规程。

# 第七节　无花果四季栽培管理技术

## 一、春季栽培管理技术

### 1. 扦插育苗、建园

按照前面有关技术要求进行扦插育苗、建园。

### 2. 追肥、灌水

无花果2月下旬至3月上旬芽萌动前追施1次，以氮肥为主的肥料，并灌水，以满足萌芽对肥水的需要。

### 3. 喷水

早春2—3月气温回升，无花果树体蒸腾失水量大，但地温仍较低，根系尚未活动，不能及时吸收水分，致使枝条失水，出现抽条现象，春季经常往树上喷水可减少抽条。

### 4. 修剪

无花果萌芽力较强，为减少养分消耗，萌芽后抹除根蘖和剪锯口处的萌芽，春季展叶2～3片时分2次进行疏梢，疏去过密、过细弱的新梢，将新梢间距控制在20～25 cm。一般五年生树留结果枝50～60条/株即可。

### 5. 防治草履蚧

无花果树在2—4月常有草履蚧危害，影响萌芽和枝叶生长。可于2月初草履蚧若虫开始上树时，在主干1 m范围内浅刨土壤深5 cm，用辛硫磷1000倍液均匀喷洒地面，再用塑料薄膜覆盖，以杀死出土若虫。也可用适量柴油涂抹主干1周，宽约10 cm，裹上薄膜，以阻断草履蚧若虫上树。

### 6. 喷石硫合剂

萌芽前喷1次4%的石硫合剂，以杀灭越冬病原菌，降低病虫基数。

## 二、夏季栽培管理技术

### 1. 追肥浇水

5月下旬至7月上旬，温度适宜，光照充足，为无花果花芽分化和新梢生长的高峰期，应及时补充营养。一般在6月上旬、7月上旬追肥2次，距主干50～80 cm处，挖深15 cm的环状沟，施入磷酸二铵200～250 g/株。施肥后及时浇水。

### 2. 修剪

无花果6月底至7月初应疏除过密枝、细弱枝和徒长枝，以改善树体通风透光条件，缓和顶端优势，减少养分消耗，促进花芽分化和果实发育。

### 3. 摘叶

在幼果形成后，对同时萌发的副梢留1小叶后及早摘除。

## 三、秋季栽培管理技术

### 1. 摘叶、叶面喷肥

无花果在生长后期应随着果实的采收，逐步摘去下部老叶，保持通风、透光。同时，每隔7～10 d喷施1次0.3%～0.5%的磷酸二氢钾、尿素叶面肥。8—9月果实成熟期喷0.3%的硝酸钙，以增加果实硬度。

### 2. 摘心、排积水

8月上旬，无花果开始结果时，为促进花芽分化，利于果实提早成熟且大小均匀，要对旺长新梢进行摘心。7—8 月雨水多，要注意及时排除无花果树周围的积水。如土壤水分过多，会降低果实甜度或发生裂果，甚至整株死亡。

**3. 控制蚂蚁危害**

无花果快成熟时，常散发甜味，引诱成群蚂蚁上树觅食，果实常被咬出孔洞，甚至掏空，丧失食用价值。为了控制蚂蚁危害，可在树干上涂抹掺入少量辛硫磷的粘胶或柴油，阻止蚂蚁上树，或在果实快成熟时及时带柄采摘。

**4. 适时采收**

无花果成熟后应按照无公害优质丰产栽培技术中要求进行采收。判断无花果果实成熟的标志是：果皮颜色鲜艳，全面着色均匀，有光泽；果实肉质柔软，果皮松弛，有细皱纹；果颈朝下，果实下垂。

**5. 秋施基肥**

果实采收前后进行秋施基肥。在树的周围距主干 50 cm 处挖 3 ~ 4 个深 30 ~ 40 cm 的穴，将腐熟的厩肥 20 kg/株 + 钙肥 0.5 kg/株平均施到每个穴内，以提高果实的甜度和树体的抗病性；同时，钙还具有抑制新梢徒长的作用，有利于提高产量和单果重。

**6. 清园**

入冬前，将园内枯枝、落叶、杂草、冬剪病虫枝、树上挂的虫苞、僵果等清除出园，集中烧毁或深埋。

## 四、冬季栽培管理技术

**1. 防冻害**

为防冻害发生，11 月落叶后，要增施有机肥，封冻前浇透水并培土，及时进行枝干涂白。冬季寒流来临前，用玉米秸秆绑成捆，在树周围竖立一圈，防风、御寒。

**2. 修剪**

一般冬季休眠期按照树形要求，自然开心形、纺锤形的主枝延长枝在饱满芽处剪留 30 ~ 50 cm。当树冠达到一定大小时，主枝回缩到有分枝处，控制树冠大小。结果枝组过长时，回缩到有分枝处，尽可能保留 50 cm 以下粗壮短枝。疏除细弱枝、过密枝，留健壮枝结果。X 形和一字形的结果母枝在基部留 2 ~ 3 个短截。

**思考题**

试制订无花果四季栽培管理技术要点。

# 第八节 无花果生长结果习性观察实训技能

## 一、目的与要求

通过观察和调查，了解无花果生长结果特点，为掌握其栽培技术打好基础。

## 二、材料与用具

**1. 材料**

无花果主栽品种的结果树。

**2. 用具**

钢卷尺、记载和绘图用具。

## 三、内容与方法

**1. 观察无花果基本形态特征和生长结果习性**

①树势、树姿、树形、干性、层性、分枝角度。

②叶芽、花芽形态、大小、着生部位。

③结果枝、发育枝形态、着生部位。

④叶的形状

**2. 调查生长结果情况**

选择长势不同的10～30个二年生枝，先测量记录其长度，再观察记录其上新梢生长情况，调查其萌发部位、长度，花或果实着生数量、部位。

**3. 其他**

统一进行观察，分组进行调查，做好记录。

## 四、实训报告

①根据无花果生长结果习性，说明其修剪特点。

②根据调查结果，比较无花果主栽品种的萌芽率和成枝力强弱。

## 五、技能考核

实训技能考核一般实行百分制，建议实训态度与表现占20分，观察方法占40分，实训报告占40分。

# 第二十章　猕猴桃

【内容提要】概述了猕猴桃的栽培历史、营养医疗价值和经济意义、国内外猕猴桃栽培现状及我国猕猴桃发展趋势。从生长结果习性（生长习性和结果习性）和对环境条件（温度、光照、水分、土壤、风）要求方面介绍了猕猴桃的生物学习性。猕猴桃的主要栽培种类有中华猕猴桃、美味猕猴桃、毛花猕猴桃、软枣猕猴桃、葛枣猕猴桃、阔叶猕猴桃和异色猕猴桃。介绍了当前生产栽培的12个中华猕猴桃优良品种，11个美味猕猴桃优良品种和2个观赏用猕猴桃优良品种的特征特性。猕猴桃无公害栽培技术要点包括规范树形，单枝上架；增施有机肥，合理追肥；定量挂果，确保优质；生物防治，控制病虫。猕猴桃关键栽培技术包括繁殖技术，建园技术，整形修剪技术和病虫害防治4方面。从育苗、建园、土肥水管理、整形修剪、花果管理、病虫害防治和适时采收及催熟7方面介绍了猕猴桃的无公害优质丰产栽培技术。分春、夏、秋、冬四季介绍了猕猴桃的四季栽培管理技术。

猕猴桃是原产于我国的一种古老树种，至今已有1200多年的栽培历史，为当代国际上的一种新兴水果，被誉为“水果之王”。果实营养丰富，富含维生素C、钾及微量元素，具有维持心血管健康、抗肿消炎等重要医用价值。果实除鲜食外，还可加工成罐头、果酱、果酒、果汁、果脯、果干和果粉等各种加工品。猕猴桃早果丰产，一般栽后2～3年开始挂果，4～5年进入盛果期，产量可达22.5～37.5 t/hm$^2$，管理较好时产量可达45～60 t/hm$^2$。猕猴桃适应性强，经济价值高，在世界上属于高经济效益的果品之一，生产前景广阔。

## 第一节　国内外栽培现状与发展趋势

### 一、国内栽培现状

#### 1. 国内栽培概况

在国内，猕猴桃栽培历史悠久，却没有引起人们的足够重视，进行集约化栽培历史较晚。1957年南京植物园对中华猕猴桃实生苗进行过生物学特性观察。1958年，原西北农学院从秦岭北麓将猕猴桃引入果树试验站进行棚架式栽培获得成功。1957年和1961年，中国科学院植物研究所分别从陕西省秦岭太白山和河南省伏牛山将美味猕猴桃和中华猕猴桃引种到北京植物园，引种后能正常生长结果，以后又引种并观察过软枣猕猴桃、狗枣猕猴桃和葛枣猕猴桃的生物学特性。1978年，全国猕猴桃科学研究所协作组成立，主要从事资源调查、品种选育、栽培技术、加工与贮藏、保鲜及其医疗价值等方面的研究。到2002年，基本查清原产于我国的猕猴桃属植物有61个种、43个变种、7个变形，基本查清27个省、市、自治区的猕猴桃资源，基本搞清猕猴桃分布区生态环境、水平分布、垂直分布、拌生植物，并对种、变种、变形做了较为详细的描述。陕西省选育的“秦美”猕猴桃新品种栽培面积迅速扩大，部分产品已开始步入国际市场，极受欢迎。我国猕猴桃野生资源非常丰富，仅河南伏牛山区常年产量为200多万kg，陕西商县境内山区常年产量也在200多万kg，多已开发利用。1991年，我国猕猴桃进入迅速发展期。1993年栽培面积约为1.15万hm$^2$，产量为0.9万t。1995年，栽培面积已达2.91万hm$^2$，居世界第1位，产量为8.9万t，居世界第4位。2010年，我国猕猴桃栽培面积为22/3万hm$^2$，产量为50万t，二者均居世界第1位。目前，陕西、河南、四川、江西、浙江、湖南和安徽等地已成为我国猕猴桃的主要生产基地。

**2. 我国猕猴桃栽培中存在的问题**

我国是猕猴桃资源、栽培面积、产量的大国，但是质量不高，产业化程度低，经济效益差，对产业的发展应用方面存在着基础研究严重滞后，研究部署不合理、针对性不强的问题；品种资源流失严重，新西兰、意大利的品种大多都是从我国引进的种质资源，如黄金果母本是新西兰从我国北京植物园引进的，父本是从我国云南引进的，通过杂交培育而成，这说明我国的自我发掘品种能力和研发力度不够，造成了品种资源为别人所用。产业规划滞后：各区域、各省市各自为政，缺乏统一完善的高层次产业规划，产业目标导向有待于进一步提升。产—学—研链没有形成。没有形成科研、教学、推广、企业应用相结合体系，产业面向世界市场的合力弱，产品缺乏世界竞争力。没有形成以企业为主的技术研发体系，制约了产业的可持续性快速发展；消费导向研究及消费培育基本空缺，缺乏市场引领的理念，以及走向和占领全世界市场的理念。精品意识不够，生产的果品商品率低，达不到国际质量安全保证体系的要求，无全球市场战略意识，并且商业市场竞争无序，只注重了大众市场，缺乏进入国内外高端市场的果品和意识。

**3. 发展趋势**

目前，全世界猕猴桃消费量还有很大缺口，我国人均占有量不足0.07 kg，而新西兰人均占有量为65 kg，意大利人均占有量为5 kg。现在，我国的猕猴桃产品消费正处于 从“贵族化”到“大众化”的转型阶段。猕猴桃市场潜力巨大，因此，抓好猕猴桃的规模化、精品化发展仍然是猕猴桃产业的方向。

## 二、国外栽培现状

**1. 栽培概况**

全世界栽培猕猴桃的国家有中国、新西兰、意大利、智利等30多个，面积约为12万$hm^2$，产量约140万t，中国已成为栽培面积和产量均居第1位的猕猴桃生产大国。新西兰是世界上公认的发展猕猴桃最成功的国家，其生产和科研在国际上处于领先地位，代表着猕猴桃生产和科研的发展趋势。目前，新西兰猕猴桃栽培面积为1.2万$hm^2$，年产量为28万t，约90%出口，年出口创汇达4亿美元。新西兰猕猴桃远销欧美等20多个国家，20世纪80年代之前几乎垄断整个国际市场。1909年，俄国园艺学家米丘林从我国引进野生猕猴桃的种子、插条，采用精湛的嫁接技术，培育了5个猕猴桃新品种，其中耐寒品种可耐受-40~-35 ℃的低温，成为苏联北部种植的主要品种。意大利是继新西兰之后的又一猕猴桃生产大国，也是北半球主要的生产国。此外，希腊、日本、法国等均有大量的猕猴桃栽培。从20世纪70年代起，世界各国竞相从新西兰进口猕猴桃苗木，目前世界主栽品种海沃德就是从新西兰选育的。

**2. 发展趋势**

目前，世界上猕猴桃发展水平较高的新西兰、意大利等国，单产高，产量出口份额高，产值收益也高。随着人们消费水平的提高，食品安全意识的增强，以及现代猕猴桃质量保证体系的健全完善，猕猴桃产业的发展迎来了前所未有的机遇和挑战。由于世界经济的快速发展，高科技手段的全面应用，猕猴桃为产业的发展和质量的提升注入了新的活力，科学研究现代化的推广应用，为猕猴桃优质高效生态环保的未来发展趋势提供了可靠的保证。

## 思考题

我国猕猴桃栽培上存在的主要问题有哪些？发展趋势如何？

# 第二节 生物学特性

## 一、生长结果习性

### 1. 根系及其生长特性

（1）根系

猴桃根系为肉质根，其中含有大量的淀粉和水分。外皮层较薄，常呈龟裂状剥落。主根在侧根分生并旺盛生长后即趋于缓慢生长，直至停止生长。侧根和发达的次生侧根形成簇生性侧根群，衰亡的根际呈节状，须根较多，多呈丛生间歇性替代生长。只有少部分侧根加粗生长，形成骨干根。初生根为乳白色，逐渐变为灰褐色、深褐色，内皮层为暗红色。

（2）根系分布

猕猴桃为浅根性植物。一般土壤条件下，一年生苗的根系分布在 20 ~ 40 cm 深的土层中，成年植株根系垂直分布在 40 ~ 80 cm 深的土层中，并向水平方向伸展。其水平生长比垂直生长旺盛，一般水平分布为冠径的 3 倍左右。猕猴桃根系在土壤中分布的深浅，与土壤类型有关。生长在黏性土壤和活土层较浅的土壤中，根系垂直分布就浅；生长在较疏松或活土层较深的土壤中，根系分布较深。土壤中的水分、空气、养分也是影响根系生长的主要因素。

（3）生长特性

猕猴桃根系在适宜的温度条件下，可终年生长而无明显的休眠期。当土壤温度达到 8 ℃时，根系开始活动；土壤温度达到 20.5 ℃时，生长最旺盛；土壤温度达到 29.5 ℃，根系基本停止产生新根。不同地区猕猴桃根系年生长周期有所不同，一般有 3 ~ 4 个生长高峰。第 1 次在伤流期，为 1 次很弱的峰；第 2 次在新梢迅速生长期后；第 3 次在果实迅速膨大期后；第 4 次在采果后到落叶前。一般情况下，猕猴桃的根有较强的再生能力，能产生不定芽。猕猴桃根系导管发达，有大型的管胞，根压大。在营养生长期，若切断 1 个骨干根后，枝、叶就会迅速萎蔫。由于根压大，春季伤流较严重。在伤流期剪断 1 个枝或 1 条根，会使枝条抽干枯死，故在伤流期不能修剪。

### 2. 芽及其生长特点

猕猴桃芽为腋芽，由 3 ~ 5 层黄褐色毛状鳞片、叶原始体和生长点组成，着生于叶腋间海绵状的芽座内。在叶腋间凸出或凹陷呈圆形或点状。在生长季，芽被叶柄覆盖。通常 1 个叶腋间有 1 ~ 3 个芽，中间较大的芽为主芽，两侧较小的芽为副芽。一般主芽萌发抽枝，副芽呈潜伏状。当主芽受伤或枝条短截时，副芽便萌发生长，有时主、副芽同时萌发。潜伏芽寿命较长，有的可达数十年之久，可用于树冠更新。主芽可分为花芽和叶芽 2 种。幼苗和徒长枝上的芽多为叶芽，水平枝或结果枝中、下部萌发的芽常为花芽，个别徒长枝上的芽也可形成花芽。花芽为混合芽，开花后或结果后的部位不再生芽，此段常称为盲节。叶芽瘦小，只抽生枝叶，不结果。花芽肥大、饱满，抽生枝条，开花、结果。成年树枝上粗壮的营养枝或结果枝中上部的芽，易形成花芽。猕猴桃的芽具有早熟性。已经开花结果部位的叶腋间的芽，一般不能再萌发而成为盲芽。猕猴桃主芽、副芽受伤死亡后，脱落部位附近的植株基部的隐芽还会萌芽抽枝，恢复植株正常生长。春季主芽萌发后，新梢开始出现，芽即开始发育。新梢基部叶腋处的叶原基首先开始发育。一直持续到最后叶腋处。芽的叶原基呈螺旋状排列，约 4 d 发生 1 个，开花时基部第 1 个腋芽已有 13 个叶原基，盛夏大量的芽已发育成熟。冬季每个芽有 3 ~ 4 个鳞片，2 ~ 3 个过渡态叶原基，15 个叶原基和子代腋芽原基组成（图 20-1）。每个芽中发育的叶原基数量不同。猕猴桃芽发育 40 d 后，最外端的 3 ~ 4 个子代腋芽开始发育。冬季休眠时，大多数子代腋芽发育至 10 个叶原基，外部密被大量绵状茸毛。冬季休眠芽包被在叶柄基部膨大叶座内，密被大量绵状茸毛保护芽体，以防冻害。

**3. 枝及其生长特点**

（1）枝类组成

猕猴桃枝条属蔓性。枝条无卷须，短枝无攀缘能力，长枝生长后期先端缠绕攀缘于它物。木质部中央有很大的髓部，嫩枝髓部呈白色水浸状，老枝髓部呈片状、浅褐色，但根茎及主干部分充实。枝条木质部组织疏松，老枝横断面上有许多肉眼可见的导管小孔。皮层内萌生许多大型异细胞，呈簇生针状结晶。人工栽培的猕猴桃骨架由主干、主枝、侧枝、结果母枝、结果枝和营养枝组成。主干由实生苗的上胚轴或嫁接苗的接芽向上生长形成。主枝是由主干上发出的骨架性多年生枝。侧枝是主枝上的骨架性分枝。结果母枝是着生花芽的一年生枝。结果枝是着生在结果母枝上开花结果的当年生枝。根据猕猴桃枝的性质和功能不同可分为营养枝和结果枝两类。营养枝是只进行营养生长而不能开花结果的枝条。按营养枝生长势强弱可分为徒长枝、普通营养枝和短枝。徒长枝生长势强，直立，长达 3 ~ 4 m，节间长，芽较小，组织疏松。多数由老枝基部的潜伏芽萌发形成。普通营养枝生长势中等，一般长 1 ~ 2 m，叶腋间均有芽，芽体饱满、光滑。主要从幼龄树和强壮枝中部萌发，是来年较好的结果母枝。根据普通营养枝数量可预测来年树体结果状况。短枝从结果过多的树体上萌发，或从树冠内部或下部枝萌发。该类枝细弱、皮色绿，长约 20 cm，由于所处位置光照不足，生长 2 ~ 4 年后逐渐枯死。结果枝是雌株上能够开花结果的枝条。依据长度可分为 5 类（图 20–2）：一是徒长性果枝，长 100 ~ 150 cm，多着生在结果母枝中部，由上位芽萌发而来。这种枝生长旺，枝条不充实，结果能力差，一般 1 个结果枝上坐 1 ~ 2 个果。二是长果枝，长 50 ~ 100 cm，主要从结果母枝的中、下部萌发而来。枝条壮实，组织也充实，腋芽饱满，果实大，品质好，可连续结果。三是中果枝，长 30 ~ 50 cm，多数由结果母枝中、下部的平生或斜生芽萌发而来，生长势中等，组织充实，结果性能好，能连续结果。四是短果枝，长 10 ~ 30 cm，多从结果母枝下位芽和顶部下位芽萌发而来，或从生长弱的结果母枝上抽生而来，节间短，生长势弱，停止生长早，果实小，结果能力差。五是短缩果，枝枝条缩短，停止生长早，长 10 cm 以下，果个小，一般顶部 1 ~ 3 个芽萌发，以后很快枯死。品种间主要结果枝类型有所不同，有的品种以长、中果枝结果为主；有的以中、短果枝结果为主；有的品种短缩果枝也能很好结果。

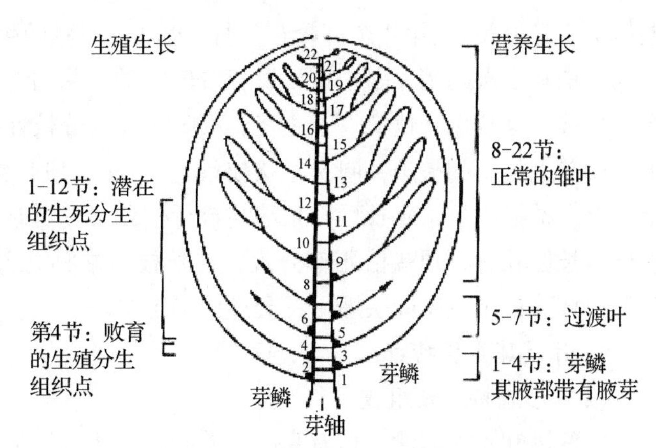


**图 20–1 猕猴桃新梢腋芽纵切面示意**

（2）生长特性

不同地区猕猴桃枝条生长情况不同。武汉地区的中华猕猴桃新梢年生长期约为 170 d，分 3 个时期：第 1 个时期为新梢生长前期，自展叶到落花约 40 d，该期新梢生长主要消耗树体上 1 年的贮藏养分，由于春季气温低，新梢生长缓慢，生长量占全年生长量的 16. 3% 。第 2 个时期为旺盛生长期，从果实开始膨大到 8 月上旬，随温度升高和叶面积增加，光合作用加强，生长速度加快，约 70 d，该期生长量约占全年的 70. 1% 。第 3 个时期为新梢基本停止生长，从 8 月中旬到 9 月下旬，约 60 d，该期生长量约为全年的 13. 6% 。但在郑州，新梢生长仅有 2 个高峰。第 1 个高峰从萌芽后至开花期（4 月

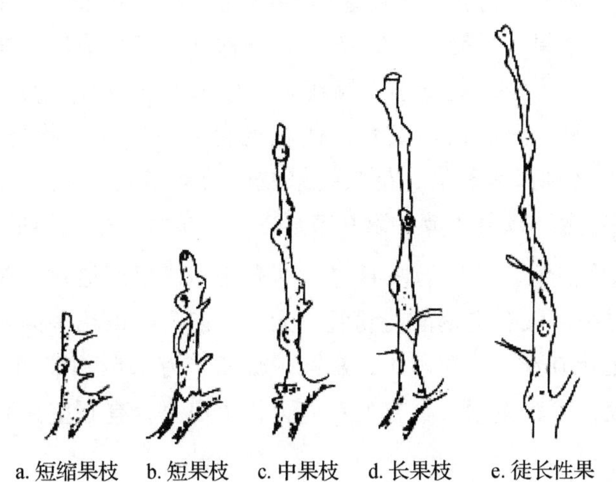


**图 20–2 猕猴桃结果枝类型**

上旬至5月下旬)，第2个高峰在7月，9月以后新梢生长趋势缓慢。猕猴桃在自然状态下，枝条可萌芽二次副梢和三次副梢，副梢也可发育成较好的结果母枝。实生苗第1年生长缓慢，一般不分枝；第2年产生分枝，分枝生长速度大于主茎；第3年又从分枝处生长出许多分生枝条，形成丛状枝条（这种枝多、不继续向上生长的枝条，叫丛生状枝条），枝条一般长到80 cm开始顺时针旋转（左旋），缠绕在它物或架面上。猕猴桃枝条生长后期顶端会自行枯死（这种现象称为自剪性），可形成假轴分枝。普通营养枝和短枝生长健壮时，顶端枯死部分短，徒长枝顶端枯死部分长，生长不充实的秋梢，顶端枯死部分更长。此外，枝蔓被土或腐叶层埋后常会产生不定根。

**4. 叶及其生长特点**

（1）形态特征及组成

猕猴桃叶片大而薄，稍有弹性，单叶，互生，膜质、纸质、革质。一般长5~20 cm，宽6~18 cm。嫩叶为黄绿色，老叶为暗绿色或绿色，背面呈淡绿色，叶面上密生白色或灰棕色星状茸毛。叶多数具长叶柄，常有锯齿，叶脉成对，网脉长方格状，有些种的叶脉在叶缘处网结，多无托叶。美味猕猴桃叶片角质层较薄，有1~2层栅栏组织细胞，海绵组织为薄壁细胞，充满了细胞质，细胞间隙小，表皮细胞不规则，下表皮具有小而不规则的气孔。

（2）生长特性

叶片生长从3月下旬开始，4月上旬展叶，5月下旬叶片生长最快，之后叶片生长速度逐渐减缓，到6月上中旬叶片基本停长。从展叶到停长历时38 d左右，生长高峰在5月下旬。

**5. 结果习性**

（1）花形态特征

猕猴桃多为雌雄异株，但中华猕猴桃有雌雄同株现象。雌花、雄花都是形态上的两性花，生理上的单性花，雌花是雄蕊退化或仅具有畸形花粉粒，不能授粉。猕猴桃花序多为两歧聚伞花序。花初开时呈白色，后渐变成淡黄色或橙黄色。花形大而美观，花冠直径为2.5~7 cm（图20-3）。

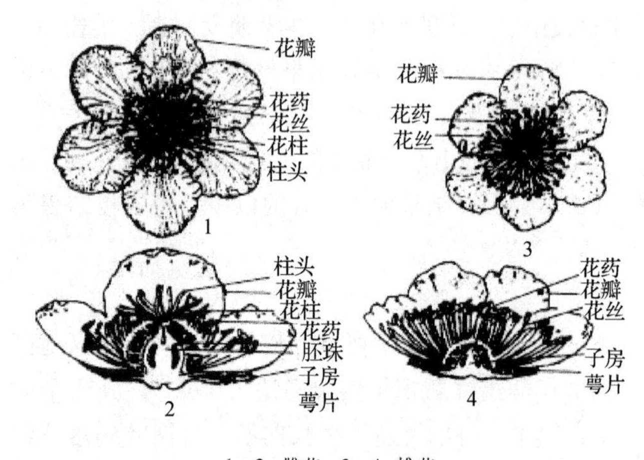

1~2. 雌花 3~4. 雄花

**图20-3 猕猴桃花解剖示意**

猕猴桃花芽为混合芽，在春季先抽生新梢，单花芽在新梢中、下部叶腋着生，呈单生或聚伞花序，一般为1~3朵。花瓣为5~11枚。花萼为绿色或褐色，有5~9枚，覆瓦状排列，基部合生，多宿存。花梗长3 cm左右，有茸毛。通常着生在结果母枝的第3节~第7节，萌发后抽生结果枝，再在结果枝基部2~3节处抽生花蕾，开花结果，一般着果2~5个。雄株开花母株抽生花枝能力强，花量多。雌花有单生和两歧聚伞花序2种，一般顶花发育，侧花退化，多呈单生状态，少则2~3朵。花在结果枝的第2节起叶腋处着生，以第2节~第6节居多。花蕾大，呈倒卵形。子房发达，呈扁球形或圆球形。花柱基部联合，柱头为白色，多为21~41枚，呈放射状。雄蕊退化，花丝为白色，低于子房，向下弯曲，花药微黄，花粉粒小，仅有空瘪的花粉囊，无发芽能力。雄花多为两歧聚伞花序，单生花很少，常为3朵。从花枝基部无叶节着生。花蕾小，扁圆。雄蕊多为126~183个，花丝高于子房，花药为黄色，丁字形着生，花粉粒大，发育正常，具有发芽能力，子房小，有心室无胚珠，不能正常发育。

（2）花芽分化

猕猴桃花芽为混合芽，抽生枝叶，枝条上着生花絮。花芽分化分为生理分化和形态分化2个阶段。

生理分化一般在开花前1年7月中下旬至9月上中旬；形态分化从开花当年萌发开始，到花蕾露白前完成。影响花芽生理分化的因素有树体营养及生理状态、环境因素和栽培管理措施等。一般有利于促进树体营养积累的内外环境条件及栽培措施都有利于花芽分化。猕猴桃花芽分化分为9个时期：生理分化期、花序原基分化期、主花原基分化期、侧花原基分化期、花萼原基分化期、花瓣原基分化期、雄蕊原基分化期、雌蕊原基分化期、花粉母细胞减数分裂和花粉粒形成期。生理分化期从开花前一年的5— 6月开始，到开花当年萌芽前，约8个月。但前1年的7—9月为集中生理分化期，为营养生长状态转为伸长生长状态的时期。花序原基分化期在开花当年的2月下旬—3月下旬。腋芽原基明显增大、伸长，顶部逐渐变平，这个变化的突起即为花序原基。主花原基分化期约在3月上中旬。随着花序原基的伸长，形成明显的花序轴。顶端的半球状突起分化为主花原基，下部两侧出现的突起分化为苞片。侧花原基分化期在苞片原基腋部出现侧花原基的突起，多数成对出现，一般2个，也有3~8个，整个花序呈聚伞状。花萼原基分化期在3月中、下旬进行。在侧花原基形成的同时，主花原基分生组织增大，呈半球形，从外向内轮状排列5~7个突起即花萼原基。随萼片的发育，背面出现多细胞的硬茸毛。花瓣原基分化期在3月下旬混合芽露绿时进行。萼片原基内侧出现1轮6~9枚的花瓣原基，花芽由半透明变为淡绿色，密被棕红色茸毛。此期在雌性品种的侧花发育过程中，多数不能完整地继续进行，通常停留在侧花花瓣原基分化期。雄蕊原基分化期约在3月下旬，花瓣分化期过后，在花瓣原基内侧，迅速由外出现3轮（雌花为2轮）突起，即雄蕊原基，并有花药和花粉粒。此时，可见到尚未展开的幼叶。雌蕊原基分化期在3月下旬至4月上旬，在雄蕊原基内侧分化出许多小突起，每个突起发育成1枚心皮原基，以后的10~15 d内，边缘迅速生长，中间凹陷，逐步形成中空的瓶状花柱体。花柱体的下部是由21~41枚放射状排列的心皮合生而成的子房，上部为柱头，表面密被茸毛。花粉母细胞减数分裂和花粉粒形成期在4月上中旬，雄蕊花药中花粉母细胞开始减数分裂，随后形成花粉粒，4月下旬花粉粒成熟。

猕猴桃越冬芽中虽已孕育有花的原始体，但在冬前并未进行形态分化，直至次年春季随着越冬芽的萌发才开始分化，不是每个花芽都能正常分化，只有60%的花芽发育成正常的花，许多花芽在花瓣发育之前已停止生长，有的虽然完成了花芽分化过程，但在晚期才出现败育现象。因此，在春季萌芽前后采取合理的栽培措施是必要的。猕猴桃同一种类的花期主要受温度的影响。开花早晚与从萌芽到开花的有效积温有关，中华猕猴桃为275.2 ℃，美味猕猴桃为277.2 ℃。美味猕猴桃在我国南方4月下旬至5月上旬开花，在北方地区则5月中下旬开花。软枣猕猴桃在我国南方4月下旬开花，在东北地区7月上旬开花。1个花序上，主花先开，侧花后开。每株花开放时间，雄株为5~8 d，雌株为3~5 d。全株开花时间，雄株为7~12 d，雌株为5~7 d。花开放时间主要在早晨，一般7：30前开放量约占全天开放量的77%。

（3）授粉受精

猕猴桃必须经过授粉受精，才能完成正常的果实发育过程。猕猴桃坐果需要胚的正常发育，因此授粉对猕猴桃产量影响很大，露水或雨水湿润更能吸引蜜蜂等昆虫授粉。此外，风也能传粉。授粉的柱头变为黄色，未授粉的柱头仍保持白色。雌性猕猴桃植株上，开花枝中的每1朵花都可能坐果。丰产性果园，一般只有90%的坐果率。花粉发芽率高低与管理水平有关。管理水平高，枝条生长健壮，花粉发芽率高，坐果率高；反之，管理水平粗放，坐果率也低。

猕猴桃坐果率高低与花粉授粉时的气温有关。白天温度24 ℃、夜间8 ℃时，许多花授粉后约7 h，花粉管向乳突壁下生长，约24 h后抵达花柱沟和花柱道的结合点，31 h后到花柱基部。大多数胚珠在授粉后的40~70 h内受精；坐果率高低与雄株搭配数量也有关。一个园内雄株搭配适合，花粉量大，授粉好，坐果率就高；反之，坐果率就低。

（4）结果

猕猴桃为落叶藤本果树，一般实生苗5~6年开始结果，10年以后进入盛果期，嫁接苗定植后2~3

年结果，4～5 年进入盛果期。其经济寿命长，自然生长的百年猕猴桃树，仍然结果累累。结果母枝从基部 3～7 节处抽生结果枝，结果枝于基步 2～3 节处开花结果。一个结果枝一般着生 2～5 个果实。

猕猴桃果实是浆果，子房上位，由 34～35 个心皮构成，每 1 心皮具有 11～45 个胚珠，成许多小型的棕色种子，胚珠着生在中轴胎座上，一般形成两排（图 20-4）。未经采摘的成熟果实，经霜冻后仍可挂在植株上。生产上可采用此法进行计划采摘或短期贮藏。其种子很小，形似芝麻（图 20-5）。

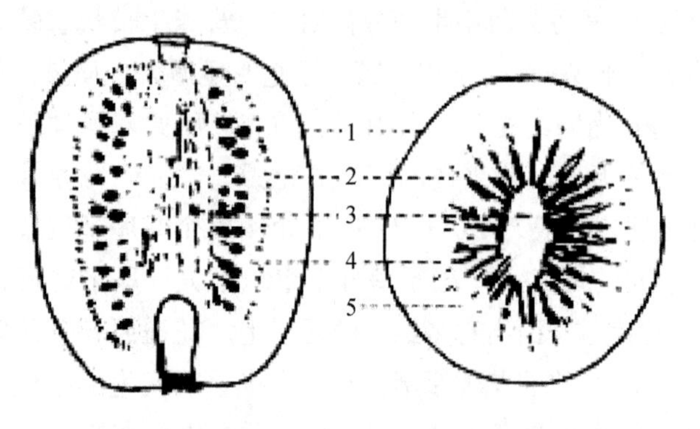


1. 外果皮（心皮外壁） 2. 中果皮 3. 中轴胎座
4. 种子 5. 内果皮（心皮内壁）

**图 20-4 猕猴桃果实剖面**

1. 枝 2. 叶 3. 叶部分放大
4. 花 5. 果

**图 20-5 软毛猕猴桃形态**

中华猕猴桃和美味猕猴桃果实发育有 3 个明显时期；首先是快速生长期，从 5 月上中旬坐果后至 6 月中旬，果实体积和鲜重可增至成熟时的 70%～80%，种子为白色；其次是缓慢生长期，从 6 月中下旬到 8 月上中旬，果实生长速度放慢，甚至停止，种子由白色变成浅褐色；最后为微弱生长期，从 8 月下旬至采收，果实生长量很小，但营养物质的浓度迅速增加，种子颜色更深，更饱满。

## 二、对环境条件的要求

猕猴桃比较密集的分布区域集中在秦岭以南；横断山脉以东地区，这一地区是猕猴桃最大的经济栽培区。

**1. 温度**

大多数猕猴桃要求温暖湿润的气候，即亚热带或暖温带湿润和半湿润气候。主要分布在北纬 18°～34°的广大地区。中华猕猴桃和美味猕猴桃以年平均气温为 15～18 ℃的地区最为适宜，要求无霜期在 160 d 以上，可在极端最高气温为 42 ℃，极端最低气温为 －20.3 ℃的地区正常生长。猕猴桃的生长发育过程受气温控制。美味猕猴桃在气温升到 10 ℃以上时，芽开始萌动，15 ℃以上时开花，20 ℃以上时结果，秋末气温下降到 12 ℃以下时，开始休眠、落叶。冬季经 950～1000 h 低于 4 ℃的低温积累，就可满足休眠所需的温度。早春寒冷、盛夏高温、晚秋突然降温和早霜常影响猕猴桃的生长发育。猕猴桃在春季萌芽后，缓慢下降的低温对生长、开花、结果影响不大。而突然降温，即使温度下降到 －1.5 ℃持续 30 min，也会使花、幼果和新梢受冻。猕猴桃不耐高温，夏季气温在 30 ℃以上时，其枝、叶、果的生长量均显著下降；33 ℃时果实阳面即发生日灼，形成褐色至黑色的干疤。高温使受害叶片边缘干枯卷缩。晚秋突然降温和早霜首先危害果实，使晚熟品种不能完成生理后熟过程。在低温、霜害地区采用埋土防寒，可取得良好的效果。

**2. 光照**

多数猕猴桃种类喜半阴环境。在不同发育阶段对光照要求不同，幼苗期喜阴凉，怕阳光直射。移栽的幼苗需遮阴保墒。成年开花阶段需要充足的光照。但强光暴晒则易出现叶缘焦枯、果实日灼。猕猴桃是中等喜光性果树，喜慢射光，忌阳光直射。要求全年日照时长为 1300～2600 h，自然光照强度在

40%～45%为宜。光照长短取决于海拔、地理位置、地形。高山地区日照时数少；高原地区，光照充足，日照时数长；低洼谷地，日照时数减少。我国南方多雨地区，日照时数比北方少雨地区少。

**3. 水分**

猕猴桃喜潮湿，怕干旱，不耐涝。水分不足或过多均会影响猕猴桃的生命活动。适于年降水量为742～1865 mm，空气相对湿度为75%～86%的环境。成年猕猴桃渍水3 d左右，枝条、叶片萎蔫，继而植株死亡。一年生猕猴桃在生长旺季淹水1d后，也在1个月内相继死亡。中华猕猴桃在土壤含水量5%～6%时，叶片开始萎蔫，长期的积水会导致植株枯萎死亡。猕猴桃茸毛越密、色泽越深、蜡质层越厚，细胞越小、栅栏组织越发达、细胞越厚，抗旱能力也越强。不同优良株系之间抗旱能力有很大的差异。

**4. 土壤**

猕猴桃喜土层深厚、肥沃疏松、保水排水良好、腐殖质含量高的沙壤土。对土壤酸碱度要求不严，在pH为5.5～6.5酸性或微酸性土壤上生长最好，中性（pH为7.0）或微碱性（pH为7.8）土壤上也能生长，但幼苗期常出现黄化现象，生长速度相对缓慢。

**5. 风**

风对猕猴桃生长有一定的影响。春季干风可使枝条干枯；夏季干热风会使叶缘焦枯，叶片凋萎；大风常造成嫩梢折断，叶片破碎，果实擦伤。在多风地区应注意设置防风林。

总之，猕猴桃有“三喜”和“三怕”。“三喜”是喜温暖湿润、喜肥和喜光；“三怕”是怕旱涝、怕强风和怕霜冻，应选背风向阳、气候温暖、雨量充足、水源充足、灌排方便，土层深厚的地方建园。

**思考题**

（1）试总结猕猴桃的生长结果习性。

（2）优质猕猴桃对环境条件有何要求？

# 第三节　主要种类和品种

## 一、主要种类

猕猴桃又名阳桃、仙桃、毛桃、藤梨等，属猕猴桃科猕猴桃属植物，多年生落叶藤本果树。广义猕猴桃指猕猴桃科猕猴桃属的所有植物；狭义猕猴桃指猕猴桃属中的中华猕猴桃和美味猕猴桃。全世界现有猕猴桃属植物66个种，118个分类单位，除4个种外，其余均原产于我国。

**1. 中华猕猴桃**

中华猕猴桃（图20-6）又名光阳桃、软毛猕猴桃，大型落叶木质藤本。植株生长势较强。新梢密被灰白色茸毛，茸毛随枝条的成熟而脱落。一年生枝半木质化或木质化前呈绿色。成熟枝条为深褐色，皮孔凸出，髓片层状，为淡褐色，芽垫较小。叶片纸质，呈倒卵形或近圆形，基部心形，两侧对称，先端圆钝或微凹，叶面为暗绿色，叶背覆白色星状绒毛。雌花为单花，少数为聚伞花序，初开时为白色，后逐渐变为黄色。雄花为聚伞花序，每个花序有花2～3朵花，初开白色，后变黄色。果实为椭圆形，顶端较窄。果皮为褐色，密被褐色短茸毛，熟后易脱落，果皮光滑。梗端圆形，萼片宿存，果梗为绿色、褐色，稀被为浅黄色茸毛，长约2.2 cm。平均单果重60 g，味酸甜，汁多，质脆。果肉多黄色或黄绿色，香味淡，含酸量低。开花期为6月，果熟期为9—10月。果实贮藏期和货架期较短。

**图20-6　中华猕猴桃**

种子为深褐色，呈椭圆形，有凹陷网纹。多为二倍体。

目前，中华猕猴桃主要分布于横断山脉以东、秦岭以南的我国东南部地区，其自然分布海拔高度比美味猕猴桃约低 400 m，对低海拔丘陵地区的适应性较强。

图 20–7 美味猕猴桃

**2. 美味猕猴桃**

美味猕猴桃（图 20–7）又名木阳桃、毛阳桃、山梨子、硬毛猕猴桃。植株生长势强。新梢先端密被红褐色长糙毛。植株密被棕黄色硬毛，多年生枝茸毛脱落，但不易脱尽，且脱毛后残迹显著。成熟枝条为褐色，髓层状为褐色，皮孔稀，为白色，呈点状或椭圆状。冬芽不完全裸露，呈毛茸状。茎、叶柄被黄褐色长硬毛，毛落或留残迹。叶近圆形或长圆形，基部浅心形，较对称，先端呈圆形或微凹形。叶面深绿，无毛，主侧脉为黄绿色。叶背绿色，密被浅黄色星状毛和茸毛。雌花为白色，后变为黄色至杏黄色，花甚香，多为单花，少数为聚伞花序。雄花为聚伞花序，每个花序 3 朵花，少数为 2 朵花。果实为长圆形或椭圆形，被黄褐色长糙毛，不脱落。果皮为绿色或褐绿色，果点为淡褐绿色、椭圆形、中多。果顶窄于中部，萼片宿存。果柄为深褐色，无毛。平均单果重 60 g，可溶性固形物含量为 6.61%～17.00%，鲜果含维生素 C 较多，果肉多为绿色或翠绿色，色美味浓，品质较佳，果实较耐贮藏，可鲜食或加工，是猕猴桃栽培的主要品种，经济价值很高。自然分布于云贵高原到黄山为斜线的横断山脉以东、秦岭以南地区，对水分要求较高，在夏季高温干旱低海拔地区适应性较差。

**3. 毛花猕猴桃**

毛花猕猴桃（图 20–8）新梢为黄棕色，被乳白色或淡黄色茸毛。多年生枝为褐色，硬而粗，髓为片状，为白色。叶为厚纸质，呈椭圆形。叶面深绿色，有光泽，无毛。叶背为浅灰绿或白色。密被白色星状毛或茸毛。雌花聚伞花序，花为粉红色。子房近球形，为白色，密被白色短茸毛。果实为长圆柱形，密被白色长茸毛，果皮为绿色，果点为金黄色、密而小，平均单果重 25.4 g，果肉为翠绿色。主要分布于广东、广西、江西、湖南、福建、贵州等地，耐热性很强，且果实维生素含量高，为鲜食、加工兼用品种。

图 20–8 毛花猕猴桃

**4. 软枣猕猴桃**

软枣猕猴桃（图 20–9）多年生枝（老蔓）光滑、无毛，为浅灰褐色或深褐色，髓为片状褐色、浅灰色或红褐色，无毛。一年生枝为灰色、淡灰色或红褐色，无毛，间或疏生白色柔毛。皮孔呈长棱形，密而小，色浅。叶片呈椭圆形、长卵形、倒卵形，基部近圆形，阔楔形。叶缘锯齿密，近叶基部全缘，叶面为深绿色，有光泽、无毛，叶背为浅绿色或灰白色。雌花腋生，聚伞花序，每个花序有花 1～3 朵花，多为单生，子房上位，瓶状绿色。雄花腋生，为聚伞花序，每个花序有多朵花。果实为扁圆形或近圆形，单果重 4～9 g，最大单果重 27 g。未成熟果实为浅绿色、深绿色、黄绿色，近成熟果实为紫红色、浅红色。果顶圆、具喙。果肉为绿色，汁液多，味甜略酸。主要分布在云南、江西、辽宁、吉林、黑龙江、河南、河北、江苏、安徽、山东等地。果实风味好，但不耐贮藏。极耐寒，可耐 －39 ℃的低温。宜作加工和抗寒育种材料。

**5. 葛枣猕猴桃**

葛枣猕猴桃（图 20–10）嫩枝略有柔毛。髓为白色，实心。叶为膜质或纸质，呈宽卵形至卵状矩圆形，长5～14 cm，宽4.0～8.5 cm，顶端急渐尖至渐尖，基部为圆形或阔楔形，边缘有细锯齿，腹面为绿色，散生少数小刺毛，有时前端部变为白色或淡黄色，背面为浅绿色，沿中脉和侧脉多少有一些卷曲的微柔毛，有时中脉上着生少数小刺毛。叶脉比较发达，背面呈圆线形，侧脉约7对，其上端常分叉，横脉颇显著，网状小脉不明显。叶柄近无毛，长1.5～3.5 cm。每个花序1～3朵花、腋生，花序柄长2～3 mm，花柄长6～8 mm，花梗长5～15 mm，中部有节，均薄被微绒毛或光滑。苞片小，长约1 mm。花为白色，芳香，直径为2.0～2.5 cm。萼片5片，呈卵形至长方卵形，长5～7 mm，两面薄被微茸毛或近无毛；花瓣5片，倒卵形至长方倒卵形，长8～13 mm，最外2～3枚的背面有时略被微茸毛；雄蕊多数，花丝线形，长5～6 mm；花药为黄色，为卵形箭头状，长1.0～1.5 mm；子房瓶状，长4～6 mm，洁净无毛，花柱也多数，长3～4 mm。果实成熟时浆果为淡橘色，呈卵珠形或柱状卵珠形，纵径长2.5～3.0 cm，横径长约1 cm。无毛，无斑点，顶端有喙，基部有宿存萼片。种子长1.5～2.0 mm。花期为6月中旬至7月上旬，果熟期为9—10月。

图20-9　软枣猕猴桃

图20-10　葛枣猕猴桃

**6. 阔叶猕猴桃**

图20-11　阔叶猕猴桃

阔叶猕猴桃（图20-11）为大型落叶藤本。着花小枝为绿色至蓝绿色，一般长为15～20 cm，直径约2.5 mm，基本无毛。枝多幼嫩时，薄被微茸毛，或密被黄褐色茸毛，皮孔显著或不显著，隔年枝直径约为8 mm；髓为白色，片层状或中空或实心。叶坚纸质，通常为阔卵形，有时近圆形或长卵形，长为8～13 cm，宽为5.0～8.5 cm，最大可达15 cm×12 cm，顶端短尖至渐尖，基部浑圆或浅心形、截平形和阔楔形，等侧或稍不等侧，边缘具疏生的突尖状硬头小齿，腹面为草绿色或榄绿色，无毛，有光泽，背面密被灰色至黄褐色短度紧密星状茸毛，或较长疏松星状茸毛，侧脉6～7对，横脉显著可见，网状小脉不易见。叶柄长3～7 cm，无毛或略被微茸毛。花序为3～4朵花的大型聚伞花序，花序柄长2.5～8.5 cm，花柄长0.5～1.5 cm，果期伸长并增大，雄花花序远较雌性花的长，从上至下厚薄不均，被黄褐色短茸毛；苞片小，条形，长1～2 mm；花有香味，直径为14～16 mm；萼片5片，呈淡绿色，瓢状卵形，长4～5 mm，宽3～4 mm，花开放时反折，两面均被污黄色短茸毛，内面较薄；花瓣5～8片，前半部及边缘部分为白色，下半部的中央部分为橙黄色，长圆形或倒卵状长圆形，长6～8 mm，宽3～4 mm，开放时反折；花丝纤弱，长2～4 mm，花药卵形箭头状，长1 mm；子房为圆球形，长约2 mm，密被污黄色茸毛，花柱长2～3 mm，不育子房卵形，长约1 mm，被茸毛。果暗绿色，圆柱形或卵状圆柱形，长3.0～3.5 cm，直径2.0～2.5 cm，具斑点，无毛或仅在两端有少量残存茸毛；种子纵径2.0～2.5 mm。

图 20-12 异色猕猴桃

**7. 异色猕猴桃**

异色猕猴桃（图 20-12）小枝坚硬，干后为灰黄色，洁净无毛。叶坚纸质，干后腹面为褐黑色，背面为灰黄色，椭圆形、矩状椭圆形至倒卵形，长 6 ~ 12 cm，宽 3.5 ~ 6.0 cm，顶端急尖，基部阔楔形或钝形，边缘有粗钝的或波状的锯齿，通常上端的锯齿更粗大，两面洁净无毛，脉腋也无髯毛，叶脉发达，中脉和侧脉背面极度隆起，呈圆线形。叶柄长度中等，一般为 2 ~ 3 cm，无毛；花序和萼片两面均无毛；果较小，卵珠形或近球形，长 1.5 ~ 2.0 cm。

## 二、主要优良品种

**1. 中华猕猴桃**

（1）魁蜜（图 20-13）

魁蜜猕猴桃是江西省农业科学院园艺研究所培育的品种。中熟、鲜食、加工兼用品种。果实扁圆形，果皮为绿褐或棕褐色，茸毛短，易脱落；果大，平均单果重 130 g，最大单果重 150 g；果肉为黄色或绿黄色，质细多汁，酸甜味、浓有香味。树势中庸，幼树以中、短果枝蔓结果为主，盛果期后以短果枝蔓和短缩果枝结果为主。坐果率高，早果、丰产、稳产，嫁接苗定植后第 2 年挂果，第 3 年平均产量 5.0 ~ 5.5 kg/株，到第 5 年平均产量 17 kg/株。果实较耐贮藏，在冷藏条件下可贮存 4 个月以上。萌芽期在 3 月中旬到下旬，展叶期为 3 月下旬至 4 月上旬，开花期为 4 月下旬至 5 月上旬，9 月中下旬采收。抗风，耐高温。适宜于我国中南部地区栽培。

（2）金丰（图 20-14）

金丰猕猴桃是江西省培育的品种。果实为椭圆形，大而均匀整齐，果皮为褐绿或黄褐色，上被短茸毛，毛易脱落；落后果皮显得粗糙。平均单果重 88 g。果肉为黄色，质细多汁，味甜酸，微香。果实耐贮性稍差，鲜食、加工兼用品种，适宜做糖水切片罐头。树势较强，萌芽率为 49.4% ~ 67.0%，成枝率为 92.7% ~ 100.0%，以中、长果枝结果为主，果枝蔓连续结果能力强，无生理落果和采前落果现象。抗风，耐高温，适宜于山地棕壤土和丘陵红壤土栽培。

图 20-13 魁蜜

图 20-14 金丰

（3）早鲜（图 20-15）

早鲜猕猴桃是江西省农业科学院园艺研究所选出的早熟、鲜食、加工兼用品种。果实为圆柱形，整齐端正，外形美观，果皮为绿褐色或灰褐色，密被茸毛，毛不易脱落；平均单果重 83 g，最大单果重 132 g，纵径为 5.5 ~ 6.3 cm，横径为 4.7 ~ 4.8 cm。果肉为绿黄色或黄色，多汁、酸甜，风味浓，微有清香。果实较耐贮藏，常温下可存放 10 ~ 20 d，冷藏条件下可存放 4 个月以上，货架期为 10 d。树势生长旺，萌芽率为51.7%~67.8%，成枝率为86.1%~100.0%，结果枝率为91.3%~100.0%，以短缩果枝和短果枝结果为主，坐果率一般为75%，有采前落果现象，及时采收可避免。萌芽期为3月中旬，展叶期为3月下旬至4月上旬，开花期为4月下旬至5月上旬，果实8月中下旬至9月上旬成熟、采收。抗风、抗旱、抗涝性均较差，宜以调节市场和占领早期市场为目的，靠近城市小面积发展。

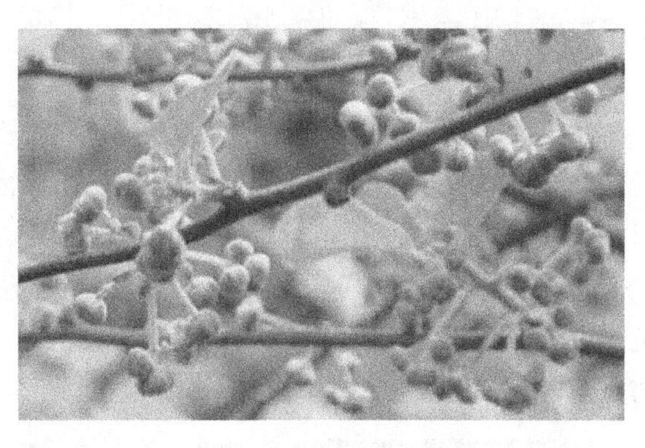

**图20-15　早鲜**

（4）武植3号（图20-16）

武植3号猕猴桃是中国科学院武汉植物园选育的中晚熟，鲜食、加工兼用品种。长枝先端具有逆时针缠绕性，能攀附于其他植物或支架上生长。新梢年生长量有时可达3 m以上，生长后期顶端自枯。根系带肉质性，主根不发达，侧根分布较浅而广，须根特别发达，不耐旱涝。一般栽植后3~5年开始结果。幼树达结果年龄后，一年生枝上极易形成花芽，除徒长性枝蔓外，其余枝条都可形成结果母枝，于第2年抽梢、开花、结果。长而壮的结果母枝从基部第2节~第3节开始，直到第20节以上的叶腋间都可形成混合芽，以中部混合芽抽生，结果新梢结果最好，15节以后结果新梢的发生率降低。雌雄异株植物，偶有雌雄异花同株的。形态上虽均为两性花，但雄株上的花小，子房退化而花粉多，雌株上的花大而雄蕊退化。雌花多单生于结果新梢的叶腋间，以2~6叶腋间居多。雌花授粉受精后一般都能着果，极少生理落果。每个结果新梢上可结2~5个果实。中、长果枝结果后常能成为第2年的结果母枝而连续结果。无论长、中、短结果枝，其上结果部位结果后，因叶腋中无芽而成为盲（芽）节。果实为椭圆形，果柄较短，果皮为暗绿色，被稀疏茸毛，平均单果重85 g，最大果重150 g；果肉为淡绿色，果心为黄色；较小。肉质细、汁多，风味浓，品质上等。含可溶性固形物为15%，还原糖为7.32%，糖酸比为8∶1，果肉维生素C含量为184.8 mg/100 g，常温贮藏1个星期开始变软。在武汉，萌芽期为3月上中旬，花期为4月中旬，果实为9月下旬、10月上旬。植株生长势强，萌芽率为53%，花枝率为83%，以花序结果为主，平均每个花序8朵花，有少量双子房连体花，三年生树产量为15~17 kg/株。早果、丰产稳产、大果、优质。适应性和抗旱性强，比较抗病，耐渍性弱，可以在中部浅山区推广，不宜在平原地区发展。

**图20-16　武植3号**

（5）金桃（图20-17）

金桃是中国科学院武汉植物园从中华猕猴桃野生优良单株武植6号单系中选出的芽变黄肉猕猴桃新品种。植株生长势较强。嫩梢底色为绿灰，有白色浅茸毛；一年生枝为棕褐色，皮光滑无毛；多年生枝为深褐色或黑色。皮孔纵裂有纵沟。叶片中等大小，质地厚实，叶色浓绿。叶片正面为深绿色，蜡质多，有光泽；叶片背面为浅绿色，白色茸毛。叶阔为椭圆形。叶柄向阳面为红色，背阴面为浅绿色，有浅茸毛。花多为单花，少数为聚伞花序，萼片6枚，为绿色瓢状。树势中庸，萌芽率高，成枝力强，雌花着生在第1~第7节上，除1年生枝坐果率高外，多年生枝也能结果，以中、短果枝结果为主，单花结果占80%以上。幼苗定植后第2年始果，进入盛果期早，丰产、稳产，一般管理条件下产量在1500 kg/亩左右。果实为长圆柱形，果皮为黄褐色或绿褐色，果面光洁，果顶稍凹，外观好。平均单果重82 g，最大单果重121 g，果心小而软，果肉为金黄色，熟后肉质细嫩、脆，汁液多，有清香味，种子少，风味酸甜适中，可溶性固形物含量为18.0%~21.5%，鲜果维生素C含量为147~152 mg/100 g。风味浓甜，品质上等。在武汉9月中下旬采果，常温下可贮藏 40 d 左右。抗病虫能力强。

（6）华光 2 号（图 20-18）

华光 2 号猕猴桃由河南省西峡县林科所选育。果实为卵圆形，果皮为褐色，大小均匀，平均单果重 60 g，最大单果重 114. 5 g；果纵径为 5. 1 cm，横径为 4. 3 cm；果肉为浅黄色，汁多，香气浓，味甜酸适口；熟果含可溶性固形物为 13%，总酸为 1. 24%，总糖为 6. 51%，果肉维生素 C 最低含量为 116 mg/100 g。9 月中旬成熟。树势中等，以中、短果枝结果为主，丰产性好，盛果期产量为 1000 ~ 1500 kg/亩，抗寒、抗旱性较强，果实抗日灼较差，适合在长江以北及黄河中、下游的丘陵、低山区栽培，平原栽培要套袋防日灼。

**图 20-17　金桃**

**图 20-18　华光 2 号**

（7）金早（图 20-19）

**图 20-19　金早**

金早猕猴桃是中国科学院武汉植物园选育。株型紧凑，树势中庸，叶片较小，呈倒卵形，半革质，叶色淡绿，老叶为绿色。雌花着生节位低，雄蕊无授粉能力，以中短果枝结果为主。果实为长卵圆形，果皮为黄褐色，果顶突出，中轴胎座小。平均单果重 102 g，最大单果重 159 g。果肉为黄色，汁多味甜，清香，品质佳。维生素 C 含量为 1240 mg/kg，总酸含量为 17 g/kg，可溶性固形物含量为 13. 3%，总糖含量为 5. 1%。嫁接苗定植第 2 年有 76% 的植株开花结果，最高产量为 4. 5 kg/株，5 年后进入盛果期，产量 15. 5 t/$hm^2$。在武汉，3 月上中旬萌芽，4 月底始花，8 月中旬果实成熟。为优良鲜食雌性品种，是弥补市场空缺的优良早熟品种。

（8）金霞（图 20-20）

**图 20-20　金霞**

金霞是中国科学院武汉植物园选育。为雌性品种。树势健壮，多年生枝为灰褐色，一年生枝为暗红褐色，皮孔呈圆柱形。芽近圆形，呈黄褐色，芽眼不外露。叶为椭圆形、浓绿色、厚、纸质，叶缘为单锯齿，叶背为浅绿色，布有细茸毛，叶柄为黄褐色。雌花聚伞花序，每个花序多有 3 朵小花。果实近圆柱形，平均单果重 85 g，最大单果重 134 g。果皮为灰褐色，果顶微凸，密被灰色短绒毛，果部平。果心小，果肉为淡黄色，汁多味甜，维生素 C 含量为 1100 mg/kg，可溶性固形物含量为 15. 0%，总糖含量为 7. 4%，有机酸含量为 0. 95%，总氨基酸为 0. 603%，品质上等。生长势健壮，萌芽率为 48. 0%，成枝力较强，以长果枝、中果枝结果为主，嫁接苗定植后的第 2 年始果，盛果期最高产 80 kg/株，连续结果能力强，丰产、稳产。在武汉地区，3 月 2— 6 日萌芽，4 月 17 日左右始花，9 月中下旬果实成熟，11 月下旬至 12 月初落叶。在武汉 9 月中下旬成熟，是中华猕猴桃中耐贮性强的品种，果实适于鲜食与加工。抗逆性强，适应性广，尤其对高温、干旱、短时间的渍水抗性较强。新梢抗风害能力较其他中华猕猴桃品种强，抗叶蝉危害能力中等。

（9）金艳（图 20-21）

金艳猕猴桃为优良鲜食雌性品种。从毛花猕猴桃和中华猕猴桃杂交后代中选育出的新品种。树势强旺，枝梢粗壮。果长为圆柱形，平均单果重 101 g，最大果重 141 g，美观整齐，果皮为黄褐色，少茸毛。果肉为金黄，果实中可溶性固形物平均含量为 16%，最高可达 19.8%；含酸量为 0.86%~1.55%，糖酸比为 10.5∶18，维生素 C 含量高达 1055 mg/kg，肉质细嫩多汁，风味香甜可口，营养丰富。果实软熟前硬度 18.0~20.9 kg/cm$^2$，特耐贮藏，在常温下贮藏 3 个月好果率仍超过 90%。嫁接苗定植的第 2 年开始挂果，在高标准建的情况下，第 3 年产量可达到 1000 kg/亩，第 4 年进入盛果期，产量 2500 kg/亩。

（10）磨山 4 号（国家审定品种）（图 20-22）

磨山 4 号中华猕猴桃雄性品种，株型紧凑，节间短，长势中等，一年生枝为棕褐色，皮孔突起，较密集，叶片肥厚，叶色浓绿富有光泽，半革质。普通中华猕猴桃雄花为聚伞花序，2~3 朵花，而磨山 4 号多为多聚伞花序，每个花序有 3~6 朵花，花期比其他雄性品种花期长，约 10 d。花萼为 6 片，含花瓣 6~10 片，花径可达 4.0~4.3 cm，花药为黄色，平均每朵花的花药数为 59.5。在武汉，花期为 4 月 25 日—5 月 15 日，落叶期为 12 月上旬左右，抗病虫能力强。

**图 20-21　金艳**

**图 20-22　磨山 4 号**

（11）怡香

怡香由江西省农业科学院园艺研究所选育。嫩枝为绿色，被有锈色茸毛。一年生枝为灰褐色，皮孔圆形，较小而密。叶片为心脏形，先端短突尖，基部重叠少许，叶缘微波状，半革质，浓绿色，较厚，有光泽，叶肉在叶脉间隆起，叶面不平展，花单生或呈聚伞花序，花绽蕾前为桃红色，开放时为白色，谢花时为浅橘黄色；花萼为 6~10 片，多为 6~8 片；花为 6~12 瓣，多为 6 瓣，瓣顶多有缺刻。生长势较强，幼树生长量大，三年生植株的新梢生长量可达 4 m 以上，一年发枝 2~3 次。2~5 年生植株的萌芽率为 52.1%~81.3%，成枝率为 88.9%~100.0%，结果枝率为 87.5%~96.7%，幼树 1、2、3 次枝均可成为良好的结果母枝。幼树以长果枝结果为主，六年生后则以长果枝和短缩果枝结果为主，果枝连续结果能力强。花着生在果枝的第 1 节~第 7 节上，长果枝多着生花序，中、短果枝的花多单生。自然授粉单花坐果率为 64.3%~82.4%。结果早，较丰产、稳产，定植后一般第 2 年开始结果，4~5 年生树产量可达 15 000~18 000 kg/hm$^2$。果实圆柱形，表面茸毛稀少，较光滑。果皮呈绿褐色，较薄，易碰伤。果基部浅平，微波状，果肩对称，果顶圆，顶洼平，少有小喙。果实较大，纵径为 5.14~5.18 cm，横径为 4.72~5.38 cm，侧径为 4.47~5.09 cm。单果重果重 152~174 g。果肉为黄绿色或绿黄色，质细多汁，可溶性固形物含量为13.5%~17.0%，总糖含量为9.8%，总酸含量为1.21%，含维生素C为784 mg/100 g，酸甜适口，香气浓，品质上等。果实较耐贮运，采收后在20~25 ℃的室温下可存放10~15 d。在江西南昌市郊，3月中旬、下旬萌芽，3月下旬至4月上中旬展叶，花期为5月初至5月上旬末，持续时间为5~7 d，9月初至9月中旬成熟，11月中旬开始落叶。

（12）丰蜜晓

丰蜜晓猕猴桃由江西省奉新县畜牧水产局和农业局选育。猕猴桃果实为圆柱形，果皮为浅黄色，大小整齐，单果重87.0~93.6 g，最大单果重132 g，商品率为97%；果纵径为6.5~7.5 cm，横径为3.5~4.5 cm；果肉为绿色或浅绿色，多汁，香气特浓，甜酸适口。熟果含可溶性固形物为15.9%~17.45%，总糖为9.1%~12.5%，总酸为1.38%~1.58%；果肉中维生素C的含量为142.9~174.7 mg/100 g。9月底至10月初成熟。树势中等，以中、短果枝结果为主，丰产性好，盛果期产量为1500~2000 kg/亩，抗逆性中等，果实抗日灼性一般，适合在长江中、下游的丘陵、低山区栽培。

**2. 美味猕猴桃**

（1）秦美（图20-23）

秦美由陕西省果树研究所选育。它是我国推广栽培面积最大的品种。平均单果重102.5 g，最大单果重204 g，果实纵径约7.2 cm，横径约6.0 cm。果实近椭圆形，果皮为褐色，果肉为绿色，肉质细嫩多汁，有香味。可溶性固形物含量为10.2%~17%，鲜果中维生素C含量高，品质优良。果实采收期为10月下旬至11月上旬。耐贮藏。以中、长果蔓结果为主，结果枝多着生在结果母枝的第5节~第12节。结果早，丰产、稳产。抗逆性强，适应性广，适宜pH为6.5~7.5的壤土及沙土条件下栽培。早果性、丰产性、抗逆性、抗寒性、耐瘠薄性和耐土壤碱性等居所有品种之首。它是我国北方半干旱地区最受欢迎的一个品种。

（2）海沃德（图20-24）

海沃德猕猴桃是新西兰品种，是各猕猴桃种植国家的主栽品种。20世纪80年代由日本引入我国，在陕西、四川、湖北、河南等省栽培。树势生长旺，发枝力强，以长果枝蔓结果，结果枝蔓多着生在结果母枝蔓的第5节~第12节上。花期晚，进入结果期迟，一般第4年进入结果期，丰产性差，有大小年现象。果实近椭圆形，果皮为绿褐色，侧面稍扁，果面密被细丝状毛，果肉为绿色，致密均匀，果心小，香味浓。平均单果重80 g，最大单果重150 g。可溶性固形物含量为12%~15%，鲜果肉中含维生素C 50~76 mg/100 g。果实11月上旬成熟。果品货架期、耐贮性名列所有品种之首。抗风性较差。在武汉发现有蔓肿病。主栽地区可适当发展，调节市场供应。

**图20-23 秦美**

**图20-24 海沃德**

（3）金魁（图20-25）

金魁原名鄂猕猴桃1号，由原湖北果树茶叶研究所培育。树势健壮，以长果枝蔓结果为主，结果枝蔓多着生在结果母枝的第5节~第14节，以第7节~第9节多见。早期修剪宜轻剪长放，或采用促花、促果措施，促进早结果。果实整齐，平均单果重 100 g，最大单果重 175 g。果实近圆柱形至短柱形，果面具棕褐色茸毛，稍有棱，果皮较粗糙，为褐黄色，被硬糙毛，毛易脱落。果肉为翠绿色，可溶性固形物含量为 18.0%～21.5%，总糖含量为 13%～16%，总酸含量为 1.6%～1.8%，酸甜适口，具清香。果实 10 月下旬至 11 月上旬成熟。在长江流域栽培表现较好，其早果性、丰产性优于海沃德。其适应性强，丰产、稳产，是当前国内选出的耐贮品种。

（4）哑特（图 20-26）

哑特猕猴桃又名周园 1 号。陕西省周至县猕猴桃试验站选育的晚熟、鲜食品种。树势强健，以中、长果枝蔓结果为主，结果枝蔓多着生在结果母枝蔓的第 5 节～第 11 节。结果稍迟。果实为短圆柱形，果皮为褐色，密被棕褐色糙毛。平均单果重 87 g，最大单果重 127 g。果肉为翠绿，果心小。果实在 10 月下旬成熟。抗逆性强，耐旱、耐高温，耐瘠薄。适合我国北方干燥气候地区栽培。

图 20-25　金魁

图 20-26　哑特

（5）徐香（图 20-27）

徐香猕猴桃是江苏省徐州果园从海沃德实生苗中选出的。果实为圆柱形。果形整齐一致。果皮为黄绿色，被黄褐色茸毛，皮薄，易剥离；果实纵径为 5.8 cm，横径为 5.1 cm，平均单果重 80 g，最大单果重 137 g；果肉为绿色，汁多，酸甜适口，有浓香，鲜果肉含维生素 C 为 99.4～123.0 mg/100 g，可溶性固形物含量为 13.3%～19.8%，含有机酸为 1.42%。10 月上、中旬果实采收。果实采收期长，无采前落果现象。采后在常温下可存放 10 d 左右，在 0 ℃的冷库中可放 100 d。初期以中、长果枝蔓结果为主，盛果期以后以短果枝蔓和短缩果枝蔓结果为主。早期修剪时注意轻剪长放，中、后期重剪促旺。结果性和丰产性优于海沃德，但贮藏性和货架期不及海沃德。

图 20-27　徐香

（6）红阳（图 20-28）

红阳猕猴桃由四川苍溪从自然杂交植株中选育。树势旺，萌芽、成枝力强。夏梢生长旺，长达 3 m，枝径一般在 3 m 以上，多数是翌年的结果母枝。果实中等大、整齐，平均单果重 68.8 g，最大单果重 87.0 g。果实为圆柱形，平均纵径为 4.2 cm，横径为 4.0 cm，果皮为绿褐色。果肉为紫红色，沿果心呈放射状条纹，果汁多，香味浓，口感好。可溶性固形物含量为 16%，含总糖为 8.97%，含有机酸为 0.11%，鲜果肉中含维生素 C 为 250 mg/100 g，品质上等。鲜食、加工品质均佳，耐贮性较强。芽萌动期为 3 月上旬，开花期为 4 月下旬，果实成熟期为 9 月上旬。耐寒、耐瘠薄、抗褐斑病、叶斑病，容易栽培，适应范围广。

图 20-28 红阳

(7) 徐冠

徐冠猕猴桃由江苏省徐州市果园从海沃德中选育。果实为长圆锥形，果皮为黄褐色，皮薄易剥离。平均单果重 102.0 g，最大单果重 180.5 g，果实纵径为 7.5 cm，横径为 5.5 cm。果肉为翠绿色，质细汁多，酸甜适口，有香气，果肉中含维生素 C 107～120 mg/100 g。含可溶性固形物为 12%～15%，有机酸为 1.24%。果实耐贮藏，在室温为 12～14 ℃，相对湿度为 75% 条件下可贮存 32 d，果实采收期和后熟期比海沃德早。萌芽期为 3 月下旬，展叶期为 4 月上旬，花期为 5 月中旬，果实采收期为 10 月中旬。采前有落果现象。结果初期以徒长性长果枝和长果枝结果为主，结果枝平均着生花 3.3 朵。多为单花。嫁接后第 3 年挂果，第 4 年平均产量为 22.5 kg/株。树势强健，丰产性超过海沃德。

(8) 秦翠

秦翠猕猴桃是陕西省果树研究所和陕西省周至猕猴桃试验站联合选出，为晚熟鲜食加工兼用品种。果实长椭圆形，平均单果重 75 g，最大单果重 95 g，果皮为褐绿色，密被糙毛。果肉为翠绿色，酸甜多汁。果实于 10 月底至 11 月初成熟，耐贮藏。鲜食加工兼用品种。以短果枝蔓结果为主，成枝蔓率为 33.3%，坐果率为 96.9%。

(9) 贵长（图 20-29）

贵长为贵州省培育品种。鲜食加工兼用品种。果实长圆柱形，果皮褐色，被有灰黄色长茸毛。果实纵径为 8.3 cm，横径为 5.0 cm，平均单果重 78 g。果肉为绿色，质细，汁液较多，鲜果肉中含维生素 C 为 113.4 mg/100 g；含可溶性固形物为 16%，总酸为 1.45%，酸甜适度，清香可口，品质优。树势，新梢生长旺，丰产性能好，嫁接后第 2 年挂果，平均产量为 5.6 kg/株。在贵阳，萌芽期 3 月中旬，展叶期 3 月下旬，花期 5 月中下旬，果实成熟期 10 月下旬至 11 月上旬。适应强，耐干旱，是贵州省主栽品种。

(10) 川猕 1 号（图 20-30）

川猕 1 号是四川省苍溪县培育品种。果实为椭圆形，皮浅为棕灰色，易剥离，被有糙毛。果实整齐，平均单果重 75.9 g，纵径为 6.5 cm，横径为 4.7 cm。果肉为翠绿色，质细多汁，鲜果肉中含维生素 C 为 124.2 mg/100 g，含可溶性固形物为 14.2%，总酸为 1.37%，甜酸味浓，有清香。果实常温下可贮藏为 15～20 d。树势强健，萌芽率为 74.2%，成枝率为 87.1%～100.0%。结果枝在结果母枝上第 5 节～第 18 节着生，花序产生于结果枝第 1 节～第 7 节上，坐果率在 80.1% 以上。嫁接苗定植后第 2 年挂果，盛果期产果为 15～18 t/hm$^2$。在四川，萌芽期为 3 月上旬，花期为 5 月下旬，果实成熟期为 9 月下旬。

图 20-29 贵长

图 20-30 川猕 1 号

（11）华美 2 号（图 20-31）

华美 2 号猕猴桃由河南省西峡猕猴桃研究所选育。果实为长圆锥形，果皮为黄褐色，平均单果重 112 g，果肉为黄绿色，肉质细嫩多汁，富有芳香。可溶性固形物含量为 14.6%，鲜果肉含维生素 C 50 ~ 76 mg/100g。耐贮性强，果实货架期长。该品种生长势中庸，以长果枝结果为主，结果枝多着生在结果母枝的第 5 节 ~ 第 12 节，但早熟性、丰产性较差。

此外，中华猕猴桃雄性品种有郑雄 1 号、厦亚 18 号等；美味猕猴桃雄性品种有马图阿、陶木里、周 201 等。

图 20-31　华美 2 号

**3. 观赏猕猴桃**

（1）江山娇（图 20-32）

江山娇观赏猕猴桃是从中华和毛花杂交 1 代中选育的观赏、鲜食兼用的品种。树势强旺，花色艳丽，为玫瑰红色，花瓣为 6 ~ 8 瓣，花径为 4.5 cm。果实扁圆形，平均单果重 25 g，最大单果重 39 g，果肉为翠绿色，质细，维生素 C 含量高达 814 mg/100 g，可溶性固形物含量为 14% ~ 16%，总糖含量为 10.8%，有机酸含量为 1.3%。1 年开花为 5 次，花期一般为 7 ~ 10 d/次，最长可达 20 d/次。在武汉，第 1 次开花始花期为 5 月 4 号，终花期为 5 月 15 号左右。第 1 次开花结果后，结果母枝又抽出新的结果枝，1 年内不断现蕾、开花、结果，花果同存，果实比毛花大。可作为长廊、围篱等园林绿化树种，可培养成多种树形，美化环境。适应性广，抗性强。

（2）超红（湖北省审定品种）（图 20-33）

超红是从毛花和中华杂交 1 代中选育的观花品种。树势强旺，花色艳丽，为玫瑰红色，花冠大，花量大，花粉多而芳香，花期长，1 年开花 4 次以上，1 年中首次开花从大约 5 月 7 日开始，至 5 月 30 日终花，历时 23 d。随后 6、7、8 月相继开花。花枝率高达 96%，花量大，为聚伞花序，每个花序有花 5 ~ 11 朵花，花瓣为 5 ~ 10 瓣，花径为 4.8 cm（毛花花径为 4.0 cm）。超红枝条蔓性强，可根据园林用途进行多种造型。装饰围篱可设计为扇形、双臂双层树形；装饰长廊可培养成单主干双（多）主蔓大棚架树形，生长季节花团景族，既可供人歇足休息，又可欣赏风景，是庭院及园林长廊绿化的优良树种。

图 20-32　江山娇

图 20-33　超红

## 思考题

猕猴桃种类有哪些？当前生产栽培的猕猴桃的优良品种有哪些？识别时应把握哪些要点？

## 第四节 猕猴桃无公害栽培技术要点

### 一、规范树形，单枝上架

猕猴桃选用T形棚架，定植后当年平茬，在距架面下20～30 cm处摘心，选留2个生长健壮的枝条于架下相交后固定在中心铁丝上，培养成2个骨干枝，其上每隔30～50 cm培养1个结果母枝，超出架面任其下垂。高接换头和多主蔓成龄树也要按T形架逐步改造。

### 二、增施有机肥，合理追肥

**1. 增施有机肥**

农家肥经堆沤后混入过磷酸钙50～75 kg/亩、碳铵40～50 kg/亩作为基肥施入。幼园施2000～2500 kg/亩，成龄园施4000 kg/亩以上。果园种植毛叶苕子和修建沼气池，沼渣结合灌溉施入果园。

2. 合理追肥

猕猴桃全年追肥3～4次。萌芽前，以氮肥、磷肥为主，施尿素10～15 kg/亩，过磷酸钙20～30 kg/亩。果实膨大期，早熟品种6月下旬，晚熟品种7月上旬，选用硫酸钾复合肥（含量各15%的三元复合肥）35 kg/亩。生长季节，结合打药喷3～4次钙、铁、锌等微量元素叶面肥，杜绝使用膨大剂。

### 三、定量挂果，确保优质

**1. 人工授粉**

人工授粉在雄花含苞待放时将其采摘，取其雄蕊，放置于25 ℃的恒温干燥条件下，经24 h后收集花粉。雌花开放后，以上午9—11时、下午15—17时为最佳授粉时间。可采用点花、喷花、喷雾等方法。

**2. 疏花、疏果**

每枝留果3～5个，分3次完成，达到每株留果350～400个，叶果比为（8～9）：1。

**3. 果实套袋**

花后10～15 d喷1次杀菌剂后及时套袋，成熟前15～20 d摘袋上色。

### 四、生物防治，控制病虫

**1. 病害防治**

3—4月分别用3%～5%的石硫合剂全园喷雾，防治溃疡病；用100～150 mg/L的农用链霉素或5%的菌毒清水剂500倍，防治细菌性花腐病。用40%的多菌灵1000倍液喷雾防治黑斑病。

**2. 虫害防治**

（1）茶翅蝽、麻皮蝽

摘除或抹杀叶背卵块。5月底在果园悬挂趋避剂，用烟熏杀。

（2）斑衣蜡蝉、大青叶蝉

早春抹杀枝条阴面上的卵块。幼虫大量发生期可喷绿色功夫2000倍液。

（3）桑盾蚧

冬季或早春可用破抹布或竹刷抹杀枝干上的成虫，若为虫卵孵化盛行期用0.5%的苦烟水剂800～1000倍液等喷雾主干和枝干。

（4）小薪甲和白星花金龟子

用2.5%的绿色功夫2500倍液喷雾。

（5）红蜘蛛

用1.8%的阿维菌素乳油液喷雾。落叶后结合冬剪去除带桑盾蚧、叶蝉卵及溃疡病等病虫的枝条，集中烧毁，并喷3%~5%的石硫合剂，彻底清洁果园。

**思考题**

猕猴桃无公害栽培技术包括哪几个方面？

## 第五节 关键栽培技术

### 一、繁殖技术

**1. 嫁接**

主要采用单芽片腹接、单芽枝腹接等方法。猕猴桃培育砧木苗主要注意出苗前后进行覆盖和遮阴。

（1）单芽片腹接（图20-34）

单芽片腹接春夏秋季采用，2月成活率及萌芽率较高。当砧木嫁接部位直径达0.5 cm以上时嫁接。其程序是削芽片、切砧木和嵌芽片及包扎。削芽片：在接芽下约1 cm处，以45°斜切到接穗直径的2/5处，再从上方约1 cm处，沿形成层往下纵切，略带木质部，直到与第1刀底部相交，取下芽片，全长2~3 cm。切砧木：在砧木离地面5~10 cm处，选择光滑面，按削芽片同样方法切削，使切面稍大于接芽片。嵌芽片及包扎：是将芽片嵌入砧木切口对准形成层，上端最好稍露白，用塑料薄膜带捆绑，露出接芽及叶柄即可。

（2）单芽枝腹接（图20-35）

单芽枝腹接春、夏、秋也可采用。早春应在猕猴桃伤流期前20~30 d进行。砧木长为0.6~1.5 cm。接穗切带1个芽的枝段，从芽的背面或侧面选择1个平直面，削长为3~4 cm，深度以刚露木质部为度的削面。在其对应面削50°左右短削面。砧木于离地面为10~15 cm处，选较平滑一面，从上向下切削，并将削离的外皮保留1/3切除。插入接穗，用塑料薄膜条包扎，露出接穗芽即可。

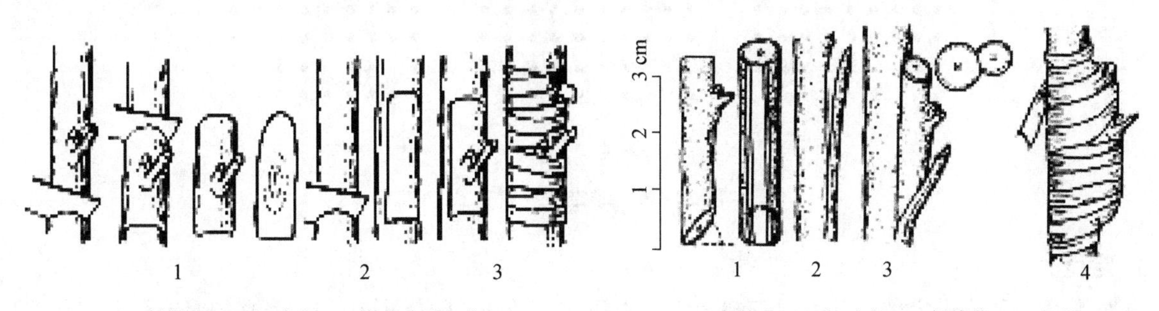


1. 削芽片 2. 切砧木 3. 嵌芽片及包扎

**图20-34 单芽片腹接**

1. 削接芽 2. 切砧木 3. 插接芽 4. 包扎

**图20-35 单芽枝腹接**

**2. 扦插**

（1）硬枝扦插

硬枝扦插一般在伤流期前进行。插条选健壮且腋芽饱满，粗为0.4~0.8 cm的一年生枝。插条亦可在冬剪时采集，如不能立即扦插，可行沙藏。插前剪成带有2~3芽的枝段，下部靠节下平剪，上部距芽上为1~2 cm处剪断，剪口平滑，并用蜡密封。插条基部用β-吲哚乙酸（IBA）5000 mg/L浸蘸5 s。

（2）嫩枝扦插

嫩枝扦插在生长季进行。选当年生半木质化枝条作插穗，长度随节间长度而定，一般2~3节。距上端芽1～2 cm处平剪，并留1片或半片叶，下端紧靠节下剪成斜面或平面，并用IBA 200 mg/L处理。扦插后灌水，以后床土不要供水过多，生长期间注意喷水，保持相对湿度在90%左右，土温为20～25 ℃。气温过高，喷水降温，或揭开部分塑料薄膜通风降温。逐渐增加通风次数，延长揭薄膜时间，锻炼幼苗1.5～2个月后，将薄膜全部揭去，放在冷室，保持一定湿度，翌春定植。

## 二、建园技术

### 1. 园址的选择

猕猴桃选择交通方便，靠近水源，无严重土壤污染、水源污染和空气污染的地区。山地要尽可能选择比较平坦的缓坡地，坡度小于25°。坡向选择南坡或东南坡等避风向阳的地方，不宜选在山顶或其他风口上。平地园地应选择交通方便、地势平坦、土壤肥沃、有灌溉条件的地方。园地环境条件要求年均气温在12 ℃以上，极端最低温度不低于－16 ℃，年降水量在1000 mm以上，空气相对湿度≥70%，土层深厚、有机质含量在1%以上、pH为6.5～7、地下水位在1 m以下的轻壤土、中壤土或沙壤土地块建园。

### 2. 苗木的要求

苗木选择品种纯正，雌雄株配套，比例适当，生长充实（节间长度适当、皮色鲜亮、髓小、芽眼饱满、具有6个以上饱满芽），健壮，无检疫性病虫害；根系发达，根茎粗0.8 cm以上；主侧根系5条以上，长度为15～20 cm；副侧根在5条以上，长度在15 cm以上。同时要求抗病力强、品质好、商品性好的品种。中华猕猴桃品种使用中华猕猴桃或美味猕猴桃作砧木，美味猕猴桃品种使用美味猕猴桃作砧木。

### 3. 授粉树的配置

猕猴桃是雌雄异株果树，定植时必须配置授粉树，主栽品种与授粉品种比例为1∶(5～8)，雌雄株距离不应超过8～9 m（图20-36）。授粉树选择花期能与雌株相遇、花量多、花期长的雄株品种。

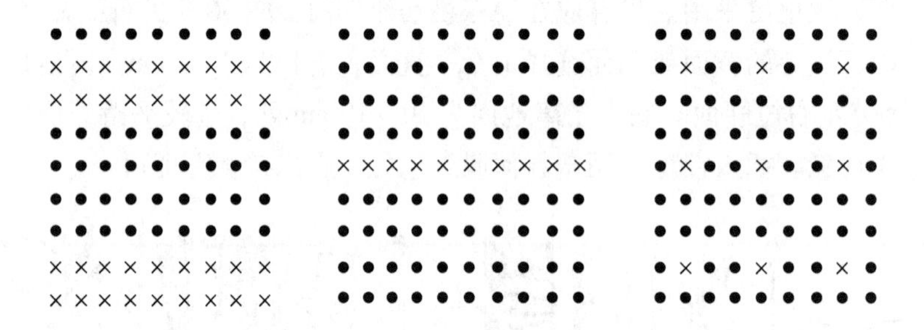


图20-36 雌雄株配置方式

### 4. 定植

猕猴桃春、秋皆可定植。北方以春栽为宜。春季定植在4月—5月中旬，秋植在10月上中旬。定植行株距大棚架为4 m×4 m，T形架为（3.5～4）m×（2.5～3）m，为篱架3 m×3 m。高垄可在30 cm垄上栽植。定植时，每个穴施入腐熟有机肥20 kg，每个穴过磷酸钙1 kg，埋土后轻轻踏实。为加速培育主干、增加主干牢固性，在定植时需立支柱绑缚新干，使其垂直向上迅速生长。定植后在苗的周围插上带叶枝条覆盖，使透光率在30%左右。或在行间靠近苗木播种生长迅速的高秆作物，春、夏季利用其枝、叶、茎秆遮阴。秋季间作物枝叶干枯后，小树暴露在全光照之下生长，有利越冬。春季风大地区，定植后将苗按倒用土盖上，发芽时除去覆土；或用塑料薄膜覆盖，发芽时剪洞将枝条露出。秋栽苗木栽后埋土越冬。

## 三、整形修剪技术

（1）架式

猕猴桃架式主要有篱架（单、双）、棚架（平顶、倾斜）及T形小棚架。棚架基本与葡萄相同。篱架高为1.8～2.0 m，架距为4～6 m，架上牵引3道铁丝，第1道铁丝距地面60 cm，以上间隔为60～70 cm设第2、第3道铁丝。T形小棚架架高1.8～2.0 m，架距3～4 m，架顶横梁宽1.5～2.0 m，在其上拉3～5道铁丝。在支柱上从地面向上相距60～70 cm拉2道铁丝。前3～5年内以篱架为主，同时培养棚架，当架面布满后，逐步淘汰篱架部分，最终形成T形架。

（2）整形

篱架可用多主蔓扇形、双臂双层水平形或双臂三层水平形；平顶大棚架是T形小棚架的扩大，整形方法基本相同，只是主蔓稍多。T形小棚架采用三层水平形，其整形过程是：苗木在2根支柱中间定植后留3～5个饱满芽短截。春季选留3个生长健壮新梢直立绑缚，分别培养成主干和第1层铁丝上2个主蔓。培养第1层主蔓新梢达到一定长度后绑缚到第1层铁丝的两边。培养主干新梢长到超过第2层铁丝以上时摘心，培养出棚架上的第2层，用同样方法可培养出棚架上的第3层，第3年不培养主干。棚架形成后，篱架逐渐失去结果能力，一般4～5年后，逐步疏除第1层、第2层主蔓。

（3）冬季修剪

猕猴桃冬季修剪在落叶后到伤流期进行。对1～2年生树，冬剪主要以轻剪长放为主；3～4年生树，以轻剪并辅以短截为主；第5年以后，篱架猕猴桃主要以轻重短截及疏枝为主；猕猴桃T形小棚架，除作为绑缚在架面上结果母枝以中度短截为主外，其余枝可行较重短截或疏除。冬季修剪主要掌握留枝量、修剪长度和枝蔓更新3项技术。留枝量可根据架式确定。篱架保持健壮结果母枝50～60个/株，就是30～45 cm留1结果母枝，留结果母枝3个/$m^2$。T形小棚架保留16～20个达到架面的结果母枝，就是每30～50 cm留1结果母枝。猕猴桃结果母枝有效芽数大致保持在30～35个/$m^2$。修剪长度是结果母枝剪留长度（芽数），根据架式、品种结果习性、枝梢用途、树龄树势、结果母枝强弱和枝芽负载量等因素综合确定。一般篱架结果母枝留2～8个芽短截；T字形小棚架时，对缚于棚面上的结果母枝留14～20个芽短截，其余枝留2～8个芽后短截或疏除。枝蔓更新主要根据被更新枝条的生长状况而定。若母枝基部有生长充实健壮的新枝，可将结果母枝回缩到健壮部位；若结果母枝生长过弱或其上分枝过高，冬剪时，可依据具体情况截缩到适合位置。更新结果母枝，一般每年对全树1/3左右的结果母枝进行更新，尤其对棚面上母枝尤为重要。通过对结果母枝逐年更新，使其保持健壮的生长姿势和较固定的结果部位，实现丰产、稳产。

总之，猕猴桃雄株冬剪主要疏除细弱枝、枯死枝、扭曲缠绕枝、病虫枝、交叉重叠枝、过密枝和不必要的徒长枝。轻截生长枝，充实各次枝。短截留作更新徒长枝、发育枝。回缩多年生衰老枝。

## 四、病虫害防治

猕猴桃病虫害主要有猕猴桃溃疡病和根结线虫病。猕猴桃溃疡病应采用农业防治为主，化学防治为辅的综合防治方法。

**1. 农业防治**

选用抗病品种，加强肥水管理，提高综合抗病能力，适时修剪和绑缚，剪除病枝蔓叶，集中烧毁。

**2. 化学防治**

在萌芽前用3%～5%石硫合剂或0.7∶1∶100倍的波尔多液，也可用农用链霉素液喷雾。3月初和9月中旬，用3%的可菌康（中生菌素）可湿性粉剂600～800倍液，或80%的代森锰锌可湿性粉剂600～800倍液。枝蔓上流菌脓时，用30%的二元硫铜悬乳剂20倍液，或50%的代森铵水剂30倍液，涂抹病斑。根结线虫不能根治，重在预防。主要采用农业防治和化学防治。农业防治：栽过葡萄、棉花和曾育过果苗的地块，最好不要用来栽植或培育猕猴桃。采用水旱轮作（水稻—猕猴桃苗，每隔 1～3 年）育苗。选择不带病原线虫的地块建园，是防治根结线虫的重要措施之一。一经发现病苗，就地挖取烧毁。要严格检疫。对轻患病苗，可先剪去病根，然后将剩下根全部浸于 1% 的硫线磷溶液中 1 h。在果园内，用 1.8% 的阿维菌素乳油 680 g/亩，兑水 200 L/亩，浇施于耕作层深 15～20 cm，效果较好。

**思考题**

试总结猕猴桃的关键栽培技术要点。

## 第六节　无公害优质丰产技术

### 一、育苗

猕猴桃可采用实生、扦插、压条、嫁接和组织培养方法繁殖，生产上应用最为普遍的是嫁接和扦插。

**1. 嫁接**

（1）砧木种类和粗度

栽培猕猴桃砧木有中华猕猴桃、毛花猕猴桃、阔叶猕猴桃、葛枣猕猴桃和异色猕猴桃。软毛变种 5 种砧木均可使用，硬毛变种以中华猕猴桃、毛花猕猴桃和葛枣猕猴桃 3 种砧木嫁接后的萌芽率高，新梢生长旺盛。在根结线虫为害严重地区，应注意选用抗根结线虫的种或品种作砧木。砧木嫁接部位的粗度（直径）为 0.5 cm 以上，要求平滑，便于操作。

（2）砧木苗培育

①种子采集与处理。采种用果实选自生长健壮、无病虫害、品质优良、充分成熟的成年母树。采种时，选果形端正、品质好的鲜果采收。将采收后的鲜果置室温下，待果实后熟软化后，将种子连同果肉放在纱布或尼龙袋内，在水中搓揉淘洗，分离种子与果肉，用水漂出杂质和瘪籽，将洗净的种子放在吸水纸上摊平，室内阴干。阴干后的种子装入袋内，存放于阴凉、干燥处。在 0～5 ℃的低温保存，播种前 60～75 d 进行沙藏。种子处理将种子放在温水中浸泡 2 h 左右，捞出后用 15～20 倍种子的湿沙拌匀，进行层积处理，一般层积 40～60 d。在沙藏层积基础上变温处理更好。

②苗圃整地。苗圃选择在土质松软、排灌方便、平整向阳的地块，土壤呈微酸性或中性较好。秋季结合第 1 次深耕 30 cm 左右，整成高 20 cm、宽 60～80 cm 和长 20～30 m 的高畦，畦间沟上口宽 25～30 cm、深 30 cm。

③播种。分春播和秋播。春播因地区而异，中、南部地区在 3 月中下旬，北部地区播期稍晚，一般在日平均气温达 11.7 ℃时播种。春播种子必须经过层积处理，大约有 20% 的种子萌芽时播种。秋播种子不需层积处理，播种在土壤中休眠，一般于 12 月上中旬进行。

④播种后管理。有 6 项工作：一是浇水。在雨水较少时，每天早晚各喷水 1 次。在春播后的 7～10 d 幼苗陆续出土后喷细水。高畦育苗采用沟灌，要求水流要缓慢。二是间苗和移苗。幼苗长出 3～4 片真叶时，间去多余的弱苗、小苗、病虫苗。间出的健壮幼苗移栽，移栽前苗床浇透水。移栽后灌 1 次透水，每隔 2～3 d 灌水 1 次，连续 3 次，以后间隔时间可长一些。三是遮阴。幼苗需防干、防晒、防雨水冲淋，出苗后立即搭棚遮阴。四是追肥。幼苗出土的 15 d 后，可喷施 0.1%～0.5% 的尿素，或结合灌水施入腐熟的人粪尿。每 2 周叶面喷肥 1 次，幼苗长到 30 cm 后，控制施肥。五是除草松土，防治病虫害。浇水后中耕，疏松土壤，除杂草，注意防治病虫害。六是摘心、除萌芽、疏侧枝。苗高达 30～40 cm 时摘心，除去基部的萌芽，幼苗枝蔓直径大于 0.7 cm 时嫁接。

（3）接穗选择、采集和贮藏

在优良品种树上选发育充实、无病虫害的一年生枝作接穗。春季嫁接，冬剪时采条，在背阴处沙藏；夏、秋生长季嫁接时，随采随接，如提前采条，采后应立即去除叶片。

（4）嫁接方法

除单芽片腹接、单芽枝腹接外，还可采用单芽枝腹舌接。（图20-37）单芽枝腹舌接冬季可在室内嫁接。其比舌接多切一刀，砧穗形成层接触面大，成活率高，生长旺盛，但嫁接速度较慢，受砧穗粗度限制。削接穗和砧木相似于单芽枝腹接，不同之处是削好后，在接穗面中部再切一刀，长0.5～1.0 cm，同样在砧木切面中间也切一刀，呈舌状。

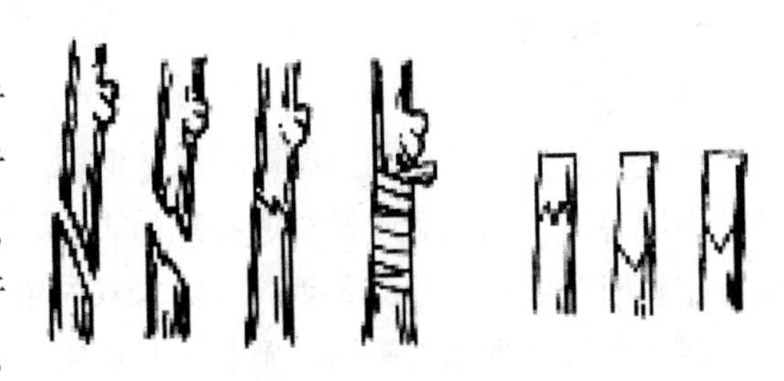

图20-37　单芽枝腹舌接

**2. 扦插**

按照关键栽培技术中的扦插要点进行扦插。

## 二、建园

除关键栽培技术中4项内容外，还要注意园地的选择，把握好品种选择原则。

**1. 园地规划与设计**

果园规划应本着因地制宜、适地、适栽的原则，对小区划分、防护林设置、道路和排灌系统配置、树种和品种的搭配、授粉树配置、栽植密度和栽植方式及定植等方面的要求，进行全面勘察和设计。基本要求参照关键栽培技术中果园建立部分。

**2. 品种选择原则**

（1）因地制宜，尽量选择本地优良品种

不同品种对生态条件的要求存在一定程度的差异，任何一个栽培品种都有一定的适栽范围，新建果园应选用当地试栽成功的优良品种。

（2）早熟、中熟、晚熟品种合理搭配

建园时应根据本地自然条件和市场需求情况，将不同成熟期品种按一定比例合理搭配。

（3）发展加工品种

加工品种制作成罐头、果酒、果汁、果酱等，满足市场需要，增加食用品类和出口创汇能力，可获得较高的经济效益。

## 三、土肥水管理

**1. 土壤管理**

（1）深翻扩穴

一般在建园后的第1年冬季结合施基肥进行。在树盘外围两边，挖宽50 cm、深50～80 cm的槽子，在槽底垫压一层或二层玉米秸秆等物，埋土、压秸秆、覆土、施有机肥。在3～4年内将全园深翻一次。

（2）土壤耕翻

耕翻多在春季或秋季进行，秋耕可松土保墒。每年进行1次全园深耕，深为20～30 cm。把待施有机肥、速效肥撒施在树盘周围，再耕翻。耕翻时不能伤根系，树干附近浅翻。

（3）中耕与除草

一般4—9月为杂草生长旺季。待草长到10 cm左右，中耕除草，深为6～10 cm。树盘周围浅锄。一般干旱年份，灌水之后黄墒时浅锄1次，1年除4～5次。

（4）树盘覆盖

北方每年夏季高温季节，为了避免高温伤害，通常用玉米秸秆等物覆盖树盘，覆盖范围大多在根系主要分布区。

**2. 施肥管理**

（1）基肥

基肥主要为农家肥，如禽畜粪尿、沤肥、饼肥、生物残渣和人粪尿等，并辅以少量的无机氮肥、磷肥、钾肥等。在采果后或果实成熟期后 1 ~ 2 周，即根系第 3 次生长高峰期施入。丰产园，特别是高产园，定植时和定植后的头 3 年，采用大穴大槽法，分年度将全园翻施 1 遍；进入结果期后，一般采用条沟、环状沟或放射状沟施法。施前将有机肥按 1 :（3 ~ 5）的比例拌熟土，每 100 kg 的有机肥掺入尿素 2 ~ 3 kg、过磷酸钙 4 ~ 5 kg、氯化钾 1 ~ 2 kg，混匀后填入沟内。目前多采用条沟和环状沟施肥法。

（2）追肥

追肥遵循原则是“薄施勤施”。施好萌芽肥、花前肥、果实膨大肥和采前肥。萌芽肥一般在 2—3 月萌芽抽梢前施入，以速效无机肥为主，最好氮、磷、钾复合肥辅以稀薄的人粪尿，或按 $m$（氮）: $m$（磷）: $m$（钾）= 4 : 2 : 1 的比例施 0.5 ~ 5.0 kg/株；花前肥一般在 4 月中下旬开花前和新梢开始快速生长时施，主要肥料同萌芽肥，但要增加硼、铁、锌、镁等元素；果实膨大肥一般在坐果后的 6—7 月施入，按 $m$（氮）: $m$（磷）: $m$（钾）= 2 : 2 : 1，施 0.5 ~ 2.0 kg/株，辅以稀薄人粪尿等，并适当补充锌、铁、镁等元素；采前肥在采果前 30 d 左右施入，$m$（氮）: $m$（磷）: $m$（钾）= 1 : 2 : 1，施 0.5 ~ 2.0 kg/株，辅以稀薄人粪尿等，并适当补充钙、氯、铁、硼、镁等元素。9 月上、中旬，结合土壤追肥叶面喷施 2 次 0.2% ~ 0.3% 的磷酸二氢钾。追肥方法常依灌溉方式而定。使用喷灌、滴灌和地下灌溉方式，可结合灌溉，将肥料溶入水中随水施入。漫灌、沟灌、穴灌及随雨施肥，可在树盘内撒施，成年猕猴桃应全园施肥，而不限于树盘。微量元素肥料可土施和叶面喷施。

**3. 水分管理**

（1）灌水

萌芽前后田间最适持水量为 75% ~ 85%。我国北部地区多需灌溉，中部和南部一般不需灌溉，应注意大雨时防渍。开花前准备充足水分。我国中北部和西北地区需要灌溉。花期应控制水分。谢花后保证水分供应，但灌溉量不宜太大。我国中部和西北部地区为主要灌溉区，而中南部不灌溉。果实迅速膨大期是猕猴桃需水高峰期。我国中南部地区视降雨量注意灌溉；中部地区如河南南部及中部不必灌水；还未进入雨季西北部地区，如陕西等地仍需灌水。果实缓慢生长期我国北部、西北部已进入雨季，很少需要灌溉；中南部正值高温干旱，一般要经常灌溉。果实成熟期一般在果实采收前 15 d 左右停止灌水。在此之前需要有一定的水分供应。在我国易发生秋旱地区，如中部湖北、湖南及江西，中北部及西北需视旱情适时灌水。冬季休眠期需水量较少，一般中部、南部地区冬季有雨，无须灌水；中北部和西北地区，土壤上冻前，必须灌 1 次透水。西北地区视旱情适当灌溉 1 ~ 2 次。一般每次灌水量渗透至根系分布最多的土层厚度，使田间持水量达 75% ~ 85%。灌溉方法有滴灌、喷灌、漫灌、沟灌及穴灌等。各地可根据当地实际情况，选用灵活的灌溉方法。

（2）排水

在平地果园，特别是土壤黏重或地下水位高的果园，要设立排水沟。排水沟为土沟或砖混结构渠道系统。多沿大小道路和防护林旁设明渠排渠网。灌水渠在地势高的一端，排水渠在地势低的一端；或在灌排水渠两端设闸，使灌排水渠合二为一，以上游排水渠作下游灌水渠。渠深至少在地表以下 50 cm。坡度较大浅山及梯地果园，排灌系统要设计为分级输水，即设“跌水”。

## 四、整形修剪

### 1. 主要架式和整形

（1）架式

猕猴桃常用架式有 T 形架、棚架和篱架（图 20–38）。

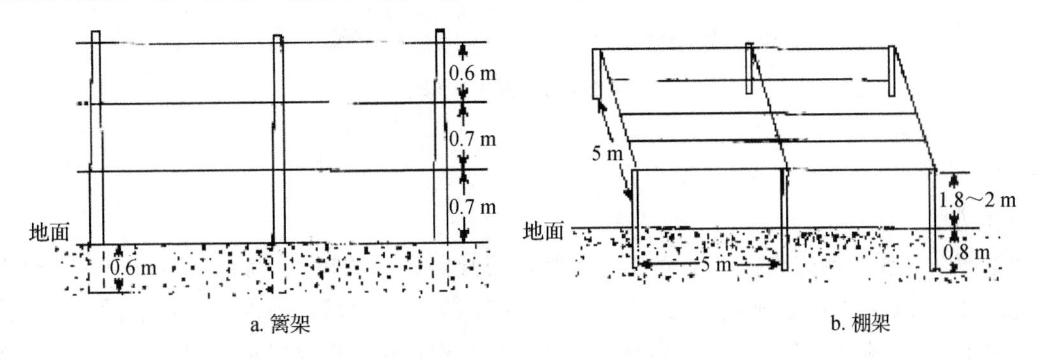


图 20–38　猕猴桃常用架式

（2）整形

①T 形架整形。将猕猴桃栽植于 2 个立柱中央，选 1 个或 2 个强壮新梢作主干，让其直立生长至第 1 道铁丝。在第 1 道铁丝处培养 3 ~ 4 个枝蔓，2 个相反方向的枝作 1 层永久性主蔓，余下枝蔓继续生长至架面后，培养第 2 层永久性枝蔓。主蔓选好后，在每一个主蔓上每隔 40 ~ 50 cm 留 1 个侧蔓，直到枝蔓占满架面空间（图 20–39）。

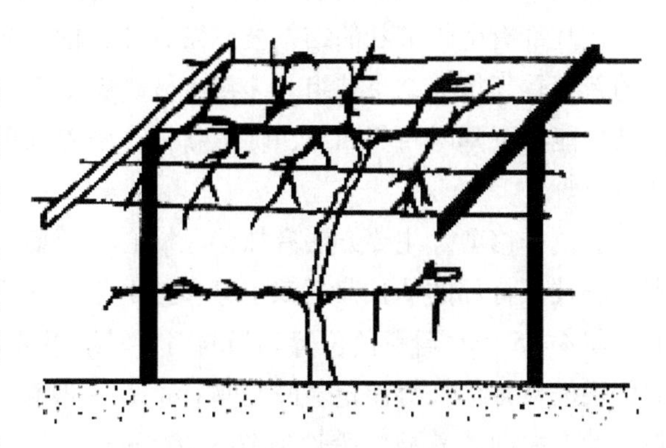

图 20–39　T 型小棚架整形

②水平棚架整形。将植株栽在架中央，选择 1 个生长强壮的枝作主干，其旁插 1 直立竹竿固定引绑。待植株生长到架面时，在架下 10 ~ 15 cm 处摘心，使其分生 2 个枝作为主蔓，分别引向架面两端。在主蔓上每隔 40 ~ 50 cm 留 1 个结果母枝，来年结果母枝上每隔 30 cm 均匀配备结果枝开花结果（图 20–40）。

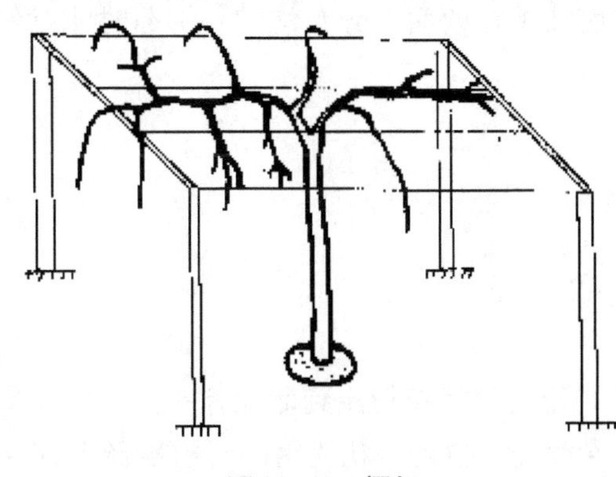

图 20–40　棚架

③篱架整形。篱架整形分为单干整形和多主蔓扇形。单干整形是定植时用 2 m 左右的竹竿插在每棵幼树旁支架，次春每 1 个幼树选 1 个强壮新梢捆绑于竹竿上作主干培养，1 年内长到篱架铁丝上，于铁丝下 10 ~ 15 cm 处剪截，使其长出 2 个枝梢向铁丝两边绑缚成为主枝，则成单干双臂 1 层水平形。从主干上再选 1 枝梢让其生长，于第 2 道铁丝下短截，培养 2 个枝梢向铁丝两边绑缚而成单干双臂水平形（图 20–41）。在左右水平方向上的枝条就是主蔓。主蔓要适宜，不能过多。要合理配置主蔓，促使其尽快形成足够数量的侧蔓，用以结果。在主蔓上每隔 30 ~ 40 cm 培养 1 侧蔓，侧蔓向铁丝架两边下垂，距地面控制在 60 cm 左右，让其发出结果枝。通过修剪，使第 1 层、第 2 层中 4 个主蔓上生长的侧蔓及结果母枝着生方向相互错开，比较均匀地占据架面空间。

### 2. 修剪

（1）修剪时期

按季节分为冬季修剪和夏季修剪。冬季修剪从落叶后至伤流发生前进行；夏季修剪从伤流结束到秋

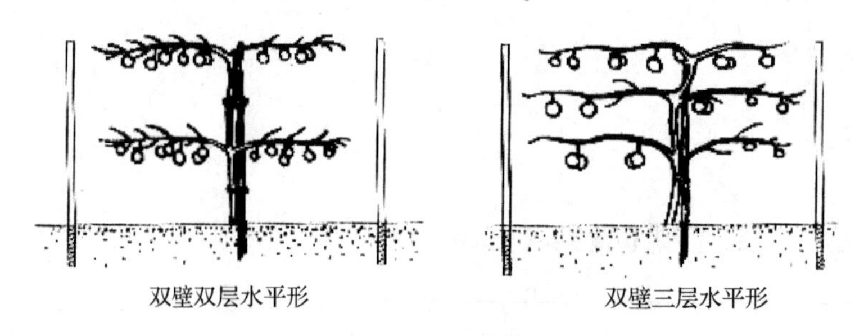


**图 20–41 篱架整形**

季来临前进行。

（2）修剪方法

①冬季修剪。主要包括徒长枝、发育枝、结果枝的修剪，以及枝蔓更新。徒长枝从 12 ~ 14 芽处剪截；徒长性果枝从 12 ~ 14 芽处剪截；长果枝从盲节后 7 ~ 9 芽处剪截；中果枝从盲节后 4 ~ 6 芽处剪截；短果枝从盲节上 2 ~ 3 芽处剪截；发育枝视其空间枝条的强弱而定，需要时适当保留，过密则疏除；衰弱枝、病虫枝、交叉枝、重叠枝和过密枝从基部疏除。枝蔓更新分为结果母枝更新和多年生枝蔓更新。结果母枝基部有生长健壮的结果枝或发育枝，回缩到健壮部位，无健壮枝梢，可回缩到基部，利用隐芽萌发的新梢重新培养结果枝组。多年生枝蔓更新又分为局部更新和全局更新。局部更新即当部分枝蔓衰老使结果能力下降时将其回缩，促发新梢，培养新的强势枝。全枝更新是将老蔓从基部去除，利用萌蘖重新整形。

②夏季修剪。主要方法有抹芽、摘心、短截、疏枝和绑蔓。抹芽是抹去主干或主、侧蔓上长出的过密芽、枝条背部的徒长芽、双生芽和三生芽，只留 1 个芽。结果枝上可发 7 ~ 8 个结果枝，有的达 9 个以上，留 4 ~ 5 个，看芽的位置和强弱而定。结果枝和营养枝都要进行摘心。摘心时间在开花前 10 d 左右，部位根据枝条生长势而定。旺枝重摘心，一般枝轻摘心。结果枝从花序上 5 ~ 8 节处摘心，弱果枝不摘心。发育枝即营养枝一般长到 80 ~ 100 cm 时摘心，摘心后发出副梢长到 2 ~ 3 片叶时连续摘心。疏枝和短截是对未抹芽、摘心的旺长新梢，在坐果后 1 ~ 2 周内采取的修剪措施。疏除过多发育枝、细弱结果枝及病虫枝，使结果母枝上均匀分布 10 ~ 15 个壮枝。短截生长过旺而未及时摘心的新梢，以及交叉枝、缠绕枝、下垂枝。新梢截留长度与摘心标准一致，交叉枝、缠绕枝剪到交缠处，下垂枝截至离地面 50 cm 处。绑蔓在冬剪后应及时进行。生长季节应及时、多次绑蔓，使枝条在架面上分布均匀。绑蔓时注意勿擦伤勒伤枝条。通常采用“∞”形绑扣。

## 五、花果管理

### 1. 设置蜂箱

当植株有 15% 的以上雌花开放时，在猕猴桃园设置蜂箱 1 ~ 2 个/亩。

### 2. 人工授粉

可采用两种方法：一是将雄花采集到器皿中，花粉散开后，用毛笔将花粉涂到雌花柱头上；二是将刚开放的雄花摘下对准雌花花柱轻轻转动，1 朵雄花可授 5 ~ 8 朵雌花。也可将花粉用滑石粉稀释成 20 ~ 50 倍，用电动喷粉器喷粉。

### 3. 花期施肥

花蕾期或盛花期喷洒 0. 1% ~ 0. 2% 的硼酸或硼砂 1 ~ 2 次，或地面施硼砂 25 ~ 40 g/株。

### 4. 疏花、疏果

疏花蕾一般在侧花蕾分离后 2 周开始，强壮长果枝留 5 ~ 6 个花蕾，中庸果枝留 3 ~ 4 个花蕾，短果枝疏花疏果留 1 个花蕾。要求疏除时保留主花而疏除侧花，全树留花量应比预留的果实数多 20% ~ 30% 。

疏果在坐果后1～2周内完成。一般短缩果枝上的果均应疏去，中、长果枝留2～3个果，短果枝留1个果或不留果；徒长性结果枝上留4～5个果；同一枝上，中、上部果多留，尽量疏去基部果。使其叶果比达到（5～6）：1。

## 六、防治病虫害

**1. 休眠期**

彻底清园。萌芽前全园喷1次3%～5%的石硫合剂，以杀死越冬病和虫卵，防治多种病虫害。

**2. 萌芽和新梢生长期**

采用黑光灯、糖醋液等诱杀金龟子等害虫。喷布50%的马拉硫磷乳油1000倍液或20%的甲氰菊酯乳油2000～3000倍液防治介壳虫、金龟子、白粉虱、小叶蝉等害虫。萌芽至开花期喷农用链霉素防治花腐病。交替喷布80%的代森锰锌可湿性粉剂600～800倍液、1%的等量式波尔多液、70%的甲基硫菌灵可湿性粉剂1000～1500倍液，防治溃疡病、干枯病、花腐病、褐斑病、白粉病、叶枯病、软腐病、炭疽病等病害。

**3. 开花期**

仍采用黑光灯、糖醋液等诱杀防治金龟子等。在花前、花后喷布20%的甲氰菊酯乳油2000～3000倍液，或5%的吡虫啉乳油2000～3000倍液等防治金龟子、白粉虱、小叶蝉、木蠹蛾等虫害。及时人工摘除有病梢、叶、果，并于花前、花后交替喷布70%的甲基硫菌灵可湿性粉剂1000～1500倍液、1%的等量式波尔多液、50%的退菌特可湿性粉剂800倍液等，防治花腐病、黑星病、黑斑病等病害。

**4. 果实发育期**

喷布20%的甲氰菊酯乳油2000～3000倍液或5%的吡虫啉乳油2000～3000倍液，1.8%的阿维菌素乳油3000～5000倍液防治金龟子、蛾、螨等害虫；及时套袋，人工摘除病梢、叶、果，并喷布70%的甲基硫菌灵可湿性粉剂1000～1500倍液或50%的退菌特可湿性粉剂800倍液等防治花腐病、黑星病、褐斑病等病害。

**5. 果实成熟期及落叶期**

喷布5%的吡虫啉乳油2000～3000倍液，1.8%的阿维菌素乳油3000～5000倍液等防治蛾、螨等虫害；1%的等量式波尔多液或50%的退菌特可湿性粉剂800倍液防治溃疡病、花腐病等病害。

## 七、适时采收与催熟

**1. 采收**

根据果品用途确定采收时期，即在猕猴桃不同成熟期进行采收。中华猕猴桃供贮藏用的果品应在果实达到可采成熟度时采收。具体标准是：可溶性固形物含量达到6.1%～7.5%；短期贮藏的猕猴桃在可溶性固形物含量达到9%～12%的食用成熟度时采收；若采收后及时出售，要求可溶性固形物含量达到12%～18%，既达生理成熟度时采收。采收时采用人工采摘，轻摘、轻放，从果梗离层处折断，放入布袋或篮子内，再集中放到大筐或木箱中。筐或箱内垫上草或塑料膜。

**2. 催熟**

猕猴桃乙烯催熟法有三种：一是采前树体喷布，质量浓度为50 mg/L；二是采后果实喷布，400倍乙烯液，常温下12 d之后果实全部变软；三是贮藏前处理果实，先用500倍液浸果数分钟，晾干后再进行分级、包装和贮藏。

## 思考题

试制定猕猴桃无公害优质丰产栽培技术规程。

## 第七节 猕猴桃四季栽培管理技术

### 一、春季栽培管理技术

猕猴桃春季栽培管理的任务是加强肥水管理，增强树势；进行枝梢管理，减少营养消耗，改善通风、透光条件，调节枝条长势；保花、保果，合理负载；病虫害防治，提高产量，改善品质。

**1. 萌芽前施肥、灌水**

（1）施肥

萌芽前施以氮肥为主速效性的肥料，配施磷肥、钾肥，施含氮量在15%~20%的高氮复合肥150~200 g/株或尿素80~100 g/株，或其他相当量的速效有机肥，如沼气水液、腐熟的粪水等。具体方法是：晴天时地面撒施于树盘或全园，结合除草中耕翻入土壤，灌透水；或晴天兑水浇施。谢花后15 d以内，施以速效性磷肥、钾肥为主，根据树体长势配施氮肥，结果树施高钾（含钾量为30%）复合肥500~1000 g/株，大树多施，小树少施，辅施腐熟粪水。采用环状式施肥，在根尖外挖沟深、宽各20 cm左右，施肥后浇透水。基肥不足时，辅以叶面喷施肥，从芽露白期开始每月喷1~2次0.2%的尿素，加氮磷酸二氢钾可配成0.2%~0.3%的水溶液或根据猕猴桃缺乏元素情况，追施适量Fe、Zn、Ca、mg等其他元素肥料。

（2）灌水

春季是猕猴桃花芽形态分化的关键时期，也是萌芽开花结果的关键时期，对水分要求较高。当土壤含水量低于60%时需要及时灌水，1次灌透，离地面60 cm，树盘1 m以内的根系土壤均要灌到。灌水时不要仅灌表层水。春旱严重果园，最好安装现代灌溉系统，采用肥水一体化技术。同时，采用杂草、谷壳、食用菌渣等粗有机物覆盖树盘直径1 m以上，或覆盖树行。封行园全园覆盖，覆盖厚度为15~20 cm。离主干10 cm的范围不盖。

**2. 枝梢管理**

（1）整修架面、抹芽、定梢、留枝和绑枝

萌芽前整修架面，上架绑枝。萌芽后及时抹芽：对象是主干、主蔓上长出的过密芽，直立向上徒长芽，结果母枝或枝组上密生芽、叶丛芽、背下芽、细弱芽，双生、三生芽只留1个。定梢就是抹除砧木、根颈部和主干上萌蘖。抹芽后绑枝前根据架面确定结果枝留量：在结果母枝上每隔15~20 cm保留1个结果枝，架面保留10~12个/$m^2$；新梢长到30~40 cm长时开始绑枝。将结果枝和营养枝均匀绑缚在架面上。直立生长旺盛枝，将其引缚成斜向或水平向，减缓其生长势，使之成为良好的发育枝。

（2）花前摘心

开花前10 d摘心。主要对旺长新梢摘心。徒长枝如作预备枝留4~6片叶摘心；如作发育枝留14~15片叶摘心；如作结果枝从开花部位以上留7~8片叶摘心。摘心后新梢先端所萌发2次梢一般只留1个，待出现2~3片叶后反复摘心，或在枝条突然变细、叶片变小、梢头弯曲处摘心。

（3）疏梢

疏梢一般是在新梢长到20 cm以上，能够辨认花序时进行。主要疏除抹芽遗漏时位置不当新梢、细弱枝、病虫枝和过多过密营养枝。一般在结果母枝上10~15 cm的距离留1个新梢较为适宜，要求架面留10~15个/$m^2$分布均匀的壮枝。

**3. 花期放蜂**

具体参照猕猴桃无公害优质丰产栽培技术。

**4. 人工授粉**

具体参照猕猴桃无公害优质丰产栽培技术。

**5. 花期施肥**

具体参照猕猴桃无公害优质丰产栽培技术。

**6. 疏花疏果**

对花果过多的树疏花疏果。具体按照猕猴桃无公害优质丰产栽培技术中进行。

**7. 病虫害防治**

萌芽前全园喷1次3%~5%的石硫合剂，杀死越冬病虫卵，防治多种越冬病虫害。萌芽至开花期喷布农用链霉素防治花腐病。交替喷布80%的代森锰锌可湿性粉剂600~800倍液、1%的等量式波尔多液、70%的甲基硫菌灵可湿性粉剂1000~1500倍液，防治溃疡病、干腐病、花腐病、褐斑病、白粉病、叶枯病、软腐病和炭疽病等。花前、花后喷布20%的甲氰菊酯乳油2000~3000倍液，或5%的吡虫啉乳油2000~3000倍液防治金龟子、白粉虱、小叶蝉、木蠹蛾等虫害。及时摘除有病梢、叶、果，并于花前、花后交替喷布70%的甲基硫菌灵可湿性粉剂1000~1500倍液、1%的等量式波尔多液、50%的退菌特可湿性粉剂800液等，防治花腐病、黑星病、褐斑病等病害。在萌芽开花期用黑光灯、糖醋液等诱杀金龟子等害虫。对介壳虫、金龟子、白粉虱、小叶蝉等害虫可喷布50%的马拉硫磷乳油1000倍液或20%的甲氰菊酯乳油等防治。

## 二、夏季栽培管理技术

猕猴桃夏季栽培管理的主要任务是防旱、保果、保苗；夏季修剪，改善通风、透光条件，节省营养；加强肥水管理；病虫防治等。

**1. 夏季修剪**

猕猴桃夏季修剪主要技术措施是疏枝和短截。主要是针对未抹芽和摘心新梢。疏枝前首先确定结果枝的数量，每个结果母枝上留4~5个结果枝，结果枝间距为15~20 cm。再在主蔓上和结果母枝基部附近留足下年预备枝，选留15~18个生长健壮枝条，以营养枝为主，在营养枝不够时，选结果枝，在此基础上疏除。疏除内膛重叠、密生、细弱营养枝，外围营养枝，疏除细弱结果枝、病虫枝和无用徒长枝。短截生长过旺而未及时摘心的新梢、交叉枝、缠绕枝和下垂枝。

**2. 果实套袋**

（1）果袋种类

果袋以单层褐色纸袋为好。袋长约15 cm，宽约10 cm，上端侧面黏合处有5 cm长细铁丝，果袋两角分别纵向剪2个1 cm长的通气缝。

（2）套袋时间

套袋适宜时间为6月下旬至7月上旬。美味猕猴桃和中华猕猴桃可在6月中旬进行。

（3）套袋方法

套袋前喷1遍杀菌、杀虫混合液。采用70%的甲基托布津可湿性粉剂1000倍液+25%的功夫1000倍液或70%的代森锰锌可湿性粉剂1000倍液+20%的甲氰菊酯乳油2000倍液，防治褐斑病、灰霉病和东方小薪甲和蟒象类等。袋药液风干后，立即套袋。先套外围果、大果，套后勤检查。摘袋时间在采果前20~30 d。采前2~3 d将袋子撕开。套袋前1 d，将纸袋口在水中蘸湿3~4 cm。套时先将纸袋口吹开，将果实放到袋中间，然后把袋口打折到果柄部位，用其上铅丝轻轻扎住。

（4）套袋注意问题

猕猴桃套袋应注意四个问题：一是套袋顺序一般应从树冠内膛向外套；二是畸形果、扁果、有棱线果不套袋；三是套袋时轻拿轻扎，不要把铁丝扎到果柄上；四是套袋时间要适宜，要求当天喷过药的最好当天套完。

**3. 土肥水管理**

（1）土壤管理

及时疏松树盘内的土壤，清除杂草，保持土壤湿润疏松，树盘内无杂草丛生，树行带最好不用化学除草剂，中耕时不伤根。覆盖保湿采用树盘覆盖和树行覆盖。覆盖物有作物秸秆、杂草、谷壳、地膜等。覆盖厚度为15 cm左右。夏季绿肥种类有黄豆、绿豆、青皮豆、紫花苜蓿等豆科作物。于春季播种，绿肥作物夏季长到30 cm时留茬5～10 cm刹割覆盖。大规模发展时，也可采用行间自然生草，及时刹割还田，同样可改良土壤。间种绿肥必须采用矮秆作物；间作物离树主干应有50 cm以上距离；防治间作物病虫害时不能将有机磷农药喷到猕猴桃的叶片上。

（2）施肥管理

幼年园追肥在定植3个月稳根后开始，每月1次，每次施尿素25～50 g/株，兑水5～10 kg，或其他稀薄含氮速效肥水；8月以后追施磷肥、钾肥。追肥量要适宜，肥水离树主干15 cm以上。成年猕猴桃园晚花品种或5月未施完园区，6月上、中旬施壮果肥，最迟在6月30日前完成。主要是速效性P肥、K肥为主，或充分腐熟发酵的枯饼、农家肥等堆沤的水肥，施速效高钾复合肥为1～2 kg/株。采用环状沟施，深为20～30 cm。

（3）灌、排水管理

高温干旱季节，每隔7 d左右灌1次水。采用地面微喷灌、叶面喷灌、滴灌和浇灌。浇灌时注意把土壤灌透，及时将明水放掉。成片建基地最好安装灌溉系统。雨季及时疏通排水沟，不让果园内有明水。

**4. 病虫害防治**

夏季病虫害较多。可喷布20%的甲氰菊酯乳油2000～3000倍液、5%的吡虫啉乳油2000～3000倍液、1.8%的阿维菌素乳油3000～5000倍液等防治金龟子、蛾、螨等虫害，及时套袋，人工摘除病梢、病叶、病果，并喷布70%的甲基硫菌灵可湿性粉剂1000～1500倍液，或50%的退菌特可湿性粉剂800倍液等，以防治花腐病、黑星病和褐斑病等病害。

## 三、秋季生产管理

猕猴桃秋季栽培管理任务是促进果实增重和花芽分化。重点应做好保叶工作。

**1. 适时采收**

中华猕猴桃以可溶性固形物含量为7.0%～7.5%，美味猕猴桃以可溶性固形物含量为7.5%～8.0%时，为最佳采收期指标，可溶性固形物含量6.5%为可采收指标。但在高海拔低温地区为防止霜冻，可适当早采，但可溶性固形物含量也要控制在6%以上；在低海拔高温地区为防止异常落果也要适当早采。当果实已达生理成熟时，果柄与果柄基部已开始形成离层，用手握住果实，轻轻一拽即可采下。采果前3～7 d，喷1次杀菌剂。采收时间以无风，晴朗但又避免烈日曝晒天气为佳。采收时，剪短指甲，戴手套，轻拿、轻放。采用专用采果袋或采果篓中垫软布采收，避免果实损伤。

**2. 施肥灌水**

（1）施基肥

采果后结合病虫防治喷施速效加氮磷酸二氢钾0.2%的水溶液或0.2%的尿素水溶液。基肥以10—11月落叶前结合深翻改土施入最好。幼树离树干40 cm，成年树离树干50 cm以上挖环状沟施或条沟施，沟深50 cm、宽30 cm。施农家肥50～80 kg/株或农家肥30 kg/株＋饼肥8 kg/株＋过磷酸钙2 kg/株，镁肥、铁肥、锌肥各为2～3 kg/亩，农家肥和饼肥腐熟后施入。无农家肥时施生物肥12～15 kg/株，磷肥用量同上。或施充分腐熟有机肥5000 kg/亩＋过磷酸钙80 kg/亩，达到“斤果二斤肥”。施肥后及时灌水。

（2）水分管理

遇高温干旱时注意灌水保果；果实成熟后期适当控水。采取地面覆盖保湿。山地果园还可防止水土冲刷。若遇连阴雨及时疏通排水沟，排除果园渍水。

**3. 防治病虫害**

采果后及时防治早期落叶病。经常轮换或混合喷布托布津、速克灵、代森锰锌、多菌灵、甲霜锰锌、甲托·福美等杀菌剂进行防治。喷布5%的吡虫啉乳油2000～3000倍液，1.8%的阿维菌素乳油3000～5000倍液等防治蛾、螨等害虫；喷1%的等量式波尔多液或50%的退菌特可湿性粉剂800倍液防治溃疡病、花腐病等病害。

## 四、冬季栽培管理技术

猕猴桃冬季栽培管理任务是整形修剪，清园灭茬，喷药、涂白、培土等。

**1. 整形修剪**

12月下旬至1月底进行冬季整形修剪。要求科学适度对结果母枝整枝和枝蔓更新，全面疏除各部位枯枝、细弱枝、病虫枝、重叠枝和无培养前途的发育枝、徒长枝。主要进行结果母枝的更新，控制结果部位外移，剪留适宜的枝量和芽数；使主干呈一条线，主蔓分两边，侧蔓均匀排布架面，果枝呈竹帘式排布，距地面70～80 cm。

**2. 彻底清园、喷药**

彻底清除果园内枯枝、落叶和杂草，集中烧毁或深埋。冬剪后的枝蔓应及时搬出园外。落叶后对果树枝干均匀细致喷1次3%～5%的石硫合剂或45%的晶体石硫合剂100倍液，以消灭杀除枝干上越冬的病虫卵，或用三唑酮、松脂酸铜、毒死蜱（乐斯本），轮换喷2～3次效果更佳。

**3. 树体防冻**

（1）涂白

涂白就是给树涂白。涂白剂是由生石灰5份，石硫合剂和食盐各1份、水20份配制而成的。要求主干、主枝全部涂到，不留死角，涂白即可，可减小枝干面向阳坡部昼夜温差大引起的冻害，还可兼治一些越冬病虫卵。

（2）培土

培土就是给猕猴桃树基部培土。果树根颈部抗寒力差，同时因接近地表，易受低温和较大变温的伤害，特别是中华系列品种，如红阳、黄金果等，是冬季重点保护对象。具体方法是对1～2年生树冬季平茬后全封闭或埋土。大树在颈部先撒一层麦糠或锯末，周围埋土堆，高20～30 cm。

**思考题**

试制定猕猴桃四季栽培管理技术规程。

# 第八节　猕猴桃主要品种及生长结果习性观察实训技能

## 一、目的与要求

通过猕猴桃植株外部形态特征和果实经济性状的观察，初步掌握品种的识别能力。准确地识别当地猕猴桃的主要品种。初步掌握猕猴桃生长结果习性的观察方法，熟悉其生长结果习性。

## 二、材料与用具

**1. 材料**

猕猴桃主要品种的幼树、结果树和成熟果实。

**2. 用具**

游标卡尺、水果刀、折光仪、托盘天平、记载表和记载工具。

## 三、方法与步骤（每组 5 ~ 6 人）

**1. 猕猴桃品种识别**

（1）树体休眠期识别

①树干。干性、树皮颜色、纹理及光滑程度。

②树冠。树姿直立、开张、半开张，冠内枝条的密度。

③一年生枝条。硬度、颜色、皮孔（大小、颜色、密度）、尖削度、有无茸毛。

④枝条。萌芽力、成枝力，树冠内枝条密度。

⑤芽。猕猴桃主芽和副芽形状、颜色、茸毛多少和着生状态。主芽中花芽和叶芽形状。

（2）生长期识别

①叶片。叶片大小、形状、厚薄、颜色深浅，质地，叶缘锯齿情况，叶背茸毛情况，叶片姿态，叶柄长短、颜色。

②花。花序形状、雌花和雄花花数、花色变化情况、花冠大小。

③果实。大小：纵径、横径、果形指数、平均单果重。形状：圆柱形、椭圆形、圆锥形等。果梗：长短、粗细。果皮：颜色。果肉：颜色（黄色、绿色、黄绿色、翠绿色等）、质地（软、硬）、汁液、风味（甜、酸、可溶性固形物）。

**2. 猕猴桃生长结果习性观察**

猕猴桃树观察对比时应注意选择树龄、生长势等近似的植株。于休眠期或开花期进行 2 ~ 3 次，并与物候期观察实习结合进行。

①观察不同猕猴桃品种树形、干性强弱、分枝角度、中心干及层性明显程度及营养枝的雌株和雄株等。猕猴桃枝条生长特性。

②调查猕猴桃不同品种的萌芽率和成枝力，一年分枝次数。观察猕猴桃枝条疏密度及不同树龄植株的发枝情况，观察其生长及更新的规律。

③明确徒长性果枝、长果枝、中果枝、短果枝和短缩果枝划分标准。观察各种果枝的着生部位和结果能力，不同树龄植株结果部位变动规律。观察猕猴桃混合花芽结构，叶芽和花芽排列形式，猕猴桃徒长性果枝、长果枝、中果枝、短果枝和花束状果枝花芽和叶芽的排列形式。

④观察猕猴桃雌花和雄花的类型和结构。

## 四、实训报告

①根据所观察内容，制作猕猴桃品种识别检索表。

②根据观察结果，总结猕猴桃生长结果习性。

## 五、技能考核

实训技能考核一般实行百分制，建议实训态度与表现占 20 分，观察方法占 40 分，实习报告占 40 分。

# 第二十一章　草莓

【内容提要】介绍了草莓经济价值、起源与分布，草莓国内外栽培现状与发展趋势。重点介绍了我国草莓栽培概况、存在的问题和发展趋势。从生长结果习性（生长习性也包括草莓的年生长周期和结果习性）、对环境条件（温度、光照、水分、土壤）的要求介绍了草莓的生物学习性。草莓的主要栽培种类有8种，分别是凤梨草莓、森林草莓、短蔓草莓、东方草莓、麝香草莓、深红莓、智利草莓和五叶草莓。介绍了当前栽培的草莓的15个优良品种的特征、特性。草莓无公害栽培技术要点包括环境质量条件、施肥要求、无公害草莓果实卫生标准、感官品质分级标准和生产技术规程5方面。草莓关键栽培技术包括适时移栽，合理施肥，综合防治病虫害和草莓生长促与控。从育苗、建园、越冬防寒、去除防寒物、植株管、水肥管理、综合防治病虫害和果实采收8方面介绍了草莓无公害优质丰产技术。按照春、夏、秋、冬四季介绍了草莓四季栽培管理技术。

草莓是经济价值较高的小浆果。果实营养丰富，经济价值较高，具有一定的医疗保健价值。草莓浆果成熟较早，一般5—6月即可上市，对保证果品周年供应起一定作用。草莓除鲜食外，还可加工成草莓酱、草莓酒、草莓汁等各种加工品。草莓适应性也强，栽培管理容易，结果较早，较丰产。草莓属植物起源于亚洲、美洲和欧洲，其栽培品种繁多，分布于世界各地。

## 第一节　国内外栽培现状与发展趋势

### 一、国内栽培现状与趋势

#### 1. 栽培概况

我国是野生草莓的发源地之一，但大果型草莓品种大部分是从国外引进。我国草莓栽培较晚，1915年开始栽培凤梨草莓。中华人民共和国成立之前我国的草莓栽培技术基本没得到发展，主要是引种试验或零星栽培，尚无人进行实生选种和育种工作。中华人民共和国成立后我国草莓生产在大城市附近开始作为经济栽培。但在20世纪50—70年代，我国草莓栽培整体属于规模小、产量低，没有真正形成产业，栽培形式以露地为主。20世纪80年代以后，我国草莓产业得到了快速发展，从1980—1995年全国草莓栽培面积从不到700 $hm^2$ 增加到 $3.67\times10^4$ $hm^2$，总产量从3000 t增加到约307万t。到2012年我国草莓栽培面积达到 $10\times10^4$ $hm^2$，成为草莓栽培面积最大的国家，草莓总产量达到276万t，远超美国，成为世界第一草莓生产大国。目前，我国从黑龙江到海南岛，从江浙沿海到新疆内陆都能栽培草莓。草莓栽培已经成为我国果树生产的一大亮点和很多地区农民增收致富的主要途径。目前，我国草莓生产也形成了一些聚集度明显的主产区，如辽宁的丹东、河北的满城、山东的烟台、四川的双流、江苏的句容、浙江的建得和诸暨等地，它们已成为北京、上海、天津等大都市草莓鲜果供应的主要来源。而且在大城市的郊区也形成了很多观光采摘的示范园区，如北京的昌平、上海的青浦和奉贤等地。

目前，我国草莓栽培形式多种多样，主要有促成栽培、半促成栽培和露地栽培3种形式，它们各自所占的比例约为3：5：2。以栽培特点和气候条件，我国草莓栽培大体划分为3个区域：北部草莓种植区、中部草莓种植区和南部草莓种植区。我国草莓生产存在的主要问题是：缺乏安全生产技术、品种退化问题严重、生产劳动强度大、新技术应用不够，以及草莓的生产和流通环节缺乏有效的行业组织管理、育种工作落后等。

**2. 发展趋势**

今后，草莓发展应以优质为中心，采用多种栽培形式，延长鲜果供应期，逐步实现四季均衡供应；同时，要把发展重点西移，注意产品的商品性能和加工开发，逐步形成产、供、销、加一体的产业结构，不断提高草莓栽培的经济效益。

①实行安全生产是重中之重。主要从五个方面着手：一是选购真正五毒健壮苗木；二是轮作；三是彻底消毒；四是及早预防；五是科学防治。

②培育脱毒大苗是实施高效生产的前提。采用营养钵育苗，有条件的果农也可自己育苗。

③提高内在品质是占领市场的基础。提高草莓的内在品质主要从土壤改良、增施有机肥、使用氨基酸叶面肥等方面入手。

④转变栽培模式，提高生产效率是增加效益的保障。采用省力化的栽培模式，提高生产效率是增加效益的保障。常见的方法有高垄栽培、立架栽培、基质栽培和水培等。如何根据我国实际，探索合理的栽培技术，不断提高机械化水平，是草莓实现省力高效栽培的关键。

⑤新品种、新模式将带领草莓产业新发展。我国地域辽阔，生产模式多样，如何培育出适合当地的当家品种是草莓育种的重点。

此外，如何突破传统栽培思路，探索出新的草莓产业发展模式也是未来草莓发展的新方向。

## 二、国外栽培现状

**1. 生产概况**

草莓在世界小浆果生产中居于首位。目前，世界草莓年生产量已超过726.9万t，栽培面积超过$30 \times 10^4$ $hm^2$，草莓栽培面积在过去的30年里增长平稳。而中国草莓的栽培面积则突飞猛进，1999年产量超过一直居世界第1位的美国。草莓年产量和栽培面积均超过了世界总量的1/3，稳居世界第1位。

**2. 世界草莓主要产区**

草莓分布范围很广，全球五大洲均有草莓生产。其中，亚洲草莓产量最高，占世界草莓产量的49%，其次是美洲占27%，欧洲占18%，非洲占5%，大洋洲占1%。世界草莓种植的中心从欧洲转移到了亚洲。其中，中国比例最大，占全世界的38%。美洲的草莓主要集中在美国和墨西哥，其中美国过去一直是生产草莓最多的国家。加利福尼亚州是美国最大的草莓主产区。美国草莓生产主要以大型农场为主，实行集约化经营、规模化生产、专业化管理和机械化操作。欧洲过去一直是草莓生产最集中的地区，草莓栽培面积在过去很长时间内都占全世界的2/3以上，近二三十年来草莓栽培规模有一定萎缩，但草莓生产水平一直很高。法国、西班牙、波兰、意大利、德国等一直把草莓生产当作主导产业之一来抓。这些国家很重视新品种的研发，欧洲的草莓产量过去大致占世界总产量的1/2，“卡姆罗莎”“戈雷拉”和“森加森加那”是栽培最普遍的品种。目前，意大利、比利时和荷兰等国正广泛试栽新品种，“阿尔比”目前已替代“卡姆罗莎”，成为世界栽培面积第一的品种。亚洲草莓生产在中国的带领下已经成为世界草莓生产的重心，除中国外，日本和韩国也是世界草莓生产大国。

**3. 主要草莓生产果**

2012年世界草莓栽培面积前4位的国家是中国、波兰、美国和俄罗斯，总产量前4位是中国、美国、墨西哥和土耳其。美国单产最高，为58.9 $t/hm^2$，其次是哥伦比亚，为47.7 $t/hm^2$，世界草莓平均单产为21.7 $t/hm^2$，中国为27.5 $t/hm^2$，中国草莓单产已超过世界平均水平，但和美国等国家相比还有不小差距。草莓生产虽然各国都有发展，但越来越向生产大国集中。

## 思考题

我国草莓生产上存在的主要问题是什么？发展趋势如何？

# 第二节　生物学特性

## 一、生长结果习性

### 1. 生长习性

草莓是多年生常绿草本植物，植株矮小，呈半平卧丛状生长，株高一般为 20 ~ 30 cm，短缩的茎上密集着生叶片，并抽生花序和匍匐茎，下部生根。草莓器官有根、短缩茎、叶、花、果实、种子和匍匐茎等（图 21-1）。盛果年龄为 2 ~ 3 年。植株外形见图 21-2。

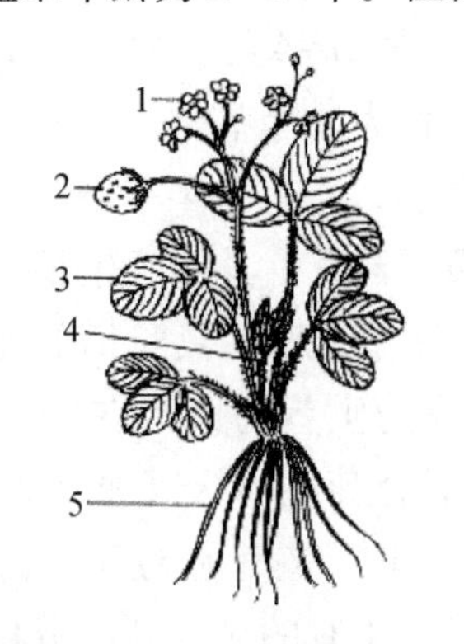


1. 花　2. 果　3. 叶　4. 新茎　5. 根系

图 21-1　草莓植株各部分名称

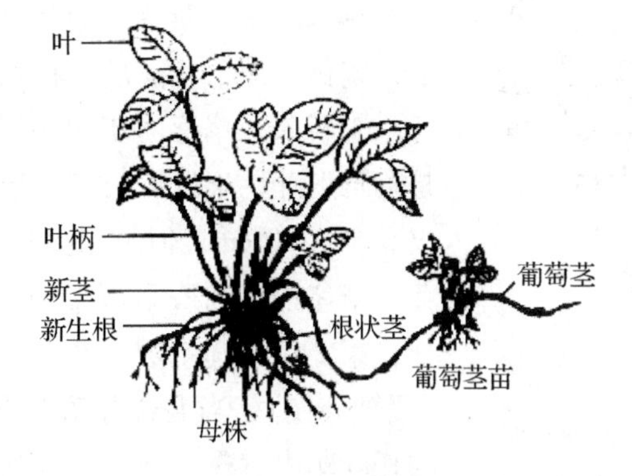


图 21-2　草莓植株

（1）根系

草莓根系为须根系，由着生在新茎和根壮茎上的不定根组成，主要分布在 20 cm 的土层内（图 21-3）。在该土层内吸收根和输导根均占其同类根总长度的 70% 以上，20 cm 以下土层根系分布明显减少。同一品种在相同土壤园地栽植，20 cm 以下根系随栽植密度的加大而增加，密植情况下根系相对分布较深。草莓木质部与韧皮部间的形成层极不发达，次生生长不明显。根几乎不进行加粗生长，各条根粗细相近，细长柔软，组成须根系。草莓根的输导组织较发达，纤维细胞极少，木质化程度低。草莓须根的发生为内起源，发端于中柱鞘的薄壁细胞。须根发生位置，正对着初生木质部的棱角。初生根是白色的，随着根的逐渐老化，细胞木质化，颜色由白色变成褐色，最后呈黑色，以至枯死。初生根在变褐色时还能生出白色的细根，变黑以后就不能再发细根。初生根寿命一般为 1 年左右，结果过多时加速枯死。一株草莓可发出几十条不定根，新发出的不定根是白色的，以后变黄并且逐渐衰老变成褐色。草莓根系寿命为 1 ~ 2 年。多年一栽制的草莓园一般到第 3 年，着生在衰老根状茎上的根系开始衰老死亡。由于抽生新茎的部位逐年升高，发生不定根的部位也越来越高，甚至露出地面。当表土水分不足时，就会影响新根的发生甚至引起根系死亡。严寒地区，覆雪不稳定的年份和不进行人工防寒的园地上，往往老株全部冻死。而就地扎

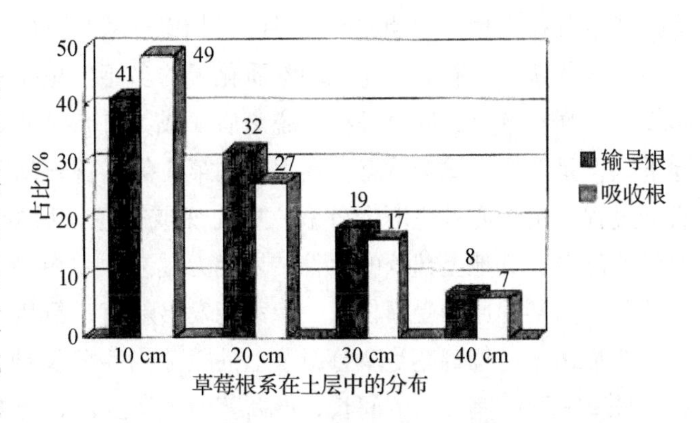


图 21-3　草莓根系在土层中分布情况

根新形成的匍匐茎苗则能安全越冬。

在萌动期，早春草莓根加长生长的条数，匍匐茎上早期发生的苗少于后期发生的苗。有的早期苗的根甚至无早期加长生长的现象。在显蕾期，根系生长仍以加长生长为主。在根状茎上也有新的不定根萌生。在黄色状态越冬的须根上，有少量新细根产生。在开花期，早春开始加长生长的根，逐渐变黄，有些根上出现少量新细根。露地栽培的草莓，当早春 10 cm 深土层地温稳定在 2 ℃时，根系开始萌动，先是去年未老化的根加长生长为主。然后才从上部根状茎上抽生少量新根。直到采收后，随着新茎大量发生，在新茎基部才开始大量发生新根，而进入秋季后随气温下降生长逐渐减弱。

新根呈乳白色至浅黄色，老根呈黑褐色，当其生长到一定粗度后不再加粗生长，加长生长也渐停止。新茎于第 2 年成为根状茎后，须根逐渐衰老枯死，而从上部根状茎再长出新的根系来代替。随着新茎部位不断升高，发生不定根的部位也相应升高，甚至露出地面，进而影响新根的产生和正常生长。草莓根的生长比地上部开始早 10 d 左右，结束生长则晚。整个生长期根系都生长，以春季生长最旺盛，其次是晚秋。

（2）茎

草莓的茎有新茎、根状茎和匍匐茎（图 21-4）三种，其中前两种生长在地下，统称为地下茎。后一种生长在地上，称为地上茎。

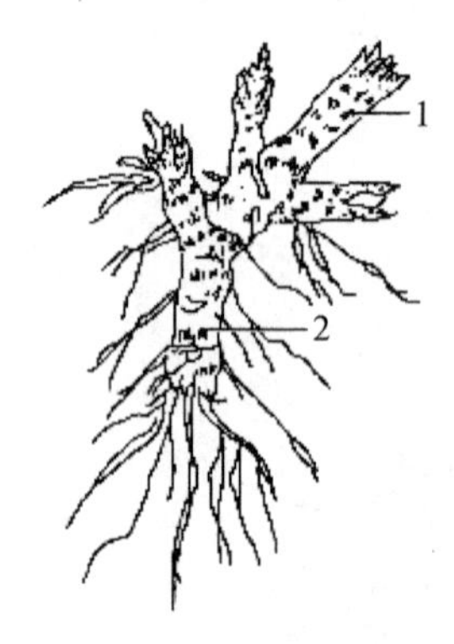

1. 新茎　2. 根状茎

**图 21-4　草莓的茎**

①新茎。草莓当年和一年生的茎称新茎，新茎呈半平卧状态，弓背形。新茎是草莓发叶、生根、长茎、形成花序的重要器官。其加长生长速度缓慢，年生长仅 0.5～2.0 cm，但加粗生长比较旺盛。新茎上密生具长柄的叶片，叶腋着生腋芽。新茎顶芽到秋季可形成混合花芽，成为主茎的第 1 花序。其下部发生不定根，第 2 年新茎就成为根状茎。其顶生混合芽在春天又抽生新茎，呈合轴分枝（假轴分枝）。当混合芽萌发出 3～4 个叶片时，花序就在下 1 片未伸展出的叶片的托叶鞘内微露。新茎腋芽具有早熟性，当年有的萌发新茎分枝，或萌发成匍匐茎。草莓植株发新茎的多少，品种间差异较大。但同一品种内一般随年龄的增长而逐渐增多，最多可达 25～30 个以上。栽植当年发新茎分枝的多少与栽植时期和秧苗质量有关。在沈阳草莓新茎分枝大量发生期在 8—9 月，到 10 月基本不再发生。

②根状茎。由新茎转化来的木质化了的多年生短缩茎叫根状茎。新茎在生长后期其基部发生不定根，第 2 年，当新茎上的叶全部枯死脱落后，成为外形似根的根状茎。因此，根状茎是 1 种具有节和年轮的地下茎，是营养贮藏的器官。在生命的第 3 年，首先从下部老的根状茎开始，逐渐向上衰亡。其内部的衰老过程，由中心部逐渐向外衰亡，先变成褐色，后变成黑色，着生在其上的根系也随着死亡。因此，根状茎越老，其地上部分的生长结果能力越差。草莓新茎上未萌发的腋芽，是根状茎的隐芽。当草莓地上部部分因某种原因受损伤时，隐芽能发出新茎，新茎基部形成新的不定根，很快恢复生长。

③匍匐茎。匍匐茎是草莓新茎上的腋芽当年萌发抽生的一种特殊的地上茎，也是草莓的营养繁殖器官（图 21-5）。茎细、节间长，由新茎的腋芽发出，开始向上生长，长到约超过叶面高度时，逐渐垂向株丛空间日照好的地方。大多数品种的匍匐茎，在第 2 节的部位向上发生的正常叶，形成叶丛，向下形成不定根。当接触地面后即扎入土中，形成 1 株匍匐茎苗（图 21-6）。随后在第 4、第 6 等偶数节处陆续形成匍匐茎苗。在营养条件正常情况下，1 个根先抽出的匍匐茎，能向前延伸形成 3～5 株匍匐茎苗。而有些品种，如宝交早生、春香、弗杰尼亚等，除偶数节能形成匍匐茎苗外，其奇数节还能抽生 1 条匍匐茎分枝，此分枝同样也能在偶数节形成匍匐茎苗，而且当年形成的健壮匍匐茎苗，其新茎腋芽当年还能抽生匍匐茎，称为二次匍匐茎。二次匍匐茎上形成的健壮匍匐茎苗有的当年还能抽生三次匍匐茎。因此，草莓利用匍匐茎能较快地获得营养繁殖苗。

一年中植株上发生匍匐茎数量的多少，匍匐茎偶数节形成叶丛后叶丛下部发根扎入土中能力的大小，主要与品种特性有关。在相同栽培条件下，图得拉、弗杰尼亚等品种发生匍匐茎的数量显著多于幸香、全明星等品种，而红衣品种发匍匐茎的能力也强，但叶丛发根入土中的能力较弱。匍匐茎发生数量与母株质量有很大关系，脱毒原种苗繁殖匍匐茎苗的效率远远高于普通苗。大量抽生匍匐茎的时期一般在浆果采收之后，而浆果采收前抽生的少量匍匐茎，多由未开花的株丛上抽生而来。

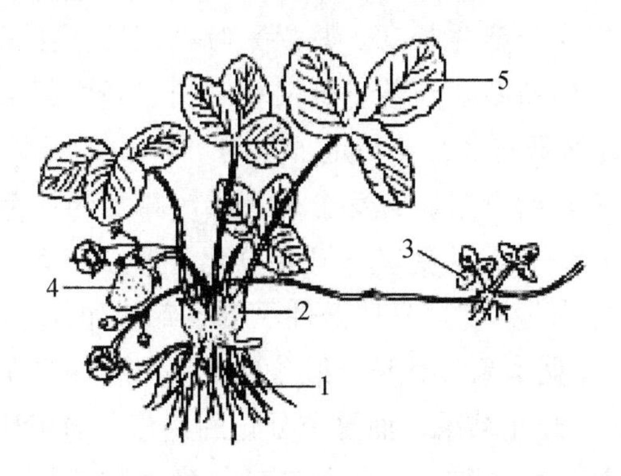


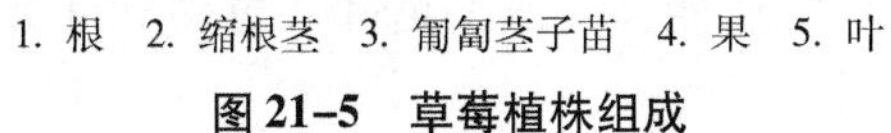


**图 21–5　草莓植株组成**

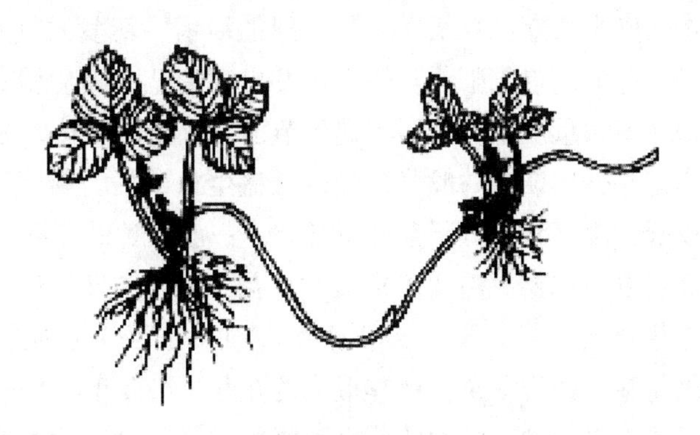

**图 21–6　草莓植株的匍匐茎及匍匐茎苗**

（3）叶

草莓为基生三出复叶，由托叶鞘、叶柄和叶片 3 部分组成，总叶柄长 10 ~ 20 cm。总叶柄基部有 2 片合成鞘状的托叶包于新茎上，称为托叶鞘。叶柄顶端着生 3 片小叶，两边小叶相对称，中间叶形状规则，呈圆形或长椭圆形。叶密生于短缩新茎上，呈螺旋状排列，颜色由黄色至深绿色，叶缘锯齿状缺刻。叶面有少量茸毛，质地平滑或粗糙，叶片背面茸毛较多。在正常生长条件下，新茎上发生叶片的间隔时间为 8 ~ 12 d，草莓 1 年中可发生 20 ~ 30 片复叶。由于外界环境条件和植株本身营养状况的变化，不同时期发出的叶片寿命不一样。春夏季发出的叶片寿命一般为 80 ~ 130 d；秋季长出的叶片，在适宜环境与保护下，能保持绿叶越冬，来年春季生长 1 个阶段后才枯死，其寿命可达 200 ~ 250/d。随着上部叶片不断发生，下部叶片逐渐衰老枯死。从植株中心向外数第 3 片叶至第 5 片叶的光合作用最强。

（4）芽

草莓的芽可分为顶芽和腋芽。顶芽着生于新茎的尖端，向上长出叶片和延伸新茎。顶芽在夏季结果后进入旺盛生长，秋季开始形成混合花芽，叫顶花芽。第 2 年混合花芽萌发先抽生新茎，在新茎上长出 3 ~ 4 片叶后，抽生花序。腋芽着生在新茎叶腋里，也叫侧芽。腋芽具有早熟性，在开花结果期可萌发成新茎分枝，形成新茎苗。夏季新茎上的腋芽萌发抽生匍匐茎。秋末，新茎上腋芽不在萌发匍匐茎，有的形成侧生混合花芽，叫侧花芽，第 2 年抽生花序。未萌发腋芽，有的成为潜伏芽，当植株顶芽受损伤时萌发，有利于植株生存。

（5）年生长周期

①萌芽和开始生长期。春季地温在 2 ~ 5 ℃时，根系开始生长。根系生长比地上部早 7 ~ 10 d。此时根系生长主要是上一年秋季长出的根继续延伸，随地温升高，逐渐发出新根。草莓早春生长主要依靠根状茎及根中贮藏的营养物质。根系生长的 7 d 左右茎顶端开始萌芽，先抽出新茎，随后陆续出现新叶，越冬叶片逐渐枯死。春季开始生长时期，取决于各地气候条件：山东、北京、天津等地在 3 月上中旬，黑龙江在 4 月下旬。

②现蕾期。地上部生长约 1 个月后出现花蕾。当新茎长出 3 片叶，而第 4 片叶未全长出时，花序就在第 4 片叶的托叶鞘内显露，之后花序梗伸长，露出整个花序。草莓显蕾后，植株仍以营养生长为主。该期随气温升高和新叶相继发生，叶片光合作用加强，根系生长达到第 1 个高峰。

③开花和结果期。草莓开花期与气候有关。温度高，开花早。单花花期 3 ~ 5 d，花期一般持续 20 d 左右。在 1 个花序上有时甚至第 1 朵花所结的果已成熟，而最末的花还正在开。因此，草莓的开花期和

结果期很难截然分开。在此物候期也开始少量抽生匍匐茎。由开花到果实成熟需 1 个月左右。由于花期长，果实成熟期延续比较长，采收期可持续 20 d 左右。一般早开花品种通常是早熟品种。果实的成熟期依保护设施不同而不同。

④旺盛生长期。自浆果采收后到匍匐茎、新茎大量发生为旺盛生长期。浆果采收结束后，在长日照和高温条件下，首先腋芽开始大量发出匍匐茎，随后腋芽发出新茎，新茎基部又相继长出新的根系。匍匐茎和新茎大量产生，匍匐茎偶数节上形成新的幼株，为分株繁殖及开花奠定了基础。

⑤花芽分化期。一般草莓经过旺盛生长期后，新茎顶芽开始形成，花芽分化开始。草莓的花芽分化是在较低的温度和短日照条件下开始，一般品种的花芽多在 8—9 月或更晚才开始分化。形成花芽，低温比短日照更为重要。温度在 9 ℃时，花芽分化和日照长短关系不大。短日照条件下 17 ~ 24 ℃的温度也能进行花芽分化，高于 30 ℃或低于 5 ℃时，花芽分化则停止。夏季高温和长日照条件下，只有四季草莓才能分化花芽。四季草莓在秋季形成的花芽，第 2 年的 5— 6 月开花结果，而夏季分化的花芽，当年秋季能二次开花结果。同一品种秧苗由于氮肥过多，营养生长势强，表现徒长，或秧苗叶数过多和叶数不足都会使花芽分化延迟。

⑥休眠期。花芽形成后，在气温降低，日照缩短的情况下，草莓进入休眠期。外观表现为叶柄短，叶片小，叶片发生角度由原来直立、斜生，发展到与地面平行，呈匍匐生长，全株矮化莲座状，生长极其缓慢。此期即使有适合生长发育的条件也不能正常生长结果。要打破自然休眠必须让草莓在低温下生长一段时间，满足其对低温量的需求。使草莓打破自然休眠所要求的低温量即通过自然休眠所需要的一定量的低温积累称为低温需冷量。草莓植株在低于 7. 2 ℃条件下达到需冷量的时间称为休眠时间。不同品种休眠时间不同，休眠时间少于 200 h 的品种称为浅休眠品种，如丰香和枥乙女；休眠时间在 1000 h 的品种称为深休眠品种，如北辉。在草莓栽培中，可根据休眠期深浅采取不同的栽培方式，浅休眠的品种可进行促成栽培，中等休眠的品种可进行半促成栽培，深休眠的品种可进行露地栽培。

**2. 结果习性**

（1）花和花序

草莓花绝大多数品种为完全花（图 21–7），自花结实。花由花柄、花托、花萼、花瓣、雄蕊和雌蕊组成。花瓣为白色，花萼为绿色，花萼、花瓣均有 5 片或 5 片以上。雄蕊 20 ~ 35 枚。雌蕊也多数，离生，着生在凸起的花托上。少数品种雄蕊发育不完全，为雌能花。还有个别品种无雄蕊为雌性花。不完全花品种，在配置授粉品种情况下，产量也低于两性花品种。

**图 21–7　草莓的花**

草莓花序为二歧聚伞花序或多歧聚伞花序（图 21–8）。1 个花序上一般着生 15 ~ 20 朵花。在比较典型的聚伞花序上，通常是第 1 级花序的 1 朵中心花最先开，其次由这朵中心花的 2 个苞片间形成的 2 朵 2 级花序开放，依此类推。第 1 级花最大，然后依次变小。花序上花的级次不同，开花先后不同，因而同一花序上果实大小与成熟期也不相同。在高级次花序上，有开花不结实现象，称为无效花。无效花数多少取决于品种、栽培管理条件，通常在适宜气候和良好栽培管理条件下，无效花百分率大幅降低。草莓花序高矮因品种而不同，有三种类型：花序高于叶面、花序平齐于叶面和花序低于叶面。花序低于叶面品种，受晚霜危害的可能性较小。花序高于叶面易于采果。

（2）果实

草莓果实主要由花托膨大形成，植物学上称为假果。果实柔软多汁，栽培学上称为浆果。由于大量着生在花托上的离生雌蕊受精后，每 1 个雌蕊形成 1 个小瘦果（通称为种子），着生瘦果的肉质花托称为聚合果（图 21–9）。肉质花托分为两部分，内部为髓，外部为皮层，有许多维管束与瘦果相连（图 21–10）。果面多呈深红或浅红色，果肉多为红色或橙红色。果心充实或稍有空心。果面嵌生着许多像芝麻粒似的种子（瘦果，为真正果实）。瘦果在浆果表面嵌生深度不同，分为与果面平、凸出表面和凹入果面 3 种，瘦果与果面平的品种比凹入或凸出的品种耐贮运性较强。果实大小与品种及着生位置有关。第 1 级序果最大，随着级次增加，果实越来越大。小于 5 g 的高级次果采收费工，商品价值低，生产上一般不采收，属于无效果。不同品种果实大小差别很大，以第 1 级序果为准，有的小果品种不足 10 g，而有的大果品种大于 50 g。同一品种其大小也受其他因子的影响，尤其水分不足时大果品种也会相对变小。果实形状因品种不同而有差异，有圆锥形、楔形、圆形、扇形等（图 21–11）。

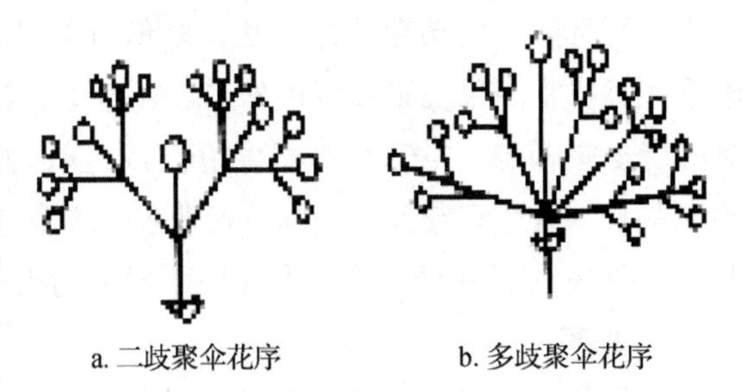


图 21–8　草莓花序模式图

图 21–9　草莓果实

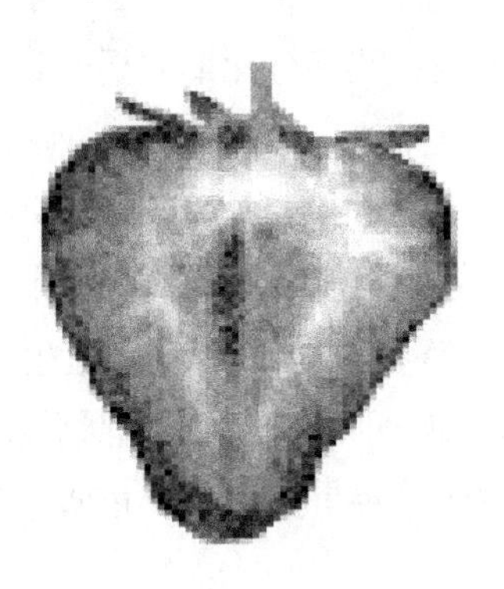

图 21–10　草莓果实纵剖面

## 二、对环境条件要求

### 1. 温度

草莓植株对温度适应性比较强，生长适宜温度是 18～25 ℃早出春表土温度稳定在 2 ℃以上时，草莓根系开始活动，10 ℃时根系开始活跃形成，18～20 ℃是根系最适宜的生长温度，秋季温度降到 7～8 ℃时根的生长减弱。春天气温达到 5 ℃时，草莓地上部分开始萌芽，茎叶开始生长。草莓生长及光合作用的最适温度是 20～26 ℃，30 ℃以上生长和光合作用受到抑制。低温不利于授粉受精和种子发育，导致畸形果发生，－2℃以下低温会引起柱头受冻变黑，丧失受精能力。因此，开花期和结果期的最低温度≥5 ℃。35 ℃以上的高温会导致花粉发育不良，40 ℃以上 3h 草莓花粉即失去活力。花芽分化适于在低于 17 ℃的低温条件下进行，但降到 5 ℃以下时，花芽分化又停止。经过多次秋季轻霜及低温锻炼后，草莓植株抗寒力增强，一般能抵抗 －8 ℃低温。在冬季严寒的北方地区，露地草莓要求采取覆盖防寒措施。

### 2. 水分

草莓整个生长季节对水分要求较高。但不同生育期对水分要求有差异。秋季定植期要充分供给水分，苗期不缺水。冬季要保持一定的湿度，不使土壤干裂造成断根，越冬前要灌足封冻水。春季草莓开始生长，要适当灌水。现蕾到开花期水分要充足，不低于土壤最大持水量的 70% 。果实膨大期需要较多水分，应保持土壤最大持水量的 80% 左右，浆果成熟期适当控制水分。采收后注意灌水，保持土壤含水量在 70% 左右。伏天保持土壤不干旱。立秋后要保证水分供应，9—10 月植株要求水分较少，土壤含水量要求 60% 左右。进入花芽分化期适当控制水分，保持土壤最大持水量的 60%～65% 。但草莓不耐涝，长时期积水会严重影响根系和植株生长，降低抗寒性，增加病害，甚至使植株窒息而死。要求灌水不宜过多，雨季注意排水。果实采收后植株进入旺盛生长期，不仅土壤含水量对草莓植株生长发育有影响，空气相对湿度也有影响。空气相对湿度过高或过低均不利于草莓花药开裂和花粉萌发。一般空气相对湿度达40%左右，最适宜花药开裂和花粉萌发。随着空气相对湿度的增加，花药开裂率直线下降，当空气相对湿度达80%时，花药开裂率和花粉萌发率均很低。

**3. 光照**

草莓喜光，耐阴，可在果树行间种植。在无遮阴露地条件下，植株生长较低矮、粗壮，果实较小，色泽深红，含糖量较高，甜香味浓。但光照过强，如遇干旱和高温，植株生长不良，叶片变小，根系生长差，严重时会成片死亡。冬季在覆盖下越冬，叶片仍保持绿色，翌年春季能正常进行光合作用。幼龄果园间作草莓，光照充足，遮阴良好，植株生长旺盛，叶片浓绿，花芽发育良好，能获得丰产。但密植园或光照不足时，草莓生长发育不好，品质差。秋季光照不足时，影响花芽形成，植株生长弱，根状茎中贮存营养物质少，抗寒力降低。草莓不同生育阶段对光照要求不同。在花芽形成期，要求每天10～12 h的短日照和较低温度；花芽分化期需要长日照。在开花结果期和旺盛生长期，草莓每天需要12～15 h的较长日照时间。

**4. 土壤**

草莓适宜在土壤疏松肥沃、保水保肥能力强，透水通气性良好，地下水位在1 m以下，土壤呈中性或微酸性（pH为5.5～6.5）的沙壤土上生长最适宜土壤有机质含量大于1.5%，pH为5～7生长良好。pH大于8则植株生长不良，表现为成活后逐渐干叶死亡。沼泽地、盐碱地、黏土和沙土都不适于栽植草莓。一般黏土上生长草莓果实味酸、色暗、品质差，成熟期比沙土栽培的晚2～3 d。

**思考题**

（1）草莓芽和枝是如何划分的？

（2）试总结草莓生长结果习性。

（3）如何创造适宜草莓生长发育的环境条件？

## 第三节　主要种类和优良品种

### 一、主要种类

草莓属蔷薇科草莓属。本属植物共有约50个种，分别起源于亚洲、欧洲和美洲，在众多种中，目前只有凤梨草莓被广泛栽培，其他均处于野生、半野生状态。

**1. 凤梨草莓**

凤梨草莓（图21-11）也称大果草莓，八倍体种，是法国人于1750年用八倍体智利草莓和八倍体深红草莓偶然杂交获得的。株高6～15 cm。花茎高出地面，密被开展茸毛。羽状5小叶，质地较厚，呈倒卵圆形或椭圆形。叶柄长于叶片，密被开展茸毛。花梗、萼片均被茸毛。浆果呈椭圆形，为红色，萼片反卷。广泛分布于陕西、甘肃、四川等地。生长于山坡、草地。

**2. 东方草莓**

东方草莓（图21-12）植株高约20 cm，全株密生长茸毛。小叶3枚，卵状菱形，表面绿色，有毛，背面为灰白色，幼叶、花茎均被茸毛。花较大，浆果呈圆形或圆锥形，为红色。可鲜食或加工。在我国东北、华北、西北都有分布。其野生于山坡、草地或林下等处。

图 21–11　凤梨草莓

图 21–12　东方草莓

**3. 森林草莓**

森林草莓（图 21–13）也称野生草莓，二倍体种。植株矮小，直立性强。叶面光滑，背面有纤细茸毛。花序高于叶面，花梗细，花小，直径为 1.0 ~ 1.5 cm，花为白色，两性花。果小，呈圆形或长圆锥形，为红色或浅红色。萼片平贴，瘦果突出果面。该种有许多变种，如四季草莓，果小，种子较大，发芽力极强。森林草莓在草莓属中分布最广，广泛在亚洲、欧洲、美洲和非洲的部分地区均有分布。

**4. 短蔓草莓**

短蔓草莓（图 21–14）也称绿色草莓，二倍体种。植株外形与森林草莓相似，但很少发生匍匐茎。叶片薄，为浓绿色。花序直立，花为两性花。花初开时为黄绿色，不久转为白色。果实成熟时为绿色，唯有阳面为红色。种子凹入果面。春季与秋季 2 次开花。主要分布于亚洲东部和中部、欧洲、加那利群岛。我国新疆天山山脉也有分布。

图 21–13　森林草莓

图 21–14　短蔓草莓

**5. 麝香草莓**

麝香草莓（图 21–15）也称蛇莓，六倍体种。植株较高大。叶大，为淡绿色，叶面有稀疏茸毛，具有明显皱褶，叶背密生丝状茸毛。花序显著高于叶面，花大，为白色，雌雄异株。果实较小，呈长圆锥形，为深紫红色，有明显颈状部。果肉松软，香味极浓。萼片反卷。主要分布在欧洲的森林及灌木丛中。

**6. 深红莓**

深红莓（图 21–16）也称弗吉尼亚草莓，八倍体种，18 世纪末至 19 世纪中叶被广为栽培，大果草莓出现后，在生产上逐渐被淘汰。植株较纤细，匍匐茎发生较多。叶片大而薄，叶背具丝状茸毛。花序与叶面等高，花中等大小，直径为 1 ~ 2 cm，为白色花。果实近圆形或长圆锥形，为深红色，具颈状部。萼片平贴，瘦果凹入果面。主要分布在北美洲。

图 21-15　麝香草莓

图 21-16　深红莓

**7. 智利草莓**

智利草莓（图 21-17）为八倍体种。18 世纪末至 19 世纪中叶被广为栽培，大果草莓出现后，在生产上逐渐被淘汰。植株较低矮。叶片厚，革质，有光泽，叶背密生茸毛。花序与叶面等高，花大，直径为 2.0 ~ 2.5 cm，花为白色，通常雌雄异花。果大，呈扁圆形或椭圆形，为淡红色。萼片短，紧贴果面，种子多数凸于果面。主要分布在智利、北美洲南岸和阿拉斯加的太平洋沿岸。

**8. 五叶草莓**

五叶草莓（图 21-18）别名藨兹，是众多草莓中的一类。多年生草本，高 10 ~ 15 cm，茎高出于叶，密被开展柔毛。羽状 5 小叶，质地较厚，顶生小叶具短柄，上面 1 对侧生小叶无柄，小叶片呈倒卵形或椭圆形，长1 ~ 4 cm，宽 0.6 ~ 3.0 cm，顶端呈圆形，顶生小叶基部楔形，侧生小叶基部偏斜，边缘具缺刻状锯齿，锯齿急尖或钝，下面 1 对小叶远比上面 1 对小叶小，具短柄或几无柄，长 0.6 ~ 1.0 cm，宽 0.4 ~ 0.8 cm；叶柄长 2 ~ 8 cm，密被开展柔毛。花序呈聚伞状，有花 1 ~ 4 朵，基部苞片为淡褐色或呈有柄的小叶状，花梗长 1.5 ~ 2.0 cm；萼片 5 片，呈卵圆披针形，外面被短柔毛，比副萼片宽，副萼片披针形，与萼片近等长，顶端偶有 2 裂；花瓣为白色，近圆形，基部具短爪；雄蕊 20 枚，不等长；雌蕊多数。聚合果，呈卵球形，为红色，宿存萼片显著反折；瘦果，呈卵形，仅基部具少许脉纹。花期为 4—5 月，果期为 5—6 月。产于陕西、甘肃，四川，生长在山坡草地，海拔 1000 ~ 2300 m。

图 21-17　智利草莓

图 21-18　五叶草莓

## 二、优良品种

**1. 卡麦罗莎**

卡麦罗莎（图 21-19）别名卡麦若莎、卡姆罗莎，是美国加利福尼亚州福罗里大学 20 世纪 90 年代育成功的草莓品种，近年引入我国。长势旺健，株态半开张，匍匐茎抽生能力强，根系发达，抗白粉病和灰霉病，休眠期浅，叶片中大，近圆形，色浓绿有光泽。果实呈长圆锥或楔状，果面光滑平整，种子略凹陷果面，果色鲜红并有蜡质光泽，肉红色，质地细密，硬度好，耐运贮。口味甜酸，可溶性固形物含量在 9% 以上，丰产性强，第 1 级序果平均单果重 22 g，最大单果重 100 g，可连续结果采收 5 ~ 6 个月，产量为 4 t/亩左右，为鲜食和深加工兼用品种。适合温室和露地栽培，栽植量为 10 000 ~ 11 000 株/亩。

**图 21–19　卡麦罗莎**

**2. 美香莎**

美香莎草莓（图 21–20）是从荷兰引进的草莓新品种。果实为长圆锥至方锤形，花萼向后翻卷，第 1 级序果单果重约为 55 g，最大单果重 106 g。果面为深红，有光泽。果肉为红色，心空，味微酸，香甜，品质极好。当果面完全变红后再延迟 2 ~ 3 d 采摘为好。可溶性固形物含量为 14%，果实硬度特大。植株强旺，叶片为黄绿色；匍匐茎抽生较多，幼苗细弱，但秋季定植后植株很快复壮。抗旱、耐高温，对多种重茬连作病害具有高度抗性。适应不同的土壤和气候条件。

**3. 绿色种子**

绿色种子（图 21–21）是沈阳农业大学从“扇子面”品种自然杂交种子播种的实生苗中选出的，为中晚熟品种。植株生长直立，分枝力中强。叶片呈椭圆形，色较浅，革质，平滑。托叶呈浅绿色，稍带红色。花序低于叶面。第 1 级序果平均单果重 13. 2 g，最大单果重 24. 2 g。果为圆锥形，果面平整，呈红色。种子为瘦果，为黄绿色，凸出果面或与果面平，萼片平贴或稍反卷。果肉为橙红色，质地致密，髓心较实，汁液为红色，抗病或抗逆性较强，尤具抗寒性。较耐贮运。丰产，适于露地栽培。

**图 21–20　美香莎**

**图 21–21　绿色种子**

**4. 戈雷拉**

戈雷拉（图 21–22）原产于比利时，属于中、晚熟品种。植株生长直立，紧凑。分枝力中等，叶片呈椭圆形，浓绿，质硬，托叶为淡绿稍带粉红色，花序低于或等于叶面。果实呈圆锥形。第 1 级序果平均单果重 22 g，最大单果重 34 g；果面有棱沟，为红色，有时果尖不着色；种子多为黄绿色，个别为红色，分布不均，凸出果面或与果面平；果肉为红色较硬，髓心较空，汁液为红色，可溶性固形物含量为 8% ~ 9%。萼片大，平贴或稍反卷。抗病性与抗逆性较强，对根腐病和高温病害轮斑病均有抗性，尤其抗寒性。适于露地和保护地栽培。密植、丰产，较耐贮运，鲜食和加工均宜。

**5. 明宝**

明宝（图 21–23）是日本品种，是春香和宝交早生杂交选育而成的。植株生长直立，结果期开张。叶部性状与春香相似，即叶片大、叶色稍淡，但叶片数比春香略少。抽生匍匐茎能力比宝交早生稍弱但匍匐茎节间长。根系发达，粗根较多。顶花序出现比宝交早生早 10 d，每个花序着生的花朵数少，一般为 9 ~ 14 朵，大果率高，几乎所有的花都能结实，畸形果少，丰产。果实呈圆锥形；果面为鲜红色，有芳香。果实耐贮运性差，抗病性强；休眠性比宝交早生浅，在 5 ℃下经 70 ~ 90 h 即可打破休眠。适于露地及保护地栽培。

图 21-22 戈雷拉

图 21-23 明宝

**6. 森嘎拉**

森嘎拉草莓（图 21-24）是德国品种。植株中庸，叶片为深绿色。植株抽生花序能力强，有花序 5 ~ 9 个/株。植株抽生匍匐茎能力较弱。果实中等大小，呈圆锥形，果面为深红色，汁液多，风味甜酸，品质优良，果实较软，是优良的加工品种。适应性较强，抗病力中等，适合露地和半促成栽培，产量可达 1500 ~ 2000 kg/亩。

**7. 哈尼**

哈尼（图 21-25）是美国纽约州从 Vibrant 和 Holiday 杂交品种中选出的中早熟品种。植株生长势较强，中庸健壮，半开张，繁殖力强，抗蛇眼病。叶片中等偏大，呈椭圆形，较厚，深绿色，光滑。果实中等大小，呈圆锥形，整齐，果面为鲜红色，有光泽，果肉为红色，汁液多，风味酸甜，果实硬度好，耐运输。较丰产，果个大，第 1 级序果单果均重 19 g，最大单果重 38 g。匍匐茎抽生能力中等。适应性非常强，抗病能力较强，但对黄萎病和红中柱根腐病的抗性较弱，适合露地栽培。

图 21-24 森嘎拉

图 21-25 哈尼

**8. 明晶**

明晶（图 21-26）是沈阳农业大学从草莓品种日出的实生苗中选出的。植株生长势强，株态较直立。叶片呈椭圆形，略呈匙状，较厚，颜色较深。花序低于叶面，果实大，第 1 级序果平均单果重 27 g。果实近圆形，果面为红色，光泽很好。果肉为红色，致密，髓心小，果汁多，风味酸甜爽口。果皮韧性强，果实硬度大，耐贮运。平均抽生花序为 1.8 个/株，产量较高。适应性强，适宜栽培地区广泛，抗逆性强，特别抗寒、抗病。适合露地栽培。

**9. 全明星**

全明星草莓（图 21-27）是由美国农业部马里兰州农业试验站从 US4419 和 MDUS3184 的杂交组合中

选育而成的。植株生长势强，株态较直立。株冠大，叶片为深绿色，有光泽，叶面平展，叶脉明显。匍匐茎抽生能力中等。果实呈圆锥形，第 1 级序果平均单果重 14. 5 g；果面为鲜红色，有光泽，果个大，整齐美观，果肉为粉红色或白色，髓心大，肉质细腻，风味酸甜，鲜食和加工兼用。果面和果肉硬度都很大，耐贮运性极强。休眠较深，中晚熟，丰产。适应性强，耐高温、高湿，抗黄萎病和红中柱根腐病，适合半促成栽培和露地栽培。

图 21–26　明晶

图 21–27　全明星

**10. 宝交早生**

宝交早生草莓（图 21–28）是日本产的早中熟品种。植株生长较开张，分枝力中等。叶片呈椭圆形，呈匙状。托叶为淡绿稍带粉红色，花序等于或稍低于叶面。萼片平贴或反卷。果实呈圆锥形，果基有颈；第 1 级序果平均单果重 17. 2 g，最大单果重 24 g；果面鲜红艳丽，种子红色、黄绿色均有，凹入或平嵌果面；果肉为橙红色，髓心稍空，汁液为红色，质地细，香甜味浓，品质优。一般产量达 1000 ~ 1500 kg/亩。适于露地和保护地栽培。

**11. 春香**

春香草莓（图 21–29）是日本早中熟品种。植株直立，分枝力中等。叶片呈椭圆形，较大。托叶为绿色，花序低于叶面。第 1 级序果平均单果重 17. 8 g，最大单果重 25. 5 g。果实为圆锥形，果基有时有颈。果面为红色，种子为黄绿色，凹入果面。萼片反卷。果肉为红色，髓心空，汁液为红色，香甜。春香易染白粉病。匍匐茎抽茎力强，繁殖容易，适于露地和保护地栽培。

图 21–28　宝交早生

图 21–29　春香

**12. 红衣**

红衣（图 21–30）为中熟品种。植株较开张，分枝力较弱，叶片近圆形，厚且大，色较深，有光泽。托叶为浅绿色，花序等高于叶面。果实为短圆锥，尖端为扁圆锥形；第 1 级序果平均单果重 22. 6 g，最大单果重 34. 6 g；果面平整，亮鲜红色，种子多为黄绿色，分布均匀，平嵌果面；萼片平贴；果肉为红色，髓心较实，汁液为红色。抗病性与抗逆性较强，耐贮运，丰产。适于露地和保护地栽培。

**13. 星都2号**

星都2号草莓（图21-31）是北京市林业果树研究所培育出的早熟新品种。植株生长势强，株态较直立。叶为椭圆形，绿色，叶片厚度中等，叶面平，叶尖向下，叶缘粗锯齿，叶面质地较粗糙，光泽中等。花序梗中粗，低于叶面。两性花，平均花序为4个，每个花序平均花朵数为16朵。种子黄色、绿色、红色兼有，平或微凸果面，种子分布密。花萼单层、双层兼有，全缘、平贴或主贴副离。第1级序果、第2级序果平均果重27 g，果实纵横径为3.94 cm×3.84 cm，最大单果重为59 g。果实呈圆锥形，红色有光泽。果肉为红色，可溶性固形物含量为8.72%，可溶性糖含量为5.44%，可滴定酸为1.57%，糖酸比为3.46∶1，每100 g的果实维生素C含量为53.43 mg，风味甜酸适中，香味浓。果硬耐贮运，果实硬度为0.385 $kg/cm^2$。抗病性强，无特殊敏感性病虫害。

图21-30 红衣

图21-31 星都2号

图21-32 图得拉

**14. 图得拉**

图得拉（图21-32）又名米赛尔，西班牙品种。植株健壮，生长势强。叶片大，呈椭圆形，叶色浓绿。果实为长圆锥形，果面为深红色。果大，1级果平均单果重约30 g，果实硬，耐贮运。日光温室生产品质稍差。花序抽生能力强，丰产性强。休眠期浅，早熟。匍匐茎抽生能力强。适应性强，抗病性强，易于栽培管理。特别适合日光温室促成栽培，但亦可进行露地栽培。

**15. 诺宾卡**

诺宾卡草莓是中熟品种。植株生长直立，分枝力较弱。叶为椭圆形，色较深，叶面脉皱明显。托叶为粉红色。花序低于叶面。第1级序果平均单果重14.5 g，最大单果重23.0 g，果为圆锥形，果面有棱沟，为淡橙红色。种子为黄绿色，凹入果面或平嵌果面。萼片平贴或稍反卷。果肉为白色微带红，髓心稍空。质地细，香甜，汁液白色。抗逆性较强，易染灰霉病。丰产性强。

## 思考题

（1）草莓主要种类有哪些？识别时应把握哪些要点？

（2）当前生产上栽培的草莓优良品种有哪些？

# 第四节　无公害栽培技术要点

## 一、无公害草莓生产产地环境

无公害草莓产地应选择在生态环境良好、远离污染源、并具有可持续生产能力的农业生产区域，其空气质量、灌溉水质量和土壤环境质量必须符合农业部制定的 NY 5014—2002《无公害食品　草莓产地环境条件》的要求。

**1. 无公害草莓产地环境空气质量**

无公害草莓产地环境空气质量应符合表 21-1 的规定。

**表 21-1　无公害草莓产地环境空气质量要求**

| 项目 | 浓度限值 | |
| --- | --- | --- |
| | 日平均值 | 1 h 平均值 |
| 总悬浮颗粒物（标准状态）/(mg/m$^3$) | ≤0. 30 | — |
| 氟化物（标准状态）/(μg/m$^3$) | ≤7 | ≤20 |

注：本表引自中华人民共和国农业行准 NY 5104—2016《无公害食品　种植业产地环境条件》。

**2. 无公害草莓产地灌溉水质量**

无公害草莓产地灌溉水质量应符合表 21-2 的规定。

**3. 无公害草莓产地土壤条件及土壤环境质量**

选择土层较深厚、质地为壤质、结构疏松、呈中性反应、有机质含量在 15 g/kg 以上、排灌方便的土壤进行无公害草莓生产，土壤的环境质量应符合表 21-3 的要求。

## 二、肥料要求

无公害草莓生产的施肥要按照中华人民共和国农业行业标准 NY/T 496—2010《肥料合理施用准则通则》的规定执行。施用的肥料必须是在行政主管部门已经登记或免于登记的肥料，限制使用含氯复合物，禁止使用未经无公害化处理的城市垃圾。

**表 21-2　无公害草莓产地灌溉水质量要求**

| 项目 | 浓度限值 |
| --- | --- |
| pH | 5. 5 ~ 8. 5 |
| 化学需氧量/( mg/L) | ≤40 |
| 总汞/(mg/L) | ≤0. 001 |
| 总镉/(mg/L) | ≤0. 005 |
| 总砷/(mg/L) | ≤0. 05 |
| 总铅/(mg/L) | ≤0. 10 |
| 铬（六价）/( mg/L) | ≤0. 10 |
| 氟化物/(以 $F^-$ 计) / ( mg/L) | ≤3. 0 |
| 氰化物/(以 $CN^-$ 计) / ( mg/L) | ≤0. 50 |
| 石油类/(mg/L) | ≤0. 5 |

续表

| 项目 | 浓度限值 |
| --- | --- |
| 挥发酚/（mg/L） | ≤1.0 |
| 粪大肠菌群数/（个/L） | ≤10 000 |

注：本表选自中华人民共和国农业行业标准 NY 5104—2010《无公害食品 种植业产地环境条件》。

**表 21-3 无公害草莓产地土壤环境质量要求**

| 项目 | 含量极限 | | |
| --- | --- | --- | --- |
| | pH < 6.5 | pH 6.5～7.5 | pH > 7.5 |
| 总镉/（mg/kg） | ≤0.30 | ≤0.30 | ≤0.60 |
| 总汞/（mg/kg） | ≤0.30 | ≤0.50 | ≤1.00 |
| 总砷/（mg/kg） | ≤40 | ≤30 | ≤25 |
| 总铅/（mg/kg） | ≤250 | ≤300 | ≤350 |
| 总铬/（mg/kg） | ≤150 | ≤200 | ≤250 |

注：1. 本表所列含量限值适用于阳离子交换量 >5 cmoL/kg 的土壤；若≤5 cmoL/kg，其含量限值为表内数值的半数。
2. 本表选自中华人民共和国农业行业标准 NY 5104—2010《无公害食品 种植业产地环境条件》。

## 三、无公害草莓卫生指标与感官指标

无公害食品草莓卫生指标和感官指标见表 21-4 和表 21-5。

**表 21-4 无公害食品草莓卫生指标**

| 项目 | 含量极限/（mg/kg） |
| --- | --- |
| 乐果（Dimethoate） | ≤1 |
| 辛硫磷（Phoxim） | ≤0.05 |
| 杀螟硫磷（Fenitrothion） | ≤0.5 |
| 氰戊菊酯（Fenvalerate） | ≤0.2 |
| 多菌灵（Carbendazi m） | ≤0.5 |
| 砷（以 As 计） | ≤0.5 |
| 汞（以 Hg 计） | ≤0.01 |
| 铅（以 Pb 计） | ≤0.2 |
| 镉（以 Cd 计） | ≤0.03 |

注：1. 凡国家规定禁用的农药，不得检出。
2. 本表引自中华人民共和国农业行业标准。

**表 21-5 草莓的感官品质指标**

| 项目＼等级 | 特级 | 一级 | 二级 | 三级 |
| --- | --- | --- | --- | --- |
| 外观品质基本要求 | 果实新鲜洁净，无异味，有本品种特有的香气，无不正常外来水分，带新鲜萼片，具有适于市场或贮藏要求的成熟度 | | | |

续表

| 等级<br>项目 | | 特级 | 一级 | 二级 | 三级 |
|---|---|---|---|---|---|
| 果形及色泽 | | 果实应具有本品种特有的形态特征、颜色特征及光泽，且同一品种、同一等级不同果实之间形状、色泽均匀一致 | | | |
| 果实着色度 | | ≥70% | | | |
| 中小果型品种 | 单果重（g） | ≥20 | ≥15 | ≥10 | ≥5 |
| 大果型品种 | 单果重（g） | ≥30 | ≥25 | ≥20 | ≥6 |
| 碰压伤 | | 无明显碰压伤，无汁液浸出 | | | |
| 畸形果实/（%） | | ≤1 | ≤1 | ≤3 | ≤5 |

注：本表格引自中华人民共和国农业行业标准。

## 四、生产技术规程

无公害草莓生产技术规程参照 NY 5105—2002《无公害食品　草莓生产技术规程》执行。

**思考题**

无公害草莓栽培技术要点主要包括哪些内容？

# 第五节　关键栽培技术

## 一、适时移栽

露地栽培于 8 月下旬至 9 月初移栽，栽培密度为 6000 ~ 8000 株/亩，清明后采摘。

## 二、合理施肥

**1. 基肥**

整地前施土杂肥 3 ~ 4 $m^3$/亩 ，混入硫酸亚铁矿 3 ~ 5 kg/亩、酵素菌 40 kg/亩，或用腐殖酸 50kg/亩及豆饼、豆粕等。配合使用元素肥料络合硼 1 kg/亩，锌 1 kg/亩，镁 3 ~ 5 kg/亩。使用高氮高钾硫酸钾型，复合肥 15 – 8 – 17 50 kg/亩。

**2. 缓苗肥**

定植后 10 ~ 15 d 冲施腐殖酸肥 10 kg/亩，促生根。定植后 25 ~ 35 d 冲施硝酸铵钙 10 kg/亩促根茎和花芽分化。

**3. 追肥**

（1）开花期追肥

草莓开花期一般施尿素 9 ~ 10 kg/亩、硫酸钾 4 ~ 6 kg/亩。

（2）浆果膨大期追肥

草莓浆果膨大期一般施尿素 11 ~ 13 kg/亩、硫酸钾 7 ~ 8 kg/亩。

（3）根外追肥

花期前后叶面喷施 0. 3% 的尿素或 0. 3% 的磷酸二氢钾 3 ~ 4 次或 0. 3% 的硼砂，以提高坐果率，增加单果重。

(4) 初花期和盛花期

初花期和盛花期喷 0.2% 的硫酸钙 + 0.05% 的硫酸锰 V（硫酸钙）：V（硫酸锰）= 1 : 1，以提高产量，以及改善果实贮藏性能。

(5) 其他肥

其他肥指酵素菌肥 40 kg/亩或用腐殖酸肥 50 kg/亩。

**4. 结果期冲施肥**

在低温条件下，用含有生物或酶类的冲施肥，如蛋白酶冲施肥、糖化酶冲施肥与硝酸钾和硝酸铵钙混施。一般情况下，硝酸钾为 8 ~ 10 kg/亩，硝酸铵钙为 10 ~ 15 kg/亩交替使用。

## 三、综合防治病虫害

**1. 地下害虫**

选用 50% 的辛硫磷 1 ~ 2 kg/亩或用敌百虫 1 kg/亩冲施，加炒香的麦麸 2 ~ 3 kg/亩诱杀地下害虫，效果很好。

**2. 白粉病防治**

白粉病主要侵害草莓叶、花、果柄和果实。具体防治方法是选用抗病品种，应用脱毒种苗，冬季、春季清扫园地，烧毁腐烂枝叶，生长季及时摘除病残老叶。栽植不宜过密。控制用药量，降低药害。用一熏灵烟熏剂防治。发病初期先喷洒 2% 的农抗 120 水剂 200 倍液，隔 6 ~ 7 d 再喷 1 次。用 25% 的粉锈宁可湿性粉剂 3000 倍液，或用 40% 的福星 6000 ~ 8000 倍液，或用 1500 倍的“世高”喷防，这些药剂都是隔 7 ~ 10 d 喷 1 次。喷药时注意叶的背面均匀着药。

## 四、草莓生长的促与控

草莓第 1 次结果高峰期结束后出现早衰现象时冲施蛋白酶冲施肥、硫酸钾 + 锌肥 + 硼肥混合冲施，或用蛋白酶冲施肥 + 硝酸铵钙混合冲施，两种方法提前交替使用，可有效防止出现早衰现象。缺钙容易感染灰霉病和白粉病，防治时要与钙硼合剂混施。在草莓结果期旺长，要用草莓专用促控剂控制旺长，具有早熟、膨大、优质、增产的效果。

 **思考题**

草莓关键栽培管理技术包括哪些内容？

# 第六节　无公害优质丰产栽培技术

## 一、育苗

**1. 母株选择**

应选择品种纯正、健壮的脱毒原种苗、1 代苗或 2 代苗为繁殖生产苗的母株，具体标准是：植株完整，无病虫害，具有 4 ~ 5 片以上正常复叶，植株矮壮，有较多新根，多数根系达 5 ~ 6 cm，全株重 25 g 以上，地下部分重 10 g 以上，新茎粗度为 1.2 ~ 2.0 cm。

**2. 繁殖方法**

草莓繁殖方法主要有匍匐茎分株法、假植育苗、新茎分株法、种子繁殖法和组织培养法。生产上多选用匍匐茎分株法。

（1）匍匐茎苗繁殖

①苗圃地选择、整地施肥、作畦。一般选择地势平坦，土壤疏松肥沃，灌排条件好，光照充足，未种过草莓或已轮作过其他作物的地块。母株定植前整地作畦，将圃地耕翻深 30 cm，施充分腐熟农家肥 5000 kg/亩，过磷酸钙 30 kg/亩，或磷酸二铵 25 kg/亩，或其他复合肥 50 kg/亩，将肥料撒匀，整地作高畦，畦宽为 1.0～1.5 m 的高畦或平畦，长为 5～10 m 不等，高为 15 cm。畦埂要直，畦面要平。定植前适当沉实土壤。

②种苗选择。种苗应选择组织培养的脱毒苗。

③栽植。河南省 3 月中下旬，日平均气温达到 10 ℃以上时栽植母株。繁殖系数高的品种做成畦面宽 1 m，每畦栽 1 行，将母株定植在畦中间，株距 60～80 cm；繁殖系数较低品种做成畦面宽 1.5 m，每畦栽 2 行，行距为 60～80 cm，株距为 80 cm。栽植时在畦中间按栽植密度以“深不埋心，浅不露根”深度栽植（图 21-33），即根颈部与地面平齐。为确保成活，定植时要带土坨。

④苗期管理。定植后浇 1 遍透水，以后保证充足的水分供应。成活后喷 1 次质量浓度为 50 mg/L 的赤霉素（$GA_3$），多次中耕锄草，保持土壤疏松无杂草状态。6—7 月匍匐茎开始发生后不再中耕，但应及时除去杂草。叶面喷施 1 次 0.5% 的尿素。8 月植株开始旺盛生长时，叶面喷施 1 次 0.2% 的磷酸二氢钾（$KH_2PO_4$）。匍匐茎发出后及时将其沿畦面两侧均匀理顺，引茎、压蔓，避免交叉在一起及不能发生不定根等。同时，摘除匍匐茎上发生的二次匍匐茎和三次匍匐茎。当产生匍匐茎苗数量已达到繁殖系数时，对匍匐茎摘心，以后再发匍匐茎及时去掉。压茎在匍匐茎长到一定长度出现子苗时进行，在生苗节位处挖 1 个小坑，培土压径。见到花蕾立即去除。当新叶展开后，应及时去掉干枯老叶。在整个生长期，随着新叶和匍匐茎的发生，应及时去掉下部不断衰老的老叶。在去掉老叶的同时，及时人工除草。除此之外，在苗期还要注意防治炭疽病、白粉病和蚜虫等。

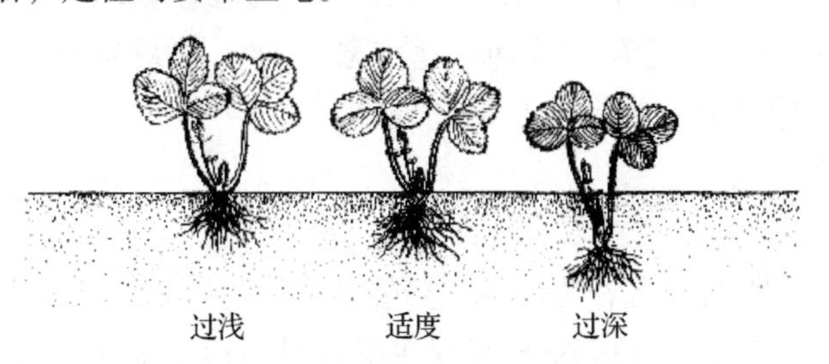


**图 21-33　草莓苗定植深度**

（2）假植育苗

假植育苗就是把匍匐茎子苗在栽植到生产田之前，先移栽在固定的场所进行一段时间的培育。假植育苗时期在定植前 50 d。

①营养钵假植育苗。营养钵假植育苗时，选取两叶一心以上的匍匐茎子苗，栽入直径为 12 cm 或 10 cm 的塑料营养钵中。基质为无病虫害的肥沃表土，加入一定比例的有机物料和优质腐熟农家肥 20 kg/$m^3$。将栽好苗的营养钵排列在架子上或苗床上，株距为 15 cm。栽植后浇透水。第 1 周必须遮阴。定时喷水，保持湿润。每天喷水 2～3 次，成活后，每天喷水 1～2 次。栽植 15 d 后叶面喷施 1 次 0.3% 的尿素，以后每隔 10 d 叶面喷施 1 次复合肥。花芽分化前，停止使用氮肥，只使用磷肥、钾肥，每隔 7 d 追施 1 次。及时摘除抽生的匍匐茎和枯叶、病叶，并进行病虫害综合防治。后期苗床上营养钵苗转钵断根，以控制营养生长，促进花芽分化。

②苗床假植育苗。苗床宽 1.2 m，施腐熟有机肥 3000 kg/亩。要选择具有 3 片展开叶的匍匐茎苗进行假植，株行距 15 cm×15 cm。进行适当遮阴。栽后立即浇透水，并在 3 d 内喷水 2 次/d，以后见干浇水，保持土壤湿润。栽植 10 d 后叶面喷施 1 次 0.2% 的尿素，每隔 10 d 喷 1 次磷肥、钾肥。及时摘除抽生的匍匐茎和枯叶、病叶，并进行病虫害综合防治。8 月下旬至 9 月初断根处理。

**3. 壮苗标准**

草莓育成壮苗标准是：具有 4 片以上展开叶，根茎粗在 1.2 m 以上，根系发达，苗重 30 g 以上，顶花芽分化完成，无病虫害。

## 二、建园

**1. 园地的选择**

按照草莓无公害栽培技术要点中进行园地的选择。

**2. 品种的选择**

北方露地栽培选择休眠深或休眠较深的品种，要考虑品种的抗性、品质等。

**3. 生产苗的定植**

7—8 月对定植地点土壤用太阳热消毒。时间至少40 d。8 月上、中旬定植。定植前施用充分腐熟的优质农家肥5000 kg/亩以上 + 过磷酸钙50 kg/亩 + 硫酸钾50 kg/亩，或氮、磷、钾复合肥50 kg/亩。土壤缺素园地，可补充相应的微肥或直接施用多元复合肥。全园均匀撒施肥料后，彻底耕翻土壤，使土肥混匀。耕翻30 cm左右，整平、耙细、沉时。整平土壤，采用大垄双行的栽植方式，一般垄高 30 ~ 40 cm，上宽 50 ~ 60 cm，下宽 70 ~ 80 cm，垄沟宽 20 cm。株距为 15 ~ 18 cm，小行距为 25 ~ 35 cm。定植 12 ~ 15 万株/$hm^2$。栽植时苗心基部与土壤平齐。

## 三、越冬防寒

北方地区，当外界气温降到 -7 ℃之前浇 1 次封冻水，保持土壤含水量为田间持水量的 60% ~ 80% 。1 周后在草莓植株上覆盖一层塑料地膜，地膜上压一层稻草、秸秆或杂草等覆盖物，覆盖物厚 10 ~ 12 cm。

## 四、去除防寒物

当春季平均气温稳定在 0 ℃左右时，分批去除已经解冻的覆盖物。当地温稳定在 2 ℃以上时，全部去除覆盖物，并对全园进行清理。

## 五、植株管理

春季草莓植株萌发后，破膜提苗，及时摘除病叶、植株下部呈水平状态的老叶、黄化叶及抽生匍匐茎。全园浇 1 次透水，喷 1 次 80% 的代森锰锌可湿性粉剂 800 倍液。开花期摘除偏弱花序，保留 2 ~ 3 个健壮的花序。及时疏除花序上高级次无效花、无效果。每个花序保留果实 7 ~ 12 个。

## 六、水肥管理

在植株旺盛生长期、果实膨大期等时期进行灌溉，最好微喷设施，并结合灌水进行追肥。如果果实生长后期正逢雨季，应随时注意排涝。肥料施用要按照中华人民共和国农业行业标准 NY/T 496—2010《肥料合理施用准则通则》的规定执行。施用的肥料必须是在行政主管部门已经登记或免于登记的肥料，限制使用含氯复合物，禁止使用未经无公害化处理的城市垃圾。除定植前施足基肥外，早春草莓植株萌发后及时追 1 次尿素 10 kg/亩，开花前追施尿素 10 ~ 15 kg/亩，果实开始膨大期追施磷、钾复合肥 20 kg/亩。

## 七、综合防治病虫害

草莓病虫害主要有灰霉病、炭疽病、病毒病、根腐病、芽枯病、叶枯病、蛇眼病，以及蚜虫、叶螨、蛴螬、叶甲、斜纹夜蛾等。采用以农业防治为主的综合防治措施为选用抗病品种，培育健壮秧苗。一是利用花药组培等技术，培育无病毒母株，同时 2 ~ 3 年换一次种；二是从无病地引苗，并在无病地育苗；三是按照各种类型的秧苗标准，落实好培育措施，并注意苗期病虫害防治。加强栽培管理，可有效抑制病虫害的发生的具体措施为：施足优质基肥；采用高畦栽植；合理密植；进行地膜覆盖；创造良好的生长环境，防止高温、多湿；使植株保持健壮，提高植株抗病能力；搞好园地卫生，消灭病菌侵染来源。日光照射土壤消毒，对防治草莓萎黄病、芽枯病及线虫等，具有较好效果。重视轮作换茬，一般种植草莓2年以后要与禾本科作物轮作。开花前合理选用高效、低毒、低残留、农药防治病虫害，每隔7～10 d用药1次，连续用药3～4次，直到开花期。在病虫害发生初期彻底防治以红蜘蛛和白粉病、灰霉病为主的病虫害；果实采收开始后尽量减少施用农药；春季温度回升后，注意红蜘蛛、花蓟马等害虫的为害，及时喷药防治。具体防治可参照表21-6。

**表21-6　草莓病虫害防治使用药剂情况**

| 药剂名称 | 防治对象 | 使用浓度及方法 |
| --- | --- | --- |
| 50%的速克灵可湿性粉剂 | 灰霉病、白粉病 | 800～1000倍液，喷雾 |
| 10%的世高水溶剂 | 白粉病 | 2000倍液，喷雾 |
| 40%的福星可湿性粉剂 | 白粉病 | 6000倍液，喷雾 |
| 75%的百菌清可湿性粉剂 | 炭疽病 | 800倍液，喷雾 |
| 50%的多菌灵可湿性粉剂 | 白粉病 | 500～600倍液，喷雾 |
| 5%的抑太保乳油 | 斜纹夜蛾 | 2000～2500倍液，喷雾 |
| 73%的克螨特乳油 | 蚜虫、红蜘蛛 | 1000倍液，喷雾 |
| 47%的乐斯本乳油 | 蚜虫 | 1000倍液，喷雾 |
| 0.6%的齐螨素乳油 | 红蜘蛛、蚜虫、根结线虫 | 3000～5000倍液，喷雾 |
| 苏云金杆菌（Bt）乳油 | 菜青虫、斜纹夜蛾 | 500～800倍液，喷雾 |
| 3%的米乐尔颗粒剂 | 地下害虫、线虫 | 1.5～2 kg在毒土上撒施 |

## 八、果实采收

草莓果实多随采、随销。草莓果实采收原则是及时而无伤害，保证质量，减少损失。

**1. 果实采收标准**

草莓采收标准为果实表面着色达到70%以上。

**2. 采收前准备**

草莓果实采收前要做好采收、包装准备。采收容器要浅，底部要平，内壁光滑，有海绵或其他软的衬垫物。通常采用高约10 cm的塑料盒作为采收草莓的容器。

**3. 采收时间和方法**

在生产中，草莓最好在1 d内温度较低的时间采收果实。采收时间最好在上午8：00—9：30或傍晚转凉后进行。作为鲜食草莓果实必须采用人工采收方法。采收时用拇指和食指掐断果柄，将果实轻轻放在采收容器内，摆放2～3层。采摘过程中注意尽量减少机械损伤。采摘果实果柄短，不损伤花萼，无病虫害。

## 思考题

试制定露地草莓无公害优质丰产栽培技术规程。

# 第七节　草莓四季栽培管理技术

## 一、春季栽培管理技术

### 1. 清除防寒覆盖物

当日平均气温稳定在10 ℃左右时，开始将草莓苗上的防寒覆盖物陆续除掉。注意防止折断花芽。采用薄膜覆盖，揭膜前要做好炼苗工作，防止突然温差过大，影响草莓生长发育。

### 2. 及时中耕除老叶

开春后，草莓应及时中耕除草。但中耕宜浅些，严防土块压没苗心，并清好排水沟。与此同时，将草莓的老叶、枯叶、病叶清除掉。

### 3. 抓紧施肥促早熟

由于草莓根系浅，对肥料反应敏感，易发生肥害，要避免使用碳铵、硫铵，应以尿素、复合肥或人粪尿为主。尿素使用量控制5～6 kg/亩，人粪尿的使用量控制在1000～1250 kg/亩，复合肥的使用量控制在10～15 kg/亩，结合施肥浇水1次。开花结果期叶面喷施0.2%的磷酸二氢钾溶液1～2次，对提高品质，增加产量有良好的效果。浇水要小水勤浇，保持土地湿润。果实成熟后，适当控水。干旱时，在每次果实采收后的傍晚浇小水，勿大水漫灌。

### 4. 疏花疏果

草莓新茎上抽生花序后，一般每个花序有10～30朵花。现蕾后，花蕾过多时，疏去瘦小花蕾。盛花期再进行1次疏花。保留花序2～3个/株，每个花序留果3～5个为宜。

### 5. 垫果及采收草莓

坐果后，随果实增大，果穗下垂，应及时将麦秸顺行垫在果穗下面，防止果实与地面接触污染或烂果。果实果面2/3着色时，及时采收。采收在早晨露水干后进行。采摘时手不要接触果肉，轻轻捏住果柄，带一部分果柄摘下放入清洁容器中，进行分级，立即出售或加工。

### 6. 防治病虫害

草莓种植植株矮小，匍匐地面生长，而且开花结果时间长，果实易接触地面，易受病虫侵害，必须采用综合防治措施。草莓主要病虫害有病毒病、白粉病、灰霉病、褐斑病及蚜虫和地下害虫等。一般采果前15 d停止用药，以防中毒。

## 二、夏季栽培管理技术

### 1. 遮阴降温

在畦面上搭阴棚高1 m，顶上盖些柴草或灰色透明膜等物，以防高温烧苗。

### 2. 中耕除草

清理铺盖草或覆盖的地膜，清除病弱株，进行中耕松土，不要损伤株根系。中耕松土应以减少水分蒸发，促进通风、透光为原则。

### 3. 定向压蔓

定向压蔓用于繁殖种苗的草莓苗圃。为使次子苗能长成壮苗，在发苗期间及时定向理顺匍匐茎，使之配置均匀。发出的新株用泥稍压，促生新根。

### 4. 排灌结合施肥

草莓根系忌旱、怕涝。应清理好垄沟、排水渠，保持沟渠相通，做到排灌结合。天旱及时灌溉，下雨及时排水，做到雨停地干。同时，在畦间小沟追肥，施尿素10～14 kg/亩，过酸钙15～18 kg/亩，以便植株营养生长。

**5. 防治病虫害**

对草莓威胁最大的害虫是蛴螬，常咬坏植株，造成全株枯死，可用600～800倍敌百虫或1000倍敌敌畏液浇灌苗地。同时，注意霜霉病、炭疽病的预防工作。

## 三、秋季栽培管理技术

**1. 少灌水**

草莓进入秋季后要少灌水，以防匍匐茎旺盛生长而消耗大量养分，影响地力。

**2. 施足肥**

一年生草莓秋季施花芽分化肥和越冬肥。可于秋分后追施复合肥20～25 kg/亩，以促进花芽分化。越冬肥可于秋末开沟施1次人粪尿，以提高植株的越冬能力。

**3. 培好土**

草莓新根发生具有逐年上移的特点。因此，草莓经1年生长后，应注意基部培土，主要是在新根发生前培土。培土厚度以露出苗心为好。

**4. 要中耕**

中耕可结合追肥、培土进行，根系生长旺盛和生长前中耕可适当加深。

**5. 巧覆盖**

秋末保护好老叶，有利于植株营养积累，花序分化多，明显提高产量。覆盖一般在10月上、中旬灌1次水后，于10月下旬及时覆盖厚30 cm左右的麦秸，第2年3月初将覆盖物去掉。

## 四、冬季栽培管理技术

露地草莓冬季栽培管理技术主要覆盖保温，越冬防寒。

**1. 覆盖时间**

每年初冬，当草莓经过几次霜冻低温锻炼后，温度降到－7 ℃之前、土壤“昼消夜冻”时覆盖最适合。一般掌握在11月期间。

**2. 灌防冻水**

在覆盖防寒物前先灌1次防冻水，灌足灌透。灌水时间在土壤将要进入结冻期进行，灌水后1周进行地面覆盖。

**3. 覆盖材料及覆盖厚度**

覆盖材料可用各种作物秸秆、树叶、软草、腐熟马粪、细碎圈肥土等。例如，用土壤覆盖防寒，最好先少量覆1层草，再覆土，以免春季撤土时损伤草莓苗。覆盖厚度根据当地气候条件及覆盖材料保温性能确定，一般厚3～5 cm。

**4. 覆盖方法**

草莓冬季覆盖最好分2次进行，浇完封冻水后，稍干，先盖上一部分材料，几天后，气温不再回升时再全部盖严。

**5. 设风障防寒**

密植草莓园积雪稳定时，可架设风障防寒，不进行地面覆盖。风障每隔10～15 m设1道，用高粱秆、玉米秸、苇草席等材料均可。风障高2.0～2.5 m。有条件的采用防寒布、彩钢瓦等材料在园地周围设风障，效果也很好。

**6. 撤除覆盖物**

撤除覆盖物一般在翌年春季开始化冻后分2次进行。第1次在平均气温高于0 ℃时进行，撤除已解冻的覆盖物。在冬季雨雪过多情况下，更要及时除去覆盖物，促使下层解冻，有利于阳光照射，提高地温。第 2 次在草莓即将萌芽时进行，过迟撤除防寒物将损伤新茎。

**7. 采用地膜覆盖**

地膜覆盖在草莓浇封冻水后，待地表稍干，畦面整平时按畦的走向覆盖。覆膜时要拉紧地膜，铺平，使地膜与畦面紧贴，膜的四周用土压严，中间盖上小土堆，盖上覆盖物。或在有积雪地区，在草莓上先直接覆盖上 10 cm 厚的麦秸、茅草、稻草等材料后再覆盖塑料薄膜，比先覆盖地膜后加盖覆盖物的效果要好一些。

**思考题**

试制定露地草莓四季栽培管理技术规程。

## 第八节　草莓单株结果量与产量、果实品质关系实训技能

### 一、目的与要求

了解草莓留果量与产量和果实品质的相互关系，进一步理解草莓疏花与疏果的意义。

### 二、材料与用具

**1. 材料**

现蕾至开花的草莓苗 500 株左右。

**2. 用具**

笔记本、铅笔、橡皮、测糖仪。

### 三、内容与方法

**1. 内容**

不同留果量处理对产量和品质的影响。

**2. 方法**

（1）时间

在草莓现蕾后进行。

（2）要求

2 ~ 3 人一组，利用空余时间进行为主。

（3）统一留果标准

分 3 组，即只留 1 ~ 2 级花序果、留果 6 ~ 9 个/株；留 2 ~ 3 级花序果、留果 12 ~ 18 个/株；留 2 ~ 4 级花序果、留果 24 ~ 36 个/株。每处理 10 株，共分 3 次。

（4）统计与观察

果实成熟期分单株统计单果平均重量、单株产量，观察果实外观品质、测定含糖量。

### 四、实训报告

对实验资料进行整理，分析并写出试验报告。

### 五、技能考核

实训技能考核一般实行百分制，建议实训态度与表现占 20 分，观察方法占 40 分，实习报告占 40 分。

# 第二十二章　核桃

**【内容提要】**介绍了核桃的经济价值，生态作用，核桃国内外栽培现状与发展趋势。从生长结果习性（生长习性和结果习性）和对环境条件（温度、光照、水分、土壤、地形和地势、海拔高度）要求方面介绍了核桃的生物学习性。核桃的主要种类有包括核桃属和山核桃属。其中核桃属包括普通核桃、铁核桃、核桃楸等8种；山核桃属包括山核桃和薄壳山核桃2种。介绍了核桃的分类方法及当前生产栽培的21个核桃优良品种。核桃无公害栽培技术要点包括品种选择、栽培技术要点（矮化密植、授粉树配置、整形修剪、果实采收和处理4方面）和病虫害防治3方面。核桃栽培关键技术包括嫁接技术、建园栽植技术、整形修剪技术、去雄和人工辅助授粉技术、病虫害防治技术和采后处理技术6方面。从育苗、建园、土肥水管理、整形修剪、花果管理和病虫害防治6方面介绍了核桃的无公害优质丰产栽培技术。分春、夏、秋、冬四季介绍了核桃的四季栽培管理技术。

核桃位列世界四大干果（核桃、榛子、杏仁和腰果）之首，是我国北方栽培面积广、经济价值较高的木本油料果树，核桃种仁富含脂肪、蛋白质、糖类、粗纤维，以及磷、钙、铁等多种无机盐类。具有较高的营养价值和良好的医疗保健作用，尤其是其中的亚油酸，对软化血管、降低血液胆固醇有明显作用。核桃的木材和果壳是航空、交通和军事工业的重要原料。核桃既是荒山造林、保持水土、美化环境的优良树种，也是我国传统的出口商品。

## 第一节　国内栽培现状与发展趋势

### 一、国内核桃栽培现状与发展趋势

#### 1. 国内核桃栽培概况

目前，我国有20多个省、自治区、直辖市均有核桃栽培。主要产区在云南、山西、陕西等地。我国食用核桃分布是山核桃属的小胡桃，分布在浙江的西北部和安徽的东南部，垂直分布范围为海拔400～1200 m；核桃属的深纹核桃主要分布在云南、贵州全境，四川西部、湘桂西部及西藏南部的天然林中，垂直分布范围为海拔1300～3200 m。我国核桃分布范围最广，南起北纬28°6′西藏的聂拉木县，北至北纬44°54′新疆的博乐市，西至东经75°15′新疆的塔什库尔干县，东至东经124°21′辽宁的丹东市，其栽培分布范围包括辽宁、天津、北京、河北、山东、山西、陕西、宁夏、青海、甘肃、新疆、河南、安徽、江苏、湖北、湖南、四川、西藏等地。

核桃是我国传统的出口商品，早在20世纪30年代，我国核桃仁就出口到欧洲国家，年出口量达3000多t。20世纪60年代初，中国核桃取代印度核桃进入英国和德国市场。20世纪70—80年代，我国出口核桃占世界核桃贸易量的50%以上，位居世界第1位。但1986年以后，我国核桃出口优势被美国取代，出口量急剧下降，从1万t跌至几百吨。自1990年以后带壳核桃几乎全部被挤出欧洲市场。现在仅有云南的带壳核桃还在中东地区有一定的市场份额，北方带壳核桃仅向韩国出口几百吨，其他国际市场已无我国带壳核桃交易。但是，我国核桃仁出口市场相对较好，主要出口日本、加拿大、新西兰及欧洲和中东各国，年出口量1万t左右。我国核桃仁分路清、规格全、口味也较好，有稳定的市场和固定的消费群体。但在1995年以后，受欧洲各种贸易质量标准限制，出口量也在减少。目前，出口量在1万t以下，最少年份出口量不足7000 t。

**2. 我国核桃栽培上存在问题**

我国核桃种植面积和产量均居世界第1位，但是，单位面积产量、坚果品质和国际市场售价上与世界先进国家美国和日本相比还有不少差距，出口创汇远远落后于美国。2001—2010年，我国核桃发展较快，种植和收获面积呈稳步增加趋势。2006年以前，除少数省区和部分主产区注意加强管理外，我国大部分产区对核桃栽培的管理较为粗放。近几年，我国核桃单产虽有增加，但与美国等发展水平较高的国家相比，仍有很大差距。目前，我国核桃国际市场销售价格仅为美国的70%左右。目前，我国对核桃的精深加工能力不足，且加工水平低，我国核桃在国际市场上缺乏贸易优势。我国核桃产业虽然起步较早，但发展缓慢。在核桃资源收集、品种选育、栽培体系、产品开发、市场开拓及国际贸易等方面投入资金严重不足。

**3. 发展趋势**

产业化、规模化生产将成为我国核桃产业发展的新趋势。向良种化、机械化、精深加工和智能化方向发展。

## 二、世界核桃发展现状

全世界生产核桃的国家有32个，分布较广。其中，以亚洲、欧洲、北美洲及中美洲数量多，亚洲居领先地位。主要生产国有美国、中国，另外，还包括土耳其、印度、法国、巴西、伊朗及东欧的一些国家。2006年世界核桃收获面积为66.3万$hm^2$，总产量为166.41万t。其中，中国收获面积为18.8万$hm^2$，产量为49.9万t，居世界首位。

**思考题**

我国核桃生产上存在哪些问题？发展趋势如何？

# 第二节　生物学特性

## 一、生长结果习性

**1. 生长习性**

（1）根系

核桃主根较深，侧根水平伸展较广，须根细长而密集。在土层深厚的黄土台田地上，晚实核桃成年树主根可深达6 m，侧根水平伸展半径超过14 m，根冠比可达2或更大。1～2年生实生苗主根生长速度高于地上部；三年生以后，侧根生长加快，数量增加。随树龄增加，水平根扩展加速，营养积累增加，地上枝干生长速度超过根系生长。核桃侧生根系主要集中分布在20～60 cm的土层中，占总根量的80%以上。

同品种和类型的核桃幼苗根系生长表现有较大差别，在相同条件下，早实核桃2年生苗木主根深度和根幅均大于晚实核桃。成龄核桃树根系生长与土壤种类、土层厚度和地下水位有密切关系，土壤条件和土壤环境较好，根系分布深而广。核桃具有菌根，菌根对核桃树体生长和增产有促进作用。当土壤含水量为40%～50%时，菌根发育好，树高、干径、根系和叶片的生长均与菌根发育呈正相关。

（2）芽、枝

依据形态结构和发育特点，核桃芽可分为混合芽、叶芽、雄花芽和潜伏芽4种类型（图22-1）。混

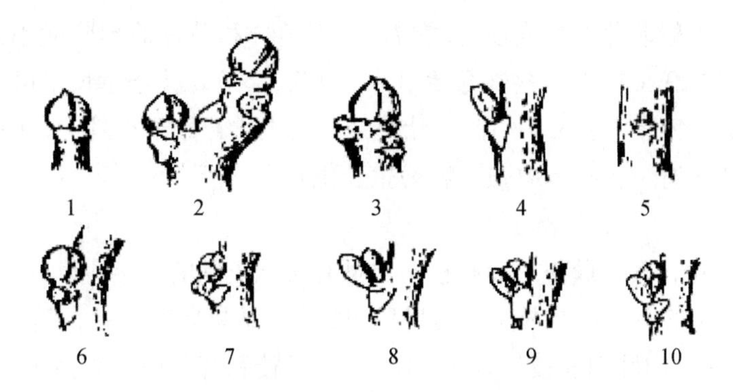


1. 真顶芽　2. 假顶芽　3. 雌花芽　4. 雄花芽　5. 潜伏芽　6. 雌、叶叠芽
7. 叶、叶叠芽　8. 雄、雄叠芽　9. 雌、雄叠芽　10. 叶、雄叠芽

**图 22–1　核桃芽的类型**

合芽就是雌花芽，为圆球形，肥大而饱满，覆有 5 ~ 7 个鳞片。晚实核桃多着生于结果母枝顶端及其下 1 ~ 2 节，单生或与叶芽、雄花芽叠生于叶腋间；早实核桃除顶芽外，腋芽也容易形成混合芽，一般为 2 ~ 5 个，多者达 20 余个。混合芽萌发后抽生结果枝，结果枝顶端着生雌花序开花结果。核桃顶芽有真假之分。枝条上未着生雌花芽而从枝条顶端生长点形成的芽为真顶芽。当枝条顶端着生雌花芽，其下第 1 侧芽基部伸长形成伪顶芽。叶芽着生于营养枝条顶端及叶腋或结果母枝混合花芽以下节位的叶腋间，单生或与雄花芽叠生。核桃叶芽有 2 种形态，顶叶芽芽体肥大，鳞片疏松，芽顶尖，呈卵圆或圆锥形。侧叶芽小，鳞片紧包，呈圆形。早实核桃叶芽较少，以春梢中上部的叶芽较为饱满。萌发后多抽生中庸、健壮的发育枝。雄花芽实为雄花序，呈短圆锥形，鳞片极小且不能包被芽体，呈裸芽状，主要着生在一年生枝中、下部，单生或双雄芽叠生，或雄花芽与混合芽叠生。萌发后抽生柔荑花序，开花后脱落。雄花芽数量和每雄花序着生雄花的数量，与品种、树势有关。潜伏芽亦称隐芽、休眠芽，是叶芽，多着生在枝条中、下部和基部，芽体扁圆瘦小，一般不萌发，当受到外界刺激可萌发。其寿命长达数十年至上百年，树冠易更新。随枝干加粗被埋于树皮中。

核桃萌芽率和成枝力因品种类型差异很大。早实核桃一般 40% 以上的侧芽都能萌发，分枝多，生长量大，叶面积大，有利于营养物质的积累和花芽分化，这是早实核桃能够早结果的重要原因。晚实核桃只有 20% 左右的侧芽能萌发。

**2. 枝**

核桃枝条有 4 种类型：结果母枝、结果枝、雄花枝和营养枝。结果母枝（冬态）指着生有混合芽的一年生枝。主要由当年生长健壮的营养枝和结果枝转化形成。顶端及其下 2 ~ 3 芽为混合芽（早实核桃混合芽数量多），一般长 20 ~ 25 cm，而以直径 1 cm、长 15 cm 左右的抽生结果枝最好。结果枝是由结果母枝上的混合芽萌发而成的当年生枝，其顶端着生雌花序。健壮的结果枝可再抽生短枝，多数当年可形成混合芽，早实核桃还可当年萌发，二次开花结果（图 22–2）。雄花枝是指顶芽是叶芽，侧芽为雄花芽的枝条。生长细弱，节间极短，内膛或衰弱树上较多，开花后变为光秃枝。雄花枝过多是树势衰弱和劣种的表现。营养枝是只着生叶片，不能开花结果的枝条。可分为两种：一种是发育枝，其生长中庸健壮，长度在 50 cm 以下，当年可形成花芽，来年结果。另一种是徒长枝，由树冠内膛的潜伏芽萌发形成，长约 50 cm 左右，节间较长，组织不充实。若徒长枝过多，应夏剪控制利用。

1. 雄花序　2. 果实　3. 复叶
4. 雌花　5. 坚果剖面

**图 22–2　核桃结果枝**

核桃枝条的生长与树龄、营养状况、着生部位有关。实生核桃初期枝条生长缓慢，幼树期或初果期树上的健壮发育枝，一年内可有二次生长（春梢和秋梢），长势弱的枝条，只有一次生长，二次生长现象随着年龄的增长而减弱。

核桃枝条顶端优势较强，一般萌芽力和成枝力较弱，但因类群和品种的不同而不同，早实核桃往往强于晚实核桃。当日均温稳定在9 ℃左右时核桃开始萌芽，萌芽后15 d枝条生长量可达全年的57%左右，春梢生长持续20 d，6月初大多停止生长；幼树、壮枝的二次生长开始于6月上、中旬，7月进入高峰，有时可延续到8月中旬。核桃背下枝吸水力强，容易生长偏旺。

**3. 叶**

核桃叶为奇数羽状复叶，其数量与树龄和枝条类型有关，正常的一年生幼苗有16～22复叶。结果初期以前，营养枝有复叶8～15片，结果枝上有复叶5～12片。结果盛期以后，随着结果枝的大量增加，果枝上复叶数一般为5～6片，内膛细弱枝只有2～3片，徒长枝和背下枝可多达18片以上。复叶上着生小叶数依核桃种群不同而异，核桃种群小叶数为5～9片，一年生苗多为9片，结果枝多为5～7片，偶有3片；铁核桃种群小叶数9～11片。小叶由顶部向基部逐渐变小，在结果盛期树上尤为明显。复叶多少与质量对枝条和果实的发育密切相关。着双果枝条要有5～6片以上的正常复叶，才能保证枝条和果实发育，并保证连续结实。低于4片时，尤其是只有1～2片叶的枝，难于形成混合芽，且果实发育不良。当日均温稳定在13～15 ℃时开始展叶，20 d左右即可达叶片总面积的94%。

**4. 结果习性**

晚实核桃实生树通常需要8～9年才能形成混合芽。栽培条件较好时，5～6年即可开花结果。但雄花芽则晚于雌花1～2年出现。早实核桃只需2～3年，有时播种出苗第1年即可开花结果，一般高接后2～3年即可出现雌花和雄花，开始结果早。根据花的性质可分为雌花和雄花2种，它们分别着生于同树但不同芽内，故称雌雄同株异花。但早实核桃中偶有雌雄同花序或同花者。

（1）花芽分化

雌花起源于混合芽内生长点，约于6月中旬进入开始分化期，8月上旬分化出苞片和花瓣，晚秋时芽内生长点进入休眠状态，第2年春季3月下旬芽萌发前分化出雌蕊，4月下旬完成整个雌花分化。雌花分化全过程约需10个月。雄花分化是随着当年新梢的生长和叶片展开于4月下旬至5月上旬在叶腋间形成。6月上旬继续生长，形成小花苞和花被原始体。6月中旬至翌年3月为休眠期。4月继续发育生长并伸长为柔荑花序，散粉前10～14 d形成花粉粒。雄花芽分化时间长，一般从开始分化至雄花开放约需1年。雌先型与雄先型品种的雌花在开始分化时期及分化进程上均存在明显的差异。雌花芽的分化，雌先型品种较雄先型品种开始分化早。在各个时期的分化上，雌先型品种始终领先于雄先型品种。二者在雌花芽分化上的最大区别在于休眠期前雌先型品种分化至花瓣期，而雄先型品种仅分化至苞片期。虽然在雄花芽出现不久便完成形态分化，但在各个分化时期上雄先型品种明显领先于雌先型品种，从而为雄先型品种雌花的早开放奠定了基础。

（2）开花

雄花主要着生于前一年生枝条中下部的雄花序上。花序平均长8～12 cm，偶有20～35 cm的长序。每个雄花序有雄花100～180朵。有雄蕊12～35枚，花药为黄色，每个药室约有花粉900粒。50～70年生树平均着生雄花序2000～3000个，可产生花粉800 g左右，有生活力花粉约占25%。雌花与雄花比例1：（7～8）。早实核桃2次出现雄花序，对树体生长和坐果不利。春季雄花芽开始膨大伸长，由褐变绿，从基部向顶部逐渐膨大。经6～8 d花序开始伸长，基部小花开始分离，萼片开裂并能看到绿色花药，此为初花期。6 d后花序伸长生长停止，花药由绿变黄，此为盛花期。1～2 d后雄花开始散粉，称为散粉期。散粉结束花序变黑而干枯，称为散粉末期。散粉期遇低温、阴雨、大风天气，对自然授粉极为不利，需进行人工辅助授粉。雌花呈总状花序，着生在结果枝顶端，着生方式有单生、2～3朵簇生、4～6朵序生和多花穗状着生（雌花10～30朵），通常多为2～3朵簇生。雌花长约1 cm，宽为0.5 cm左右，柱头2裂，成熟时反卷，常有黏液分泌物，子房一室。春季混合芽萌发后，结果枝伸长生长，在其顶端出现带有育状柱头和子房的幼小雌花，5～8 d后子房逐渐膨大，柱头开始向两侧张开，称为初花期。此后经

4～5 d，柱头向两侧呈倒八字形张开，并分泌出较多、具有光泽的黏状物，称为盛花期。4～5 d以后，柱头分泌物开始干涸，柱头反卷，称为末花期。有些早实核桃有二次开花现象。

（3）雌雄异熟

核桃是雌雄同株异花植物，在同一株树上雌花开花与雄花散粉时间常不能相遇，称为雌雄异熟。有3种类型：雌先型、雄先型和同熟型。雌先型为雌花先于雄花开放；雄先型为雄花先于雌花开放；同熟型为雌雄同时开放。一般雌先型和雄先型较为常见。自然界中，两种开花类型的比例约各占50%，但在现有优良品种雄先型居多。

（4）坐果

核桃属风媒花，需借助自然风力进行传粉和授粉。核桃花粉落到雌花柱头上，经过花粉萌发，进入子房完成受精到果实开始发育的过程称为坐果。授粉后约4 h，柱头上的花粉粒萌发并长出花粉管进入柱头，16 h后可进入子房内，36 h达到胚囊，36 h左右完成双受精过程。核桃坐果率一般为40%～80%，自花授粉坐果率较低，异花授粉坐果率较高。核桃存在孤雌生殖现象，但孤雌生殖能力和百分率因品种和年份不同有所差别。

（5）果实发育与落花、落果

核桃从雌花柱头枯萎到总苞变黄并开裂的整个发育过程，称为果实发育。核桃果实是由1朵雌花发育而成，多毛的苞片形成青皮，子房发育成坚果。果实发育从雌花柱头枯萎到总苞变黄并开裂的整个发育过程。整个发育过程可分为4个阶段：一是果实速长期。从坐果至硬核前，一般在5月初至6月初，持续35 d左右，是果实生长最快的时期，生长量占全年总量的85%左右。二是硬核期。在6月初至7月初，大约35 d。核壳从基部向顶部逐渐硬化，种仁有半透明糊状变成乳白的核仁，营养物质迅速积累，果实停止增大。三是油化期。7月初至8月下旬，持续55 d左右。果实又缓慢增长，种仁内脂肪含量迅速增加。同时，核仁不断充实，重量迅速增加，含水量下降，风味由甜淡变成香脆。四是成熟期。在8月下旬至9月上旬，15 d左右。果实已达到该品种应有的大小，重量略有增加，果皮由绿变黄，有的出现裂口，坚果易脱出。此期坚果含油量仍有较多增加，为保证品质，不宜过早采收。

在核桃果实迅速生长期中，多数品种落花较轻，落果比较严重。自然生理落果为30%～50%，集中在柱头枯萎后20 d以内，到硬核期基本停止。授粉受精不良、花期低温、树体营养积累不足、土壤干旱及病虫害等可导致核桃落花、落果。

## 二、对环境条件要求

**1. 温度**

核桃属喜温果树。适宜生长的年平均温度为9～16 ℃，极端最低温度为－32～－25 ℃，极端最高温度为38 ℃，无霜期为150～240 d的地区。核桃幼树在气温降到－20 ℃时会出现冻害。成年树虽能忍耐－30 ℃低温，但在温度低于－26 ℃时，枝条、雄花芽及叶芽均易受冻害。春季月平均温度9 ℃开始萌芽，14～16 ℃开花展叶后，若温度降到－2～－4 ℃时，新梢易受冻害。花期和幼果期，气温降到－2～－1 ℃时，会受冻而减产。夏季温度超过38 ℃时，果实易受日灼，核桃仁不能发育或变黑形成空苞。铁核桃只适应亚热带气候，耐湿热而不耐寒冷，适宜生长温度为12.7～16.9 ℃，极端最低温度－5.8 ℃。

**2. 水分**

我国一般年降水为600～800 mm且分布均匀的地区基本可满足核桃生长发育需要。核桃不同种群和品种对水分适应能力差别很大，铁核桃分布区年降雨量为800～1200 mm，而新疆早实核桃则要求干燥气候。一般土壤含水量为田间最大持水量的60%～80%时比较适合于核桃的生长发育，当土壤含水量低于田间最大持水量的60%时（土壤绝对含水量低于8%～12%）就会影响核桃的生长发育，造成落花、落果，叶片萎蔫。土壤水分过多或核桃园积水时间过长，会使根系呼吸受阻，甚至造成根系窒息、腐烂，影响地上部的生长发育，甚至死亡。平地建园地下水位应在 2 m 以下。结果树不宜秋雨频繁，否则会引起青皮早裂，导致坚果变黑，降低坚果的营养和商品价值。

**3. 光照**

核桃属喜光树种，适于阳坡或平地栽植，进入盛果期更需要充足光照。普通核桃最适光照强度为 60000 Lx。核桃结果期要求全年日照时数在 2000 h 以上，如低于 1000 h，则核壳、核仁均发育不良。雌花开花期，光照条件良好，可明显提高坐果率，若遇低雨低温天气，极易造成大量落花、落果。

**4. 土壤**

核桃对土壤适应性较强，不论丘陵、山地、平原都能生长，要求土质疏松，土层深厚（大于 1 m）、排水良好的沙壤土和壤土生长，黏重板结土壤或过于瘠薄的沙地不利于核桃生长发育。在含钙的微碱性土壤上生长良好。核桃适宜生长的 pH 为 6.2 ~ 8.2，最适 pH 为 6.5 ~ 7.5，即中性或微酸性土壤上生长最好。核桃喜钙，在石灰性土壤上生长结果良好。土壤含盐量过高会影响核桃生长发育。核桃能忍耐的土壤含盐量在 0.25% 以下，超过 0.25% 就会影响生长发育和产量。

**5. 海拔高度**

核桃在北纬 21° ~ 44°，东经 75° ~ 124°都有生长和栽培。在北方地区核桃多分布在海拔 1000 m 以下。秦岭以南多生长在海拔 500 ~ 2500 m。云贵高原多生长在海拔 1500 ~ 2500 m，其中，云南漾濞地区海拔 1800 ~ 2000 m 为铁核桃适宜生长区，该地区海拔低于 1400 m 则生长不正常，病虫害严重。辽宁西南部适宜生长在海拔 500 m 以下地区，高于 500 m，气候寒冷，生长期短，核桃不能正常生长结果。

**6. 地形和地势**

核桃适宜生长在背风向阳，土层深厚，水分状况良好的地块。同龄植株立地条件一致而栽植坡向不同，核桃生长结果有明显差异，阳坡核桃树生长量和产量明显高于阴坡和半阳坡树。核桃适宜生长在 10° 以下缓坡地带，坡度在 10° ~ 25°需要修筑相应水土保持工程，坡度 25°以上则不能栽植核桃。

**思考题**

（1）核桃芽和枝是如何分类的？

（2）核桃落花、落果的原因是什么？如何创造适宜核桃生长发育的环境条件？

## 第三节　种类和品种

### 一、主要种类

核桃属于核桃科。本科共 7 属约 60 个种，其中与生产有关的有 3 个属，即核桃属、山核桃属和枫杨属。作为果树栽培的有 2 个属即核桃属和山核桃属。其中核桃属的种类嫩枝髓部空、总苞不开裂、雄花序单生；山核桃属的种类嫩枝髓部实、总苞开裂、雄花序分枝。生产上广泛栽培的种有核桃属的核桃和铁核桃。此外，枫杨属中的枫杨常用作核桃的砧木，耐湿，但嫁接保存率偏低。

**1. 核桃属**

核桃属广泛分布在中国、日本、印度和土耳其，美国的东部和南部，墨西哥和中美洲，哥伦比亚和阿根廷，西印度群岛，欧洲东南部和波兰的额尔巴阡山脉，约有 20 个种。我国栽培有 18 个种，其中重要的有 8 个种。

（1）普通核桃（图 22-3）

普通核桃简称核桃，又名胡桃、羌桃、万岁子，国外叫波斯核桃或英国核桃。核桃绝大多数栽培品种均属此种。树为落叶高大乔木，一般树高 10 ~ 20 m，树冠大，寿命长；树干皮为灰色，幼树平滑，老

图 22-3　普通核桃

时有纵裂。一年生枝呈绿褐色，无毛，具光泽，髓大。奇数羽状复叶，互生，小叶 5～9 枚，稀 11 枚，对生。雌雄同株异花、异熟。雄花序为葇荑状下垂，长 8～12 cm，每个花序上有 100 朵以上小花，每个小花上有雄蕊 15～20 个，花药为黄色；雌花序顶生，雌花单生、双生或群生，子房下位，1 室，柱头为浅绿色或粉红色，2 裂，偶有 3～4 裂，盛花期呈羽状反曲。果实为坚果（假核果），呈圆形或长圆形，果皮肉质，幼时有黄褐色茸毛，成熟时无毛，为绿色，具稀疏不等的黄白色斑点；坚果多为圆形，表面具刻沟或光滑；种仁呈脑状，被浅黄色或黄褐色种皮。坚果较大，壳薄，核仁饱满，品质优良。对寒冷、干旱的抵抗力较弱，不耐湿涝。在我国西北、华北、华中、西南均有分布，其中山西、河北、陕西、甘肃、河南、山东、新疆、北京等地为集中产区。

（2）铁核桃（图 22-4）

铁核桃又名泡核桃、漾濞核桃、茶核桃、深纹核桃。原产于我国西南地区。落叶乔木，树皮为灰色，老树皮为暗褐色具浅纵裂。一年生枝为青灰色，具白色皮孔。奇数羽状复叶，小叶 9～13 枚。雌雄同株异花。雄花序粗壮，为葇荑状下垂，长 5～25 cm，每小花有雄蕊 25 枚；雌花序顶生，雌花 2～3 枚，稀 1 枚或 4 枚，偶见穗状结果，柱头 2 裂，初时呈粉红色，后变为浅绿色。果实为倒卵圆形或近球形，呈黄绿色，表面幼时有黄褐色茸毛，成熟时无毛；坚果为倒卵形，两侧稍扁，表面具深刻点状沟纹。内种皮极薄，呈浅棕色。喜湿热气候，不耐干冷，抗寒力弱。主要分布在四川、云南和贵州等地。亦系生产应用的栽培种之一，野生类型可作核桃的砧木。

（3）核桃楸（图 22-5）

核桃楸又称胡桃楸、山核桃、东北核桃、楸子核桃，原产于我国东北及俄罗斯远东地区，以鸭绿江沿岸分布最多，河北、河南也有分布。落叶大乔木，树高 20 m 以上；树皮为灰色或暗灰色，幼龄树光滑，成年后浅纵裂。小枝为灰色，粗壮，有腺毛，皮孔白色隆起。奇数羽状复叶，小叶 7～17 枚。雄花序葇荑状，长 9～27 cm；雌花序具雌花 5～10 朵。果序通常 4～7 果。果实呈卵形或椭圆形，先端尖；坚果呈长圆形，先端锐尖，表面有 6～8 条棱脊和不规则深刻沟，壳及内隔壁坚厚，不易开裂，内种为皮暗黄色，很薄。根系为直根系，较抗旱。极抗寒，可耐 -50 ℃低温。多用作核桃抗寒育种的亲本。生长迅速，可作为核桃品种砧木。

图 22-4　铁核桃

图 22-5　核桃楸

（4）野核桃（图 22-6）

野核桃又称华核桃、山核桃，原产于北美。乔木或灌木，树高 5～20 m 或更高；小枝为灰绿色，被腺毛。奇数羽状复叶，小叶 9～17 枚。雄花序长 18～25 cm；雌花序直立，串状着雌花 6～10 朵。果实呈卵圆形，先端微尖，表面为黄绿色，密被腺毛。坚果呈卵状或阔卵状，顶端尖，壳坚厚，具6～8棱脊，棱脊间有不规则排列的凸起和凹陷，内隔壁骨质；仁小，内种皮为黄褐色，极薄。可作核桃品种的砧木。主要分布在江苏、安徽、陕西、甘肃、云南、贵州、四川、湖南、湖北、台湾等地。

（5）河北核桃（图22-7）

河北核桃又称麻核桃，是核桃与核桃楸的天然杂交种。落叶乔木，树皮为灰白色，幼时光滑，老时纵裂。嫩枝密被短柔毛，后脱落近无毛。奇数羽状复叶，小叶7～15枚。雌雄同株异花。雄花序葇荑状下垂，长20～25 cm；雌花序2～3朵小花簇生。每个花序着生果实1～3个。果实近球形，顶端有尖；坚果近球形，顶端具尖，刻沟、刻点深，有6～8条不明显纵棱脊，缝合线突出；壳厚不易开裂，内隔壁发达，骨质，取仁极难，适于作工艺品。抗病性及抗寒力很强。主要分布在北京、河北和辽宁等地。

图22-6 野核桃

图22-7 河北核桃

图22-8 黑核桃

（6）黑核桃（图22-8）

黑核桃原产于北美，高大落叶乔木，树高30 m以上。树皮为暗褐色或棕色，沟纹状深裂刻。小枝为黑褐色或暗灰色，具短柔毛。奇数羽状复叶，小叶15～23枚。雄性葇荑花序，长5～12 cm，雄花具雄蕊20～30枚；雌花序穗状簇生小花2～5朵。果实呈圆球形，为浅绿色，表面有小突起，被柔毛；坚果呈圆形或扁圆形，先端微尖，壳面具不规则纵向纹状深裂刻，坚厚，难开裂。坚果食用价值高。抗寒、抗旱，对不良环境适应力强。它是仅次于普通核桃的一个材、果兼用树种，在我国北京、山西、河南、江苏、辽宁、河南等地均有引种栽培。

（7）吉宝核桃（图22-9）

吉宝核桃又鬼核桃、日本核桃，原产于日本。落叶乔木，树高20～25 m，树皮为灰褐色或暗灰色，成年时浅纵裂。小枝为黄褐色，密被细腺毛，皮孔为白色，长圆形，略隆起。奇数羽状复叶，小叶9～19枚。雌雄同株异花，雄花序葇荑下垂，长15～20 cm；雌花序为穗状，疏生5～20朵雌花。果实为长圆形，先端突尖；坚果有8条明显的棱脊，棱脊间有刻点，缝合线突出，壳坚厚，内隔骨质，取仁困难。在我国辽宁、吉林、山东、山西等地有少量栽培。

（8）心形核桃（图22-10）

心形核桃又称姬核桃，原产于日本。本种形态与吉宝核桃相似，其主要区别在果实。心形核桃果实为扁心脏形，个较小；壳面光滑，先端突尖，非缝合线两侧较宽，缝合线两侧较窄，其宽度约为非缝合线两侧的1/2，非缝合线两侧的中间各有1条纵凹沟；坚果壳厚，无内隔壁，缝合线处易开裂，可取整仁。我国辽宁、吉林、山东、山西、内蒙古等地有少量栽培。

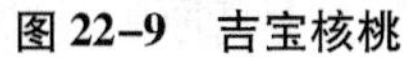

图 22-9　吉宝核桃

图 22-10　心形核桃

**2. 山核桃属**

本属约有 21 个种，主产于北美。中国原产 1 个种。生产上栽培的主要是山核桃和长山核桃 2 个种。

（1）山核桃（图 22-11）

山核桃别名山核、山蟹、小核桃，产于我国浙江、安徽等地，生长于针叶、阔叶混交林中。乔木，树皮光滑；小叶 5 ~ 7 枚；坚果为卵形，幼时有 4 棱，顶端短尖，基部为圆形，壳厚有浅皱纹。

（2）薄壳山核桃（图 22-12）

薄壳山核桃别名美国山核桃培甘、长山核桃，原产于美国，是当地重要的干果。我国云南、浙江等地有引种栽培。乔木，皮为黑褐色；小叶 9 ~ 17 枚；坚果呈矩圆形或长椭圆形，有 4 条纵棱。

图 22-11　山核桃

图 22-12　薄壳山核桃

## 二、主要优良品种

**1. 品种类群划分**

（1）早实核桃类群

实生苗 2 ~ 3 年生和嫁接苗 1 ~ 2 年生开始结实的品种或优株。树体矮小，常有二次生长和二次开花现象，发枝力强，侧生混合花芽和结果枝率高。

（2）晚实核桃类群

播种后 6 ~ 10 年生或嫁接后 3 ~ 5 年生开始结实的品种或优系。树体高大，无二次开花现象，发枝力弱，侧生结果枝率低。

此外，根据核桃坚果外壳厚薄，又将核桃分为纸皮核桃（壳厚度小于 1 mm）、薄壳核桃（壳厚度 1. 1 ~ 1. 5 mm）、中壳核桃（壳厚度为 1. 6 ~ 2. 0 mm）和厚壳核桃（壳厚度大于 2. 1 mm）。

图 22-13 薄丰

**2. 主要优良品种**

（1）薄丰（图 22-13）

薄丰核桃是河南省林科所从引进的新疆核桃实生树中选育而成的。树势较强，树姿半开张，分枝角 60°左右，树冠为圆头形，叶大为深绿色。属雄先型、中熟品种。分枝力为 1 ∶ 3.2，果枝率为 85%，每个果枝的平均坐果为 1.73 个。丰产性强，高接树第 3 年平均挂果 3.6 kg，平均冠幅投影面积产仁 185 g/m$^2$。坚果中等大小，呈卵圆形，平均单果重 11.2 g。壳面光滑美观，壳厚 1.1 mm，缝合线较紧，可取整仁，出仁率为 54.1%。仁色浅，味油香，品质上乘。适应性强，耐旱，适于黄土高原的丘陵区栽培。

（2）岱香（图 22-14）

岱香核桃是山东省果树研究所用早实核桃品种辽核 1 号做母本，香玲为父本进行人工杂交而获得的。坚果呈圆形，为浅黄色，果基圆，果顶微尖。壳面较光滑，缝合线紧、稍凸不易开裂。内褶壁膜质，纵隔不发达。坚果纵径为 4.0 cm，横径为 3.60 cm，壳厚为 1.0 mm。平均单果重 13.9 g，出仁率为 58.27%，易取整仁。内种皮颜色浅，核仁饱满，为黄色，香味浓，无涩味，脂肪含量为 66.25%，蛋白质含量为 20.7%，坚果综合品质优良。树姿开张，树冠圆头形。树势强健，分枝力强，树冠密集紧凑，侧花芽比率为 95%，多双果和三果，坐果率为 70%。结果母枝抽生结果枝短且多，果枝率为 91.2%，连续结果能力强，丰产、稳产。雄先型嫁接苗定植后，第 1 年开花，第 2 年开始结果。第 4 年进入丰产期。在土层深厚的平原地，树体生长快，产量高，坚果大，核仁饱满，香味浓，好果率在 95% 以上。

图 22-14 岱香

（3）绿波（图 22-15）

绿波核桃是河南省从新疆早实核桃实生后代中选出的。树势强，树姿开张；分枝力中等。有二次枝，树冠为圆头形。芽近圆形，无芽座，侧生混合芽比率在 80% 以上，每个雄花序多着生雌花 2 朵，坐果率为 69%，为雌先型。嫁接后第 2 年开始开花并少量结果，第 3 年开始有雄花。枝条粗壮，平均每个母枝抽生 2.4 个新枝，每个母枝含 2 个果枝，果枝率为 86%。每个母枝平均坐果为 1.6 个，多为双果，属短枝型，连续结实力强。坚果为卵圆形，果基圆，果顶尖，纵径为 4.14 cm，横径为 3.31 cm，侧径为 3.32 cm，平均坚果重 11.0 g。壳面较光滑，有小麻点，色浅，缝合线较窄而凸，结合紧密，壳厚为 1.0 mm，可取整仁或半仁。核仁充实饱满，为浅黄色，味香而不涩，出仁率为 59% 左右，仁为黄白色。核仁脂肪含量为 70.0% 左右，蛋白质含量为

图 22-15 绿波

18.8%。河南3月下旬发芽，4月上旬雌花盛开，4月中下旬雄花散粉。8月下旬至9月上旬果实成熟，10月中旬落叶。较抗冻、耐旱，抗枝干溃疡病、果实炭疽病和黑斑病。适宜在土层较厚的华北黄土丘陵地区栽培。可林粮间作，梯田边栽种；也可进行早密丰产栽培。

（4）金薄香1号（图22-16）

金薄香1号核桃是山西省农科院果树研究所从新疆薄壳核桃中实生选育而成的。一年生枝条呈绿褐色，二年生枝条为灰绿色，皮孔较稀，为灰白色，形状不规则。叶呈浅绿色，无褶缩，叶脉明显，叶缘无锯齿。叶芽为长圆形，着生于叶腋间；休眠芽着生于枝条中下部；雌花芽为半圆形、饱满，着生于枝条顶端叶腋间；雄花芽呈长圆锥形、瘦小，着生于叶腋间。幼树生长较旺，树姿直立，芽具早熟性，树冠中下部部分枝条能抽生二次枝。成龄树干性较弱，新梢年平均生长量为33.3 cm，短果枝约占80%，中果枝约占15%，长果枝约占5%，全树结果部位比较均匀，结果枝以单果为主。在山核桃上嫁接后，嫁接苗在苗圃就能开花结果，第2年部分植株可结果，第5年进入初盛果期，连续结果能力强，丰产。果实呈长圆形，缝合线明显，纵径为4.50 cm，横径为3.81 cm，侧径为3.61 cm，果形指数为1.18，平均单果重15.2 g。壳厚1.15 mm，易取仁，出仁率为60.5%。果仁为乳黄色，单仁约重9.2 g；果肉为乳白，肉质细腻，香味浓，微涩，品质上等。对土壤适应性较强，耐旱、耐瘠薄，在平地、丘陵、山区均生长良好。抗寒性较强，冬季地面最低温度达－25 ℃时仍能安全越冬。抗病虫能力强。在晋中地区3月下旬开始萌芽，4月上旬开花、展叶，4月中旬新梢开始生长，6月中下旬为果实硬核期，9月上旬果实成熟，10月下旬开始落叶，全年生长期为200～220 d。

（5）中林1号（图22-17）

中林1号核桃是中国林业科学院林业研究所选出。坚果呈圆形，果基圆，果顶扁圆，纵径为4.0 cm，横径为3.7 cm，侧径为3.9 cm，平均单果重14 g，壳面较粗糙，缝合线两侧有较深麻点，缝合线中宽凸起，顶有小尖，结合紧密，壳厚为1.0 mm，可取整仁或半仁，出仁率为54%。核仁充实、饱满，中色。树势较强，树姿较直立，分枝力强，树冠为椭圆形。侧生混合芽比率在90%以上。雌花序多着生较多雌花，坐果率在55%左右，以中短果枝结果为主，雌先型。在北京地区，4月中旬发芽，4月下旬雌花盛开，5月初雄花散粉。9月上旬坚果成熟。较抗旱，水、肥不足易落果，花期遇雨易感褐斑病。适宜在华北及中西部地区栽培。

**图22-16　金薄香1号**

**图22-17　中林1号**

（6）辽核6号

辽核6号是由辽宁省经济林研究所选出的。树势较强，树姿半开张，分枝力强；坐果率在60%以上，多双果，丰产性强，大小年不明显。雌先型。嫁接后第2年结果。坚果为椭圆形，果基为圆形，顶部略细、微尖；单果重12.4 g；壳面粗糙，颜色较深，为红褐色，缝合线平或微隆起，结合紧密，内褶壁为膜质，横隔窄或退化，壳厚在1.0 mm左右，可去整仁，出仁率为58.9%；核仁为黄褐色。较抗病、耐寒。适于在我国北方核桃栽培区种植。

图 22-18　鲁香

（7）鲁香（图 22-18）

鲁香核桃是山东果树研究所选育的。树势中庸，树姿开张，树冠为半圆形。枝条较细，髓心小，分枝力强。侧生混合芽比率为 86.0%，雌花多双生，坐果率为 82%，雄花数量较少，雄先型。嫁接后第 2 年开始结果，早期产量较低，丰产期大小年不明显。坚果为倒卵形，果基尖圆，果顶微凹，纵径为 4.29 cm，横径为 3.16 cm，侧径为 3.27 cm，平均坚果重 12.7 g，壳面较光滑，多有浅坑；缝合线较平，结合紧密，壳厚为 1.1 mm，可取整仁或半仁，出仁率为 66.5%；有奶油香味，无涩味，品质上等。山东泰安地区，3 月下旬发芽，雄花期为 4 月上中旬，雌花期为 4 月中下旬。坚果在 8 月下旬成熟。较抗旱、抗寒，抗病性也较强，适宜在山区丘陵土层深厚地区栽培。

（8）晋龙 2 号（图 22-19）

晋龙 2 号核桃是山西省培育的中熟品种。植株生长势强，树姿开张，分枝角为 70°～75°，树冠为半圆形，叶片中大，为深绿色，雄先型。七年生嫁接树树高 3.92 m，冠径为 4.5 m×4.5 m，分枝力为 2.44 个，新梢平均长 48.1 cm，粗 1.21 cm，果枝率为 12.6%，每个果枝的均坐果为 1.53 个，每枝均坐果 29 个，最高坐果 60 个/株。连年结果丰产性特强。嫁接苗比实生苗提早 4～6 年结果，幼树早期丰产性强，品质优良。坚果较大，为圆形，平均单果重 15.92 g，最大单果重 18.1 g，三径平均为 3.77 cm，缝合线紧、平、窄，壳面光滑美观，壳厚为 1.22 cm；可取整仁，出仁率为 56.7%，平均单仁重 9.02 g，仁色中，饱满，风味香甜，品质上等。在通风、干燥、冷凉的地方（8 t 以下）可贮藏 1 年品质不变。晋中地区 4 月上中旬萌芽，5 月初雄花盛开，5 月中旬雌花盛开，9 月上中旬果实成熟，10 月下旬落叶。果实发育期为 120 d，营养生长期为 210 d。适应性强，抗寒、抗晚霜、耐旱、抗病性强。顶端花芽受冻，侧花芽还能形成果实，可在华北、西北丘陵山区栽培。

（9）西扶 1 号（图 22-20）

西扶 1 号核桃由西北林学院于 1981 年从陕西扶风隔年核桃实生树中选出的晚熟品种。坚果为长圆形，果基为圆形，纵径为 4.0 cm，横径为 3.5 cm，侧径为 3.2 cm，平均单果重 12.5 g。壳面光滑，色浅；缝合线窄而平，结合紧密，壳厚为 1.2 mm，可取整仁，出仁率为 53%。核仁充实饱满，色浅味香甜。脂肪含量为 68.49%，蛋白质含量为 19.31%。植株生长势强，树姿较直立，树冠为圆头形，雄先型，果枝短粗，坐果率高。抗寒、耐旱、较抗病。在陕西 3 月底萌芽，4 月下旬雄花散粉，5 月初雌花盛开。9 月中旬坚果成熟。抗性较强，适宜在华北、西北地区栽培。

图 22-19　晋龙 2 号

图 22-20　西扶 1 号

（10）香玲（图 22-21）

香玲核桃是山东省果树研究所用上宋 6 号和阿克苏 9 号人工杂交后代中选育而成的中熟品种。混合芽近圆形，大而离生，有芽座。侧生混合芽比率为 81.7%，雌花多双生，坐果率为 60%。坚果中等大，呈卵圆形，平均单重 10.6 g，壳面光滑美观，壳厚为 0.99 mm，缝合线较松，可取整仁，出仁率为 60%~65%，仁色浅，风味香，品质极优。树势中等，树姿直立，树冠圆柱形，分枝力强，有二次生长。雄先型。栽植第 2 年开始结果，第 5 年进入盛果期，果枝率为 85.7%，侧生果株率为 88.9%，每个果枝平均坐果为 1.6 个。3 月下旬发芽，雄花期为 4 月中旬，雌花期为 4 月下旬。8 月下旬坚果成熟。抗旱、抗黑斑病性较强，适宜林粮间作和山地梯田边沿栽植。要求土肥水条件较高，在土层薄、干旱的地区和结实量太多时，坚果变小。

（11）礼品 2 号（图 22-22）

礼品 2 号核桃是由辽宁省经济林研究所选育的。坚果为长圆形，果基平或圆，果顶微尖。壳面较光滑，色浅，缝合线窄而平，结合较紧密。坚果纵径为 4.21 cm，横径 3.78 cm，侧径 3.54 cm，平均果重 13.9 g，壳厚在 0.9 mm 左右，内褶壁退化，可取整仁，出仁率为 66.4%。平均果仁重 9.23 g。核仁充实饱满，为黄白色，风味佳。树势中等，树姿半开张，分枝力强。丰产性强，一般母枝顶端能抽生出 2~4 个结果枝。嫁接树 4~5 年、高接树 2~3 年开始结果，坐果率在 70% 以上，多双果，八年生最高产量 5~6 kg/株。雌先型。坚果 9 月初成熟。适应性强，对细菌性黑斑病和炭疽病有较强的抗病能力。

**图 22-21　香玲**

**图 22-22　礼品 2 号**

（12）中农短枝（图 22-23）

中农短枝是国内较新的核桃品种（突破 500 kg/亩）填补了国内短枝矮化型核桃的空白。坚果为椭圆形，单果重 15 g；壳面较光滑，缝合线平，成熟期坚果果顶易开口，壳厚 1.0 mm 左右。极易取整仁，味香甜而不涩，出仁率为 63.8%。坚果光滑美观，品质上等，尤宜带壳销售或作生食油。当年栽植，当年结果。二年生产量 1.0~2.5 kg/株，5 年生产量达 400~500 kg/亩，盛果期产量较高，大小年不明显，特丰产。适应性较强，抗寒、抗旱、耐贫瘠。适应性广，是十分有发展前景的新品种。

**图 22-23　中农短枝**

（13）丰辉核桃（图 22-24）

丰辉核桃是由山东省果树研究所选出的。树姿较直立，树冠呈圆柱形，九年生树高 4.7 m，冠径为 3 m。新梢为绿褐色，多有二次枝，母枝为深绿褐色。叶片为绿色。芽为半圆形。每个雌花序有花 2~3 朵，雄花极少。树势中庸，分枝力较强，侧生混合芽比率为 88.9%；嫁接后第 2 年结果，坐果率为 70%

图 22-24　丰辉核桃

左右。雄先型。产量高，大小年不明显。早期产量高。坚果呈长椭圆形，为浅黄色，果基圆，果顶尖，纵径为 4.36 cm，横径为 3.13 cm，平均坚果重 12.2 g。75～105 个/kg。壳面光滑，有浅刻沟，为浅黄色；缝合线窄而平，结合紧密，壳厚为 0.9 mm，可取整仁，取仁极易，可取全仁。核仁充实饱满，色浅美观，内种皮为淡黄色，核仁饱满美观，味香而不涩，出仁率为 62.5%。脂肪含量为 62.8%，蛋白质含量为 22.9%，坚果品质上等。定植后第 4 年产量为 1.25 kg/株，第 5 年产量为 2.35 kg/株。平均树冠投影面积产仁量 188.6 g/$m^2$。高接在六年生砧木上，第 2 年平均株产量为1.08 kg/株。嫁接苗 2 年生结果，树势中庸，母枝分枝力较强，果枝率达 85.7%，侧芽结果率达 88.9%，结果枝平均长度为 7.9 cm，以中、短果枝结果为主，每个果枝平均坐果 1.6 个，二次枝结果能力较强。适应性强，适宜土层深厚、有灌溉条件的地区栽植。

（14）清香核桃（图 22-25）

清香核桃是日本晚实品种类型。树体中等大小，树姿半开张。幼树生长较旺，树势强健，结果后树势稳定。嫁接苗栽后第 2 年开花株率在 60% 以上，第 3 年开花株率为 100%，5～6 年进入盛果期；高接树第 2 年开花结果，坐果率在 85% 以上。具有侧芽结果能力，双果率高，连续结果能力强，极为丰产。坚果较大，近圆锥形，大小均匀，壳皮光滑，为淡褐色，外形美观，缝合线紧密，平均单果重 16.7 g，壳厚为 1.0～1.1 mm，种仁饱满，仁色浅黄，风味香甜，绝无涩味，黑仁率极低。内褶壁退化，取仁容易，出仁率为 52%～53%。种仁含蛋白质 23.1%，粗脂肪 65.8%，碳水化合物 9.8%，维生素 $B_1$ 0.5 mg，维生素 $B_2$ 0.08 mg。病果率在 10% 以内，开花晚，抗晚霜，抗旱，耐瘠薄，可上山、下滩，适应性较强，在华北、西北、东北南部及西南的部分地区可大面积栽培。

（15）哈特利（哈特雷）（图 22-26）

哈特利核桃为中熟品种，为美国加利福尼亚州栽培面积最广的品种，也是美国出口带壳核桃的主要品种。1984 年引入我国。坚果较大，为圆锥形，平均单果重 13.5 g，坚果基部宽而平，顶部似心脏形，缝合线紧密，果皮薄，核仁饱满，仁重 6.7 g，味香，出仁容易，出仁率为 50%～55%。且 90% 以上为浅色仁。耐贮藏，常温下核桃坚果可存放 1 年，品质不变。结果枝平均长 7.5 cm，直径为 0.7 cm，每结果枝坐果 1.8 个，以双果居多；主要以顶化芽结果为主，腋芽成花率为 20%～30%，进入盛果期比早实核桃品种大约晚 2 年，进入盛果期后，产量很高，第 6 年产量可达 300 kg/亩以上，水、肥条件好的地方在 400 kg/亩以上。对土质、气候和水肥等条件无严格的要求。除盐碱地外哈特利核桃在沙土、壤土、黏土均可正常生长。哈特利核桃抗病能力很强，抗黑斑病、炭疽病等病害。在河南 3 月下旬展叶，4 月上中旬开花，雄先型；果实 9 月中旬成熟，10 月中下旬落叶。

图 22-25　清香核桃

图 22-26　哈特利

（16）福兰克蒂（图 22-27）

福兰克蒂核桃是法国品种，在欧美各地核桃产区均有大量栽植。树体高大，直立性强，一般只有顶芽能够结果，较丰产，宜大冠稀植栽培。坚果较小，平均果重 11.09 g，缝合线紧密，出仁率为 46%，核仁色极浅。该品种的最大特点是早春萌芽及开花较晚，可避开晚霜的危害。

（17）大泡核桃（图 22-28）

大泡核桃又名漾濞泡核桃，为铁核桃品种，是云南早期无性优良品种。树势较强，树姿直立。坚果为扁圆形，单果重 12～13 g。壳面刻点多而深，缝合线隆起，结合紧密，壳厚为 1.0 mm，内褶壁纸质，取仁容易，出仁率为 55%～58%。核仁饱满，香甜不涩。

图 22-27　福兰克蒂

图 22-28　大泡核桃

（18）三台核桃（图 22-29）

三台核桃又名草果形核桃，为铁核桃品种。树势旺，树姿开张，丰产，优质。坚果为倒卵圆形，果基尖，果顶圆。单果重 9.49～11.57 g。壳面较光滑，色浅，缝合线窄，上面略凸起，结合紧密，壳厚为 1.0～1.1 mm，内褶壁及横膈膜膜质，易去整仁，出仁率为 45%～51%。核仁充实饱满，色浅，味香醇而不涩。雄先型品种。

（19）细香核桃（图 22-30）

细香核桃又名细核桃，铁核桃品种。树势强，树姿开张，丰产性好。坚果为圆形，果基和果顶较平。单果重 8.9～10.1 g。壳面麻，缝合线较宽，凸起，结合紧密，壳厚为 1.0～1.1 mm，内褶壁及横膈膜膜质，易取整仁，出仁率为 53.1%～57.1%。核仁充实饱满，色浅，味香。雄先型品种。适宜作加工品种。主要栽培于北京的昌平，甘肃的宁县，云南西部的滇西、龙陵县、保山市、施甸县、腾冲县等地。

图 22-29　三台核桃

图 22-30　细香核桃

（20）绿苑 1 号

绿苑 1 号核桃是由许昌林业科学研究所于 2008 年用扎 343 和中林 5 号选育成的。树冠呈伞状半圆形或圆头状。树干皮为灰白色、光滑，树条粗壮，光滑，新枝为绿褐色，具白色皮孔。树势中庸，树姿开张，小枝较粗，节间中等，分枝力为1∶5.8。奇数羽状复叶，互生，叶片长30～40 cm；小叶为长圆形，5～9片，复叶为柄圆形，基部肥大有腺点。脱落后，叶痕大，呈三角形。混合芽圆形，营养芽三角形，隐芽很小，着生在新枝基部。雄花芽为裸芽，圆柱形，鳞片状。雄花序葇荑状下垂，长8～12 cm，花被6裂，每小花有雄蕊12～26枚，花丝极短，花药成熟时为杏黄色，雄先型。雌花序顶生，小花2～3簇生，子房外面密生细柔毛，柱头2裂，偶有3～4裂，呈羽状反曲，为浅绿色。侧芽成花率为95%；每个花序坐果1～4个，每个花序坐果多数2个。坚果为长卵圆形，纵径平均为5.5 cm，横径平均为4.0 cm，缝合径为4.0 cm，壳面光滑，色浅，缝合线紧密且突出，坚果平均壳厚1.1 mm，平均单果重21 g，薄壳可取全仁，出仁率为61.2%。核仁较充实，饱满，色为乳黄至浅琥珀，风味优良。适应性强，抗褐斑病，花粉量大，可作雌先型品种的授粉树种。绿苑1号核桃在河南的许昌3月中旬萌芽，4月中旬开花，9月下旬果实成熟。适宜在年平均温度在10 ℃以上，生长期为180 d以上的地区种植。

(21) 山核桃（图22-31）

图22-31 山核桃

山核桃又名山核、山蟹、小核桃、核桃楸、胡桃楸，落叶乔木，属胡桃科山核桃属，高达10～20 m，胸径为30～60 cm。树皮平滑，为灰白色，光滑；小枝细瘦，新枝密被盾状着生的橙黄色腺体，后来腺体逐渐稀疏，一年生枝为紫灰色，上端常被有稀疏的短柔毛，皮孔为圆形，稀疏。复叶长16～30 cm，叶柄幼时被毛及腺体，后来毛逐渐脱落，叶轴被毛较密且不易脱落，有小叶5～7枚；小叶边缘有细锯齿，幼时上面仅中脉、侧脉及叶缘有柔毛，下面脉上具宿存或脱落的毛并满布橙黄色腺体，后来腺体逐渐稀疏；侧生小叶具短的小叶柄或几乎无柄，对生，为披针形或倒卵状披针形，有时稍成镰状弯曲，基部为楔形或略成圆形，顶端渐尖，长10～18 cm，宽2～5 cm，顶生小叶具长5～10 mm的小叶柄，同上端的侧生小叶同形、同大或稍大。雄性葇荑花序3条成1束，花序轴被有柔毛及腺体，长10～15 cm，生于长1～2 cm的总柄上，总柄自当年生枝的叶腋内或苞腋内生出。雄花具短柄；苞片狭，呈长椭圆状线形，小苞片为三角状卵形，均被有毛和腺体；雄蕊为2～7枚，着生于狭长的花托上，花药具毛。雌性穗状花序直立，花序轴密被腺体，具1～3雌花。雌花为卵形或阔椭圆形，密被橙黄色腺体，长5～6 mm，总苞的裂片被有毛及腺体，外侧1片苞片显著较长，为钻状线形。果实为倒卵形，向基部渐狭，幼时具4狭翅状的纵棱，密被橙黄色腺体，成熟时腺体变稀疏，纵棱亦变成不显著；外果皮干燥后革质，厚2～3 mm，沿纵棱裂开成4瓣；果核呈倒卵形或椭圆状卵形，有时略侧扁，具极不显著的4纵棱，顶端急尖而具1短凸尖，长20～25 mm，直径为15～20 mm；内果皮硬，为淡灰黄褐色，厚为1 mm；隔膜内及壁内无空隙；子叶2深裂。4—5月开花，9月果成熟。适生于山麓疏林中或腐殖质丰富的山谷，海拔可达400～1200 m。主要产于浙、皖交界的天目山区、昌北区及横路乡。

(22) 薄壳山核桃（图22-32）

薄壳核桃又名美国山核桃、培甘、长山核桃，原产于美国。大乔木，高可达50 m，胸径可达2 m，树皮粗糙，深纵裂。芽为黄褐色，被柔毛，芽鳞镊合状排列。小枝被柔毛，后来变无毛，为灰褐色，具稀疏皮孔。奇数羽状复叶长25～35 cm，叶柄及叶轴初被柔毛，后来几乎无毛，

图22-32 薄壳山核桃

具9～17枚小叶；小叶具极短的小叶柄，呈卵状披针形至长椭圆状披针形、有时呈长椭圆形，通常稍成镰状弯曲，长7～18 cm，宽2.5～4.0 cm，基部为歪斜阔楔形或近圆形，顶端渐尖，边缘具单锯齿或重锯齿，初被腺体及柔毛，后来毛脱落而常在脉上有疏毛。雄性葇荑花序3条1束，几乎无总梗，长8～14 cm，一年生小枝顶端或当年生小枝基部的叶痕腋内生出。雄蕊花药有毛。雌性穗状花序直立，花序轴密被柔毛，具3～10枚雌花。雌花子房为长卵形，总苞裂片有毛。果实为矩圆状或长椭圆形，长3～5 cm，直径为2.2 cm左右，有4条纵棱，外果皮4瓣裂，革质，内果皮平滑，为灰褐色，有暗褐色斑点，顶端有黑色条纹；基部不完全2室。5月开花，9—11月果成熟。喜光，喜温暖湿润气候，有一定耐寒性，在北京可露地生长。生于疏松、排水良好、土层深厚肥沃的沙壤中、冲积土。不耐干旱，耐水湿。土壤酸碱度的适应范围比较大，微酸性、微碱性土壤均能生长良好，不耐干旱瘠薄。在土层深厚、疏松、富含腐殖质的冲积平原或河谷地带生长迅速，深根性，萌蘖力强，生长速度中等，寿命长。适于河流，湖泊地区栽培。在我国的河北、河南、江苏、浙江、福建、江西、湖南、四川等地有栽培。

**思考题**

核桃是如何进行分类的？生产上栽培的优良品种有哪些？

## 第四节　无公害栽培技术要点

### 一、品种选择

选择适应当地环境条件的优良品种，如清香、辽核、中林、香玲等。

### 二、栽培技术要点

**1. 矮化密植**

根据核桃生长和结果习性、土壤、水肥条件等确定合理的栽植密度。一般早实核桃栽培密些，晚实核桃栽稀些。

**2. 授粉树配置**

雌先型和雄先型品种搭配种植。雄先型品种配置雌先型品种作授粉树。一般配置比例为（8～10）：1。

**3. 整形修剪**

（1）修剪时期

修剪时期一般在采收后到叶片没有变黄以前和春季展叶以后进行修剪。结果树以秋剪为宜，幼树则可春剪。

（2）及时定干

春天发芽后，大苗要在距地面60～70 cm处定干。

（3）树形选择

株行距较大、水肥供应充足条件下，采用疏散分层形；立地条件和水肥条件较差的情况下，宜采用自然开心形；密植条件下可采用扇形，但在行间应留抚养枝，当两行之间交叉而影响光照时，进行缩剪培养成结果枝组。

**4. 果实采收和处理**

（1）果实采收

果实采收适期是总苞皮色由深绿色变为淡黄色，部分总苞裂口，个别果实脱落，此时为采收适期。

（2）采后处理

采后总苞未自行脱落的须沤制脱皮。即将核桃堆积于场地上，堆高 30 ~ 50 cm，上用湿草等覆盖 3 ~ 5 d，用棍轻击，青皮即可脱落。或用 40% 的乙烯利 500 ~ 1000 倍液浸泡未脱皮的核桃，堆放 24 h，用棒敲打，青皮极易脱落，且核壳光洁，不受污染。脱皮后的湿核桃，及时用水冲洗，并立即漂白。晾干时勤加翻动，避免背光面发黄，影响品质。当核仁变脆、断面洁白，隔膜易碎裂时，即可置冷冻、干燥、通风处收藏。贮藏期间经常检查，注意防潮和防止鼠害。遇有个别霉烂变质时，要取出晾晒。

### 三、病虫害防治

核桃病虫害防治以预防为主，综合防治为辅。改善核桃园的生态条件，合理修剪，及时清除病虫枝。可用灭幼脲 3 号、石硫合剂、腐质酸钠、波尔多液、代森锰锌等药剂防治病虫害。

**思考题**

试述核桃无公害栽培技术要点。

## 第五节　关键栽培技术

### 一、嫁接技术

嫁接是实现我国核桃良种化和区域化的重要措施。但核桃枝条粗壮弯曲，髓心大，叶痕突出，取芽困难，又含有较多的单宁，还具有伤流特点，因此，嫁接成活率低。生产上可通过提高砧穗生理机能、增大砧穗接触面、加快操作速度及砧木放水等综合措施，提高嫁接成活率。下面以插皮舌接为例，具体说明如何进行嫁接，提高成活率。

**1. 砧木、接穗的选择与处理**

枝接接穗在发芽前 20 ~ 30 d 采自采穗圃或优良品种冠外围中上部。要求枝条充实，髓心小，芽体饱满，无病虫害。接穗剪口蜡封后分品种捆好，随即埋到背阴处 5 ℃以下地沟内保存。嫁接前 2 ~ 3 d 放在常温下催醒，使其萌动离皮。嫁接前 2 ~ 3 d 将砧木剪断，使伤流流出，或在嫁接部位下用刀切 1 ~ 2 个深达木质部放水口，截断伤流上升。为避免大量伤流发生，嫁接前后各 20 d 内不要灌水。

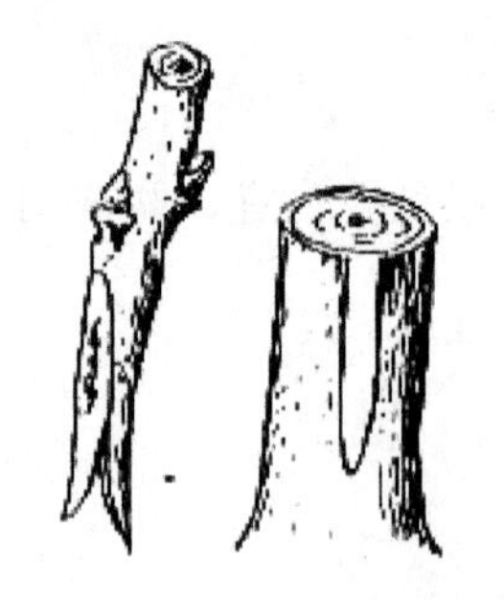

图 22-33　核桃插皮舌接

**2. 嫁接时期和方法**

嫁接时期以萌芽后至展叶期为宜。接穗长约 15 cm 带有 2 ~ 3 个饱满芽。先用嫁接刀将接穗下部削成长 4 ~ 6 cm 的马耳形斜面，选砧木光滑部位，按照接穗削面的形状轻轻削去粗皮，露出嫩皮，削面大小略大于接穗削面。把接穗削面下端皮层用手捏开，将接穗木质部插入砧木的韧皮部与木质部之间，使接穗的皮层紧贴在砧木的嫩皮上，插至微露削面，用麻皮或嫁接绳扎紧砧木接口部位。为提高嫁接成活率要特别重视接后的接穗保湿，如用塑料薄膜（地膜）缠严接口和接穗或用蜡封接穗，接后套塑料筒待并填充保湿物等（图 22-33）。

**3. 接后管理**

接后应随时除去砧木上的萌蘖，如无成活接穗，应留下 1 ~ 2 个位置合适的萌蘖，以备补接。

此外，采用芽接时间可在嫁接部位以上留 1 ~ 2 个复叶剪砧，待接芽萌发新梢长出 4 ~ 5 个复叶时解绑剪砧。

## 二、建园栽植技术

**1. 园址选择**

园址选择背风的山丘缓坡地及平地。以山坡地有利于核桃生长发育。土壤以保水、透气良好的壤土和沙壤土为宜，土层厚1 m以上。避开柳树、杨树、槐树生长过的地方。否则易感根腐病。

**2. 栽植时期**

核桃可春栽和秋栽，北方冷凉地区为防止抽条和冻害，以春栽为宜。

**3. 配置授粉树**

核桃具有雌雄异熟、风媒传粉及坐果率差异较大等特点，为保证良好的授粉条件，应选择2～3个品种，并能互相提供授粉机会。也可专门配置授粉品种，原则上主栽品种与授粉品种比例大于或等于8∶1。

**4. 栽植方式和密度**

核桃栽植方式有园区式栽植、间作式栽植和零星栽植。我国多用间作式栽培，商品生产基地要求大面积连片集中栽植。在土层深厚、肥力较高条件下，可采用6 m×8 m或8 m×9 m的株行距；实行粮果间作核桃园，一般株行距为6 m×12 m或7 m×14 m；早实核桃可采用株行距为3 m×5 m或5 m×6 m，或采用3 m×3 m或4 m×4 m的行距密植，当树冠郁闭光照不良时，株行距间伐成6 m×6 m和8 m×8 m。

## 三、整形修剪技术

**1. 修剪时期**

核桃休眠期修剪会有伤流，伤流期一般在10月底至翌年展叶时为止。为避免伤流损失营养，修剪在果实采收后至落叶前或春季萌芽展叶后进行。由于春季展叶后修剪，损失树体营养较多，且容易碰伤幼嫩枝叶。因此，结果树以秋剪为主，幼树以春剪为主，以防抽条。

**2. 选择树形**

核桃生产中常用的树形主要是主干疏层形和自然开心形2种类型。主干疏层形晚实品种或直立型品种主干一般高1.2～1.5 m，若长期间作、行距较大，为便于作业，主干可留到2 m以上；早实核桃品种树体主干一般高为0.8～1.2 m。第1层与第2层层间距晚实核桃应留1.2～2.0 m，早实核桃应留0.8～1.5 m。第2层与第3层层间距一般在1.0 m左右。主枝上第1侧枝距中心干1 m左右，第2侧枝距第1侧枝50 cm。侧枝选留背斜侧，不选背后枝。该树形适于稀植大冠晚实型品种、间作栽培方式，土层深厚及土质肥沃的条件。自然开心形无中心干，干高多在1 m左右，主枝3～4个，轮生于主干上，不分层，主枝间距为30 cm左右。该树形具有成形快、结果早、整形简便等特点，适合于土层薄、肥水条件差的晚实核桃和树冠开张、干性较弱的早实核桃应用。此外，在核桃密植园可采用小冠疏层形，其树高一般控制在4.5 m以下。

**3. 幼树整形修剪**

核桃幼树阶段生长快，容易造成树形紊乱。整形原则和方法要领与苹果、梨等果树大体相同。不同的是核桃尤其是晚实核桃结实晚、早期分枝少、留干高、层间距大。因此，整形修剪持续时间长，有时1层骨干枝需要2～3年才能选定。

（1）定干

核桃树干高低应根据品种特性、栽培条件及方式等因地制宜。一般主干疏层形定干高度晚实核桃为1.2～1.5 m，早实核桃为1.0～1.2 m。

（2）树形培养

主干疏层形树形培养分4步完成：第1步于定干当年或第2年，在定干高度以上选留3个不同方向的健壮枝条作为第1层主枝，层内主枝间距为20～40 cm。第1层主枝选留完成后，除保留中心干外，其余枝条除去。第 2 步选留 2 个壮枝作为第 2 层主枝。同时，在第 1 层主枝上选留侧枝，各主枝间侧枝方向相互错开，避免重叠、交叉。第 3 步早实核桃在 5 ~ 6 年时，晚实核桃在 6 ~ 7 年时，继续培养第 1 层、第 2 层主枝的侧枝。第 4 步继续培养第 1 层、第 2 层主侧枝，选留第 3 层主枝 1 ~ 2 个，第 2 层与第 3 层间距在 1.0 m 左右。

（3）修剪

核桃幼树修剪的主要任务是短截发育枝、处理背下肢和徒长枝，控制和利用二次枝。发育枝采用中短截或轻短截，以利扩大树冠，促进晚实核桃增加分枝。除主侧枝延长枝外，短截侧枝上着生的旺盛发育枝，但短截量一般占总枝量的 1/3；核桃背下枝生长旺，应区分情况及时控制和处理。第 1 层主侧枝背下枝全部疏除，第 2 层以上主侧枝背下枝，可换头开张主枝角度，有空间的控制利用使其结果，过密则疏除。徒长枝从基部疏除。在空间允许的前提下可采用夏季摘心或先短截后缓放的方法，将其培养成结果枝组；早实核桃容易发生二次枝，过多时会造成郁闭应及早疏除，如生长充实健壮并有空间时可去弱留强，夏季摘心后培养成结果枝组。

**4. 结果树修剪**

（1）结果初期树的修剪

核桃树刚进入结果期，树形已经基本形成，产量逐年增加，其主要任务是继续培养主、侧枝和结果枝组，充分利用辅养枝早期结果，尽量扩大结果部位。采取先放后缩，去强留弱等方法培养结果枝组，使大小枝组在树冠内均匀分布。已影响主、侧枝生长的辅养枝逐年缩剪，给主、侧枝让路。背下枝多年延伸而成的下垂枝，及时回缩改造成枝组，或及时疏除。疏大枝时锯口留小枝。

（2）盛果期树修剪

核桃树一般在 15 年（早实核桃 6 年）左右进入盛果期，此期修剪重点是维持树体结构，防治光照条件恶化，调整生长结果关系，控制大小年。采取落头开心，打开上层光照。通过回缩下层骨干枝、疏除过密外围枝和内膛枝条，改善树冠内的通风透光条件。注重枝组的复壮更新，小枝组去弱留强，去老留新；中型枝组及时回缩更新，使其内部交替结果，维持结果能力；大型枝组控制其高度和长度，已无延长能力或下部枝条过弱的大型枝组，及时回缩，以保证其下部中、小型枝组的正常生长结果。

**5. 衰老树更新复壮**

核桃盛果期后，如管理不善极易出现树势衰弱，外围枝生长量明显减弱、下垂，小枝干枯严重，结果部位外移、内膛光秃，同时萌发大量徒长枝，出现自然更新现象，产量显著下降。老树复壮更新分小更新和大更新。小更新一般从大枝中上部分枝处回缩，复壮下部枝条。小更新几次后，树势进一步衰弱，再进行大更新。大更新是在大枝中下部有分枝处进行回缩，促发新枝，重新形成树冠。

## 四、去雄与人工辅助授粉技术

**1. 去雄**

去雄可节约树体养分和水分，促进雄花发育，显著提高坐果率。去雄时间一般在雄花序萌动前期或在休眠期完成为宜。若拖到雄花序伸长期再去，增产效果不明显。去雄量根据品种、树体情况而定。一般去雄量占雄花量的 90% ~ 95% 。方法多用带钩的木杆钩或人工掰除。

**2. 人工辅助授粉**

核桃异花授粉且存在雌雄异熟现象，花期不育，常早晨授粉不良，分散栽植核桃树更是如此。此外，早实核桃幼树开始结果最初几年，一般只开雌花，3 ~ 4 年后才出现雄花，直接影响其授粉、坐果。因此，在核桃园附近无成龄树的情况下，进行人工授粉尤为重要。花粉采集在雄花序即将散粉开始，即基部小花刚开始散粉进行。授粉最佳时期是雌花柱头开裂并呈“八字形”，柱头分泌大量黏液且有光泽时最好，此期只有 3 ~ 5 d，应抓紧时间进行。方法是先用淀粉或滑石粉将花粉稀释 10 ~ 15 倍，置于纱布袋内，封严袋口并拴在竹竿上，在树冠上方轻轻抖动即可授粉。

## 五、病虫害防治技术

### 1. 核桃黑斑病

（1）识别与症状

果实受害初期，病斑为褐色小斑点，后扩大为不规则的黑斑，遇雨病斑四周呈水渍状晕圈，外果皮腐烂并深入果肉，核仁变黑，提早落果。叶片受害后，先沿叶脉有小斑点，后扩大呈多角形或四方形，病斑外缘有水渍状半透明晕圈，染病严重时叶片焦枯卷曲脱落，新梢变黑枯死，果实变黑早落。

（2）防治方法

加强田间管理，保持园内通风、透光；结合修剪，剪除病枝，及时收集和清理病叶、枝、果，集中烧毁；展叶前、落花后及幼果期各喷 1 次药，药剂可用 1：0.5：200 的波尔多液、72% 的农用链霉素可溶性粉剂 5000～10000 倍液、80% 的代森锰锌可湿性粉剂 600～800 倍液等。

### 2. 核桃举肢蛾（核桃黑或黑核桃）

（1）识别与诊断

幼虫蛀果后蛀入孔呈水珠状，初期透明，虫道内充满虫粪，被害处果皮变黑并逐渐凹陷、皱缩。多数果提早脱落，未脱落果种仁不充实。成虫栖息时后足向侧后上方举起，故称“举肢蛾”。

（2）防治方法

结冻前彻底清除园内枯枝落叶及杂草，并集中烧毁，深翻园内土杀灭越冬幼虫；7 月下旬至 8 月上旬摘拾被害果，集中烧毁或深埋；在幼虫入土前及成虫羽化前，在树冠下撒辛硫磷毒土等；6 月上旬至 7 月上、中旬为成虫产卵盛期，使用常用杀虫剂，每隔 10～15 d 喷药 1 次，连续 3 次可达到良好的治疗效果。

### 3. 其他病虫害

核桃其他病虫害见表 22-1。

**表 22-1　核桃 3 种病虫害防治一览表**

| 名称 | 识别诊断 | 防治要点 |
|---|---|---|
| 核桃溃疡病 | 病斑初为黑褐圆斑，后呈梭形、长方形，呈水渍状或水疱，流出褐色黏液，秋季表皮破裂。枝干基部多，环绕时出现枯枝、枯梢或整株死亡。果实受害后有圆斑、早落、干缩或变腐，表面产生黑褐色粒状物 | 涂白，防日灼、冻害；用刀刮病部深达木质部或将病斑纵向切开，涂 3% 的石硫合剂；提高土壤保水性，增加树皮的含水量 |
| 核桃腐烂病 | 幼树初发时感病部位树皮显浅褐色渐为深褐色或黑色，呈菱形病斑，水渍状，指压时富有弹性，现酒糟味液体。主干及侧枝病斑树皮局部纵裂，组织溃烂下陷，溢黑液。成年树病斑外部无明显症状，皮层向外溢出黑色液体时已扩展为较大的溃疡，剖开树皮，可见黑色溃疡斑，潮湿时分泌橘红色卷丝 | 6 月前喷布退菌特或代森锰锌；早春及生长前期沿病斑纵向切割数条间隔 1 cm 的引线达木质部，用退菌特或代森锰锌，按 500～1000 倍液往线内涂药 |
| 云斑天牛 | 毁灭性害虫、被害部位皮层稍开裂，从虫孔排出虫粪。后期皮层开裂。羽化孔多在上部，呈一大圆孔。成虫鞘翅上有二三行排列不规则的白斑，呈云片状 | 利用趋光和假死性灯光捕杀；树叶、嫩枝有咬破伤口时，即捕捉成虫。产卵期有产卵刻槽，用锤敲击，消灭卵和初孵幼虫。幼虫蛀入树干后，以虫粪为标志，用带钩铁丝从虫孔插入钩杀或用等量西维因粉与土合成的泥堵洞 |

## 六、采后处理技术

核桃在果皮由绿变黄绿或浅黄色，部分青皮顶部出现裂纹，青果皮容易剥离，有30%以上的果实已显成熟时采收。采收后及时进行脱青皮、漂白处理。脱青皮多采用堆积法，将采收的核桃果实堆积在阴凉处或室内，堆积的核桃果实厚50 cm左右，上面盖上湿麻袋或厚10 cm左右干草、树叶。保持堆内的温、湿度，以促进后熟。一般经过3～5 d青皮即可离壳。如堆积时间过长，易使青皮霉烂，果仁变质。为加快脱皮进程也可先用3000～5000 mg/kg乙烯利溶液浸蘸30 s再堆积。脱皮后坚果表面常残存有烂皮等杂物，及时用清水冲洗干净。为提高坚果外观品质，可进行漂白。常用漂白剂是：漂白粉1 kg＋水6～8 kg，或者次氯酸钠1 kg＋水30 kg。时间为10 min左右，当核壳由青红转黄白时，立即捞出用清水冲洗2次即可晾晒。

**思考题**

核桃关键栽培技术的要点包括哪些内容？

# 第六节　无公害优质丰产栽培技术

## 一、育苗

**1. 砧木的选择**

砧木选择核桃、铁核桃、野核桃、核桃楸、枫杨、心形核桃和吉保核桃等。

**2. 砧木苗的培育**

（1）种子采集

当坚果充分成熟、全树核桃青皮开裂率达到30%以上时从生长健壮、无严重病虫害、坚果种仁饱满的盛果期树上采集。采后脱青皮晾晒。在通风干燥处晾晒，不宜放在水泥地面、石板或铁板上受阳光直接暴晒。

（2）播种

播种时期分春播和秋播2个时期。春播在土壤解冻后尽早播种，在华北地区常在3月中下旬至4月上中旬播种。秋播宜在土壤结冻前进行。秋季播种子可直接播种。春季播种时，要进行浸种处理。可用冷水浸种、冷浸日晒、温水浸种、开水浸种、石灰水浸种等方法。播种方法一般均用点播法。播种时，壳的缝合线应与地面垂直，使苗基及主根均垂直生长。播种深度一般在6～8 cm为宜，墒情好，播种已发芽种子覆土宜浅些；土壤干旱或种子未裂嘴时，覆土略深些。行距可实行宽、窄行，宽行行距为50 cm、窄行行距为30 cm，株距为25 cm，出苗6000～7000株/亩，一般当年在较好环境条件下，生长可达80 cm。

**3. 接穗采集和贮运**

（1）接穗采集

采用硬枝嫁接时，可在核桃落叶后到翌春萌芽前采集接穗，对于北方核桃抽条严重或枝条易受冻害的地区，以秋末、冬初采集为好。采用绿枝嫁接和芽接时，可在生长季节随接、随采或进行短期贮藏，但贮藏时间一般不超过5 d。硬枝嫁接所用接穗应选取树冠外围健壮充实、髓心较小、无病虫害的发育枝，以中、下部发育充实枝段最好。生长季芽接用接穗，从树上采下后立即剪去复叶，留1.0～1.5 cm的叶柄。

（2）接穗贮运

贮藏越冬接穗时，可在背阴处挖宽1.5～2.0 m，深80 cm的沟，长度依接穗多少确定。将标明品种的接穗平放在沟内，注意接穗的堆放厚度不宜太厚，且每层接穗间要加 10 cm 左右湿沙或湿土，最上 1 层接穗上面覆盖厚 20 cm 湿沙和湿土。接穗放好后，浇 1 次透水。土壤结冻后将上面的土层加厚到 40 cm。硬枝接穗长途运输一定要在气温较低且接穗萌动前进行，且要进行保湿运输。绿枝嫁接或芽接所用的接穗，最好进行低温、保湿、通气运输。

**4. 嫁接**

（1）嫁接时期

室外枝接适宜时期是从砧木发芽至展叶期，北方多在 3 月下旬至 4 月下旬，南方则在 2—3 月。芽接时间宜在新梢加粗生长盛期，北方地区多在 5 月—8 月中旬，其中，5 月下旬至 6 月下旬最好，云南则在 2—3 月。

（2）嫁接方法

枝接可用劈接、插皮舌接、舌接、切接、插皮接、腹接等方法。枝接时要注意削面要光滑且长度大于 5 cm，砧穗形成层必须相互对准密接。绑缚松紧适度。芽接可用绿枝凹芽接、方块形芽接、T 字形芽接、工字形芽接等方法。提高芽接成活率应注意选取具有饱满芽的新梢作接穗，嫁接时间最好在晴天并要在接后 3 d 内不遇雨，同时增加芽片大小，最后严密捆绑。

（3）嫁接技术

芽接育苗在播种第 2 年春天萌芽前将砧木苗平茬，加强土肥、水管理。当苗高 5 cm 时选最强壮萌芽保留，其余抹去，在 20 cm 高时摘心。5 月下旬至 6 月下旬采用方块形方法进行嫁接，接后立即在接口以上留 1 复叶剪砧，确定成活后完全剪砧，当年即可成苗。室内嫁接在落叶前采集接穗并贮藏于地窖或埋入湿沙中，秋末将砧木苗起出，在沟中或窑内假植。1—3 月采用舌接法进行嫁接。嫁接前 10 ~ 15 d 将砧木和接穗放在 26 ~ 30 ℃条件下进行催醒 2 ~ 3 d。接后放在 26 ~ 30 ℃湿润介质中促生愈伤组织，一般经 10 ~ 15 d 砧穗即可愈合，假植在 5 ℃左右条件下，待来年春季 4—5 月栽植于苗圃地，培育成苗木。或将已愈合成活的苗木移植于塑料大棚中或者在室内嫁接后直接栽于塑料大棚，控制棚内温度和湿度，保证嫁接苗愈合成活。随气温升高，逐渐撤除大棚的塑料膜，秋季出圃，可免去移植的损失。室外圃地枝接砧木为二年生实生苗，接穗用一年生未萌芽发育枝。嫁接前封蜡，采用劈接、舌接等方法于春季砧树萌芽至展叶期间进行嫁接，接后加强管理，可当年成苗。绿枝嫁接在 5 月中旬至 6 月中旬用半木质化绿枝作接穗，在砧木当年生枝或二年生枝上劈接，可用于育苗或春季嫁接未成活的补接。子苗嫁接在核桃幼苗出土 1 周后嫩茎基部粗度在 5 mm 左右进行。其培育过程是：一是子苗砧培育。首先将种子催芽，待胚根伸出后掐去根尖，并用 300 mg/L 萘乙酸处理，播种。子苗期控制水分，实行蹲苗。二是接穗采集。接穗采用休眠枝，也可用未生根的组胚苗。接穗枝应与子苗根茎同粗或略粗一些，但不能过粗。三是嫁接方法。劈接法嫁接，如用稍粗接穗，插入接口时，对准一边形成层，插入后用嫁接夹固定接口。四是接后管理。接后立即植入温室锯末床中，保持在 28 ℃左右，覆膜或喷雾保湿。

（4）嫁接后管理

一是检查成活和补接。芽接后 15 ~ 20 d、硬枝嫁接后 50 ~ 60 d、绿枝嫁接后 15 ~ 30 d 检查成活情况。对未成活的砧苗，及时进行补接。二是除萌。核桃嫁接后砧木上产生的萌蘖，在萌蘖幼小时及时除去。三是绑支柱。新梢长达 30 ~ 40 cm 时，及时在苗旁立支柱引绑新梢。四是剪砧与解绑。根据需要及苗木生长情况及时剪砧和解绑。五是水肥管理和病虫害防治。嫁接后加强水肥管理和病虫害防治。

**5. 苗木出圃**

（1）起苗

起苗可在苗木停止生长、树叶脱落时进；也可在春季土壤解冻后至萌芽前进行。挖苗前最好浇 1 次水。起苗可用人工方法和机械方法。在起苗过程中保持根系完整，主根和侧根长度至少保持在 20 cm 以上，起苗后及时修整，剪平劈裂的根系，剪掉蘖枝及接口上的残桩，剪短过长副梢等。

（2）苗木分级、假植

苗木分级根据苗木类型而定（表22-2）。起苗后不能及时外运或栽植时，必须对苗木进行假植。选地势高燥、土质疏松、排水良好的地方挖沟宽、深各1 m的假植沟，长度依据苗木数量而定。分品种把苗木稍倾斜地放入沟内，填入湿沙土，培土深度应达苗高3/4。当假植沟内土壤干燥时及时洒水。假植完毕后用土埋住苗顶。埋完后浇1次小水，使根系与土壤结合，并增加土壤湿度。天气较暖时可分次向沟内填土。

**表22-2 嫁接苗质等级**

| 项目 | 一级 | 二级 |
| --- | --- | --- |
| 苗高/cm | >60 | 30～60 |
| 基径/cm | >1.2 | 1.0～1.2 |
| 主根长度/cm | >20 | 15～20 |
| 侧根数/条 | >15 | >15 |

（3）苗木包装和运输

一般50～100株/捆，挂好标签，根部充保湿材料，外用湿草袋或蒲包把苗木的根部及部分茎部包好。苗木外运最好在晚秋或早春气温较低时进行。运输过程中防止苗木干燥、发热、发霉和受冻，到达目的地后立即进行假植。

## 二、建园

### 1. 园地选择

园地选择背风山丘缓坡地及平地。土壤以保水、透气良好的壤土和沙壤土为宜，土层厚1 m以上，未种植过杨树、柳树和槐树的地方。

### 2. 园地规划

在建园前进行。园地规划包括栽植区规划、水土保持与排灌体系规划、施肥与喷药体系规划、附属设施规划、土壤改良规划等，规划方法见无公害栽培要点中的建园栽植技术。

### 3. 栽植时期

核桃可在春天或秋天栽植。不同地区可根据当地具体气候和土壤条件而定。冬季严寒多风地区春栽，栽后注意灌水和栽后管理；秋栽在落叶后栽植，栽后应注意冬季干旱和冻害。

### 4. 整地

山地建立核桃园前，应做好水土保持和整地改土等工作。整地工作主要包括修筑梯田、鱼鳞坑和等高撩壕等形式。山地核桃园梯田阶面可根据土层厚薄和降雨多少分别设计为内斜式阶面或外斜式阶面。在坡面较陡或破碎而不便修筑梯田的沟坡上，可修筑鱼鳞坑。等高撩壕筑撩壕时要沿等高线开沟，将土放在沟的外沿筑壕，使沟的断面和壕的断面成正比相连的弧形。果园土壤改良主要包括深番熟化、增施有机肥和翻压绿肥及培泥（压土）与掺沙等措施。深翻深度一般为80～100 cm，深翻方式有深翻扩穴、隔行深翻和全园深翻。培土与掺沙具有增厚土层、保护根系、增加养分、防止土壤返碱、改良土壤结构、增强树势和产量等作用。培土量视植株大小、土源、劳力等条件而定。但1次培土不宜太厚，以免影响根系生长。

### 5. 栽植方式与密度

（1）园区式栽植

园区式栽植即无论幼树期是否间作，到成龄树时均成为纯核桃园，株行距为（3～4）m×（4～6）m。早实品种栽植密度大于晚实品种。可进行集约化栽培，具有单位面积产量高的特点。

（2）间作式栽植

核桃与农作物或其他果树、药用植物等长期间作。梯田、堰边栽植的株行距为3 m×4 m，平原地区栽植的株行距为4 m×（5~8）m。

（3）零星栽植

利用沟边、堰边、路旁或庭院等闲散地分散栽植。栽植密度根据具体条件而定。

**6. 授粉树配置**

核桃是雌、雄同株异花，且有雌、雄异熟现象。因此，建园时必须配置授粉树，使一个品种的雌花开放时间与另一品种的雄花开放时间相遇。授粉品种和主栽品种要按一定的比例分栽或隔行配置。主要核桃品种的适宜授粉品种见表22–3。

**表22–3　主要核桃品种的适宜授粉品种**

| 主栽品种 | 授粉品种 |
|---|---|
| 晋龙1号、晋龙2号、西扶1号、香铃、西林3号 | 北京861、扎343、鲁光、中林5号 |
| 北京861、鲁光、中林3号、中林5号、扎343 | 晋丰、薄壳香、薄丰、晋薄2号 |
| 薄壳香、晋丰、辽核1号、新早丰、温185、薄丰、西落1号 | 温185、扎343、北京861 |
| 中林1号 | 辽核1号、中林3号、辽核4号 |

**7. 栽植方法**

栽植时首先将苗木的伤根、烂根剪除，其次用泥浆蘸根，使根系吸足水分。定植穴挖好后，将表土和肥料混合填入坑底，放入苗木，使根系舒展，边填土、边踏实，使根系与土壤密接。同时，校正苗木栽植位置，使株行整齐，苗木主干保持垂直。使根茎高于地面5 cm左右，培土高于原地面5~10 cm，保证疏松土壤经浇水塌实下陷后，根茎仍高于地面。然后打出树盘，充分灌水，待水渗后用土封严。最后覆盖一块80 cm×80 cm的地膜，地膜四周和苗木基部用土压严。

**8. 栽后管理**

（1）检查成活与补植

春天萌芽展叶后及时检查栽植苗木成活情况。对未成活植株及时补植同一品种的苗木。

（2）定干

未达定干高度的幼树，萌芽后及时定干。定干高度根据品种特性、栽培方式及土壤和环境等条件来确定。早实核桃定干高度为1.0~1.2 m；晚实核桃定干高度为1.2~1.5 m；间作物定干高度可提高到1.5~2.0 m。

（3）施肥、灌水

栽后应根据土壤干湿状况及时灌水。春夏两季可结合灌水追施适量化肥，前期以追施氮肥为主，后期以追施磷肥、钾肥为主，也可进行1~2次叶面喷肥。

（4）幼树防抽条

华北和西北地区，冬季寒冷早春风多地区，核桃易发生抽条现象。多发生在2—3月，防止抽条的主要措施是加强肥水、病虫和树体的管理，提高树体自身的抗冻性和抗抽条能力。7月以前以氮肥为主，7月以后以磷肥、钾肥为主。结合控制灌水和摘心等措施，控制枝条旺长，增加树体的营养贮藏和抗性。9月下旬至10月中旬，适时喷药防止大青叶蝉在枝干上产卵为害，11月上旬灌1次封冻水。在此基础上，核桃幼数埋土防寒、培土防寒、培月牙埂或采取枝干涂白、涂刷羧甲基纤维素或聚乙烯醇等人工辅助防寒措施。但切忌用凡士林涂抹枝干。

## 三、土肥水管理

### 1. 土壤管理

（1）土壤耕翻

土壤耕翻分深翻和浅翻2种：深翻在土壤条件较差的地方施行，可为核桃树根系的发育创造良好的条件。其做法是：每年或隔年沿着大量须根分布区的边缘向外扩宽40～50 cm，深度60 cm左右，挖成半圆形或圆形的沟。将上层土放在底层，底层土放在上面。在深秋、初冬季节结合施基肥或夏季结合压绿肥进行。浅翻在土壤条件较好的地方或者深翻有困难的地方进行。每年的春季、秋季进行1～2次，深20～30 cm。在以树冠为中心、半径为2～3 m的范围内进行。有条件地方可结合除草对全园进行浅翻。既可人工挖、刨，也可机耕。

（2）保持水土

在山地或丘陵地建立核桃园，防止水土流失是不可缺少的重要措施。梯田栽植核桃树，要经常整修梯田面，培好田埂，梯田内侧留排水沟。为防止梯田埂被冲蚀，除垒石堰外，可栽种紫穗槐和沙打旺等绿肥作物。

（3）树盘覆盖

树盘覆盖分覆草和覆膜2种。覆草最宜在山地、沙壤地、土层浅的核桃园进行。覆盖材料因地制宜，秸秆、杂草均可。除雨季外，覆草可常年进行。覆草厚度以常年保持在15～20 cm为宜。连续覆草4～5年后有计划深翻，每次翻整个树盘1/5左右。覆膜可在各类土壤上进行，尤其黏重土壤更需覆膜。覆膜在早春根系开始活动时进行，幼树定植后最好立即覆膜。覆膜后一般不再耕锄。膜下长草可压土，覆黑地膜可免除草工序。

（4）种植绿肥与行间生草

绿肥是核桃园最适宜的间作物。常用的绿肥作物有沙打旺、苜蓿、草木樨、杂豆类等，生长季将间作物刈割覆于树盘，或进行翻压。成龄核桃园可采取生草制，即在行间、株间种草，树盘清耕或覆草。所选草类以禾本科、豆科为宜。也可采取前期清耕，后期种植覆盖作物的方法，就是在核桃需水、肥较多的生长季前期实现果园清耕，进入雨季种植绿肥作物，至其花期耕翻压入土中。

（5）间作

为充分利用土地和空间，提高核桃园前期经济效益，幼龄核桃园可种植其他经济作物，实行间作。间作物必须为矮秆、浅根、生育期短、需肥、水较少且主要需肥、水期与核桃植株生长发育时期错开，不与核桃共有危险性病虫害或互为中间寄主。最适宜间作物是绿肥。间作种类和方式以不影响核桃幼树生长发育为原则。可进行水平间作或立体间作。水平间作主要是指间种作物的种类同核桃树生长特点相近，如与某些林木、果树间作等，采取隔行栽植的耕作办法。立体间作主要是指间种作物的种类都比核桃矮小，利用核桃树的下层空间生长，如某些瓜类、树苗、药材和食用菌等，一般是在核桃树的行间和树下种植。

（6）除草松土

凡进行间作物的核桃园，可结合间种作物的管理进行除草。未间作的核桃园，可根据杂草生长情况，每年除草3～4次。除草方式主要是人工或机械除草。采用化学除草剂除草，常用的除草剂有扑草净、阿拉特津和草甘膦等。松土每年夏天和秋季各进行1次，松土深度为10～15 cm。夏季浅些，秋季深些。可用机械或畜力翻耕。

### 2. 施肥管理

（1）施肥依据

应根据营养诊断结果、树体生长发育特点、土壤供肥特性，确定施肥时期、肥料种类和施肥量。

（2）施肥方法

施肥方法有土壤施肥和叶面喷肥。土壤施肥的深度一般在 60 cm 以内，有机肥可适当深施。叶面喷肥可使生长弱势部位促壮，尤其对提高短枝功能有较大作用，叶面喷肥每 10～15 d 喷施 1 次。

（3）施肥种类和时期

基肥以经过腐熟的有机肥料为主，如腐殖酸类肥料、堆肥、厩肥、圈肥、粪肥、绿肥、作物秸秆、鱼肥、血肥、杂草和枝叶等。基肥可春施、秋施。最好在采收后到落叶前施入。幼龄核桃园可结合隔行深翻或全园深翻施入基肥，成龄园可采用全园撒施后浅翻土壤方法施入基肥，施入基肥后灌 1 次透水。此法简便易行，不足之处是施肥部位较浅，容易造成根系上返。施肥量：晚实核桃栽植后 1～5 年、早实核桃 1～10 年，年施有机肥（厩肥）5 $kg/m^2$，20～30 年生核桃树有机肥用量一般不低于 200 kg/株。如土壤等条件较差、树长势较弱且产量较高时，应适当增加基肥用量。肥源不足地区可广泛种植和利用绿肥，绿肥种类可根据当地条件选择，常用的绿肥有紫穗槐、草木樨、沙打旺、毛叶苕子、田菁等。

核桃追肥以速效性无机肥料为主。根据树体的需要，在生长期中施入。核桃幼树一般每年追肥 2～3 次，成年树每年追肥 3～4 次。第 1 次在核桃开花前或展叶初期进行，以速效氮肥为主，追肥量占全年追肥量的 50%；第 2 次在幼果发育期，仍以速效氮肥为主，盛果期也可追施氮、磷、钾复合肥，追肥量占全年追肥量的 30%；第 3 次在坚果硬核期，以氮、磷、钾复合肥为主，此期追肥量占全年追肥量的 20%。有条件地方，可在果实采收后追施速效氮肥。

（4）施肥量

核桃追肥量因树龄、树势、品种、土壤和肥料不同而不同。我国晚实核桃按树冠投影或冠幅面积的参考追肥量为氮（纯 N）50 $g/m^2$，磷（$P_2O_5$）和钾（$K_2O$）各 10 $g/m^2$。进入结果期 6～10 年生树，按树冠投影面积施氮（纯 N）50 $g/m^2$，磷（$P_2O_5$）和钾（$K_2O$）各 20 $g/m^2$。1～10 年生早实核桃按树冠投影施氮（纯 N）50 $g/m^2$，磷（$P_2O_5$）和钾（$K_2O$）各 20 $g/m^2$。核桃进入盛果期后，追肥量应随树龄和产量的增加而增加。

**3. 水分管理**

（1）灌水

当田间土壤含水量小于最大持水量的 60% 时，容易出现叶片萎缩、果实空壳、产量下降等问题，需要及时灌水。灌水时间、次数、数量和方法，应根据当地气候条件、土壤水分状况和核桃生长发育情况而定。

根据核桃对水分需要规律，一般在 3 个时期灌水：一是萌芽前后：北方地区 3 月下旬至 4 月上旬需水较多，需要充足的水分供应。此时正值北方春旱少雨季节，如土壤墒情较差，应及时进行灌水。二是花芽分化前后：北方 5—6 月是雨季到来前的缺水干旱季节。正值果实膨大和速长期，生长量达全年生长量的 80% 以上，雌花芽已开始生理分化，树体生理代谢最旺盛，水分不足，不仅会导致大量落果，还会影响花芽分化，应及时灌水，以满足果实发育和花芽分化对水分的需求。特别是在硬核期（花后 6 周）前，应灌 1 次透水，以确保核仁饱满。果实采收后的 10 月下旬至落叶前可结合秋施基肥灌足灌透水。水源充足的地区还可在土壤结冻前再灌 1 次冻水，有利于树体越冬抗寒。

核桃最适宜的灌水量应在 1 次灌溉中使果树根系分布范围内的土壤湿度达到最有利于核桃生长发育的程度。一般 1 次灌透需要浸润土层在 1 m 以上。可根据土壤持水量、灌溉前的土壤湿度、土壤容重、要求土壤浸润深度，计算出一定面积的灌水量。即灌水量 = 灌溉面积 × 土壤浸润深度 × 土壤容重 ×（田间持水量 - 灌溉前土壤湿度）。灌溉方法有地面灌水、喷灌、滴灌、渗灌法等。各地应本着方便、实用、省水，便于管理和机械作业，因地势、树龄、栽植方式和财力等而选用。

（2）排水

核桃对地表积水和地下水位过高反应敏感。要求核桃园排水必须通畅，建园时必须设计排水体系，保证雨后及时将园中的水排净，不能出现园内积水现象。

## 四、整形修剪

修剪时期和树形参见核桃关键栽培技术。具体不同年龄时期修剪技术要点是：

**1. 幼树期**

核桃幼树期修剪的任务是培养良好的树形和牢固的树体结构，控制主枝、侧枝在树冠内的分布，为早果、丰产、稳产打下良好的基础。修剪的主要内容是定干和主枝、侧枝培养等。修剪的关键是做好发育枝、徒长枝和二次枝等的处理工作。

（1）定干

核桃定干高度应根据品种特点、土层厚度、肥力高低、间作模式等因地、因树而定。晚实核桃定干高 1.5 ~2.0 cm；山地核桃定干高 1.0 ~1.2 m 为宜；早实核桃定干高 0.8 ~1.2 m；立地条件好的定干可高些，密植时可低些，早期密植丰产园定干高 0.2 ~1.0 m，果、材兼用型品种，定干高 3 m 以上。早实核桃可在当年定干，抹除干高以下部位的全部侧芽，如果幼树生长未达定干高度，可于翌年定干。晚实核桃在定干高度上方选留 1 个壮芽或健壮枝条，作为第 1 主枝，并将其以下枝、芽全部剪除。

（2）主枝、侧枝培养

根据所选树形，培养各级骨干枝。疏散分层形完成第 1 层主枝的培养，自然开心形培养出主枝的第 1 侧枝，注意使主枝、侧枝在树冠内合理分布。

**2. 初果期**

早实核桃 2 ~4 年开始进入初果期，晚实核桃 5 ~6 年开始进入初果期。初果期核桃修剪主要任务是继续培养主枝、侧枝。同时进行结果枝组的培养，为初果期向盛果期转变做好准备。

（1）主枝、侧枝培养

疏散分层形选留第 2 层和第 3 层主枝及各层主枝上的侧枝。自然开心形要培养出各级侧枝。

（2）结果枝组培养

核桃结果枝组有三种方法：一是先放后缩。对树冠内发育枝或中等长势的徒长枝，可先缓放，再在所需部位分枝处回缩，通过去旺留壮方法，逐渐培养成结果枝组。二是先截后放。就是对发育枝或徒长枝，通过先短截或摘心，再缓放和回缩，培养成结果枝组。三是先缩后截。对于空间较小的辅养枝和多年生有分枝的徒长枝或发育枝，采取先缩剪前端旺枝，再短截后部枝条方法培养成结果枝组。

**3. 盛果期**

核桃盛果期树修剪任务是调整生长与结果关系，改善树冠的通风、透光条件，更新结果枝组，保持稳产、高产。

（1）调整骨干枝和外围枝

过密大、中型枝组进行疏除或重回缩，树冠外围过长中型枝组，适当短截或疏除。为改善通风、透光条件，应去弱留强，疏除过密枝。

（2）调整和培养结果枝组

回缩已变弱的大型、中型枝组；疏除过于衰弱不能更新复壮的结果枝组；控制大型结果枝组的体积和高度，避免形成树上长树现象。

（3）控制和利用徒长枝

徒长枝附近无空间时，可将其从基部疏除；徒长枝附近有较大空间或附近结果枝组已经衰弱时，可通过摘心或轻短截，将徒长枝培养成结果枝组，填补空间或更换衰老结果枝组。

**4. 衰老期**

核桃在良好的环境和栽培管理条件下，生长结果达百年乃至数百年。但在粗放管理情况下，早实核桃 40 ~ 60 年，晚实核桃 80 ~ 100 年后进入衰老期。核桃衰老期应以有计划地更新复壮为主要修剪内容。更新方式有全园更新和局部更新，更新方法分为主干更新、主枝更新和侧枝更新三种。

（1）主干更新

核桃的主干更新是将主枝全部锯掉，使其重新发枝并形成新主枝的过程。应根据树势和管理水平慎重采用。

（2）主枝更新

在主枝的适当部位进行回缩，使其形成新的侧枝，逐渐培养成主枝、侧枝和结果枝。

（3）侧枝更新

将一级侧枝在适当部位进行回缩，使其形成新的二级侧枝。该法具有更新幅度小、更新后树冠和产量恢复快的特点。

需要注意的是不论采用哪种更新方法，都必须加强水肥管理和病虫害防治。

## 五、花果管理

**1. 人工授粉**

（1）花粉采集

花粉采集从适宜授粉品种树上采集将要散粉的雄花序，带回室内，摊放在光洁的纸上，放在温度为 20 ~ 25 ℃的空气相对湿度为 60% ~ 80% 、通风条件下使其散粉。待花粉散开后，收集花粉于干燥的容器内，放在 2 ~ 5 ℃的条件下保存备用。

（2）授粉时期

雌花柱头呈倒八字形张开时授粉最好。如果柱头反卷或柱头干缩变色，授粉效果会显著降低。为了提高坐果率，应进行二次授粉。

（3）授粉方法

核桃授粉方法主要有 2 种；一是机械喷粉。将花粉和滑石粉按 1 :（5 ~ 10）的比例混匀，装入电动授粉器中，喷粉管口距雌花 20 cm 处进行喷粉。也可用农用喷粉器，或将稀释后的花粉装入纱布袋内进行抖授，宜现配、现用。二是液体授粉。将花粉配成 1 : 5000 的悬浮液进行喷授。花粉液应现配、现用。此外，还可在树冠内的不同部位挂雄花序或雄花枝，依靠风力自然授粉。

**2. 人工疏雄**

疏雄的最佳时期是雄花芽开始膨大期，主要方法是用手掰除或用木钩钩除雄花序。疏雄量以疏除全树雄花序的 90% ~ 95% 为宜。疏除雄花序之后，雌花序与雄花数之比在 1 : 30 ~ 1 : 60。但雄花芽很少的植株和刚结果的幼树，以不疏雄为宜。

**3. 果实采收及处理**

（1）采收期

核桃应在坚果充分成熟且产量和品质最佳时采收。核桃成熟的标志是青皮由深绿色、绿色逐渐变为黄绿色或浅黄色，容易剥离，80% 的果实青皮顶端出现裂缝，且有部分青皮开裂。坚果内隔膜由浅黄色转为棕色时为核仁成熟期，此时采摘的种仁质量最好。

（2）采收方法

核桃采收方法分为人工采收和机械采收 2 种。人工采收是在核桃成熟时，用长杆击落果实；采收时的顺序是由上而下、由内而外顺枝进行。机械采收是在采摘前 10 ~ 20 d，向树上喷洒 500 ~ 2000 mg/kg 的乙烯利催熟，使果柄处形成离层、青皮开裂后，用机械振动采收果实，一次采收完毕。果实从树下采下后，应尽快放置在阴凉通风处并尽快脱去青皮，不可在阳光下暴晒。

（3）果实脱青皮

核桃脱青皮的方法主要有堆沤脱皮法和乙烯利脱皮法 2 种。堆沤脱皮法是在核桃采摘后及时运到荫蔽处或通风室内，将果实按厚 50 cm 堆成堆，在果堆上加盖一层 10 cm 左右的干草或树叶。一般当青皮大多出现绽裂时，用木板或铁锹稍加搓压即可脱去青皮。堆沤时间长短取决于果实成熟度。成熟度高，堆沤时间短。但堆沤时勿使青皮变黑乃至腐烂。乙烯利脱皮法是将刚刚采收青皮果使用 3000～5000 mg/kg 的乙烯利浸泡 30 s，再按厚 50 cm 堆积起来，堆上覆盖 10 cm 左右秸秆，2～3 d 即可自然脱皮。

（4）坚果的漂白

脱青皮后应及时洗去残留在坚果表面的烂皮、泥土及各种污染物。漂白的具体做法是先将次氯酸钠（含 80% 的次氯酸钠）溶于 4～6 倍清水中制成漂白液，再将清洗过的坚果倒入缸内，使漂白液淹没坚果，搅拌 5～8 min。当壳面变白时，立即捞出并用清水冲洗摊开晾晒。漂白液不浑浊，可反复利用，进行多次漂白。通常 1 kg 次氯酸钠可漂洗核桃 80 kg。作种子用的坚果不能进行漂洗和漂白。

（5）坚果干燥

坚果干燥方法有三种：一是晒干法。多适用于北方秋季天气晴朗、凉爽的地区。漂洗后坚果不宜在阳光下暴晒，先在苇席上晾半天，等壳面晾干后再放在阳光下摊开晾晒。晾晒核桃坚果厚度以不超过 2 层坚果为宜，并不断搅拌或翻晒，使坚果干燥均匀，一般晾晒 5～7 d。晒干坚果含水量应低于 8%。二是烘干法。在多雨潮湿地区。可先在干燥室内将核桃摊在架子上后，在屋内用火炉子烘干。注意干燥室要通风，炉火不宜过旺，室内温度不宜超过 40 ℃。三是热风干燥法。用鼓风机将干热风吹入干燥箱内，使箱内堆放的核桃很快干燥。鼓入热风温度 40 ℃为宜。

干燥指标：坚果相互碰撞时，声音脆响，砸开检查时，横膈膜极易折断，核仁酥脆。在常温下，相对湿度为 60% 时，坚果平均含水量为 8%，核仁为 4% 时即达到干燥指标。

**4. 贮藏**

低温及低氧环境是贮藏核桃的重要条件。如果长时间贮藏可先用聚乙烯袋包装，然后在 0～5 ℃条件下贮藏。如果贮藏时间不超过次年夏季则可用尼龙网袋或布袋装好进行室内挂藏，或用麻袋或堆放在干燥的地面上贮藏。核桃尽可能带壳贮藏。贮藏核仁时应先用塑料袋密封，再在 1 ℃左右的冷库内贮藏。贮藏核桃时应防止鼠害和虫害的发生。

**5. 分级**

1987 年我国国家标准局发布的《核桃丰产与坚果品质》国家标准中，以坚果外观、单果平均重量、取仁难易、种仁颜色、饱满程度、核壳厚度、出仁率及风味 8 项指标将坚果品质分为 4 个等级（表 22-4）。

**表 22-4　核桃坚果不同等级品质指标**

（LY/T 1329—1999）

| 指标＼等级 | 优级 | 1 级 | 2 级 | 3 级 |
|---|---|---|---|---|
| 外观 | 坚果整齐端正、果面光滑或较麻，缝合线平或低 | | 坚果不整齐、不端正，果面麻，缝合线高 | |
| 平均果重/g | ≥8.8 | ≥7.5 | ≥7.5 | <7.5 |
| 取仁难易 | 极易 | 易 | 易 | 较难 |
| 种仁颜色 | 黄白 | 深黄 | 深黄 | 黄褐 |
| 饱满程度 | 饱满 | 饱满 | 较饱满 | 较饱满 |
| 风味 | 香、无异味 | 香、无异味 | 稍涩、无异味 | 稍涩、无异味 |

续表

| 指标＼等级 | 优级 | 1级 | 2级 | 3级 |
|---|---|---|---|---|
| 壳厚/mm | ≤1.1 | 1.1～1.8 | 1.1～1.8 | 1.9～2.0 |
| 出仁率 | ≥59.0% | 50.9%～58.9% | | 43.0%～49.9% |

在国际市场上，核桃坚果个头越大价格越高。根据外贸出口要求，以坚果直径大小为主要指标，30 mm以上为一等，28～30 mm为二等，26～28 mm为三等。

## 六、病虫害防治

**1. 休眠期**

核桃休眠期以防治核桃黑斑病、枯枝病、举肢蛾等，挖出或摘除虫茧、幼虫，刮除越冬卵。清除园内的落叶、病枝、病果，以减少虫源。萌芽前喷5%的石硫合剂。主干涂白，所用原料是生石灰6 kg，食盐1.00～1.25 kg，豆面0.25 kg，水18 kg。配制方法是先将生石灰化开，加入食盐和豆面后，搅拌均匀，涂于小幼树全身和大树1.2 m以下的主干上。

**2. 萌芽开花期**

核桃萌芽开花期以防治核桃举肢蛾、黑斑病、炭疽病与云斑天牛为重点，喷1：0.5：200波尔多液，0.3%～0.5%的石硫合剂，用毒膏堵虫孔，剪除病虫枝，人工摘除虫叶，枝干害虫人工捕捉。喷50%的辛硫磷乳油1000～2000倍液，20%的甲氰菊酯乳油1500倍液，10%的氯氰菊酯乳油1500倍液等杀虫剂防治害虫。4月上旬刨树盘，喷洒25%的辛硫磷微胶囊水悬乳剂200～300倍液，或施50%的辛硫磷25 g，拌土5.0～7.5 kg，均匀撒施在树盘上，以杀死刚复苏的核桃举肢蛾越冬幼虫。

**3. 果实发育期**

核桃果实发育期以防治黑斑病、炭疽病与举肢蛾为重点。5月下旬至6月上旬，黑光灯诱杀或人工捕捉木橑尺蠖、云斑天牛成虫。6月上旬用50%的辛硫磷乳油1500倍液在树冠下均匀喷雾，杀死核桃举肢蛾羽化成虫；7—8月硬核开始后按10～15 d间隔喷辛硫磷等常用杀虫剂2～3次。发现被害果后及时击落，及时拾虫果、病果深埋或焚烧；8月中下旬，在主干上绑草把，树下堆集石块瓦片，诱集越冬害虫，集中捕杀。每隔20 d喷1次波尔多液。

**4. 果实成熟期**

核桃果实成熟期结合修剪、剪除病虫枝，消灭病源，喷杀虫剂防治虫害。

**5. 落叶休眠期**

核桃落叶休眠期应清扫落叶、落果并销毁，深翻果园防治虫害。

**思考题**

试制定核桃的无公害优质丰产栽培技术规程。

# 第七节　核桃四季栽培管理技术

## 一、春季栽培管理技术

**1. 整形修剪**

春季萌芽展叶以后，可对核桃树修剪。修剪对象主要是生长旺盛的幼树或未冬剪的核桃树（生长衰弱或中庸树最好采用夏剪和秋季落叶前修剪)。春季萌芽后,主干、中心干或主枝上的大枝疏除部位或刻芽后的部位萌发出大量新芽,有些是以后不能利用的,应全部从基部抹除。

**2. 春季土肥水管理**

(1)土壤管理

春季土壤解冻后,核桃园进行1次全面浅翻,深度为10~20 cm。

(2)施肥

春季施肥主要以速效性氮肥为主。春季追肥方法有:冠下穴施和辐射状沟施。关键施肥期是开花前和开花后。开花前追肥主要追施尿素、硫酸铵、硝酸铵等。追肥量为全年追肥量的50%。开花后追肥也是以速效氮肥为主,注意增施磷肥、钾肥。追肥量为全年追肥量的30%。

(3)灌水

核桃春季灌水要在早春萌动前后灌1次水。在北方地区注意防止春寒、晚霜的危害。

**3. 花果管理措施**

(1)保花、保果

核桃保花、保果措施有:配置授粉树、人工授粉、花期喷硼肥。配置授粉树在建园时进行。授粉品种应着重选用花期一致、花期长、花粉多、口感好、壳薄、出仁率高、果仁颜色一致、丰产性强的品种,如温185与新2号可互为授粉树。主栽品种和授粉品种按3:1或5:1的比例隔行配置。核桃人工授粉方法分2步:一是采集花粉。在健壮核桃树上采集花粉。将要散开的花粉或刚散粉雄花序采集起来,放在室内无阳光直射的地方晾干。经1~2 d后即可散粉。将花粉收集到小瓶中,盖严瓶盖备用。二是授粉。授粉时将花粉中加入10倍量的淀粉,稀释花粉。选择晴天上午9—10时进行,将配制好的花粉装入扎有孔的花粉袋里进行抖授,也可将花粉装入二三层纱布袋中,封口,将纱布袋拴在长竹竿上,在核桃树冠的上部、中部,在迎风面抖撒,使花粉随风传播授粉。

(2)疏花、疏果

疏花、疏果是提高核桃产量和品质的主要技术措施。主要是疏除雄花(疏雄)和疏除幼果(疏果)。疏雄时期原则上以早疏为宜,越早增产越明显。以雄花芽休眠期到膨大期疏雄效果最好,待雄花序明显伸长以后再进行疏雄效果较差,一般以雄花芽未萌动前的20 d内进行为好。疏雄量为90%~95%,使雌花序与雄花数之比达1:30~1:60。栽植分散和雄花芽较少植株,适当少疏或不疏。具体疏雄方法:用长1.0~1.5 m带钩木杆,拉下枝条,人工掰除。也可结合修剪进行。疏果主要针对盛果期坐果率较高的早实核桃,疏除过多的幼果。疏果在生理落果后,一般在雌花受精后20~30 d,即当子房发育到1.0~1.5 cm时进行。疏果量依树势状况和栽培条件,一般树冠投影面积保留果实60~100个/$m^2$。先疏除弱树或细弱枝上的幼果,也可连同弱枝一同剪掉;一个花序有3个以上幼果时,视结果枝的强弱,可保留2~3个;坐果部位在冠内要分布均匀,郁密内膛可多疏。

(3)花期防冻

核桃越冬期可抗-28~-20 ℃的低温,但萌动以后抗寒力下降,0 ℃以下的低温对花和幼果非常不利,因此,在花期和幼果期预防晚霜危害。可通过两种方法:一是果园灌水。灌水时间在早春。早春灌水可降低地温,推迟芽的萌动;同时,灌水后可增加园内小气候的温度,避免或降低霜害。二是树干涂白。可减弱核桃树对太阳辐射热的吸收,使树体温度升高较慢,推迟了萌芽和开花期,避免了霜害。同时,涂白药液具有抗菌、灭杀虫卵和幼虫、防日灼的作用。涂白剂的配制参照核桃无公害优质丰产技术中的病虫害防治部分。

**4. 病虫害防治**

(1)搞好果园卫生

春季对果园进行清园,清除枯枝、落叶、落果,铲除杂草,及时进行集中烧毁或深埋。

（2）涂白

参考核桃无公害优质丰产技术中的病虫害防治部分。

（3）加强水肥管理

春季加强水肥管理，有利于增强核桃的树势，发挥树体自然调控能力，但应合理施肥。

（4）耕翻

深翻可使土壤中害虫的蛹、成虫翻到表面或深土中，减少病虫源。

（5）药剂防治

在核桃萌芽前，喷洒3%~5%石硫合剂，可有效地防治核桃黑斑病、红蜘蛛等病虫害的发生。

## 二、夏季栽培管理技术

**1. 施肥**

夏季追肥是关键。成年树尿素施肥量为2 kg/株，或碳铵施肥量为5~7 kg/株，磷肥施肥量为4~6 kg/株。施肥方法以穴施为主。7月以后，注意追肥以速效性磷肥为主，配一定量的氮肥和钾肥，施肥量1.5~2.0 kg/株为宜。

**2. 灌水**

春季是果实迅速膨大和花芽分化期，缺水会影响花芽的分化和果实的膨大。5—6月需进行合理灌水。7—8月核仁开始发育，应灌透水1次。

**3. 夏季修剪**

幼树期新梢生长到40 cm左右时，基部留20 cm左右去掉嫩尖，使其促发出2~3个分枝，以加强整形效果。二次枝进行控制，2个以上的二次枝疏弱留强。摘心一般在5—6月进行，用于主枝和结果枝组的培养。

**4. 病虫害防治**

按照核桃无公害优质丰产栽培中的进行防治。

## 三、秋季栽培管理技术

**1. 果实采收和处理**

按照核桃优质丰产栽培技术中进行核桃果实的采收和处理。

**2. 土肥水管理**

（1）秋季深翻（秋翻）

核桃秋翻在果实采收后至落叶前进行，秋翻深度为30~40 cm。

（2）施肥

秋季施肥是核桃秋季管理的关键。秋季施肥一般在秋季果实采收后至叶片变黄前，结合秋翻进行。秋施肥料主要以有机肥为主。施肥量为每生产1 kg核桃施入5 kg有机肥，混入适量磷肥、钾肥。幼树施20~30 kg/株，初果期核桃施30~50 kg/株，盛果期树施50~80 kg/株。同时配合施入过磷酸钙2~5 kg/株。

（3）灌水

秋季灌水在10月末至11月初，结合秋季施基肥进行1次灌水，以保墒，提高幼树新枝的抗寒性。

**3. 秋季修剪**

秋季果实采收后至树叶变黄以前修剪会减少叶面积，影响树体的养分积累，但此时树体无伤流，适宜于调整树体骨架结构。主要是疏除过密、遮光枝和背后枝，回缩下垂枝。疏除大枝时注意留1~2 cm的短桩，以刺激潜伏芽萌发，培养临时性结果枝组，充分利用空间。

**4. 病虫害防治**

结合秋剪，剪除病虫枝，摘净病干果，集中烧毁，以消灭虫源。清扫落叶、落果并销毁。树干涂白，抗冻防虫。巧施基肥，增强树势，提高树体抗病力。

## 四、冬季栽培管理技术

### 1. 整形修剪

我国核桃生产中常见的树形主要有主干疏层形、自然开心形、圆头形、半圆头形等类型，适于密植栽培的小冠疏层形。

（1）幼龄核桃园的整形修剪（主干疏层形）

核桃整形带为40～50 cm，定干高度因品种和栽培管理条件不同而不同。在肥沃土壤条件下，干性较强品种干高一般为1.0～1.4 m，定干高度一般为1.5～1.8 m；株行距较大的间作园，干高一般为1.4～1.8 m，定干高度可提高到1.8～2.2 m。干性较弱的早实或开张型品种，在土质瘠薄条件下，干高0.8～1.2 m，定干高度为1.2～1.6 m；密植丰产园干高0.3～0.8 m，定干高度为0.7～1.2 m。长势或分枝力较强的品种，水肥管理较好时，可采用短截法定干；生长势较弱的树，不宜采用短截法定干，可采用选留主枝方法定干。一般情况下，晚实核桃2～4年开始产生分枝。可通过选留主枝的方法定干，及时抹除整形带以下的芽。

定干当年或第2年，在主干高度上方，选留1个壮芽或健壮枝条作为第1主枝，其下部枝芽全部去除。例如，幼树生长过旺使分枝时间延迟，可在适当部位短截，促使剪口芽萌发，选留剪口下第1芽抽生的枝条作为中心干继续培养。再从以下各芽发出的枝条中，选择2个生长健壮、方位和角度适合的枝条作第2、第3主枝。3个主枝的水平夹角约120°，主枝基角为55°～65°，腰角为70°～80°，梢角为60°～70°，层内相邻2主枝间距不少于20 cm。第1层主枝可在同1年内选留，也可分2年完成，但第1层主枝的层内距不应少于40～50 cm。早实核桃栽后4～5年，晚实核桃栽后5～6年，当第1层、第2层主枝层间距（早实核桃为60 cm，晚实核桃为80～100 cm）以上有壮枝时，可选留第2层主枝1～2个。若只有2层，第1层、第2层间距应加大到1.0～1.5 m。在选留第2层主枝的同时，可在第1层主枝上选留侧枝。第1层主枝分别选留3个侧枝，第1个侧枝距主枝基部距离，早实核桃为40～50 cm，晚实核桃为60～80 cm。侧枝应选留主枝两侧向上斜生的枝条，各主枝间的侧枝要相互错落，避免重叠。早实核桃栽后5～6年，晚实核桃栽后6～7年，在继续培养第1层主枝、侧枝和选留第2层主枝的同时，选留第3层主枝1～2个。要求第2层、第3层层间距，早实核桃为1.5 m左右，晚实核桃为2 m左右。各层主枝之间应上下错落，避免相互交叉、重叠。第3层主枝选留后，可在第2层主枝上分别选留1～2个侧枝，并及时在内膛培养结果枝组。主枝、侧枝选好后，在最上1个主枝上方落头开心。至此，主干疏层形整形过程基本完成。实生大冠树多为晚实核桃，分枝能力差，枝条较少，应适时短截发育枝。同时，控制和利用背后枝和徒长枝，达到早成形、早丰产的目的。进入盛果期后，及时调整骨干枝和外围枝，调节和培养结果枝组，剪除内膛过密、交叉、重叠、细弱、病虫、干枯枝，维持高产、稳产的树结构。

（2）盛果核桃园整形修剪

核桃进入盛果期，离心生长加强，应改善冠内通风、透光条件，防止结果部位外移，更新复壮结果枝组，实现高产、稳产。

骨干枝和外围枝的修剪。晚实核桃由于腋花芽结果较少，结果部位主要在枝条先端，随着结果量逐渐增多，特别是在丰产的年份，大、中型骨干枝常出现下垂现象，外围枝伸展过长，下垂得更严重。因此，此期骨干枝和外围枝的修剪要点是及时回缩过弱骨干枝，回缩部位在向斜上生长侧枝前部。按去弱留强原则疏除过密外围枝，有可利用空间外围枝，适当短截，改善树冠的通风、透光条件，促进保留枝芽的健康生长。

结果枝组的培养与更新。加强结果枝组培养，扩大结果部位，防止结果部位外移是保证盛果期核桃园丰产、稳产的重要措施，特别是晚实核桃，结果枝组培养尤为重要。培养结果枝组的原则是大、中、小配置适当，均匀地分布在各级主、侧枝上，在树冠内的总体分布是里大外小，下多上少，使内部不空，外部不密，通透良好，枝组间保持0.6~1.0 m的距离。结果枝组培养途径是：着生在骨干枝上的大、中型辅养枝，回缩改造成大、中型结果枝组；树冠内健壮的发育枝，采用去直立留平斜，先放后缩的方法培养成中、小型结果枝组；部分留用徒长枝，开张角度，控制旺长，配合夏季摘心和秋季于“盲节”处短截，促生分枝，形成结果枝组。结果枝组经多年结果后会逐渐衰弱，应及时更新复壮。具体方法是：2~3年生小型结果枝组，可视树冠内可利用空间情况，按去弱留强原则，疏除一些弱小或结果不良的枝条；中型结果枝组应及时回缩更新，使其内部交替结果，同时，控制枝组内旺枝。大型结果枝组应注意控制其高度和长度，以防“树上长树”，如属于已无延长能力或下部枝条过弱的大型枝组，则应进行缩剪，以保证其下部的中、小型枝组正常的生长、结果。

辅养枝的利用与修剪。辅养枝是多数是在幼树期为加大叶面积，充分占有空间，提早结果而保留下来的临时性枝条。其修剪的要点是：与骨干枝不发生矛盾时保留不动，若影响主、侧枝生长，及时去除或回缩。辅养枝应小且短于邻近的主、侧枝。当其过旺时，应去强留弱或回缩到弱分枝处。长势中等，分枝良好，又有可利用空间者，可剪去枝头，将其改造成结果枝组。

徒长枝的利用和修剪。成年树随着树龄和结果量的增加，外围枝长势变弱，加之修剪和病虫为害等原因，易造成内膛骨干枝上的潜伏芽萌发，形成徒长枝。早实核桃更易发生。徒长枝的处理方法可视树势及内膛枝条分布情况而定，如内膛枝条较多，结果枝组生长正常，可从基部疏除徒长枝；如内膛有空间或其附近结果枝组已衰弱，则可利用徒长枝培养成结果枝组，促成结果枝组及时更新。尤其在盛果末期，树势开始衰弱，产量下降，枯死枝增多，更应注意徒长枝的选留与培养。

背下枝的处理。晚实核桃背下枝强旺和“夺头”现象比较普遍。背下枝多由枝头的第2个~第4个背下芽发育而成，长势很强，若不及时处理，极易造成枝头“倒拉”现象。背下枝修剪方法是：若长势中等，并已形成混合芽，可保留结果；若生长健壮，待结果后，在适当分枝处回缩，培养成小型结果枝组；已产生“倒拉”现象的背下枝，若原枝头开张角度较小，将原枝头剪除，保留背下枝。及时疏除成年树上无用的背下枝。

此外，早实核桃二次枝处理方法基本同幼龄阶段，特别注意防止结果部位迅速外移，对外围生长旺的二次枝应及时短截或疏除。

（3）衰老核桃园更新修剪

核桃树进入衰老期的特点是外围枝生长量明显减弱，小枝（可达5年生部位）干枯严重，外围枝条下垂，产生大量“焦梢”。同时，萌发出大量徒长枝，出现自然更新现象，产量也显著下降。为延长结果年限，对衰老树应进行及时更新复壮。更新的方法主要有三种：一是主干更新，也叫大更新，即将主枝全部锯掉，使其重新发枝并形成主枝。具体做法有二种：一种是主干过高植株，从主干适当部位将树冠全部锯掉，使锯口下的潜伏芽萌发新枝后，从新枝中选留方向合适、生长健壮的枝2~4个，培养成主枝。另一种做法是对主干高度适宜的开心形植株，锯掉每个主枝的基部。主干形可先从第1层主枝的上部锯掉树冠，再从上述各主枝的基部锯断，使主枝基部潜伏芽萌芽发枝。此种更新法常见于西藏，在内地应用时应慎重。二是主枝更新，也叫中度更新，即在主枝适当部位进行回缩，使其形成新的侧枝。具体做法是选择健壮主枝，保留长50~100 cm，锯掉其余部分，使其在主枝锯口附近发枝。发枝后，每个主枝上选留方位适宜的2~3个健壮的枝条，培养成一级侧枝。三是侧枝更新，也叫小更新，即将一级侧枝在适当部位进行回缩，使其形成二级侧枝。其优点是新树冠形成和产量增加均较快。具体做法是在计划保留的每个主枝上，选择2~3个位置适宜的侧枝。在每个侧枝的中、下部长有强旺分枝（必须是强旺枝）的前端（或上部）剪截。疏除所有病枝、枯枝、单轴延长枝和下垂枝。明显衰弱的侧枝或大型结果枝组进行重回缩，促其发新枝。枯梢枝重剪，促其从下部或基部发枝，以代替原枝头。更新核桃树必须加强土、肥、水管理和病虫害防治等综合技术管理，以防当年发不出新枝，造成更新失败。

**2. 树体防冻**

树体防冻害是核桃树的重要工作之一。

（1）涂白防寒

涂白可推迟萌芽期和开花期3～5 d，树干涂高1 m以上，下部主枝涂30 cm。成龄树涂前要刮除老翘皮，尤其是枝杈部位要重点涂抹。涂白配方为生石灰8～10份、水20份、石硫合剂原液1份、食盐1份、食用油0.1～0.2份。配制时，首先用1/2的水化开石灰和食盐，然后加入石硫合剂、油、水，充分搅拌均匀即可。

（2）喷施生长调节剂

萌芽前全树喷施（250～500 mg/kg）的萘乙酸钠盐溶液或顺丁烯二酸酰胺、0.1%～0.2%的MH溶液，可抑制芽的萌动，推迟花期3～5 d。萌芽初期喷0.5%的氯化钙，可延迟花期5 d。

（3）熏烟

熏烟是利用作物秸秆、杂草、落叶等能产生大量烟雾的易燃材料作物、秸秆、杂草掺少量土，3～5 g/堆。在霜冻发生的夜晚，园地每亩点燃10堆左右对于 -2 ℃以上的轻微冻害有一定的效果，如低于 -2 ℃，则防效不明显。

（4）埋干防寒

埋干防寒对露地不能安全越冬的1～2年生幼树，将整个树体向一侧弯曲、覆土厚3～10 cm，此法是防止抽条最有效、最可靠的方法。

（5）培土防寒

在苗木基部30 cm的范围内培一30～40 cm高的土堆，以防冻伤根茎及嫁接口。在来年春季气温回升且稳定后去掉，整平树盘。

**3. 病虫害防治**

（1）深翻果园

果园深翻应在初冬接近封冻时期进行，即把表层土壤、落叶和杂草等翻埋到下层；同时，把底土翻到上面，翻园深度为25～30 cm。

（2）彻底清园

许多为害果树的病菌和害虫常在枯枝、落叶、病僵果和杂草中越冬。因此，冬季要彻底清扫果园中的枯枝落叶、病僵果和杂草，集中烧毁或堆集起来沤制肥料，可降低病菌和病虫越冬的数量，减轻来年病虫害的发生。

（3）刮皮除害

各种病菌和害虫都是在果树的粗皮、翘皮、裂缝及病瘤中越冬的。进入冬季，要刮除果树枝、干的翘皮、病皮、病斑和介壳虫体等，可直接除掉一部分病菌和害虫。同时，将刮下的树皮集中烧掉，刮后用石硫合剂消毒。

（4）剪除病虫枝

结合冬剪剪去病虫枯枝，摘除病僵果，集中烧毁，可消灭在枝干上越冬的病菌、害虫。

（5）树干涂白

大树干上涂上涂白剂，既可以杀死多种病菌和害虫，防止病虫害侵染树干，又能预防冻害。

（6）绑把诱虫

入冬时，在果树上绑上草把，引诱害虫到草把上产卵或越冬。入冬后再把草取下集中烧掉，可将草把中冬眠的害虫杀灭。

## 思考题

试制定核桃四季栽培管理栽培技术的规程。

# 第八节　核桃生长结果习性观察实训技能

## 一、目的与要求

通过观察，了解核桃生长结果习性，学会观察记载核桃生长结果习性的方法。

## 二、材料与用具

**1. 材料**

核桃成年结果树。

**2. 用具**

钢卷尺、放大镜、记载和绘图用具。

## 三、方法、内容和步骤

**1. 制订试验计划**

制订试验计划时，根据核桃生长结果习性，可在休眠期、开花期和果实成熟期分次进行，可选幼树和结果树结合进行观察。对于在实训时暂时看不到的，可结合物候期观察补齐。

①树势、树姿、干性强弱、分枝角度、树冠结构特点。

②芽类型：混合芽、雄花芽、叶芽和潜伏芽形态特征、着生部位，生长发育情况。

③识别结果母枝、结果枝、营养枝、雄花枝的形态特征，着生部位，生长特点。

④叶的形态。

⑤观察花序、雌花序、雄花序。雄花序、雌花序形态特征。

**2. 观察记载**

## 四、实训报告

①通过观察总结核桃生长结果习性的特点。

②调查总结核桃结果母枝强弱与结果关系。

## 五、技能考核

实训技能考核一般实行百分制，建议实训态度与表现占 20 分，观察方法占 40 分，实习报告占 40 分。

# 第九节　核桃舌接实训技能

## 一、目的与要求

通过操作，掌握核桃舌接操作程序，熟练操作技能，提高舌接成活率。

## 二、材料与用具

**1. 材料**

接穗、砧木、塑料薄膜条与保湿材料。

**2. 用具**

修枝剪、手锯、芽接刀、切接刀、劈接刀、磨石和水桶。

## 三、内容、方法和步骤

**1. 接穗采集**

接穗在发芽前20～30 d采自采穗圃或优良品种树冠外围中上部。要求枝条充实、髓心小，芽体饱满，无病虫害。接穗剪口蜡封后分品种捆好，随即埋在背阴处5 ℃以下地沟内保存。嫁接前2～3 d，放在常温下催醒，使其萌动离皮。

**2. 砧木处理**

放水控制伤流。嫁接前2～3 d将砧木剪断，使伤流流出，或在嫁接部位下用刀切1～2个深达木质部的放水口，截断伤流上升。在嫁接前后各20 d内不要灌水。

**3. 舌接时期**

砧木萌芽后至展叶期。

**4. 嫁接方法**

具体按照关键栽培技术中进行嫁接。

## 四、实训报告

①总结舌接核桃操作技术要领。

②分析提高核桃舌接成活率的技术措施。

## 五、技能考核

实训技能考核一般实行百分制，建议实训态度与表现占20分，观察方法占40分，实习报告占40分。

# 第二十三章　板栗

**【内容提要】**介绍了板栗起源、经济价值、生态作用。概括了板栗国内外栽培现状与发展趋势，重点介绍了中国栽培概况、存在问题与发展趋势。从生长结果习性（生长习性和结果习性）和对环境条件（温度、光照、水分、土壤、地形和地势、海拔高度）要求方面介绍了板栗的生物学习性。板栗的主要栽培种类有板栗、锥栗、茅栗、日本栗 4 种。介绍了当前生产上栽培的 12 个板栗优良品种的特征、特性。板栗无公害栽培技术要点包括环境条件、园地规划、建园和定植后管理技术 4 个方面。板栗关键栽培技术包括建园技术、整形修剪、防止空苞技术和病虫害防治技术 4 方面。从育苗、建园、土肥水管理、整形修剪、花果管理和病虫害防治、采收及采后处理 7 方面介绍了板栗的无公害优质丰产栽培技术。分春、夏、秋、冬四季介绍了板栗栽培管理技术。

板栗原产于中国，栽培历史悠久，是我国传统的特色坚果，重要的木本粮食树种之一，素有“木本粮食”“铁杆庄稼”之称。其果实营养丰富，富含大量糖类、蛋白质，还含有一定量的钙、磷、铁等矿质营养素，胡萝卜素，维生素等。食法多样，栗仁可生食、炒食及煮食；也可磨成栗粉，制作糕点，用作烹调原料。板栗根深叶茂，适应性强，较耐干旱和瘠薄，栽培容易，管理方便，适宜在山区发展。对山区经济的振兴和生态环境的改善效果非常显著。

## 第一节　国内外栽培现状与发展趋势

### 一、国内栽培现状与发展趋势

**1. 栽培概况**

板栗在我国的栽培分布北起辽宁、吉林，南至海南，东起台湾及沿海各省，西至内蒙古、甘肃、四川、贵州等地共计 26 个省、自治区、直辖市都有栽培。主要分布在黄河流域的华北、西北和长江流域各省。目前，我国板栗经济栽培北起吉林的集安（北纬 40°20′），最南达海南的岛黎族、苗族自治州（北纬 18°30′），南北距 22°50′，跨暖温带和亚热带地区。我国板栗的垂直分布最低是山东郯城，江苏新沂、沭阳等地，海拔不到 50 m，最高是云南维西，海拔 2800 m，它的垂直分布因地形及气候带不同而有差异，有越向南越高的趋势。我国板栗传统栽培地区主要有：燕山山脉的河北的迁西、遵化、兴隆等地和北京的怀柔、密云等地都是著名的炒食产区；陕西的镇安、柞水；山东泰安、郯城、沂蒙山区等地；江苏的新沂、宜兴、溧阳、苏州洞庭山；安徽的舒城、广德等；浙江的长兴、诸暨、上虞；湖北的罗田、麻城及大别山区等；河南的信阳等大别山区；湖南的湘西地区；贵州的玉屏、毕节；广西的玉林、桂林、阳朔；甘肃的武都地区；辽宁的宽甸、东沟等地。上述这些地方构成了华北生态栽培区、长江中下游生态栽培区、西北生态栽培区、西南生态栽培区、东南生态栽培区和东北生态栽培区 6 个生态栽培区。目前，我国板栗绝大部分栽培在丘陵山谷的谷地、缓坡和河滩地。

中国的板栗很早就传到日本。美国（1853 年）和法国（1860 年）曾多次引入中国板栗，用实生和杂交培育出适于当地环境条件的新品种。欧洲，如意大利、西班牙、塞黑、波兰及拉美、北美等都有中国板栗的分布。

自20世纪70年代起，我国各板栗产区相继开展了板栗引种、选育、良种繁育工作和种质资源工作。经过多年的努力，我国板栗生产已基本实现栽培品种的良种化，新造板栗林全部使用优良品种的嫁接苗，栽培面积和产量都有大幅度提高。2004年，我国板栗栽培面积达100万 $hm^2$，总产量达60万t。河北的板栗栽培面积和产量均居全国之首，面积达13.4万 $hm^2$，产量为4.3万t。2006年，我国板栗产量103.2万t，其中河北的产量为10.7万t，河南的产量为11.2万t。河北、河南、山东、湖北等地板栗栽培面积和产量在国内居于前列。

我国板栗迅速发展和优良品种的推广应用与板栗集约化栽培密不可分，全国已形成了适宜当地生态条件的优良品种。矮化密植栽培是板栗栽培技术变革的一大特征。目前，我国新建栗园栽植为40～110株/亩，与密植栽培相配套的一系列技术也得到了快速发展。

**2. 存在问题**

我国板栗在生产上存在的主要问题是品种不纯、良莠不齐、产量低、质量差、经济效益和社会效益不高。在贮藏和加工方面，目前，我国板栗低温冷藏及气调贮藏中仍缺乏科学的工艺和参数；如贮藏温度、相对湿度、气体组成、贮藏前预处理等参数和方法不尽科学合理，贮藏效果也不相同。农药残留超标，板栗脱壳技术工艺较低。出口产品竞争力差，检验检疫法规不健全，与发达国家存在很大的差距。市场供大于求，出口市场小。

**3. 发展趋势**

（1）加强良种选育工作，规范栽培技术

实行良种化，开展大规模的良种选育工作。确定质优、抗病虫的品种为主栽品种，优化良种区域布局，建设高效的板栗园。在栽培和管理过程中制定规范的栽培技术规程。

（2）大力开展板栗贮藏保鲜和深加工，提高栗果的附加值

确定不同品种、不同地域板栗的科学合理的贮藏工艺及参数，采用气调式冷藏设备和冷藏技术。进行抗病、耐贮品种的选育及生长过程中的生物防治。重点研制或引进板栗产品的“固色留香”技术和护色、复色技术。

（3）进一步开拓国内外市场，壮大板栗产业

建立板栗综合性批发市场，完善交通、水电、通讯、吃住、休闲等基础设施；建立板栗批发市场专门网站；充分发挥各类板栗协会、板栗销售中介组织、农民合作经济组织的作用，拓展板栗的营销渠道，进一步开拓国内外市场。

（4）建立有效的板栗产业化经营体系，加强质量安全控制

我国板栗产业应以有机板栗食品生产作为发展目标，建立以市场为导向，有机板栗加工原料生产基地为基础，有机板栗产品加工企业为龙头的有机板栗产业。在此基础上与股份的形式结合起来，实行产、贮、运、销一体化，利益共享，风险共担。加强药物和其他有害物质残留检测方法的研究和实施，按照与国际接轨的农产品安全卫生和质量等级标准生产、加工板栗，并根据进口国实际需求的变化而不断调整，尽快健全和完善板栗产品安全和卫生与质量监控体系。

## 二、世界板栗栽培概况

世界板栗主要生长在欧、亚2大洲。欧洲以意大利、西班牙、葡萄牙、法国产量为多，约占世界总产量的30%，亚洲以中国、日本、朝鲜和土耳其产量为多，约占世界总产量的70%，中国板栗产量约占世界总产量的60%，中南美洲仅玻利维亚、巴西有少量生产，非洲、北美、澳大利亚等地产量很少。2001年世界栗产量为970 310 t。中国板栗产量为598 185 t，占世界栗总产的61.6%，居世界第1位。居第2位的生产地区是朝鲜半岛，占世界栗产量的10.2%；第3位栗生产地是土耳其，占世界粟总产量的6.1%。亚洲生产栗的国家中中国以中国板栗为主，日本和朝鲜半岛生产的栗主要是日本栗。欧洲以欧洲

栗为主要在栽培品种，生产欧洲栗的国家主要有土耳其、意大利、葡萄牙、法国和西班牙。美洲栗主要产于北美。

中国板栗是世界各国进行栗品种改良的重要基因来源。中国板栗以品质优良、抗逆性强而著称，作为杂交亲本用于美洲栗抗栗疫病，用于欧洲栗抗墨水病，用于日本栗改良品质。自19世纪以来备受世界各国植物学家和园艺学家的重视，被世界各地广泛引种栽培。美国植物育种学家为美洲栗的恢复和再建(20世纪初隶疫病传入北美而濒于灭绝的美洲栗)，制订了利用中国板栗作为抗疫病基因种源进行回交育种来再造美洲栗重返大自然的育种计划。日本很早就引种中国板栗，用于改良日本栗涩皮不易剥离的性状，已从中国板栗作为亲本与日本栗杂交，选育出品质优良、涩皮较易剥离、近似中国板栗的优良品种，该品种在日本和韩国广泛栽培，但其品质仍不能与我国板栗相媲美。

**思考题**

我国板栗生产上存在的主要问题是什么？如何加以解决？

## 第二节 生物学特性

### 一、生长结果习性

板栗的生长发育与当地气候条件和栽培措施有密切关系。实生苗第1年地上部分生长缓慢，地下部分生长较快，第2年至第3年后地上部分加快。一般5~7年开始结实，15年左右进入盛果期，少数品种的实生苗，播种后2~3年甚至当年既有一部分植株开花结果。

**1. 生长习性**

(1) 根系及其生长习性

①根系分布。板栗是深根性果树，土层深厚时其垂直根和水平根都较发达。垂直根分布受土层厚度与土壤质地影响较大。疏松肥沃的土壤，根系可深入到2 m以下，但主要分布在80 cm以内的土层中，占总根量的98%以上，其中在20~60 cm的土层中根系分布集中。板栗根系水平分布范围较广，可超过冠幅的2倍，但水平根一般集中分布于树冠投影以下。八年生幼树距树干0~1.2 m的范围内，各类根重占总重的87.29%，细根占64.88%，树冠外缘随距离加大渐次减少。板栗根系穿透硬土层的能力较差，在土层薄而石砾较多的地区，在表土15 cm处即有大根，并逐步有大根暴露地面。根据板栗根系的分布规律，生产上应重视土壤管理，增施有机肥，增加活土层厚度。

②根系生长。板栗根生长于4月上旬开始，吸收根7月中旬大量发生，8月下旬达到高峰，以后逐渐下降。在生长期有明显的1次生长高峰，至12月下旬停止生长进入相对休眠期。板栗根系损伤后愈合能力较差，伤根后需较长时间才能萌发新根。苗龄越大，伤根越粗，愈合越慢。一般早春断根后2周只见细根上发出新根，于初夏萌发较多，但15 mm以上的粗根，仍不发新根。因此，在移栽和抚育时忌伤过多大根，以免影响生长。

③菌根。幼嫩根上常有菌根共生，菌丝体呈罗纱状，细根多的地方菌根也多。菌根形成期与板栗树活动期相适应。菌根在栗根发生后开始形成，栗果停止生长前结束，7—8月菌根形成达到高峰。当土壤含水量达萎蔫系数时，菌根还能吸收水分，促进栗根生长。菌根形成和发育与土壤肥力密切相关：有机质多，土壤pH为5.5~7.0，通气良好，土壤含水量为20%~50%，土温为13~32℃时菌根形成多、生长也好。对板栗园增施有机质肥料，接种菌根，加强土、肥、水管理，是促进板栗树生长发育的有效措施。

（2）芽及生长特性

板栗的芽按性质可分为混合花芽、叶芽和休眠芽（副芽）3 种。从芽体形态上，混合花芽芽体最大，叶芽次之，休眠芽最小。芽外覆有鳞片，除休眠芽较多外，均有 4 片，分 2 层左右对称排列。

混合花芽分完全混合花芽和不完全混合花芽。完全混合花芽着生于枝条顶端及其下 2～3 节处，芽体饱满，芽形钝圆，茸毛较少，外层鳞片较大，可包住整个芽体，萌发后抽生结果枝。不完全混合花芽着生于完全混合花芽下部或较弱枝顶及其下部，芽体比完全混合花芽略小，萌发后抽生雄花枝。着生完全混合花芽和不完全混合花芽的节，不具叶芽，花序脱落后形成盲节，不能抽枝，修剪时应注意。

叶芽是芽体萌发后能抽生营养枝的芽。幼年树着生在旺盛枝的顶端及其中、下部，进入结果期的树，多着生在各类枝的中、下部，芽体比不完全混合花芽小，近钝三角形，茸毛较多，外层 2 鳞片较小，不能完全包住内部 2 鳞片，萌发后抽生各类发育枝。

休眠芽又称隐芽，着生在各类枝的基部短缩的节位外，芽体瘦小，一般不萌发呈休眠状态，寿命长。当枝干折伤或修剪等刺激则萌发徒长枝，有利于板栗树更新复壮。

（3）叶序

板栗叶序有 3 种：即 1/2 叶序、1/3 叶序和 2/5 叶序，因此，常使板栗树形成三叉枝、四叉枝和平面枝（鱼刺枝）。一般板栗幼树结果之前多为 1/2 叶序，结果树和嫁接后多为 2/5 叶序、1/3 叶序，1/2 叶序是板栗童期标志。因此，在修剪时应注意芽的位置和方向，以调节枝向和枝条分布。

（4）枝及其生长特性

板栗枝条分为营养枝、结果枝、结果母枝和雄花枝 4 种。

营养枝也叫发育枝，由叶芽或副芽萌发而成，不着生雌花和雄花。根据枝条长势不同，可将其分为徒长枝、普通发育枝和细弱枝 3 种。徒长枝一般由枝干上的休眠芽受刺激萌发而成，生长旺盛，节间长，组织不充实，一般长 30 cm 以上，有时可达 1～2 m。1～2 年内不能形成结果母枝，通过合理修剪，3～4 年后可开花结果，年生长量为 50～100 cm，是老树更新和缺枝补空的主要枝条。普通发育枝由叶芽萌发而成，年生长量为 20～40 cm，生长健壮，无混合芽，是扩大树冠和形成结果母枝的主要枝条。生长充实、健壮的发育枝可转化为结果母枝（俗称棒槌码），来年抽梢开花结果。板栗发育枝的生长与树龄有关：幼树时生长旺盛，顶端 2～3 个芽发育充实，表现出明显的顶端优势。每年生长量较大，向前延续生长较快，使树冠很快扩张，但发枝力弱，中、下部芽抽枝较少，易于光凸，应短截改变发枝部位。到结果盛期，发育枝生长充实，在顶端 2～4 个芽形成完全混合花芽，成为结果母枝。在老树时，发育枝生长很慢，成为纤细枝，翌年生长甚微或死亡。细弱枝由枝条基部叶芽抽生，生长较弱，长度在 10 cm 以下，不能形成混合芽（俗称鸡爪码、鱼刺码）（图 23–1），翌年生长很少或枯死。

结果枝又称混合花枝（图 23–2），是结果母枝上完全由混合花芽萌发抽生的、具有雌雄花序的、能开花结果的新梢。从结果枝基部第 2 节～第 4 节起，直到第 8 节～第 10 节止，每个叶腋间都着生柔荑雄花序。在近顶端的 1～4 节雄花基部，着生球状雌花簇，由受精雌花簇发育成果实。结果枝多位于树冠外围，一般生长健壮，既能成为结果母枝，又能成为树冠骨干枝，具有扩大树冠和结实的双重功能。弱结果母枝和其顶芽下的芽萌发的枝条，着生的雄花序称为雄花枝，不能结果。结果枝基部数节落叶后，叶腋间留下几个小芽，中部各节着生雄花芽，雄花序脱落后各节均无芽成为盲节。在果柄着生处的前端一段为尾枝，尾枝的叶腋间都有芽。尾的枝长短、粗细及芽的质量均与结果枝的强弱有关。一般生长健旺的结果枝可当年形成花芽，成为下年的结果母枝。结果枝上雌雄花出现及其比例，与板栗树龄和营养条件有关。以结果期板栗树雌花出现最多。但雌花出现与结果枝强弱关系密切，即果枝越强，雌花越多，

1. 鸡爪枝 2. 鱼刺枝

**图 23–1 板栗细弱枝**

结果也好。在栽培上应促进结果枝的生长。结果枝上着生花序的各节均无腋芽，不能再生侧枝，称为“空节”，基部各节为休眠芽，只有顶端数芽抽生枝条，使结果部位外移，故对又长又粗的结果枝，应加以适度短截，以降低其发枝部位。结果枝结果后，次年能否继续萌发结果枝而结果，取决于品种。板栗结果枝有5种：徒长性结果枝、强结果枝、中庸结果枝、弱结果枝和细弱结果枝。徒长性果枝枝先端1～2枝在盛花期平均长达60 cm，节间长，叶片大。其于7月下旬停止生长，全年新梢长达80 cm以上，徒长性结果枝产量低，但坚果个大。一般营养生长旺盛的幼树、大砧龄嫁接树及更新树多发徒长性果枝。为促进徒长性果枝结果，可于5月中下旬摘除未展叶的新梢部分，促进下部发生分枝，强旺生长枝其下部分枝往往可形成大芽，翌年开花结果。强结果枝盛花期时新梢长40 cm左右，此时顶端仍有未展开叶片，于7月下旬停止生长的，新梢可达60～80 cm。此类结果枝上坚果个大，结果枝连续结果能力强，为健壮的结果枝。此类结果枝多生于10年以下的板栗树。随着树龄增大，其结果枝长度减小。中庸结果枝盛花期时先端1～2个结果新梢可长达25～30 cm，节间较长，叶片大。而未展叶，下端节间短，结果新梢于7月上中旬停止生长，成年树中庸结果枝多35～50 cm。弱结果枝花期先端1～2个结果新梢长达15～20 cm，节间短，叶片较小。新梢停止生长早。6月中下旬新梢停止生长期，成年树新梢平均长20～25 cm。幼树一般在土层浅、排水不良或发生病虫害时易形成弱结果枝。成年树修剪量过小，枝密或叶量不足也能产生弱枝。细弱结果枝盛花时顶端1～2个结果新梢短于10 cm的枝，节间稍短，叶片小，新梢于6月上旬甚至更早即停止生长，多在雄花序开放盛期停止生长。此类结果枝雌花极少，产量低或无产量，即使结果，坚果粒小。板栗是典型壮枝结果树种，结果枝的结实性与结果母枝及果枝本身健壮程度密切相关。结果母枝粗壮，抽生结果枝数量多。结果枝粗度与雌花着生数量呈明显的正相关，结果枝粗壮，结果枝上雌花数量多。结果枝粗，结蓬数量多。

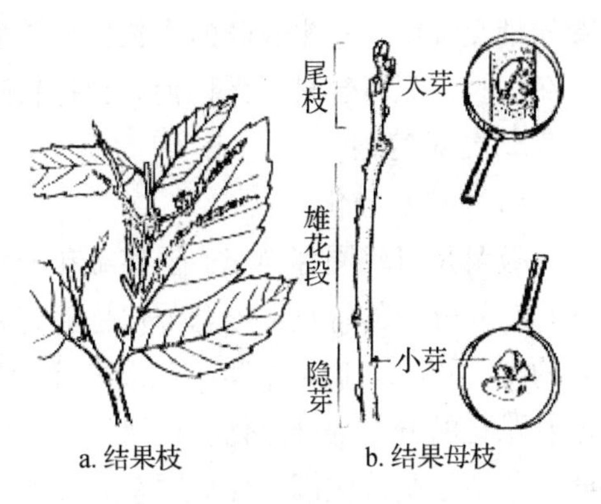

图 23-2　板栗枝条

结果母枝（图23-3）指着生完全混合花芽的一年生枝条。大部分的结果母枝是由去年的结果枝转化而来，生长健壮的发育枝和雄花枝也会转化成结果母枝。结果母枝顶芽及其下部2～3芽为混合芽，抽生结果枝，下部的芽较弱，只能形成雄花枝和细弱营养枝，基部的数芽则不萌发，呈休眠状态。随树龄增加，各种枝条抽生情况也不一样。在幼树时，其顶端皆可抽生结果枝，从顶芽以下依次减弱；结果期的树则除靠近顶芽可抽生结果枝外，在母枝中部也可抽生结果枝；衰老树的母枝抽生结果枝很不规律，甚至近基部的芽仍有抽生结果枝的可能，对老树修剪时应注意这一特性。强壮的结果母枝长15～25 cm，生长健壮，有较长的尾枝，顶端有3～5个饱满的完全混合芽，每年抽生3～5个结果枝，结实力最强，下年能继续抽生结果枝。典型的结果母枝自下而上分为基部芽段（4节）、雄花序脱落段（盲节9～11节）、结果段（1～3节）和果前梢（1至若干节）。第1年的结果枝在正常情况下，大部分应成为第2年的结果母枝。结果母枝的状况是板栗翌年产量的重要依据。结果母枝抽生结果枝的多少与树龄和母枝强弱有关。结果期树，母枝抽生结果枝较多，老树则抽生的较少，结果枝越强，抽生结果枝也越多，因而促进强壮结果母枝发生，是丰产、稳产保证。

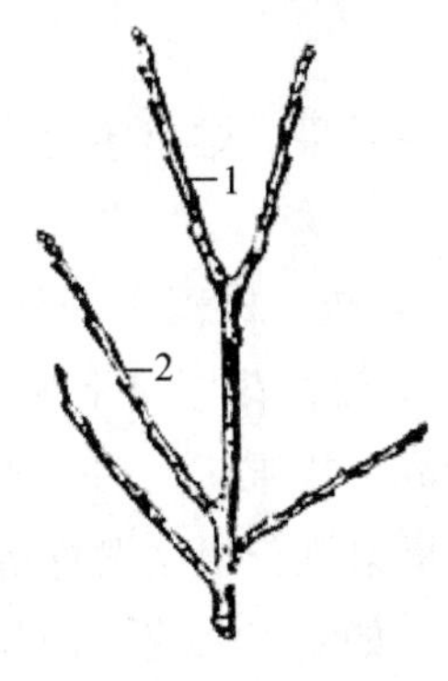

1. 结果母枝　2. 营养枝

图 23-3　板栗结果母枝

雄花枝由分化不完全的混合芽发育而成，其枝条仅着生单性雄花序和叶片。雄花枝大多比较细弱、短小，约为5 cm左右，一般不能在翌年抽生结果枝，只有极少数芽较大，在营养充足时，可在翌年抽生结果枝结果。雄花枝在老树上较多，多生于树冠内膛。

核桃枝条1年有2次生长高峰，形成了春梢和秋梢。长势中等的生长枝，春秋梢交界明显；生长旺的生长枝夏季生长不停，故春、秋梢分界不明；长势较弱的在春梢停止生长后，不在生长，只有春梢而无秋梢。长势较旺的结果枝，也常能抽生二次枝（副梢）。

**2. 结果习性**

（1）花芽分化

板栗是雌雄同芽异花，但雌雄花分化期和分化持续时间相差很远，分化速度也不一样。板栗雌花簇具有芽外分化的特点，形态分化是随着春梢抽生、伸长进行的，分化期短而集中，仅需 60 d，单花分化大约需要 40 d。通常中间小花最早开始分化，完成早，两侧小花分化稍晚。板栗花虽是两性花，但雄蕊随着雌花的分化部分退化。板栗雌花簇的分化过程可分为 7 个时期：雌花簇分化始期、雌花簇原基分化期、花朵原基分化期、柱头原基分化期、柱头伸长期、子房形成期和开花期。雌花簇分化始期：4 月中下旬，在混合花序轴基部发生 1 ~3 个顶部宽而平滑的小突起，其他部位的小突起尖而突出，即为雌花簇分化始期，此期持续 10 d 左右，分化盛期在 4 月下旬，最晚可持续到 4 月底。雌花簇原基分化期：随着混合花序轴伸长，基部 1 ~2 个突起明显增大，呈半球形，向上隆起，由排列紧密的原分生组织细胞组成，并逐渐分化形成雌花簇原基，此期最早出现在 4 月 29 日。此期因气温升高，发育较快，需 5 ~7 d。分化盛期在 5 月初。花朵原基分化期：随着雌花簇原基的不断发育，半球形的雌花簇原基基部出现 3 ~5 个突起即为花朵原基。此期最早出现于 5 月 3 日，分化盛期在 5 月上旬，可持续到 5 月中旬。花朵原基出现后，生长点变平变宽，在周围分别产生小突起，即为萼片原基。随萼片原基的生长发育，萼片原基内侧基部产生雄蕊原基、雌蕊原基。通常中间的花朵发育最快，两侧稍晚。柱头原基分化期：雌蕊原基出现后，发育迅速，并在顶端分化出 6 ~9 个小突起，即为柱头原基。柱头原基最早出现于 5 月 9 日，分化盛期在 5 月中旬，少数在 5 月下旬完成。此时，雄蕊原基停止发育。柱头伸长期：柱头原基逐渐发育伸长花柱和柱头。柱头 6 ~9 裂，呈淡黄色、密生茸毛的针状物，逐渐伸长并伸向苞片外，此期即为柱头伸长期。此期最早出现于 5 月 16 日，分化盛期在 5 月下旬，可延续到 6 月 13 日。此时每个花簇内各为 3 朵小雌花。子房形成期：随着柱头的不断伸长，基部子房逐渐发育膨大，每个子房形成 6 ~9 室，每室有 2 个倒生的胚珠着生于中轴胎座上。此期最早出现于 5 月 19 日，形成盛期在 5 月下旬，可持续到 6 月 15 日，此时雌花簇分化已经完成。开花期：柱头、子房形成后，即进入开花期。淡黄色的针状柱头先后伸出总苞。中间的小花柱头先伸出总苞，两侧的小花伸出总苞稍晚。最早开放的小花是 5 月 29 日，盛花期在 6 月上中旬。板栗雌花芽的形态分化是在春季芽萌动以后到 4 月底以前完成的，雌花的生理分化和形态分化是相伴随的。春季追肥能促进板栗雌花分化。雄花序在新梢生长后期由基部 3 ~4 节自下而上即有分化，分化期长而缓慢。雌花序形成和分化是在冬季休眠后而开始的，分化期短，速度快。雄花序分化可分为 6 个阶段：雄花序原基形成期、花簇原基形成期、花朵原基形成期、花被原基形成期、雄蕊原基形成期和花药原基形成期。雄花序原基分化的盛期集中于 6 月下旬至 8 月中旬。在果实采收前一段时间处于停滞状态，果实采收后至落叶前，雄花序原基分化。

1. 雄花序 2. 雄花 3. 雌花

**图 23–4 板栗花**

（2）开花、授粉和结实特性

板栗为雌雄同株异花（图 23–4），在当年生枝上开花结果。雄花序为葇荑花序，较雌花序多。

每雄花序一般有小花 600 ~900 朵。每朵小花有花被 6 枚，雄蕊 9 ~12 个，花丝细长，花药为卵形，无花瓣，每 3 ~9 朵小花组成 1 簇，花序自下而上，每簇中小花数逐渐减少。雄花序的长短和数量依品种而异，雄雌花比例一般为（2000 ~3000）：1，雄花序、雌花序之比一般为 5：1。板栗雄花根据发育情况分为 2 类：一类是缺乏雄蕊不能产生花粉，属雄性不育，如我国无花栗，其雄花序长 1 cm 左右即退化脱落；另一类有雄蕊，但花丝长短不一，一般花丝长度在 5 mm 以下的花药中花粉极少，花丝长度在 5 ~ 7 mm 的花药中有大量花粉。

板栗雌花序一般有雌花3朵，聚生于1个总苞内。雌花簇外面有由叶演变而成的线状鳞片。萼片6~8，壶状线裂。雌花有柱头8个，露出苞外，6~9个心皮构成复雌蕊，心室与心皮同数。雌花柱头长约5 mm，上部分叉，且突出总苞，下部密生茸毛。子房着生于封闭的总苞外，不与总苞内壁紧密愈合，着生在其花的下面，属下位子房（图23-5）。正常情况下，经授粉、受精，发育成3个坚果，有时发育为2个坚果或1个坚果，也有时每苞内有4个以上，最多见到1苞内有14个坚果。雌花子房8室，每室有2个胚珠，共16个胚珠。一般每室中的1个胚珠发育形成种子，也有1个果内形成2个种子或3个种子，称多籽果。多籽果增加了涩皮，不是良好的经济性状，如日本栗和朝鲜栗多籽果较多。果枝上可连续着生1~5朵雌花。我国茅栗结果枝上着生雌花多，有成串结果习性。板栗每1个总苞内有雌花3朵，1个果枝可连续着生1~5个雌花序。

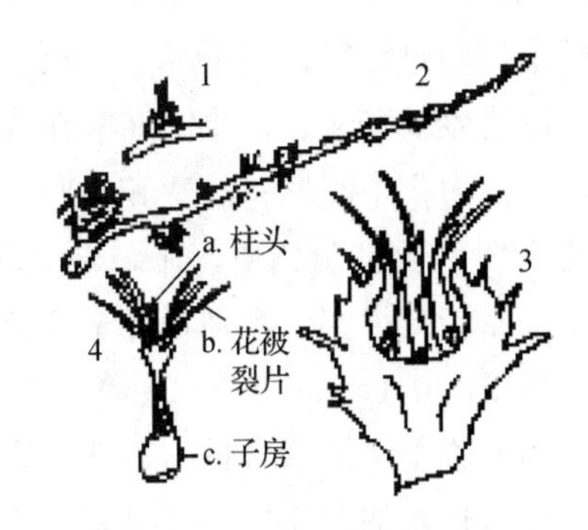


1. 雌花簇（5月上旬）　2. 两性花序
3. 一个雌花簇（幼苞剖面）　4. 一朵雌花

**图23-5　板栗雌花与子房**

板栗发芽后约1个月左右，在5月中旬进入开花期。雄花和雌花开放时期不同，雄花序先开，几天后两性花序开放，花期较长，可持续20 d左右，有的可达30 d。雄花开放后8~10 d，雌花开放。柱头露出即有授粉能力，一般可持续1个月，但授粉适期为柱头露出后6~26 d，最适授粉期为柱头露出后9~13 d，同一雌花序边花较中心花晚开10 d左右。

板栗花为雌雄同芽异花，在当年生新枝上开花结果。在结果枝最上的1~4节雄花基部长出雌花序，这种花序称为雌雄花序或两性花序，而结果枝下部的雄花序基部没有雌花，称为纯雄花序，为柔荑花序。雌花序多为3朵聚生于1个有刺的球状总苞内。正常情况下，1个总苞中有3粒种子，果实充分成熟后总苞开裂，种子脱出。板栗是风媒花。栗花味浓郁。雄花量为雌花的2000~4000倍，花粉量大，且花粉粒小而轻，能成团飞翔，但飞扬力不强，通常花粉散布不超过20 m。据研究，板栗雄花开放后一段时间的花粉发芽力高，开药前和刚开药的花粉生活力差。同时，栗花中花粉中有5%~15%的不完全花粉。板栗可自花结实，但自花授粉结实率较低，通常只有10%~40%，配置适宜的授粉品种后，结实率大幅提高。板栗自然坐果率一般为75%，但普遍存在严重的空苞（是指板栗总苞中没有果实）现象。其中重要的原因之一是授粉不良。栗树自花授粉结实率因品种而异，栗树它交结实和花粉直感现象明显而普遍存在，在栽培时要注意授粉树的配置。

（3）果实生长发育

板栗坚果为种子，不具胚乳，有2片肥厚的叶子，为可食部分。坚果外果皮（栗壳）木质化，坚硬；内果皮（种皮或涩皮）由柔软的纤维组成，单宁含量高，味涩。中国板栗的涩皮大多易于剥离。板栗果实长于栗蓬内，栗蓬由总苞发育而来，除特殊品种或单株外，蓬皮为针刺状，称蓬刺，几个蓬刺组成蓬束，几个刺束组成刺座，刺座着生于栗蓬上。1个蓬中通常可结3个栗实，2个边栗和1个中栗（图23-6）。

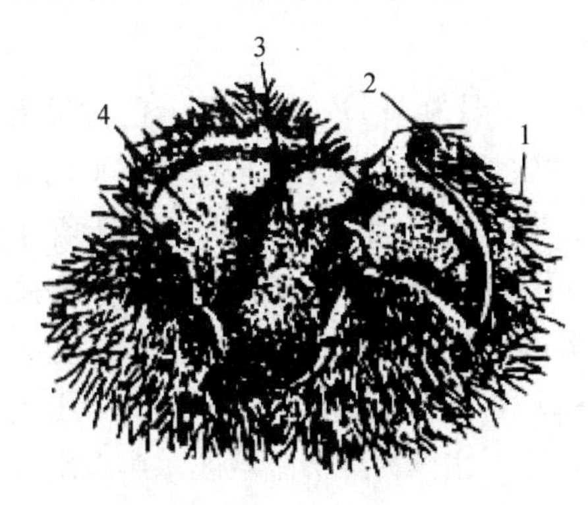


1. 刺束　2. 蓬皮　3. 中果　4. 边果

**图23-6　栗蓬**

正常栗总苞和坚果直径增长呈双S曲线，表现出2个快速生长高峰。总苞直径增长率加速，生长高峰出现于花后25 d和85 d前后，坚果直径增长率高峰在花后25 d和75 d前后。据研究：雌花5月底盛花，受精后总苞发育成刺苞，胚珠发育成坚果。刺苞内坚果不发育的为空苞，其苞小刺密。6月中旬板栗胚珠受精后，子房开始发育，这时正值枝条迅速生长期，幼果生长缓慢，重量和体积增加都很少，7 月中旬枝条停止生长后，栗苞开始迅速生长。7 月中旬以前总苞纵径生长大于横径，7 月下旬以后横径生长超过纵径，直至成熟。栗苞生长曲线呈双 S 形，7 月中旬至 8 月上旬生长迅速，并有 1 个生长高峰，以后生长变慢，而果实充实在成熟前 10 d 完成。在板栗果实发育过程中，根据营养物质的积累和转化，可分为 2 个时期：前期和后期。前期主要是总苞的增长及其干物质的积累，此期约形成总苞内干物质的 70% 和全部蛋白质，在栗果中以水分、氮、磷、钾等成分较高，以还原糖为主要成分。后期干物质形成重点转向果实，特别是种子部分，果实中的还原糖向非还原糖和淀粉合成的方向转化，淀粉的积累促进坚果的增长。在果实成熟的同时，总苞和果皮内营养物质的一部分也转化为果实。正常栗总苞直径增长伴随着子房淀粉含量的显著积累和磷素的消耗（以淀粉积累作用更大），而子房硼素的消耗过程对总苞直径增长有加速作用。坚果直径增长过程主要决定于子房淀粉的显著积累，子房还原糖的积累及钾的消耗对坚果直径增长具有加速作用。因此，前期总苞和子房养分的积累是后期坚果充实的前提，后期坚果增重快。早采严重影响单粒重的增加。部分栗果在发育过程中发育停止，形成空苞。栗果从受精到坚果成熟，南方一般需 100 ~ 120 d，华北地区为 90 ~ 100 d。果实发育可分 3 个阶段：第一阶段是幼胚形成期。板栗受精后，精、卵核仁融合，形成合子。北京地区 7 月上旬胚珠或珠心组织解体或合子形成后停止分化，7 月下旬发育胚珠在珠孔端形成球形胚，球形胚细胞继续分裂，胚体增大，顶端两侧出现子叶原基。子叶原基继续分裂形成心形胚，继而形成鱼雷形胚，浸于胚乳中。第二阶段是胚乳吸收期。幼果迅速膨大，鱼雷形胚进一步发育，胚珠向子房下端发展，子叶形成，胚芽深埋于 2 片子叶中央。8 月初长出子叶、胚根、胚轴和胚芽。8 月中旬，胚珠几乎被 2 片子叶充满，仅残留少量胚乳，其他不发育的胚残留在子房的上部。第三阶段是果实增大期。当胚乳消耗完毕后，正值板栗新梢停止生长，此期光照充足，叶片光合能力强，同化产物主要供应果实，是子叶增长最快的时期。板栗成熟的标准是栗苞由绿色变为黄褐色，并逐渐开裂成十字口或一字口，蓬内果实由黄白色变成褐色，果皮富有光泽，充分成熟时，果实从栗苞中脱出，自然落地。

（4）落果

板栗在生长发育过程中，有落果现象发生，但落果时期比其他果树都晚。谢花后很少落果，一般在 7 月下旬以前为前期落果，8 月上旬至下旬为后期落果。前期落果是由受精不良和营养不良造成，后期落果主要是营养不良，机械损伤、病虫（桃蛀螟、栗实象鼻虫）为害等管理不当也会引起落果。加强前期肥水管理，人工辅助授粉及加强病虫防治等可减少落果。

## 二、对环境条件要求

### 1. 温度

我国板栗适应范围广，在年平均气温为 10 ~ 22 ℃，大于等于 10 ℃积温为 3100 ~ 7500 ℃，绝对最高温度不超过 39. 1 ℃、绝对最低温度不低于 - 24. 5 ℃的条件下均能正常生长。北方板栗一般需要年平均气温为 10 ℃左右，大于等于 10 ℃积温为 3100 ~ 3400 ℃；南方板栗要求平均气温 15 ~ 18 ℃，大于等于 10 ℃积温为 4250 ~ 4500 ℃；中南亚热带地区板栗生长的年平均气温可达 14 ~ 22 ℃，大于等于 10 ℃积温为 6000 ~ 7500 ℃。北方板栗的北界在我国寒冷地区的吉林、河南的四平等地以北，年平均温度为 5. 5 ℃、绝对最低温度 - 35 ℃的地方。板栗枝条冻害温度是 - 25 ~ - 22 ℃，极限温度为 - 28 ℃。燕山板栗分布的北界在河北的承德以北平均气温为 7 ~ 8 ℃的地区，此地区以北不宜作为经济栽培区。燕山山脉有经济栽培价值的产区北缘是河北的兴隆、宽城、青龙一线，约北纬 40°20′，温度是限制板栗向北发展的主要因素。山东糖炒栗子的主要产区年平均气温为 8. 5 ~ 14. 0 ℃，生长发育期平均气温为 18 ~ 22 ℃，该产区气候冷凉，昼夜温差大，雨量不多，日照充足，其栗果实有糯性、含糖量高、风味香甜、品质优良。本种果实不大，适于糖炒。长江中下游地区平均气温为 14 ~ 18 ℃，生长发育期（3 月底到 10 月）平均气温为 20 ~ 24 ℃，历史最低气温在 - 16 ℃以上，是菜用栗生长的良好区域。我国南方高温地区，板栗在冬季休眠不足，常出现发育不良，应在海拔较高（400～1000 m以上）处栽培为宜。

**2. 光照**

板栗为喜光树种，要求较强的光照，忌遮阴。光饱和点为51 000 Lx，光补偿点为947 Lx。当内膛着光量占外围光照量的1/4时枝条生长势弱，无结果部位。光照不足6 h的沟谷地带，树冠直立，枝条徒长，叶薄枝细，老干易光秃，株产低，坚果品质差。在板栗花期，光照不足则会引起生理落果。建园时，应选择日照充足的阳坡或开阔的沟谷地较为理想。

**3. 水分**

板栗树虽较抗旱，但在生长期对水分仍有一定要求。新梢和果实生长期供应适量水分，可促进枝梢健壮和增大果实。一般年降水量为500～1000 mm的地方，最适于板栗树生长。栗树适宜土壤持水量为30%～40%，超过60%时易烂根，低于12%时树体衰弱，降至9%时树可枯死。雨水多且排水不良时，影响板栗树根系生长，造成树势衰弱，甚至淹死。

**4. 土壤**

板栗树对土壤适应性较强，适宜在酸性或微酸性土壤上生长，在pH为5.5～6.5的土壤上生长良好，pH超过7.2则生长不良。在以土层深厚、有机质多、排水保水性良好、地下水位不太高的的砂土、砾质壤土和砾质壤土最适宜板栗树生长。板栗正常生长，要求含盐量在0.2%以下，且板栗是高锰作物。pH增高，土壤中锰呈不溶状态，影响其对锰的吸收，树体发育不良，叶片发黄。

**5. 地势**

板栗自然分布区地势差别较大，海拔在50～2800 m处均可生长板栗。我国南北纬度跨度较大，但在海拔1000 m以上的高山地带，板栗仍可正常生长结果。处于温带地区的河北、山东、河南等地，板栗经济栽培区要求海拔在500 m以下，海拔在800 m以上的山地不适合板栗栽培，出现生长结果不良的现象。山地建园对坡地要求不太严格，可在15°以下的缓坡建园，15°～25°坡地建园要修建水土保持工程。30°以上陡坡，可作为生态经济林和绿化树来经营。

**6. 风和其他**

花期微风对板栗树授粉有利，但板栗不抗大风，不耐烟害，空气中氯和氟等含量稍高，栗树易受害。

**思考题**

（1）板栗芽和枝各有哪几种？各有何特点？

（2）试总结板栗的开花与结果习性。

（3）如何创造适宜板栗生长发育的环境条件？

## 第三节　主要种类和优良品种

### 一、主要种类

板栗属山毛榉科栗属植物，为多年生落叶乔木。栗属植物全世界有10多种，其中8个种可供食用，分布于亚、欧、美、非4洲，分别是板栗、锥栗、茅栗、日本栗、欧洲栗、美洲栗、榛果栗和澳扎克栗。供果树栽培的有板栗、锥栗、茅栗、日本栗等，其中，板栗是主要栽培种。

**1. 板栗**

板栗（图23-7）又名大栗、魁栗、油栗等，原产我国，是栗属植物的主要栽培种之一。落叶乔木，树高达13～26 m，冠幅为8～10 m，树冠呈半圆形。分枝较多。树皮呈不规则深裂，为褐色或黑褐色，枝长而疏生，为灰褐色，有纵沟，一年生新梢密生短柔毛，叶互生，矩圆状披针形或长圆状椭圆形，先端渐尖，基部为广楔形或圆形，叶背被银灰色星状毛层或疏生星状毛，叶缘有锯齿，齿端刺毛状，叶柄长1.2～2.0 cm，雄花序直立，雌花序着生于雄花序基部，常3朵聚生在1个总苞中。柱头分叉5～9枚，子房下位，6室，每室有2个胚珠，一般只有1个发育成种子。总苞密被分枝长刺，刺上有星状毛，为圆形或椭圆形，内有栗果2～3粒，多的可达9粒，坚果较大，为椭圆形、圆形或三角形。种皮易剥离，为栗褐色或浓褐色。该种较耐寒，风土适应性较强，幼苗抗寒力较差。该种抗旱力强，抗栗疫病、较抗根颈溃疡病，抗白粉病力较弱，抗风力也较弱。优良品种多，分布于全国各地。

**2. 锥栗**

锥栗（图23-8）又名箭栗，原产于我国，分布以淮河为界。其为落叶大乔木，树高达20～30 m。枝条光滑无毛。嫩叶背面有鳞腺，叶脉具毛，叶薄而细致，为长椭圆状卵形、长椭圆披针形或披针形（美国称之为柳叶栗），叶尖长狭而尖，基部为楔形或截形，叶缘为锯齿针状，叶柄细长。雌雄同株，雄花柔荑花序直立，细长，花密生。总苞多刺，单生或2～3个聚生。每个总苞内有坚果1个，少数有2个。果实底圆而顶尖，其形如锥，故名锥栗。果小，味甜，可食。适应性强，在高山地区能生长，较易感染栗疫病。

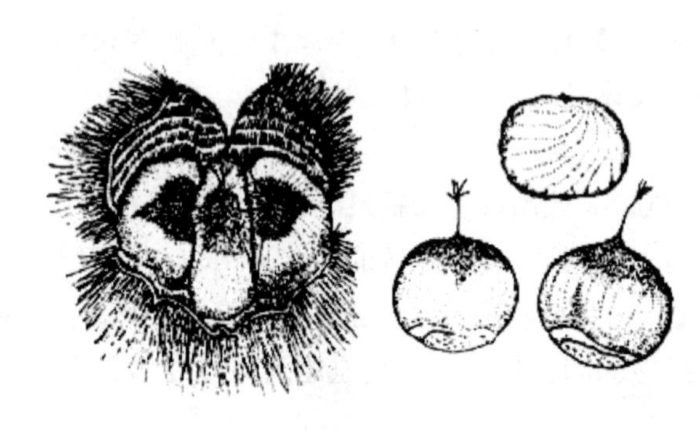

**图23-7 板栗**

**图23-8 锥栗**

**3. 茅栗**

茅栗（图23-9）原产于我国，为灌木或小乔木，树高达15 m，形似野板栗。新梢密生短茸毛，有时无毛，冬芽小。叶为长椭圆或长圆状倒卵形，先端渐尖，基部为圆形，似心脏或广楔形。叶缘有稀锯齿，叶背为绿色，具鳞腺，侧脉上有毛或光滑无毛。总苞瘦，近圆形，通常具坚果2～3粒，多则5～7粒，刺束相对细长。果个小，直径1.0～1.5 cm，种皮易剥离，肉质致密，味甜，品质上等，易丰产。在我国分布于河南、山西、江苏、浙江、安徽、江西、湖南、湖北、四川、云南、贵州等地。该种适应性强，也较抗病，除作绿化荒山树种外，还可作板栗矮化砧木。

**4. 日本栗**

日本栗（图23-10）原产于日本、朝鲜，为乔木或灌木，树高15 m左右。树姿开张，树冠为半圆形。树干为灰褐色，有细毛或无毛，枝芽微红，芽体小而圆。叶呈椭圆形或狭长，为黄绿色，叶间渐尖，叶基为圆形，叶缘整齐，有圆锯齿，有时变为刺毛状，叶背有茸毛和鳞腺。苞刺细长，坚果有顶尖，每总苞内有坚果2～3粒，多则5粒，果大，种脐大，种皮难剥离，子叶叶肉为白色，涩皮厚而韧性差，也不易剥离。果肉粉质，品质中等，较早实，丰产。实生苗结果早，适应于沿海较暖湿气候。主要分布于日本、朝鲜和我国的台湾、辽宁丹东及山东文登等地。其中，辽宁的丹东栗是日本栗中品质较好、较耐寒的一类；朝鲜半岛分布的朝鲜栗，是日本栗的1个变种；我国山东的文登栗属朝鲜栗，更适于沿海环境，但品质、耐寒力不及辽宁的丹东栗。日本栗与板栗的嫁接种亲和力一般较差。

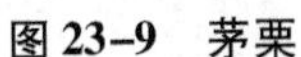

图23-9　茅栗

图23-10　日本栗

## 二、主要优良品种

我国板栗品种资源丰富，有300多个。北方板栗多为小果型品种，栗皮有光泽，栗实含糖量高、淀粉含量低、偏黏质，品质优良，适宜糖炒；南方（长江中下游一带）板栗粒大，坚果含糖量较低、淀粉含量高，粉质，宜做菜用。本书仅介绍北方板栗。

**1. 红栗**

图23-11　红栗

红栗（图23-11）是由山东省选育的板栗优良品种。因枝条、幼叶、总苞呈红色而取名为红栗。总苞中型，为椭圆形，重55 g左右。皮厚为0.27 cm，十字形开裂或三裂。刺束长，中密，为红色。每个苞平均含坚果2.6个。坚果近圆形或椭圆形，中小型，平均单粒重9 g，大小整齐。果皮为红褐色，光泽美观。果肉质地糯性，细腻香甜，含糖15.2%、淀粉58.8%、脂肪3.8%、蛋白质10.3%。果实适于炒食，耐贮藏。树冠高，圆头形，树姿直立。枝条为红褐色，皮孔为扁圆形，白色，中密。嫩梢为紫红色。混合芽高为三角形，中大。叶为卵状椭圆形，先端渐尖，基部为微心脏形，绿色，叶缘为红色，叶姿下垂。叶柄阳面至红色，背面至黄绿色，锯齿直向至内向。雄花序斜生。树势强健，幼树生长势旺，盛果期后渐趋缓和。结果母枝平均着生结果枝8.6条。嫁接苗2～3年开始进入正常结果期。结果之后，在立地条件好的情况下，连续结果能力强，丰产、稳产。在管理好的条件下，10余年生树连续5年平均产量5820 kg/hm$^2$。在立地条件和管理差的情况下，表现枝条纤细，生长势弱，空篷率高至20%左右，“独栗子”增多。在山东的泰安萌芽期为4月上旬，盛花期为6月上旬，果实成熟期为9月下旬。因总苞红色美观，也是优良的风景绿化品种，有较高的观赏价值。

**2. 林县谷堆栗**

林县谷堆栗原产于河南林州，是当地的主栽品种。树势强健，树姿开张。母枝连续结果能力强，结果枝多由顶端1～2芽发出，果枝长26.8 cm，每结果枝着苞2～3个，多者可达8～9个。每苞内含坚果2～3粒。总苞为圆形，十字形开裂，苞皮厚0.2 cm，针刺较密，较硬。出实率为35%。坚果中大，单粒重10 g。栗实半圆形，褐紫色，具油亮光泽，茸毛极少。种皮浅棕色，易剥离。种仁饱满，黄白色，味甜、质糯，品质中上等。新梢4月上中旬萌动，4月下旬开花，9月下旬果实成熟。耐瘠薄，丰产、稳产。抗栗实象鼻虫，适合豫北栗产区发展。

**3. 无刺栗**

无刺栗（图23-12）是由山东省果树研究所于1964年选出的。树型中大。多年生枝为紫褐色。结果母枝长21 cm。混合芽为圆锥形或三角形，披灰色茸毛，较小。叶片为椭圆形，顶叶狭长，先端渐尖，为绿色，叶面光泽，叶背有茸毛，较平展。每个结果枝着生雄花7条左右。每个结果母枝平均抽生果枝1.3条，每个结果枝平均着生总苞1.6个。总苞小型，重36 g左右，为扁椭圆形，刺束极短，约长0.5 cm，分枝点低，分枝角度甚大，似贴于总苞皮上，刺退化为半鳞片状，近于无刺。苞皮较薄，十字开裂或一字横裂，每个苞平均含坚果2.8个。出实率为51%。坚果整齐，圆形，平均单粒重6.5 g，背面浑圆，腹面正平，被腹接线棱角明显。果皮为红褐色，有光泽。自果顶沿被腹交接处至底座密生茸毛线。质地香甜糯性，味香甜，品质上。果实于9月下旬成熟，较耐贮藏。

**4. 燕山红栗**

燕山红栗（图23-13）又名燕红、北山1号，原产于北京昌平，是由北京市农科院林果研究所选育的优良单株。该栗是晚熟品种，9月下旬成熟。树形中等偏小，树冠紧凑，分枝角度小，枝条直立。嫁接树2年开始结果，3～4年后大量结果，早期丰产。对缺硼敏感。坚果呈红棕色，故名燕山红栗。总苞为椭圆形，重40.5 g，总苞皮薄，刺束稀，坚果单粒重8.9 g；果面茸毛少，分布在果顶端。果皮为深红棕色，有光泽，外形美观。树冠中等，平均每个结果母枝抽生结果枝2.4个，每个结果枝着生总苞1.4个，每个总苞有栗实2.4粒。果实艳丽美观，但在土壤瘠薄条件下出籽率低，易生独籽。抗病、耐贮，品质优良，唯有大小年结果现象。

图23-12　无刺栗

图23-13　燕山红栗

图23-14　燕山短枝

**5. 燕山短枝**

燕山短枝（图23-14）又名后韩庄20、大叶青。原产于河北迁西。树冠为圆头形，树势强健，枝条短粗，节间短缩，树冠低矮，冠型紧凑，叶片肥大，色泽浓绿。树体矮小，平均每个结果母枝抽生果枝1.85条，结果枝着生总苞2.9个。总苞中等大，为椭圆形，针刺密而硬，每个总苞含坚果2.8粒。坚果为扁圆形，皮色深褐，光亮，平均重9.23 g。坚果整齐，每500 g栗果有55～60粒。栗果含糖量20.6%、淀粉50.89%、蛋白质5.9%。果实成熟期9月上、中旬，耐贮藏。适于密植栽培。

**6. 黄棚**

黄棚（图23-15）是山东省果树研究所从山地栗园中选出的实生变异优株。幼树期直立生长，长势旺，新梢长而粗壮，枝条为灰绿色，皮孔中大，为长椭圆形，白色，较密；混合芽大而饱满，近圆形；叶长为椭圆形，呈深绿色，斜生平展，叶尖极尖，叶柄为黄绿色。大量结果后开张呈开心形。雌花形成容易，始果期早，丰产性强。每苞含坚果3个，出实率在50%以上。早实，丰产。总苞为椭圆形，单苞重50～80 g，总苞皮较薄，成熟时很少开裂，果柄粗短；坚果近圆形，为深褐色，光亮美观，充实饱满，整齐；单粒重11 g。果肉为黄色，细糯香甜，含水量为51.4%，干样中含淀粉57.4%、糖27.4%、蛋白质7.7%、脂肪1.8%，涩皮易剥离。抗旱、耐瘠薄，抗红蜘蛛性强。耐贮藏，商品性好。在山东泰安4月上旬萌芽，6月上旬盛花，9月上旬果实成熟。

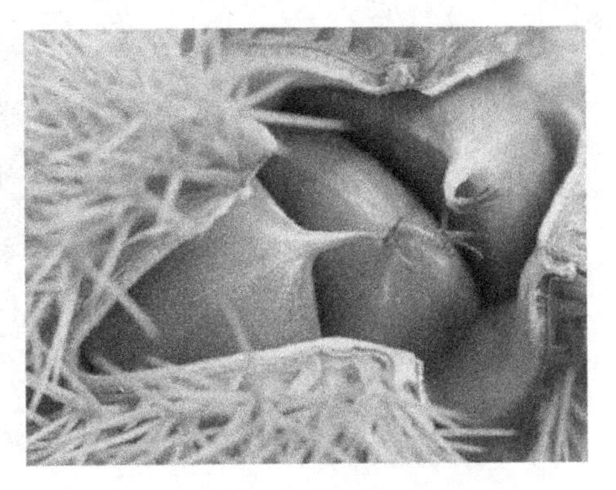

**图23-15 黄棚**

**7. 豫罗红**

豫罗红（图23-16）原产于河南罗山，是由河南省林业科学研究所和罗山县林业科学研究所从实生油栗中选育出的优良品种。树势中强，树冠紧凑，枝条疏生、粗壮，分枝角度大。每苞含坚果2～3粒，单果重10 g左右，出实率为45%。坚果为椭圆形，皮薄，为紫红色，鲜艳，果肉为淡黄色、甜脆、细腻、香味浓，有糯性，含糖量17%、淀粉58.4%。10月初成熟，耐贮藏，抗病虫。

**图23-16 豫罗红**

**8. 红栗1号**

红栗1号（图23-17）是山东果树研究所1998年从红栗和泰安薄壳杂交后代中培育出的炒食栗新品种。树冠为圆头形，枝条为红褐色，长46 cm，粗0.7 cm，节间长2.3 cm，嫩梢为紫红色。皮孔圆至椭圆形，为白色。混合芽为椭圆形，芽体为红褐色，离枝着生。叶长为椭圆形，先端渐尖，长21 cm，宽7.7 cm。叶面为深绿色，幼叶为红色，叶姿斜生平展，质地较厚。叶柄阳面为红色，背面为黄绿色。雄花序斜生。树势健壮，干性强，幼树期生长旺盛，新梢长而粗。盛果期树高4～5 m，干高70～75 cm。果前梢长而大，芽数量多，能连年结果和丰产、稳产。抽生强壮枝多，形成结果枝多而粗壮，基部芽能抽枝结果，适于短截修剪。雌花形成容易，嫁接后第2年开花结果，3～4年丰产。利用中幼砧高接后第2年产量为8.6 kg/株，第3年平均产量为65 kg/株，最高产为11.9 kg/株。利用当年嫁接苗定植建园，第2年即成花结果，平均产量为0.35 kg/株。总苞为椭圆形，中型，单苞重56 g。苞皮外观为红色，较薄，成熟时一字或十字形开裂。刺束长1.2 cm，为深红色，稀而硬，粗而分枝角度大。出实率为48%。每个苞含坚果2.9个。坚果近圆形，有暗褐色条纹，大小整齐饱满，光亮美观，平均单果重9.4 g。果肉为黄色，质地细糯、香甜，含水54%、糖31%、淀粉51%、脂肪2.7%。坚果外皮为红褐色，有光泽。适应性强，耐贮藏。在山东泰安4月上旬萌芽，6月上旬盛花，9月中下旬成熟，11月上旬落叶，果实育期为110 d左右，营养生长期为205 d。早实、丰产、优质、抗逆性强、适应性广，在内陆和沿海丘陵山区、河滩平地栽培，生长发育良好，结果正常。具有幼叶、枝芽为红色，总苞为深红色的特异性状，为我国首次通过人工杂交培育成的优质、高产、高效兼风景绿化为一体的红色品种。

**9. 华丰板栗**

华丰板栗（图23-18）是山东省果树研究所于1993年从野生板栗和板栗的杂交后代中选育出的炒食板栗新品种。树冠较开张，呈开心形。新梢呈灰褐或红褐色。混合芽大而饱满，呈扁圆形。叶呈椭圆形，绿色，质地较厚，叶面稍皱，锯齿较整齐，直向。雄花序中长。雌花容易形成，结果早，丰产、稳产性强。总苞呈椭圆形，皮薄，刺束稀，多一字形开裂，总苞柄较长。出实率为56%，平均每个苞含坚果2.9个。坚果椭圆形，平均单粒重7.9 g。果皮为红棕色，光亮，大小整齐、美观。果肉质地细糯、香甜，含淀粉49.29%、蛋白质8.5%、脂肪3.3%。底座小。9月上、中旬成熟。耐贮藏。抗逆性强，适应性广，在丘陵山区和河滩平地均适于发展栽培。

图 23–17 红栗 1 号

图 23–18 华丰板栗

**10. 无花栗**

无花栗（图 23–19）原产于山东泰安，是由山东省果树研究所于 1965 年选出的。纯雄花序、混合花序上的雄花段均在早期脱落，“无花”性状表现更加完全，单粒重小。树姿直立，树冠紧凑，呈高椭圆形。成龄树结果母枝分枝角度小，皮色每灰绿，先端急尖。叶姿直立，叶面平展，质地较厚，为绿色。混合花芽密生于母枝顶端，易抽生出长势力相似的 3 ~ 4 个壮枝。纯雄花序长至 0. 5 ~ 1. 0 cm 时萎缩脱落，混合雄花序上的雄花段生育正常，照常开放。发枝力强，成年树树势中等，结果母枝抽生果枝占 60%，发育枝占 25%，弱枝占 15%。平均每个结果母枝抽生 1. 9 个果枝，平均每个结果枝着生总苞 1. 8 个。在山东泰安萌芽期在 4 月中旬，雄花凋落期在 5 月中旬，果实成熟期在 9 月下旬至 10 月上旬。

**11. 海丰板栗**

海丰板栗（图 23–20）是由山东省果树研究所选育的。树冠呈圆头形。结果母枝长 23 cm，皮孔小而密。混合芽为圆锥形，稍歪，为黄绿色，有光泽。叶色为黄绿，椭圆形，先端渐尖。叶片沿中脉抱合，呈船形。始果期早，嫁接后 2 年生树结果株率为 67%，3 年全部结果，丰产性好。成年树树势中庸。平均每个结果母枝抽生结果枝 2. 3 个，平均每个结果枝着生总苞 1. 6 个，出实率为 46%。总苞为椭圆形，刺束极稀，中长而硬，分枝角度较大，苞皮较薄。苞柄特长。平均每个苞含坚果 2. 5 个。坚果为椭圆形，中小型，单果重 7. 8 g，果皮为红棕色。果肉甜糯，含水 42%、糖 18%、淀粉 57. 7%、脂肪 4. 7%、蛋白质 8. 7%。果实较耐贮藏。在山东海阳 4 月 21 日左右萌芽，5 月 11 日前后展叶，盛花期为 6 月底，果实成熟期在 10 月上旬。

图 23–19 无花栗

图 23–20 海丰板栗

**12. 节节红板栗**

节节红板栗（图 23–21）是从安徽东至地方板栗品种中选育出的。树冠紧凑，树姿直立，为高圆头形；一年生枝皮为灰褐色，枝角较小；叶厚，色浓绿亮泽；雄花序长，总苞为椭圆形至尖顶椭圆形，特大；坚果平均重25 g，为椭圆形，红褐色，茸毛少，涩皮易剥离；果肉含蛋白质3.9%、糖5.3%、淀粉26.9%、氨基酸0.2%。果肉为淡黄色，细腻，味较香甜，品质较优。每个苞含坚果3粒，出实率为43.5%。在安徽冬至，萌芽期在3月中旬，雄花花期在4月下旬至5月下旬，5月中旬雌花出现柱头，下旬柱头分叉，6月上旬柱头反卷，果实成熟期在8月下旬至9月上旬。适应性、抗逆性强，早实、丰产，性状稳定，抗病虫害。

图23-21　节节红板栗

**13. 豫栗王**

豫栗王原产于河南信阳的平桥区。树形为圆头形，树姿半开张，树势中等，结果母枝连续结果能力强，丰产性好。总苞大，为椭圆形，坚果大，单粒重14 g，色泽艳红，光泽度好，皮薄，籽粒均匀，饱满，味香甜。含糖19.98%、淀粉52.34%、蛋白质7.95%。9月下旬成熟。抗病虫，耐贮藏，大小年现象不明显。

**14. 华光板栗**

图23-22　华光板栗

华光板栗（图23-22）是山东省果树研究所于1993年以野生板栗和板栗杂交育成的。树体健壮，枝粗芽大，树冠易成开心形。枝条为红褐色，混合芽大而饱满，近圆形。叶为椭圆形，绿色，质地较厚，叶面稍皱，锯齿直向。雄花序中多，早果丰产，品质优良，适宜短截修剪，抗逆性强。总苞为椭圆形，皮薄、刺束稀而硬，多一字形开裂，总苞柄较长。出实率为55%，平均每个苞坚果近3个。坚果为椭圆形，平均每粒重8.2g，大小整齐。果皮为红棕色，光亮。果肉质地细糯，香甜，含糖量20.1%、淀粉48.95%、蛋白质8.0%、脂肪3.35%、底座小。耐贮藏。9月中旬成熟。

**思考题**

（1）生产上栽培板栗种类有哪些？

（2）北方生产上栽培的板栗优良品种有哪些？

## 第四节　板栗无公害栽培技术要点

### 一、环境条件

环境条件参照农业部的规定执行。

**1. 气候条件**

年平均气温为8.5～10.0 ℃，4—10月平均气温为18～20 ℃，冬季极限最低温为-22 ℃，无霜期≥180 d。年降水≥450 mm。

**2. 土壤条件**

板栗建园宜选择土层厚度大于等于40 cm，排水良好、地下水位低、土壤通气好的花岗岩、片麻岩地区。砂岩、白云岩也可，但必须是中性或偏酸性土壤，土壤pH为5.5～7.5。选择棕壤、褐壤土、沙壤土、壤土等透气性良好的土壤。在透气性差的黏土地上栽植，建园前必须进行土壤改良。土壤有机质含量大于等于0.7%。

**3. 地势条件**

①海拔高度大于等于500 m，最好选阳坡、半阳坡，低山区丘陵半阴坡也可。

②坡度小于25°，大于25°以上坡度必须搞好水土保持工程或修筑梯田。

③有风害地或风口处不宜栽植板栗。

**4. 水利条件**

栗园要求排水良好，地下水位低（平原5 m以下，山坡地8 m以下），水的pH为5.5~7.0。

## 二、园地规划

**1. 小区规划**

小区面积一般为0.67~1.30 $hm^2$，最小面积大于等于0.33 $hm^2$。

**2. 道路设计**

道路分主路、支路、作业路三级。主路宽4 m。支路宽3 m，贯穿小区中央。支路连接主路和作业道，根据小区划分和需要沿等高线修建。为作业方便。作业道宽2 m。

**3. 排灌设施**

小区内应设排灌系统，无水浇条件的山地应按每0.20~0.33 $hm^2$ 的栗园，设计30 $m^3$ 的微型蓄水池1座，土质黏重区或沟谷应修筑排水沟渠。

**4. 品种配置**

1个小区应不少于2个品种，大型栗区10 $hm^2$ 以上需配置品种4个以上品种。主栽品种与授粉品种的比例为4：1~5：1。

**5. 栽植密度**

依据地形、土壤等条件。条件好适当稀些，反之则应当密些，一般株行距可采用3 m×（3~5）m，栽植44~74株/亩。

## 三、建园

**1. 整地施肥**

根据地形地貌、栽植密度，确定整地方法。

（1）沟状整地

坡度在15°以下，栽植密度大于55株/亩，应采取沟状整地方法，沟宽（底）大于等于70 cm，深70 cm，沟与沟之间水平距为3~4 m。

（2）穴状整地

在坡度15°~25°的坡地建园，宜采取穴状整地，穴长、宽、深均大于等于70 cm。穴距水平方向。垂直方向水平距为3~4 m。

（3）回填与施肥

回填时按25~30 kg/株有机肥标准，将有机肥与底土混匀填入穴的下部，然后把穴填平。

**2. 苗木标准及栽前处理**

（1）苗木标准

按NY/T 475—2002梨苗木实生砧苗的质量指标执行。或使用同等质量的板栗实生苗建园，生长1年后再按照设计的品种于春季用插皮方法在苗木距地面20~30 cm处进行嫁接。

（2）栽前处理

栽前用ABT 1号生根粉100 mg/L喷根。栽前苗木用清水浸根24 h，使苗木充分吸水。

**3. 定植**

（1）定植时间

春栽在 4 月上旬，秋栽在 11 月上旬。

（2）定植方法

在定植穴或沟内按规划株距，挖长、宽、深各 30 cm 的小穴，先将抗旱保水剂 10 g 与小穴底部土壤混合，浇水打浆后，放入苗木，覆土提苗，踩实，再浇入足够的水，覆土与地面相平，然后树下覆地膜 1 $m^2$，秋栽还须埋土防寒。

**4. 栽后管理**

（1）春季管理

秋栽苗木于春季 4 月初，撤去防寒土，把苗扶正，及时补浇水，封土并覆地膜 1 $m^2$。

（2）定干

栽植后定干高度为 40～60 cm。实生苗嫁接后待新梢生长到 50～60 cm 时摘心，以促生分枝，摘心后苗木留高 60 cm。

（3）塑料袋套干

定干后及时用稍长于树干的塑料袋套干。

（4）撤袋

当苗木新芽展叶后破袋放风，新捎生长到 5 cm 时撤袋。撤袋时间为早 8 时前，晚 17 时后。

## 四、定植后管理

**1. 土肥水管理**

（1）土壤管理

深翻改土，每年沿原挖沟穴外沿深翻改土，在改土基础上，坡地要修整梯田，梯田面要求沿等高线平整，田面宽 3～4 m，并整成内低外高状，外沿高出田面 30 cm。在 15°以上陡坡，梯田宽 2～3 m，两梯田之间留 1～2 m 灌草带，以利保持水土。

（2）施肥管理

施肥原则按照 NY/T 496—2010 规定执行。

允许使用的肥料。有机肥料，包括堆肥、沤肥、厩肥、沼气肥、绿肥、作物秸秆肥、饼肥、商品有机肥和有机复合肥；腐殖肥类，包括腐殖酸类肥料；化肥，包括氮、磷、钾等大量元素肥和微量元素肥及其复合肥等；微生物肥，包括微生物制剂及经过微生物处理过的肥料。

注意事项。禁止使用未经处理的城市垃圾或有重金属、橡胶或有害物质的垃圾，控制使用含氯化肥和含氯复合肥。

施肥方法和数量。基肥秋季采果后即 9 月下旬至 10 月底施入，以有机肥为主。方法采用沟施、穴施或撒施。部位选在树冠投影外围，吸收根集中的土层内，若撒施，全园施肥后再将肥翻入土壤内，施肥量为 10～15 kg/株。追肥早春返青前，沟施或穴施尿素加磷肥 0.2～0.3 kg/株。追施硼肥每隔 4～5 年追施 1 次，防止空蓬，施入深度为 30 cm，可结合秋季施肥同时施入，也可在雨季追施。施用量为 5～10 年生树为 0.1 kg/株，10～20 年生的为 0.15 kg/株，二十年生以上的 0.2 kg/株。果实收获前 30 d 不施肥。禁止使用硝态氮肥。根外追肥在 3 月下旬至 4 月上旬栗树萌动期，用氨基酸肥喷 1 次枝干或 5—8 月喷施 1 次 0.3% 的尿素或磷酸二氢钾。收获前 20 d 不喷施。

（3）水分管理

有水浇条件的栗园，于早春施肥后浇水 1 次。无水源栗园，应充分利用自然降水，用蓄水池里的水给栗树补水，还可采用穴施肥水方法，即在树冠垂直投影下环状挖穴 3～5 个，长、宽、深各 30～40 cm，每个穴施有机肥 3 ~ 5 kg、保水剂 10 ~ 20g，混合均匀，每个穴浇水 10 ~ 15 kg，覆土后在上边覆盖地膜或杂草。

**2. 整形修剪**

（1）整形

采用自然开心形或主干疏散分层形延迟开心形。

自然开心树形。全树选留 3 ~ 4 个主枝，不留中心干，主枝开张角度 50° ~ 60°，每个主枝选留侧枝 2 ~ 3 个。

主干疏散分层延迟开心树形。全树选留主枝 5 ~ 6 个，每个主枝选留侧枝 2 个。第 1 层选留主枝 3 个，主枝角度 50° ~ 60°，第 2 层选留主枝 2 个，主枝角度 40°。二层主枝层的间距为 80 ~ 100 cm。

（2）修剪

冬剪为主，冬夏结合。幼龄树的修剪：1 ~ 3 年生树，冬短截、夏摘心、疏过密、开角度。4 ~ 5 年生树，冬剪截、疏结合，按树冠投影面积留粗壮结果母枝 6 ~ 8 个/$m^2$，夏季开张角度。结果树的修剪：树冠覆盖率控制在 80%，维持树势、平衡枝势、调整光照，更新结果母枝，树冠投影面积留结果母枝 10 ~ 12 个/$m^2$，夏季疏除无雌花的细弱无效枝。衰老树的修剪：落头回缩，及时更新，促发新枝，夏季摘心，培养新结果母枝。

**3. 花果管理**

（1）人工疏雄花序

当混合花序生长到长 2 cm 时，开始疏雄花序，疏除新梢基部雄花序总量的 2/3。

（2）栗园放蜂

花期栗园放养蜜蜂 1 箱/$hm^2$。

（3）叶面施肥

花前喷施 1 次氨基酸肥。

**4. 病虫害防治**

（1）防治原则

积极贯彻“预防为主，综合防治”的植保方针，以农业防治和物理防治为基础，按照病虫害的发生规律，选择其薄弱时期科学使用化学防治技术，控制病虫害。

（2）农业防治

选用抗病虫新品种；清理栗园；刮树皮和病斑，集中烧毁或深埋；加强土肥水管理；精细修剪，使树冠通风、透光良好；采用其他有利于增强树体抗病虫能力措施。

（3）物理防治

根据害虫生物学特性，采取糖醋液、树干绑草把、诱虫灯等方法诱杀害虫。

（4）生物防治

利用赤眼蜂、草青蛉等害虫天敌，以虫治虫，利用昆虫性外激诱素或干扰害虫交配。

（5）化学防治

常用化学农药剂合理使用准则。药剂使用原则：应用化学农药时，按 GB/T 8321. 1—2000《农药合理使用准则（一）标准》和 GB/T 8321. 6—2000《农药合理使用准则（六）标准》执行。

（6）主要病虫害

主要病害有板栗疫病（胴枯病）。主要害虫有红蜘蛛、栗大蚜、木撩尺蠖、栗瘿蜂、栗实象甲、桃蛀螟。

**5. 采收及采后管理**

①要适时采收不能早采。

②成熟标准。板栗总苞裂开，栗果呈褐色或红褐色，有光泽，并开始脱落。

③采收方法。拾栗法，板栗成熟后每天早晨和下午及时捡拾。

④产地贮藏。贮藏地点应远离各种污染源。采收板栗坚果经阴晾2～3 d后，在温度12 ℃以下沙藏或冷库贮藏。

⑤注意问题。贮藏地与贮藏过程中不能有污染物污染板栗坚果，允许使用符合国家食品安全标准的保鲜包装材料。

**思考题**

板栗无公害栽培技术要点包括哪些内容？

## 第五节　板栗关键栽培技术

### 一、建园技术

板栗多品种混栽能提高产量。生产上根据主栽品种确定花期相近的授粉品种，主栽品种与授粉品种比例为（4～6）：1。栗根系损伤后愈合能力很弱，移栽时不可伤根太多。

### 二、整形修剪技术

板栗是壮枝结果。一般强壮结果母枝的上部有1～4个芽能抽生出结果枝，而中部抽生的雄花枝脱落后成为盲节，基部芽多不萌发，致使栗树结果部位每年外移一段，树冠内膛极易光秃。修剪上应注意防止结果部外外移，及时更新。

**1. 常用树形**

可采用疏散分层形、开心形、变则主干形。其中，变则主干形干高70～100 cm，主枝4个，均匀分布在4个方向，层间距为60 cm左右，主枝角度大于45°，每1主枝上有侧枝2个。第1侧枝距主枝基部为1 m左右，第2侧枝着生在第1侧枝的对侧，距第1侧枝40～50 cm，成形后树高4～5 m。

**2. 不同年龄时期修剪技术**

（1）幼树

板栗幼树以整形培养树冠为主，生长量过大的枝条，当新梢长到30 cm时夏季摘心，促生分枝，投产前1年达到树形开张，树冠紧凑，呈半圆头形。枝条先端的三叉枝、四叉枝或轮生枝通过抹芽、疏枝处理，或用“疏一截一缓二”方法进行处理。为控制极性生长，注意疏直留斜，疏上留下，疏强留中。及早疏除徒长枝、过密枝及病虫枝。其余枝条尽量保留。

（2）结果树

结果树修剪的任务是充分利用空间，增加结果部位，保证内膛通风、透光。具体应根据树势短截弱枝，培养健壮的更新枝，及时控制强旺枝，疏除过密枝、纤细枝和雄花枝。

结果母枝的培养和修剪。树冠外围生长健壮的优良结果母枝，适当轻剪，即每个二年生枝上可留2～3个结果母枝，余下瘦弱枝适当疏除；树冠外围20～30 cm处的中壮结果母枝，通常有3～4个饱满芽，抽生结果枝的当年结果后，长势变弱，不易形成新的结果母枝，该类结果母枝除适量疏剪外，应短截部分枝条，使之抽生新的结果母枝；5～10 cm的弱结果母枝，抽生结果枝极为细弱，坐果能力也差，应疏剪或回缩。结果母枝留量以树冠投影面积留枝8～12个/$m^2$为宜。

徒长枝的控制和利用。成年结果树上发生的徒长枝，应适当选留并加以控制利用。在选留徒长枝时，应注意枝的强弱、着生位置和方向。生长不旺盛的徒长枝一般不短截；生长旺盛的徒长枝除注意冬剪外应在夏季进行摘心，也可通过拉枝削弱顶端优势，促使分枝扩大树冠，第2年从抽生的分枝中去强留弱，剪除顶端1～2个比较直立强旺的分枝，留水平斜生。衰弱栗树上主枝基部发生的徒长枝，应保留作更新枝。

枝组回缩更新。枝组经过多年结果后，生长逐渐衰弱，结果能力下降，应当回缩使其更新后复壮。如结果枝组基部无徒长枝，可留3～5 cm的短桩回缩，促使基部休眠芽萌发为新梢后，培养成新的枝组。

当枝头出现大量的瘦弱枝和枯死枝时及时采用放强缩弱、缩放结合、轮替更新的方法进行修剪；树冠外围的强壮结果母枝任其继续结果，外围的“香头码”“鸡爪码”等弱枝进行回缩修剪，应先培养大、中、小不同年龄的“接班枝”，以利于及时恢复树势。已不能抽生结果枝的衰弱大枝，一般都回缩到有徒长枝或有休眠芽萌发的生长枝部位，以便应用这些枝条重新培养骨干枝。其徒长枝选择和利用与结果树修剪相同。

## 三、防止空苞技术

①选配好授粉树，并辅以必要的人工授粉。要求所占比例大于或等于10%。

②施硼肥。每隔4～5年施1次硼肥。盛花期喷洒0.1%～0.2%的硼酸（硼砂）+0.3%的尿素溶液，也可于开花前施入硼砂0.25 kg/株。春旱及时灌水或进行地面覆盖，减少土壤对硼的固定。可相对增加土壤速效硼含量。

③去雄疏蓬。参见本章第七节夏季栽培管理技术中的主雄疏蓬。

④加强综合管理。主要抓好土肥水管理、整形修剪、花果管理和病虫害综合防治，做好四季栽培管理工作。

## 四、病虫害防治技术

**1. 栗胴枯病（栗干枯病、栗疫病、栗腐烂病）**

栗胴枯病是世界性病害。我国栽培的栗树多为抗病品种，但各产区均有不同程度的发生。

（1）识别与诊断

主要为害主干及主枝，少数枝梢也有为害。发病初期，在主干或枝条上出现圆形或不规则的水渍状红褐色病斑，组织松软，病斑微隆起，有时从病部流出黄褐色汁液，内部组织呈红褐色渍状腐烂，有浓烈的酒糟味。待干燥后病部树皮纵裂，内部枯黄的组织暴露。发病后期，病部失水干缩凹陷。

（2）防治方法

加强检疫，选育抗病品种；消灭病源，刨死树，除病枝，刮病斑，集中烧毁。病斑涂药，涂前先刮去病部被侵害组织，用毛刷涂抹4%的农抗120水剂10倍稀释液。4月上旬开始，每15 d涂1次，共涂3次。注意树体保护，避免机械损伤，伤口涂石硫合剂、波尔多液予以保护，树干涂白、培土或绑草绳保温。

**2. 栗红蜘蛛**

（1）识别与诊断

叶片被害后，失绿部分不能恢复，叶功能减弱，甚至丧失，造成当年减产，影响贮备营养的积累，殃及板栗翌年的生长和雌花的形成。

（2）防治方法

萌动前刮去粗老皮后，全树喷5%的石硫合剂。重点喷一年生枝条、粗老皮及缝隙处。5月中旬越冬孵化盛期用5%的氟虫脲乳油40倍液涂抹树干。其方法是：先在树干中下部环状刮去宽15 cm左右的表皮，露出嫩皮，涂药2遍，用塑料薄膜内衬纸包扎。有效控制期约50 d。5月下旬用0.3%的石硫合剂或20%的三唑锡可湿性粉剂2000倍液全树喷雾，重点喷叶片。保护食螨天敌如草蛉、食螨瓢虫、蓟马、小黑花蝽等，利用天敌灭虫。

**3. 栗瘤蜂（栗瘿蜂）**

（1）识别与诊断

幼虫主要为害新梢，春季寄主芽萌发时，被害芽逐渐膨大而成虫瘿，有时在瘿瘤上着生有畸形小叶。

（2）防治方法

防治方法有三种：一是注意识别长尾小蜂寄生瘤。冬、春修剪树体时要加以保护，或收集移挂于虫害较重的树上放飞。二是4月份摘除树上的瘤体。冬、春修剪时疏除树冠内弱枝群。三是化学防治。6月中旬成虫羽化盛期用25%的灭幼脲悬浮剂2000～3000倍液喷雾。

**思考题**

板栗关键栽培技术有哪些？

## 第六节　无公害优质丰产栽培技术

### 一、育苗

板栗以嫁接育苗为主，常用的砧木有实生板栗，野板栗。实生板栗为共砧或本砧，我国北方及长江流域的江苏、湖北等地多用共砧。南方各省低山丘陵地带采用野板栗作砧木。

**1. 砧木苗培育**

培养实生苗，要优种、优株。野板栗资源丰富，应尽量利用，就地嫁接。

（1）选种

选择20～60年生树健壮、高产、稳产、果实成熟期一致、抗逆性强、与当地主栽品种嫁接成活率高的单株做母株，做好标记，单采、单收。待果实成熟，总苞开裂，拾取自然落果，选择栗果大小整齐，充分成熟，无病虫害果作育苗材料。

（2）种子贮藏

栗果“怕干、怕湿、怕热、怕冻”。果实采收、贮藏及播种期间，均需保湿、防热、防冻。种子采收后一般采用沙藏。

（3）种子处理

为使种子发芽整齐一致，砧木生长均匀，必须进行种子处理。砧木种子处理方法有2种：一种是将新鲜种子用70%的甲基托布津600倍液浸种10 min，用湿沙或过筛细黄土保存，待种子萌芽时选萌芽种子分期播种；另一方法是将新鲜种子保存在温度为5～7 ℃，湿度在85%左右的冷库中1～2个月，取出先进行水选，涝出浮种，再用70%的甲基托布津600倍液浸种10 min后进行播种。

（4）播种

一般采用春播，北方地区3月底、4月初地温达10～20 ℃时播种。播种方法有点播或穴播2种。播种前深翻施肥，加深土层，开沟整畦，畦宽为1.0～1.5 m，长为5～20 m。在整好的畦面上，采用单行或宽窄行，将催过芽的种子切断幼根的1/3～1/4，平放于沟内。播种量为1500～1800 kg/hm$^2$，播后覆土厚3～4 cm，稍加压实整平畦面。

（5）苗期管理

播后若条件适宜，1～2周内幼茎出土。若气候干燥，可适量灌水。当幼苗展叶后，第1次追施尿素10～15 kg/亩，施肥后灌水。6月中旬止7月中下旬以追施氮肥为主，每隔10～15 d追施1次，共追施2次，9—10月加施1次磷、钾复合肥15～20 kg/亩。后采用2次叶面喷施0.3%的尿素+0.3%的磷酸二氢钾。同时，及时做好除草、松土、肥水管理、间苗和病虫防治工作。

（6）砧木苗移栽

砧木苗粗度一般要求距地面 10 cm 处直径达 0.5 cm 以上，当年生苗一般达不到粗度要求，需移栽培育成大苗方可嫁接。河南大别山区的移栽时间可在 2 月中旬以后。移栽前先整畦开沟，沟深 30 cm 左右。按株距 20 cm、行距 30 cm 进行移栽。栽前适当短截主根，移栽前根系展开，入土深度应与苗木原土痕相同，将苗木周围土壤压实，移栽后浇透定根水。

**2. 接穗选择与采集**

从品种优良、生长健壮、丰产稳产、无病虫害、果实品质优良的结果母树上采集一年生健壮结果母枝或发育枝作接穗。需要采集接穗的栗园，其冬剪安排在春节前后进行。

**3. 接穗贮藏**

采集接穗剔除病虫枝、瘦弱枝等，50 ~ 100 根/捆，在阴凉、通风、潮湿的室内，斜植于湿沙中，露出先端的 1/3。沙的湿度以手捏成团不滴水，松手一触即散为宜。温度最好保持在 3 ~ 5 ℃，河南大别山区可采用山洞或土窑贮藏法。但春季单芽切接的接穗，最好随接、随采，保持接穗新鲜度，提高成活率。

**4. 蜡封接穗**

蜡封接穗可保持接穗活力和减少水分蒸发，能抑止接穗中 90% 以上水分蒸发，提高嫁接成活率和劳动效率。

**5. 嫁接时期和嫁接方法**

（1）嫁接时期

枝接在树液开始流动、接穗尚未萌芽时最为适宜，具体时间因地区、气候条件而定。河南大别山区在 3 月下旬至 4 月上旬进行，一般在惊蛰至清明之间为最适时期，而又以春分至清明时期为最好。秋季在 9 月中下旬至 10 月上旬采用嵌芽接，成活率高达 95% 左右。

（2）嫁接方法

生产上育苗采用较多的是劈接、切接、腹接、插皮舌接、皮下接等。其中插皮舌接、皮下接操作方便，砧穗接触面积大，成活率高。枝接成活的关键是接穗粗壮充实，刀要快，操作迅速，削面长而平，形成层对齐，包扎紧密，外套塑料袋。

**6. 嫁接后管理**

（1）除萌

应及时除去砧木上长出的萌蘖。

（2）设防风柱和松绑

嫁接 1 个月后，新梢长至 30 cm 时，先把嫁接捆绑的塑料条松开，再轻松绑上，愈合牢固后去除。与此同时，为防大风吹折新梢，可设防风柱。

（3）摘心

当新梢长到 30 ~ 50 cm 时及时摘心可连续摘心 1 ~ 2 次，促进副梢萌发。

（4）水肥管理

苗圃地育苗时注意浇水、施肥和中耕除草，有条件的地区春季应浇水。雨季可追肥促进生长，但后期应控制水肥，利用摘心促使枝充实。

（5）防治病虫害

春季萌芽后为防治食叶害虫为害叶片，可喷洒杀虫剂。接口处易发生栗疫病，可涂波尔多液等杀菌性药剂预防。

**7. 板栗子苗嫁接技术**

板栗子苗嫁接技术又称芽苗嫁接技术，比常规嫁接育苗缩短 1 ~ 2 年时间，且嫁接成活率高。

（1）培育芽苗砧木

2 月下旬对沙藏后的种子进行催根处理。当胚根长至 3 ~ 5 cm 时取出，用刀片或手将胚根截去 1/3 ~ 1/2，留 1.5 ~ 2.0 cm。按株行距为 5 cm × 10 cm，点播板栗种子，将其平放于苗床，再覆盖厚 7 cm 湿沙土，最后在苗床上盖好塑料薄膜。当第 1 片叶子即将展开时将砧苗用铲轻轻从砧床内挖出，放入盆子一类的容器内（容器底部铺上湿锯屑）以备嫁接。注意保持根系完整，防止损坏子叶柄和坚果脱落。

（2）接穗采集与贮藏

3 月上旬，选优良品种上发育充实、芽体饱满、粗 3 ~ 8 mm 的一年生枝剪下，截成长 15 cm，用石蜡全封后放入塑料袋中，置于阴凉处。也可不用石蜡封，捆 100 枝/束，用湿沙埋于阴凉处备用。

（3）嫁接

采用劈接法。具体方法有三种：一是削接穗。选与砧苗粗度基本相当的接穗，留 2 个芽，下端削成楔形，削面长 1.5 cm，削面要平滑；二是切砧木。用刀片将子苗砧在子叶柄 2.5 cm 处切断，将幼茎从中间劈深 1.5 cm，随即将削好的接穗插入，使一端与砧苗对齐；如接穗粗于砧苗，可将凸出部削除，使其密接。三是绑扎。可用麻坯、旧麻袋绳或电工黑胶布绑扎。

（4）移植

将嫁接后的结合体栽植于温棚内。如准备于 5 月份用嫁接苗直接建园，结合体埋土深度可与接穗顶端持平。

## 二、建园

### 1. 园地选择

选择光照充足，年日照时数在 2000 h 以上，海拔高度为 200 ~ 1100 m，地形坡向以阳坡、半阳坡为好，坡度不超过 25°，有机质较多、pH 在 5 ~ 6 的微酸性的沙质土壤。河滩地、山洼地、两面或三面环山的平地，土层比较厚，水分和防风条件都比较好的地方适宜发展板栗园。花岗岩、片麻岩风化形成的土壤栽培板栗品质好。

### 2. 选用良种壮苗

选用树体矮小、生长势中等、适于短截、短截后易抽生结果母枝、连续结果能力强、早实、丰产、商品性状适合市场要求、适合本地自然环境条件的良种壮苗。其中商品性状最重要，主要包括坚果大小整齐、饱满、90 ~ 190 粒/kg（一级果为 90 ~ 110 粒/kg），坚果有光泽。

### 3. 栽植密度

平地建园一般栽植株行距为（2.5 ~ 3.0）m ×（4 ~ 5）m，栽植株数为 660 ~ 1245 株/$hm^2$；坡地栽植要根据水平梯田宽度和隔坡宽度来定，可比平地栽植稍密一些，平均栽 825 ~ 1650 株/$hm^2$ 比较合理。建园后要采取早果和控冠措施，使果园树冠覆盖率不超过 80%。

### 4. 栽植时期和方法

（1）栽植时期

一般在春季或秋季。春栽应于萌芽前 20 d 前后进行；干旱而不寒冷的沙土地区，秋植更为有利。秋栽应适当早栽，最迟应在封冻前 20 d 完成。北方秋栽栗树在冬季封冻前要培土堆或把幼苗压倒埋土防寒，冬季气候严寒地区不宜秋栽。

（2）栽植方法

栽植时尽量缩短根部暴露时间，长途运输苗木必须防止根系失水。北方栗产区多栽实生苗，栽植后缓苗 1 年，第 2 年甚至第 3 年再进行嫁接。为解决板栗栽植后缓苗时间长，育苗时最好培育营养袋苗，栽植时避免伤根。在土层较深的平地，定植穴深为 60 ~ 80 cm、直径为 100 cm，穴内施有机肥 25 kg 并混施磷肥。丘陵山区挖定植穴深 80 ~ 100 cm，每个穴内施湿土杂肥为厩肥 50 ~ 100 kg。选用良种嫁接苗，主栽品种与授粉品种比例是5∶1或8∶1配置。山坡薄地可结合土壤改良和水土保持，挖大穴，穴内放入枯枝落叶、秸秆及有机肥，再回填表层土、踏实。栽时将苗木根系蘸泥浆后，放入穴中心，使根系向四处伸展均匀，用表土覆盖，边覆土、边轻提树苗，使覆土进入根隙。定植后及时灌透水，春季干旱地区栽植后浇水定干，并覆盖地膜保湿。为防止萌芽后金龟子为害，在树干上套塑料袋，在苗基部与上部系住口，待芽萌发展叶后逐渐去除。

## 三、土肥水管理

### 1. 土壤管理

（1）深翻改土

深翻改土分深翻扩穴和全园深翻二种方式。深翻扩穴适用于山地栗园、丘陵栗园。一般在秋季采果后至休眠期结合施基肥进行。其方法是在原定植穴之外挖环形沟，梯田挖半月形沟，深60～80 cm，新扩树穴与原来植穴要沟通，以后随树冠扩大，逐年向外扩展。挖土时将表土与底土分开。挖好后将表土与绿肥、厩肥等有机肥混合填平壕沟。有灌溉条件的应在扩穴后灌水，使根系与土壤密接。全园深翻适用于土层深厚、质地疏松的平坦栗园，一般深20～30 cm，春、秋两季皆可进行。深翻时，树冠外宜深，树干周围宜浅。

（2）栗园生草

栗园生草可采用人工生草和自然生草。山地栗园，在行间荒坡上可种植紫穗槐、草木犀、龙须草等宿根草类和灌木。生草应选择适应性强、耐阴、耐瘠薄、干物质产量高、养分消耗少的草类，如紫花苜蓿、草木犀、龙须草等。无论山地栗园还是平地栗园，生草应及时收割，割下草可就地覆盖在树盘内，也可翻压在树盘下。

### 2. 施肥管理

（1）基肥

基肥于板栗采收后结合深翻扩穴施。按树龄大小，施厩肥、堆肥等农家肥50～100 kg/株。空苞严重果园，同时土施棚肥。方法是沿树冠外围每隔2 m挖深25 cm，长、宽各40 cm的坑，大树施0.75 kg/株，将硼砂均匀施入穴内，与表土搅拌，浇入少量水溶解，然后施入有机肥，再覆土灌水。

（2）追肥

板栗追肥主要是萌芽前壮树追花肥、开花前（后）坐果肥、栗仁膨大前增粒重等。萌芽前追肥于早春解冻后施入尿素、磷肥和硼复合肥。小树施尿素1.0～1.5 kg/株、磷矿粉0.5～1.0 kg/株、硼砂0.15～0.30 kg/株；大树施尿素2.5～3.5 kg/株、磷矿粉1.0～1.5 kg/株、硼砂0.25～0.75 kg/株。花前（后）追肥以尿素为主，若春季追肥足，树势旺，可在花前和花后用叶面喷肥替代。栗仁膨大前追肥一般于7月底、8月初追果树复合肥。5～10年生幼树施果树专用肥2.0～2.5 kg/株，10～20年大树施果树专用肥2.5～3.5 kg/株。此期为解决空硼问题，可施入硼砂1 kg/株。

叶面喷肥在枝条基部叶刚展开由黄变绿时，根外喷施0.3%的尿素+0.1%的磷酸二氢钾+0.3%的硼砂混合液，新梢生长期喷50 mg/kg赤霉素，以促进雌花发育形成。采果前1个月或半个月间隔10～15 d喷2次0.1%的磷酸二氢钾。果实采收后叶面喷布0.3%的尿素液。

### 3. 水分管理

（1）发芽水

早春降雨或灌水非常重要。有条件灌水栗园，灌水后应及时浅锄和覆盖保墒。

（2）新梢速长期

春季新梢生长有一高峰，应保证充足的水分供应。能有效促进新梢生长与健壮。

（3）果实迅速膨大期

板栗果实迅速膨大期是需水临界期，此期间降雨或灌水能有效促进籽粒增大，增加产量，提高品质。

## 四、整形修剪

**1. 丰产树形标准**

主干低。山坡栗园。树干高 50 cm 左右，平地栗园树干高 80 cm 左右。树冠矮。丰产树的冠高不超过 4 ~ 5 m。主枝少。自然开心形主枝 3 ~ 4 个，主干疏层形主枝 5 个为宜。骨架牢固。主枝分布均匀，主从关系分明，侧枝配备均匀适当，结果枝组多而粗壮，内膛无光秃。生产上常用的树形有自然开心形和主干疏层形。

**2. 常见树形**

（1）自然开心形

山坡栗园树定干高 50 ~ 60 cm，平地树定干高 80 cm 左右。若幼树生长旺盛，生长量已经达到定干高度时，定干可提前进行，即在生长季摘心，促进当年抽生二次枝。二年生树从定干剪口下萌生的几个枝条中，选留 3 个分布均匀、长势较一致的枝作主枝，主枝留 50 ~ 60 cm 短截。三年生树的 3 个主枝，根据生长强弱，强枝剪 1/3，弱枝剪 1/2。主枝上选留侧枝 1 ~ 2 个，适当短截。

（2）主干疏层形

适应平地或土质肥沃的栗园，全树共有主枝 5 个，分 2 层着生。第 1 层主枝 3 个，上下错开，层内距为 30 ~ 40 cm；第 2 层主枝 2 个，着生部位与第 1 层主枝相互交错，距离为 1 m 左右，层内距为 50 cm 左右。每个主枝上着生侧枝 3 ~ 4 个，整个树冠高 4 ~ 5 m。主、侧枝修剪及其他枝的短截或疏留，与自然开心形相同。

（3）变则主干形

变则主干形干高 70 ~ 100 cm，主枝 4 个，均匀分布在 4 个方向，层间距 60 cm 左右，主枝角度大于 45°，每 1 主枝有侧枝 2 个，第 1 侧枝距主枝基部 1 m 左右，第 2 侧枝着生在第 1 侧枝的对侧，距第 1 侧枝 40 ~ 50 cm，完成整形后树高 4 ~ 5 m。

**3. 不同年龄树修剪**

（1）幼树整形修剪

定干：一般在山区、丘陵，土层浅、土质差的园地，定干高度为 40 ~ 60 cm；平地、沟谷等土层厚、土质肥沃的园地定干可稍高；密植园定干低于稀植园。定干时应在定干高度范围内选具有充实饱满芽处剪截。如苗木生长过高、过强时，应事先在苗圃地通过夏季摘心进行定干。摘心后促生分枝，从中选出主枝。如定植实生苗，定植后就地嫁接的，可结合嫁接定干。

除萌蘖：除嫁接成活萌发的枝叶外，砧木上萌蘖要及时抹除。嫁接后未成活的树，除选留砧木上分枝角度、方位理想的旺盛萌蘖枝，来年再补接外，其余萌蘖一律去除。

摘心：主要在幼树和旺枝上进行。摘心一般在新梢生长至 20 ~ 30 cm 时，摘除先端嫩梢长的 3 ~ 5 cm，即为第 1 次摘心。摘心后新梢先端 3 ~ 5 芽再次萌发生长，第 2 次、第 3 次新梢长 50 cm 时，进行第 2 次、第 3 次摘心，摘去新梢顶端长的 7 ~ 10 cm。根据当地气候情况进行第 3 次、第 4 次摘心。以形成的新梢健壮充实、冬季不抽条为宜。当副梢停止生长后剪去顶端嫩尖，能明显促进结果母枝形成。幼树摘心掌握前期宜早、宜轻，后期宜晚、宜重和摘心后形成的新梢充实健壮为原则。摘心后可使其二次枝或三次枝的顶端形成几个发育充实的混合芽，第 2 年开花。

拉枝可在秋季进行，骨干枝拉 50° ~ 60°为宜，强旺枝拉 70° ~ 80°，甚至水平。

主枝延长枝修剪主要涉及延长枝选留数量、方位、方向、剪截长短等。栗树开心形主枝一般 3 ~ 5 个。各主枝应保持一定的间距，尽量避免顶端抽生的强旺枝 3 ~ 5 个同时作为骨干枝。主枝选留可在

1～3 年内完成。选留的主枝向外斜方向生长，均匀分布。选定的主枝应在枝条 40～50 cm 的饱满芽处短截。主枝顶端的几个旺枝角度过小时，可疏除中间过强枝，选留顶端 2～3 个芽抽生角度较大的缓势枝替代主枝延长枝。选留主枝延长枝每年要修剪，直到其达到以上要求的树冠大小。

影响主枝并紊乱树形的徒长枝及时疏除，有空间徒长枝夏季连续摘心，促发分枝，使之转化为结果母枝。辅养枝影响主枝生长时，及时疏除过密枝。

（2）结果初期树修剪

结果初期生长季修剪以果前梢摘心为主。在果前梢出现后，留 3～5 个芽摘心，有二次新梢时可留 15～20 cm 再次摘心。一般第 2 次摘心时间在 7 月下旬至 8 月上旬。冬剪要特别注意抑制树冠中心直立枝的生长势，去除影响树形的直立大枝，或用侧枝局部回缩修剪方法，将生长势偏强的枝回缩至低级分级处。每年修剪时均需注意控制生长在中心的直立挡光旺枝，限制其生长，解决好内膛光照，同时平衡树冠各枝生长势。着生同一分枝的结果母枝，数量一般为 4～7 个，先端枝长势强，下面枝长势弱。此类枝处理时可重短截长势强枝，基部芽抽生新梢为预备结果母枝。有些基部芽结果能力强的品种短截后仍可抽生相当比例的结果枝，如怀黄、怀九，短截后当年可抽生 1～3 个结果枝结果。也可将多个分枝疏、截相结合，疏去交叉、向树冠内生长的枝条，重短截生长势强的结果母枝，其余枝留 3～5 个混合芽轻短截。结果母枝修剪原则是留基部芽，重短截长势强的母枝，使之成为预备结果母枝；疏除过弱的结果母枝；轻短截中庸的结果母枝。

（3）盛果期树修剪

解决光照：在内膛中心部位抽生并形成“树上长小树”的大枝要及时疏除。保证栗树光照充足是丰产、稳产的基础。

结果母枝修剪：同一枝上抽生的结果母枝一般为 2～3 个，生长势强的可达到 5 个。三叉枝疏除细弱母枝；重短截健壮枝；轻短截或缓放中庸枝。分枝较多同组结果母枝，也可应用以上原则，短截其中 1～2 个壮枝，疏除细弱枝，中庸枝留 3～4 个混合芽轻短截。

回缩：当部分枝条顶端生长势开始减弱、结果能力稍差时，应适时分年、分批回缩，降低到有分枝的低级次位置。栗树小更新应常年进行，降低结果部位，延缓结果枝外移。

果前梢摘心：当结果新梢最先端混合花序前长出 6 个以上时，在果蓬前保留 4～6 个芽摘心。果前梢摘心可放在冬剪时进行，即留果痕前的 4～6 个芽轻短截。

内膛结果枝培养和处理：修剪时应注意把内膛隐芽萌发的枝培养为结果母枝，内膛细弱枝从基部疏除。挡光严重的徒长枝若周围不空，从基部去除；对光凸内膛隐芽产生的徒长性壮旺枝，重短截或在夏季摘心，促生分枝，培养健壮的结果母枝。

**4. 几类特殊栗园的修剪**

（1）郁闭栗园的修剪

郁闭栗树要解决的主要问题是打开光路，降低树冠覆盖率和结果部位。可从两个方面着手：一是改造树形。应 1 次或分次锯掉中心干或中心直立的挡光大枝，打开光路，增加光照。二是回缩更新。郁闭栗园枝干光凸，结果部位外移。随着枝的生长，其顶端生长势开始衰弱，结果母枝细弱短小，枝的弓形顶端区域隐芽会抽生出分枝。利用这一特性，回缩到分枝处，进行更新，再培养分枝处的枝，使结果部位控制在该范围内。无分枝的光腿枝，也可回缩到节处。回缩更新后，培养结果母枝和预备结果母枝相结合，尽量控制其扩展速度。

（2）低产放任树的修剪

低产放任树的修剪主要是对树形、树冠进行整理、改造，更新复壮。大枝多、密且光凸，是放任树的主要特征。首要任务是落头、疏大枝，打开光路。疏大枝可分年进行，大型骨干枝保留 5～6 个。对光凸带过长的大枝局部回缩修剪，回缩程度依树势强弱而定。树势严重衰弱者表现为全树焦梢或形成自封顶枝（直至顶芽全部为雄花序）以至绝产，必须在5年以上枝段处修剪，采用大更新修剪即回缩到骨干枝1/2左右分枝处。一般在回缩更新处下方隐芽可萌发出健壮的更新枝。老年树更新应逐年对树冠上的大枝回缩修剪，使整个树冠呈高低错落、有起伏的状态。更新后隐芽萌发数量较多，对更新出的壮旺枝及时进行夏季摘心和冬剪控制，形成结果母枝。在树体更新基础上，加强栗园土、肥、水综合管理。老栗树管理除参照一般栗园管理外，应注意加强地上管理与地下管理、树体管理和花果管理；有机肥与速效肥相结合，根部施肥与叶面喷肥相结合；加强病虫害防治，合理修剪，调整树体结构等。

（3）高接换优树修剪

高接换优不仅适用于品种的改造利用，还可用于郁闭密植园及老树的改造。一般高接换优在次年即可结果，3~4年丰产。嫁接时，选择适合当地的优良品种，在粗度合适的枝上进行多头高接，过于粗（老）枝应先进行更新，待第2年长出健壮更新枝后再进行高接换优。对于已交接郁闭，但种植密度低于80株/亩的栗园，可结合树形改造高接适合密植的优良品种。改造时可部分树改造，或整园进行改造。对光腿严重的光腿枝多采用腹接，使枝干分布均匀。接法与一般腹接基本相同。

## 五、花果管理

### 1. 疏除雄花序

雄花序长到1~2 cm时，保留新梢最顶端4~5个雄花序，其余全部疏除。一般保留全树雄花序的5%~10%。化学疏雄：在混合花序2 cm时喷一次板栗疏雄醇。使用疏雄醇要掌握好喷布时间和用量。喷布时要喷均匀，只喷1次，疏雄醇可与酸性肥料混用，但不能与碱性肥料混用。

### 2. 花期喷肥、人工辅助授粉、疏栗蓬

雄花序长到5 cm时喷施0.2%的尿素+0.2%磷酸二氢钾+0.2%的硼砂混合液，空苞严重的栗园可连续喷3次。当1个花枝上的雄花序或雄花序上大部分花簇的花药刚刚由青变黄时，在早晨5时前采集雄花序制备花粉。当1个总苞中的3个雌花的多裂性柱头完全伸出到反卷变黄时，用毛笔或带橡皮头的铅笔，蘸花粉点在反卷柱头上。也可采用纱布袋抖撒法或喷粉法授粉；夏季修剪并疏栗蓬，及早疏除病虫、过密、瘦小幼蓬，一般每个节上只保留1个蓬，30 cm长的结果枝保留2~3个蓬，20 cm长的结果枝保留1~2个蓬。

## 六、病虫害防治

### 1. 休眠期

11月中旬至翌年2月，清除栗园病树、病枝，刮除枝干粗皮、老皮、翘皮及树干缝隙，消灭越冬病虫。春季萌芽前喷10~12倍松碱合剂或3%~5%的石硫合剂，以杀死栗链蚧、蚜虫卵，并兼治干枯病。结合板栗冬剪剪去病虫害枝或刮除病斑、虫卵等。

### 2. 萌芽和新梢生长期病虫害防治

萌芽后剪除虫瘿、虫枝，黑光灯诱杀金龟子或地面喷50%的辛硫磷乳油300倍液防治金龟子，树上喷50%的杀螟硫磷乳油1000倍液防治栗瘿蜂。新梢旺长期喷48%的毒死蜱乳油1000~2000倍液+50倍机油乳剂防治栗链蚧，剪除病梢或喷0.3%的石硫合剂防治栗白粉病等。

### 3. 开花期病虫害防治

开花期应用性激素诱杀或喷50%杀螟溜磷乳油1000倍液防治桃蛀螟。

### 4. 果实发育期病虫害防治

树干7月上旬绑草把诱虫，7月中旬开始捕杀云斑天牛，并及时锤杀树干上其圆形产卵痕下的卵。8月上旬叶斑病、白粉病盛发前喷1%的波尔多液或0.2%~0.3%的石硫合剂、10%的吡虫啉可湿性粉剂4000~6000倍液或1.8%的阿维菌素乳油3000~5000倍液喷雾，防治栗透刺蛾成虫、栗实象甲成虫、栗

实蛾成虫、桃蛀螟等。

**5. 落叶期病虫害防治**

栗果采收后及时清理蓬皮及栗实堆积场所，捕杀老熟幼虫及蛹。11 月上旬清理栗园落叶、残枝、落地栗蓬及树干上捆绑的草把，集中烧毁或深埋。入冬前浇封冻水后进行树干涂白。

## 七、采收及采后处理

**1. 采收**

当栗蓬由绿变黄，再由黄变黄褐色，中央开裂，栗果由褐色完全变为深栗色，一触即脱落时采收。采收前清除地面杂草或铺塑料膜，振动树体，将落下栗实、栗苞全部拣拾干净。每天早、晚各 1 次，随拾、随贮藏。也可采用分批打落栗苞然后拣拾的方法采收，每隔 2 ~ 3 d 按照从树冠外围向内部的顺序，用竹竿敲打小枝振落栗苞，然后将栗苞、栗实拣拾干净。

**2. 采后处理**

采收后及时对栗苞进行“发汗”处理。具体方法是选择背阴冷凉通风的地方，将栗苞薄薄摊开，厚 20 ~ 30 cm，每天泼水翻动，降温“发汗”处理 2 ~ 3 d 后，进行人工脱粒。

**思考题**

（1） 如何提高板栗坐果率？

（2） 简述栗树水肥管理要点？

（3） 盛果期板栗树如何进行修剪？

（4） 试制定板栗无公害优质丰产栽培技术规程。

# 第七节　板栗四季栽培管理技术

## 一、春季栽培管理技术

春季是板栗花芽分化、春芽萌动、开花的时期。为确保增产丰收，加强管理是关键。

**1. 萌芽前施肥与灌水**

枝条基部叶刚展开由绿变黄时，根外喷施 0.3% 的尿素 +0.1% 的磷酸二氢钾 +0.1% 的硼砂混合液，新梢生长期喷 50 mg/kg 赤霉素促进雌花发育形成。开花前追肥，折合纯氮肥、磷肥、钾肥分别为 6 kg/亩、8 kg/亩、5 kg/亩，追肥后浇水；清耕栗园及时除草松土，行间适时播种矮秆一年生作物或绿肥。

**2. 喷松碱合剂或石硫合剂**

3 月中旬栗芽萌动前喷施 10 ~ 12 倍松碱合剂或 3% ~ 5% 的石硫合剂，以杀灭越冬残留病菌和虫体。

**3. 花前复剪**

芽萌动时疏除母枝多余芽，短截摘心轮痕处；抹去强枝中、下部过多的芽，留大芽 4 ~ 5 个，中等枝留芽 2 ~ 3 个。抹芽按去下留上、去密留稀的原则进行。嫁接后 2 年内必须在春季新梢开始生长后及时对徒长枝进行摘心。新梢长 20 cm 时摘去梢头 1 ~ 2 cm；二次、三次梢长 30 cm 时，摘去梢头 7 ~ 10 cm。一般幼树在新梢长至 20 ~ 30 cm 时摘除先端嫩梢 3 ~ 5 cm，以后副梢及二次副梢 50 cm 时进行第 2 次、第 3 次摘心，每次均摘去新梢顶端长 3 ~ 5 cm；结果树进行果前摘心，即当结果新梢最先端混合花序前长出芽 6 个以上时，在果蓬前保留芽 4 ~ 6 个，摘心。

**4. 去雄**

正常情况下，板栗雄花与雌花比例通常为（20 ~ 50）：1，雄花过多消耗大量营养物质，降低产量。

因此，大部分雄花序在长到 1 ~ 3 cm 时去除，保留新梢最上端花序 4 ~ 5 个，使雄花和雌花的比例保持在 5 : 1 左右。或用化学疏雄，方法是在混合花序 2 cm 时喷 1 次板栗疏雄醇。此外，增施钾肥也有利于抑制雄花序过旺生长。

**5. 施肥**

板栗春季除了常规施用氮肥、磷肥、钾肥外，重点要施硼肥和锌肥。在雌花序出现时喷施 0. 2% 的硼砂 +0. 2% 的硫酸锌的混合液，每隔 7 d 喷 1 次，连续喷施 2 ~ 3 次。雄花序长约 5 cm 时喷施 0. 2% 的尿素 +0. 2% 的磷酸二氢钾 +0. 2% 的硼酸混合液，空苞严重栗园可连续喷 3 次。也可按照树冠投影面积施用硼砂和硫酸锌为 10 ~ 20 g/$m^2$。矮化密植幼园，在板栗初花期喷施 0. 2% 的硼肥液 +0. 05% 的稀土液，或每隔 15 ~ 20 d 结合打药喷施 1 次 0. 3% 的尿素液，以增大叶面积，提高干物质含量。增强光合作用和代谢作用，加速栗树生长，是补充营养不足的有效措施。

**6. 进行人工辅助授粉**

当 1 个枝上雄花序或雄花序上大部分花簇的花药刚刚由青变黄时，在早晨 5 时前采集雄花序制备花粉。当 1 个总苞中 3 个雌花的多裂性柱头完全伸出到反卷变黄时，用毛笔或带橡皮头铅笔，蘸花粉点在反卷柱头上。也可采用纱布袋抖散法或喷粉法进行授粉。

**7. 病虫害防治**

板栗春季病虫害防治具体可参照其无公害优质丰产栽培技术中萌芽和新梢生长期病虫害防治执行。

## 二、夏季栽培管理技术

**1. 夏季修剪**

（1）清理内膛

内膛枝过密板栗大树，除对有发展空间枝条适当短截外，其他内膛营养枝一律疏除，以打开光路，充实内膛。

（2）拉枝、摘心

板栗嫁接幼树结合整形进行拉枝，开角为 65° ~ 80°。壮旺营养枝或当年新嫁接幼树进行短截摘心，促进分枝和扩大树冠。成年栗树在果前新梢长出 6 个芽以上时，保留 4 ~ 6 个芽，摘心。

**2. 除雄疏蓬**

雄花序长至 1 ~ 3 cm 时人工除雄。每个结果枝组留雄花序 2 ~ 3 个。7 月中下旬栗蓬进入迅速膨大期疏蓬，疏除病虫、过密、瘦小的小蓬，留大蓬。一般强果枝留 3 个蓬、中果枝留 2 个蓬、弱果枝留 1 个蓬。可按照每个节上只保留 1 个蓬，30 cm 长的结果枝保留蓬 2 ~ 3 个，20 cm 长的结果枝保留蓬 1 ~ 2 个。

**3. 施肥与灌水**

（1）树盘挖营养沟压青

用杂草压青 20 ~ 40 kg/株，并结合压青混施尿素 0. 5 ~ 1. 0 kg/株。

（2）追肥

根据品种、土壤、管理不同追肥。一般在授粉期和果实膨大期（7 月中旬左右）进行，以氮肥为主，磷肥、钾肥为辅。施复合肥 50 kg ~ 75 kg/亩，采用放射沟施法，施肥后及时浇水。

（3）适期浇水

板栗浇水主要结合栗园压青和追肥进行，特别在盛花期前和栗蓬迅速膨大期浇水，对提高板栗的质量和产量至关重要。

**4. 病虫害防治**

板栗夏季病虫害防治具体可按照板栗无公害优质丰产栽培技术中果实发育期进行防治。

## 三、秋季栽培管理技术

秋季是板栗树形成次年产量的花芽分化始期。采果后采用适当技术措施，可使树势稳定，芽体充实，提高产量，因此，加强秋季管理尤为重要。

**1. 适期采收**

当栗蓬由绿色变成黄色，再由黄色变成黄褐色，中央开裂，栗果由褐色完全变为深栗色，一触即落，即可采收。板栗的采收一般有2种方法。

（1）拾栗子

树上栗蓬自然成熟开裂，坚果落地后拣拾。该法收获的栗子发育充实，外形美观，有光泽，品质优良，耐贮运。同时，还可充分利用辅助劳力。但必须每天进行拣拾，否则栗果长时间在地下裸露，会失水风干，影响产量和质量。

（2）打栗蓬

板栗开裂40%以上，用竹竿将剩余栗蓬振落，并拣回集中堆放在荫凉处，每堆高20 cm喷洒少量清水，增加蓬堆内的湿度。蓬堆厚度不超过80 cm，5～7 d蓬苞开裂后，将栗果拣出，注意不要损坏果皮的光洁度。不要栗蓬开裂后用木棒击打蓬苞，否则严重损坏果皮的蜡质光泽，有的果面出现划痕，有的果粒出现破损，降低果品等级。

**2. 深翻施肥**

秋后栗园进行1次全面播挖，以疏松土壤结构，增加通透性和蓄水保水能力。翻挖时间在板栗采收后越早越好，最迟不宜超过立冬。翻挖时应注意掌握成龄树梢浅，幼龄树梢深，树冠外梢深的原则。一般翻挖深20～30 cm，尽量少伤树根。栗园基肥应以有机肥为主，配施碳铵、磷肥和钾肥。根据树体大小和结果量，施土杂肥100～200 kg/株，过磷酸钙0.5～1.5 kg/株，碳铵1～2 kg/株。幼树在树冠周围沿树冠边缘下方挖深30 cm、宽40 cm的环状沟；成年栗树以树冠为中心，向树冠内外挖辐射形施肥沟4～8条，每条长1 m左右，比环状沟稍深大一些。将肥料撒施入沟中，覆土。

**3. 秋季修剪**

板栗秋煎采果后及时进行，最迟于11月底完成；主要剪去重叠枝，徒长枝和病虫枝及根部萌发枝等。

**4. 病虫害防治**

板栗秋季病虫害防治按照其无公害优质丰产栽培技术中落叶期病虫害防治进行。

## 四、冬季栽培管理技术

**1. 冬季修剪（冬剪）**

萌芽前10～30 d，进行冬剪。进入盛果期后的栗树，在修剪时要把膛内病虫枝、重叠枝、轮生枝、交叉枝、干枯枝、细弱枝、下垂枝等全部剪去，以改善树冠内通风、透光条件；同时有利于集中营养，使枝梢粗壮充实。顶端枝及骨干枝延长枝宜保留50 cm短截，以促发侧枝，增加结果母枝数量。同时，控制树冠外移速度。修剪的同时，要将树冠内或大枝中下部徒长枝保留一部分，培育成结果母枝。这样，可增加结果面积，又不至于“清膛”。密集结果母枝，适当疏去一部分，或短截一部分作为更新枝。栗树盛果期树冠投影面积留结果母枝8～12条/$m^2$，枝距40 cm左右，注意选留内膛结果母枝和预备枝。生长过旺结果母枝，适当短截，促其下部抽发新枝。已呈现出衰老的结果枝组适当回缩，以集中营养，促发新枝，并将新枝培育成健壮的结果母枝。

**2. 加强肥培**

（1）施“产后肥”

栗树经1年开花、结果及梢枝生长，消耗了体内大量的养分，采后及时施肥可恢复树势，增强叶片光合能力，制造和贮藏养分，以保证有充足的养分供花芽分化，提高来年的产量。一般施尿素 500 ~ 750 g/株，钾肥 200 ~ 300 g/株。

（2）松土覆盖

板栗树采后将树冠内土壤挖深 20 ~ 25 cm，有利于松土、除草，增加土壤氧气，丰富土壤有机质。

（3）冬施基肥

冬施肥料应与翻挖栗园同步进行。翻挖时靠近主干宜浅，树冠边缘宜深。结合全面挖园施肥，在离主干 0.5 ~ 1.0 m 处挖环状沟，沟深 40 ~ 50 cm，施优质猪牛粪 20 ~ 30 kg/株，菜饼 1 kg/株、专用复合肥 2 kg/株，拌匀细土施入沟底，并盖好底土。这样可增加土壤中的有机质，改善土壤通气状况，提高栗园的保水、保肥能力。

**3. 防冻护树**

加强林地管理，搞好秋冬季节防冻护树工作，可促进果树的营养积累，提高花序分化质量，翌年春暖季节生长良好。在栗树落叶或降霜之前，树盘松土铺草，结合施足基肥，基部培土。土壤干燥时，有条件地方灌水。落叶后，可喷涂“护树将军”乳液于树干和树枝，保温、防冻，以提高树体抗寒能力，保护花芽安全越冬。

**4. 刮皮涂白**

板栗树龄在 10 年以上都可进行刮皮。刮皮时间在采果后最好。寒冷地区一般在早春刮皮为宜。果树主干、主枝上的粗皮、翘皮是害虫越冬的场所。刮皮时，树干下面应铺上塑料布承接，用利刀刮除粗皮、老皮和翘皮，将它们带到园外集中烧毁。刮皮后，及时涂抹“护树将军”，消毒杀菌，防止害虫或病菌侵染树干。

**5. 病虫害预防**

板栗冬季病虫害防治可按照其无公害优质丰产栽培技术中病虫害防治休眠期中执行。

**思考题**

试制定板栗四季管理技术规程。

## 第八节　板栗生长结果习性观察实训技能

### 一、目的与要求

通过观察，了解板栗生长结果习性，学会观察记载板栗生长结果习性的方法。

### 二、材料与用具

**1. 材料**

板栗成年结果树。

**2. 用具**

钢卷尺、放大镜、记载和绘图用具。

### 三、内容与方法

**1. 制订试验计划**

制订试验计划时，根据板栗生长结果习性，可在休眠期、开花期和果实成熟期分次进行，可选幼树和结果树结合进行观察。在实训时暂时看不到的，可结合物候期观察补齐。

①树势、树姿、干性强弱、分枝角度、树冠结构特点。

②芽类型。叶芽形态，在枝条上着生节位，不同节位叶芽发枝状况。休眠芽着生于枝条基部，形体小，呈休眠状，寿命长，更新能力强。花芽为混合芽，分完全混合芽与不完全混合芽二种。完全混合芽多着生在结果母枝顶部，萌发后形成结果枝，不完全混合芽着生在枝条的中部、下部或弱枝顶部，萌发后形成雄花枝。了解二种花芽的着生部位及外形特点。板栗顶芽为假顶芽。

③识别结果枝、雄花枝、发育枝（徒长枝、发育枝、纤细枝）的形态特征，着生部位。果前梢（尾枝）长短、粗细及芽的质量与连年结果的关系。结果母枝形态、着生部位，结果母枝生长强弱与抽生结果枝数量的关系。

④观察花序、雌雄花序。雄花序形态，在结果枝和雄花序上着生节位。雌雄花序形态，在结果枝上着生节位。雌花序和雌雄花序着生位置。结果枝上着生雌花序数，一个雌花序中含有花朵数及其坐果数。

**2. 观察记载**

### 四、实训报告

①通过观察说明板栗生长结果习性的特点。

②绘制板栗结果习性示意图，注明各部分名称。

③调查总结板栗结果母枝强弱与结果关系。

### 五、技能考核

实训技能考核一般实行百分制，建议实训态度与表现占 20 分，观察方法占 40 分，实训报告占 40 分。

## 第九节　板栗去雄技术实训技能

### 一、目的与要求

通过实际操作，学会板栗去雄技术，掌握提高板栗坐果率的方法。

### 二、材料与用具

**1. 材料**

花期板栗树。

**2. 用具**

修枝剪或平常用的剪刀。

### 三、内容与方法

板栗疏雄是在不影响板栗树正常授粉、结实的基础上，疏去过多的雄花序，可以为板栗树节省大量的水分和养料，从而使板栗树增产、增收。

**1. 疏雄时间**

疏雄最佳时期为混合花序出现。此时，混合花序顶端略带粉红色，比先长出的雄花序明显短，容易和雄花序区别。雄花序已长到 4 ~ 7 cm，去雄方便。疏雄时间一般为 5 月中旬。

**2. 疏雄数量**

疏雄数量依树势、结果年龄、品种而定。具体原则是：壮树少疏，弱树多疏；短枝少疏，长枝多疏；

树冠中、下部多疏，树冠上部和外围少疏，切忌疏掉混合花序。一般以疏去雄花序的85%~95%为宜。

**3. 疏雄方法**

用修枝剪或平常用的剪刀等工具将雄花序从基部剪掉，或用锋利的平口小刀将其割掉。较小雄花序可用手指掐掉或用指尖将其掐死。

**4. 注意事项**

操作过程中动作要轻，避免损伤板栗枝条，削弱树势。以早上露水干后操作较好，雨天禁止疏雄，以免引起伤口感染。疏雄后叶面及时喷0.3%的硼酸+0.3%的磷酸二氢钾+0.2%的尿素混合液，增产效果更佳。

## 四、作业

及时总结经验，完成实训报告。

# 参考文献


［1］王尚堃，蔡明臻，晏芳，等．北方果树露地无公害生产技术大全［M］．北京：中国农业大学出版社，2014.

［2］马骏，蒋锦标．果树生产技术：北方本［M］．北京：中国农业出版社，2006.

［3］张国海，张传来．果树栽培学各论［M］．北京：中国农业出版社，2008.

［4］李道德．果树栽培［M］．北京：中国农业出版社，2001.

［5］郗荣庭．果树栽培学总论［M］．3 版．北京：中国农业出版社，1997.

［6］张玉星．果树栽培学各论：北方本［M］．3 版．北京：中国农业出版社，2003.

［7］黑龙江佳木斯农业学校，江苏省苏州农业学校．果树栽培学总论［M］．北京：中国农业出版社，1993.

［8］北京市农业学校．果树栽培学各论：北方本［M］．北京：中国农业出版社，1991.

［9］张文静，许桂芳．园林植物［M］．郑州：黄河水利出版社，2010.

［10］邱国金．园林树木［M］．北京：中国农业出版社，2006.

［11］杜纪格，王尚堃，宋建华．花卉果树栽培实用新技术［M］．北京：中国环境科学出版社，2009.

［12］冯社章，赵善陶．果树生产技术：北方本［M］．北京：化学工业出版社，2007.

［13］于泽源．果树栽培［M］．2 版．北京：高等教育出版社，2010.

［14］傅秀红．果树生产技术：南方本［M］．北京：中国农业出版社，2007.

［15］阎振立．苹果新品种：华硕的选育［J］．中国果业信息，2010，27（12）．51－52.

［16］王尚堃，韩红，石娜，等．萌苹果优质高产高效栽培技术［J］．林业实用技术，2011（2）：22－24.

［17］张传来，王尚堃．提高苹果品质栽培技术［J］．河北果树，2008（6）：11－13.

［18］王尚堃．苹果新品种华硕密植早果优质丰产栽培技术［J］．河北果树，2015（1）：10－12.

［19］王尚堃，郭小丽．美国 8 号苹果引种表现及优质丰产栽培技术［J］．现代园艺，2013（9）：31－33.

［20］王尚堃，王彦伟．‘奥查’金苹果引种表现与优质丰产栽培技术［J］．落叶果树，2014（1）：23－25.

［21］王尚堃．苹果品种中秋王密植早果优质丰产栽培技术［J］．农业科技通讯，2015（1）：159－162.

［22］王尚堃，杜红阳．中秋王苹果密植栽培对比试验研究［J］．吉林农业科学，2015，40（3）：92－96.

［23］王尚堃，张传来，于醒．绿宝石梨优质高产高效栽培技术［J］．林业实用技术，2009（8）：23－25.

［24］王尚堃，杨学奎，张传来．新西兰红梨研究进展［J］．中国农学通报，2013，29（1）：65－70.

［25］陈建峰，陈祥，高杨．新西兰品种特性及丰产技术［J］．河南农业，2007（10）：23.

［26］张传来，刘遵春，苏成军，等．不同红梨品种果实中营养元素含量的光谱测定［J］．光谱学与光谱分析，2007，27（3）：595－597.

［27］刘晓林，张平，李继敏．新西兰红梨的特性及快速育苗技术［J］．河南农业，2006（6）：48.

［28］万四新，杜纪格，张传来．满天红梨优质丰产栽培技术［J］．河南林业，2005，25（3）：55－56.

［29］张传来．红酥脆梨优质丰产栽培技术［J］．山东林业科技，2005（3）：61－62.

［30］张传来，金新富，杨成海．美人酥梨优质丰产栽培技术［J］．经济林研究，2004，22（4）：95－97.

［31］王尚堃，张传来，于醒，等．梨品种中梨 1 号丰产栽培技术［J］．中国果树，2009（4）：54－55.

［32］尚俊平，李娜，左叶蕾．晚秋黄梨高产高效栽培技术［J］．河北果树，2011（5）：15.

［33］王尚堃，杜红阳，于醒．红香酥梨省力化高效丰产栽培技术［J］．中国果树，2014（1）：59－61.

［34］王尚堃，杜红阳．晚秋黄梨省力化高效丰产栽培技术［J］．北方园艺，2014（6）：59－61.

［35］王尚堃，于恩广．‘黄金梨’优质丰产栽培技术［J］．北方果树，2015（4）：17－19.

［36］王尚堃．3 个梨品种的比较试验［J］．山西果树，2015（4）：17－18.

［37］王彦伟，王尚堃，杜红阳．“黄金”梨不同栽培密度对比试验［J］．北方园艺，2015（24）：19－21.

[38] 王彦伟，王尚堃. 生物有机肥对“黄金”梨栽培的影响 [J]. 北方园艺，2016（7）：158－161.
[39] 王尚堃. 红香酥梨密植栽培试验效果分析 [J]. 中国南方果树，2014，43（5）：117－120.
[40] 王尚堃，高志明. 黄金梨3种不同树形栽培对比试验 [J]. 江苏农业科学，2016，44（8）：207－209.
[41] 刘捍中，程存刚. 葡萄生产技术手册 [M]. 上海：上海科学技术出版社，2005.
[42] 王尚堃，王彦伟. 河南省西华优质葡萄四化避雨栽培（一）[J]. 果树实用技术与信息，2015（12）：18－19.
[43] 王尚堃，王彦伟. 河南省西华优质葡萄四化避雨栽培（二）[J]. 果树实用技术与信息，2016（1）：23－25.
[44] 王尚堃. 河南周口葡萄省力规模化优质丰产稳产栽培技术（一）[J]. 果树实用技术与信息，2016（12）：11－13.
[45] 王尚堃. 河南周口葡萄省力规模化优质丰产稳产栽培技术（二）[J]. 果树实用技术与信息，2017（1）：13－15.
[46] 周慧文. 桃树丰产栽培 [M]. 北京：金盾出版社，1995.
[47] 王尚堃，张传来，杨勋. 新川中岛桃无公害丰产栽培技术 [J]. 北方园艺，2007（12）：88－90.
[48] 张传来，王尚堃. 美国金太阳杏无公害丰产栽培技术 [J]. 农业科技通讯，2007（5）：46－47
[49] 王尚堃，刘鸿. 凯特杏品种表现及无公害高产栽培技术 [J]. 农业新技术，2005（6）：39－40.
[50] 王尚堃，李剑南，王华中. 凯特杏丰产栽培技术 [J]. 中国果树，2005（1）：41－42.
[51] 王尚堃，杜红阳. 多胺及其合成抑制剂对干旱胁迫下杏苗生理指标的影响 [J]. 南方农业学报，2016，47（9）：1475－1479.
[52] 王尚堃，孙玲凌. 多胺及其合成抑制剂对干旱胁迫下杏幼苗叶片光合作用和游离态多胺含量的影响 [J]. 江苏农业科学，2017，45（4）：88－91.
[53] 张传来，朱胜利，刘遵春. 金光杏梅果实生长动态观察初报 [M]. 中国农学通报，2005，21（11）：265－268.
[54] 张传来，范文秀，高启明. 金光杏梅果实发育过程中微量元素含量的光谱测定 [J]. 光谱学与光谱分析，2005，25（7）：1139－1141.
[55] 苗卫东，扈惠灵，宋建伟. “金光杏梅”快速育苗技术总结 [J]. 山西果树，2003（1）：45.
[56] 王尚堃，杜纪格，张传来. 金光杏梅无公害早果丰产栽培技术 [J]. 北方园艺，2007（11）：136－138.
[57] 万四新，王尚堃，张传来. 金光杏梅品种表现及优质高产栽培技术研究 [J]. 现代农业科学，2008，15（2）：14－16.
[58] 王尚堃，万四新，张传来. 金光杏梅无公害标准化栽培技术 [J]. 江苏农业科学，2013，41（9）：138－140.
[59] 王尚堃，张传来. 杏梅新品种“金光”研究进展 [J]. 北方园艺，2012（20）：183－186.
[60] 王尚堃，杜继革，陈凤霞. 黑琥珀和安哥诺李丰产栽培技术 [J]. 中国果树，2005（5）：41－42.
[61] 张传来，王尚堃. 尤萨李品种表现及其优质高产栽培技术 [J]. 安徽农业科学，2006，34（20）：5237－5238.
[62] 徐炜，王尚堃，张传来. 女神李无公害丰产栽培技术 [J]. 现代农业科技，2006（15）：28－33.
[63] 万四新. 日本大石早生李无公害优质高产技术 [J]. 农业科技通讯，2008（7）：184－186.
[64] 王尚堃. 大石早生李在河南商水丰产栽培技术 [J]. 中国果树，2008（4）：47－48.
[65] 王尚堃，晋图强，牛忠魁. 美国布朗李病虫无公害综合防治技术 [J]. 北方园艺，2007（5）：97－98.
[66] 张传来，王尚堃. 美国杂交杏李风味玫瑰丰产栽培技术 [J]. 北方园艺，2007（7）：119－120.
[67] 王尚堃，杜红阳. 多胺及其合成抑制剂对旱胁迫下李幼苗叶片渗透调节物质含量和光合作用的影响 [J]. 北方园艺，2016（10）：1－5.
[68] 王尚堃，杜红阳. 多胺及其抑制剂对干旱胁迫下李幼苗叶片光合作用和游离态多胺含量的影响 [J]. 安徽农业大学学报，2016，43（5）：815－819.
[69] 王尚堃. 日本斤柿优质高产栽培技术 [J]. 北方园艺，2006（1）：88.
[70] 马文学，蒋雪，马小燕，等. 柿子新品系：中农红灯笼柿 [J]. 西北园艺，2007（10）：24－25.
[71] 高文胜. 介绍两个日本甜柿品种 [J]. 农业知识：致富与农资，2009（4）：44.
[72] 王尚堃，仝瑞霞，翟宝黔. 博爱八月黄柿组织影响因素研究 [J]. 湖南农业大学学报：自然版，2007，36（2）：176－180.
[73] 王尚堃，李民. 泰山红石榴无公害丰产栽培技术 [J]. 特种经济动植物，2005，8（10）：30.
[74] 曹尚银. 无花果高效栽培与加工利用 [M]. 北京：中国农业出版社，2002.
[75] 张忠慧，黄仁煌，王圣梅，等. 中华猕猴桃优良新品种金霞的选育研究 [J]. 果农之友，2006（11）：12.

[76] 唐梁楠，杨秀瑗．草莓优质高产栽培新技术 [M]．北京：金盾出版社，1997.
[77] 吴晓云，高照全，李志强．国内外草莓生产现状与发展趋势 [J]．北京农业职业学院学报，2016，30（2）：21－26.
[78] 潘月红，周爱莲．我国核桃产业发展现状、前景及对策分析 [J]．中国食物与营养，2012，18（5）：22－25.
[79] 王尚堃，万四新．核桃不同立地条件下栽培密度对比试验 [J]．农业科技通讯，2013（10）：109－111.
[80] 蔡荣，虢佳花，祁春节．板栗产业发展现状、存在问题与对策 [J]．北方果树，2007（4）：1－3.
[81] 中华人民共和国农业部．NY 5013—2001 无公害食品 苹果产地环境条件 [S]．北京：中国标准出版社，2001.
[82] 中华人民共和国农业部．NY/T 5012—2002 无公害食品苹果生产技术规程 [S]．北京：中国标准出版社，2002.
[83] 中华人民共和国农业部．NY/T 441—2001 苹果生产技术规程 [S]．北京：中国标准出版社，2001.
[84] 中华人民共和国农业部．NY 475—2002 梨苗木 [S]．北京：中国标准出版社，2002.
[85] 中华人民共和国农业部．NY/T 5101—2002 无公害食品 梨产地环境条件 [S]．北京：中国标准出版社，2002.
[86] 中华人民共和国农业部．NY/T 5102—2002 无公害食品 梨生产技术规程 [S]．北京：中国标准出版社，2002.
[87] 中华人民共和国农业部．NY 5113—2002 无公害食品 桃产地环境条件 [S]．北京：中国标准出版社，2002.
[88] 中华人民共和国农业部．NY 5114—2002 无公害食品 桃生产技术规程 [S]．北京：中国标准出版社，2002.
[89] 中华人民共和国农业部．NY 5201—2004 无公害食品 樱桃 [S]．北京：中国标准出版社，2002.
[90] 中华人民共和国农业部．NY 5240—2004 无公害食品 杏 [S]．北京：中国标准出版社，2004.
[91] 中华人民共和国农业部．NY 5243—2004 无公害食品 李子 [S]．北京：中国标准出版社，2004.
[92] 中华人民共和国农业部．NY 5087—2002 无公害食品 葡萄产地环境条件 [S]．北京：中国标准出版社，2002.
[93] 中华人民共和国农业部．NY/T 5088—2002 无公害食品 葡萄生产技术规程 [S]．北京：中国标准出版社，2002.
[94] 中华人民共和国农业部．NY 5107—2002 无公害食品 猕猴桃产地环境条件 [S]．北京：中国标准出版社，2002.
[95] 中华人民共和国农业部．NY/T 5108—2002 无公害食品 猕猴桃生产技术规程 [S]．北京：中国标准出版社，2002.
[96] 中华人民共和国农业部．NY 5241—2004 无公害食品 柿 [S]．北京：中国标准出版社，2004.
[97] 中华人民共和国农业部．NY 5252—2002 无公害食品 冬枣 [S]．北京：中国标准出版社，2002.
[98] 中华人民共和国农业部．NY 5242—2004 无公害食品 石榴 [S]．北京：中国标准出版社，2004.
[99] 中华人民共和国农业部．NY 5104—2002 无公害食品 草莓产地环境条件 [S]．北京：中国标准出版社，2002.
[100] 中华人民共和国农业部．NY/T 5105—2002 无公害食品 草莓生产技术规程 [S]．北京：中国标准出版社，2002.

# 向您推荐